초스피드

한번 쓱 보고 싹 익히기

승강기기능사

최신 출제기준 완벽 반영 　필기

(주)사람과 에너지 대표 이후곤 지음

BM (주)도서출판 성안당

■ 도서 A/S 안내

성안당에서 발행하는 모든 도서는 저자와 출판사, 그리고 독자가 함께 만들어 나갑니다.

좋은 책을 펴내기 위해 많은 노력을 기울이고 있습니다. 혹시라도 내용상의 오류나 오탈자 등이 발견되면 "좋은 책은 나라의 보배"로서 우리 모두가 함께 만들어 간다는 마음으로 연락주시기 바랍니다. 수정 보완하여 더 나은 책이 되도록 최선을 다하겠습니다.

성안당은 늘 독자 여러분들의 소중한 의견을 기다리고 있습니다. 좋은 의견을 보내주시는 분께는 성안당 쇼핑몰의 포인트(3,000포인트)를 적립해 드립니다.

잘못 만들어진 책이나 부록 등이 파손된 경우에는 교환해 드립니다.

저자 e-mail : dlrmf17@nate.com(이후곤)

본서 기획자 e-mail : coh@cyber.co.kr(최옥현)

홈페이지 : http://www.cyber.co.kr   전화 : 031) 950-6300

머리말

현대사회는 급격한 도시화와 주거공간의 고층화, 고급화에 따라 승강기의 설치가 보편화되어 건물 내의 교통수단으로 우리 생활과는 떼어서 생각할 수 없는 문명의 이기가 되어 있다. 또한 승강기 수요의 증가에 따라 편리하고 쾌적하게 이용자의 안전을 확보하기 위해서는 승강기의 설계에 따른 설치 및 유지·보수는 매우 중요한 일이다.

이에 따라 건축, 전기, 전자, 기계분야에 대한 전문지식과 기능을 갖춘 승강기분야 전문기술인력에 대한 수요가 증가할 것으로 전망되며, 승강기기능사의 자격취득은 전문기술인으로 진출할 수 있는 길이 될 수 있을 것으로 확신한다.

승강기기능사 자격취득에 뜻을 둔 수험생 및 현장실무자 여러분의 자격증 취득에 대한 어려움에 도움을 주고자 수년간 출제되었던 모든 문제를 분석하여 다음 사항에 중점을 두고 본서를 집필하였다.

▌이 책의 특징▐

01 다년간 기출문제의 출제경향을 완벽하게 분석하여 선별한 핵심이론을 체계적으로 구성하였다.

02 CBT 기출복원문제를 수록하여 실전시험에 대비할 수 있도록 하였다.

03 문제마다 상세하게 해설하여 보다 쉽게 이해할 수 있도록 구성하였다.

이 책으로 열심히 노력하여 수험생들의 목적을 꼭 이루기를 진심으로 바라며, 본서가 많은 참고가 된다면 저자로서 더 이상 바랄 것은 없을 것이다. 아울러, 미흡한 부분은 계속하여 보완해 나갈 것이다.

끝으로 이 책의 출판을 위해 애써 주신 도서출판 성안당 임직원 여러분께 감사드린다.

저자 씀

이 책의 구성

〈이론편〉

자주 출제되는 핵심이론

출제경향을 완벽하게 분석하여 선별한 핵심이론으로 체계적이면서도 쉽게 이론을 익힐 수 있도록 하였다.

이해를 돕는 그림, 사진 삽입

이론을 쉽게 이해할 수 있도록 그림과 사진을 삽입하여 학습효과를 높였다.

〈문제편〉

2025년 제4회 기출복원문제

※ 본 문제는 수험생들의 ...조에 의해 작성되었으며, 시험내용과 일부 다를 수 있습니다.

01 산업안전보건법의 목적과 다른 것은?
① 산업재해 예방
② ...환경 조성
③ 재해 발생 시 ...사처벌
④ 근로자의 안전과 ...건 유지·증진

해설 **산업안전보건법의 목적**
이 법은 산업 안전 및 보건에 ... 기준을 확립하고 그 책임의 소재를 명확하게 하여 산업...해를 예방하고 쾌적한 작업환경을 조성함으로써 노무를 ...하는 사람의 안전 및 보건을 유지·증진함을 목적으...한다.
③ 재해 발생 시 형사처벌... 법의 목적을 달성하기 위한 수단일 뿐, 법의 ...적인 목적은 아니다.

02 정격속도 1m/s인 경우 스프링 완충기의 최소 행정은?
① 50 ② 65
③ 100 ④ 125

해설 **선형특성 에너지 축적형(스프링식) 완충기**
완충기의 가능한 총 행정은 적어도 정격속도의 115%에 ...이는 중력 정지거리의 2배 이상이어야 한다.
...나 행정은 65mm보다 작지 않아야 한다.

03 구름 베어링을 구성하는 기본 요소가 아닌 것은?
① ... ② 내륜
③ 전동체(볼/롤러) ④ 케이지(리테이너)

해설 **구름 베어링의 구성요소**

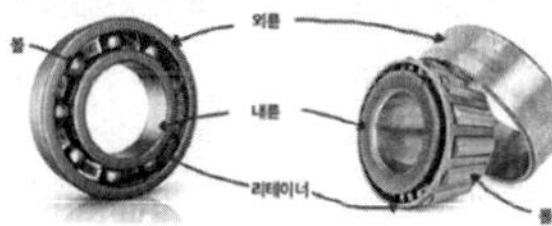

㉠ 내륜 : 베어링의 한쪽 끝을 지지하며, 일반적으로 축과 연결된다.
㉡ 외륜 : 반대쪽 끝을 지지하며, 하우징이나 기계 구조물에 부착된다.
㉢ 전동체(볼/롤러) : 내륜과 외륜 사이에 배치되어 구름마찰을 이용해 축을 지지한다. 볼 베어링은 볼, 롤러 베어링은 롤러가 사용된다.
㉣ 케이지(리테이너) : 전동체를 일정한 간격으로 유지하며, 베어링의 정렬과 전동체 탈락 방지기능을 한다.

04 정전용량이 증가되는 경우를 모두 나열한 것은?

㉠ 극판의 면적을 넓게 한다.
㉡ 극판의 간격을 좁게 한다.
㉢ 극판 간에 넣는 물질은 비유전율이 작은 것을 사용한다.
㉣ 극판 간에 넣는 물질은 비유전율이 큰 것을 사용한다.
㉤ 극판 사이의 전압을 높게 한다.

① ㉠, ㉡
② ㉠, ㉡, ㉤
③ ㉠, ㉡, ㉣
④ ㉠, ㉡, ㉢, ㉣, ㉤

해설 **정전용량(Q)**
㉠ 콘덴서(condenser)는 2장의 도체판(전극) 사이에 유전체를 넣고 절연하여 전하를 축적할 수 있게 한 것이다.

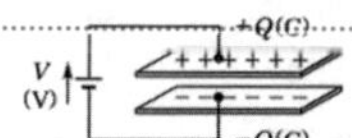

㉡ 전원전압 V(V)에 의해 축적된 전하를 Q(C)이라 하면 Q는 V에 비례하고 그 관계 $Q=CV$(C)이다.
• C는 전극이 전하를 축적하는 능력의 정도를 나타내는 상수로 커패시턴스(capacitance) 또는 정전용량(electrostatic capacity)이라고 하며, 단위는 패럿(farad, F)이다.
• 1F은 1V의 전압을 가하여 1C의 전하가 축적되는 경우의 정전용량이다.
㉢ 큰 정전용량을 얻기 위한 방법
• 극판의 면적을 넓게 한다.
• 극판간의 간격을 작게 한다.
• 극판 사이에 넣는 절연물은 비유전율(ε_s)이 큰 것으로 사용한다.
• 비유전율 : 공기(1), 유리(5.4~9.9), 마이카(5.6~6.0), 단물(81)

정답 01. ③ 02. ② 03. ① 04. ③

● CBT 기출복원문제 수록
최근 CBT 기출복원문제를 통해 실전 시험에 대비할 수 있도록 하였다.

● 상세한 해설
각 문제를 상세하게 해설하여 문제를 완벽하게 이해할 수 있도록 하였다.

● 최근 기출복원문제에 별표 표시
각 문제에 별표를 1~5개까지 표시하여 문제의 중요도를 파악할 수 있도록 하였다.

NCS(국가직무능력표준)가이드

01 국가직무능력표준(NCS)이란?

국가직무능력표준(NCS, National Competency Standards)은 산업현장에서 직무를 수행하기 위해 요구되는 지식·기술·태도 등의 내용을 국가가 산업부문별·수준별로 체계화한 것이다.

(1) 국가직무능력표준(NCS) 개념도

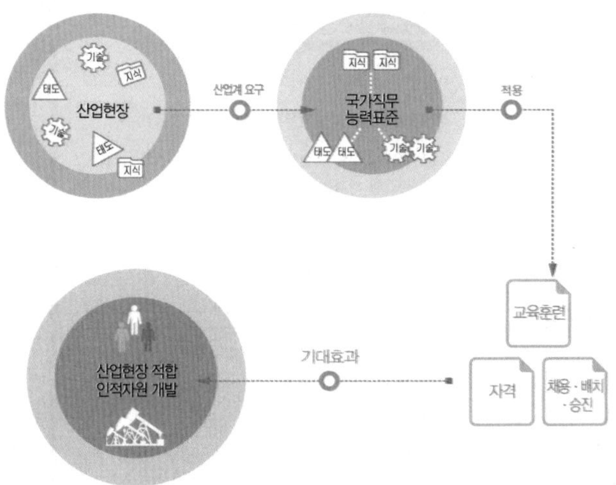

(2) 국가직무능력표준(NCS) 학습모듈

국가직무능력표준(NCS)이 현장의 '직무요구서'라고 한다면, NCS 학습모듈은 NCS 능력단위를 교육훈련에서 학습할 수 있도록 구성한 '교수·학습자료'이다. NCS 학습모듈은 구체적 직무를 학습할 수 있도록 이론 및 실습과 관련된 내용을 상세하게 제시하고 있다.

 02 국가직무능력표준(NCS)이 왜 필요한가?

능력 있는 인재를 개발해 핵심 인프라를 구축하고, 나아가 국가경쟁력을 향상시키기 위해 국가직무능력 표준이 필요하다.

(1) 국가직무능력표준(NCS) 적용 전/후

🔍 지금은

- 직업 교육·훈련 및 자격제도가 산업현장과 불일치
- 인적자원의 비효율적 관리 운용

국가직무 능력표준 →

➕ 이렇게 바뀝니다.

- 각각 따로 운영되었던 교육·훈련, 국가직무능력표준 중심 시스템으로 전환 (일-교육·훈련-자격 연계)
- 산업현장 직무 중심의 인적자원 개발
- 능력중심사회 구현을 위한 핵심 인프라 구축
- 고용과 평생직업능력개발 연계를 통한 국가경쟁력 향상

(2) 국가직무능력표준(NCS) 활용범위

- 현장 수요 기반의 인력채용 및 인사 관리 기준
- 근로자 경력개발
- 직무기술서

- 직업교육훈련과정 개발
- 교수계획 및 매체, 교재 개발
- 훈련기준 개발

- 자격종목의 신설·통합·폐지
- 출제기준 개발 및 개정
- 시험문항 및 평가 방법

03 NCS 분류체계

① 국가직무능력표준의 분류는 직무의 유형(Type)을 중심으로 국가직무능력표준의 단계적 구성을 나타내는 것으로, 국가직무능력표준 개발의 전체적인 로드맵을 제시한다.
② 한국고용직업분류(KECO, Korean Employment Classification of Occupations)를 중심으로, 한국표준직업분류, 한국표준산업분류 등을 참고하여 분류하였으며 '대분류(24) → 중분류(81) → 소분류(273) → 세분류(1,100개)'의 순으로 구성한다.

04 NCS 학습모듈

(1) 개념

국가직무능력표준(NCS, National Competency Standards)이 현장의 '직무요구서'라고 한다면, NCS 학습모듈은 NCS의 능력단위를 교육훈련에서 학습할 수 있도록 구성한 '교수·학습 자료'이다. NCS 학습모듈은 구체적 직무를 학습할 수 있도록 이론 및 실습과 관련된 내용을 상세하게 제시하고 있다.

(2) 특징

① NCS 학습모듈은 산업계에서 요구하는 직무능력을 교육훈련 현장에 활용할 수 있도록 성취목표와 학습의 방향을 명확히 제시하는 가이드라인의 역할을 한다.
② NCS 학습모듈은 특성화고, 마이스터고, 전문대학, 4년제 대학교의 교육기관 및 훈련기관, 직장교육기관 등에서 표준교재로 활용할 수 있으며 교육과정 개편 시에도 유용하게 참고할 수 있다.

05 기계 NCS 학습모듈 분류체계에 따른 능력단위

기계 > 기계장치설치 > 기계장비설치 · 정비 > 승강기설치 · 정비

능력단위명	수준	능력단위 정의
승강기 설치계획 수립	4	승강기 설치계획 수립이란 건축물에 승강기를 설치하기 위하여 설치도면과 시방서를 이해하고, 설치공법을 결정하여 설치공정 계획을 수립하고 진행 관리하는 능력이다.
엘리베이터 전기 설치	3	엘리베이터 전기 설치란 엘리베이터가 정상적으로 작동할 수 있도록 기계실, 승강로, 카 상부에 해당하는 전기장치를 배선, 결선하고 시운전을 통해 정밀하게 조정하는 능력이다.
에스컬레이터 설치	3	에스컬레이터 설치란 에스컬레이터 설치현장에 필요한 사항을 준비하여 트러스, 스텝, 핸드레일 등 기계적 부품과 전기적 부품을 설치하고 조정하는 능력이다.
엘리베이터 점검	3	엘리베이터 점검이란 엘리베이터가 고장 없이 원활히 동작이 되도록 점검계획을 수립하여 엘리베이터 각 부위를 점검하는 능력이다.
에스컬레이터 점검	3	에스컬레이터 점검이란 에스컬레이터가 고장 없이 원활히 동작이 되도록 점검계획을 수립하여 에스컬레이터 각 부위를 점검하는 능력이다.
엘리베이터 부품 교체	3	엘리베이터 부품 교체란 엘리베이터의 성능유지를 위하여 로프, 도르래, 권상기 등을 진단하고 교체 여부를 판단하여 부품 교체를 수행하는 능력이다.
에스컬레이터 부품 교체	3	에스컬레이터 부품 교체란 에스컬레이터의 성능유지를 위하여 핸드레일, 스텝, 체인 등을 진단하고 교체 여부를 판단하여 교체를 수행하는 능력이다.
엘리베이터 기계 설치	3	엘리베이터 기계 설치란 엘리베이터가 지정된 위치에 정확하게 설치될 수 있도록 형판을 설치하고 기계실 부품, 레일을 설치하는 능력이다.
엘리베이터 부품 설치	3	엘리베이터 부품 설치란 엘리베이터가 지정된 위치에 정확하게 설치될 수 있도록 승강장, 카, 승강로에 각종 승강기 기계 부품을 설치하는 능력이다.
승강기 설치검사 수검	3	승강기 설치검사 수검이란 검사계획 수립, 자체검사 실시, 설치검사 수검 등 승강기가 안전기준에 적합하게 설치하고 유지될 수 있도록 관리하여 수검 받을 수 있는 능력이다.
승강기 안전검사 수검	3	승강기 안전검사 수검이란 검사계획 수립, 안전검사 수검 등 승강기가 안전기준에 적합하게 유지될 수 있도록 관리하는 능력이다.
승강기 기계설비 고장처리	3	승강기 기계설비 고장처리란 승강기의 고장발생 시 고장처리 절차에 따라 각 부품의 기능을 수리하여 정상적인 기능을 수행할 수 있도록 처리하는 능력이다.
승강기 제어설비 고장처리	3	승강기 제어설비 고장처리란 고장발생 시 고장처리 절차에 따라 고장원인을 수리하여 정상적인 기능을 수행할 수 있도록 처리하는 능력이다.
승강기 안전관리	3	승강기 안전관리란 승강기 설치와 정비에 관련된 작업 시 기계, 전기, 환경안전에 대해 기준을 정하고 현장에 적용하는 능력이다.

★ 기계 NCS 학습모듈에 대한 자세한 사항은 **N 국가직무능력표준** National Competency Standards 홈페이지(www.ncs.go.kr)에서 확인해주시기 바랍니다. ★

06 과정평가형 자격취득

(1) 개념

국가직무능력표준(NCS)에 따라 편성·운영되는 교육·훈련과정을 일정 수준 이상 이수하고 평가를 거쳐 합격기준을 통과한 사람에게 국가기술자격을 부여하는 제도이다.

(2) 시행대상

「국가기술자격법 제10조 제1항」의 과정평가형 자격 신청자격에 충족한 기관 중 공모를 통하여 지정된 교육·훈련기관의 단위과정별 교육·훈련을 이수하고 내부평가에 합격한 자

(3) 국가기술자격의 과정평가형 자격 적용 종목

기계설계산업기사 등 206개 종목(※ NCS 홈페이지/자료실/과정평가형 자격 참조)

(4) 교육·훈련생 평가

① 내부평가(지정 교육·훈련기관)

  ㉠ 평가대상 : 능력단위별 교육·훈련과정의 75% 이상 출석한 교육·훈련생

  ㉡ 평가방법 : 지정받은 교육·훈련과정의 능력단위별로 평가 → 능력단위별 내부평가 계획에 따라 자체 시설·장비를 활용하여 실시

  ㉢ 평가시기 : 해당 능력단위에 대한 교육·훈련이 종료된 시점에서 실시하고 공정성과 투명성이 확보되어야 함 → 내부평가 결과 평가점수가 일정 수준(40%) 미만인 경우에는 교육·훈련기관 자체적으로 재교육 후 능력단위별 1회에 한해 재평가 실시

② 외부평가(한국산업인력공단)

  ㉠ 평가대상 : 단위과정별 모든 능력단위의 내부평가 합격자(수험원서는 교육·훈련 시작일로부터 15일 이내에 우리 공단 소재 해당 지역 시험센터에 접수)

  ㉡ 평가방법 : 1차·2차 시험으로 구분 실시

    • 1차 시험 : 지필평가(주관식 및 객관식 시험)

    • 2차 시험 : 실무평가(작업형 및 면접 등)

(5) 합격자 결정 및 자격증 교부

① 합격자 결정 기준 : 내부평가 및 외부평가 결과를 각각 100점을 만점으로 하여 평균 80점 이상 득점한 자

② 자격증 교부 : 기업 등 산업현장에서 필요로 하는 능력보유 여부를 판단할 수 있도록 교육·훈련 기관명·기간·시간 및 NCS 능력단위 등을 기재하여 발급

★ NCS에 대한 자세한 사항은 **국가직무능력표준** National Competency Standards 홈페이지(www.ncs.go.kr)에서 확인해주시기 바랍니다. ★

CBT(컴퓨터시험)가이드

한국산업인력공단에서 2016년 5회 기능사 필기 시험부터 자격검정 CBT(컴퓨터 시험)으로 시행됩니다. CBT의 진행 과정과 메뉴의 기능을 미리 알고 연습하여 새로운 시험 방법인 CBT에 대비하시기 바랍니다. 다음과 같이 순서대로 따라해 보고 CBT 메뉴의 기능을 익혀 실전처럼 연습해 봅시다.

STEP 01 자격검정 CBT 들어가기

⬆ 큐넷에서 표시된 부분을 클릭하면 '웹체험 자격검정 CBT'를 할 수 있습니다.

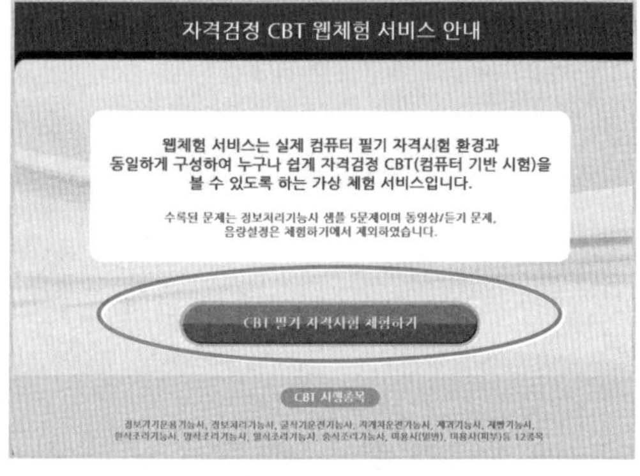

⬆ 'CBT 필기 자격시험 체험하기'를 클릭하면 시작됩니다.

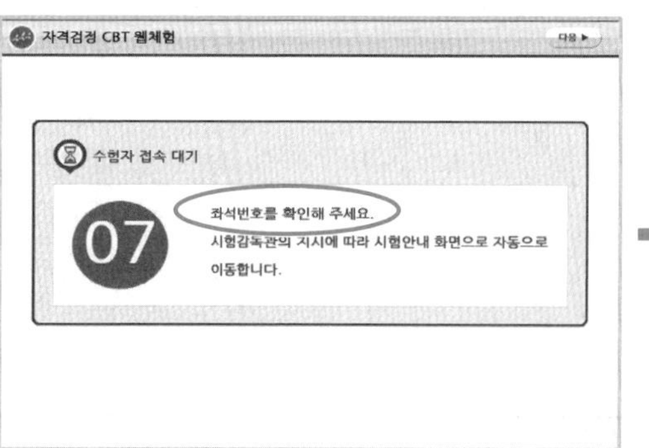

⬆ 시험 시작 전 배정된 좌석에 앉으면 수험자 정보를 확인합니다.

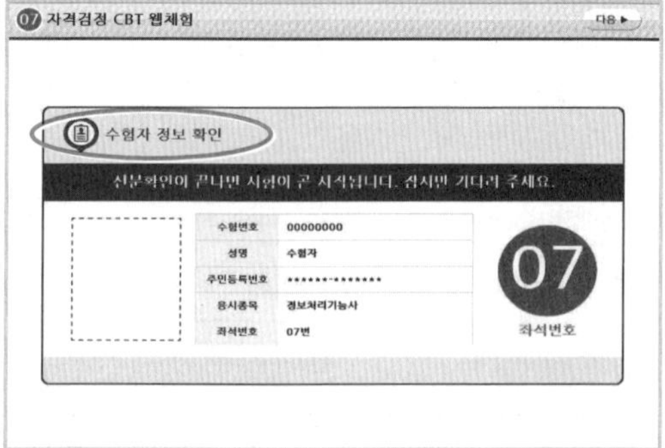

⬆ 시험장 감독위원이 컴퓨터에 표시된 수험자 정보와 신분증의 일치 여부를 확인합니다.

STEP 02 자격검정 CBT 둘러보기

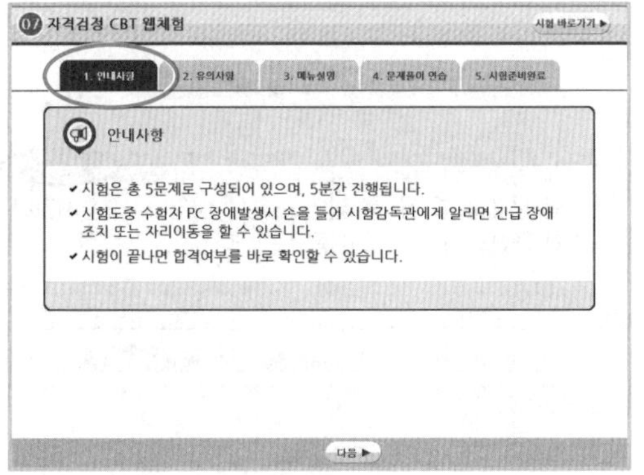

⊙ 수험자 정보 확인이 끝난 후 시험 시작 전 'CBT 안내사항'을 확인합니다.

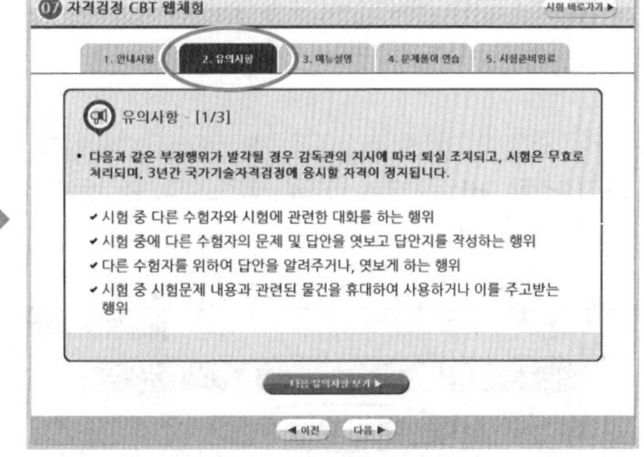

⊙ 'CBT 유의사항'을 확인합니다. '다음 유의사항 보기'를 클릭하면 전체 유의사항을 확인할 수 있으며 보지 못한 유의사항이 있으면 '이전 유의사항 보기'를 클릭하여 다시 볼 수 있습니다.

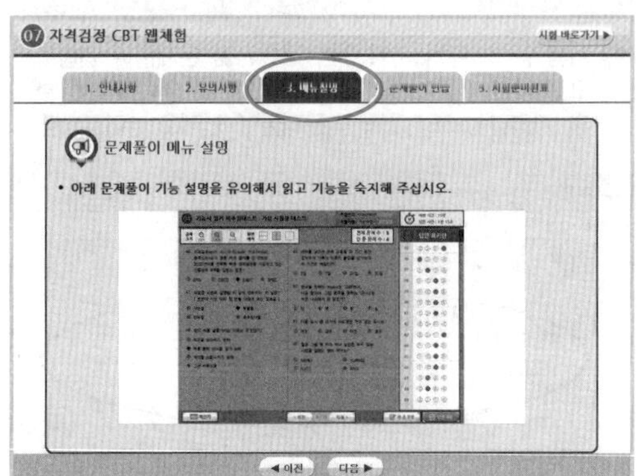

⊙ '문제풀이 메뉴 설명'을 확인합니다.
▷▷▷'자격검정 CBT MENU 미리 알아두기'에서 자세히 살펴보기

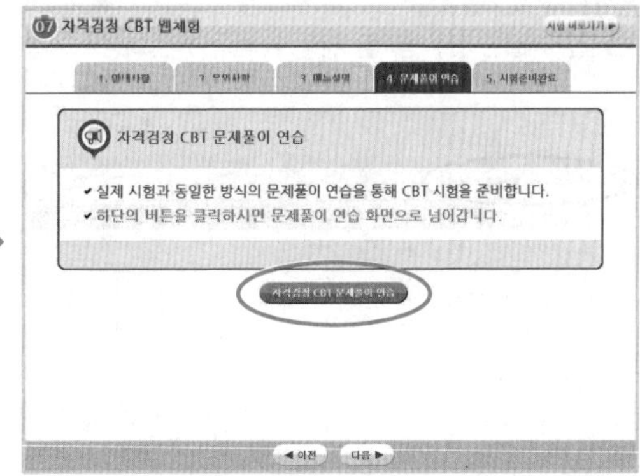

⊙ '자격검정 CBT 문제풀이 연습'을 클릭하면 실제 시험과 동일한 방식으로 진행됩니다.

CBT(컴퓨터시험)가이드

⬆ 자격검정 CBT 문제풀이 연습을 시작합니다. 총 3문제로 구성되어 있습니다.

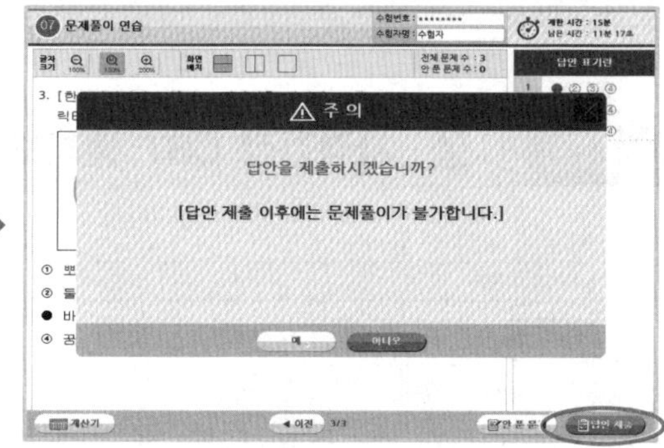

⬆ 시험 문제를 다 푼 후 답안 제출을 하거나 시험 시간이 경과되었을 경우 시험이 종료됩니다.

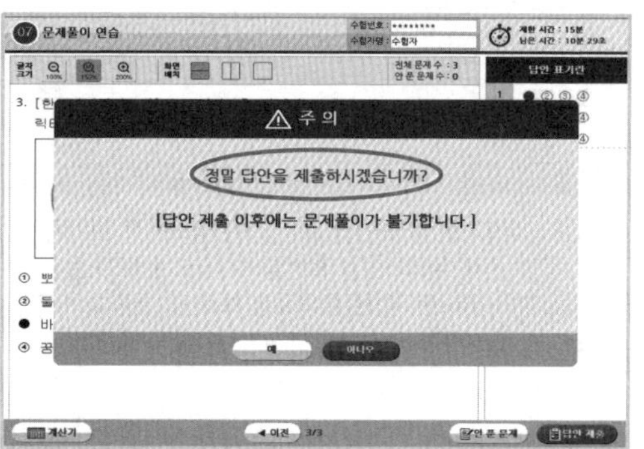

⬆ 답안 제출은 실수 방지를 위해 두 번의 확인 과정을 거칩니다. 시험 종료 후 시험 결과를 바로 확인할 수 있습니다.

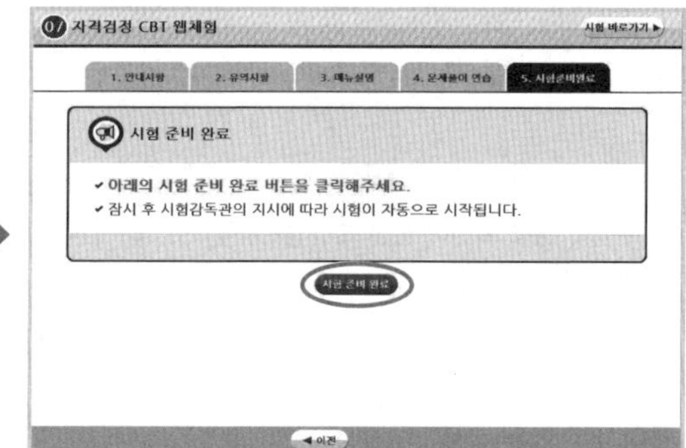

⬆ 시험 안내·유의 사항, 메뉴 설명 및 문제풀이 연습까지 모두 마친 수험자는 '시험 준비 완료'를 클릭합니다. 클릭 후 '자격검정 CBT 웹체험 문제풀이' 단계로 넘어갑니다.

⬆ 자격검정 CBT 웹체험 문제풀이를 시작합니다. 총 5문 제로 구성되어 있습니다.

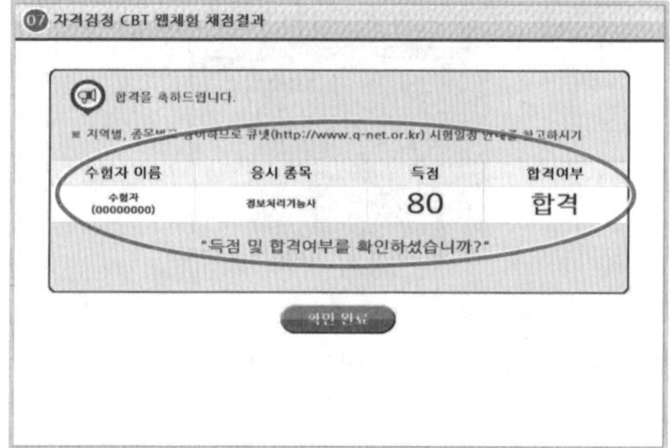

⬆ 답안을 제출하면 점수와 합격 여부를 바로 알 수 있습니다.

자격검정 CBT 메뉴 미리 알아두기

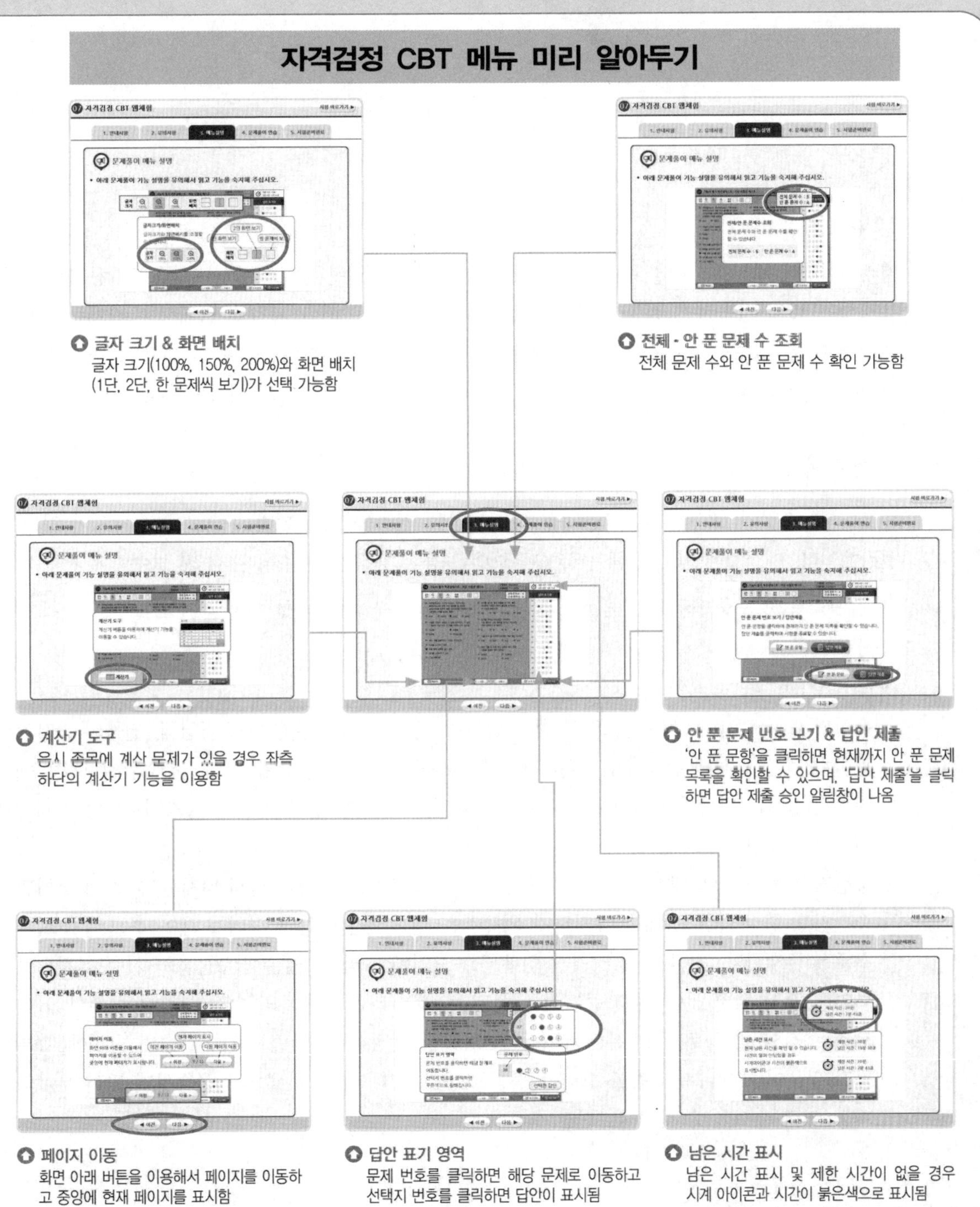

글자 크기 & 화면 배치
글자 크기(100%, 150%, 200%)와 화면 배치
(1단, 2단, 한 문제씩 보기)가 선택 가능함

전체 · 안 푼 문제 수 조회
전체 문제 수와 안 푼 문제 수 확인 가능함

계산기 도구
응시 종목에 계산 문제가 있을 경우 좌측
하단의 계산기 기능을 이용함

안 푼 문제 번호 보기 & 답안 제출
'안 푼 문항'을 클릭하면 현재까지 안 푼 문제
목록을 확인할 수 있으며, '답안 제출'을 클릭
하면 답안 제출 승인 알림창이 나옴

페이지 이동
화면 아래 버튼을 이용해서 페이지를 이동하
고 중앙에 현재 페이지를 표시함

답안 표기 영역
문제 번호를 클릭하면 해당 문제로 이동하고
선택지 번호를 클릭하면 답안이 표시됨

남은 시간 표시
남은 시간 표시 및 제한 시간이 없을 경우
시계 아이콘과 시간이 붉은색으로 표시됨

시험안내

01 개요

엘리베이터나 에스컬레이터, 주차용 기계장치 등 승강기는 일단 설치가 끝나면, 좋은 작동 상태를 유지하기 위해 지속적인 점검 및 보수작업을 해야 한다. 이러한 작업을 위해서는 기계, 전자, 전기에 대한 기초적인 지식과 기능을 필요로 한다. 이에 따라 산업 현장에서 필요로 하는 기능 인력의 양성을 통해 승강기 이용 시 안전을 도모하고자 자격제도를 제정하였다.

02 수행직무

주로 각종 승강기 보수용 장비 및 공구를 사용하여 건축물 또는 기타 구조물에 설치되어 있는 엘리베이터, 에스컬레이터, 덤웨이터, 수평보행기 등의 승강기를 검사, 점검 및 보수하고 시운전하는 업무를 수행한다.

03 진로 및 전망

- 승강기 또는 승강기 부품 제조업체 및 수입업체, 승강기 보수·유지·점검업체, 건물의 승강기 관리직, 승강기 부품 판매업체, 일반 건물의 전기실 등으로 진출할 수 있다. '산업안전보건법'에 의한 지정 검사기관의 검사자, '승강기 제조 및 관리에 관한 법률'에 의한 승강기보수업의 기술 인력으로 고용될 수 있다.

- 승강기 기능 인력에 대한 수요는 주로 신축 건물의 증감에 영향을 받게 되지만, 기존에 설치된 승강기도 항상 좋은 상태를 유지하기 위해서는 지속적인 점검과 정비를 해야 하므로 수요는 꾸준히 존재한다. 최근 건설 경기가 회복세를 보임에 따라 더 많은 건축물들이 신축될 것으로 보여 승강기 설치 분야 인력 증가가 예상된다. 동시에 일반인들의 승강기 안전에 대한 인식 고조로 검사 및 정비, 점검분야의 수요도 지속될 예정이다. 반면 승강기기술의 발전에 따른 공간 활용이나 에너지 절감을 고려한 최첨단 승강기가 개발되고 있어 건물승강기 관리 분야의 기능 인력 수요는 크지 않을 전망이다.

04 시행처

한국산업인력공단(http://www.q-net.or.kr)

05 관련 학과

공업계 고등학교의 기계, 전기 관련 학과

06 시험과목

- 필기 : 승강기 설치, 유지관리, 안전관리
- 실기 : 승강기 설치 및 유지관리 실무

07 검정방법

- 필기 : 전 과목 혼합, 객관식 60문항(60분)
- 실기 : 작업형(3시간 30분 정도)

08 합격기준

- 필기 : 100점을 만점으로 하여 60점 이상
- 실기 : 100점을 만점으로 하여 60점 이상

필기과목명	출제 문제수	주요항목	세부항목	세세항목
승강기 설치, 유지관리, 안전관리	60	1. 엘리베이터 기계설 치 및 부품교체	(1) 승강기 일반	① 승강기 종류 ② 승강기의 원리 및 조작방식 ③ 특수승강기
			(2) 형판 설치하기	① 엘리베이터 설치도면 ② 승강로, 기계실, 출입구 건축도면 ③ 형판 설치
			(3) 주행안내 레일 설치하기	① 주행안내 레일, 고정용 브래킷 설치 ② 완충기 받침대 ③ 설치 공법 ④ 레일 게이지
		2. 엘리베이터 점검	(1) 기계실 및 기계류 공간에서 점검	① 기계실 환경 점검 ② 기계실 기계, 전기부품 및 장치
			(2) 카에서 점검	① 카의 주행상태 ② 카 내부, 상부 점검 및 조정 능력 ③ 안전장치
			(3) 승강로에서 점검	① 승강로 벽의 균열, 누수 등 청결상태 ② 승강로 기계, 전기부품 및 장치 ③ 각종 매다는 장치 및 체인
			(4) 승강장에서 점검	① 승강장문 및 장치 ② 승강장 버튼 및 표시기
			(5) 피트에서 점검	① 피트 기계, 전기부품 및 장치 ② 피트 누수
		3. 엘리베이터 부품 설치 및 교체	(1) 엘리베이터 부품상태 진단 하기	① 엘리베이터 부품의 노후, 마모상태 진단 ② 기계, 전기 측정기
			(2) 승강장 부품 설치 및 교체 하기	① 각 부품별 설치위치에 승강장 부품 설치 ② 승강장 출입문 조정
			(3) 카 설치 및 교체하기	① 카 슬링 설치 ② 카 벽, 카 천장, 카 조작반 조립 ③ 카 출입문과 관련된 부품, 카 상부 설치 부품 ④ 카 심출, 카 밸런스 작업

필기과목명	출제 문제수	주요항목	세부항목	세세항목
승강기 설치, 유지관리, 안전관리	60	4. 엘리베이터 전기 설치 및 부품 교체	(1) 엘리베이터 전기 배선	엘리베이터 전기부품
			(2) 전기부품 교체	① 전기부품 교체 ② 전기회로도 결선 확인
		5. 기계 전기 기초	(1) 승강기 주요 기계요소별 구조와 원리	① 링크기구 ② 운동기구와 캠 ③ 도르래(활차)장치 ④ 베어링 ⑤ 기어
			(2) 승강기 동력원의 기초 전기	① 정전기와 콘덴서 ② 직류회로 및 교류회로 ③ 자기회로 ④ 전자력과 전자유도 ⑤ 전기보호기기
			(3) 승강기 구동 기계 기구 작동 및 원리	전동기의 종류 및 특성
			(4) 승강기 제어 및 제어시스템 의 원리 및 구성	① 제어의 개념 ② 제어계의 요소 및 구성 ③ 시퀀스제어 ④ 전자회로 및 변도체
		6. 승강기 안전관리	(1) 안전관리 장구 준비하기	안전장비, 장구, 용품
			(2) 전기안전 준수하기	전기안전용품
			(3) 환경관리하기	① 환경검사 장비 ② 안전작업 절차
		7. 승강기 안전검사 수검	(1) 안전검사 수검	① 승강기 부품의 기능별 점검(전기, 제어, 기계) ② 오버밸런스율
		8. 에스컬레이터(무빙 워크) 설치 및 부품 교체	(1) 에스컬레이터 부품상태 진단하기	에스컬레이터 부품의 노후, 마모상태 진단
			(2) 현장 확인 양중하기	① 에스컬레이터 설치 도면 ② 에스컬레이터 양중
			(3) 트러스 조립하기	① 트러스 조립 ② 레일 조립 ③ 데크, 스커트가드 등 설치

필기과목명	출제 문제수	주요항목	세부항목	세세항목
승강기 설치, 유지관리, 안전관리	60	8. 에스컬레이터(무빙 워크) 설치 및 부품 교체	(4) 디딤판	① 디딤판 설치 ② 디딤판 교체 ③ 디딤판 보수
			(5) 손잡이 설치 및 부품 교체	① 손잡이 설치 ② 손잡이 장력 ③ 난간 상부의 손잡이 가이드
			(6) 체인 설치 및 부품 교체	① 체인 설치 ② 체인 규격
			(7) 전기장치 조립하기	① 모터, 감속기, 브레이크 ② 손잡이 구동장치 조립 ③ 각종 전기 안전장치 조정
			(8) 설치 조정하기	① 프레임과 건물 중심선 작업 ② 상·하부 터미널 기어 조정
		9. 에스컬레이터(무빙 워크) 점검	(1) 구동부 점검하기	① 구동기, 구동체인, 구동장치 ② 브레이크시스템
			(2) 안전장치 점검하기	기계적, 전기적 안전장치
			(3) 손잡이 점검하기	① 손잡이 및 구성품 ② 디딤판과 손잡이 속도 측정
			(4) 상부 기계실 점검하기	① 디딤판, 트레드, 스커트가드 ② 제어반
			(5) 하부 기계실 점검하기	① 디딤판 체인 상태 및 장력 ② 콤, 오일받이

차 례

01 자주 출제되는 핵심이론

차 례

Contents

02 실전대비 CBT 기출복원문제

01

자주 출제되는 핵심이론

제1절 | 승강기 일반

출제 01 승강기 종류

‖ 엘리베이터 ‖

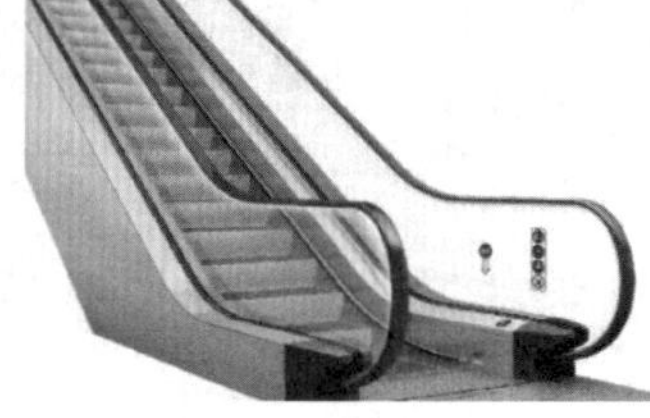

‖ 에스컬레이터 ‖

‖ 휠체어 리프트 ‖

1 승강기의 종류

(1) 엘리베이터

일정한 수직로 또는 경사로를 따라 위·아래로 움직이는 운반구(運般具)를 통해 사람이나 화물을 승강장으로 운송시키는 설비

(2) 에스컬레이터

일정한 경사로 또는 수평로를 따라 위·아래 또는 옆으로 움직이는 디딤판을 통해 사람이나 화물을 승강장으로 운송시키는 설비

(3) 휠체어 리프트

일정한 수직로 또는 경사로를 따라 위·아래로 움직이는 운반구를 통해 휠체어에 탑승한 장애인 또는 그 밖의 장애인·노인·임산부 등 거동이 불편한 사람을 승강장으로 운송시키는 설비

2 동력 매체별(카를 움직이는 방법) 분류

(1) 전기식(로프식)

① 권상 구동식 엘리베이터(traction drive lift) : 현수로프가 구동기의 권상도르래 홈 등에서 마찰에 의해 구동되는 엘리베이터

② 포지티브 구동식 엘리베이터(positive drive lift) : 권상 구동식 이외의 방식으로 체인 또는 로프에 의해 현수되는 엘리베이터

(2) 유압식

① 직접식 : 카 하부에 플런저를 직접 붙여서 카를 움직이는 방식
② 간접식 : 램이나 실린더가 현수수단(로프 또는 체인)에 의해 카 또는 카 슬링에 연결되어 움직이는 방식
③ 팬터그래프식 : 팬터그래프를 유압 실린더로 개폐하여 카를 승강시키는 방식

(3) 스크루식

① 나사형의 홈을 판 긴 기둥에 너트에 상당하는 슬리브를 카측에 설치하고 회전시킴으로써 카를 승강시키는 방식이다.
② 간혹 유체의 이용이 어려운 경우에 사용한다.

(4) 랙 · 피니언식

① 레일에 랙 기어를, 카에는 이것과 서로 맞물리도록 피니언을 설치하고 회전시켜 카를 승강 시키는 방식이다.
② 화물용 엘리베이터, 개인 주택용 엘리베이터 등에 사용된다.

3 카의 속도(m/s)에 의한 분류

① 저속 : 0.75 이하
② 중속 : 1~4
③ 고속 : 4~6
④ 초고속 : 6 이상

4 용도에 의한 분류

(1) 승객용 엘리베이터

① 사람의 운송에 적합하게 제작된 엘리베이터일 것
② 승객 · 화물용 엘리베이터 : 승객 · 화물 겸용에 적합하게 제작된 엘리베이터일 것
③ 비상용 엘리베이터 : 화재 시 소화 및 구조활동에 적합하게 제작된 엘리베이터일 것
④ 주택용 엘리베이터 : 단독주택의 거주자를 운송하기 위한 카를 정해진 승강장으로 운행시키기 위하여 설치되는 승강행정이 12m 이하인 엘리베이터일 것

(2) 화물용 엘리베이터

① 화물 운반 전용에 적합하게 제작된 엘리베이터(조작자 또는 화물취급자 1명은 탑승할 수 있음)일 것. 다만, 적재용량이 300kg 미만인 것으로서 사람이 탑승하지 않는 엘리베이터는 제외한다.
② 덤웨이터 : 사람이 탑승하지 않으면서 적재용량이 300kg 이하인 것으로서 소형화물(서적, 음식물 등) 운반에 적합하게 제작된 엘리베이터일 것. 다만, 바닥면적이 $0.5m^2$ 이하이고 높이가 0.6m 이하인 엘리베이터는 제외한다.

(3) 에스컬레이터

① 계단형의 디딤판을 동력으로 오르내리게 한 것

② 무빙워크 : 평면의 디딤판을 동력으로 이동시키게 한 것

출제 02 승강기의 원리 및 조작방식

1 승강기의 원리

(1) 전기식(로프식) 승강기의 원리

현재의 전기식 승강기는 권상기의 도르래에 로프를 두레박식으로 걸고 한쪽에 카를, 다른 쪽에는 균형추를 매단 전기식(로프식, 균형추 방식)이 많이 사용된다.

저양정의 일부 엘리베이터에는 권상기의 권동(드럼)을 사용하여 로프를 드럼에 감거나 풀어서 카를 올리고 내리는 권동식이 사용되기도 한다.

① **권상 구동식** : 로프를 시브에 걸고 양 끝에 카와 균형추를 연결하여 권상도르래 홈에서 마찰에 의해 상하 방향으로 카와 균형추를 움직이는 방식

　㉠ **시브** : 전동기에 연결되며, 카가 상승하면 균형추는 반대로 하강한다.

　㉡ **카** : 승객이 탑승하며, 시브의 회전 방향에 따라 상승 또는 하강한다.

　㉢ **균형추** : 카와 반대 방향으로 움직이며, 전동기의 동력 소모를 줄여준다.

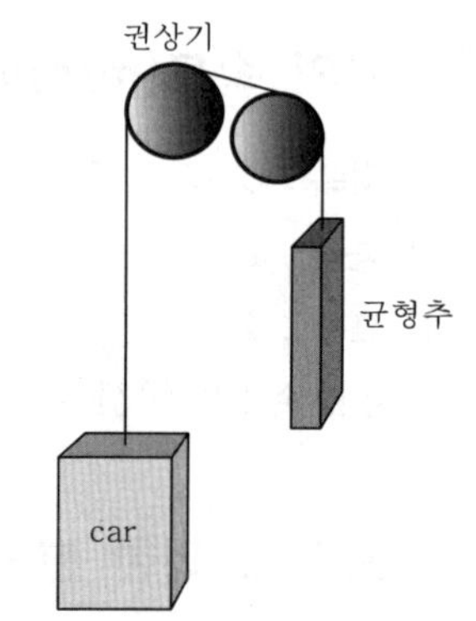

┃ 권상 구동식(traction drive lift) ┃

② **권동식**

　㉠ 권상 구동식에서 균형추를 없애고 로프의 끝을 직접 권상기에 감아올리는 방식

　㉡ **권동식의 단점**

　　ⓐ 너무 감거나 지나치게 풀 때 위험하다.

　　ⓑ 균형추를 사용하지 않기 때문에 소요 동력이 큰 것이 필요하다.

　　ⓒ 승강행정이 달라질 때마다 다른 권동이 필요하고 특히 높은 양정은 적용이 곤란하다.

　　ⓓ 주택용 엘리베이터에 사용이 국한된다.

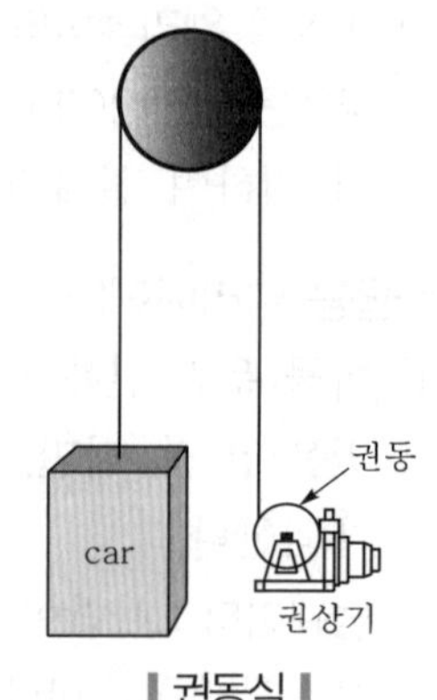

┃ 권동식 ┃

(2) 유압식 엘리베이터의 원리

유체의 압력에 의하여 실린더 내부의 플런저 이동으로 카를 움직인다.

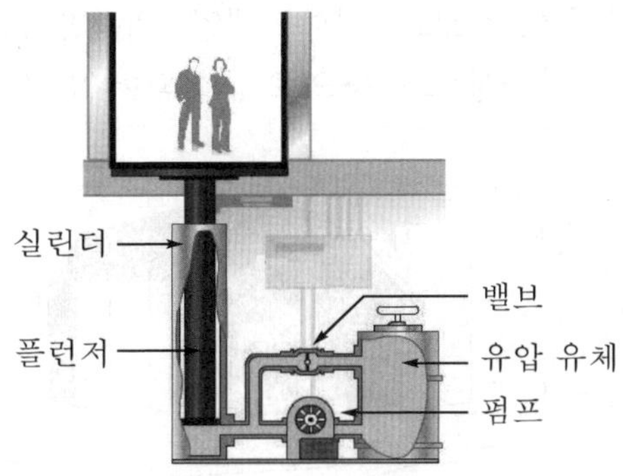

‖ 유압식 엘리베이터의 구조 ‖

(3) 에스컬레이터의 원리

① 에스컬레이터의 정의 : 디딤판 체인에 연결된 여러 개의 디딤판은 전동기에 직결된 웜 감속 구동기로 구동되는 자동경사계단으로서, 일정 방향으로 승객을 연속적으로 이동시키는 방식이다.

② 에스컬레이터의 특징

   ㉠ 출퇴근 시간에 많은 수의 사람을 운반하기 쉽다.

   ㉡ 엘리베이터에 비해 짧은 거리에 많은 사람의 이동이 가능하다.

   ㉢ 엘리베이터에 비해 부하용량에 문제없이 연속적으로 이용 가능하다.

   ㉣ 스위치의 조작과 대기시간 없이 이동이 가능하다.

   ㉤ 상업시설 설치 시 고객의 관심을 얻는 홍보에 유리하다.

   ㉥ 실외에 설치가 가능하다.

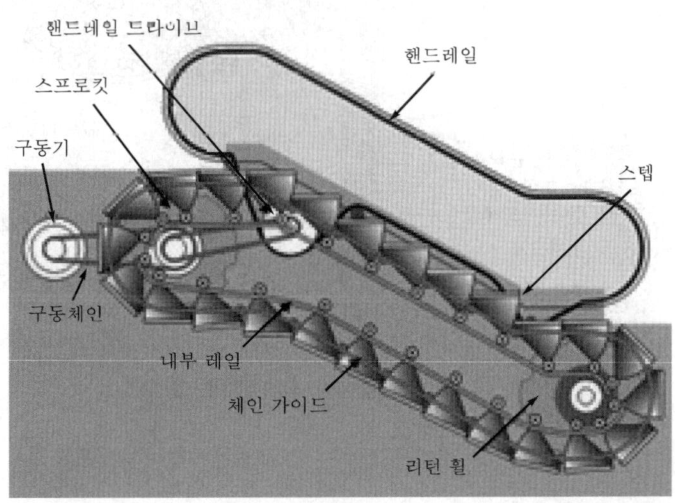

‖ 에스컬레이터의 구조 ‖

2 승강기의 구조

승강설비에서 가장 많이 사용되는 것은 전기식(로프식)으로 권상기 시브에 로프를 감아 카를 승강시키는 방식이다. 권상기, 주로프, 가이드레일, 추락방지안전장치, 과속조절기, 완충기, 카실, 균형추, 균형체인 및 균형로프 등으로 구성되어 있다.

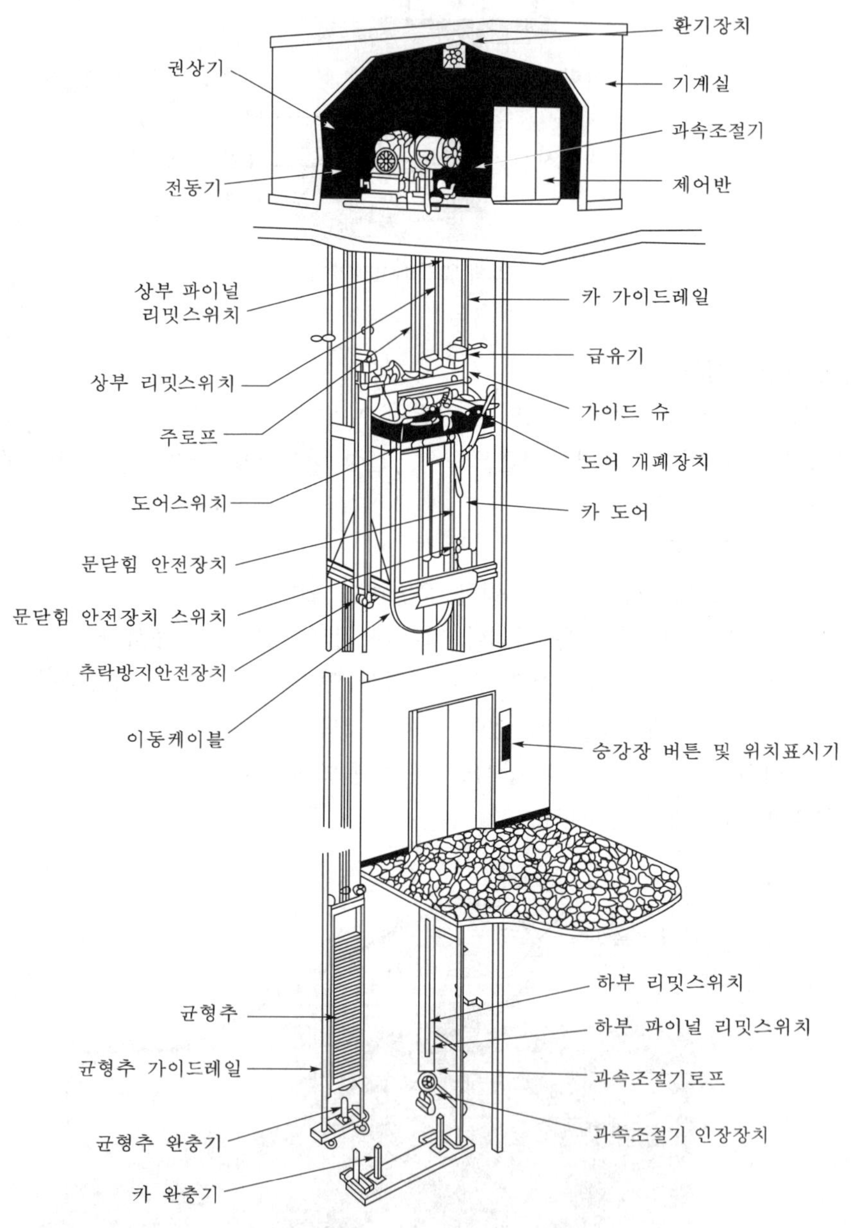

‖ 전기식(로프식) 엘리베이터의 구조 ‖

(1) 권상기

주로프를 사용하여 카를 수직 이동시키기 위해 전동기를 이용한 동력장치이다. 감속기를 부착한 기어(geared)식과 감속기를 사용하지 않는 무기어식(gearless)으로 구분되며, 도르래(pulley), 제동기(brake), 기계대 등으로 구성된다.

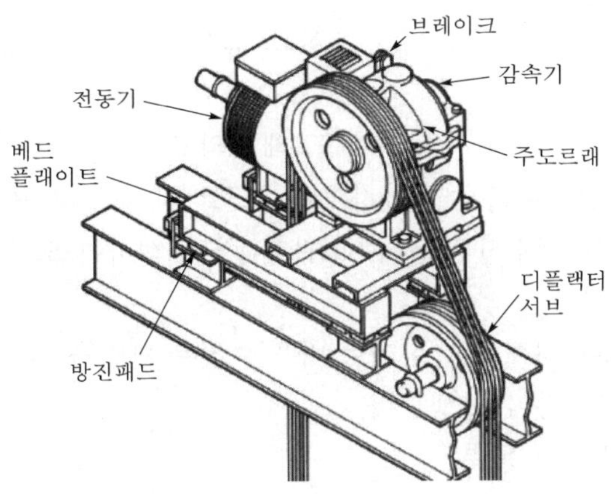

‖ 권상기 및 전동기 ‖

① 권상기의 개념과 특징
　㉠ 권상기의 개념 : 현재 고층빌딩의 고속 엘리베이터에는 시브에 전동기를 직결한 기어리스 권상기가 채용되며, 진동이나 소음이 적고, 승차감이 뛰어나다. 반면 저속 표준형 엘리베이터에는 전동기와 시브 사이에 기어를 채용한 권상기의 사용이 일반적이다.
　㉡ 트랙션식(traction) 권상기의 특징
　　ⓐ 균형추를 사용하기 때문에 소요동력이 적다.
　　ⓑ 도르래를 사용하기 때문에 승강행정에 제한이 없다.
　　ⓒ 로프를 마찰로써 구동하기 때문에 지나치게 감길 위험이 없다.
② **도르래 홈의 종류별 특징** : 도르래 홈의 형상은 마찰력이 큰 것이 바람직하지만 마찰력이 큰 형상은 로프와 도르래 홈의 접촉면 면압이 크기 때문에 로프와 도르래가 쉽게 마모될 수 있다.

‖ 로프식의 미끄러짐 원인 ‖

구 분	원 인
로프가 감기는 각도	작을수록 미끄러지기 쉽다.
카의 가속도와 감속도	클수록 미끄러지기 쉽다. (긴급 정지 시 일어나는 미끄러짐을 고려해야 한다.)
카측과 균형추측의 로프에 걸리는 중량의 비	클수록 미끄러지기 쉽다. (무부하 시를 체크할 필요가 있다.)

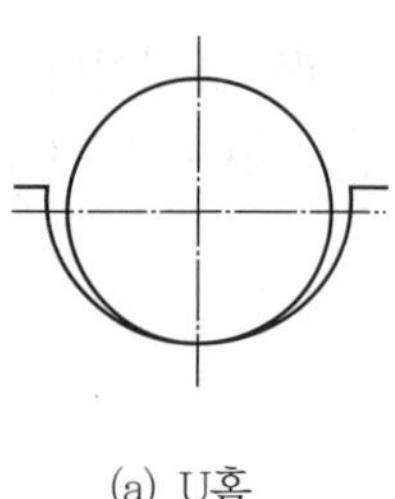

(a) U홈

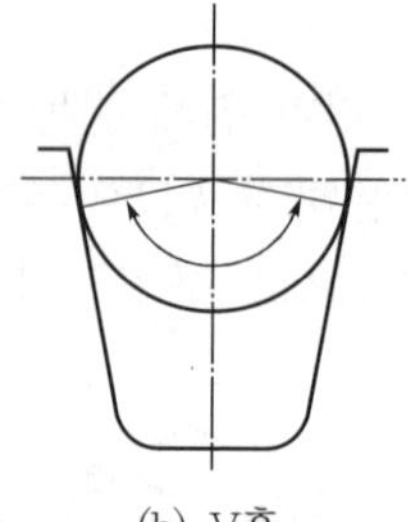

(b) V홈

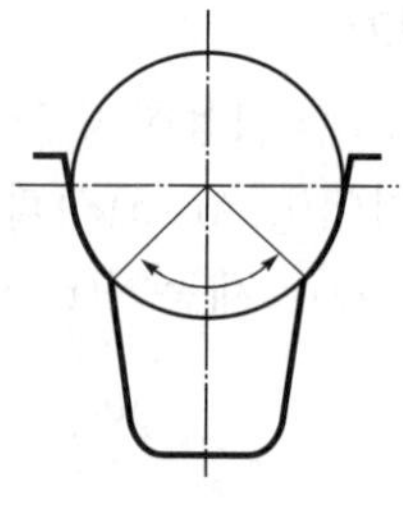

(c) 언더컷홈

┃ 도르래 홈의 종류 ┃

㉠ 언더컷홈은 라운드홈을 사용하지 않는 도르래에 주로 사용된다. 그 특징은 V홈과 U홈의 중간으로 마찰계수가 적당하며, 권부각을 개선하여 도르래 및 로프의 수명을 연장시키는 장점이 있다.

㉡ 언더컷의 마모에 의해 U홈 상태로 바뀌는 것은 면압을 감소시키고 이로 인해 마찰력이 적어져서 미끄러짐이 발생한다.

③ 권상기용 전동기의 소요 동력

　㉠ 전동기의 소요 동력(P)

$$P = \frac{L \cdot V \cdot S}{6,120 \cdot \eta} \, [\text{kW}]$$

여기서, P : 전동기의 용량[kW]

　　　　L : 정격하중[kg]

　　　　V : 정격속도[min]

　　　　S : 오버밸런스율은 균형추의 중량을 결정할 때 사용하는 계수

　　　　　　$[S = 1 - F\,(오버밸런스율,\ \%)]$

　㉡ 균형추 중량

$$균형추\ 중량 = 카\ 중량 + L \cdot F$$

여기서, L : 정격하중[kg]

　　　　F : 오버밸런스율[%]

　㉢ 종합효율

$$\eta = \eta_1 \cdot \eta_2 \cdot \eta_3$$

여기서, η : 종합효율[%]

　　　　η_1 : 권상기 효율이고 기어에 따라 결정됨(웜 기어 55~75% 정도)[%]

　　　　η_2 : 로프의 거는 방법에 의한 효율(2 : 1보다는 1 : 1이 높음)[%]

　　　　η_3 : 가이드 슈 등 카의 주행 손실에 따라 결정되는 효율[%]

ㄹ 전동기(엘리베이터용)에 요구되는 특성

  ⓐ 기동빈도가 높으므로(시간당 300회) 발열을 고려해야 한다.

  ⓑ 충분한 제동력을 가져야 한다(회전력은 +100~-70% 정도).

  ⓒ 카의 정격속도에 만족하는 회전 특성을 가져야 한다(회전수의 오차는 +5~-10%).

  ⓓ 소음이 적고 저진동어야 한다.

④ 제동기 : 관성에 의한 전동기의 회전을 정지시키는 것을 일반적으로 브레이크라고 한다.

ㄱ 제동기의 구조

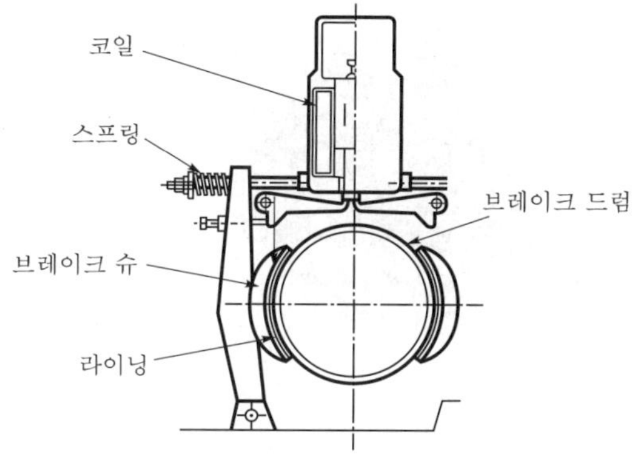

❚ 제동기(brake)의 구조 ❚

❚ 로터리 드럼 제동기 ❚

  ⓐ 제동력은 강력한 스프링에 의해 주어지고, 전동기 전원이 흐르는 동안 전자코일에 의해 개방된다.

  ⓑ 브레이크 슈 : 높은 동작 빈도에 견디고 마찰계수가 안정되어 있어야 한다.

  ⓒ 라이닝 : 청동 철사와 석면사를 넣어 짠 것을 사용한다.

ㄴ 제동 소요시간 및 제동 토크 계산

  ⓐ 제동 소요시간(t)

$$t = \frac{120 \cdot s}{v} \, [\text{s}]$$

  여기서, t : 제동 소요시간[s]

    s : 엘리베이터가 제동을 거 후 이동한 정지거리[m]

    v : 정격속도[m/min]

  ⓑ 제동 토크(T)

$$T = k \cdot \frac{720\,\text{HP}}{N} = k \cdot \frac{974\,\text{kW}}{N} \, [\text{kg/m}]$$

  여기서, T : 제동 토크[kg/m], N : 전동기 회전수[rpm]

    k : 부하계수(교류전동기 1.5, 직류전동기 1.0)

    HP : 전동기 마력수, kW : 전동기 출력

(2) 주로프

주로프는 전기식(로프식) 엘리베이터에서 카와 균형추를 매달아 받치고 도르래의 회전을 카의 운동으로 바꾸어 움직이게 하는 안전상 중요한 요소이다.

① 로프의 구조 및 종류별 특징

　일반적으로 사용되는 구성은 심강과 그 둘레에 스트랜드가 3~8가닥 꼬여 있다.

　㉠ 로프의 구조

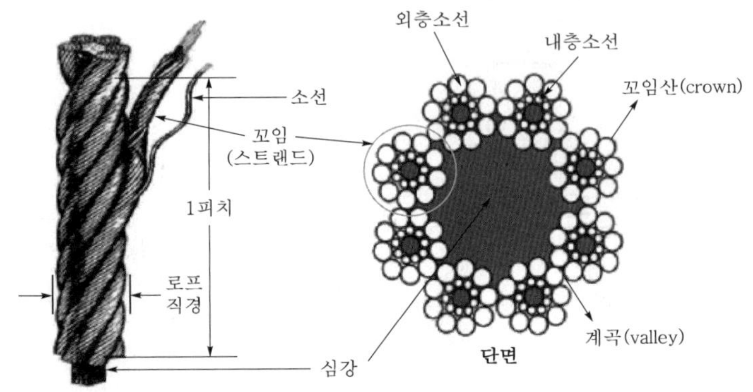

❚ 와이어로프의 구조 ❚

　ⓐ 소선 : 로프를 구성하는 개개의 와이어선, 도금종(G)과 비도금종(U)으로 표시한다.

　ⓑ 스트랜드 : 다수의 소선을 꼬아 합친 것으로 소선의 꼬임 방법에 따라 여러 종류가 있다.

　ⓒ 심강

　　• 마닐라, 삼 등 천연 섬유나 합성 섬유를 꼬아 로프 모양으로 만들고 그리스를 함유시켜 소선의 방청효과와 굴곡 시 소선끼리 미끄러지는 윤활작용도 한다.

　　• 심강의 사용 목적

　　　– 로프의 형태 유지

　　　– 내부에 그리스를 저장해서 로프의 마모와 부식 방지

　　　– 로프의 유연성 부여

　㉡ 꼬임 방법에 의한 분류

종 류	꼬이는 방향	특 징
보통꼬임 (regular lay)	소선과 스트랜드의 꼬임 방향이 다르다.	마모에 의한 영향이 커서 내구성이 다소 떨어지나 킹크(kink) 발생이 적고 취급이 용이하여 권상용 와이어로프에는 보통 Z꼬임이 주로 사용된다.
랭꼬임 (lang lay)	소선과 스트랜드의 꼬임 방향이 같다.	마모에 의한 손상이 적어 내구성이 좋으나 킹크가 발생하기 쉽고, 꼬임이 풀리기 쉬워 취급에 주의가 필요하다.

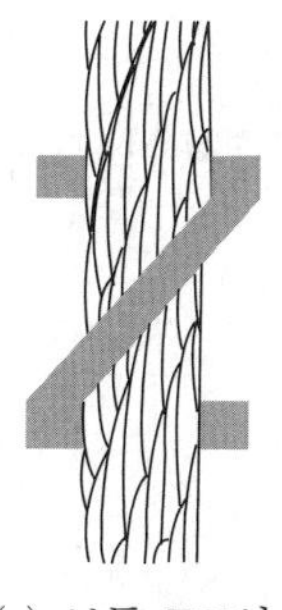  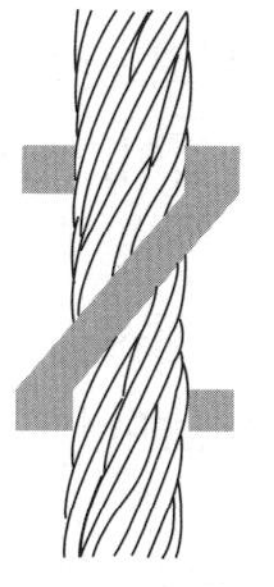 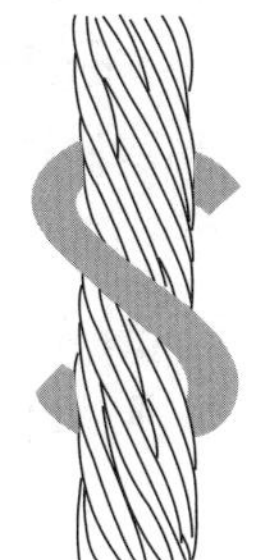

(a) 보통 Z꼬임　　(b) 보통 S꼬임　　(c) 랭 Z꼬임　　(d) 랭 S꼬임

┃ 로프의 꼬는 방법 ┃

ⓒ 소선의 강도에 의한 분류

구 분	인장강도(N/m^2)	적 요
E종	1,320	• 비도금(엘리베이터의 사용조건을 고려하여 제조한 것)
G종	1,470	• 도금(도금 후 냉간가공을 한 것 포함) • 소선의 표면에 아연 도금을 해서 습기가 많은 장소에 적합하다.
A종	1,620	• 비도금 및 도금(도금 후 냉간가공을 한 것 포함) • 강도와 경도가 높아 초고층용 엘리베이터나 로프 본수를 적게 하고 싶을 경우 등에 사용한다. 강도가 높으므로 시브측의 마모에 대한 대책을 고려해야 한다.
B종	1,770	• 비도금 및 도금(도금 후 냉간가공을 한 것 포함) • 강도, 경도가 A종보다 높아 엘리베이터에서는 거의 사용하지 않는다.

ⓔ 필러형 : 스트랜드의 내층, 외층 소선을 같은 직경으로 구성하고 소선간의 틈새에 가는 소선을 넣은 와이어로프이다.

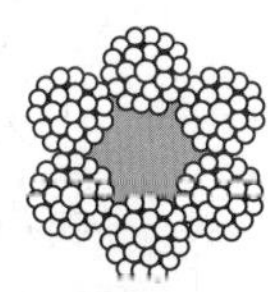

┃ 필러형 ┃

② 로프이 로핑(걸기)방법

㉠ 1 : 1 로핑

　ⓐ 일반적으로 승객용에 사용된다(속도를 줄이거나 저재용량을 늘리기 위하여 2 : 1, 4 : 2도 승객용에 채용).

　ⓑ 로핑 장력은 카(또는 균형추)의 중량과 로프의 중량을 합한다.

㉡ 2 : 1 로핑

　ⓐ 1 : 1 로핑 장력의 1/2이 된다.

　ⓑ 시브에 걸리는 부하도 1 : 1익 1/2이 된다.

　ⓒ 카의 정격속도의 2배의 속도로 로프를 구동하여야 한다.

　ⓓ 기어식 권상기에서는 30m/min 미만의 엘리베이터에서 많이 사용한다.

ⓒ 3 : 1, 4 : 1, 6 : 1 로핑

    ⓐ 대용량의 저속의 화물용 엘리베이터에 사용되기도 한다.

    ⓑ 와이어로프의 총 길이가 길게 되고, 수명이 짧아지며 종합 효율이 저하되는 단점이 있다.

ⓔ 언더슬럼식 : 꼭대기의 틈새를 작게 할 수 있지만 최근에는 유압식 엘리베이터의 발달로 인해 사용을 하지 않는다.

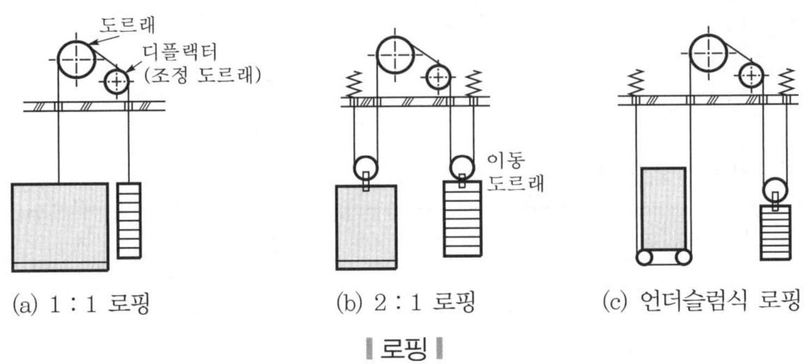

‖ 로핑 ‖

③ 로프의 단말처리인 클립 체결방법

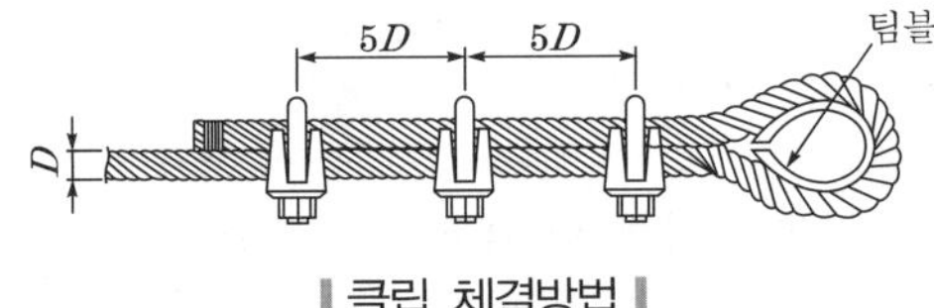

‖ 클립 체결방법 ‖

㉠ 로프 한쪽 끝단과 팀블(thimble) 끝단 사이의 거리가 5×(체결한 클립 수−1)×로프 직경+50mm 정도가 되도록 로프 한쪽 끝단을 팀블 둘레에 감는다.

㉡ 클립(clip) 체결은 로프 절단면 쪽, 팀블쪽, 중간 부분의 순서로 하되, 각 클립 사이의 거리가 로프 직경의 5배가 되도록 한다.

㉢ 체결 클립수는 3개 이상으로 하며, 체결 시 클립의 U볼트 부분이 반드시 절단된 로프 쪽에 있도록 체결한다.

(3) 가이드레일

카와 균형추를 승강로 수직면상으로 안내 및 카의 기울어짐을 막고, 더욱이 추락방지안전장치가 작동했을 때의 수직하중을 유지하기 위하여 가이드레일을 설치한다. 균형추 측에는 성형레일(forming rail)을 사용하는 경우도 많다.

① 가이드레일의 사용 목적

    ㉠ 카와 균형추의 승강로 평면 내의 위치를 규제한다.

    ㉡ 카의 자중이나 화물에 의한 카의 기울어짐을 방지한다.

    ㉢ 비상 멈춤이 작동할 때의 수직하중을 유지한다.

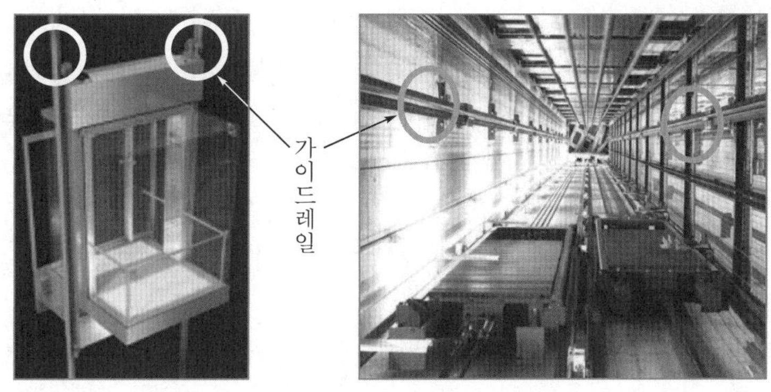

‖ 가이드레일 ‖

② 가이드레일의 규격

　　㉠ 레일 규격의 호칭은 마무리 가공 전 소재의 1m당의 중량으로 한다.

　　㉡ 일반적으로 쓰는 T형 레일의 공칭은 8, 13, 18, 24K 등이 있다.

　　㉢ 대용량의 엘리베이터에서는 37, 50K 레일 등도 사용한다.

　　㉣ 레일의 표준길이는 5m로 한다.

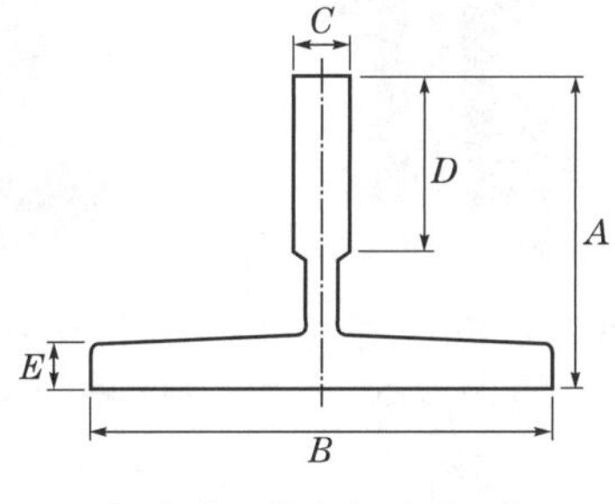

‖ 가이드레일의 단면도 ‖

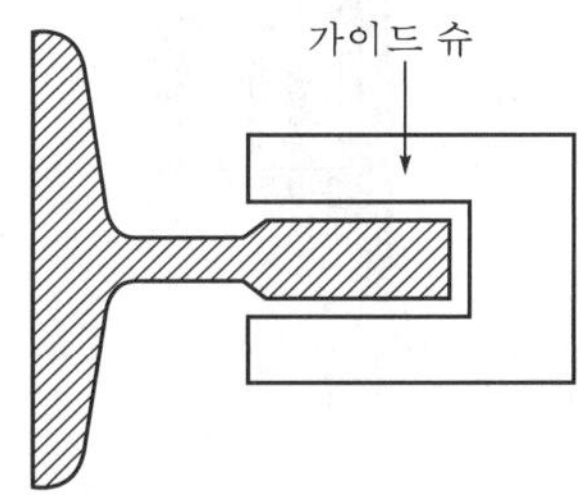

‖ 가이드 슈와 가이드레일 ‖

‖ 가이드레일의 치수 ‖

구 분	8K	13K	18K	24K	30K
A	56	62	89	89	108
B	78	89	114	127	140
C	10	16	16	16	19
D	26	32	38	50	51
E	6	7	8	12	13

③ 가이드레일의 적용 방법

　　㉠ 추락방지안전장치가 작동했을 때 긴 기둥 형태인 레일에 좌굴(축방향의 압축하중을
　　　 받는 긴 기둥에서는 재료의 비례한도 이하에서도 기둥이 굴곡을 일으키는 현상)이 걸리
　　　 므로 좌굴하지 않는 것을 체크한다.

     ⓛ 지진 시 빌딩의 수평진동에 따라 카나 균형추가 흔들리고 그때 레일과 가이드슈 사이에서 수평 진동력을 받는다. 레일의 휨의 한도를 초과하던가 레일의 응력이 탄성한도를 초과하면 카 또는 균형추가 레일에서 벗어나게 된다(레일 이탈). 혹은 한도의 가속도까지에는 벗어나지 않을 것을 체크한다.

     ⓒ 불균형한 큰 하중을 적재할 경우라든가 그 하중을 내리고 올릴 경우 카에 큰 회전 모멘트가 발생하므로 레일이 지탱해 낼 수 있는지를 검사한다.

④ 가이드레일의 부속재료

     ㉠ 패킹 : 레일의 뒤에 보조 강재를 넣어 강도를 올리는 방법이다.

     ㉡ 가이드 슈

         ⓐ 카 또는 균형추 상, 하, 좌, 우 4곳에 부착되어 레일에 따라 움직이며 카 또는 균형추를 지지한다.

         ⓑ 저속용은 슬라이딩 가이드 슈(sliding guide shoe), 고속용은 롤러 가이드 슈(roller guide shoe)로 구분된다.

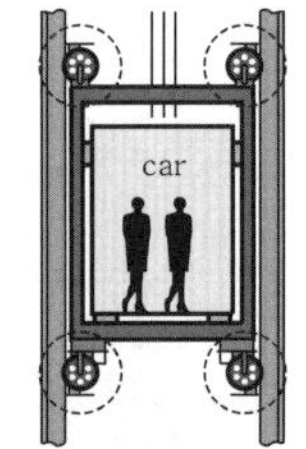

‖ 가이드 슈 설치 위치 ‖　　‖ 슬라이딩 가이드 슈 ‖　　‖ 롤러 가이드 슈 ‖
(sliding guide shoe) ‖　　(roller guide shoe) ‖

(4) 추락방지안전장치

추락방지안전장치는 엘리베이터가 로프의 절단 및 기타 예측할 수 없는 원인으로 규정 속도 이상으로(정격속도의 1.15배 이상) 카의 하강속도가 급격히 증가한 경우 그 하강을 제지하는 장치이다. 추락방지안전장치의 종류 및 작동원리를 살펴보면 다음과 같다.

① 점차(순차적)작동형 추락방지안전장치

     ㉠ 개념 및 작동원리

     카의 정격속도가 중·고속용인 것에 주로 사용하며, 점차적으로 서서히 제동되는 구조이다.

         ⓐ 추락방지안전장치의 작동으로 카가 정지할 때까지 가이드레일을 죄는 힘은 동작 시부터 정지 시까지 일정하다.

         ⓑ 처음에는 약하게, 하강함에 따라서 감해지다가 얼마 후 일정치로 도달하는 구조이어야 한다.

         ⓒ 카 추락방지안전장치가 작동될 때, 부하가 없거나 부하가 균일하게 분포된 카의 바닥은 정상적인 위치에서 5%를 초과하여 기울어지지 않아야 한다.

         ⓓ 추락방지안전장치는 좌, 우 양측 모두 균등하게 작동하여 감속정지시키는 구조이어야 한다.

         ⓔ 카 추락방지안전장치가 작동하였을 때, 카에 장착된 전기적 안전장치를 추락방지안전장치가 작동하는 순간에 또는 그 전에 전동기의 정지를 시작하여야 한다.

ⓛ 플랙시블 가이드 클램프(Flexible Guide Clamp ; FGC)형
  ⓐ 추락방지안전장치의 작동으로 카가 정지할 때의 레일을 죄는 힘이 동작 시부터 정지 시까지 일정하다.
  ⓑ 구조가 간단하고 설치면적이 작으며 복구가 쉬어 널리 사용되고 있다.
ⓒ 플랙시블 웨지 클램프(Flexible Wedge Clamp ; FWC)형
  ⓐ 레일을 죄는 힘이 처음에는 약하고 하강함에 따라 강하다가 얼마 후 일정치에 도달한다.
  ⓑ 구조가 복잡하여 거의 사용하지 않는다.

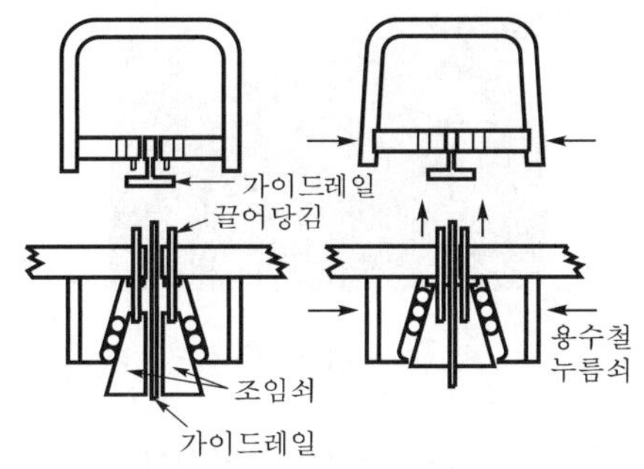

‖ FGC형 추락방지안전장치 ‖

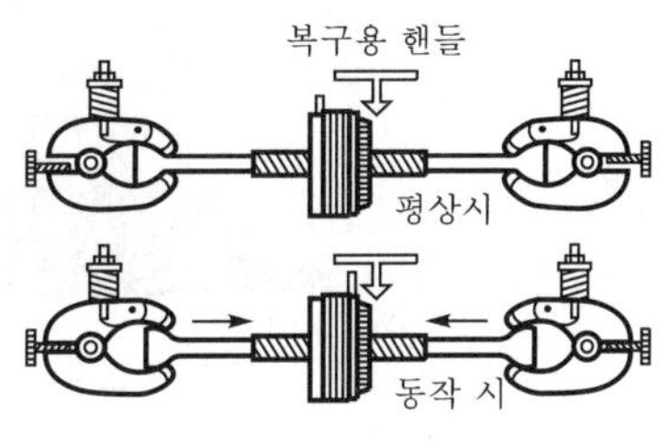

‖ FWC형 추락방지안전장치 ‖

② 즉시(순간식)작동형 추락방지안전장치
  ㉠ 개념 및 작동원리
    카의 정격속도가 저속용인 것에 주로 사용하며, 급속히 순간제동이 되는 구조이다.
    ⓐ 가이드레일을 감싸고 있는 블록(black)과 레일 사이에 롤러(roller)를 물려서 카를 정지시키는 구조이다.
    ⓑ 로프에 걸리는 장력이 없어져, 로프의 처짐이 생기면 바로 운전회로를 열고 추락방지안전장치를 작동시키는 구조이어야 한다.
    ⓒ 카 추락방지안전장치가 작동될 때, 부하가 없거나 부하가 균일하게 분포된 카의 바닥은 정상적인 위치에서 5%를 초과하여 기울어지지 않아야 한다.
    ⓓ 카의 추락방시안전장치가 작동하였을 때, 카에 장착된 전기적 안전장치는 추락방지안전장치가 작동하는 순간에 또는 그 전에 전동기의 정지를 시작하여야 한다.
    ⓔ 순간식 추락방지안전장치기 일단 파지되면 카가 정지할 때까지 과속조절기로프를 강한 힘으로 완전히 멈추게 한다.
    ⓕ 화물용 엘리베이터에 사용되면 감속도의 규정은 적용되지 않는다.
  ㉡ 슬랙로프 세이프티(slake rope safety)
    소형 저속 엘리베이터로서 과속조절기를 사용하지 않고 로프에 걸리는 장력이 없어져 휘어짐이 생기면 즉시 운전회로를 열어서 추락방지안전장치를 작동시킨다.

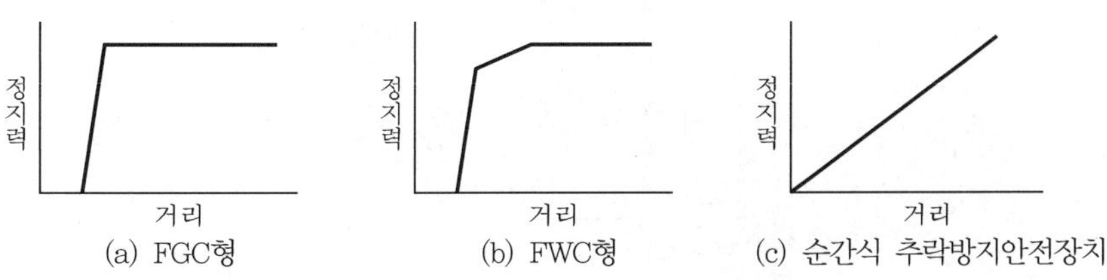

‖ 추락방지안전장치의 종류별 거리에 따른 정지력 ‖

(5) 과속조절기

과속조절기는 카와 같은 속도로 움직이는 과속조절기로프에 의해 회전되어 항상 카의 속도를 감지하여 가속도를 검출하는 장치이다.

① 과속조절기의 종류 및 작동원리

    ㉠ 과속조절기의 종류

▌디스크 슈형▐

▌롤 세이프티형▐

    ⓐ 디스크(disk)형 : 엘리베이터가 설정된 속도에 달하면 원심력에 의해 진자가 움직이고 가속스위치를 작동시켜서 정지시키는 과속조절기로서, 디스크형 과속조절기에는 추(weight)형 캐치(catch)에 의해 로프를 붙잡아 추락방지안전장치를 작동시키는 추형 방식과 도르래 홈과 로프의 마찰력으로 슈를 동작시켜 로프를 붙잡음으로써 추락방지안전장치를 작동시키는 슈(shoe)형 방식이 있다.

    ⓑ 마찰정치(traction)형(롤 세이프티형) : 엘리베이터가 과속된 경우, 과속조절기 스위치가 이를 검출하여 동력 전원회로를 차단하고, 전자브레이크를 작동시켜서 과속조절기 도르래의 회전을 정지시켜 과속조절기 도르래홈과 로프 사이의 마찰력으로 비상정지시키는 과속조절기

    ⓒ 플라이 볼(fly ball)형 : 과속조절기 도르래의 회전을 베벨기어에 의해 수직축의 회전으로 변환하고, 이 축의 상부에서부터 링크(link) 기구에 의해 매달린 구형의 진자에 작용하는 원심력으로 작동하며, 검출 정도가 높아 고속의 엘리베이터에 이용된다.

    ㉡ 과속조절기의 작동원리

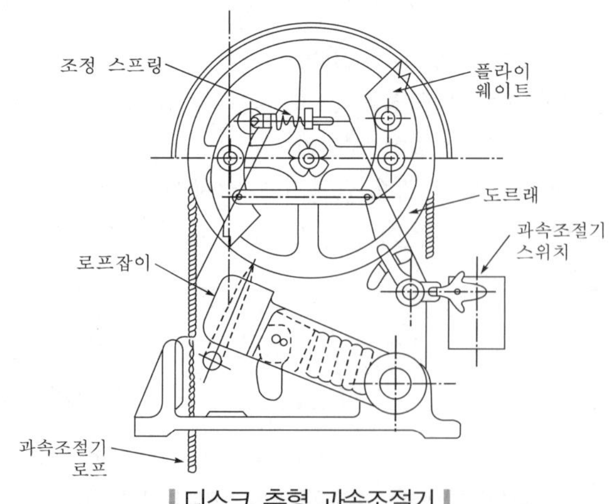

▌디스크 추형 과속조절기▐

▌과속조절기의 저속회전 상태 ▌

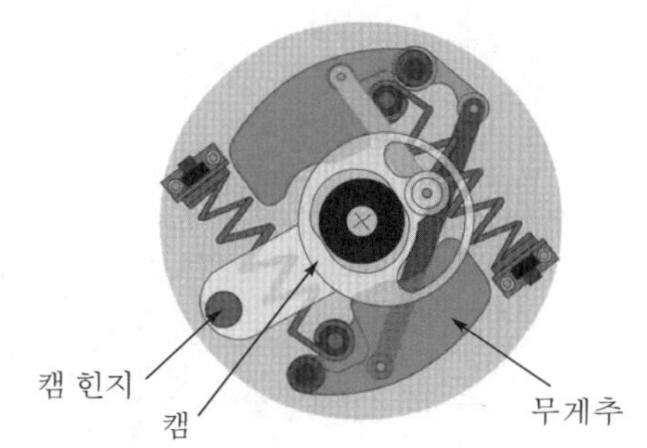

▌과속조절기의 고속회전 상태 ▌

ⓐ 과속조절기풀리와 카를 과속조절기로프로 연결하면, 카가 움직일 때 과속조절기풀리도 카와 같은 속도, 같은 방향으로 움직인다.

ⓑ 어떤 비정상적인 원인으로 카의 속도가 빨라지면 과속조절기 링크에 연결된 무게추(weight)가 원심력에 의해 풀리 바깥쪽으로 벗어나면서 과속을 감지한다.

ⓒ 미리 설정된 속도에서 과속조절기 스위치와 제동기(brake)로 카를 정지시킨다.

ⓓ 만약 엘리베이터가 정지하지 않고 속도가 계속 증가하면 과속조절기의 캐치(catch)가 동작하여 과속조절기로프를 붙잡고 결국은 추락방지안전장치를 작동시켜서 엘리베이터를 정지시킨다.

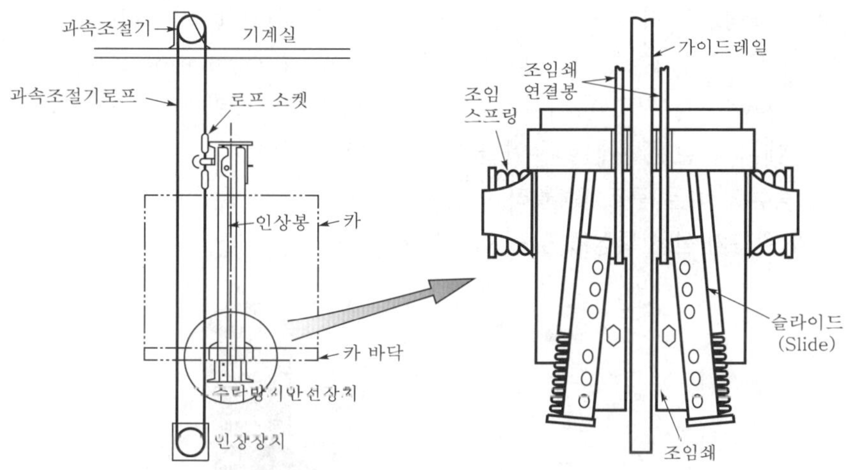

▌과속조절기와 추락방지안전장치의 결합 ▌

② 과속조절기 각 부의 명칭

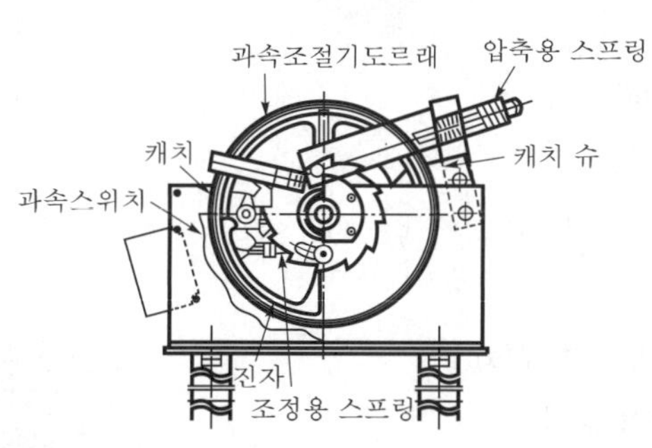

▌디스크 슈형 과속조절기 ▌

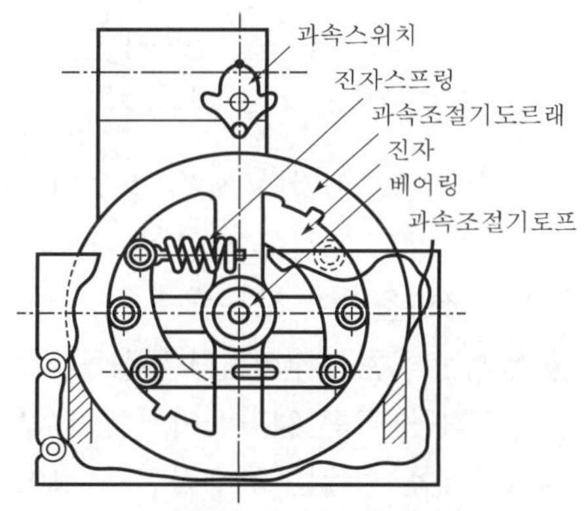

▌마찰정치형 과속조절기 ▌

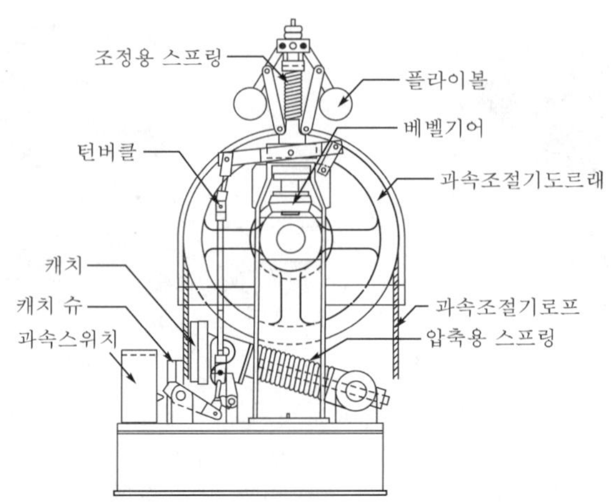

❚ 플라이볼형 과속조절기 ❚

(6) 완충기

카가 어떤 원인으로 최하층을 통과하여 피트로 떨어졌을 때, 충격을 완화하기 위하여 혹은 카가 밀어 올려졌을 때를 대비하여 균형추의 바로 아래에도 완충기를 설치한다. 그러나 이 완충기는 카나 균형추의 자유낙하를 완충하기 위한 것은 아니다(자유낙하는 추락방지 안전장치의 분담기능이다). 완충기는 크게 에너지 축적형(energy accumulation type)과 에너지 분산형 (energy dispersive type)으로 나뉘며, 에너지 축적형에는 스프링 완충기와 우레탄식 완충기가 대표적이고, 에너지 분산형에는 유입완충기가 대표적이다.

① 완충기의 종류에 따른 구조 및 원리

  ㉠ 스프링 완충기(선형 특성을 갖는 에너지 축적형)

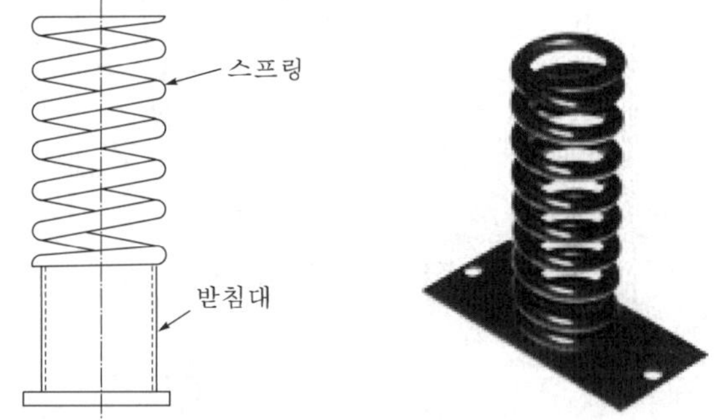

❚ 스프링 완충기 ❚

    ⓐ 비교적 행정이 작은 경우에 사용된다.

    ⓑ 코일 스프링에 하중이 가해지면 코일단면에는 전단력과 코일 방향의 압축력 및 굽힘응력이 작용한다.

  ㉡ 우레탄식 완충기(비선형 특성을 갖는 에너지 축적형)

    ⓐ 최근 저속 엘리베이터에서 많이 사용된다.

    ⓑ 작동 후에는 영구적인 변형이 없어야 한다.

ⓒ 유입완충기(에너지 분산형)

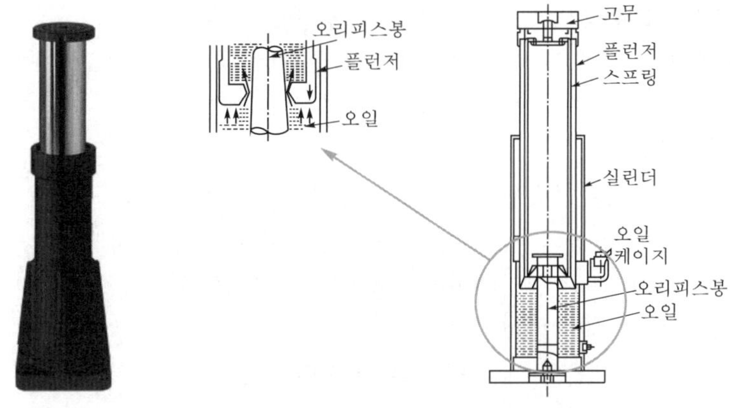

┃ 유입완충기 ┃

ⓐ 카가 최하층을 넘어 통과하면 카의 하부체대의 완충판이 우선 완충고무에 당돌하여 어느 정도의 충격을 완화한다.

ⓑ 카가 계속 하강하여 플런저를 누르면 실린더 내의 기름이 좁은 오리피스 틈새를 통과할 때에 생기는 유체저항에 의하여 주어진다.

ⓒ 카가 완충기를 눌렀다가 해제되면, 압축스프링에 의해 복귀되는 구조이다.

② 완충기의 종류별 적용범위

㉠ 스프링 완충기 : 엘리베이터의 정격속도 1m/s(60m/min) 이하의 것에 사용 가능

㉡ 우레탄 완충기 : 엘리베이터의 정격속도 1m/s(60m/min) 이하의 것에 사용 가능

㉢ 유입완충기 : 엘리베이터의 정격속도와 상관없이 어떤 경우에도 사용 가능

3 승강기의 조작방식

(1) 반자동식

① 카 스위치 방식

㉠ 가는 운전원이 조작

㉡ 정지에는 운전원이 판단하여, 수동 또는 자동 착상

② 신호(signal) 방식

㉠ 카의 문 개폐만이 운전자의 레버나 버튼의 조작에 의해 이루어진다.

㉡ 카의 진행 방향이나 정지층의 결정은 카내 버튼이나 승강장 버튼에 의해서 이루어진다.

㉢ 백화점 등에서 운전자가 있을 경우에 사용된다.

(2) 전자동식

① 단식 자동식

㉠ 가장 먼저 눌린 부름에만 응답하고, 그 운전이 완료되기 전에는 다른 호출을 받지 않는다.

㉡ 화물용, 카 리프트용 등에 사용된다.

② 하강승합 전자동식

    ㉠ 2층 혹은 그 위층의 승강장에서는 하강 방향 버튼만 있다.

    ㉡ 중간층에서 위층으로 이동할 때에는 1층으로 내려온 후 올라가야 한다.

    ㉢ 중간층에서 상승하는 승객이 적은 아파트에 적합하다.

③ 양방향 승합 전자동식

    ㉠ 승강장의 버튼은 상승용·하강용의 양쪽 모두 동작한다.

    ㉡ 카는 그 진행 방향의 카 버튼과 승강장의 버튼에 응답하면서 승강한다.

    ㉢ 현재 한 대의 승용 엘리베이터에는 이 방식을 채용하고 있다.

④ 군승합 전자동식(2CAR, 3CAR)

    ㉠ 2~3대가 병행되었을 때 사용하는 조작방식이다.

    ㉡ 한 개의 승강장 버튼의 부름에 대하여 한 대의 카만 응답한다.

⑤ 군관리 방식

    ㉠ 엘리베이터를 3~8대 병설할 때 각 카를 불필요한 동작 없이 합리적으로 운영하는 조작 방식이다.

    ㉡ 교통수요의 변화에 따라 카의 운전내용을 변화시켜서 대응한다(출퇴근 시, 점심식사 시간, 회의 종료 시 등).

    ㉢ 엘리베이터 운영의 전체 서비스 효율을 높일 수 있다.

출제 03 특수 승강기

1 덤웨이터

(1) 덤웨이터의 개념

사람이 탑승하지 않으면서 적재용량이 300kg 이하인 것으로서 소형화물(서적, 음식물 등) 운반에 적합하게 제작된 엘리베이터이어야 한다. 다만, 바닥면적이 $0.5m^2$ 이하이고 높이가 0.6m 이하인 엘리베이터는 제외한다(승강기안전관리법 시행규칙 [별표 1] 승강기의 구조별 또는 용도별 세부종류).

(2) 덤웨이터의 종류

① 테이블 타입(table type) : 출입문이 승강장 바닥으로부터 75cm 정도 올라간 위치에 있으며, 승강장 문 하부에는 선반 모양의 테이블 등이 설치된다.

‖ 덤웨이터 ‖

② 플로어 타입(floor type) : 보통 화물을 실은 손수레 등을 운반하는 것으로 승강장 바닥과 카 바닥의 높이가 동일하다.

2 소형화물용 엘리베이터

① 수직에 대해 15° 이하의 경사진 주행안내 레일 사이에서 권상기나 포지티브 구동장치 또는 유압장치에 의해 로프(벨트) 또는 체인으로 매달아 소형 화물을 수송하기 위한 카를 정해진 승강장으로 운행시키기 위하여 설치된다.
② 사람이 출입할 수 없도록 정격하중이 300kg 이하이고, 정격속도가 1m/s 이하이다.

3 경사형 엘리베이터

수평에 대해 15°에서 75° 사이의 경사진 주행안내 레일을 따라 사람이나 화물을 운송하기 위한 카를 미리 정해진 승강장으로 운행시키는 엘리베이터에 적용한다. 다만, 다음 중 어느 하나에 해당하는 엘리베이터는 제외한다.
① 정격속도가 0.15m/s 이하인 엘리베이터
② 그 밖에 이 기준에 적합하지 않은 특수한 구조의 엘리베이터

(1) 경사가 45° 이상인 엘리베이터

① 승강장 문 측 : 3.5m 이상
② 다른 측면 및 움직이는 부품까지 수평거리가 0.5m 이하인 장소 : 2.5m 이상
③ 움직이는 부품까지 거리가 0.5m를 초과하는 경우, 2.5m의 값을 순차적으로 줄일 수 있으며 2.0m의 거리에서는 최소 1.1m까지 높이를 줄일 수 있다.

(2) 경사가 45° 이하인 엘리베이터 승강로 벽의 높이(H)

① 승강장 측면에서는 최소한 카의 운행 영역의 높이
② 다른 측면에 대해서는 다음 식이 적용된다.

$$H + D \geq 2.50\text{m}, \ H \geq 1.80\text{m}$$

㉠ D는 벽과 엘리베이터의 움직이는 부품까지의 수평거리이다.
㉡ 승강로의 경사진 부분에서 H는 수직으로 측정된다.
㉢ 높이(H)는 환경을 고려하여, 설계 및 사용 조건과 관련해 1.10m까지 낮출 수 있다.

4 기타 엘리베이터

(1) 클린룸(clean room) 엘리베이터

① 의료시설용 : 엘리베이터 탑승 시 세균으로 인한 치명적인 공기 전염을 완벽히 차단하고 의료시설, 의학연구소, 요양시설 및 제약회사 등 공기 중 각종 세균, 유해물질, 미세먼지 등의 제거로 탑승 카의 좁은 공간 내에서 고청정 환경을 유지하여 감염을 예방할 수 있는 승강기

② 식품 제조시설용 : 작업자와 원자재의 이동이 많은 가공, 포장, 보관 등의 식품 제조과정에서 심각한 위해를 초래하는 해충, 공기 중 부유입자, 바이러스, 박테리아, 세균 등을 완전하게 제거하여 청정하고 안전한 식품 생산환경을 위해 사용된다.

③ 반도체 제조시설용 : 초정밀 제품을 생산하는 반도체 공정, 광학 공정 및 정밀 공정에 필수적인 미세분진처리 클린시스템에 최적화된 기능이 필요하다.

(2) 방폭형 엘리베이터

석유화학과 원자력, 해양 플랜트, 특수 선박 등 화재 및 폭발 가능성이 존재하는 위험지역에서 화재 발생 시 이용객을 보호하기 위해 설치된다.

(3) 비상구난용 엘리베이터

건축물 화재 시 엘리베이터로 유입되는 연기와 화염, 열 등을 차단해 안전한 비상대피를 돕는 엘리베이터이다.

제2절 | 형판 설치하기

출제 01 엘리베이터 설치도면

1 설치 도면의 필요성과 종류

엘리베이터의 모델과 형식에 따라 그 설치 배열구성과 설치구조가 변경되며, 현장 조건에 따라 설치하는 위치가 달라질 수 있으므로 반드시 도면에 의해 설치되어야 한다.

엘리베이터 설치도면은 승강기 설명서, 승강기 배치도, 승강로 평면도, 승강로 단면도, 기계실 평면도, 출입구 정면도, 출입구 설치도, 오버헤드 상세도 등으로 구성된다.

(1) 승강기 설명서

① 엘리베이터의 호기별 기본 사양과 기술적인 요구사항을 정리한 문서를 말한다.

② 엘리베이터의 사양과 성능을 명확하게 기재하여 제조사나 현장에서의 설치와 시공을 원활하게 하도록 한다.

▌승강기 설명서(예시) ▌

호기		1호기	2~5호기
용도		인승＋장애＋비상	인승＋장애
정격하중		16인승 1200kg	16인승 1200kg
정격속도		120m/min	120m/min
구동방식		Flat－Belt식 Gearless Traction Type	Flat－Belt식 Gearless Traction Type
운전방식		SIMPLEX	DUPLEX
승강기	외부	1850mm(W)×1682mm(D)	1650mm(W)×1882mm(D)
	내부	1800mm(W)×1500mm(D)	1600mm(W)×1700mm(D)
열림 방식		2P－CO	2P－CO
도어 크기(mm)		1000(W)×2200(H)	1000(W)×2200(H)
CEILING HEIGHT		2675mm/CHF(카 내부 높이) : 2500mm	2675mm/CHF(카 내부 높이) : 2500mm
정지 층수		17 린/17 STS(B3~B1, 1~14층)	17 린/17 STS(B3~B1, 1~14층)
행정거리(TRAVEL HT)		80300mm	80300mm
전고(TOTAL HL)		87800mm	87800mm
밸트 본수		43 KN－6 CSB(2 : 1 로핑)	43 KN－6 CSB(2 : 1 로핑)
권상기 모터용량		AC 30.9kW(OPT 5.2T)	AC 30.9kW(OPT 5.2T)
출입문 모터용량		AC 0.047kW	AC 0.047kW
선원	동력	380V 60Hz 3ϕ 4선	380V 60Hz 3ϕ 4선
	조명	220V 60Hz	220V 60Hz
	에어컨(적용시)	220V 60Hz	220V 60Hz
층위치 표시기		HIX－A162＋HBM－RA5SHP (1층) VIX－MA52SH　　(기디 층)	HIX－A162＋HBM－RA5SHP (1층) VIX　MA52SII　　(기타 층)
방화도어 적용층		■ 유(전층) □ 무	■ 유(전층) □ 무
CWT Gov.		■ 유　　□ 무	■ 유　　□ 무
특이사항			

(2) 승강기 배치도

① 엘리베이터의 설치 호기의 위치, 층수, 대수 등 전체를 개략적으로 표시한 도면이다.

② 건축물 내 엘리베이터의 위치를 시각적으로 확인하고, 각 층의 엘리베이터 배치를 확인할 수 있다.

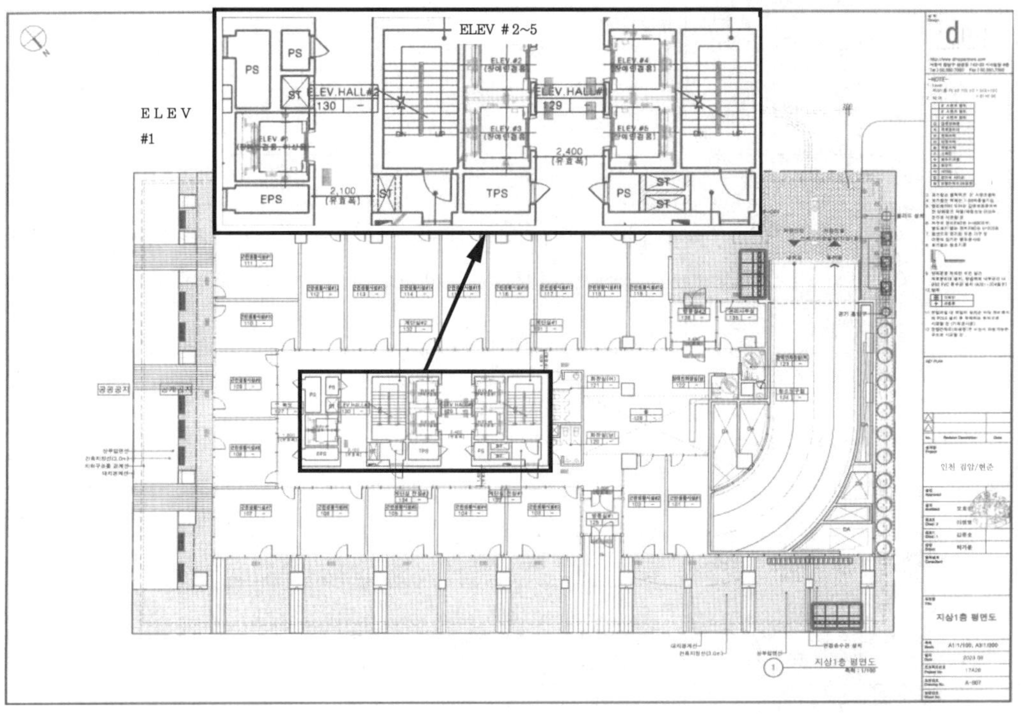

▌승강기 배치도 ▌

(3) 기계실 평면도

엘리베이터 기계실의 기계대, 권상기, 과속조절기, 제어반 등 엘리베이터 기계와 장비의 배치가 표시된다.

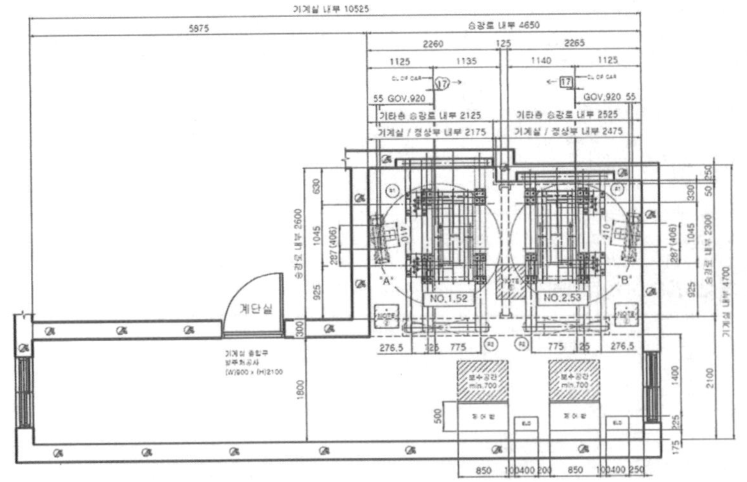

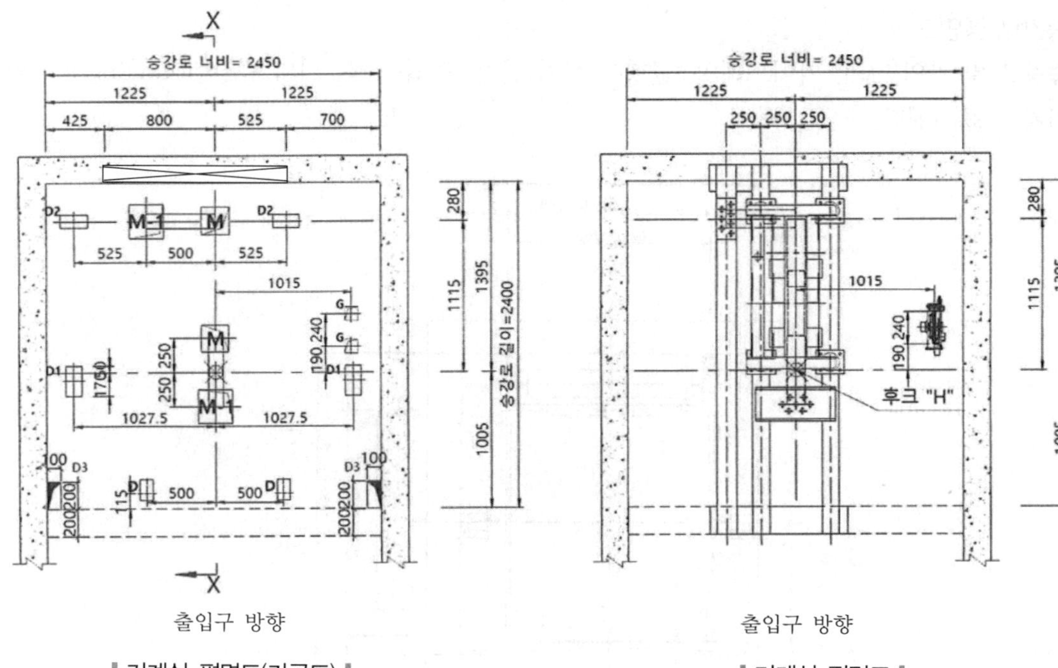

‖ 기계실 평면도(가공도) ‖　　　　‖ 기계실 평면도 ‖

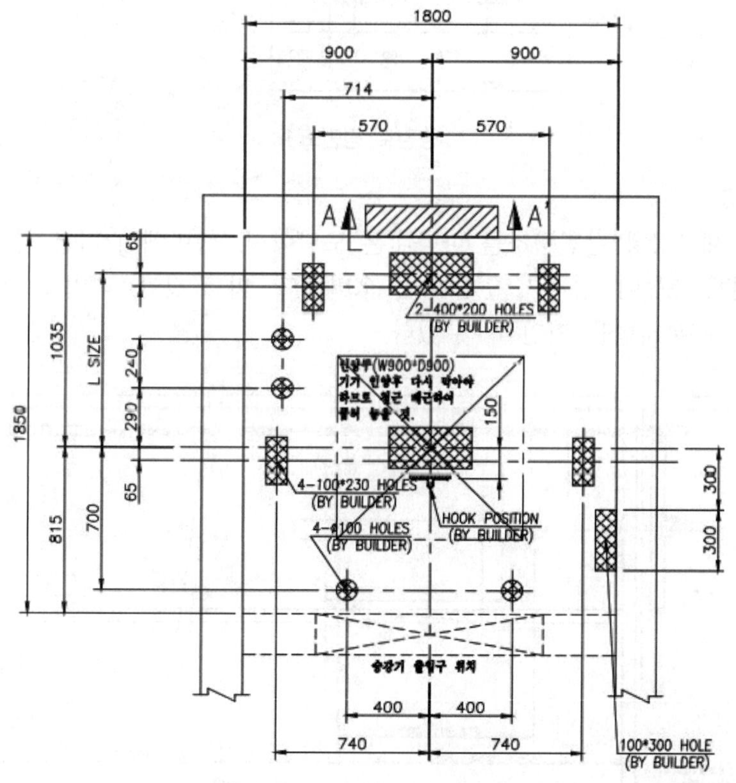

‖ M/C ROOM HOLE PLAN ‖

(4) 승강로 평면도

승강로 및 카의 크기, 가이드레일, 균형추 설치 위치, 출입구 폭, 카와 승장실(landing sill)의 위치가 표시된다.

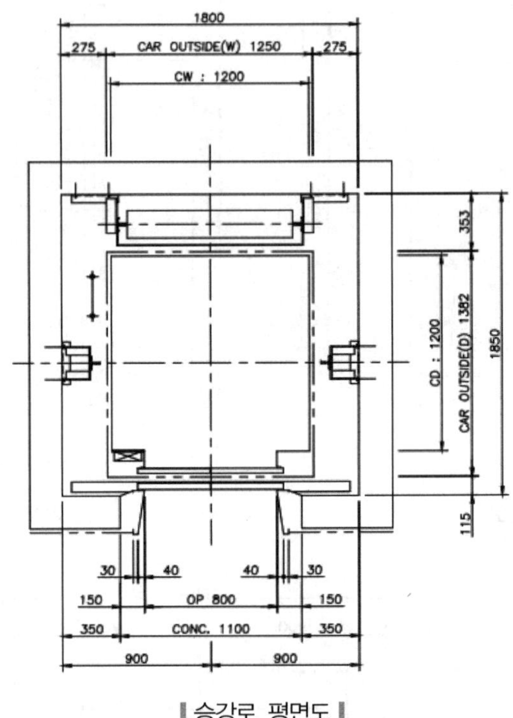

❚ 승강로 평면도 ❚

(5) 승강로 단면도

① 승강로의 세로방향 단면구조를 나타내는 도면이며, 측면에서 자른 단면의 모습이다.
② 승강로 전체 층높이, 승강기 운행거리, 오버헤드, 피트 깊이, 레일 브래킷 설치 단수 및 간격 등의 세부사항을 확인할 수 있다.

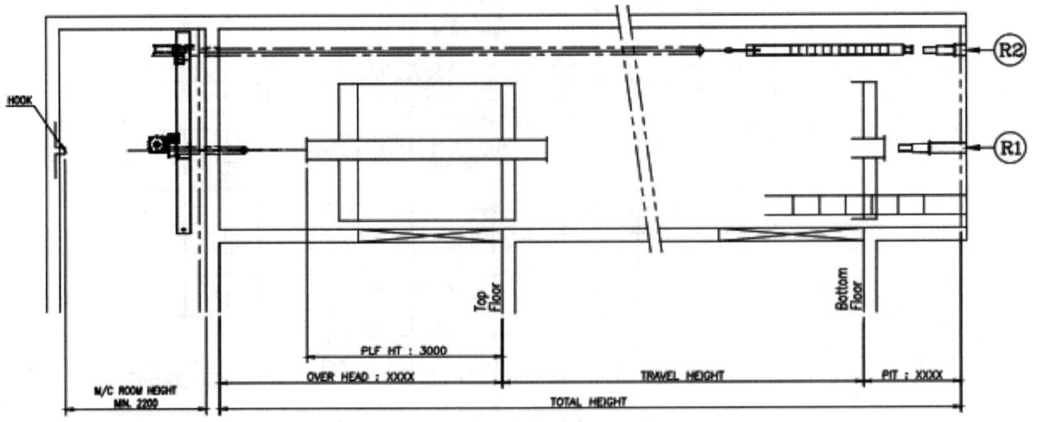

❚ 승강로 단면도 ❚

PIT REACTION(kg)	
구분 \ 속도	60, 90, 105
R1(CAR)	5960
R2(CWT)	4805

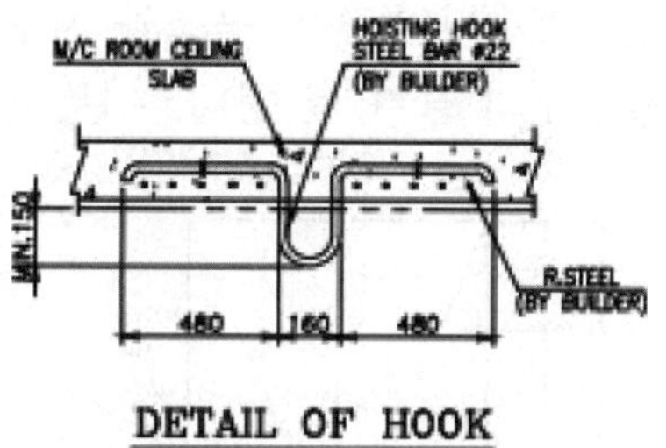

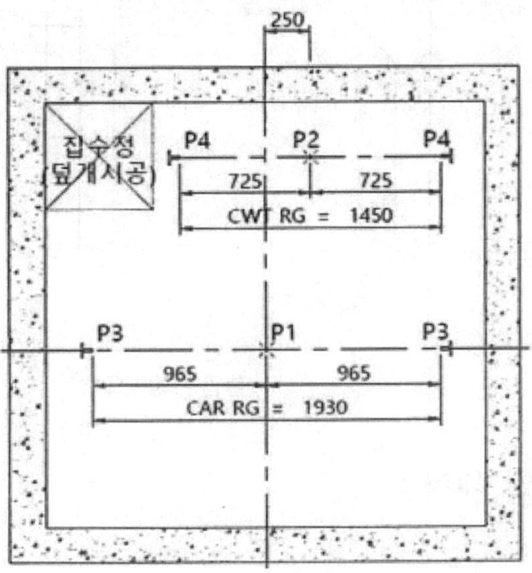

▌피트 평면도 ▌

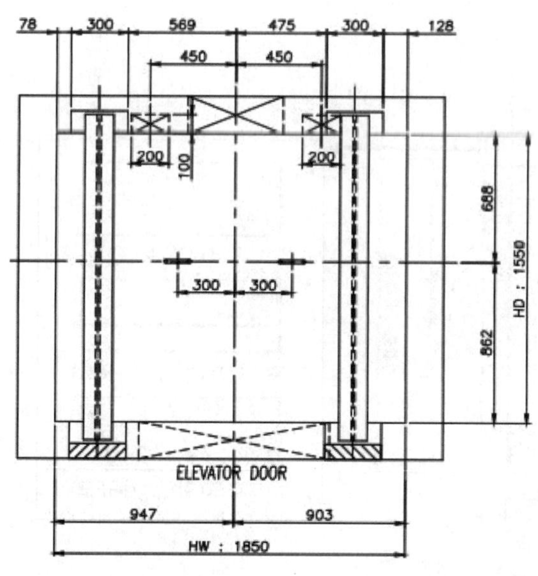

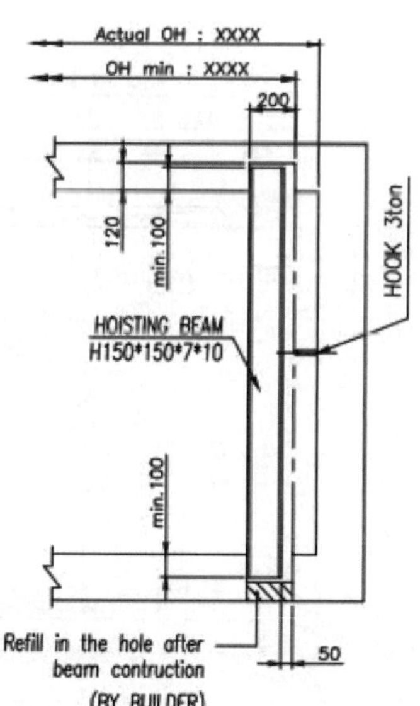

▌오버해드 ▌

(6) 출입구 정면도

① 엘리베이터의 정면 구조와 치수를 나타내는 도면을 말한다.

② 출입구의 크기 및 형태, 버튼의 위치 및 크기, 안전장치 등을 확인할 수 있다.

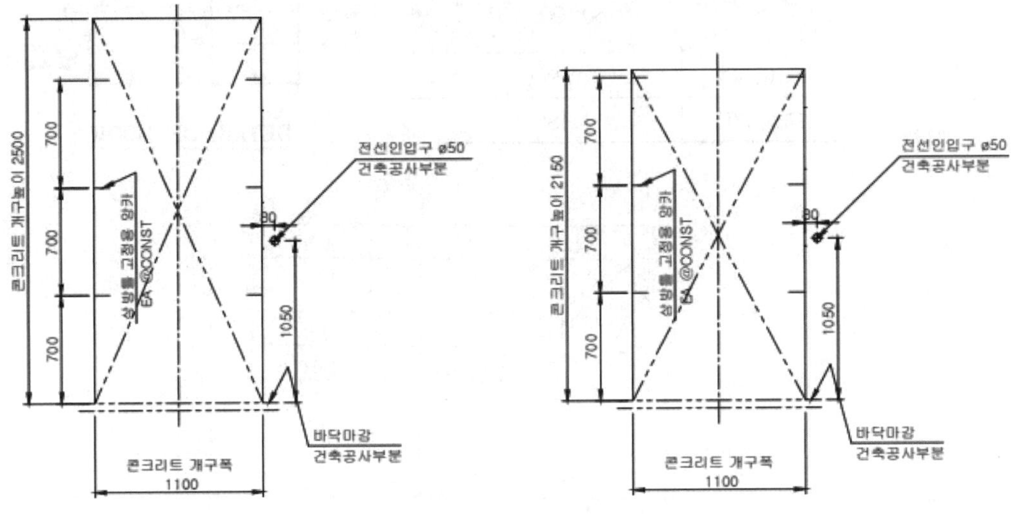

‖ 출입구 정면도 ‖

■2 주요 설치도면 해석

(1) 콘크리트

콘크리트가 채워지는 부분을 표시한다.

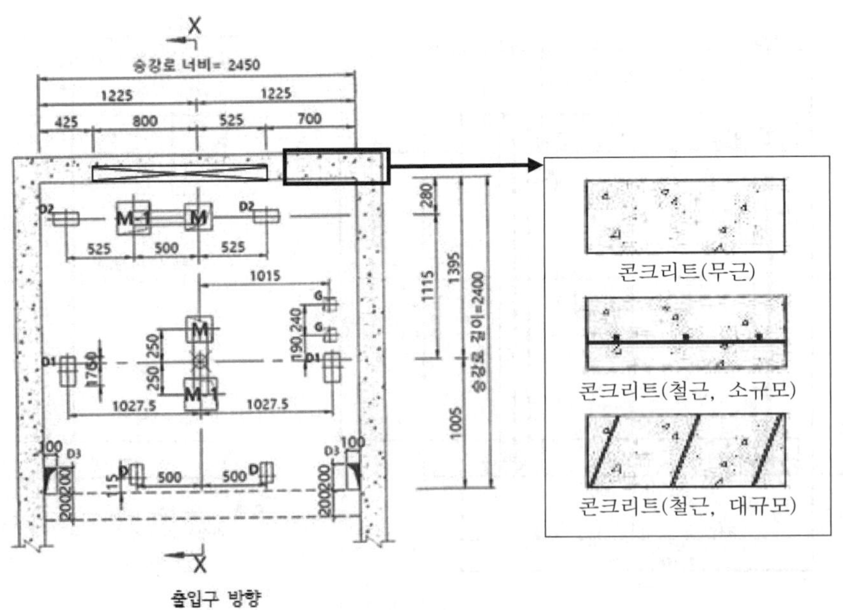

(2) 활석

활석(파치)이 필요한 부분을 표시하며, 활석은 150mm 이상의 깊이로 작업해야 한다.

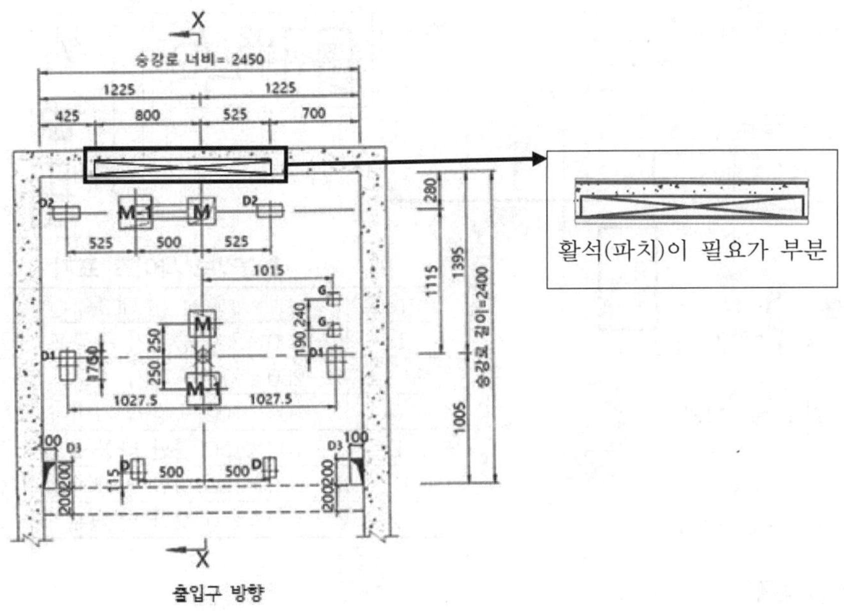

(3) 타공점

타공점 슬리브를 표시한다.

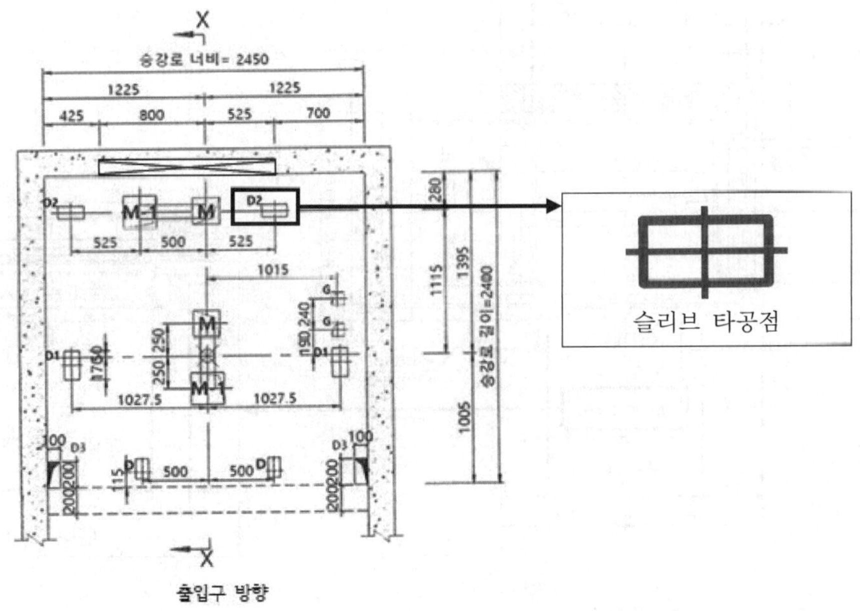

(4) 슬리브 사이즈

타공점 슬리브의 사이즈를 구분하여 표시한다.

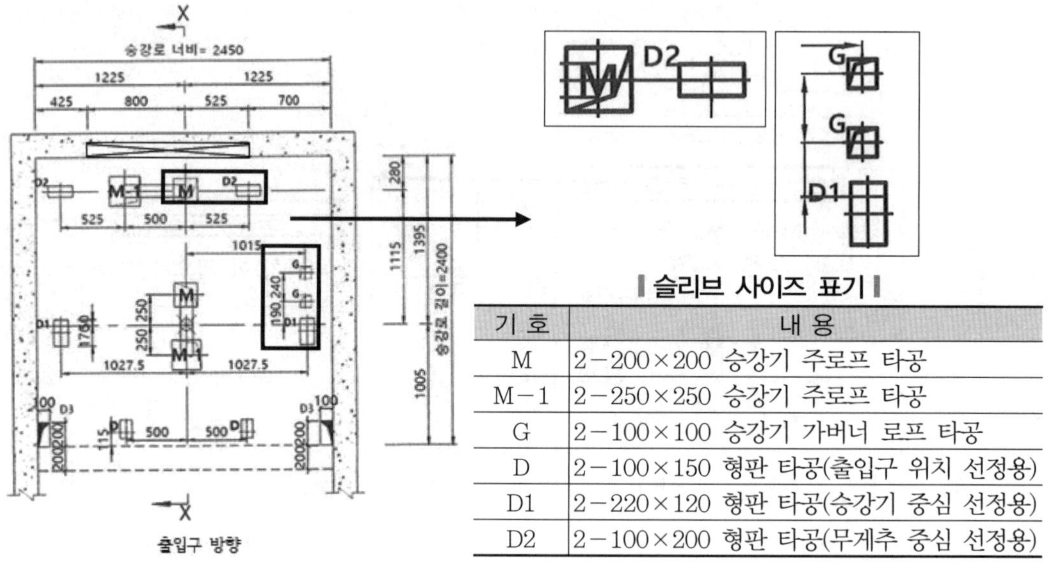

| 슬리브 사이즈 표기 |

기 호	내 용
M	2−200×200 승강기 주로프 타공
M−1	2−250×250 승강기 주로프 타공
G	2−100×100 승강기 가버너 로프 타공
D	2−100×150 형판 타공(출입구 위치 선정용)
D1	2−220×120 형판 타공(승강기 중심 선정용)
D2	2−100×200 형판 타공(무게추 중심 선정용)

(5) 출입구 유효폭

출입구의 유효폭은 도어의 너비를 의미한다.

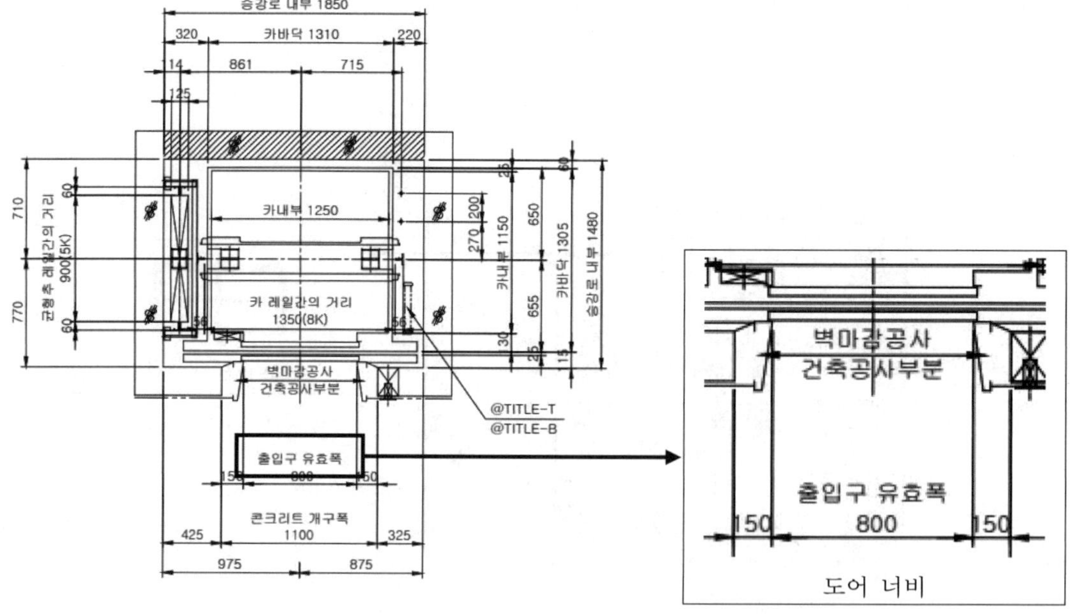

(6) 콘크리트 개구폭

콘크리트 개구폭은 출입구의 개구폭을 의미한다.

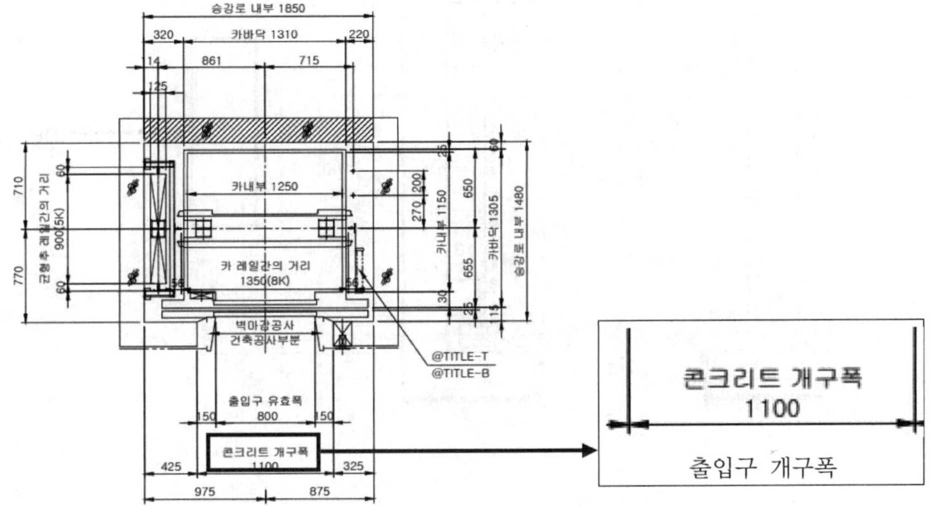

(7) 카 내부 및 카 레일 간의 거리

카 레일 간의 거리는 RG 또는 본선, 메인이라고 하며, 레일에서 레일까지의 거리를 표현한다.

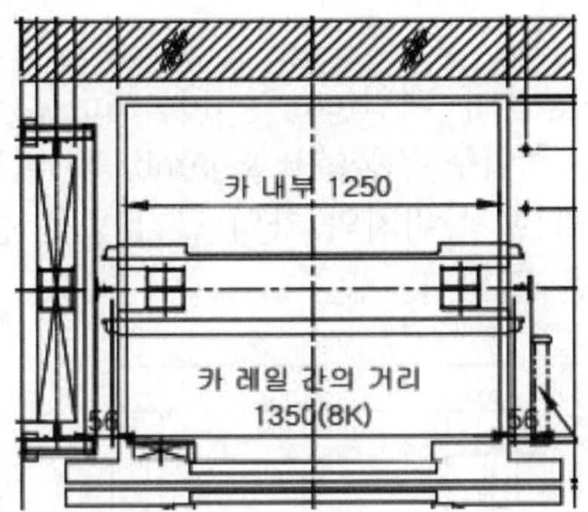

(8) 균형추 레일 간의 거리

균형추 레일 간의 거리 또한 균형추 RG라고 하며, 균형추 레일과 레일 간의 거리를 의미한다.

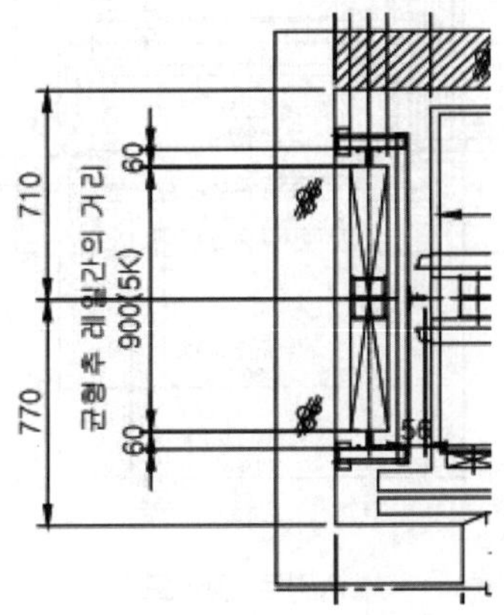

(9) DF

DF 거리는 카 레일에서 카운터 레일까지의 거리를 표현한다.

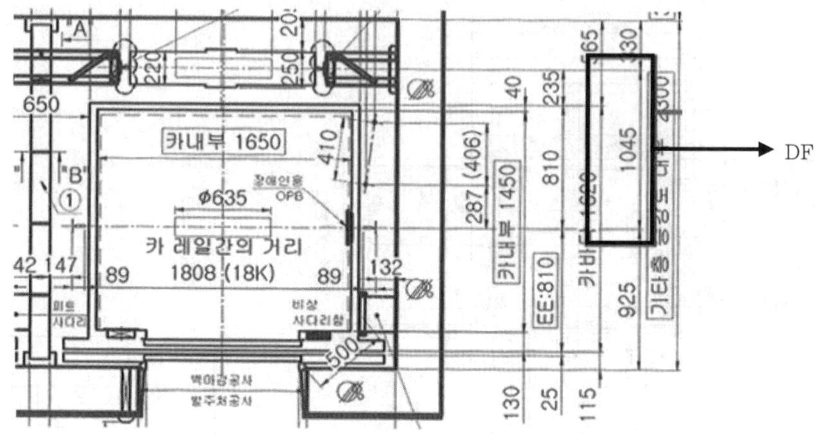

출제 02 승강로, 기계실, 출입구 건축도면

1 승강로 평면도

승강로 안의 카 가이드 주행안내 레일(car guide rail), 균형추 가이드 주행안내 레일(counterweight guide rail), 출입구 부품(sill & jamb) 및 피트 안의 부품(buffer) 등 승강로 안에 설치되는 모든 부품들의 설치 위치와 카의 크기 등을 승강로 평면상에 나타내는 도면(550kg, 7인승, 60m/min)을 말한다.

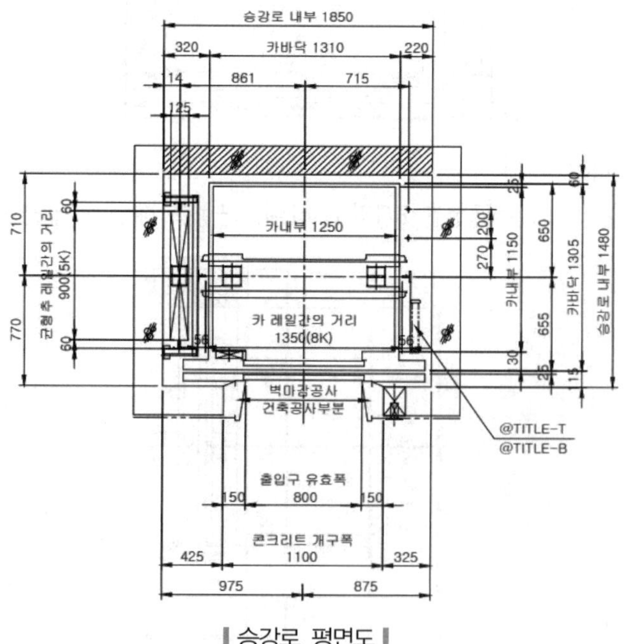

┃ 승강로 평면도 ┃

2 기계실 평면도

기계실에 설치되는 기계대(machine beam), 구동기(traction machine), 보조 시브(secondary sheave), 과속조절기(speed governor), 제어반(controller), 분전반 등의 설치 위치와 기계실 바닥에 가공되어 매다는 장치 구멍(wire rope hole)의 위치를 나타내는 도면을 말한다.

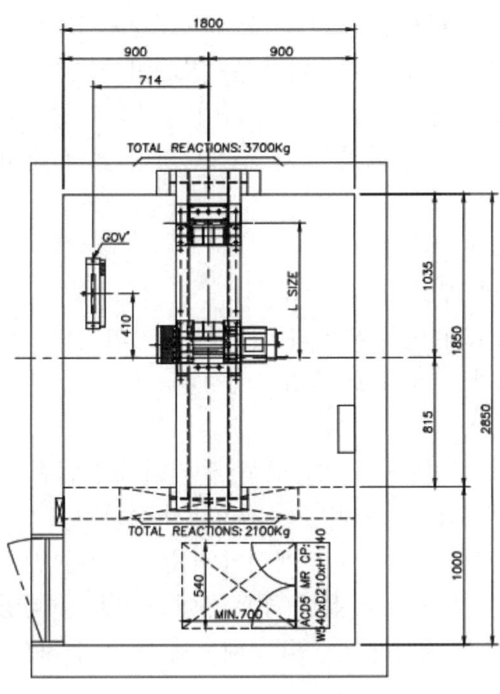

‖ 기계실 평면도 ‖

3 출입구 부품 상세도

각 층의 출입구 전면에 설치되는 문틀(jamb), 호출버튼(corridor call button), 위치표시기 (position indicator), 홀 랜턴(hall lantern), 소방스위치(fire fighters switch) 등 관련 부품들의 설치 위치를 나타내는 도면(광폭 문틀, 수평형 층표시기, SLIM형 BUTTON TYPE)을 말한다.

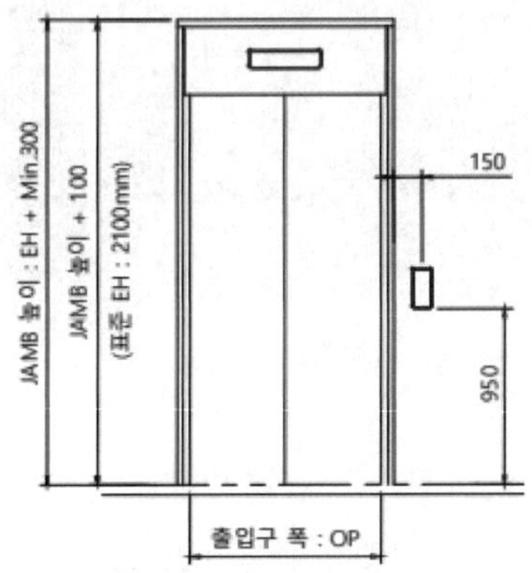

‖ 출입구 부품 설치도면 ‖

출제 03 형판 설치

1 형판 설치의 중요성

① 엘리베이터의 형판 설치는 엘리베이터를 설치하기 위한 기준점을 잡고 건축물과 엘리베이터의 수직 여부에 따라 출입구, 카 레일, 균형추 레일 등 각 요소의 설치를 정하는 작업으로 엘리베이터 설치에 있어 가장 기초가 되는 작업이다.

② 형판은 건물의 승강로 출입구를 기준으로 하여 승강장의 중심과 위치를 결정하며, 이 출입구의 위치를 기준으로 카의 위치가 결정되고 형판 설치 순서는 다음과 같다.
　㉠ 출입구 형판
　㉡ 카 및 카 가이드레일 형판
　㉢ 카운터 및 카운터 레일 형판

③ 형판 설치에 따라 TM의 설치 위치와 과속 검출기의 설치 위치가 결정되며, 카 레일과 카운터 레일의 위치가 결정되고, 승강로에서 각 층의 도어 존 종단 층의 종점 스위치가 결정된다.

④ 형판 설치가 정상적으로 진행되지 않는다면, 엘리베이터의 주요 부품의 위치가 잘못 선정되고, 형판 설치 이후의 모든 작업에 있어 계속해서 오차가 발생되면, 오차를 수정하기 위해 형판 작업부터 모든 작업을 다시 수행해야 되는 손실이 발생된다.

⑤ 형판 설치가 잘못되면 엘리베이터 운행 중 소음이나 진동 등 다양한 문제가 발생되어 운행의 안전성 및 효율이 크게 저하될 수 있기 때문에 형판 설치는 매우 중요하다.

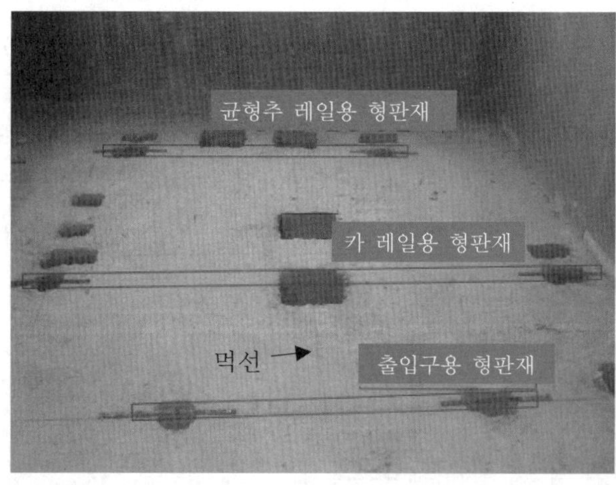

‖먹선치기 및 상부형판 설치‖

‖하부형판 설치‖

2 형판 설치 공법

설치 공법은 족장의 설치 여부에 따라 족장 공법과 무족장 공법으로 분류되며, 현재는 작업능률과 안전을 위하여 대부분 무족장 공법으로 설치한다.

(1) 족장 공법

① 피트 바닥에서부터 승강로 최상부까지 강관과 클램프를 사용하여 1.5m 간격으로 가로대를 설치하며 연결 조립하는 방법이다.

② 작업대는 작업을 행하고자 하는 위치로 이동을 반복하며 레일 작업, 승강장 작업 등을 시행한다.

③ 족장 공법에서 상부 형판은 승강로 상부에 설치하고 하부 형판은 승강로 피트에 설치한다.

(2) 무족장 공법

① 기계실 작업과 로프 작업, 카프레임 조립 등을 선 시행한 후에 작업대로 사용하는 카 프레임을 저속 운전하면서 레일 작업 및 승강장 작업 등을 하는 공법이다.

② 무족장 공법에서 상부 형판은 기계실 바닥에 설치하고 하부 형판은 승강로 피트에 설치한다.

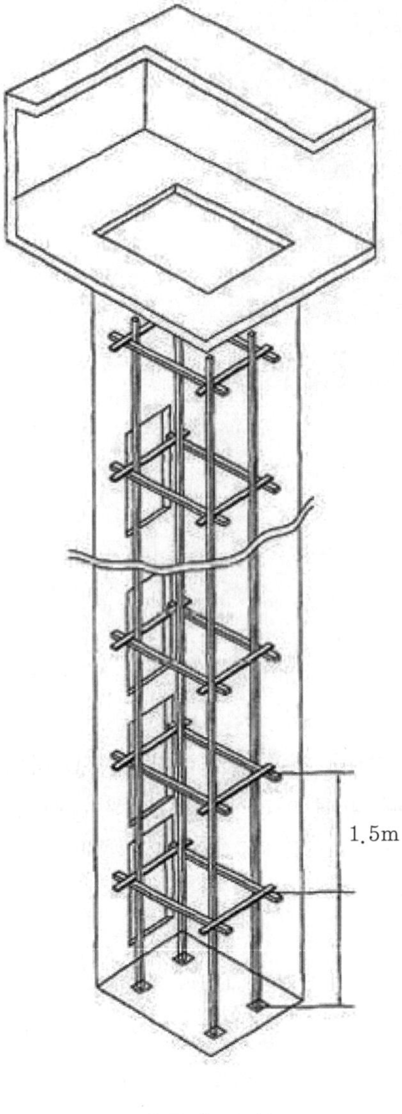

‖ 족장 공법 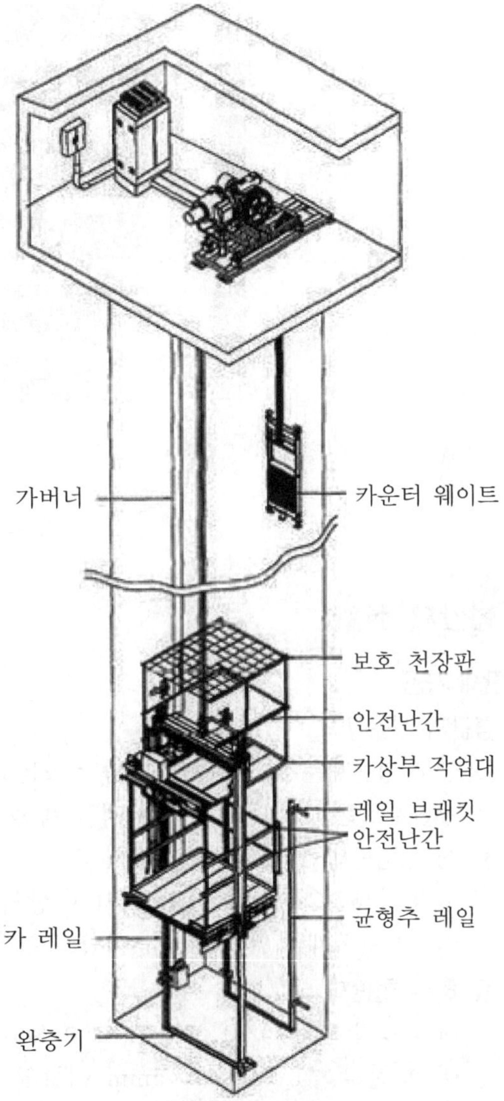 ‖   ‖ 무족장 공법 ‖

3 형판 설치 순서도

상·하부 형판은 각 3개소 설치되며 각각의 형판에서 승강장 출입구 설치를 위한 두 개의
피아노선과 카 및 균형추의 가이드레일 설치를 위한 각각의 두 개씩 총 6개의 설치의 기준점이
되는 피아노선을 내린다.

▮ 순서도 ▮

4 형판재 설치

(1) 형판재 가공

① 형판재 사용규격

　㉠ 상부 형판재는 일정 규격의 C형강 또는 각재(목재)를 사용하여 형판 작업을 하며, 하부
　　형판재로는 C형강, ㄷ찬넬, 앵글 등을 현장 상황에 따라 선정하여 사용한다.

　㉡ 상부 평판재

　　ⓐ C형강 : C60×30×10×2.3t 이상의 규격

　　ⓑ 각재(목재) : 70×12mm 이상의 규격

　㉢ 하부 형판재

　　ⓐ C형강 : C60×30×10×2.3t 이상의 규격

　　ⓑ ㄷ찬넬 : 75×40×7×5mm 이상의 규격

　　ⓒ 앵글 : L75×75×6t 이상의 규격

‖ C형강 ‖

‖ ㄷ찬넬 ‖

② **형판재 가공** : 형판재 가공은 형판재를 필요한 크기와 형태로 가공하는 과정이며, 정확한 크기와 형태를 가진 형판재는 중요한 역할을 한다.

㉠ 출입구, 카, 균형추용 C형강 또는 목재 형판재 3개를 평탄한 바닥에 놓은 다음 [그림] (상부 형판재 가공도)과 같이 각 형판재의 중심에 먹선을 튀겨 직선 표시를 한다.

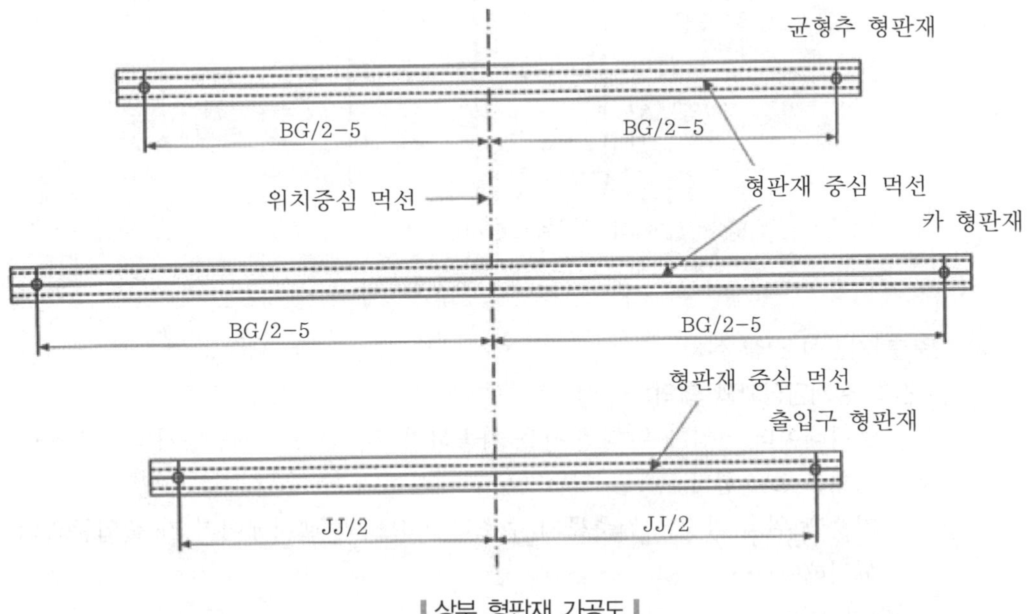

‖ 상부 형판재 가공도 ‖

㉡ 출입구, 카, 균형추용 C형강 또는 목재 형판재를 [그림](상부 형판재 가공도)과 같이 놓은 후 각 형판재의 중앙 부분이 일치되는 위치에 중심 표시를 한다.

㉢ 상기 '㉡'의 중심점을 기준으로 설치도면을 참고하여 좌우 피아노선의 위치를 산출한다. 이 위치는 [그림](상부 형판재 가공도)에 표시된 공식에 설치도면의 해당 치수를 대입하여 산출한다. 여기서 JJ는 출입구 유효 폭, BG는 카 좌우 가이드 주행안내 레일 상호 간의 거리, 그리고 균형추 좌·우 가이드 주행안내 레일 상호 간의 거리이다.

㉣ 산출된 피아노선의 위치를 마킹하고, 전기 드릴을 이용하여 정확한 위치에 직경 1mm 구멍을 뚫고 정확하게 구멍 가공이 되었는지 다시 확인한다.

(2) 기준층 기준선 결정

① 기준층 기준선

ㄱ 기준선은 엘리베이터 카의 출입문 위치와 바닥 수평면을 정의한다.

ㄴ 엘리베이터 카의 바닥과 건물 층간의 정확한 맞춤을 보장하기 위한 작업이다.

ㄷ 엘리베이터 운행 중 정확한 층수 표시와 안전한 타고 내림을 위해 매우 중요하다.

ⓐ 기준층은 1층이 일반적이며, 건축담당자와 협의하여 결정한다.

ⓑ 건축팀에 요청하여 출입구 중심선 및 출입구 마감 기준선을 제공받아야 한다.

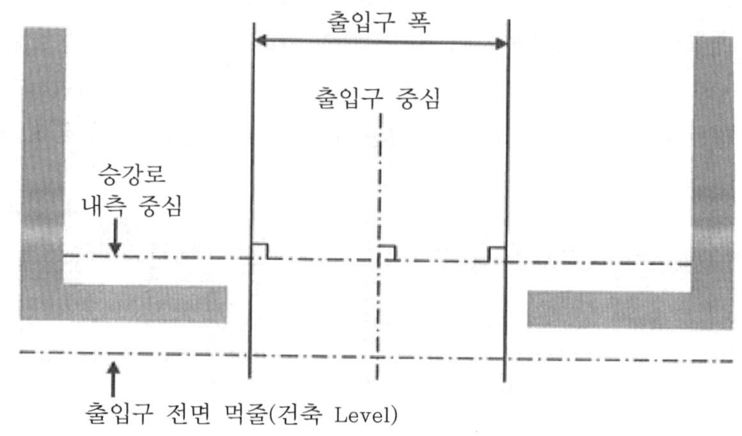

❚ 출입구 Marking ❚

② 기준층 기준선 결정 절차

ㄱ 건축 설계담당자와 협의

ⓐ 엘리베이터 설치를 위한 형판을 가공하기 전, 건축 설계담당자와 협의하여 기준층 위치를 결정한다.

ⓑ 기준층 위치 결정은 건축물의 구조적인 요소와 엘리베이터 카 출입문과의 일치를 고려해야 한다.

ㄴ 레벨링 작업

ⓐ 엘리베이터의 기준층 기준선은 건축물의 바닥 또는 층과 맞추어진다.

ⓑ 기준선을 결정하기 위해 건축팀은 건물 내의 각 층을 수평으로 레벨링하고 측정한다.

ⓒ 수평기, 수준계 및 레이저 레벨기 등의 도구를 사용하여 정확한 층면을 확인한다.

ㄷ 바닥 높이 결정

ⓐ 건물 각 층의 바닥높이는 기준선 결정에 중요한 역할을 한다.

ⓑ 기준선이 설정된 후에는 건축팀이 바닥높이를 측정하여 엘리베이터의 바닥과 정확한 맞춤을 확인한다.

ⓒ 카 출입문과 건물 층면이 맞물리며, 타고 내림 시 각 층의 정확한 위치를 보장한다.

‖ 레이저 레벨기 ‖

ㄹ 기준선 표시

   ⓐ 기준선을 표시한다.

   ⓑ 엘리베이터 설치팀은 기준선을 확실히 인식하고, 카의 출입문을 정확한 위치에 설치할 수 있다.

ㅁ 검증과 조정

   ⓐ 기준선 결정 후에는 엘리베이터 설치팀이 기준선의 정확성을 확인한다.

   ⓑ 수평기나 수준기를 사용하여 바닥과의 정확한 맞춤을 검증하고, 필요한 경우에는 기준선을 다시 조정하여 정확한 위치를 선정한다.

(3) 측정 및 치수 기록하기

① 형판의 크기, 위치, 정확한 배치 등을 결정하기 위해 실, 벽, 잠 등 승강로 각 요소의 실제 크기를 측정하고 기록하는 작업이다.

② 최상층에서 최하층까지 층별로 출입구에서 측정 후에 출입구 고정작업을 취한 측정값을 기록한다.

③ 피아노선 두 개를 내리고 피아노선을 기준으로 앞뒤와 좌우를 모두 측정하고, 측정한 각 간격을 바탕으로 출입구 형판이 승강로 중앙에 위치할 수 있도록 조정작업을 한다.

④ 현장에서는 승강로가 기울어진 경우가 많기 때문에 출입구 형판이 승강로 중앙에 위치할 수 있도록 측정값을 바탕으로 조정작업을 한다.

⑤ 조정작업이 정확히 시행되지 않으면 설치작업 시 활석작업에 많은 시간이 소요된다.

5 기계실 있는 엘리베이터 상부 형판 설치하기

(1) 상부 형판 설치 절차

가공된 형판재를 설치도면에 맞추어 다음과 같은 방법으로 가장 적절한 위치를 선정하고 각 부분의 정확한 치수를 확인하면서 고정한다.

① 2매 문 중앙 개폐형 출입문인 경우, 출입구 좌·우측 피아노선과 승강로 안의 출입구 벽면과의 치수가 최소 115mm가 되도록 기계실 상부의 출입구 형판을 임시로 고정한다.

② 좌·우 피아노선 2개를 피트까지 내린 다음, 피아노선을 상부 형판재에 가공된 직경 1mm 구멍에 고정한다. [치수 115mm는 제조사별 실(sill)의 폭에 따라 다를 수 있다.]

③ 피아노선에 추를 매달아 피아노선이 수직이 되는 위치를 찾은 다음 하부 출입구 형판과 피아노선을 임시 고정한다. [2매 문 측방향 개폐형(side opening) 출입문은 그에 맞는 설치 도면의 치수에 따라 조정]

  ※ 주의 : 중간에 피아노선이 간섭되거나 걸린 부분이 있는지 확인한다.

④ 위의 '③'에서 고정된 임시 피아노선을 기준으로 모든 층의 승강장 실(sill)이 설치될 곳에서 [그림](임시 출입구 형판 기준의 측정 포인트)에 표시된 A−A', B−B', C−C'의 거리를 각각 측정하여 기록한다.

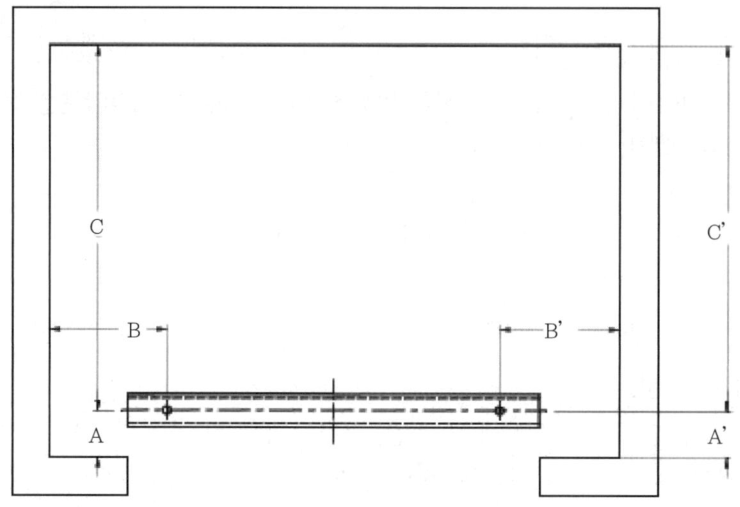

┃ 임시 출입구 형판 기준의 측정 포인트 ┃

⑤ 승강로의 전후 좌우 기울기를 분석하고, 설치도면에 나타난 주요 부품 간의 치수를 참조하여 가장 적절한 형판의 위치를 선정 확정한다.

⑥ 위치가 확정된 출입구 상부 형판재는 고정용 브래킷을 형판재에 밀착한 다음 앵커 볼트로 고정하고 고정용 브래킷과 형판재를 상호 용접하여 고정한다. (용접으로 인한 형판재의 변형이 생기지 않도록 주의한다.)

⑦ 형판 위치 선정의 기준이 되는 출입구 형판이 고정되면, 설치도면에 표시된 치수대로 기계실 바닥에 출입구, 카 가이드 주행안내 레일, 균형추 가이드 주행안내 레일의 형판 설정을 위한 먹선 치기를 하고, 기계실 바닥에 뚫린 구멍이 안 맞으면 다시 뚫기를 한다.

⑧ 기계실 바닥의 먹선과 형판재 먹선을 일치시킨 후 기계실에 가공된 피아노선용 구멍과 일치하는지 확인한다.

⑨ 나머지 카 가이드 주행안내 레일과 균형추 가이드 주행안내 레일용 형판재를 설치도면에 맞추어 조정할 수 있도록 차례로 임시 설치한다.

⑩ [그림](형판 설치 치수 확인도)과 같이 기계실에 임시 설치된 상부 형판재의 주요 치수를 확인하고 조정하면서 앵커 볼트 작업을 하여 고정용 브래킷을 고정하고, 주요 치수가 정확하게 맞으면 이 고정용 브래킷을 형판재와 용접하여 고정한다. (용접으로 인한 형판재의 변형이 생기지 않도록 주의한다.)

⑪ 카 가이드 주행안내 레일과 균형추 가이드 주행안내 레일용 피아노선을 모두 피트까지 내리고 가공된 1mm 구멍에 고정한다. (중간에 피아노선이 간섭되거나 걸린 부분이 있는지 확인한다.)

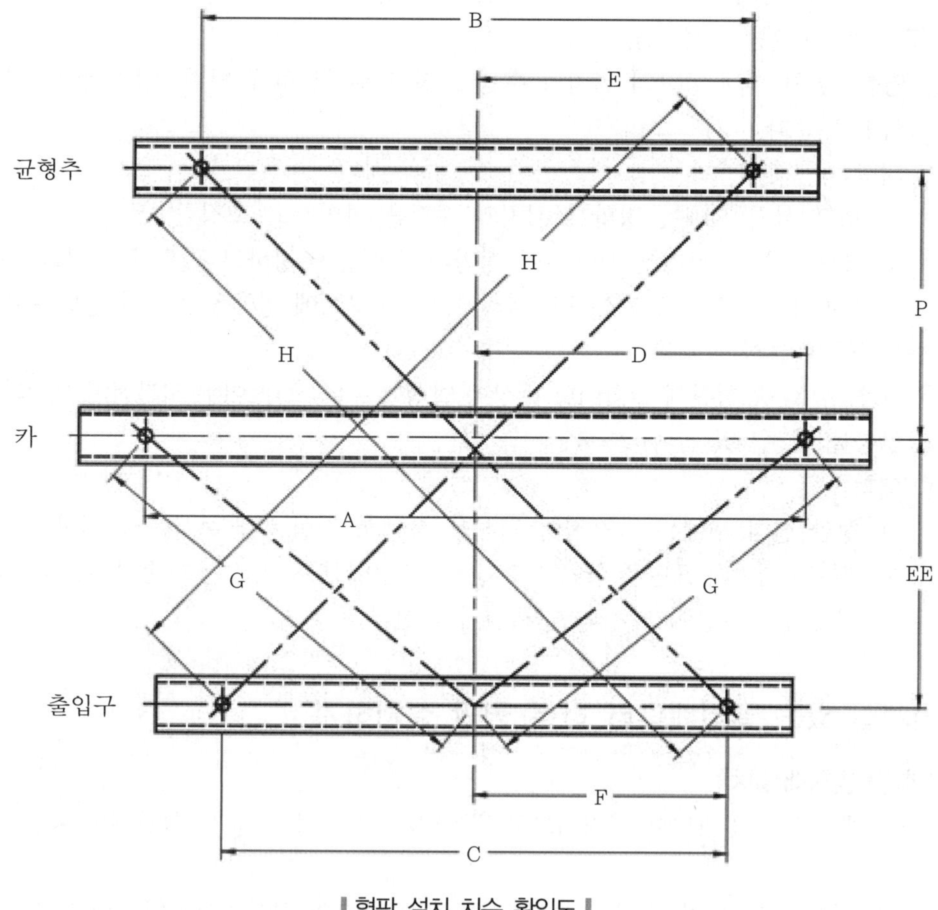

┃ 형판 설치 치수 확인도 ┃

(2) 설치 시 발생할 수 있는 주요 문제와 해결방안

① 형판 치수 오차

　㉠ **영향** : 설치 중 형판의 치수가 정확하지 않아 엘리베이터의 소음발생 원인이 될 수 있다.

　㉡ **대책**

　　ⓐ 형판 설치 전 정확한 치수를 확인한다.

　　ⓑ 도면과 비교하여 각 부분의 치수를 측정하고 비교한다.

　　ⓒ 치수 오차 발견 시 제조사나 설계자와 협의하여 조치한다.

② 부착 및 조립 오류

　㉠ **영향** : 형판 부착 및 조립 중에 오류가 발생할 수 있고, 형판의 안정성과 기능이 저하될 수 있다.

  ⓛ 대책
   ⓐ 제조사의 설치 지침을 준수한다.
   ⓑ 적절한 도구와 장비(용접기, 용접면, 방진마스크 등)를 사용한다.
   ⓒ 형판의 안전한 고정을 위해 용접을 한다.

③ 형판 위치 및 수평 조정 오류
  ㉠ **영향** : 설치 후에 형판의 위치와 수평 조정이 부적절하게 되면, 엘리베이터의 운행에 영향을 준다.
  ⓛ 대책
   ⓐ 형판 설치 후에는 정확한 위치와 수평을 확인하고 조정한다.
   ⓑ 레벨 또는 수평기를 사용하여 형판의 수평을 조정하고 필요한 조정을 수행한다.
   ⓒ 형판이 안정적으로 고정되고 엘리베이터의 운행에 영향을 미치지 않도록 주의한다.

④ 형판 결함 및 손상
  ㉠ **영향** : 설치 중 형판에 결함이나 손상이 발생할 수 있으며 이는 시각적인 외관과 기능에 영향을 줄 수 있다.
  ⓛ 대책
   ⓐ 형판 설치 후에는 시각적인 검사를 통해서 결함이나 손상을 확인한다.
   ⓑ 부착된 형판의 표면을 확인하고, 균열, 불균일한 표면 또는 파손된 부분을 식별한다.
   ⓒ 결함이나 손상이 발견되면 재설치를 한다.

6 기계실 있는 엘리베이터 하부 형판 설치하기

(1) 하부 형판 받침대 설치

상부 형판재는 기계실 바닥에 설치되므로 받침대가 필요 없고, 하부 형판에만 형판 받침대가 설치된다.

① [그림](하부 형판용 받침 앵글 가공도)과 같이 각각의 하부 형판 받침대 지지용 앵글의 좌우에 앵커 볼트용 긴 구멍(slot hole $\Phi 14 \times 36$) 2개씩을 가공한다.
  ㉠ **출입구 측** : L75×75×t6-300
  ⓛ **승강로 후면 측** : L75×75×t6-600
  ㉢ 앵글의 길이는 출입구 폭(JJ)과 가이드 주행안내 레일 간의 거리(BG)에 따라 적절히 선정한다.

② 피트 바닥에서 1m 정도 높이로 승강로 안의 출입구 측 벽면과 승강로 후면에 수평이 맞도록 물 수평을 이용하여 위치를 마킹하고 먹선 치기를 한다.

③ 앵글의 상부 면이 승강로 벽면에 표시된 수평 먹선과 일치되도록 맞춘 다음, 앵글에 가공된 긴 구멍 위치를 마킹하고 해머 드릴을 이용하여 구멍 뚫기를 한다.

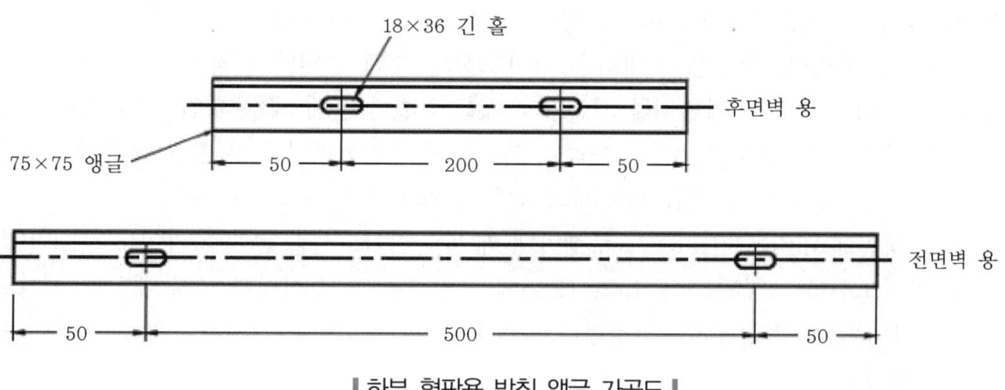

┃ 하부 형판용 받침 앵글 가공도 ┃

④ 각각의 앵글을 천공된 구멍과 일치시킨 다음 M12 앵커 볼트를 해머를 사용하여 삽입하고 앵커 볼트의 너트를 조이면서 먹선으로 표시된 수평 상태를 확인 고정한다.

⑤ 설치될 피아노선과 간섭이 되지 않는 위치를 선정하여 [그림](하부 형판 받침대)과 같이 앵글 위에 하부 받침대용 ㄷ찬넬을 올려놓은 후 수평 상태를 확인하면서 작업자 또는 중량물의 하중에 견딜 수 있도록 견고히 용접하여 고정한다.

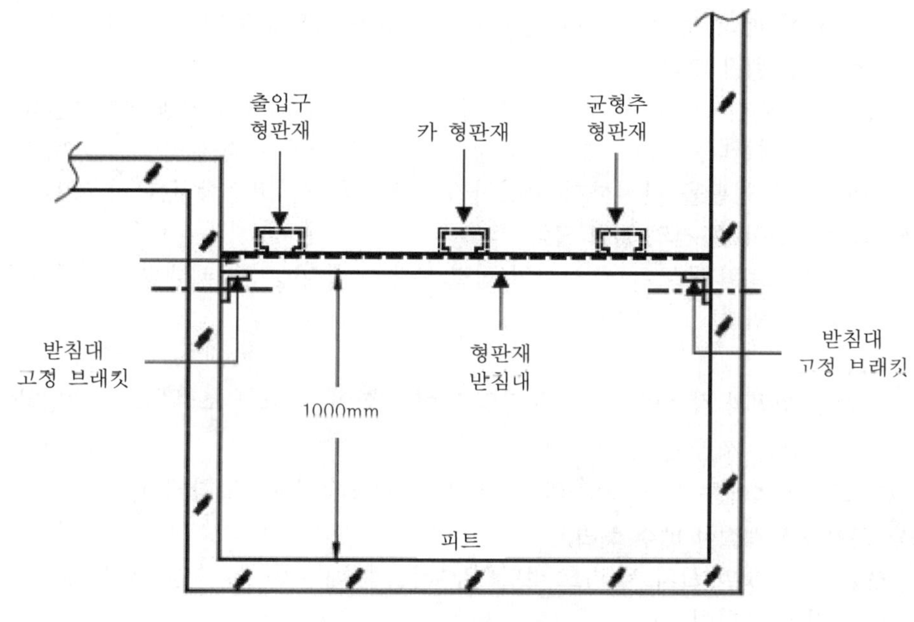

┃ 하부 형판 받침대 ┃

(2) 하부 형판 설치

① 우선 출입구 형판재부터 받침대 위에 올려놓고, 최종 위치가 확정되어 고정된 상부 형판에서 내려온 피아노선에 적정 무게의 추를 매달아 상부 형판재와 정확한 수직점이 되는 위치를 찾아 고정한다.

② 나머지 카 가이드 주행안내 레일용 피아노선과 균형추 가이드 주행안내 레일용 피아노선에도 적정한 무게의 추를 매단다.

③ 카 가이드 주행안내 레일용과 균형추 가이드 주행안내 레일용 형판재를 형판 받침대에 임시 설치하면서 상부에서 내려온 피아노선의 수직 상태와 일치하는지 우선 확인한다.

④ 이미 확정된 출입구 형판재를 기준으로 [그림](형판 설치 치수 확인도)에 표시된 형판재 상호 간의 모든 주요 치수를 정확하게 측정하여 확인하면서 하부 형판 받침대에 용접하여 고정한다. (용접으로 인한 형판재의 변형이 생기지 않도록 주의한다.)

⑤ 상부 형판에 내려온 카 가이드 주행안내 레일용 피아노선과 균형추 가이드 주행안내 레일용 피아노선을 가공된 직경 1mm Hole에 삽입하고 다시 적정한 추를 매달아 피아노선이 팽팽한 상태가 유지되도록 고정한다. (중간에 피아노선이 간섭되거나 걸린 부분이 있는지 확인한다.)

(3) 설치 시 발생할 수 있는 주요 문제와 해결방안

① 하부 형판의 치수 불일치

  ㉠ **영향** : 하부 형판의 치수가 설계도면과 일치하지 않을 경우, 하부 형판의 정확한 위치와 공간 활용에 영향이 있다.

  ㉡ 대책

    ⓐ 설치 전에 정확히 치수를 측정하고, 건축 담당자와 협력하여 치수 불일치를 해결한다.

    ⓑ 필요에 따라 조정 가능한 형판을 선정하거나 맞춤형 형판을 제작 사용한다.

② 부적절한 하부 형판 고정

  ㉠ **영향** : 부적절한 고정은 하부 형판의 불안정성으로 움직임이 발생하여 불필요한 소음과 진동이 발생한다.

  ㉡ 대책 : 하부 형판을 안전하게 고정하기 위해 적절한 고정장치를 사용한다.

③ 하부 형판과 도어 존 간의 정렬 불량

  ㉠ **영향** : 하부 형판과 도어 존 사이의 정렬 문제는 엘리베이터 레벨링과 정확한 문 개폐를 방해할 수 있다.

  ㉡ 대책

    ⓐ 하부 형판과 각 층의 도어 존 간의 정렬을 확인, 필요한 조정작업을 수행하여 정확한 레벨링을 제공한다.

    ⓑ 조정작업에는 도어 존과의 간격 및 수평조정 등이 포함된다.

④ 하부 공간의 부적절한 배수 처리

  ㉠ **영향** : 하부 형판 설치 시 피트 바닥의 부적절한 배수처리는 수분 누적으로 금속의 부식 및 감전의 위험이 있다.

  ㉡ 대책

    ⓐ 하부 형판 설치 시 집수정의 위치를 적절히 선정한다.

    ⓑ 수분이 누적되지 않도록 필요한 경우 추가 방수 처리를 한다.

7 형판 설치 허용오차

형판 설치 시 허용오차는 정밀한 엘리베이터 설치와 안전한 운행을 위해 일반적으로 설계기준과 국제 규격을 준수해야 하며, 적절한 품질관리와 검사를 수행하여 정확하고 안전한 엘리베이터 운영을 보장해야 한다.

(1) 일반적인 허용오차

① 수직 위치 허용오차 : 일반적으로 수직 위치에서 허용되는 최대 편차를 나타내며, 엘리베이터의 수직 정확성을 보장하기 위해 규정된다.

② 수평 위치 허용오차 : 형판과 다른 구조물 간의 정렬을 의미하며, 엘리베이터 운영의 안정성과 정확성을 보장하기 위해 규정된다.

③ 치수 허용오차 : 형판의 치수는 설계도면과 일치해야 하며, 일정한 허용오차 범위 내에서 제조 및 설치되어야 한다. 이는 형판의 정확한 공간 활용을 보장하고, 문 개폐 및 엘리베이터 운영 시에도 정확한 작동을 수행하게 한다.

④ 기능적 허용오차 : 엘리베이터의 형판은 기능적인 요구사항을 충족해야 한다. 이는 형판이 제대로 작동하고 엘리베이터의 운영에 영향을 주지 않는 범위 내에서 일정한 허용오차를 가질 수 있다.

(2) 항목별 허용오차 기준(예시)

아래의 [그림](허용오차 측정방법)과 [표]는 허용오차 측정기준이다.

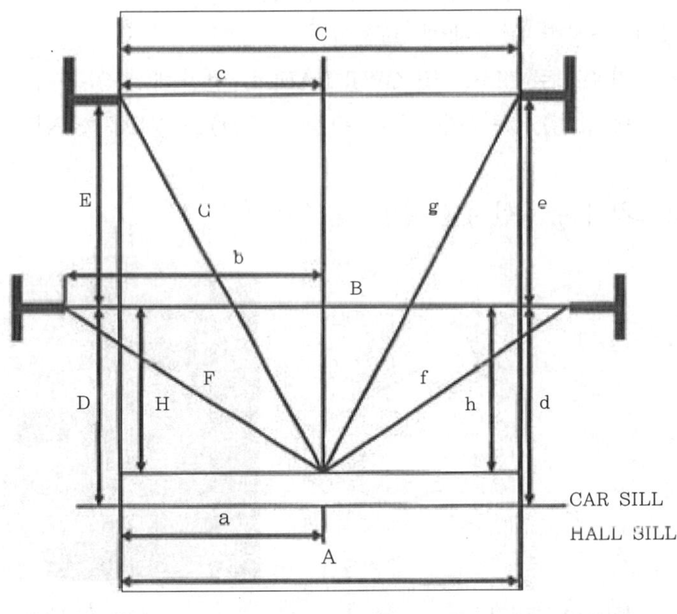

‖ 허용오차 측정방법 ‖

┃ 허용오차 측정 기준값 ┃

No.	검사항목	기준값
1	A : DOOR OPENING	A±0.5
2	a : DOOR OPENING CENTER	a±0.5
3	B : CAR RAIL RG.	B±0.5
4	b : CAR RAIL RG. CENTER	b±0.5
5	C : CWT RAIL RG.	C±0.5
6	c : CWT RAIL RG. CENTER	c±0.5
7	D=d : H−SILL과 C−RAIL	D±0.5
8	E=e : C−RAIL과 CWT RAIL	E±0.5
9	F=f : C−SILL CENTER와 C−RAIL	F±0.5
10	G=g : C−SILL CENTER와 CWT RAIL	G±0.5
11	H=h : C−SILL과 C−RAIL	H±0.5

계측은 줄자를 사용한다.

8 형판에 피아노선 고정하기

(1) 피아노선 고정작업 절차

① 기계실에서 내려진 피아노선의 위치를 확인한다.

② 피아노선을 PIT에 구성한 형판재에 고정한다.

③ 출입구용 형판을 기준으로 Main 및 CWT RAIL용 형판에 출입구 중심을 표시한다.

④ [그림](허용오차 측정방법), [표](허용오차 측정 기준값)를 참고하여 형판에 각각의 거리를 계산 및 확인한다.

⑤ 각 항목의 허용오차가 유효한지를 확인 및 수정한다.

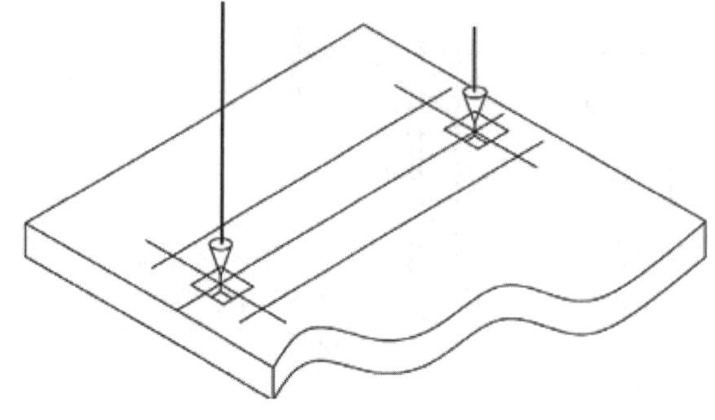

┃ 피아노선 내리기 ┃

┃ 피아노선 내리기 현장사진 ┃

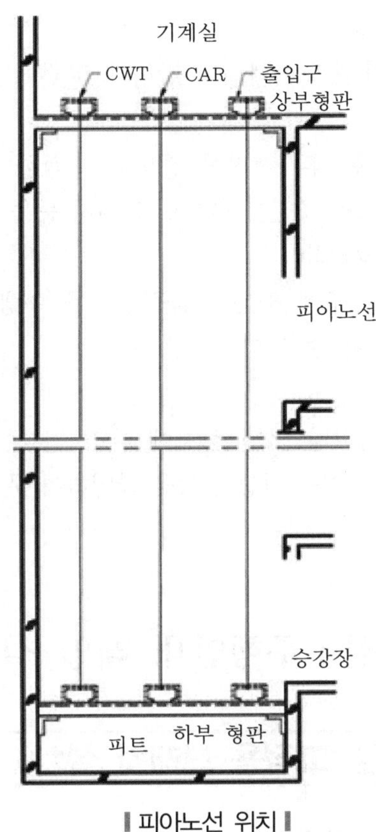

▮ 피아노선 위치 ▮

(2) 설치 시 발생할 수 있는 주요 문제와 해결방안

① 피아노선 위치 오차

　㉠ **영향** : 기계실에서 내린 피아노선의 위치가 하부 형판의 위치와 일치하지 않아 기능에 문제가 발생한다.

　㉡ **대책**

　　ⓐ 기계실에서 피아노선을 내릴 때 정확한 위치를 측정하고, 하부 형판에 고정하기 전에 위치를 재확인한다.

　　ⓑ 피아노선의 위치를 조정히여 정확한 위치를 맞춘다.

② 피아노선 고정 불안정

　㉠ **영향** : 피아노선이 제대로 고정되지 않아 풀리거나 움직이며, 형판의 정확성에 영향을 준다.

　㉡ **대책**

　　ⓐ 피아노선을 하부 형판에 단단히 고정하기 위해 고정장치와 방법을 채택한다.

　　ⓑ 피아노선이 풀리지 않도록 볼트, 너트, 클램프 등을 적절히 조절하여 사용한다.

③ 피아노선 고정강도 부적절

　㉠ **영향** : 피아노선이 너무 느슨하거나 강하게 고정되면, 형판의 안정성에 영향을 준다.

　㉡ **대책**

　　ⓐ 피아노선을 고정한 후, 적절한 강도로 조절한다.

　　ⓑ 고정장치의 조임력을 조절하거나 토크 렌치 등을 사용하여 적절한 강도를 유지한다.

④ 피아노선 고정 후 품질검사 미비

　㉠ **영향** : 피아노선 고정 후에 충분한 품질검사를 수행하지 않으면 고정 상태나 안정성 문제를 발견하지 못할 수 있다.

　㉡ **대책**

　　ⓐ 품질기준, 품질검사방법 및 절차에 따라 검사를 수행한다.

　　ⓑ 고정 상태, 안전성, 이동 가능성 등을 확인하여 문제가 있을 경우 조치하고 보완한다.

제3절 | 주행안내 레일 설치하기

출제 01 주행안내 레일, 고정용 브래킷 설치

1 레일의 설치도 및 작업순서

① 승강로에서 이루어지는 승강기의 안내 역할을 하는 가이드레일 설치작업으로 카의 진동 또는 이상 운행에 직접적으로 영향을 미치는 중요한 작업으로 정확한 설치가 필요하다.

② 가이드레일의 조립 및 매달기와 임시카 설치 후 승강로 벽에 가이드레일을 고정하는 작업이 있다.

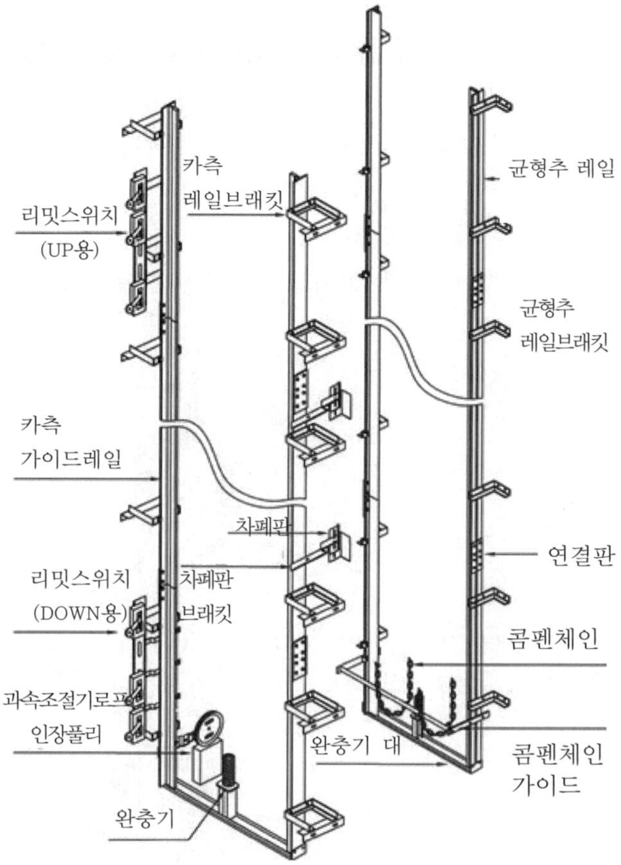

‖ 레일 설치도  ‖   ‖ 순서도 ‖

2 레일 반입 및 매달기

(1) 레일 적재 및 보관

① 가이드레일은 호기별로 필요한 수량을 사전에 설치업체와 협의한다.

② 현장 반입 시에는 호기별로 설치수량에 맞게 포장 후 반입하며 적정장소에 보관한다.

③ 레일 하중을 고려하여 일정 높이 이상은 적재를 억제한다.

‖ 가이드레일 적재 ‖

(2) 승강로 내 레일 반입

① 반입 전 가이드레일 끝단 이음부와 연결판(Fish plate) 조립면의 이물질을 제거하고 표면을 경유 등을 사용하여 깨끗이 세척한다.

② 반입하고자 하는 가이드레일과 연결판(Fish plate)을 볼트로 임시 조립한다.

③ 레일을 반입할 때에는 윈치와 활차, 샤클 등의 고정상태와 하부에 작업자가 있는지 반드시 확인하여야 한다.

④ 피트하부 바닥의 가이드레일 반입 위치에 이음부를 보호할 수 있는 합판을 깐다.

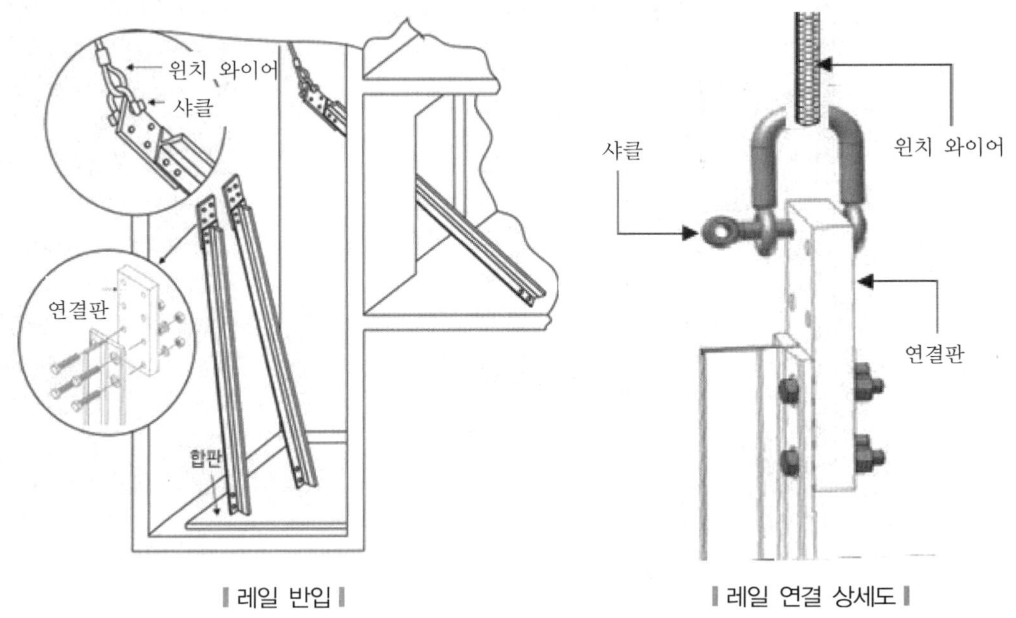

▌레일 반입 ▌　　　　　▌레일 연결 상세도 ▌

(3) 레일 조립 및 매달기

① 레일을 매달기 위한 사전작업으로 승강기 기계실에 레일 양중용 장비를 설치한다. 이때 레일 양중용 장비의 용량은 전체를 연결한 레일의 무게를 충분히 견디어야 한다.

② 레일 연결을 위해서는 첫 번째 레일을 레일 고정기에 매달고 다음 레일 연결부위까지 양중한다.

③ 양중된 레일 하단부 접합면과 조립부를 깨끗이 청소한 후 하단부를 미리 체결된 다음 레일 연결판과 볼트 및 너트로 체결하고 스트레이트 게이지를 이용하여 수직도를 확인한다.

④ 가이드레일을 상호 간 연결할 때에는 한쪽 끝 오목부와 다른 한쪽 끝 볼록부를 끼우고 가이드레일 면을 일치시킨 후에 연결판(Fish plate)과 가이드레일을 볼트로 조립한다.

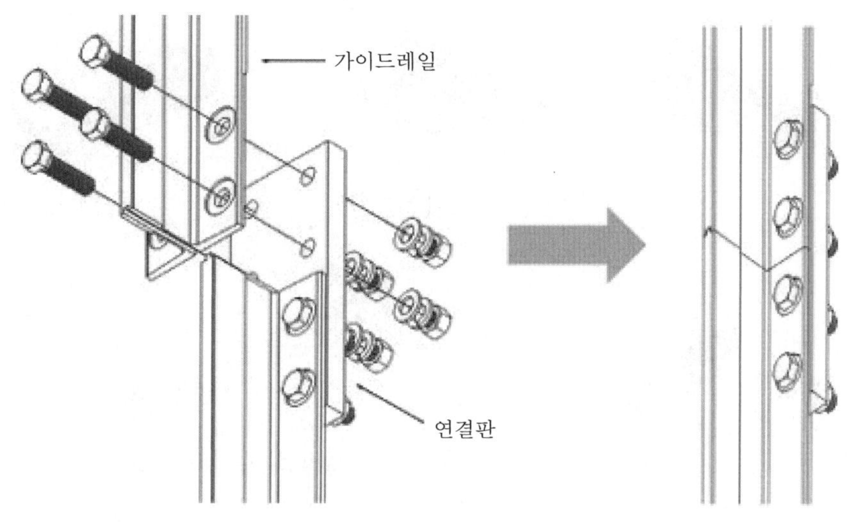

‖ 레일 조립 ‖

⑤ [그림](레일 조립)의 과정을 반복하여 전체의 레일을 조립한 후에 레일 매달기를 이용하여 승강로 최상부에 매단다.

‖ 레일 양승 순비 ‖   ‖ 레일 수직도 측정 ‖   ‖ 승강로에 매달기 ‖

▩3 고정용 브래킷 설치

(1) 브래킷

① 주로 철제 앵글 등을 가공하여 가이드 주행안내 레일을 정확하게 고정하기 위하여 건축 구조물에 설치한다.

② 1차 브래킷은 앵커 볼트를 사용하여 승강로 벽면이나 건축 구조물에 고정하고, 2차 브래킷은 가이드 주행안내 레일이 고정될 위치에 정확하게 맞춘 다음 1차 브래킷에 용접(혹은 볼트 사용)하여 고정하는 것이 일반적이다.

③ 주행안내 레일 브래킷은 가이드 주행안내 레일이 수직으로 정확하고 견고하게 고정될 수 있도록 설치하는 것이 중요하다.

(2) 카 및 균형추 가이드 주행안내 레일 브래킷의 실측 방법

① 피아노선을 기준으로 실측하여 산출한다.

② 각 층마다 출입구 피아노선을 기준으로 [그림](주행안내 레일 브래킷 치수 산출을 위한 실측)과 같이 피아노선 중심에서 승강로 벽까지의 거리 A, A', B, B'를 측정한다. 실측 시 나무 또는 쇠막대기 등을 이용한다.

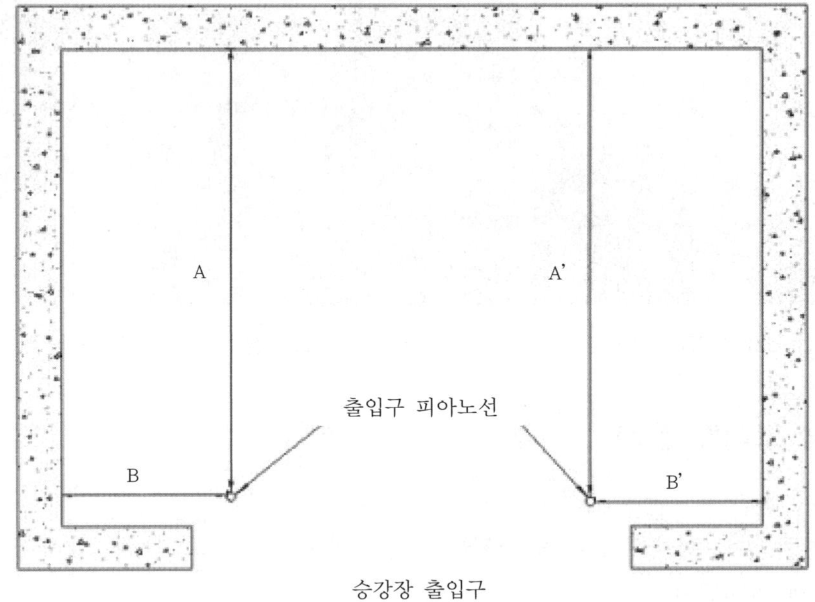

▮주행안내 레일 브래킷 치수 산출을 위한 실측▮

③ 이 측정치를 토대로 설치도면상의 관련 치수를 참조하여 주행안내 레일 브래킷 각 단의 치수를 산출한다.

④ 실측치는 주행안내 레일 브래킷 실측 보고서에 기입하여 제작 관련자에게 전달한다.

(3) 레일 브래킷 설치 위치

① 최하단 레일 브래킷의 설치 위치는 승강로 피트 바닥에서 상향 2000mm 지점을 선정한다.

② 그 외의 레일 브래킷은 최하단 레일 브래킷으로부터 상단으로 2500mm 간격으로 설치한다.

③ 최상단 레일 브래킷은 기계실 바닥 하부와 300~500mm의 위치에 설치한다.

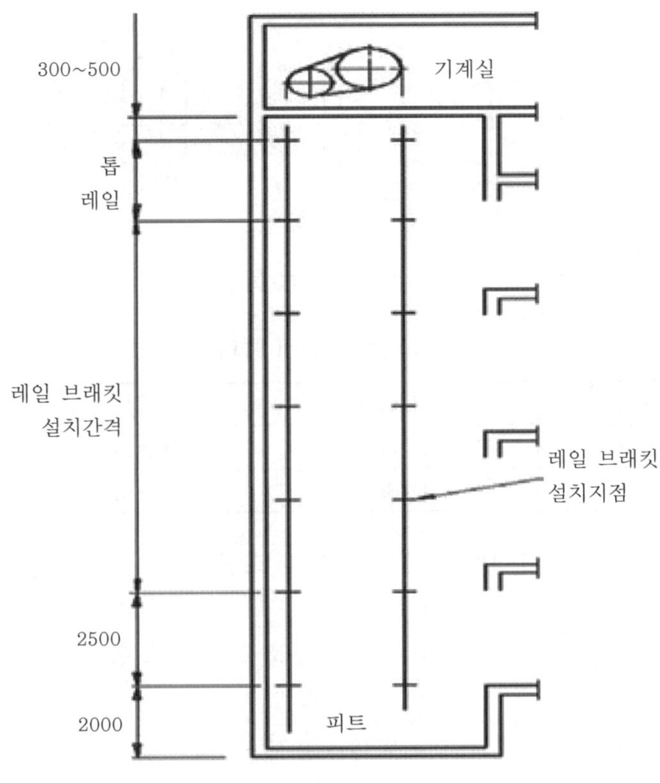

‖ 레일 브래킷 설치위치 ‖

(4) 레일 브래킷 설치 형태

레일 브래킷의 형태는 승강로 벽과 레일 긴 이격거리 및 가의 형대에 따라 다양하며 가이드레일을 적정하게 지지할 수 있는 구조이어야 한다.

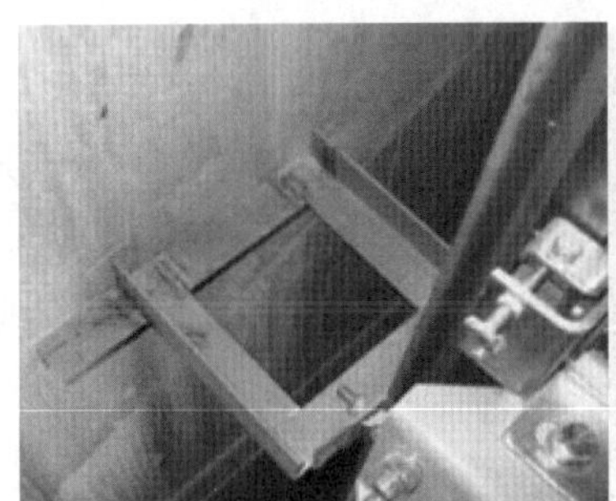

‖ "ㄷ" 형태(승강카용) ‖

‖ "ㅣ" 형태(균형추용) ‖

‖ 마름모꼴 형태 ‖

(5) 앵커 볼트 작업

① 앵커 볼트는 볼트 몸체, 슬리브, 평와셔, 스프링와셔, 너트로 구성되어 있다.

② 앵커 볼트의 구멍은 브래킷 길이의 중심에서 좌우 동일하게 이격하여야 하며, 레일 규격별 사용 앵커 볼트의 규격은 아래 [표]와 같다.

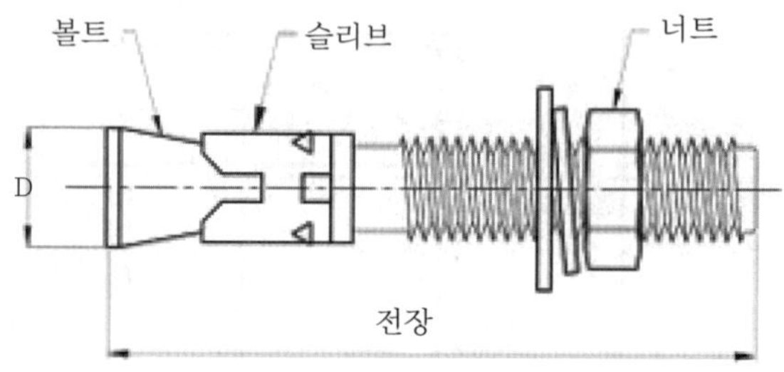

‖ 앵커 볼트 형상 ‖

‖ **레일별 앵커 볼트 규격** ‖

레일 규격	앵커 볼트 규격	전 장	천공깊이
13K 이하	M12(D12mm)	100mm	75±3mm
18K 이상	M16(D16mm)	125mm	85±3mm

③ 콘크리트 승강로의 경우 1단 브래킷은 해머 드릴을 이용하여 천공한 다음 앵커 볼트를 사용하여 승강로 벽면에 고정한다.

④ 철골 구조의 승강로는 1차 브래킷을 철 구조물에 바로 용접하여 설치한다.

⑤ **작업방법**

㉠ 해머 드릴에 클로즈 비트(close bit)를 끼운다.

㉡ 클로즈 비트(close bit)에 뚫고자 하는 구멍깊이를 표시한다.

㉢ 해머 드릴을 작업하고자 하는 곳에 수직으로 하고 안정된 자세를 취한 후 클로즈 비트(close bit) 표시부까지 구멍뚫기 작업을 한다.

㉣ 구멍뚫기 작업 후 앵커 볼트를 브래킷과 타공된 구멍에 함께 넣은 후, 망치를 이용하여 앵커 볼트를 삽입한다. 만일 삐뚤게 삽입할 경우 빠지거나 부러질 위험이 있으므로 수직도를 정확히 맞춘다.

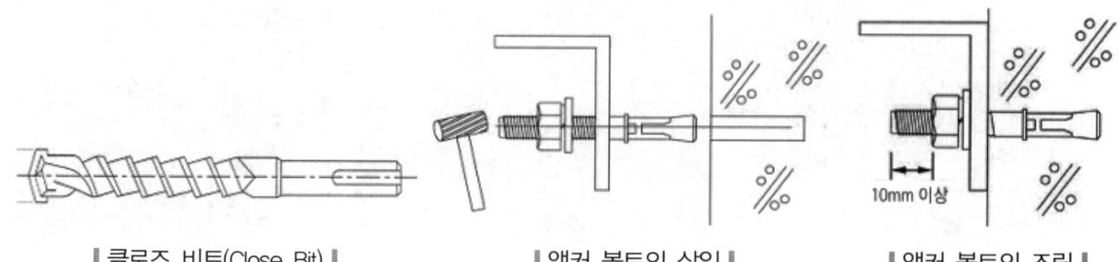

‖ 클로즈 비트(Close Bit) ‖   ‖ 앵커 볼트의 삽입 ‖   ‖ 앵커 볼트의 조립 ‖

(6) 1차 레일 브래킷 설치

① 최초 1차 레일 브래킷은 승강로 피트 바닥에서 상향 2000mm 되는 지점에 설치하고, 다음의 브래킷들은 매 2500mm 간격으로 설치한다.

② 1차 레일 브래킷을 피아노선 중심에 위치시키고 앵커 볼트를 이용 승강로 벽에 고정시킨다.

③ 1차 레일 브래킷의 수직과 수평은 라이너를 이용하여 ±1mm 이내로 조정하고 고정한다.

④ 수평계를 이용 1차 레일 브래킷의 수평도를 확인한다.

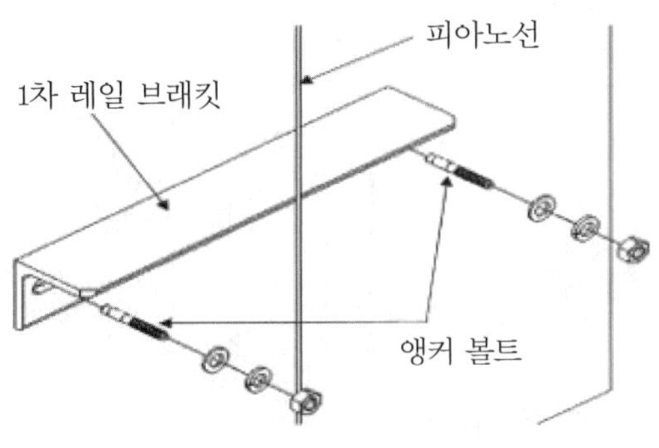

‖ 1차 레일 브래킷 고정 ‖

‖ 수평도 확인 ‖

(7) 2차 레일 브래킷 설치

① 설치된 1차 브래킷에 2차 브래킷의 접촉면을 G클램프를 이용하여 임시 고정한다.

② 가이드레일과 2차 브래킷을 레일 클립을 사용하여 조립한다. 이때 레일과 브래킷 사이는 라이너를 사용하며 라이너의 두께는 최대 5mm 이하가 되도록 한다.

③ 레일 게이지를 양쪽 가이드레일에 각각 설치한 후 수직·수평상태를 확인하고 조정한다.

④ G클램프로 임시 고정된 2차 레일 브래킷을 조정하여 가이드레일의 수직과 비틀림을 최종 확인한 후에 접촉면 전둘레에 용접높이가 5mm 이상이 되도록 용접한다.

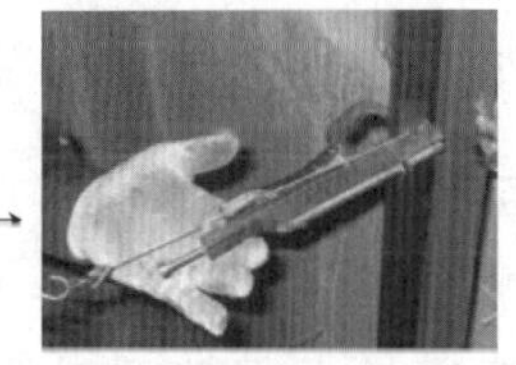

| G클램프 고정 | 레일과 브래킷 고정 | 수직수평확인 및 조정 | 용접 마무리 |

⑤ 1차와 2차 브래킷의 임시고정용으로 사용되는 G클램프는 여러 종류가 사용되고 있으며 종류별로 고정압력의 차이가 있다.

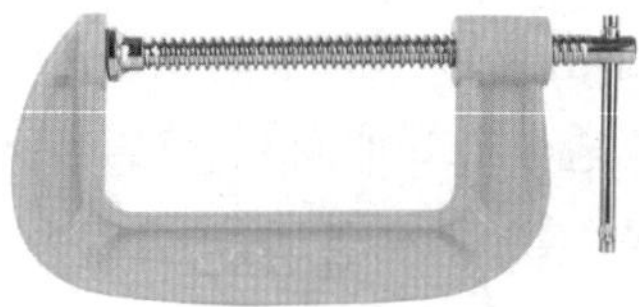

‖ G클램프 ‖

(8) 최상부 레일 브래킷 설치

설치된 가이드레일 끝단과 승강로 천장과의 거리는 100mm 이내가 되며, 승강로 천장과 최상단에 설치된 레일 브래킷 사이의 거리는 300~500mm를 유지하도록 설치한다.

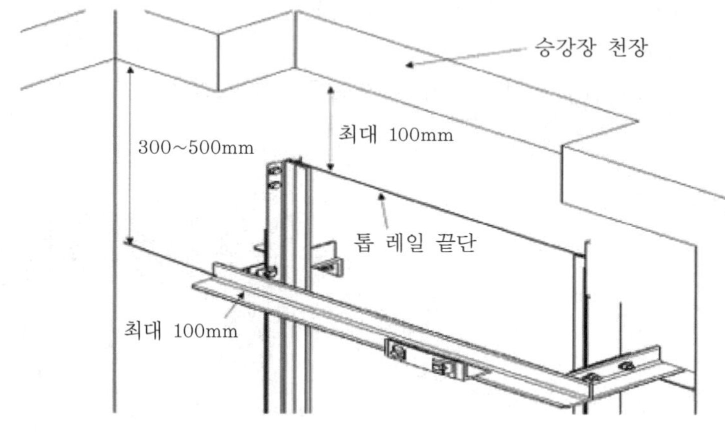

❙ 최상부 레일 및 레일 브래킷 설치 ❙

출제 02 완충기 받침대(butter footing)

(1) 개요

① 완충기 받침대는 카와 균형추용 완충기를 설치하기 위한 받침대로 사용하지만 이 받침대의 양 끝은 카와 균형추용 가이드 주행안내 레일을 받쳐 주는 역할을 할 수 있는 구조로 되어 있다.

② 카와 균형추용 첫 번째 가이드 주행안내 레일의 맨 아래 부분은 카와 균형추용 완충기 받침대의 양 끝에 세워서 여기에 지지되는 상태에서 설치를 시작해야 한다.

(2) 완충기 받침대 설치하기

① 완충기 받침대를 설치하기 전에 피트 바닥을 깨끗이 청소한 후 바닥 평탄 작업을 한다.

② 카 완충기 받침대 양 끝부분의 가이드 주행안내 레일 고정용 긴 구멍에 주행안내 레일 클립과 조립 볼트를 사용하여 임시 조립한다.

③ 제1단 카 가이드 주행안내 레일의 하단부와 카 완충기 받침대 양 끝부분의 주행안내 레일 받침부가 일치하도록 카 완충기 받침대의 위치를 조정한다.

④ 카 완충기 받침대 상부에 수평계를 올려놓고 상하, 좌우 수평을 조정한다.

⑤ 카 완충기 받침대의 하부 측면 4개소에 해머 드릴을 사용하여 고정 브래킷용 M12 앵커 볼트를 위한 천공 작업을 한 후 앵커 볼트를 삽입한다.

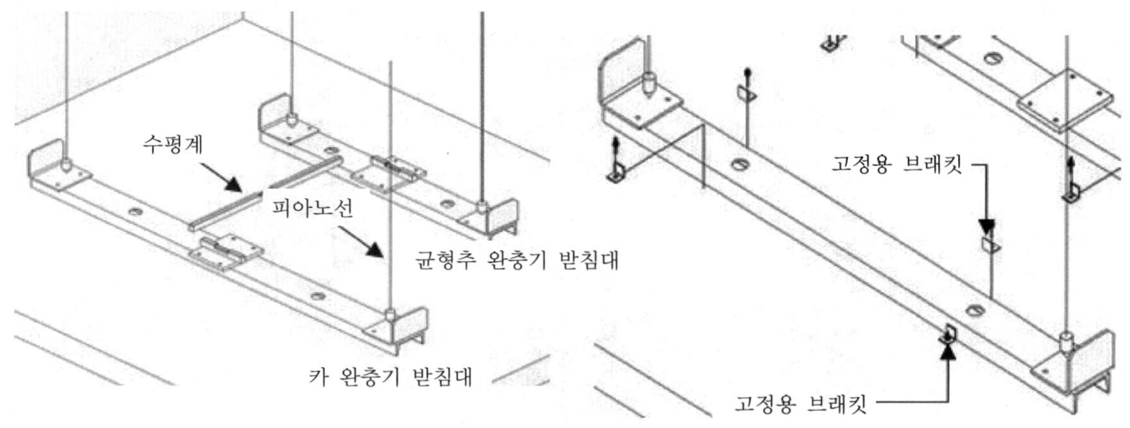

▮ 완충기 받침대 설치 ▮

⑥ 고정용 브래킷 4개 모두 2개씩 카 완충기 받침대 측면과 접촉하도록 조정한 다음 앵커 볼트를 조이고, 고정된 고정용 브래킷과 카 완충기 받침대 측면을 용접하여 고정한다.

⑦ 균형추 완충기 받침대도 위의 '①~⑥'의 순서로 조립 고정한다.

⑧ 카 완충기를 카 완충기 받침대 위에 올려놓은 후 조립 볼트를 사용하여 고정한다. 이때 수직, 수평은 라이너를 삽입하여 조정한다.

⑨ 마찬가지로 균형추 완충기를 균형추 완충기 받침대 위에 올려놓은 후 조립 볼트를 사용하여 고정한다. 이때 수직, 수평은 라이너를 삽입하여 조정한다.

⑩ 유입식 완충기일 경우는 완충기 받침대에 높이 조정을 위한 완충기 블록킹(buffer blocking)을 먼저 설치하고 그 위에 완충기를 설치한다. 이때 수직, 수평은 라이너를 삽입하여 조정한다.

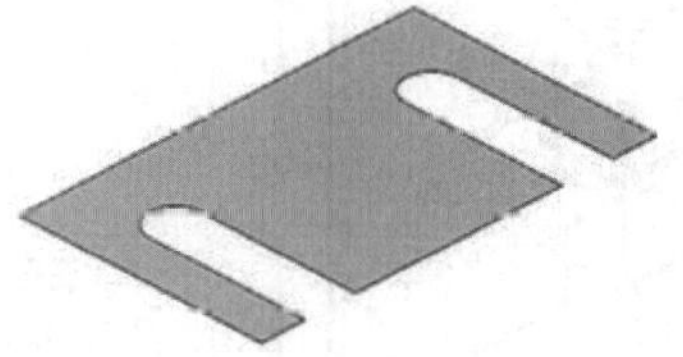

▮ 라이너(shim liner) ▮

(3) 스프링 완충기 설치

① 완충기대는 상부에 수평계를 올려놓고 좌우 수평편차를 ±0.2mm 이내로 맞춘 후에 견고하게 조립 고정한다.

② 완충기대 위에 완충기 블록킹을 볼트로 고정시키고, 블록킹 위에 완충기를 설치한다.

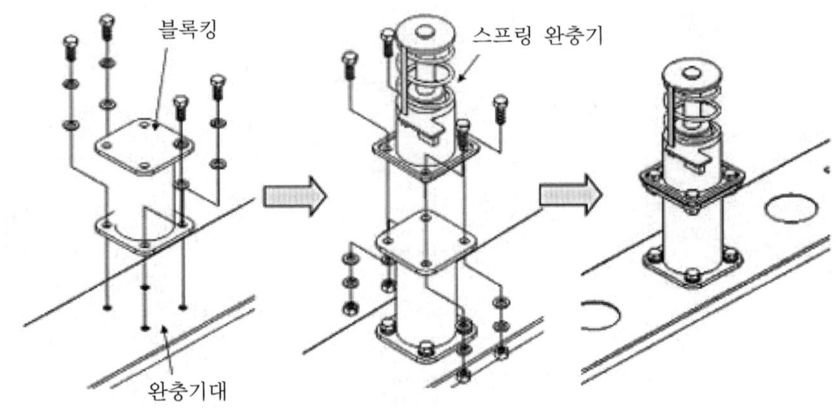

▌스프링 완충기 ▌

(4) 유입 완충기 설치

① 스프링 완충기 설치방법과 동일하게 완충기대 및 유입 완충기를 설치한다.

② 유입 완충기의 플런저 상단(고무패드)에 조립된 볼트를 풀고 오일 점검구 하단 10mm까지 오일을 채운 후 패드를 조립한다.

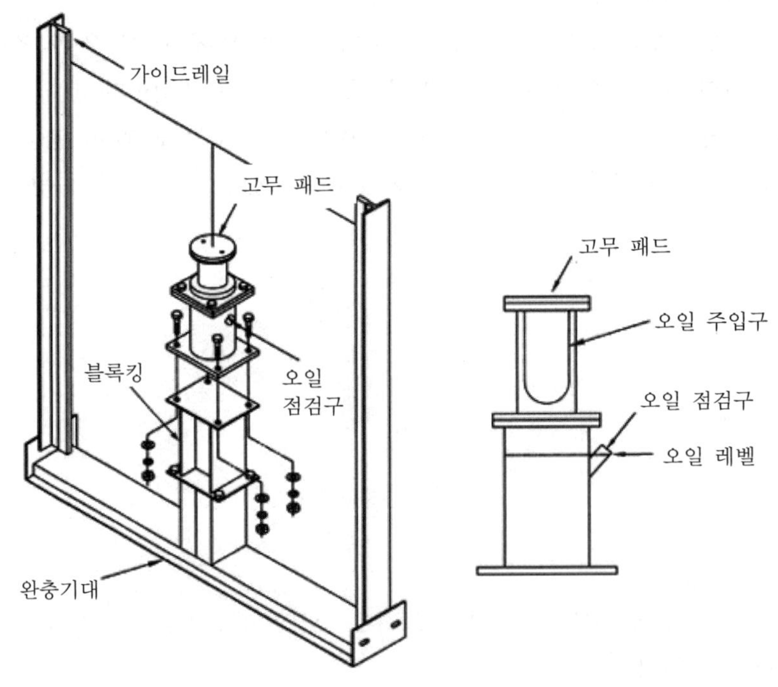

▌유입 완충기 설치 ▌

출제 03 설치 공법

1 분리형 가이드 주행안내 레일 설치

① 승강로 안으로 운반된 가이드 주행안내 레일의 설치는 2인 1조로 하며 1인은 상부를 지지하고, 나머지 1인은 아래의 [그림]과 같이 가이드 주행안내 레일 하부를 완충기 받침대에 맞추어 양단의 주행안내 레일 클립으로 임시 고정한다.

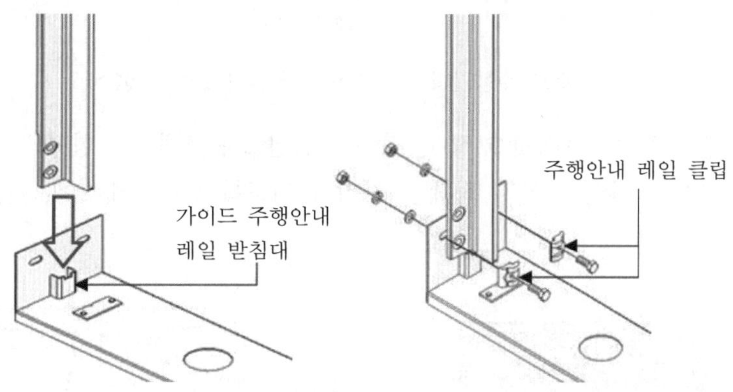

∥ 제1단 가이드 주행안내 레일과 완충기 받침대 조립 ∥

② 물 수평을 이용하여 피트 바닥으로부터 2000mm 지점의 승강로 벽면에 먹선으로 수평선을 표시, 아래 [그림]과 같이 1차 주행안내 레일 브래킷의 중심을 피아노선에 위치시키고 브래킷에 가공된 구멍의 중심을 승강로 벽면에 표시한다.

③ 표시된 위치를 중심으로 해머 드릴을 사용하여 앵커 볼트 구멍을 천공 후 앵커 볼트를 삽입한 다음 평와셔, 스프링 와셔를 끼우고 너트를 조여 조립한다. 이때 2차 주행안내 레일 브래킷의 조정을 감안하여 느슨하게 조립한다.

④ 아래 [그림]과 같이 2차 주행안내 레일 브래킷과 가이드 주행안내 레일 뒷면과의 접촉면에 라이너를 약 2.7mm(1.6t, 0.8t, 0.3t 각 1장) 삽입 후 클립을 이용하여 임시 조립한다.

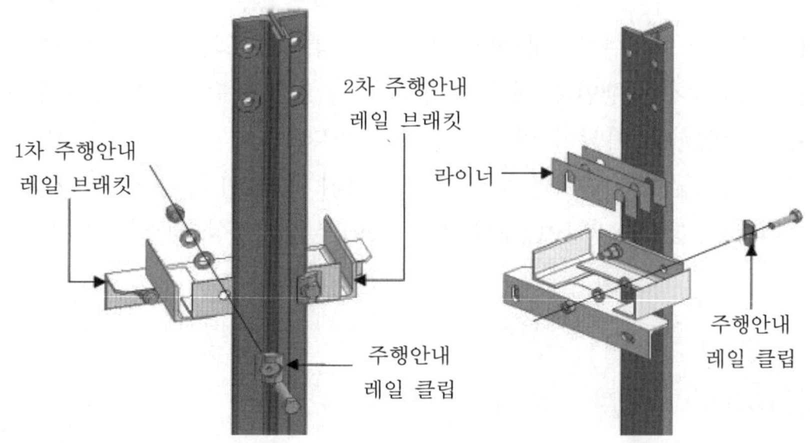

∥ 가이드 주행안내 레일과 브래킷 임시 조립 (카) ∥

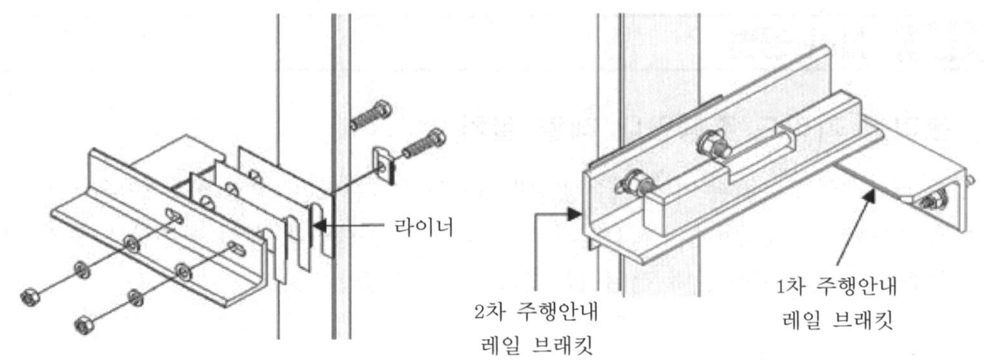

▌가이드 주행안내 레일과 브래킷 임시 조립 (균형추) ▌

⑤ [그림](G클램프로 2차 브래킷 고정)과 같이 조립된 2차 브래킷을 형판의 수직 피아노선에서 가이드 주행안내 레일 면까지 정해진 거리가 되도록 1차 브래킷에 G클램프를 이용하여 임시 고정한다.

▌G클램프로 2차 브래킷 고정 ▌

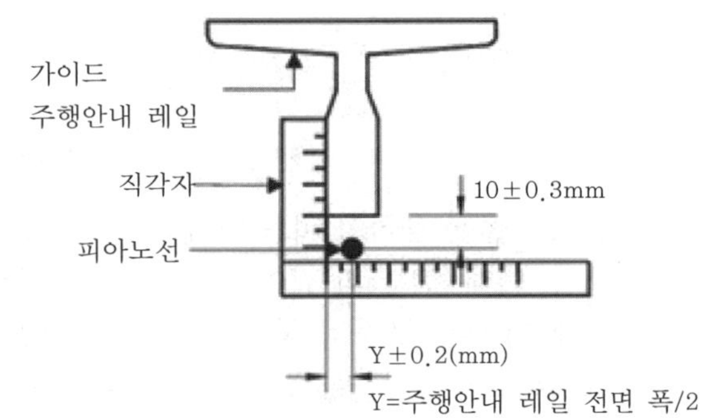

▌가이드 주행안내 레일의 중심 조정 ▌

⑥ 직각자를 사용하여 가이드 주행안내 레일과 피아노선의 중심을 조정한다.

⑦ 단척을 사용하여 피아노선에서 정해진 거리로 정확히 조정한다.

⑧ 마주보는 가이드 주행안내 레일도 위와 같은 방법으로 '⑦'까지 실시한 다음 조정한다.

⑨ 조정이 완료되면 1차 주행안내 레일 브래킷의 앵커 볼트와 주행안내 레일 클립의 너트를 완전히 조이고 2차 주행안내 레일 브래킷의 G클램프도 움직이지 않게 완전히 고정한 후 다시 한번 확인하고 이상이 없으면 용접을 한다.

⑩ 용접 시 [그림](균형추 주행안내 레일 브래킷의 용접 기준)과 같이 1차와 2차 주행안내 레일 브래킷의 접촉면 2면에 용접 비드 폭이 5mm 이상 되도록 한다.

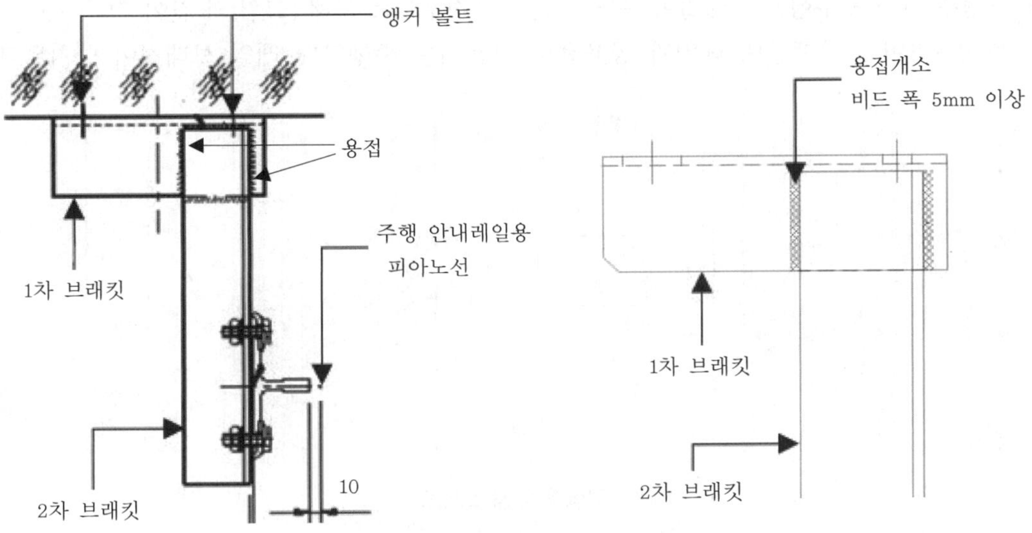

▌ 균형추 주행안내 레일 브래킷의 용접 기준 ▌

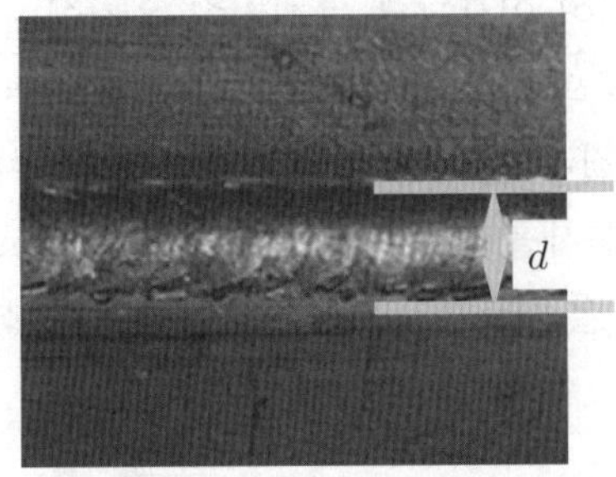

▌ 용접개소 비드 폭(d) ▌

⑪ 고정된 G클램프를 주행안내 레일 브래킷으로부터 분리한 후 용접 상태와 각 관계 치수 및 수평, 수직 상태를 최종 확인한다.

⑫ 1단 주행안내 레일 브래킷 단의 설치가 완료되면 1단에서 2500mm 올라간 둘째 주행안내 레일 브래킷 단 위치로 이동하여 설치한다.

⑬ 균형추 가이드 주행안내 레일도 카 가이드 주행안내 레일과 동일한 방법으로 '㉓'까지 설치를 진행한다.

⑭ 카와 균형추의 첫 번째(제1단) 가이드 주행안내 레일의 설치가 완료된 상태에서 다음에 연결할 가이드 주행안내 레일의 연결부에 맞출 수 있도록 오목부와 볼록부를 확인한다.

⑮ 제1단 가이드 주행안내 레일을 반입할 때와 마찬가지로 주행안내 레일 연결판(fish plate)을 미리 임시 조립한 상태에서 전동 윈치를 이용하여 승강로 안으로 반입한다.

⑯ 이미 설치된 가이드 주행안내 레일의 직상부까지 반입한 수직 상태에서 양쪽 가이드 주행안내 레일의 연결판 접촉 부위를 다시 깨끗이 청소한다.

⑰ 주행안내 반입을 위해 전동 윈치를 조금씩 운전하여 매달린 주행안내 레일을 서서히 하강시켜 오목과 볼록 부분을 맞추어 삽입하고 연결판에 볼트를 끼워 연결 조립한다.

⑱ 균형추 가이드 주행안내 레일이 측면에 설치될 경우에는 아래 [그림]과 같이 "ㄷ" 자 형태로 카 가이드 주행안내 레일과 공용으로 사용되는 주행안내 레일 브래킷이 설치된다.

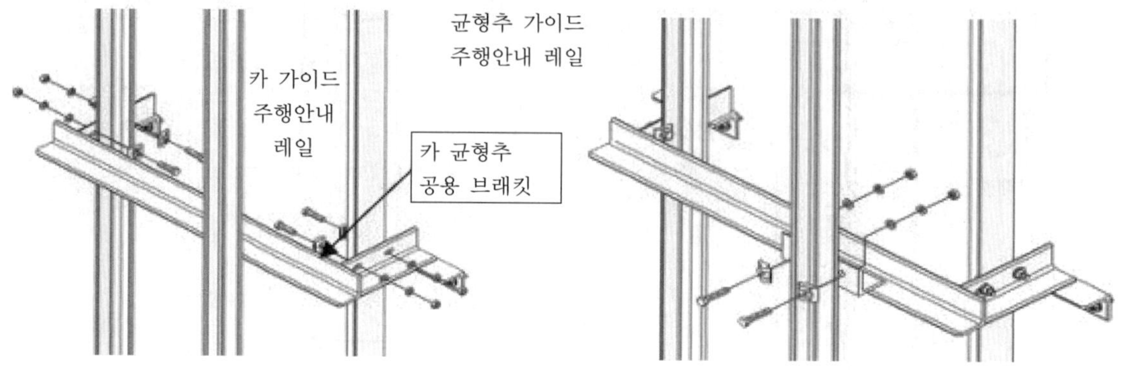

∥ 카와 균형추 공용 브래킷 ∥

⑲ 공용 브래킷의 경우 카 가이드 주행안내 레일과 균형추 가이드 주행안내 레일을 고정하는 클립 구멍의 위치가 고정되어 있으므로 브래킷이 움직이면 이 세 개의 주행안내 레일 위치도 같이 움직이게 됨을 주의해야 한다.

⑳ 가이드 주행안내 레일 연결부 단차는 아래 [그림]과 같이 연결 면에 스트레이트 게이지(straight gauge)를 대고 틈새를 확인하여 심 라이너(shim liner)를 가이드 주행안내 레일 뒷면과 주행안내 레일 연결판(fish plate) 사이에 삽입하여 조정한다.

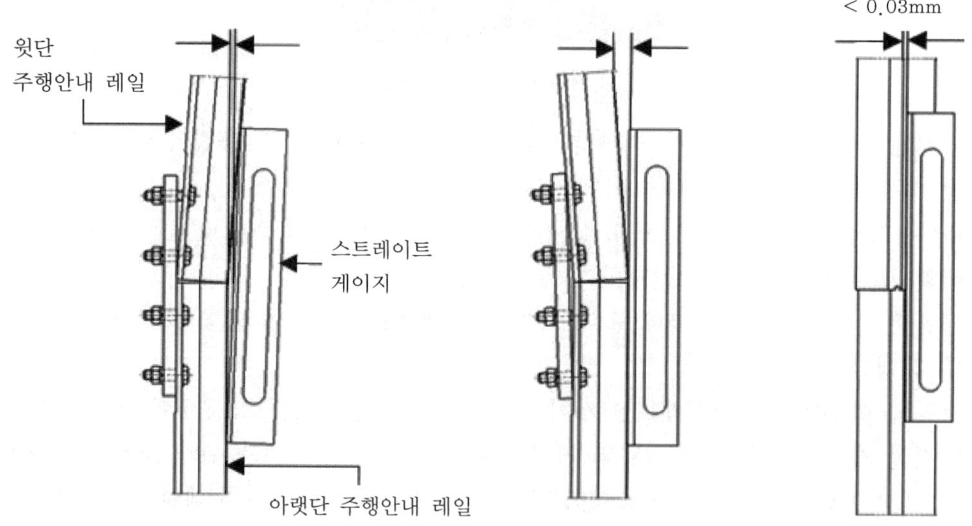

∥ 가이드 주행안내 레일 연결부의 직진도 허용 오차 ∥

㉑ 가이드 주행안내 레일 간의 거리(DBG) 오차가 발생 시 가이드 주행안내 레일과 브래킷 사이의 쉼 라이너를 가감하여 조정한다. 이때 조정이 필요한 가이드 주행안내 레일 단의 직상부와 직하부 단의 가이드 주행안내 레일 간의 거리 변화 가능성도 고려하여 조정해야 한다.

㉒ 둘째 단의 주행안내 레일 브래킷에서 설치가 완료되면 다시 피트로 내려와 완충기 받침대의 양 끝단에서 가이드 주행안내 레일의 중심, 이격거리, 마주 보는 각도를 조정 확인하고, 이미 조립된 주행안내 레일 클립을 이용하여 가이드 주행안내 레일의 맨 하부를 고정한다. (치수와 각도의 조정이 필요하면 라이너를 삽입) 그 다음 윗단을 설치하고 순차적으로 반복하여 설치한다.

㉓ 설치할 가이드 주행안내 레일은 전동 윈치를 사용하여 각 층 승강장에 분산하여 미리 운반해 놓거나 또는 최하층에서 하나씩 양중하여 설치하는 방법이 있다.

㉔ 가이드 주행안내 레일의 설치가 완료되면 최하층에서 최상층까지 모든 브래킷 단과 주행안내 레일의 연결 단에서 직진도와 마주 보는 주행안내 레일 간의 각도(뒤틀림)를 확인해야 한다.

2 일체형 가이드 주행안내 레일 설치 공법

① 승강로 내부 가이드 주행안내 레일이 설치될 위치에서 맨 아래 1단부터 맨 꼭대기 최상단까지의 가이드 주행안내 레일을 연결판(fish plate)만으로 연결 조립하면서 전동 윈치를 사용하여 끌어올린다.

② 카 가이드 주행안내 레일과 균형추 가이드 주행안내 레일이 설치되는 위치의 직상부 기계실의 바닥에 구멍을 뚫고 기계실에 설치한 전동 윈치를 이용하여 가이드 주행안내 레일을 계속 연결하여 끌어올린 후 기계실 바닥에 매달아 고정한다.

③ 설치 작업용 임시 카에 탑승하여 올라오면서 주행안내 레일 브래킷을 설치하고 가이드 주행안내 레일을 완전히 고정 설치한다.

④ 고층 건물은 기계실 바닥에 매달리는 가이드 주행안내 레일의 수량이 많아지고 전체 하중이 크게 증가하므로 기계실 바닥의 안전성을 고려하여야 한다

출제 04 레일 게이지

1 가이드레일 정렬

① 레일 브래킷 설치 위치에서 가이드레일 상호 간 거리를 측정하여 조정한다.

② 직각자를 이용하여 피아노선이 가이드레일 중심에 위치하는지 일정한 거리로 이격되었는지 확인한다.

③ 레일 게이지를 이용하여 마주보는 레일의 중심이 레일게이지 일직선 가운데 위치하는지 확인한다.

④ 마주보는 가이드 주행안내 레일 상호 간의 레일 게이지는 수평 상태이어야 하며 레일 게이지의 피아노선과 눈금의 상태를 확인하여 가이드레일의 틀어짐의 정도를 ±0.5mm 이내로 조정한다.

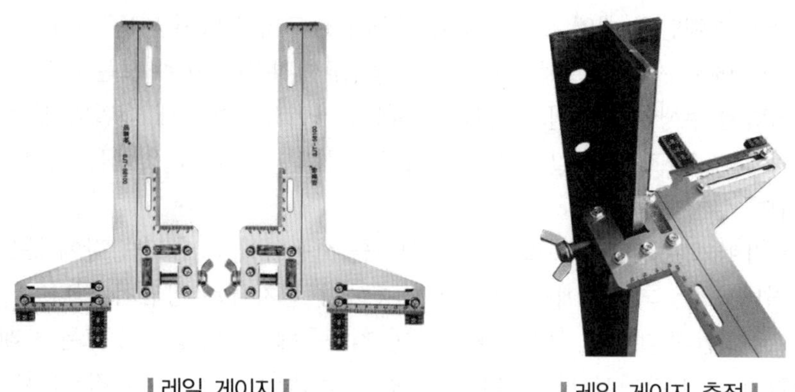

▌ 레일 게이지 ▌   ▌ 레일 게이지 측정 ▌

2 레일 게이지 형태

피아노선(형판)의 위치에 따라 레일 게이지의 형태는 달라질 수 있다.

(1) 피아노선이 레일 중심에 위치한 경우

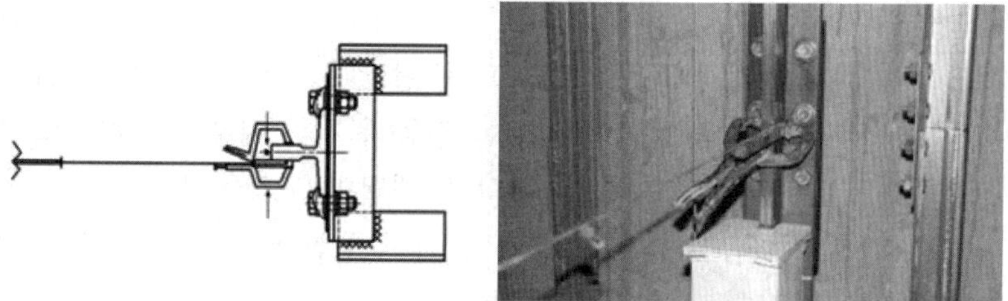

(2) 피아노선이 레일과 이격하여 위치한 경우

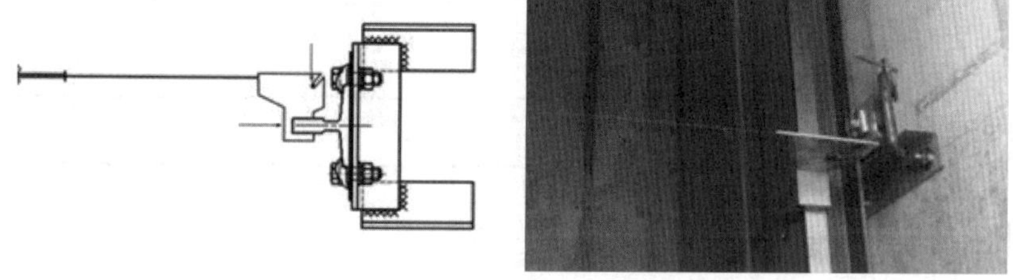

3 가이드 주행안내 레일의 마주 보는 각도 설치 기준

① 마주 보는 가이드 주행안내 레일을 기준으로 각도가 틀어짐이 없어야 하며 [그림](주행안내 레일 게이지를 이용한 마주 보는 주행안내 레일의 틀어짐 측정)의 주행안내 레일 게이지를 사용하여 측정한 허용 기준치는 다음 [표]와 같다.

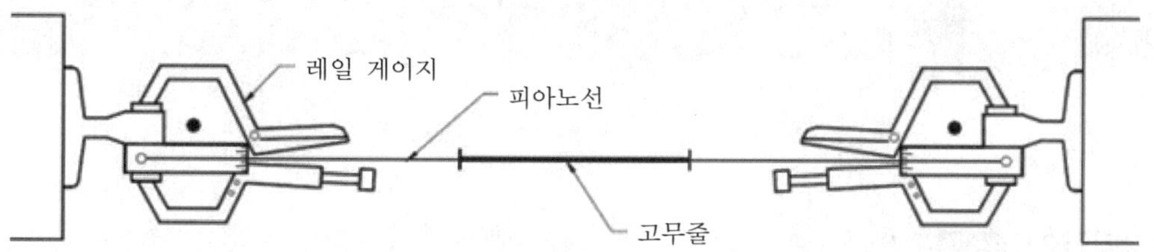

▌주행안내 레일 게이지를 이용한 마주 보는 주행안내 레일의 틀어짐 측정 ▌

② 가이드 주행안내 레일 틀어짐의 허용 기준

승강기 속도	60m/min 이하		90m/min		105m/min		120m/min 이상		비 고
허용치	CAR	CWT	CAR	CWT	CAR	CWT	CAR	CWT	
	1.0	1.0	0.5	1.0	0.5	1.0	0.5	1.0	

> **승강기의 자체점검**
>
> ① 자체점검자는 자체점검을 하는 경우에는 자체점검의 기준·항목 및 방법 등에 따라 실시하고, 그 결과를 다음의 구분에 따라 관리주체에게 보고해야 하며, 관리주체는 자체점검 결과를 자체점검 후 10일 이내에 승강기안전종합정보망에 입력해야 한다.
>   - ㉠ 자체점검기준에 적합한 경우 : 양호
>   - ㉡ 자체점검기준에 부적합하나, 그 부적합한 내용이 승강기의 안전운행에 직접 관련이 없는 경미한 사항으로 주의 관찰이 필요한 경우 : 주의 관찰
>   - ㉢ 자체점검기준에 부적합하여 긴급 수리 또는 승강기부품의 교체가 필요한 경우 : 긴급 수리
> ② 주의 관찰로 판정된 자체점검 항목에 대해서는 다음 달에도 점검을 해야 한다.
> ③ 긴급 수리로 판정된 자체점검 항목이 발생한 경우에는 해당 승강기의 운행을 중지시키고 수리 등 개선조치를 해야 한다.
> ④ 개선조치를 마친 관리주체는 자체점검자가 자체점검기준에 맞는 것임을 확인하는 경우에 해당 승강기를 운행해야 한다.

제1절 | 기계실 및 기계류 공간에서 점검

출제 01 기계실 환경 점검

1 기계실

일반적으로 기계실은 승강로의 직상부에 설치하나 부득이한 경우 승강로의 옆 혹은 하단에 설치하는 경우도 있으며 권상기, 과속조절기, 제어반 등이 설치된다.

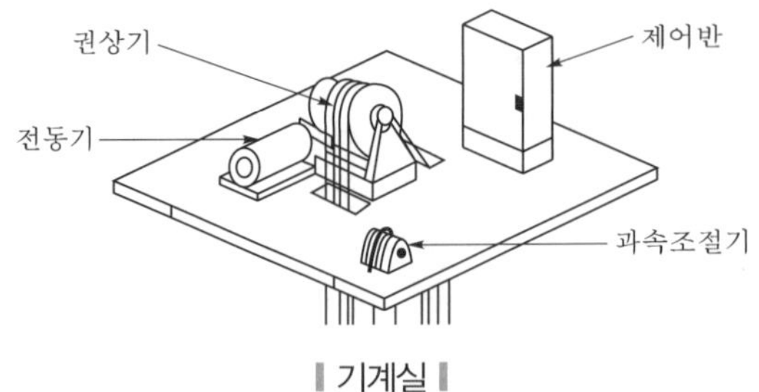

▮ 기계실 ▮

2 기계실 · 기계류 공간의 안전기준

(1) 일반사항

① 점검 등 유지관리 업무 수행, 비상운전을 위한 공간 및 관련 작업구역은 환경적인 영향에 대하여 적절하게 보호되어야 한다.

② 기계실 · 기계류 공간 및 풀리실 내에 설치되는 돌출물은 안전상 지장이 없어야 한다.

③ 기계실 · 기계류 공간 및 풀리실은 누수가 없어야 하며, 청결상태가 유지되어야 한다.

(2) 안내표지 및 설명서

① 주개폐기와 조명스위치를 쉽게 식별할 수 있는 안내표지가 있어야 한다.

② 주개폐기가 차단된 후에도 전기가 통하는 부품(엘리베이터 간 상호 연결, 조명 등)이 있는 경우에는 감전 등 위험을 알리는 안내표지가 있어야 한다.

③ 기계실, 기계류 공간 또는 비상운전 및 작동시험을 위한 패널에는 엘리베이터의 갑작스런 고장발생 시 그 고장처리에 관한 설명서가 있어야 한다. 특히, 승객 구출운전을 위한 장치 및 승장장문의 비상잠금해제 삼각열쇠의 조작방법 · 절차 등 구체적인 사용 설명서가 포함 되어야 한다.

3 기계실 점검방법

① 기계실 및 진입 통로가 유지 관리상 통행에 지장이 있는지 확인한다.

② 환기용 창문 파손, 환풍기 외부 덮개 파손, 루버창 파손으로 빗물이나 눈이 스며들어 승강 기 기기에 지장을 주지 않는지 확인한다.

③ 기계실 상부 천장 누수 상태를 확인한다.

④ 여름철 기계실 환기를 위한 창문 관리 상태를 확인(빗물 유입 예방)한다.

⑤ 기계실 내부 온도가 40℃ 이상 올라갈 정도로 더운 경우 온도를 측정하여 기록한다.

▎기계실 점검방법▎

점검사항	공 구	상태/기준	점검주기
철문(파손, 부식)	육안	파손, 부식	1개월
계단(파손, 부식)	육안	파손, 부식	1개월
출입구 잠금장치	육안	파손 상태	1개월
조명스위치 및 점등 (미점등 상태)	조도계	100lx	1개월
환기	온도계, 육안	0~40℃	1개월
청소 및 정리 정도	육안	청결	1개월
브레이크 레버	육안	정위치	1개월

출제 02 | 기계실 기계, 전기 부품 및 장치

1 기계류 공간(자체검사 일반사항)

점검항목	점검내용	점검 방법	점검주기 (회/월)
주개폐기	설치 및 작동상태	육안	1/3
접근	피트 및 기계류 공간 등의 접근	육안	1/3
안전표시	기계류 공간 등의 안전표시	육안	1/6
오일 쿨러	오일 쿨러 설치 및 작동상태	육안	1/6
비상운전 및 작동시험을 위한 장치	㉠ 조명의 점등상태 및 조도	측정	1/3
	㉡ 기능 및 작동상태	시험	1/1
	㉢ 수동 비상운전수단의 설치 및 작동상태	시험	1/1
	㉣ 자동구출운전의 설치 및 작동상태	시험	1/1
통신	승강로(피트) 비상통화장치의 설치 및 작동상태	시험	1/1
환경	누수 및 청결상태	육안	1/3
감속기	㉠ 윤활유의 유량 및 노후상태	육안	1/3
	㉡ 감속기 및 관련 부품의 노후 및 작동상태	육안	1/1
	㉢ 이상 소음 및 진동 발생상태	육안	1/3
도르래	㉠ 도르래 및 관련 부품의 마모 및 노후상태	육안	1/1
	㉡ 도르래 홈의 마모상태	측정	1/3
베어링	㉠ 베어링 및 관련 부품의 노후·작동상태	육안	1/1
	㉡ 이상 소음 및 진동 발생상태	육안	1/3
전동기	㉠ 전동기 및 관련 부품의 노후·작동상태	육안	1/1
	㉡ 이상 소음 및 진동 발생상태	육안	1/3

2 기계실 내의 기계류

점검내용	점검 방법	점검주기 (회/월)
용도 이외의 설비 비치 여부	육안	1/3
출입문의 설치 및 잠금상태	육안	1/3
바닥 개구부 낙하방지수단의 설치상태	육안	1/6
환기상태	육안	1/3
조명 점등상태 및 조도	측정	1/3
콘센트의 설치상태	육안	1/3
양중용 지지대 및 고리에 허용하중 표시 상태	육안	1/6

3 매다는 장치

점검항목	점검내용	점검 방법	점검주기 (회/월)
로프(벨트)	㉠ 로프(벨트)의 마모 및 파단상태	측정	1/3
	㉡ 로프(벨트) 단말부의 고정 및 설치상태	육안	1/3
	㉢ 로프(벨트) 간 장력 균등상태	시험	1/3
체인	㉠ 체인의 결합상태(핀, 링크 등)	육안	1/3
	㉡ 체인 끝 부분의 지지대 고정상태	육안	1/3
	㉢ 체인 간 장력 균등상태	시험	1/3
이완감지	매다는 장치의 이완감지 작동상태	시험	1/1
보상수단	㉠ 보상수단의 고정 및 설치상태	육안	1/3
	㉡ 인장 또는 튀어오름 방지장치의 설치상태	육안	1/3
권상/제동	㉠ 권상도르래의 마모상태	측정	1/1
	㉡ 브레이크의 권상/제동 상태	시험	1/1
	㉢ 브레이크 및 관련 부품의 설치 및 작동상태	육안	1/1

제2절 | 카에서 점검

출제 01 카의 주행상태

1 개요

(1) 카의 구조

엘리베이터에서 직접 승객이나 화물을 탑승시키는 부분이 카이며, 카 바닥에서 와이어로프까지 하중을 전달하는 구조체를 카틀이라고 한다.

(2) 카실(실내벽, 천장, 카도어)의 주요 구성 부품

① 카실 : 실내벽에는 조작반과 카 내 위치표시기가, 천장에는 조명등, 정전등, 비상구출구 등이 설치되어 있으며, 자동개폐식 문의 끝에는 사람이나 물건에 접촉되면 도어를 반전시키는 문닫힘 안전장치(safety shoe)가 설치되어 있어 문 사이에 끼이는 사고를 방지하고 있다.

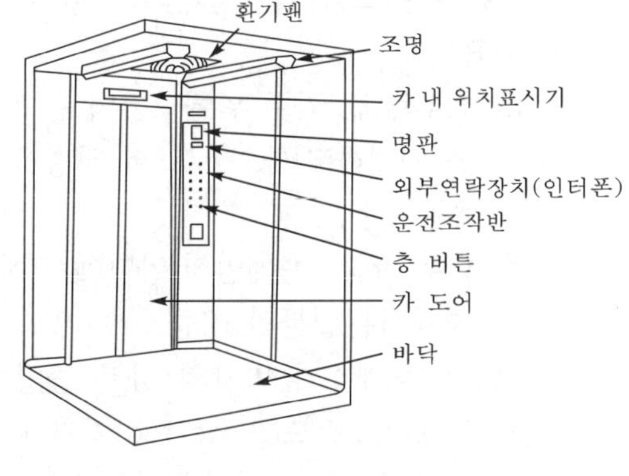

‖ 카실 ‖

② 카 조작반(car operation panel)

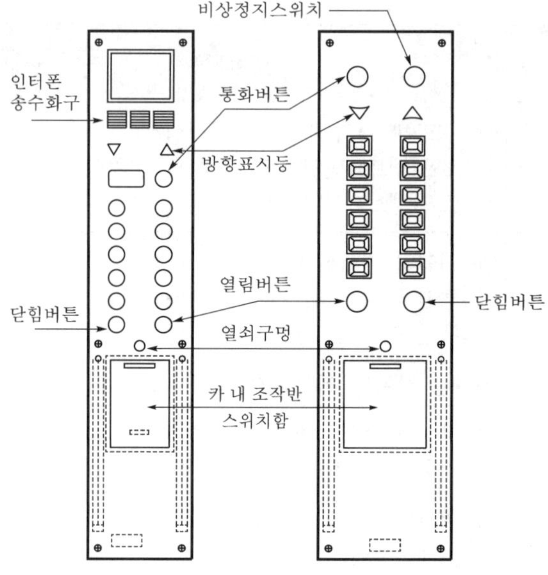

‖ 카 조작반 ‖

㉠ 엘리베이터의 운전에 필요한 버튼 스위치 등을 설치한 패널이며, 통상 카실의 벽면에 설치한다.

㉡ 카 조작반에는 행선층 버튼, 개폐 버튼, 인터폰 버튼, 방향등, 기타 운전에 필요한 스위치 등이 부착되어 있다.

㉢ 조작반은 벽면 1곳에 설치되나 필요에 따라 2개의 벽면에 설치하기도 한다.

(3) 카틀의 구조

① 카틀 : 강재로 구성된 카의 상부틀은 로프에 매달리고, 하부틀에는 추락방지안전장치가 설치(상부틀에 설치되어 있는 것도 있음)되어 있으며, 카틀 상하 좌우에는 카의 레일을 따라 움직이기 위한 가이드 슈 또는 가이드롤러가 설치되어 있다.

② 구조

㉠ **상부체대** : 카주 위에 2본의 종 프레임을 연결하고 매인 로프에 하중을 전달하는 것

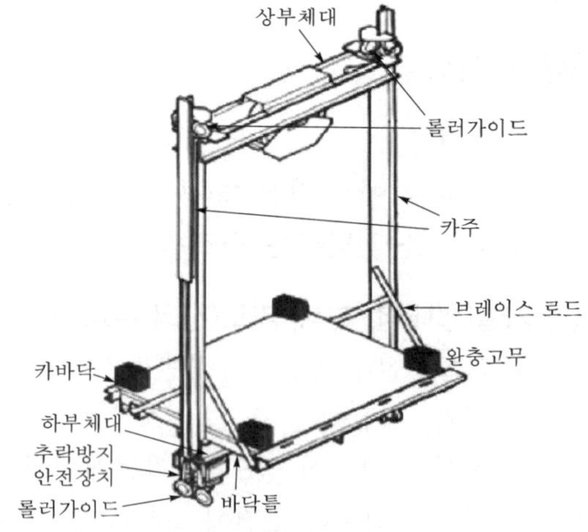

‖ 카틀의 구조 ‖

㉡ **카주** : 하부 프레임의 양단에서 하중을 지탱하는 2본의 기둥

㉢ **하부체대** : 카 바닥의 하부 중앙에 바닥의 하중을 받쳐 주는 것

㉣ **브레이스 로드**(brace rod) : 카 바닥과 카주의 연결재이며, 카 바닥에 걸리는 하중은 분포하중으로 전하중의 3/8은 브레이스 로드에서 분담

(4) 카와 카 출입구를 마주하는 벽 사이의 틈새

① 승강로의 내측면과 카 문턱, 카 문틀 또는 카 문의 닫히는 모서리 사이의 수평거리는 0.125m 이하이어야 한다. 다만, 0.125m 이하의 수평거리는 각각의 조건에 따라 다음과 같이 적용될 수 있다.

   ㉠ 수직높이가 0.5m 이하인 경우에는 0.15m까지 연장될 수 있다.

   ㉡ 수직 개폐식 승강장문이 설치된 화물용인 경우, 주행로 전체에 걸쳐 0.15m까지 연장될 수 있다.

   ㉢ 잠금해제구간에서만 열리는 기계적 잠금장치가 카 문에 설치된 경우에는 제한하지 않는다.

② 카 문턱과 승강장문 문턱 사이의 수평거리는 35mm 이하이어야 한다.

③ 카 문과 닫힌 승강장문 사이의 수평거리 또는 문이 정상 작동하는 동안 문 사이의 접근거리는 0.12m 이하이어야 한다.

④ 경첩이 있는 승강장문과 접히는 카문의 조합인 경우에는 닫힌 문 사이의 어떤 틈새에도 직경 0.15m의 구가 통과되지 않아야 한다.

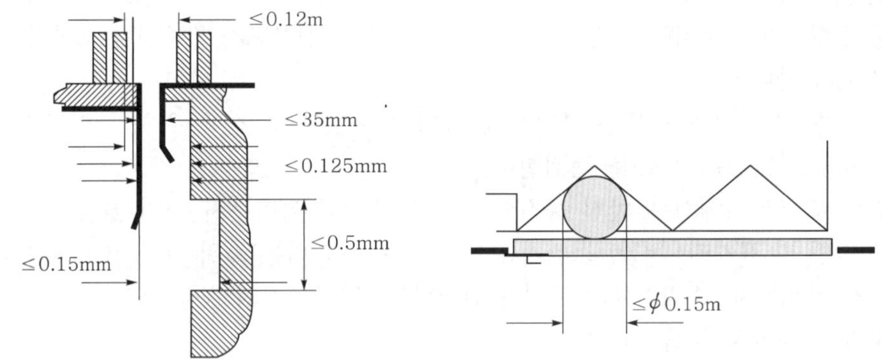

❚ 카와 카 출입구를 마주하는 벽 사이의 틈새 ❚　❚ 경첩 달린 승강장문과 접힌 카 문의 틈새 ❚

(5) 카, 균형추 또는 평형추 사이의 틈새

카 및 카의 관련 부품은 균형추 또는 평형추 및 이와 관련된 부품으로부터 50mm 이상의 거리가 있어야 한다.

▪2 카의 주행상태

(1) 카의 성능 확인

① 카에서 평소와 다른 이상한 소음의 발생 여부를 확인한다.

② 정격하중 이상으로 승객이 탑승했을 경우 경고음을 울리는 감지장치의 작동 여부를 확인한다.

③ 운행, 정지 등에서 카가 진동 없이 작동하는지의 여부를 확인한다.

④ 카가 도착했을 때의 위치와 승강기 출입구 간의 단차가 고른지 여부를 확인한다.

(2) 카의 운행 상태 확인

① 카의 버튼이 제대로 작동하는지 확인한다.

② 카의 층표시기에 문제가 없는지 확인한다.

③ 카의 주행 상태가 정상적인지 확인한다.

④ 카의 문이 열리고 닫히는 것에 문제가 없는지 확인한다.

출제 02 카 내부, 상부 점검 및 조정 능력

1 카 내부의 부품이 정상적으로 작동하는지 점검

① 카 실내 주벽, 천장 및 바닥 부분은 변형, 마모, 녹, 부식 등의 발생 여부와 난연재 사용 여부 등을 점검한다.

② 카의 문 및 문턱 부분은 변형, 마모, 녹, 부식 등의 여부, 문짝 사이의 틈새 또는 문짝과 문설주, 인방 또는 문턱 사이 틈새, 문턱 틈새의 기준치 초과 여부, 문 개폐 동작 상태, 착상 정확도가 기준치를 초과하지 않았는지, 재착상 정확도가 기준치를 초과하지 않았는지 등을 점검한다.

③ 카 출입문 스위치의 경우는 부착부에 늘어짐은 없는지, 작동 위치가 적당한지, 기능을 상실하지는 않았는지 등을 점검한다.

④ 출입문 잠금장치에서는 반전 동작이 원활하게 이루어지는지 점검한다.

⑤ 카 조작반 및 표시기, 버튼, 스위치류 등에서는 누름 버튼 스위치나 기타 스위치류의 외형 상태가 양호한지, 스위치류의 표시가 선명한지, 잠금장치의 정상적인 작동여부, 표시기의 표시가 선명한지 등을 점검한다.

⑥ 비상통화장치에서는 경보장치, 통화장치가 정상적으로 작동하는지와 감도가 정상 상태를 유지하고 있는지 등을 점검하며, 점검방법은 인터폰식인 경우에는 카 내에서 호출 버튼을 눌러 관리실의 응답이나 상호 통화, 비상 벨소리에 이상이 없는지를 점검하고, 전화기식인 경우에는 카 내의 수화기를 들어 올려 관리실의 응답이나 상호 통화에 이상이 없는지를 확인하며, 정전 시에도 기능은 정상인지와 축전지의 방전시간은 충분한지를 점검하고 기기 본체의 파손여부를 점검한다.

⑦ 정지스위치의 작동이 정상적으로 이루어지고 있는지 점검한다.

⑧ 용도, 적재하중, 정원 등의 표시상태에 대해서는 표시가 되어 있고 정확한지, 승강기 번호 와 승강기 검사 합격증명서가 부착되어 있는지 등을 점검한다.

⑨ 조명 상태 부분은 조명기구가 정상적으로 점멸 기능을 하고 있는지, 조도가 50럭스[lx] 이상을 유지하고 있는지, 예비 조명의 경우 조도가 21럭스[lx] 이상을 유지하고 있는지를 점검한다.

⑩ 카 바닥 앞과 승강로, 벽과의 수평거리 유지 여부에 대해서는 안전기준에 부합하는지, 보호판의 부착에 늘어짐이나 손상은 없는지를 점검한다.

⑪ 측면 구출구는 구출구의 개폐가 정상적인 작동 여부, 전용키를 사용하는지, 스위치가 부착된 것으로서 구출구가 열렸을 때 카가 정상적으로 정지하는지, 구출구가 파손된 곳은 없는지 등을 점검한다.

2 카 상부에서 행하는 검사

(1) 비상구출문

① 비상구출 운전 시, 카 내 승객의 구출은 항상 카 밖에서 이루어져야 한다.

② 승객의 구출 및 구조를 위한 비상구출문이 카 천장에 있는 경우, 비상구출문의 크기는 0.35m×0.5m 이상이어야 한다.

③ 2대 이상의 엘리베이터가 동일 승강로에 설치되어 인접한 카에서 구출할 수 있도록 카 벽에 비상구출문이 설치될 수 있다. 다만, 서로 다른 카 사이의 수평거리는 0.75m 이하이어야 한다. 이 비상구출문의 크기는 폭 0.35m 이상, 높이 1.8m 이상이어야 한다.

(2) 카 위에서 하는 검사

① 비상구출구는 카 밖에서 간단한 조작으로 열 수 있어야 한다. 또한, 비상구출구스위치의 설치 상태는 견고하고, 작동 상태는 양호하여야 한다. 다만, 자동차용 엘리베이터와 카 내에 조작반이 없는 화물용 엘리베이터의 경우에는 그러하지 아니하다.

② 카 도어스위치 및 도어개폐장치의 설치 상태는 견고하고, 각 부분의 연결 및 작동 상태는 양호하여야 한다.

③ 카 위의 안전스위치 및 수동운전스위치의 작동 상태는 양호하여야 한다.

④ 고정도르래 또는 현수도르래가 있는 경우에는 그 설치 상태는 견고하고, 몸체에 균열이 없어야 한다. 또한, 급제동 시나 지진 기타의 진동에 의해 주로프가 벗겨지지 않도록 조치되어 있어야 한다.

⑤ 과속조절기로프의 설치 상태는 견고하여야 한다.

⑥ 추락방지안전장치의 연결기구 및 안전스위치의 작동 상태는 양호하여야 한다.

⑦ 주로프 및 과속조절기로프는 카 위에서 카를 조금씩 승강시키면서 검사한다.

  ㉠ 로프의 단말은 견고히 처리되거나 또는 주로프가 배빗 채움방식인 경우 끝 부분은 각 가닥을 접이시 구부린 것이 명확하게 보이도록 되어 있어야 한다.

  ㉡ 주로프를 걸어 맨 고정 부위는 2중 너트로 견고하게 조이고, 풀림방지를 위한 분할핀이 꽂혀 있어야 한다.

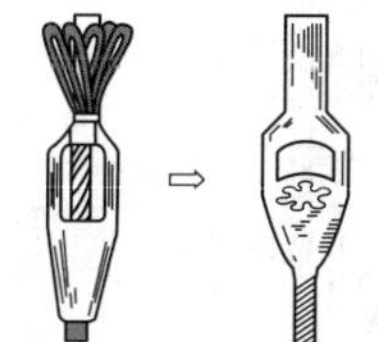

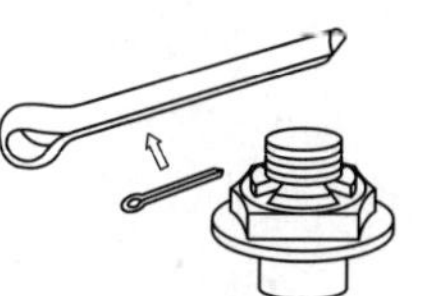

‖ 배빗 소켓의 단말 처리 ‖   ‖ 분할핀 ‖

  ㉢ 모든 주로프는 균등한 장력을 받고 있어야 한다.

출제 03 안전장치

(1) 카 추락방지안전장치의 점검
① 카 추락방지안전장치의 설치 및 작동 상태를 확인한다.
② 카 추락방지안전장치 작동 시 카의 수평도를 확인한다.
③ 전기안전장치의 설치 및 작동 상태를 확인한다.

(2) 카측 과속조절기
① 과속조절기 전기안전장치의 작동 상태를 확인한다.
② 인장 풀리의 설치 상태를 확인한다.
③ 로프 마모 및 파단 상태를 확인한다.

제3절 | 승강로에서 점검

출제 01 승강로 벽의 균열, 누수 등 청결상태

1 승강로

승강로는 승객 또는 화물을 싣고 오르내리는 카(car)의 통로로서 카를 가이드 해주는 가이드레일(guide rail), 이를 지지해주는 브래킷(bracket), 균형추(counter weight), 와이어로프(wire rope) 및 각종 스위치류와 카의 각 정지층에 출입구가 설치되어 있으며, 피트(pit)라 불리는 승강로 하부에는 완충기, 인장도르래, 안전스위치 등이 설치된다.
① 엘리베이터의 균형추 또는 평형추는 카와 동일한 승강로에 있어야 한다.
② 승강로 내에 설치되는 돌출물은 안전상 지장이 없어야 한다.
③ 승강로 내에는 각 층을 나타내는 표기가 있어야 한다.
④ 승강로는 누수가 없는 구조이어야 한다.

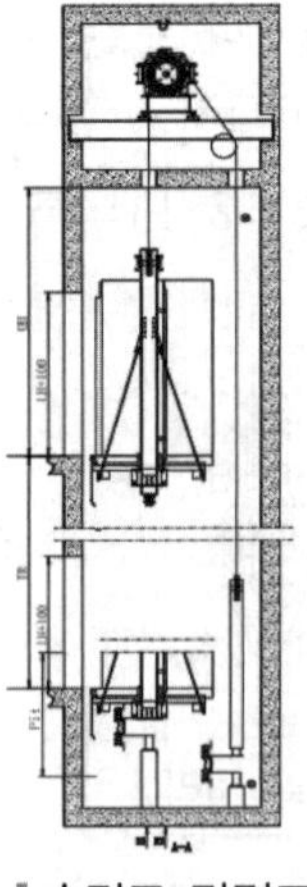

‖ 승강로 단면도 ‖

▌2 구조

(1) 승강로의 구조

① 승강로 밖의 사람이나 물건이 카 또는 균형추에 닿을 염려가 없는 구조로 된 견고한 벽 또는 울 및 출입문(비상구출구를 포함)을 설치하여야 한다. 다만, 옥내 전망을 목적으로 설치되는 승강로 주벽이 일부 없는 전망용 엘리베이터 등 특수 구조의 것으로서 화재 시 관제 운전 기능, 낙하물에 대한 보호벽, 보호벽으로부터 2m 이내에 사람이 출입하지 않도록 하는 난간이나 화단 또는 연못 등의 설치 및 화재에 대비한 보호 기능 등을 구비하여 안전성이 유지될 수 있는 경우에는 그러하지 아니하다.

② 승강로의 벽 또는 울 및 출입문은 불연재료로 만들거나 씌워야 한다. 다만, 승강로의 벽 또는 출입문 일부에 유리를 사용할 경우에는(비상용 엘리베이터는 제외) 한국산업규격의 망유리, 강화유리, 접합유리 및 복층유리(16mm 이상)와 동등 이상의 것을 사용하여야 한다.

③ 승강로의 출입구에 접한 승강 로비 또는 이와 유사한 부분은 엘리베이터 전용으로 하고, 당해 부분의 벽 또는 천장이 실내에 접하는 부분의 마감은 준불연재료로 하며, 그 하부를 불연재료로 만든 것으로 하여야 한다.

④ 승강로 내에는 엘리베이터와 관계없는 급배수관, 가스관 및 전선관 등을 설치하지 않아야 한다. 다만, 소방법에 의하여 승강로 천장에 설치하는 화재감지기 본체 및 비상 방송용 스피커 등은 설치할 수 있다.

(2) 승강로의 구획

엘리베이터는 다음 중 어느 하나에 의해 주위와 구분되어야 한다.
① 불연재료 또는 내화구조의 벽, 바닥 및 천장
② 충분한 공간

▌3 꼭대기 틈새, 피트깊이 및 오버헤드

‖ 엘리베이터 기계실 ‖

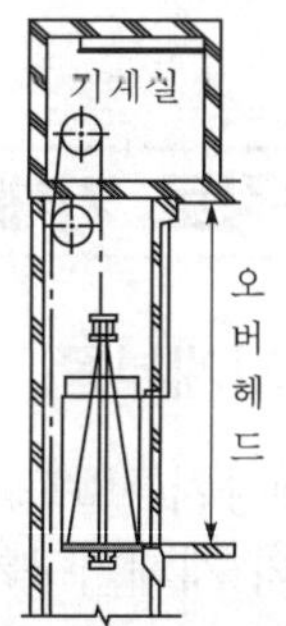

‖ 오버헤드(overhead) ‖

(1) 꼭대기 틈새

카를 최상층에 정지시켜 놓은 상태에서 카의 상부체대와 승강로 천장부와의 수직거리를 측정하여 규정한 수치 이상이어야 한다. 이 경우 카 위의 여러 가지 장치 중에서 가장 위로 돌출된 것이 승강로 천장부 또는 천장보다 돌출된 것(고정보 등)과 접촉되지 않아야 한다.

(2) 피트깊이

최하층의 바닥면에서 카의 수평투영면에 있는 피트바닥 또는 가장 높이 돌출된 지중보까지의 수직거리를 측정하여 규정한 수치 이상이어야 한다. 피트 바닥하부는 거실 또는 여러 사람이 출입하는 통로 등으로 사용하지 않아야 한다. 다만, 피트 바닥하부를 거실 또는 여러 사람이 출입하는 통로 등으로 사용할 경우에는 피트바닥을 2중 슬리브로 하고, 균형추쪽에도 추락방지 안전장치를 설치하거나 균형추쪽 직하부에 두꺼운 벽을 설치하여야 한다.

(3) 오버헤드

최상 정지층의 기계실 바닥에서 승강로 최상부의 바닥 밑의 수직거리, 엘리베이터 점검자가 카 상부에 타고 작업 시 승강로 천장에 충돌하는 것을 방지하기 위하여 마련된 여유거리이다.

▨ 4 승강로 벽의 균열, 누수 등 청결상태

① 승강로 주벽 점검에서는 벽의 균열 여부, 누수 여부, 청결 상태 등을 점검하여야 한다.
② 승강기 관계 설비 이외의 것이 설치되어 있는지의 여부를 점검한다. 스피커, 연기감지기는 승강기 관계설비로 본다.

▨ 5 승강로 내의 내진 대책

① 매다는 장치, 이동 케이블, 테이프, 쇄의 보호장치 상태를 확인한다.
② 매다는 장치의 이탈 가능성을 점검한다.
③ 레일의 이탈 가능성을 점검한다.
④ 카 및 균형추 차의 매다는 장치 가드 부착부에 늘어짐이나 손상 발생여부를 확인한다.

출제 02 승강로 기계, 전기부품 및 장치

▨ 1 승강로 기계부품

① 문의 개폐장치, 벨트/체인, 출입문 기판 점검에서는 문의 개폐 시 소음이나 진동 발생 여부, 문의 개폐기구가 마모되었거나 늘어짐이 있는지의 여부, 정전 시 문의 수동 개방 가능 여부 등을 점검한다.

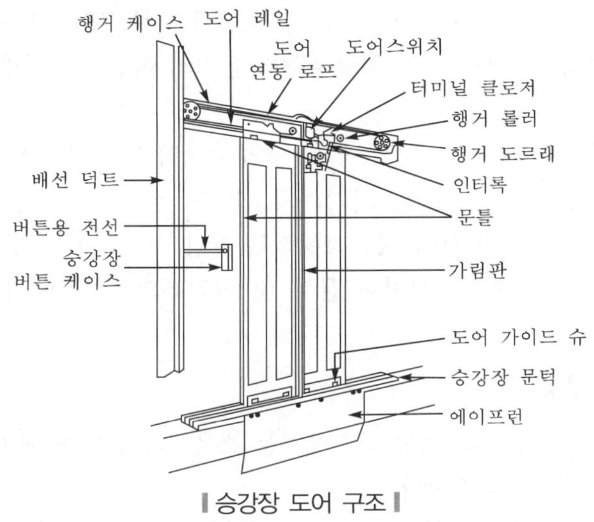

┃승강장 도어 구조┃

② 출입문 잠금 및 잠금해제장치 점검에서는 잠금장치의 마모 또는 노화 여부와 잠금 및 해제 기능이 정상적으로 되는지 점검한다.

③ 출입문 클로저 점검에서는 정상 작동 여부, 녹 및 부식 발생 여부, 노화로 인한 기능 불량 여부, 각종 부품의 기능 저하 여부 등을 점검한다.

┃웨이트 클로저┃

④ 점검문/비상문 점검에서는 잠금장치 정상 작동 여부, 개폐 기능, 스위치 정상 작동 여부, 승강장 쪽으로 문이 열리지는 않는지 등을 점검한다.

⑤ 비상구출구 점검에서는 구출구의 정상 개폐 여부, 스위치가 부착된 구출구를 열었을 때 카가 정지하는지의 여부, 구출구의 덮개 유무, 구출구의 덮개 파손 여부 등을 점검한다.

⑥ 카의 가이드 슈 점검에서는 섭동부(회전)의 마모 여부와 섭동부의 이상으로 인하여 카 주행 및 다른 기기에 영향을 주지는 않는지 등을 점검한다.

⑦ 가이드레일, 브라켓의 점검에서는 가이드레일의 손상이나 용접부의 불량 여부, 주행 중 이상음 발생 여부, 가이드레일 고정용 레일 클립이 올바르게 취부되어 있는지의 여부, 볼트 너트의 이완 여부, 가이드레일 이음판의 취부 볼트 너트의 이완 여부, 가이드레일의 급유 상태, 가이드레일 및 브라켓의 녹 발생 여부, 가이드레일과 브라켓의 오염 여부, 브라켓 취부용 앵커 볼트의 이완 여부, 브라켓 용접부의 균열 여부 등을 점검한다.

⑧ 승강장의 문 및 문턱, 출입문 가이드 슈 등의 점검에서는 변형, 마모, 녹 발생 여부, 승강장 문과 출입문 틀과의 틈새가 기준치를 유지하는지의 여부, 문의 개폐 동작 원활 여부 등을 점검한다.

⑨ 균형추 각부 점검에서는 볼트 고정 상태, 틀의 늘어짐 여부, 녹이나 부식 발생 여부, 섭동부(회전)의 마모 상태, 카와 다른 기기와의 연계가 잘 되고 있는지 등을 점검한다.

⑩ 이동케이블 및 부착부 점검에서는 외형적인 손상 여부, 다른 기기나 돌출물과의 접촉에 따른 케이블 손상 가능성, 케이블 끝부 및 당김부의 손상 발생 여부 등을 점검한다.

2 승강로 전기부품

① 문 개폐용 전동기와 출입문 기판 점검에서는 소음이나 진동 발생 여부, 정전 시 문의 수동 개방 가능 여부 등을 점검한다.

② 출입문 잠금스위치 점검에서는 먼지 축적 여부, 부착부 부분의 녹이나 부식 여부, 스위치 기능 정상 여부 등을 점검한다.

③ 비상통화장치는 장치의 정상 작동 여부, 경보장치와 통화장치의 감도 상태 등을 점검한다.

④ 카 위의 안전스위치 점검에서는 스위치 개폐 기능, 스위치 차단 시 카의 정지 여부를 점검한다.

⑤ 과부하 감지장치 점검에서는 장치 부착의 적정 여부, 스위치 기능 정상 여부, 스위치 개폐 시 장치의 정상 작동 여부 등을 점검한다.

⑥ 균형추 측 추락방지안전장치스위치 점검에서는 녹 및 부식 발생 여부, 스위치 기능 정상 여부 등을 점검한다.

⑦ 추락방지안전장치스위치 점검에서는 녹이나 부식 발생 여부, 스위치 기능의 정상 여부 등을 점검한다.

⑧ 상부 파이널 리밋스위치 점검에서는 스위치 부착의 늘어짐 여부, 스위치 작동 위치의 적정성, 스위치의 기능 정상 여부 등을 점검한다.

⑨ 승강로 조명 상태 점검에서는 조명장치의 정상 작동 및 조도가 50lx 이상을 유지하는지 등을 점검한다.

출제 03 | 각종 매다는 장치 및 체인

1 주 매다는 장치 및 부착부 점검

① 매다는 장치의 변형, 신장, 녹 발생 여부

② 부식 여부

③ 매다는 장치의 마모와 파손 여부

④ 장력의 불균등 여부

⑤ 2중 너트, 핀 등의 조임 및 장착 상태, 단말 처리 상태

2 과속조절기 매다는 장치 점검

① 매다는 장치의 변형, 신장(늘어짐)
② 녹 발생 여부
③ 매다는 장치의 마모와 파손 여부
④ 당김부 재료의 마모 여부
⑤ 녹 발생, 부식 여부
⑥ 2중 너트, 핀 등의 견고함과 조임 상태
⑦ 단말 처리 상태

3 상부 도르래/풀리와 도르래/풀리, 스프라켓 점검

① 도르래/풀리 및 취부의 녹 발생 및 균열 여부
② 도르래/풀리 주변 및 도르래/풀리 홈의 오염 여부
③ 축받이부의 로크 너트 및 로크 키 이완 여부
④ 주행 중 베어링에서 이상음 발생 여부
⑤ 도르래/풀리 취부 볼트, 너트류의 이완 여부
⑥ 분할핀 등의 취부 상태
⑦ 도르래/풀리 홈의 이상이나 마모 여부
⑧ 매다는 장치 홈의 마모 여부
⑨ 회전 기능이 원활하게 되는지의 여부
⑩ 보호 수단이 양호한지의 여부
⑪ 매다는 장치 슬립이 나타나고 위험성은 없는지의 여부
⑫ 베어링 급유 상태
⑬ 카 지붕 도르래/풀리, 균형추 도르래/풀리의 매다는 장치가 벗겨지는 것을 방지하는 나사봉 및 커비의 이완 여부

제4절 | 승강장에서 점검

출제 01 승강장문 및 장치

1 개요

(1) 승강장
승객이 엘리베이터를 타고 내리기 위해 만든 시설로 비상키 장치, 승강장 버튼과 위치표시기 등으로 구성되어 있다.

| 승강장 |

(2) 에이프런(보호판)

① 엘리베이터가 정전 등 어떠한 원인으로 인해 승강장문과 승강장문 사이 중간에 멈출 경우, 카 내에 있는 이용자가 강제로 문을 열고 탈출을 시도하다가 승강로 아래로 추락하는 사고를 방지하기 위하여 금속과 같은 기계적 강도가 충분한 재질로 만들어 카 문턱에 견고하게 설치하는 보호판이다.

② 카 문턱에는 승강장 유효 출입구 전폭에 걸쳐 에이프런이 설치되어야 한다. 수직면의 아랫부분은 수평면에 대해 60° 이상으로 아랫방향을 향하여 구부러져야 한다. 구부러진 곳의 수평면에 대한 투영길이는 20mm 이상이어야 한다.

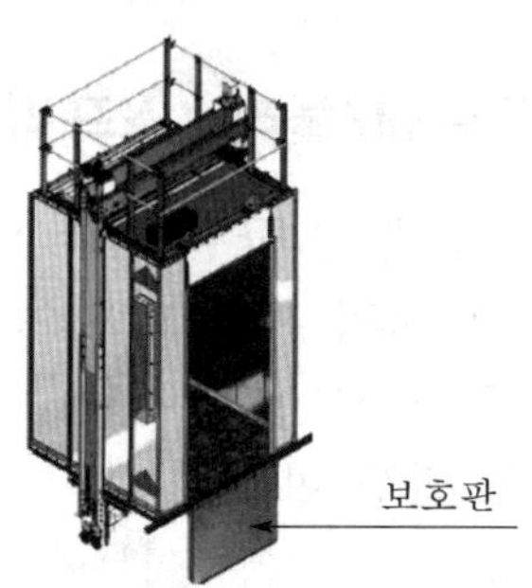

▌ 에이프런(보호판) ▌

③ 수직 부분의 높이는 0.75m 이상이어야 한다.

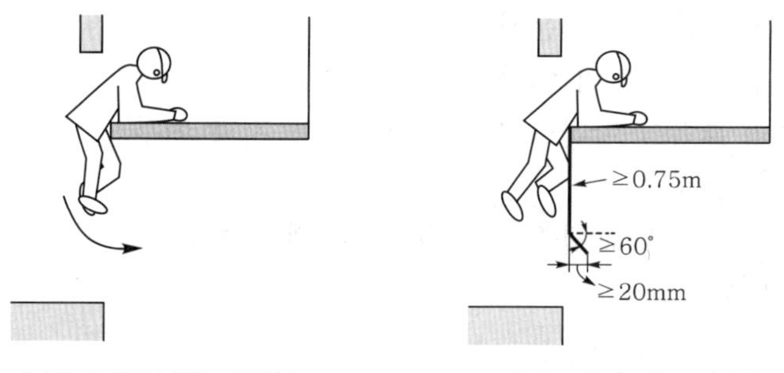

▌ 에이프런이 없는 경우 ▌　　　▌ 에이프런이 있는 경우 ▌

(3) 도킹 운전 제어

① 승강장문 및 카문이 열린 상태로 엘리베이터에 출입하거나 하역이 가능하도록 허용하는 운전

② 카의 움직임은 승강장 바닥에서 1.65m를 초과하지 않는 구간에서만 가능하다.

③ 카의 속도는 0.3m/s 이하이어야 한다.

④ 승강장문 및 카문은 도킹 측에서만 개방되어야 한다.

⑤ 움직이는 구간은 도킹운전 제어 위치로부터 분명하게 보여야 한다.

⑥ 트럭에 있는 화물을 실거나 내릴 때 엘리베이터 문이 열린 상태로 트럭의 짐칸과 접안할 수 있게 구성된 운전 제어방식이다.

⑦ 카에 정지장치가 있어야 한다.

2 승강장 출입문 점검

① 출입문이 부드럽게 열리고 이상음은 없는지 점검한다.
② 완전히 닫힌 위치 부근에서도 닫힘이 확실히 끊어지는지 점검한다.
③ 출입문의 열림이 끊어졌을 때 삼방틀과의 면은 양호한지 점검한다.
④ 출입문 레일에 먼지가 쌓였거나 녹이 발생했는지 점검한다.

❚ 출입문 레일 ❚

⑤ 출입문 와이어 소켓, 비스 등에 이완은 없는지를 점검한다.
⑥ 출입문 레일 클리너의 취부 상태의 양호 여부를 점검한다.
⑦ 출입문 패널에 굴곡이나 비틀어짐이 없는지와 손상이나 녹 발생은 없는지를 점검한다.
⑧ 출입문 슈에 현저한 마모, 굴곡 및 조립 나사의 이완은 없는지를 점검한다. 출입문 슈를
  교환하는 경우에는 나사 구멍에 주의하고 녹이 발생하지 않도록 한다.

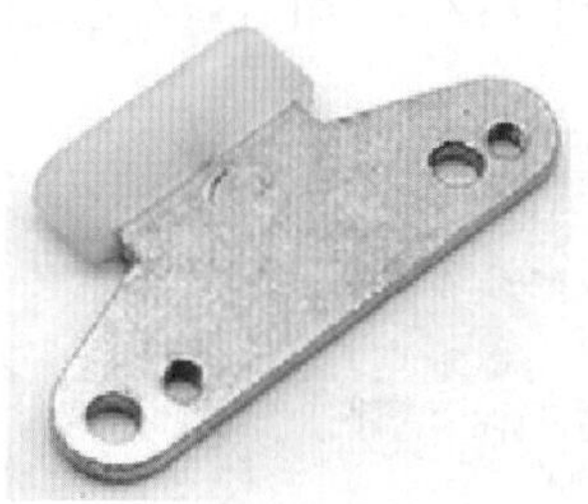

❚ 출입문 슈 ❚

⑨ 케이지 출입문과의 결합은 잘 되어 있는지 점검한다.
⑩ 행거 롤러 및 엑센트릭 롤러의 취부가 정상적으로 되었는지를 점검한다.

❚ 행거 롤러 ❚

⑪ 스프링 클로저의 경우 스프링 클로저에 끊어짐은 없는지를 점검한다.

┃ 스프링 클로저 ┃

⑫ 실홈이 중량물 운반 등에 의해 변형되지 않았는지와 실홈에 이물질이 없고 출입문의 개폐에 이상이 없는지를 점검. 평상시에 실홈을 청소하거나 중량물을 운반할 때는 실 위에 깔개를 깔고 작업을 해야 한다.

⑬ 문 접촉 고무나 스토퍼 고무가 정상적으로 취부되어 있는지 점검한다.

⑭ 인터록 장치가 확실하게 동작하는지 점검한다.

⑮ 웨이트 클로저의 경우 출입문 와이어에 마모, 파단, 녹 발생은 없는지를 점검. 녹 발생의 염려가 있는 경우는 매다는 장치에 그리스를 도포한다.

⑯ 웨이트 클로저의 파이프나 서브 웨이트의 취부 상태가 양호한지 점검한다.

⑰ 안내 도르래/풀리 등 매다는 장치 벗겨짐 방지구의 취부 상태가 양호한지를 점검한다.

⑱ 헤드 커버의 조립 나사가 이완되지 않고 확실하게 체결되어 있는지 점검한다.

⑲ 토 가드(toe guard)의 조립 나사가 이완되지 않고 취부 상태는 양호한지 점검한다.

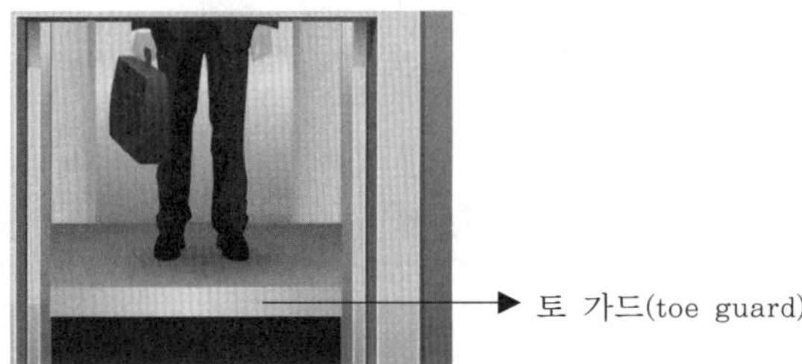

⑳ 각 링크에 변형이 없고 출입문 체결부 브래킷의 취부 상태가 양호한지를 점검한다.

㉑ 각 부의 취부 볼트에 이완은 없는지 점검한다.

3 에어프런, 잠금 해제 및 열쇠 구멍 상태

① 에이프런은 부식이 심하거나 고정 상태가 불량하지 않은지, 이탈 염려는 없는지, 수직 부분의 높이가 0.75m 이상이 되는지 등을 점검해야 한다.

② 잠금 해제 및 열쇠 구멍 점검에서는 전용열쇠를 사용하고 있는지, 전용열쇠가 아닌 다른 수단의 사용이 가능한지 등을 점검해야 한다.

■4 출입문 인터록 장치

(1) 카를 운전하면서 점검

① 롤러를 손으로 동작시켜서 출입문 스위치를 끊으면 카가 확실하게 정지하는지 여부를 점검한다.

② 로크 장치의 취부가 견고하고 로크를 풀지 않으면 문을 열 수 없게 되는지를 점검한다.

③ 문을 서서히 닫고 로크가 걸려진 후 출입문 스위치를 넣어 카가 움직이기 시작하는지를 점검한다.

④ 카를 하강 운전 중에 문을 개방하는 방향으로 인장하여도 문이 열리거나 카가 정지하는 일이 없는지를 점검한다.

(a)

(b)

┃도어록의 동작┃

(2) 헤드 커버 및 출입문 스위치 박스의 커버를 벗기고 점검

① 출입문 래치에 취부되어 있는 가동 접점 조립 나사의 이완 여부와 가동 접점의 오염이나 마모 여부 점검. 가동 접점은 세무 가죽으로 청소하고 접촉면에 마모가 있는 경우 교환하도록 한다.

② 래칭 롤러가 원활하게 회전하고 핀의 풀림은 없는지, 롤러의 변형, 손상 여부를 점검한다.

③ 래치 스프링의 이상 여부와 가이드 핀의 취부 상태가 양호한지를 점검. 출입문을 중간 위치로 해서 래칭 롤러를 스토퍼까지 당겨 정숙하게 개방해도 래치가 정위치로 되돌아가야 한다.

④ 스토퍼 취부 상태를 점검한다.

⑤ 벨 크랭크 가이드 롤러가 원활히 돌아가는지와 한쪽으로 치우침은 없는지를 점검한다.

⑥ 벨 크랭크 롤러는 원활히 회전하고 핀에 풀림은 없는지와 롤러에 변형, 손상은 없는지를 점검한다.

⑦ 벨 크랭크가 원활히 움직이는지를 점검한다.

⑧ 출입문 스위치 박스, 출입문 스위치 및 벨 크랭크 스토퍼의 취부 상태 양호 여부를 점검한다.

⑨ 스위치 터미널의 체결을 체크하고, 압착 단자 및 라이드선에 이상은 없는지를 점검한다.

⑩ 스위치의 고정 접점과 가동 접점이 정상적으로 작동하고 있는지를 점검한다.

⑪ 스위치의 고정 접점과 가동 접점의 접촉 위치가 적정한지를 점검한다.

⑫ 고정 접점 칩의 마모 여부를 점검한다.

⑬ 출입문 스위치 박스 커버의 내측에 붙어 있는 절연물이 커버에 밀착해 있는지를 점검한다.

출제 02 승강장 버튼 및 표시기

1 승강장 버튼 점검

① 누름 버튼 스위치나 기타 스위치류의 오염, 박리 및 손상 여부
② 버튼 램프의 파손 여부
③ 램프 빛이 외부로 새는지의 여부(램프 쉐이드 설치 여부)
④ 승강기 호출 버튼의 눌림량 적정 여부(터치식 제외)
⑤ 승강장 호출 버튼에 끼임은 없는지의 여부(터치식 제외)
⑥ 램프 소켓 및 배선 취부의 적정 여부
⑦ 파킹 스위치의 취부 상태와 정상적인 기능 여부

2 승강장 표시기 점검

① 표시기의 파손 여부
② 표시기 문자가 오염 또는 박리에 의해 보기 어렵게 되지는 않았는지의 여부
③ 표시기 램프의 이상 여부

제5절 | 피트에서 점검

출제 01 피트 기계, 전기부품 및 장치

1 개요

피트(pit)는 카가 운행되는 승강로 하부의 공간으로 완충기, 가이드레일 기초 및 배수장치, 시설망 등이 설치되며 물이 침투되지 않아야 한다.

‖ 피트 ‖

(1) 피트에 출입하는 수단

① 피트깊이가 2.5m를 초과하는 경우에는 피트 출입문이 설치되어야 한다.
② 피트깊이가 2.5m 이하인 경우에는 피트 출입문 또는 점검자 등 사람이 승강장문에서 쉽게 진입할 수 있는 피트 사다리가 설치되어야 한다.

(2) 카가 완전히 압축된 완충기 위에 있을 때의 조건
① 피트에는 0.5m×0.6m×1.0m 이상의 장방형 블록을 수용할 수 있는 충분한 공간이 있어야
한다.
② 피트바닥과 카의 가장 낮은 부품 사이의 수직거리는 0.5m 이상이어야 한다. 이 거리는
다음에 해당되는 수평거리가 0.15m 이내인 경우 최소 0.1m까지 감소될 수 있다.
  ㉠ 에이프런 또는 수직 개폐식 카 문과 인접한 벽 사이
  ㉡ 카의 가장 낮은 부품과 가이드레일 사이
③ 피트에 고정된 가장 높은 부품 위 '②'의 ㉠과 ㉡에서 설명한 것을 제외한 균형로프 인장장치
등과 카의 가장 낮은 부품 사이의 수직거리는 0.3m 이상이어야 한다.

(3) 피트에 시설해야 하는 장치
① 피트 출입문 및 피트 바닥에서 잘 보이고 접근 가능한 정지장치
② 피난공간에서 0.3m 떨어진 범위 이내에서 조작할 수 있는 영구적으로 설치된 점검운전
조작반
③ 콘센트
④ 피트 출입문 안쪽 문틀에서 수평으로 최대 0.75m 이내 및 피트 출입층 바닥 위로 최소
1m 위치에 설치된 승강로 조명의 점멸수단

2 피트 기계부품

(1) 과속조절기 매다는 장치 및 과속조절기 매다는 장치의 인장장치(인장차) 점검
① 카의 주행 중 동요 또는 소음 발생 여부
② 인장차의 틈새 간격 적정 유지 여부
③ 매다는 장치의 이탈 발생 가능여부
④ 인장차가 바닥에 닿는지의 여부

(2) 완충기 점검
① 완충기 본체 및 부착 부분의 녹 발생 여부
② 유압식의 경우에는 유량 부족 여부
③ 완충기 부착 상태
④ 스프링식의 경우에는 스프링 손상 여부
⑤ 전기 안전장치 상태

‖ 완충기 설치 ‖

(3) 카의 추락방지안전장치 점검

① 녹 발생 여부

② 부식 발생 여부

③ 정상 작동 여부

(4) 하부 도르래/풀리 점검

① 매다는 장치의 마모 발생 여부

② 회전의 원활 여부

③ 보호 수단의 정상 작동 여부

(5) 이동케이블 및 부착부 점검

① 케이블이 다른 기기나 돌출부에 접촉해서 손상될 가능성 여부

② 케이블 단말 및 인장 멈춤부 손상 가능성 여부

③ 기타 안전상의 문제점 유무

‖ 이동케이블 ‖

(6) 균형추 밑부분 틈새 점검

① 승강기의 안전 기준에 부합하는지의 여부

② 완충기와의 이격 거리 유지 여부

③ 스프링식의 경우 파이널 리밋스위치의 거리를 적정하게 유지하는지의 여부

④ 완충기의 압축 여부

(7) 보상 수단 및 부착부 점검

① 변형, 신장, 마모, 녹 발생 여부

② 인장 멈춤부 재료의 마모, 녹 발생, 부식 발생 여부

③ 튀어 오름 방지장치의 정상 작동 여부

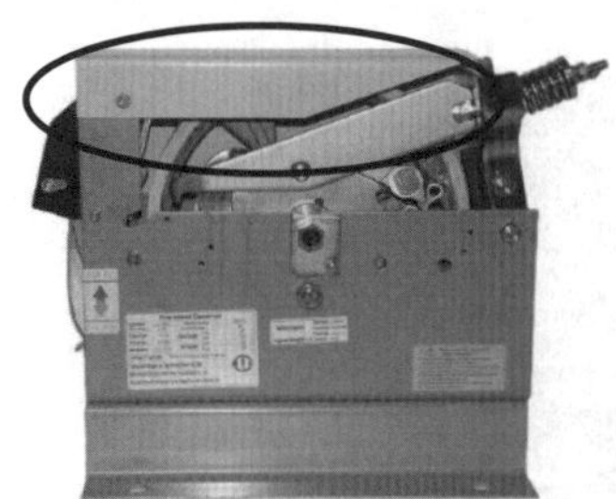

‖ 튀어 오름 방지장치 ‖

④ 이중 너트, 핀 등의 조임 및 장착 상태
⑤ 단말 처리 상태

(8) 피트 바닥 점검

① 청소 상태
② 방수 상태
③ 청소 및 방수 불량으로 인하여 기기의 기능에 영향을 줄 수 있는지의 여부

(9) 피트 내의 내진 대책 점검

① 카의 하강차, 균형 매다는 장치 및 과속조절기 매다는 장치가 인장차의 매다는 장치 가드에서 부착이 늘어지거나 손상 여부
② 매다는 장치의 이탈 가능성 여부

3 피트 전기부품

(1) 비상정지스위치 점검

① 스위치의 정상 작동 여부
② 외형상 노후, 부식 등의 발생 여부

(2) 리밋스위치 점검

① 스위치의 정상 작동 여부
② 외형상 노후, 부식 등의 발생 여부

(3) 보상 수단 및 부착부 점검

전기 안전장치가 정상적으로 작동하는지의 여부

(4) 과부하 감지장치 점검

① 장치 부착에 늘어짐 발생 여부
② 장치의 손상 발생 여부, 스위치의 정상 작동 여부
③ 스위치 작동 시 장치의 움직임 정상 여부

4 장치

① 피트 점검용 사다리는 견고하게 취부되어 있는지를 점검해야 한다.
② 급유식의 경우 레일의 기름받이가 정규 위치에 있고 폐유가 흘러넘치지 않는지를 점검해야 한다.

출제 02 피트 누수

① 피트는 구조상 지하에 형성되고, 외부에 토양이 젖어 피트 내부로 침투되는 누수 여부를 점검한다.

② 전기장치의 물에 대한 보호를 위해 피트 침수 방지수단 설치 및 작동상태를 점검한다.

③ 피트 벽체와 바닥 균열 등에 의한 누수 여부를 점검한다.

‖ 피트 누수 ‖

03 엘리베이터 부품 설치 및 교체

제1절 | 엘리베이터 부품상태 진단하기

출제 01 엘리베이터 부품의 노후, 마모상태 진단

엘리베이터의 안전사고는 매년 증가 추세이며, 사고 중 대부분이 유지보수의 부실화에 따른 것으로 분석돼 대책 마련이 시급하나 승강기 사용 빈도와 환경이 제각각 달라 보수업체의 승강기 예방정비를 확인할 수 있도록 주요 부품에 대한 교체 주기 가이드라인은 제공되고 있지는 않지만, 엘리베이터의 경우 안전관리대상 품목으로서 정기검사 및 자체검사를 통한 부품의 작동 상태 진단이 중요시된다.

1 엘리베이터 점검 결과에 따라 점검항목이 C등급에 해당하는 부품의 작동 상태를 진단하는 방법 결정

(1) 분전반 점검방법

① 전원이 투입된 상태에서 분전반 내부에서 이상음이나 떨림이 발생하는지를 관찰한다.
② 인버터 기종의 경우에는 전원을 차단한 후에도 평활 콘덴서에 전압이 충전되어 있다. 따라서 완전히 방전되었는지 평활 콘덴서 양단을 전압계로 체크하여 10V 미만일 때 작업을 실시한다.
③ 여름철 전압 변동률을 점검한다.
④ 건물 측의 접지 전선이 분전반의 접지 단자에 접속되어 있는지를 확인한다.

(2) 제어반 점검방법

① 소음 유무
② 각 접점의 마모 및 작동 상태 양호 여부
③ 제어반 조립 볼트 취부 및 이완 상태
④ 각 스위치 릴레이류 작동의 원활성
⑤ 절연물, 아크(arc) 방지기, 코일(coil) 소손 및 파손 여부
⑥ 제어반 접지선 접속 여부
⑦ 전선 결선의 이완 여부
⑧ 퓨즈(fuse) 이완 여부 및 동선 사용 유무
⑨ 리드선(lead wire) 양호 여부
⑩ 배선 정리의 양호 여부
⑪ 불필요한 점퍼(jumper) 부분 유무
⑫ 절연저항 측정
⑬ 청소의 양호 여부

(3) 전기설비의 절연저항

① 절연저항은 각각의 전기가 통하는 전도체와 접지 사이에서 측정되어야 한다. 다만, 정격이 100VA 이하의 PELV 및 SELV회로는 제외한다.

❙ 절연저항 ❙

공칭회로전압(V)	시험전압/직류(V)	절연저항(MΩ)
SELV⁽ㄱ⁾ 및 PELV⁽ㄴ⁾ > 100VA	250	≥ 0.5
≤ 500 FELV⁽ㄷ⁾ 포함	500	≥ 1.0
> 500	1000	≥ 1.0

  ㉠ SELV : 안전 초저압(Safety Extra Low Voltage)
  ㉡ PELV : 보호 초저압(Protective Extra Low Voltage)
  ㉢ FELV : 기능 초저압(Functional Extra Low Voltage)

② 제어회로 및 안전회로의 경우, 전도체와 전도체 사이 또는 전도체와 접지 사이의 직류전압 평균값 및 교류전압 실효값은 250V 이하이어야 한다.

(4) 권상 모터 점검방법

① 모터 회전 시 이상음의 발생 여부 확인
  ㉠ 베어링 부위, 브레이크 개방 상태, 로터리 엔코더, 모터 내부 등을 육안으로 확인하여 이상이 있을 경우 다음과 같이 소음 발생 부위를 확인하여 각 회사 지침에 맞춰 관련 부품 청구에 필요한 명칭, 형식, 수량 등을 기록한다.
  ㉡ 회전부에서 발생하는 소음은 안전한 위치에서 드라이버의 한쪽 끝을 소음 발생부에 밀착시키고 반대쪽 끝을 귀에 밀착시켜 이상음 발생 부위를 확인한다.

② 확인이 안 될 경우, 관찰 내용을 점검 기록표의 특기 사항란에 기록하여 책임자에게 보고한 후 지침에 따른다. [모터 가동 시 소음은 최고치가 77dB(A) 이하일 것]

③ 모터 몸체를 손으로 만져서 이상 발열이 느껴지면 주위 온도, 모터 표면 온도와 가장 온도가 높은 부위를 측정하여 기록한다.

④ 절연 측정은 매뉴얼에 의해 실시한다.

(5) 구동기 점검방법

① 이상진동, 소음의 유무를 확인한다.
② 기계대의 수평 상태를 확인한다.
③ 운전의 원활성을 확인한다.
④ 각 베어링의 손상 유무 및 소음 유무를 확인한다.
⑤ 도르래/풀리의 수직도를 확인한다.
⑥ 주철부의 금, 균열 유무(도르래, 풀리)를 확인한다.
⑦ 커플링, 샤프트, 키의 이완 여부를 확인한다.
⑧ 웜기어의 마모도를 확인한다.
⑨ 기어부 이상소음이 발생할 경우 제어반 전원을 차단한 후 안전하게 작업을 실시하고, 오일 주입구 뚜껑을 열고 헝겊으로 기어 표면을 닦은 후 표면을 관찰한다.

⑩ 감속기어의 윤활유 부족 또는 노화 유무

유량 확인은 승강기 정지 약 1분 후에 유량계(oil gauge)를 분리하여 게이지에 표시된 Min과 Max 표시 사이에 오일이 위치하고 있는지 확인한다.

⑪ 구동기 진동, 전도, 이동 방지 스토퍼 부착 상태, 느슨해짐, 또는 손상 유무를 확인한다.

⑫ 각 너트의 취부 및 이완 상태를 확인한다.

⑬ 배관 커버의 취부 및 고정 상태를 확인한다.

⑭ 엘리베이터를 중간층에 정지시키고 전원을 끊는다.

⑮ 폐유통을 준비하여 감속기의 드레인 콕을 풀고 기름을 빼낸다. 이때 드레인 콕 부와 폐유통 사이에 사용하지 않는 캔 같은 것으로 물길을 만들어 안내하도록 해 줄 필요가 있고, 드레인 콕은 언제라도 닫을 수 있도록 하는 것이 바람직하다.

⑯ 오일 제거 작업이 끝나면 드레인 콕을 돌려 잠가 둔다.

⑰ 감속기의 기어 케이스 커버를 벗긴다.

⑱ 오일 게이지가 부착되어 있는 커버를 벗기고 감속기 내부의 먼지를 세정액으로 닦아 낸다. 또 커버도 깨끗이 한다.

⑲ 세정액으로 기어 케이스 내부와 웜기어 휠을 닦아 기름때를 없앤다. (세정액은 베어링에 닿지 않도록 할 것)

⑳ 벗긴 커버에 오일실을 적량 도포하여 부착한다.

㉑ 새 기어오일을 감속기에 주유하고 브레이크 개방 공구 및 수동 핸들을 사용하여 수동조작으로써 움직인다.

㉒ 드레인 콕을 빼고 기어오일을 빼낸다.

㉓ 새로운 기어오일을 정량까지 넣는다. (오일 게이지로 확인할 것)

㉔ 감속기 주위를 청소하고 엘리베이터를 운전해도 좋은가를 확인하며, 확인 후 전원을 넣고 엘리베이터를 운전하여 이상이 없는가를 확인한다.

　㉠ 편향 도르래/풀리 및 현수 도르래, 풀리의 점검사항

　　ⓐ 도르래 홈의 불균일한 마모는 없는가?

　　ⓑ 도르래에 금, 균열이 없는가?

　　ⓒ 베어링의 손상, 마모가 없는가?

　　ⓓ 급유는 잘 되었는기?

　　　• 그리스가 부족하다.

　　　• 그리스가 굳어져서 나오지 않는다.

　　　• 오일링이 돌지 않기 때문에 기름의 퍼짐이 좋지 않다.

　　ⓔ 청소는 잘 되었는가?

　　ⓕ 편향 도르래/풀리의 취부가 잘 되었는가?

　　　• 심이 나와 있지 않다.

　　　• 도르래 위에서 매다는 장치가 미끄러진다.

　　　• 수직이 아니다.

　　　• 너트가 죄어지지 않았다.

　　　• 더블 너트가 없다.

　　　• 분할핀이 벌어지지 않았다.

ⓖ 현수 도르래가 매다는 장치에 닿지 않을 만큼 가까이에 있는가?

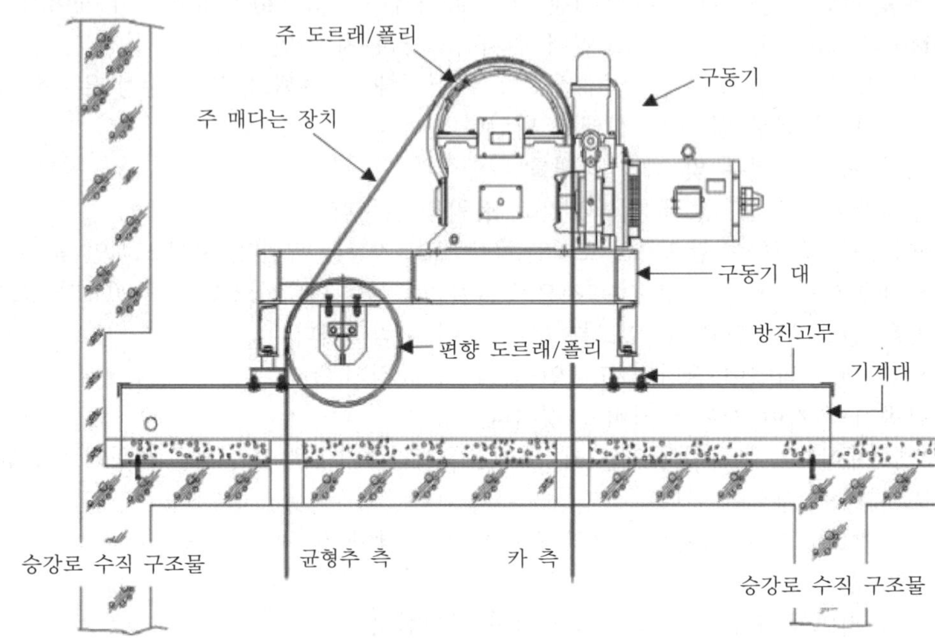

❙ 기계실의 기계 부품 ❙

ⓛ 시브와 매다는 장치 상태 점검사항

  ⓐ 시브에 설치된 매다는 장치 간의 높이 차이는 2mm 이내이어야 한다.

  ⓑ 시브 홈의 언더컷 잔여량은 1mm 이상이어야 한다.

  ⓒ 시브와 매다는 장치 상태가 A 또는 B 치수를 초과하였을 경우 교체한다.

    • A 치수 : 매다는 장치 상단이 시브면 기준 +3mm 이상

    • B 치수 : 매다는 장치 상단이 시브면 기준 −1mm 이상

  ⓓ 시브와 매다는 장치의 클램프량을 확인한다.

    • 카가 무부하(no load) 조건으로 최상층에 정지한 상태에서 매다는 장치와 시브에 표시를 하고 카를 최하층에서 최상층으로 1회 왕복 운전(중간층 미정지)시킨 후 최상층에서 표시한 위치와 최상층 도착 시 위치를 비교하여 기준에 맞지 않으면 다음과 같이 체크하여 적절히 조치한다.

    • 도르래 균열 : 도르래에 균열이 생기면 깨져서 아래로 떨어질 위험이 있으므로 조기에 발견하는 것이 중요하다. 도르래를 망치로 가볍게 두들겨서 점검한다.

(6) 카(car) 및 승강로 파트

① 카 실내 점검방법

  ㉠ 카 패널(car panel) 손상 및 조립부 이완 여부를 점검한다.

  ㉡ 카 천장의 손상 및 조립부 이완 여부를 확인한다.

  ㉢ 조작반 각 층 버튼(button) 작동 및 램프(lamp) 점등 여부를 점검한다.

  ㉣ 도어 개폐 버튼(door open close button) 작동 상태를 확인한다.

ⓜ 조명등, 비상등(1lx 이상), 조명기구(정전등 포함) 파손 및 부착 부위 이완 여부를 점검한다.

ⓗ 카 위치표시기(car position indicator) 점등 상태 양호 여부를 확인한다.

ⓢ 카 바닥(platform)의 수평도 및 보존 상태를 확인한다.

ⓞ 에이프런(car sill cover)의 손상 유무, 취부 상태를 확인한다.

ⓩ 카 실(car sill) 손상 및 부식 상태를 확인한다.

ⓒ 외부 연락장치, 전화장치 통화 상태, 음성신호장치 작동 상태를 확인한다.

ⓚ 카 실(car sill), 승강실(hall sill) 이격거리 양호 여부를 점검한다.

ⓣ 카 도어 세이프티 슈(car door safety shoe) 작동 및 소음 발생 유무를 확인한다.

ⓟ 카 도어 슈(car door shoe)의 마모 및 이완 여부를 점검한다.

ⓗ 카 도어 센터 면 틈 벌어짐 유무를 점검한다.

㉮ 카 도어 작동 상태를 확인한다.

㉯ 실과 승강로 벽과의 거리 상태를 점검한다.

㉰ 도어와 컬럼(column) 사이의 틈새 간격 양호 여부를 점검한다.

㉱ 도어 도장 상태 및 보존 상태를 확인한다.

㉲ 조작반 시건장치 및 작동의 원활성을 확인한다.

㉳ 카내 명판의 용도, 적재하중, 정원 표시 보존 상태를 확인한다.

㉴ 카 핸드레일(handrail) 손상 여부 및 보존 상태를 확인한다.

㉵ 검사필증, 이용자 안전수칙, 비상 연락망 부착 상태를 확인한다.

② **카 상부 점검방법**

카 상부 진출입 시에는 "카 상부 진출입 절차"에 의거하여 카의 유무를 확인한 후 탑승해야 한다.

㉠ 도어 록을 해제한다.

㉡ 도어를 손으로 50~200mm 정도만 우선 열고 키를 빼면서 승강로를 확인한다.

㉢ 승강로를 확인하여 카가 정 위치에 있는 경우 도어를 원하는 만큼 수동으로 개방한다.

㉣ 카 상부 기구 박스 정면에 부착된 "E-Stop" 스위치를 위쪽 방향으로 동작시켜 승강기를 정지시킨다.

㉤ 카 상부 탑승 시 무리하게 뛰어서 타지 않는다.

㉥ 작업등 보호망과 소켓 파손 여부를 확인하고(감전주의) 점등한다.

㉦ 안전 난간과 CWT 측 작업 발판을 고정한 볼트를 두드려 풀림이 있는지 확인하고 하중에 따른 변형이 발생하는지(튼튼한지) 확인한다.

㉧ 카 상부의 기름을 제거하고 어디에서 기름이 유출되는지 확인한 후 조치한다. (유막이 형성되어 있으면 미끄러움)

㉨ 카(상부)에서 2인 이상 작업 시는 복명복창(을 확인) 후 실행한다.

㉩ 작업을 마치면 작업등을 작업등 고리에 걸어 작업등이 승강기에 닿지 않도록 한다.

　　ⓐ 비상구출구 스위치 동작 : 비상구출구 개폐 상태 및 보존 상태

　　ⓑ 주 매다는 장치 마모 상태

　　ⓒ 매다는 장치 체결 상태, 분할핀, 이중 너트, 체대 볼트 등 체결 상태

　　ⓓ 도착공, 차임벨 작동 상태

ⓔ 상부 단자 패널 접지 접속 상태
- 상부 단자대 전선 접속 및 전선 보존 상태
- 상부 단자대의 불필요한 점퍼 부분 유무
- 상부 단자대 내에 여유분 전선 보유 및 보존 상태

ⓕ 팬(배기, 흡연) 작동 시 소음 및 이완 여부

ⓖ 착상 스위치(leaveling switch) 동작 상태 : 착상 스위치 수직도 및 취부 상태

ⓗ 카 상부 가이드 슈(guide shoe) 설치 상태 : 카 상부 가이드 슈 조정 상태 및 이완 여부

ⓘ 급유통 보존 상태 및 오일의 적당량 유무

ⓙ 가이드롤러(guide roller) 취부 및 보존 상태
- 가이드롤러 작동 및 소음 발생 유무
- 가이드롤러 조정 상태 및 이완 여부

ⓚ 카 상부 과속조절기 상태 점검 및 스위치 작동 상태

ⓛ 카 상부 전선 정리 상태 및 주행 케이블(traveling) 고정 상태

ⓜ 카 상부 청소 및 도장 상태

ⓝ 카 상부 슬로 다운 캠 스위치(slow down cam switch) 이완 여부

③ **카 도어 점검 방법**

㉠ 카 도어 조립부의 조임 상태를 확인한다.
ⓐ 도어와 행거 조립부
ⓑ 인터록, 도어 스위치 고정부
ⓒ 행거롤러 고정 너트
ⓓ 연동 매다는 장치 고정부

㉡ 도어의 수직 기울기를 확인한다.

㉢ 승강 도어 완전 닫힘 시 중심과 카 도어 중심의 편차를 확인한다.

㉣ 도어와 문틀(jamb) 간격을 확인한다.

㉤ 방범창 조립 상태를 확인한다.

㉥ 도어를 수동으로 작동시켜 닫힘 전 규정치에서 스위치가 ON 되는지 확인하고, 도어가 완전히 닫히면 도어 스위치 접점의 오버 스트로크가 규정치를 유지하는지 확인한다.

㉦ 도어 스위치 팁이 스위치 중앙에 위치하는지 확인한다.

㉧ 도어 스위치의 이물질 또는 아크 발생 흔적을 확인한다.

㉨ 행거와 도어 연결용 볼트의 조임을 확인한다.

㉩ 행거롤러 축 고정부를 확인한다.

㉪ 업트러스트 롤러와 레일 하단 면과의 간격, 고정 상태를 확인한다.

㉫ 롤러 우레탄 마모, 소음을 확인한다.

㉬ 레일 이물질 청소, 녹 제거를 한다.

㉭ 연동 매다는 장치의 장력 상태를 확인한다.

㉮ 매다는 장치의 파단 상태를 확인한다.

㉯ 매다는 장치의 롤러 소음 및 파손을 확인한다.

㉰ 도어 모터 소음, 발열을 확인한다.
㉱ 도어 벨트의 마모 상태를 확인한다.
㉲ 도어 체인의 고정 상태 및 처짐을 확인한다.
㉳ 도어 개방장치, 스프링의 세팅치를 확인한다.
㉴ 정전 시 카 내부에서의 수동 개방력을 확인한다.
㉵ 주행 중 카 내부에서의 수동 개방력을 확인한다.

2 진단 방법에 따른 해당 부품의 교체 여부 판정 기준 설정

점검 항목이 C등급에 해당하는 부품의 작동 상태를 진단한 결과를 바탕으로 아래의 교체 기준에 따라 부품의 교체를 결정한다.

부 품		검사방법	교체기준	점검주기 (개월)	비 고
감 속 기	기어	카 바닥에서 삼축센서를 이용하여 카 운행 시 진동률을 측정	웜휠에 발생한 피팅으로 불규칙 진동(카 내 승객에게 불쾌감을 줄 수 있는 진동)이 발생될 경우		진동측정 및 분석장비
		축수 뚜껑에 가속도 픽업 및 분석장비자석으로 고정한 후 진동을 측정	기어 맞물림 주파수(GMF)가 발생한 경우		
			① 웜휠에 발생한 피팅의 범위가 치면 전체에서 나타나며, 웜휠의 피치원(PCD)에 있어서 치면 두께의 20% 이상 깊이의 피팅이 있으면서 치폭의 길이 방향으로 70% 이상 분포된 경우 ② 깊이가 피치원(PCD)에 있어서 치두께의 40% 이상의 피팅이 한 곳이라도 있을 경우 ③ 치폭 전체 길이에 대해서 0.5m 이상의 단차마모가 발생한 경우 ④ 피치원(PCD)에서 치면 두께의 10~20%가 마멸된 경우 ⑤ 피팅의 면적이 치면의 40%를 초과할 경우 ⑥ 제조사가 권장하는 백래시 치수로 조정이 불가한 경우	3	육안검사 및 수치검사
	베어링	축수 뚜껑에 소리를 듣는 막대기(드라이버)를 가져다 대고 베어링 이상음을 확인	이상음이 발생하고, 축을 받는 너트, 축수 와셔의 이완이 없을 경우	3	청음검사 (청진봉검사)
		축수 뚜껑에 가속도 센서를 자석으로 고정한 후 진동을 측정	베어링 결함 주파수가 발생된 경우		진동측정 및 분석장비

부 품	검사방법	교체기준	점검주기 (개월)	비 고
주 매다는 장치	카 상부에서 수동으로 상승하면서 각각의 매다는 장치 상태를 점검	① 검사 기준을 만족하지 못한 경우 • 소선의 파단이 균등하게 분포되어 있는 경우 　→ 1구성 꼬임의 1꼬임 피치 내에서 파단수가 4 이하 • 파단 소선의 단면적이 원래의 소선 단면적의 70% 이하로 되어 있는 경우 또는 녹이 심한 경우 　→ 1구성 꼬임의 1꼬임 피치 내에서 파단수가 2 이하 • 소선의 파단이 1개소 또는 특정의 꼬임에 집중되어 있는 경우 　→ 소선의 파단 총수가 1꼬임 피치 내에서 6꼬임 와이어매다는 장치이면 12 이하, 1꼬임 피치 내에서 8꼬임 와이어매다는 장치이면 16 이하 • 마모 부분의 와이어매다는 장치의 지름 　→ 마모되지 않은 부분의 와이어매다는 장치 직경의 90% 이상 ② 꺾임, 풀림 등이 있을 경우	6	육안검사 및 치수검사
도르래/풀리	검사용 망치로 도르래/풀리를 가볍게 두들겨서 의심나는 곳의 전체를 기계 오일을 적신 헝겊으로 닦고, 수분간 방치한 후 기름을 닦아 내고, 분필을 칠하여 도르래/풀리의 균열 발생 여부를 확인 (균열이 있으면 분필에 얼룩이 나타남)	도르래/풀리에 균열이 발생한 경우	6	육안검사
	도르래/풀리 홈 상태, 크리프량 및 언더컷 잔여량을 확인	① 도르래/풀리 홈의 언더컷 잔여량이 1mm 미만일 경우 ② 제조사가 권장하는 크리프량을 초과하는 경우 ③ 도르래/풀리 홈의 매다는 장치 자국이 심한 경우		육안검사
	카가 정지한 상태에서 정격용량의 125%를 카에 싣고 도르래/풀리 상의 매다는 장치가 미끄러지는지 확인	도르래/풀리 홈의 마모로 인해 슬립이 발생한 경우		육안검사
	도르래/풀리상의 주 매다는 장치 가닥 간의 높이 차를 확인	주 매다는 장치 가닥 간의 높이 차이가 2mm 이상인 경우		육안검사

부 품	검사방법	교체기준	점검주기 (개월)	비 고
브레이크 ASS'Y	브레이크 ASS'Y를 검사한다.	① 브레이크 슈 지지용 핀에 균열 및 손상이 있는 경우 ② 플런저 로드의 휨으로 인해 소음이 발생될 경우 ③ 드럼에 마모가 현저하게 발생하여 라이닝이 닿는 면적이 부족한 경우 ④ 스프링의 균열 및 비틀림이 있는 경우	1	육안검사
	카가 하강 방향으로 정격속도 및 정격하중의 125%를 싣고 주행 중 메인 전원을 차단한다.	조정 가능한 스프링 장력 범위 내에서 자체적으로 카를 안전하게 감속 정지시킬 수 없는 경우		육안검사
라이닝	카의 기동·정지 시 라이닝의 이상 유무를 확인한다.	① 심한 편마모가 발생한 경우 ② 마모량이 제조사 권장 치수 이하일 경우	1	육안검사
	균형추를 완충기에 받쳐 놓고 육안검사로 라이닝을 분해하여 이상 유무를 확인한다	① 라이닝이 닳아서 얇아졌거나 리벳이 브레이크 드럼에 거의 닿을 정도인 경우 ② 라이닝에 균열이 있는 경우		
구동기 오일	오일 게이지를 꺼내 오일의 상태를 확인한다	오일의 색상이 제조사에서 교체를 권장하는 색상으로 변한 경우	3	육안검사
	구동기 윗면에 있는 검사판을 열고 오일의 상태를 확인한다.	오일에 거품, 유화 또는 심한 오염이 있는 경우		
오일 실	웜 축부에서 누유된 오일의 양을 확인한다.	① 약 3주 후 오일받이에 오일이 가득 찬 경우 ② 웜 축을 깨끗이 닦은 상태에서 약3주 후 브레이크 드럼에 오일이 비산되어 있는 경우	1	육안검사
가이드 슈	카를 정지시킨 후 카 위에서 가이드 슈의 이상 유무를 확인한다.	균열 및 변형이 발생한 경우	3	육안검사
	카 위에서 레일과 깁 (Gib) 사이의 여유 공간을 확인한다.	레일과 깁 사이의 여유거리가 1mm를 초과하는 경우		수치검사 (틈새 게이지)
가이드롤러	카를 정지시킨 후 카 위에서 가이드 슈의 이상 유무를 확인한다.	① 가이드 롤러의 스프링이 변형된 경우 ② 롤러에 박리 또는 파열이 발생한 경우 ③ 롤러에 편마모가 발생한 경우	3	육안검사
	카를 정지시킨 후 카 위에서 롤러 조정 스프링을 푼 후 가볍게 가이드롤러를 손으로 회전시킨다.	베어링에서 소음이 발생한 경우		청음검사

부 품	검사방법	교체기준	점검주기 (개월)	비 고
리밋스위치, 감속 및 종점 스위치	리밋스위치의 이상 유무를 확인	① 스위치 박스가 녹 발생, 마모 및 변형된 경우 ② 스위치 롤러가 심하게 마모된 경우 ③ 스위치 레버가 심하게 손상되거나 유격이 심한 경우	3	육안검사
스프링 클로저	카 상부에서 승강장 도어를 완전히 개방한 후, 자력으로 닫히는지 확인	여러 번 여닫는 동안 스프링에 의해 이상 소음이 발생하거나 스프링이 이완되어 도어가 닫히지 않는 경우	3	육안검사
	카 상부에서 스프링 클로저를 확인	스프링에 금이 생긴 경우		
방진고무	방진고무의 손상 여부 및 외관 상태를 검사	손상 또는 산화가 발생하여 기능이 상실된 경우	12	육안검사
	방진고무의 변화량을 확인	카의 기동·정지 시 변화량이 없는 경우		수치검사
	기계대 각 모서리 부분의 치수 확인	기계대가 방진고무의 열화에 의해 기울어짐이 발생한 경우		
릴레이	릴레이의 외관 및 동작 상태 검사	① 접점 표면이 산화된 경우 ② 접점의 마모, 전이, 열화가 발생한 경우 ③ 이상 소음이 발생한 경우 ④ 코일이 열화, 변색된 경우 ⑤ 채터링이 발생한 경우	1	육안검사
주 접촉기	손가락으로 가동 접점을 누르면서 접점 상태를 확인	① 접점 Wipe량(holder의 이동량)이 제조사에서 지정한 값보다 작을 경우 ② 채터링이 발생한 경우 ③ 마모로 인해 접점이 불량한 경우	3	육안검사
	접촉기 분해 후 접점 및 스프링의 상태를 확인	① 마모로 인해 가동관의 반분 및 대각선으로 이상 마모가 발생된 경우 ② 접촉 스프링 및 복귀 스프링이 파손 또는 변형된 경우 ③ 보조 접촉기의 접점에 이상 마모가 발생했거나 복귀용판 용수철에 파손이나 변형이 있는 경우	1	육안검사
브레이크 접촉기	손가락으로 가동 접점을 누르면서 접점 상태를 검사	① 접점 wipe량(holder의 이동량)이 제조사에서 지정한 값보다 작을 경우 ② 채터링이 발생한 경우 ③ 마모로 인해 접점이 불량한 경우	1	육안검사
	접촉기 분해 후 접점 및 스프링의 상태를 확인	① 마모로 인해 가동관의 반분 및 대각선으로 이상 마모가 발생된 경우 ② 접촉 스프링 및 복귀 스프링이 파손 또는 변형된 경우 ③ 보조 접촉기의 접점에 이상 마모가 발생했거나 복귀용판 용수철에 파손이나 변형이 있는 경우 ④ 보조 접촉기의 가동 접촉자 콘텍트 레버에 마모가 있는 경우	1	육안검사

부 품	검사방법	교체기준	점검주기 (개월)	비 고
게이트 스위치	승강장에서 승강장 도어를 비상키로 강제 개방한 후 게이트 스위치의 상태를 확인	복귀용 스프링, 핑거 콘텍터의 마모, 변형 및 균열이 심한 경우	1	육안검사
버튼 및 램프	버튼의 외부 및 내부의 접점을 확인	① 누름 버튼 보호링이 파손된 경우 ② 조도가 극히 낮은 경우	1	육안검사
인디케이터	승강장 및 카 내부에서 인디케이터의 상태를 확인	① 층 표시용 아크릴이 떨어져있거나 파손된 경우 ② 위치표시기 램프가 끊어지거나 심하게 이완된 경우 ③ 램프의 조도 편차가 심한 경우 ④ 표시부가 켜지지 않거나, 희미하거나, 깜빡거리는 경우	1	육안검사
이동케이블	피트에서 이동케이블의 상태를 확인	① 이동케이블이 찢어진 경우 ② 내부 강심의 소선이 단선되어, 이동케이블 외부로 돌출되었거나, 전선에 간섭을 일으키는 경우 ③ 케이블의 내부 전선이 소손된 경우	6	육안검사
과부하 검출장치	과부하 검출장치를 손으로 작동시켜 그 상태를 확인	① 스프링에 이상 처짐, 균열 및 발청 등이 있는 경우 ② 리드선이 열화된 경우	1	육안검사
인터록스위치	카 상부에서 승강장 도어가 완전히 닫혔을 때 카 위에서 걸림쇠 물림량을 확인	마모로 인해 걸림쇠가 7mm 미만 또는 제조사에서 권장하는 치수 미만으로 물린 경우	1	수치항목
	카를 정지시킨 후 카 상부에서 걸림쇠가 걸린 상태에서 도어를 열림 방향으로 힘을 가한다.	마모로 인해 도어의 열림 방향으로 300N 미만 또는 제조사가 권장하는 힘 미만에서 잠금 기능을 상실한 경우	1	수지항복
	도어 개폐 징치 거비 및 도어 스위치 박스의 커버를 벗기고 부식, 마모 및 변형 유무 확인	① 부착 부분의 부식이 심한 경우 ② 접점의 마모, 변형이 심한 경우	1	육안검사

3 교체 여부 판정 결과에 따라 교체 대상 부품의 교체시기, 교체방법 등 부품 교체계획을 수립한다.

출제 02 기계, 전기 측정기

1 부하 측정장치와 과부하 방지장치

(1) 카 부하의 종류

① 무부하(no load) : 카 내에 부하가 0인 상태

② 전부하(full load) : 카 내에 정격용량의 100%가 탑재한 상태

③ 균형부하(balanced load) : 카 내에 균형추 오버밸런스율의 양만큼 탑재된 상태

④ 과부하(over load) : 카 내에 정격용량의 110% 이상의 부하가 탑재된 상태(카는 정지 상태)

(2) 부하 측정장치의 종류

① 기계식 – 리밋스위치(limit switch)

㉠ 비연속적인 특정한 단일 무게의 검출에 사용한다.

㉡ 대부분 카 하부에 장착되며, 각 검출 무게마다 각각의 스위치를 사용한다.

㉢ 비용이 낮고 가장 간단한 부하 측정기로 단점으로는 부정확하여 자주 조정이 필요하다.

② 전자식

㉠ 차동트랜스(differential transformer)

ⓐ Induction원리를 이용한 부하 측정기로 연속적인 무게 검출이 가능하다.

ⓑ 카 하부틀에 주로 대각선 방향으로 2개 이상 설치한다.

ⓒ 방진고무의 수축을 이용함으로 시간이 지남에 따라 부정확해진다.

ⓛ 로드셀(load cell)

ⓐ 압전기(piezoelectricity)효과를 이용한 부하 측정기(전자저울에 사용)로 연속적인 무게 검출이 가능하다.

ⓑ 카 하부틀, 카 상부틀, 메인 로프 등에 장착한다.

ⓒ 로드셀에 힘을 가하면 로드셀이 변형하며 동시에 스트레인게이지도 변형됨에 따라 저항값이 변하여, 로드셀의 전원단자에 전압을 가하면 출력단자에서 저항값의 변화에 비례하는 전압이 출력되어 무게로 계산된다.

ⓓ 고가이며 정확도가 높으나 히스테리시스가 큰 부재에 장착 시 부하변동의 응답속도가 느린 단점이 있다.

2 소음 · 진동 측정기

(1) 소음 및 진동의 원인

① 케이지 및 균형추의 가이드레일 활주 소음 및 진동

② 케이지 도어 개폐음

③ 권상기의 모터 자동 소음 및 진동

④ 권상기 감속장치의 웜 및 웜기어 작동 소음 및 진동

⑤ 권상기의 브레이크 작동 소음

⑥ 제어반의 단자 착탈 소음 및 충격

⑦ 기타(인원 승하차 시 발자국 소리, 대화음 등)

(2) 엘리베이터의 소음 측정

① 기계실 : 전동기 후방 1~1.5m, 바닥 1m 높이

② 최상층 승강장 : 승강장 도어 전방 1m, 바닥 1m 높이

③ 카 내부 : 바닥 1.5m 높이, 주변 30cm, 도어 전방에 설치

④ 세대 내부 : 승강로와 접해 있는 벽에서 1.5m

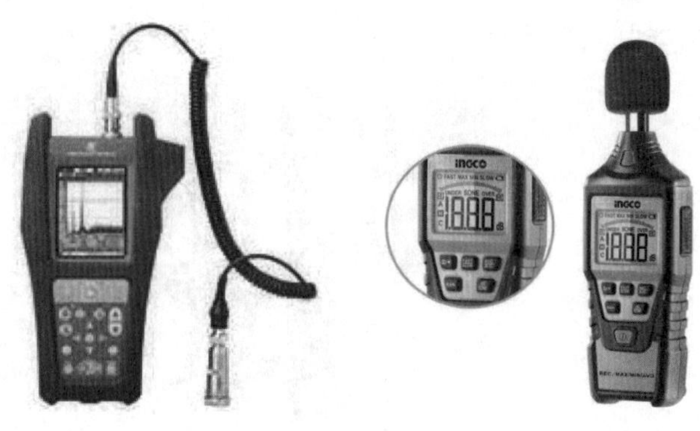

| 진동계 | | 소음계 |

(3) 엘리베이터의 진동 측정

카 바닥 중앙에 진동계를 놓은 후 최하층에서 최상층으로 카를 상승 또는 하강시키면서 측정한다.

(4) 소음의 기준

측정구분		기 준	비 고
소음	권상기	63dB(A) 이하	순간 브레이크 작동음 제외
	최상층 승강장	50dB(A) 이하	
	도어 작동 시 카 내	60dB(A) 이하	카 내 Fan 정지
	카 내	55dB(A) 이하	카 내 Fan 정지

(5) 소음계의 구조

① 소음계는 마이크로폰, 주파수 보정회로, 증폭부 및 가변 감쇠기 실효값 검파회로, 소음 레벨 교정으로 구성되어 있다.

② 음원의 소리를 파악하는 마이크로폰으로부터 보정회로 · 증폭회로를 출력한다.

3 전압계

① 전기회로상 두 점 사이의 전위 차이를 측정하는 기기이다.

② 전위차를 나타내는 방식에 따라 아날로그와 디지털로 나뉜다.

③ 디지털 전압계는 아날로그–디지털 변환회로를 통해 전압을 계기판에 숫자 형태로 표시된다.

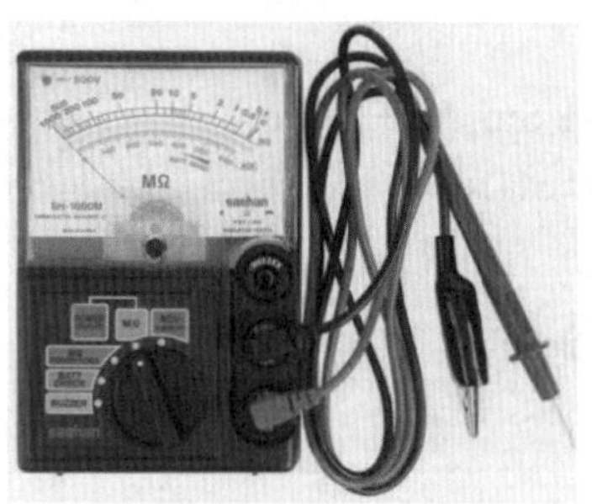

| 절연저항계 |

4 절연저항계(메거)

① 누설전류의 값을 저항으로 표시하는 측정기이다.
② 누설전류의 값이 작기 때문에 500V의 직류전압을 가하고 누설전류의 값이 1mA이면 500V/1mA＝0.5(MΩ, 메가 옴)이 절연저항계에 표시된다.
③ 작은 누설전류가 발생하는 경우 절연저항계에 저항이 메가 단위로 나오기 때문에 이 측정기를 통상 "메거"라고 한다.

5 클램프 미터(clamp meter)

① 선로를 절단하지 않고 간편하게 선로전류를 측정하는 기기이다.
② 휴대용 교류전류 측정계기로써 오차계급이 ±2.5%, 5%용이 있다.
③ 일명 후크 온 메타(hook on meter)라고 불린다.

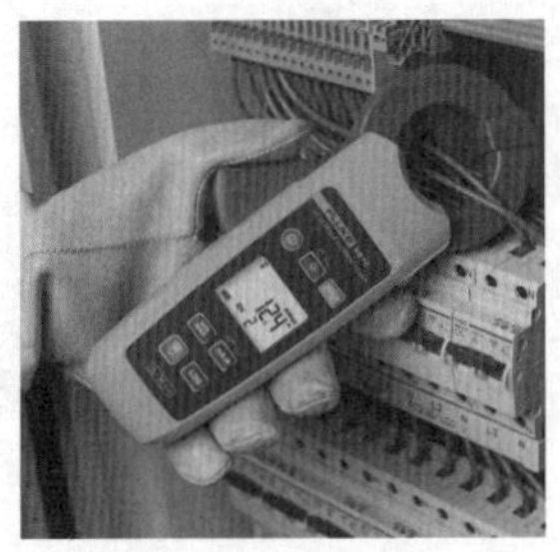

| 후크 온 메타 측정 |

6 순간식 회전속도계

① 회전체의 회전속도를 측정하여 일정 시간의 회전수를 표시한다.
② 일반적으로 사용 목적에 따라 광 회전속도계와 접촉식 회전속도계가 있다.
③ 광 회전속도계는 주기적으로 반복되는 광신호의 주파수를 측정하여 회전 수파수를 측정한다.
④ 접촉식 회전속도계는 물체의 회전축에 회전속노계의 섭촉난을 접촉시켜, 접촉단을 회전하게 하여 회전 주파수를 측정한다.

| 광 회전속도계 | | 접촉식 회전속도계 |

7 장력 측정기

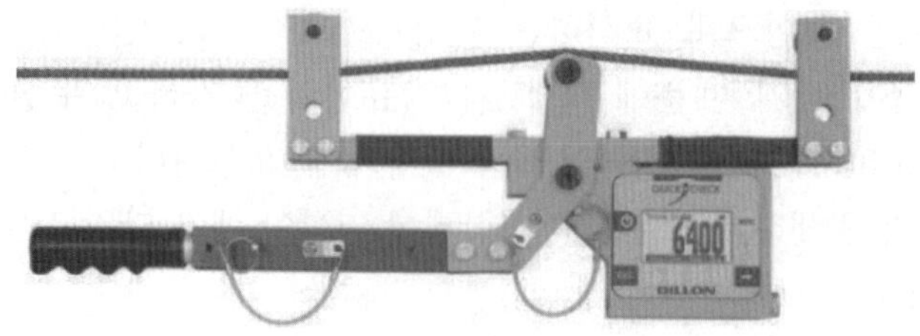

‖ 와이어로프 장력 측정 ‖

① 와이어로프의 장력 값을 확인할 수 있다.
② 와이어로프의 균등하고 안정감 있는 장력 조정을 위한 장비이다.

8 오실로스코프(Oscilloscope)

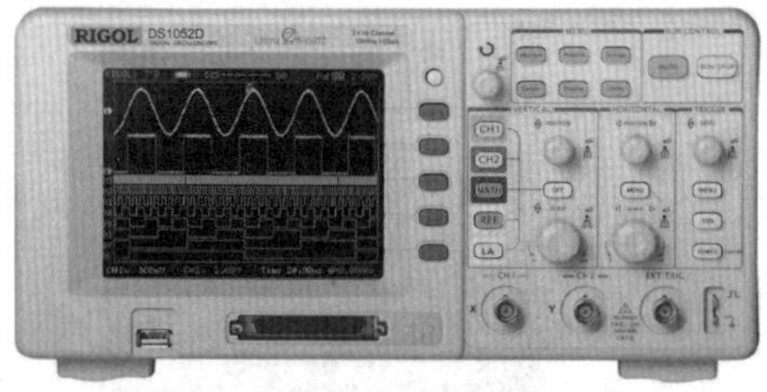

‖ 오실로스코프 ‖

① 전기신호의 변화를 실시간으로 보여준다.
② 배터리의 충전 상태나 회로의 전압 변화를 파도 모양의 그래프로 확인할 수 있다.
③ 그래프의 모양이 일반적인 형태가 아니라면 기기의 이상을 의심해볼 수 있다.

9 메모리 하이코더

① 기능은 오실로스코프와 유사하다.
② 오실로스코프는 고속으로 단시간 반복된 파형을 취득하나, 메모리 하이코더는 저속~고속 샘플링으로 비교적 긴 시간 형상을 취득하는 데 적합하다.

10 조도계

‖ 조도계 ‖

① 조명도를 측정하는 계기로 눈금은 럭스(lux)나 칸델라(cd)로 표시한다.
② 1lx＝1루멘(lm)의 광선속이 $1m^2$의 면에 균일하게 입사할 때의 조명도를 말한다.

11 표면 온도측정기

온도를 측정하기 위해서는 온도계와 발열 부위에 접촉하여 측정하는 온도센서가 필요한 접촉식 온도측정기와 적외선을 활용한 비접촉식 온도측정기가 있다.

12 열화상 카메라

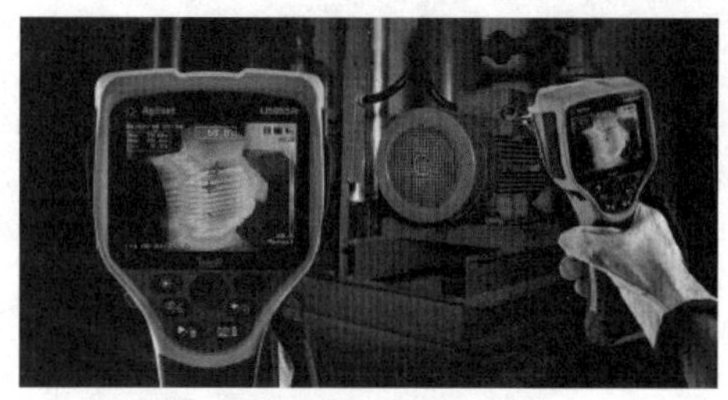

❚ 열화상 카메라 측정 ❚

① 열을 추적, 탐지하여 화면으로 한 눈에 보여주는 장치이다.
② 전기, 기계설비에서는 과열이나 과부하가 일어나면 사고로 이어질 수 있는데, 열화상 카메라는 전기회로나 배전반, 기계 부품에서 발생할 수 있는 미세한 온도 차이를 감지하여, 고장이 나기 전에 문제를 예방할 수 있다.

13 테이퍼 게이지

좁은 틈새 등을 측정하는 데 사용된다.

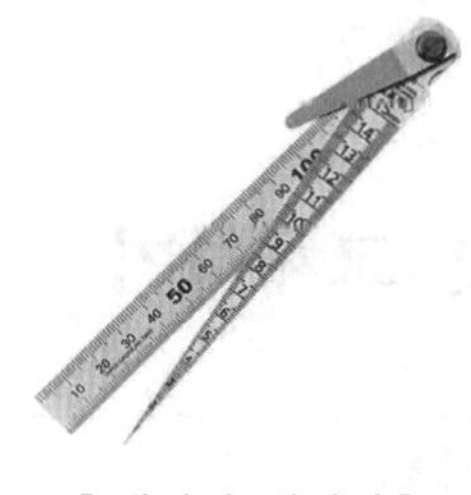

❚ 테이퍼 게이지 ❚

❚ 테이퍼 게이지 측정 ❚

14 금속 줄자

거리나 길이 측정에 사용된다.

15 버니어 캘리퍼스

자와 캘리퍼스를 조합한 것으로 측정물의 바깥지름, 안지름, 깊이, 단차 등을 측정할 수 있다.

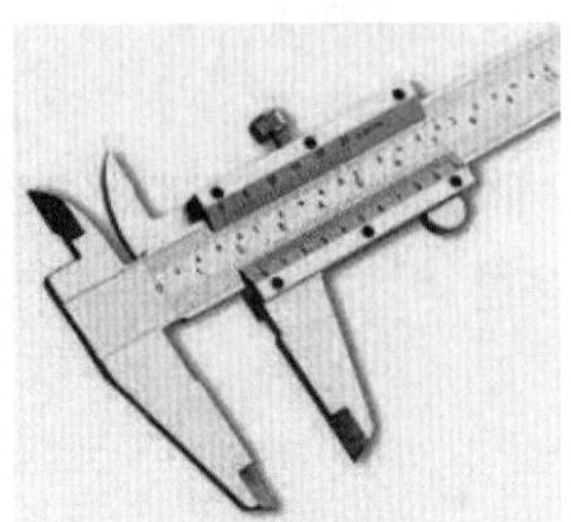

❘ 버니어 캘리퍼스 ❘

16 푸시 풀(push pull) 게이지

① 물체에 가해지는 인장력, 압축력 측정에 사용된다.
② 압력을 사용하여 맞물릴 수 있는 스위치, 버튼 또는 기타 부품을 작동하는 데 필요한 압력
측정 기기이다.

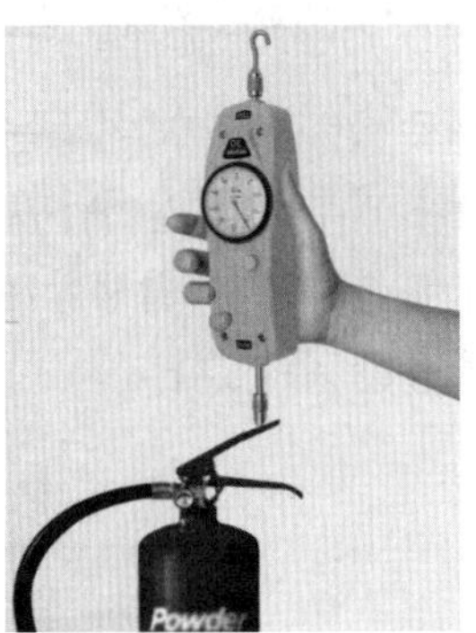

❘ Push Pull Gauge ❘

제2절 ❘ 승강장 부품 설치 및 교체하기

출제 01 각 부품별 설치위치에 승강장 부품 설치

1 승강장 기계 부품의 구성

(1) 승강장 실(landing sill)
① 각 층의 승강장 출입구 바닥에 설치되며, 카가 정상 운전하는 중 각 층의 바닥에 맞추어
정지했을 때 나란히 설치된 카 문(car door)과 함께 승강장 문이 열릴 수 있도록 승강장
문의 하부를 가이드해 주는 역할을 한다.

② 승강장 문은 행거롤러에 고정되어 매달린 상태로 개폐가 되기 때문에 문이 닫혀 있을 때나 개폐 동작 시 이탈이 되지 않아야 한다.

③ 특히 승강장 문은 외부에서 450J의 충격을 가했을 때도 문의 하부에 설치된 승강장 문 가이드 슈(landing door guide shoe)가 승강장 실(landing sill)에서 이탈되지 않고 견뎌야 한다.

④ 승강장 실은 건축 바닥의 마감 면보다 약 5~10mm 정도 높게 설치하여 승강장의 물청소 등으로 인한 이물질이 승강 내부로 흘러 들어오는 것을 예방할 수 있게 설치하는 것이 좋다.

⑤ 승강장 실은 정해진 위치에 수평으로 견고하게 설치하는 것이 중요하다.

▌승강장 실(landing sill)▐

(2) 승강장 출입구 프레임(jamb)

① 승강장 출입구의 문이 설치되는 주위로 설치되는 프레임으로 삼방틀이라 불리기도 하며 이것의 하부는 승강장 실(landing sill)에 고정된다.

② 출입구 톱 프레임에는 승강장 문을 매단 승강장 문 구동장치가 설치된다.

③ 출입구 프레임은 좁은 기둥 형태의 표준형과 출입구 벽면 폭을 감싸는 형태의 광폭형이 있으며 경우에 따라서는 건축의 대리석이 이것을 대신하는 경우도 있다.

④ 출입구 프레임은 정해진 위치에 수직으로 견고하게 설치하는 것이 중요하다.

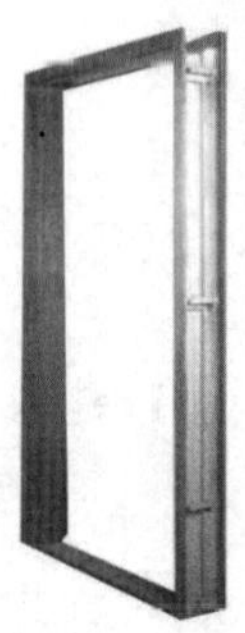

▌승강장 출입구 프레임(jamb)▐

(3) 승강장 문 구동장치(landing door operator)

① 승강장 문이 행거롤러에 매달려 트랙(track)을 따라 개폐될 수 있도록 하는 역할을 한다.

② 하부는 승강장 출입구 톱 프레임에 고정되고, 좌·우측은 건축 벽면에 고정 브래킷을 이용하여 고정하는 방식이 대부분이다.

③ 보통은 문이 2매 이상으로 구성되기 때문에 어느 한쪽의 승강장 문을 조작하여도 반대쪽 문이 같이 개폐될 수 있는 연동 방식이 대부분이다.

④ 승강장 문이 단독으로 열려 있을 경우 스스로 문이 닫힐 수 있도록 웨이트(weight)나 스프링 구조의 클로저(closer)를 가지고 있다.

▌승강장 문 구동장치 ▌

(4) 승강장 문(landing door)

① 각 층에 설치되는 엘리베이터의 출입문이다.

② 정상적으로 운행 중인 엘리베이터가 해당 층에 도착하여 정지했을 때, 카 문의 클러치 (clutch)가 승강장 문의 릴리즈 롤러(release roller)를 잡고 같이 열릴 수 있도록 설치한다.

③ 승강장 문은 외부에서 450J의 충격을 가했을 때도 문의 하부에 설치된 승강장 문 가이드 슈(landing door guide shoe)가 승강장 실(landing sill)에서 이탈되지 않고 견뎌야 한다.

④ 승강장 문의 가이드 슈는 문이 개폐되는 도중에 실(sill)의 홈과 마찰 저항이 최소가 되도록 문짝의 뒤틀림이 없어야 한다.

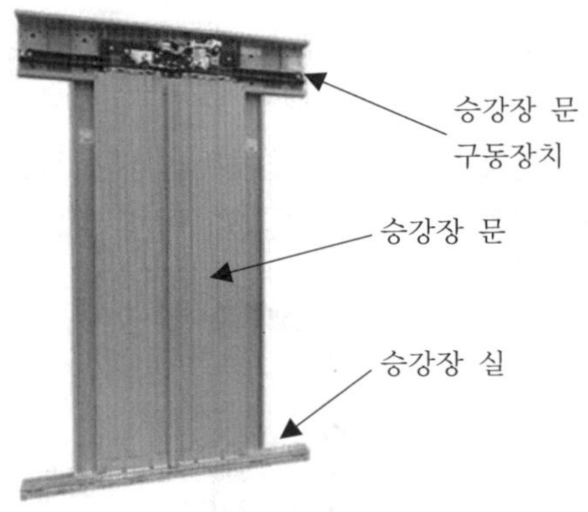

▌승강장 문 ▌

(5) 승강장 도어인터록(interlock) 장치

① 승강장 문의 안전을 위하여 설치하는 잠금장치이다.

② 승강장 방향에서는 특수한 열쇠로 정해진 사람만이 승강장 문을 열 수 있고 평상시에 일반 인은 열 수 없는 구조로 되어 있다.

③ 정상적으로 운행 중인 엘리베이터가 해당 층에 도착·정지하여 카 문의 클러치(clutch)가 승강장 문의 릴리즈 롤러(release roller)를 잡고 열기 시작하면 잠금장치가 개방되도록 설치한다.

④ 승강장 문의 열림 또는 닫힘 상태를 전기적인 신호로 제어반에 제공하는 역할을 한다.

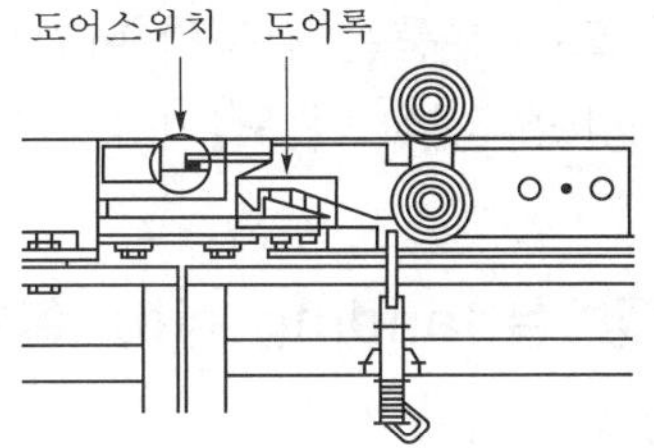

▌도어인터록의 구조▐

2 승강장 전기부품의 구성

(1) 카 위치표시기(car position indicator)

승강장에서 엘리베이터를 이용하는 승객들이 운행 중인 엘리베이터의 위치와 운행 방향을 알 수 있도록 설치하는 것이다.

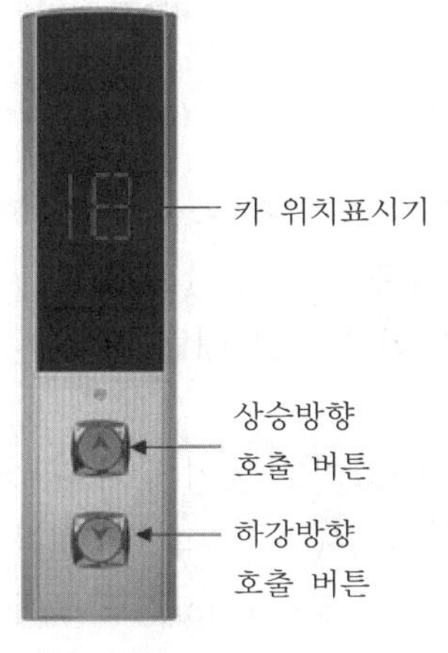

▌카 위치표시기▐

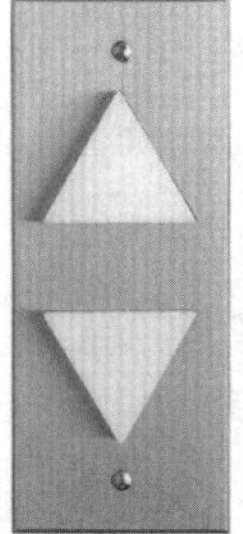

▌홀 랜턴▐

(2) 승강장 카 호출버튼(corridor call button)

승강장에서 엘리베이터를 이용하는 승객들이 운행 중인 엘리베이터를 부르는 데 사용하는 버튼이다.

(3) 홀 랜턴(hall lantern)

① 1~2대의 엘리베이터가 설치된 건물의 승강장에서 엘리베이터를 기다리는 승객들에게 엘리베이터의 도착을 알려주는 랜턴으로 주행 방향의 랜턴이 점등된다.

② 여러 대가 설치되어 군 관리가 적용된 경우에는 승강장의 호출 버튼이 등록되는 순간 그 호출에 응답 예정인 엘리베이터의 홀 랜턴이 미리 점등되어 승객이 그 엘리베이터의 앞으로 이동하여 기다릴 수 있도록 하는 예보 기능을 갖는 것이 대부분이다.

3 승강장 부품의 설치 시 주의사항

승강장의 모든 부품은 건축의 마감면에 일치하게 설치하는 것이 원칙이다. 단, 승강장 실(landing sill)의 경우 이물질의 유입을 방지하기 위하여 약간 높게 설치하는 것이 일반적이다.

4 승강장 실(landing sill) 설치

(1) 설치 준비

① 임시 카를 최하층으로 이동한다.

② 출입구 형판에서 내려온 피아노선이 승강로 중간에서 간섭은 없는지 또는 간섭의 우려가 없는지 확인한다.

③ 건축 담당자에게 각 층의 바닥 마감 기준선이 어디에 표시되어 있고, 이 기준선에서 얼마(mm) 내려가 마감이 되는지 확인을 받는다.

④ 건축 담당자에게 승강장 전면 벽의 마감 두께도 확인을 받는다. 일반적으로 1층이나 특별한 층은 대리석 등으로 마감이 되는 경우가 많은데, 이 벽면을 포함하여 모든 층의 벽면 마감 두께를 확인해야 한다.

(2) 실 받침 앵글(sill support angle) 설치

① 물 수평을 이용하여 건축 담당자로부터 확인했던 마감 기준선에서 승강장 전면 벽으로 기준선을 마킹하고, 먹통을 이용하여 수평으로 먹선을 친다.

② 이 수평 먹선에서 건축 담당자로부터 확인한 마감 내림 치수를 표시하고 그 위치에 다시 수평 먹선을 친다.

③ 승강장 실의 높이와 실 받침 앵글의 크기, 그리고 여기에 가공된 앵커 볼트 구멍의 위치를 고려하여 실 받침 앵글의 앵커 볼트 위치에 수평으로 먹선을 친다. 이때 최종적으로 설치될 승강장 실의 높이가 건축의 바닥 마감면보다 5~10mm 정도 높게 설치되도록 앵커 볼트의 위치를 설정한다.

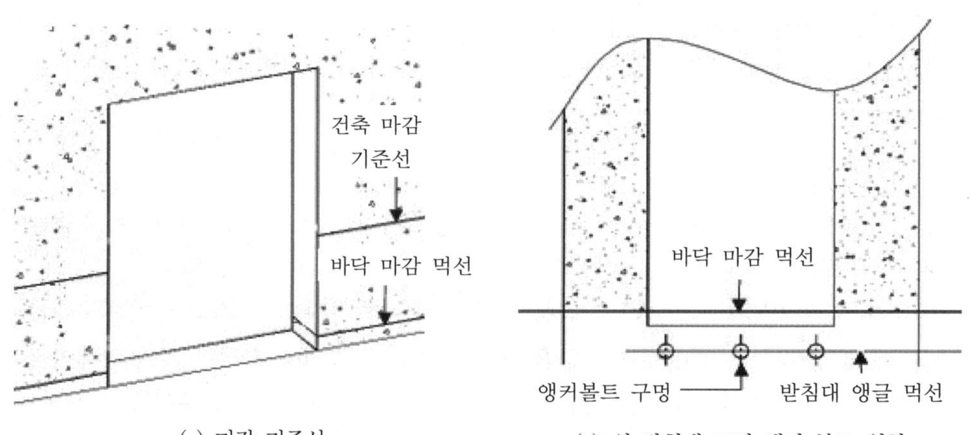

(a) 마감 기준선 (b) 실 받침대 고정 앵커 볼트 위치

❙ 마감선 기준선 표시와 실 받침 앵글(sill support angle) 고정용 앵커 볼트 위치 설정 ❙

④ 실 받침 앵글에 가공된 $\phi 14 \times 30$ 긴 구멍의 수직 중심을 승강로 벽면의 먹선과 일치시킨 후 각각의 긴 구멍 중심 위치를 마킹한다.

⑤ 마킹된 위치에 해머 드릴을 사용하여 구멍 뚫기를 한 후 앵커 볼트를 삽입한다.

⑥ 실 받침 앵글을 앵커 볼트에 끼워 넣은 후 앵커 볼트의 너트를 조여 고정한다. 이때 수평계를 사용하여 전후, 좌우 수평상태를 확인한다.

⑦ 수평 작업이 완료된 실 받침 앵글을 고정한 후 앵커 볼트의 평 와셔와 실 받침 앵글에 3개소 이상 점 용접을 하여 수직으로 흘러내리지 않도록 한다.

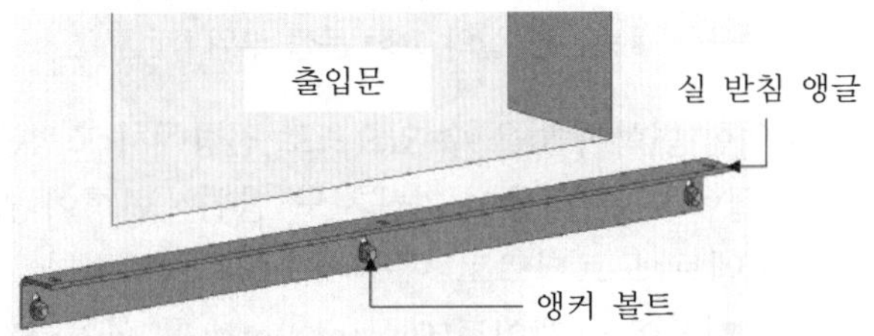

❚ 승강장 실의 받침 앵글(sill support angle) 설치 ❚

(3) 승강장 실(landing sill) 설치

① 승강장 실의 표면 보호를 위해 실 표면에 보호 테이프를 부착하고 출입구 유효폭과 유효폭의 중심선을 표시한다.

② 승강장 실을 실 받침 앵글 위에 놓은 후 건축 바닥 마감 높이보다 5~10mm 높게 되도록 라이너를 이용하여 맞춘다.

③ 실에 표시된 출입구 유효폭을 피아노선 좌·우에 맞추고 실 앞면과 출입구 피아노선의 간격이 25 ± 1mm[제조사 설치도면 참조]가 되도록 조정한다.

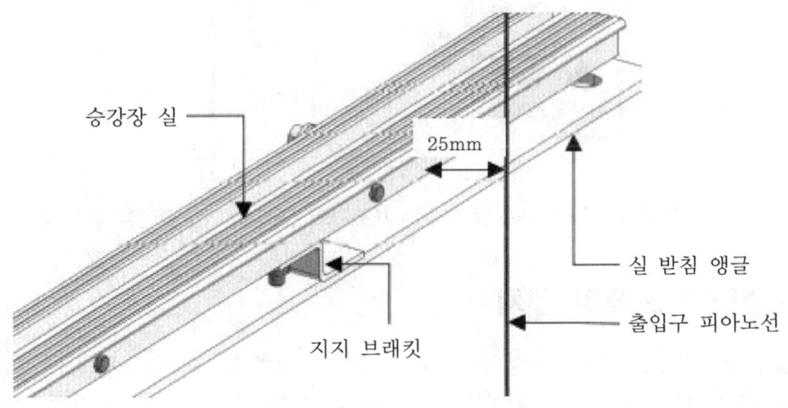

❚ 피아노선과 승강장 실의 거리 예 ❚

④ 승강장 실 하부의 지지 브래킷 밑에 심 라이너(shim liner)를 삽입하면서 승강장 실의 좌우, 전후 수평 상태를 수평계를 사용하여 조정한 다음, 실 하부의 지지 브래킷과 받침대 앵글의 접촉면을 용접하여 고정한다.

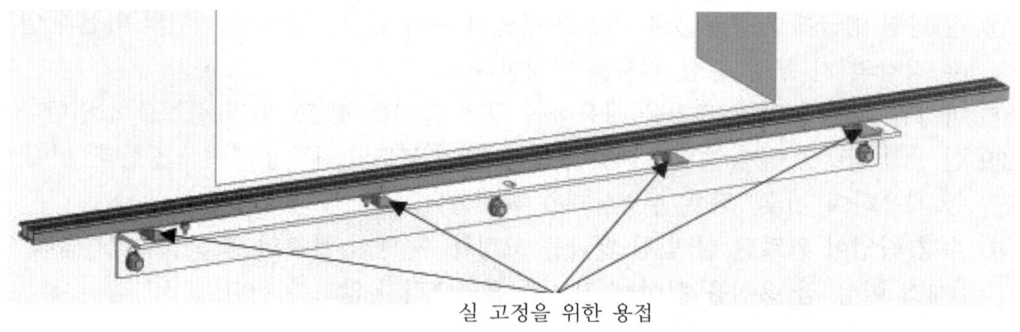

▌승강장 실의 고정 용접 부위 ▌

⑤ 용접 후에는 용접 열에 의한 변형이 있을 수 있으므로 전항에서 조정한 치수를 최종 확인한다.

⑥ 설치 과정에서 승강장 실에 다른 하중이 가해져도 변위·변형이 발생하지 않도록 승강장 실의 하부의 공간을 시멘트 모르타르로 메꾸어 마감 처리한다.

⑦ 층간 높이가 높지 않아 페시어 플레이트(fascia plate)를 설치하지 않아도 되는 경우 토 가드(toe guard)를 설치한다.

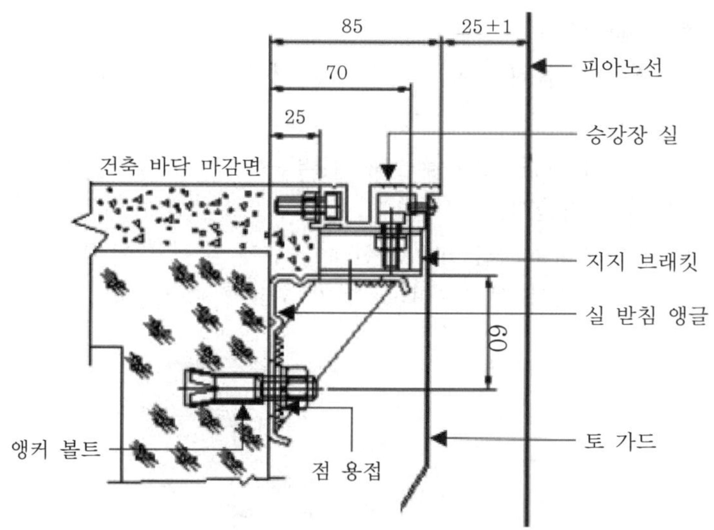

▌승강장 실의 설치 모습의 예(치수는 제조사의 규격에 따라 달라질 수 있음) ▌

▌5▌ 승강장 출입구 프레임 설치

승강장 출입구 프레임은 의장 사양에 따라 표준형, 광폭형 등으로 다양하게 설계 및 제작되어 승강장 출입구에 설치되므로 의장 사양을 확인한 후 설치해야 한다.

(1) 설치 준비

① 각 층에 설치할 사이드 프레임 2개(좌우 구분)와 톱 프레임 1개씩을 준비한다.

② 사이드 프레임의 수직을 조정하여 고정할 수 있도록 조정용 쐐기를 준비한다.

③ 승강장 출입구 프레임은 의장품으로 도장이 되어 출하되므로 설치 공정에서 훼손되지 않도록 주의하여 취급해야 한다.

(2) 표준형 프레임 조립 및 설치

① 승강장 출입구 사이드 프레임의 보강대(용접) 위치에 해머 드릴로 구멍을 뚫고 용접용 핀 앵커 볼트(M8)를 설치한다.

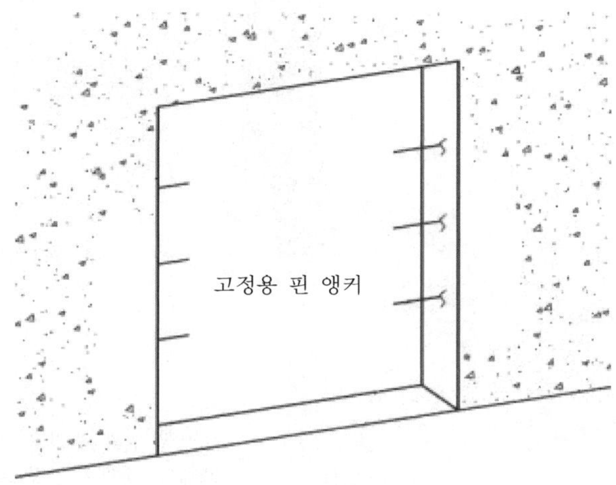

┃ 프레임 고정용 핀 앵커 설치 ┃

② M8×25 볼트를 사용하여 좌우 사이드 프레임 2개와 1개의 톱 프레임을 조립한다. 이때 좌우 사이드 프레임의 간격은 유효 출입구 폭이 되도록 조정하고, 각 프레임의 전면부 표면이 일치되도록 조정한 다음 볼트를 조여 조립한다.

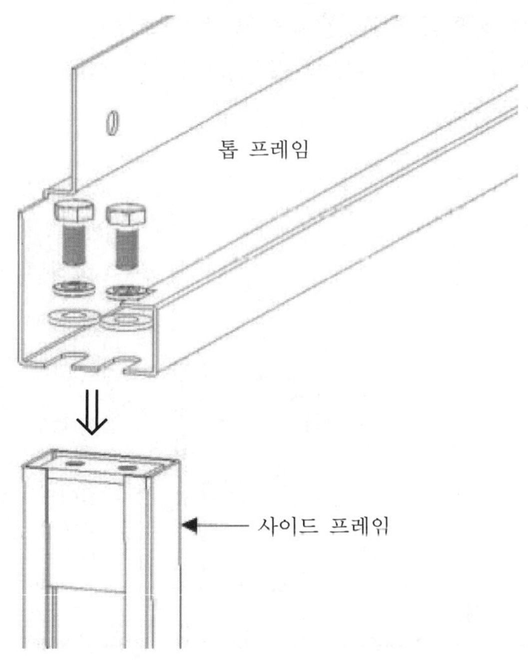

┃ 사이드 프레임과 톱 프레임 조립 ┃

③ 조립된 출입구 프레임을 설치할 승강장의 개구부로 옮긴다.

④ 승강장 실(landing sill)에 부착되어 있는 브래킷에 승강장 출입구 프레임(jamb)의 사이드
  프레임 하부에 가공되어 있는 $\phi 9$ 구멍을 맞추고 M8 볼트를 사용하여 조립한다. 이때 사이드
  프레임 안쪽 면과 승강장 실(landing sill)에 표시된 출입구 유효폭을 일치시킨 후 고정한다.

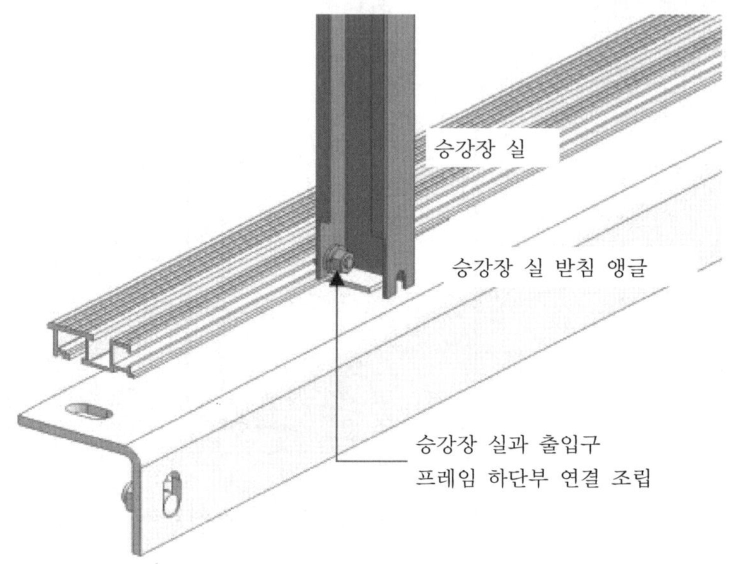

‖ 승강장 실과 출입구 프레임 연결 조립 ‖

⑤ 출입구 프레임 상부에 쐐기 등을 사용하여 수직 상태로 임시 고정한 다음 톱 프레임에서
  추를 내려 출입구 사이드 프레임의 좌·우의 수직 상태를 맞추어 조정한다.
⑥ 피아노선으로는 전·후의 수직 상태를 맞추어 조정한다.
⑦ 전·후, 좌·우의 수직 상태가 모두 맞으면 사이드 프레임 상부·하부의 유효폭이 같게
  조정되었는지 확인한다.

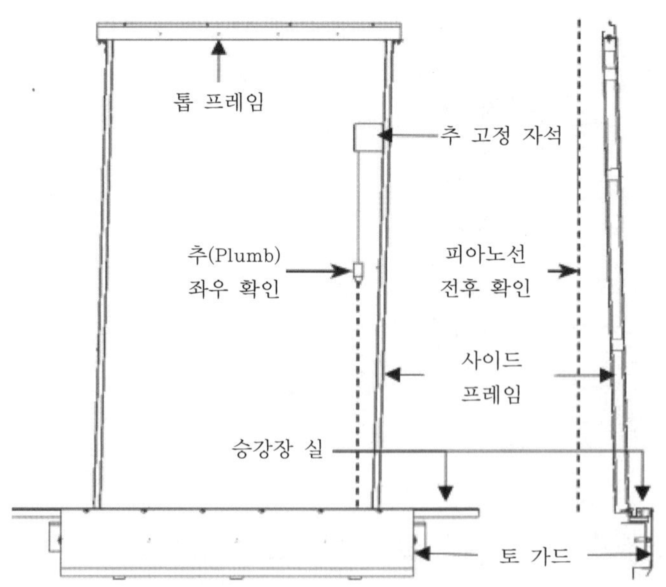

‖ 출입구 프레임의 전·후, 좌·우 수직 조정 ‖

⑧ "⑦"의 조정 상태가 모두 정확히 맞으면 좌·우 사이드 프레임 맨 윗단의 용접 보강대와 승강장 출입구 벽면에 설치한 M8 핀 앵커 볼트에 보조 연결재(철근 토막 등)를 대고 용접하여 고정한다.

⑨ 용접 후 다시 한번 수직 상태를 확인하고 이상이 없으면 다음 아랫단 순으로 나머지 부분을 모두 용접하여 고정한다. 만약 수직 상태 확인 결과 변형이 있을 경우 용접된 부위를 철거하고 다시 조정 작업을 해야 한다.

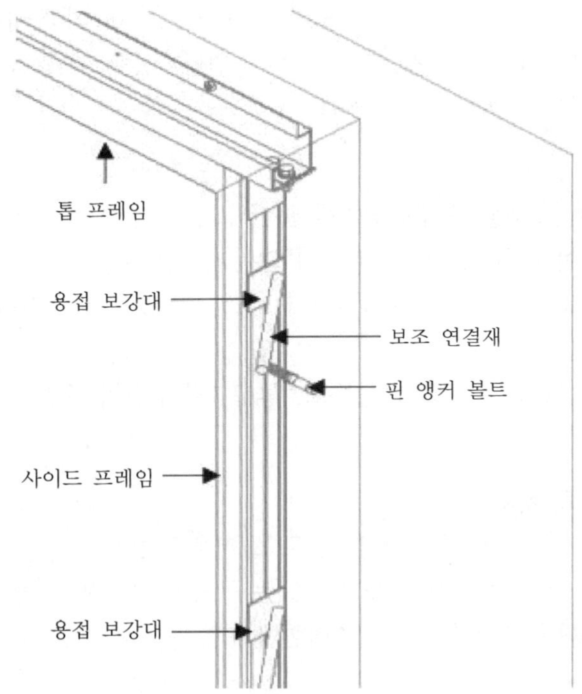

‖ 사이드 프레임의 보강대와 핀 앵커 용접 고정 ‖

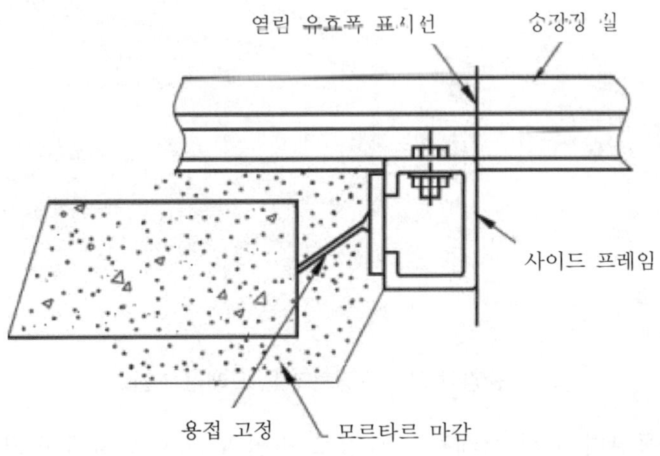

‖ 출입구 프레임 설치 후 건축 마감 ‖

6 승강장 문 구동장치(landing door operator) 설치

① 승강장 문 구동장치는 각 층별 세트로 조립된 상태로 출하되는 것이 일반적이며, 승강장 출입구 프레임(jamb)의 톱 프레임과 승강로 안의 출입구 상부 벽에 고정 브래킷을 설치하여 고정한다.

② 카 문 구동장치(car door operator)의 전동기(motor) 동력에 의하여 연동된 상태로 구동되어 승강장 문(door)을 개폐토록 하는 장치이다.

③ 엘리베이터의 기계장치 중 동작 빈도가 가장 높은 것 중의 하나로 설치 상태에 따라 운전 중의 고장 발생이나 소음 발생, 그리고 문의 원활한 동작 여부에 절대적인 영향을 미치므로 정확히 설치하도록 한다.

(1) 설치 준비

① 각 층에 설치할 승강장 문 구동장치를 준비하고, 여러 부품이 조립된 상태로 설치가 진행되는 것이므로 이탈이나 분실된 부품이 없는지 확인한다.

② 여러 부품의 조립 상태가 흐트러지거나 이탈되지 않도록 가지런히 임시로 묶어서 고정한 상태를 유지한다.

③ 설치 위치에 승강장 문 구동장치를 올려놓고 1명이 잡아 주면 나머지 1명이 볼트로 조립해야 한다.

(2) 승강장 문 구동장치 설치

① 승강장 문 구동장치를 톱 프레임 위로 들어올린다.

② 승강장 출입구 톱 프레임에 가공되어 있는 구멍에 승강장 문 구동장치의 아랫부분의 조립 구멍을 맞춘 다음 볼트로 연결 조립한다.

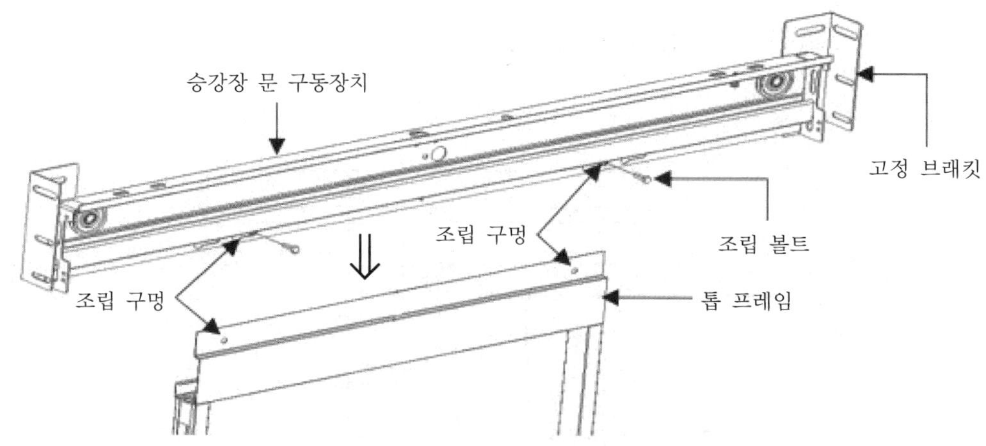

‖ 승강장 문 구동장치와 톱 프레임 조립 ‖

③ 승강장 문 구동장치 고정 브래킷을 승강로 벽면의 고정 위치에 대고 앵커 볼트 위치를 마킹한다.

④ 해머 드릴을 사용하여 천공한 다음 앵커 볼트를 삽입하고 고정 브래킷을 승강로 벽면에 고정한다. (건축이 철골 구조인 경우는 용접으로 고정)

⑤ 승강장 문 구동장치를 조립 볼트를 사용하여 고정 브래킷에 임시 고정한다.

⑥ 승강장 문 구동장치가 수직 수평이 되도록 조정한다.

⑦ 출입구 피아노선과 승강장 문 구동장치의 앞단까지 수평거리가 32.3±0.5mm[제조사에 따라 치수가 다를 수 있으므로 제조사 자료 참조]되도록 조정한다.

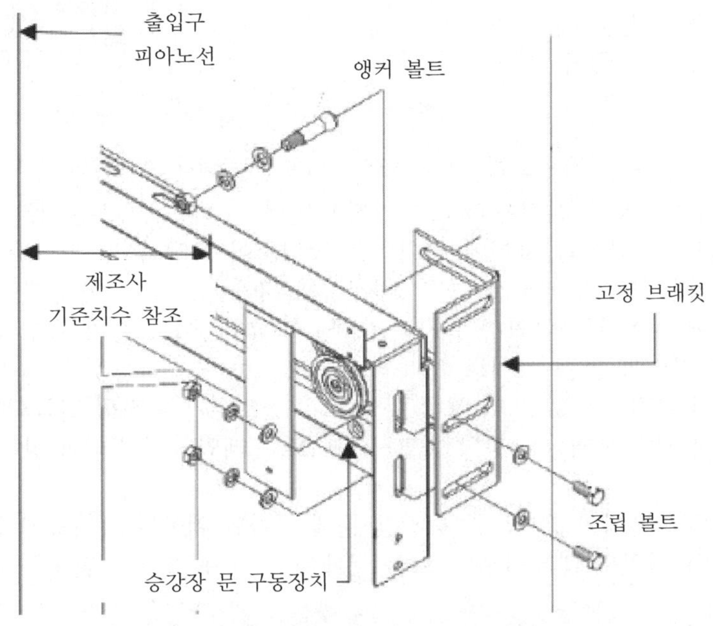

▌승강장 문 구동장치 고정 ▌

7 승강장 문(landing door) 설치

(1) 실치 준비

① 각 층에 설치힐 승강장 문을 준비힌다.

② 승강장 문은 엘리베이터의 중요한 의장품 가운데 하나이므로 설치 도중 긁히거나 훼손되지 않도록 각별히 주의한다.

③ 승강장 문의 궤도 이탈 방지와 승강장 실(landing sill)의 홈을 따라 개폐 동작을 할 수 있도록 가이드 역할을 하는 가이드 슈(door guide shoe)가 조립되어 출하되지 않은 경우에는 승강장 문 하부의 조립 구멍에 맞추어 볼트로 가이드 슈를 조립한다.

(2) 승강장 문 설치

① 승강장 문의 의장면이 출입구를 향하도록 세운다.

② 승강장 문의 450J 이탈 방지 가이드 슈를 승강장 실(landing sill) 홈(slot)에 맞춘 후, 문을 승강로 안쪽 방향으로 기울여 가이드 슈를 승강장 실 홈에 삽입한다.

③ 가이드 슈가 승강장 실에 삽입되면 승강장 문을 바로 세운다.

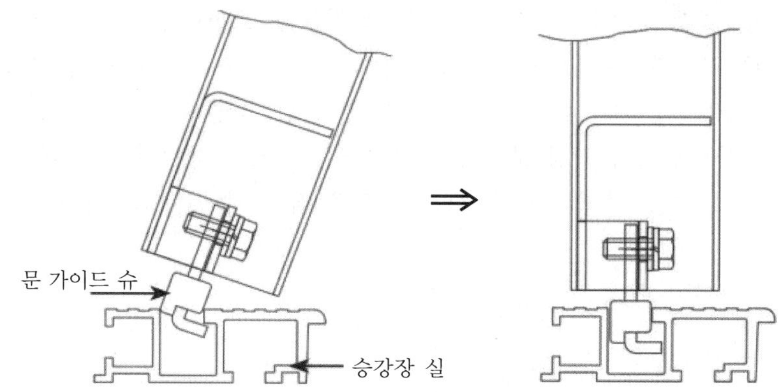

┃ 승강장 문 가이드 슈의 승강장 실(landing sill) 삽입 ┃

④ 승강장 문과 승강장 실 사이는 5mm의 간격이 발생하도록 승강장 문 상부면과 행거 플레이트 (hanger plate) 하부면 사이에 라이너를 삽입하여 조정하고, 볼트로 임시 고정한다.

⑤ 승강장 출입구 프레임과의 간격을 상하부 균일하게 6mm로 조정한다. 이때 필요하면 문 가이드 슈에 라이너를 삽입하여 간격을 조정하고, 가이드 슈가 승강장 실의 홈(slot)을 따라 마찰 저항이 없는 상태로 개폐되도록 조정한다.

⑥ 승강장 문이 완전히 닫혔을 때 양쪽 문의 고무 스토퍼가 완전히 밀착되어야 하며, 승강장 문이 완전히 열렸을 때는 승강장 출입구 사이드 프레임의 수직면과 상하부 모두 일치하도록 조정한다.

⑦ 승강장 문 구동장치의 웨이트를 승강장 문에 설치된 웨이트 가이드에 삽입한 후, 승강장 문이 완전히 열린 상태에서 웨이트의 무게에 의하여 스스로 닫히는지 확인한다.

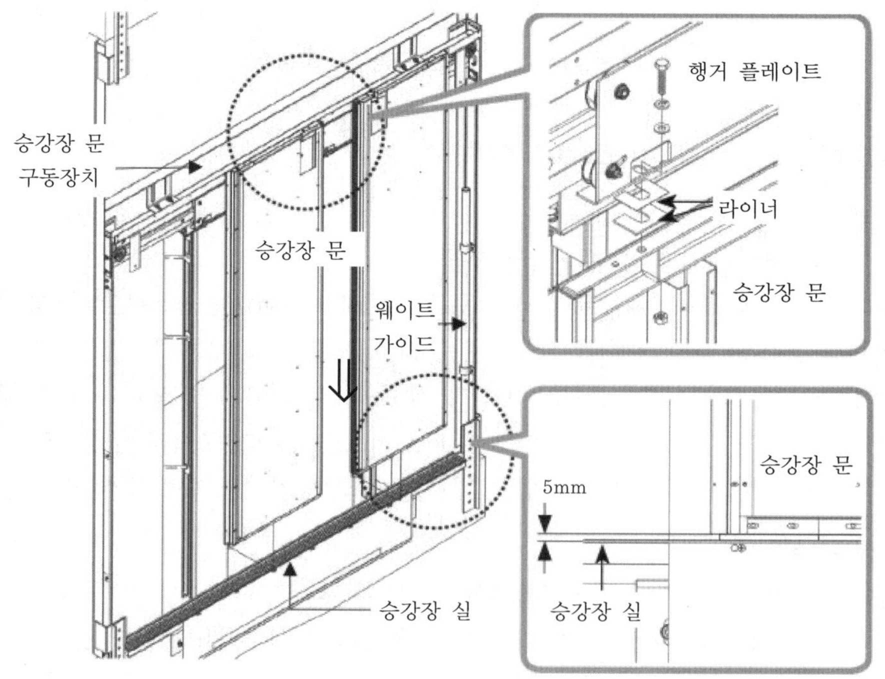

┃ 승강장 문 설치 ┃

⑧ 행거 롤러 연동 매다는 장치의 장력은 출입문이 완전히 열린 상태에서 가운데를 1kgf의 힘으로 눌렀을 때 7~10mm 정도 눌리도록 조정 볼트로 조정한다.

⑨ 트랙의 하부 면과 편심(excentric) 롤러의 간격이 0.5mm가 되도록 조정한다.

(3) 토 가드(toe guard) 설치

① 납작머리 볼트(M5×12)를 이용하여 승강장 실 전면 나사 홀에 토 가드(toe guard)를 고정한다.

② 토 가드 하단 좌우 양 옆의 고정 브래킷을 볼트로 체결하고, 앵커 볼트(M10) 또는 칼 블럭을 이용하여 고정한다.

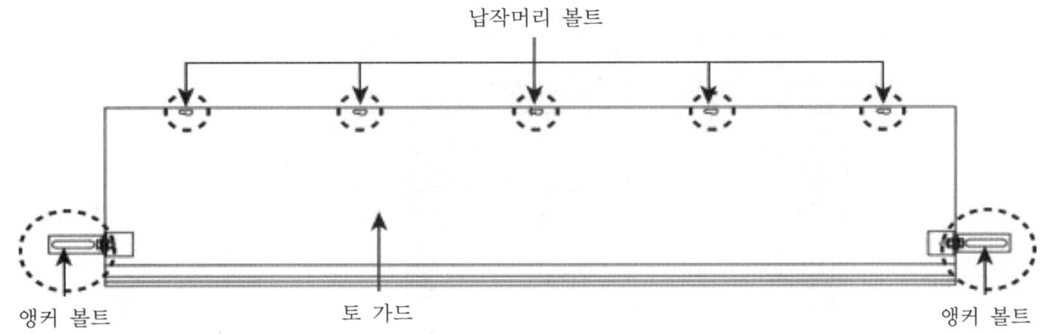

‖ 토 가드(toe guard) 설치 ‖

(4) 삼각 키 설치

키 실린더(key cylinder)와 와셔, 너트를 다음 그림과 같은 순서로 조립한다.

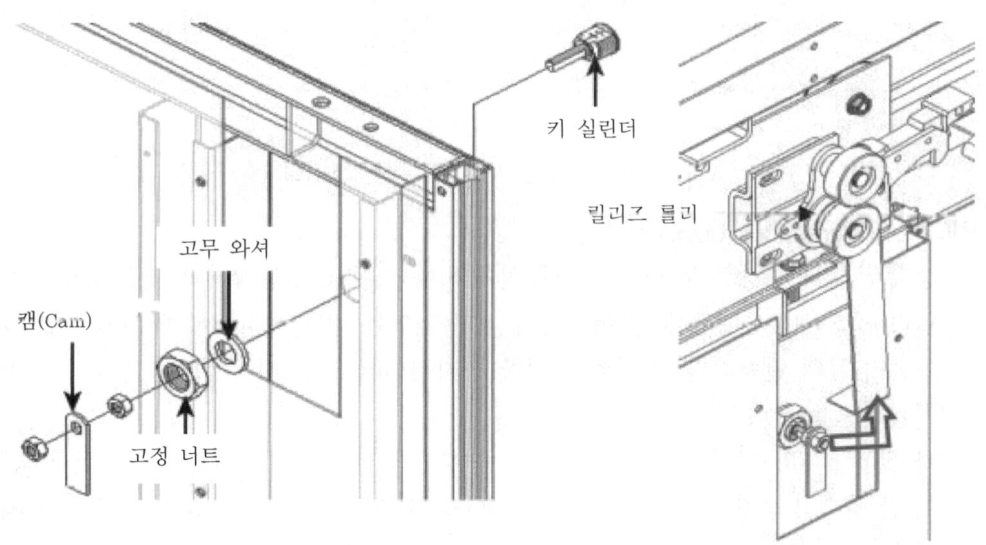

‖ 승강장 문 삼각 키 설치 ‖

(5) 승강장 출입구 프레임의 측면 커버 설치

① 승강장 벽면 마감을 위한 건축공사 시, 승강장 출입구 프레임과 건축 구조물 사이의 공간에 이물질이 유입되는 것을 예방하고, 특히 건축의 마감재가 승강장 문의 개폐 공간을 침해하여 승강로 안쪽으로 돌출되는 경우 승강장 문의 원활한 개폐 동작이 불가능하고 또한 승강장 문의 긁힘 등이 발생하게 되므로 커버를 설치하여 이를 예방해야 한다.

② 승강로 안쪽에서 승강장 출입구 프레임 측면에 타정기, 칼 블럭 등을 이용하여 커버를 설치한다.

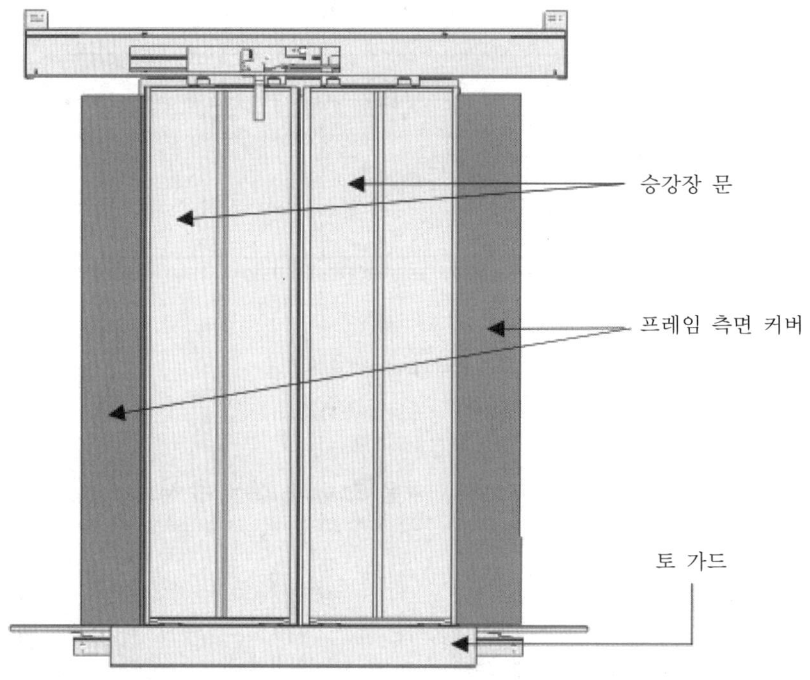

▌승강장 출입구 프레임 측면 커버 설치▐

(6) 인터록 장치(interlock device) 설치

① 승강장 문과 승강장 문 구동장치에 설치되며 카 문의 구동장치와 연동하여 승강장 문을 열리도록 하며 승강장 문을 특수한 열쇠가 없이는 열지 못하도록 하는 중요한 장치이다. 아울러 문의 열림과 닫힘 상태에 대한 전기적인 신호를 제어반으로 보내어 카의 운전을 제어하도록 한다.

② 카 실(car sill) 앞면에서 롤러까지의 간격이 7.5 ± 1.5mm가 되는지 확인한다. 만약 간격이 안 맞으면 승강장 실과 승강장 출입구 프레임의 설치 상태, 그리고 승강장 문의 설치가 제대로 되었는지를 확인하고 필요하면 재조정한다.

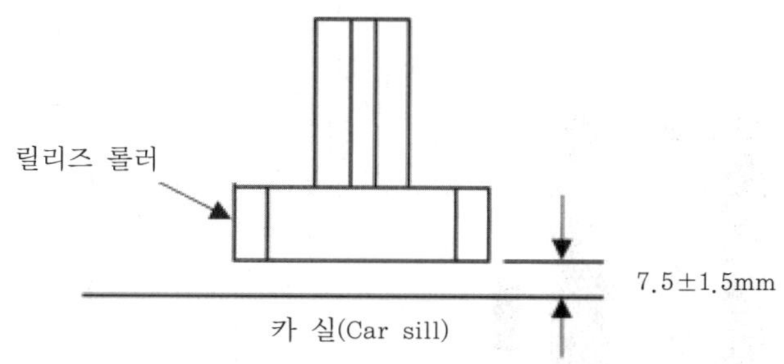

∥ 카 실(car sill)과 릴리즈 롤러의 간격 ∥

③ 승강장 문이 완전히 닫혔을 때 인터록 장치의 잠금쇠가 걸리는지 확인한다. 잠금쇠가 걸리면 외부에서는 특수한 열쇠 없이는 열 수 없어야 한다.

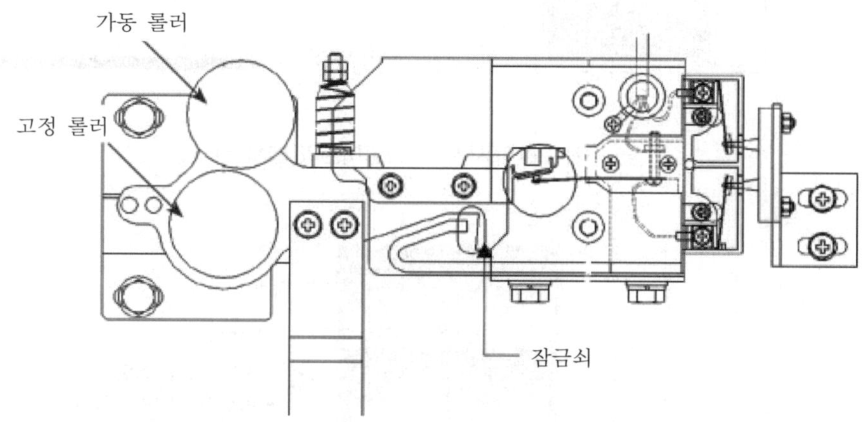

∥ 인터록 장치의 잠금 상태 ∥

(7) 전기부품 설치

① 승강장에 설치되는 전기부품으로는 호출버튼, 카 위치표시기 및 홀 랜턴 등이 있다.

② 전기부품은 설치도면에 표시된 위치에 수직과 수평을 맞추어 설치하는 것이 중요하며, 특히 승강장 전면에 설치되는 의장품의 일부이므로 벽면의 마감 두께를 사전에 확인하고 이 마감면에 맞추는 것이 매우 중요하다.

③ 마감될 면에 맞추어 호출버튼이나 카 위치표시기, 그리고 홀 랜턴의 박스만 설치하는 것이 일반적이고, 건축공사 부분에서 벽면 마감공사가 마무리되면 그 이후에 내용물과 함께 커버(face plate)를 씌워 설치한다.

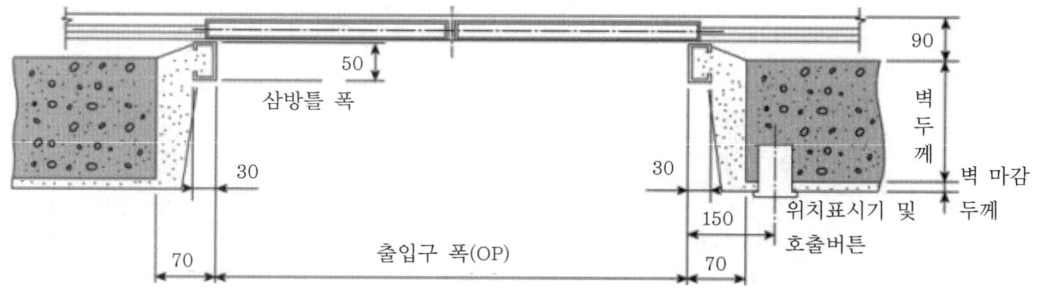

∥ 카 위치표시기 및 호출버튼의 설치 위치 1 ∥

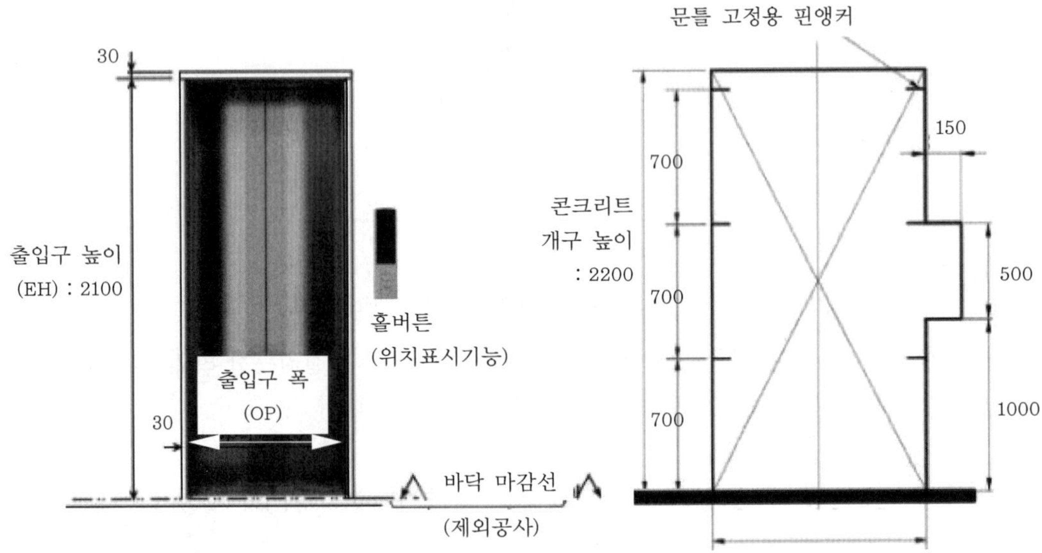

┃카 위치표시기 및 호출버튼의 설치 위치 2┃

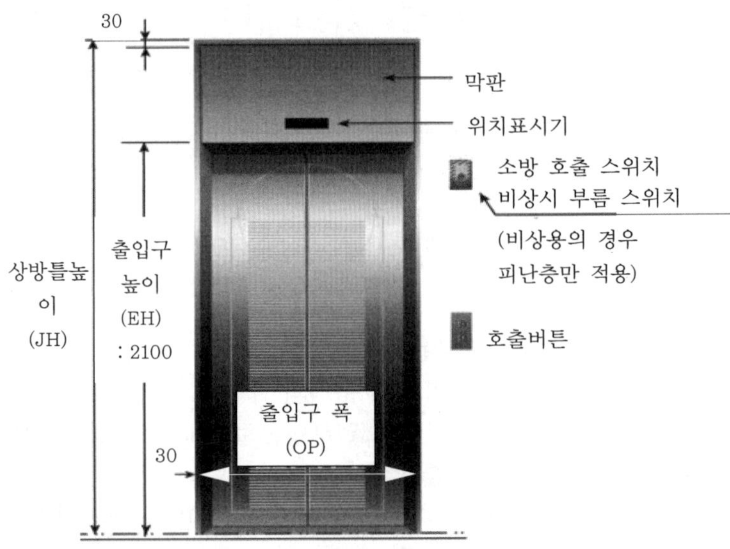

┃1층의 카 위치표시기, 호출버튼 및 소방 스위치의 설치 위치┃

출제 02 승강장 출입문 조정

1 카 설치 조립 상태 확인

(1) 카 하부 가이드 슈

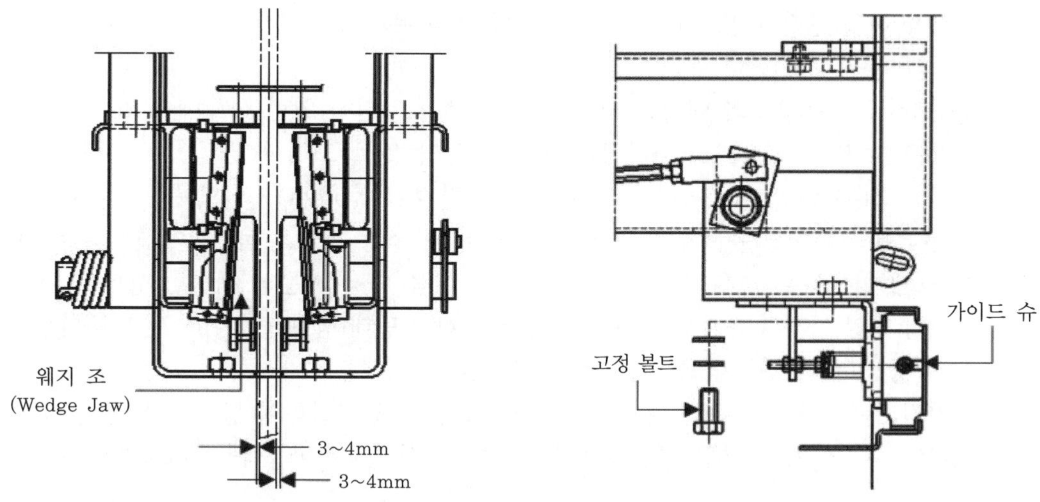

┃하부 슬라이딩 가이드 슈 조립 설치┃

① 카 추락방지안전장치의 웨지 조(wedge jaw)와 가이드 주행안내 레일면 좌·우측 간격이 3~4mm로 일정해야 한다.
② 만약 이 치수가 변화하였다면 하부 카 가이드 슈를 조정하여 카 추락방지안전장치와 카 가이드 슈의 간격을 재조정한다.

(2) 카 실(car sill)

① 카 실과 승강장 실의 좌·우 간격과 중심이 일치하는지 확인한다.
② 실(sill)의 중심이 안 맞으면 하부 가이드 슈를 조정하여 중심을 일치시킨다.
③ 실(sill) 사이의 좌·우 간격이 안 맞으면 카 하부의 카 추락방지안전장치 블록과 서포트 프레임의 고정 볼트를 풀고 다시 조정해야 한다. 이때 카 케이지 상부(천장)를 고정한 스토퍼도 푼 상태에서 조정해야 하고, 조정이 완료되면 카 케이지의 수직도도 다시 조정해야 한다.

(3) 크로스 헤드(cross head)

① 카 가이드 주행안내 레일을 기준으로 크로스 헤드 좌·우의 조립 상태(간격)를 확인한다.
② 크로스 헤드는 카 가이드 주행안내 레일을 기준으로 전·후, 좌·우 모두 중심에 위치해야 하며, 만일 조정이 필요하면 상부 카 가이드 슈의 위치를 조정하여야 한다.

(4) 카 케이지 수직도

① 카 출입구 주 상판에서 추(plumb)를 내려 출입구주의 전·후, 좌·우 수직도를 측정 확인한다.
② 만약 수직도가 변화하여 재조정이 필요하면 카 지붕 천장을 고정한 스토퍼를 푼다.
③ 카 하부의 카 서포트 프레임 위에 설치된 방진 패드의 고정 볼트를 풀고 라이너를 가감하여 케이지의 수직도를 재조정한다.

2 승강장 문과 카 문의 조정

(1) 승강장 문

① 승강장 문 구동장치에 매달린 추(weight)를 분해하여 승강장 문에 설치된 추 가이드 (weight guide)에 삽입한 후 재조립한다. (스프링 클로저는 스프링을 설치)

② 승강장 문을 완전히 연 상태에서 놓았을 때 추의 무게(스프링 클로저)에 의하여 문이 스스로 닫히는지 확인한다.

③ 승강장 문 구동장치의 매다는 장치 장력은 문이 완전히 열린 상태에서 가운데를 1kgf의 힘으로 눌렀을 때 7~15mm가 눌리도록 조정 볼트로 조정한다.

④ 트랙의 하부 면과 편심(excentric) 롤러의 간격이 0.5mm가 되도록 조정한다.

⑤ 승강장 문의 가이드 슈는 승강장 실의 홈과 마찰이 적은 상태로 움직여야 한다. 만약 마찰력이 크게 발생하는 경우 가이드 슈를 분해한 다음 승강장 문의 뒤틀림 상태를 확인한다.

⑥ 뒤틀림이 있는 경우 승강장 문의 아랫 부분을 잡고 반대 방향으로 여러 번 비틀기를 반복하여 승강장 문의 뒤틀림 상태를 바로 잡는다.

⑦ 승강장 문의 가이드 슈를 다시 조립하고, 그럼에도 마찰력이 남아 있으면 승강장 문과 가이드 슈 사이에 라이너를 삽입하여 문을 여닫는 상태에서 마찰력을 최소화하도록 조정한다.

(2) 카 문(car door)

① 카 문 구동장치 전동기 도르래/풀리의 벨트 장력은 일반적으로 공장에서 조정한 상태로 현장에 출하되지만, 만약 설치 조정 과정에서 벨트의 장력 조정이 필요할 경우 아이들 풀리(idle pulley)를 상·하로 움직여 조정한다.

② 0.5kgf의 힘으로 눌렀을 때 4.5mm가 눌리도록 조정한다.

③ 카 문의 벨트 장력도 일반적으로 공장에서 조정한 상태로 현장에 출하되지만, 만약 설치 조정 과정에서 벨트의 장력 조정이 필요할 경우 픽싱 브래킷(fixing bracket)의 클램프 (clamp)를 풀고 매다는 장치 앤드 브래킷(rope end bracket)의 장력 조정 볼트로 조정한다.

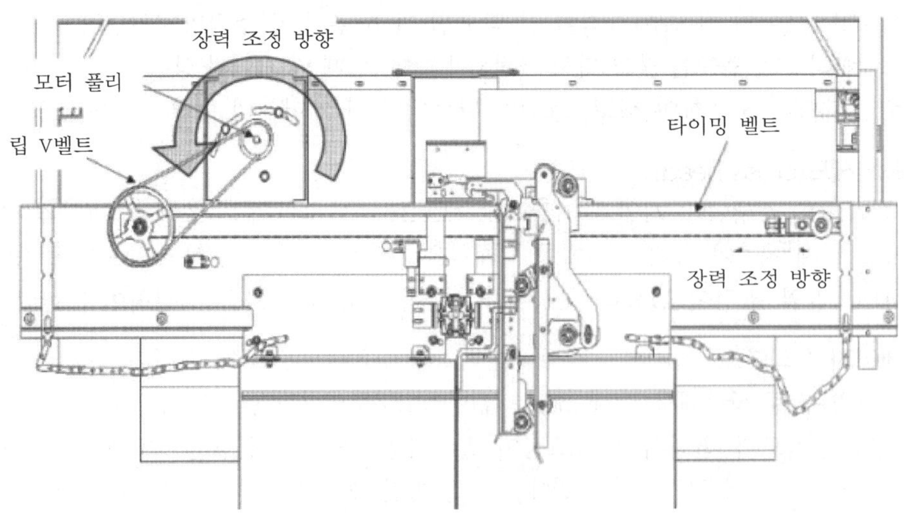

‖ 카 문 구동장치의 텐션 조정 ‖

(3) 클러치(door clutch)

① 출입구의 중심에서 클러치의 고정 캠 바깥면까지 거리가 111.0±0.5mm인지 확인하고 카 실 끝단으로부터 클러치는 17.5±1.5mm 앞으로 나오는지 확인한다.

② 조정을 위해 라이너를 사용할 경우 옆 프레임의 피봇(pivot)부에서 라이너 삽입 여부를 체크해야 한다.

③ 고정 캠과 작동 캠의 내측 간격은 카 문이 닫혔을 때 64±1.0mm인지 확인한다.

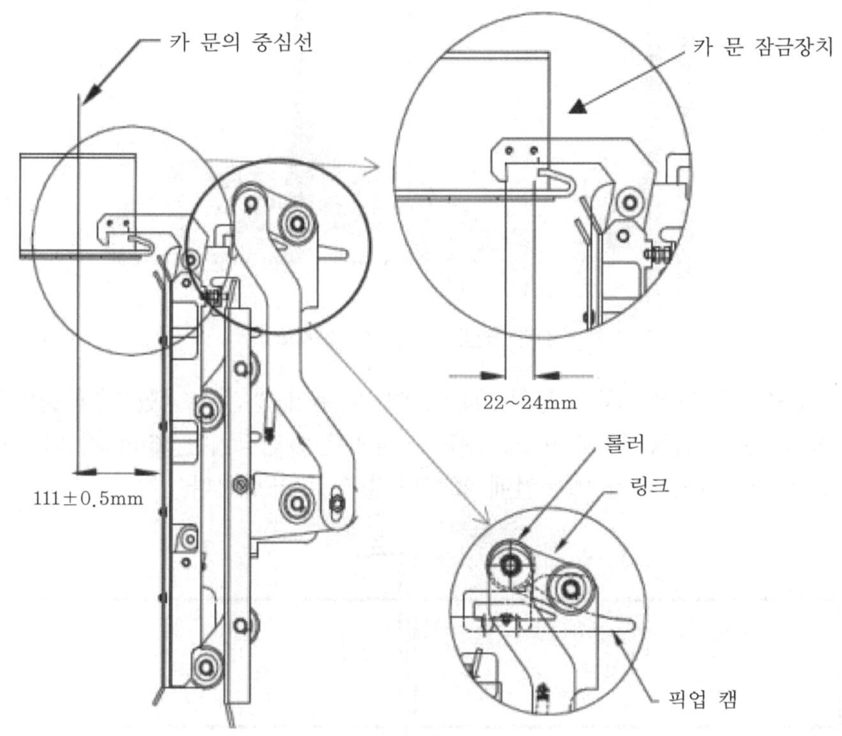

‖ 카 문의 클러치(clutch) 조정 ‖

④ 앞 "③"의 동작 변화 위치가 최대한 낮힌 상태에서 이루어지는지 확인하고 원판 캠을 사용하여 조정한다.

⑤ 쓰레스홀드(threshold) 조정은 카 문이 완전히 닫힐 때 롤러와 쓰레스홀드 레버가 서로 살짝 접촉하도록 쓰레스홀드의 위치를 조정한다.

(4) 카 문 안전장치(safety shoe) 조정

① [그림][카 문의 클러치(clutch) 조정]과 같이 카 문 닫힘 안전장치의 바(bar) 끝의 베어링(bearing) 중심에서 출입구 중심까지 치수가 제조사의 조정 매뉴얼에 표시된 값과 맞는지 확인한다.

② [그림][카 문의 클러치(clutch) 조정]과 같이 카 문 닫힘 안전장치 하부 바의 베어링 중심에서 실(sill) 끝단까지 치수가 제조사의 설치 조정 매뉴얼에 표시된 값과 일치하는지 확인한다.

③ 카 실 끝단에서 좌측 및 우측의 카 문 닫힘 안전장치 하부까지의 치수가 제조사의 설치 조정 매뉴얼에 표시된 값과 일치하는지 확인한다.

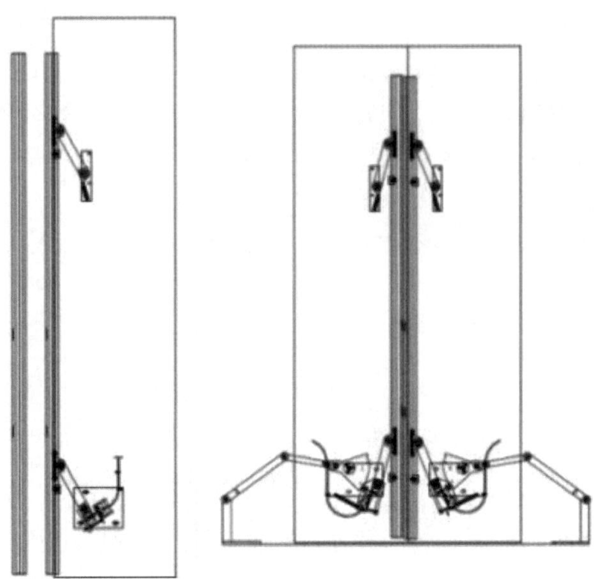

▍카 출입문 잠금장치 설치도 ▍

④ [그림](카 출입문 잠금장치 조정치수)과 같이 카 문이 완전히 닫혔을 때 출입구 중심에서
좌측 카 출입문 잠금장치는 10mm, 우측 카 출입문 안전장치는 16mm가 되도록 조정한다.
이 치수는 제조사의 설치 매뉴얼에 표시된 값으로 조정한다.

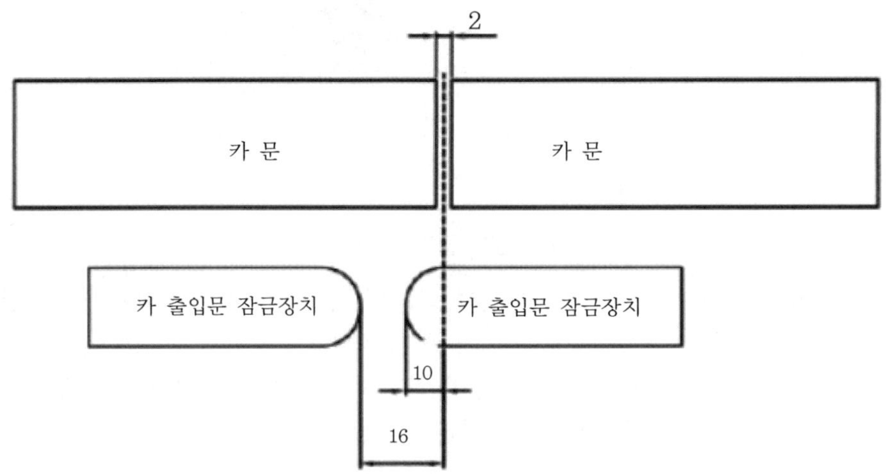

▍카 출입문 잠금장치 조정치수 ▍

(5) 승강장 문 인터록 조정

① 카 실 앞단에서 릴리즈 롤러 끝까지의 간격이 7.5±1.5mm가 되는지 확인하고 만족하지
않을 때는 승강장 실과 문 틀의 설치 상태, 그리고 승강장 문의 설치가 정확히 되었는지를
확인한다.

② 승강장 실과 승강장 문의 설치 상태에 이상이 없으면 클러치와 카 문 사이에 라이너를
삽입하여 7.5±1.5mm가 되도록 조정한다.

③ 인터록의 고정 롤러 중심이 출입구 중심으로부터 152mm가 되도록 조정한다.

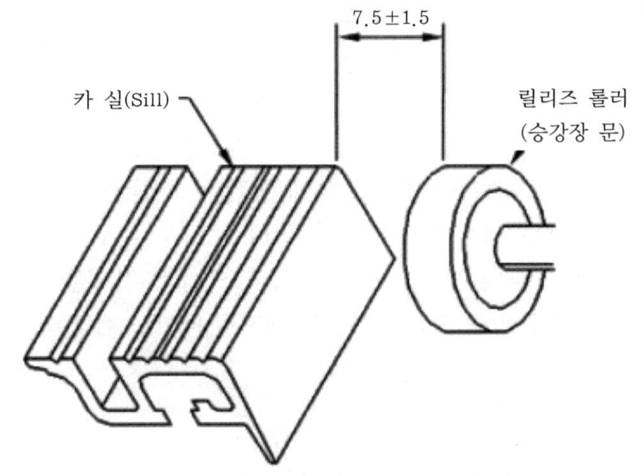

┃ 카 실과 릴리즈 롤러의 간격 ┃

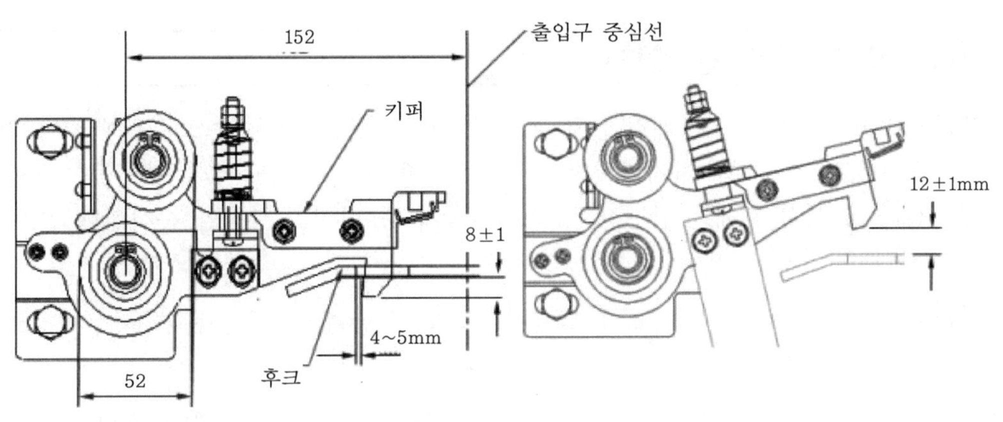

(a) 승강장 문이 닫혀 있을 때 (b) 승강장 문이 열릴 때

┃ 릴리즈 롤러와 인터록 ┃

④ 릴리즈 롤러가 카 측의 클러치와 맞물렸을 때 10±1.0mm가 겹쳐지는지 확인한다.

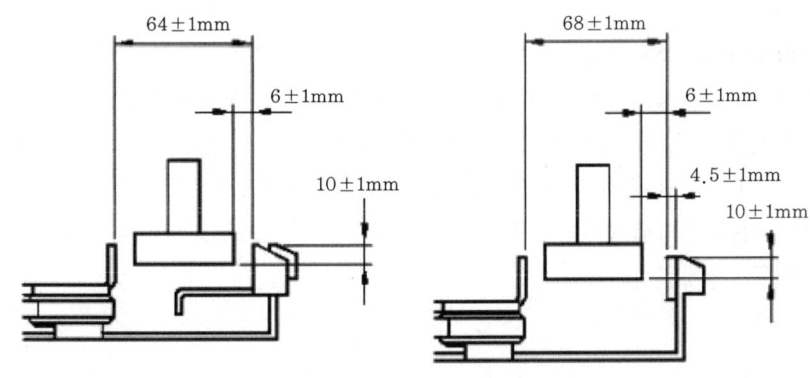

(a) 카 문 잠금장치 적용 클러치 (b) 일반 클러치

┃ 릴리즈 롤러와 클러치 ┃

⑤ 클러치 가동 캠과의 간격이 6±1.0mm가 되는지 확인하고, 클러치 고정 캠과의 간격 또한 6±1mm가 되는지 확인하고 필요하면 조정한다.

⑥ 인터록 스위치 박스에 키퍼가 가운데로 들어가는지 확인하고, 완전 닫힐 때 키퍼의 홈과 후크와의 간격이 키퍼의 마킹부와 일치하는지 확인한다.

⑦ 키퍼의 끝과 후크와의 간격이 8±1mm일 때 스위치 접점이 붙었는지 확인한다.

⑧ 가동 롤러를 손으로 잡고 개폐를 반복했을 때 잠김 및 열림 동작이 자유로워야 하며, 후크와의 간격 및 스트로크는 기준치에 맞아야 한다.

⑨ 위의 그림과 같이 카 출입문의 클러치와 릴리즈 롤러 간격을 조정한다.

⑩ 인터록의 키퍼와 후크에 의해 출입문 열림이 제지될 때까지 접점이 붙어 있는지를 확인한다.

제3절 | 카 설치 및 교체하기

출제 01 카 슬링(sling) 설치

슬링(sling) 프레임과 가이드 레일 설치, 카 프레임과 카 바닥 설치 순으로 진행되며, 기계실 후크에 슬링벨트 고정, 카를 제자리에 안착시키는 양중 작업, 가이드 레일 설치 등이 포함된다. 카 슬링(sling) 설치 후에는 안전장치, 과부하장치 등 나머지 부품을 순서대로 설치한다.

1 개요

(1) 카의 구조

카는 사람이 직접 타는 부분이기 때문에 안전하게 설계하고 제작해야 한다. 또한 카에는 기본적인 장치와 특수한 기능을 위한 장치들이 구비되어 있다. 카의 각 부분은 화물을 싣거나 내릴 때 또는 화물의 쓰러짐에 의한 충격이 있을 때 부서지거나 고장이 나지 않도록 견고해야 한다. 또한 구조상 경미한 부분을 제외하고는 불연재료를 사용해야 한다.

(2) 카 케이지(car cage)의 구성

구조적으로 카 추락방지안전장치 블록 위의 서포트 앵글에 놓여지는 방진고무(isolation pad) 위에 카 플랫폼이 얹혀 지지되고 상부의 카 천장은 고무 재질의 스토퍼(stopper)가 부착된 고정 브래킷이 카 스타일(car stile)에 카 케이지를 고정함으로써 카 프레임(car frame)과는 완전히 격리되어 엘리베이터의 구동 중에 발생하는 진동과 소음이 카 케이지에 전달되는 것을 최소화하도록 설계된다.

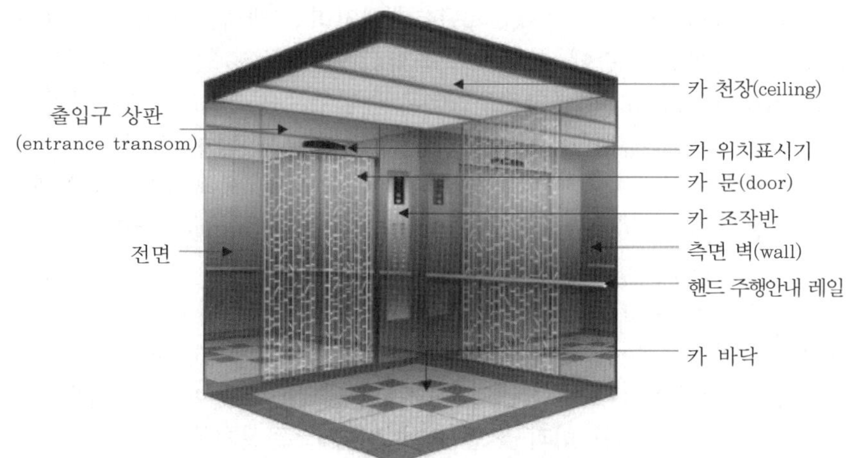

‖ 카 케이지의 구성 ‖

① **카 벽(car wall)** : 카 플랫폼 위에 전·후, 좌·우 4면으로 조립된 벽체이다. 일반적으로 전면 카 벽의 한쪽에는 조작반이 설치되고, 장애인용인 경우 측면 벽의 한쪽에 장애인용 부 조작반이 설치되며 측면 벽과 후면 벽에 연속으로 핸드 주행안내 레일이 설치된다.

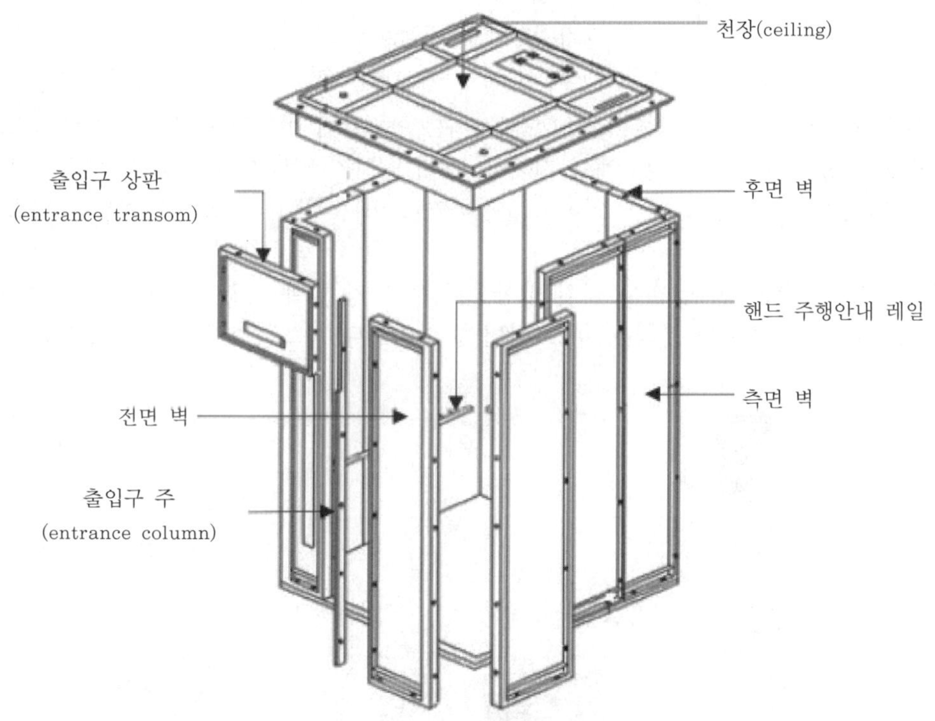

‖ 카 케이지의 조립도 ‖

② **카 천장(ceiling)** : 전·후, 좌·우 4면 카 벽의 상부에 놓여 조립된다. 여기에는 비상구출구 (emergency exit), 환풍기(fan) 등이 설치되고, 카 안쪽으로는 조명기구, 비상정전등과 배경음악 스피커(BGM speaker) 등이 설치된다.

③ 출입구 주(entrance column) : 일반적으로 스테인리스 재질을 사용하여, 좌·우측 전면 카 벽의 출입구측 방향 끝단에 수직으로 조립되며, 양쪽 출입구 주 사이의 간격이 출입구 유효폭(entrance opening)이다. 요즈음은 출입구 주를 별도로 조립하지 않고 전면 벽의 출입구 방향 옆면을 출입구 주 대신 적용하는 경우도 많이 있다.

④ 카 문(car door) : 카 문은 카 벽과 의장이 어울리도록 제작되며, 카 프레임에 고정되어 조립된 카 문 구동장치(car door operator)의 행거롤러(hanger roller)에 조립되어 매달린 상태로 카 문 구동전동기의 운전에 의하여 트랙(track)을 따라 움직이며 개폐된다.

⑤ 출입구 상판(entrance transom) : 좌·우측 전면 카 벽의 사이와 카 문 위쪽에 조립되는 패널이다. 일반적으로 이 패널에 카의 위치표시기(car position indicator)가 설치된다.

⑥ 핸드 주행안내 레일(hand rail) : 장애인과 승객의 편의를 위하여 카 바닥으로부터 0.8~0.9m 높이에 수평으로 양 측면 벽과 후면 벽에 연속으로 설치한다.

(a) 스테인레스 스틸 원형 타입   (b) 스테인레스 강판 평판형

┃ 카 내부 핸드 주행안내 레일 ┃

⑦ 카 조작반(car operation board) : 카 안에서 엘리베이터를 조작하기 위하여 주로 카 전면 벽에 설치된다. 일반 승객을 위한 행선층 버튼, 문 열림 버튼과 문 닫힘 버튼 그리고 비상 호출버튼 등은 조작반의 외부에 설치되고, 기타 승강기 담당자나 소방관 등의 조작이 필요한 스위치들은 키(key) 조작에 의하여 운전하거나 또는 키 조작으로 열 수 있는 박스 내부에 설치된다.

장애인용 엘리베이터인 경우 진입 방향으로 우측 카 벽에 0.8~1.2m 높이에 스위치들이 위치하고 점자 표시가 부착된 부 조작반을 설치한다. (스위치가 많으면 1.4m까지 허용)

┃ 메인 ┃   **┃ 장애인용 ┃**

⑧ 카 위치표시기(car position indicator) : 카 조작반에 위치표시기기 포함되는 경우도 있고, 그렇지 않은 경우 출입구 상판에 위치표시기를 설치하는 것이 일반적이다.

‖ 카 위치표시기 ‖

⑨ 비상구출구(emergency exit) : 카 천장에 설치되며 카 내부에서는 규정된 열쇠를 사용해야 열 수 있고, 외부에서는 열쇠 없이도 간단하게 열 수 있는 구조로 조립된다. 구출구의 개폐에 따라 개폐 상태의 신호를 제어반에 줄 수 있는 스위치가 같이 설치된다.

(3) 카 문 구동장치(car door operator)

카 문 구동장치는 카 프레임의 카 스타일에 지지용 서포트 프레임을 설치하고 그 위에 설치된다. 예전에는 카 문 구동용 전동기로 직류 전동기가 주로 적용되었으나 근래에는 교류 전동기와 전용 VVVF 제어기가 적용되고 있으며, 기계적 구동을 위한 도르래/풀리(pulley), 톱니치차(sprocket), 체인(chain), 벨트(belt), 레버(lever) 등과 전기부품으로는 전동기 관련 부품 이외에 위치 검출을 위한 스위치 등으로 구성되어 있다.

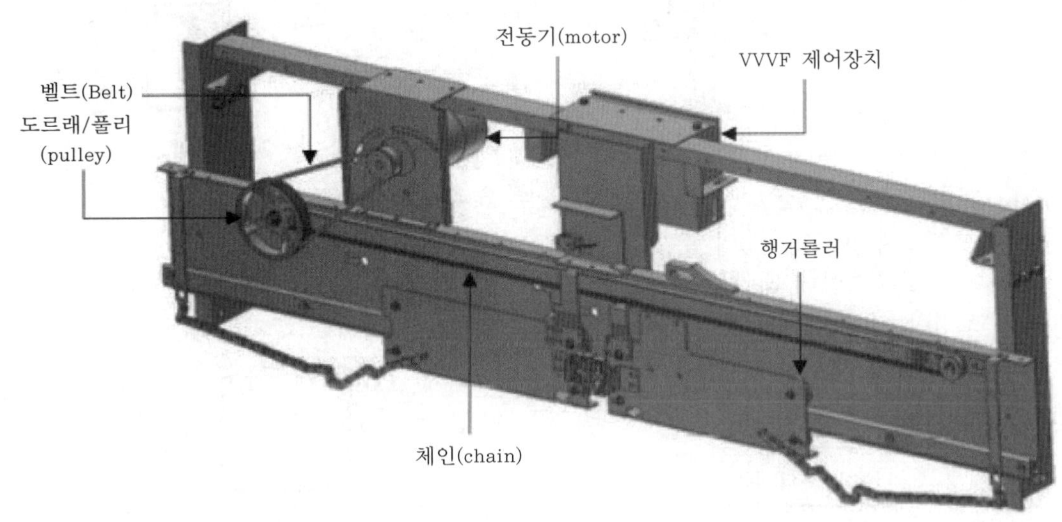

‖ 카 문 구동장치 ‖

2 임시 가이드 슈 교체

가이드 주행안내 레일의 설치를 위해서 사용했던 임시 가이드 슈를 철거하고 사양에 의거 본래의 기능을 갖는 슬라이딩 가이드 슈 또는 롤러 가이드 슈로 교체 조립한다.

가이드 슈는 카 또는 균형추가 가이드 주행안내 레일에서 이탈되지 않고 상승 및 하강 주행을 할 수 있도록 가이드 역할을 하며 카와 균형추의 주행 상태에 영향을 주고, 특히 주행 중의 승차감에 직접 영향을 미치는 부품이므로 정확히 설치해야 한다.

(1) 슬라이딩 가이드 슈(sliding guide shoe 13K 이하)

① 가이드 주행안내 레일의 표면을 깨끗하게 걸레로 닦아낸다.

② 가이드 슈의 스프링(spring)은 장력이 없는 자유 상태가 되도록 가이드 슈의 스프링을 조정한다.

③ 하부 가이드 슈를 카 추락방지안전장치 블록의 좌·우측 프레임 아래 면에 M16×40 볼트를 사용하여 임시 조립한다.

④ 카 추락방지안전장치의 웨지 조(wedge jaw)와 가이드 주행안내 레일 면 좌·우측 간격이 3~4mm로 일정하도록 조정하고 가이드 주행안내 레일 중심과 카 추락방지안전장치의 좌, 우 간격을 맞춘 후 조립 볼트로 완전히 고정한다.

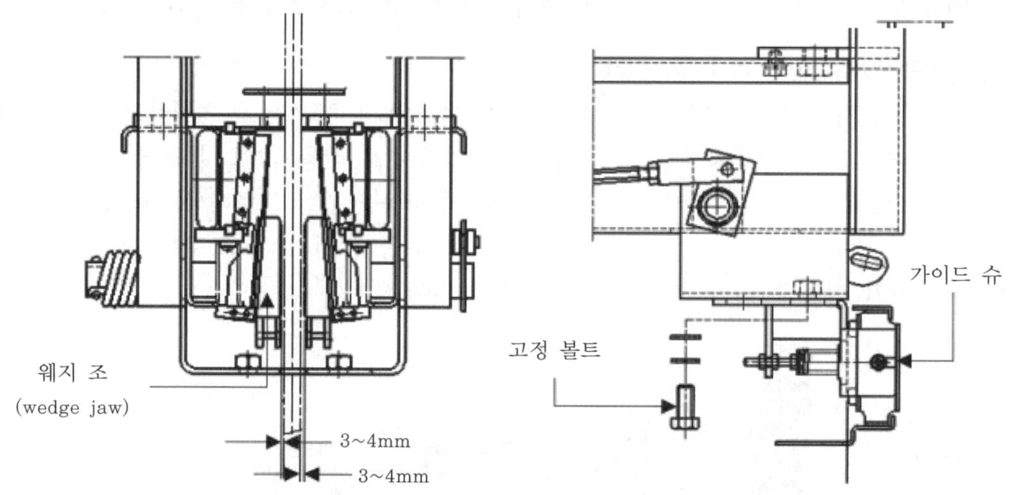

┃ 하부 슬라이딩 가이드 슈 조립 설치 (13K 이하) ┃

⑤ 크로스헤드에 ①~③의 순서로 가이드 슈를 임시 고정한다.

⑥ 가이드 주행안내 레일을 기준으로 크로스헤드의 좌·우, 전·후가 균등한 상태가 되도록 조정한 다음 가이드 슈의 고정 볼트를 조인다.

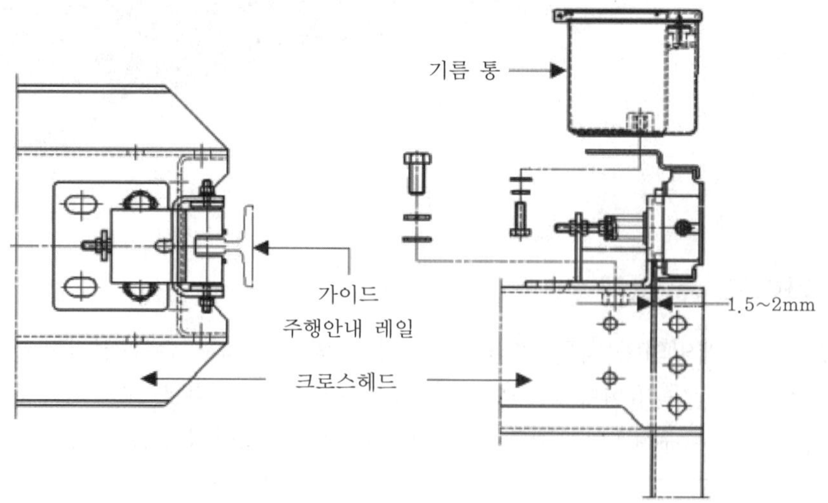

┃ 상부 슬라이딩 가이드 슈 임시 고정 (13K 이하) ┃

⑦ 크로스헤드에 조립된 상부 가이드 슈 스프링을 조정하여 슈 서포트(shoe support)와 프레임(frame)의 간격이 1.5~2mm가 되도록 조정하고, 이때 스프링의 길이는 58mm가 되도록 조정한다. [제조사에 따라 가이드 슈의 구조와 치수가 다를 수 있으므로 조정 치수는 제조사의 자료에 따를 것]

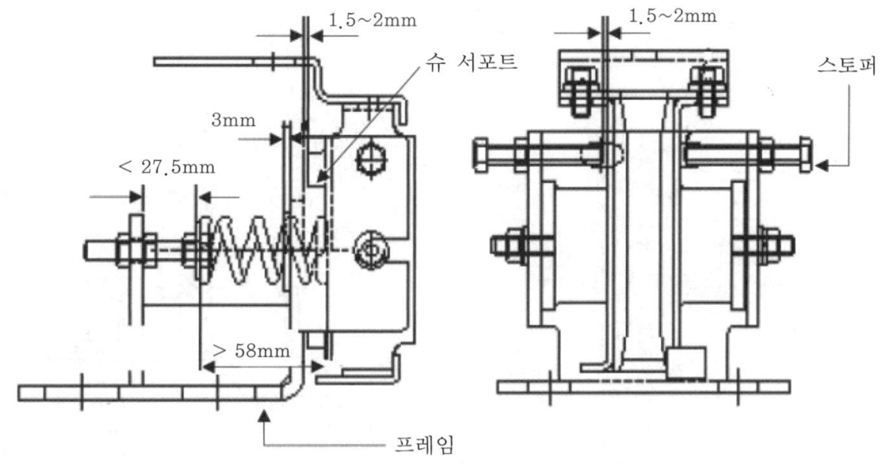

‖ 슬라이딩 가이드 슈 조정 (13K 이하) ‖

⑧ 가이드 슈 좌·우의 스토퍼(stopper)를 사용하여 슈 서포트와의 간격이 1.5~2mm가 되도록 조정한다. [제조사 자료에 따를 것]

⑨ 카 추락방지안전장치 블록의 하부 가이드 슈도 ⑦, ⑧의 순서로 조정한다.

(2) 슬라이딩 가이드 슈(sliding guide shoe 18K, 24K)

① "(1)"의 ①~⑥의 순서로 가이드 슈를 고정한다.

② 18K, 24K 가이드 주행안내 레일에 적용되는 가이드 슈의 조정은 [그림][슬라이딩 가이드 슈 (18K, 24K)]과 같이 로크 너트와 조정 볼트의 간격을 5~7mm가 되도록 조정 너트를 사용하여 조정한다. [제조사에 따라 가이드 슈의 구조와 치수가 다를 수 있으므로 조정 치수는 제조사의 자료에 따를 것]

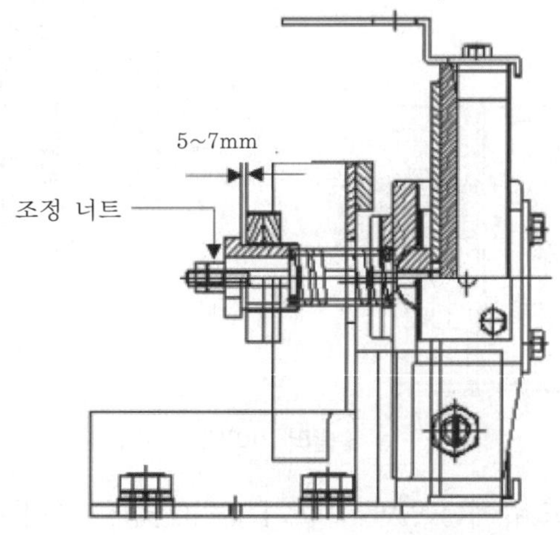

‖ 슬라이딩 가이드 슈 (18K, 24K) ‖

(3) 롤러 가이드 슈(roller guide shoe)

일반적으로 승객용 엘리베이터의 정격속도가 120m/min을 초과하면 슬라이딩 가이드 슈 (sliding guide shoe)보다 롤러 가이드 슈(roller guide shoe)를 적용한다.

① 크로스헤드와 카 추락방지안전장치 블록에 조립되는 상·하부 롤러 가이드 슈의 임시 고정 방법은 슬라이딩 가이드 슈의 방법과 동일하다.

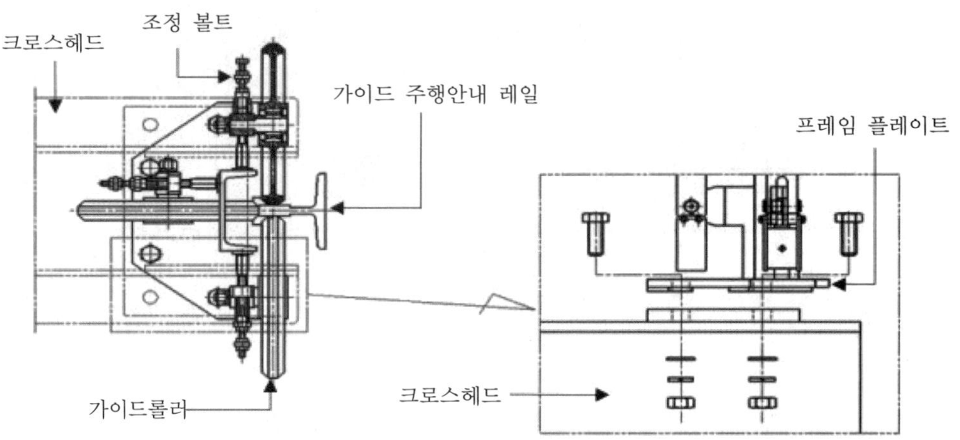

‖ 롤러 가이드 슈의 임시 고정 ‖

② 가이드 주행안내 레일 면에 접촉하는 롤러는 각 롤러별로 조정용 볼트를 사용하여 조정하며, 일반적인 조정값은 다음과 같다.

③ 1번 스프링은 38~39mm로 조정한다.

④ 2번 스프링의 끝단과 레버의 간격은 1mm로 조정한다.

⑤ 스페이서(spacer)와 레버의 간격은 2mm로 조정한다. [롤러 가이드 슈도 제조사별로 형식과 구조가 다를 수 있으므로 구체적인 조정치수는 제조사에서 제공하는 치수에 따를 것]

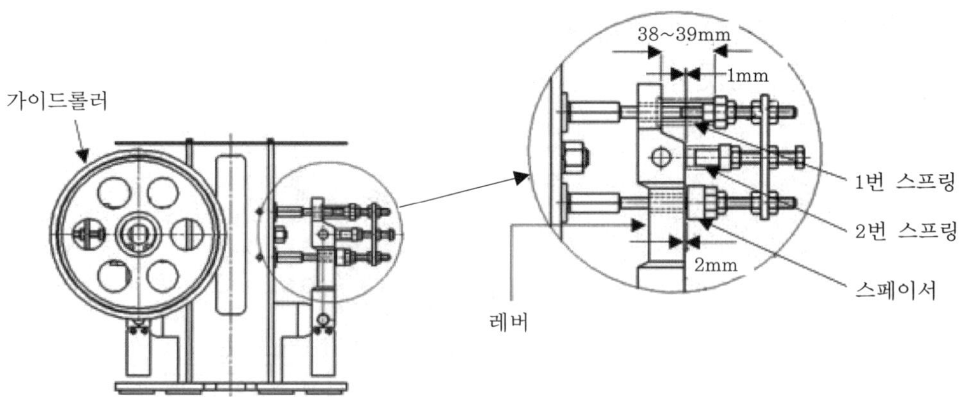

‖ 롤러 가이드 슈 조정 ‖

⑥ 균형추 롤러 가이드 슈에는 일반적으로 [그림](균형추 롤러 가이드 슈)과 같이 조정용 스프링이 없으므로 가이드롤러가 주행안내 레일 면에 자연스럽게 접촉하도록 설치한다.

3 균형추에 추가 웨이트(weight) 적재

① 카 바닥에 안전 발판과 추가로 적재할 웨이트를 적정량 싣는다.
② 카를 저속 운전하여 균형추와 교차되는 지점에서 추가 웨이트를 적재할 수 있는 위치까지 상승 이동한다.
③ 작업자의 안전벨트를 안전한 구조물에 고정한다.
④ 래칫와 스패너를 사용하여 웨이트 고정용 클립과 고정 앵글을 해체한다.
⑤ 안전 발판을 고정하고 2인이 1조가 되어 웨이트를 균형추 프레임 안에 적재되어 있는 기존의 웨이트 위에 추가로 적재한다. 이때 안전한 자세를 유지하여 추락을 예방하고, 웨이트를 놓을 때는 상호 의사소통을 명확히 하여 손가락 등에 부상을 입지 않도록 해야 한다.

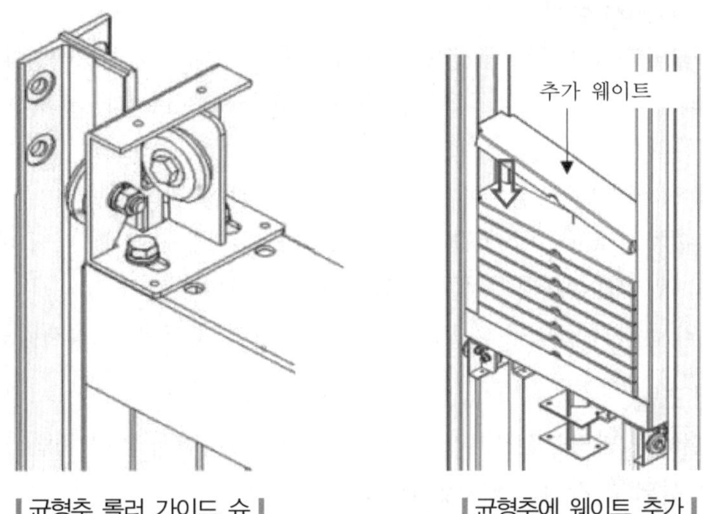

‖ 균형추 롤러 가이드 슈 ‖　　　　‖ 균형추에 웨이트 추가 ‖

⑥ 적정량의 웨이트를 적재할 때까지 ②~⑤의 내용을 반복한다. (너무 많은 웨이트를 적재하면 카 케이지 조립이 안 된 상태에서 불평형으로 인한 문제가 발생할 수 있으므로 주의)
⑦ 적정량의 웨이트 투입이 완료되면 웨이트 고정 앵글과 웨이드 클립을 조립 설치힌다. 이때 망지를 사용하여 클립이 균형추 프레임에 밀착되도록 한다.

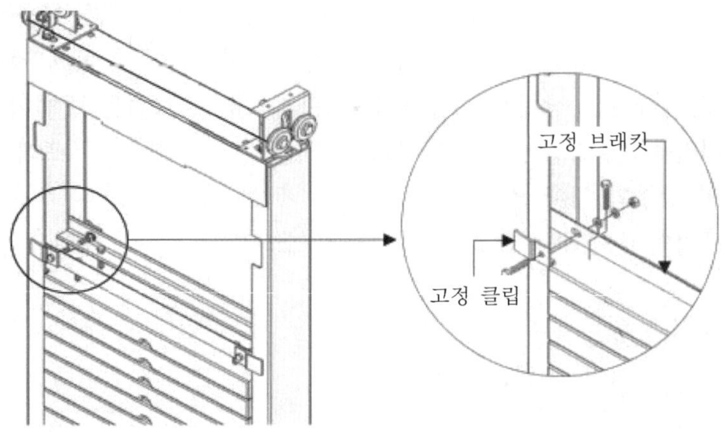

‖ 균형추의 추가 웨이트 고정 ‖

4 카 프레임(카 틀) 설치

① 카 틀에는 매다는 장치를 매다는 상부 보(cross head)와 틀을 지지하는 하부 보(plank), 상부 보와 하부 보를 연결하는 두 개의 카 주(stile)가 있다.

② 카 바닥이 수평을 유지하도록 카 바닥과 카 주에 경사지게 설치하는 경사 봉(brace rod)이 있으며, 경사 봉은 카의 전·후·좌·우 4개소에 설치한다.

③ 바닥 하중의 $\frac{3}{8}$까지 균등하게 카 틀의 상부에서 하부까지 전달한다. 운반구를 얹어 놓는 하부 보는 그 위에 평평한 바닥 틀이 얹히고, 상부 보에는 매다는 장치가 연결된다.

(1) 카 바닥(car platform) 설치

① 카 바닥을 최하층 출입구로 옮긴 후 체인 블록을 사용하여 가이드레일에 설치된 추락방지안전장치 프레임 위에 놓고, 카 바닥의 베이스(support flame)와 추락방지안전장치 프레임을 임시 조립한다.

② 카 바닥의 모서리 및 중심부에서 수평기를 사용하여 전·후, 좌·우의 수평도를 측정한 후 수평도 편차가 1mm 이하가 되도록 조정한다. 수평 조정은 카 바닥 베이스와 추락방지안전장치 프레임 사이에 라이너를 삽입하여 조정한다.

③ 카 바닥면의 끝단과 출입구 피아노선과의 이격거리 및 수평도를 재확인한 후에 고정한다.

(2) 종(縱) 프레임 조립

① 종 프레임을 추락방지안전장치 프레임 상부 면에 맞추어서 임시 조립하고 프레임이 넘어가지 않도록 상단을 가이드레일에 임시로 묶어 둔다.

② 종 프레임과 추락방지안전장치 프레임 사이에 라이너를 삽입하며 프레임의 전·후, 좌·우 수직도를 상하 0±3mm로 맞춘다.

(3) 상부 프레임 조립

① 상부 프레임을 가이드레일과 간섭이 없도록 하여 종 프레임 상부 약 500mm까지 끌어올린다.

② 상부 프레임을 종 프레임 상부로 이동하는 방법은 체인 블록을 이용하는 방법과 최상층 승강장에서 상부 프레임에 매다는 장치 소켓팅을 하여 균형추와 매다는 장치 걸기 작업을 완료한 후에 매다는 장치를 이용하여 종 프레임과 조립하는 방법이 있다.

③ 상부 프레임을 가이드레일에 삽입하고 수평을 유지시키면서 종 프레임 상단에 삽입하여 종 프레임 상부와 임시 조립한다.

④ 상부 프레임의 수평과 종 프레임의 수직을 확인하면서 카 프레임을 견고하게 체결한다.

출제 02 **카 벽, 카 천장, 카 조작반 조립**

1 카 케이지 조립

카 케이지(cage)는 카 벽(car wall), 천장(ceiling), 출입구 주(entrance column), 출입구 상판(entrance transom) 등으로 구성되며, 이곳은 승객의 탑승 공간이므로 의장 부품의 조립 시 부품에 긁힘 등의 손상이 없도록 주의하여야 한다.

① 천장은 카 벽 조립 전에 매다는 장치와 체인 블록을 사용하여 크로스헤드에 안전하게 묶어 놓은 상태로 임시 고정한다.

② 조립해야 할 카 벽은 카 내부 크기와 카 문의 개폐 방식에 따라 그 숫자가 다르나 일반적으로 P15인승 이하는 8장, P17인승 이상은 11장으로 되어 있다.

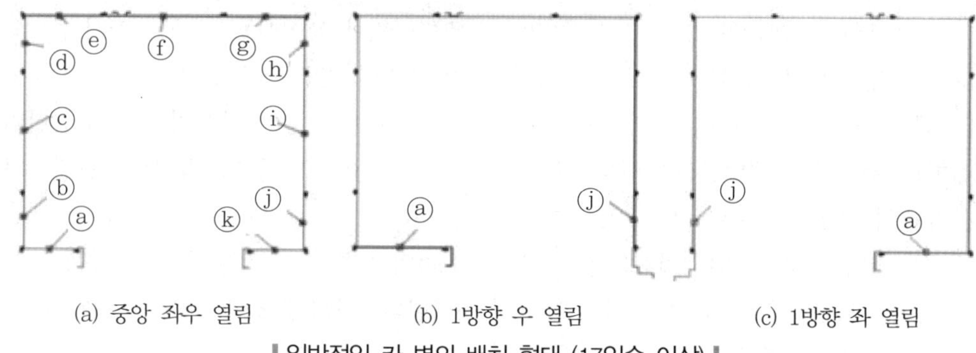

<table>
<tr><td>(a) 중앙 좌우 열림</td><td>(b) 1방향 우 열림</td><td>(c) 1방향 좌 열림</td></tr>
</table>

▎일반적인 카 벽의 배치 형태 (17인승 이상)▎

③ 15인승 이하의 카 케이지 조립은 [그림](카 벽의 배치 형태)과 같이 ⓐ번, ⓑ번 카 벽과 ⓘ번 출입구 주를 M6×20 볼트를 사용하여 연결 조립한 후, 카 벽 하부 보강 면과 카 바닥의 상부 킥 플레이트(kick plate)의 긴 구멍에 조립하여 임시 고정한다.

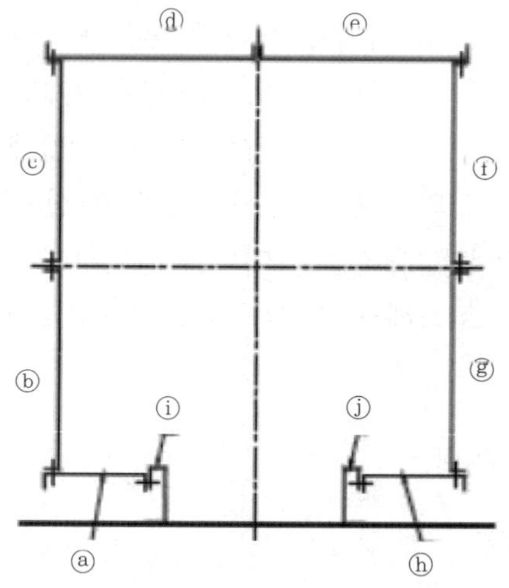

▎카 벽의 배치 형태 (15인승 이하)▎

④ 마찬가지로 ⓒ번, ⓓ번 카 벽을 M6×20 볼트를 사용하여 연결 조립한 후, 카 벽 하부 보강 면과 카 바닥의 상부 킥 플레이트의 긴 구멍에 조립하여 임시 고정한다.

⑤ 계속해서 ⓔ번, ⓕ번 카 벽을 M6×20 볼트를 사용하여 연결 조립한 후, 카 벽 하부 보강 면과 카 바닥의 상부 킥 플레이트의 긴 구멍에 조립하여 임시 고정한다.

⑥ ⓖ번, ⓗ번 카 벽과 ⓙ번 출입구 주를 M6×20 볼트를 사용하여 연결 조립한 후, 카 벽 하부 보강 면과 카 바닥의 상부 킥 플레이트의 긴 구멍에 조립 임시 고정한다.

⑦ 서로 연결되어 조립되지 않은 ⓑ번과 ⓒ번, ⓓ번과 ⓔ번, ⓕ번과 ⓖ번의 측면을 외부에서 조립 고정한다.

  ※ 카 벽과 승강로 벽면의 공간이 충분하지 않아 조립 작업이 불가능한 경우, 상기 ③~⑦에서 카 벽 하부 보강 면과 킥 플레이트와의 조립은 하지 않은 상태로 필요한 카 벽면을 추가로 더 연결한 다음 카 벽 하부 보강 면과 카 바닥을 연결 조립한다. 균형추가 설치되는 벽면의 공간이 가장 넓어 카 밖에서 조립하기에 용이하므로 제일 마지막의 연결부는 균형추가 설치되는 면과 일치시키고, 여기에서 연결 작업을 하면 편리하다.

⑧ 4군데 모서리의 카 벽은 카 벽의 의장면과 측면의 끝을 일치시키면서 조립한다.

⑨ 핸드 주행안내 레일은 카 벽의 이동 및 운반이 용이하도록 카 벽 상호 연결 조립 전에 카벽의 구멍에 맞추어 임시 조립한다.

⑩ 상호 간의 카 벽 조립이 완료되면 ⓘ번, ⓙ번 출입구 주의 하부 홀과 카 플랫폼(platform)에 가공된 탭에 맞추어 M6×20 볼트로 고정 조립한다. 이때 출입구 주의 끝단과 카 실 끝단이 일치되도록 조립한다.

⑪ 출입구 상판을 좌, 우측 출입구 주 사이에 끼워 넣고 M6×20 볼트를 사용하여 조립한다. 이때 출입구 상판과 출입구 주의 표면 단차를 정확히 맞추어야 한다.

⑫ 카 실(car sill) 표면에 보호 테이프를 부착하고 출입구 유효 폭과 유효 폭의 중심선을 표시한다.

⑬ 카 실을 실 블록(sill block) 위에 올려 놓은 후, 카 중심과 카 실의 중심을 일치시키고 카 실 유효폭 표시 부위와 출입구 주의 좌·우측 유효 폭을 맞추어 고정한다.

⑭ 실 후면 하부 단차 면을 플랫폼에 밀착시키며 M8×20 볼트를 사용하여 임시 고정한다.

⑮ 수평계를 사용하여 카 실의 수평 상태를 확인하고 실 블록에 카 실을 고정한다. 이때, 카 실과 실 블록 사이에 필요하면 라이너를 삽입하여 수평을 조정한다.

⑯ 에이프런을 M5×12 크로스헤드 스크류(cross head screw)를 사용하여 조립한다.

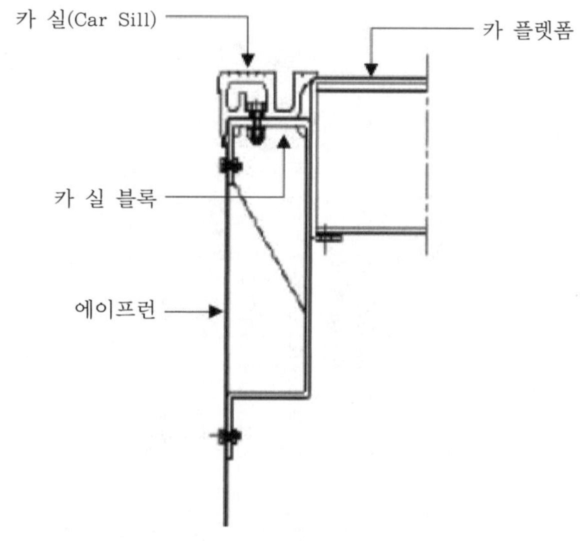

▌카 실과 에이프런 조립 ▌

⑰ 크로스헤드에 임시 고정된 천장을 서서히 내려서 카 벽 상부에 얹혀 놓는다.

⑱ 카 벽 상부 보강 면의 가공된 긴 구멍에 천장의 구멍을 맞추고 M6×20 볼트로 조립 고정한다.

⑲ 천장의 좌·우측에 있는 케이지 고정용 방진장치는 카 케이지의 수직 조정에 대비하여 카 스타일과의 간격이 대략 10mm 정도 유지되도록 임시 조립한다.

⑳ 카 벽의 연결 조립 방식은 제조사 별로 다소 다를 수 있으나 기본적인 방법은 거의 동일하다.

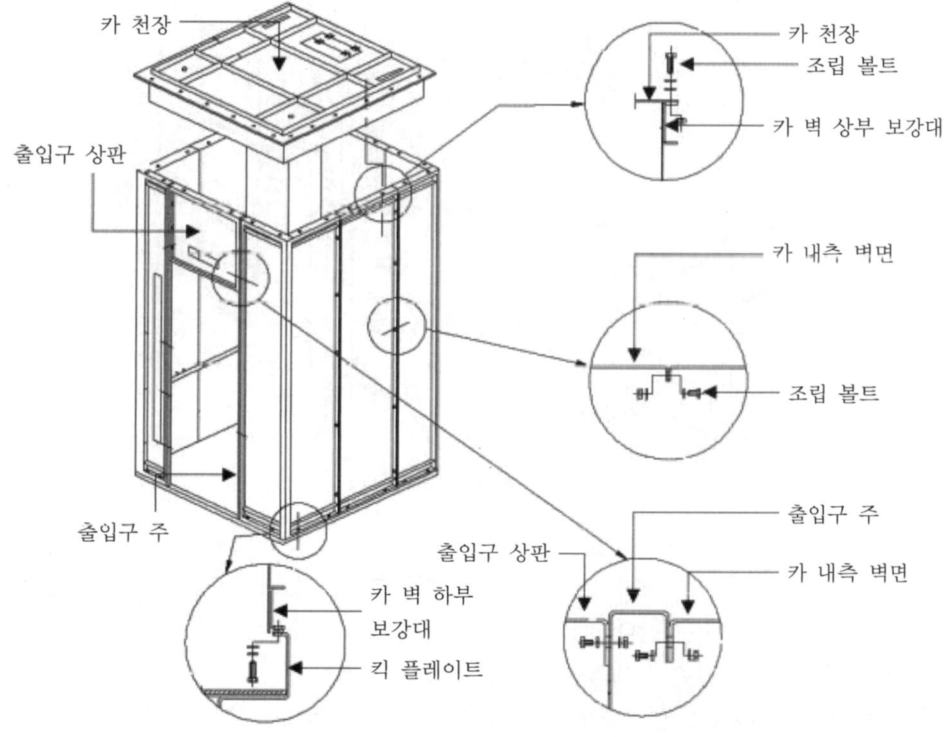

▌카 케이지 조립도 1 ▌

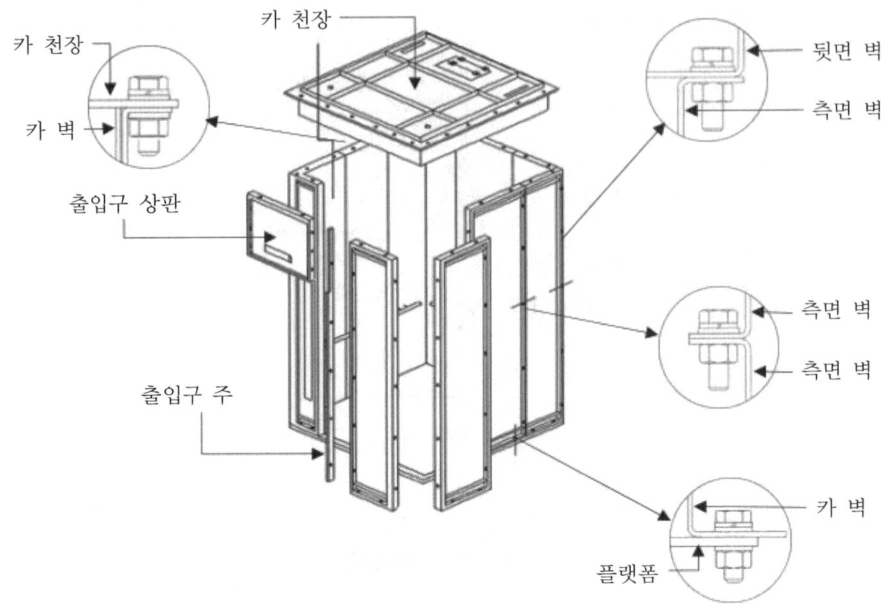

▌카 케이지 조립도 2 ▌

2 카 벽 조립

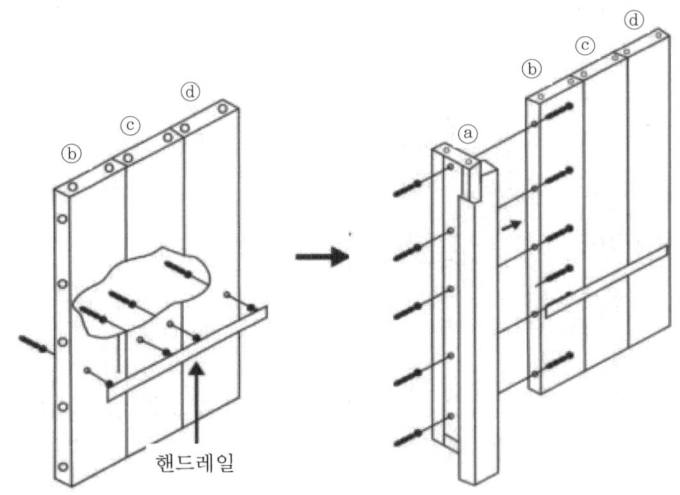

▌좌측 카벽 설치 ▌

① ⓐ번과 출입구 주(柱)를 조립한다.
② ⓑ, ⓒ, ⓓ번을 상호 조립하고 핸드레일을 취부한다. 카 벽간 단차 및 상부 높이의 단차는
±0.5mm 이내이어야 한다.
③ ⓐ번과 ②에서 조립한 벽체의 모서리를 조립한다.
④ ③에서 조립한 ⓐ, ⓑ, ⓒ, ⓓ번을 킥 플레이트(kick plate) 위에 올려놓고 볼트로 조립한다.
⑤ 위 ②~④와 동일하게 우측 카 벽체를 조립한다.

⑥ 뒤 측 핸드레일을 조립한다.

⑦ 뒤 측 카 벽과 좌우측 벽체의 모서리를 조립한다. 모서리의 단차는 ±0.5mm 이내로 한다.

⑧ 트렁크의 베이스와 벽체, 천장판을 조립한다.

⑨ 출입구 상판을 출입구 주(柱)와 조립한다. 이때 상판과 출입구 주의 면 단차와 높이 단차는 ±0.5mm 이내로 한다.

⑩ 카 문턱(car sill) 상면에 보호 테이프를 부착하고 출입구 유효폭과 유효폭은 중심선을 표시한다.

⑪ 카 문턱 표시선과 카 중심 및 출입구 주의 좌우측 유효폭을 맞춘다.

⑫ 카 문턱 하부에 라이너를 삽입하여 수평을 맞춘 후에 조립한다.

3 카 천장 조립

① 매달린 천장판을 카 벽체 상부에 내려놓는다.

② 천장판과 출입구 상판, 카 벽체 상부를 조립한다.

③ 좌우측 출입구 주에 추를 내려 기울기 ±1.0mm 이내로 조정한다.

④ 출입구 폭의 실측치와 설계도를 비교하여 ±0.5mm 이내인지 확인한다.

⑤ 위의 ③~④를 확인한 후 전체 조립 볼트를 견고하게 조립한다.

⑥ 천장판의 좌·우측에 방진고무를 조립한다. 방진고무와 종 프레임은 0.5~1mm 정도 이격한다.

4 에이프런(apron) 조립

에이프런은 카가 정지층 사이에 멈춘 상태에서 비상구출 시에 카 하부를 통하여 승강로에 추락하는 안전사고를 방지하기 위하여 카 문턱 하부에 조립하는 보호판이다.

① 수직 높이는 0.75m 이상, 두께 1.2mm 이상의 강판으로서 출입구 전폭에 설치되어야 한다.

② 에이프런의 아랫부분은 안전을 위하여 승강로 쪽으로 구부러져 있어야 한다.

③ 에이프런 뒷면은 기대었을 때 굽혀지지 않도록 채널 등으로 보강하고 운행 중에 승강장 문턱에 걸리지 않도록 승강로 쪽으로 기울여서 조립한다.

출제 03 카 출입문과 관련된 부품, 카 상부 설치 부품

1 카 문 구동장치(car door operator) 조립

카 문 구동장치는 일반적으로 공장에서 조립된 상태로 출하되어 카 헤더 암(car header arm) 위에 설치되는 방식과 중소형의 경우 천장판과 프레임 고정 브래킷을 이용하는 방식이 있으며, 카 문 구동 전동기(door motor)의 회전에 의하여 카 문을 개폐토록 하는 장치로 설치 상태에 따라 카 문의 움직임에 직접적인 영향을 끼치는 것은 물론 운행 중의 고장 발생과도 밀접한 관계가 있으므로 각 부품을 정확히 설치하여야 한다.

(1) 카 헤더 암(car header arm) 조립 설치

① 카 스타일(car stile)에 카 헤더 암 앵글을 조립한다.

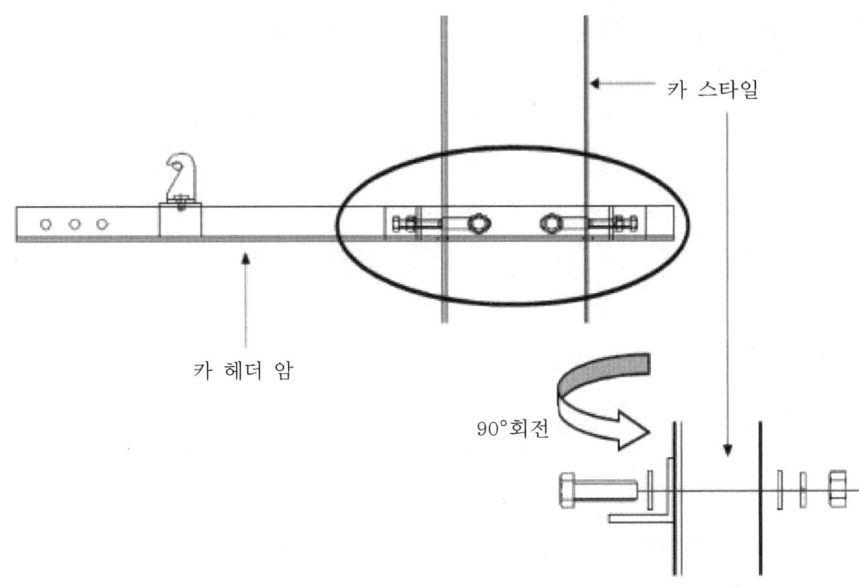

▌카 헤더 암 조립 ▌

② 크로스헤드와 카 헤더 암에 샤클(shackle)을 설치하고, 그 샤클에 버티컬 로드(vertical rod)를 설치한다.

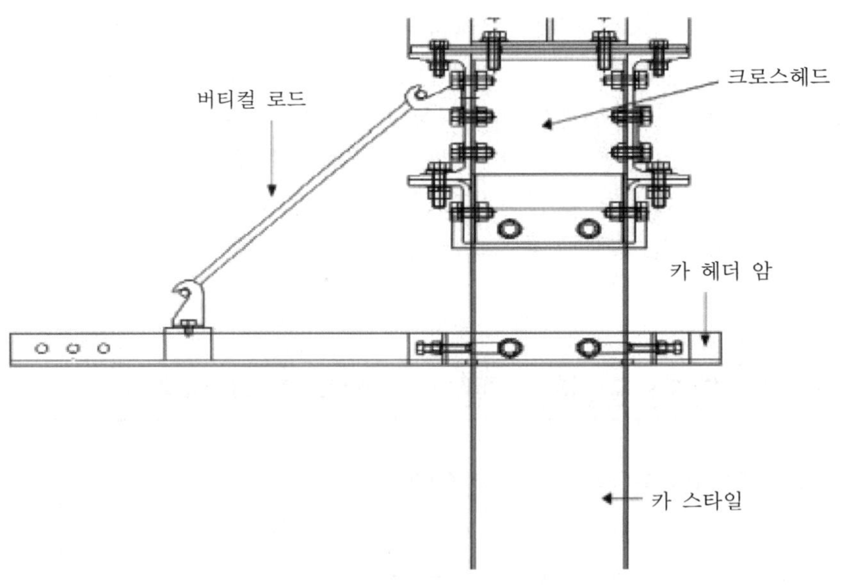

▌버티컬 로드 조립 ▌

③ 좌·우측 2곳의 카 헤더 암과 카 문 구동장치 사이에 타이 로드(tie rod)를 설치하고, 수평계로 수평을 확인한다.

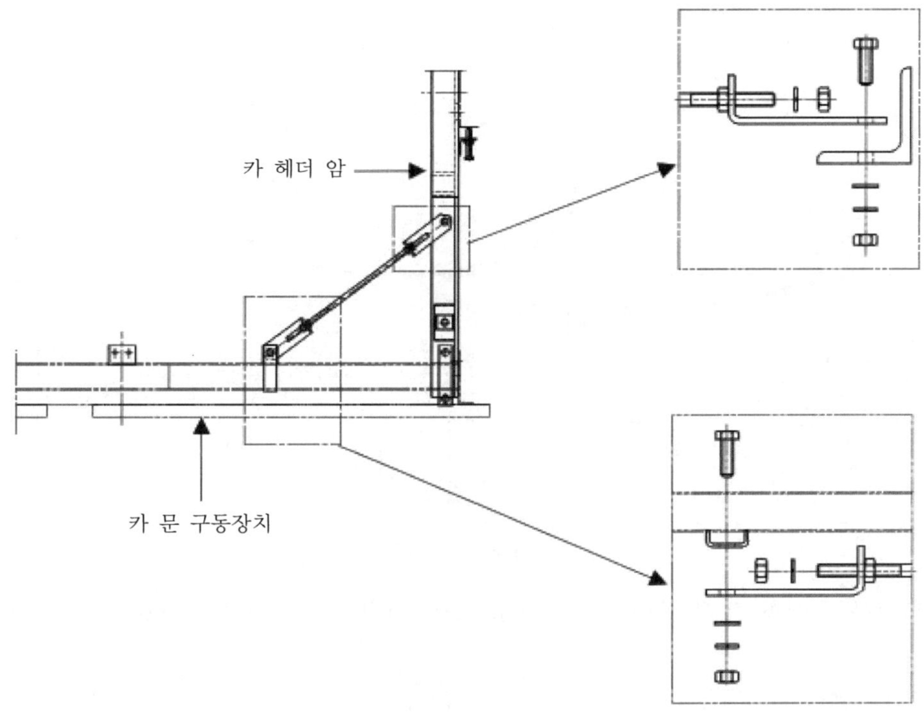

┃ 타이 로드 조립 ┃

(2) 카 문 구동장치(car door operator) 조립 설치 (카 헤더 암 방식)

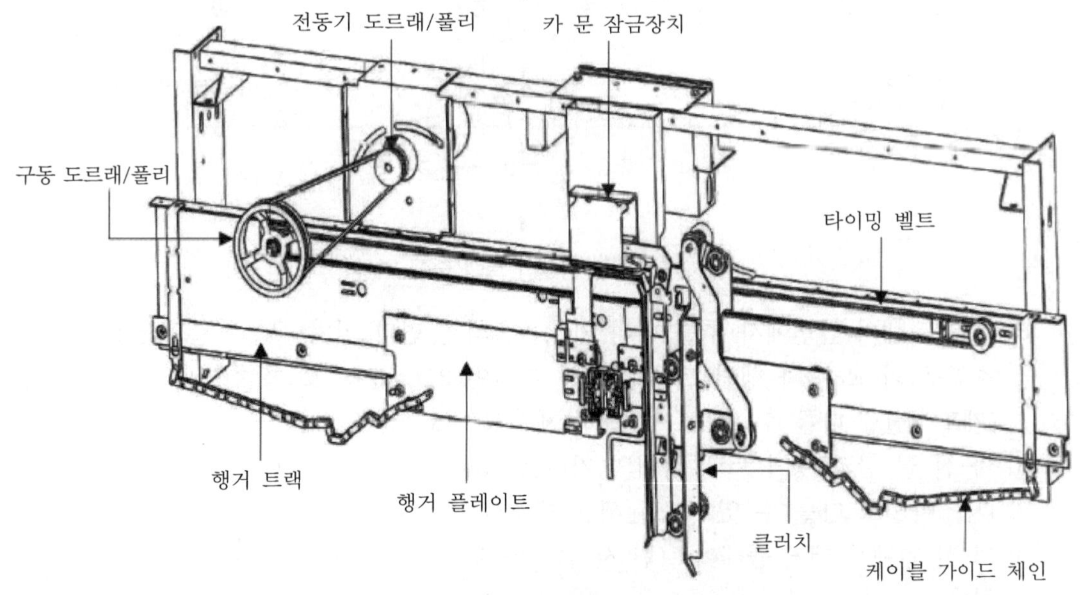

┃ 카 문 구동장치 ┃

① 카 헤더 암에 볼트를 체결하여 카 문 구동장치를 설치한다.

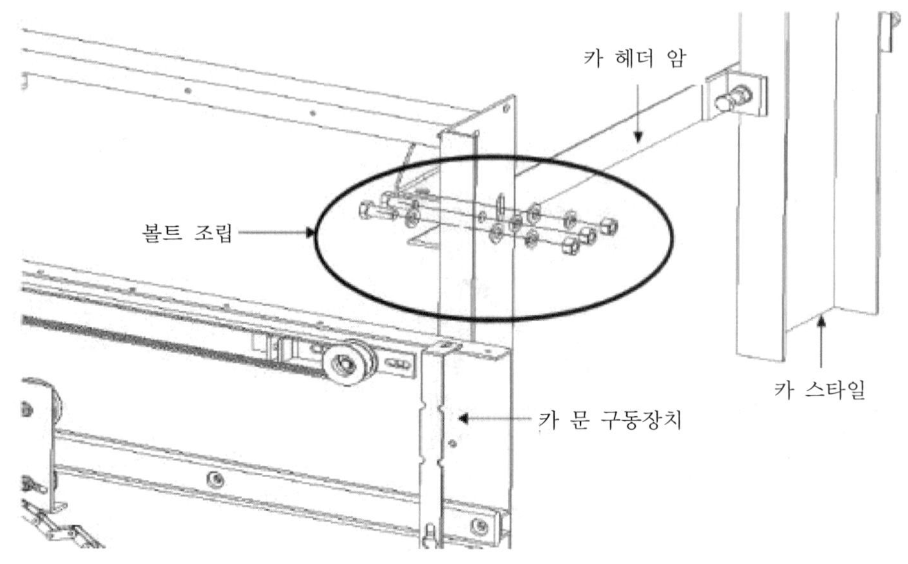

▌카 문 구동장치 설치▐

② 출입구 중심과 트랙 중심(track center)이 일치하도록 캐리지 볼트를 조정한다.

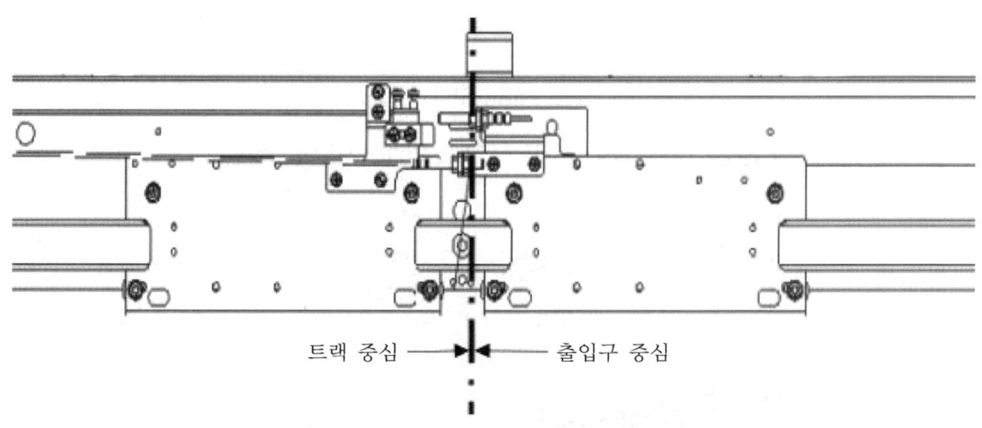

▌출입구 중심과 트랙 중심 일치▐

③ 행거 트랙의 앞면에서 추를 내려 카 실 홈의 앞면과 일치되도록 조정한다.
④ 출입구 피아노선과 행거 트랙 사이의 거리는 37mm가 되도록 한다.
　　[제조사별로 다를 수 있으므로 해당 제조사 자료 참조]
⑤ 카 실 끝 단과 행거 트랙 사이의 거리는 28mm가 되도록 한다.
　　[제조사별로 다를 수 있으므로 해당 제조사 자료 참조]
⑥ 카 실 면에서 행거 플레이트 면 사이의 높이는 출입구 유효 높이＋189±1mm가 되도록 한다.
　　[제조사별로 다를 수 있으므로 해당 제조사 자료에 따를 것]

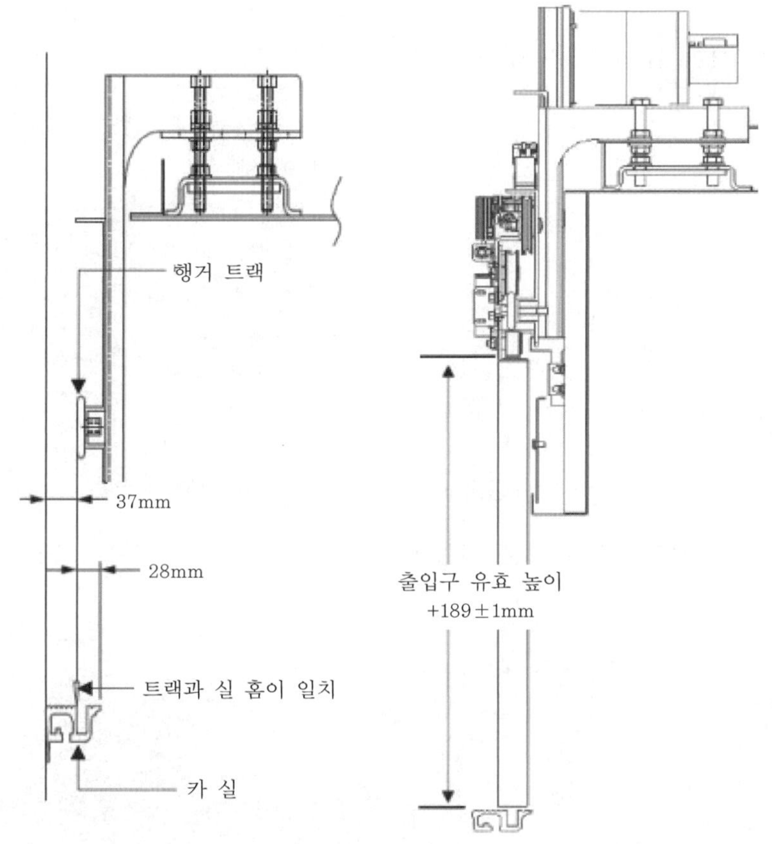

┃ 카 문 구동장치의 설치 위치 조정 ┃

(3) 카 문 구동장치(car door operator) 조립 설치 (카 천장에 설치하는 방식)

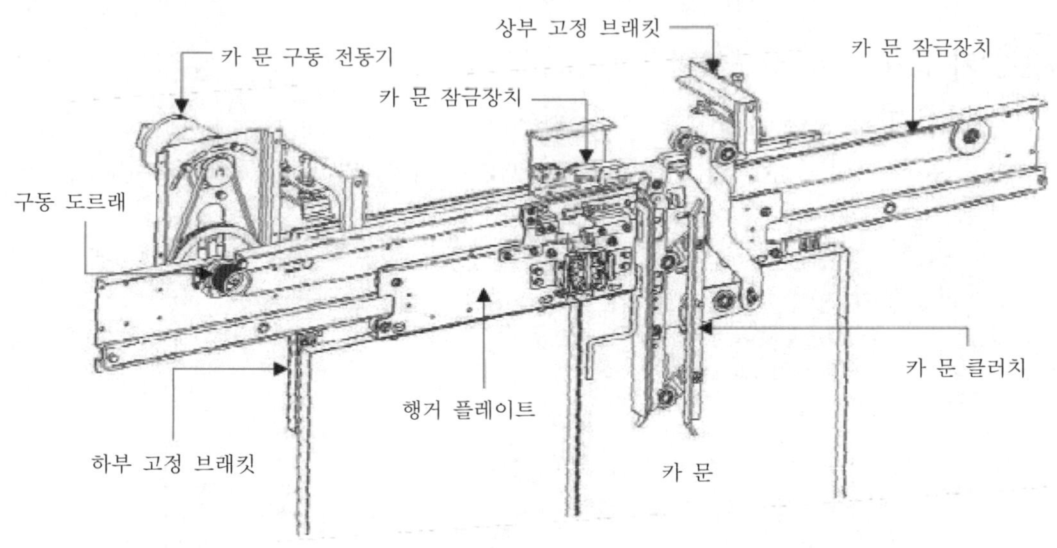

┃ 카 문 구동장치 (카 천장에 설치) ┃

① 천장 판의 카 문 구동장치 고정 브래킷에 근각 볼트와 탭 플레이트를 화살표 방향으로 끼워 넣고 볼트를 조여 카 문 구동장치를 설치한다.

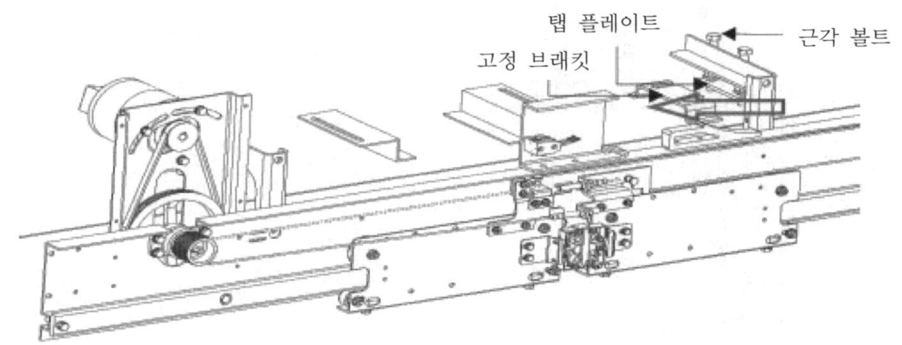

‖카 문 구동장치를 카 천장의 고정 브래킷에 설치‖

② 프레임 고정 브래킷과 볼트를 이용하여 카 문 구동장치 하부를 고정한다.

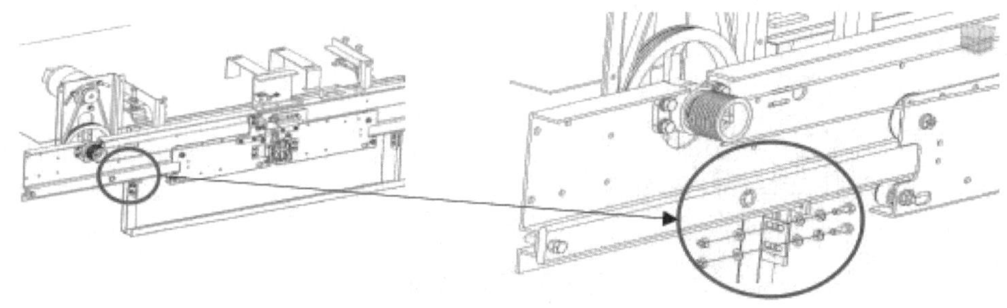

‖카 문 구동장치 하부 고정‖

2 카 문(car door) 설치

① 카 문의 하단부에 가이드 슈를 조립한다.
② 카 문의 가이드 슈를 카 실의 홈에 먼저 넣은 다음, 카 문 구동장치의 행거 플레이트에 볼트를 사용하여 조립한다.

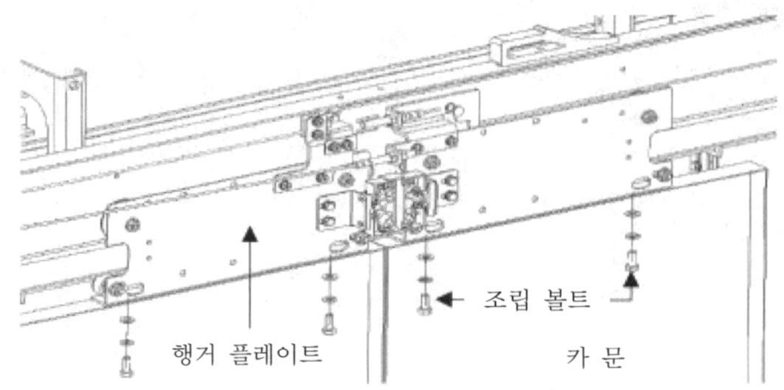

‖카 문과 행거 플레이트 조립‖

③ 카 문과 카 출입구 주와의 간격은 6±1mm가 되도록 조정한다.

④ 카 문 아랫단과 카 실과의 간격은 5±1mm가 되도록 조정한다.

⑤ 익센트릭(excentric) 롤러와 행거 트랙 하단부의 간격은 0.5±0.2mm가 되도록 조정한다.

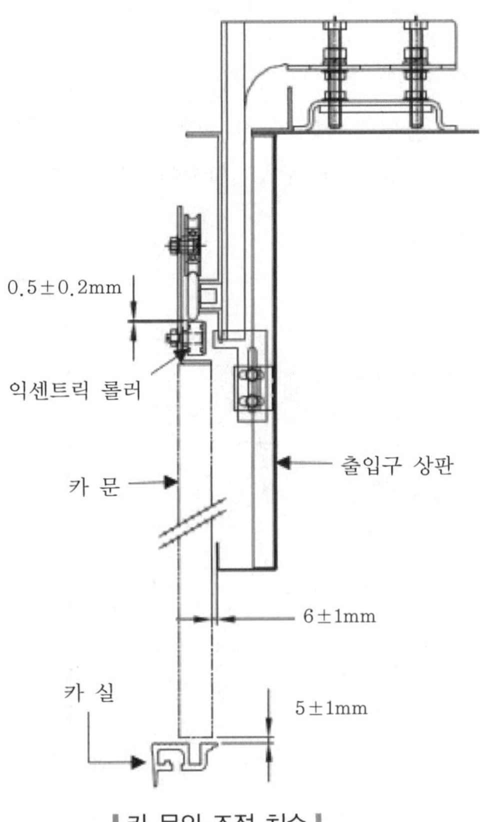

▌카 문의 조정 치수▐

3 1방향 열림(side opening) 방식의 카 문

1방향으로 열리는 카 문의 경우도 기본적인 설치 방법은 동일하며 구체적인 조립 및 설치 방법은 제조사의 자료를 참조한다.

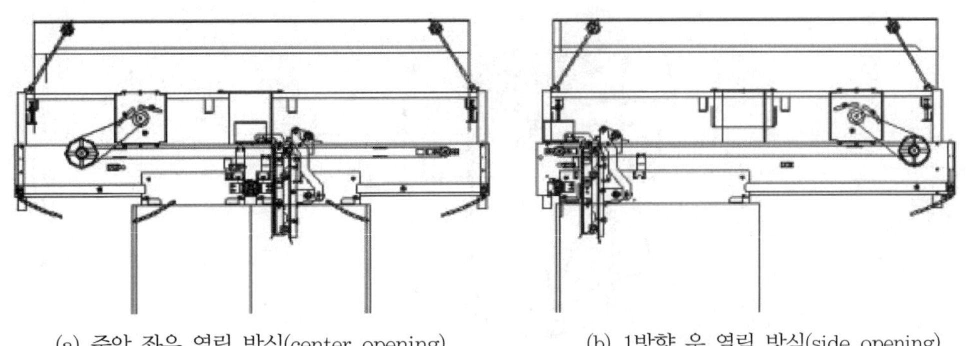

(a) 중앙 좌우 열림 방식(center opening)　　　(b) 1방향 우 열림 방식(side opening)

▌문 열림 방식의 비교▐

4 카 문 클러치(door clutch)와 각종 스위치 및 기타 부품 설치

(1) 카 문 잠금장치(car door locking device)가 있는 클러치

① 출입구의 중심으로부터 클러치의 고정 캠 바깥 면까지의 거리가 111±0.5mm 되도록 조정한다.

[개폐 폭에 따라 다를 수 있으므로 해당 제조사 자료 참조]

② 카 문이 닫혔을 때, 키퍼와 잠금장치 사이의 거리가 22~24mm 되도록 조정한다.

[제조사별로 다를 수 있으므로 해당 제조사 자료 참조]

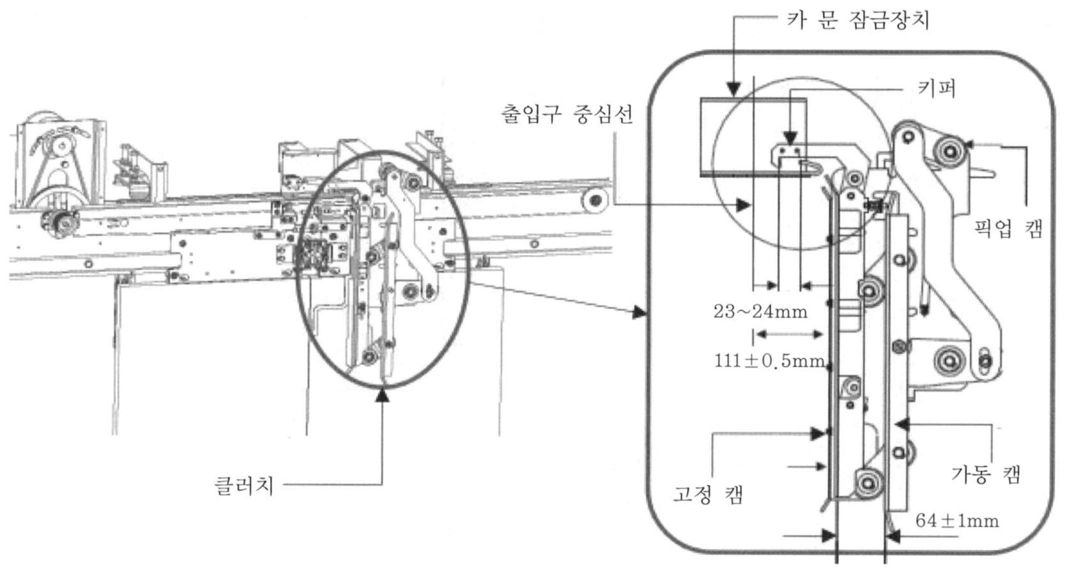

‖ 카 문 잠금장치가 있는 클러치 ‖

③ 카 문이 닫혔을 때 고정 캠과 가동 캠의 안쪽 간격이 64±1mm가 되도록 픽업 캠을 조정한다.

[릴리즈 롤러의 형태에 따라 다를 수 있으므로 해당 제조사 자료 참조]

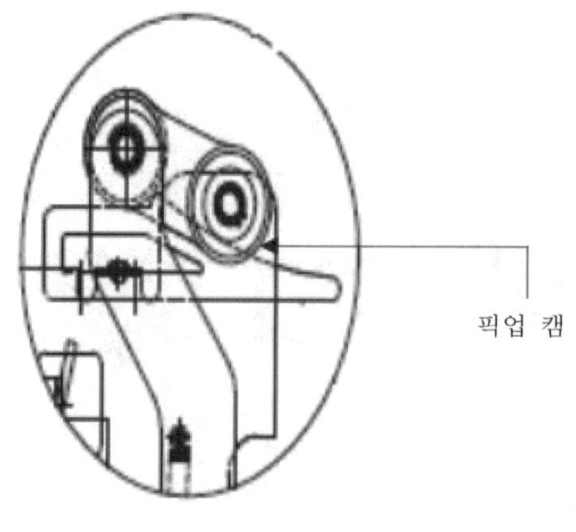

‖ 픽업 캠 ‖

④ 카가 승강장 실(sill)을 지날 때 클러치 캠과 승강장 실의 유격 거리는 7.5±0.5mm가 되도록 필요하면 카 문과 클러치 사이에 라이너를 삽입하여 조정한다.

(2) 게이트 스위치(gate switch) 설치

카 문이 완전히 닫히기 전, 문 사이가 8~10mm가 되는 시점에서 게이트 스위치(gate switch)의 접점이 접촉되도록 조정한다.

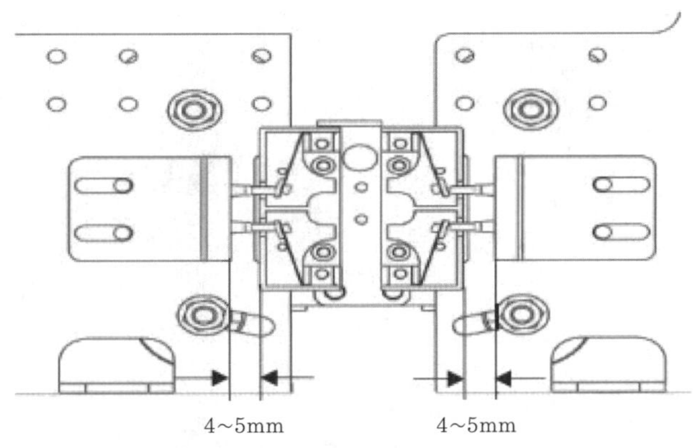

▌ 게이트 스위치 ▌

(3) 카 문 리밋스위치(car door limit switch) 설치

카 문이 완전히 열리고, 또 닫힐 때 OLS(Open Limit Switch), CLS(Close Limit Switch) 몸체의 방사형 무늬에 센서 브래킷의 절반 이상이 근접되어 스위치가 동작되도록 조정한다.

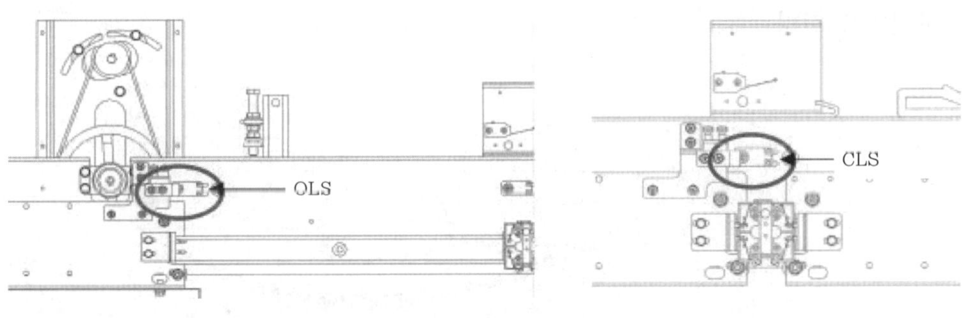

(a) 카 문이 완전히 열렸을 때 (b) 카 문이 완전히 닫혔을 때

(4) 카 출입문 잠금장치(safety edge) 설치

① 상시 노출형 : 카 문이 열리거나 닫혀 있을 때 항상 엣지(edge)가 노출되어 있으며 접촉될 때 스위치가 동작되어 반전되는 것으로 카 문에 직접 설치한다.

② 닫힐 때에만 노출형 : 카 문이 닫힐 때만 엣지(edge)가 노출되는 형태이며, 레버와 캠의 조합에 의하여 구동이 되고, 일반적으로 카 실(car sill)에 지지되는 구조이다.

③ 멀티 빔

　㉠ 기계적인 접촉에 의하여 동작되는 형태가 아니라, 조밀한 빔을 쏘고 물체에 의하여 빔이 차단될 때 문 닫힘 동작이 반전되는 비접촉식이나, 기계적인 접촉방식을 겸용하는 것도 있다.

　㉡ 카 문에 직접 설치한다.

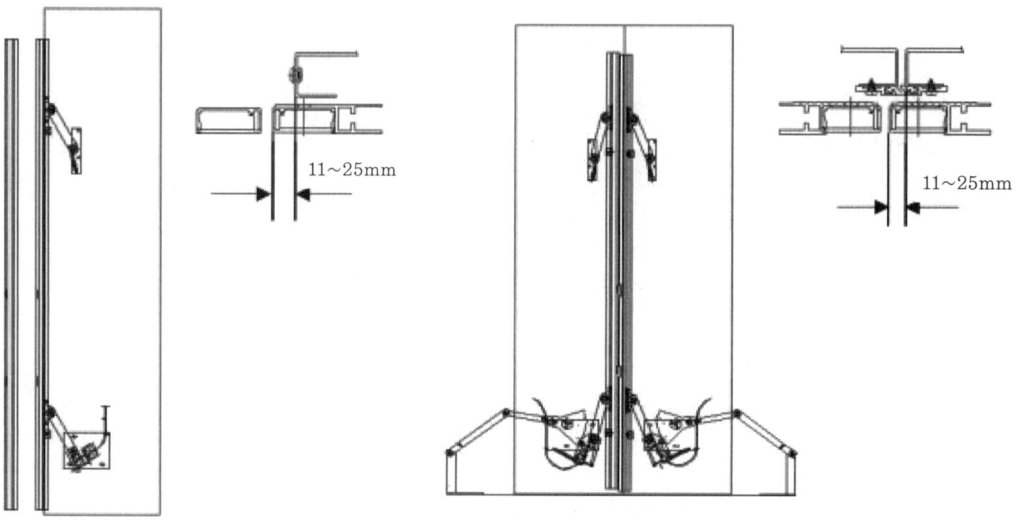

┃ 출입문 잠금장치 ┃

④ 케이블 가이드 체인(guide chain)을 따라 케이블을 배선하고 케이블 타이(cable tie)로 바인딩을 한다.

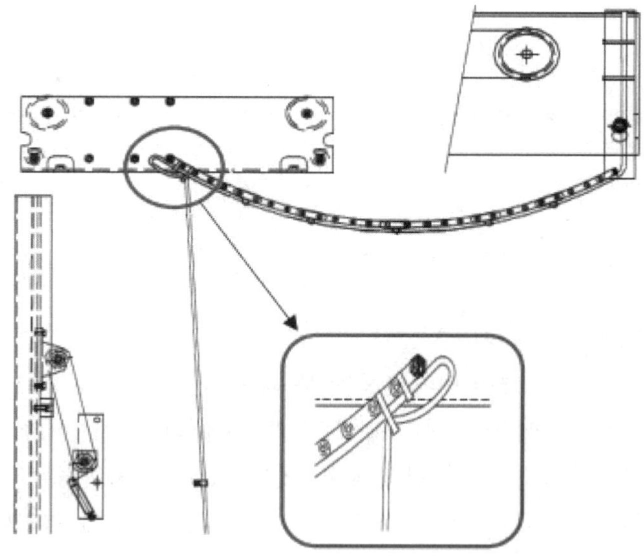

┃ 카 출입문 잠금장치의 케이블 바인딩 ┃

(5) 카 정션 박스(car junction box) 설치

카 정션 박스 고정 브래킷에 카 정션 박스를 설치한다.

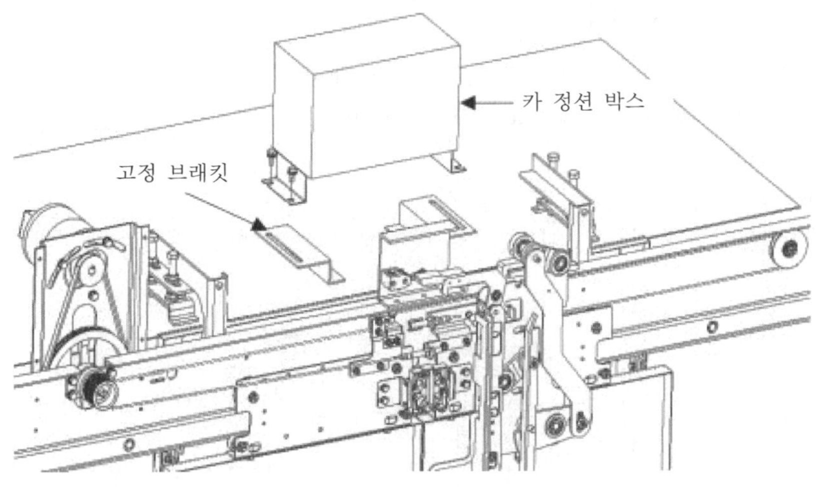

‖ 카 정션 박스 설치 ‖

(6) 과부하 감지 스위치 설치

① 카 추락방지안전장치 블록에 가공되어 있는 과부하 감지 스위치 설치 구멍에 볼트를 이용하여 설치한다.

② 플랫폼의 적재량에 의하여 방진고무가 눌림으로써 탑승 무게를 검출하는 볼트를 스위치와 접촉하도록 플랫폼에 고정한다.

‖ 과부하 감지 스위치 ‖

(7) 착상 스위치(landing switch) 설치

정해진 위치에 운행층의 자동 착상을 위한 착상 스위치를 설치한다.

(8) 카 지붕 안전 난간 설치

크로스헤드 상부 면에 가공된 볼트 구멍에 맞추어 안전 난간대를 설치한다.

출제 04 | 카 심출, 카 밸런스 작업

1 카 케이지 수직 조정

카 케이지의 수직도 조정 상태는 카의 주행 중 카 내에서 발생하는 진동 및 소음에 직접적인 영향이 있으므로 정확히 조정하고 세팅해야 한다.

① 카를 최하층에 위치시킨다.

② 카 바닥의 수평 상태를 수평계를 사용하여 확인한다.

③ 임시 고정된 천장의 케이지 고정용 방진장치 고정 볼트를 풀어놓는다.

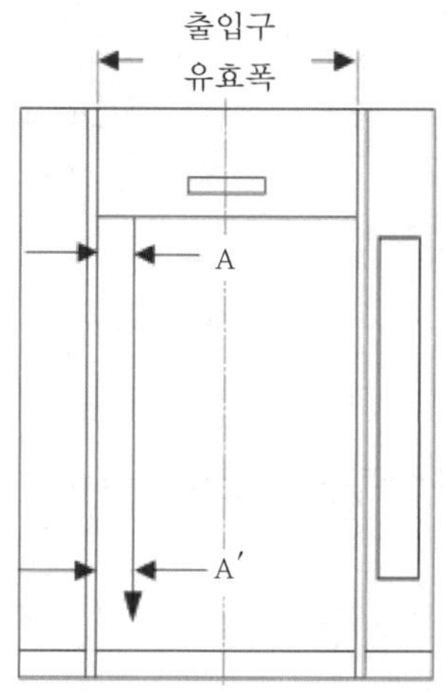

‖ 카 수직도 측정 ‖

④ 카 출입구 상판에서 출입구 주 측면으로 추를 내려 [그림](카 수직도 측정)의 A–A′ 치수를 측정하여 상·하, 전·후 수직도를 확인한다.

⑤ 측정값을 참고하여 기울어진 방향의 카 플랫폼 하부에서 M16 잭(jack) 볼트를 조작하여 플랫폼을 약간만 들어 올리고 방진고무와 서포트 프레임(support frame) 사이에 라이너를 삽입하면서 카 케이지의 수평 및 수직도를 조정한다. 이때 수직 오차는 상·하, 전·후 공히 ±1mm이다.

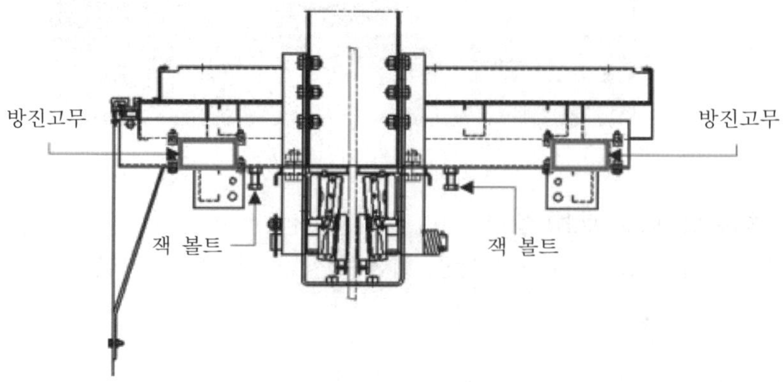

‖ 카 플랫폼 하부의 방진고무 ‖

⑥ 카 플랫폼 하부의 M16 잭 볼트를 내리고 방진고무 고정 볼트를 완전히 조인다.

⑦ 출입구 폭 좌·우에서 카 실과 해치 실 사이의 간격 25±1mm를 확인한다.

⑧ 측정 결과 조정이 필요할 경우, 서포트 프레임과 카 추락방지안전장치 블록을 고정시키는 M20×50 볼트를 풀고 지렛대 등을 사용하여 25±1mm가 되도록 맞춘다.

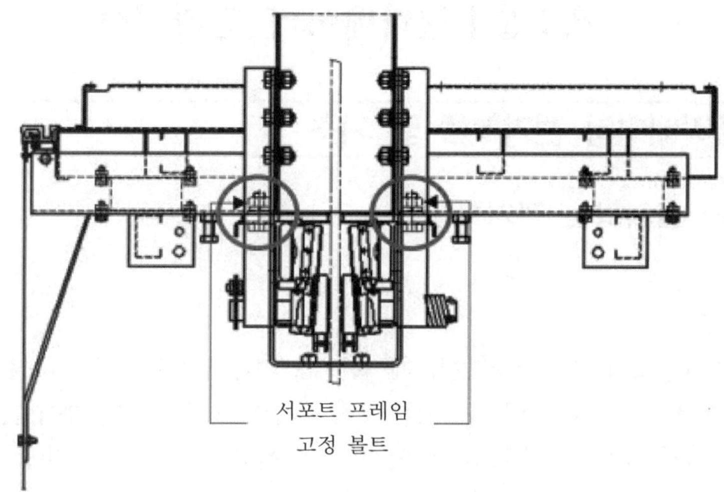

｜ 카 추락방지안전장치 블록과 서포트 프레임 고정 볼트 ｜

⑨ 조정이 완료되면 서포트 프레임과 카 추락방지안전장치 블록의 M20×50 고정 볼트를 완전히 조인다.

⑩ 천장의 케이지 고정용 방진 스토퍼를 M8×20 볼트를 사용하여 완전히 고정한다.

⑪ 보상 체인이나 보상 매다는 장치 등으로 인하여 카가 편 하중을 받는 경우 그 반대쪽의 서포트 프레임에 카 균형 웨이트를 매달아 카의 무게 중심을 조정한다. 이 때 무게 중심은 승강로 중간 지점에서 카의 쏠림 현상을 측정하여 판단한다.

⑫ 카 케이지의 수직 조정이 완료되면 카 천상과 카 벽에 디음의 부품들을 설치한다. 카 천장 ·카 조명등, 비상정전등·비상구출구 및 스위치·BGM 스피거, 환기펜 기 벽면·기 조작반, 기 위치표시기 등

2 카 밸런스 웨이트 작업

적재 인원 20인승 이상, 속도 150m/mim 이상 해당되는 엘리베이터의 경우 카 하부에 밸런스 웨이트를 설치한다.

① 카 바닥 하부(하부 빔) 완충기 충돌판의 볼트를 풀고 완충기 충돌판을 해체한다.

② 평형추를 카 바닥 하부 빔의 중간 양쪽에 건다.

③ 고정 브래킷을 이용하여 평형추를 카 바닥 하부 중간 빔 양단에 밀착되게 고정한다.

④ 완충기(버퍼) 충돌판을 카 바닥 하부 빔에 고정한다.

⑤ 하부 빔의 중간 빔에 모든 평형추를 수용할 수 없는 경우 나머지 평형추는 하부 빔의 앞쪽 두 빔 사이에 대칭으로 설치한다.

04 엘리베이터 전기 설치 및 부품 교체

제1절 | 엘리베이터 전기배선

출제 01 엘리베이터 전기부품 및 기구

1 기계실에 설치되는 전기부품

(1) 제어반

① 제어반의 종류

㉠ 기계실 있는 엘리베이터의 제어반 : 제어반은 엘리베이터가 서비스를 원하는 호출에 응답하여 연속적인 순서로 제어하기 위한 조작 계통의 집합체이다. 제어반은 철제 자립형으로 유지관리가 편리한 구조로 제작되어 있으며 엘리베이터 안전운전에 필요한 배선용 차단기(NFB), 전자접촉기(Magnetic contactor), 제어용 전자계전기(Relay) 등이 취부되어 있으며 퓨즈나 과전류 차단기와 같은 회로 보호장치들로 구성되어 있다. 또한 엘리베이터 모터 제어를 위한 인버터, 인버터에서 발생하는 노이즈를 제거하기 위한 노이즈 필터 등이 포함된다.

Ⅰ 승강기 제어반 Ⅰ

㉡ 기계실 없는 엘리베이터 제어반 : 승강장에 설치하는 제어반은 기계실 있는 엘리베이터 제어반의 기능을 문 옆에 길게 세로로 배열하여 설치한 구조로 기계실 있는 엘리베이터 제어반과 다름이 없다. 그렇지만 승강로 내부에 설치하는 기계실 없는 엘리베이터 제어반의 경우는 배치 자체가 다르다. 우선 승장장에서 전원을 제어하는 MCCB가 내장된 인스펙션용 운전반이 별도로 설치되고 승강장에서 비상구출 운전이 가능한 구조의 제어 시스템이 필요하다.

▌기계실 없는 엘리베이터의 제어반 ▌

2 카 지붕에 설치되는 전기기구

(1) 송풍기(blower)

카 내부에 공기를 순환시키는 기능을 수행하는 송풍기는 카의 크기에 따라 1개소 설치 방식과 2개소 설치 방식이 있다. 일반적으로 17인승 이상의 경우에는 2개의 송풍기가 설치된다. 송풍기의 전원은 일반적으로 AC 220V를 사용하는 구조이며, 조작반 내에 송풍기 ON/OFF 제어용 절환 스위치가 존재한다.

▌엘리베이터 송풍기 ▌

(2) 위치 검출장치

① 엘리베이터가 카 버튼이나 승강장 호출버튼에 응답하여 서비스를 할 경우 목적 층의 레벨에 근접하였을 때 레일에 부착되어 있는 차폐판을 카 상부의 센서가 통과하며 감지하여 도어존의 위치를 확인하여 제어를 실시하는 장치이다.

② 엘리베이터의 위치를 찾아주는 장치로 말굽 형태의 영구자석식 센서를 사용하는 경우와 적외선을 사용하는 경우로 나눌 수 있다.

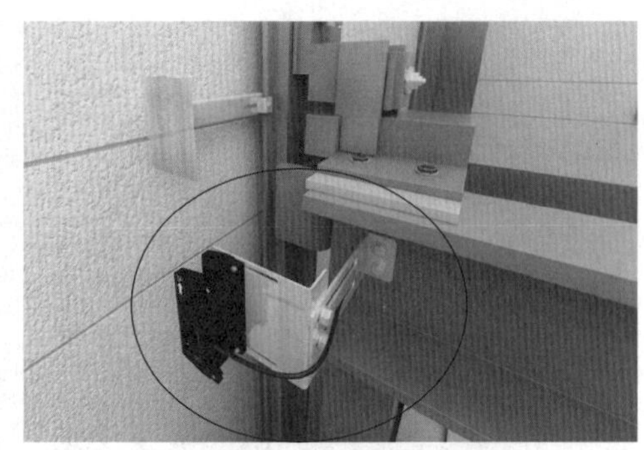

┃ 위치 검출 센서 ┃

③ 영구자석식 센서를 사용할 경우 별도의 제어 전원을 사용하지 않는 구조이므로 정전으로 인한 신호 소멸 여부를 고려하지 않아도 되는 장점이 있다. 영구자석식 착상장치의 작동은 자력선을 차폐하여 자력의 세기로 리드 스위치의 작동을 제어하는 메커니즘으로 구성되어 있다.

④ 적외선식 착상장치 센서는 착상 정밀도를 높일 수 있다는 장점이 있지만 제어 전원을 사용하는 구조이기 때문에 정전에 의한 층 위치 보정 시에는 영구자석식에 비해 조건이 불리하다.

⑤ 센서와 무관하게 착상 정밀도에 대해서는 레벨 전, 후 10mm 이내의 기준을 만족하지만 전원에 무관하게 센싱 가능한 구조의 영구자석식 센서를 이용하는 방식을 선호하고 있다.

(3) 카 상부 점검반

카 상부에는 보수점검 시 필요한 장치인 비상정지 스위치, 자동/수동 절환 스위치, 상승/하강 스위치가 취부되어 있으며, 카에 설치되는 전기부품 결선을 위한 car top board가 설치되어 있다. 이러한 전기부품들은 이동케이블로 기계실에 있는 제어반과 연결되게 된다.

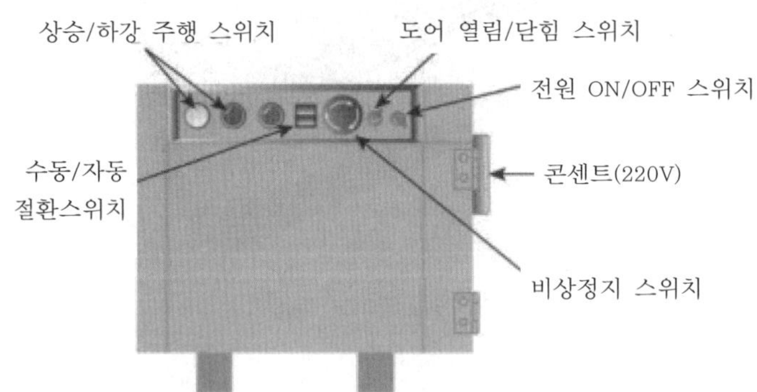

┃ 카 상부 점검반 ┃

① **도어 열림/닫힘 스위치** : 도어의 열리고 닫힘을 조종하는 스위치

② **상승/하강 주행 스위치** : 수동 운전 시 카의 상승과 하강 운전하는 스위치

③ **전원 ON/OFF 스위치** : 엘리베이터 전원을 ON, OFF하는 스위치

④ **수동/자동 절환스위치** : 점검 시 저속 수동 운전을 위한 스위치(카 및 승장 부름에 응답하지 않음)

⑤ **비상정지 스위치** : 카의 운행을 즉각적으로 멈추게 하는 스위치

출제 02   엘리베이터 전기장치

1 카 주변에 설치되는 전기장치

(1) 카의 부하 검출장치

카의 부하를 검출하는 부하 검출장치는 카 하부에 설치하는 방식과 카 지붕에 설치하는 방식, 로프에 매다는 방식 등 다양하나, 아래의 내용은 일반적으로 사용하는 카 하부에 설치하는 방식에 대한 설명이다.

① 부하 검출장치의 구성은 110% 부하를 검출하여 엘리베이터 출입문을 강제로 열어 움직임을 저지하는 과부하 검출장치와 80% 부하와 20% 부하를 검출하는 검출장치로 구성된다.

② 80% 부하 검출장치는 카 내의 부하가 80% 이상임을 검출하여 승강장의 부름을 bypass 할 수 있는 기능을 구현할 경우에 사용되고, 20% 부하 검출장치는 장난 부름을 검출하여 부하보다 많은 카 내부 부름이 등록되었을 경우 동일 방향 부름을 소거하는 기능으로 사용하기 위한 센서로 활용된다.

③ 부하 상태에 따라 기동 토크를 조정하는 피드백 데이터(feedback data)로 사용되기도 한다.

④ 다른 방식의 부하 검출장치로는 방진고무의 찌그러짐 위치에 따른 저항값의 변화를 이용한 포텐셜미터를 사용하는 방식이 있다. 포텐셜미터는 저항값에 따라 다양한 부하를 검출할 수 있어서 부하 변화에 따른 기동 토크 제어 시에 세밀한 제어를 하는 반면 정밀한 부하 세팅을 해야 하는 번거로움이 있다.

(2) 출입문 구동장치

카 문의 제어를 담당하는 출입문 구동장치는 엘리베이터의 핵심 제어장치 중 하나이다. 출입문을 제어하는 수단으로 인버터를 이용하여 속도를 제어하는 방식의 VVVF를 채용하는 제어 방법과 캠의 위치에 따른 저항값을 변화하여 제어하는 DC전압 제어방식이 사용되어 왔으나 현재는 인덕션 모터보다 PMSM 모터를 이용하여 기계 효율을 높인 방식의 제어방법이 구현되고 있다.

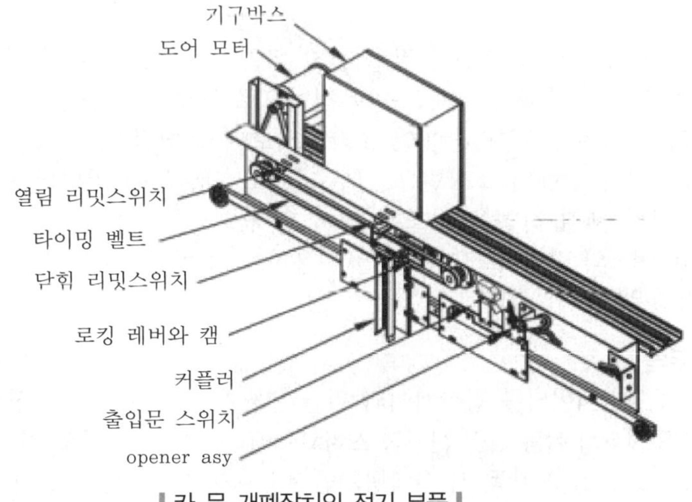

‖ 카 문 개폐장치의 전기 부품 ‖

(3) 출입문 안전장치

엘리베이터의 도어가 닫히는 순간 승객이 출입하는 경우 충돌사고의 원인이 되므로 도어 끝단에 검출장치를 부착하여 도어를 반전시키는 장치이다.

① 세이프티 슈(safety shoe) : 도어의 끝에 설치하여 물체가 접촉하면 도어의 닫힘을 중지하며 도어를 반전시키는 접촉식 보호장치이다.

② 세이프티 레이(safety ray) : 광선 빔을 통하여 차단하는 물체를 광전장치(photo electric device)에 의해서 검출하는 비접촉식 보호장치이다.

③ 초음파장치(ultrasonic door sensor) : 초음파의 감지 각도를 조절하여 카 쪽의 물체(유모차, 휠체어 등)나 사람을 검출하여 도어를 반전시키는 비접촉식 보호장치이다.

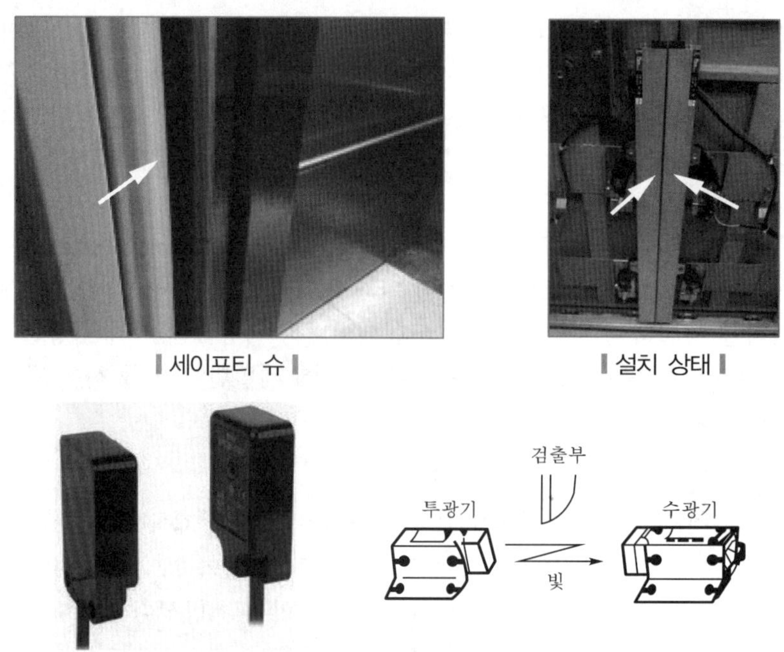

‖ 세이프티 슈 ‖　　　　‖ 설치 상태 ‖

‖ 광전장치 ‖

(4) 조작반

① 제어를 총괄하는 PCB 부위와 각 행선지 버튼 입력부, 카 위치 디스플레이부, 음성 안내 방송장치부, 비상통화장치부, 수동운전반으로 구성되며 출입구측 벽면에 설치되는 메인 조작반과 장애인을 위한 장애인 조작반으로 나누어진다.

② 메인 조작반과 장애인 조작반은 전부 케이블 단말부에 커넥터로 구성되어 있어 커넥터 명칭에 맞게 체결 작업을 하도록 되어 있다.

③ 다른 디바이스와 달리 포크 터미널을 사용하여 작업하는 부분이 없으므로 비교적 수월하게 체결 작업을 할 수 있다.

(5) 기타 전기부품

① 착상장치 : 엘리베이터를 착상시키기 위한 센서가 포함된 장치로 상부 체대 위에 설치한다.

② 추락방지안전장치 작동 확인 전기적 스위치 : 엘리베이터를 비상 정지시키기 위한 세이프티 웨지(safety wedge) 작동 시 추락방지안전장치가 작동되었음을 확인하는 전기적 안전장치로 하부 구동형과 상부 구동형이 있다.

③ 비상구출구 스위치 : 카 지붕 천장에 설치된 비상구출구가 열릴 경우 엘리베이터를 정지시키기 위한 전기적 안전장치

2 승강로와 승강장에 설치되는 전기장치

(1) 리밋스위치

엘리베이터의 카가 평상 운전 시 최상층 및 최하층을 지나쳐 주행하는 것을 방지하기 위해서 보통의 감속장치와는 별도로 최상층 및 최하층에는 마이크로 스위치를 사용하여 감속, 정지할 수 있는 거리에 리밋스위치를 설치한다. 만일 리밋스위치 및 보통의 감속장치가 고장이거나, 어떠한 이유로든지 카가 최상층이나 최하층에서 감속을 못하여 승강로 천장이나 피트 바닥에 충돌하는 것을 방지하기 위하여 파이널 리밋스위치를 반드시 설치하여야 한다.

① 강제 감속 스위치 : 시스템 이상으로 정상적인 감속 거리에서 감속되지 않을 때 동작
② 리밋스위치(1차 정지 스위치) : 카가 운행될 때 최상층 및 최하층을 벗어나지 않도록 하는 스위치
③ 파이널 리밋스위치(2차 정지 스위치) : 리밋스위치 오동작으로 카가 정지하지 못하였을 경우, 모터의 동력을 차단하여 주행하지 못하게 하는 스위치

▌리밋스위치 ▌　　　　▌리밋스위치와 파이널 리밋스위치의 설치 상태 ▌

(2) 기타 전기부품

① 승강장 문 잠금장치 : 승강장 문을 강제로 잠글 수 있도록 셀프 클로징 메커니즘으로 구성된 승강장 문 잠금장치
② 승강장 위치표시기 : 승상장 내 카의 위치를 세븐 세그먼트나 도드 매드릭스(dot matrix)를 이용하여 표시하는 장치
③ 승강장 랜턴 : 카의 도착을 예보하는 기능의 식별기
④ 승강장 홀 버튼(승강장 호출장치) : 승강장에서 엘리베이터를 호출하는 장치

3 피트에 설치되는 전기장치

① 오일 버퍼 작동 확인 스위치 : 엘리베이터의 오일 작동형 완충기에 부착된 오일 누유 시 작동되는 전기적 안전장치로 카 측과 카운트 웨이트 측에 설치되며 직렬 연결되어 어느 한 쪽만 누유가 발생되더라도 작동된다.
② 피트 출입 시 작동시키는 피트 정지장치 : 피트 진입을 목적으로 최하층 승강장 문에 쉽게 접근 가능한 위치에 설치되는 피트 정지 스위치이다.

③ 거버너 텐션 로프 늘어남 확인장치 : 거버너 로프의 늘어짐을 확인하여 일정 길이를 넘어설 경우 이를 검출하여 엘리베이터의 운행을 저지시키는 안전장치이다.

제2절 ｜ 전기부품 교체

출제 01 전기부품 교체

1 전기부품 교체

(1) 제어반 교체

① 제어반은 건물 벽에서 300mm 이상 이격하여 제어반 문을 열고 설치 및 보수를 할 때 기기와 간섭이 없는 위치에 배치한다.

② 배관 및 배선(동력, 모터, 엔코더, 과속조절기) 작업이 용이하도록 풀 박스의 방향을 선정한다.

③ 풀 박스의 상단은 신더 콘크리트 마감 면보다 10mm 이상 높게 설치한다. (풀 박스 내부로 이물질이나 수분의 유입을 방지하기 위함)

④ 풀 박스를 앵커 볼트로 고정한 후에 제어반을 올려놓고 조립한다. 제어반의 조립은 풀 박스와 덕트의 용접이 완료된 후에 하여, 용접으로 인하여 제어반 배선이 소손되지 않도록 한다.

⑤ 제어반 정면과 측면에서 추를 내려 수직 오차를 3mm 이내로 한다.

(2) 기계실 배선

① 배관 길이와 제어반 내분의 여장을 고려하여 케이블을 절단함으로써 중간에 접속하는 일이 없도록 한다.

② 케이블의 말단은 압착 단자로 마감하며 구동기의 구동 진동으로 풀림이 발생되지 않도록 접속 단자대에 견고하게 고정한다. 인출선과 연결하는 경우에는 고무 절연 테이핑을 철저히 하여 누전되지 않도록 한다.

③ 제어반 내부의 배선은 전원선과 제어선을 분리하여 제어 계통의 노이즈에 의한 오동작을 방지한다.

④ 제어반의 단자대는 용도별로 분리하여 설치하고 용도 표시를 한다.

⑤ 제어반 내부의 케이블은 케이블타이 용도별로 묶음 배선한다.

⑥ 제어반과 각 기기의 접지 단자에 접지선을 연결한다.

⑦ 기계실 팬용 전원은 전용 차단기를 설치하고 승강기가 병렬 배치인 경우에는 제어반 각각의 온도 감지기에 의하여 병렬 동작이 가능하도록 배선한다.

⑧ 인버터용 팬 통풍구에는 방진(防塵)용 필터를 제어반 내부에 설치한다.

(3) 메인 인버터 교체

① 메인 인버터 고장 정밀 체크 : 기계실 CP 외관 상태(습기, 소손) 및 주 전원, 단자 고정부, 환기팬, 에러 내용

② 메인 인버터 이동 시에는 항상 박스에 잘 고정한 후 포장하여 이송시킨다.

③ 메인 인버터 교체 전 정격 사양 비교 완료 후 교체를 실시한다.

④ 메인 인버터 교체 전 DC 전압 방전 후 작업을 실시한다. (방전 S/W 작동 후 DC 전압 체크)

⑤ 메인 인버터 철거 시 반드시 연결 및 고정부를 표시하여 구분한다.

⑥ 메인 인버터 철거 후 고장 인버터와 신규 인버터를 비교 체크한 후 작업한다.
   (회생부, 정류부, 평활부, 인버터부 소자 및 연결 기판)

⑦ 메인 인버터 설치 시 본체 및 주 전원 고정부를 정밀 고정한 후 작업한다.

⑧ 메인 인버터 교체 후 수동 체크 : 주 전원, T/M, 메인 모터, 브레이크, 오일 상태

(4) PCB 기판 교체

① 기판을 놓을 때는 먼지, 습기가 없는 청결한 곳의 낮은 쪽에 잘 세워 놓는다.

② 기판 제거 시에는 반드시 연결부 잭 등을 표시하여 구분한다.

③ 기판을 제거한 후 고장 기판과 신규 기판을 비교 체크하고 작업한다.(정상적인 기판의
   조정 볼륨 노치, 점퍼 핀 위치, R/S의 설정 번호, S/W류의 설정)

④ 기판 삽입 시에는 무리한 힘을 가하지 않고 부드럽게 마더 보드 가까이에서 정지하였다가
   서서히 힘을 가해 완전히 밀어 넣는다.

(5) 주 접촉기 및 릴레이 접촉기 교체

① 주 접촉기 : 구동기 및 제동기 제어용 주 접촉기는 KS C IEC 60947-4-1 규정 교류에
   적합한 교류 전동기용 AC-3등급 이상 직류 전동기용 DC-3 이상을 사용하여 교체한다.

② 릴레이 접촉기 : 주 접촉기 제어용, 안전회로 내 사용을 위하여 KS C IEC 60947-4-1 규정
   교류에 적합한 교류 전동기용 AC-15등급 이상 직류 전동기용 DC-13 이상을 사용하여
   교체한다.

2 기계실 결선

(1) 기계실 배관 배선 작업

① 기계실 바닥의 배관재로는 스틸 파이프 덕트(steel pipe duct)와 사각 케이블 덕트(125×85×
   1000 − 3개, 90° 엘보 − 2개) 및 플렉시블 튜브(flexible tube, ϕ42, ϕ16 각 7m)가 사용된다.

② 각 기기 단자 박스에서부터 제어반 풀 박스(pull box)까지의 경로를 측정하고 파이프 덕트
   (pipe duct)를 절단하여 바닥에 임시로 배열한다.

③ 파이프 덕트와 연결이 되는 위치의 제어반 풀 박스의 노크 홀(knock hole)은 따냄 작업을 한다.

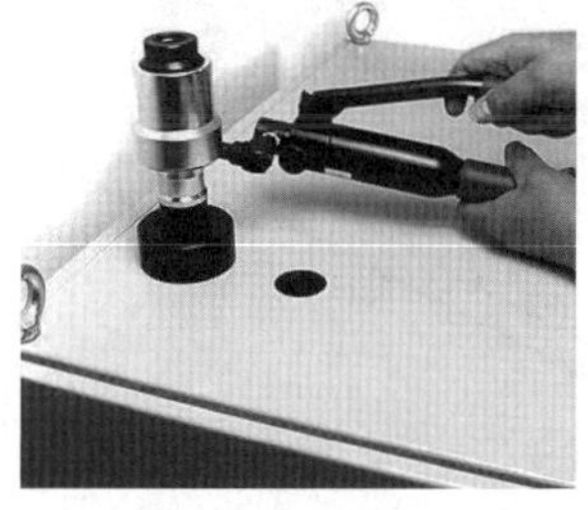

‖ 노크 홀 작업 ‖

‖ 노크 홀 펀칭 키트 ‖

④ 기계실 바닥 마감 높이에 파이프 덕트의 상부를 맞추어 파이프 덕트를 바닥에 완전 고정한다. 고정은 바닥에 앵커 볼트 등을 시공하여 철근 등으로 덕트와 용접 이음한다.

⑤ 기타 파이프 덕트를 적용하지 않는 배선 경로에는 플렉시블 튜브를 적용하여 배관 처리하도록 한다. 이때 플렉시블 튜브는 최적의 경로 길이에 맞추어 절단하여 시공하고, 길이가 긴 것을 여러 번 꼬아서 처리하여서는 안 된다.

⑥ 엔코더(rotary encoder) 배선은 필히 동력선과 분리하여 배선 처리하도록 한다.

⑦ 플렉시블 튜브에 전선을 삽입할 때는 전선에 손상이 가지 않도록 주의한다.

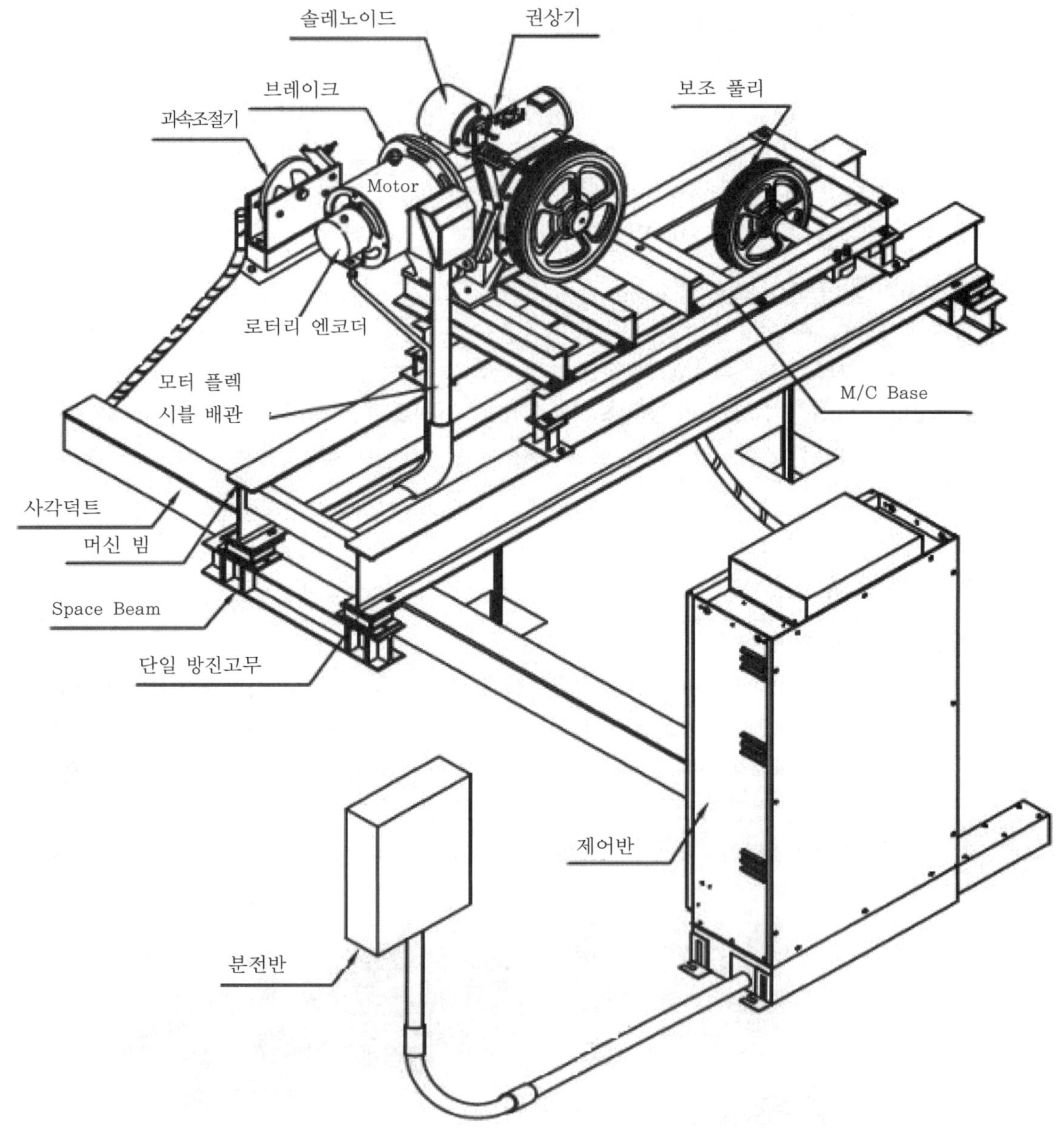

❙ 기계실의 일반적인 부품 배치도 ❙

(2) 기계실 기기 동력 라인 결선 작업

① 동력 라인 재단 : 기계실 분전반과 제어반 동력 전원 인입용 단자대 간 케이블 배선은 수직 거리를 측정하고 전선의 특성상 10%의 여유를 주고 재단한다. 배관은 파이프 덕트 처리를 하는 경우와 42ϕ 플렉시블 튜브로 처리하는 방식이 있다.

▋ 분전반에 덕트 연결 ▋

② 동력 전원 접속 작업

　㉠ 건물 분전반 MCCB 2차측 L1, L2, L3상 결선 작업

　　ⓐ L1상에는 갈색 컬러 마킹의 식별 표식 전선에 링터미널을 압착한 후 결선한다.
　　ⓑ L2상에는 흑색 컬러 마킹의 식별 표식 전선에 링터미널을 압착한 후 결선한다.
　　ⓒ L3상에는 회색 컬러 마킹의 식별 표식 전선에 링터미널을 압착한 후 결선한다.
　　ⓓ 분전반 접지 단자대에는 녹색+황색 전선에 링터미널을 압착한 후 결선한다.

▋ 분전함 MCCB ▋

▋ 링터미널 압착 ▋

　㉡ 제어반 MCCB의 1차측 L1, L2, L3 상과 접지선 결선 작업

　　ⓐ L1상에는 갈색 컬러 마킹의 식별 표식 전선에 링터미널을 압착한 후 결선한다.
　　ⓑ L2상에는 흑색 컬러 마킹의 식별 표식 전선에 링터미닐을 압착한 후 결신한다.
　　ⓒ L3상에는 회색 컬러 마킹의 식별 표식 전선에 링터미닐을 압착한 후 결신한다.
　　ⓓ 제어반 접시 단자내에는 녹색+황색 진선에 링디미널을 압착한 후 결선한다.
　　ⓔ 각 단자대에 체결 시 토크렌치를 사용하고 사용 스크류 제한 토크 값으로 체결한다.

▋ MCCB의 1차측 결선 ▋

▋ 디지털 토크렌치 ▋

(3) 과속조절기 배선 작업

① **과속조절기의 역할** : 과속조절기는 카가 과속도로 운행하는 것을 방지하는 수단으로 과속이 발생하면 플라이 웨이트의 원심력에 의하여 과속조절기의 스위치가 작동하여 전기적으로 저지를 시키지만, 그럼에도 불구하고 카가 과속 상태를 유지하고 추락을 하게 되면 과속조절기의 로프를 잡아 카에 설치되어 있는 추락방지안전장치를 작동시켜 기계적 브레이크가 작동되어 엘리베이터를 정지시키는 장치이다.

② **배선 작업** : 과속조절기에는 과속조절기가 작동된 것을 확인할 수 있는 전기적 안전장치를 구비하여야 한다. 이 접속점의 사용 전압은 각 회사에서 사용하는 제어회로의 전압에 따라 다르지만 일반적으로 AC를 사용하는 경우와 DC를 사용하는 경우로 대별된다.

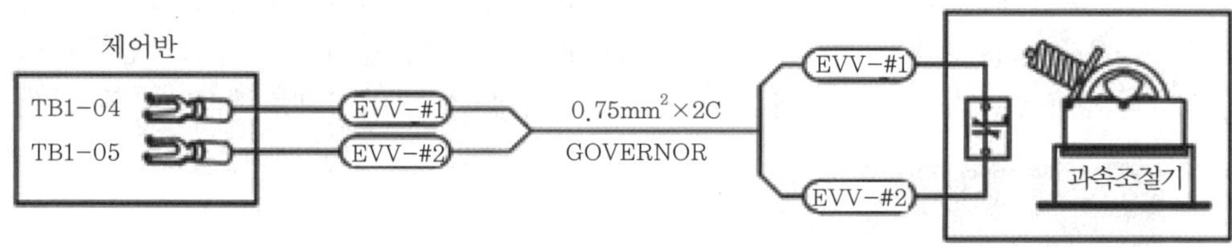

❙ 과속조절기 결선 블록(block)도 ❙

㉠ 과속조절기의 전기적 안전장치의 한쪽 부분과 준비된 전선의 1번 선을 접속 작업한다.

㉡ 전기적 안전장치의 리턴(return) 접점과 전선 2번의 선을 접속 작업한다.

(4) 로프 브레이크 결선 작업

로프 브레이크에는 로프 브레이크가가 작동된 것을 확인할 수 있는 전기적 안전장치를 구비하여야 한다. 이 접속점의 사용전압은 각 회사에서 사용하는 제어회로의 전압에 따라 다르지만 일반적으로 AC를 사용하는 경우와 DC를 사용하는 경우로 분류된다.

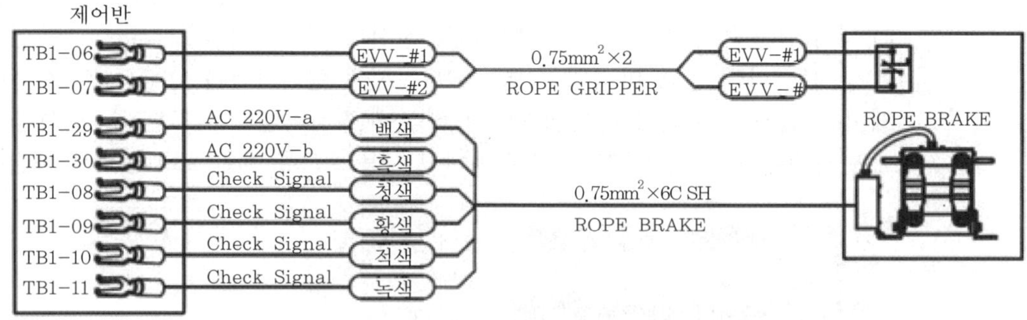

❙ 로프 브레이크 결선 블록(block)도 ❙

① 로프 브레이크의 전기적 안전장치의 한쪽 부분과 준비된 전선의 1번 선을 접속 작업한다.

② 전기적 안전장치의 리턴(return) 접점과 전선 2번의 선을 접속 작업한다.

■3 비상통화장치 결선

(1) 카 지붕 비상통화장치 결선

① 인터폰 방식 직접통화장치 결선 작업

㉠ 비상통화장치 접속을 위한 전선은 UTP 전선을 사용한다.

㉡ 단자에 표기되는 신호명에 맞추어 결선한다.

㉢ [그림][인터폰 방식 비상통화장치 결선 블록(block)도]은 인터폰 방식이므로 전원선 2가닥과 통신선 2가닥이 필요하다.

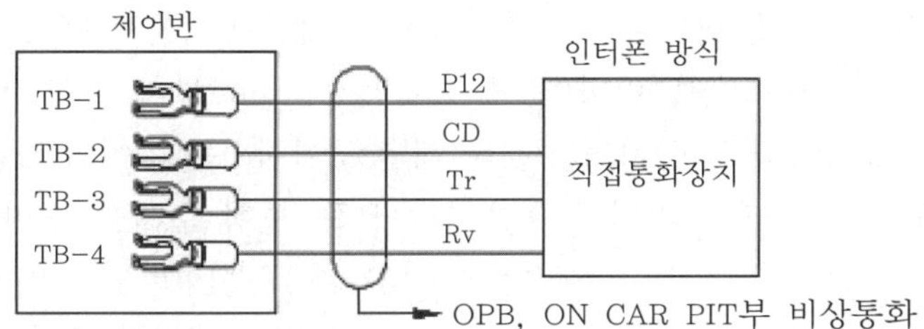

‖ 인터폰 방식 비상통화장치 결선 블록(block)도 ‖

② 전화기 방식 직접통화장치 결선 작업

㉠ 비상통화장치 접속을 위한 전선은 UTP 전선을 사용한다.

㉡ 전화기 방식은 통신선만 사용하며 단자에 표기되는 신호명에 맞추어 결선한다.

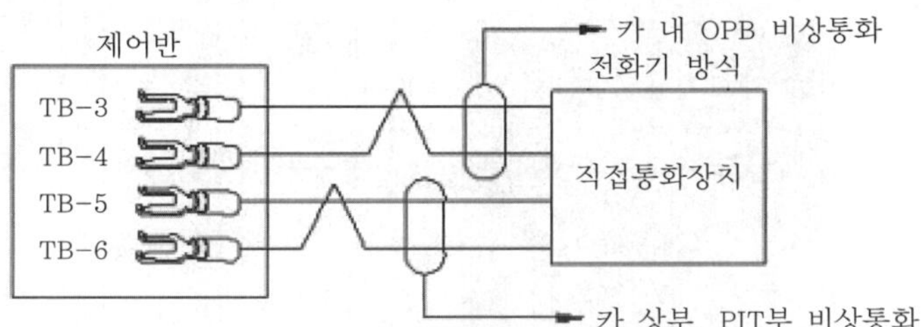

‖ 전화기 방식 비상통화장치 결선 블록(block)도 ‖

(2) 피트 비상통화장치 결선

① 피트에 설치되는 비상통화장치 타입은 전화기 방식과 인터폰 방식으로 대별되며 엘리베이터 제조사에서 제공하는 설치 소정 매뉴얼에 따라 결신한다.

② PIT에 비상통화장치 박스를 설치한다.

③ 기계실부터 승강로까지 비상통화장치 결선용 전선을 설치한다.

④ 전선의 설치가 완료되었으면 제어반의 비상통화 설치 결선용 단자대에 회로도를 참고하여 결선 작업을 진행한다.

(3) 카 지붕 조작반에 설치되는 비상통화장치 결선

① 카 지붕의 비상통화장치 접속 작업은 기구 박스의 단자대에 기록된 신호명에 맞게 결선한다.

② 기구 박스 단자대의 신호명 위치를 확인하고 접속용 전선의 식별 표시를 확인하여 결선한다.

③ 조립 완료 후 신호명 및 전선 선번을 재확인한다.

4 승강로 전기장치 결선

(1) 리밋스위치 결선 작업

① 리밋스위치는 엘리베이터가 정착상태에서 위치가 정확하게 맞았을 때 종단 정지 리밋스위치는 작동되지 않아야 한다.

② 카에 부착된 캠의 절곡 면과 리밋스위치의 설치거리는 약 50mm 정도 여유가 있어야 한다. [그림](리밋스위치 조립 치수도) 참조

③ 최종단 리밋스위치는 레벨로부터 200mm 후방에 설치되며 엘리베이터가 최상층에 도착해서 최상층 리밋스위치를 작동하기 전에 카운트 프레임이 카운트 웨이트 버퍼 위에 올라서면 안 된다. 따라서 카운트 측 런바이(run by)는 200mm보다 커야 한다.

④ 리밋스위치는 조립이 되어 설치되는 것과 개별로 설치되는 방식이 있는데 여기서는 조립품으로 상부 또는 하부에 설치되는 것을 기준으로 수행 순서를 표현한다.

⑤ 상부용 리밋스위치는 전선의 끝단에 단말 커넥터가 구성되어 있으며 승강로에 설치한 케이블에도 동일한 커넥터가 구성되어 있어 이 두 부분의 커넥터를 체결하는 것으로 결선 마감 처리를 한다.

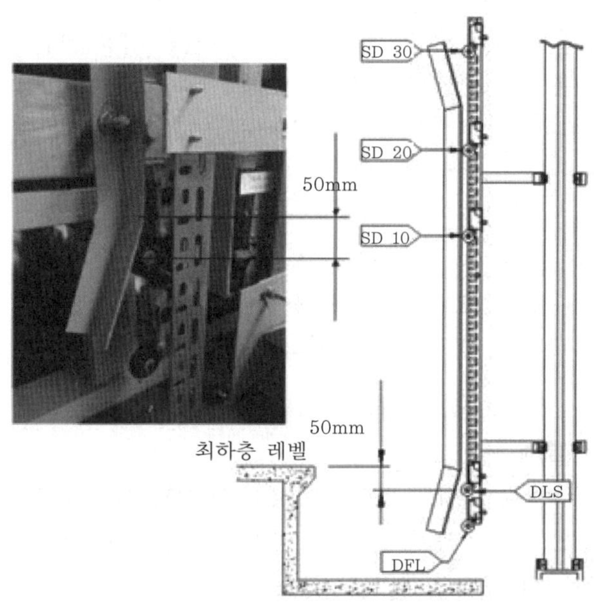

┃ 리밋스위치 조립 치수도 ┃

⑥ 리밋스위치 커넥터 명칭

ㄱ) LTU : Limit Switch Upper의 약어이고 상부에 설치되는 리밋스위치 커넥터 명칭이다.

ㄴ) LTD : Limit Switch Down의 약어이고 하부에 설치되는 리밋스위치 커넥터 명칭이다.

⑦ 제어반 부위에도 동일한 커넥터 명칭으로 구성되어 있으므로 커넥터 삽입 멀티 테스터기로 전 오픈 쇼트 검사 후 이상이 없을 경우 제어반에 체결 작업한다.

(2) 승강장 문 잠금장치 설치 결선

① 승강장에 설치된 문에는 카가 그 층에 정지하고 있지 않을 경우 자동으로 닫히는 구조의 잠금장치가 있어야 한다.

② 승강장 문 잠금장치는 두 개의 스위치로 구성되며 어느 한쪽의 문이 닫히지 않으면 엘리베이터는 움직이지 않도록 회로가 시리얼 접속하는 구조이다.

③ 승강장 문이 여러 개 있으므로 반드시 시리얼 접속을 하는 구조로 되어 있다.

④ DS는 Door Switch의 약어이며, 전 층이 시리얼 접속되어야 한다.

⑤ 접속 작업은 전선의 말단에 DS라고 명명된 커넥터를 체결한다.

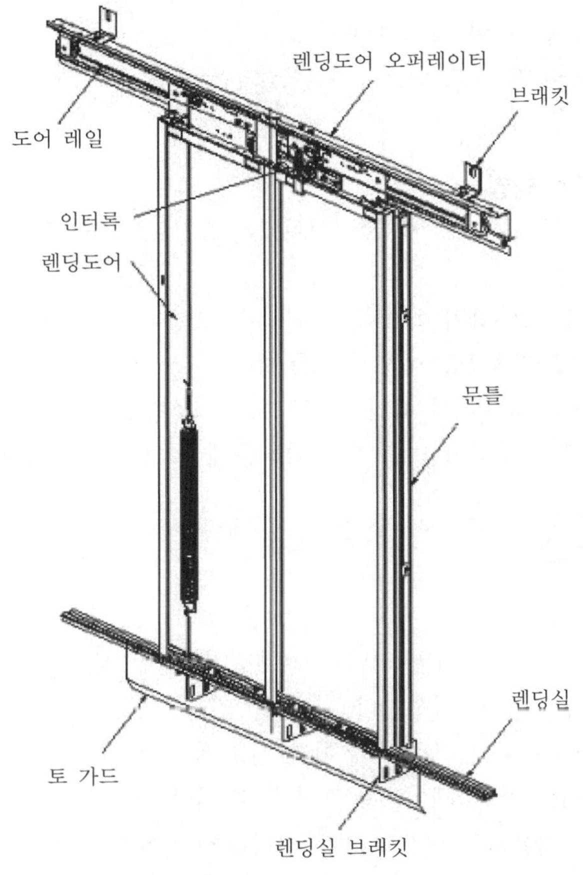

▌승강장 문 잠금장치 설치 개념도 ▌

(3) 승강장 위치표시기 설치 결선 작업

① PCB부 설치 결선 작업

㉠ 승강장 위치표시기는 카의 위치를 승객에게 알려주는 장치이다.

㉡ 승강장 위치표시기는 PCB로 이루어져 있고 위치표시기와 신호처리부로 구분된다.

㉢ 통상 위치표시기 제어부와 디스플레이(display)부가 통합된 형식의 PCB로 구성된다.

㉣ 승강장 위치표시기 PCB의 통신용 커넥터를 확인하여 접속 작업한다.

　　ⓜ 승강장 위치표시기 PCB는 물리 어드레스를 설정하는 방식으로 되어 있으며 절대적
　　　　1층부터 상위 2층, 3층, …, N층으로 설정해야 하며 설정 방법은 각 엘리베이터 제조사
　　　　에서 제공하는 설치 조정 매뉴얼을 기준으로 작업되어야 한다.

② 승강로 전선 배선 및 결선 작업
　　㉠ 승강로 케이블의 단자명은 엘리베이터 제조사마다 다르므로 반드시 설치 보수 매뉴얼
　　　　을 참조하여 결선해야 한다.
　　㉡ 승강로 케이블 배선 작업은 카 지붕에 케이블을 싣고 최하층 분기 부위부터 순차적으로
　　　　한다.
　　㉢ 제어반에 마련된 커넥터에 삽입하기 전에 오픈 또는 쇼트 테스트를 실시하여 결선이
　　　　올바른지 다시 한 번 확인한다.
　　㉣ 케이블의 오픈 및 쇼트 테스트가 완료되면 해당 층 PCB의 통신 네트워크 커넥터를
　　　　조립한다.

(4) 승강로 조명장치 결선 방법

① 승강기 안전기준의 개정으로 새롭게 설치되는 승강로 조명장치는 모든 엘리베이터 승강로
　　에 설비되어야 한다.
② 최상층용 승강로 조명장치 박스에는 최상층 조명이 결선된다.
③ 최상층 승강로 조명장치 박스에서 최하층 승강로 조명장치 박스 간은 엘리베이터 제조사에
　　서 제공하는 설치 매뉴얼에 따라 다르므로 결선 방법을 숙지한 후 작업해야 한다.
④ 최하층용 승강로 조명장치 박스에는 최하층에 설치되는 조명장치를 접속한다.

5 피트 전기 결선

(1) 정지 스위치 결선 작업

① 피트에 설치된 정지 스위치의 커넥터를 체결하고 제어반 측 커넥터에 설치 매뉴얼에서
　　제공하는 선번에 맞추어 결선한다.
② 피트부 내 출입구에서 접근하기 용이한 장소에 피트 정지 스위치를 설치한다.
③ 피트 안전장치의 결선용 케이블의 선번을 확인하여 결선한다.
④ 접이식 사다리를 사용하는 현장의 경우 사다리가 펼쳐졌을 경우 엘리베이터가 정상적으로
　　운전하지 못하도록 전기적 안전장치를 설치한다.
⑤ 접이식 사다리의 전기적 안전장치는 결선용 케이블을 이용하여 결선한다.
⑥ 피트 정지 스위치와 접이식 사다리의 케이블 단자 이름은 엘리베이터 제조사마다 다르므로
　　제조사에서 제공하는 설치 매뉴얼에 따라 작업해야 한다.
⑦ 피트 정지 스위치와 접이식 사다리의 전기적 안전장치의 접속이 완료된 경우 기계실에서
　　오픈 및 쇼트 검사를 수행한 후 제어반에 접속 작업한다.

(2) 오일 버퍼 스위치 결선 작업하기

① 피트에 설치되는 오일 버퍼 스위치는 카용과 카운트 웨이트용 두 가지가 시리얼로 접속되는 구조로 설치된다.

② 카 측이든 카운트 웨이트 측이든 어느 한 곳의 오일 버퍼가 작동하더라도 카의 운행을 저지하기 위한 것이다.

③ 오일 버퍼 스위치의 커넥터와 케이블의 말단에 체결된 커넥터를 육안으로 확인하고 체결 작업한다.

④ 체결 작업이 완료되면 제어반 측의 커넥터 선번을 육안으로 확인해서 체결한다.

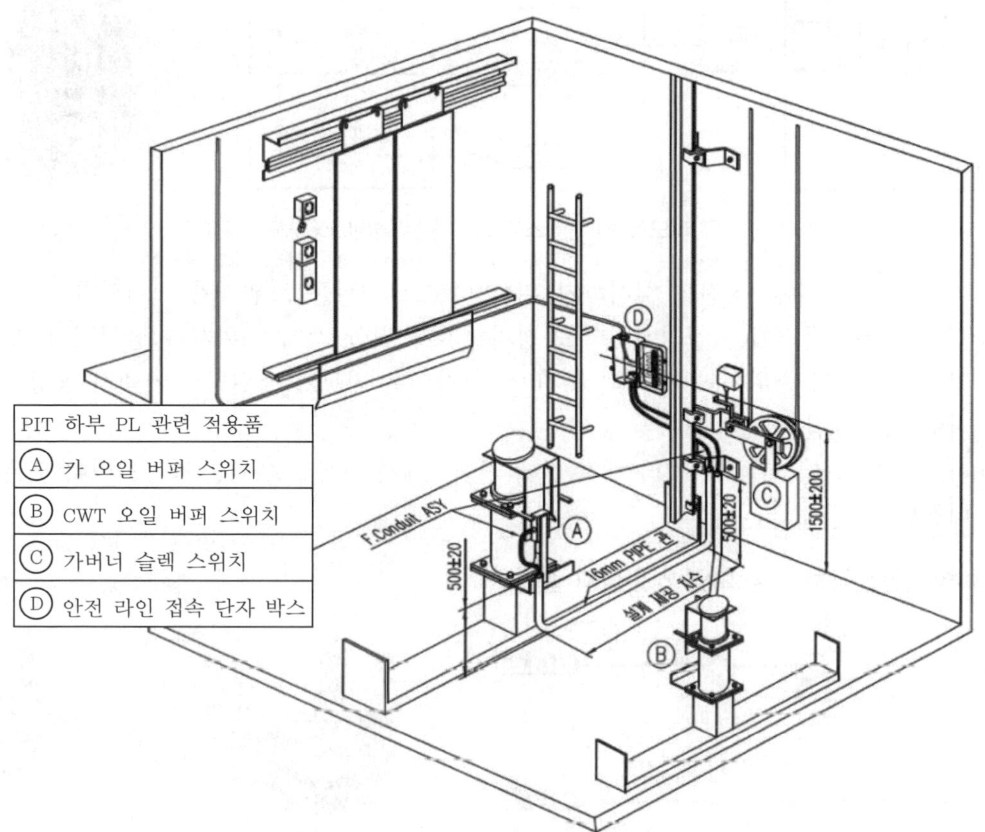

❚ 시스템 안전장치와 피트에 설치되는 안전장치 형상도 ❚

6 카 지붕 배선 결선

(1) 카 지붕 리모트 컨트롤 스위치 결선

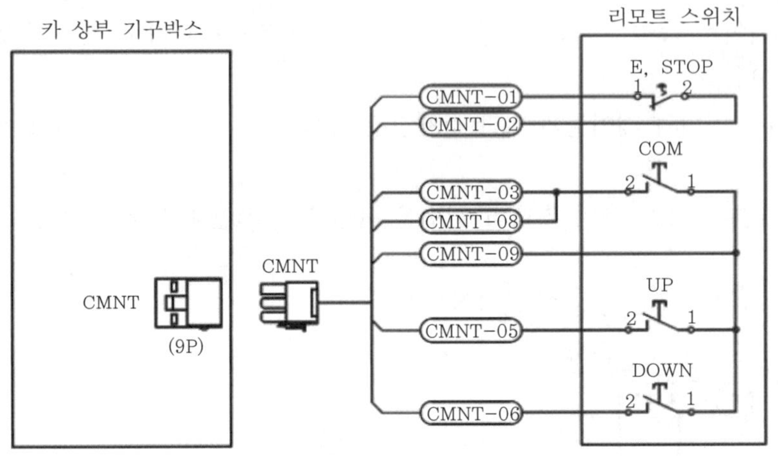
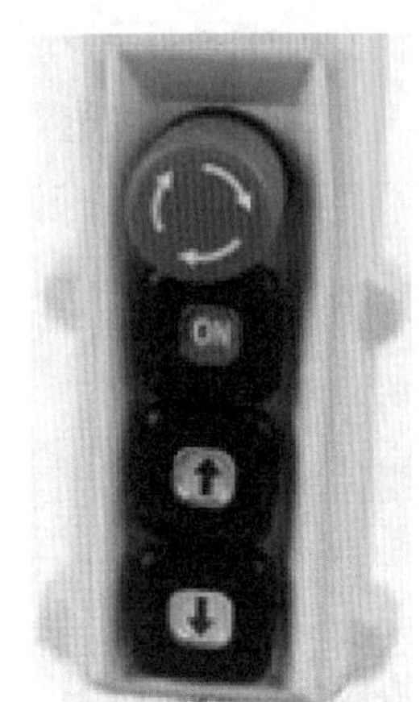

▎리모트 컨트롤 스위치의 결선 블록(block)도 ▎

① 카 지붕에는 수동 운전을 실시하기 위한 리모트 컨트롤 스위치가 설치된다.

② 리모트 컨트롤러에는 엘리베이터를 정지시키기 위한 정지 스위치가 설치되어 있다.

③ 리모트 컨트롤 스위치와 기구 박스 간 체결 작업은 리모트 스위치의 커넥터 명칭과 같은 커넥터를 확인한다.

④ 리모트 컨트롤 스위치 커넥터 체결 전에 커넥터에서 각종 스위치를 작동시키며 오픈 쇼트 테스트를 실시한다.

(2) 추락방지안전장치 작동 확인 안전장치 결선

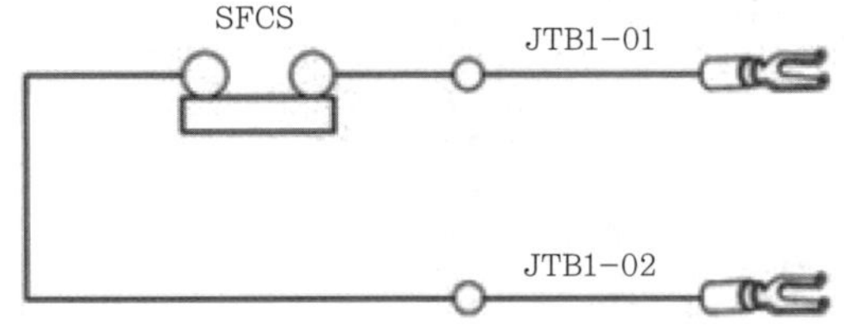

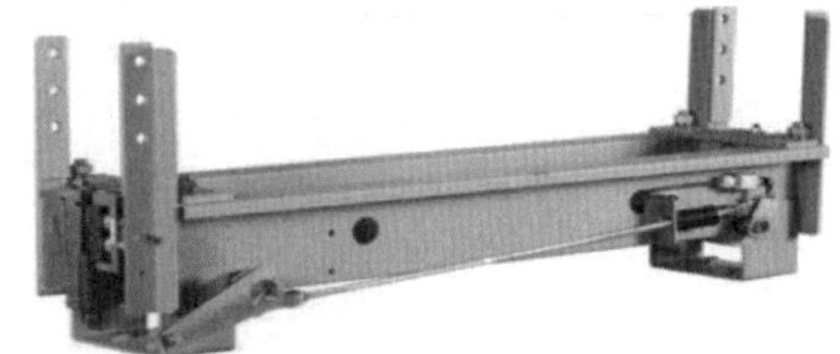

▎추락방지안전장치 작동 확인용 안전장치의 결선 블록(block)도 ▎

① 추락방지안전장치가 작동할 경우 그 작동 여부를 확인할 수 있는 전기적 안전장치를 구비해야 한다.

② 카 지붕 기구 박스 내 추락방지안전장치 결선용 단자대를 확인한다.

③ 카 지붕 기구 박스의 단자대에 정의된 단자번호에 맞게 설치 매뉴얼을 기준으로 결선한다.

④ 결선 작업을 완료하면 설치된 스위치를 수동으로 작동시켜 안전 접점이 정상적으로 작동하는지 확인한다.

(3) 비상구출구 안전장치 결선

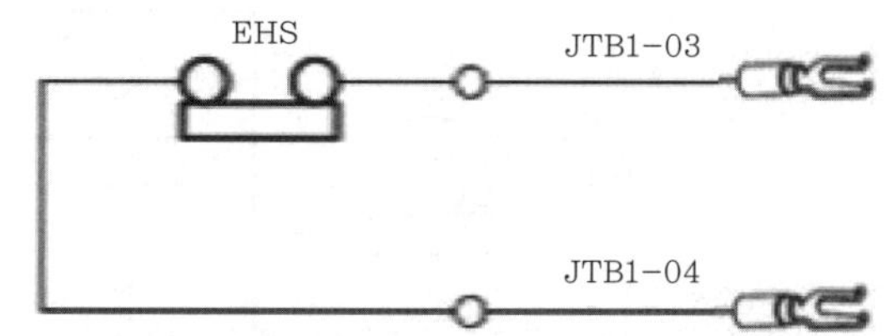

‖ 비상구출구 열림 확인용 안전장치의 결선 블록(block)도 ‖

① 비상구출구 안전장치가 작동할 경우 그 작동 여부를 확인할 수 있는 전기적 안전장치를 구비해야 한다.
② 승강기 검사 기준에 의하면 비상구출구는 카 내부에서는 승인된 열쇠를 이용하여 열 수 있는 구조이어야 하며 카 외부에서는 장비를 사용하지 않고 손쉽게 열 수 있는 구조이어야 한다.
③ 카 지붕 기구 박스 단자대와 비상구출구 스위치 간 결선 작업을 실시한다.
④ 조립된 비상구출구 스위치의 작동 상태를 확인하여 문이 닫힐 경우 접점이 확립되는 스위치인지 확인한다.
⑤ 비상구출구 스위치는 노멀 오픈 접점(“a”접점)을 사용해야 한다.
⑥ 결선이 완료되면 비상구출구를 열어 안전 접점이 정상적으로 작동하는지 확인해야 한다.

(4) 비상용 사다리 탈거 확인 안전장치 결선

① 비상용 엘리베이터에는 소방관이 비상 탈출할 수 있는 수단이 카에 설치되어 있어야 한다.
② 비상용 사다리가 탈거되었을 경우 그 작동 여부를 확인할 수 있는 전기적 안전장치를 구비해야 한다.
③ 카 지붕 기구 박스의 단자대와 비상용 사다리 탈거 확인 스위치와 결선 작업을 실시한다.
④ 결선이 완료되면 수동으로 사다리 탈거 확인 스위치를 작동시켜 스위치가 정상적으로 작동하는지 확인한다.

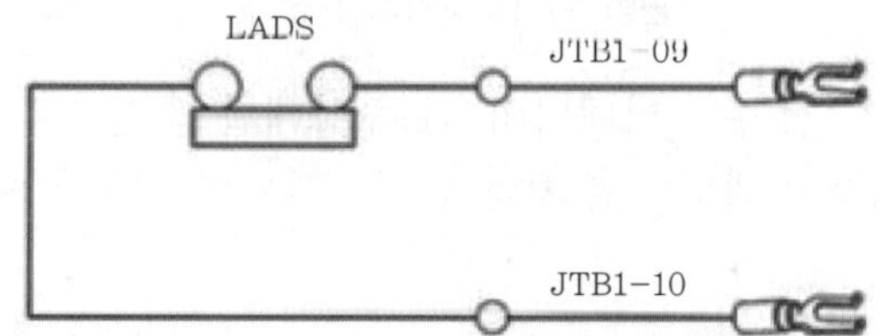

‖ 비상용 사다리 탈거 확인용 안전장치의 결선 블록(block)도 ‖

(5) 착상장치 설치 및 결선 작업

① 착상장치는 엘리베이터를 승강장 문턱과 카 문턱에 맞추기 위한 위치 센서이다.
② 카 지붕에 설치하며 제품은 영구자석을 이용한 자기식과 광센서를 이용한 광학식이 있다.
③ 접속 작업은 기구 박스에 위치한 커넥터에 착상장치의 커넥터를 체결하는 방식이다.
④ 착상장치를 결선하기 전에 착상장치 커넥터의 접속 상태를 오픈 쇼트 테스트를 통해 육안으로 확인해야 한다.
⑤ [그림][엘리베이터의 착상장치 접속 블록(block)도]과 같이 카 지붕 기구박스 내 착상장치용 커넥터와 착상장치의 전선 말단부 커넥터를 체결한다.

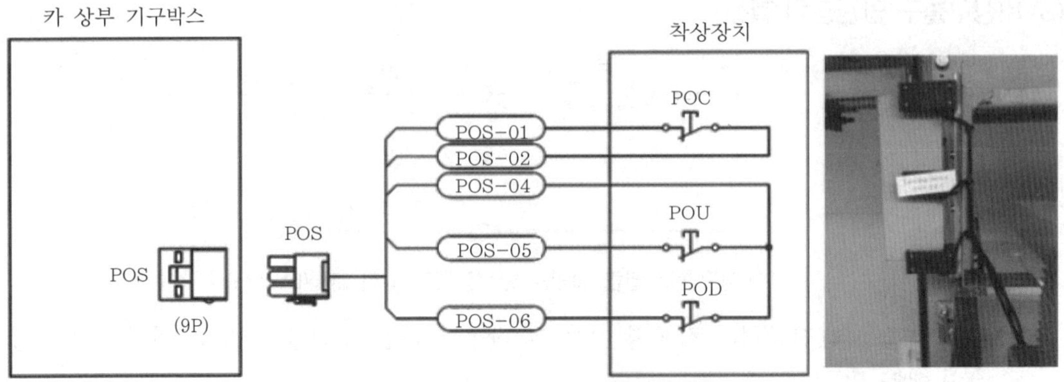

▮ 엘리베이터의 착상장치 접속 블록(block)도 ▮

(6) 카 내부 수평형 위치표시기 설치 및 결선 작업

① 수평형 위치표시기는 엘리베이터의 위치를 카에 타고 있는 승객에게 알려 주는 장치이다.

② 설치는 카 지붕에 위치하며 제품은 7-세크먼트 방식과 도트 매트릭스(dot matrix) 방식으로 나눠지며 근래에는 고해상도 LCD를 이용하는 추세이다.

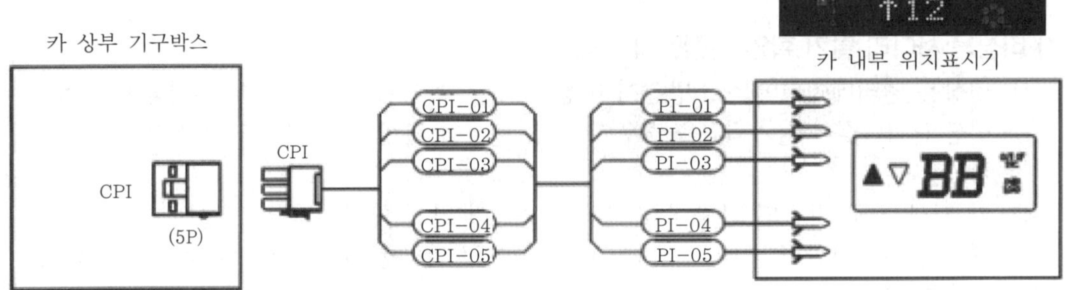

▮ 수평형 위치표시기의 결선 블록(block)도 ▮

③ 수평형 위치표시기 접속용 커넥터의 접속 상태를 육안으로 확인한다.

④ 카 지붕 기구박스의 커넥터와 수평형 위치표시기의 전선 말단의 커넥터 간 체결 작업을 실시한다.

(7) 카 출입문 로킹 디바이스 설치 및 결선 작업

① 카 출입문 로킹 디바이스는 엘리베이터가 문 열림 구간 이외의 위치에 정지해 있을 경우 카에 타고 있는 승객이 무리하게 탈출을 시도하는 것을 방지하기 위한 장치이다.

② 카 지붕 카 출입문에 설치하며 제품은 솔레노이드식과 기계식으로 나눠진다. 근래에는 승객의 안전을 위해 기계식을 사용하는 추세이다.

③ 기구 박스에 있는 카 지붕 카 출입문 로킹 커넥터와 카 출입문 로킹 장치 전선 말단부 커넥터 간 체결 작업을 실시한다.

(8) 카 지붕 작업용 조명장치 설치 및 결선 작업

① 카 지붕 작업용 조명장치는 엘리베이터를 수리, 점검하기 위해 카 지붕으로 진입해서 작업을 실시할 경우 사용하는 조명장치이다.

② 카 지붕 안전 난간대 좌우에 설치하며 제품은 LED Lighting 방식이다.

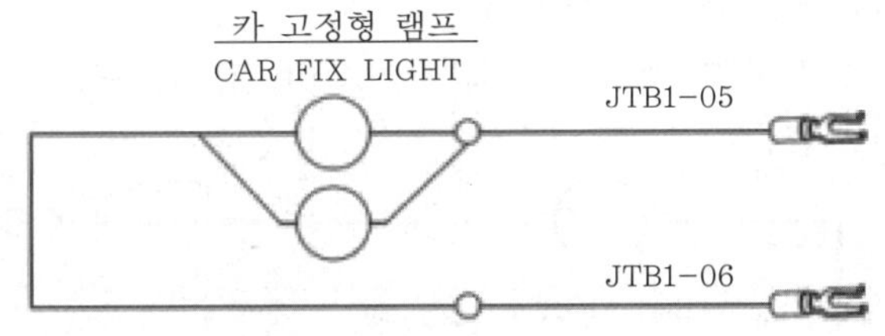

▍카 지붕 조명장치의 결선 블록(block)도 ▍

③ [그림][카 지붕 조명장치의 결선 블록(block)도]과 같이 카 지붕 기구박스의 조명장치 용도의 단자대와 조명장치 전선 말단부 포크 터미널 간 체결 작업을 실시한다.

(9) 카 내부용 조명장치 설치 및 결선 작업

① 카 내부 조명장치는 엘리베이터의 내부 조명을 위한 실내 조명장치이다.

② 카 내부 천장에 설치하며 제품은 LED lighting 방식이다.

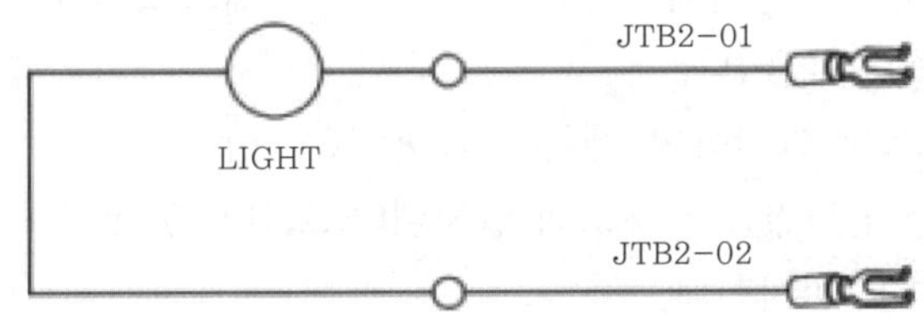

▍천장 조명장치의 결선 블록(block)도 ▍

③ [그림][천장 조명장치의 결선 블록(block)도]과 같이 카 지붕 기구박스의 천장 조명장치 용도의 단자대와 천장 조명장치 전선 말단부 포크 터미널 간 체결 작업을 실시한다.

(10) 카 내부 환기용 환기장치 설치 및 결선 작업

① 카 내부 환기장치는 엘리베이터의 내부 공기를 순환시키기 위한 실내 환기상치이나.

② 카 지붕 천장에 설치하며 제품은 라인 플로어 방식이다.

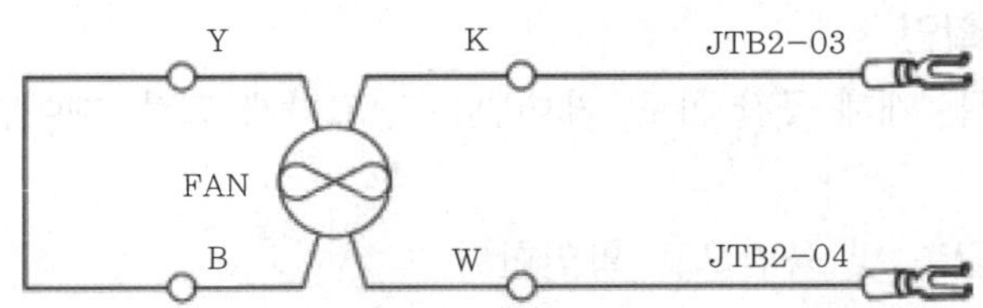

▍실내 환기장치의 결선 블록(block)도 ▍

③ [그림][실내 환기장치의 결선 블록(block)도]과 같이 카 지붕 기구박스의 환기장치 용도의 단자대와 천장 환기장치 전선 말단부 포크 터미널 간 체결 작업을 실시한다.

(11) 카 내부 비상조명장치의 설치 및 결선 작업

① 카 내부 비상조명장치는 엘리베이터의 내부 조명 시스템의 장애가 발생할 경우 비상 점등을 목적으로 설비하는 비상조명장치이다.

② 카 지붕 천장에 설치하며 제품은 LED lighting 방식이다.

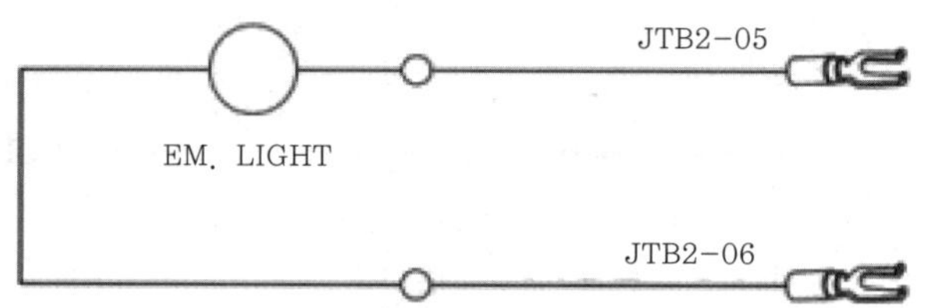

❚ 실내 비상조명장치의 접속 블록(block)도 ❚

③ [그림][실내 비상조명장치의 접속 블록(block)도]과 같이 카 지붕 기구박스의 비상조명장치 용도의 단자대와 천장 비상조명장치의 전선 말단부 포크 터미널 간 체결 작업을 실시한다.

(12) 카 지붕 소켓 아웃렛 설치 및 결선 작업

① 카 내부 소켓 아웃렛은 엘리베이터의 상부 점검 및 테스트 장비 사용 시 전원공급을 목적으로 설비하는 전원 장치이다.

② 카 지붕 기구박스에 설치하며 제품은 AC 220V 방식이다.

③ 카 지붕 기구박스의 전원공급 용도의 단자대와 소켓 아웃렛 장치의 전선 말단부 포크 터미널 간 체결 작업을 실시한다.

④ 전면부는 설치에서 시인성 확보를 위해 승강장에서 보았을 때 단자대 글자 식별이 가능한 구조로 설치되어야 한다.

출제 02 전기회로도 결선 확인

1 전기부품 교체 후 결선 확인 작업

(1) 제어반 설치 상태 확인

① 설치 기준 : 출입문 개폐 공간 확보, 제어반은 견고하게 고정, 제어반 수직도는 3mm 이내로 한다.

② 확인 방법 : 다림추 및 육안으로 확인한다.

| 제어반 내 단자조임 상태 |

| 다림추 |

③ 하자 발생 유형

   ㉠ 공간 협소로 보수 점검 불리

   ㉡ 구동기 구동 진동으로 볼트의 풀림 발생

(2) 제어반 풀 박스 설치 상태 확인

① 설치 기준 : 풀 박스 상단은 신더 콘크리트 마감면보다 높게 설치한다.

② 확인 방법 : 육안으로 확인한다.

③ 하자 발생 유형 : 우수 침투 시에 승강로 배선의 누전에 의해 승강기 운행이 정지될 수 있다.

(3) 기계실 배선 마감 상태 확인

① 설치 기준

   ㉠ 창문과 환기팬은 우수 침투 방지를 위한 루버 설치

   ㉡ 문틀과 골조의 틈은 밀실하게 충진

   ㉢ 창문과 환기팬의 문틀 외부는 하부로 경사지게 마감

   ㉣ 덕트의 상단은 경량 콘크리트 마감면보다 높게 설치

   ㉤ 환기팬의 날개 부위는 보호망 설치

② 확인 방법 : 육안으로 확인한다.

③ 하자 발생 유형 : 우수 침투 등에 의한 누전 발생, 제어 시스템 고장으로 승강기 운행이 정지될 수 있다.

(4) 플렉시블 배관 시공 상태 확인

① 설치 기준 : 플렉시블 배관의 길이는 적정하게 재단, 플렉시블 배관과 강관의 연결은 적정 부속 자재 사용, 플렉시블 배관의 말단은 접속 부위와 커넥터를 이용하여 연결, 기계실 내 모든 케이블은 배관 내에 설치한다.

② 확인 방법 : 육안으로 확인한다.

③ 하자 발생 유형 : 배관의 늘어짐으로 전선 접속 부분 결속 탈락, 배관 고정 부위 탈락, 케이블의 탈락 및 손상으로 승강기 오동작이 발생할 수 있다.

2 절연 측정

(1) 절연 측정의 목적

① 감전사고를 예방하고 절연 불량에 의한 제어반 내부 기기의 보호 및 엘리베이터 이상 동작으로 인한 안전사고의 사전 방지를 위한 것이다.

② 전류가 흐르는 도체는 전압에 대응한 절연물로 도체를 싸거나 도체를 애자로 지지하여 전류가 도체에서 대지로 누설되지 않도록 절연시키고 있다.

③ 전기기계 및 기구는 공기 절연, 진공밸브 절연, 가스 절연 및 절연유 절연 등으로 절연시키고 있다.

④ 절연물이 파괴되면 누전에 의한 화재, 감전에 의한 재해 또는 고압설비의 경우 파급사고 등 큰 사고로 연결될 우려가 있다.

⑤ 사고를 미연에 방지하기 위해 전로의 절연저항 측정은 중요한 시험 항목이다.

(2) 엘리베이터의 절연 측정 작업

① 제어반 MCCB를 OFF에 위치시킨다.

② 카 및 승강로의 모든 전기장치는 정상 작동 상태로 위치시킨다. (통전이 되는 상태)

③ 종점 스위치와 착상장치("b"접점을 사용하는 경우)는 작동하지 않는 상태에 위치시킨다. 즉, 종점 스위치가 설치되어 있지 않은 층에 정지시키고 착상장치는 동작되지 않도록 저속 운전하여 층 사이에 정지시켜야 한다.

④ 각 층의 모든 출입문은 닫혀 있어야 한다.

⑤ 모터의 단자대는 클립으로 U, V, W상을 common시킨다.

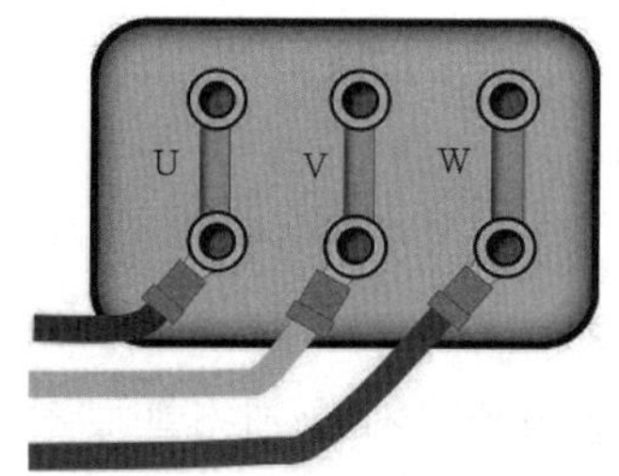
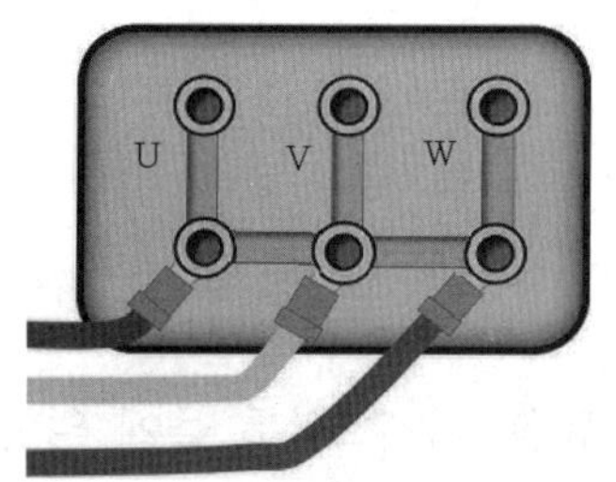

| 모터 단자대 | | 단자대 common 작업 |

⑥ 제어반의 PCB에 연결된 모든 커넥터는 분리해야 한다.

⑦ GND와 어스 플레이트(earth plate)가 존재한다면 분리해야 한다.

⑧ 인버터 모듈에 다이오드 컨버터(convertor)를 사용하는 구조인 경우 AC 입력단의 L1, L2, L3상을 common시키고, DC 출력단도 클립으로 common시킨다.

⑨ 제어반 내 LIGHT 차단기도 OFF시키고 2차측을 common시킨다.

⑩ 절연 측정은 필요 지식의 저압 회로 절연 측정방법에 준하여 실시한다.

(3) 저압 전로의 절연 성능

① 전기사용 장소의 사용전압이 저압인 전로의 전선 상호 간 및 전로와 대지 사이의 절연저항은 개폐기 또는 과전류 차단기로 구분할 수 있는 전로마다 다음 표에서 정한 값 이상이어야 한다.

② 전선 상호 간의 절연저항은 기계기구를 쉽게 분리가 곤란한 분기회로의 경우 기기 접속 전에 측정할 수 있다.

③ 측정 시 영향을 주거나 손상을 받을 수 있는 SPD 또는 기타 기기 등은 측정 전에 분리시켜야 하고, 부득이하게 분리가 어려운 경우에는 시험전압을 250V DC로 낮추어 측정할 수 있지만 절연저항 값은 1MΩ 이상이어야 한다.

전로의 사용전압[V]	DC 시험전압[V]	절연저항[MΩ]
SELV 및 PELV	250	0.5
FELV, 500V 이하	500	1.0
500V 초과	1,000	1.0

㈜ 특별저압(extra low voltage : 2차 전압이 AC 50V, DC 120V 이하)으로 SELV(비접지회로 구성) 및 PELV(접지회로 구성)은 1차와 2차가 전기적으로 절연된 회로, FELV는 1차와 2차가 전기적으로 절연되지 않은 회로

3 시운전 실시 후, 전기부품의 정상 작동 여부 확인

① 제어반 메인 전원을 OFF한 뒤 모든 케이블의 커넥터를 연결하고, 점퍼 커넥터를 분리한다.

② 브레이크, 과속조절기, 세이프티 디바이스, 상하부 강제 감속 스위치 및 종점 스위치를 점검한다.

③ 교체 확인을 위하여 메인 보드, SAF 보드 등에 삽입한 점퍼 커넥터를 모두 제거한다.

④ 제어반 내부 및 카 상부 정선박스의 연결되지 않은 하네스 커넥터를 모두 체결한다.

⑤ T-케이블을 OPB 커넥터와 체결하고, 설치 리모컨을 분해한다.

⑥ 전원 및 안전 라인 회로를 체크한다.

⑦ 메인 보드의 착상 센서 동작 표시용 7-세그먼트를 이용하여 착상 신호의 입력 상태를 확인한다.

⑧ 종단 리밋스위치의 위치 및 동작 상태가 정확한지 확인한다.

⑨ 메인 보드의 PLUL, PLDL LED를 확인하여 종단 리밋스위치가 동작할 때 LED가 OFF 되는지 확인한다.

⑩ 카 상부, 카 내부의 비상/정상 스위치를 정상에 위치시킨다.

⑪ 제어반 비상/정상 스위치를 비상에 위치시킨다.

⑫ 제어반의 수동 운전 UP 스위치를 동작시켜 전고 측정 운전을 시작한다.

⑬ 제어반 비상/정상 스위치를 정상에 위치시킨다.

⑭ 카에 탑승하여 도어가 정상적으로 작동하는지 확인하고, 콜의 입력/출력, 인디케이터의 작동 상태를 확인한다.

⑮ 정상 운행을 통해 출발, 가속, 감속, 진동, 레벨, 에러 상태를 확인한다.

출제 01 승강기 재료의 역학적 성질에 관한 기초

1 하중과 응력

(1) 하중의 분류

① 하중의 작용 상태에 따른 분류

  ㉠ 인장하중(tensile load) : 재료의 축방향으로 늘어나게 하려는 하중을 말한다.

  ㉡ 압축하중(compressive load) : 재료를 누르는 하중, 주로 막대 모양의 부재에 있어서 그 축선 방향으로 가압적으로 작용하는 하중을 말하며, 기둥이 받는 하중 등이 그 대표적인 것이다.

  ㉢ 전단하중(shearing load) : 재료를 가위로 자르려는 것과 같이 작용하는 하중으로 물체 내의 근접한 평행 2면에 크기가 같고 방향이 반대로 작용한다. 이 하중이 작용하면 2면은 서로 미끄럼을 일으키며 전단력이라고도 한다.

  ㉣ 휨하중(bending load) : 재료를 구부려 휘어지도록 작용하는 하중을 말한다.

  ㉤ 비틀림 하중(torsional & twisting load) : 재료가 비틀어지도록 작용하는 하중을 말한다.

  ㉥ 좌굴하중(buckling load) : 좌굴하중이 작용하는 부재에서 하중이 서서히 증가하면 어느 한계에서 좌굴이 생긴다.

② 하중의 분포 상태에 따른 분류 : 집중하중, 분포하중

③ 하중값이 시간적으로 변화하는 상황에 따른 분류 : 정하중, 동하중(충격하중, 반복하중, 교번하중)

(2) 응력

물체에 힘이 작용할 때 그 힘과 반대 방향으로 크기가 같은 저항력이 생기는데 이 저항력을 내력이라 하며, 단위면적($1mm^2$)에 대한 내력의 크기를 말한다.

① 응력의 종류 : 응력(stress)은 하중의 종류에 따라 인장응력, 압축응력, 전단응력 등이 있으며, 인장응력과 압축응력은 하중이 작용하는 방향이 다르지만, 같은 성질을 갖는다. 단면에 수직으로 작용하면 수직응력, 단면에 평행하게 접하면 전단응력(접선응력)이라고 한다.

② 수직응력(σ) : 응력이 발생하는 단면적(A)이 일정하고, 축하중(P) 값이 증가하면 응력도 비례해서 증가한다.

$$\sigma = \frac{P}{A}$$

여기서, σ : 수직응력[kg/cm^2]

  P : 축하중[kg]

  A : 수직응력이 발생하는 단면적[cm^2]

2 변형률

재료에 하중이 작용하면 재료는 변형되며, 이 변형량을 원래의 길이로 나눈 값이다.

(1) 변형률의 종류

① 가로 변형률(ε_l)

$$\varepsilon_l = \frac{\delta}{d}$$

여기서, ε_l : 가로 변형률

δ : 횡(가로)방향의 늘어난 길이

d : 처음의 횡방향 길이

② 세로 변형률(ε)

$$\varepsilon = \frac{\lambda}{l}$$

여기서, ε : 세로 변형률

λ : 변형된 길이

l : 원래의 길이

③ 전단 변형률(γ)

$$\gamma = \frac{\lambda_s}{l} = \tan\phi \fallingdotseq \phi$$

여기서, γ : 전단 변형률

λ_s : 늘어난 길이

l : 원래의 횡방향 길이

ϕ : 전단각(radian)

(2) 후크의 법칙

재료의 응력값은 어느 한도(비례한도) 이내에서는 응력과 이로 인해 생기는 변형률이 비례한다는 것이 후크의 법칙이다.

$$\text{응력도}(\sigma) = \text{탄성(영 : Young)계수}(E) \times \text{변형도}(\varepsilon)$$

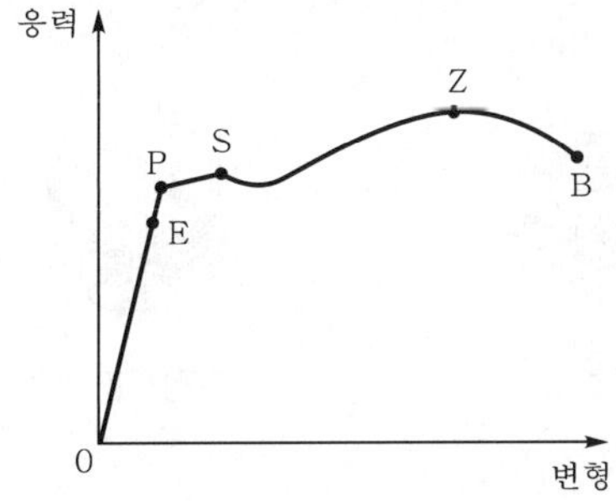

여기서,

E : 탄성한계

P : 비례한계

S : 항복점

Z : 종국응력(인장 최대하중)

B : 파괴점(재료에 따라서는 E와 P가 일치한다.)

3 탄성과 안전율

(1) 탄성과 소성

① 탄성 : 외력을 받아 변형된 물체가 그 외력을 없애면, 본래의 모양으로 되돌아가는 성질을 말한다.

$$탄성률(k) = \frac{비틀림(S)}{응력(P)}$$

② 소성 : 외력을 제거한 후에도 변형이 남아, 본래의 모양으로 되돌아가지 않고 영구변형이 생긴 것이다.

(2) 안전율

재료의 파단강도와 허용(사용)응력의 비

$$안전율 = \frac{인장(파단)강도}{사용응력}$$

출제 02 승강기 주요 기계요소별 구조와 원리

1 링크 기구

링크(link) 기구는 몇 개의 강성한 막대를 핀으로 연결하고 회전할 수 있도록 만든 기구이다.
① 크랭크 : 회전운동을 하는 링크
② 레버 : 요동운동을 하는 링크
③ 슬라이더 : 미끄럼운동을 하는 링크
④ 고정부 : 고정 링크

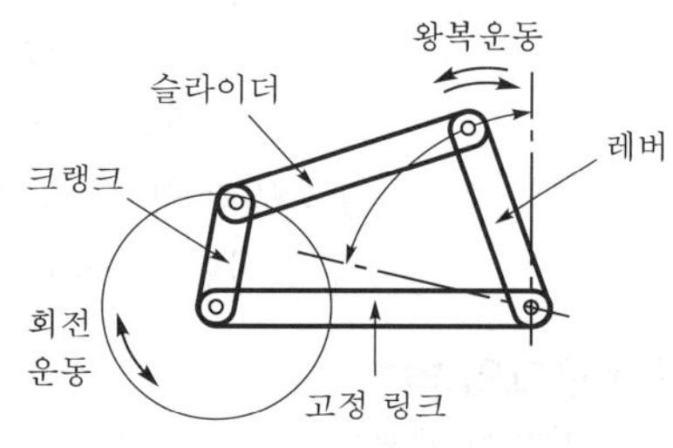

‖ 4절 링크 기구 ‖

2 캠

회전운동을 직선운동, 왕복운동, 진동 등으로 변화하는 장치이다.

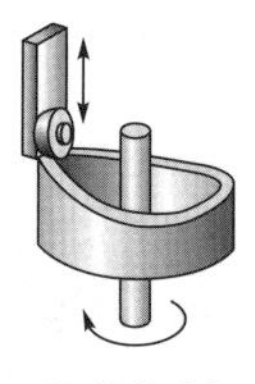

‖ 단면캠 ‖

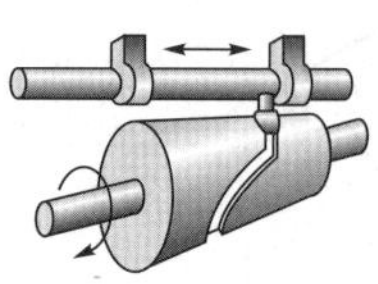

‖ 원뿔캠 ‖

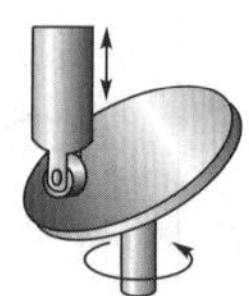

‖ 경사판캠 ‖

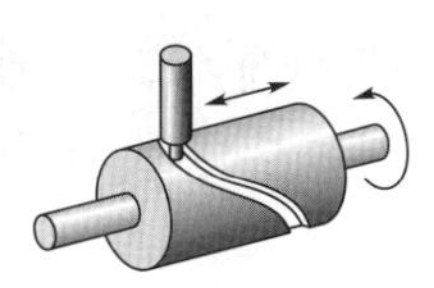

① 평면 곡선을 이루는 캠 : 판캠, 홈캠, 확동캠, 직동캠 등
② 입체적인 모양의 캠 : 원통캠, 경사판캠, 구면(球面)캠, 단면캠, 엔드캠 등

3 도르래(활차) 장치

(1) 단활차

도르래 한 개만을 사용하는 것으로 정활차와 동활차가 있다.

① 정활차(fixed pulley) : 힘의 방향만 바뀐다.
② 동활차(moved pulley)

   ㉠ 하중을 위로 올리는 경우 1/2의 힘으로 올릴 수 있다.

   ㉡ 축이 고정되지 않고 자유롭게 이동하는 도르래이다.

   ㉢ 하중(W)

$$W = F \times 2^n, \quad F = \frac{W}{2^n}$$

여기서, W : 하중(kg), F : 인상력(kg), n : 동활차수

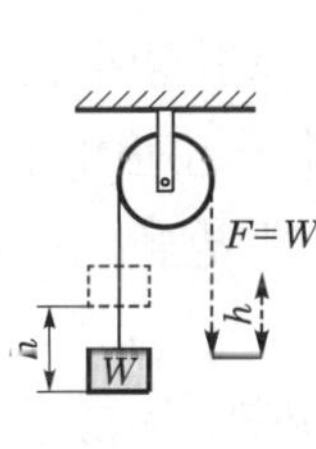

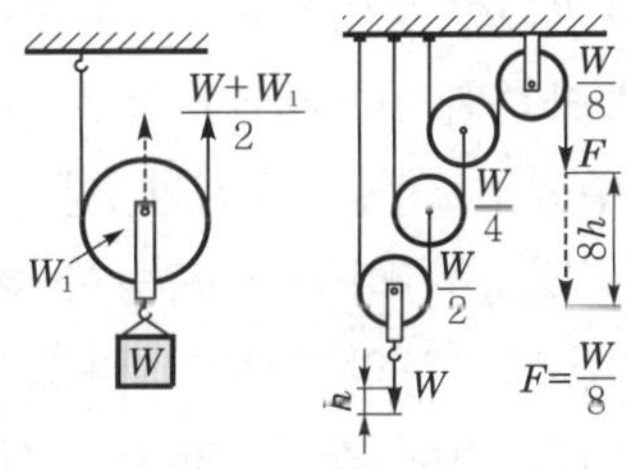

(2) 복활차

복활차(compound pulley)는 고정도르래와 움직이는 도르래를 두 개 이상 결합한 도르래이다.

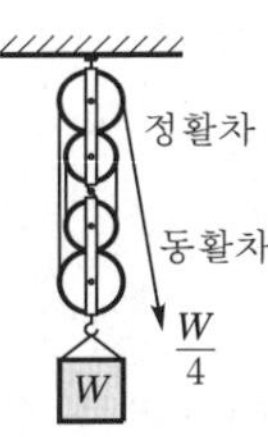

4 베어링

회전축 또는 왕복운동하는 축을 지지하여 운동을 원활하게 하고 축에 작용하는 하중에 견디는 기계부품을 말하며, 축의 베어링으로 지지되어 있는 부분을 저널이라고 한다.

(1) 베어링의 구비조건

① 축의 재료보다 연하면서 마모에 잘 견딜 것
② 축과의 마찰계수가 작을 것
③ 내식성이 클 것
④ 마찰열의 발산이 잘 되도록 열전도가 좋을 것
⑤ 가공성이 좋으며 유지 및 수리가 쉬울 것

(2) 구름베어링

궤도륜, 전동체 및 케이지로 구성되어, 베어링의 접촉면 사이에 볼이나 롤러·니들을 넣으며, 부하되는 하중의 방향에 의해 레이디얼베어링과 스러스트베어링으로 구분된다.

‖ 구름베어링 ‖

① 구름베어링의 장점
   ㉠ 기동마찰이 적고, 동마찰과의 차이도 적다.
   ㉡ 국제적으로 표준화, 규격화가 이루어져 있으므로 호환성이 있고 교환사용이 가능하다.
   ㉢ 베어링의 주변구조를 간략하게 할 수 있고 보수·점검이 용이하다.
   ㉣ 일반적으로 경방향 하중과 축방향 하중을 동시에 받을 수 있다.
   ㉤ 고온도·저온도에서의 사용이 비교적 쉽다.
   ㉥ 강성을 높이기 위해 각(角)의 예입상태로도 사용할 수 있다.
② 구름베어링의 단점
   ㉠ 설치가 까다롭다.
   ㉡ 소음이 발생하고 값이 비싸다.
   ㉢ 충격에 약하다(신뢰성).

5 기어

(1) 기어의 종류

① 평행축 기어 : 평기어, 헬리컬기어, 더블 헬리컬기어, 랙과 작은 기어

② 교차축 기어 : 스퍼어 베벨기어, 헬리컬 베벨기어, 스파이럴 베벨기어, 제로올 베벨기어, 크라운기어, 앵귤리 베벨기어

③ 어긋난 축기어 : 나사기어, 웜기어, 하이포이드기어, 헬리컬 크라운기어

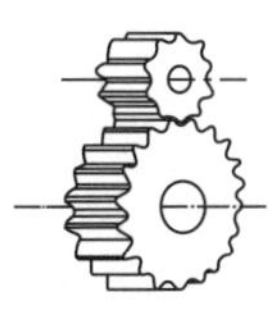
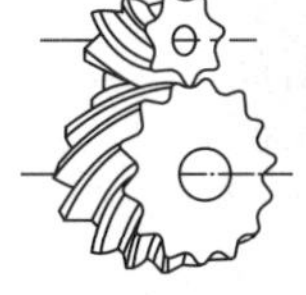
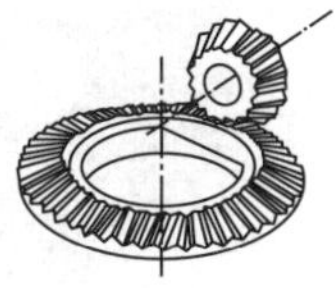
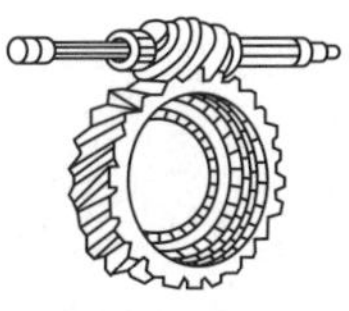

| ▮ 평기어 ▮ | ▮ 헬리컬기어 ▮ | ▮ 베벨기어 ▮ | ▮ 웜기어 ▮ |

(2) 헬리컬기어

① 헬리컬기어의 장점

 ㉠ 운전이 원활하고, 진동·소음이 적으며, 고속·대동력 전달에 사용한다.

 ㉡ 직선치보다 물림길이가 길고 물림률이 커서 물림 상태가 좋다.

 ㉢ 큰 회전비가 얻어지고 전동 효율(98~99%)이 크다.

② 헬리컬기어의 단점

 ㉠ 축방향으로 추력(thrust)이 발생한다.

 ㉡ 가공상의 정밀도, 조립 오차, 이 및 축의 변형 등에 의해 치면의 접촉이 나쁘게 된다.

 ㉢ 국부적인 접촉이 생기게 되어 치면의 압력이 크게 된다.

 ㉣ 제작 및 검사가 어렵다.

(3) 웜기어

① 웜기어의 장점

 ㉠ 부하용량이 크다.

 ㉡ 큰 감속비를 얻을 수 있다(1/10~1/100).

 ㉢ 소음과 진동이 적다.

 ㉣ 감속비가 크면 여전방지를 할 수 있다.

② 웜기어의 단점

 ㉠ 미끄럼이 크고 교환성이 없다.

 ㉡ 진입각이 작으면 효율이 낮다.

 ㉢ 웜휠은 연삭할 수 없다.

 ㉣ 추력이 발생한다.

 ㉤ 웜휠 제작에는 특수공구가 발생한다.

 ㉥ 가격이 고가이다.

 ㉦ 웜휠의 정도 측정이 곤란하다.

(4) 인치방식의 기어 이의 크기

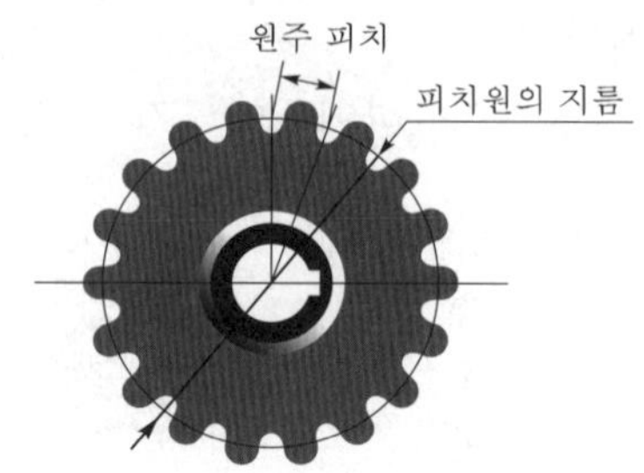

① 지름피치(P_d)

$$\text{지름피치}(P_d) = \frac{\text{잇수}}{\text{피치원 지름}} = \frac{Z}{D(\text{inch})}$$

② 모듈(m) : 기어(gear) 이의 크기를 정하는 수치

$$m = \frac{\text{피치원 지름}}{\text{잇수}} = \frac{D}{Z}$$

(5) 기어의 언더컷

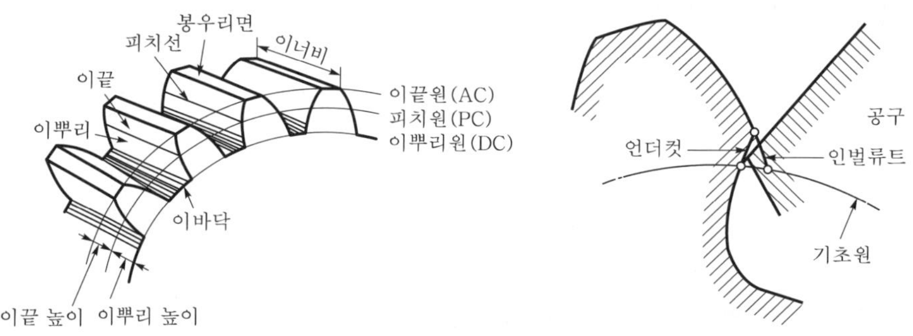

① **언더컷의 발생 원인** : 기어 절삭을 할 때 이의 수가 적으면 이의 간섭이 일어나며, 간섭 상태에서 회전하면 피니언(pinion)의 이 뿌리면을 기어의 이 끝이 파먹으며, 접촉면이 좁아져서 원활한 회전을 할 수 없게 된다.

② **언더컷의 방지법**

　㉠ 피니언의 잇수를 최소 잇수로 한다.

　㉡ 기어의 잇수를 한계 잇수로 한다.

　㉢ 입력각을 크게 한다.

　㉣ 치형을 수정한다.

　㉤ 기어의 이 높이를 낮게 한다.

(6) 감속기의 기어 치수가 맞지 않을 때 현상

① 카에는 감속도와 가속도가 불규칙적으로 발생한다.

② 시브홈과 로프에는 미끄러짐이 발생되므로 로프의 마모가 현저히 크지는 않다(로프의 마모는 마찰력이 클수록 심하다).

6 기타

(1) 마찰차

동차와 종동차의 2개의 바퀴를 접촉시켜, 그 접촉면에서 발생하는 마찰력을 이용하여 두 축 사이에 동력을 전달하는 기계요소

① 마찰차의 적용범위

ㄱ 전달하는 힘이 크지 않고, 속도비가 중요하지 않을 때

ㄴ 양축 사이를 자주 단속할 필요가 있을 때

ㄷ 회전속도가 커서 기어를 사용할 수 없는 경우

ㄹ 무단변속을 시키는 경우

② **마찰차의 종류** : 원통 마찰차(외접), 원통 마찰차(내접), 평 마찰차, 원뿔 마찰차, V홈 마찰차, 원판 마찰차, 구면 마찰차, 크라운 마찰차, 변속 마찰차, 홈붙이 마찰차(grooved friction wheel) 등

(2) 저널

베어링에 둘러싸인 축의 일부분을 이루며, 축에 가해지는 하중의 방향에 따라 레이디얼(radial) 저널과 스러스트(thrust) 저널, 테이퍼(taper) 저널 등이 있다.

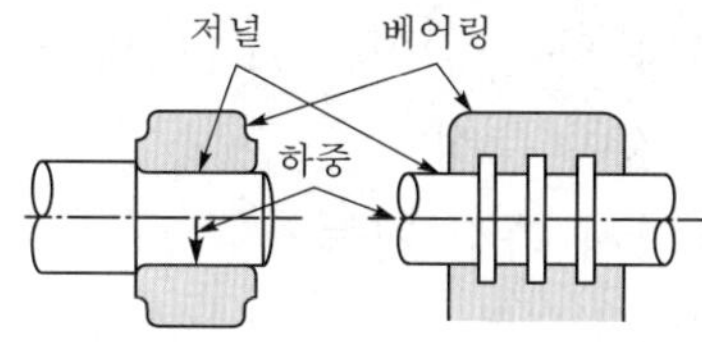

(3) 키

축에 기어, 풀리, 플라이휠 등의 회전체를 고정하여 축과 회전체를 함께 돌려 회전을 전달시키는 기계요소

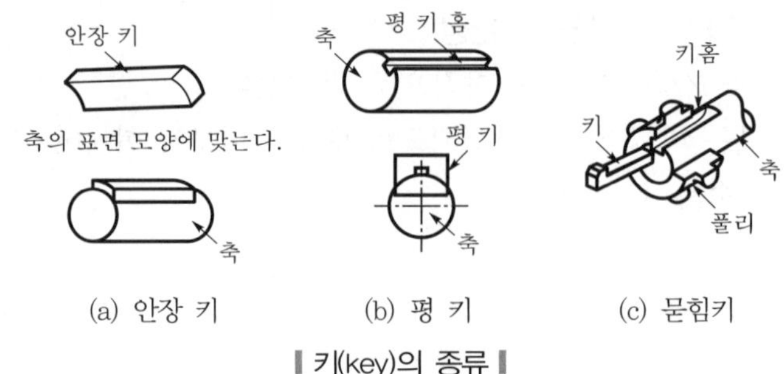

❚ 키(key)의 종류 ❚

(4) 클러치

① 축과 축을 접속하거나 차단하는 데 사용된다.

② 원동기를 정지시킬 필요 없이 피동축을 정지시키고, 속도변경을 위한 기어 바꿈 등을 할 수 있다.

(5) 벨트식 전동장치

① 붙어있지 않은 두 축에 장치된 풀리에 벨트를 걸고, 벨트와 벨트 풀리의 마찰력을 이용하여 동력을 전달한다.

② 두 축이 떨어져 있어, 기어나 마찰바퀴 등으로는 직접 회전을 전하기가 부적당한 경우에 적용된다.

출제 03 승강기 요소측정 및 시험

1 측정기기 및 기계요소 계측

정밀 측정기는 다음과 같다.

(1) 버니어 캘리퍼스(vernine calipers)

다음 [그림](버니어 캘리퍼스의 각 부 명칭)에서와 같이 l은 아들자의 0이 어미자의 12mm 위치 이전에 있으므로 11mm를 우선 읽고 아들자의 눈금이 어미자와 일치하는 곳의 눈금을 읽으면 8.5이므로, 측정하고자 하는 길이는 $11+0.85=11.85$mm가 된다.

① **용도** : 바깥지름, 안지름, 깊이 측정

② **측정범위** : 0.05(1/20)mm까지 측정 가능

③ **종류** : $M(M_1, M_2)$형, CB형, CM형

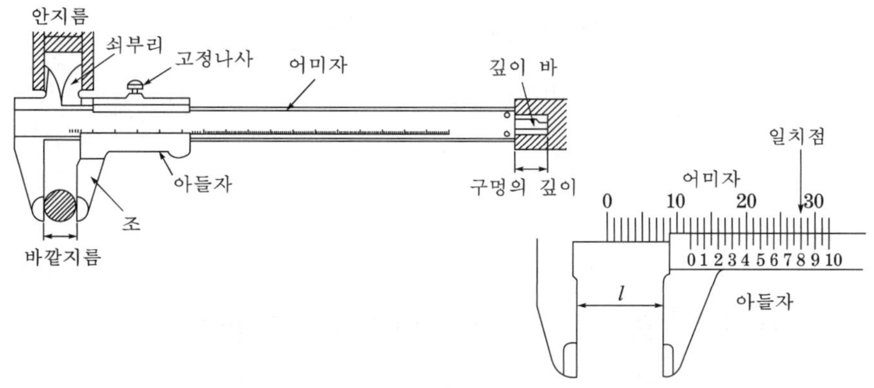

▌ 버니어 캘리퍼스의 각 부 명칭 ▌

(2) 마이크로미터(micrometer)

마이크로미터의 프레임 사이에 측정하고자 하는 물체를 넣었을 때 딤블의 위치가 [그림](마이크로미터의 구조) 측과 같이 되었다면 슬리브의 눈금은 7.5까지 나와 있고, 딤블의 눈금은 슬리브의 가로 눈금과 35에서 만나고 있으므로 측정하고자 하는 길이는 7.5＋0.35＝7.85mm 가 된다.

① **용도** : 외경, 안지름, 깊이 측정

② **측정범위** : 0.01(1/100)mm까지 측정 가능

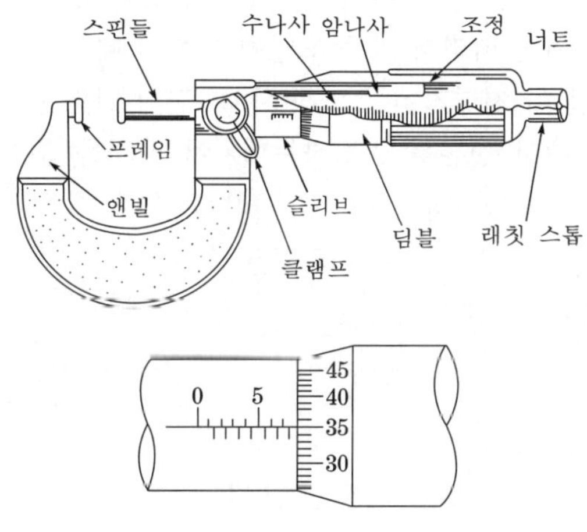

▌ 마이크로미터의 구조 ▌

2 전기요소 계측 및 원리

(1) 전압계와 전류계

일반적으로 직류 전압·전류는 가동 코일형 계기를 사용하고, 교류 전류·전압은 가동 철편형 계기를 사용한다.

① **전압계** : 부하에 흐르는 전압을 측정하는 계기로, 전원 또는 부하에 전압계를 병렬로 연결하여 전압을 측정한다.

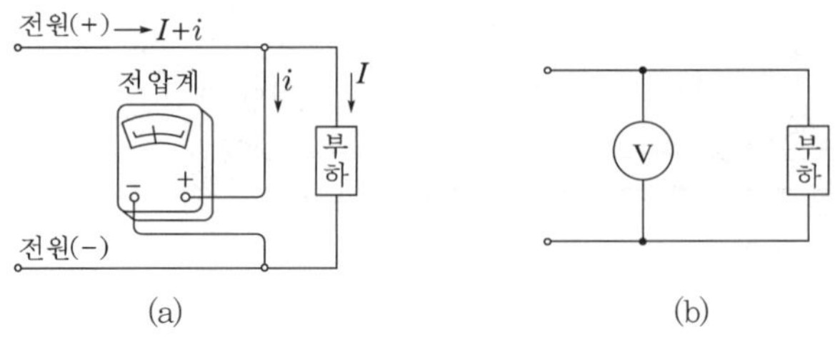

‖ 전압계의 결선 ‖

② **전류계** : 전류계를 부하와 직렬로 접속하여 전류를 측정한다.

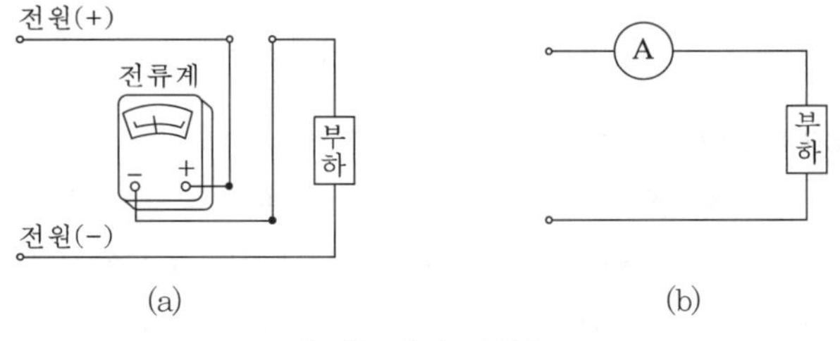

‖ 전류계의 결선 ‖

(2) 분류기와 배율기

① 분류기

　㉠ 가동 코일형 전류계는 동작전류가 1~50mA 정도여서, 큰 전류가 흐르면 전류계는 타버
　　려 측정이 곤란하다. 따라서 가동 코일에 저항이 매우 작은 저항기를 병렬로 연결하여
　　대부분의 전류를 이 저항기에 흐르게 하고, 전체 전류에 비례하는 일정한 전류만 가동
　　코일에 흐르게 해서 전류를 측정하는데, 이 장치를 분류기라 한다.

$$I_a = \frac{R_s}{R_a + R_s} \cdot I$$

$$I = \frac{R_a + R_s}{R_s} \cdot I_a = \left(1 + \frac{R_a}{R_s}\right) \cdot I_a$$

여기서, I : 측정하고자 하는 전류[A],

　　　　I_a : 전류계로 유입되는 전류[A]

　　　　R_s : 분류기 저항[Ω],

　　　　R_a : 전류계 내부저항[Ω]

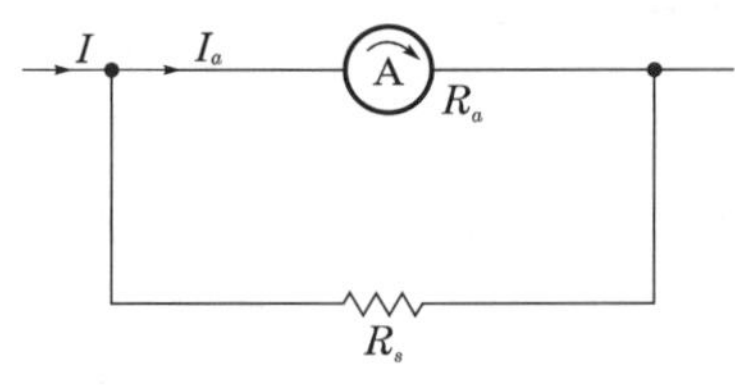

‖ 분류기 회로 ‖

ⓛ 전류계의 지시치 I_a와 측정전류 I와의 비, n을 분류기의 배율이라고 한다.

$$n = \frac{I}{I_a} = 1 + \frac{R_a}{R_s}$$

ⓐ $R_s \ll R_a$이면 측정전류 I는 I_a보다 현저하게 큰 값을 갖는다.

ⓑ 이 배율은 필요에 따라 임의로 조정할 수 있으며, 가령 n을 10, 100, 1,000으로 정하면, 분류기의 저항값은 계기 내부저항의 1/9, 1/99, 1/999로 된다.

② 배율기

㉠ 배율기는 전압계에 직렬로 접속시켜서 전압의 측정범위를 넓히기 위해 사용하는 저항기이다.

$$V_R = \frac{R_a + R}{R_a} \cdot V$$

$$배율기의\ 배율 = \frac{V}{V_R} = \frac{R_a + R}{R_a} = 1 + \frac{R}{R_a}$$

여기서, V_R : 측정하고자 하는 전압[V]

V : 전압계로 유입되는 전압[V]

R_a : 전압계 내부저항[Ω]

R : 배율기의 저항[Ω]

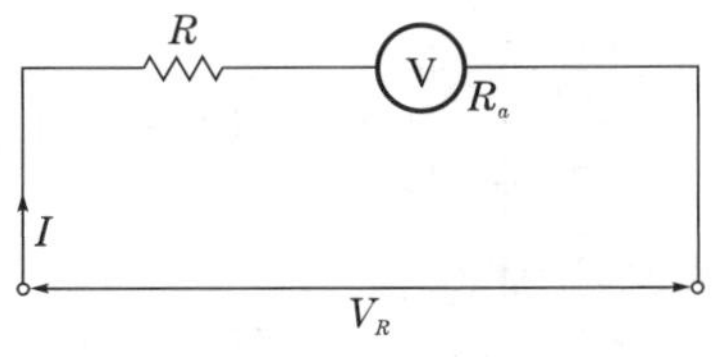

‖ 배율기 회로 ‖

㉡ 이 배율은 분류기와 같이 임의로 설정할 수 있으며, 배율을 10, 100, 1,000으로 정하면, 배율기 저항값은 계기 내부저항의 9, 99, 999배가 필요하다.

(3) 절연저항계

전로 및 기기 등을 사용하면 오손이나 그 밖의 원인으로 절연 성능이 저하되고, 절연열화가 진행되면 결국은 누전 등의 사고를 발생하여 화재나 그 밖의 중대사고를 일으킬 우려가 있으므로 절연저항계(메거, megger)로 절연저항 측정 및 절연진단이 필요하다.

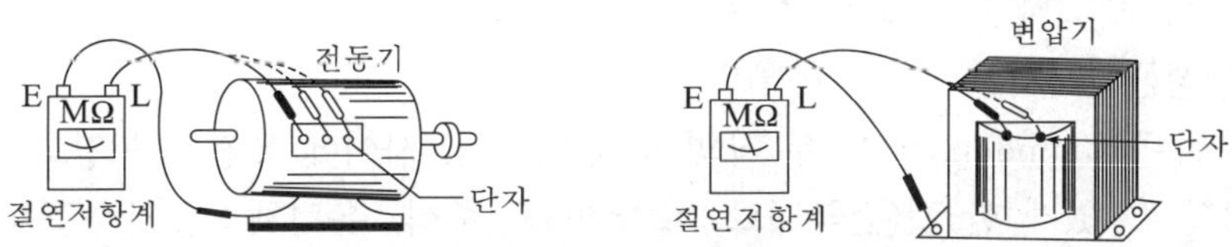

‖ 전기기기의 절연저항 측정 ‖

출제 04 승강기 동력원의 기초 전기

1 정전기와 콘덴서

(1) 정전기의 성질

① 정전기의 발생

    ㉠ 대전현상(electrification phenomena) : 종류가 다른 두 물체를 마찰시키면 한쪽에는 양 (+)의 전기, 다른 쪽에는 음(−)의 전기가 나타나 가벼운 물체를 끌어당기는 현상

    ㉡ 정전력(electrostatic force) : 대전된 전하는 정지된 상태이므로 정전기라 하고, 정전기에 의하여 작용하는 힘(같은 종류의 전하에는 반발력, 다른 종류의 전하에는 흡입력이 작용)

② 쿨롱의 법칙

    ㉠ 2개의 점전하 사이에 작용하는 정전력의 크기는 2개의 전하량의 곱에 비례하고 전하 간 거리의 2승에 반비례한다. 2개의 점전하 Q_1, Q_2[C], 양 전하 사이의 거리 r[m]로 하고, 진공 중에 양 전하 간에 작용하는 정전력의 크기를 F[N]로 한다면 다음과 같다.

$$F = \frac{Q_1 \, Q_2}{4\pi \varepsilon_0 \, r^2} = 9 \times 10^9 \, \frac{Q_1 \, Q_2}{r^2} \, [\text{N}]$$

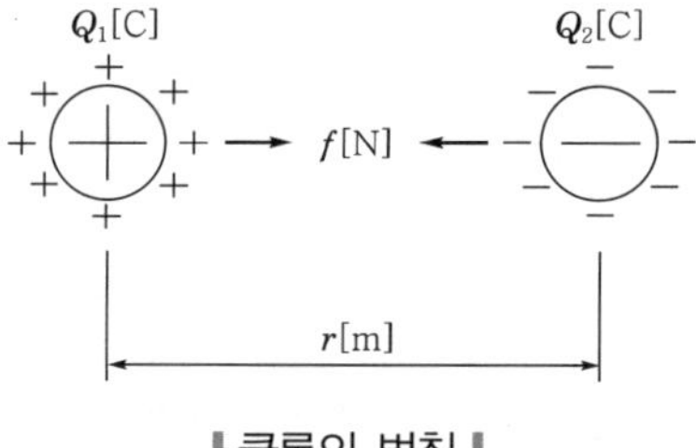

‖ 쿨롱의 법칙 ‖

    ㉡ 어떤 물체의 유전율을 ε라 하면 다음과 같다.

$$\varepsilon = \varepsilon_0 \, \varepsilon_s$$

여기서, ε : 유전율[F/m]

        ε_0(진공 중의 유전율) : 8.85×10^{-12}[F/m], $\dfrac{1}{4\pi\varepsilon_0} \fallingdotseq 9 \times 10^9$

        ε_s(비유전율) : 공기의 경우 1

(2) 정전용량과 정전에너지

① 콘덴서 : 콘덴서(condenser)는 두 장의 도체판(전극) 사이에 유전체를 넣고 절연하여 전하를 축적할 수 있게 한 것(전극재료 : 알루미늄, 주석. 유전체 : 공기, 종이, 운모, 유리, 폴리에틸렌)을 말한다.

    ㉠ 가변 콘덴서 : 한쪽의 금속판을 이동시켜 용량을 변화시킬 수 있는 것

    ㉡ 고정 콘덴서 : 용량을 변화시킬 수 없는 콘덴서

② **정전용량** : 전원 전압 V[V]에 의해 축적된 전하 Q[C]이라 하면, Q는 V에 비례하고 그 관계는 다음과 같다.

$$Q = CV \text{[C]}$$

㉠ C는 전극이 전하를 축적하는 능력의 정도를 나타내는 상수로 커패시턴스(ca- pacitance) 또는 정전용량(electrostatic capacity)이라고 하며, 단위는 패럿(Farad ; F)이다.

  ⓐ 마이크로패럿(μF, 1μF$=10^{-6}$F)

  ⓑ 나노패럿(nF, 1nF$=10^{-9}$F)

  ⓒ 피코패럿(nF, 1pF$=10^{-12}$F)

㉡ 1F은 1V의 전압을 가하여 1C의 전하가 축적되는 경우의 정전용량이다.

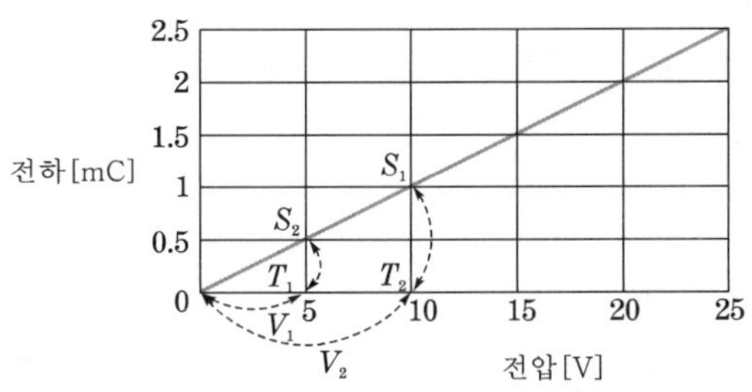

‖ 전압과 전하의 관계 ‖

㉢ **평행판 콘덴서의 정전용량(C)** : 면적 S[m²]의 평행한 두 금속의 간격을 d[m], 절연물의 유전율을 ε[F/m]이라 하고, 두 금속판 사이에 전압 V[V]를 가할 때 각 금속판에 $+Q$[C], $-Q$[C]의 전하가 축적되었다고 하면, 다음 식과 같다.

$$C = \frac{\varepsilon S}{d}$$

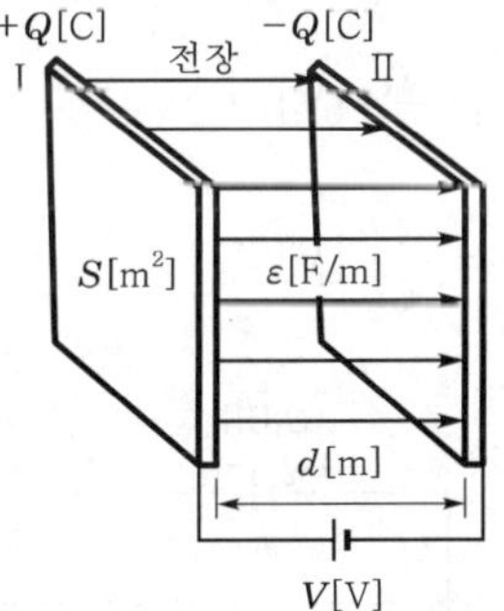

‖ 평행판 콘덴서의 정전용량 ‖

㉣ **큰 정전용량을 얻기 위한 방법**

  ⓐ 극판의 면적을 넓게 한다.

  ⓑ 극판 간의 간격을 좁게 한다.

  ⓒ 극판 사이에 넣는 절연물을 비유전율(ε_s)이 큰 것으로 사용한다.

③ 정전에너지 : 콘덴서에 전압 V[V]가 가해져서 Q[C]의 전하가 축적되어 있을 때 콘덴서에 저장되는 에너지를 말한다.

$$W = \frac{1}{2}QV = \frac{1}{2}CV^2 [\text{J}]$$

(3) 콘덴서의 접속

① 콘덴서의 병렬접속 : 다음 [그림](콘덴서의 병렬접속)과 같이 정전용량이 C_1, C_2, C_3[F]인 3개의 콘덴서를 병렬로 접속하였다면 다음과 같다.

   ㉠ 합성 정전용량(C)

$$C = C_1 + C_2 + C_3 [\text{F}]$$

   ㉡ 각 콘덴서에 축적되는 전하(Q_1, Q_2, Q_3)

      ⓐ $Q_1 = C_1 V$[C]

      ⓑ $Q_2 = C_2 V$[C]

      ⓒ $Q_3 = C_3 V$[C]

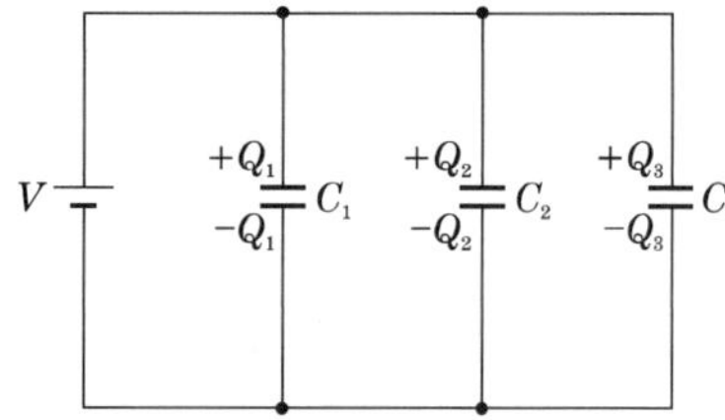

‖ 콘덴서의 병렬접속 ‖

② 콘덴서의 직렬접속 : 다음 [그림](콘덴서의 직렬접속)과 같이 정전용량이 C_1, C_2[F]인 2개의 콘덴서를 직렬로 접속하였다면 다음 식과 같다.

   ㉠ 합성 정전용량(C)

$$\frac{1}{C} = \frac{1}{C_1} + \frac{1}{C_2} \quad \text{또는} \quad C = \frac{C_1 \times C_2}{C_1 + C_2} [\text{F}]$$

   ㉡ 각 콘덴서에 축적되는 전하(Q_1, Q_2) : 각 콘덴서에는 동일한 전압이 걸린다.

      ⓐ $Q_1 = C_1 V$[C], $V_1 = \dfrac{Q}{C_1}$[V]

      ⓑ $Q_2 = C_2 V$[C], $V_2 = \dfrac{Q}{C_2}$[V]

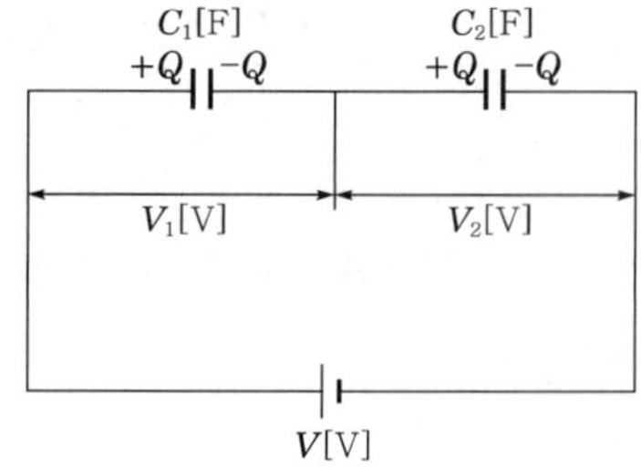

‖ 콘덴서의 직렬접속 ‖

2 직류회로 및 교류회로

(1) 직류회로

① 전기의 본질

　㉠ 원자의 구조

　　ⓐ 모든 물질은 매우 작은 분자 또는 원자의 집합으로 되어 있다. 이들 원자는 원자핵(atomic nucleus)과 그 주위를 둘러싸고 있는 전자(electron)들로 구성되어 있으며, 원자핵은 양전기를 가진 양성자(proton)와 전기를 가지지 않는 중성자(neutron)가 강한 핵력으로 결합되어 있다.

　　ⓑ 정상 상태에서 원자를 이루고 있는 양성자의 수는 전자의 수와 동일하며, 양성자 1개가 지니는 전기량은 전자 1개가 지니는 전기량과 크기가 같고 극성은 반대이므로 원자는 전기적으로 중성 상태를 나타낸다.

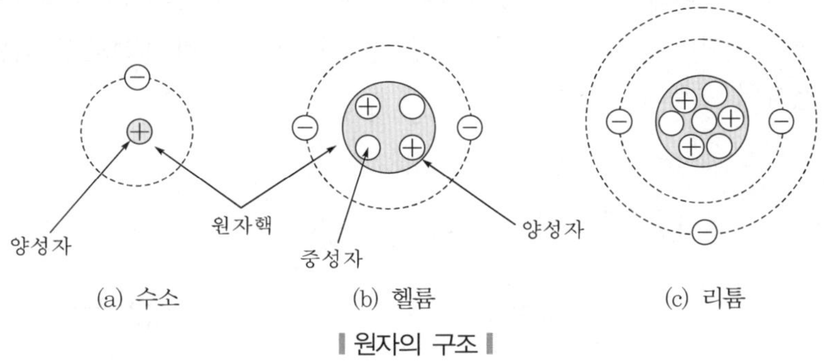

‖ 원자의 구조 ‖

　㉡ 전자와 양자의 성질

　　ⓐ 양자는 양전기(+), 전자는 음전기(−)를 가지며, 극성이 같으면 서로 반발하고, 다르면 잡아당긴다.

　　ⓑ 자유전자 : 전자들 중에서 가장 바깥쪽의 전자들은 원자핵과의 결합력이 약해서 외부의 작은 힘에 의하여 쉽게 핵의 구속력을 벗어나 자유롭게 움직인다.

　㉢ 전기의 발생과 소멸

　　ⓐ 자유전자가 어떤 원인으로 인하여 물질 밖으로 나가면 그 물질은 양전기를 띠게 된다.

　　ⓑ 외부에서 자유전자가 물질 내부로 들어오면 음전기를 띠게 된다.

　　ⓒ 대전(electrification) : 어떤 물질이 전자의 과부족으로 양전기나 음전기를 띠게 된 것을 말한다.

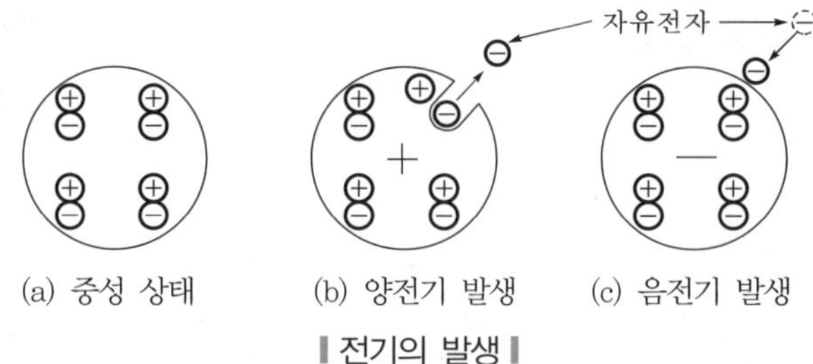

┃ 전기의 발생 ┃

② **전기회로의 전압과 전류**

　㉠ **전기회로**(electric circuit) : 전지(전원), 전구, 스위치를 전선으로 연결하고 스위치를 닫으면 전지의 기전력에 의하여 전구에 전류가 흐르며 전구가 점등된다. 이와 같이 전류가 흐르는 통로를 전기회로 또는 회로라고 한다.

　㉡ **전류**(electric current)

　　ⓐ 스위치를 닫아 전구가 점등될 때 전지의 음극(−)으로부터는 전자가 계속해서 전선에 공급되어 양극(+) 방향으로 끌려간다. 이런 전자의 흐름을 전류라 하며 방향은 전자의 흐름과는 반대이다.

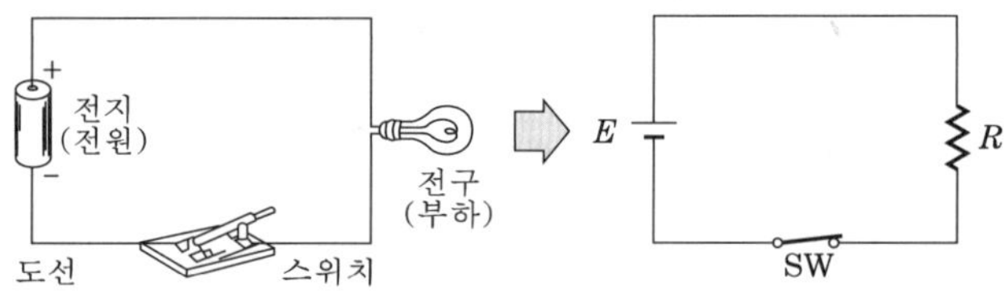

┃ 전기회로도 ┃

　　ⓑ 전류의 세기(I) : 어떤 단면을 1초 동안에 1C의 전기량이 이동할 때 1암페어(ampere, 기호 A)라고 한다.

$$I = \frac{Q}{t}\,[\text{A}], \quad Q = It\,[\text{C}]$$

　㉢ **전압**(voltage)

　　ⓐ 물은 수위가 높은 곳에서 낮은 곳으로 흐르며, 다음 [그림](전류와 전위차)과 같이 양전하를 가진 물체 A와 음전하를 가진 물체 B를 금속선으로 연결하면 A에서 B를 향하여 전류가 흐른다. 이때 물의 수위차와 같이 전기에서는 전위로 정의하며 A와 B의 전위의 차를 전위차(electric potential difference) 또는 전압이라고 한다.

　　ⓑ 전압의 세기(V) : 어떤 도체에 1C의 전기량이 두 점 사이를 이동하여 1J의 일을 했다면 1볼트(volt, 기호 V)라고 한다.

$$V = \frac{W}{Q}\,[\text{V}], \quad W = VQ\,[\text{J}]$$

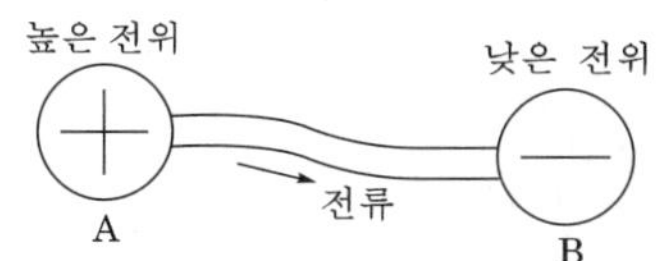

▮ 전류와 전위차 ▮

ㄹ **전기저항(electric resistance)과 컨덕턴스(conductance)**

ⓐ 전기회로에 전류가 흐를 때 전류의 흐름을 방해하는 작용이 있는데, 그 방해하는 정도를 나타내는 상수를 전기저항 R 또는 저항이라고 하며 저항의 역수로 전류가 흐르기 쉬운 정도를 나타내는 상수를 컨덕턴스 G(mho ; ℧ 또는 siemens ; S)라 한다.

ⓑ 1V의 전압을 가해서 1A의 전류가 흐르는 저항값을 1옴(ohm, 기호 Ω)이라고 한다.

$$R = \frac{1}{G}\,[\Omega], \quad G = \frac{1}{R}\,[S]$$

ㅁ **옴의 법칙**

ⓐ 도체에 전압이 가해졌을 때 흐르는 전류의 크기는 도체의 저항에 반비례하므로 가해진 전압을 V[V], 전류 I[A], 도체의 저항을 R[Ω]이라고 하면 다음과 같다.

$$I = \frac{V}{R}\,[A], \quad V = IR\,[V], \quad R = \frac{V}{I}\,[\Omega]$$

ⓑ 저항 R[Ω]에 전류 I[A]가 흐를 때 저항 양단에는 $V = RI$[V]의 전위차가 생기며, 이것을 전압강하라고 한다.

ㅂ **저항의 접속**

ⓐ 직렬접속회로 : 다음 [그림](직렬회로)과 같이 2개 이상의 저항을 전원에 차례로 연결하여 회로에 전전류가 각 저항을 차례로 흐르게 하는 접속으로 각 저항 R_1, R_2, R_3에 흐르는 전류 I의 크기는 일정하다.

• 합성저항(R_T)

$$R_T = R_1 + R_2 + R_3\,[\Omega]$$

값이 같은 저항 n개가 직렬일 때의 합성저항 R_T는 다음과 같다.

$R_T = n \cdot R$

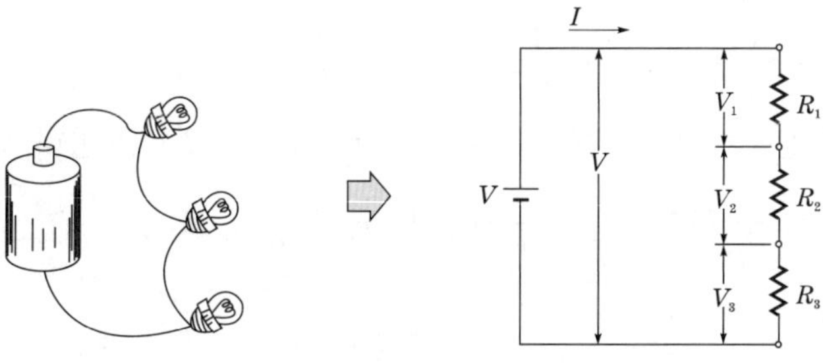

▮ 직렬회로 ▮

- 전류(I)

$$I = \frac{V}{R} = \frac{V}{R_1 + R_2 + R_3} \,[\text{A}]$$

- 각 저항 양단의 전압강하(V_1, V_2, V_3)

$$V_1 = R_1 I\,[\text{V}], \quad V_2 = R_2 I\,[\text{V}], \quad V_3 = R_3 I\,[\text{V}]$$

- 전원전압(V)

$$V = V_1 + V_2 + V_3 = R_1 I + R_2 I + R_3 I$$
$$= (R_1 + R_2 + R_3) \cdot I\,[\text{V}]$$

ⓑ 병렬접속회로 : 다음 [그림](병렬회로)과 같이 2개 이상의 저항의 양끝을 전원의 양극에 연결하여 회로의 전전류가 각 저항에 나뉘어 흐르게 하는 접속으로 각 저항 R_1, R_2, R_3에 흐르는 전압(V)의 크기는 일정하다.

- 합성저항(R_T)

$$R_T = \frac{1}{\dfrac{1}{R_1} + \dfrac{1}{R_2} + \dfrac{1}{R_3}} = \frac{R_1 R_2 R_3}{R_1 R_2 + R_2 R_3 + R_3 R_1}\,[\Omega]$$

- 값이 같은 저항 n개가 병렬일 때의 합성저항(R_T)

$$R_T = \frac{R}{N}\left(\because \text{1개의 저항 } R \text{의 } \frac{1}{N} \text{배와 같음}\right)$$

- 저항 R_1, R_2 2개가 병렬일 때의 합성저항($R_T{}'$)

$$R_T{}' = \frac{R_1 R_2}{R_1 + R_2}\,[\Omega]$$

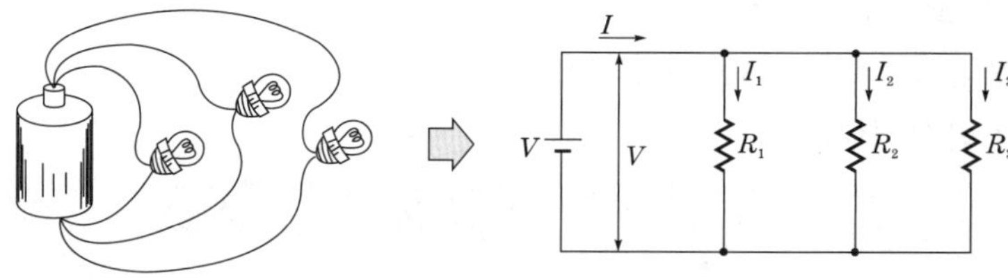

▌병렬회로▐

- 각 저항 양단의 전류 I_1, I_2, I_3는 각 저항의 크기에 반비례한다.

$$I_1 = \frac{V}{R_1}\,[\text{A}], \quad I_2 = \frac{V}{R_2}\,[\text{A}], \quad I_3 = \frac{V}{R_3}\,[\text{A}]$$

각 분로에 나타나는 전류 분배는 저항에 반비례한다.

$$I_1 = \frac{R}{R_1}I\,[\text{A}], \quad I_2 = \frac{R}{R_2}I\,[\text{A}], \quad I_3 = \frac{R}{R_3}I\,[\text{A}]$$

- 전체 전류(I)

$$I = I_1 + I_2 + I_3 = \frac{V}{R_1} + \frac{V}{R_2} + \frac{V}{R_3} = \left(\frac{1}{R_1} + \frac{1}{R_2} + \frac{1}{R_3}\right) \cdot V\,[\text{A}]$$

③ 전력과 전력량

㉠ 전력

ⓐ 1초간에 전기에너지가 하는 일의 능력이다.

ⓑ 기호는 P, 단위는 와트(watt, 기호 W)이다.

ⓒ 1W는 1sec 동안에 1J의 비율로 일을 하는 속도이다(W=J/sec).

ⓓ V[V]의 전압을 가하여 1A의 전류가 t[sec] 동안 흘러서 Q[C]의 전하가 이동하였을 때 $Q=It$이므로 전력 P는 다음과 같다.

$$P = \frac{VQ}{t} = VI\,[\text{W}]$$

ⓔ R[Ω]의 저항에 V[V]의 전압을 가하여 1A의 전류가 흘렀다면 $V=RI$이므로 다음과 같다.

$$P = VI = I^2 R = \frac{V^2}{R}\,[\text{W}]$$

ⓕ 전동기와 같은 기계 동력의 단위로 사용하는 마력(horse power, 기호 HP)과 와트(W)의 관계는 다음과 같다.

1HP=746W

㉡ 전력량

ⓐ 어느 일정 시간 동안에 전기에너지의 총량을 말하며, 전압 V[V]를 가하여 1A의 전류를 t[sec] 동안 흘릴 때의 전력량 W는 다음과 같다.

$$W = VIt = Pt\,[\text{J}]$$

ⓑ 단위는 J보다는 W·sec를 많이 사용하며 실용 단위로 Wh, kWh 등의 단위로 표시한다($1\text{kWh}=10^3\text{Wh}=3.6\times10^6\text{W}\cdot\text{sec}=3.6\times10^6\text{J}$).

(2) 교류회로

① 교류회로의 기초(정현파 교류) : 시간의 변화에 따라 크기와 방향이 변화하고 주기적으로 같은 변화를 반복하는 전류·전압을 각각 교류전류, 교류전압이라 하며, 파형이 정현파(사인파) 형으로 변할 때 정현파 교류 또는 사인파 교류라고 한다.

㉠ 교류의 파형

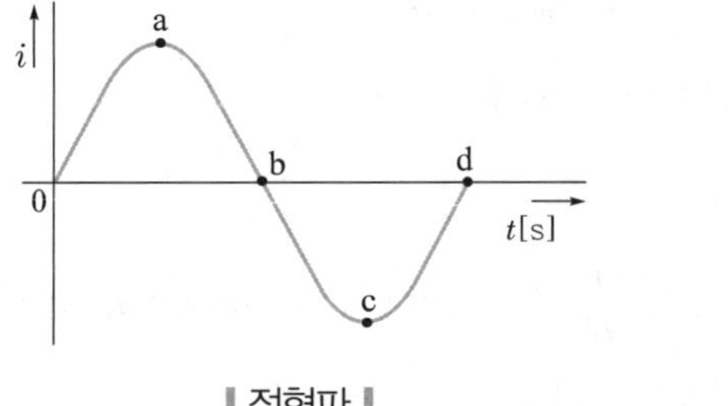

▌정현파▐

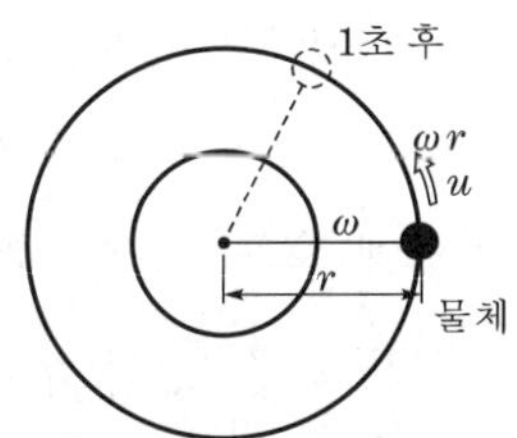

▌속도와 각속도▐

[그림](정현파)과 같이 0에서 최대 크기 a점까지 증가하고 다시 최대 크기에서 0인 b점까지 감소한 후 방향이 바뀌어 크기가 같은 상태의 변화를 반복한다.

ⓛ 회전수와 각속도

    ⓐ 각속도 : 어떤 물체가 어떤 속도로 운동하고 있을 때 1초 동안에 회전한 각도를 ω로 표시한다.

    ⓑ 물체가 1초 동안에 원운동한 거리는 원의 반지름을 $r[\mathrm{m}]$라고 할 때 $\omega r[\mathrm{m}]$이고, 물체의 속도를 u라 하면, $u = \omega r[\mathrm{m/s}]$이며 물체가 n회전을 하면 각속도 ω는 다음과 같다.

$$\omega = 2\pi n$$

ⓒ 정현파 교류의 각주파수

    ⓐ 주파수(frequency) : 코일이 1초 동안에 1회전을 하면 1개의 사인파가 발생되고, n회전을 한다면 n개의 사인파가 발생한다. 이 발생 횟수를 f로 나타내고, 주파수라 하며 단위는 헤르츠(hertz, 기호 Hz)를 사용한다.

$$f = n \text{이므로,} \quad \omega = 2\pi n = 2\pi f [\mathrm{rad/s}]$$

    ⓑ 주기(period) : 교류의 1회 변화를 1사이클이라 하며, 1사이클이 변화하는 데 걸리는 시간을 주기(period) T라고 한다.

$$T = \frac{1}{f} [\mathrm{s}], \quad f = \frac{1}{T} [\mathrm{Hz}]$$

② 교류전류에 대한 RLC의 작용

    ㉠ 저항(R)만의 회로 : 다음 [그림] (a)와 같이 저항 $R[\Omega]$의 회로에 정현파 순시전압 $v = \sqrt{2}\,V\sin\omega t$를 인가한다면 다음과 같다.

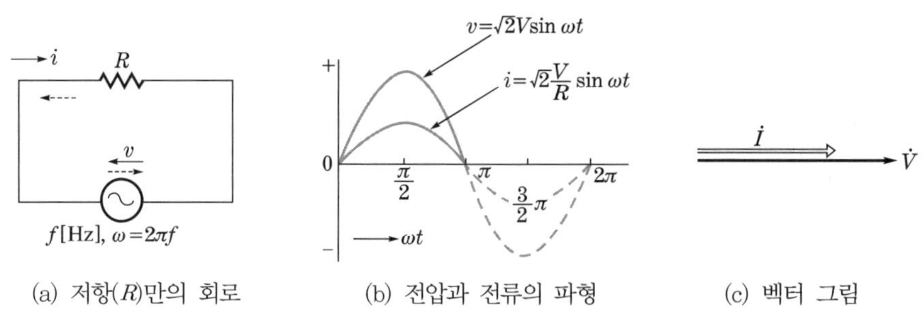

(a) 저항(R)만의 회로   (b) 전압과 전류의 파형   (c) 벡터 그림

▮ 저항(R)만의 회로의 전압과 전류의 관계 ▮

    ⓐ 회로에 흐르는 순시전류(I)

$$i = \frac{v}{R} = \frac{V_m}{R}\sin\omega t = \sqrt{2}\,\frac{V}{R}\sin\omega t = \sqrt{2}\,I\sin\omega t = I_m\sin\omega t \,[\mathrm{A}]$$

$$\therefore \; i = I_m\sin\omega t = \sqrt{2}\,I\sin\omega t \,[\mathrm{A}]$$

ⓑ 실횻값(I)과 최댓값(I_m)

$$I = \frac{V}{R}\,[\text{A}], \ \ I_m = \frac{V_m}{R}\,[\text{A}]$$

ⓒ 전압과 전류는 동위상(in-phase)이다($\theta = 0$).

ⓛ 인덕턴스(L)만의 회로

ⓐ 전압과 전류의 관계

$$V = \omega L I\,[\text{V}], \ \ I = \frac{V}{\omega L}\,[\text{A}]$$

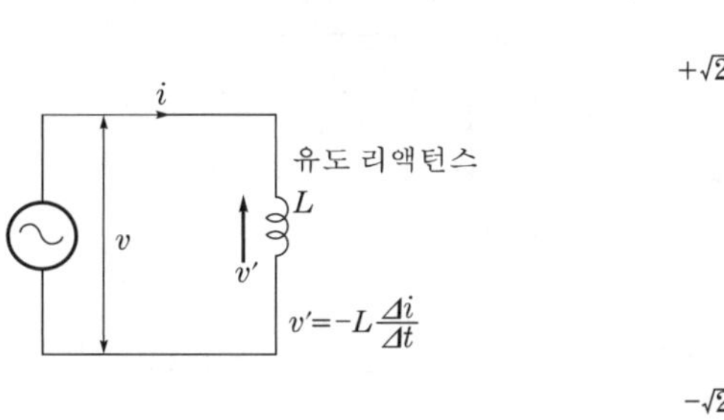

(a) 인덕턴스(L)만의 회로

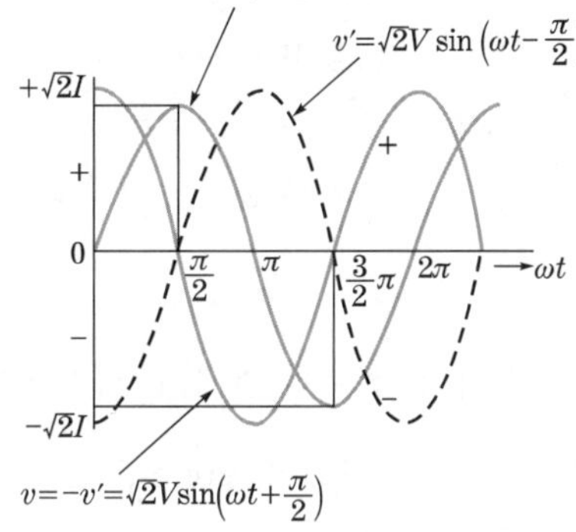

(b) 전압과 전류의 파형

❙ 인덕턴스(L)만의 회로와 파형 ❙

ⓑ 전압과 전류의 위상관계 : 전압의 위상은 전류보다 $\frac{\pi}{2}$[rad] 앞선다.

ⓒ 유도 리액턴스(inductive reactance, X_L)

$$X_L = \omega L = 2\pi f L\,[\Omega]$$

$$\therefore \ V = X_L I\,[\text{V}], \ \ I = \frac{V}{X_L}\,[\text{A}]$$

유도 리액턴스는 인덕턴스 L과 주파수 f에 정비례한다.

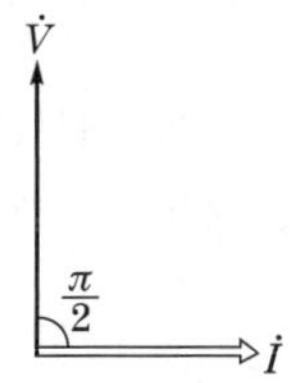

❙ 인덕턴스(L)만인 회로의 벡터도 ❙

ⓒ 정전용량(C)만의 회로
  ⓐ 전압과 전류의 관계

$$I = \omega C V \,[\text{A}], \quad V = \frac{1}{\omega C} \cdot I \,[\text{V}]$$

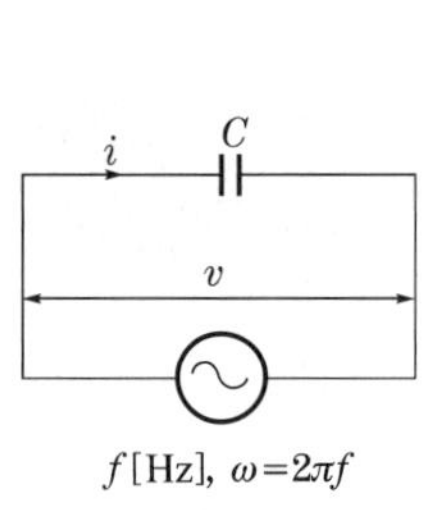

(a) 정전용량(C)만의 회로

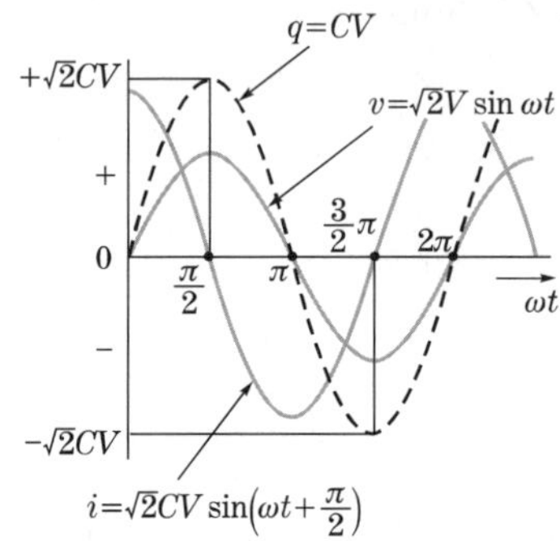

(b) 전압과 전류의 파형

❚ 정전용량(C)만의 회로 ❚

  ⓑ 전압과 전류의 위상관계 : 전류의 위상은 전압보다 $\dfrac{\pi}{2}$ [rad] 앞선다.

  ⓒ 용량 리액턴스(capacitive reactance, X_C)

$$X_C = \frac{1}{\omega C} = \frac{1}{2\pi f C}\,[\Omega]$$

$$\therefore\ I = \frac{V}{X_C}\,[\text{A}], \quad V = I X_C\,[\text{V}]$$

용량 리액턴스는 주파수 f에 반비례한다.

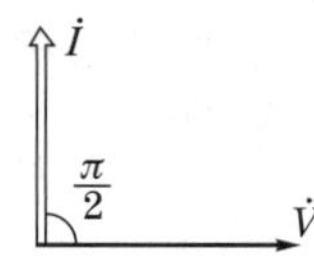

❚ 정전용량(C)만인 회로의 벡터도 ❚

(3) RLC 직렬회로

① RL 직렬회로 : 저항 $R[\Omega]$과 인덕턴스 $L[\text{H}]$의 직렬회로에 $V[\text{V}]$인 사인파 전압 $V = \sqrt{2}\,V\sin\omega t\,[\text{V}]$를 가할 때 다음과 같다.

  ㉠ 전원전압(V)의 크기

    $V_R = RI$ (전류와 동위상)

    $V_L = \omega L I = 2\pi f L I = X_L I$ (전류보다 90° 앞섬)

$$V = \sqrt{V_R{}^2 + V_L{}^2} = \sqrt{(RI)^2 + (X_L I)^2} = \sqrt{R^2 + (X_L)^2} \cdot I$$

$$= \sqrt{R^2 + (\omega L)^2} \cdot I\,[\text{V}]$$

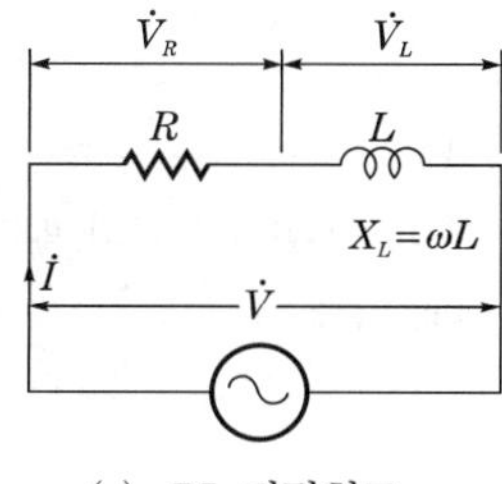
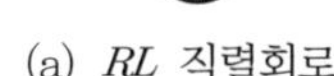
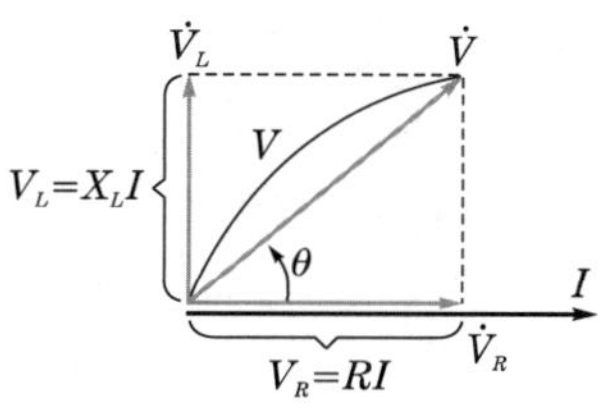

(a) RL 직렬회로   (b) 전압과 전류의 벡터도

| RL 직렬회로와 벡터도 |

ⓛ 전전류(I)의 크기

$$I = \frac{V}{\sqrt{R^2 + (\omega L)^2}} = \frac{V}{\sqrt{R^2 + (2\pi f L)^2}}\,[\text{A}]$$

ⓒ 전압과 전류의 위상관계

$$\tan\theta = \frac{V_L}{V_R} = \frac{\omega L I}{RI} = \frac{\omega L}{R}$$

$$\therefore\ \theta = \tan^{-1}\frac{V_L}{V_R} = \tan^{-1}\frac{\omega L}{R}\,[\text{rad}]$$

전압의 위상은 전류보다 $\theta[\text{rad}]$만큼 앞선다.

ⓔ 임피던스(impedance, Z)

$$Z = \sqrt{(\text{저항 성분})^2 + (\text{유도 리액턴스 성분})^2} = \sqrt{R^2 + X_L{}^2}$$

$$= \sqrt{R^2 + (\omega L)^2} = \sqrt{R^2 + (2\pi f L)^2}\,[\Omega]$$

ⓜ 역률

$$\cos\theta = \frac{R}{Z} = \frac{R}{\sqrt{R^2 + X_L{}^2}} = \frac{R}{\sqrt{R^2 + (\omega L)^2}}$$

② RC 직렬회로 : 저항 $R[\Omega]$과 정전용량 $C[\text{F}]$의 직렬회로에 $V[\text{V}]$인 사인파 전압 $V = \sqrt{2}\,V\sin\omega t\,[\text{V}]$를 가할 때 다음과 같다.

㉠ 전원전압(V)의 크기

$$V_R = RI\ (\text{전류와 동위상})$$

$$V_C = X_C I = \frac{1}{\omega C} I\ (\text{전류보다 } 90° \text{ 뒤짐})$$

$$V = \sqrt{V_R{}^2 + V_C{}^2} = \sqrt{(RI)^2 + (X_C I)^2} = \sqrt{R^2 + (X_C)^2} \cdot I$$

$$= \sqrt{R^2 + \left(\frac{1}{\omega C}\right)^2} \cdot I\,[\text{V}]$$

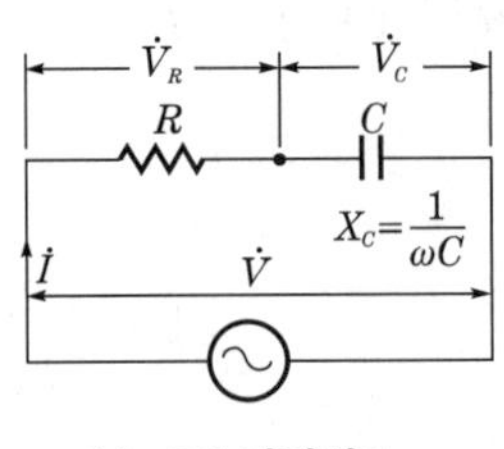

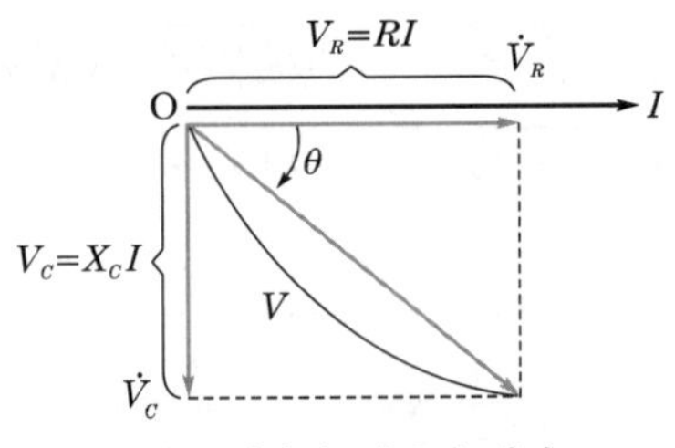

(a) RC 직렬회로   (b) 전압과 전류의 벡터도

‖ RC 직렬회로와 벡터도 ‖

ⓛ 전전류(I)의 크기

$$I = \frac{V}{\sqrt{R^2 + \left(\dfrac{1}{\omega C}\right)^2}} = \frac{V}{\sqrt{R^2 + \left(\dfrac{1}{2\pi f C}\right)^2}} \, [\text{A}]$$

ⓒ 전압과 전류의 위상관계

$$\tan\theta = \frac{V_C}{V_R} = \frac{X_C I}{R I} = \frac{X_C}{R}$$

$$\therefore \ \theta = \tan^{-1}\frac{V_C}{V_R} = \tan^{-1}\frac{X_C}{R} = \tan^{-1}\frac{1}{\omega CR} \, [\text{rad}]$$

전압의 위상은 전류보다 $\theta[\text{rad}]$만큼 뒤진다.

ⓔ 임피던스(impedance, Z)

$$Z = \sqrt{(\text{저항 성분})^2 + (\text{용량 리액턴스 성분})^2} = \sqrt{R^2 + X_C^2}$$

$$= \sqrt{R^2 + \left(\frac{1}{\omega C}\right)^2} = \sqrt{R^2 + \left(\frac{1}{2\pi f C}\right)^2} \, [\Omega]$$

ⓜ 역률

$$\cos\theta = \frac{R}{Z} = \frac{R}{\sqrt{R^2 + X_C^2}} = \frac{R}{\sqrt{R^2 + \left(\dfrac{1}{\omega C}\right)^2}}$$

③ RLC 직렬 공진회로 : RLC가 직렬로 연결된 회로에서 용량 리액턴스와 유도 리액턴스는 더 이상 회로 전류를 제한하지 못하고 저항만이 회로에 흐르는 전류를 제한할 수 있는 상태를 공진이라고 한다.

㉠ 직렬 공진 조건

ⓐ 임피던스 $Z = \sqrt{R^2 + \left(\omega L - \dfrac{1}{\omega C}\right)^2} = \sqrt{R^2 + (0)^2} = R\,[\Omega]$

ⓑ 공진 임피던스는 최소가 된다.

$$Z = \sqrt{R^2 + (0)^2} = R$$

ⓒ 공진전류 I_0는 최대가 된다.

$$I_0 = \frac{V}{Z} = \frac{V}{R}\,[\text{A}]$$

ⓓ 전압 V와 전류 I는 동위상이다. 용량 리액턴스와 유도 리액턴스는 크기가 같아서 상쇄되어 저항만의 회로가 된다.

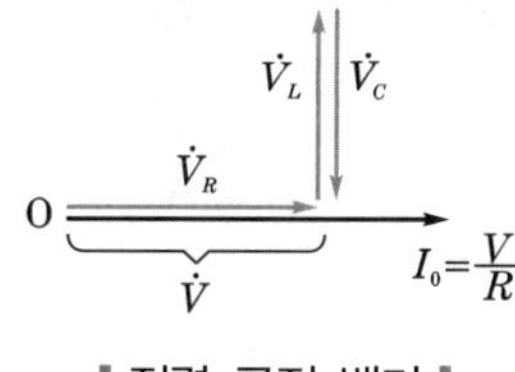

∥ 직렬 공진 벡터 ∥

ⓛ 공진 주파수(resonance frequency, f_0)

ⓐ 주파수 f를 0에서 무한대로 상승시키면 어떤 주파수에서 $\omega L = \dfrac{1}{\omega C}$ 이 된다.

ⓑ $\omega_0 L = \dfrac{1}{\omega_0 C}$, $\omega_0 = \dfrac{1}{LC}$, $(2\pi f_0)^2 = \dfrac{1}{LC}$

$$\therefore \ f_0 = \frac{1}{2\pi \sqrt{LC}} \, [\text{Hz}]$$

(4) 3상 교류회로

① 3상 교류회로의 발생

㉠ 3상 교류 발전기는 권선 3개를 공간적으로 120° 위상차를 가지도록 배치되며, 각 권선에서 시간적으로 120° 위상차를 가지고 발생하는 순시 전압이 발생된다.

㉡ a상을 기준으로 하면 b상은 120° 위상차를 가지며, c상은 240°의 위상차를 가지는 3상 교류 전압이다.

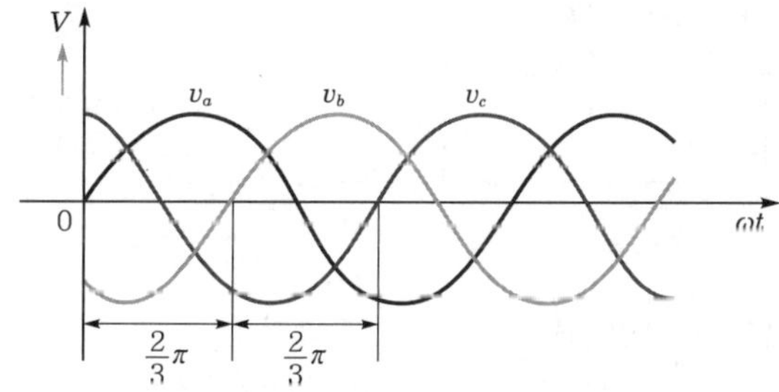

∥ 3상 교류의 전압 파형 ∥

② 3상 교류의 순시전압

각 상이 120°씩 위상차를 가지는 3상 교류 순시 전압 v_a, v_b, v_c를 a상의 순시전압 v_a를 기준으로 삼각함수로 나타내면 다음과 같다.

$$v_a = \sqrt{2}\, V \sin \omega t \, [\text{V}]$$

$$v_b = \sqrt{2}\, V \sin\left(\omega t - \frac{2}{3}\pi\right)[\text{V}]$$

$$v_c = \sqrt{2}\, V \sin\left(\omega t - \frac{4}{3}\pi\right)[\text{V}]$$

③ 대칭 3상 교류의 표기 : 대칭 3상 교류의 상전압을 기준으로 상과 상전압을 벡터로 나타내면 아래 [그림](대칭 3상 교류 전압의 벡터 표기와 복소수 표기)과 같으며, a상 전압 $\dot{V_a}$는 b상 전압 $\dot{V_b}$와 c상 전압 $\dot{V_c}$의 합이므로 대칭 교류의 벡터 합은 0이 된다.

$$\dot{V_a} + \dot{V_b} + \dot{V_c} = \dot{V} + \dot{V}\left(-\frac{1}{2} - j\frac{\sqrt{3}}{2}\right) + \dot{V}\left(-\frac{1}{2} + j\frac{\sqrt{3}}{2}\right) = 0\,[\text{V}]$$

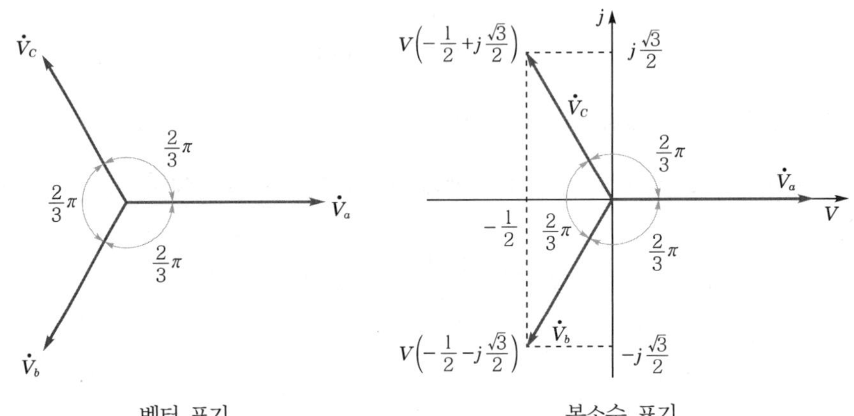

벡터 표기 · · · · · · · · · · · · · · · · · 복소수 표기

┃ 대칭 3상 교류 전압의 벡터 표기와 복소수 표기 ┃

④ 3상 교류 회로의 결선법

　㉠ Y결선

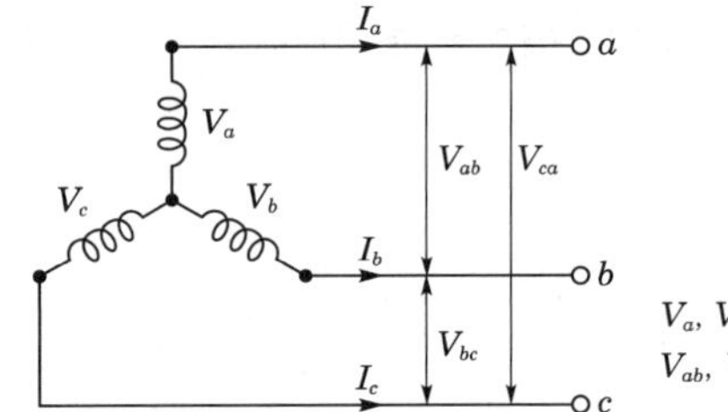

V_a, V_b, V_c : 상전압(V_p)
V_{ab}, V_{bc}, V_{ca} : 선간전압(V_l)

　　ⓐ $I_l = I_p$

　　ⓑ $V_l = \sqrt{3}\,V_p \underline{/\frac{\pi}{6}}$ (앞섬)

　　　(선간전압은 상전압보다 $\sqrt{3}$ 배 크고, 위상이 30° 앞선다)

　㉡ △ 결선

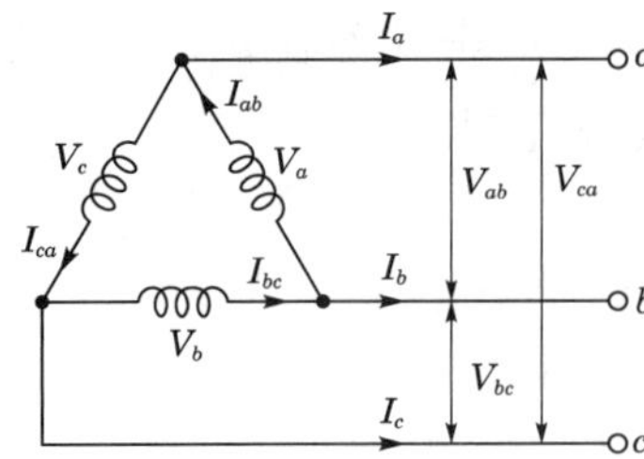

V_a, V_b, V_c : 상전압(V_p)
V_{ab}, V_{bc}, V_{ca} : 선간전압(V_l)
I_{ab}, I_{bc}, I_{ca} : 상전류(I_p)
I_a, I_b, I_c : 선전류(I_l)

ⓐ $V_l = V_p$

ⓑ $I_l = \sqrt{3}\,I_p \Big/\!-\dfrac{\pi}{6}$ (뒤짐)

(선전류는 상전류보다 $\sqrt{3}$ 배 크고, 위상이 30° 뒤진다)

(5) 교류전력

① 단상 교류전력

㉠ 유효전력(effective power)

$$P = VI\cos\theta = P_a\cos\theta = I^2 R\,[\text{W}]$$

$$역률(\cos\theta) = \frac{유효전력\,(P)}{피상전력\,(P_a)} = \frac{VI\cos\theta}{VI}$$

㉡ 무효전력(reactive power)

$$P_r = VI\sin\theta = P_a\sin\theta = I^2 X\,[\text{Var}]$$

$$무효율(\sin\theta) = \frac{무효전력\,(P)}{피상전력\,(P_a)}$$

$$= \frac{VI\sin\theta}{VI} = \sqrt{1-\cos^2\theta}$$

㉢ 피상전력(apparent power) : 전압과 전류의 곱으로 표시하고 겉보기 전력이라고도 하며, 교류전원의 용량 등을 표시하는 데 사용한다.

$$P_a = VI = \sqrt{P^2 + P_r{}^2} = I^2 Z\,[\text{VA}]$$

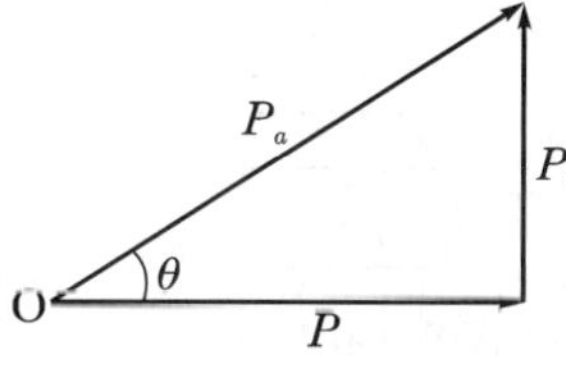

❘ 전력의 벡터도 ❘

② 3상 교류전력

㉠ 유효전력 $P - \sqrt{3}\,VI\cos\theta\,[\text{W}]$

㉡ 무효전력 $P_r = \sqrt{3}\,VI\sin\theta\,[\text{Var}]$

㉢ 피상전력 $P_a = \sqrt{3}\,VI = \sqrt{P^2 + P_r{}^2}\,[\text{VA}]$

ⓐ 역률 : $\cos\theta = \dfrac{P}{P_a} = \dfrac{R}{Z}$

ⓑ 무효율 : $\sin\theta = \dfrac{P_r}{P_a} = \dfrac{X}{Z}$

3 자기회로

(1) 자기와 전류 및 자기회로

① 자석에 의한 자기현상

  ㉠ 자력선의 성질

    ⓐ 자력선은 N극에서 나와 S극에서 끝난다.

    ⓑ 자력선 그 자신은 수축하려고 하며 같은 방향의 자력선끼리는 서로 반발하려고 한다.

    ⓒ 임의의 한 점을 지나는 자력선의 접선 방향이 그 점에서의 자장의 방향이다.

    ⓓ 자장 내의 임의의 한 점에서의 자력선 밀도는 그 점의 자장의 세기를 나타낸다.

    ⓔ 자력선은 서로 만나거나 교차하지 않는다.

  ㉡ 자기유도

    ⓐ 자화(magnetization) : 자석에 쇳조각을 가까이 하면 쇳조각이 자석에 끌려가는 것

    ⓑ 자기유도 : 쇳조각이 자석의 N극에 가까운 쪽에서는 S극으로, 먼 쪽에서는 N극으로 자화되는 현상

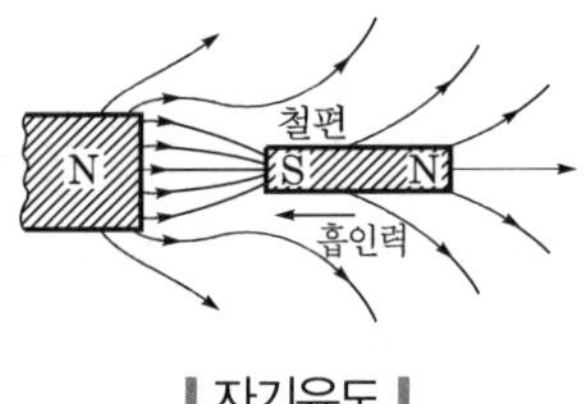

❚ 자기유도 ❚

  ㉢ 쿨롱의 법칙

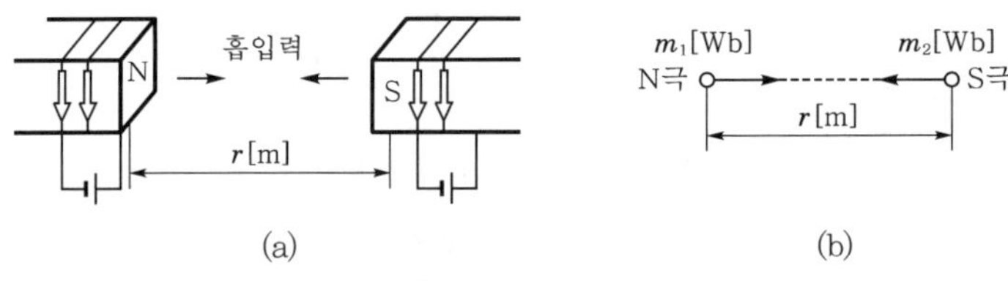

❚ 쿨롱(coulomb's law)의 법칙 ❚

    ⓐ 두 자극 사이에 작용하는 힘 F[N]의 크기는 두 자극의 세기 m_1, m_2[Wb]의 곱에 비례하고, 두 자극 사이의 거리 r[m]의 제곱에 반비례한다.

$$F = k\,\frac{m_1 m_2}{r^2}\,[\text{N}]$$

    ⓑ M.K.S. 단위계에서는 진공 중에서 같은 크기의 자극을 1m 거리에 놓았을 때 작용하는 힘이 6.33×10^4N이 되는 자극의 단위는 1웨버(Weber, 기호 Wb)를 사용한다.

    ⓒ $k = 6.33 \times 10^4$N · m²/Wb²가 되며, 이 값을 $\dfrac{1}{4\pi\mu_0}$로 놓는다.

    ⓓ 진공의 투자율 $\mu_0 = 4\pi \times 10^{-7} = 1.257 \times 10^{-6}$H/m

ⓔ 두 자극을 진공 중으로 놓았을 때 쿨롱의 법칙은 다음과 같다.

$$F = \frac{1}{4\pi\mu_0} \cdot \frac{m_1 m_2}{r^2} = 6.33 \times 10^4 \cdot \frac{m_1 m_2}{r^2} \,[\text{N}]$$

ⓐ **자력선 밀도** : 자력선과 직각이 되는 면의 자력선 밀도가 그 점의 자장의 세기와 같으며, 자력선의 접선 방향이 그 점의 자장의 방향과 일치한다.

ⓐ 자장의 세기가 $H[\text{AT/m}]$인 점에서는 자장의 방향에 1m^2당 H개의 자력선이 수직으로 지나간다.

ⓑ $+m[\text{Wb}]$의 점 자극에서 나오는 자력선은 각 방향에 균등하게 나오므로 반지름 $r[\text{m}]$인 구면 위의 자장의 세기 H는 다음과 같다.

$$H = \frac{1}{4\pi\mu_0} \cdot \frac{m}{r^2} \,[\text{AT/m}]$$

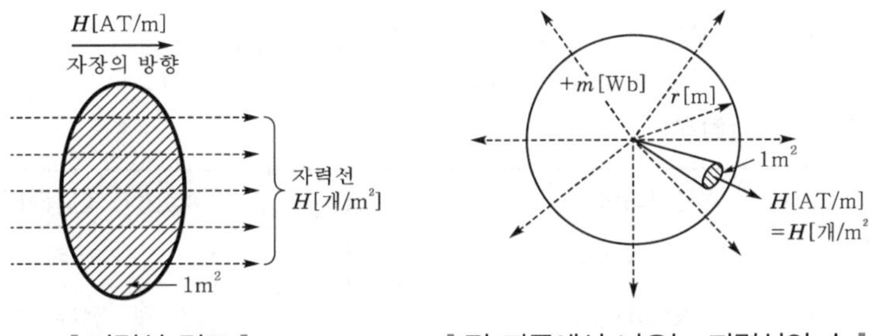

┃ 자력선 밀도 ┃   ┃ 점 자극에서 나오는 자력선의 수 ┃

ⓒ 구의 면적이 $4\pi r^2$이므로 $+m[\text{Wb}]$에서 나오는 자력선 수 N은 다음과 같다.

$$N = H \times 4\pi r^2 = \frac{m}{4\pi\mu_0 r^2} \times 4\pi r^2 = \frac{m}{\mu_0} = \frac{10^7}{4\pi} m \,[\text{개}]$$

② **자기회로** : 단면적 $A[\text{m}^2]$인 철심에 N회의 코일을 감고 전류 $I[\text{A}]$를 흘리면 철심 내에서는 자속 $\phi[\text{Wb}]$가 오른나사의 법칙에 따르는 방향으로 발생하며, 이 자속 $\phi[\text{Wb}]$를 만드는 원동력을 기자력 F라고 한다면 다음 식과 같다.

$$F = NI \,[\text{AT}]$$

코일의 권수가 많을수록, 전류 I가 클수록 발생 자속은 커진다. 자속이 통과하는 폐회로를 자기회로라고 하며, 단위는 암페어 턴(Ampere－Turn, AT)을 사용한다.

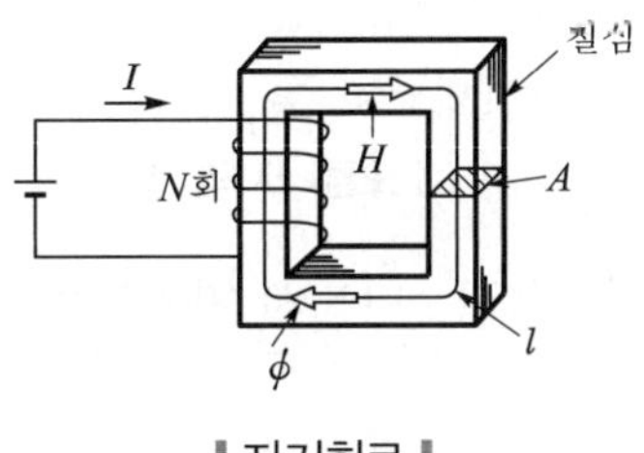

┃ 자기회로 ┃

ㄱ 자기저항(reluctance)

ⓐ 기자력 F[AT]과 자속 ϕ[Wb]와의 비를 자기저항 R이라고 한다.

$$R = \frac{F}{\phi} \, [\text{AT/Wb}]$$

ⓑ 자기저항이 작으면 자기회로에 자속을 쉽게 흐르게 한다.

ⓒ 자기저항 R은 자기회로의 길이 l[m]에 비례하고, 철심의 단면적 A[m^2]에 반비례한다.

$$R = \frac{l}{\mu A} \, [\text{AT/Wb}]$$

ⓓ 단면적 A[m^2], 자기회로의 길이 l[m]라 하면 자장의 세기 $H = NI/l$[AT/m], 자속밀도를 B[Wb/m^2]라 하면 다음과 같다.

자속 $\phi = BA = \mu HA$[Wb]

$$R = \frac{NI}{\phi} = \frac{NI}{\mu HA} = \frac{NI}{\mu A(NI/l)} = \frac{l}{\mu A} \, [\text{AT/Wb}]$$

ㄴ 자기회로와 전기회로

자기회로	전기회로
기자력 NI[AT]	기전력 E[V]
자속 ϕ[Wb]	전류 I[A]
자기저항 R[AT/Wb]	저항 R[Ω]

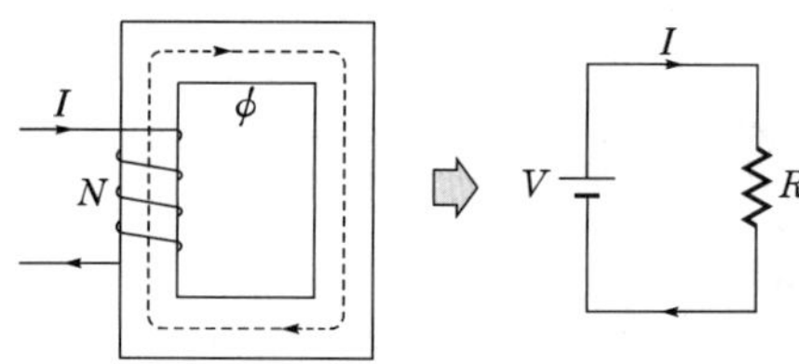

‖ 자기회로와 전기회로의 비교 ‖

(2) 전류에 의한 자기장

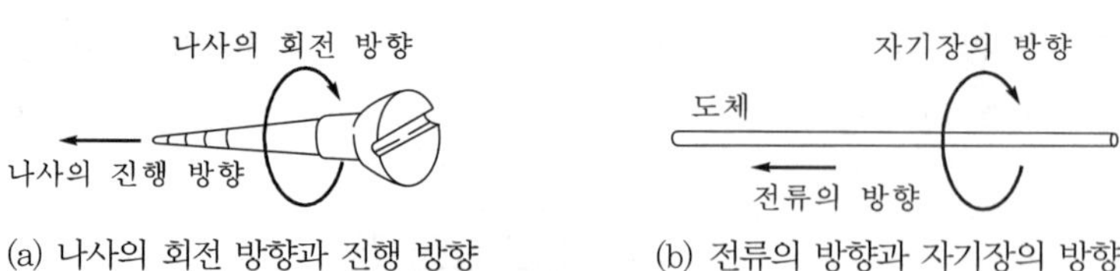

‖ 오른나사의 법칙 ‖

① 도선에 전류가 흐르면 그 주위에는 반드시 자기장이 생기며 이를 전류의 자기작용이라고 한다.

② 전류가 흐르는 도선의 주위에는 동심원이 그려지며, 그 밀도는 전선에 가까울수록 높아진다.

③ 자력선의 방향은 앙페르의 오른나사의 법칙에 따른다(엄지손가락 : 전류의 방향).

④ ⊗는 지면으로 들어가는 전류의 방향, ⊙는 지면에서 나오는 전류의 방향을 표시하는 부호이다.

⑤ 코일에 전류가 흐르면 자력선은 코일 속에서 합쳐져, 감은 횟수를 많이 할수록 강한 자장을 얻는다.

4 전자력과 전자유도

(1) 전자력의 방향

① 자장 내에 다음 [그림](플레밍의 왼손 법칙)과 같은 방향으로 전류를 흘리면 도체가 자석의 바깥 방향으로 운동을 하고, 전류의 방향을 바꾸거나 자극을 바꾸면 도체가 반대 방향으로 운동을 한다.

② 자장 내에서 전류가 흐르는 도체에 작용하는 힘을 전자력이라고 한다.

③ 전자력의 방향은 플레밍의 왼손 법칙으로 정한다(전동기의 회전 방향).

　㉠ 집게손가락 : 자장의 방향

　㉡ 가운뎃손가락 : 전류의 방향

　㉢ 엄지손가락 : 힘의 방향

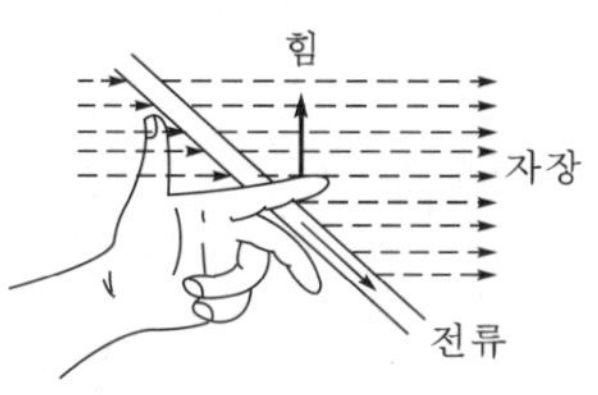

‖ 플레밍의 왼손 법칙 ‖

(2) 코일에 작용하는 힘

① 전자력의 크기 : 자속밀도 $B[\text{Wb/m}^2]$의 평등 자장 내에 자장의 직각 방향으로 길이 $l[\text{m}]$의 도체를 넣고, 이것에 $I[\text{A}]$의 전류를 흘리면 도체에 작용하는 힘은 다음과 같다.

$$F = BIl[\text{N}]$$

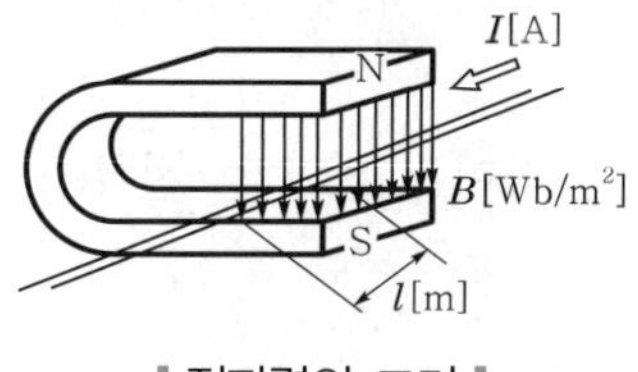

‖ 전자력의 크기 ‖

② 도체와 자장 사이의 각도에 따른 전자력

   ㉠ 다음 [그림] (a)는 도체를 자장과 직각($\theta = 90°$)으로 놓았으므로, 힘 F는 최대가 된다.

   ㉡ 다음 [그림] (b)의 경우, 힘 F는 $\theta = 0°$이므로 힘을 받지 않으며, 플레밍의 왼손 법칙도 적용할 수가 없다.

   ㉢ 다음 [그림] (c)와 같이 θ의 각도로 놓인 도체에 작용하는 힘 F는 다음과 같다.

$$F = B I l \sin\theta \, [\text{N}]$$

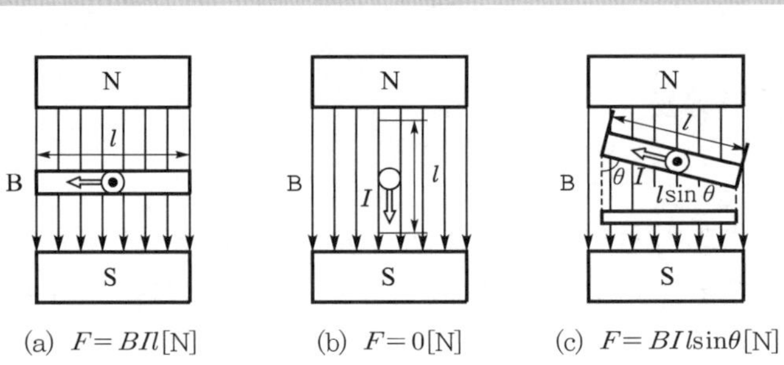

(a) $F = B I l \, [\text{N}]$ (b) $F = 0 \, [\text{N}]$ (c) $F = B I l \sin\theta \, [\text{N}]$

▌도체와 자장 사이의 각과 전자력 ▌

(3) 전자유도

코일을 관통하는 자속을 변화시킬 때 기전력이 발생하는 현상을 전자유도라 하고, 발생된 기전력을 유도기전력(induced electromotive force)이라고 한다. 다음 [그림](전자유도)과 같이 코일의 양끝에 검류계를 연결한 다음 코일 내부에 자석을 위아래로 움직이면 다음과 같다.

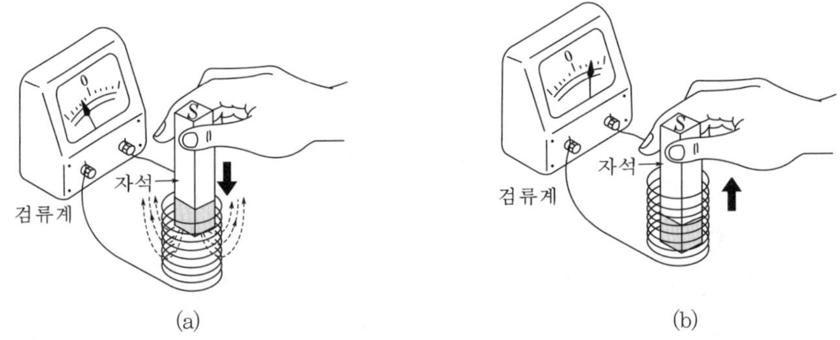

▌전자유도 ▌

① 자석을 코일에 가까이 할 때에는 검류계의 지침이 움직이며, 코일에 전류가 흐른다.

② 자석을 코일에서 멀리하면, 전과 반대 방향의 전류가 흐르고 검류계의 지침이 반대 방향으로 움직인다.

③ 자석이 코일 내에 있어도 움직이지 않으면 전류가 흐르지 않는다.

(4) 유도전압의 방향

① **렌츠의 법칙** : 전자유도에 의하여 생기는 전압의 방향은 자신의 발생 원인이 되는 자속의 변화를 방해하는 방향으로 발생한다.

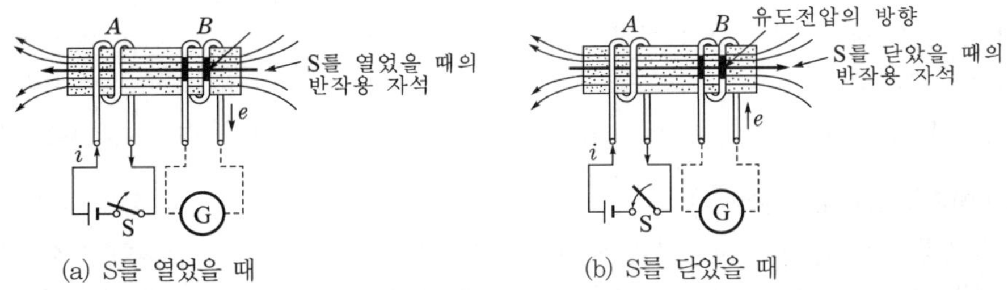

‖ 렌츠의 법칙(Lenz's law) ‖

② **플레밍의 오른손 법칙** : 자장 내에서 도체가 운동할 때 도체에 생기는 유도기전력의 방향을 결정한다.

    ㉠ 집게손가락 : 자장의 방향

    ㉡ 가운뎃손가락 : 유도기전력의 방향

    ㉢ 엄지손가락 : 도체의 운동 방향

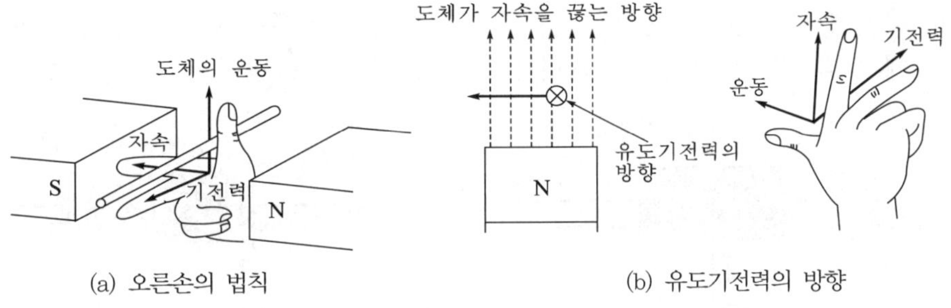

‖ 플레밍의 오른손 법칙(Fleming's right-hand law) ‖

③ **플레밍의 왼손 법칙과 오른손 법칙의 비교**

    ㉠ 플레밍의 왼손 법칙(전동기) : 자기장 내의 도선에 전류가 흐름 → 도선에 운동력 발생(전기에너지 → 운동에너지)

    ㉡ 플레밍의 오른손 법칙(발전기) : 지기장 내의 도선이 이동 → 도선에 유도전압 발생(운동에너지 → 전기에너지)

⬛5 전기보호기기

승강기와 사용자의 안전을 위해 과전류, 단락, 누전, 서지(surge) 등 이상 상태가 발생했을 때 전류를 자동으로 차단하거나 경보를 발생시키는 장치

(1) 퓨즈(fuse)

① 규정 용량 이상의 전류가 흐르면 내부의 용단 가능한 부분이 녹아 회로를 개방시킨다.

② 일회용이며, 작동 후에는 교체해야 한다.

(2) 회로차단기(Circuit Breaker)

① 과전류나 단락 시 자동으로 전류를 차단하며, 수동 또는 자동으로 재설정하여 재사용할 수 있다.

② 배선용 차단기(NFB) : 전기회로의 과부하 및 단락 보호에 사용된다.

③ 배선용 차단기(MCCB) : 산업 현장이나 고전압 계통에서 더 높은 전류와 차단 용량을 처리하는 데 사용된다.

④ 누전 차단기(ELB) : 지락(누전) 전류를 감지하여 감전 사고나 화재 위험을 방지시킨다.

(3) 보호계전기(Protective Relay)

① 전력계통, 전기기기의 사고가 발생하였을 때 이상상태를 신속히 검출하고 회로를 분리하여 사람의 안전, 설비의 손상방지 및 다른 전력계통에 사고의 파급을 막고 전력공급의 안정과 신뢰도 향상을 목적으로 설치하는 기기이다.

② 전기기설비의 과전류(OCR), 과전압(OVR), 부족전압(UVR), 지락, 결상 등으로부터 보호하기 위하여 차단기를 차단하며 확실성, 신속성, 선택성의 기능이 요구된다.

(4) 서지보호장치(SPD ; Surge Protective Device)

① 낙뢰 등으로 인한 순간적인 과전압(서지)이 발생했을 때, 이를 대지로 방출하여 장비를 보호한다.

② 내부계통에 서지전류가 들어올 때, 그 전류가 부하를 통해 흐르지 않고 우회하도록 하여 부하에서 발생하는 과전압이 과다하게 상승하는 것을 막아서 부하를 보호한다.

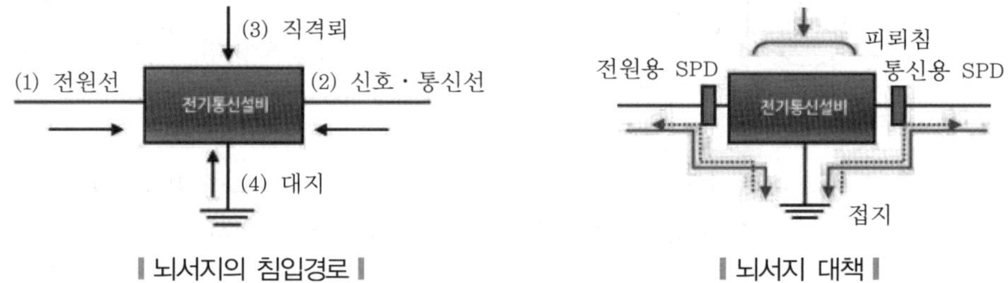

▌ 뇌서지의 침입경로 ▌　　　　▌ 뇌서지 대책 ▌

㉠ SPD는 크게 반도체형과 갭형이 있고, 기능면으로 구별하면 억제형과 차단형으로 구분할 수 있다.

㉡ 종래의 SPD 소자에 탄화규소(SiC)가 사용되어 왔으나 산화아연(ZnO)이 개발된 이후, 반도체형의 SPD 소자에 산화아연이 많이 사용된다.

㉢ 산화아연은 큰 서지 내량과 우수한 제한 전압 특성 등의 특징을 갖고 있어 직렬 갭을 필요로 하지 않는 이상적인 SPD로서 옥내 · 외 및 기기의 입 · 출력부에 설치된다.

㉣ SPD의 구비 조건으로서는 동작전압이 낮고 응답시간이 빠르고 정전 용량이 작아야 된다.

㉤ 탄소 피뢰기, 가스 주입 차단관 등은 차단형 소자로서 응답속도가 느리고 정전용량이 커서, 뇌서지 보호에는 적당하지 않기 때문에 최근에는 반도체형 SPD가 많이 사용되고 있다.

㉥ SPD 설치 시 접속도체 길이가 길어지는 것은 뇌서지 회로의 임피던스를 증가시켜 과전압 보호효과를 감소시키기 때문에 전체 길이는 0.5m 이하가 되도록 규정하고 있다.

※ 서지(surge)란 전기회로나 전기기기가 운전 중에 고장의 제거나 제어 등을 위한 개폐조작 혹은 뇌방전에 의해서 과도적으로 발생하여 진행하는 과전압 또는 과전류를 말한다.

출제 05 승강기 구동 기계 기구 작동 및 원리

1 직류기(직류전동기)

(1) 직류발전기
기계적 형태의 에너지를 직류 형태의 전기적 에너지로 변환시키는 회전 기계이다.

(2) 직류전동기
직류의 전기적 에너지를 회전 형태의 기계적 에너지로 변환시키는 회전 기계이다.

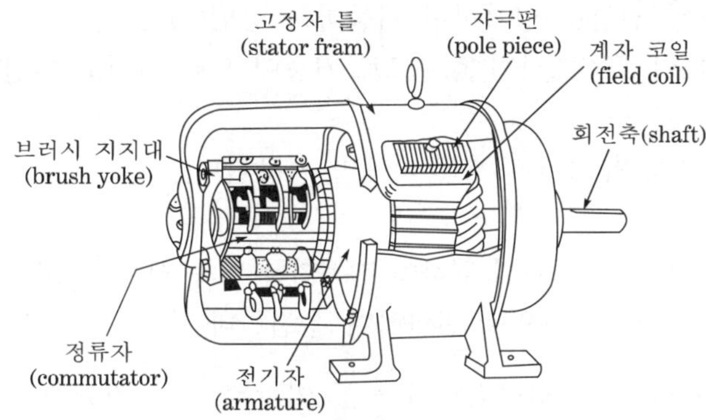

┃ 4극 직류발전기의 내부 구조 ┃

2 유도전동기

유도전동기(induction motor)의 회전 원리는 회전 자기장에 의해 회전자 코일에 유도된 전류와 회전 자기장과의 상호작용에 의하여 전자력이 발생되고 아라고의 원판(Arago's disk)에 의해 회전자를 회전시킨다.

유도전동기는 여러 가지 전동기 중에서 가장 많이 사용되고 있는 전동기로 공장, 가정용에 이르기까지 그 용도는 매우 넓어 보통 전동기라고 하면 유도전동기를 말할 정도이다.

(1) 유도전동기의 분류
① 단상 유도전동기
　　㉠ 분상기동형
　　㉡ 콘덴서기동형
　　㉢ 영구콘덴서형
　　㉣ 셰이딩코일형
② 3상 유도전동기
　　㉠ 보통 농형
　　㉡ 특수 농형(이중형, 심구형)
　　㉢ 권선형

③ 정속도 전동기 : 공급 전압, 주파수 또는 그 쌍방이 일정한 경우에는 부하에 관계없이 거의
일정한 회전속도로 동작하는 전동기를 뜻하며, 직류분권전동기, 유도전동기, 동기전동기
등이 있다.

(2) 3상 유도전동기의 기동

① 농형 유도전동기의 기동 : 전동기는 정격전류가 크므로 기동 시에 기동전류는 전부하 전류의
5~7배까지 흘러 전압강하를 일으키므로 기동이 되지 않고, 차단기의 부담이 매우 크므로
차단기의 부담을 경감시키고 위험을 줄이기 위하여 여러 가지 기동방식이 채용되고 있다.

　㉠ 전전압(직입) 기동

　　ⓐ 직접 전원 전압을 인가하여 기동하는 방법이다.

　　ⓑ 기동전류가 5~7배까지 흐르므로 기동이 오래 걸리고 빈번한 기동 시에는 코일이
　　　과열되기도 한다.

　　ⓒ 3.7kW 이하의 소용량 전동기에만 사용한다.

　㉡ Y－△ 기동

　　ⓐ 기동전류를 경감시키기 위하여 전동기를 기동 시에 Y접속하고, 정격전압을 인가하
　　　여 기동 후 △접속으로 변환하여 운전한다.

　　ⓑ 기동 시 각 상에 정격전압의 $\dfrac{1}{\sqrt{3}}$ 이 가해지고 기동전류가 전전압 기동에 비해
　　　$\dfrac{1}{3}$ 이 되므로 전부하 전류의 200~250%로 제한되고 기동토크도 $\dfrac{1}{\sqrt{3}}$ 로 줄어든다.

　　ⓒ 7.5~15kW의 전동기에서 사용된다.

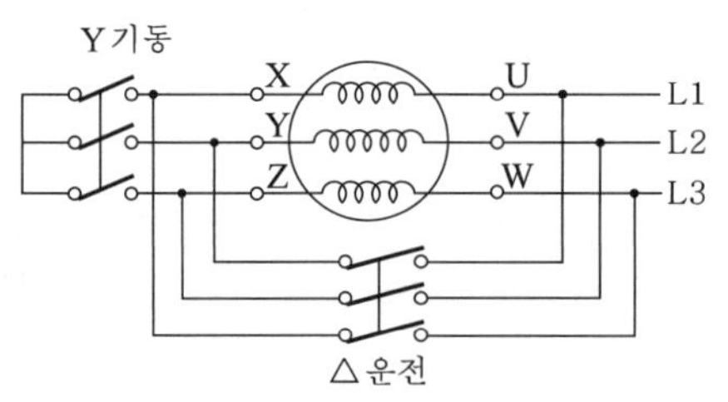

Y결선			△결선		
L1	L2	L3	L1	L2	L3
|	|	|	|	|	|
U	V	W	U	V	W
			|	|	|
			Y	Z	X
Y － Z － X					

❙Y－△ 기동❙

　㉢ 리액터 기동

　　ⓐ 전동기의 전원측에 직렬로 리액터를 접속하여 전원 전압을 낮게 감압하여 기동
　　　한다.

　　ⓑ 기동 후에는 가속하고, 전속도에 도달하면 이를 단락한다.

　　ⓒ Y－△ 기동이 곤란한 것, 기동 시 충격을 방지할 필요가 있는 것 등에 적합하다.

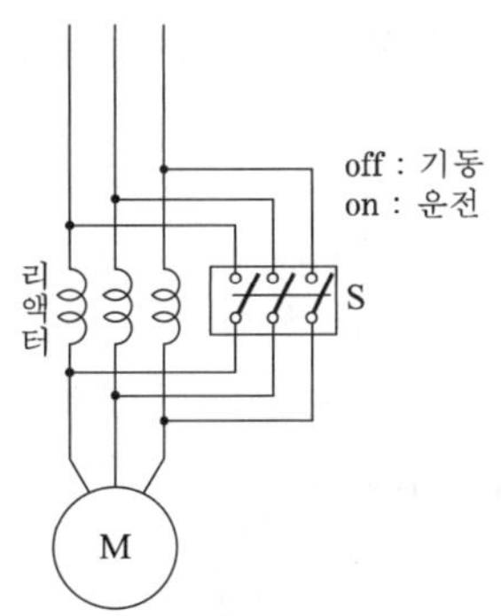

‖ 리액턴스 사용 ‖

 ㄹ 기동 보상기에 의한 기동
  ⓐ 고압의 농형 전동기에서는 3상 단권 변압기를 써서 기동 전압을 떨어뜨려 사용된다.
  ⓑ 15kW 이상의 전동기 기동에 사용된다.
 ② 권선형 유도전동기의 기동(기동 저항기에 의한 기동)
  ㉠ 기동 시 저항을 조정하여 기동 전류를 억제하고 속도가 커짐에 따라 저항을 원위치시킨다.
  ㉡ 기동 특성이 농형 유도전동기에 비해 우수하다.

(3) 회전 방향을 바꾸는 방법

3상 교류인 3개의 단자 중 어느 2개의 단자를 서로 바꾸어 접속하면 1차 권선에 흐르는 상회전 방향이 반대가 되므로 자장의 회전 방향도 바뀌어 역회전을 한다.

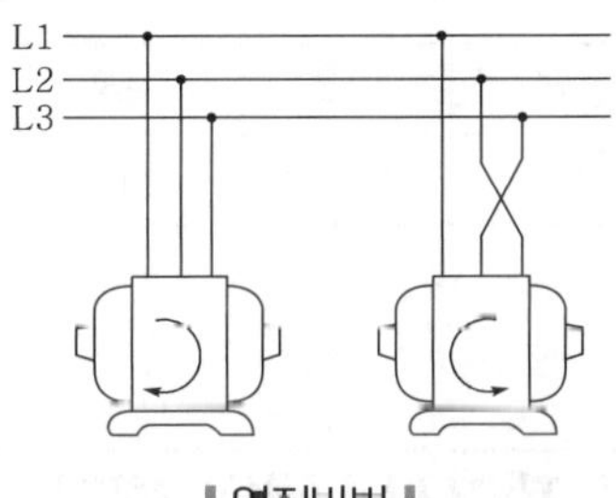

‖ 역진닝법 ‖

(4) 속도제어법

 ① **2차 여자법** : 2차 권선에 외부의 전류를 통해 자계를 만들고, 그 작용으로 속도를 제어한다.
 ② **주파수 변환** : 주파수는 고정자에 입력되는 3상 교류전원의 주파수를 뜻하며, 이 주파수를 조정하는 것은 전원을 조절한다는 것이고, 동기속도가 전원 주파수에 비례하는 성질을 이용하여 원활한 속도제어를 한다.
 ③ **2차 저항제어** : 회전자권선(2차 권선)에 접속한 저항값의 증감법을 말한다.
 ④ **극수변환** : 동기속도가 극수에 반비례하는 성질을 이용하여 권선의 접속을 바꾸는 방법과 극수가 서로 다른 2개의 독립된 권선을 감는 방법 등이 있다. 비교적 효율이 좋고 자주 속도를 변경할 필요가 있으며 계단적으로 속도 변경이 필요한 부하에 사용된다.

⑤ 전압제어 : 유도기의 토크는 전원전압의 제곱에 비례하기 때문에 1차 전압을 제어하여 속도를 제어한다.

(5) 3상 유도전동기의 특성

① 슬립 : 3상 유도전동기는 항상 회전 자기장의 동기속도(n_s)와 회전자의 속도(n) 사이에 차이가 생기게 되며, 이 차이의 값으로 전동기의 속도를 나타낸다. 이때 속도의 차이와 동기속도(n_s)와의 비가 슬립(slip)이고, 보통 $0 < s < 1$ 범위이어야 하며, 슬립 1은 정지된 상태이다.

$$s = \frac{\text{동기속도} - \text{회전자 속도}}{\text{동기속도}} = \frac{n_s - n}{n_s}$$

② 동기속도 : 회전 자기장의 속도를 유도전동기의 동기속도(n_s)라 하면, 동기속도(synchronous speed)는 전원 주파수의 증가와 함께 비례하여 증가하고 극수의 증가와 함께 반비례하여 감소한다.

$$n_s = \frac{120f}{p} [\text{rpm}]$$

여기서, n_s : 유도전동기의 동기속도[rpm]
f : 전원의 주파수[Hz]
p : 회전 자기장의 극수

(6) 전기기기의 절연등급

절연의 종류	Y종	A종	E종	B종	F종	H종	C종
허용최고온도	90℃	105℃	120℃	130℃	155℃	180℃	180℃ 초과

출제 06 승강기 제어 및 제어시스템의 원리 및 구성

1 제어의 개념 및 방법

(1) 제어의 개념

제어란 어떤 물리계(물체, 전기, 기계, 프로세스 등)가 미리 희망하는 값 또는 수시로 주어지는 목표의 값으로 동작하거나 유지하도록 조작을 가하는 것을 말한다.

(2) 제어를 하는 방법

① 수동제어 : 인간의 동작에 의하여 움직여지는 제어를 말한다.

② 자동제어 : 기계 또는 장치의 동작 상태를 목적에 따라 자동적으로 정정 가감하여 움직이는 제어를 말한다.

ⓐ 궤환제어(feedback control) : 물리계 스스로가 제어의 필요성을 판단하여 수정동작을 하는 제어

ⓑ 시퀀스 제어(sequence control) : 미리 정해진 순서에 따라 제어의 각 단계가 순차적으로 진행되는 제어

2 제어계의 요소 및 구성

자동제어계에서 제어시스템의 구성요소를 블록(block)으로 표시하고, 신호의 흐름을 선으로 표시한 것을 블록선도(block diagram)라고 한다.

(1) 전달요소

입력신호를 받아서 적당히 변환된 출력신호를 만드는 신호 전달요소는 네모진 상자 속에 표시하며, 신호의 흐르는 방향을 화살표로 나타낸다. 다음 [그림](전달요소)에서 $A(s)$는 입력, $B(s)$는 출력임을 알 수 있고 수식으로 표시하면 다음과 같다.

$$B(s) = G(s) \cdot A(s)$$

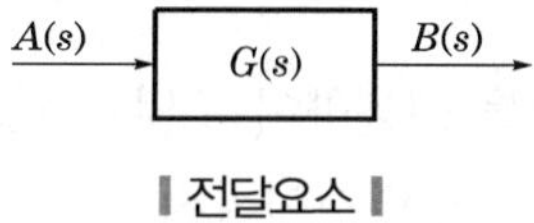

‖ 전달요소 ‖

(2) 가산점

두 가지 이상의 신호가 있을 때 이들 신호의 합과 차를 만드는 가산점은 화살표 옆에 +, −의 기호를 붙여 합 또는 차를 나타낸다.

$$B(s) = A(s) \pm C(s)$$

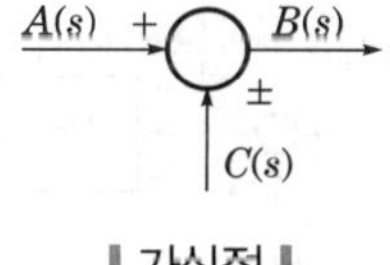

‖ 가산점 ‖

(3) 인출점

하나의 신호를 두 계통으로 분기하기 위해 인출점으로 표시한다.

$$A(s) = B(s) = C(s)$$

‖ 인출점 ‖

3 자동제어

(1) 자동제어의 종류 및 특성

① 제어 목적에 의한 분류

    ㉠ 정치제어 : 목표치가 시간의 변화에 관계없이 일정하게 유지되는 제어로서 자동조정이라고 한다(프로세스 제어, 발전소의 자동 전압조정, 보일러의 자동 압력조정, 터빈의 속도제어 등).

    ㉡ 추치제어 : 목표치가 시간에 따라 임의로 변화를 하는 제어로 서보기구가 여기에 속한다.

        ⓐ 추종제어 : 목표치가 시간에 대한 미지함수인 경우(대공포의 포신 제어, 자동 평형계기, 자동 아날로그 선반)

        ⓑ 프로그램 제어 : 목표치가 시간적으로 미리 정해진 대로 변화하고 제어량이 이것에 일치되도록 하는 제어(열처리로의 온도제어, 열차의 무인운전 등)

        ⓒ 비율제어 : 목표치가 다른 어떤 양에 비례하는 경우(보일러의 자동 연소제어, 암모니아의 합성 프로세스 제어 등)

② 제어량의 성질에 의한 분류

    ㉠ 프로세스 제어 : 어떤 장치를 이용하여 무엇을 만드는 방법, 장치 또는 장치계를 프로세스(process)라 한다(온도, 압력제어장치).

    ㉡ 서보기구 : 제어량이 기계적인 위치 또는 속도인 제어를 말한다.

    ㉢ 자동조정 : 서보기구 등에 적용되지 않는 것으로 전류, 전압, 주파수, 속도, 장력 등을 제어량으로 하며, 응답속도가 대단히 빠른 것이 특징이다(전자회로의 자동 주파수 제어, 증기 터빈의 과속조절기, 수차 등).

(2) 되먹임(폐루프, 피드백, 궤환) 제어

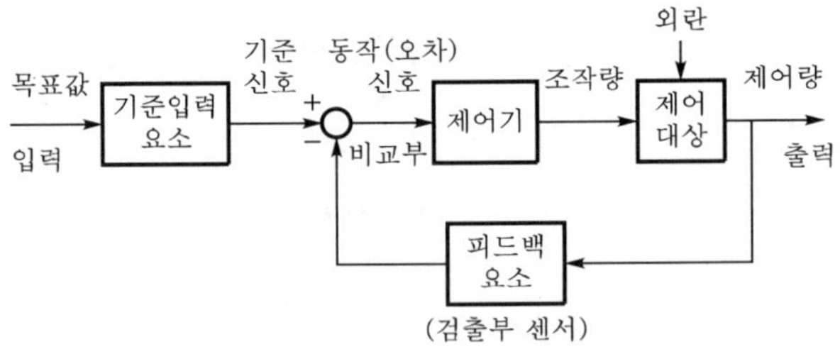

| 출력 피드백 제어(output feedback control) |

① 출력, 잠재외란, 유용한 조절변수인 제어대상을 가지는 일반화된 공정을 말한다.

② 적절한 측정기를 사용하여 검출부에서 출력(유속, 압력, 액위, 온도)값을 측정한다.

③ 검출부의 지시값을 목표값과 비교하여 오차(편차)를 확인하는 특징이 있다.

④ 오차(편차)값은 제어기로 보내진다.

⑤ 제어기는 오차(편차)의 크기를 줄이기 위해 조작량의 값을 바꾼다.

⑥ 제어기는 조작량에 직접 영향을 미치지 않고 최종 제어요소인 다른 장치(보통 제어밸브)를 통하여 영향을 준다.

⑦ 미흡한 성능을 갖는 제어대상은 피드백에 의해 목표값과 비교하여 일치하도록 정정동작을 한다.

⑧ 상태를 교란시키는 외란의 영향에서 출력값을 원하는 수준으로 유지하는 것이 제어 목적이다.

⑨ 안정성이 향상되고, 선형성이 개선된다.

⑩ 종류에는 비례동작(P), 비례-적분동작(PI), 비례-적분-미분동작(PID) 제어기가 있다.

⑪ 제어량은 측정되어 제어되는 것이며, 출력량이라고도 한다.

4 시퀀스 제어

(1) 시퀀스 제어의 개요

기계나 장치의 기동, 정지, 운전상태의 변경 또는 제어계에서 얻고자 하는 목표값의 변경 등을 미리 정해진 순서에 의해서 실행하는 것이다.

(2) 시퀀스 제어의 제어요소

① 조작스위치

   ㉠ **누름버튼스위치**(push button switch) : 조작부를 손으로 누르면 접점상태가 변하여 조작을 멈추며, 내장된 복귀스위치에 의해 초기 상태로 자동 복귀하는 스위치로서, 수동조작 자동복귀형 스위치라고도 한다.

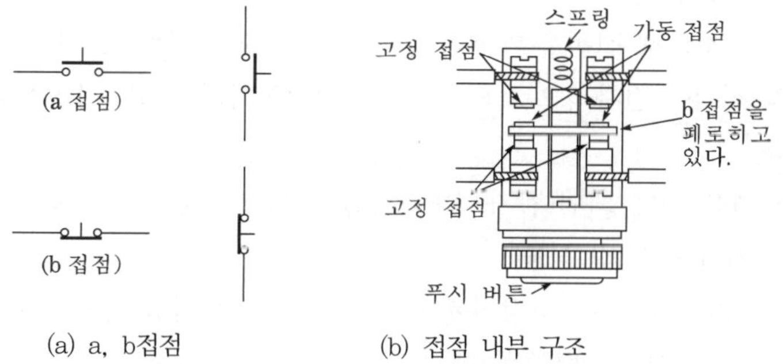

(a) a, b접점　　　(b) 접점 내부 구조

┃누름버튼스위치(push button switch)┃

    ⓐ a접점 : 초기 상태에서 열려 있고 접점 간에 통전되지 않는 상태이며 조작할 때 닫히는 접점으로 메이크 접점(make contact)이라고 한다.

    ⓑ b접점 : 조작하는 힘이 가해지지 않았을 때 통전된 상태를 말하는 접점으로 브레이크 접점(break contact)이라고 한다.

ⓛ 유지형 스위치 : 조작을 가한 후 반대로 조작이 있을 때까지 접점 상태를 유지하는 스위
치이며, 토글스위치(toggle switch), 로터리스위치, 캠형 셀렉터스위치, 텀블러스위치
(tumbler switch) 등이 있고, 시퀀스도에는 어떤 형식으로든 기호나 문자가 붙어 있다.

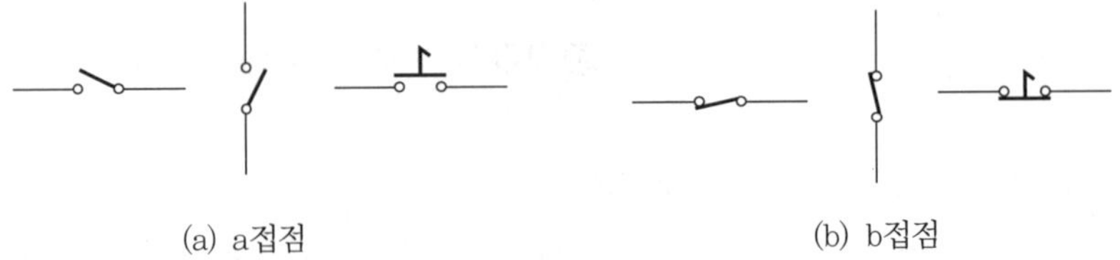

(a) a접점   (b) b접점

▮ 유지형 스위치 ▮

② 검출스위치 : 위치, 레벨, 온도, 압력, 힘, 속도 등의 상태를 검출하고 제어 시스템에 정보를
전달하는 중요한 기기로서 센서(sensor)라고도 한다.
  ㉠ 접촉스위치
    ⓐ 마이크로스위치(micro switch)
    ⓑ 리밋스위치(limit switch)
  ㉡ 비접촉스위치 : 물리현상의 변화를 통해 무접촉으로 검출대상의 상태를 검출하는 것
     이다.
    ⓐ 광전스위치
    ⓑ 근접스위치(proximity switch) : 물체에 의해 전기장이나 자기장을 변화시켜서 접
       점이 개폐된다.

③ 전자계전기
  ㉠ 전자계전기의 원리
    ⓐ 전자력에 의해 접점을 개폐하는 기능을 가진 장치로서, 전자 코일에 전류가 흐르면
       고정 철심이 전자석으로 되어(여자) 철편이 흡입되고, 가동접점은 고정접점에 접촉
       된다.
    ⓑ 전자력을 잃게 되면(감자) 가동접점은 스프링의 힘으로 복귀되어 원상태로 된다.
  ㉡ 전자계전기의 구조 및 성능
    ⓐ AC 220V 이하에서 정격전류 1~15A 정도로 개폐성능은 비교적 낮으나 응답시간은
       5~15mA 정도로 비교적 빠르다.
    ⓑ 일반 제어회로의 신호전달뿐만 아니라 통신기기에서 가정용 기기까지 폭넓게 이용
       된다.

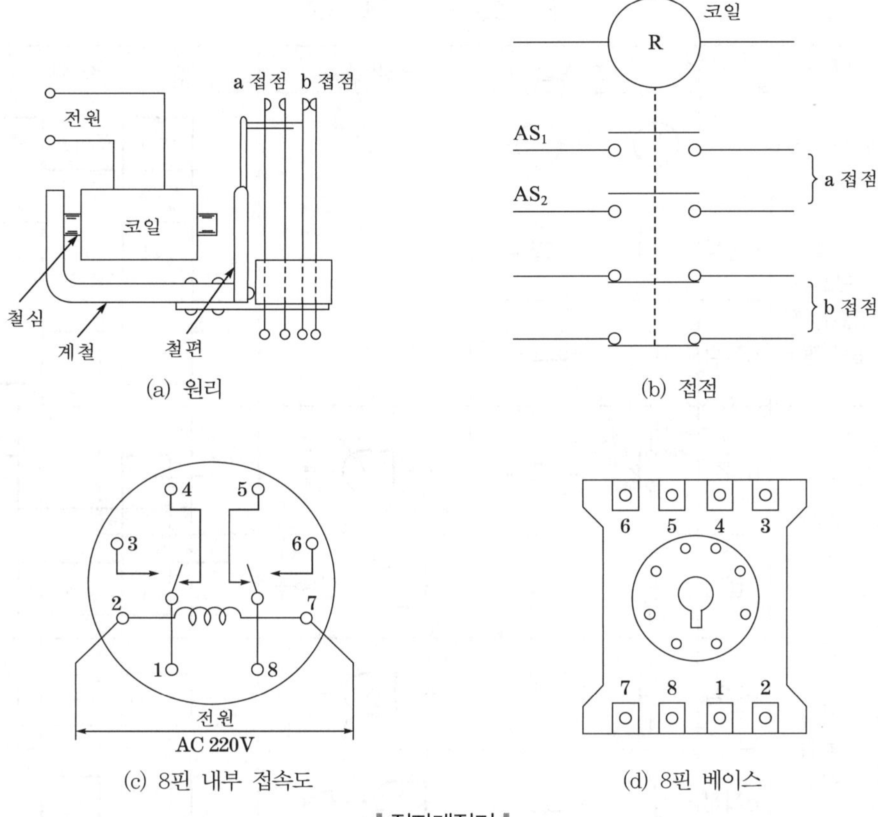

(a) 원리   (b) 접점

(c) 8핀 내부 접속도   (d) 8핀 베이스

❙ 전자계전기 ❙

(3) 타이머

입력신호에서 출력신호까지 인위적으로 일정한 시간차를 두고 접점의 개폐 동작을 할 수 있는 것이다.

① 동작 지연 타이머(한시동작 순시복귀 : on delay timer) : 입력이 '1'이 된 다음에 일정 시간 경과 후 출력이 '1'이 되고, 입력이 '0'이 되는 순간 출력도 '0'이 되는 계전기이다.

② 복귀 지연 타이머(순시동작 한시복귀 : off delay timer) : 입력이 '1'이 되면 출력도 동시에 '1'이 되고, 입력이 '0'으로 복귀했을 때 일정 시간 경과 후 출력이 '0'이 되는 회로이다.

③ 동직 복귀 지연 타이머(한시동직 한시복귀 : 뒤진 타이머) : 입력이 '1'이 된 다음 일징 시간 경과 후 출력이 '1'이 되고, 입력이 '0'이 된 다음 일정 시간 경과 후 출력이 '0'이 된다.

∥ 한시 회로의 종류와 동작 ∥

신 호			접점 심벌	논리 심벌	동 작
입력신호(코일)			○　　○		여자　무여자　여자
출력 신호	보통 릴레이, 순시동작, 순시복귀	a접점			폐　개　폐
		b접점			
	한시 동작 회로	a접점			τ
		b접점			개　폐　개
	한시 복귀 회로	a접점			τ
		b접점			
	뒤진 회로	a접점			τ　　τ
		b접점			

(4) 시퀀스 제어계 기본 회로

① **자기유지회로** : 전자계전기(X)를 조작하는 다른 스위치의 접점에 병렬로 그 전자계전기의
a접점이 접속된 회로를 말한다. 예를 들면 누름단추스위치(BS_1)를 온(on)으로 했을 때,
스위치가 닫혀 전자계전기가 일단 여자되면 그것의 a접점이 닫히기 때문에 누름단추스위
치(BS_1)를 떼어도(스위치가 열림) 전자계전기는 누름단추스위치(BS_2)를 누를 때까지 여자
를 계속한다. 이것을 자기유지라고 하는데 자기유지회로는 전동기의 운전 등에 널리 이용
된다.

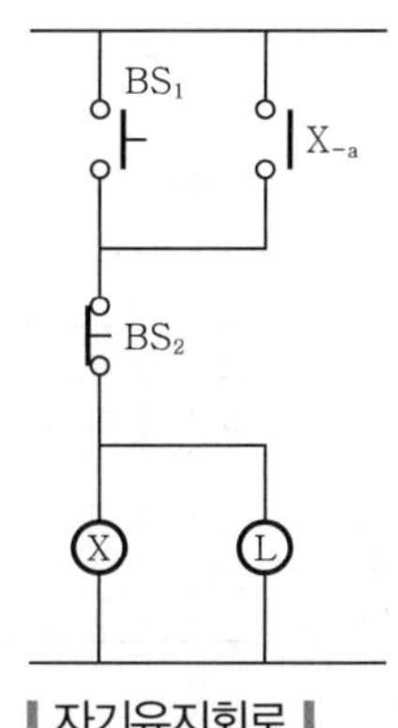

▌자기유지회로 ▌

② 인터록(선행동작 우선)회로 : 두 개의 입력 중 먼저 동작한 쪽의 출력이 동작하는 동안 다른 쪽의 동작을 금지하는 회로를 말한다.

    ㉠ 1번 스위치(BS_1)를 온(on)하면 릴레이(X_1)가 동작, RL이 점등, 자기유지(X_{1-a})된다. 이때 2번 스위치(BS_2)를 온(on)하면, 릴레이(X_2)와 GL은 X_{1-b}에 의해 전기가 통하지 않는다.

    ㉡ 3번 스위치(BS_3)로 전원을 일시적으로 차단하면, 릴레이(X_1), RL은 오프(off)된다.

    ㉢ 2번 스위치(BS_2)를 온(on)하면 릴레이(X_2)가 동작, GL이 점등, 자기유지(X_{2-a})된다. 이때 1번 스위치(BS_1)를 온(on)하면, 릴레이(X_1)와 RL은 X_{2-b}에 의해 전기가 통하지 않는다.

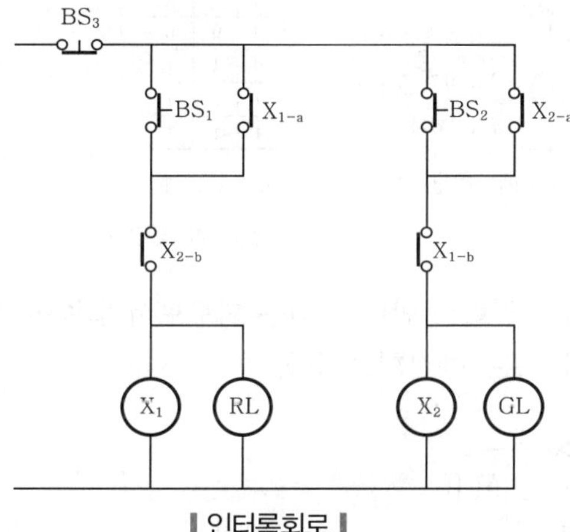

▌인터록회로 ▌

(5) 시퀀스 제어의 논리회로

    ① 논리곱(AND) 회로

      ㉠ 모든 입력이 있을 때에만 출력이 나타나는 회로이며 직렬 스위치 회로와 같다.

      ㉡ 두 입력 'A' AND 'B'가 모두 '1'이면 출력 X가 '1'이 되며, 두 입력 중 어느 하나라도 '0'이면 출력 X가 '0'인 회로가 된다.

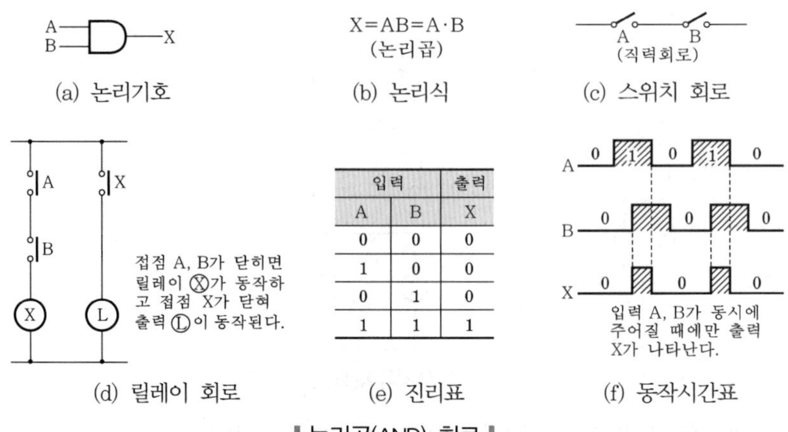

입력		출력
A	B	X
0	0	0
1	0	0
0	1	0
1	1	1

┃ 논리곱(AND) 회로 ┃

② 논리합(OR) 회로 : 하나의 입력만 있어도 출력이 나타나는 회로이며, 'A' OR 'B', 즉 병렬회로
이다.

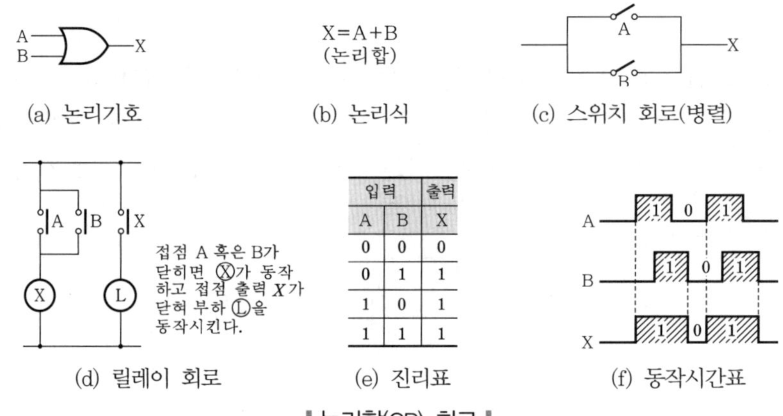

입력		출력
A	B	X
0	0	0
0	1	1
1	0	1
1	1	1

┃ 논리합(OR) 회로 ┃

③ 부정(NOT)회로 : 출력이 입력의 반대가 되는 회로로서 입력이 '1'이면 출력이 '0'이고, 입력이
'0'이면 출력이 '1'이 되는 반전회로이다.

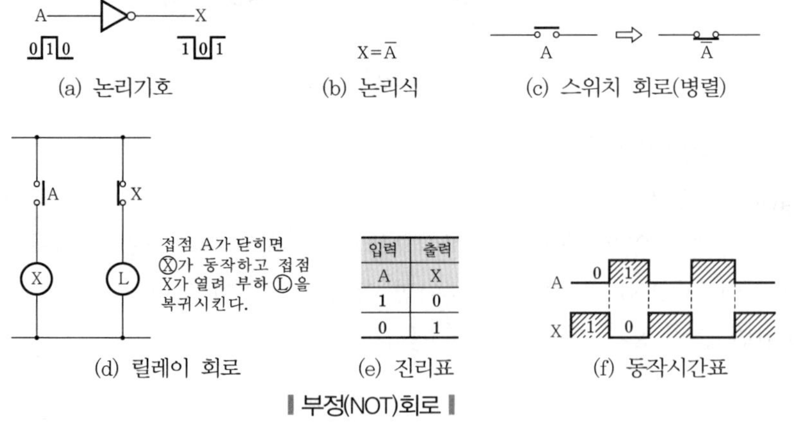

입력	출력
A	X
1	0
0	1

┃ 부정(NOT)회로 ┃

5 전자회로 및 반도체

(1) 전자회로(정류회로)

교류전원을 직류전원으로 변환하는 데에는 정류회로가 사용된다.

① 반파정류회로

    ㉠ 다음 [그림](반파정류회로)과 같이 교류입력전압 V_1을 가하면 다이오드 D에는 (+) 반파일 때에만 직류출력전류 i_d가 흐르므로, 부하저항 R_L에는 [그림](반파정류회로의 파형)과 같이 (+) 반파의 직류출력전압 V_0가 나타난다.

    ㉡ 반파정류회로의 맥동률은 1.21이다.

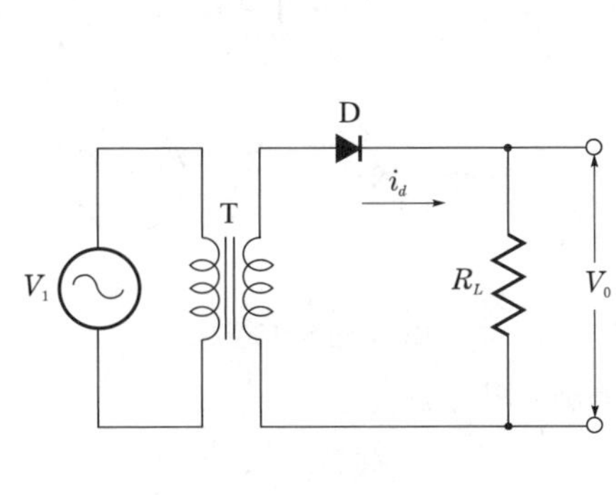

‖ 반파정류회로 ‖

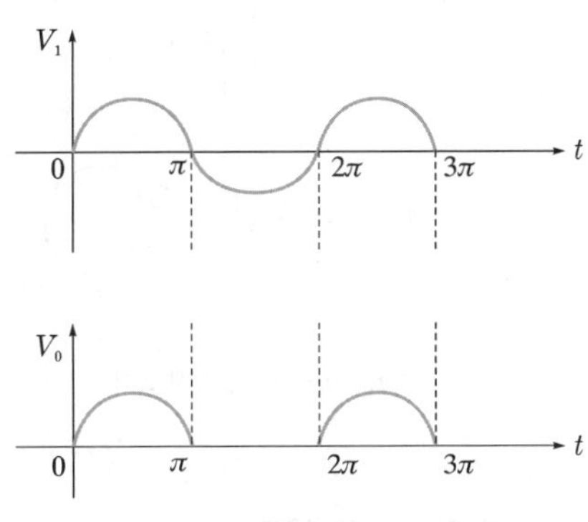

(b) 출력전압

‖ 반파정류회로의 파형 ‖

② 브리지 정류회로

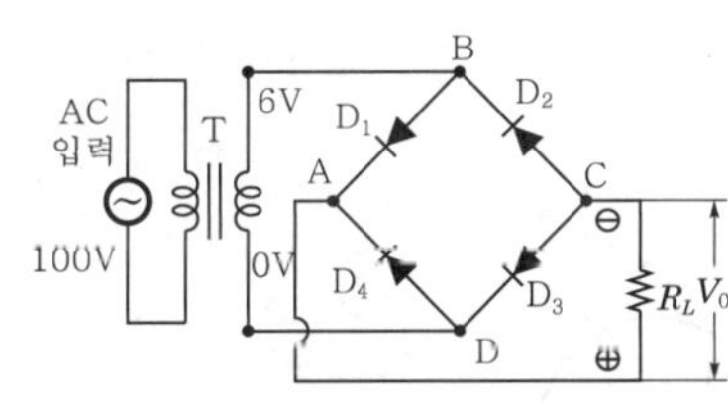
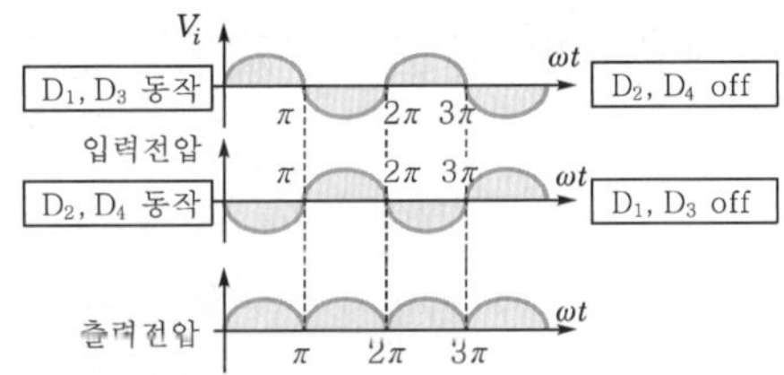

    ㉠ 다이오드를 4개를 브리지 모양으로 접속하여 정류, 출력전압(부하)에 직류를 공급한다.

    ㉡ 입력전압(+) 반주기는 $D_1 \cdot D_3$ 온(on), $D_2 \cdot D_4$ 오프(off)

    ㉢ 입력전압(−) 반주기는 $D_2 \cdot D_4$ 온(on), $D_1 \cdot D_3$ 오프(off)

    ㉣ 전파정류한 직류는 인버터를 사용하여 교류로 변환이 가능하다.

③ **클리퍼회로** : 클리퍼(clipper) 회로는 전기 신호 파형을 적당한 레벨로 잘라내는 회로를 말한다.

    ㉠ 어떤 레벨 이상의 파형을 잘라내는 피크 클리퍼(peak clipper)

    ㉡ 어떤 레벨 이하의 파형을 잘라내는 베이스 클리퍼(base clipper)

    ㉢ 상하 두 레벨을 동시에 잘라내는 슬라이서(slicer)

(2) 반도체

① 트랜지스터

　㉠ 트랜지스터의 구성

　　ⓐ 트랜지스터의 구조는 pn 접합 2개를 맞대어 붙인 형태로 되어 있다.

　　ⓑ 다음 [그림] (a)에서 npn 접합 가운데 맨 왼쪽의 n층을 이미터(emitter)라 하고, 가운데 층을 베이스(base), 오른쪽 층을 컬렉터(collector)라 부른다.

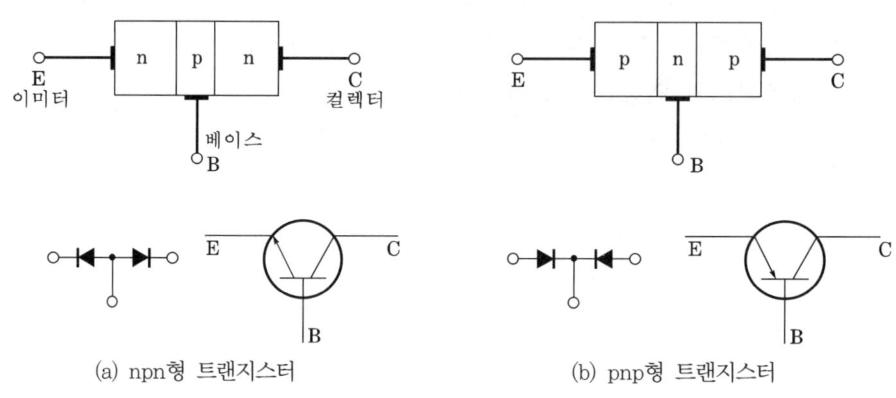

(a) npn형 트랜지스터　　　　(b) pnp형 트랜지스터

▌트랜지스터(transistor)의 구성▐

　㉡ 트랜지스터의 동작

　　ⓐ npn형 트랜지스터에 흐르는 전류의 대부분은 다음 [그림](트랜지스터의 동작)과 같이 컬렉터 단자에서 들어가 이미터 단자로 유출된다.

　　ⓑ 전류의 양은 베이스 단자의 전압 V_{BE} 또는 베이스 단자의 전류 I_B를 바꿈으로써 자유로이 제어할 수 있다.

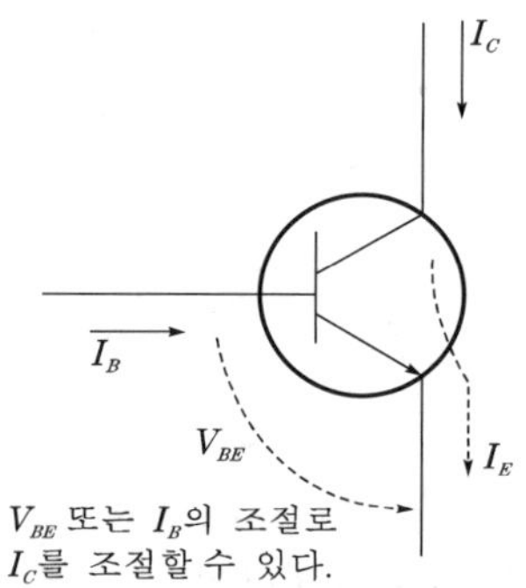

▌트랜지스터의 동작▐

② 사이리스터 : pnpn의 4층 구조를 기본 구조로 하는 반도체 소자로서 단자 수, 스위칭 특성에 따라 여러 종류가 있지만 그 중에서 대표적인 것은 실리콘제어정류기(Silicon Controlled Rectifier ; SCR)이며, 안쪽 p층에 게이트라 불리는 제어용 전극이 붙어 있다.

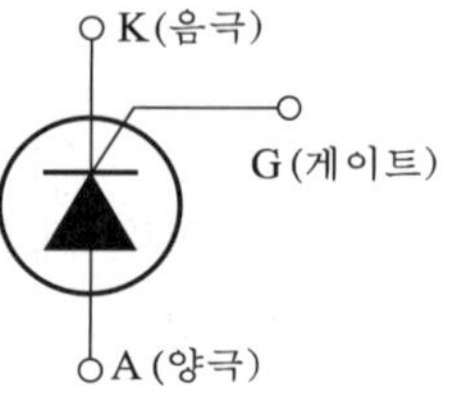

▌사이리스터의 구조▐

㉠ SCR의 특성

ⓐ 오프(off) 상태에서 누설전류가 적다.

ⓑ 작은 게이트 전류로 큰 전류를 제어할 수 있다.

ⓒ 스위칭 시간이 짧다.

ⓓ 온(on) 상태에서 전압강하가 적어 효율이 우수하다.

㉡ 다이액(diac) 소자

ⓐ SCR은 순방향으로 전도 상태와 차단 상태가 있으나, 역방향으로는 차단 상태뿐이다. 그러므로 교류전류를 제어하려면, 2개의 SCR을 역병렬로 접속하여 사용해야 하는데 다이액은 이와 같은 점을 보완한 것이다.

ⓑ 다이액의 특성

• 전압(V)는 다음 [그림] (a)에 표시된 극성을 가지고, 전압 V가 항복전압 이상으로 되면 왼쪽 다이액이 도통되어 다음 [그림] (c)에 표시한 것처럼 왼쪽 래치는 단락된다.

• 전압(V)의 극성이 다음 [그림] (a)에 표시된 것과 반대라면 전압(V)이 항복전압 이상이 될 때 오른쪽 래치가 단락된다.

• 다이액이 한번 도통되면 이것을 개방시키는 방법은 유지전류 이하로 떨어지게 하는 방법뿐이다.

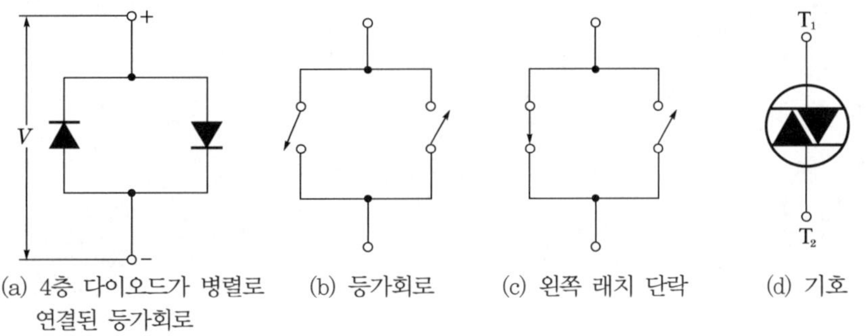

(a) 4층 다이오드가 병렬로 연결된 등가회로   (b) 등가회로   (c) 왼쪽 래치 단락   (d) 기호

‖ 다이액 ‖

㉢ 트라이액(Triode AC Switch ; TRIAC) 소자 : SCR을 역병렬로 접속하고 게이트를 1개로 한 것과 같은 기능을 가지고 있고, 5층의 pn접합에 의하여 구성된 쌍방향의 전력용 소자이다.

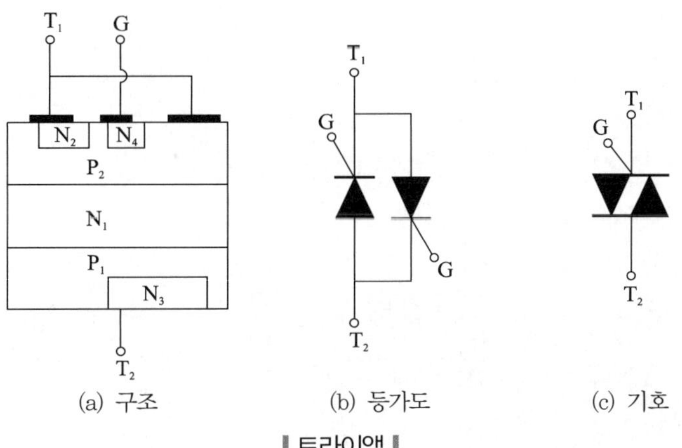

(a) 구조   (b) 등가도   (c) 기호

‖ 트라이액 ‖

㉣ 바리스터(varistor) : 소자에 가해지는 전압이 증가함에 따라 저항값이 민감하게 감소하는 전압 의존형이며, 비직선적인 전압−전류 특성을 가진 2단자 반도체 소자의 하나이다. 특성으로 대칭, 비대칭 바리스터로 나뉘며, 이상전압을 흡수하기 위한 보호회로와 피뢰기 등에 사용된다.

| $V-I$ 특성 | 바리스터의 그림기호 | SiC 바리스터 |

06 승강기 안전관리

제1절 | 안전관리 장구 준비하기

출제 01 안전 장비, 장구, 용품

1 선정기준, 사용방법 및 관리

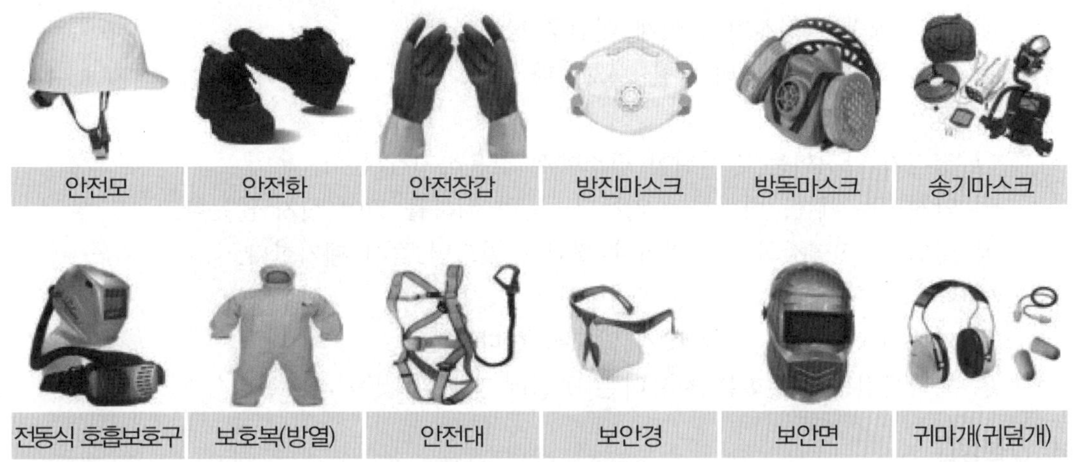

▌안전장비의 종류 ▌

(1) 안전모

① 종류별 보호범위

종 류	사용구분	비 고
AB (안전인증)	① 물체가 떨어지거나 날아와 맞을 위험 방지 또는 경감 ② 떨어짐 위험 방지 또는 경감	
AE (안전인증)	① 물체가 떨어지거나 날아와 맞을 위험 방지 또는 경감 ② 머리부위 감전 위험 방지	내전압성 7000V 이하의 전압에 견디는 것
ABE (안전인증)	① 물체가 떨어지거나 날아와 맞을 위험 방지 또는 경감 ② 떨어짐 위험 방지 또는 경감 ③ 머리부위 감전 위험 방지	
A (자율안전확인)	물체가 떨어지거나 날아와 맞을 위험 방지 또는 경감	

② 사용방법 및 관리

　　㉠ 착장체 조절나사로 자신의 머리 크기에 맞게 착용한다.

　　㉡ 착용한 다음 턱끈을 조여 벗겨지지 않도록 한다.

　　㉢ 착용 중에 모체가 충격을 받거나 변형되면 폐기한다.

　　㉣ 모체를 유기용제 등으로 닦거나 세척하지 않는다.

　　㉤ 턱끈 등 착장체는 변형되거나 인증되지 않은 부품으로 교체하지 않는다.

(2) 안전화

① 주요 보호기능

　　㉠ 중량물의 떨어짐이나 끼임 등에 따른 발과 발등을 보호한다.

　　㉡ 날카로운 물체에 의한 찔릴 위험으로부터 발바닥을 보호한다.

　　㉢ 감전 예방과 정전기의 인체 대전을 방지한다.

　　㉣ 각종 화학물질로부터 발을 보호한다.

② 사용방법 및 관리

　　㉠ 정전기 안전화는 감전위험 장소에서 착용하지 않는다.

　　㉡ 안전화는 훼손, 변형하지 않는다. 특히 뒤축을 꺾어 신지 않는다.

　　㉢ 절연화, 절연장화는 구멍이나 찢김이 있으면 즉시 폐기한다.

　　㉣ 내부가 항상 건조하도록 관리한다.

　　㉤ 가죽제 안전화는 물에 젖지 않도록 한다.

　　㉥ 화학물질용 안전화는 사용하는 물질에 적합한 것을 사용한다.

(3) 안전장갑

① 주요 보호기능

　　㉠ 전기작업에서의 감전 예방 기능

　　㉡ 각종 화학물질로부터 손을 보호하는 기능

② 등급 및 선정기준

　　㉠ 용도와 작업 내용, 수준에 맞아야 한다.

　　㉡ 내전압용 절연장갑은 00등급에서 4등급까지이며 숫자가 클수록 두꺼워 절연성이 높다.
　　　(갈색 00등급, 빨강색 0등급, 흰색 1등급, 노란색 2등급, 녹색 3등급, 등색 4등급으로
　　　구분)

　　㉢ 화학물질용 안전장갑은 1~6의 성능 수준(class)이 있으며, 숫자가 클수록 보호 시간이
　　　길고 성능이 우수하다.

　　㉣ 화학물질용 안전장갑은 화학물질 보호성능 표시를 확인한다.

▮ 화학물질 보호성능 표시 ▮

③ 사용방법 및 관리

    ㉠ 사용 전에 구멍이나 찢김이 확인되면 즉시 폐기한다.

    ㉡ 내전압용 안전장갑은 항상 건조한 상태로 사용한다.

    ㉢ 기계, 화학, 열에 손상되거나 물리적 이상을 보이면 즉시 폐기한다.

    ㉣ 내전압용 절연장갑은 제품에 표시된 최대 사용전압 범위 내에서 사용한다.

    ㉤ 화학물질용 안전장갑은 사용하는 물질에 적합한 것을 사용한다.

    ㉥ 개별 시험 화학물질에 대해서 성능수준을 갖는 화학물질용 안전장갑은 복합화합물질 취급 작업에는 사용할 수 없다.

(4) 방진마스크

분진 등의 입자상 물질을 걸러내 호흡기를 보호하며 채광, 분쇄, 광물의 재단, 조각, 연마작업, 석면 취급작업, 용접작업 등에 사용한다.

① 등급별 사용장소

    ㉠ 특급

        ⓐ 베릴륨 등과 같이 독성이 강한 물질을 함유한 분진 등의 발생장소

        ⓑ 석면 취급장소

    ㉡ 1급

        ⓐ 특급마스크 착용장소를 제외한 분진 등 발생장소

        ⓑ 금속 흄 등과 같이 열적으로 생기는 분진 등의 발생장소

        ⓒ 기계적으로 분진 등이 발생하는 장소

    ㉢ 2급 : 특급 및 1급 마스크 착용장소를 제외한 분진 등 발생장소

② 사용방법 및 관리

    ㉠ 사용 전에 흡·배기 밸브의 기능과 공기 누설 여부를 점검한다.

    ㉡ 필터를 수시로 확인해 습하거나 흡·배기 저항이 크면 교체한다.

    ㉢ 흡·배기 밸브를 청결하게 유지한다.

    ㉣ 면체는 중성세제로 흐르는 물에 씻어 그늘에서 말린다.

    ㉤ 면체는 기름이나 유기용제, 직사광선을 피한다.

    ㉥ 사용 전에 점검·장착·사용법을 교육·훈련한다.

    ㉦ 면체 접안부에 손수건 등을 덧대 사용하지 않는다.

    ㉧ 다음의 경우에 부품을 교환하거나 폐기한다.

        • 여과재 뒷면이 변색하거나 호흡할 때 이상한 냄새가 난다.

        • 흡기저항이 뚜렷하거나 분진 포집효율이 떨어진 것이 느껴진다.

        • 면체, 흡·배기 밸브 등의 파손이나 변형이 확인된다.

(5) 안전대

높이 및 깊이 2m 이상의 장소에서 작업하는 근로자의 떨어짐을 방지하기 위한 것이나 안전대만으로는 근로자를 보호하지 못한다. 현장에는 반드시 안전대를 걸 수 있는 부착설비를 설치해야 한다.

① 안전대의 종류

종 류	등 급	사용구분
벨트식(B식), 안전그네식(H식)	1종	U자 걸이 전용
	2종	1개 걸이 전용
	3종	1개 걸이 · U자 걸이 공용
	4종	안전블록
	5종	추락방지대

② **사용방법 및 관리**

　㉠ 안전대 걸이(부착설비 등)를 설치한다.

　㉡ 1줄 지지로프(수평 · 수직)를 부착설비로 사용 시 1명만 사용한다.

　㉢ 안전대 설치 구조물은 벨트보다 조금 높은 곳에 두도록 한다.

　㉣ 작업 시작 전에 안전대 및 부속설비를 점검한다.

　㉤ 로프의 마모, 금속제 변형 등 부속품의 상태를 점검한다.

　㉥ 안전대의 죔줄은 예리한 구조물 등에 접촉하지 않도록 한다.

③ 안전벨트(안전대) 착용방법

㉠ 양다리에 그네식 안전대를 끼우고 들어올린다.

㉡ 양어깨에 그네식 안전대를 끼운다.

㉢ 가슴 조임줄을 채운다.

㉣ 훅을 안전대 부착설비에 건다.

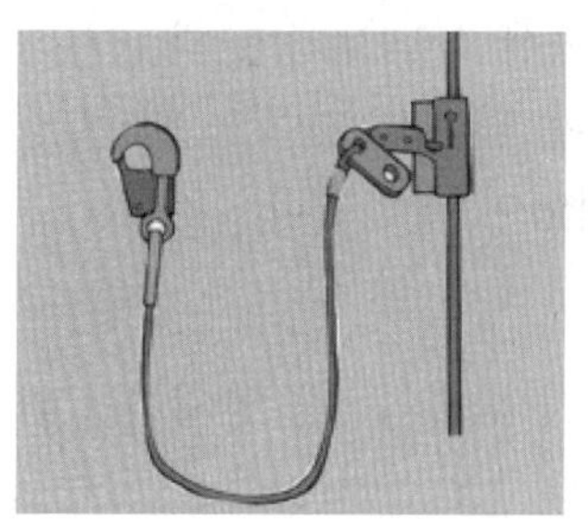

㉤ 수직 구명줄인 경우 훅을 안전대의 D링에 건다.

㉥ 착용상태의 이상 유무를 확인한다.

(6) 보안경

유해광선이나 비산물, 분진 등으로부터 눈을 보호하기 위한 것

① 등급 및 산정기준

　㉠ 차광보안경은 용접·용단 등에 적합한 차광번호를 선정한다.

　㉡ 차광번호의 숫자가 클수록 차광능력이 높아진다.

② 사용방법 및 관리

　㉠ 작업에 적합한 보안경인지 확인한다.

　㉡ 안전인증을 받은 것인지 확인한다.

　㉢ 사용 중 렌즈에 흠, 더러움, 깨짐 등 각종 파손 및 부식이 발견되면 교체한다.

　㉣ 착용 시 거리감이 불량하거나 이물감 등이 느껴지면 교체한다.

　㉤ 청결히 보관하고 사용한다.

(7) 보안면

유해·위험요인으로부터 얼굴 부분을 보호하기 위한 것

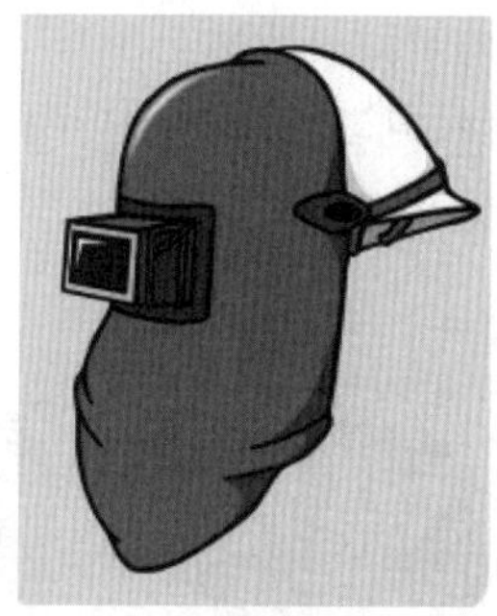

‖ 헬멧형 ‖　　　　‖ 핸드실드형 ‖

① 등급 및 산정기준

　㉠ 용접보안면은 용접·용단작업 등에 적합한 차광번호를 선정한다.

　　(용접필터의 차광번호는 1.2~16번까지 구분되며, 숫자가 클수록 시감투과율 등이 낮다.)

　㉡ 착용이 편안하고 내구성이 있는 것으로 선정한다.

　㉢ 보안면에는 돌출 부분, 날카로운 모서리 혹은 사용 도중 불편하거나 상해를 줄 수 있는 결함이 없어야 한다.

② 사용방법 및 관리

　㉠ 작업에 적합한 보안면인지 확인한다.

　㉡ 안전인증(자율안전인증)을 받은 것인지 확인한다.

　㉢ 사용 중 렌즈에 흠, 더러움, 깨짐 등 각종 파손 및 부식이 발견되면 교체한다.

　㉣ 착용시 거리감이 불량하거나 이물감 등이 느껴지면 교체한다.

　㉤ 청결히 보관하고 사용한다.

(8) 방음보호구

작업 시 발생하는 각종 소음으로부터 근로자 청력을 보호하기 위해 사용하는 것으로 귀마개와 귀덮개가 있다.

① 종류 및 성능구분

종류	구분	기호	성능
귀마개	1종	EP-1	저음부터 고음까지 차음
	2종	EP-2	주로 고음을 차음하고, 저음(회화음 영역)은 차음하지 않음
귀덮개	-	EM	

② 사용방법 및 관리

   ㉠ 사용설명서에서 안전인증과 차음 성능을 확인한다.

   ㉡ 귀마개가 자신의 귀에 맞는지 확인한다.

   ㉢ 귀마개는 반대쪽 손으로 귀를 잡고 위로 당기면 압축해 밀어 넣는다.

   ㉣ 귀마개는 귀 내부로 충분히 들어가게 착용한다.

   ㉤ 귀덮개가 귀보다 커서 귀를 짓누르지 않는지 살핀다.

   ㉥ 귀마개는 오염되거나 더러워지면 교체한다.

   ㉦ 재사용 귀마개의 세척 및 소독은 해당 제품의 설명서 내용을 따른다.

③ 착용방법

   ㉠ 귀마개

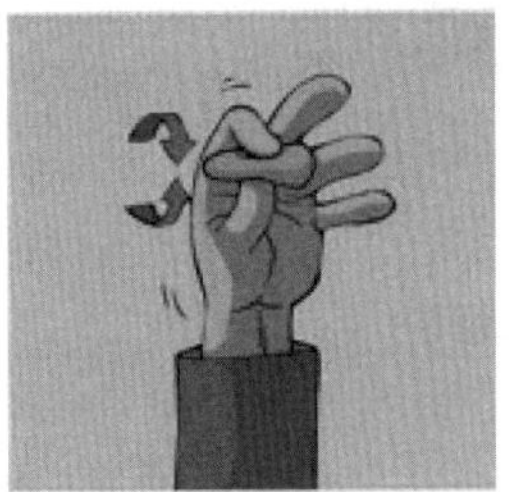  

① 귀마개를 돌려가면서 크기를 압축

② 귀를 잡고 당긴 상태에서 귀마개를 완전히 밀어 넣는다.

③ 착용 후 약 15초 정도 눌러 튀어나오지 않도록 한다.

   ㉡ 귀덮개

① 귀덮개 파손 이상 유무를 확인

② 머리 크기에 맞도록 귀덮개의 좌우측 조절대를 조절

③ 귀 전체를 완전히 덮도록 착용

■2 안전 장구 준비하기

(1) 필요 안전 장비 파악

설치 작업 현장 또는 유지 보수 현장에서 필요한 안전 장비에는 어떠한 것이 있는지 파악한다.

① 공사에 따른 작업 형태를 파악한다.

설치 공사, 교체 공사, 유지 보수

② 파악된 작업 형태를 참고하여 어떤 안전 보호구가 필요한지 조사한다.

작업 형태	필요 안전 보호구
설치/교체 공사	안전모, 안전벨트, 안전화, 보안경, 절연용 보호구, 방진마스크, 장갑, 귀마개
유지 보수	안전모, 안전벨트, 안전화, 보안경, 절연용 보호구, 방진마스크, 장갑

(2) 안전 장비 목록 정리

작업 형태별로 취합 정리된 안전 장비를 아래 [표]와 같이 목록으로 정리한다.

순 번	안전 보호 장비명	교체 주기	필요 수량	예비 수량
1	안전모	훼손 시	10	5
2	안전화	훼손 시	10	5
3	안전 장갑	훼손 시	2	1

① 부서별 필요 장비를 선정한다.

② 선정된 장비의 필요 수량을 파악한다.

③ 파악된 수량을 장비별로 정리한다.

④ 주관 부서에서 전체 목록을 접수하여 정리한다.

(3) 안전 장비 발주 품의

주관 부서에 취합된 안전 장비 목록을 참고하여 발주 품의를 실시한다.

① 전체 목록을 참고하여 항목별 구매 필요 수량을 파악한다.

② 안전 보호구별 단가를 확인한다. 안전 보호구를 주로 납품하는 서래처 또는 인터넷을 활용하여 난가를 확인한다. 구매 수량이 직으면 주 거래처를 이용하고, 구매 수량이 많으면 인터넷을 통하여 지렴한 기격으로 구매한다.

③ 안전 보호구를 구입할 때에는 품의서를 작성한다. 소규모 업체에서는 담당자 선에서 구매 품의 없이 발주해 주말 집계 또는 월말 집계 시 발주서와 거래 명세서를 확인하여 구매 품의를 대신하기도 한다.

④ 사내 결재 시스템에 준하여 품의 결재 신청을 한다.

(4) 안전 장비 발주

① 품의 결재가 나면 품의 내용대로 공급업체에 구매 발주서를 활용하여 안전 장비 발주를 진행한다.

② 발주 업체에 발주서를 발송한다.

㉠ 유선상 발주 내용을 통보한 다음, 발주서를 메일 또는 FAX로 보낸다.

㉡ 입고 일자를 명확히 지정하고, 입고 정보를 기록하여 발주서를 송부한다.

㉢ 발주서의 사본을 송부하고 원본은 발주서 철에 보관한다.

(5) 안전 장비 입고

안전 장비가 구매 발주서에 의하여 입고되면 아래 순서에 따라 입고 절차를 수행한다.

① 입고자의 사전 연락에 의하여 입고 시간 및 입고 장소를 통보한다.

② 입고 시 발주서와 거래 명세표를 1:1로 비교하여 거래 명세표가 이상이 없는지 확인한다.

③ 거래 명세표에 준하여 입고 물건을 검수 및 검사한다.

④ 거래 명세표의 항목을 1:1 확인하면서 항목에 'V' 표시를 하여 검수 및 검사에 누락되는 항목이 없도록 한다.

⑤ 검수 및 검사가 완료되면 안전 보호구 보관 장소로 이동하여 보관한다.

(6) 안전 장비 현장 지급

① 안전 보호구 신규 지급 또는 교체 지급 대상자를 확인한다.

　㉠ 사전 안전 보호구 신청자

　㉡ 신규 안전 보호구 지급 대상자

　㉢ 장기 사용으로 인한 안전 보호구 교체 요청자

② 안전 보호구 관리 담당자는 안전 보호구 지급 대장을 확보한다.

③ 대상자들에게 안전 보호구를 지급한다.

④ 지급받은 대상자들은 안전 보호구 지급 대장에 반드시 개인 서명을 한다.

(7) 안전 장비 착용

개인별로 출근과 동시에 작업복 착용 시 지급된 안전 장비를 착용한다.

① 관리 감독자는 일일 조회, 작업 지시 시간에 안전 보호구 착용 상태를 확인한다.

② 작업자는 위험 예지 훈련 시간에 동료들끼리 안전 보호구 착용 상태를 확인한다.

③ 안전 보호구의 구비 요건을 숙지한다.

　㉠ 착용하거나 작업하기 쉬워야 한다.

　㉡ 유해를 줄 수 있는 위험물로부터 충분히 보호되어야 한다.

　㉢ 보호구에 사용되는 재료가 작업자에게 해로운 영향을 주어서는 안 된다.

　㉣ 보호구의 끝마무리는 깔끔하게 되어야 한다.

　㉤ 디자인이 좋고, 외관이 보기 싫지 않아야 한다.

④ 안전 보호구 선정 방법 및 사용 방법을 참조하여 안전 보호구를 정확하게 착용하고 관리하여 산업 안전 재해를 최대한 줄일 수 있도록 한다.

제2절 | 전기안전 준수하기

출제 01 전기안전용품

■1 정전 및 활선 작업 안전

(1) 전기의 위험성

① 감전 재해 발생 형태
  ㉠ 피복이 벗겨진 상태의 전선, 전기설비에 직접 접촉
  ㉡ 기기의 결함 등으로 누전된 전기설비의 외함, 철 구조물에 접촉
  ㉢ 고전압 부위에 인체가 근접하여 공기의 절연 파괴로 감전 또는 화상
  ㉣ 낙뢰로 인하여 전기 에너지가 인체를 통해 방전

② 기본 안전 대책
  ㉠ 전기기기, 배선 등 모든 충전부는 노출시키지 않는다.
  ㉡ 전기기기 사용 시 반드시 접지하도록 한다.
  ㉢ 누전 차단기를 설치한다.
  ㉣ 전기기기의 스위치 조작을 아무나 하지 않는다.
  ㉤ 젖은 손으로 전기기기의 접촉을 금지한다.
  ㉥ 개폐기는 반드시 정격 퓨즈를 사용(동선·철선 사용 금지)한다.
  ㉦ 불량이나 고장난 전기기기의 사용을 금지한다.
  ㉧ 배선용 전선은 가급적 중간에 연결 부분이 있는 것의 사용을 금지한다.

③ 가설 전기 설치 안전
  ㉠ 전기기기 및 배선 등 충전부의 노출 금지
  ㉡ 전기기기의 접지 실시
  ㉢ 누전 차단기 설치
  ㉣ 이중 절연 구조 또는 전지 구동 전기기구 사용
  ㉤ 배선 및 이동 전선 등에 대한 대책

④ 가설 전기 사용 안전
  ㉠ 절연 상태 관리 철저
  ㉡ 물기 있는 곳에서의 취급 금지
  ㉢ 불량 전기기기의 사용 금지
  ㉣ 절연용 보호구 등의 사용

(2) 전기 작업 안전

① 정전작업

  ㉠ 정전작업 요령 수립
    • 정전작업 중 오송전으로 인한 감전 위험을 방지하기 위하여 작업 전 개폐기, 차단기에 잠금장치 설치
    • 전원 개폐기 설치 장소에 통전 금지 표지판 부착 또는 감시인 배치

    ⓛ 검전 및 단락 접지
- 정전작업 시 정전 여부 판단 오인, 예비 동력원 역송전, 부하측에 설치된 고압 콘덴서 또는 고압용 케이블의 잔류 전하에 의해 감전될 위험이 없도록 작업 전 검전 후 단락 접지
- 검전 및 단락 접지 시 유경험자가 절연용 보호구를 착용하고 실시

    ⓒ 정전작업 시 유의사항
- 전로 또는 지지물의 신설, 증설, 이설, 접속, 교체, 점검 및 수리 등의 공사 시 위험한 전로를 정전시키고, 작업할 때에는 무전압 상태 유지(작업 중 시건 조치, 통전 금지 표지판 부착, 감시인 배치)
- 개로한 전로가 전력 콘덴서와 접촉되어 있는 경우 또는 전력 케이블인 경우 전하 방전 실시
- 개로된 전로가 고압 또는 특고압 전선로인 경우 단락 접지 실시

② 활선작업

    ㉠ 활선작업 요령 수립
- 작업해야 할 대상의 충전 전로 전압에 따라 접근 한계 거리, 작업 위치 결정
- 작업에 따른 위험성을 종합적으로 검토하여 이에 필요한 방호 대책 수립
- 작업에 필요한 공구의 적합 여부, 작업 인원 및 작업 시간에 대하여 사전에 면밀히 고려
- 사소하고 쉬운 작업이라도 반드시 작업 계획 수립

    ⓛ 작업 표준 작성

    ⓒ 작업 시작 전·후 회의

    ⓔ 활선작업 시 유의사항
- 전기가 인체에 들어가지 않도록 함(고무 절연 장갑, 절연복 착용)
- 전기가 흘러나오지 않도록 함(절연 장화, 전기용 안전모 착용)

③ **절연용 보호구** : 작업자가 고압 전로를 직접 취급하는 경우 절연용 보호구 착용, 충전 부분에 절연용 방호구 장착

(3) 전기설비의 안전점검

① 안전점검의 목적

    ㉠ 설비의 이상 유무 확인

    ⓛ 설비의 수명 유지 및 안전 운전

② 안전점검방법

    ㉠ 오감에 의한 점검 : 소리/진동, 온도 변화, 냄새 변화, 외관/변색의 감지

    ⓛ 계측기에 의한 점검

③ 전기기기·설비의 안전점검

    ㉠ 이동전선의 적합성 확인
- 전기기기·설비의 안전성 확보
- 전기설비 주위의 작업 공간 확보 여부

- 기기 외함 접지 여부
- 누전 차단기 설치 여부
- 이중 절연 구조의 전동 기계기구 사용 여부
- 배선 상태 점검

ⓒ 콘센트·플러그 및 케이블 커넥터의 적합성
- 사용 빈도가 높고 손상되기 쉽기 때문에 항상 주의하여 정상 상태 유지
- 동일 구내에 전기 방식·분기 회로의 종류가 다른 회로에서 콘센트를 시설하는 경우 각 콘센트는 용도가 다른 플러그가 꽂힐 우려가 없는 구조의 것을 사용

2 LOTO(Lock out-Tag out) 실시

LOTO는 기계 및 설비의 유지보수나 시운전 중에 일어날 수 있는 상해를 방지하기 위해 에너지원 제거를 보장하고, 갑작스러운 에너지 재공급 차단, 에너지 차단 정보를 제공하는 시스템이다.

‖ 전원투입의 방지 ‖

(1) 사용 시 절차

① 테스터기의 정상 작동 상태를 확인한다.
② 인터폰을 사용하여 카 내 승객 유무를 확인한다.
③ 제어반 내의 저속/고속 스위치를 저속 운전 모드로 전환한다. (해당 기능이 없는 경우에는 카에서 저속 운전 모드로 전환한다.)
④ 카 내 승객 유무를 다시 한번 확인한다.
⑤ 전원 차단을 주변 농료에게 통지 후 전원을 차단한다(복명복창).
⑥ 전기적 제로(zero) 에너지 상태를 확인한다(LOTO가 실시될 2차측 전압 측정).
⑦ 전원 차단기에 스위치 락을 설치한다.
⑧ 여러 사람이 사용 가능한 잠금장치(HASP)를 설치한다.
⑨ 꼬리표(tag) 기록 후 꼬리표와 자물쇠를 채운다.

(2) 해제 시 절차

① 잠금장치와 꼬리표(tag)를 해지한다.
② 주변 동료에게 전원공급을 알린다(복명복창).
③ 전원을 투입한다.

④ 저속/고속 스위치를 고속 운전 모드로 전환한다.

⑤ 카의 정상 작동 여부를 확인한다.

(3) 유의사항 확인

① 자물쇠의 열쇠는 각각 하나씩 소지하며, 잔여 열쇠는 사무실에 보관한다.

② 교육을 받은 자만이 사용한다.

③ 2인 이상 작업 시 각 개인은 잠금장치(HASP)에 개별 자물쇠와 태그를 설치한다.

④ 잠금장치는 반드시 설치한 사람이 해제한다.

⑤ 별도로 구성된 조명 회로 스위치에도 LOTO(Lock out − Tag out)를 하여야 하며, 불가능할 때에는 특별히 주의하여 작업한다.

⑥ 금속제 장신구를 착용하지 않는다.

⑦ 전원 차단 시 측면에서 오른손으로 실시한다.

⑧ 현장을 떠날 때는 반드시 LOTO를 해제한다.

⑨ 테스터 확인은 교류(AC) 전압으로 체크한다.

제3절 | 환경관리하기

출제 01 환경검사 장비

1 환경 관련 주요 처리 내용

① 환경오염 방지시설의 설치 : 환경오염 방지시설을 설치할 때에는 환경 관련 법령에서 정한 기준에 적합하게 설치하여야 한다.

② 폐기물 관리 : 현장에서 발생한 각종 폐기물을 적법한 처리시설을 이용하여 처리하거나 폐기물 처리시설을 설치·운영하는 자에게 위탁 처리하는 등 폐기물 관련 법령에서 정하는 기준에 적합하게 처리하여야 한다.

③ 수질 및 토양 보전 : 수질 및 토양 오염 방지를 위하여 유류 및 유독물 저장시설 등은 관련 법령에 따라 철저히 관리하여야 한다.

④ 소음·진동 방지 : 소음 및 진동이 발생할 우려가 있는 현장은 소음 및 진동 방지 대책을 강구하고 최소화하여야 한다.

⑤ 대기 보전 : 환경에 관한 위해를 예방하고, 대기 환경을 적정하고 지속 가능하게 관리·보전하기 위하여 「대기환경보전법」에서 정하는 바에 따라 대기 오염 물질의 배출 저감 노력을 하여야 한다.

2 승강기 설치 현장 환경 관리 사항

(1) 공사 착공 전
① 계약서 검토 : 계약 이행 조건, 환경 비용 적정성
② 현장 법적 규제 지역 여부 확인 : 상수도 보호 지역, 소음 규제 지역 등

(2) 현장 개설 시(공사 환경성 검토)
① 사업 승인서, 설계도서 및 시방서 검토, 환경 법규 식별
② 현장 환경 측면 파악 및 영향 평가
③ 환경 관리 계획서 작성
④ 현장 환경 관리 업무 분장
⑤ 환경 관리비 사용 계획 수립
⑥ 사전 환경 민원 조사

(3) 공사 수행 중
① 건축 요구 사항 이행 여부 확인
　㉠ 특정 공사 건설 장비 적정성
　㉡ 폐기물 보관, 수집, 위반 및 처리 적정성
② 현장 주변 민원, 분쟁 조사 및 대책 수립
③ 환경 영향 평가 시 고려된 협의 내용의 확인 및 이행
④ 환경 교육 계획 수립 및 교육 실적 관리
⑤ 비상사태 · 사고 대응 계획 및 모의 훈련 실시
⑥ 대외 환경 점검 및 감사 대응 체계 유지 관리
⑦ 폐기물
　㉠ 건설 폐기물 관리 대장 작성 및 보관(배출 시)
　㉡ 건설 폐기물 처리시설 운영, 관리 대장(운영 시)
　㉢ 폐기물 처리업자가 적법하게 처리하는지 여부 : 처리 과정까지 사진 촬영 능 확인
　㉣ 건설 폐기물, 지정 폐기물 적법 보관 및 관리
　㉤ 건설 폐기물 배출 및 치리 실적 보고
⑧ 소음/진동
　㉠ 작업 장비 · 공법 및 작업 시간 등 적정성 검토
　㉡ 현장이나 민원 지역 소음/진동 측정 및 저감 활동

(4) 공사 종료 시
① 공사 시 설치한 환경 관련 시설물의 해체 및 원상 복구
② 환경 관련 실적 정리 및 보관(폐기물, 시설 운영 일지 등)

3 폐기 기준 및 보관방법

(1) 와이어로프 폐기 기준

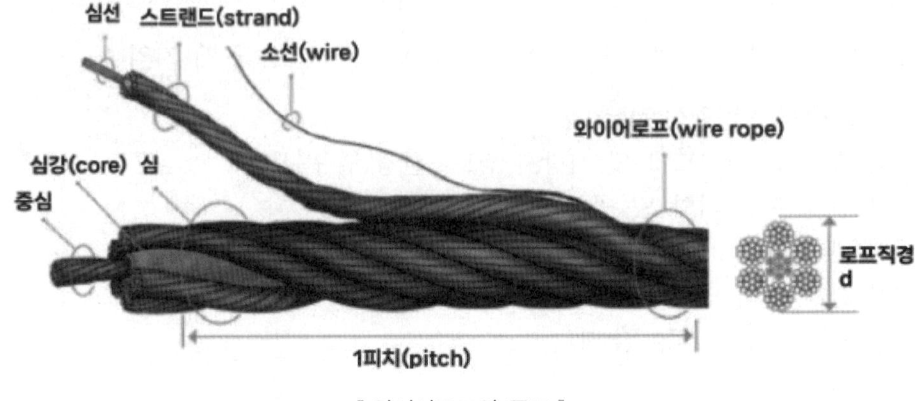

‖ 와이어로프의 구조 ‖

① 이음매가 있는 것
② 와이어로프의 한 꼬임[스트랜드(strand)]에서 끊어진 소선의 수가 10% 이상
③ 지름의 감소가 공칭 지름의 7%를 초과하는 것
④ 꼬인 것
⑤ 심하게 변형되거나 부식된 것
⑥ 열과 전기 충격에 의해 손상된 것

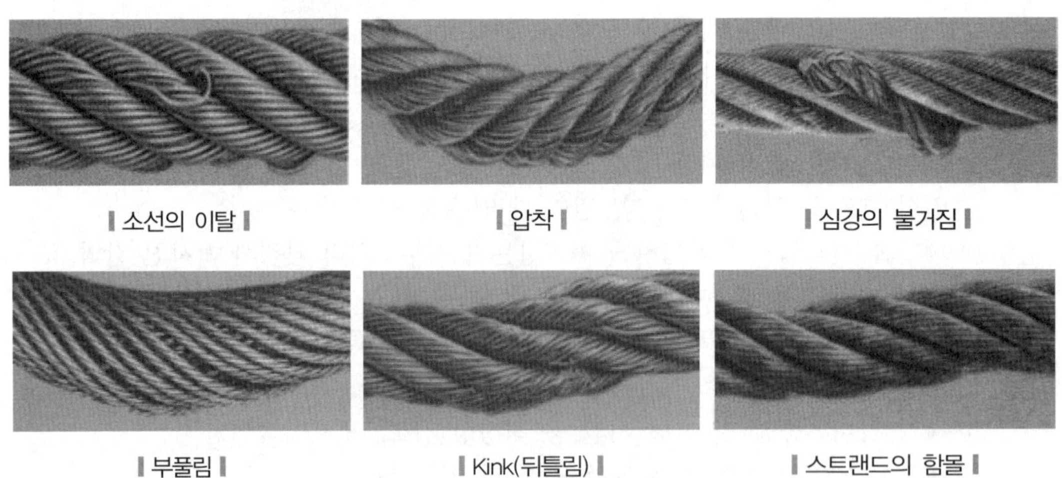

‖ 소선의 이탈 ‖	‖ 압착 ‖	‖ 심강의 불거짐 ‖
‖ 부풀림 ‖	‖ Kink(뒤틀림) ‖	‖ 스트랜드의 함몰 ‖

(2) 벨트슬링 폐기 기준

벨트슬링은 엘리베이터 설치나 보수 공사를 할 때 크레인으로 권상기, 기계대 등을 양중하기 위해 매달기 위한 수단으로 사용된다.

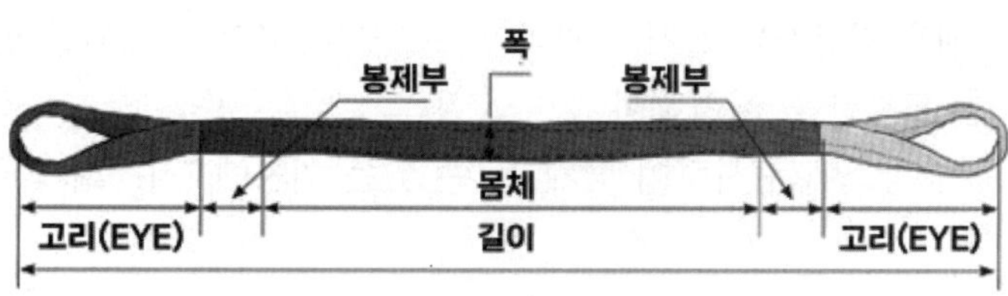

▎양끝 아이(EYE)형 ▎

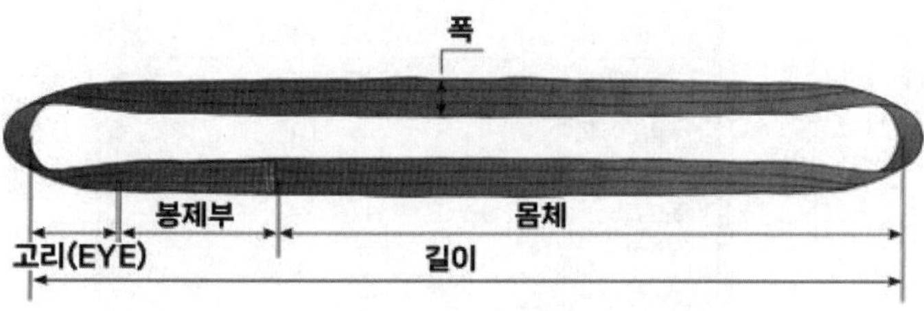

▎엔드리스형 ▎

구 분	손상 내용
고리 부분	• 아이부의 재봉선이 닳아서 속의 흰 부분이 보이거나 종 방향의 실에 손상이 발생한 경우 • 아이부에 현저하게 잘린 부분이 있거나 마찰 파손, 찢어진 파손 등이 있는 경우 • 재봉실이 절단되어 아이의 형 붕괴가 발생한 경우
봉제 부분	• 절단, 마찰에 의해 발생된 손상 등 각종 손상이 발생한 경우 • 봉제부에 봉제 실이 여러 군데 절단되어 있고 봉제부의 오버랩(overlap)부가 조금이라도 뜯어져 있는 경우
몸체 부분	• 슬링 표면에 폭 방향 전체로 원단에 손상이 발생하여 종 방향의 실에 손상이 발생한 경우 • 로프의 섬유 올이 보이지 않을 정도로 닳아서 털이 일어나 있는 경우 • 두께 방향으로 1/3에 상당하는 손상이 발생한 경우 • 폭 방향으로 마모 또는 손상이 발생한 경우

(3) 폐유 보관방법

① **지정폐기물** : 사업장 폐기물 중 폐유·폐산 등 주변 환경을 오염시킬 수 있거나 의료 폐기물 등 인체에 위해를 줄 수 있는 해로운 물질

② **폐유 저장소 설치 및 관리방법**

　㉠ 폐유 저장소 설치 시 보관된 폐유가 누출될 경우 심각한 토양 오염 발생이 예상되므로 명시된 도면에 의거하여 반드시 지상에 설치하여야 한다.

　㉡ 폐유 저장소는 사고로 폐유가 누출될 경우 지하로 침투되지 않도록 바닥을 불투수층으로 설치하여야 한다.

　㉢ 수급인은 흡착포 및 망 등을 폐유 저장소에 구비하여 응급 복구에 대비해야 하고, 폐유가 누출되어 지하 오염이 예상될 경우에는 토양 오염이 최소화되도록 신속히 복구해야 한다.

ⓔ 수급인은 폐유 저장소를 철저히 관리할 수 있도록 관리 책임자를 임명하고, 관리 책임자를 명시한 표지판을 설치해야 한다.

ⓜ 폐기물 보관 장소에는 사람이 쉽게 볼 수 있는 위치에 "지정폐기물 보관표지"를 설치하여야 한다.

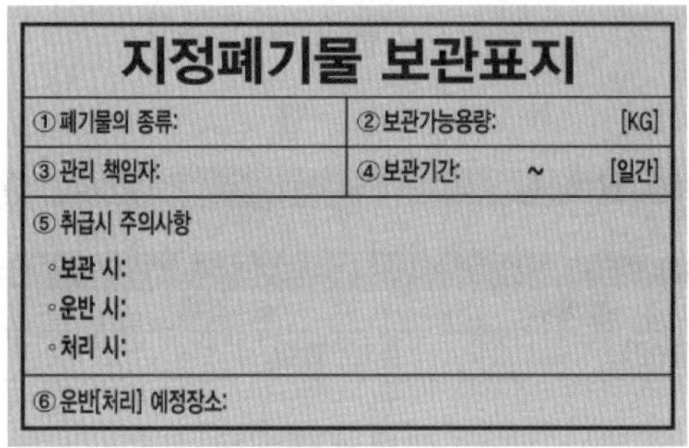

‖ 지정폐기물 보관표지 ‖

4 폐기물 오염원별 관리방법

(1) 폐유 처리 대책

① 발생 폐유는 폐유 저장소를 설치하여 현장 보관 후 전문업체에 위탁 처리한다.

② 물이 스며들지 않는 바닥, 지붕, 벽면을 갖춘 구조로 제작한다.

③ 소화기 비치, 지정폐기물 보관표지를 부착한다.

④ 폐유 저장소 내부는 잔여 유류 유출에 대비하여 바닥 및 외부에 부직포 등으로 설치하며, 근로자 안전화에 의한 유류 외부 유출을 예방한다.

⑤ 유류 저장소 유류 유출 방지 턱은 5cm 이상으로 설치한다.

(2) 건설 폐기물 처리 대책

건설 현장에서 발생하는 지정폐기물은 별도 보관한다.

① 재활용 가능 건설 폐기물은 우선 분리, 전량 재활용 처리(종이류, 고철류 등)를 한다.

② 가연성, 불연성, 재활용성으로 분리 선별 보관한다.

③ 폐기물 보관 기일 준수(90일 이내), 지정폐기물(45일 이내), 보관표지 및 덮개를 설치한다.

(3) 야외 폐기물 임시 보관 시 대책

야외에 보관하는 폐기물은 바람이나 비로 인한 흩날림이나 토양 오염 방지를 위하여 지붕을 씌워 보관한다.

① 폐기물이 비산되지 않도록 덮개를 설치하여 보관한다.

② 성상별, 종류별 구분 보관 및 보관표지를 부착한다.

③ 재활용 가능한 것은 별도로 보관한다.

④ 침출수 발생 폐기물은 토양 유입 차단 대책을 수립한다.

출제 02 안전작업 절차

1 공통 사항

작업장에서는 필요한 개인 안전 보호구(안전모, 안전화, 안전벨트 등)를 반드시 착용하거나 사용한다.

(1) 기본 안전 수칙

① 안전 보호구 사용 기준을 숙지한다.

② 추락 위험이 있는 곳(높이 2m 이상)에 추락 방지 조치를 한다(안전 난간대, 생명선, 개구부 덮개 설치 등).

③ 전원이 필요 없는 작업을 할 경우 반드시 전원을 차단하고 작업한다.

④ 인증된 양중 장비를 용량에 맞게 사용하고, 안전장치가 있어야 하며, 양중물 인양 시 하부에 들어가거나 절대로 탑승하지 않는다.

⑤ 회전체 끼임점 주변에 공구 등을 두지 말고, 신체가 접촉되지 않도록 회전체에 안전 커버를 설치한다.

⑥ 인증된 작업 발판을 고정하여 사용한다.
　(작업 발판은 움직이지 않도록 고정하고, 끝단부는 지지대에서 최소 150mm 이상 최대 300mm 이내로 한다.)

⑦ 승인되지 않은 상·하 동시 작업은 금지한다.

⑧ 작업은 반드시 작업 지휘자의 지휘 하에 실시한다.

⑨ 작업장 내에서는 반드시 승인된 자만이 작업한다.
　(신규 입사자는 반드시 안전 교육 이수 후 작업)

⑩ 작업장 내 음주 및 주류 반입을 금지하고, 음주 후 작업을 금지하며, 흡연은 지정된 장소에서 한다.

⑪ 승강로 내부에서 작업 시 반드시 출입구에 안전 펜스를 설치한다.

⑫ 카 운행 시 반드시 과속조절기와 안전 블록(safety device)이 작동되어야 한다.

⑬ 카 상부에서 카 운행 시 반드시 점검(수동) 모드로 운행한다.

⑭ 카 상부 및 피트 진입 시에는 반드시 절차를 준수하고, 2개 이상의 안전 스위치를 확보해야 한다.
　㉠ 카 상부 진입 : 카 상부 과속조절기, 인스펙션 스위치 확보
　㉡ 피트 진입 : 피트 비상정지 스위치, 도어 스위치 확보

(2) 작업 시 주의사항

① 작업 중 항상 규정된 작업복을 착용한다(민소매 작업복 상의 착용 금지).

② 작업장 이탈 시 모든 전동 공구, 장비 및 승강기 등의 전원 또는 조작 스위치를 차단하고 잠금 조치를 한다(외부인 무단 조작 방지).

③ 2인 이상 작업 또는 장비 조작 시 반드시 복명복창을 하여 안전 상태를 확인한다.

   ※ 카 운행 시 카 기준 복명복창 실시(예 car up, car down)

④ 위험 기계 기구에는 규정된 방호장치를 설치한다(작업 중 해체 금지).

⑤ 위험 기계 기구, 전동 공구 등을 수리/점검할 때는 작업 전 전원을 차단한다.

⑥ 전동 공구 사용 시 작업에 적합한 전용 공구를 사용한다(합판, 레일 등 절단 작업 시 그라인더 사용 금지).

⑦ 유류, 가스 등 위험물은 지정된 저장소에 보관하고, 1일 사용량만 현장에 반입하여 사용한다(지정된 보관소가 없는 경우 1일 사용량 외 반입 및 보관 금지).

⑧ 우천, 강설, 작업장 결빙 시 전도 및 추락사고를 예방하기 위해 다음과 같이 조치한다.

   ㉠ 작업 전 이동통로(작업통로), 작업 장소 확인

   ㉡ 20kg 이상 중량물은 반드시 대차 사용(인력 운반 금지)

⑨ 작업장, 이동 통로 등에 작업등을 설치하고 보호망을 부착한다(단, 작업등 설치가 어려운 경우 휴대용 조명 기구 사용).

⑩ 작업장 주변은 항상 정리 정돈을 철저히 한다.

2 기계실 작업 시 주의사항

(1) 작업 시 주의사항

① 건물 옥상을 통하여 기계실로 진입하는 경우 다음 사항에 유의한다.

   ㉠ 비, 눈 등에 의해 미끄러져 넘어지지 않도록 주의한다.

   ㉡ 계단에서 전도 및 계단 안전 난간대 파손에 의한 추락에 주의한다.

② 사다리를 이용하여 기계실로 진입하는 경우 사다리에서 추락하지 않도록 주의한다.

③ 기계실 진입 계단에 장애물 또는 자재를 적재하지 않는다.

④ 기계실 바닥 오일을 제거하고, 정리 정돈을 실시하여 넘어지지 않도록 주의한다.

⑤ 작업 중 기계대 등의 모서리에 충돌 또는 걸려 넘어지지 않도록 주의한다.

⑥ 기계실에 외부인의 접근을 통제한다(출입구 시건장치 확인).

⑦ 분전반/제어반 작업 시 반드시 전원을 차단하고, 절연 장갑 착용 후 작업한다.

⑧ 제어반/분전반 작업 완료 후 잠금 조치한다.

⑨ 배선용 전선은 중간에 연결한 것을 사용하지 않는다.

⑩ 작업 전 제어반에 점퍼 여부를 반드시 확인한다.

⑪ 기계실 작업 시 권상기/과속조절기에 안전 커버가 설치되지 않은 경우 협착사고에 주의한다(작업 전 전원 차단).

⑫ 권상기/과속조절기 점검, 시브 홈 및 로프의 이물질 제거 시 반드시 작업 전 전원을 차단한다(전원 투입한 상태에서는 절대 작업 금지).

⑬ 권상기/과속조절기 안전 커버를 제거하여 작업하는 경우 반드시 전원을 차단하고, 작업 후 즉시 안전 커버를 재설치한다.

⑭ 공동 기계실인 경우 옆 호기에 주의한다(필요한 경우 옆 호기 전원 차단).

⑮ 권상기를 양중하는 경우 다음 사항에 유의한다.

    ㉠ 체인 블록 등 양중 기계 기구, 달기 기구(로프슬링, 벨트슬링, 샤클) 및 기계실 양중용 후크는 사용 전 점검을 실시한다.

    ㉡ 기계실 천장 후크가 불안전하게 설치되어 있거나 위치가 맞지 않는 경우 별도의 양중용 브라켓을 앵커 볼트(M16)로 4곳 이상 고정하여 사용한다(대형 권상기의 경우 양중용 빔 설치).

    ㉢ 양중 기계 기구의 정격 용량은 양중물 자중 이상의 것으로 사용하고, 달기 기구는 로프슬링(합금 고정), 벨트슬링, 샤클 등을 사용한다. (결속선, 마닐라로프, U클립 고정 로프슬링 사용 금지)

    ㉣ 중량물을 양중한 상태에서 작업 장소를 이탈하지 않는다.

(2) 위험 포인트

① 기계실 진입 중 전도

② 기계실 내 외부인 출입에 의한 안전사고

③ 분전반/제어반에 감전

④ TM 등 시브에 신체 협착

⑤ 권상기 양중 작업 중 낙하, 협착

3 카 상부 및 승강로 작업 시 주의사항

(1) 작업 시 주의사항

① 카 상부 작업 시 진출입 절차를 준수한다.

    ㉠ 도어 고정 시 도어 블로킹 디바이스를 사용한다.

    ㉡ 카 상부 비상정지 스위치, 수동(점검) 스위치를 확보한다.

    ㉢ 카 상부에서 작업 시 수동(점검)으로 운전한다.

    ※ 기타 자세한 사항은 카 상부 진출입 절차 참조

② 카 상부 진입 전 충분한 조명을 확보한다(필요한 경우 작업등 사용).

③ 카 상부에서 작업 시 반드시 안전 보호구(안전모, 안전벨트)를 착용하고, 안전벨트를 안전 난간대 등에 걸고 작업한다.

④ 카 상부의 오일을 제거하고, 정리 정돈을 실시하여 넘어지지 않도록 주의한다.

⑤ 카를 운행할 경우에는 카 상부 중앙에 위치하여 운전하고, 주변 사람이 알 수 있도록 복명복창을 실시한다(카 운행 중 도르래, 로프 등에 접촉 금지).

⑥ 카 상부 및 CWT 도르래에 신체가 끼지 않도록 주의하고, 안전 커버를 제거하여 작업하는 경우 작업 후 즉시 안전 커버를 재설치한다.

⑦ 카가 정지한 상태에서는 항상 카 상부의 비상정지 스위치를 작동시킨다.

⑧ 카 상부에는 절대로 자재를 적재하지 않는다.

⑨ 작업 전 제어반에 점퍼 여부를 반드시 확인한다.

⑩ 카, 승강로 청소 작업 시 안전 스위치의 임의 점퍼 사용을 금지한다.

⑪ 승강로 내 상·하부에서 동시에 작업을 하지 않는다.

⑫ 공동 승강로에 인접하여 움직이는 카 상부에서 작업하는 경우 인접한 카의 운행 정지 또는 승강로 분리 스크린을 설치하고, 카와 카 간에 이동을 금지한다.

⑬ 카 내부 또는 도어 작업 시 작업 전 전원을 차단한다.

⑭ 도어 작업 시 승강장에 외부인 진입을 차단하는 안전 펜스를 설치하고, 작업 후 도어 고정 상태를 확인한다.

⑮ 실 홈 내의 이물질 청소 작업 중 승강로로 추락하지 않도록 주의한다.

(2) 위험 포인트

① 카 상부 진출입 중 움직이는 카에 협착

② 카 상부, 승강로에서 추락

③ 카 상부에서 작업 중 협착, 충돌

④ 개방된 도어에서 외부인 추락

▌4 피트 작업 시 주의사항

(1) 작업 시 주의사항

① 피트 작업 시 진출입 절차를 준수한다.

 ㉠ 최하층 승강장에 외부인 진입을 차단하는 안전 펜스를 설치한다.

 ㉡ 도어 고정 시 도어 블로킹 디바이스를 사용한다.

 ㉢ 피트 비상정지 스위치, 도어 스위치를 확보한다.

 ※ 기타 자세한 사항은 피트 진출입 절차 참조

② 피트 작업 시 반드시 안전모를 착용하고, 필요한 경우(분진 발생 등) 방진마스크를 착용한다.

③ 피트 진입 전 충분한 조명을 확보(필요한 경우 작업등 사용)하고, 피트 내부를 확인한다(뱀, 쥐, 벌 등에 유의).

④ 피트 사다리 사용 시 다음 사항에 유의한다.

 ㉠ 사다리를 오르내릴 때에는 항상 사다리를 주시하고 두 손을 사용한다.

 ㉡ 사다리를 작업 발판으로 사용해서는 안 되고, 전용 작업 발판을 사용한다.

 ㉢ 사다리에서 뛰어내리지 않는다.

 ㉣ 피트 사다리가 불안전하거나 사다리가 없는 경우, 이동식 사다리 등을 사용하여 안전하게 이동한다.

⑤ 승강로 내 상·하부에서 동시에 작업을 하지 않는다.

⑥ 피트 바닥 오일을 제거하고, 정리 정돈을 실시하여 넘어지지 않도록 주의한다.

⑦ 직/간접식 유압 엘리베이터 또는 세이프티가 없는 덤웨이터 하부에서 작업할 때 안전 가드(지지대)를 설치한다.

⑧ 피트가 침수되거나 빗물이 유입된 경우 피트에 진입하지 않는다.

⑨ 공동 승강로에 인접하여 움직이는 피트에서 작업하는 경우 인접한 카의 운행 정지 또는 피트 분리 스크린을 설치한다.

⑩ 피트 내부에 작업자가 있을 때 엘리베이터 운행이 필요한 경우 다음 사항에 유의한다.

   ㉠ 피트에 진입하기 전 항상 피난 공간을 확인한다.

   ㉡ 카 운행에 따른 위험요소에 대해 항상 인식한다.

     (카/균형추에 충돌 위험, 과속조절기 하부 텐션 풀리에 끼임 위험 등)

   ㉢ 카는 수동(점검) 상태에서만 운행한다.

   ㉣ 카 운행 전 복명복창을 실시하고, 카는 피트 내 작업자의 지시에 의해서만 운행한다.

   ㉤ 카의 불시 운행을 방지하기 위해 카 정지 시 비상정지 스위치를 작동시킨다.

(2) 위험 포인트

① 피트 진입 중 카에 협착

② 사다리에서 실족

③ 피트에서 이동 중 전도

④ 카 운행에 의한 카, 균형추(CWT)에 충돌

⑤ 승강로에서 피트로 외부인 추락

5 위험 예지 훈련(TBM) 실시

① 팀장은 안전 체조를 실시하고 팀원들의 안전 보호구 및 건강 상태를 확인한다.

② 팀장은 당일 작업 내용을 설명하고 잠재 위험을 발표한다.

③ 각 팀원은 위험 요인에 대한 대책을 발표한다.

④ 팀장은 가장 위험한 요소에 대한 대책을 원 포인트로 선정한다.

⑤ 전체 팀원은 원 포인트에 대한 지적 확인을 3회 반복하여 외친다.

6 카 상부 출입 절차

(1) 카 상부 진입 절차

① 진입층에서 카를 호출한다.

② 카 내부로 들어가서 진입층 아래층 버튼 중 2개 층의 행선층 버튼을 등록한다.

③ 카가 아래층에 도착하기 전 도어 키로 도어를 10cm 열어 카의 정지 여부를 확인한다.

④ 도어를 완전히 열고 카 상부로 진입이 용이한지 확인한 후 10초간 대기한다.

⑤ 카 상부의 비상정지 스위치를 정지 위치로 전환한다.

⑥ 조명등을 점등한다.

⑦ 도어를 닫고 승강장 버튼을 등록한 후 10초간 대기한다.

⑧ 도어를 열고 카 정지 여부를 확인한다.

⑨ 운전 모드를 자동(정상)에서 수동(점검)으로 전환한다.

⑩ 카 상부의 비상정지 스위치를 정상 위치로 복귀한다.

⑪ 도어를 닫고 승강장 버튼을 등록한 후 10초간 대기한다.

⑫ 도어를 열고 카 정지 여부를 확인한다.

⑬ 카 상부의 비상정지 스위치를 정지 위치로 전환한다.

⑭ 도어 블로킹 디바이스로 승강장 도어를 고정한다(카 상부에 공구 반입).

⑮ 도어 블로킹 디바이스를 해체한 후, 카 상부에 진입하고 도어를 닫는다(진입 후 안전벨트 체결).

⑯ 카 상부의 비상정지 스위치를 정상 위치로 복귀한다.

⑰ COM과 DOWN 버튼을 누르고 하강 상태를 확인한다(약 30cm 운행).

⑱ COM과 UP 버튼을 누르고 상승 상태를 확인한다(약 30cm 운행).

⑲ 작업할 층으로 이동하여 카 상부의 비상정지 스위치를 정지 위치로 전환한다.

⑳ 필요 작업을 실시한다.

(2) 카 상부에서 나오는 절차

① 작업 종료 후 진입층으로 이동한다.

② 카 상부의 비상정지 스위치를 정지 위치로 전환한다(안전벨트 체결 해제).

③ 도어를 열고 승강장으로 나온다.

④ 도어 블로킹 디바이스로 승강장 도어를 고정한다(카 상부에 공구 반출).

⑤ 운전 모드를 수동(점검)에서 자동(정상)으로 전환한다.

⑥ 조명등을 소등한다.

⑦ 카 상부의 비상정지 스위치를 정상 위치로 복귀한다.

⑧ 도어 블로킹 디바이스를 해체한 후, 도어를 닫는다.

7 피트(PIT) 출입 절차

① 최하층에서 카를 호출하고, 승강장에 안전차폐판을 설치한다.

② 카 내부로 들어가서 진입층 아래층 버튼 중 2개 층의 행선층 버튼을 등록한다.

③ 카가 위층에 도착하기 전 도어키로 도어를 10cm 열어 카의 정지 여부를 확인한다(10초간 대기).

④ 도어를 완전히 열고 도어 블로킹 디바이스로 승강장 도어를 고정한다.

⑤ 피트 카 비상정지 스위치를 정지 위치로 전환한다.

⑥ 도어 블로킹 디바이스를 해체한 후, 도어를 닫고 승강장 호출 버튼을 등록하고 10초간 대기한다.

⑦ 도어키로 도어를 10cm 열어 카의 정지 여부를 확인한다.

⑧ 도어를 완전히 열고 도어 블로킹 디바이스로 승강장 도어를 고정한다.

⑨ 피트 조명등을 점등한다.

⑩ 피트 사다리를 이용하여 피트에 진입한다.

⑪ 도어 블로킹 디바이스를 조정하여 승강장 도어 사이(약 10cm)에 고정한다.

⑫ 승장도어 끝단에 도어 블로킹 디바이스를 추가 설치한다(3자에 의한 열림 방지).

⑬ 작업 종료 후 승장장 도어 끝단에서 도어 블로킹 디바이스를 해체한다.

⑭ 도어를 완전히 열고 도어 블로킹 디바이스를 설치한다.

⑮ 피트 사다리를 이용하여 승강장으로 나온다.

⑯ 피트 조명등을 소등한다.

⑰ 피트 카 비상정지 스위치를 정상 위치로 전환한다.

⑱ 도어 블로킹 디바이스를 해체한 후, 도어를 닫는다.

⑲ 승강장 호출버튼을 눌러 카 정상 운행 상태를 확인한다.

8 점퍼선 안전작업 절차

(1) 점퍼 작업 시 수행 절차

① 점퍼선과 태그를 준비한다.

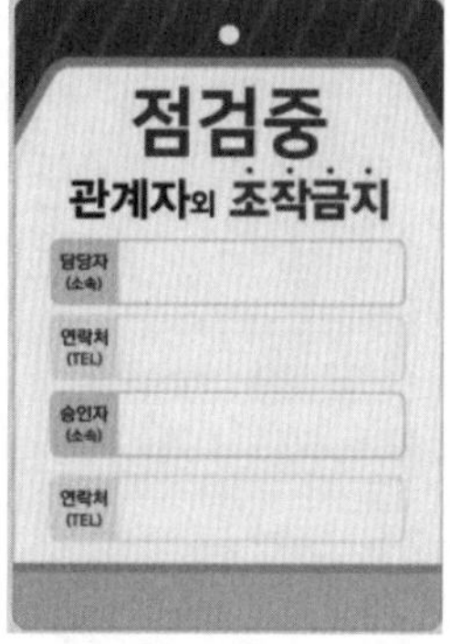

‖ 태그(TAG) ‖

‖ 점퍼선 ‖

② 인터폰으로 카 내부의 승객 유무를 확인한다.

③ 제어반 내 운전 모드를 자동(정상)에서 수동(점검)으로 선환한나.

④ 제어반의 전원을 차단한다(2인 이상 작업 시 복명복창 실시).

⑤ 회로도에서 점퍼할 정확한 위치를 확인한다.

⑥ 태그에 점퍼 내용을 기록한다(점퍼 지점, 내용, 설치자, 일자).

⑦ 점퍼선에 태그를 삽입한다.

⑧ 정확한 위치에 점퍼한다.

⑨ 제어반에 전원을 투입한다(2인 이상 작업 시 복명복창 실시).

⑩ 점퍼선에 있는 태그를 제어반 외부로 노출한다(타 작업자 등에게 점퍼 사실을 알림).

⑪ 필요한 작업을 실시한다.

(2) 점퍼 해체 시 수행 절차

① 제어반의 전원을 차단한다(2인 이상 작업 시 복명복창 실시).

② 점퍼선을 해체한다.

③ 제어반에 전원을 투입한다(2인 이상 작업 시 복명복창 실시).

④ 제어반 내 운전 모드를 수동(점검)에서 자동(정상)으로 전환한다.

⑤ 카의 정상 작동 여부를 확인한다.

제1절 | 안전검사 수검

출제 01 엘리베이터 정기검사기준

1 기계류 공간

(1) 일반사항

① 주 개폐기

㉠ 주 개폐기가 엘리베이터의 전원을 차단하였을 경우, 엘리베이터의 자동적인 움직임은 방지되어야 한다. (예 자동적인 배터리 전원공급 작동)

㉡ 주 개폐기 제어 장치는 기계실 출입구로부터 쉽고 신속히 접근할 수 있는 위치에 있어야 한다.

② 비상운전 및 작동시험을 위한 장치

㉠ 비상운전 및 작동시험을 위한 패널에서 다음과 같은 장치 또는 설비에 따라 감시장치 또는 표시장치의 작동상태가 적합한지 확인한다.

ⓐ 비상통화장치와 비상운전을 위한 작동장치

ⓑ 작동시험을 수행하기 위한 제어설비

ⓒ 다음과 같은 내용을 표시하는 구동기의 방향 감시장치 또는 표시장치

- 카 움직임의 방향
- 잠금해제구간의 도착
- 카의 속도

㉡ 영구적으로 설치된 조명이 비상운전 및 작동시험을 위한 장치에서 조도가 200lx 이상인지 확인한다. 패널 자체 또는 근처에 있는 스위치로 패널의 조명을 점멸해야 한다. 이 조명의 전원공급은 구동기에 공급되는 전원과는 독립적이어야 하며 방법은 다음과 같다.

ⓐ 다른 회로를 통한 방법

ⓑ 구동기의 주 개폐기 또는 주 개폐기의 전원공급측 연결을 통한 방법

㉢ 비상운전 수단이 다음 중 하나로 구성되어 작동되는지 확인한다.

ⓐ 기계적 수단은 승강장으로 이동시키기 위해 요구되는 인력이 150N을 초과하지 않아야 하며, 다음 사항에 적합해야 한다.

- 카를 움직이도록 하기 위한 수단이 구동기의 움직임으로 작동되는 경우에는 부드럽고 바퀴살이 없는 수동핸들이어야 한다.

- 이 수단이 탈착 가능한 경우에는 기계류 공간에 쉽게 접근할 수 있는 장소에 위치되어야 한다. 용도에 대한 혼동 위험이 있다면 적절하게 표시되어야 한다.
- 이 수단이 구동기에서 탈착되거나 분리되는 방식인 경우, 전기안전장치는 늦어도 기계적 수단을 구동기에 연결할 때 작동되어야 한다.

ⓑ 전기적 수단은 다음 사항에 적합해야 한다.
- 전원 공급은 고장이 발생한 후 1시간 이내에는 정격하중의 카를 인접한 승강장으로 이동시킬 수 있도록 충분한 용량을 가져야 한다.
- 속도는 0.3m/s 이하이어야 한다.

ⓒ 카가 잠금 해제구간에 있는지 쉽게 확인 가능해야 한다.

ⓓ 정격하중의 카를 상승방향으로 움직이는데 요구되는 인력이 400N 초과하거나 기계적 수단이 없는 경우, 전기적 비상운전 수단이 있어야 한다.

ⓔ 비상운전을 작동하기 위한 수단은 다음 중 하나에 위치해야 한다.
- 기계실
- 기계류 공간
- 비상운전 및 작동시험을 위한 장치

ⓕ 정전 또는 고장으로 인해 정상 운행 중인 엘리베이터가 갑자기 정지(안전장치가 작동되어 정지된 경우는 제외)되면 자동으로 카를 가장 가까운 승강장으로 운행시키는 수단(자동구출운전 등)이 있어야 하며, 다음 사항을 만족해야 한다. 다만, 수직개폐식 문이 설치된 엘리베이터 또는 유압식 엘리베이터의 경우에는 제외한다.
- 카가 승강장에 도착하면 승강장문 및 카문이 자동으로 열려야 한다.
- 승객이 안전하게 빠져나가면(10초 이상) 승강장문 및 카문은 자동으로 닫히고 이후 정지상태가 유지되어야 한다. 이 경우 승강장 호출 버튼의 작동은 무효화되어야 한다.
- 위의 정지 상태에서 카 내부 열림 버튼을 누르면 승강장문 및 카문은 열려야 하고, 승객이 안전하게 빠져나가면(10초 이상) 승강장문 및 카문은 자동으로 다시 닫히고, 이후 정지 상태가 유지되어야 한다.
- 정상 운행으로의 복귀는 전문가의 개입에 의해 이뤄져야 한다. 다만, 정전으로 인한 정지는 전원이 복구되면 정상 운행으로 자동 복귀될 수 있다.
- 배터리 등 비상전원은 충분한 용량을 갖춰야 하며, 방전이나 단선 또는 누전되지 않도록 유지 관리되어야 한다. 비상전원으로 배터리를 사용하는 경우에는 잔여용량을 확인할 수 있는 장치가 있어야 한다.

ⓖ 엘리베이터에는 정전이 되더라도 승객이 카에서 내릴 수 있도록 카를 승강장 바닥까지 내릴 수 있는 수동조작 비상하강밸브가 설치되어야 하며, 비상하강밸브는 다음과 같은 관련 설비 공간에 위치되어야 한다.
- 기계실
- 기계류 공간
- 비상운전 및 작동시험을 위한 장치

ⓗ 카의 속도는 0.3m/s 이하이어야 한다.

ⓘ 이 밸브의 작동은 지속적인 수동 작동력이 요구되어야 한다.

ⓙ 이 밸브는 의도되지 않은 조작으로부터 보호되어야 한다.

ⓚ 수동조작 비상하강밸브 근처에는 다음과 같이 표시된 명판이 있어야 한다.

"주의 — 비상시 하강"

ⓛ 카를 상승방향으로 움직이게 하는 수동펌프가 있어야 한다. 수동펌프는 엘리베이터가 설치된 건축물 내부에 보관되어야 하고, 인가된 작업자에 한하여 접근 가능해야 한다.

펌프 연결에 관한 규정사항은 모든 구동기에서 이용 가능해야 한다.

수동펌프가 어디에 위치하는지와 올바르게 연결하는 방법이 명확히 표기되지 않은 곳에서도 유지관리 및 비상구출 작업자가 이용할 수 있어야 한다.

- 수동펌프는 차단밸브와 체크밸브 또는 하강밸브 사이의 회로에 연결되어야 한다.
- 수동-펌프는 압력을 전 부하 압력의 2.3배까지 제한하는 릴리프 밸브와 함께 설치되어야 한다.
- 카를 상승방향으로 움직이게 하는 수동-펌프 근처에는 다음과 같이 표시된 명판이 있어야 한다.

"주의 — 비상시 상승"

ⓜ 카 위치의 확인 : 3개 이상의 정지 층을 운행하는 엘리베이터는 다음 중 어느 하나에 해당하는 관련 설비 공간으로부터 독립적인 전원공급장치가 있는 장치에 의해 카가 잠금해제구간에 있는지 확인이 가능해야 한다. 다만, 기계적인 크리핑 방지장치가 설치된 엘리베이터에는 이 규정을 적용하지 않을 수 있다.

- 기계실
- 기계류 공간
- 비상운전을 위한 장치가 설치된 비상운전 및 작동시험 장치

ⓝ 기계실, 기계류 공간 또는 비상운전 및 작동시험을 위한 패널에는 엘리베이터의 갑작스런 고장발생 시 그 고장처리에 관한 설명서가 비치되어 있는지 확인한다.

- 승객 구출운전을 위한 장치 및 승강장문의 비상잠금해제 삼각열쇠의 조작방법 · 절차 등 구체적인 사용 설명서가 포함되어야 한다.
- 승객 구출을 위한 설명서에는 다음의 사항을 참조한다.

  특수공구의 사용위치, 비상잠금해제 장치에 주의표시 부착, 권한이 부여된 작업 및 구조작업을 위한 세부지침(브레이크, 상승과속방지수단, 문열림출발방지수단, 밸브파손, 안전장치 등의 해제)

③ 지진관제운전

㉠ 지진을 감지하는 엘리베이터 전용 수단(지진감지기 등) 및 작동시험을 위한 장치가 설치되었는지 확인한다. 엘리베이터에 지진을 감지하는 전용 수단(지진감지기 등)이 있는 경우, 정상 운행 중에 지진이 감지되면 자동으로 카를 가장 가까운 승강장으로 운행시키고 다음 사항을 만족해야 한다.

ⓐ 지진감지기가 작동된 경우 카 내 탑승객에게 해당 상황을 알려주는 시각적 및 청각적 장치가 제공되어야 한다.

ⓑ 카가 승강장에 도착하면 승강장문 및 카문이 자동으로 열려야 한다.

ⓒ 승객이 안전하게 빠져나가면(10초 이상) 승강장문 및 카문은 자동으로 닫히고 이후 정지상태가 유지되어야 한다. 이 경우 카 내부 열림 버튼은 유효하여야 하며, 승강장 호출 버튼의 작동은 무효화되어야 한다.

ⓓ 지진감지기가 S파를 감지한 경우 정상 운행으로의 복귀는 전문가(유지관리업체, 제조·수입업체의 기술인력 등)의 입회하에 이루어져야 한다.

ⓔ 비상운전 및 작동시험을 위한 장치에 따라 제공되어야 한다.

ⓕ 소방운전 및 피난운전 중 지진(P파)이 감지된 경우 해당 운전제어의 목적층 운행 후 지진관제운전이 이루어져야 한다. 다만, 지진관제운전 중 소방운전 및 피난운전 의 전환은 지진관제운전에 영향을 주지 않아야 한다.

[비고] 엘리베이터 전용 지진감지기는 건축법에 따른 고층건축물(30층 이상이거나 높이가 120미터 이상인 건축물)의 승객이 탑승하는 엘리베이터에 한정하여 설치를 권장한다.

ⓛ 지진관제운전 시 ㉠에 따라 작동하는지 확인한다.

(2) 기계실 내의 기계류

① 조명이 엘리베이터 안전기준에 따라 적합한지 확인한다.

㉠ 기계실·기계류 공간 및 풀리실에는 다음의 구분에 따른 조도 이상을 밝히는 영구적으로 설치된 전기조명이 있어야 한다.

ⓐ 작업공간의 바닥 면 : 200lx

ⓑ 작업공간 간 이동 공간의 바닥 면 : 50lx

[비고] 상기 조명은 승강로 조명의 일부일 수 있다.

㉡ 이 조명의 전원공급은 구동기에 공급되는 전원과는 독립적이어야 하며 방법은 다음과 같다.

ⓐ 다른 회로를 통한 방법

ⓑ 구동기의 주 개폐기 또는 주 개폐기의 전원공급측 연결을 통한 방법

② 작업구역마다 적절한 위치에 설치된 1개 이상의 콘센트가 있는지 확인한다.

(3) 승강로 내의 기계류

① 카 내 또는 카 상부의 작업공간

㉠ 통제되지 않은 카의 움직임을 보호하기 위한 기계적인 장치가 작동하는지 확인한다. 기계적인 장치가 작동된 경우, 카의 모든 움직임은 전기안전장치에 의해 방지되어야 한다.

㉡ 기계적인 장치가 작동위치에 있을 때 안전하게 승강로 밖으로 나올 수 있는지 확인한다. 기계적인 장치가 작동 위치에 있고 힘이 가해져 해제되지 않을 때, 점검자 등 자격자가 다음 중 어느 하나의 방법을 통해 승강로 밖으로 나올 수 있어야 한다. 또한, 탈출 절차에 관한 설명이 유지관리 매뉴얼에 포함되어야 한다.

ⓐ 카문의 상부틀/구동부 위로 0.5m×0.7m 이상 열린 승강장문

ⓑ 카 지붕의 비상구출문의 경우 카 안으로 안전하게 내려갈 수 있는 손잡이가 있는 발판 또는 사다리가 있어야 한다.

ⓒ 비상문

② 피트 내 작업공간

㉠ 구동기가 피트에 설치되고 피트에서 유지관리/점검이 수행되는 동안 통제되지 않은 움직임의 위험이 있는 경우 기계적인 장치가 작동하는지 확인한다.

㉡ 피트에 출입하는 문이 열렸을 때, 전기안전장치가 작동되는지 확인한다.

ⓐ 문 닫힘을 확인하는 전기안전장치가 있어야 한다. 다만, 기계실 출입문, 풀리실 출입문 및 피트 출입문(위험이 없는 경우에 한정)의 경우에는 전기안전장치가 요구되지 않는다.

ⓑ 피트에 출입할 수 있는 문이 열쇠 사용에 의해 열렸을 때, 엘리베이터의 모든 움직임을 막는 전기안전장치에 의해 확인되어야 한다.

㉢ 엘리베이터의 정상운전으로의 복귀가 적합한지 확인 : 엘리베이터의 정상운전 상태로의 복귀는 점검자 등 관계자만이 접근 가능한(잠긴 캐비닛 내부 등) 승강로 외부의 전기적인 재설정(reset) 장치에 의해서만 가능해야 한다.

③ 플랫폼 위의 작업공간

㉠ 플랫폼이 엘리베이터 주행로에 있는 경우, 유지관리 및 점검을 위해 설치된 기계적 장치가 작동되는지 확인한다.

ⓐ 카, 균형추 또는 평형추의 주행로 내부에 위치한 플랫폼에서 기계류의 점검 등 유지관리 업무를 수행하는 경우에는 다음 중 어느 하나에 적합해야 한다.

• 카는 기계적 장치를 사용하여 정지상태가 유지되어야 한다.

• 카를 움직일 필요가 있는 경우, 카의 움직임은 멈춤 쐐기에 의해 다음과 같이 카의 주행로가 제한되어야 한다.

• 정격속도의 카가 플랫폼을 향해 아래로 운행되는 경우, 플랫폼 위로 2m 이상에서 카를 정지시켜야 한다.

• 정격속도의 카가 플랫폼을 향해 위로 운행되는 경우, 플랫폼 아래에서 카를 정지시켜야 한다.

㉡ 집어넣을 수 있는 플랫폼의 경우, 완전히 집어넣어진 위치를 확인하는 전기안전장치가 작동하는지 확인한다. 완전히 집어넣어진 위치를 확인하는 전기안전장치가 있어야 한다.

㉢ 집어넣을 수 있는 플랫폼의 경우, 플랫폼을 밀어 넣거나 제거하는 수단이 원활하게 작동되는지 확인한다. 작업 위치로 플랫폼을 밀어 넣거나, 작업 위치에서 플랫폼을 제거하는 수단이 있어야 한다. 이런 작동은 피트 또는 점검자 등 자격자만이 접근할 수 있는 승강로 외부에 위치한 수단에 의해서만 가능해야 한다.

플랫폼의 수동 작동을 위해 필요한 힘은 250N을 초과하지 않아야 한다.

㉣ 플랫폼으로의 접근이 승강장문을 통하지 않는 경우, 플랫폼이 작업 위치에 없을 때 플랫폼으로 출입하는 문의 개방이 불가능하거나 추락을 방지하는 수단이 있는지 확인한다.
  ⓐ 플랫폼에 출입하는 문은 그 플랫폼이 작업 위치에 있지 않을 때에는 열리지 않아야 한다.
  ⓑ 승강로 아래로 사람이 추락하는 것을 방지하는 수단이 있어야 한다.
㉤ 완충기가 결합된 ㉠의 장치와 전기안전장치가 작동하는지 확인한다.
  ⓐ 완충기
  ⓑ 멈춤 쐐기가 완전히 집어넣어진 위치에 있는 경우에만 카의 움직임을 허용하는 전기안전장치
  ⓒ 멈춤 쐐기가 완전히 연장된 위치에 있는 경우에만 내려진 플랫폼과 함께 카의 움직임을 허용하는 전기안전장치
㉥ 플랫폼에서 카를 움직일 필요가 있는 경우, 점검운전 조작반은 작동하는지 확인한다. 플랫폼에서 카를 움직일 필요가 있는 경우에는 그 플랫폼에서 점검운전 조작반의 사용이 가능해야 한다. 움직이는 멈춤 쐐기가 작동 위치에 있을 때, 전기적으로 구동시키는 카의 움직임은 점검운전 조작반에 의해서만 가능해야 한다.

■2 안전회로

(1) 안전접점 및 회로

① 파이널 리밋스위치가 작동되는지 확인한다.
  ㉠ 일반사항
    ⓐ 권상 및 포지티브 구동식 엘리베이터의 경우, 주행로의 최상부 및 최하부에서 작동하도록 설치되어야 한다.
    ⓑ 유압식 엘리베이터의 경우, 주행로의 최상부에서만 작동하도록 설치되어야 한다.
    ⓒ 파이널 리밋스위치는 우발적인 작동의 위험 없이 가능한 최상층 및 최하층에 근접하여 작동하도록 설치되어야 한다.
    ⓓ 파이널 리밋스위치는 카(또는 균형추)가 완충기 또는 램이 완충장치에 충돌하기 전에 작동되어야 한다.
    ⓔ 파이널 리밋스위치의 작동은 완충기가 압축되어 있거나, 램이 완충장치에 접촉되어 있는 동안 지속적으로 유지되어야 한다.
  ㉡ 파이널 리밋스위치의 작동
    ⓐ 파이널 리밋스위치와 일반 종단정지장치는 독립적으로 작동되어야 한다.
    ⓑ 포지티브 구동식 엘리베이터의 경우, 파이널 리밋스위치는 다음과 같이 작동되어야 한다.
      • 구동기의 움직임에 연결된 장치에 의해
      • 평형추가 있는 경우, 승강로 상부에서 카 및 평형추에 의해
      • 평형추가 없는 경우, 승강로 상부 및 하부에서 카에 의해

ⓒ 권상 구동식 엘리베이터의 경우, 파이널 리밋스위치는 다음과 같이 작동해야 한다.
  - 승강로 상부 및 하부에서 직접 카에 의해
  - 카에 간접적으로 연결된 장치(로프, 벨트 또는 체인 등)에 의해, 간접 연결이 파손되거나 늘어나면 전기안전장치에 의해 구동기가 정지되어야 한다.
ⓓ 직접 유압식 엘리베이터의 경우, 파이널 리밋스위치는 다음과 같이 작동해야 한다.
  - 카 또는 램에 의해
  - 카에 간접적으로 연결된 장치(로프, 벨트 또는 체인 등)에 의해. 간접 연결이 파손되거나 늘어나면 전기안전장치에 의해 구동기가 정지되어야 한다.
ⓔ 간접 유압식 엘리베이터의 경우, 파이널 리밋스위치는 다음과 같이 작동해야 한다.
  - 램에 의해 직접적으로
  - 램에 간접적으로 연결된 장치(로프, 벨트 또는 체인 등)에 의해, 간접 연결이 파손되거나 늘어나면 전기안전장치에 의해 구동기가 정지되어야 한다.
ⓒ 파이널 리밋스위치의 작동방법
  ⓐ 파이널 리밋스위치는 전동기 및 브레이크에 공급되는 회로의 확실한 기계적 분리를 통해 직접 회로를 개방하거나 전기안전장치를 개방해야 한다.
  ⓑ 파이널 리밋스위치가 작동한 후에는, 유압식 엘리베이터가 크리핑에 의해 작동구역을 벗어나는 경우라도, 카와 승강장 호출에 대해 카는 더 이상 움직이지 않아야 한다. 전기적 크리핑 방지시스템을 사용할 경우, 카가 자동으로 최하층에 보내지는 것은 카가 파이널 리밋스위치의 작동구간을 벗어나자마자 작동해야 한다. 엘리베이터의 정상 작동으로의 복귀는 전문가(유지관리업자 등)의 개입이 요구되어야 한다.

■3 카 및 균형추의 추락방지안전장치와 과속에 대한 보호

(1) 카 추락방지안전장치

① 과속조절기 작동 시 추락방지안전장치가 작동되고, 하강방향으로 움직이는 카를 정지시키는지 확인한다. 과속조절기 또는 다른 장치는 전기안전장치에 의해 상승 또는 하강하는 카의 속도가 과속조절기의 추락방지안전장치 작동속도에 도달하기 전에 구동기의 정지를 시작해야 한다. 다만, 정격속노가 1m/s 이하인 경우 이 징치는 늦어도 괴속조절기의 추락방지안전장치 작동속도에 도달하는 순간에 작동될 수 있다.

② 추락방지안전장치 작동 시 카의 수평도가 5%를 초과하지 않는지 확인한다.
카 추락방지안전장치가 작동될 때, 무부하 상태의 카 바닥 또는 정격하중이 균일하게 분포된 부하 상태의 카 바닥은 정상적인 위치에서 5%를 초과하여 기울어지지 않아야 한다.

③ 위의 ① 검사 후, 정상 운행에 지장이 없는지 확인한다.

④ 추락방지안전장치 작동 시 전기안전장치가 작동하는지 확인한다. 카 추락방지안전장치가 작동될 때, 카에 설치된 전기안전장치는 추락방지안전장치가 작동되기 전 또는 작동되는 순간에 구동기의 정지가 시작되어야 한다.

(2) 카 측 과속조절기

① 과속조절기의 전기안전장치 작동 시 (1) ①에 따라 엘리베이터가 정지하는지 확인한다.

② 과속조절기가 조정 가능한 경우, 봉인되어 있는지 확인한다.

  ㉠ 추락방지안전장치의 작동을 위한 과속조절기는 정격속도의 115% 이상의 속도 및 다음 구분에 따른 어느 하나에 해당하는 속도 미만에서 작동되어야 한다.

    ⓐ 캡티브 롤러 형을 제외한 즉시 작동형 추락방지안전장치 : 0.8m/s

    ⓑ 캡티브 롤러 형의 추락방지안전장치 : 1m/s

    ⓒ 정격속도 1m/s 이하에 사용되는 점차 작동형 추락방지안전장치 : 1.5m/s

    ⓓ 정격속도 1m/s 초과에 사용되는 점차 작동형 추락방지안전장치

$$: 1.25 \cdot V + \frac{0.25}{V} \, [\text{m/s}]$$

    정격속도가 1m/s를 초과하는 엘리베이터에 대해, ⓓ에서 요구된 값에 가능한 가까운 작동속도의 선택이 추천된다. 낮은 정격속도의 엘리베이터에 대해, ㉠에서 요구된 값에 가능한 낮은 작동속도의 선택이 추천된다.

  ㉡ 점검 또는 시험 중 ㉠에 따른 속도보다 작은 속도에서 안전한 방법으로 과속조절기를 작동시켜 추락방지안전장치를 작동하는 것이 가능해야 한다. 과속조절기가 조정 가능할 경우, 최종 설정은 재조정할 수 없도록 봉인(표시)되어야 한다.

③ 로프의 마모 및 파단이 엘리베이터 안전기준에 따라 적합한지 확인한다.

(3) 균형추 또는 평형추의 추락방지안전장치

① 과속조절기 작동 시 균형추 또는 평형추의 추락방지장치가 작동하고, 균형추 또는 평형추가 정지하는지 확인한다.

② 위의 ① 검사 후, 정상 운행에 지상이 없는지 확인한다.

(4) 균형추 또는 평형추 측 과속조절기

① 과속조절기의 전기안전장치 작동 시 엘리베이터가 정지하는지 확인한다.

  과속조절기 또는 다른 장치는 전기안전장치에 의해 상승 또는 하강하는 카의 속도가 과속조절기의 추락방지안전장치 작동속도에 도달하기 전에 구동기의 정지를 시작해야 한다. 다만, 정격속도가 1m/s 이하인 경우 이 장치는 늦어도 과속조절기의 추락방지안전장치 작동속도에 도달하는 순간에 작동될 수 있다.

② 과속조절기가 조정 가능한 경우, 봉인되어 있는지 확인한다.

③ 로프의 마모 및 파단이 엘리베이터 안전기준에 따라 적합한지 확인한다.

(5) 멈춤 쇠 장치

① 멈춤 쇠 장치가 작동하면 엘리베이터가 정지되는지 확인한다.

  ㉠ 멈춤 쇠 장치는 하강 방향에서만 작동되어야 하며, 정격하중의 카를 아래의 속도에서 정지시킬 수 있어야 하고, 고정된 멈춤 쐐기로 정지 상태를 유지시킬 수 있어야 한다.

    ⓐ 유량제한기 또는 단방향 유량제한기가 설치된 엘리베이터의 경우 정격속도+0.3m/s의 속도

    ⓑ 다른 모든 엘리베이터의 경우, 하강 정격속도의 115%의 속도

ⓛ 멈춤 쇠가 펼쳐진 위치에서 하강하는 카를 고정된 지지대에 정지시키는 전기식 작동 멈춤 쇠가 1개 이상 설치되어야 한다.

ⓒ 각 승강장 지지대는 다음을 만족해야 한다.
  ⓐ 카가 승강장 바닥 아래로 0.12m 이상으로 내려가는 것을 방지
  ⓑ 잠금해제구간의 하부 끝부분에서 카를 정지

ⓡ 멈춤 쇠의 동작은 압축 스프링 또는 중력에 의해 이루어져야 한다.

ⓜ 전기적 복귀장치에 공급되는 전원은 구동기가 정지될 때 차단되어야 한다.

ⓗ 멈춤 쇠 및 지지대는 멈춤 쇠의 위치에 관계없이 카가 상승하는 동안에는 정지되지 않고 어떠한 손상이 없도록 설계되어야 한다.

ⓢ 멈춤 쇠 장치(또는 고정된 지지대)에는 완충 시스템이 갖춰져야 한다.

ⓞ 완충기는 다음과 같은 형식이어야 한다.
  ⓐ 에너지 축적형
  ⓑ 에너지 분산형

ⓩ 카 및 균형추 완충기의 행정에 따른다.
  완충기는 정격하중을 실은 카를 승강장 바닥 아래로 0.12m를 초과하지 않는 거리에서 정지 상태로 유지해야 한다.

ⓩ 여러 개의 멈춤 쇠가 설치된 경우, 카가 하강 운행하는 동안 전원 공급이 차단되는 경우라도 모든 멈춤 쇠는 각 지지대에서 작동되는 것을 보장하는 예방조치가 구비되어야 한다.

ⓚ 멈춤 쇠가 복귀 위치에 있지 않을 때 전기안전장치는 카가 정상적으로 하강 운행하는 것을 방지해야 한다.

ⓣ 멈춤 쇠 장치는 카가 정지한 경우 펼쳐진 위치에서 전기적으로 확인되어야 한다.

ⓟ 멈춤 쇠 장치가 펼쳐진 위치에 있지 않은 경우 다음과 같아야 한다.
  ⓐ 전기장치는 문의 개방 및 카의 정상적인 움직임을 방지해야 한다.
  ⓑ 멈춤 쇠 장치는 완전히 접혀져야 하고 카는 엘리베이터가 운행되는 가장 낮은 층으로 이동되어야 한다.
  ⓒ 문은 사람이 카에서 나올 수 있도록 개방되어야 하고 엘리베이터는 운행되지 않아야 한다. 정상 운행되기 위해서는 전문가(유지관리업자 등)의 개입이 요구된다.

ⓗ 에너지 분산형 완충기가 사용되는 경우, 전기안전장치는 완충기가 정상 위치로 복귀되지 않을 때 카가 하강 운행되면 즉시 구동기를 정지시켜야 하고 하강방향 기동을 방지해야 한다. 전원 공급은 차단되어야 한다.

② 지지대가 ①, ㉠ 및 ①, ㉡에 따라 멈춤 쇠 장치와 적합하게 결합되는지 확인한다.

(6) 전기적 크리핑 방지시스템

전기적 크리핑 방지시스템이 작동되는지 확인한다.

① 카는 마지막 정상적인 운행 후, 15분 이내에 최하층 승강장에 자동으로 보내져야 한다.

② 수동 조작식 문 또는 사용자의 지속적인 조작으로 닫히는 동력 작동식 문이 설치된 엘리베이터의 경우 카에는 다음과 같은 표시가 있어야 한다.

"문을 닫으시오" 글자 크기의 최소 높이는 50mm이어야 한다.

③ 주 개폐기 또는 그 근처에 다음과 같은 경고문이 표기되어야 한다.

"카가 최하층 승강장에 있을 때만 스위치를 끄시오."

(7) 카의 상승과속방지장치

① 카의 상승과속방지장치가 작동 시 전기안전장치에 의해 카가 정지되는지 확인한다.

② 검사 후, 정상 운행에 지장이 없는지 확인한다.

③ 이 장치는 복귀 후에 작동하기 위한 상태가 되어야 한다.

(8) 카의 문열림출발방지장치

무부하 상승 시 문열림출발이 감지되면 보호거리 내에서 카가 정지되는지 확인한다.

① 이 장치는 다음과 같은 거리에서 카를 정지시켜야 한다. (아래 [그림] 참조)

　㉠ 카의 문열림출발이 감지되는 경우, 승강장으로부터 1.2m 이하

　㉡ 승강장문 문턱과 카 에이프런의 가장 낮은 부분 사이의 수직거리는 200mm 이하

　㉢ 반밀폐식 승강로의 경우, 카 문턱과 카의 입구쪽 승강로 벽의 가장 낮은 부분 사이의 거리는 200mm 이하

　㉣ 카 문턱에서 승강장문 상인방까지 또는 승강장문 문턱에서 카문 상인방까지의 수직거리는 1m 이상, 이 값은 승강장의 정지위치에서 움직이는 카의 모든 하중(무부하에서 정격하중의 100%까지)에 대해서 유효해야 한다.

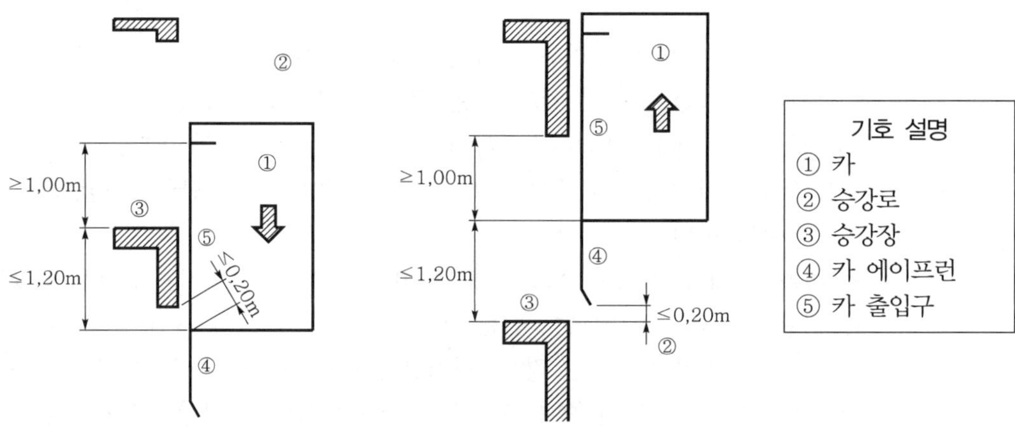

▌상승 및 하강 움직임에 대한 문열림출발방지장치 정지 요건▐

🔟 주행성능 측정

(1) 일반적인 주행시험

① 카가 주행하는 중간 지점에서 카의 속도와 모터의 전류를 측정하고 기록하여야 한다.

카의 부하상태	운행방향	속도(m/s)	전류(A)	착상속도 (< 0.8m/s)	재착상 (< 0.3m/s)	점검운전 (< 0.63m/s)	비상운전 (< 0.3m/s)
무부하	상승						
	하강						

② 권상구동 엘리베이터의 경우, 주행구간의 중간에서 측정한 속도가 정격속도의 92~105% 이내인지 확인한다.

   ㉠ 가속 및 감속구간을 제외하고 카의 주행로 중간에서 정격하중에 50%를 싣고 정격 주파수와 정격전압이 공급될 때 상승 및 하강하는 카의 속도는 정격속도의 92% 이상 105% 이하이어야 한다.

   ㉡ 이 공차는 또한 다음과 같은 경우의 속도에 적용할 수 있다.

      ⓐ 착상속도는 0.8m/s 이하이어야 한다. 추가적으로 수동으로 조작되는 승강장문이 있는 엘리베이터는 다음 사항이 확인되어야 한다.

        • 최대 회전속도가 전원의 고정 주파수에 의해 제한되는 구동기의 경우, 저속 운전 제어회로에만 전원이 공급되어야 한다.

        • 기타 다른 구동기의 경우, 잠금해제구간 도달 순간의 속도는 0.8m/s 이하이어야 한다.

      ⓑ 재착상 속도는 0.3m/s 이하이어야 한다.

      ⓒ 점검운전

        • 카 속도는 0.63m/s 이하이어야 한다.

        • 카 지붕 또는 피트 내부의 작업자가 서있는 공간 위로 수직거리가 2.0m 이하일 때, 카 속도는 0.3m/s 이하이어야 한다.

      ⓓ 전기식 비상운선

③ 유입식 엘리베이터의 경우, 주행구간 중간에서 측정한 속도가 정상속도(빈 카의 상승)의 8%를 초과하지 않는지 확인한다.

   ㉠ 상승 또는 하강 정격속도는 1m/s 이하이어야 한다.

   ㉡ 빈 카의 상승 속도는 상승 정격속도의 8%를 초과하지 않아야 하고 정격하중을 실은 카의 하강속도는 하강 정격속도의 8%를 초과하지 않아야 한다.

   ㉢ 각각의 경우에 이것은 작동유의 정상작동 온도와 관계된다.

   ㉣ 상승 운행하는 동안, 전류는 정격 주파수에서의 전류이고 전동기 전압은 엘리베이터의 정격전압과 동일한 것으로 가정한다.

④ 착상정확도가 모든 승강장에서 ±10mm 이내인지 확인한다.

   예를 들어 승객이 출입하거나 하역하는 동안 착상정확도가 ±20mm를 초과할 경우에는 ±10mm 이내로 보정되어야 한다.

(2) 유압시스템의 점검

① 릴리프 밸브가 전 부하 압력의 140%를 초과하지 않는 범위 내에서 작동되는지 확인한다.

② 로프 또는 체인이 늘어지기 전에 더 이상 하강하지 않도록 자동으로 정지하는지 확인한다.

　　㉠ 비상하강밸브는 제조업자에 의해 설계된 값 밑으로 압력이 떨어질 때, 램의 추가적인 빠짐을 발생시키지 않아야 한다.

　　㉡ 로프 또는 체인이 이완될 수 있는 간접식 엘리베이터의 경우, 밸브의 수동 작동으로 로프/체인의 이완을 발생시키는 것 이상으로 램이 내려가지 않아야 한다.

③ 유압유의 온도감지장치는 아래의 안전기준에 따라 작동하는지 확인한다.

　　㉠ 유압 구동방식에서 온도감지장치가 설치된 유압 전동기나 작동유의 온도가 설계온도를 초과한 경우, 승객이 카에서 내릴 수 있도록 승강장에 정지되어야 한다.

　　㉡ 엘리베이터의 정상운행으로의 자동 복귀는 충분한 냉각이 이루어진 후에만 가능해야 한다.

④ 럽처밸브 또는 유량제한기가 설치되어 있는 경우, 누유 등이 없는지 확인한다.

■ 5 전기적 보호

(1) 접지에 의한 절연저항

① 전동기의 절연저항이 엘리베이터 안전기준에 따라 1MΩ 이상인지 확인한다.

　　㉠ 절연저항은 각각의 전기가 통하는 전도체와 접지 사이에서 측정되어야 한다. 다만, 정격이 100VA 이하의 PELV 및 SELV회로는 제외한다.

　　㉡ 절연저항값은 다음 표에 적합해야 한다.

공칭 회로전압(V)	시험전압/직류(V)	절연저항(MΩ)
SELV 및 PELV > 100VA	250	≥ 0.5
≤ 500, FELV 포함	500	≥ 1.0
> 500	1000	≥ 1.0

- SELV : 안전 초저압(Safety Extra Low Voltage)
- PELV : 보호 초저압(Protective Extra Low Voltage)
- FELV : 기능 초저압(Functional Extra Low Voltage)

② 조명장치의 절연저항이 엘리베이터 안전기준에 따라 1MΩ 이상인지 확인한다.

■ 6 장애인용 엘리베이터 추가요건

(1) 조작설비

① 호출버튼, 조작반 및 통화장치 등 조작설비가 엘리베이터 안전기준에 따라 작동하는지 확인한다. 호출버튼·조작반·통화장치 등 승강기의 안팎에 설치되는 모든 스위치의 높이는 바닥면으로부터 0.8m 이상 1.2m 이하의 위치에 설치되어야 한다. 다만, 스위치는 수가 많아 1.2m 이내에 설치되는 것이 곤란한 경우에는 1.4m 이하까지 완화될 수 있다.

② 시각장애인 등이 감지할 수 있도록 조작반, 통화장치 등에 점자표시가 있는지 확인한다.

　　㉠ 조작설비의 형태는 버튼식으로 하되, 시각장애인 등이 감지할 수 있도록 층수 등이 점자로 표시되어야 한다.

　　㉡ 조작반·통화장치 등에는 점자표지판이 부착되어야 한다.

(2) 기타 설비

① 승강장 점멸등 및 음성신호장치, 카 내 표시장치가 동작하는지 확인한다.

② 호출버튼 또는 등록버튼에 의하여 카가 승강장문에 도착하면 10초 이상 열린 상태로 대기하는지 확인한다.

③ 카 내부의 층수 버튼을 누르면 점멸등 표시 및 음성안내가 동작되는지 확인한다.
카 내부의 층 선택버튼을 누르면 점멸등 표시와 동시에 음성으로 층이 안내되어야 한다. 또한 층 등록과 취소 시에도 음성으로 안내되어야 한다.

④ 카 내 조명이 엘리베이터 안전기준에 따라 적합한지 확인한다. 카 내부 바닥의 어느 부분에서든 150lx 이상의 조도가 확보되어야 한다.

7 소방구조용 엘리베이터 추가요건

(1) 전기장치의 물에 대한 보호

① 피트 침수를 방지하는 수단이 동력에 의해 작동되는 경우 엘리베이터 안전기준에 따라 자동으로 작동하는지 확인한다.

　㉠ 승강장문을 포함하는 최상층 승강장 아래 승강로 벽으로부터 1m 이내에 위치한 승강로 내부의 전기기기, 카 지붕 및 카 벽면의 외부를 둘러싼 전기설비는 상부 승강장에서 떨어지는 물과 튀는 물로부터 보호되거나 IPX3 이상의 등급으로 보호되어야 한다. (아래 [그림] 참조)

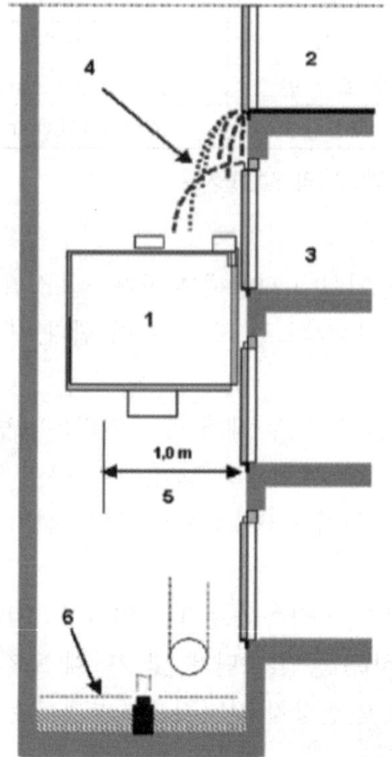

‖ 전기장치의 물에 대한 보호 ‖

ⓛ 피트 바닥 위로 1m 이내에 위치한 전기장치는 IP 67 이상의 등급으로 보호되어야 한다. 콘센트 및 승강로에서 가장 낮은 조명의 전구의 위치는 허용 가능한 피트 내부의 최대 누수 수준 위로 0.5m 이상이어야 한다.

[비고] 피트 내부의 최대누수 수준은 협의에 의해 정해지고 0.5m 이하로 가정한다.

ⓒ 승강로 외부의 기계류 공간에 있는 전기장치는 물로 인한 고장으로부터 보호되어야 한다.

ⓔ 완전히 압축된 카 완충기 위로 물이 올라가지 않도록 하는 적절한 보호수단이 설치되어야 하며, 보호수단이 동력에 의한 경우 자동으로 작동되어야 한다.

ⓜ 피트의 누수 수준이 피난용 엘리베이터의 고장을 유발시키는 장치까지 도달되지 않도록 방지수단이 설치되어야 한다. 이 방지수단이 동력에 의한 경우 주 전원 또는 예비전원으로부터 전원이 공급되어 작동이 가능해야 한다.

(2) 제어 시스템

① 소방운전 스위치에 알림표지가 부착되어 있는지 확인한다.

소방운전 스위치는 소방관이 접근할 수 있는 지정된 로비에 위치되어야 한다. 이 스위치는 승강장문 끝부분에서 수평으로 2m 이내에 위치되고, 승강장 바닥 위로 1.4m부터 2.0m 이내에 위치되어야 한다. 아래 [그림]에 따른 소방구조용 엘리베이터 알림표지가 부착되어야 한다.

구 분		기 준
색상	바탕	적색
	그림	흰색
크기	카 조작 반	20mm×20mm
	승강장	100mm×100mm 이상

‖ 소방구조용 엘리베이터의 알림표지 ‖

② 소방운전 스위치가 작동되는지 확인한다.

ⓐ 소방운전 스위치는 비상잠금해제 삼각열쇠에 적합해야 한다. 이 스위치의 조작은 쌍안정이어야 하고 '1'과 '0'으로 명확하게 시각적으로 표시되어야 한다. '1'의 위치에서 소방운전이 시작된다.

ⓒ 이 소방운전은 두 단계를 갖는다. 추가적인 외부 제어 또는 입력은 소방구조용 엘리베이터가 자동으로 소방관 접근 지정 층으로 복귀되고 그 층에서 문이 열린 상태로 있는 경우에만 사용될 수 있다. 소방운전 스위치는 1단계 운전을 완료하기 위해 '1' 위치에서 계속 작동되어야 한다.

③ 1단계 및 2단계 조건 하에 모든 안전장치가 작동하는지 확인한다. (비접촉 문닫힘안전장치 무효화) 소방운전 스위치가 작동하는 동안, 1단계 및 2단계 조건하에서 문닫힘안전장치를 제외하고 모든 엘리베이터의 안전장치(전기적 및 기계적)는 유효상태이어야 한다.

④ 소방운전 호출이 지연되지 않도록 경보음 및 기능은 작동하는지 확인한다.

　㉠ 1단계가 시작되고 엘리베이터가 점검운전 제어, 전기적 비상운전 제어 또는 기타 유지관리 통제 조건하에 있을 때 즉시 카 및 관련 기계류 공간에 경보(가청신호)가 울려야 한다. 이 경보음 크기는 55dB(A)에 설정하고 35dB(A)와 65dB(A) 사이에서 조정이 가능해야 한다. 경보음은 엘리베이터가 점검운전 제어, 전기적 비상운전 제어 또는 기타 유지관리 통제 조건이 해제될 때 멈추고, 소방구조용 엘리베이터는 자동으로 1단계 소방운전이 계속된다.

　㉡ 승강장에 문을 열고 대기하고 있는 소방구조용 엘리베이터는 문을 닫고 소방관 접근 지정층까지 멈추지 않고 이동되어야 한다. 경보음은 문이 닫힐 때까지 카 내에서 울려야 한다. 승강장문이 실제 열려있는 시간이 15초를 초과하기 전에 열과 연기에 영향을 받을 수 있는 문닫힘 안전장치는 무효화되고, 감소된 동력 조건하에 닫히기 시작해야 한다.

⑤ 1단계 운전(우선 호출)이 수동 또는 자동으로 시작되는지 확인한다.

　㉠ 1단계 : 소방구조용 엘리베이터에 대한 우선 호출

　이 단계는 수동 또는 자동으로 시작이 가능하다. 이 시작은 다음 사항이 보장되어야 한다.

　　ⓐ 승강로 및 기계류 공간의 조명은 소방운전 스위치가 조작되면 자동으로 점등되어야 한다.

　　ⓑ 모든 승강장 호출 및 카 내의 등록버튼은 작동되지 않아야 하고, 미리 등록된 호출은 취소되어야 한다.

　　ⓒ 문 열림 버튼 및 비상통화 버튼은 작동이 가능한 상태이어야 한다.

　　ⓓ 그룹운전에서 소방구조용 엘리베이터는 다른 모든 엘리베이터와 독립적으로 기능되어야 한다.

　　ⓔ 소방 활동 통화시스템은 작동되어야 한다.

　　ⓕ 카 조작반에 있는 시각적 표시기가 작동되어야 한다.

　　이 시각적 표시기는 엘리베이터가 정상 작동으로 복귀될 때까지 작동상태가 유지되어야 한다.

　　ⓖ 소방운전 호출이 지연되지 않도록 경보음 및 기능은 작동하는지 확인한다.

　　ⓗ 소방관 접근 지정 층과 반대방향으로 운행 중인 소방구조용 엘리베이터는 가장 가까운 승강장에 정상적으로 정지되고 문은 열리지 않고 소방관 접근 지정층으로 복귀되어야 한다.

　　ⓘ 소방관 접근 지정층으로 운행 중인 엘리베이터는 정지하지 않고 소방관 접근 지정층으로 운행되어야 한다. 엘리베이터가 중간의 다른 승강장으로 정지가 이미 시작되었다면 정상적으로 정지되고 문은 열리지 않고 소방관 접근 지정층까지 계속 이동한다.

　　ⓙ 소방관 접근 지정층에 도착한 소방구조용 엘리베이터의 승강장문 및 카문은 열린 상태로 계속 유지되어야 한다.

⑥ 1단계 운전 시 다음 사항을 확인한다.

   ㉠ 카 내의 제어는 작동되지 않고 호출이 취소되는지 확인한다.

   ㉡ 문 열림 버튼과 비상통화 버튼의 작동이 적합한지 확인한다.

   ㉢ 소방 활동 통화시스템이 작동되는지 확인한다.

   ㉣ 비접촉 문닫힘안전장치가 무효화되는지 확인한다.

   ㉤ 소방관 접근 지정층에 카가 도착하면 카 문과 승강장문이 열린 상태로 계속 유지되는지 확인한다.

   ㉥ 승강로와 기계실 조명이 자동 점등되는지 확인한다.

⑦ 2단계 운전 시 다음 사항을 확인한다.

   ㉠ 카 내의 운전 시 새로운 층 등록이 가능하고 미리 등록된 층이 취소되는지 확인한다.

   ㉡ 카 등록버튼 또는 문 닫힘 버튼을 지속적으로 누르면 문이 닫히고, 문이 완전히 닫히기 전에 버튼을 놓으면 문이 자동으로 다시 열리는지 확인한다.

   ㉢ 문 열림 버튼을 지속적으로 누르면 문이 열리고, 문이 완전히 열리기 전에 버튼을 놓으면 문이 자동으로 다시 닫히는지 확인한다.

   ㉣ 소방 활동 통화시스템이 작동되는지 확인한다.

   ㉤ 카 내 소방운전용 키 스위치가 설치된 경우, '0'의 위치에서 제거되고 그 기능이 적합한지 확인한다.

   ㉥ 소방운전 스위치가 '0'으로 전환 시 소방관 접근 지정층 복귀 후 정상운전되는지 확인한다.

⑧ 소방구조용 엘리베이터가 2개의 출입구를 갖는 경우, 다음에 따라 적합한지 확인한다.

   ㉠ 2개의 카 출입문이 있는 경우, 소방운전 시 출입문이 동시에 열리지 않는지 확인한다.

   ㉡ 카의 조작반이 카 문 출입구 근처에 각각 위치하고, 승강장의 방화구획된 로비와 소방관 접근 지정층의 로비와 같은 측면에 위치한 소방구조용 카 조작반에 알림표지가 부착되어 있는지 확인한다.

   ㉢ 1단계 운전 시 일반용 조작반이 무효화되고, 2단계 시작과 동시에 소방구조용 조작반이 작동하는지 확인한다.

8 피난용 엘리베이터 추가요건

(1) 제어 시스템

① 피난호출스위치가 명확히 표시되고, 박스로 보호되어 있는지 확인한다.

   ㉠ "피난용 호출"이라고 명확히 표시된 '피난호출스위치'가 지정된 피난층에 위치되어야 한다. 이 피난호출스위치는 승강장문 끝부분에서 수평으로 2m 이내에 위치되고, 바닥 위로 높이 1.4m부터 2.0m 이내에 위치되어야 한다.

   ㉡ '피난호출스위치'는 전면이 보이는 재질(유리 또는 투명한 아크릴 등)로 된 박스로 보호되어야 한다.

② 피난호출 및 피난운전 작동 시 안전장치가 작동되는지 확인한다. (문닫힘안전장치는 제외)
'피난호출' 또는 '피난운전' 중에 모든 엘리베이터 안전장치(전기적 및 기계적)는 모두 작동 상태이어야 한다. 다만, 문닫힘안전장치는 제외한다.

③ 피난호출 작동 시 제어시스템의 다음 사항을 확인한다.
   ㉠ 승강장 호출 및 카 내의 등록버튼이 작동되지 않고, 미리 등록된 호출이 취소되는지 확인한다.
   ㉡ 문열림 버튼과 비상통화 버튼의 작동이 가능한지 확인한다.
   ㉢ 피난층에 카가 도착하면 카 문 및 승강장 문이 열린 상태로 유지되는지 확인한다.
   ㉣ 승강로와 기계실 조명이 자동으로 점등되는지 확인한다.

④ 피난운전 작동 시 다음 사항을 확인한다.
   ㉠ 피난운전이 통제자에 의한 카 내 조작반에서만 운전되고 피난운전스위치에 의해 작동되는지 확인한다.
   ㉡ 피난운전스위치가 '해제' 위치에서만 제거되고, 그 기능이 적합한지 확인한다.
   ㉢ 피난운전으로 전환되면 카 내, 승강장 및 방재실에는 "피난운전 중" 표시가 명확히 나타나는지 확인한다.
   ㉣ 피난층에 도착 후 문열림 대기시간이 15초 이상인지 확인한다.
   ㉤ 피난운전스위치가 "해제" 위치로 전환되면 자동으로 지정된 피난층으로 복귀되는지 확인한다.

⑤ 피난운전 운행이 중단된 경우, 각 층 승강장에 시각적, 청각적으로 안내되는지 확인한다.
   ㉠ 피난용 엘리베이터가 어떤 이유로 운행이 중단되는 경우에는 승강장(피난안전구역)에서 대기하는 사람들에게 해당 상황을 알려주는 시각적 및 청각적 장치가 각 층 승강장에 제공되어야 한다.
   ㉡ 청각적 장치는 음성신호장치이어야 하며, 소리는 35dB(A)와 80dB(A) 사이에서 조정이 가능해야 하고, 최초 설정은 75dB(A)로 해야 한다.
      이 장치의 접근 및 조정은 기술자 또는 인가된 관리자만 가능하도록 해야 한다.
      [비고] 피난용 엘리베이터의 운행이 중단된 경우에는 비상피난계단을 이용하도록 시각적 및 청각적으로 안내하는 것이 필요하다.

(2) 카 및 승강장 설비

① 지정된 피난층에 설치된 카 위치 표시기의 작동상태가 적합한지 확인한다.
   ㉠ 카 및 승강장 제어 및 관련 제어시스템은 열, 연기 및 습기의 영향으로부터 잘못된 신호가 등록되지 않아야 한다.
   ㉡ 지정된 피난층에는 카 위치표시기가 설치되어야 한다.

② 피난활동 통화시스템이 적합하게 작동되는지 확인한다.
   ㉠ 피난용 엘리베이터에는 피난호출 및 피난운전 중일 때 카와 종합방재실 및 기계실 사이의 양방향 음성통화를 위한 내부통화 시스템 또는 이와 유사한 장치가 있어야 한다. 기계실에 있는 통화장치는 조작 버튼을 눌러야만 작동되는 마이크로폰이어야 한다.

ⓒ 피난용 엘리베이터 카와 종합방재실에 있는 통화장치는 마이크로폰 및 스피커가 내장되어 있어야 하고, 전화 송수화기로 되어서는 안 된다.
ⓒ 통신시스템의 배선은 엘리베이터 승강로에 설치되어야 한다.

출제 02 오버밸런스율

1 오버밸런스율

① 균형추의 총 중량은 빈 카의 자중에 적재하중의 40~50%의 중량을 더한 값이 보통이다.
② 적재하중의 몇 %를 더할 것인가를 오버밸런스율이라고 한다.
③ 균형추와 카고 간의 무게 차이가 너무 클 경우, 에너지 효율이 낮아지고 부품의 과도한 부담을 초래하는 오버밸런스 상태가 발생할 수 있다.

2 승강기 균형추 밸런스 최적값 예측

(1) 오버밸런스율 계산

적재 하중에 추가할 값을 말하며 승용은 45%, 화물용은 50%를 적용한다. 이율은 마찰비를 개선하여 로프가 시브에 미끄러지지 않게 하는 것이 중요하며, 계산식은 다음과 같다.

$$균형추 \ 중량 = 카 \ 자체중량 + L \times F$$
$$L : 정격 \ 적재량(kg), \ F : 오버밸런스율$$

(2) 오버밸런스율 조정

승강기의 무게 분배를 조절하여 정확한 운행과 안전을 보장하기 위해 수행되는 작업
① 무게 조절
  균형추는 철강이나 철 블록으로 구성되어 있으며, 블록의 수를 늘리거나 줄여서 균형추의 무게를 조절해 카와 균형추 간의 무게 차이를 적절하게 유지할 수 있다.
② 승강기 용량 설정
  승강기의 허용 승객 수 또는 최대 무게를 정확히 설정하여, 승강기가 부하에 따라 적절한 무게 밸런스를 유지하도록 조절할 수 있다.
③ 균형 상태 확인
  카와 균형추 간의 상태를 정기적으로 확인해야 하며, 안전 감시 장치 및 센서를 사용하여 균형 상태를 모니터링하고 적절한 조치를 취할 수 있다.

④ 법률 및 기준 준수

법률과 기준에 따라 균형추 밸런스를 조정하는 것이 중요하며, 이를 통해 승강기의 안전 및 성능 향상을 유지할 수 있다.

(3) 오버밸런스율 확인

승강기 안전검사 시 기계실에서 전류계를 전동기 2차 측 입력단자에 후크(전압전류계)를 걸고 카에 분동(무게추)을 설계 시 고려한 정격하중의 42~50%를 적재하고 최하층에서 최상층으로 기동하면서 상하 운전 시 균형추와 일치하는 지점에서 전류치 값을 확인하여 승강기 설치 상태 시 오버밸런스율을 확인한다.

제1절 | 에스컬레이터 부품상태 진단하기

출제 01 에스컬레이터 부품의 노후, 마모상태 진단

1 에스컬레이터(무빙워크) 자체점검기준

(1) 용어 및 정의

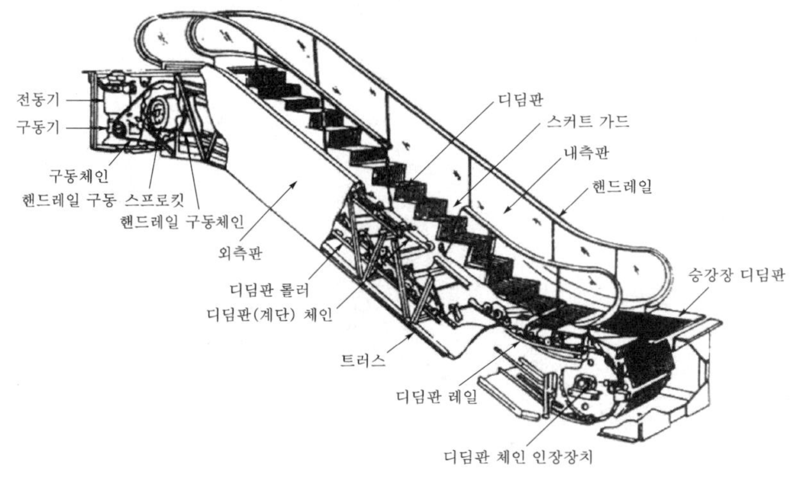

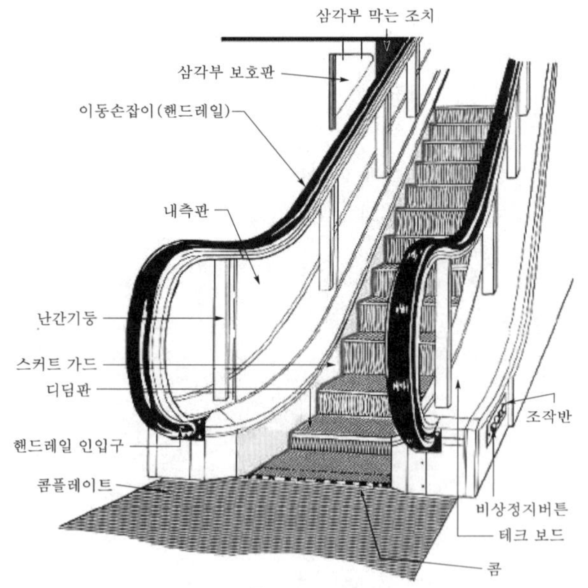

‖ 에스컬레이터 구조 ‖

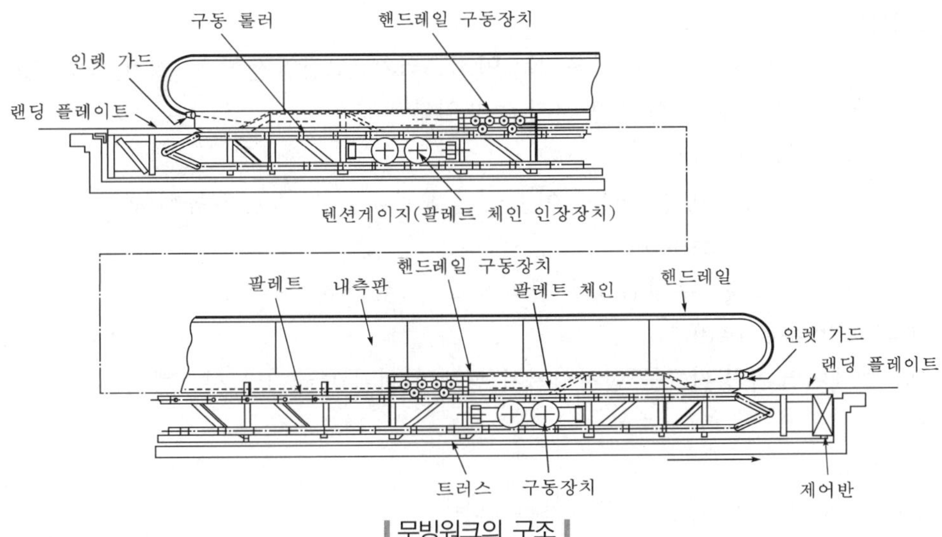

‖ 무빙워크의 구조 ‖

① 경사도(angle of inclination)
디딤판 움직임의 수평에 대한 최대 각도

② 공칭속도(nominal speed)
공칭주파수, 공칭전압 및 무부하 상태에서 제조사가 제시한 디딤판의 움직이는 방향의
속도(정격속도는 정격하중 조건하에 에스컬레이터/무빙워크가 움직이는 속도)

③ 난간 데크(balustrade decking)
손잡이 주행안내 부재와 만나고 난간의 상부 덮개를 형성하는 난간의 가로 요소

④ 내부 패널(interior panel)
스커트 또는 하부 내측 데크와 손잡이 가이드 또는 난간 데크 사이에 위치한 패널

⑤ 뉴얼(newel)
난간의 끝부분으로 콤 교차선부터 손잡이 곡선 반환부까지의 난간 구역

⑥ 무빙워크(moving walk)
움직이는 방향과 평행하고 연속적인 이용자 운반표면(팔레트, 벨트 등)으로 사람을 수송하
는 동력 구동식 시설(무빙워크가 작동하지 않더라도 통로로 사용되어서는 안 됨)

⑦ 스커트(skirting)
디딤판과 연결되는 난간의 수직 부분

⑧ 스커트 디플렉터(skirt deflector)
스텝과 스커트 사이에 끼임의 위험을 최소화하기 위한 장치

‖ 스커트 디플렉터(안전 브러시) ‖

⑨ 안전장치(safety devices)

안전기능을 수행하기 위해 사용되는 안전스위치, 고장안전회로, 전기. 전자 및 프로그램 가능한 전자장치로 구성된 안전회로의 일부

⑩ 에스컬레이터(escalator)

스텝과 같은 수평 표면을 이용하여 사람을 오르내릴 수 있는 전동식 경사형 연속 이동계단

⑪ 외부 패널(exterior panel)

에스컬레이터 또는 무빙워크를 둘러싸고 있는 외부 측 부분

⑫ 제동부하(brake load)

에스컬레이터/무빙워크를 정지시키기 위해 설계된 브레이크 시스템의 디딤판에 가해지는 하중

⑬ 콤(comb)

홈에 맞물리는 각 승강장의 갈라진 부분

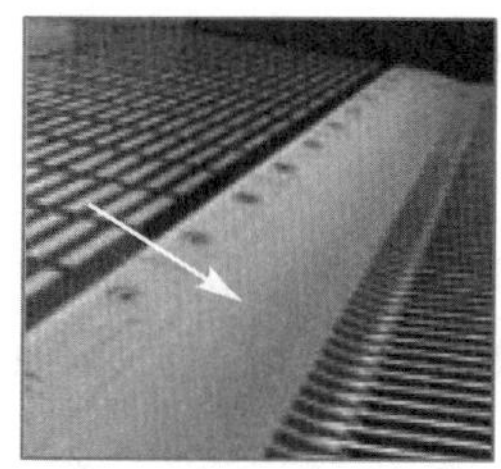

▌콤(comb) ▌

⑭ 콤 플레이트(comb plate)

콤이 부착되어 있는 각 승강장의 플랫폼

⑮ 손잡이(handrail)

에스컬레이터 또는 무빙워크를 사용하는 동안 손으로 잡을 수 있는 전동식 이동 레일

(2) 에스컬레이터 자체점검 내용 및 주기

판정기준은 해당 에스컬레이터(무빙워크)의 제조업자 또는 수입업자가 제공하는 유지관리 매뉴얼 등 유지관리 관련 자료에서 규정하는 기준 및 행정안전부장관이 별도 고시하는 「승강기 안전기준」의 해당 기준에 따른다. 이 경우 제조업자 또는 수입업자가 제공하는 기준은 「승강기 안전기준」 이상이어야 한다.

점검항목	점검내용	점검방법	점검주기 (회/월)
1 일반사항			
1.1 안전표시	사용표지판 및 안내문 등 표시상태	육안	1/3
1.2 수동핸들 지침	수동핸들의 사용지침서 비치상태	육안	1/3
	수동핸들의 운행방향 표시상태	육안	1/3
1.3 기계류 접근 출입문 안내	구동 및 순환장소 출입문 안내문구의 표시상태	육안	1/3
1.4 비상정지장치 표시	비상정지장치의 표시상태	육안	1/3

점검항목	점검내용	점검 방법	점검주기 (회/월)
1.5 유지보수 및 점검 중 접근 방지 수단	유지보수 등을 위한 접근방지수단의 비치상태	육안	1/3
1.6 운행방향 표시장치	운행방향 표시장치의 설치 및 작동상태	육안	1/1
2 주변장치			
2.1 접근금지 장치	접근금지 장치의 설치 및 고정상태	측정	1/3
2.2 미끄럼 방지장치	미끄럼 방지장치의 설치 및 고정상태	측정	1/3
2.3 인접한 손잡이 및 장애물로 부터의 보호	막는 조치 및 안전보호판 설치상태	측정	1/1
	수직 디플렉터 설치상태	육안	1/1
2.4 승강장 공간	출구 자유공간의 확보여부	측정	1/6
	진입방지대, 고정 안내 울타리 등의 설치상태	측정	1/6
2.5 방화셔터 인근의 에스컬레이터	에스컬레이터와 방화셔터의 연동 작동상태	시험	1/6
2.6 연속되는 에스컬레이터 사이 공간	에스컬레이터/무빙워크 사이의 공간이 충분하지 않 은 경우, 추가 비상정지장치의 작동상태	육안	1/3
2.7 손잡이 바깥쪽 건물난간	승강장 추락위험 예방조치의 설치 및 고정상태	측정	1/1
2.8 조명	콤 교차점 바닥에서의 조도	육안	1/1
	구동·순환 장소 및 기기 공간의 조명 점등상태 및 조도	측정	1/3
3 조명, 절연 및 접지			
3.1 조명 절연저항	조명 관련 절연저항값	측정	1/1
3.2 접지 연속성	제어반 접지상태	육안	1/3
	정전기 방지조치	육안	1/3
4 틈새			
4.1 디딤판 주행안내	주행안내 시스템의 설치상태	측정	1/1
4.2 디딤판	연속되는 2개의 스텝/팔레트의 틈새	측정	1/1
	디딤판과 스커트 각 측면의 틈새	측정	1/1
	트레드 홈의 설치상태	측정	1/1
4.3 손잡이	손잡이 측면과 가이드 측면 사이의 틈새	측정	1/3
	손잡이의 설치상태	측정	1/3
5 전기안전장치			
5.1 유지점검/보수용 정지스위치	구동 및 순환장소의 정지스위치 설치 및 작동상태	시험	1/1
5.2 승강장의 비상정지장치	정지스위치 설치상태 및 작동상태	시험	1/1
5.3 과부하	전류/온도 증가 시 전동기 전원차단 상태	시험	1/1
5.4 안전장치의 감지	과속 감지의 작동상태	시험	1/1
	의도되지 않은 운행방향 역전 감지의 작동상태	시험	1/1
	보조 브레이크 미작동 감지의 작동상태	시험	1/1
	디딤판을 직접 구동하는 부품의 파손 또는 늘어 짐 감지의 작동상태	시험	1/1

점검항목	점검내용	점검 방법	점검주기 (회/월)
	디딤판 체인 인장장치의 움직임 감지의 작동상태	시험	1/1
	콤 끼임 감지의 작동상태	시험	1/1
	연속되는 에스컬레이터/무빙워크의 정지 감지의 작동상태	시험	1/1
	손잡이 인입구 끼임 감지의 작동상태	시험	1/1
	스텝/팔레트 처짐 감지의 작동상태	시험	1/1
	스텝/팔레트 누락 감지의 작동상태	시험	1/1
5.4 안전장치의 감지	주 브레이크 미작동 감지의 작동상태	시험	1/1
	손잡이의 속도 편차 감지의 작동상태	시험	1/1
	점검용 덮개 열림 감지의 작동상태	시험	1/1
	수동핸들의 설치 감지의 작동상태	시험	1/1
	유지보수 정지장치 감지의 작동상태	시험	1/1
	점검운전 제어반에서 정지장치의 작동 감지	시험	1/1
	쇼핑 카트 및 수하물 카트 접근방지를 위한 이동식 진입방지대 감지장치의 작동상태	시험	1/1
6 운전장치			
6.1 점검운전 제어반	작동 및 운행방향 표시상태	육안	1/3
	이동케이블 연결 콘센트의 설치상태	육안	1/3
6.2 수동 기동운전	작동 및 운행방향 표시상태	시험	1/3
	준비운전에 의한 자동 기동 작동상태	시험	1/1
6.3 자동 기동운전-미리 정해진 방향으로 기동	시각 신호시스템(표시)의 작동상태	육안	1/1
	반대방향 출입 감지의 작동상태	시험	1/1
	승강장의 이용자를 감지하는 수단의 작동상태	육안	1/1
7 디딤판, 손잡이, 난간 및 주변보호			
7.1 디딤판 주행	디딤판과 구조 부품과의 간섭 여부	육안	1/1
7.2 손잡이 주행	손잡이와 구조 부품과의 간섭 여부	육안	1/1
7.3 끼임방지수단	스커트 디플렉터 설치상태	육안	1/3
	기어오름 방지장치 설치상태	육안	1/1
7.4 추락방지수단	접근금지 장치 설치상태	육안	1/1
	미끄럼 방지장치 설치상태	육안	1/1
7.5 쇼핑카트	진입방지를 위한 접근방지대 설치상태	육안	1/1
	지지설비의 부식 상태	육안	1/6
	강수에 대한 보호조치 설치 및 작동상태	육안	1/6
7.6 옥외용 추가요건	난방시스템의 작동상태	육안	1/6
	배수 및 정화시설의 작동상태	육안	1/6
	야간조명의 작동상태	육안	1/6
8 주행성능 및 정지거리			
8.1 속도, 전류 및 정지거리	무부하 상태의 디딤판 및 손잡이의 속조 및 전류 정지거리의 적합성	시험	1/1
8.2 보조 브레이크	보조 브레이크의 설치 및 작동 상태	시험	1/1

제2절 | 현장 확인 양중하기

출제 01 에스컬레이터 설치 도면

1 에스컬레이터 및 무빙워크의 도면

(1) 단면도

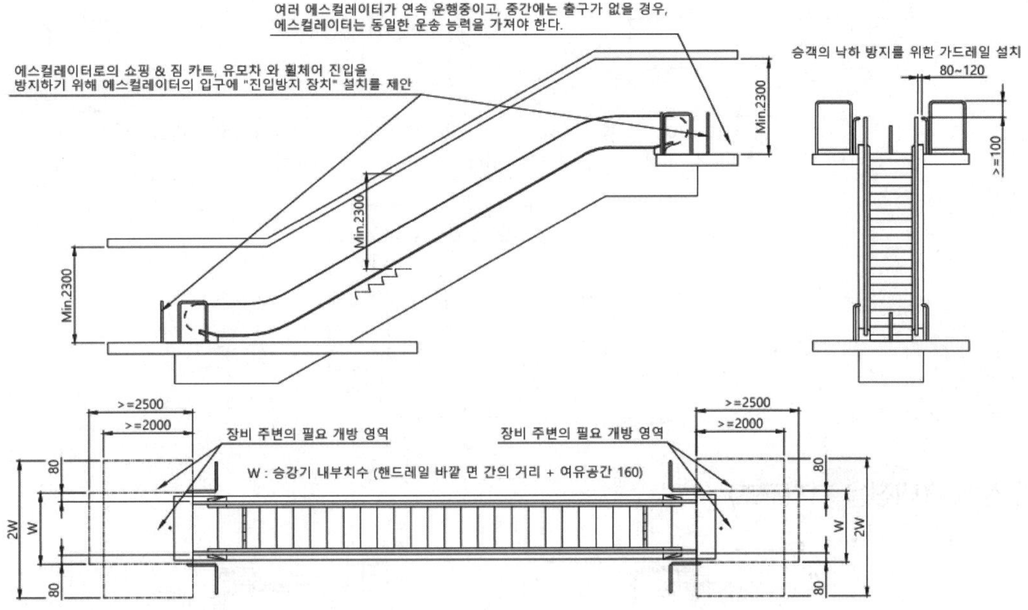

(2) 상세도(혼합)

건물측 반영 사항
① 조명은 에스컬레이터 및 무빙워크 주위에 필요함. 특히 콤 플레이트 부근에는 조명이 필요. 탑승구 및 콤 플레이트에서의 조도는 동일해야 한다. 그리고 콤 플레이트와 스텝 사이의 조도 차이는 50Lux 이하이어야 한다.
② 에스컬레이터 및 무빙위크의 외부 마감은 밀봉상태이어야 한다.
③ 외장 마감 패널 위의 임의의 지점에 $25cm^2$의 영역에 직각으로 250N의 힘을 가하더라도 파손 또는 변형, 틈새 벌어짐이 발생해서는 안 된다. 두 배 이상의 Dead Load가 주어지더라도 단단히 고정되어 있도록 설계되어져야 한다.

b>300 또는 c>400일 경우, 미끄럼 방지 장치가 필요함. 장치를 고정하기 위한 고정구는 볼트 머리가 돌출되지 않는 타입이어야 한다.

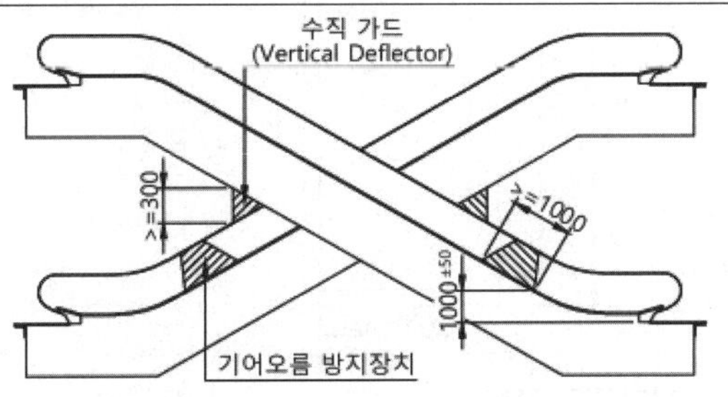

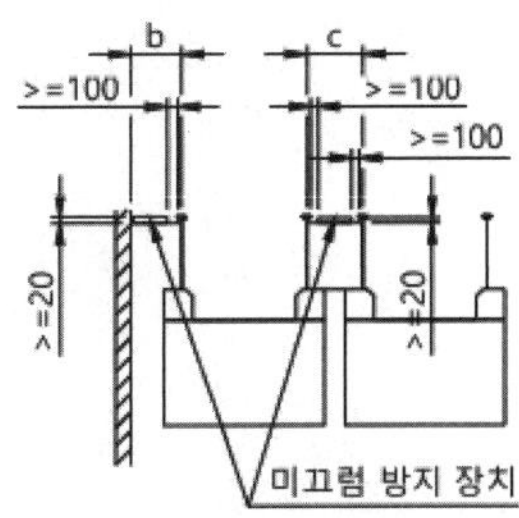

(3) 상세도(혼합)

지붕(Canopy)은 핸드레일 중심 위에서 바깥쪽으로 15° 각도로 벌어진 지점까지 연장되어 있어야 한다.

사람들이 일반적으로 핸드레일에 올라설 수 있는 장소가 있어서는 안 된다. 또한 핸드레일 외측의 난간으로 기어오를 수 있게끔 기어오름 방지장치가 설치되어야 하고, 그것은 적절한 치수를 가져야 한다. $a > 125mm$일 경우, 배리어 패널은 상부 및 하부 랜딩부에 동시에 설치되어야 한다.

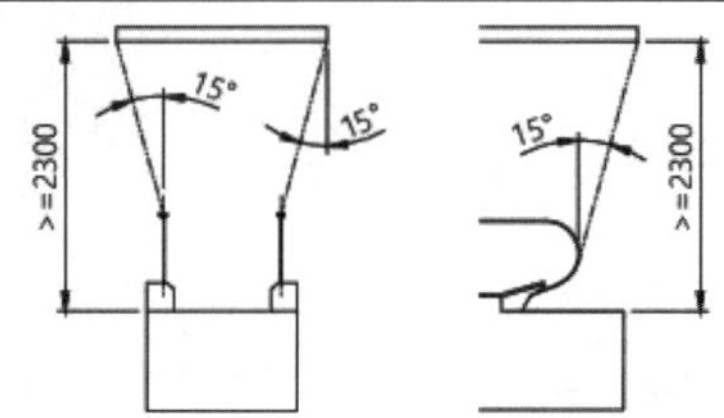
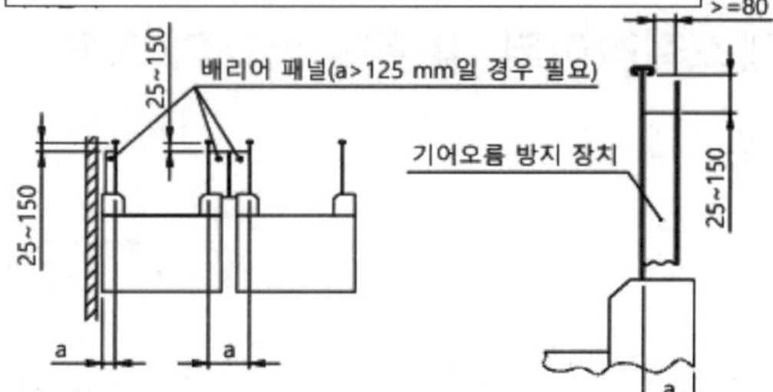

충돌을 방지하기 위해, 아래와 같은 최소한의 공간이 확보되어져야 한다. $c < 400$일 경우, 수직 가드(Vertical Deflector)가 필요하다

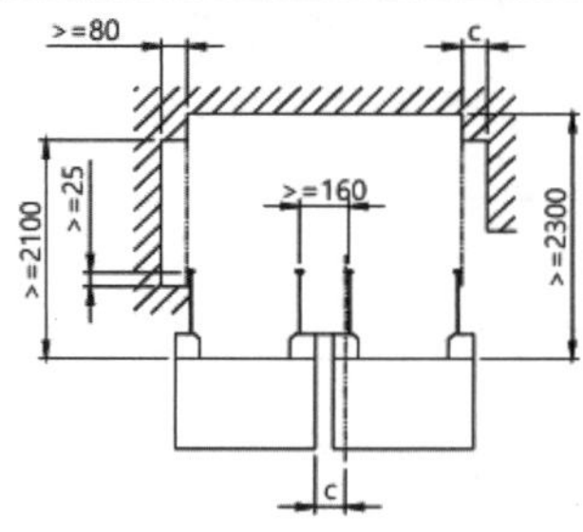

(4) 상세도(내진용 지지구조)

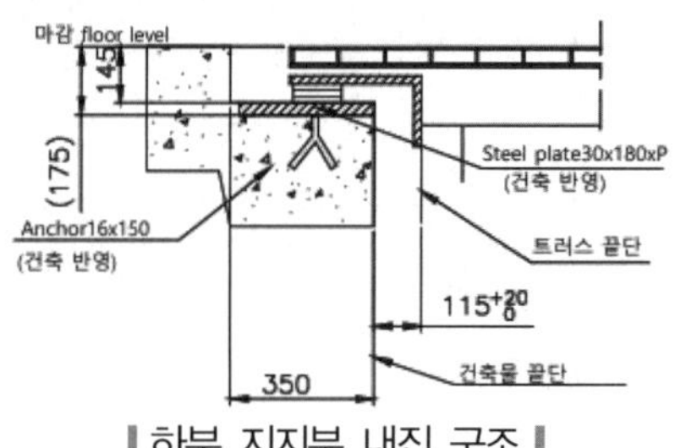

‖ 하부 지지부 내진 구조 ‖   ‖ 상부 지지부 내진 구조 ‖

(5) 상세도(중간 지지구조)

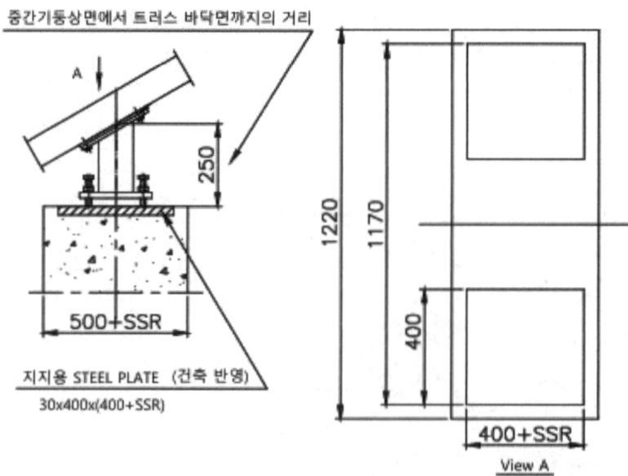

‖ 중간 지지구조 상세 ‖

출제 02 에스컬레이터 양중

1 에스컬레이터 설치 공정

① 양중

무거운 물체를 위로 올리는 것을 말한다. 에스컬레이터의 양중은 에스컬레이터의 설치를 위하여 에스컬레이터의 트러스 등 에스컬레이터 부품을 지상에서 에스컬레이터의 설치장소로 올려 옮기는 행위

② 트러스 조립

에스컬레이터의 모든 기구물이 설치되는 바탕 구조의 조립

③ 기계실 조립

상부 또는 하부의 구동부와 브레이크 등의 장치들을 조립하는 것

④ 승강로 조립

스텝이 회전하는 통로의 각종 기구물을 조립하는 것

⑤ 난간 조립

유리 또는 철 구조물을 승강로에 조립하여 탑승구역과 구획하고 손잡이의 지지대 역할을 하는 난간의 조립

⑥ 데크 조립

승강로와 난간의 연결 부위 내외부에 막음판의 조립

⑦ 스텝 조립

승객이 타는 스텝의 조립

⑧ 손잡이 조립

승객이 손으로 잡고 타는 회전하는 고무 기구물의 조립

⑨ 전기 장치 조립

안전스위지, 조명 능 각종 선기상치의 소립

⑩ 소성

설비의 수평, 스텝과 체인의 회전 간격, 안전 스위치의 동작 간격 등의 조정

⑪ 확인

설치 계획서와 설치작업 결과의 일치성을 확인

⑫ 검사

법정 안전검사(완성검사) 및 자체검사의 수검

⑬ 고객 인도

완성된 에스컬레이터의 고객 인도

2 양중이 필요한 부품

(1) 승강로 부품

① 트러스(Truss)
    ⊙ 정의 : 건물 또는 구조물의 승강기(엘리베이터)를 지지하고 안정시키는 미끄럼 없는 기둥과 지지대를 말한다. 케이지(엘리베이터 카트)와 함께 작동하여 건물의 다른 층 사이를 움직이는 데 사용되며, 안전성과 효율성을 제공하는 데 중요한 역할을 한다.
    ⓛ 주요 구성요소
        ⓐ 트러스 : 승강기 케이지를 지지하는 강철 또는 철근으로 구성된 격자형 프레임이다. 이 프레임은 건물의 바닥과 천장 사이에 설치되며, 승강기 케이지의 움직임을 안정적으로 유지한다.
        ⓑ 안전 로프(safety rope) : 승강기 케이지를 안전하게 유지하기 위해 트러스에는 안전 로프 시스템이 포함되어 있다. 이 로프는 케이지를 끌어올리거나 내리는 동안 갑작스런 상황에 대비하여 케이지를 안전하게 멈추도록 도와준다.
        ⓒ 전동 기계 : 승강로 트러스 시스템은 전동 기계, 모터 및 기어를 포함한다. 이 기계들은 승강기 케이지를 움직이는 데 사용되며, 승강기를 원하는 층으로 정확하게 이동시킨다.
        ⓓ 제어 시스템 : 승강로 트러스 시스템은 승강기의 이동과 멈춤을 제어하는 컴퓨터 시스템을 포함한다. 이 시스템은 승강기 이용자의 요청을 감지하고, 각 층에서 승강기를 멈추게 해주며, 안전하고 효율적인 운행을 가능하게 한다.

② 레일
비상 시 화재나 기타 사고 등의 상황에서 사람들을 안전하게 건물 외부로 대피시키기 위한 구조물이다. 주로 높은 건물이나 탑승객이 많은 공공 시설, 호텔, 사무실 건물 등에 설치된다.

③ 난간
승강로 난간은 주로 높은 건물이나 탑승객이 많은 공공시설, 호텔, 사무실 건물 등에 비상상황에서 사람들이 안전하게 대피할 수 있도록 설치되며, 위급상황 발생 시 안전한 대피경로를 제공한다.

④ 스텝
주로 높은 건물이나 탑승객이 많은 공공시설, 호텔, 사무실 건물 등의 비상상황에서 사람들이 안전하게 대피할 수 있도록 설치한다.

⑤ 데크(deck)

⑥ 손잡이
비상상황에서 사람들의 안전을 도모하기 위해 설치되며, 주로 높은 건물이나 탑승객이 많은 공공시설, 호텔, 사무실 건물 등에 사용된다. 손잡이는 건물의 비상대피시설 중 하나로서 중요한 역할을 한다.

(2) 기계실 부품

① 구동기
② 스텝체인 스프로켓
③ 스텝체인 인장장치 등

3 에스컬레이터의 설치 공정 계획 수립

(1) 공정의 순서에 따라 공정 계획 수립

① 양중

② 트러스 조립

③ 기계실 조립

    ㉠ 구동부 조립

    ㉡ 스텝체인 구동장치 조립

④ 승강로 조립

    ㉠ 레일 조립

    ㉡ 막음판 조립

⑤ 난간 조립

⑥ 스커트 가드 조립

⑦ 스텝 조립

⑧ 손잡이 조립

⑨ 전기장치 조립

    ㉠ 모터, 감속기, 브레이크 확인

    ㉡ 손잡이 구동장치 조립

    ㉢ 구동체인 파단 감지장치 설치

    ㉣ 스텝체인 파단 감지장치 설치

    ㉤ 기타 안전 스위치 설치

⑩ 조정

    ㉠ 구동체인 장력 조절

    ㉡ 브레이크 정지거리 조정

    ㉢ 상하부 터미널 기어 조성

    ㉣ 스커트 가드 틈새 조정

⑪ 확인

    ㉠ 스텝롤러의 구동 상태 확인

    ㉡ 스텝체인 소음 상태 확인

    ㉢ 구동부와 손잡이 구동부 작동 상태 이상 유무 확인

⑫ 검사

    ㉠ 자체검사

    ㉡ 완성검사

⑬ 고객 인도

(2) 공정 계획의 적절성 검토

에스컬레이터 설치 표준 공정률 참조

██ 4 착공 준비

착공을 위한 착공계, 안전관리자 선임, 현장 설치도면, 시방서 등을 준비하고, 현장의 건물 측으로부터 현장 사무실, 창고 등의 위치를 지정받고 자재를 청구한다.

(1) 착공 준비 내용

① 제출서류(현장 대리인계, 착공계, 안전관리 선임계)를 준비하여 고객에게 제출

② 해당 현장의 설치도면, 시방서 등을 준비하여 내용을 파악한 후 고객측 담당자와 설치 공정 전반에 걸쳐 필요한 사항을 사전 협의

③ 고객 측으로부터 현장 사무실, 창고 등의 위치를 지정받고, 공정에 필요한 자재, 공구 등의 청구서를 작성하여 청구

(2) 공사기간 중 사용할 사무실, 창고 등의 가설 시설물을 계획하고 준비

① 가설 시설물은 건축법, 산업안전보건법, 소방기본법 및 기타 관련 법규에 따라 설치

② 공사기간 중 사용하는 공용 가설 시설물은 당초의 계약 내용을 기준으로 면적, 규모 및 적정 위치를 선정하여 공사감독자의 승인을 받은 후 시공

③ 기존 가설 시설물을 사용하여야 할 경우는 규모 및 위치에 대하여 공사감독자와 협의·조정

④ 가설 시설물은 공사 완료 후 공사감독자의 승인을 받고 철거 및 원상 복구

(3) 에스컬레이터의 자재 양중을 위한 준비 내용

① 양중을 위해 체크하여야 할 사항
  ㉠ 양중 일정 확인
  ㉡ 양중 업체 확인
  ㉢ 양중 반입구 확인
  ㉣ 양중 장비 확인
  ㉤ 양중 인력 확인
  ㉥ 양중 시 방호 장비 확인
  ㉦ 양중물 관리·대기 장소 확인
  ㉧ 무전기 확인
  ㉨ 연결 공구 자재 확인

② 양중 안전사항
  ㉠ 안전 복장 확인
  ㉡ 안전 방호물 확인
  ㉢ 안전관리자 확인
  ㉣ 안전 신호기 확인
  ㉤ 응급 의약품 확인

③ 설치도면 확인

④ 에스컬레이터 설치 자재의 양중 반입 경로 확인
   ㉠ 반입 경로의 동선 확인
   ㉡ 반입 경로의 개구부의 크기 확인
   ㉢ 반입 장비의 이동로 확인
⑤ 에스컬레이터의 설치 규격 확인
   ㉠ 에스컬레이터의 정확한 설치 위치 확인
   ㉡ 설치도면에 따른 상·하부 기계실 개구부의 크기 확인
   ㉢ 설치할 층의 층고 확인
   ㉣ 설치할 에스컬레이터의 행정 확인
   ㉤ 설치할 위치의 폭과 천장 높이 확인

5 자재 양중 준비

(1) 에스컬레이터 설치 자재의 양중 및 이동을 위한 공구 준비
① 양중 공구 리스트로 공구의 유무를 확인한다.
② 각종 공구의 사용에 문제가 없음을 확인한다.
③ 공구를 일정한 장소에 보관한다.

(2) 에스컬레이터의 양중 반입 경로와 반입구 공간 확인
① 에스컬레이터 트러스의 길이, 폭, 높이를 확인한다.
② 에스컬레이터의 자재를 포장한 박스의 길이, 폭, 높이를 확인한다.
③ 양중 반입 경로의 공간이 트러스와 자재 포장박스의 이동을 허용하는지 확인한다.

(3) 에스컬레이터 설치 현장 도면 검토, 설치 개구부, 층고, 길이와 폭 등의 필요한 구조의 치수 측정
① 지지 빔과의 높이 6m 이상일 경우에는 중간 지지대를 설치한다. 단, 지지력 R의 요구 조건에 충족하여야 한다.
② 중간 지지대와 수평부 공간 사이의 높이를 측정한다.
③ 상·하부 기계실 피트의 폭과 깊이를 측정한다.
④ 서포터 플랫폼 치수(서포터 빔 길이 포함)를 측정한다.
⑤ Rise H(건축 마감 후 2개의 인접 층 사이의 net 치수)는 어떠한 경우라도 편차가 20mm 미만이어야 한다.
⑥ 양중용 홀 위치와 형강보 라벨의 베어링 하중은 도면의 조건을 충족해야 한다.
⑦ 건축 측에서 요구하는 에스컬레이터의 배치 기준점을 확인한다.
⑧ 기타 도면상 요구되는 사항과 관련하여 도면치수와 실제 건축 사이에 상이점이 있으면 해당 사항에 대하여 관련 담당자에게 고지하고, 에스컬레이터 설치에 적합하도록 이를 확인한다.

6 자재의 현장 양중 준수사항

① 에스컬레이터 양중은 오직 전문적인 양중업체에서 진행하도록 한다.
② 양중 전 건축주 또는 컨설턴트 현장 소장에게 연락하고, 가장 적합한 시간과 루트, 최적의 양중 방법에 대한 협의를 진행한다.
③ 승강설비를 밀고 갈 때, 에스컬레이터에 변형이 발생하지 않도록 에스컬레이터 양중점에는 어떠한 압력 또는 구조물의 영향을 받지 않도록 한다.
④ 에스컬레이터를 밀고 갈 때에는 반드시 별도 패킹된 2대의 에스컬레이터를 같이 끌지 말고 별도로 운반하도록 한다.
⑤ 양중 시 파단강도는 197.5kN 또는 와이어로프로 보았을 때 파단강도(637kN, 직경 18.5mm) 이상이어야 한다.
⑥ 와이어로프 양중 시 부하용량이 줄어드는 것을 방지하기 위하여 로프가 구부러지지 않도록 한다.
⑦ 다양한 양중 또는 인양장비가 있으므로 양중장비의 파라미터 값은 양중 관련 안전표준기준을 준수하도록 한다.
⑧ 에스컬레이터 양중 시 체대가 충돌로 인해 손상될 수 있으므로 주의를 기울여야 하며, 전문인력이 이 작업을 수행해야 한다.
⑨ 에스컬레이터 운반 동선은 항상 청결과 안전을 유지하도록 한다.
⑩ 양중을 마친 후에는 에스컬레이터와 그 주변부를 깨끗이 청소하고, 보양 조치를 취하고, 에스컬레이터를 운반수단으로 사용하지 않으며, 안전과 장비 성능 유지에 힘쓴다.

7 트러스 자재 양중

(1) 자재 운반용 차량 또는 컨테이너에서 자재하역 절차

① 자재하역에 필요한 현장의 조명설비를 구축한다.
② 트러스 양 끝단 및 컨테이너 가장자리의 와이어로프 고정 클립을 제거한다.
③ 트러스 하단부의 목재 박스의 못을 제거한다.
④ 컨테이너 받침대에 데크보드 또는 패널을 설치한다.
⑤ 운반용 차량 또는 수평 실린더를 이용해 모든 에스컬레이터 부품을 구분하고 트러스 끝단 밑의 받침대를 제거한다.
⑥ 트러스 상부 끝단에 텐션 와이어로프로 연결하여 운반용 차량 또는 지게차에 연결한다.
⑦ 운반용 차량 또는 지게차의 인장력을 확보하기 위해 와이어로프는 위로 약 15도 정도를 유지하고, 운반용 차량 또는 컨테이너에서 트러스를 천천히 하역한다.

(2) 양중 방식

① Down Lift 방식
　㉠ 반입된 에스컬레이터를 천장의 후크를 이용하여 하강시켜 피트로 접근시킨다.
　　ⓐ 이동대차(롤러형 바퀴 부착)를 에스컬레이터 밑에 설치하고, 전동 호이스트 또는 다른 장비를 사용하여 와이어로프를 이용하여 에스컬레이터를 매단다.

ⓑ 인양구의 건너편 천장에 매달린 와이어로프를 이용하여 에스컬레이터를 서서히 인양구에 접근되도록 끌어당긴다.

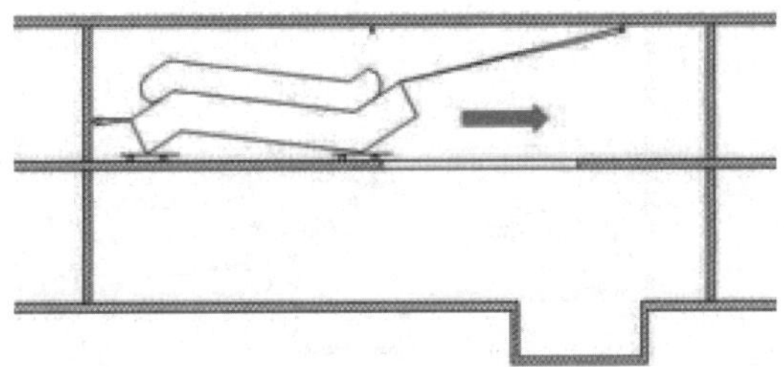

ⓛ 바닥의 지정된 위치에 접근시킨 후 와이어로프를 서서히 풀어서 인양구를 통해 에스컬레이터를 조금씩 내린다.

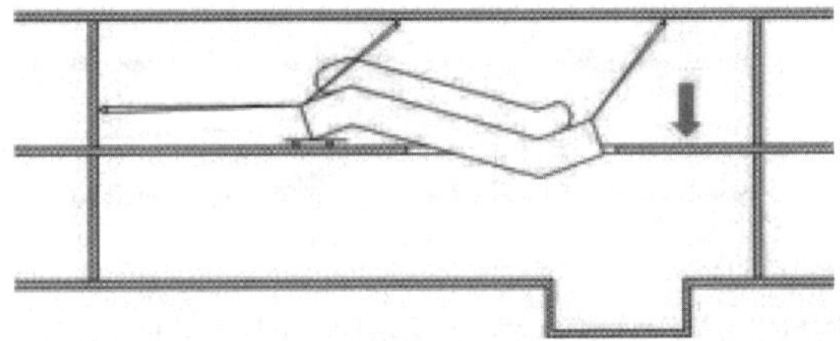

ⓒ 상. 하층에 매달린 와이어로프를 이용 하부 피트 위치까지 에스컬레이터를 서서히 내린다.

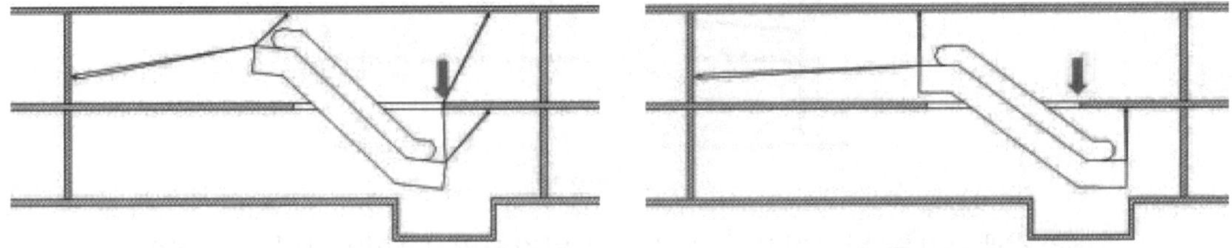

ⓔ 에스컬레이터를 턱받침부의 서포트에 안착시키고, 인양장비를 철거한다.

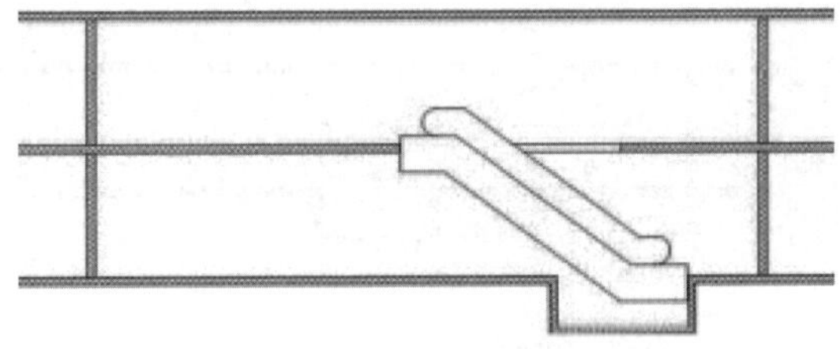

② Up Lift 방식

㉠ 반입된 에스컬레이터를 천장의 후크를 이용하여 하강시켜 피트로 접근시킨다.

ⓐ 이동대차(롤러형 바퀴 부착)를 에스컬레이터 밑에 설치하고, 전동 호이스트 또는 다른 장비를 사용하여 와이어로프로 에스컬레이터를 매단다.

ⓑ 인양구의 건너편 천장에 매달린 와이어로프를 이용하여 에스컬레이터를 서서히 인양구에 접근되도록 끌어당긴다.

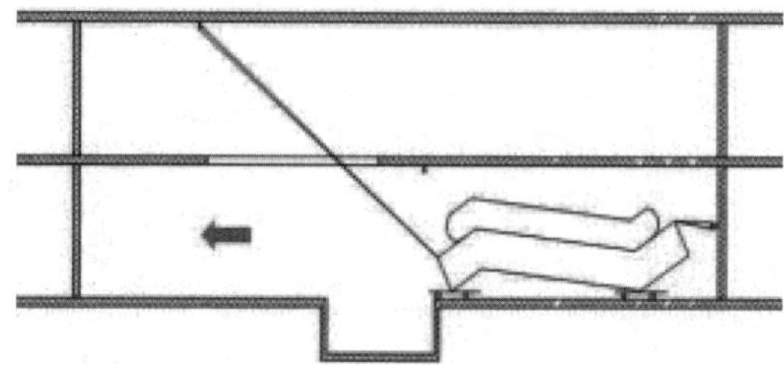

ⓛ 와이어로프를 이용하여 에스컬레이터를 서서히 끌어 올린다.

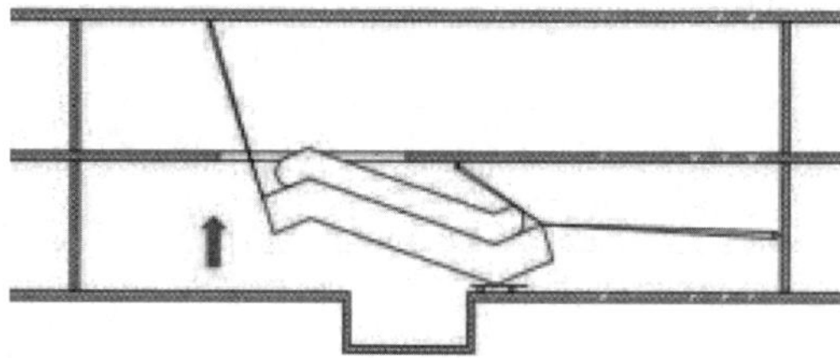

ⓒ 상. 하층에 매달린 와이어로프를 이용하여 턱받침부 서포트 위쪽까지 에스컬레이터를 끌어 올린다.

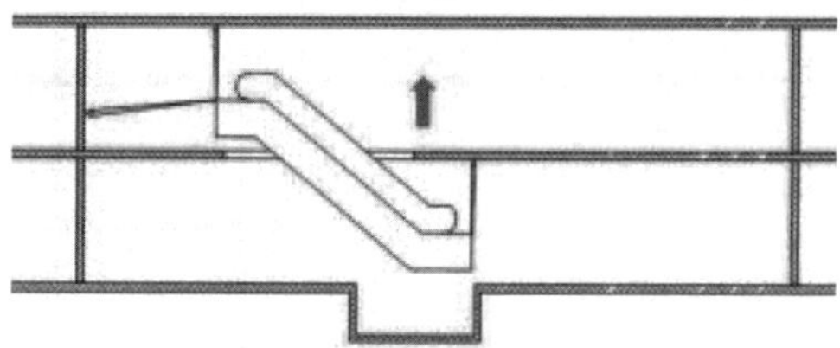

ⓔ 에스컬레이터를 턱받침부의 서포트에 안착시키고, 인양장비를 철거한다.

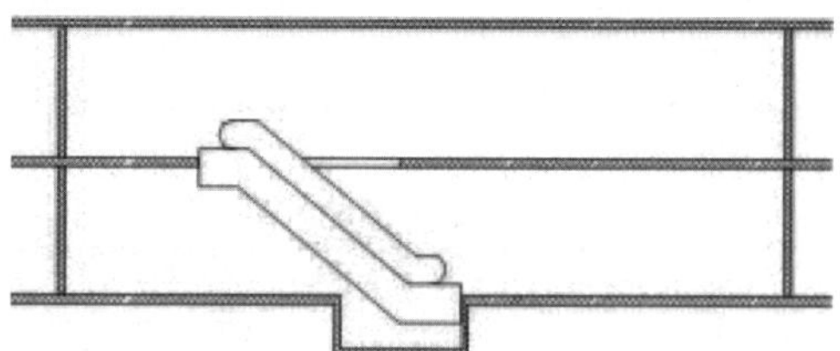

제3절 | 트러스 조립하기

출제 01 트러스 조립

1 분할된 트러스의 결합 및 조정

(1) 분할된 트러스 양중 절차

분할된 트러스를 양중할 수 있도록 충분한 공간을 확보하고, 지상에서 에스컬레이터를 결합하고 제 위치로 양중한다.

① 트러스 양중 후에 레벨을 조정하기 위해서 양 끝단에 떨어진 거리가 없도록 핀 홀에 볼트로 레벨을 맞춘다.

② 이 지점에 핀을 놓을 수 있도록 토크렌치로 볼트를 견고하게 체결한다.

③ 작업을 실시한 후 트러스 밑단에 고무 완충제를 설치한다.

(2) 주의사항

분할된 트러스를 연결할 시 규정된 볼트 및 너트, 와셔를 사용하여야 한다.

(3) 중간 지지대가 없을 경우의 조정

① 현장에서 분할된 트러스를 양중하기 위해서 트러스 지지 빔에 2개의 조정용 앵글을 이용하여 연결부에 트러스를 이동시키고 볼트로 조정한다.

② 양 끝단의 오차가 없도록 핀홀의 단차를 조정하여야 한다.

③ 이 지점에서 실린더 핀에 넣기 위해서는 토크렌치를 이용해 연결 볼트를 체결한다.

④ 트러스를 연결한 후, 트러스 밑단에 고무 완충제와 수평 조정용 플레이트를 설치한다.

(4) 중간 지지대가 있을 경우의 조정

① 중간 지지대를 트러스 하부에 설치하고, 각각의 트러스를 양쪽 지지 빔 끝단을 기준으로 하여 중간 지지대 설치 위치를 확보하여야 한다.

② 트러스를 전전히 움직이면서 확성된 위치의 핀 홀에 볼트로 조정하고, 볼트 끝단 사이의 단차는 없어야 하며, 투크렌치를 가지고 볼트를 단단히 조이다.

③ 트러스를 연결한 후 트러스 바닥에 고무 완충제와 수평 조정용 플레이트를 설치한다.

2 에스컬레이터 중간 지지보의 설치

(1) 설치 시점

에스컬레이터 트러스 프레임의 중간부에 강도의 보강을 목적으로 설치하는 중간 지지보는 트러스를 정위치에 설치한 후에 작업한다.

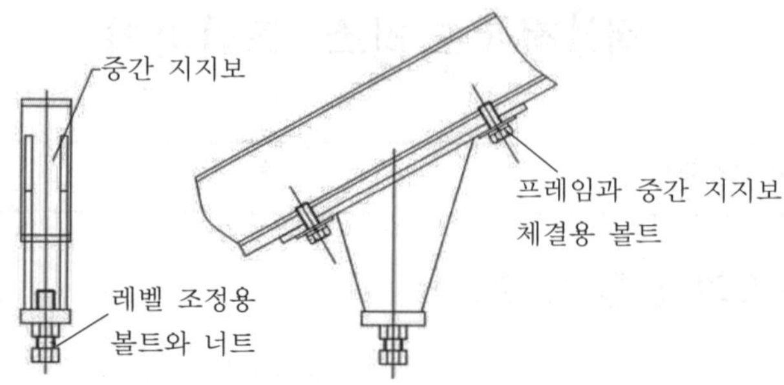

❚ 중간 지지보 구성 ❚

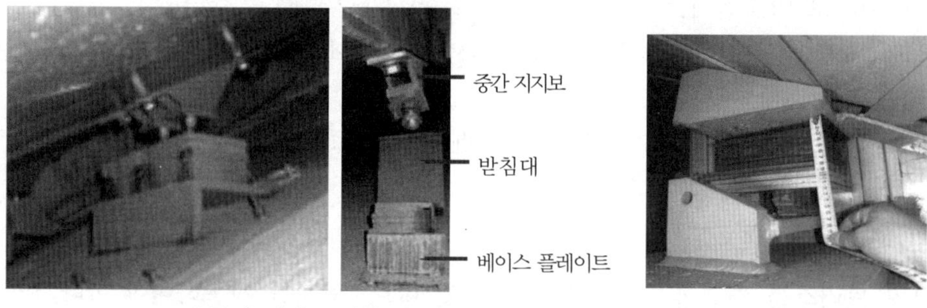

❚ 중간 지지보 설치 사진 ❚　　　❚ 중간 지지보 측정 ❚

(2) 중간 지지보를 이용하여 트러스의 처짐량을 조정하는 방법

① 처짐량 조정방법 1

　㉠ 절곡점 ①에서 절곡점 ②까지 기준선을 심출한다.

　㉡ 중간 지지보의 볼트를 이용하여 처진 프레임 하부 면과 기준선이 일치되도록 조정한다.

　㉢ 풀림 방지 너트를 완전하게 체결한다.

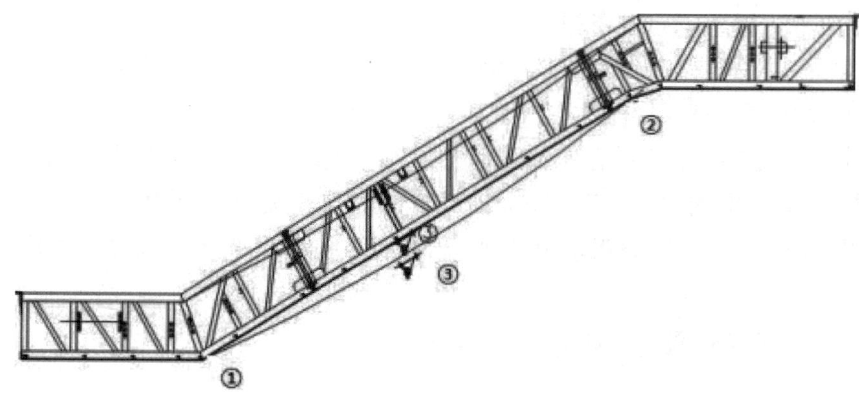

② 처짐량 조정방법 2

　㉠ 레일의 하곡부 R단 ①에서 상곡부 R단 ②까지 기준선을 심출한다.

　㉡ 중간 지지보의 볼트를 이용하여 처진 레일 면과 기준선이 일치되도록 조정한다.

　㉢ 풀림 방지 너트를 완전하게 체결한다.

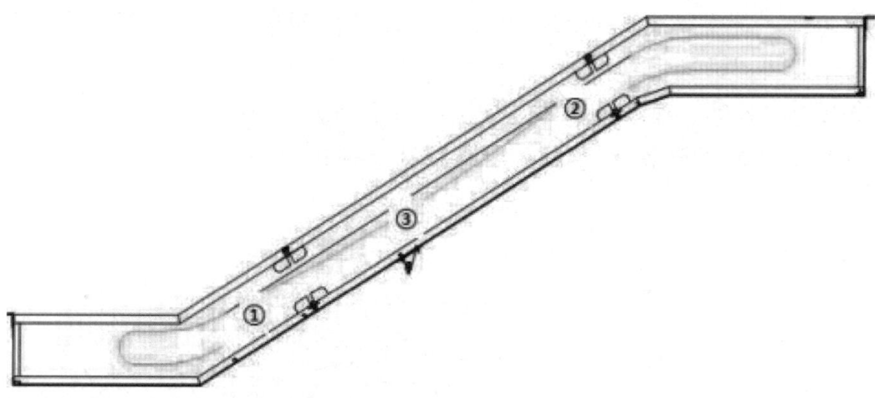

3 에스컬레이터 위치 조정

(1) 수평 위치

① 2대 또는 그 이상의 병렬형 배치일 경우 도면상의 지지 빔과의 수직을 확보한다.

② 외부 커버 플레이트는 2대의 에스컬레이터로부터 적어도 50mm 공간을 확보해야 한다.

③ 교차형 배치일 경우 그 공간은 적어도 350mm를 확보해야 한다. 이를 확보할 수 없을 경우에는 건물 측에 요청하여 가장자리가 뾰족하지 않은 박스를 수직 방향으로 설치한다.

④ 2대 또는 그 이상의 병렬형 에스컬레이터에 외장 마감을 하지 않는다면 그 공간은 50mm를 확보한다.

(2) 수직 방향

① 에스컬레이터 레벨 측정을 위해 첫 번째 콤 플레이트의 첫 번째 스텝에 레벨 측정장치를 올려놓는다.

② 콤 플레이트 표면과 설치도면상 마감층의 높이는 같아야 하고, 수평과 수직 조절용 볼트를 이용하여 이를 조절하고, 조정이 끝나면 각각의 높이 조정 볼트는 움직이면 안 된다.

③ 공장에서 제작 출하된 에스컬레이터 트러스 높이가 건물 층고와 약간의 치수 차이(약 30mm 이하)가 발생할 경우에는 다음과 같이 해결하는 방법으로 선택하여 작업한다.

　㉠ 에스컬레이터의 설치 경사도를 유지하면서 건물의 층 바닥 레벨을 수정하여 에스컬레이터의 트러스 높이와 일치시킨다.

　㉡ 에스컬레이터의 설치 경사도를 0.5° 이내로 조정한다.

4 에스컬레이터 정위치 설치

① 에스컬레이터를 정위치에 설치한 후에 가이드레일과 스텝체인을 미리 조립하여야 하고, 트러스 프레임 턱받침부의 앵글에 볼트를 이용하여 레벨을 조정하고 트러스 프레임을 고정한다.

② 레벨 조정 시, 중간 볼트는 일시적으로 느슨하게 풀고, 양측에 있는 2개의 볼트를 이용해서 레벨을 조정한다.

③ 중간 볼트는 레벨을 조정 완료한 후에 턱받침 앵글 하부의 베이스 플레이트에 닿을 때까지
완전하게 체결하여야 한다.

④ 트러스 프레임의 수평 조절은 디지털 수평계(0.05/1000)를 이용하여 콤 플레이트 및 프레
임 턱받침부의 앵글을 기준하여 수평을 측정하고 조정한다.

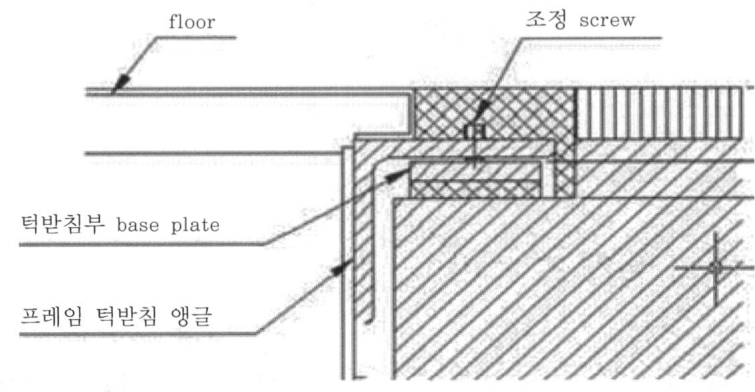

‖ 트러스 턱받침부 상세도 ‖

‖ 콤 플레이트 수평도 측정 ‖

‖ 트러스 턱받침부 ‖

‖ 트러스 연결(수평형) ‖

‖ 트러스 ‖

출제 02 레일 조립

1 에스컬레이터 레일

에스컬레이터에는 스텝체인 상부레일, 스텝체인 하부레일, 스텝롤러 상부레일, 스텝롤러 하
부레일 등 4개의 레일이 있다.

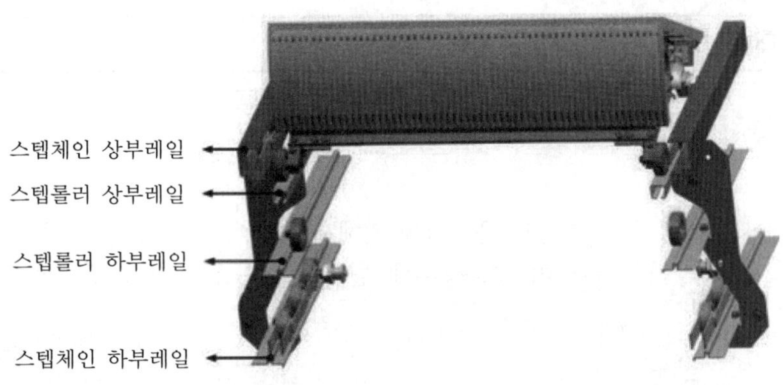

▌ 에스컬레이터 레일 ▐

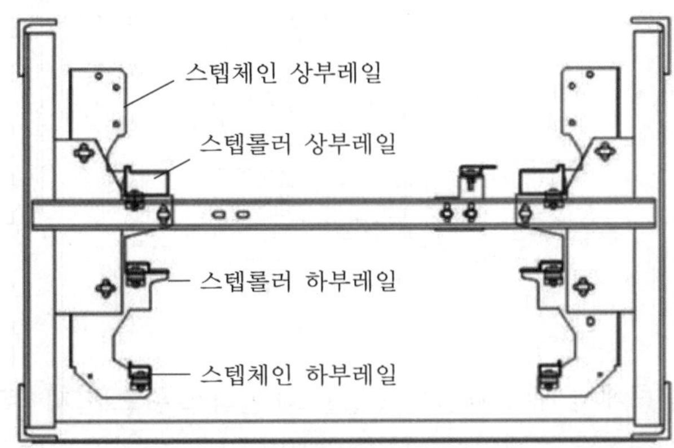

▌ 레일 평면도 ▐

2 스텝 가이드 레일 및 스텝체인 연결

(1) 스텝 가이드 레일 연결 및 조정
① 스텝 가이드 레일은 공장에서 조립되어 풀 세트 상태로 출하된다.
② 스텝 가이드 레일을 연결한 후에 단차가 0.5mm 이하가 되도록 하고 용접작업을 실시한다.
③ 스텝 가이드 레일 표면에 홈이 있을 경우에는 단차가 없어질 때까지(단차기준 0.5mm 이하) 그라인딩 작업을 실시하여 매끄럽게 처리한다.
④ 스텝 가이드 레일의 직진도는 0.5mm 이하가 확보되도록 작업하여야 한다.

(2) 스텝체인 연결 및 조정
① 에스컬레이터를 분출하기 전, 스텝체인은 공장에서 설치되어 출하되며, 디버깅까지 완료되어 나온다.
② 에스컬레이터에 스텝체인 연결 및 조정을 실시한다.
③ 와이어로프와 스텝체인에 연결되어 고정된 자재들을 제거한다.

출제 03 데크, 스커트 가드 등 설치

1 난간 설치

(1) 난간 패널

에스컬레이터의 운행 중에 스텝의 움직임에 의해서 승객이 난간 밖으로 이탈하지 않도록 설치한 측면 벽을 난간이라 부르며, 그 상부에 핸드레일이 설치되어 주행한다.

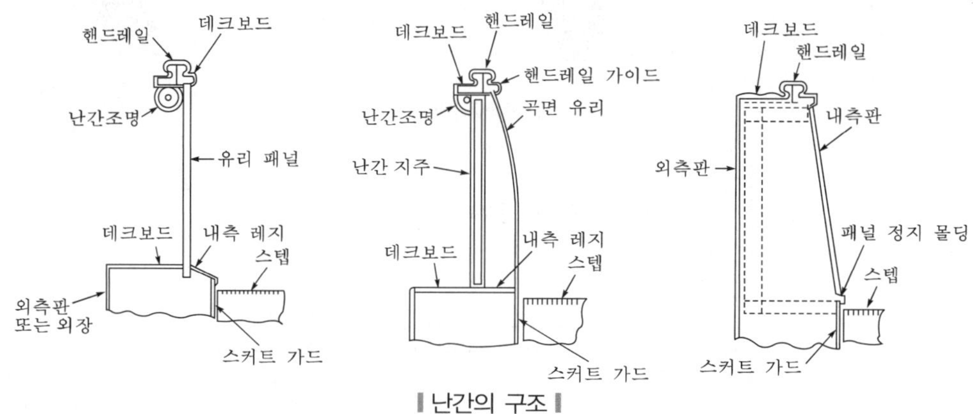

‖ 난간의 구조 ‖

(2) 내측 패널

패널형의 에스컬레이터에서 내측 패널은 보통 스테인리스 판으로 제작된다. 그 아래쪽에 스텝이 주행하는 부분의 측면도 스테인리스로 제작되며 이 부분을 스커트 가드라 부른다. 그리고 난간의 윗부분을 데크 보드라 부른다. 투명형에서는 내측 패널을 강화유리 또는 접합유리로 제작하고, 외측 패널과 지주를 생략하는 경우도 있다. 지주를 생략할 때는 유리를 두껍게 제작하여 충분한 강도와 강성을 갖도록 한다.

(3) 외측 패널

에스컬레이터 장치와는 직접 관계가 적지만 에스컬레이터를 설치하여야 할 주변 상황과 맞게 제작해야 하므로 경우에 따라서 그 중량 등의 부담이 되어 트러스의 강도나 재료에 영향을 미칠 수도 있다. 설치장소에 따라 사용하여야 할 재료의 내열 및 내화성에 제한이 있을 수 있으므로 주의해야 한다.

(4) 유리 난간 설치

① 에스컬레이터를 출하하기 전에 유리 난간의 서포터는 공장에서 설치되며 조정되어 출하된다.

② 에스컬레이터 유리 난간 설치

　　㉠ 유리 클램프의 너트를 푼다.

‖ 유리 클램프의 종류 ‖

ㄴ 유리를 클램프 안으로 집어넣고 너트를 단단히 조인다.

ㄷ 내측 데크 보드를 잡아당겨 나사를 풀고, 아래에서 위 방향으로 유리 난간을 설치한다.

ㄹ 하부 밴드의 외장 데크 보드에 위치 표시되며 기타 유리는 설치 순서에 맞게 설치한다.

ㅁ 하부헤드 → 상부헤드 → 하부 곡면부 → 수직 평면부 → 상부 곡면부

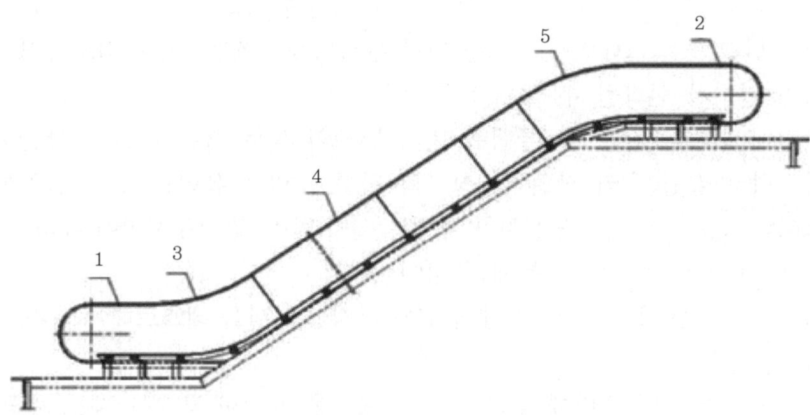

‖ 유리 난간 설치 순서 ‖

③ 하부 밴드 부분 유리 설치

ㄱ 유리 매트를 유리 클램프에 넣는다. 유리 클램프를 유리 클램프 홈에 위치시킨다.

ㄴ 유리 흡착기를 이용해 유리를 유리 매트에 천천히 삽입한다.

ㄷ 삽입 위치를 표시하고, 유리 위치를 정확하게 조정한다.

ㄹ 클램프를 단단히 고정한다.

‖ 유리 클램프의 구조 ‖

④ 수직 부분의 유리 설치

ㄱ 유리 하부에 유리 매트의 긴 줄을 따라 2개 넣는다.

ㄴ 동일하게 유리 매트를 난간 유리 클램프에 넣는다.

ㄷ 유리를 유리 매트에 넣고 2개의 유리 매트의 인접한 홈에 위치시킨다.

ㄹ 유리 사이의 틈새를 2mm로 조정하고 그 단차를 동일하게 적용한다.

ㅁ 클램프를 단단히 조인다.

⑤ 비표준 수직 부분, 상부 곡선부, 하부 곡선부 유리를 동일한 방법으로 설치한다.

⑥ 난간 유리 설치 시 주의사항

  ㉠ 곡선 부위의 유리를 설치할 때 "CCC" 표시는 스텝 어느 한쪽 면에서 시작한다는 의미다.

  ㉡ 설치 공정 때, 유리 매트는 유리 경강 구획에 일정하게 맞게 위치시킨 후 유리를 집어넣는다.

  ㉢ 인접한 유리 간격은 2mm 이내여야 하며, 유리는 수직으로 수직 오차도 2mm 이내여야 한다.

  ㉣ 유리 난간 또는 스테인리스 스틸 난간 수직도를 조정할 때, 수직도가 맞지 않으면 레일 이동 길이가 변화될 수 있다.

  ㉤ 난간대 위치를 잡은 후 클램프 위치에 조임 볼트 혹은 너트로 단단히 고정한다.

  ㉥ 상·하부 끝단 유리 작업 시 상부와 하부 곡면부 유리를 우선 설치한다.

  ㉦ 스테인리스 스틸 난간을 설치할 때에는 설치 방법 및 요구사항이 유리 난간과 동일하지만 인접한 월 플레이트 틈새는 없이 한다.

  ㉧ 설치를 완료한 후 좌우 난간 센터 위치 부적합 사항을 테스트해야 하며, 2mm 미만이어야 한다.

  ㉨ 스테인리스 스틸 표면에 부착된 보양 필름을 제거한 후 세척제로 깨끗이 닦아 낸다.

(5) 손잡이 프레임 설치

① 양면테이프 접착하기

  ㉠ 양면 접착테이프로 유리 난간 끝에 붙인다.

  ㉡ 상부 곡면부 유리 하단부의 바닥부터 하부 곡면부 유리 하단까지 양면테이프로 붙인다.

  ㉢ 유리 양면에 테이프를 붙인다.

  ㉣ 다른 면에도 보호 필름을 양면테이프로 붙인다.

② 손잡이 프레임 조립

  ㉠ 하부 손잡이 프레임을 유리에 붙이고, 고무망치로 정확하게 위치를 잡아준다.

  ㉡ [그림](곡면부 손잡이 프레임 조립)과 같이 볼트와 너트를 이용해 하부 손잡이 프레임 헤드를 고정한다.

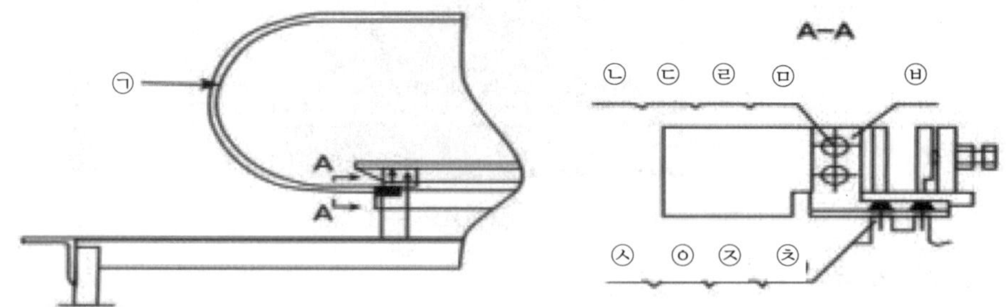

❚ 곡면부 손잡이 프레임 조립 ❚

  ㉢ 상부 손잡이 프레임 헤드를 동일한 방법으로 설치한다.

  ㉣ 하부 곡면부 손잡이 프레임을 유리에 수직으로 붙인다.

    (주의사항 : 하부 곡면부 손잡이 프레임과 하부 헤드 손잡이 프레임과 평면을 이뤄야 한다.)

ⓜ 고무망치를 이용해 정확한 위치로 조정한다.

ⓗ 하부 곡면부 손잡이 프레임과 하부 헤드 손잡이 프레임은 평면을 이루는지 확인한다.

ⓢ 상부 곡면부 손잡이 프레임도 동일한 방법으로 설치한다.

ⓞ 직선부 손잡이 프레임을 양면테이프를 이용해서 유리에 수직으로 손잡이 프레임을 설치하고, 고무망치로 조정한다.

ⓩ [그림](곡면부 손잡이 프레임 조립)과 같이 직각부 손잡이 프레임과 상하부 곡면부 손잡이 프레임을 평평하게 연결한다.

③ 프레임 설치 마무리

ㄱ 칼로 양면테이프를 이용해 노출된 기타 부분을 제거한다.

ㄴ 연결부를 검토하고 평평한 부분이 일치하는지 확인한다. 돌출부가 없어야 한다.

④ 손잡이 프레임 설치 시 주의사항

ㄱ 손잡이 프레임 홀은 0.5mm 미만이어야 한다.

ㄴ 스텝 높이 차는 3mm 이내이어야 한다.

ㄷ 양면테이프가 접히지 않아야 한다.

ㄹ 상부 손잡이 프레임은 동일하며, 기타 손잡이 프레임 부분도 2면에서 보면 동일해야 한다.

ㅁ 헤드 손잡이 프레임을 설치하기 전에 역상 롤러가 느슨해져 있지 않은지 점검한다.

ㅂ 고무망치로 쳐서 손잡이 프레임의 위치를 조정한다. 망치를 칠 때는 반드시 레일 표면을 쳐야 하며, 롤러를 바로 치지 않도록 한다.

ㅅ 스테인리스 스틸 난간인 경우 손잡이 프레임 설치는 유리 난간과 동일한 방법으로 설치한다.

2 스커트 가드 설치

(1) 스커트 가드 조립

① 에스컬레이터 스커트 가드는 공장에서 조립되어 출하된다.

② 작업점을 기준으로 하부 곡선부부터 조립한다.

③ 스텝 옆면을 기준으로 스커트 가드와 스텝의 갭을 확인한다.

④ 스커트 가드의 클립이 스커트 가드 앵글에 정확히 조립되는지 확인한다.

⑤ 스커트 가드 앵글의 고정 볼트는 조정이 끝나는 즉시 조여 준다.

⑥ 스텝을 4장 정도 해체하여 하부에서부터 스커트 가드와 스텝의 간격을 맞춘다.

ㄱ Up, Down 방향을 확인하여 간섭이 없을 시 모든 기계적인 조정을 끝낸다.

ㄴ 필요에 따라 좌우측에 조립된 끼움쇠를 좌우측으로 이동하여 간격을 조정한다.

(2) 스커트 가드 디플렉터 설치

① [그림](디플렉터 설치 위치)과 같이 에스컬레이터 스커트 가드와 스텝 사이에 끼일 가능성을 최소화하는 안전장치인 디플렉터를 설치한다.

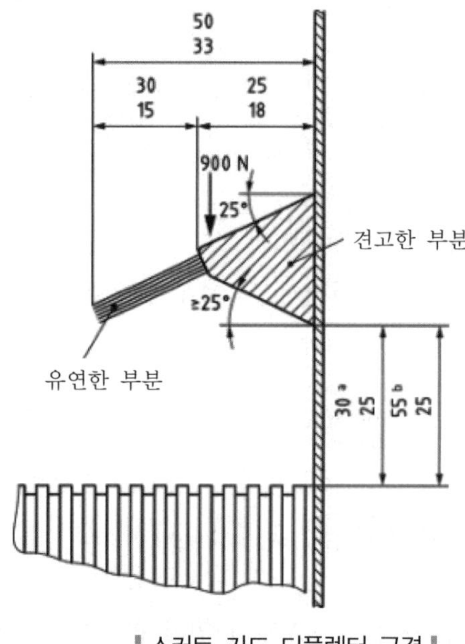

▌스커트 가드 디플렉터 규격 ▌

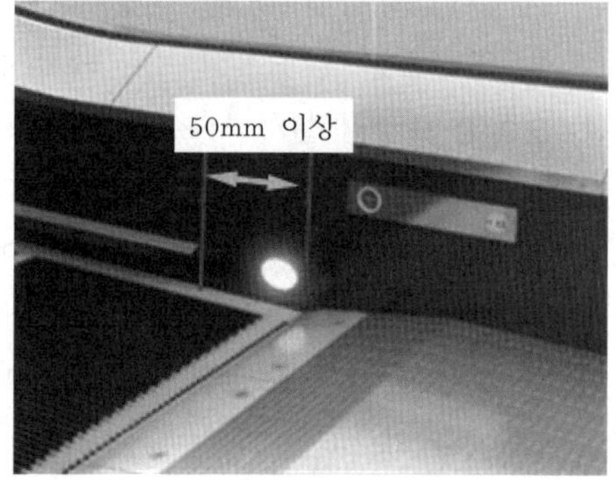

▌디플렉터 설치 위치 ▌

② 수직이고 평탄하며 맞대기 이음을 해야 한다.

③ 스커트 가드 디플렉터의 말단 끝부분은 콤 교차선에서 최소 50mm 이상, 최대 150mm 앞에서 마감되어야 한다.

(3) 스커트 안전장치

스커트 가드에 물체가 끼이면 에스컬레이터를 정지시키는 안전스위치를 장착하며 스커트 가드 중간에 신발이나 물체가 끼이지 않도록 스커트 가드 디플렉터를 설치한다.

(4) 스커트 패널 설치 주의사항

① 스커트 패널과 스텝 메인 롤러 표면 사이의 간격은 1~3mm이다.

② 인접한 스커트 패널 홈 간격과 스텝 높이 사이는 0.3mm 이하여야 한다.

③ 스커트 패널과 스텝 부분의 간격은 2~3mm이다.

④ 스테인리스 스틸 표면 보호 필름을 뜯어내고, 세정제로 깨끗이 닦는다.

제4절 | 디딤판

출제 01 디딤판 설치

1 디딤판(step)

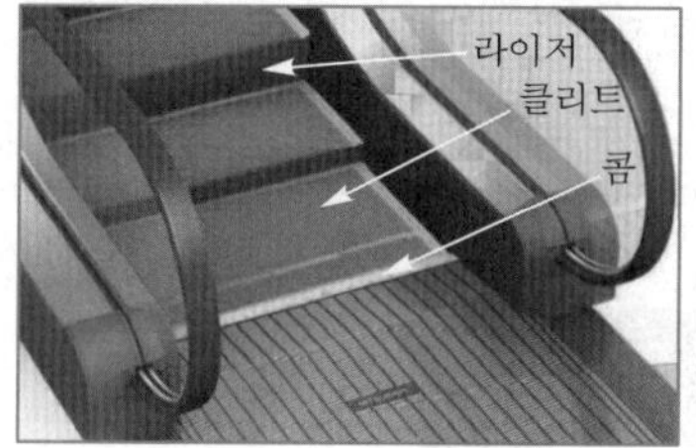

▐ 승강장 스텝 ▐

▐ 클리트(cleat) ▐

▐ 데마케이션 ▐

① 에스컬레이터에서 이동하는 계단의 개개의 것을 디딤판(step)이라 한다.
② 디딤판은 프레임에 발판(tread board)과 라이저(riser)를 조합한 구조로서 전륜(구동 롤러)과 후륜(추종 롤러) 각 2개의 롤러로 구성된다.
③ 디딤판의 디딤면과 라이저에는 클리트를 설치한다.
④ 디딤판면 좌우와 전방에 승객의 주의를 환기시키기 위하여 황색의 주의선(demarcation line)을 표시한다.

2 디딤판(step) 설치

(1) 에스컬레이터를 출하하기 전에 스텝은 조립되어 출하된다.
(2) 난간의 형태를 확인하고 난간의 폭을 확인한다.
(3) 난간과 내부 데크의 구조에 따른 스텝의 폭을 확인하고, 실제 스텝의 폭을 측정한다. 스텝 폭은 600mm, 800mm, 1000mm를 사용하는 것이 일반적이다.

(4) 에스컬레이터의 조립
① 트러스의 레일 등의 내부 구조를 조사하고, 가동에 방해가 될 수 있는 이물질 등을 제거한다.
② 에스컬레이터 하부 기계실의 스텝체인 장력장치에 스텝을 설치하고, 원형 레일의 빈 공간에서 천천히 움직이면서 스텝을 조립한다.
③ 스텝 위치를 잡은 후에는 클램프 나사를 단단히 결속하고 스텝 설치가 완료되면 상하로 천천히 구동시켜 전체적인 스텝의 구동상태를 점검한다.
④ 스텝 사이의 이격이 지속적으로 발견된다면 스텝을 위아래로 조금씩 움직여서 조정하고, 스텝 롤러 회전부의 가이드 레일 사이에 이격이 있다면 스텝을 잡아당기고, 이격이 없으면 스텝 롤러를 손으로 돌려 조정한다.

⑤ 만약 구동되지 않으면 반드시 이를 조정하고 다른 스텝도 동일한 방법으로 작업을 실시한다.

⑥ 스텝이 한쪽으로 약간 처져 있다면 클램프 링의 나사를 풀고 고무망치로 스텝을 부드럽게 쳐서 조정하고 나사로 단단히 고정한다.

⑦ 스텝 해체는 위에서 기술된 내용의 역순으로 실시한다.

3 디딤판의 콤 치수 측정

① 디딤판의 트레드와 콤의 빗살이 서로 맞물리는 폭은 딥게이지 등을 사용하여 측정한다.

② 디딤판의 트레드와 콤의 빗살이 서로 맞물리는 폭은 4mm 이상이어야 한다.

③ 디딤판과 디딤판 사이의 간격을 측정하고 기준에 적합한지 확인한다.

❚측정 방법❚

4 디딤판과 스커트 가드의 간격 측정

디딤판과 스커트 가드 사이의 간격을 측정하고 기준에 적합한지 확인한다.

❚디딤판과 스커트 가드 사이 간격 측정❚

출제 02 디딤판 교체

1 디딤판 교체(세트핀 방식)

(1) 디딤판 제거 및 취부 작업

① 승강판을 제거하고 전원을 차단한 후, 점검 스위치를 교체한다.

② 상부의 몰딩부 및 스커드 가드 패널을 제거한다.

③ 상부의 스커드에 패널 고정 앵글의 취부위치를 표시하고 고정 앵글을 제거한다.

④ 브레이크 커버를 제거하고 기계실에서 고정 볼트의 제거작업을 하는 위치로 수동으로 이동시킨다.

⑤ 디딤판은 스텝체인 축에 부시(bush)로 고정되어 움직이며, 기계실에서 디딤판과 축의 연결 부위를 고정하는 장치인 부시(bush)용 스프링을 제거한다.

‖ 디딤판 주요 치수 ‖

⑥ 일자형 드라이버를 사용하여 디딤판 고정 시트에 공간을 만들어 디딤판 고정 볼트를 풀어서 디딤판 고정 시트와 함께 좌우 동시에 제거한다.

⑦ 디딤판을 들어 올려서 디딤판 샤프트로부터 제거한다. (디딤판의 좌우를 움직일 때 패널 능이 손상되지 않노록 주의해서 제거한다.)

⑧ 제거한 디딤판은 파손되지 않도록 잘 보관한다.

⑨ 제거한 디딤판 개구부로부터 다음 디딤판의 부시용 스프링을 제거한다.

⑩ 일자형 드라이버를 사용하여 디딤판 고정 시트에 공간을 만들어 디딤판 고정 볼트를 풀어서 디딤판 고정 시트와 함께 좌우 동시에 제거한다.

⑪ 디딤판을 들어 올려서 디딤판 샤프드로부터 제거한다.

⑫ 앞의 방법을 반복하여 순차적으로 발판을 제거한다.

⑬ 취부는 제거의 역순으로 실시한다.

출제 03 디딤판 보수

1 스텝 조정

(1) 스텝과 콤

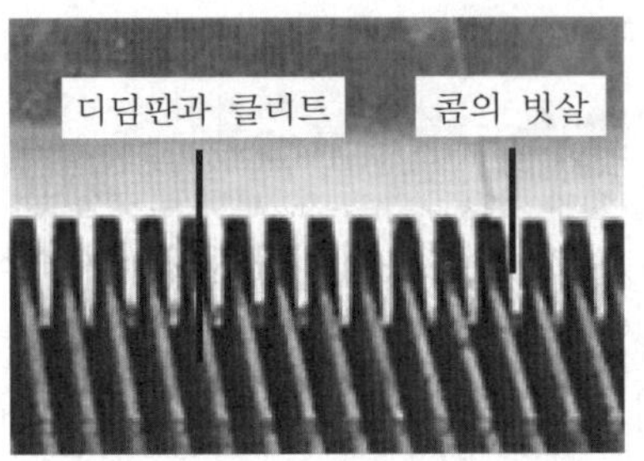

① 스텝의 트레드와 콤의 빗살이 서로 맞물리는 폭은 딥 게이지를 사용하여 측정한다.
② 스텝의 트레드와 콤의 빗살이 서로 맞물리는 폭은 4mm 이상이어야 한다.
③ 스텝과 콤의 간격에 대한 값을 측정한다.

(2) 스텝과 스커트 가드

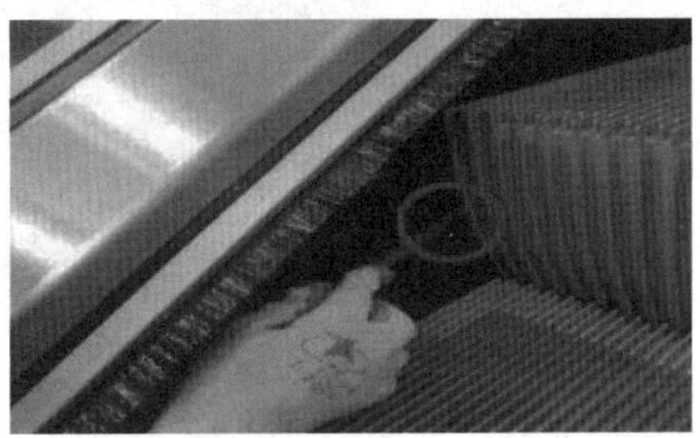

스텝과 스커트 가드 사이의 간격을 측정하고 기준(2~5mm)에 적합한지를 확인한다.

제5절 | 손잡이 설치 및 부품 교체

출제 01 손잡이 설치

1 손잡이(handrail) 구조 및 구동

(1) 손잡이 구조
① 손잡이는 [그림](핸드레일의 구조)과 같은 단면을 가지고 있으며, 손잡이 가이드 레일에 의해 안내된다.

② 천연고무 또는 합성고무를 주재료로 하여 몇 층의 무명천을 보강 성형한 것이다.

③ 최근에는 손잡이의 늘어남을 방지하기 위하여 와이어를 삽입하여 사용하기도 한다.

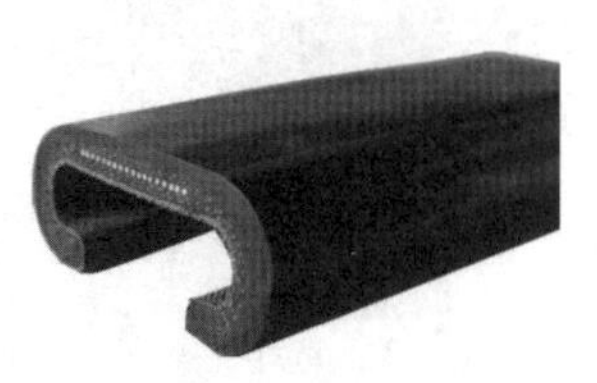

▮ 핸드레일의 모양 ▮

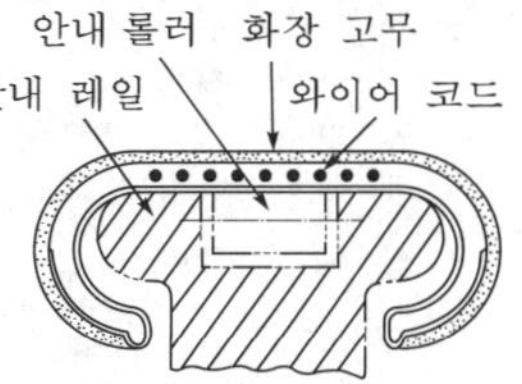

▮ 핸드레일의 구조 ▮

(2) 손잡이 구동 원리

① 구동기의 동력을 전달하는 구동 스프로켓의 좌우측에 설치된 손잡이 구동용 스프로켓에 의하여 손잡이 구동 롤러(손잡이 구동 휠)가 회전된다.

② 불투명 난간인 경우 : 상하부 내측에 풀리(손잡이 구동 휠)를 설치한다.

(상부 풀리에 스프로켓이 있고, 손잡이 구동 스프로켓과 체인으로 연결되어 회전)

③ 투명형 난간인 경우 : 손잡이 반환부에 풀리를 설치하지 않고 손잡이 구동 롤러를 설치한다.

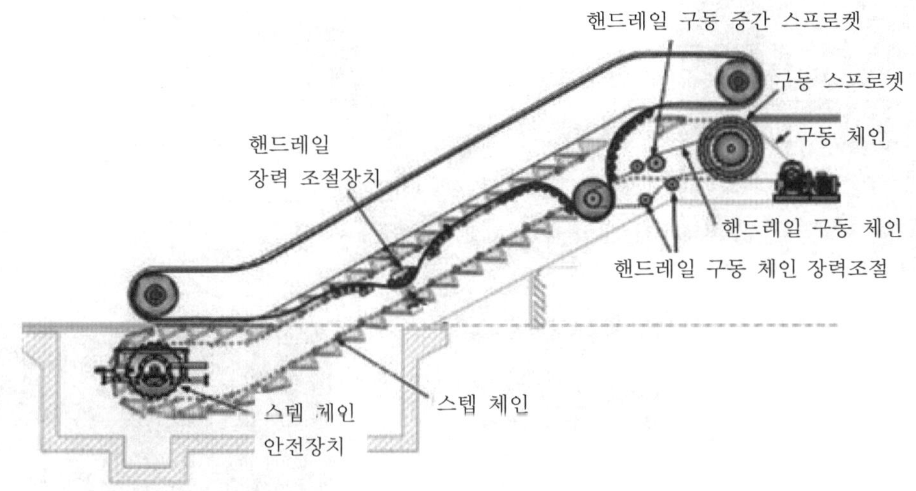

▮ 핸드레일 구동 시스템 ▮

(3) 손잡이 구동방식

① 가압 롤러 구동방식 : [그림](가압 롤러 구동방식)과 같이 손잡이에 밀착시킨 롤러를 구동시켜 손잡이와의 마찰력으로 손잡이를 돌려주는 방식

㉠ 손잡이가 구동 롤러와 압력이 가해져 있는 가압 롤러 사이를 통과한다.

㉡ 손잡이의 장력을 가압 롤러 조정 스프링으로 조정한다. 즉, 가압 롤러 조정 스프링이 느슨하면 마찰력이 떨어져 작은 힘에도 손잡이가 정지될 수 있다.

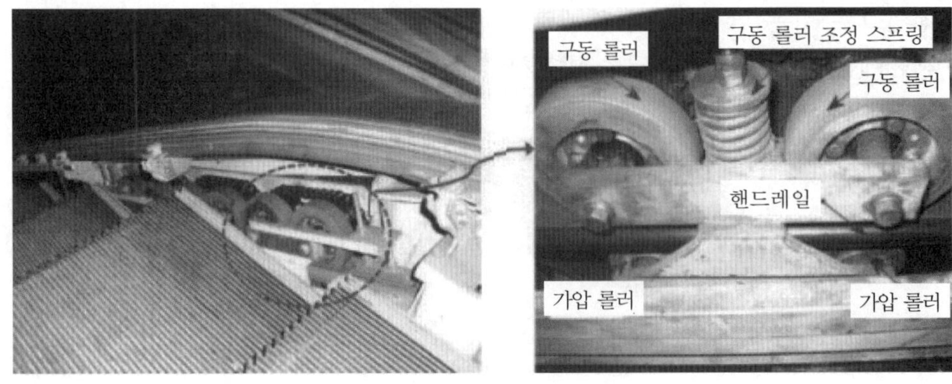

▮ 가압 롤러 구동방식 ▮

② 가압 벨트 구동방식

　㉠ 손잡이 아래쪽 가압 벨트와 위쪽 손잡이 구동 휠의 마찰로 손잡이가 이동한다.

　㉡ 압력 조절 스프링을 조이면 가압 벨트가 당겨지므로 손잡이와 손잡이 구동 휠이 밀착되어 마찰 압력이 증가되고 손잡이의 장력이 증가된다.

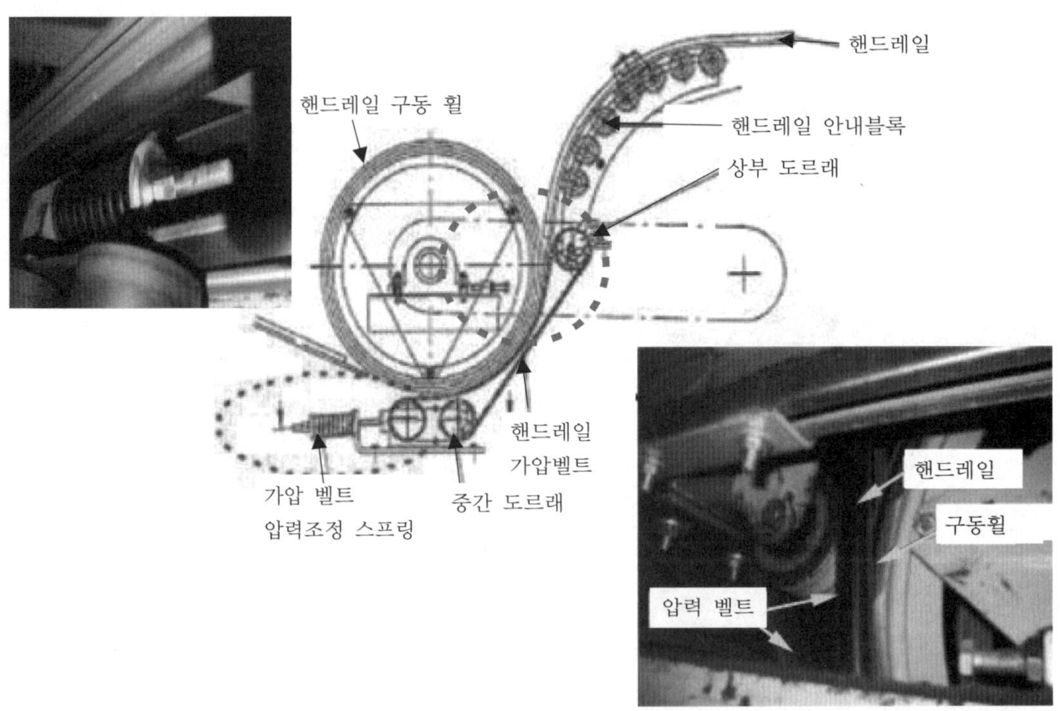

▮ 가압 벨트 구동방식 ▮

2 손잡이 프레임(handrail frame) 설치

① 핸드레일 몰드와 핸드레일 프레임을 배치한다.

② 핸드레일 몰드를 글라스 패널에 끼운다.

③ 핸드레일 프레임을 하부 터미널부, 상부 터미널부, 중간부의 하부에서 상부 순으로 조립한다.
④ 나무망치 또는 우레탄 고무망치로 핸드레일 프레임을 박고, 망치 작업 시 핸드레일 프레임이 손상되지 않도록 한다.
⑤ 중간 직선부의 상부쪽 마지막 핸드레일 프레임은 맞춤 작업으로 절단 후 조립한다.
⑥ 각 핸드레일 프레임은 가이드 피스를 이용하여 서로 연결하고, 연결 부분의 날카로운 부분 등은 줄이나 사포를 이용하여 매끄럽게 연마하여 핸드레일 내피 부분에 손상이 발생되지 않도록 한다.
⑦ 핸드레일 리턴 가이드는 글라스 체결용 피스에 볼트로 조립되며, 글라스와 같은 중심선상에 설치한다.

③ 터미널 핸드레일 프레임

① 터미널 핸드레일 프레임은 공장에서 반제품 형태로 조립되어 출하된다.
② 터미널 핸드레일 프레임에는 핸드레일 리턴 체인이 있어 터미널부 핸드레일 리턴 시의 구동저항을 줄여 원활한 구동을 유도하며, 마모를 최소화하여 핸드레일을 보호한다.
③ 터미널 핸드레일 프레임과 중간부 핸드레일 프레임은 단면이 서로 상이하며, 이 부분은 나일론 재질의 가이드 피스가 조립되어 핸드레일을 가이드하게 된다.

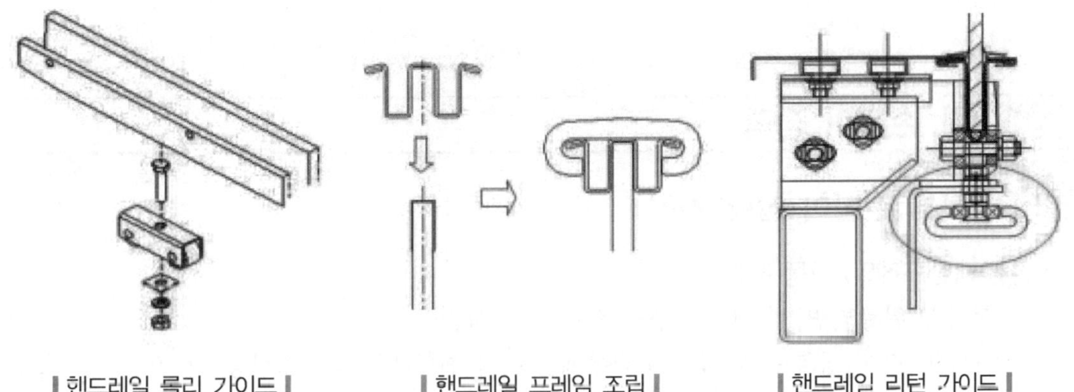

| 헨드레일 롤리 가이드 | | 핸드레일 프레임 조립 | | 핸드레일 리턴 가이드 |

④ 손잡이(handrail) 설치

① 손잡이 보양 자재를 제거하고 손잡이를 펼친다.
② 손잡이가 복귀하는 위치에 손잡이가 헤드 롤러에서 떨어지지 않도록 경사진 롤러 부분, 상부 롤러 그룹 파트, 구리 롤러, 하부 롤러 그룹 순서로 설치하여 손잡이를 제위치에 설치한다.
③ 손잡이가 떨어지지 않도록 하부 헤드 손잡이 프레임에서 손잡이를 설치한다.
④ 상부 헤드 끝의 손잡이 프레임에 손잡이를 설치한다.
⑤ 상부부터 하부까지 기타 손잡이 프레임에도 손잡이를 설치한다.

⑥ 손잡이 설치 시 지그를 사용하여 손잡이를 벌리며 다른 손으로 손잡이를 누르면서 고정한다.

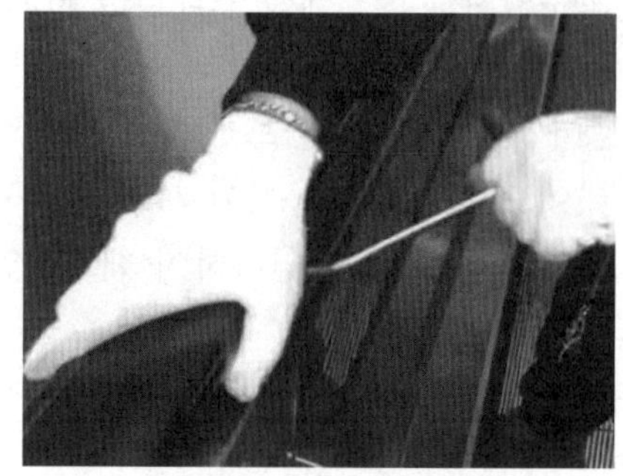

❙ 손잡이 설치방법 ❙

⑦ 손잡이를 손잡이 프레임에 착좌 시에 손잡이 탈착 지그를 사용하여 작업한다.

❙ 손잡이 탈착 지그 ❙

출제 02 손잡이 장력

1 상하부 손잡이 장력 조정

(1) 손잡이(핸드레일) 구동 조정

① 설치가 완료되면 핸드레일 구동 조정을 실시한다.

② 에스컬레이터 상부 수평 부분의 좌우에는 각각 핸드레일 압력조절장치가 있으며, 핸드레일에 체결력이 작용한다.

③ 핸드레일을 구동 롤러에 앉힌 후 압력장치에 힘이 가해졌을 때, 압력 벨트 장치의 스프링을 조절한다.

(2) 핸드레일 장력 조정

① 경사부, 상부 수평 부분의 좌우 코너 부분에는 하부 롤러 그룹이 각각 인장된 상태로 핸드레일이 설치된다.

② 핸드레일 상부를 구동할 때 일정한 길이의 롤러 사이에는 약 8~12mm의 처짐이 발생하므로 텐션 레벨 측정을 필요로 하며, 텐션 레벨 조정은 [그림](핸드레일 장력조절방법)과 같이 압축스프링을 조정한다.

③ 핸드레일을 마찰 구동 롤러에 앉힌 후 압력장치에 힘이 가해졌을 때, 압력벨트장치의 스프링을 조절한다.

④ 스프링 압력값은 약 65mm(스프링 와셔 두께 포함) 이하이지만, 업체별로 약간의 차이가 있다.

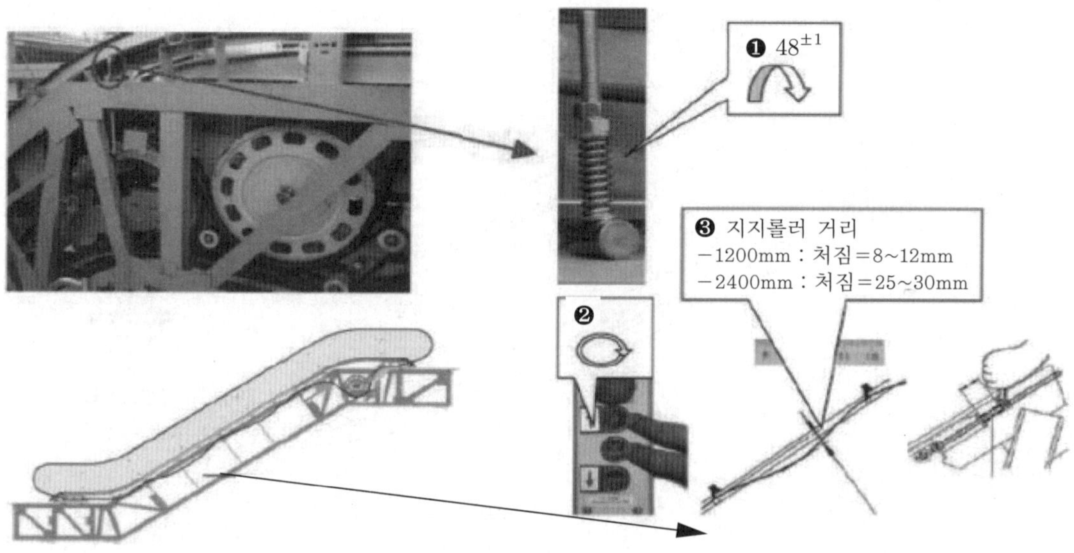

┃ 핸드레일 장력조절장치(가압 벨트 구동방식) ┃

┃ 핸드레일 장력조절방법 ┃

2 손잡이 조정

손잡이가 뉴얼(newel) 끝단에서 적절하게 운행되도록(장력이 적당하도록) 조정한다.

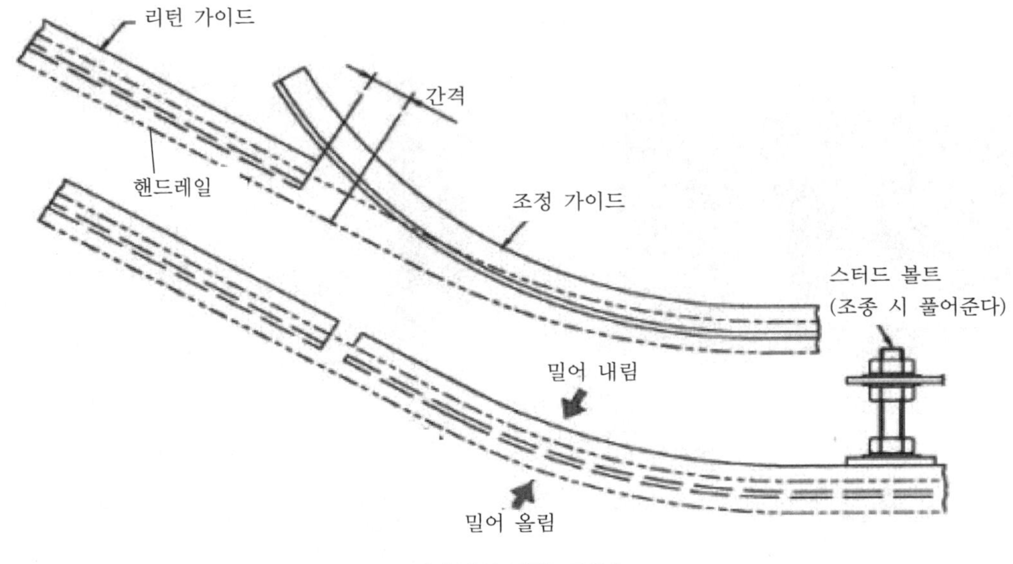

‖ 손잡이 장력 조정 ‖

3 손잡이 시험 구동

① 핸드레일 상부 구동이면 상부 롤러 부분과 구동부 마찰 롤러의 구동 상태를 점검한다.
② 핸드레일 구동 오차가 감지되면 상부 롤러 파트의 볼트를 이용하여 수직 조정을 실시한다.
③ 상부 롤러를 외측, 내측으로 이동시키면 핸드레일이 구동 롤러의 중앙으로 들어가게 되고 핸드레일이 하부 롤러 부분에서 경사진 부분으로 구동된다.
④ 핸드레일 가장자리에서 하부 롤러까지의 거리는 규정된 치수 이내로 하며, 하부 롤러를 조정하여 수직 오차를 조정한다.
⑤ 다음 하부 롤러 그룹이 내외부로 이동하면, 핸드레일이 하부 롤러 그룹쪽으로 통과할 때 그 값이 규정치수 이내인지 확인한다.
⑥ 핸드레일 하부 구동이면 핸드레일이 하부 롤러쪽에 있을 때 값이 규정치수 이내인지 확인한다.
⑦ 핸드레일 위치가 상부 구동일 때와 일치하도록 가이드 베어링을 이용해서 조정한다.
⑧ 핸드레일 하부 코너 롤러 조정은 에스컬레이터가 구동하면 핸드레일 하부 코너의 롤러에서 핸드레일 구동 상태를 점검한다.
⑨ 핸드레일이 중심선에서 구동되지 않으면, 볼트를 해제한 후 하부 롤러를 조정한다.

출제 03 난간 상부의 손잡이 가이드

1 손잡이 가이드

① 손잡이는 가이드에서 상하좌우로 자유롭게 움직여야 한다.

② 핸드레일 원단은 가이드에 닿아 있으며, 항상 소량의 마모가 발생된다.

③ 마모에 의한 과도한 먼지는 과한 핸드레일 장력/구동력 또는 노후화로 인한 재료 파손의 징후가 된다.

④ 가이드를 진공 청소하여 이물질을 제거한 다음 시스템의 다른 곳에 쌓였을 수 있는 분진 등을 주의 깊게 검사한다.

┃ 분진 현장 ┃

⑤ 핸드레일은 일반적으로 구동력, 굽힘 및 가이드 마찰로 인해 주변 온도보다 5℃ 더 따뜻하게 작동된다.

⑥ 핸드레일이 5℃ 증가를 초과하기 시작하면 과도한 마찰 또는 과도한 구동력이 핸드레일에 적용된 것이므로 조정한다.

⑦ 핸드레일은 최소한의 접촉력으로 부유해야 하다

2 굽힘 반경 한계

굽힘 반경은 적절한 롤러 배치 및 간격으로 제어할 수 있다.

┃ 밀접된 롤러 ┃

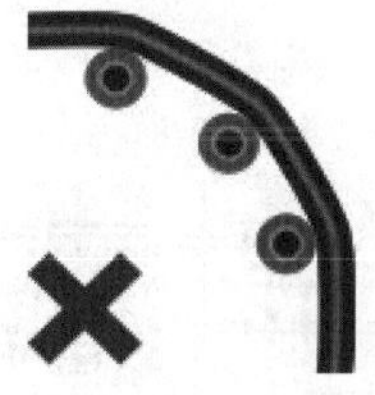

┃ 넓게 배치된 롤러 ┃

(1) 밀접하게 배치된 롤러

① 하나의 큰 반경 생성

② 핸드레일의 스트레스 감소

③ 더 긴 수명

(2) 넓게 배치된 롤러

① 여러 개의 작은 반경 생성

② 가이드와 접촉면의 응력 증가

③ 수명 단축

제6절 | 체인 설치 및 부품 교체

출제 01 체인 설치

1 디딤판 체인(step chain)

스텝체인은 스텝을 주행시키는 역할을 하며, 에스컬레이터의 좌우 양측에 설치된다.

(1) 체인의 모양 및 구성품의 기능

① 분할핀형

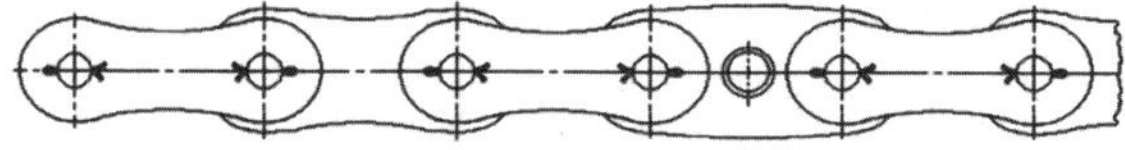

② 리벳형

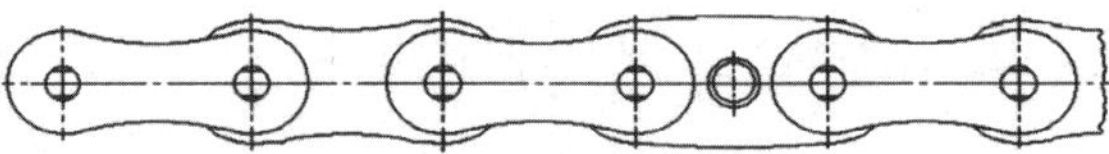

③ 기타형

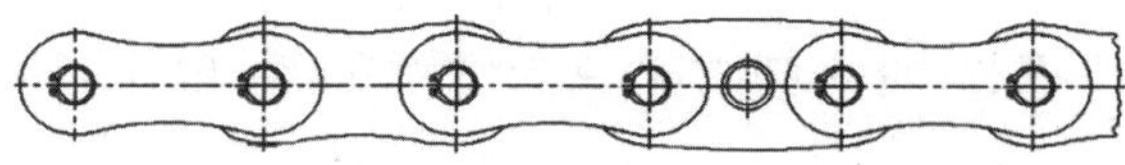

④ 강재형

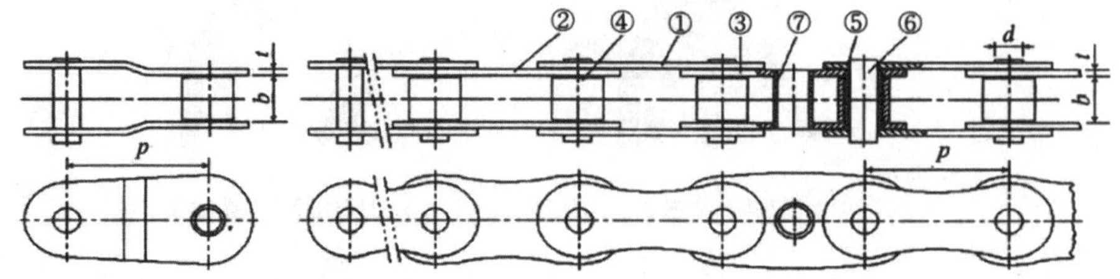

⑤ 고무형

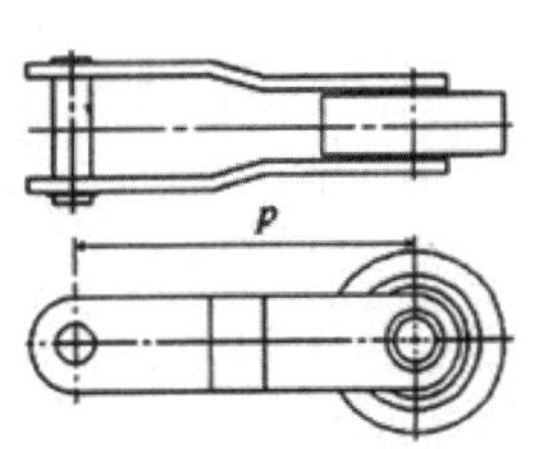
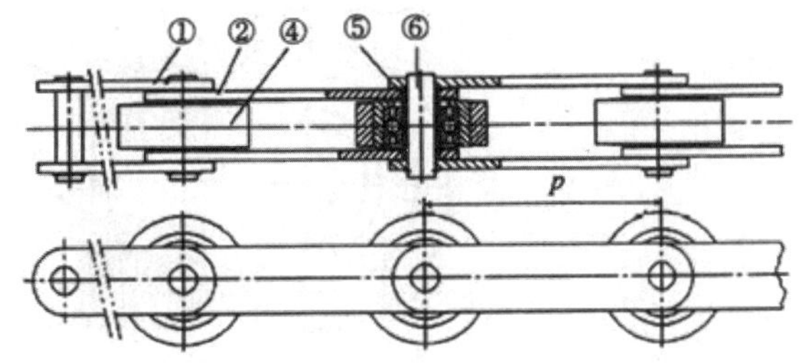

(2) 구성품의 명칭, 모양 및 기능

번 호	명 칭	모 양		비 고
		강재형	고무형	
①	핀 링크판			핀과 압입되어 체인 회전 시 발생되는 파단 및 충격을 견딜 수 있는 인장강도, 내충격성 및 내피로성이 있어야 한다.
②	롤러 링크판			부시와 압입되어 체인 회전 시 상시 장력 및 충격하중이 가하여지는 부품으로, 내마멸성 및 내충격성이 있어야 한다.
③	디딤판 링크판		−	기능은 내판과 동일하나, 축을 연결할 수 있도록 디딤판 링크판 가운데에 부싱을 조립해야 한다.
④	롤러			스프로켓과 접촉 시 충격 완화 및 체인에 가하여지는 충격으로부터 체인을 보호하므로 압축강도, 피로강도 및 내마멸성이 있고, 고무 재질 롤러의 경우는 접착강도, 내유성도 있어야 한다.
⑤	부시			양끝은 롤러 링크판과 압입 조립되어 있고, 내·외측은 핀 및 롤러와 회전 부위이므로 마멸이 가장 심한 부품이다. 스프로켓과 체인의 접촉 시 발생되는 충격이 롤러를 통하여 직접 핀으로 전달되지 않도록 완충 역할을 하므로 내마멸성 및 내피로성이 있어야 한다.
⑥	핀			양끝은 핀 링크판과 압입, 리베팅으로 조립되어 있고, 체인에 전달되는 대부분의 하중을 흡수하여 부시와의 회전 마찰로 마멸 현상이 크므로, 강인성 및 내마멸성이 있어야 한다.
⑦	축 부시		−	디딤판 링크판에 압입 조립되어 있고, 좌·우측의 체인을 연결하기 위한 축과 직접 연결할 수 있도록 되어 있다.

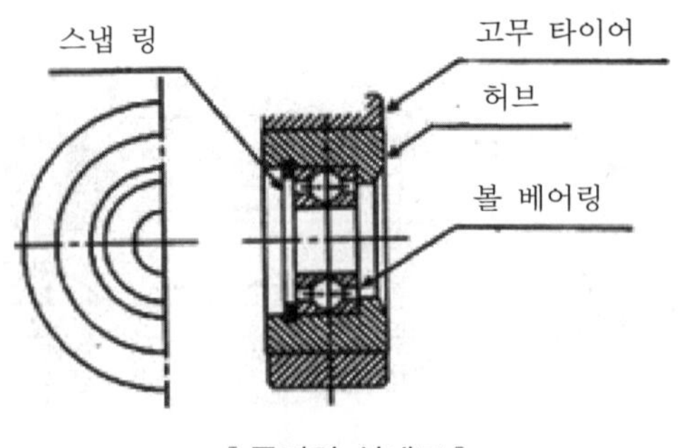

┃ 롤러의 상세도 ┃

2 디딤판 체인의 구조

① 핀 링크 : 2개의 핀이 2장의 링크판에 압입되어 형성된 구성체를 뜻한다.

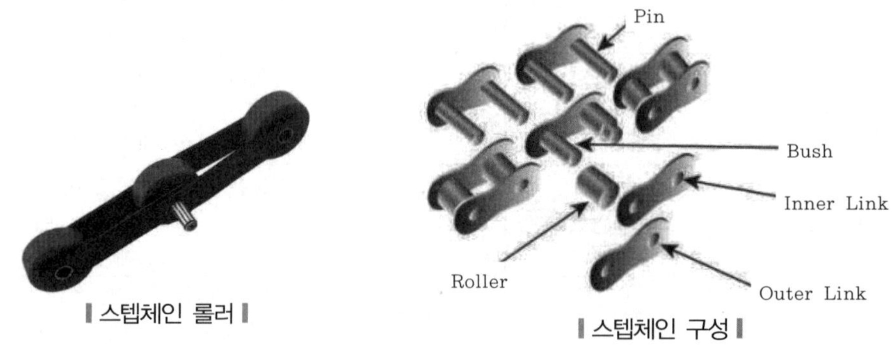

┃ 스텝체인 롤러 ┃

┃ 스텝체인 구성 ┃

② 롤러 링크 : 2개의 부시가 2장의 롤러 링크판에 압입되어, 부시의 바깥쪽에서 롤러가 회전할 수 있도록 끼워져 형성된 구성체를 뜻한다.

③ 이음 링크 : 2개의 이음판이 한 끝은 핀 링크판에 압입되고, 다른 끝은 쉽게 **빼낼** 수 있도록 이음 링크판에 끼워져 형성된 구성체이며, 체인의 접합부에 사용되는 것을 뜻한다.

④ 유닛 : 디딤판 또는 팰릿 1개로 구성된 체인 구성체를 뜻한다.

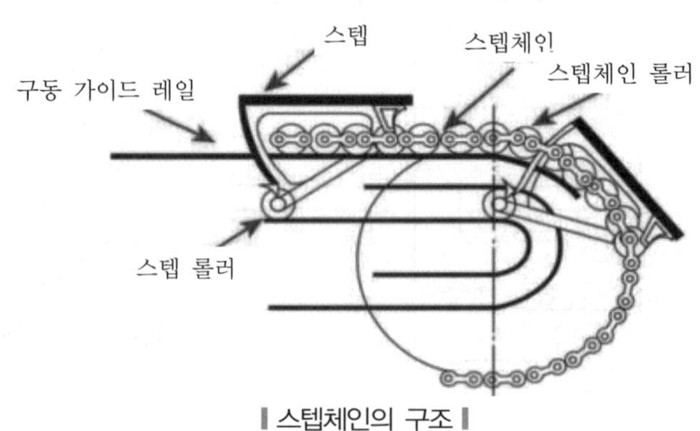

┃ 스텝체인의 구조 ┃

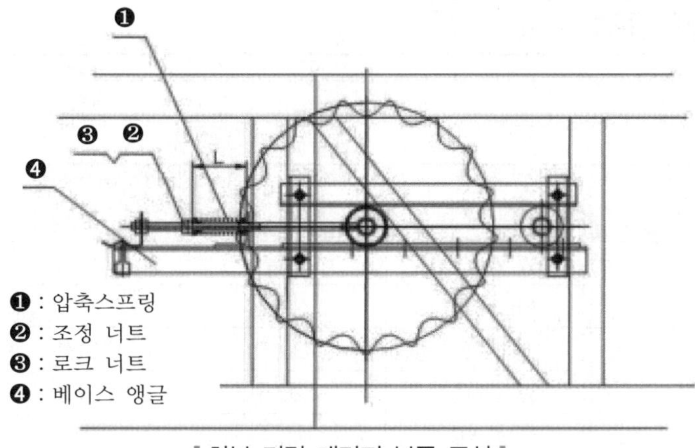

┃ 하부 리턴 캐리지 부품 구성 ┃

3 디딤판 체인의 연결 및 조정

① 에스컬레이터 스텝체인은 공장에서 사전 조립되어 장력을 조정하고 품질검사 후 출하되지만, 설치작업에서도 장력 조정 너트를 이용하여 장력을 반드시 재조정하고 측정하여야 한다.

② 트러스 내부의 이물질을 제거하고, 체인을 연결한다.

③ 하부 기계실에서 좌우 양쪽의 스텝체인 인장 스프링의 너트는 렌치를 사용하여 체결용 스프링을 느슨하게 풀고 스프링을 압축시킨다.

④ 스텝체인의 장력 조정은 하부 기계실의 Return Carriage 내에서 조정하여야 하고, 적정 수준의 장력은 압축 스프링 길이 "L"로 조정범위가 유지되도록 하여야 한다.

⑤ 스프링 치수를 조정한 후 너트를 돌려 단단히 고정한다.

⑥ 에스컬레이터의 구동을 방해하는 이물질 및 장애물을 제거하는 등 깨끗이 청소한다.

⑦ 스텝체인을 조정한 후에 유지보수 짐검박스를 사용할 수 있도록 에스컬레이터를 친친히 가동시킨다.

⑧ 하부 수평 부분의 콤 플레이드에 스딥이 위치하지 않도록 하고 양측 패널을 당긴 상대에서 좌우의 스프링 간격을 체크한다. 허용 오차는 0.5mm이며, 좌우가 불일치하면 좌우 간격이 동일해질 때까지 스텝체인 텐션 스프링을 조정한다.

⑨ 구동 후, 스텝체인 텐션 스프링이 느슨해지는 것을 방지하기 위해 압축된 스프링을 너트를 이용해서 단단히 고정하고 조정을 마무리한다.

⑩ 에스컬레이터를 설치하고 천천히 구동시켜, 스텝의 운전 상태를 점검한다.

⑪ 유지보수 점검 작업 시에도 스텝이 해체된 상황에서는 에스컬레이터를 가동시켜서는 안 된다.

출제 02 체인 규격

1 체인의 치수

축간 거리	피치 p	안나비 b (최소)	핀 바깥지름 d (최소)	링크판 두께 t (최소)
406.4±1.0	67.7±0.1	20.5	11.1	4.3
	135.3±0.2	22.1	11.1	4.3
410.4±1.0	68.4±0.1	20.5	11.1	4.3
	82.1±0.1	20.5	11.1	4.8
	102.6±0.1	22.1	12.7	4.8
	136.8±0.1	22.1	14.2	4.8

① 겹판형 링크판은 한쪽의 링크판을 합한 두께 적용
② 실제 치수는 사용된 형식에 따르지만 주어진 치수를 초과하지 않는 것이 바람직하고, 제조자로부터 구매자가 얻을 수 있는 세부사항을 따르는 것이 좋다.

2 재료

(1) 안전율

① 디딤판 체인은 일반적으로 무한 피로수명으로 설계되어야 한다.
② 체인의 안전율은 KS B 6853에 적합하고 각 체인의 절단에 대한 안전율이 5 이상이어야 한다.

(2) 허용공차

① 편차 : 전후 축구멍 사이에서 마주 보는 상대측과의 어긋남(편차)은 0.6mm 이내이어야 한다.
② 틈새 : 바깥쪽 링크와 안쪽 링크와의 틈새 합계는 0.5~1.5mm이어야 한다.
③ 간극 : 핀 바깥지름과 부시 안지름 사이의 간극은 0.02mm 이상이어야 한다.

3 성능

① 인장강도 : 시험방법에 의한 체인의 최소 인장강도(설계 보증 강도)는 체인에 구성된 링크판과 핀 등의 재질, 경도 값에 따른 인장하중 및 전단하중에 근거한 계산식으로 증명되어야 한다.
② 길이 : 체인의 길이 허용차는 기준 길이의 +0.1%로 한다.
③ 편차 : 전후 축구멍 사이에서 마주보는 상대측과의 어긋남(편차)은 0.4mm 이내이어야 한다.
④ 공차 : 디딤판 체인의 축간거리의 정밀도는 0.4mm 이상 초과할 수 없다.
⑤ 내유성 : 고무 롤러를 100℃의 시험유(머신유)에 8시간 담가 두었을 때 중량변화는 -7~+5%, 경도변화는 ±6% 이하이어야 한다.

⑥ 디딤판 체인 롤러의 수명 : 디딤판 체인 롤러의 수명은 체인 스프로켓 지름의 휠에 속도 30m/min, 하중 1961N을 걸고 연속 운전하였을 때 2000분까지 고무의 갈라짐 및 떨어져 나감이 없어야 하며, 20000분까지 고무 접착면의 이탈이 없어야 한다.

제7절 | 전기장치 조립하기

출제 01 모터, 감속기, 브레이크

1 구동장치 및 브레이크

▮ 구동장치 ▮

(1) 구동장치의 개요

① 구동장치는 모터, 감속기, 구동체인, 스프로켓, 구동벨트, 브레이크로 이루어져 있는데, 일반적인 직입기동 방식은 키 스위치를 작동시키면 모터가 회전한다.

② 감속기는 엘리베이터의 기어식 권상기와 비슷하며 일정한 감속비로 감속하여 감속기 샤프트의 스프로켓으로 전달되며, 역회전의 위험을 방지하기 위하여 웜기어가 수로 사용되었지만, 최근에는 헬리컬 감속기를 채용하고 있다.

③ 감속기 스프로켓이 상부 스프로켓과 스텝체인 스프로켓을 회전시키는 역할을 한다.

(2) 구동기

① 스텝을 구동시키는 주 구동장치와 핸드레일을 구동하는 핸드레일 구동장치가 있다(서로 연동됨).

② 구동기(driving machine)는 로프식 엘리베이터의 권상기와 유사하여 권상기의 시브 대신에 스프로켓(sprocket)을, 로프 대신 체인을 사용한다.

③ 전동기로부터 감속을 위하여 감속기가 사용되며, 역회전 방지를 위해 웜기어, 헬리컬기어 (최근)를 사용한다.

④ 구동 전동기 축에는 드럼식 또는 디스크식의 브레이크 장치가 부착되어야 한다.

⑤ 모터 축에는 브레이크가 부착되어 있다. 브레이크의 형식은 엘리베이터와 같은 드럼식과 디스크식으로 전자 코일에 의해 운전 중에만 개방한다.

⑥ 브레이크의 힘은 일정하므로 승객이 탑승하지 않은 경우의 브레이크 제동거리는 상승 시와 하강 시가 동일하다.

⑦ 승객이 많이 탑승한 경우의 제동거리는 상승 시 짧고, 하강 시는 길게 정지한다(정격하중으로 하강 시 감속도 0.1g 이하로 감속 정지).

⑧ 엘리베이터의 경우에는 거의 볼 수 없지만 에스컬레이터에서는 기계실이 아래층 천장의 일부를 차지하고 있으므로 기계실이 길이 방향으로 길어지는 것을 줄이기 위해 입식머신을 사용하는 경우가 있다.

⑨ 입식머신의 기계실은 깊이를 증가시키므로 천장의 두께가 크지 않은 건물에서는 불합리하다. 또한 높은 양정의 에스컬레이터에서는 구동기가 커지고 기계실의 깊이가 점점 깊어지므로 엘리베이터와 같이 횡형으로 하는 것도 있다.

⑩ 에스컬레이터의 전동기 용량(P)

$$P = \frac{G \cdot V \cdot \sin\theta}{6,120 \cdot \eta} \times \beta [\text{kW}]$$

여기서, P : 에스컬레이터의 전동기 용량[kW]

G : 에스컬레이터의 적재하중[kg]

V : 에스컬레이터의 속도[m/min]

θ : 경사각도[°]

η : 에스컬레이터의 총효율[%]

β : 승객 승입률(0.85)

(3) 구동기 형식

① 입식 방식은 전동기가 감속기 위에 장착되어 있다.

② 횡형 방식은 전동기가 감속기의 측면에 장착되어 있다.

③ 에스컬레이터 구동기는 엘리베이터의 기어식 권상기와 유사하나 엘리베이터 권상기의 도르래 대신 구동체인용 스프로켓을 부착하여 스텝과 손잡이를 구동하고 있다.

④ 기계실 점유 공간을 작게 하기 위하여 대다수는 입식머신을 사용하며, 이는 기계실 깊이가 깊어야 한다. 층고가 낮은 건물의 경우, 엘리베이터와 같이 횡형 머신을 사용하여 모터 출력을 V벨트로 감속기에 전달하는 방식을 사용하고 있다.

⑤ 모터 축에는 에스컬레이터용 브레이크(드럼식, 디스크식, 밴드식)가 부착되어 있다.

| 입식 방식 |

| 횡형 방식 |

(4) 브레이크의 종류

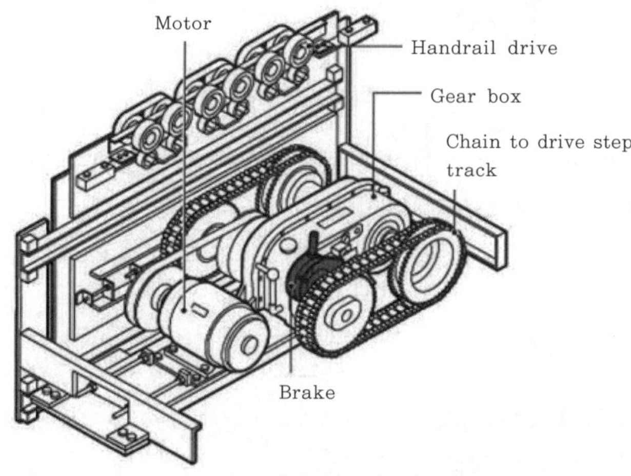

| 브레이크의 위치 |

① 드럼형 브레이크(drum brake)

   ㉠ 드럼 내부에는 브레이크 라이닝(마찰재)이 장착된 브레이크 슈가 있으며, 드럼 내부에서 드럼을 눌러 제동력(감속 및 정지)을 발생시킨다.

   ㉡ 브레이크 라이닝은 드럼의 안쪽 표면을 눌러 마찰을 생성하며, 이 마찰은 운동 에너지를 열에너지로 변환시킨다.

   ㉢ 드럼 회전은 슈와 라이닝을 더 큰 힘으로 드럼에 밀차시켜 디스크 브레이크에 비해 뛰어난 제동력이 발생되는 반면에 열에너지의 열이 대기 중으로 효율적으로 방출되도록 구성요소를 설계하는 것이 매우 중요하다.

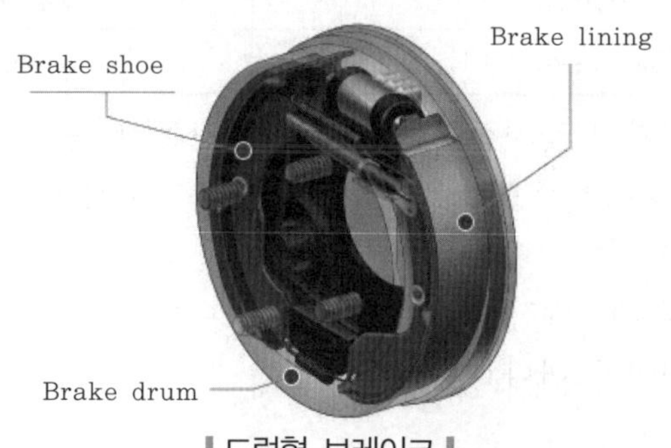

| 드럼형 브레이크 |

② 디스크형 브레이크(disc brake) : 회전하는 전동기 축에 붙어 있는 디스크에 원판형으로 되어 있는 슈(라이닝)가 접촉되어 구동기를 정지시키는 구조이다.

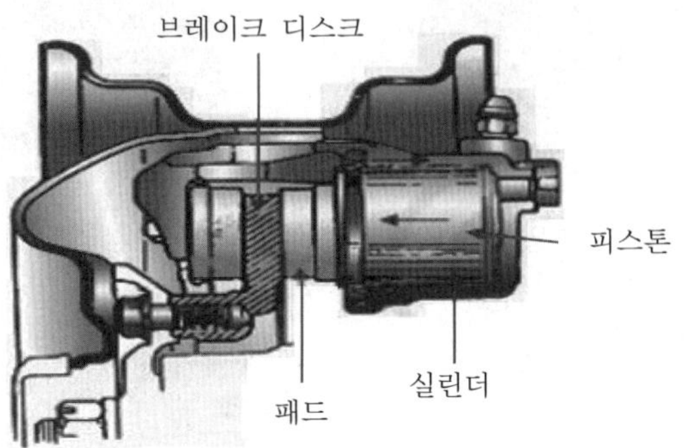

❘ 디스크형 브레이크 ❘

③ 밴드형 브레이크(band brake) : 회전하는 전동기 축에 고정되어 있는 원통형 드럼을 강철제 밴드로 감싸는 동작으로 밴드 내부의 브레이크 슈(라이닝)와 드럼이 접촉되어 정지시키는 구조이다.

2 브레이크 제동능력

(1) 브레이크의 제동부하 및 정지거리

① 에스컬레이터의 제동부하 결정

공칭 폭	스텝당 제동부하
0.6m 이하	60kg
0.6m 초과 0.8m 이하	90kg
0.8m 초과 1.1m 이하	120kg

② 에스컬레이터의 정지거리

공칭속도 v	정지거리
0.50m/s	0.20m부터 1.00m까지
0.65m/s	0.30m부터 1.30m까지
0.75m/s	0.40m부터 1.50m까지

㉠ 정지거리는 전기적 정지장치가 작동된 시간부터 측정되어야 한다.

㉡ 하강방향으로 움직이는 에스컬레이터에서 측정된 감속도는 브레이크 시스템이 작동하는 동안 1m/s^2 이하이어야 한다.

㉢ 측정 목적을 위해, 측정 감속신호는 4Hz 이하 통과 2극 버터워스 필터를 사용하여 대역이 제한되어야 한다.

③ 무빙워크의 제동부하 결정 : 여러 개의 경사(층고 차이)를 갖는 무빙워크 길이에 대한 제동부하 결정은 하강 운행부분만 고려되어야 한다.

공칭 폭	0.4m 길이당 제동부하
0.60m 이하	50kg
0.60m 초과 0.80m 이하	75kg
0.80m 초과 1.10m 이하	100kg
1.10m 초과 1.40m 이하	125kg
1.40m 초과 1.65m 이하	150kg

④ 무빙워크의 정지거리

　㉠ 무부하 상승, 무부하 하강 및 부하 상태 하강에 대한 경사형 무빙워크 정지거리는 아래 표에 따라야 한다.

　㉡ 무부하 및 부하 상태의 양방향에 대한 수평형 무빙워크에도 적용된다.

공칭속도	정지거리
0.50m/s	0.20m부터 1.00m까지
0.65m/s	0.30m부터 1.30m까지
0.75m/s	0.40m부터 1.50m까지
0.90m/s	0.55m부터 1.70m까지

- 정지거리는 전기적 정지장치가 작동된 시간부터 측정되어야 한다.
- 운행방향에서 하강방향으로 움직이거나 또는 수평으로 움직이는 무빙워크에서 측정된 감속도는 브레이크 시스템이 작동하는 동안 $1m/s^2$ 이하이어야 한다.
- 측정 목적을 위해 측정 감속신호는 4Hz 이하 통과 2극 버터워스 필터를 사용하여 대역이 제한되어야 한다.

3 안전장치 설치

(1) 역회전 방지장치

① 구동체인 안전장치

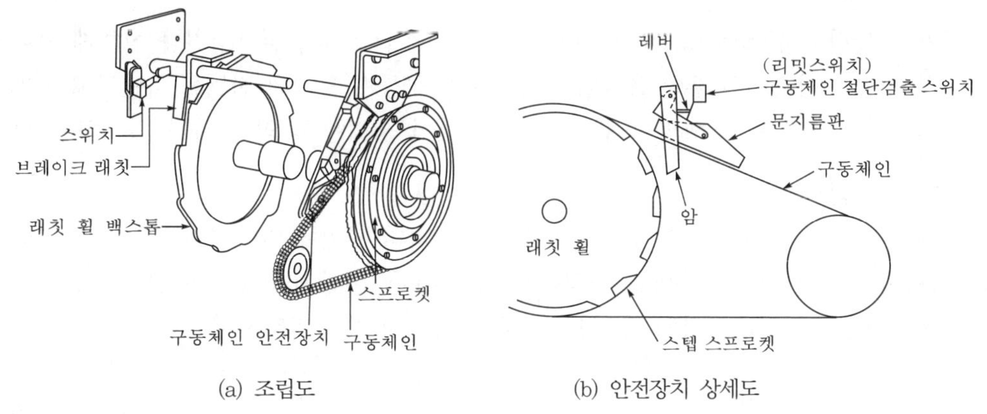

(a) 조립도　　　(b) 안전장치 상세도

┃구동체인 안전장치┃

㉠ 구동기와 주 구동장치(main drive) 사이의 구동체인이 상승 중 절단되었을 때 승객의 하중에 의해 하강 운전을 일으키면 위험하므로 구동체인 안전장치(driving chain safety device)가 필요하다.

㉡ 구동체인 위에 항상 문지름판이 구동되면서 구동체인의 늘어짐을 감지하여 만일, 체인이 느슨해지거나 끊어지면 슈가 떨어지면서 브레이크 래칫이 브레이크 휠에 걸려 주 구동장치의 하강 방향의 회전을 기계적으로 제지한다.

㉢ 안전스위치를 설치하여 안전장치의 동작과 동시에 전원을 차단한다.

㉣ 모든 구동부품의 안전율은 정적 계산으로 5 이상이어야 한다.

② **기계 브레이크** : 기계 브레이크는 어떠한 안전장치가 동작하였을 때 혹은 운행 정지를 위해 전원을 끌 때 모터의 관성으로 움직이는 것을 제지시키고, 혹시 승객이 있어도 역전하지 않도록 정지시키는 중요한 안전장치이다.

③ **과속조절기**

㉠ 승객이 너무 많이 탔거나, 혹은 전원이 결상되었을 경우에 모터의 토크가 부족하여 상승 운전 중에 하강을 하거나 하강 운전의 속도가 상승하는 일도 없지 않으므로 이에 대비하여 과속조절기를 모터의 축에 연결하는 경우도 있다. (결상에 대해서는 전기적으로 검출하는 제품도 있다.)

㉡ 과속조절기가 작동하면 전원을 끊고 기계 브레이크가 작동된다.

(2) 디딤판 체인 안전장치

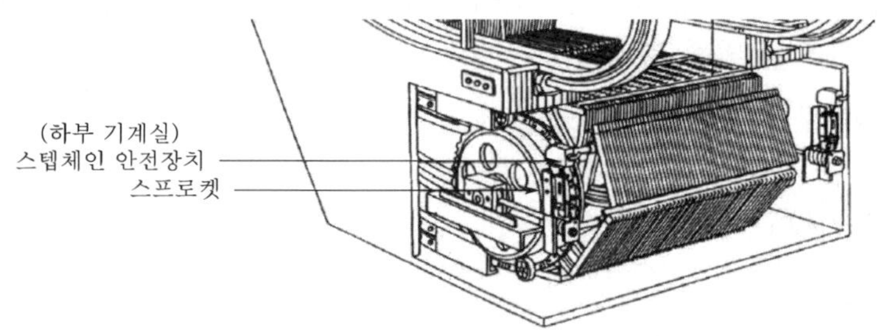

❘ 스텝체인 안전장치 ❘

스텝체인 안전장치(step chain safety device)는 스텝체인이 절단되거나 심하게 늘어날 경우 디딤판 체인 인장장치의 후방 움직임을 감지하여 구동기 모터의 전원을 차단하고 기계 브레이크를 작동시킴으로써 스텝과 스텝 사이의 간격이 생기는 등의 결과를 방지하는 장치이다.

(3) 손잡이 안전장치

손잡이가 현저히 늘어나면 손잡이 구동용 도르래와의 사이에 마찰력이 부족해져 스텝의 속도와 다르게 되거나 심할 경우에는 움직이지 않게 된다. 손잡이가 늘어난 것을 검출하여 일정량 이상이 되면 에스컬레이터의 운전을 정지시키는 것이 안전장치이다.

(4) 스텝체인 파단 감지장치

① 스텝체인이 절단되거나 늘어나 인장장치가 ±20mm를 초과하여 움직이기 전에 자동으로 구동기 및 브레이크에 공급되는 전원을 차단할 수 있도록 전기 스위치를 설치한다.

② 스텝체인의 장력을 잡아주는 스텝체인 장력장치에 스텝체인의 장력이 줄어들면 늘어나게 되는 압축 스프링을 조립한다.

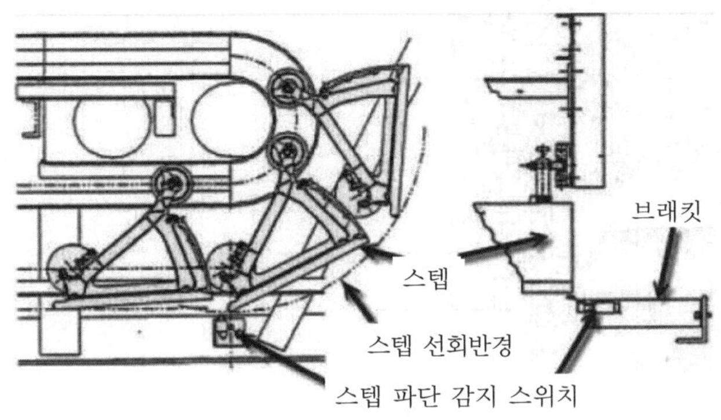

‖ 스텝 파단 감지 스위치 ‖

③ 스텝체인 파단 감지장치 설치 시 주의하여야 할 내용

　㉠ 인장 스프링 인장장치의 사용이 불가(압축 스프링 사용 가능)하다.

　㉡ 무게추를 사용한 인장장치는 무게추의 현수 수단이 파손되더라도 안전하게 유지되는 방법으로 설치한다.

(5) 기타 안전장치

① 손잡이 인레트스위치 조립

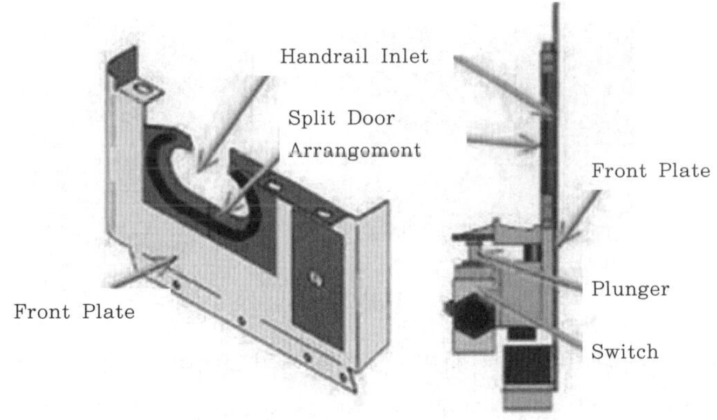

‖ 핸드레일 인레트 및 인레트스위치 ‖

　㉠ 손잡이 가이드 부분과 연결 부위 설치는 플렉시블 연결장치로 고정하여 손잡이를 설치한다.

　㉡ 손잡이 가이드 부분 및 기타 감지 기능은 가이드 위치, 개구부와 손잡이 주변 이격 위치를 요구 조건에 맞게 조정한다.

ⓒ 리밋스위치 접점과 브러시 연결 부위의 단차는 1mm 이내가 되도록 동작점을 조정한다.

ⓔ 전면부 페이스 플레이트를 설치한다.

ⓜ 손잡이 안으로 전면부 페이스 플레이트를 넣는다.

ⓗ 내측과 외측 데크 보드, 전면부 페이스 플레이트와 손잡이 가이드 부분을 점검한다.

ⓢ 전면부 페이스 플레이트의 고정 브래킷 높이를 조정한 후 나사로 전면부 페이스 플레이트와 내측, 외측 데크 보드를 단단히 고정한다.

② 스커트 가드 안전스위치 조립

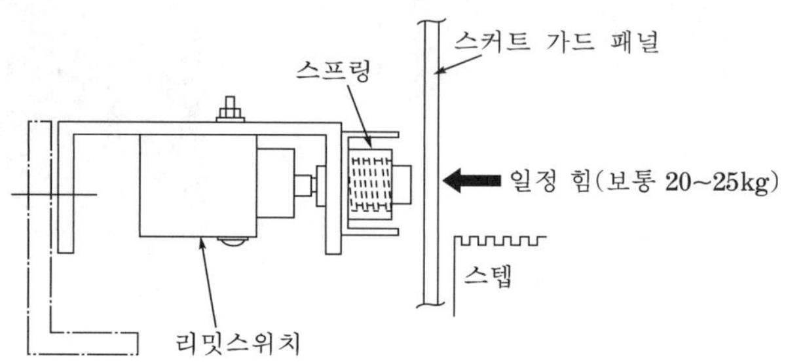

┃ 스커트 가드 안전스위치 ┃

㉠ 스커트 가드에 일정한 힘이 가해지면 안전스위치가 작동하도록 조립한다.

㉡ 끼인 물체가 상부 또는 하부의 콤 플레이트에 도달하기 전에 구동기와 브레이크의 전원을 차단하도록 회로를 결선한다.

㉢ 스텝의 상하부에서 수평하게 주행하는 위치에 설치한다.

③ **비상정지스위치** : 사고 발생 시 신속히 정지시켜야 하므로 상하의 승강구에 비상정지스위치를 설치한다.

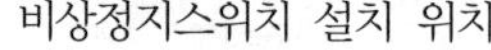

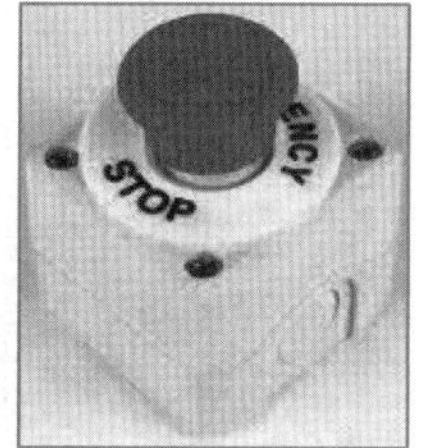

┃ 비상정지스위치 ┃

㉠ 비상시 에스컬레이터를 정지시키기 위해 설치되어야 하고 에스컬레이터 승강장 또는 승강장 근처에 눈에 띄고 쉽게 접근할 수 있는 위치에 있어야 한다.

㉡ 비상정지스위치는 전기안전장치이어야 한다.

㉢ 비상정지스위치에는 정상운행 중에 임의로 조작하는 것을 방지하기 위해 보호 덮개가 설치되어야 한다. 그 보호 덮개는 비상시에는 쉽게 열리는 구조이어야 한다.

출제 02 손잡이 구동장치 조립

1 손잡이 구동장치의 종류

(1) 손잡이 구동체계

① 난간이 스테인리스 패널형인 경우 이동 손잡이가 상하 승강구에서 반환하는 부분에 도르래 가 내측에 설치되어 있다.

② 상부 도르래와 같은 축 상에 스프로켓이 있고, 이동 손잡이 구동용 스프로켓과의 사이에 체인이 걸리고 있고, 에스컬레이터의 운전 시에는 스텝과 같은 속도로 이동 손잡이가 운전 된다.

③ 투명형의 에스컬레이터에서는 반환부도 투명하게 하기 위하여 도르래를 설치하는 대신 원 둘레에 따라 작은 도르래를 많이 끼워서 이동 손잡이 구동기구를 트러스의 하측부에 넣고 있다.

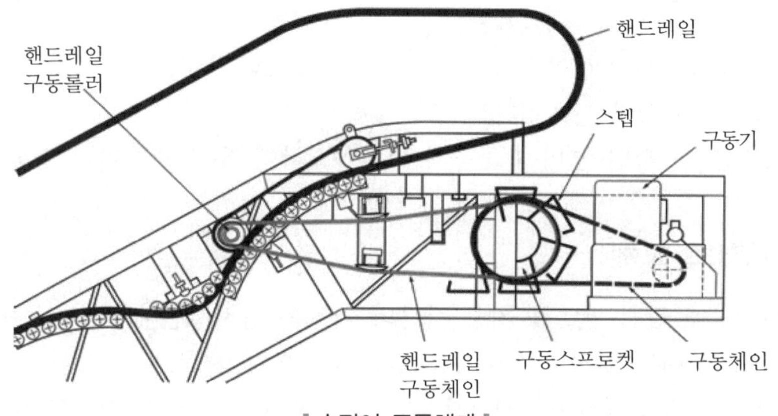

┃ 손잡이 구동체계 ┃

(2) 휠 타입(wheel-type)

① 휠 타입 구동장치는 주로 철도, 도로, 인공적인 트랙 등 휠이 움직일 수 있는 표면에서 사용된다.

② 일반적으로 원형의 휠이 사용되며, 휠은 구동장치의 하중을 지탱하고 이동을 가능하게 한다.

③ 휠은 표면과의 마찰을 이용하여 구동장치가 움직이는 동안 안정성과 지속적인 움직임을 제공한다.

④ 휠 타입의 장점은 비교적 간단한 구조와 적은 유지 보수 요구 사항이다. 또한 다양한 지형에 서 사용가능하다는 점도 있다.

⑤ 휠은 주로 평면 표면에서 작동하며, 울퉁불퉁한 지형이나 계단과 같은 장애물을 넘을 때는 한계가 있을 수 있다.

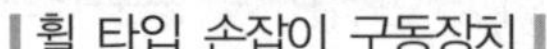

∥ 휠 타입 손잡이 구동장치 ∥

∥ 롤러 타입 손잡이 구동장치 ∥

(3) 롤러 타입(roller-type)

① 롤러 타입 구동장치는 일련의 롤러로 구성되어 있으며, 롤러는 표면에 접촉하여 움직인다.

② 롤러는 일반적으로 원통 모양이며, 구동장치의 하중을 분산시키고 마찰을 최소화하여 움직임을 원활하게 한다.

③ 롤러 타입은 특히 부드러운 표면이나 굴곡진 표면에서 작동하는 데 효과적이며, 컨베이어 벨트 시스템에서 많이 사용된다.

④ 롤러 타입의 장점은 지형의 규칙성에 구애받지 않으며, 높은 부담 하중과 속도에도 효과적으로 작동할 수 있다는 점이다.

⑤ 롤러 타입은 휠 타입에 비해 구조적으로 복잡하며 유지 보수가 복잡하다.

2 손잡이 벨트 교체

① 상부 진입구에 안전 펜스를 치고 사람의 이동을 정지시킨다.

② 상부, 하부 커버를 벗기고 수동 리모컨을 연결한다.

③ 수동 리모컨을 운전하여 디딤판/팔레트 5장을 제거하고 6장을 이동시킨 후 추가로 5장의 디딤판(step)/팔레트를 제거한다.

④ 제거된 디딤판(step)/팔레트를 상방향으로 이동시킨 후 핸드 휠 방향의 가이드 레일 1, 4번에 동일선상으로 일치시킨다.

⑤ 메인스위치(전원)를 차단시킨다.

⑥ 체결 볼트를 전량 풀어낸 후 내부 데크 플레이트를 해체한다.

⑦ 손잡이 벨트(하부 R) 부위를 중앙 데크에서 이탈시킨다.

⑧ 스커트 패널을 지지하고 있는 패널 지지대의 너트를 푼 후 좌 또는 우측으로 해머(소형)를 이용하여 이동시킨 후 상방향으로 빼낸다.

⑨ 중부 스커트 패널 분해 시 어느 한 지점(하부 R)을 지난 첫 번째 패널을 기준점으로 설정하고 설정된 패널은 분해하지 말고 다른 패널 분해가 완료된 후 기존 손잡이를 최종으로 빼내기 전 신규 손잡이를 먼저 취부 후 기준점인 패널의 상단부를 지정한 다음 스커트 패널 취부 부착 후 스커트 패널 지지대와 너트를 정확하게 취부한 다음 기존 스커트 패널을 해체한다.

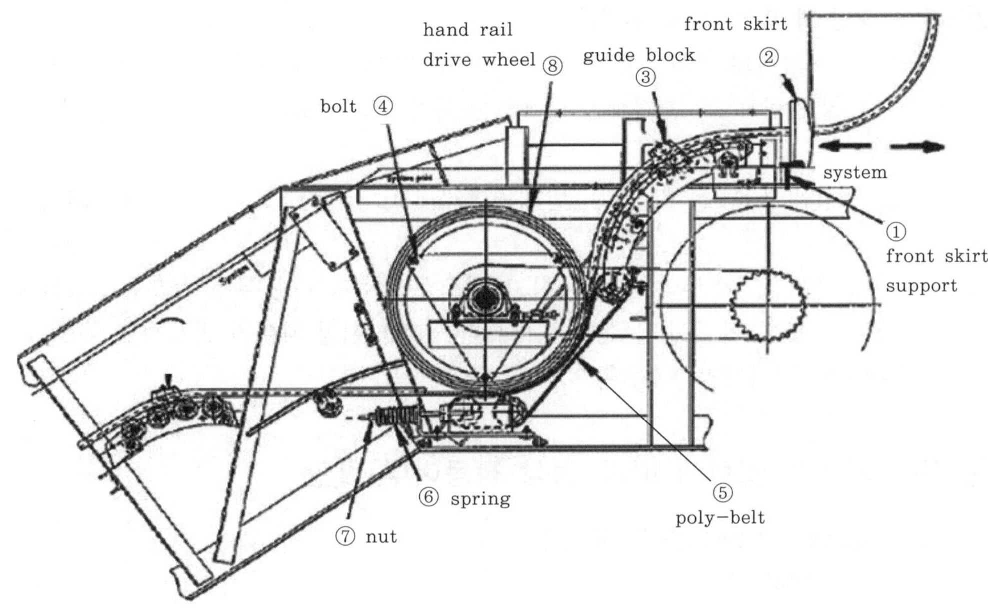

▌ 손잡이 시스템 ▌

⑩ 콤 플레이트에 취부된 앞쪽 스커트 지지대의 하단부 너트를 회전시켜 느슨하게 푼 후 앞쪽 스커트를 왼쪽 방향으로 해체한다.

⑪ Guide Roller Complete와 Roller Holder을 지지하고 있는 볼트를 느슨하게 푼 후 상방향으로 이동시킨다.

⑫ Roller Block Complete와 Roller Holder을 지지하고 있는 볼트를 느슨하게 푼 후 상방향으로 이동시킨다.

⑬ 콤 플레이트에 취부된 앞쪽 스커트 지지대의 하단부 너트를 회전시켜 느슨하게 푼 후 앞쪽 스커트를 오른쪽 방향으로 해체한다.

⑭ Comb Plate Support을 지지하고 있는 육각 볼트를 전량 풀어낸 후 하단부의 지지내를 상방향으로 올린다.

⑮ Poly V-Belt를 느슨히게 푼다.

⑯ 손잡이 드라이브 휠을 지지하고 있는 삼각 판의 볼트를 풀어낸 후 Out쪽으로 친 후 이탈 시 전후 상방향으로 끌어 올린다.

⑰ 신규 손잡이 밸트를 역순으로 조립한 후 시운전한 다음 이상 유무를 확인하고 주변 정리 후 철수한다.

■3 정상적인 교체여부 확인

(1) 작업완료 사항 확인

손잡이 교체 작업 절차에 따라 작업완료 사항을 확인하도록 한다.

(2) 승강기 검사 기준에 따른 부합여부 확인

① 각 난간의 꼭대기에는 정상운행 조건 아래에서 디딤판, 팔레트 또는 벨트의 실제 속도와 관련하여 동일 방향으로 −0%에서 +2%의 공차가 있는 속도로 움직이는 손잡이가 설치되어야 한다.

② 손잡이는 정상운행 중 운행방향의 반대편에서 450N의 힘으로 당겨도 정지되지 않아야 한다.

③ 손잡이 속도감시장치가 설치되어야 하고 에스컬레이터 또는 무빙워크가 운행하는 동안 손잡이 속도가 15초 이상 동안 실제 속도보다 −15% 이상 차이가 발생하면 에스컬레이터 및 무빙워크를 정지시켜야 한다.

4 손잡이 시운전 절차에 따라 정상 작동여부 확인

(1) 에스컬레이터를 UP, DOWN 운전하여 점검

① 손잡이 벨트와 외부 기기와의 접촉 여부

    ㉠ 핸드 레일 벨트가 운행 시 가이드 블록과 마찰이 발생하지 않도록 좌우측의 틈새를 조정한다.

    ㉡ Support Roller와 벨트가 접촉하면서 운행 중 한쪽으로 쏠림 현상이 발생하여 H/R Drive Wheel에 접촉되면서 Handrail Belt의 깎임 현상이 발생할 경우에는 Support Roller 표면의 수평이 불균등하여 쏠림 현상이 발생한다.

② 곡선 부위의 과부하 여부

③ 에스컬레이터 기동 시 운전 방향과 동일 방향으로의 진동 여부

(2) 10분간 UP, DOWN 운전하여 이상 여부 확인

① 에스컬레이터를 UP 운전(1회전 이상) 후 정지시킨 다음 곡선부에서의 열 발생 상태를 본다.

② 손잡이 장력을 측정하여 장력을 조정한다.

출제 03 각종 전기안전장치 조정

1 전기장치 설치 및 조정

(1) 전원

전원은 분전반에서 에스컬레이터 스위치로 공급되어야 한다.

(2) 조명 및 전원 소켓

조명, 전원 소켓은 반드시 에스컬레이터 주 회로와 별도로 공급되어야 한다.

(3) 절연 및 접지

① 조명 절연저항

ⓐ 손잡이 조명이 적합하게 설치되어 있고, 절연저항이 1MΩ 이상인지 확인한다.

ⓑ 스커트 가드 조명이 적합하게 설치되어 있고, 절연저항이 1MΩ 이상인지 확인한다.

ⓒ 콤 조명이 적합하게 설치되어 있고, 절연저항이 1MΩ 이상인지 확인한다.

ⓓ 디딤판 하부 조명이 적합하게 설치되어 있고, 절연저항이 1MΩ 이상인지 확인한다.

② 접지, 전동기 절연저항 및 배선

ⓐ 전동기 절연저항이 1MΩ 이상인지 확인한다.

ⓑ 제어반에는 접지가 되어 있는지 확인한다.

ⓒ 정전기 방지조치는 적합한지 확인 : 정전기를 방전시키는 수단(예 정전기 방지 브러시)이 제공되어야 한다.

ⓓ 주 개폐기는 적합한지 확인

ⓐ 구동기 근처나 순환장소 또는 제어장치의 근처에는 전동기, 브레이크 개방장치 및 활성화된 제어회로에 공급되는 전원을 차단할 수 있는 주 개폐기가 설치되어야 한다.

- 이 개폐기는 점검 등 유지관리 업무에 필요한 콘센트 또는 전기조명회로에 공급되는 전원을 차단시키지 않아야 한다.

- 난방시스템, 난간 조명 및 콤 조명과 같은 보조설비에 별도의 전원이 공급될 때, 각각 독립적으로 차단되는 것이 가능해야 한다.

- 해당 개폐기는 주 개폐기와 가깝게 위치되어야 하고 확실히 구별되도록 표시되어야 한다.

ⓑ 주 개폐기는 외부인의 부주의한 작동을 방지하기 위해 "구획된" 장소에 자물쇠 또는 이와 동등한 것을 사용한 잠금장치가 있어야 한다. 주 개폐기의 조작장치는 문 또는 트랩문이 열린 후 쉽고 빠르게 접근 가능한 위치에 있어야 한다.

ⓒ 주 개폐기는 에스컬레이터 또는 무빙워크의 정상적인 운전조건에서 수반되는 최대 전류를 차단할 수 있어야 한다.

ⓓ 여러 대의 에스컬레이터 또는 무빙워크의 주 개폐기가 함께 있을 때 각각의 에스컬레이터 또는 무빙워크의 주 개폐기가 쉽게 구별되도록 표시되어야 한다.

▩2 손잡이 구동체인 텐션조정장치

주 구동상치와 연결되어 손잡이 스텝의 이동 방향과 동일한 속도로 움직이게 하는 장치로 구동 롤러와 압축 롤러 사이에 손잡이가 밀착되어 구동되며, 조절방법은 다음과 같다.

① 텐션조정장치 확인 : 텐션조정장치 위치를 확인한다.

② 조정도구 확인 : 텐션조정에 필요한 도구를 확인한다.

③ 안전 조치 : 작업 전 승강기 시스템 안전장치 이상 유무를 확인하고, 안전장비를 착용한다.

④ 텐션 조절 : 텐션조정장치를 사용하여 천천히 구동체인의 텐션을 늘리거나 줄이며, 시계 방향으로 돌리면 텐션을 늘리고, 반시계 방향으로 돌리면 텐션을 줄일 수 있다. 텐션을 조절할 때는 조정도구를 사용하여 점진적으로 작은 변화를 가하고, 텐션이 적절한 수준에 도달할 때까지 확인하면서 조절한다.

⑤ 확인 : 텐션을 조절한 후에는 승강기 시스템을 다시 활성화하고, 작업 후 설비가 제대로 작동하는지 확인한다. 구동체인이 너무 느슨하거나 너무 긴장되지 않도록 텐션을 조절해야 한다.

▇3 전기안전장치(안전기준)

(1) 유지점검 및 보수용 정지스위치

① 구동 및 순환장소에 유지보수 정지장치는 적합한지 확인한다.

② 구동 및 순환장소에는 정지장치가 설치되어야 한다.

③ 디딤판의 이용자 측면과 순환선상 사이 또는 순환장소 외부에 배치된 구동장치가 있는 에스컬레이터 및 무빙워크에는 구동장치 구역에 추가적으로 정지장치가 설치되어야 한다.

④ 정지장치의 액추에이터 위치는 명확하고 영구적으로 표시되어야 하며, 안전접점의 상태는 안전장치에 명확하게 표시되어야 한다.

⑤ 특별한 경우 : 주(전원) 개폐기가 구동장치 구역에 있는 경우 정지장치는 설치할 필요가 없다.

(2) 비상정지장치

① 비상정지장치는 승강장 또는 승강장 근처에 설치되어 유지되고 있는지 확인한다.

　㉠ 정지장치의 액추에이터가 작동될 때, 비상상황 시 에스컬레이터 또는 무빙워크를 정지시키기 위한 비상정지장치를 설치해야 한다.

　　ⓐ 정지장치의 액추에이터는 에스컬레이터 또는 무빙워크의 각 승강장 또는 승강장 근처에 눈에 띄고 쉽게 접근할 수 있는 위치에 있어야 한다.

　　ⓑ 승강장에서 정지 스위치는 디딤판 바깥구역에서 접근 가능해야 한다.

　　ⓒ 정지 스위치가 난간높이의 중간 이하에 위치하는 경우, [그림](정지 장치 표시 예)에 따른 다음 특징을 가진 표시가 난간의 안쪽에 위치해야 한다.

▮ 정지 장치 표시 예 ▮

- 지름 80mm 이상
- 적색 바탕
- 흰색 글씨로 "정지"(필요시 다른 언어 병기 가능)라고 표시
- 난간높이의 중간 이상에 위치
- 정지장치를 가리키는 화살표(난간높이의 중간 이하에 위치할 수도 있음)
- 비상정지장치 사이의 거리는 다음과 같아야 한다.
  - 에스컬레이터의 경우에는 30m 이하이어야 한다.
  - 무빙워크의 경우에는 40m 이하이어야 한다.
- 필요한 경우 추가적인 정지장치는 거리를 유지하도록 설치되어야 한다.

ⓛ 비상정지장치는 안전스위치의 기준에 따른 안전장치이어야 한다.

ⓐ 안전스위치의 작동은 접점의 확실한 기계적 분리에 의해 작동되어야 한다.
- 확실한 기계적 분리는 접점이 서로 융착되더라도 이뤄져야 한다.
- 움직임의 중요한 부품인 가동접점과 작동력이 작용하는 액추에이터 부품 사이에 탄성요소(스프링 등)가 없는 것처럼 모든 접점이 개방위치로 이동할 때, 확실한 기계적 분리가 이루어져야 한다.
- 결함이 있는 부품으로 인한 단락의 위험을 최소화 할 수 있도록 설계되어야 한다.

ⓑ 안전스위치의 외함이 IP4X 이상의 보호등급(국제보호 IP등급으로, 1.0mm 이상의 교체 이물질이 내부로 들어오지 못하도록 보호하는 등급)인 경우에는 정격 절연전압 250V, IP4X 미만의 보호등급인 경우에는 정격 절연전압 500V에 대해 안전스위치를 제공해야 한다.

ⓒ 안전스위치는 다음과 같은 범주에 포함되어야 한다.
- 교류회로에 있는 안전스위치 : AC−15(전자석 부하제어에 사용되는 접점)
- 직류회로에 있는 안전스위치 : DC−13(스위치, 접촉기, 릴레이 등 제어기기의 사용)

(3) 과부하(전류 증가)

① 전동기 과부하장치가 작동하면 전동기에 공급되는 전원이 차단되고, 수동으로 재설정할 때까지 기동되지 않는지 확인한다.

② 주 전원에 직접 연결된 전동기는 모든 전도체에서 전동기에 공급되는 전원을 차단하고 수동 재설정이 가능한 자동 회로차단기에 의해 과부하가 보호되어야 한다.

(4) 과부하(온도 증가)

① 전동기 과부하장치가 온도상승에 의해 작동하면 에스컬레이터 또는 무빙워크가 정지되는지 확인한다.

② 과부하의 검출이 전동기 권선의 온도상승에 의해 작동될 때, 보호장치는 충분히 냉각된 후에 자동으로 접점이 닫히는 것이 허용된다. 다만, 아래 ㉠의 조건하에서만 에스컬레이터 또는 무빙워크가 재기동하는 것이 가능해야 한다.

　　　㉠ 사용 및 기동 – 수동 조작
　　　　ⓐ 에스컬레이터/무빙워크의 사용 및 기동은 사용자가 없어도 가능하며 권한이 있는
　　　　　사람만이 1개 이상의 스위치(예 열쇠로 작동되는 스위치, 탈부착 레버가 있는 스위
　　　　　치, 잠글 수 있는 보호 덮개가 있는 스위치, 원격 기동장치)에 의해서만 유효해야
　　　　　하고, 콤 교차선 바깥쪽에서 닿을 수 있어야 한다.
　　　　ⓑ 이러한 스위치는 주 개폐기처럼 동시에 작동하지 않아야 한다.
　　　　ⓒ 스위치를 조작하는 사람은 작동 전에 디딤판에 이용자 및 물건이 없는지 시각적
　　　　　또는 다른 수단에 의해 확인할 수 있어야 한다.
　　　　ⓓ 스위치의 표시는 운행방향을 명확하게 구분할 수 있어야 한다.
　　　　ⓔ 기동 스위치는 정지스위치에서 손이 닿을 수 있는 곳에 위치해야 한다.
　　　㉡ 원격 기동장치에 대해서도 상기의 기준이 적용되어야 한다.

(5) 과속감지

에스컬레이터 또는 무빙워크는 과속이 발생하면 정지되고, 수동으로 재설정할 때까지 정지상
태로 유지되는지 확인한다.
① 속도가 공칭속도의 1.2배를 초과하기 전에 과속을 감지할 수 있는 장치가 제공되어야 한다.
② 과속을 방지하도록 설계된 경우 이 기준은 무시해도 된다.

(6) 의도되지 않은 운행 방향의 역전

① 에스컬레이터 또는 경사형 무빙워크는 의도되지 않은 운행 방향의 역전이 발생하면 정지되
　고, 수동으로 재설정할 때까지 정지상태로 유지되는지 확인한다.
② 에스컬레이터와 경사형($a \geq 6\,°$) 무빙워크의 의도되지 않은 역전을 즉시 감지할 수 있는
　장치가 제공되어야 한다.

(7) 보조 브레이크의 미작동 감지

① 에스컬레이터 또는 경사형 무빙워크는 보조 브레이크가 정상적으로 작동되지 않으면 정지
　되는지 확인한다.
② 에스컬레이터 또는 경사형 무빙워크 기동 후 보조 브레이크의 미작동을 감지할 수 있는
　장치가 제공되어야 한다.

(8) 인장장치의 과도한 움직임

디딤판 체인 인장장치의 전기안전장치가 작동하면 「에스컬레이터 안전기준」, ①, ② 및 ③에
따라 에스컬레이터 또는 무빙워크가 정지되고, 수동으로 재설정할 때까지 정지상태로 유지되
는지 확인한다.
① 디딤판 체인은 지속적으로 인장되어야 한다.
　㉠ 인장장치의 움직임을 감지하기 위해 안전장치 또는 안전기능이 제공되어야 한다.
　㉡ 인장방식의 스프링은 인장장치로 허용되지 않는다.
　㉢ 무게추가 인장을 위해 사용될 때 무게추의 현수수단이 파손되더라도 안전하게 유지되
　　어야 한다.

② 벨트는 드럼에 의해 구동되어야 하고 지속적이며 자동으로 인장되어야 한다.

 ㉠ 인장장치의 움직임을 감지하기 위하여 안전장치 또는 안전기능이 제공되어야 한다.

 ㉡ 인장방식의 스프링은 인장장치로 허용되지 않는다. 무게추가 인장을 위해 사용될 때 무게추의 현수수단이 파손되더라도 안전하게 유지되어야 한다.

③ 구동장치와 인장장치 사이의 거리가 20mm를 초과하는 의도되지 않은 연장 또는 감소 움직임을 감지하기 위한 장치가 제공되어야 한다.

(9) 디딤판 체인의 파단과 과도한 늘어짐

디딤판 체인의 파손 또는 과도한 늘어짐이 발생하면 ① 및 ②에 따라 에스컬레이터 또는 무빙워크가 정지되고, 수동으로 재설정할 때까지 정지상태로 유지되는지 확인한다.

① 에스컬레이터의 스텝은 스텝 측면에 각각 1개 이상 설치된 2개 이상의 체인에 의해 구동되어야 한다.

 ㉠ 무빙워크의 팔레트는 이용할 수 있는 구역에서 팔레트의 평행한 움직임이 다른 기계적인 수단에 의해 보장되는 경우 하나의 체인으로만 구동되는 것이 허용된다.

 ㉡ 안전장치 또는 안전기능은 디딤판체인의 파손 또는 과도한 늘어남을 감지하기 위해 제공되어야 한다.

② 디딤판을 직접 구동하는 부품(예 체인 또는 랙)의 파손 또는 과도한 늘어짐을 감지할 수 있는 장치가 제공되어야 한다.

(10) 콤 안전장치

콤 안전장치가 작동하면(이물질이 끼었을 때 등) ① 및 ②에 따라 에스컬레이터 또는 무빙워크가 정지되고, 수동으로 재설정할 때까지 정지상태로 유지되는지 확인한다.

① ②에 적합한 안전장치 또는 안전기능이 제공되어야 한다.

② ③에서 기술된 수단으로 처리되지 않는 끼인 물체를 감지하기 위한 장치가 제공되어야 한다.

③ 콤에 이물질이 낄 때, 콤의 빗살은 이물질이 빗겨가게 하거나 맞물리는 홈에 있게 하거나, 또는 부서지도록 실계되어야 한다.

(11) 연속 에스컬레이터 및 무빙워크의 추가 정지장치

중간 출입구 없이 연속되는 에스컬레이터의 경우, ① 및 ②에 따라 1대의 에스컬레이터가 정지되면 나머지 1대도 정지되는지 확인힌다.

① 중간 출구 없이 연속되는 에스컬레이터 및 무빙워크의 정지의 경우 추가되는 비상정지장치

② 연속으로 이어지는 에스컬레이터/무빙워크 사이의 공간이 충분하지 않은 경우, 다음과 같은 추가적인 비상정지장치가 제공되어야 한다.

 ㉠ 에스컬레이터/무빙워크 내부에서 닿을 수 있을 것

 ㉡ 디딤판이 콤 교차선에 도달하기 전, 2~3m 사이의 거리에 있을 것

 ㉢ 손잡이 상부면에서 액추에이터(예 누름 버튼, 핸들) 중심까지 측정된 수직범위가 손잡이 아래로 200mm 위로 400mm 이내에 있을 것

③ 난간의 내외부에 있는 조립품은 걸림(또는 끼임)으로 인한 손상의 위험을 제거하는 방식으로 배열되고 형성될 때 허용된다.

(12) 손잡이 인입구 장치

손잡이 인입구에 이물질이 끼이면 ① 및 ②에 따라 에스컬레이터 또는 무빙워크가 정지되는지 확인한다.

① 뉴얼 안에 들어가는 손잡이 입구에는 손가락 및 손의 끼임을 방지하는 보호장치가 설치되어야 하고, ②에 따른 안전장치 또는 안전기능이 제공되어야 한다.

② 손잡이 입구에 끼이는 이물질을 감지할 수 있는 장치가 제공되어야 한다.

(13) 스텝/팔레트 처짐 감지장치

스텝 또는 팔레트에 처짐이 발생하면 ① 및 ②에 따라 에스컬레이터 또는 무빙워크는 정지되고, 수동으로 재설정할 때까지 기동하지 않는지 확인한다.

① 트레드 표면의 홈과 콤의 빗살의 정확한 맞물림을 보장하는 장치가 콤 구역에 만들어져야 한다. 벨트는 이 구역에서 적절한 방법(드럼, 롤러, 슬라이딩 플레이트 등)에 의해 지지되어야 한다.

② 스텝 또는 팔레트 처짐 감지에 적합한 안전장치 또는 안전기능이 제공되어야 한다.

(14) 스텝/팔레트 누락 감지장치

스텝 또는 팔레트가 누락되면 ①및 ②에 따라 에스컬레이터 또는 무빙워크가 정지되고, 수동으로 재설정할 때까지 기동되지 않는지 확인한다.

① 에스컬레이터/무빙워크의 작동은 완전한 스텝/팔레트에서만 허용된다.

② 누락된 스텝/팔레트는 ③에 따라 안전장치 또는 안전기능에 의해 감지되어야 한다.

③ 누락된 스텝/팔레트는 콤으로부터 틈새(누락된 스텝 또는 팔레트로부터 발생한 결과)가 나타나기 전에 감지되어야 하고 에스컬레이터/무빙워크는 정지되어야 한다.

　㉠ 이것은 스텝/팔레트의 순환 운행에서 각각의 구동 및 순환장소에 설치된 안전장치 또는 안전기능에 의해 보장되어야 한다.

　㉡ 이 장치의 감지수단은 구동 및 순환장소의 일부가 아닌 천이구간 사이의 직선구간에 설치가 허용되지 않는다.

(15) 브레이크의 미작동 감지장치

① 에스컬레이터 또는 무빙워크의 운행 시작 후 브레이크가 정상적으로 개방되지 않으면 에스컬레이터 또는 무빙워크가 정지되고, 수동으로 재설정할 때까지 기동되지 않는지 확인한다.

② 에스컬레이터/무빙워크의 운행 시작 후 브레이크의 미작동을 감지하는 장치가 제공되어야 한다.

(16) 손잡이의 속도 편차 감지

손잡이와 디딤판 사이 속도차가 발생하면 ① 및 ②에 따라 에스컬레이터 또는 무빙워크가 정지되는지 확인한다.

① 각 난간의 상부에는 정상운행 조건하에서 디딤판의 속도와 -0%에서 $+2\%$의 허용오차로 같은 방향과 속도로 움직이는 손잡이가 설치되어야 한다.

손잡이는 정상운행 중 운행방향의 반대편에서 450N의 힘으로 당겨도 정지되지 않아야 한다.

② 손잡이 속도감시장치가 설치되어야 하고, 5초~15초 내에 디딤판에 대해 ±15% 이상의 손잡이 속도편차가 발생하는 경우 에스컬레이터 또는 무빙워크의 정지를 시작해야 한다. 이 상황을 방지하도록 설계된 경우 +15%의 요구조건은 무시해도 된다.

(17) 점검용 덮개 열림

점검용 덮개가 제거되거나 열리면 ①, ② 및 ③에 따라 에스컬레이터 또는 무빙워크가 정지되는지 확인한다.

① 열리도록 설계된 외부 패널(청소 목적 등)에는 ③에 적합한 전기안전장치가 설치되어야 한다.

② 점검용 덮개는 다음 사항에 적합해야 한다.

　㉠ 안전장치가 설치되어야 한다.

　㉡ 전용열쇠 또는 도구에 의해서만 열려야 한다.

　㉢ 하나 이상의 부품으로 구성되는 경우, 먼저 열리는 부품에 안전장치가 있어야 한다. 연속적으로 구성된 것은 기계적 연동, 겹침 등으로 개별적 제거가 방지되거나 각각의 부품마다 안전장치가 제공되어야 한다.

　㉣ 점검용 덮개 뒤의 공간에 들어갈 수 있다면 덮개가 잠기더라도 내부에서 열쇠 또는 도구를 사용하지 않고 열려야 한다.

　㉤ 구멍이 없어야 한다.

③ 점검용 덮개 열림을 감지하는 장치가 제공되어야 한다.

(18) 과도한 정지거리

① 과도한 정지거리가 발생되면 수동으로 재설정할 때까지 기동되지 않는지 확인한다. 최대 허용 정지거리(③ 및 ⑤)가 20% 초과되는 경우 기동을 방지하는 장치 및 고장 잠금 기능이 제공되어야 한다.

② 에스컬레이터의 제동부하 결정

┃ 에스컬레이터의 제동부하 결정 ┃

공칭 폭	스텝당 제동부하
0.6m 이하	60kg
0.6m 초과 0.8m 이하	90kg
0.8m 초과 1.1m 이하	120kg

③ 에스컬레이터의 정지거리

　㉠ 무부하 상승, 무부하 하강 및 부하 상태(② 참조) 하강에 대한 에스컬레이터 정지거리는 아래의 [표]에 따라야 한다.

┃ 에스컬레이터의 정지거리 ┃

공칭속도	정지거리
0.50m/s	0.20m부터 1.00m까지
0.65m/s	0.30m부터 1.30m까지
0.75m/s	0.40m부터 1.50m까지

    ⓛ 공칭속도 사이에 있는 속도의 정지거리는 보간법으로 결정되어야 한다. 정지거리는 전기적 정지장치가 작동된 시간부터 측정되어야 한다.

    ⓒ 하강방향으로 움직이는 에스컬레이터에서 측정된 감속도는 브레이크 시스템이 작동하는 동안 $1m/s^2$ 이하이어야 한다.

④ 무빙워크의 제동부하 결정

여러 개의 경사(층고 차이)를 갖는 무빙워크 길이에 대한 제동부하 결정은 하강 운행부분만 고려되어야 한다.

‖ 무빙워크의 제동부하 결정 ‖

공칭 폭	0.4m 길이당 제동부하
0.6m 이하	50kg
0.6m 초과 0.8m 이하	75kg
0.8m 초과 1.1m 이하	100kg
1.10m 초과 1.40m 이하	125kg
1.40m 초과 1.65m 이하	150kg

⑤ 무빙워크의 정지거리

무부하 상승, 무부하 하강 및 부하 상태(④ 참조) 하강에 대한 경사형 무빙워크 정지거리는 아래의 [표]에 따라야 한다.

‖ 무빙워크의 정지거리 ‖

공칭속도	정지거리
0.50m/s	0.20m부터 1.00m까지
0.65m/s	0.30m부터 1.30m까지
0.75m/s	0.40m부터 1.50m까지
0.90m/s	0.55m부터 1.70m까지

    ㉠ 공칭속도 사이에 있는 속도의 정지거리는 보간법으로 결정되어야 한다.

    ㉡ 정지거리는 전기적 정지장치가 작동된 시간부터 측정되어야 한다.

    ㉢ 운행방향에서 하강방향으로 움직이거나 또는 수평으로 움직이는 무빙워크에서 측정된 감속도는 브레이크 시스템이 작동하는 동안 $1m/s^2$ 이하이어야 한다.

(19) 접지 결함

① 안전장치가 있는 회로의 접지결함은 구동기를 정지시키고, 수동으로 재설정할 때까지 기동되지 않는지 확인한다.

② 안전장치가 있는 회로의 접지 결함은 구동기를 즉시 정지시켜야 한다.

(20) 수동핸들의 설치 감지

탈착 가능한 수동핸들이 제공되는 경우, 수동핸들이 장착되면 ① 및 ②에 따라 에스컬레이터 또는 무빙워크가 기동되지 않는지 확인한다.

① 수동핸들이 제공되는 경우 쉽게 접근이 가능하고 작동하기에 안전해야 한다.

　　㉠ 수동핸들이 탈착 가능한 경우 안전장치 또는 안전기능이 제공되어야 한다.

　　㉡ 크랭크(L자형 손잡이) 핸들 또는 구멍이 있는 수동핸들은 허용되지 않는다.

　② 탈착 가능한 수동핸들의 설치를 감지하기 위한 장치가 제공되어야 한다.

(21) 점검운전 제어장치의 정지장치 작동 감지

점검운전 제어장치에 있는 정지장치가 작동되면 ①에 따라 에스컬레이터 또는 무빙워크가 기동되지 않는지 확인한다.

① 점검운전 제어장치에서 정지장치의 작동을 감지하는 장치가 제공되어야 한다.

② 정지장치는 다음과 같아야 한다.

　　㉠ 수동으로 작동되어야 한다.

　　㉡ 전환 위치가 분명하고 영구적으로 표시되어야 한다.

　　㉢ 이 장치는 점검운전 제어장치가 연결되었을 때만 작동되어야 한다.

(22) 쇼핑 카트 및 수하물 카트 진입방지대 감지

진입방지대는 ① 및 ②에 따라 작동되는지 확인한다.

① 에스컬레이터/무빙워크가 양방향으로 작동되어야 하고, 자유구역에 이동식 진입방지대를 설치할 수 있는 시설이 있는 경우 진입방지대의 잘못된 위치가 진입방지대로 향하는 작동을 초래하는 것을 막기 위해 진입방지대의 유무가 감지되어야 한다.

에스컬레이터/무빙워크가 운행 중일 때 진입방지대의 제거를 감지하고 쇼핑 카트 및 수하물 카트의 접근을 방지하기 위한 이동식 진입방지대 설치 유무를 확인하여 진입방지대가 설치된 곳에서부터 출발할 수 있도록 하는 장치가 제공되어야 한다.

② 진입방지대가 사용되는 경우, 다음 요구조건이 충족되어야 한다.

　　㉠ 진입방지대는 입구에만 설치해야 한다. 자유구역에서는 출구에 설치할 수 없다.

　　㉡ 진입방지대 설계는 다른 위험을 초래하지 않아야 한다.

　　㉢ 뉴얼의 끝괴 진입방지대 및 진입방지대와 진입방지대 사이의 자유로운 입구 폭은 500mm 이상이어야 하며, 사용되는 쇼핑 카트 또는 수하물 카트 유형의 폭보다 작아야 한다.

　　㉣ 진입방지대의 높이는 900mm에서 1100mm 사이이어야 한다.

　　㉤ 진입방지대 및 고정장치는 높이 200mm에서 3000N의 수평력을 견뎌야 한다.

　　　[비고] 이 힘은 쇼핑카트의 경우 섀시의 충격으로 발생/수하물 카트의 경우 160kg 하중을 적재하여 1m/s의 속도로 움직임으로 발생

　　㉥ 진입방지대는 가급적이면 건물 구조물에 고정되어야 한다. 승강장 플레이트에 고정시키는 것도 허용된다. 이 경우 ㉤에서 정의된 힘이 적용될 때, 영구 변형 및 틈새의 증가/추가가 없어야 한다.

제8절 | 설치 조정하기

출제 01 프레임과 건물 중심선 작업

1 수평 위치 확인

① 2대 또는 그 이상의 병렬형 배치일 경우 도면상의 지지 빔과의 수직을 확보한다.

② 외부 커버 플레이트는 2대의 에스컬레이터로부터 적어도 50mm 공간을 확보한다.

③ 교차형 배치일 경우 그 공간은 적어도 350mm를 확보해야 한다. 이를 확보할 수 없을 경우에는 고객에게 요청하여 가장자리가 뾰족하지 않은 박스를 수직 방향으로 설치한다.

④ 2대 혹은 그 이상의 병렬형 에스컬레이터에 외장 마감을 하지 않는다면 그 공간은 50mm를 확보한다.

2 수직 방향 조정

① 에스컬레이터 레벨 측정을 위해 첫 번째 콤 플레이트의 첫 번째 스텝에 레벨 측정장치를 올려놓는다.

② 콤 플레이트 표면과 설치도면상 마감층의 높이는 같아야 하고, 수평과 수직 조절용 4개의 볼트를 이용하여 이를 조절하며, 조정이 끝나면 4개의 높이 조정 볼트는 움직이면 안 된다.

③ 공장에서 제작 출하된 에스컬레이터 트러스 높이가 건물 층고와 약간의 치수 차이(약 30mm 이하)가 발생할 경우에는 다음과 같은 방법을 선택하여 작업한다.

　㉠ 에스컬레이터의 설치 경사도를 유지하면서 건물의 층 바닥 레벨을 수정하여 에스컬레이터의 트러스 높이와 일치시킨다.

　㉡ 에스컬레이터의 설치 경사도를 0.5° 이내로 조정한다.

④ 2대 또는 그 이상의 병렬형 배치일 경우 도면상의 지지 빔과의 수직을 확보한다.

⑤ 외부 커버 플레이트는 2대의 에스컬레이터로부터 적어도 50mm 공간을 확보해야 하며, 만약 교차형 배치일 경우 그 공간은 적어도 350mm를 확보해야 한다.

⑥ 2대 혹은 그 이상의 병렬형 에스컬레이터에 외장 마감 또는 클래딩이 적용되지 않는다면 그 공간은 50mm이다.

3 트러스 연결 확인

① 에스컬레이터를 양중할 수 있는 충분한 공간을 확보하고, 지상에서 에스컬레이터를 결합하여 제위치에 양중한다.

② 각각의 에스컬레이터 파트를 선별하여 빔 끝단에 중간 지지대를 한쪽 에스컬레이터에 설치하고, 다른 하나는 중간 베어링 빔에 얹는다. 각 에스컬레이터를 천천히 움직여 연결하여 조정하고, 구별된 위치를 주의하여 조정한다.

③ [그림](트러스 연결)에서와 같이 제 위치에 분리되어 패킹된 트러스를 올리기 위해, 그리고 그 단차를 조정하기 위해 양 끝단에 이격거리가 없도록 핀 홀(20, 25)에 볼트로 레벨을 맞춘다.

┃ 트러스 연결(수평형) ┃

④ 이 지점에 실린더 핀을 놓을 수 있도록 토크렌치(M16 볼트 토크 : 250N·m, M20 볼트 토크 : 450N·m)로 볼트를 단단히 체결한다. 트러스 밑단에 실 러버(seal rubber)를 설치한다.

⑤ 충분한 양중 공간이 없을 경우에는 공중에서 스플라이스 커넥터(splice connection)를 이용한다.

⑥ 중간 지지대를 에스컬레이터에 설치한다.

⑦ 중간 지지대가 없을 경우 현장에서 분리된 에스컬레이터를 양중하기 위해 후크를 사용할 경우에는 지지 빔에 에스컬레이터의 2개의 셀프 앵글(shelf angle)을 이용해 천천히 연결부에 에스컬레이터를 이동시켜 조정하고 볼트 체결 부위를 형성한다.

⑧ 핀 홀(20, 25) 조정을 통해 볼트 연결 블록 주변을 부드럽게 만든다. [핀 홀(20, 25)의 단차는 양 끝단에서 0이어야 한다.]

⑨ 이 지점에서 실린더 핀에 넣기 위해서는 토크렌치(M16 볼트 토크 : 250N·m, M20 볼트 토크 : 450N·m)를 이용해 연결 볼트를 체결한다.

⑩ 트러스를 연결한 후, 트러스 밑단에 실 러버(seal rubber)와 플레이트(plate)를 설치한다.

4 부분별 에스컬레이터 연결 후 조정

① 연결 후 중간 지지보가 없는 에스컬레이터에 있어서 연결을 한 후에는 예비 부품에 대한 테스트는 불필요하다. [다우웰 핀(dowel pin)을 이용해 각 트러스가 정확하게 연결되어 있는지 확인한다.]

② 중간 지지보가 있는 에스컬레이터인 경우 예비품 테스트를 실시한다.

③ 지지대 위의 M30 볼트를 사용하여 트러스의 직각과 수평 기울어짐을 조정한다.

5 분리 발주된 에스컬레이터용 케이블 연결

① 공장 제작분인 케이블 헤드의 보양 자재를 제거한다.
② 커넥터 핀이 휘거나 파단되었는지 점검하고, 케이블 숫자에 맞춰 양 끝단에 기제작된 케이블을 연결한다.
③ 연결된 케이블 품질을 체크하고 확인을 한 후, 케이블 타이를 이용해 고정한다.
④ 공중에서 작업을 실시할 때에 작업자는 어떠한 경우에도 도킹 상태(docking operation)에서 작업을 금한다. 외부에서 작업해야 한다.

출제 02 상·하부 터미널 기어 조정

1 터미널 기어의 수평 조정

① 터미널 기어 샤프트의 중심을 사포(#40~100)로 도장된 부분을 벗겨낸 다음 청소한다.
② 정밀 각형 수준기(정밀도 : 0.05/1000)를 청소한 샤프트 중심에 올리고 수평도가 0.5/1000 이내인지 점검한다.
③ 터미널 기어치수를 점검한다. (X, Y)

항 목	형 식	치수(X, Y)
상부	800/1000	660mm/860mm
	1200	1060mm
하부	800/1000	639mm/839mm
	1200	1039mm

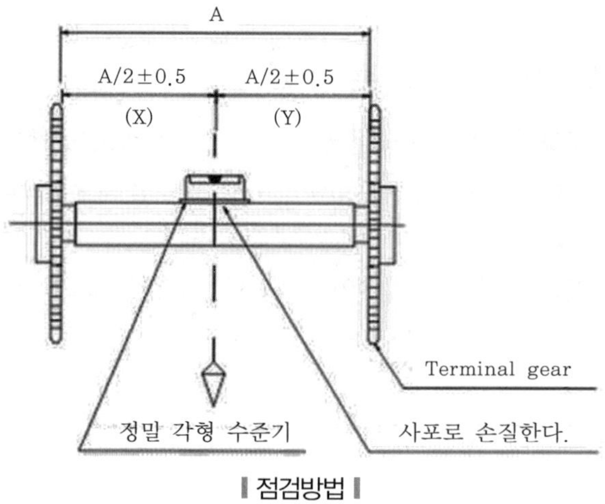

‖ 점검방법 ‖

④ 에스컬레이터 Support Angle의 Jack Bolt로 수평 및 높이를 조정한다.

‖ Terminal Gear(Upper) ‖

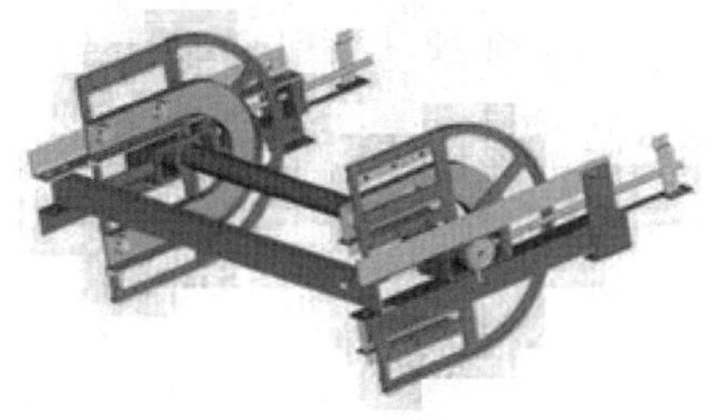

‖ Return Guide(Lower) ‖

2 상하부 승강장 플레이트 설치

(1) 승강장 플레이트 설치

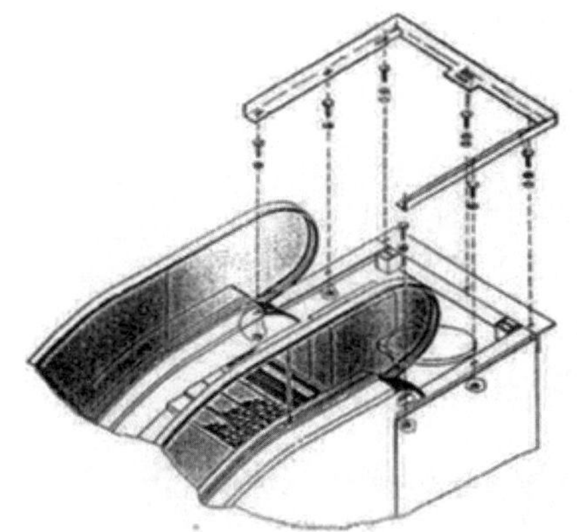

‖ 승강장 플레이트 프레임 설치 ‖

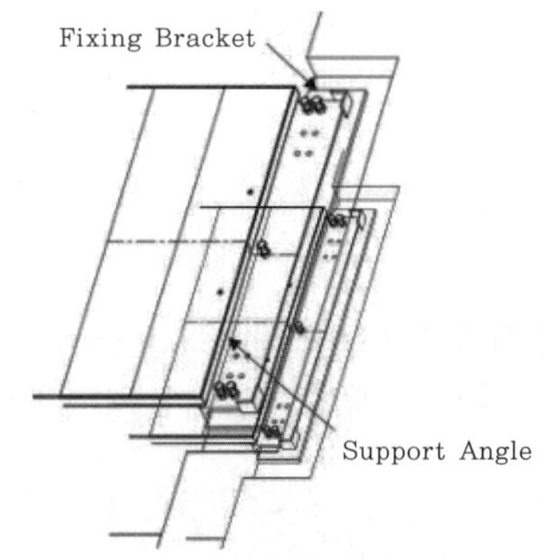

‖ 상부 프레임의 고정 ‖

① 승강장 플레이트 설치 전에 반드시 에스컬레이터 구동체인 텐션 및 상하부 승강장레일 조정 등을 시행한다.

② 제위치에 나사를 조정하고 데크 보드 끝을 데크 보드에 연결하는 레벨링 사전 작업을 실시한다.

③ 승강장 플레이트 프레임을 설치한다.

④ 승강장 플레이트 프레임을 조정하고 조절 나사를 용접한다.

⑤ 승강장 플레이트 프레임의 높이를 조정한다.

⑥ 트랜지션 패널을 조정하고 고정한다.

⑦ 나머지 승강장 플레이트를 삽입한다.

⑧ 그라운드의 연결 부위에 삽입한다.

⑨ 설치에 필요한 모든 구멍은 사전에 뚫어 놓는다.

⑩ 승강장 플레이트 프레임을 레벨링 나사에 고정하기 위해 용접을 한다.

(2) 사전 작업(레벨링 나사 설치)

① 너트를 이용해 2~28mm 높이로 조정한다.

② 너트를 이용해 앵글 스틸 부분에서 2개의 짧은 레벨링 나사를 이용하여 3~28mm 높이로 조정하고 앵글 스틸 구멍 안으로 설치한다.

③ 너트를 이용해 3~25mm 높이로 1개의 짧은 레벨링 나사 조절 후 앵글 스틸 홀 안으로 삽입한다.

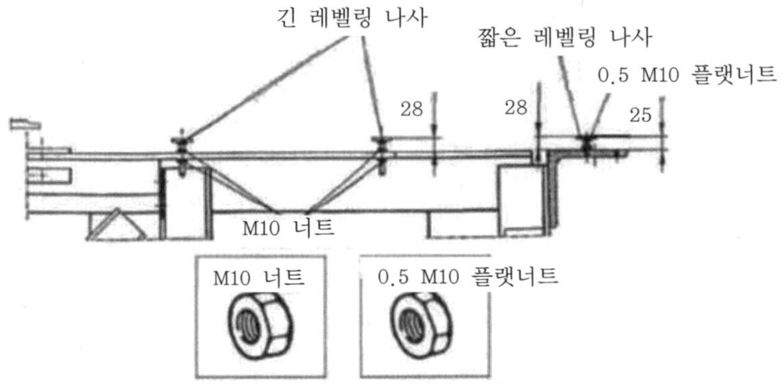

❙ 승강장 플레이트 레벨링 나사 설치 ❙

(3) 승강장 플레이트 프레임(floor plate frame) 설치

① 승강장 플레이트 프레임을 레벨링 나사에 넣는다.

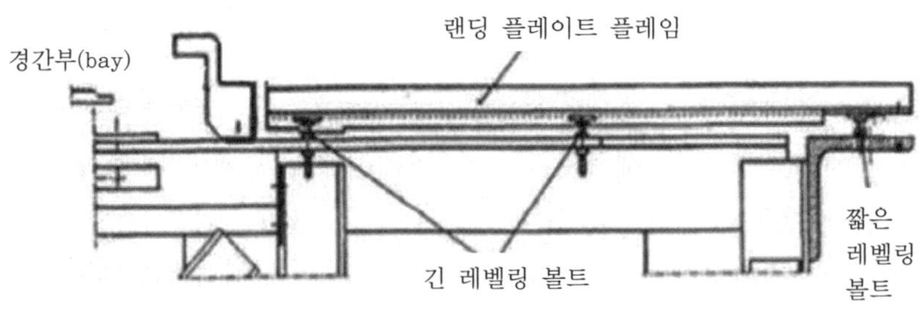

❙ 승강장 플레이트 프레임 설치 ❙

② 승강장 플레이트 프레임 수직 높이를 조정하고 핸드레일 인입구와 승강장 플레이트 프레임 사이의 거리를 4mm로 조정한다.

③ 에스컬레이터 센터 라인을 기준점으로 잡고 승강장 플레이트 프레임 조정작업을 실시한다.

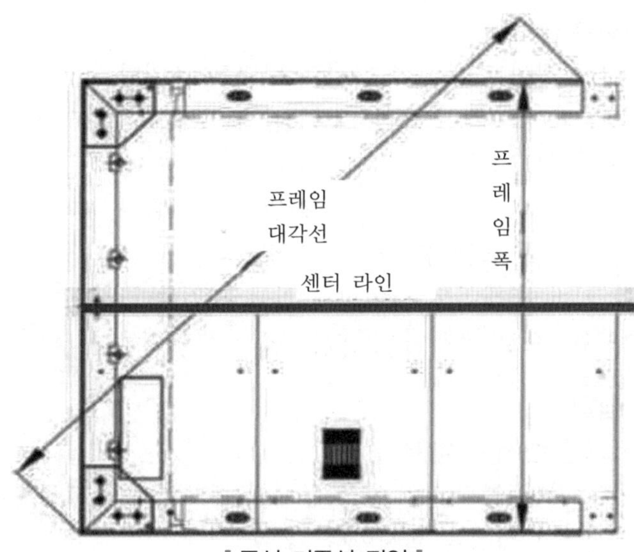

▌중심 기준선 작업 ▌

④ 짧은 레벨링 조정용 볼트에는 승강장 플레이트 프레임을 용접한다.

⑤ 전면부 승강장 플레이트 프레임 폭을 확인한다.

　㉠ 스텝 폭 600mm일 때, 프레임 폭=1120mm

　㉡ 스텝 폭 800mm일 때, 프레임 폭=1320mm

　㉢ 스텝 폭 1000mm일 때, 프레임 폭=1520mm

⑥ 프레임 대각선 길이를 점검한다.

⑦ 승강장 플레이트 프레임을 길이가 긴 레벨링 볼트에 용접한다.

⑧ 승강장 플레이트 프레임 레벨을 조정한다.

⑨ 승강장 플레이트 위치 조정, 콤 플레이트와 바닥 마감 사이의 거리는 38mm 정도이다.

⑩ 지지대의 높이를 체크한다.

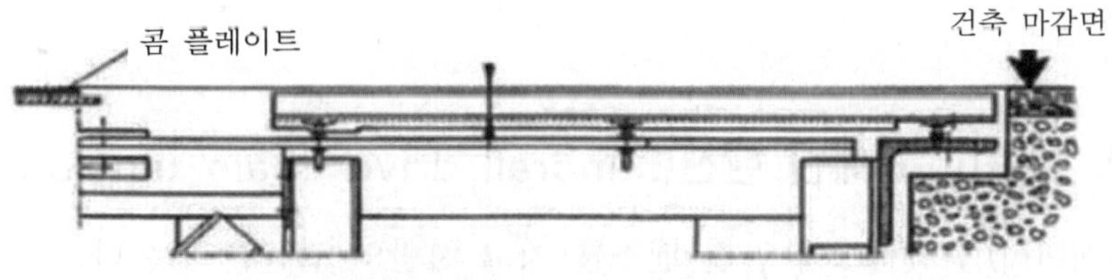

▌콤 플레이트와 건축 마감면의 조정 ▌

⑪ 레벨 조정장치를 이용하여 지지대와 에스컬레이터 라인 레벨 수평 축에 맞추어 조정한다.

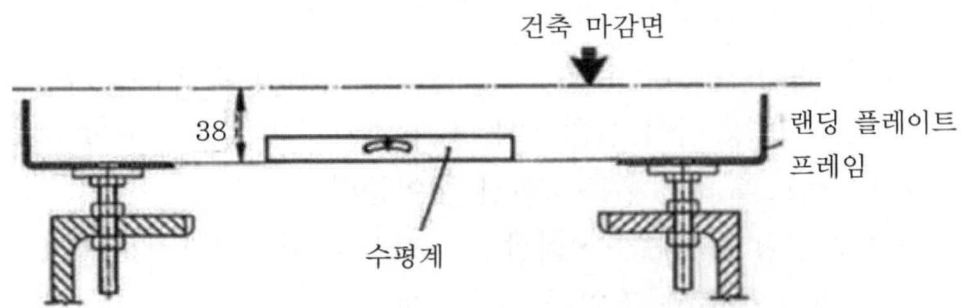

▌승강장 플레이트 프레임 수평 조정 ▌

(4) 커버 플레이트 연결부 설치

① 양쪽 바닥 커버 플레이트 프레임 나사로 단단히 조인다.

② 6각 볼트와 너트, 와셔를 커버 플레이트의 긴 구멍에 설치하고, 양면에서 약 200mm 정도의 거리에서 단단히 고정한다.

③ 연결 데크 보드를 넣고 브래킷 사이즈에 맞게 조정한다.

④ 고정 브래킷에 볼트를 조인 후 나사로 고정한다.

⑤ 콤 플레이트와 커버 플레이트 사이의 단차를 점검한다.

⑥ 콤 플레이트가 수평으로 움직일 수 있는 공간이 필요하다.

(5) 승강장 플레이트 삽입

① 승강장 플레이트를 순서에 맞춰 삽입한다.

② 승강장 플레이트 전면 연결부는 인접 플로어 플레이트의 고무판 위치와 맞아야 한다.

③ 조립 후 다음과 같이 점검을 실시한다.

　　㉠ 마감층의 콤 플레이트와 높이 조정

　　㉡ 에스컬레이터 축과 관련한 수평 레벨 위치

　　㉢ 지지대 레벨 조정 및 각각의 커버 플레이트가 분리되면 안 된다.

　　㉣ 승강장 플레이트는 프레임 안으로 밀려들어가면 안 된다.

(6) 바닥 연결부 설치

① 상부에 커버를 삽입하고 두꺼운 마분지나 파손 방지용 자재로 감싼다.

② 승강장 플레이트 설치 이후에만 바닥 작업을 마무리할 수 있다면 다음의 방법을 따른다.

　　㉠ 바닥 커버 프레임 설비와 마감 바닥 사이에는 탄성의 틈막이 자재를 넣어야 하며, 크기는 설치도면에 따른다.

　　㉡ 승강장 플레이트 프레임의 변형을 방지하기 위해 1.5mm 두께의 메탈 벨트 조각을 삽입한다.

3 손잡이 드라이브 체인 텐션(handrail drive chain tension) 조정

① 에스컬레이터/무빙워크에 안전 펜스를 치고 사람의 접근을 막는다.

② 하부 랜딩 플레이트(landing plate)를 제거하고 리모트 컨트롤을 삽입하고 스텝/팔레트(step/pallet) 5장을 빼고 스텝/팔레트 체인(step/pallet chain)을 id로 가동시킨다.

③ 가동 후 handrail shaft 위의 빈 공간까지 이동시킨다.

④ 상부 랜딩 플레이트(landing plate)를 제거하고 main S/W를 차단시킨다.

⑤ 승강장 플레이트 레벨링 나사 설치에서 plummer block(UCP bearing)을 지지하고 있는 T-bolt M10의 너트를 좌·우측 2회전 풀어준다.

⑥ jack bolt(짧은 레벨링 볼트)를 ↔ 화살표 방향으로 이동시키면서 체인 텐션 10~20mm가 되도록 짧은 레벨링 볼트를 조인다.

⑦ 좌·우 텐션 시행 시 좌측을 2회전 돌리면 우측도 동일하게 시행하고, 한쪽만 텐션 시행 시 H/R drive wheel 편심이 발생하여 H/R belt 인입 시 한쪽으로 밀리면서 마찰되어 손잡이 벨트(handrail belt)의 개구부가 깎이는 현상이 발생한다.

⑧ 역순으로 조립한 후 시운전하여 이상 유무를 확인한다.

▨4 구동부와 손잡이 구동부 이상 유무 확인

(1) 전원 공급 문제
손잡이 구동부는 전기력을 필요로 한다. 전원공급이 원활하지 않거나 전원공급장치에 문제가 있는 경우, 구동부가 작동하지 않을 수 있으므로, 전원스위치나 회로 차단기 등을 확인하여 전원이 제대로 공급되는지 확인한다.

(2) 모터 고장
구동부 모터의 고장으로 인해 구동부가 작동하지 않을 수 있으며, 모터 회전 방향을 변경하거나 모터 구동 부분을 검사하여 모터에 문제가 있는지 확인할 수 있다. 또한 모터에 이상한 소음이나 연기가 나오는 경우에도 고장 가능성이 있다.

(3) 벨트 또는 체인 문제
손잡이 구동부에는 벨트 또는 체인이 사용될 수 있으며, 벨트 또는 체인의 고장, 끊김, 또는 잡힘으로 인해 구동부가 작동하지 않을 수 있다. 이 경우, 벨트 또는 체인을 시각적으로 검사하고, 품질 및 연결 상태를 확인한다.

(4) 제어 회로 문제
손잡이 구동부의 작동은 제어 회로에 의해 조절되며, 제어 회로의 고장으로 인해 구동부가 작동하지 않을 수 있다. 제어 패널이나 회로 연결 상태를 점검하고, 문제가 있는 부분을 확인할 수 있다.

▨5 구동부와 손잡이 구동부 이상 발생 시 조치

(1) 구동부 소음 발생 조치
① 점검 내용 : 에스컬레이터 구동부 베어링 손상 시 덜컥거리는 소음 발생
② 조치 방법 : 베어링 손상 시 다른 부품까지 손상이 발생할 수 있어 교체 실시

(2) 손잡이 벨트 문제 조치
① 점검 내용 : 에스컬레이터 구동부 벨트 늘어짐 또는 갈라짐, 균열 발생 유무
② 조치 방법 : 구동 벨트 조정 또는 벨트 교체

제1절 | 구동부 점검하기

출제 01 구동기, 구동체인, 구동장치

1 에스컬레이터 점검항목 및 방법에 따라 구동장치, 구동체인, 구동벨트 등 점검

(1) 구동장치

① 구동장치 공간(기계실)에서는 에스컬레이터/무빙워크와 관계없는 물품 등이 있는지, 청소 상태, 각종 볼트, 너트의 조임 상태 점검

② 조명 및 콘센트의 상태 점검

③ 유지관리 정지 스위치의 기능 상태 점검

④ 구동장치의 제어 패널 및 캐비닛에서 접촉기, 릴레이-접촉기 등의 손모, 잠금장치 상태, 발열, 진동, 동작 상태, 제어 계통의 결함, 전기설비 절연저항의 규정 초과 여부, 퓨즈 등의 규격 사용, 기판의 접촉 상태, 화재 발생, 먼지나 이물질의 오염 여부 점검

⑤ 구동장치 전동기의 전압, 고정상태, 발열, 소음, 회전상태, 회전자 늘어짐 점검

　㉠ 전동기 온도가 이상적으로 높지는 않은지, 프레임을 손으로 만져보고 온도가 높다고 생각한 경우는 온도계로 측정하고 온도 80℃ 이상은 운전을 중지. 또 주변 온도가 40℃ 를 초과하는지 점검

　㉡ 축받이에서 이상음 및 진동 점검

⑥ 구동장치 베어링은 발열, 이상음(소음), 내구연한 초과 및 진동 점검

⑦ 구동장치 감속기의 누유 상태, 윤활유 부족 또는 노화 상태, 기어 이의 마모 상태, 발열이 현저한 상태, 트러스트량(감속기 축에 가해지는 축방향 하중)의 발생 여부, 운전 중 이상음 및 이상진동 발생 점검

⑧ 구동장치 공칭속도가 검사기준에 적합한지 여부 점검

(2) 구동체인

① 구동체인은 체인에 녹이 없고 적량 급유 여부, 체인의 늘어남에 의한 장력의 불합리 여부, 체인부에서의 이상음 발생 여부 점검

② 디딤판 구동장치 구동체인의 신장이나 링크, 핀, 스프로켓의 이의 마모, 스프로켓 축 등의 부착 늘어짐, 구동체인의 부분적 파동 상태, 스프로켓의 균열이나 치차의 결함 상태 점검

③ 구동체인 안전장치는 체인의 늘어짐 발생 여부, 인장장치의 ±20mm 이동 시 자동 정지 여부, 무게추 현수수단 파손 시 안전 유지 여부 점검

④ 구동체인 안전스위치는 구동체인 절단검출장치의 작동 여부와 검출 동작의 불량 여부, 비상 브레이크 작동 여부 점검

⑤ 구동체인의 장력 확인은 스커트 가드 패널을 제거한 다음 구동체인의 이완된 양은 상측이 인장되고 하측이 늘어지는 상태일 때 하측 스팬(약 70mm)의 중앙에 있어 이완되는 양(유격)이 15~25mm(스팬의 2~4%)인지를 확인

(3) 구동벨트

구동벨트 인장장치 벨트의 늘어짐 발생, 무게추 현수수단 파손 시 안전 유지 상태 점검

(4) 구·종동륜관계 점검

① 에스컬레이터를 운전해서 구·종동륜부에서 이상음 상태 점검
② 구·종동륜 축이 어느 한쪽으로 치우쳐지는지 여부
③ 구·종동륜 축받이의 급유 상태 점검
④ 종동장치의 기능 상태 점검
⑤ 구·종동륜 발판 스프로켓 완충고무 상태 점검
⑥ 구동륜의 손잡이 구동체인용 스프로켓의 이빨 마모 상태 점검
⑦ 구동체인 절단검출장치

(5) 전동기

① 전동기 단자대의 결선 상태를 확인하고 조여준다.
② 전동기 온도는 프레임을 손으로 만져보고 높다고 생각하는 경우는 온도계로 측정한다. 손으로 느끼는 기능 온도는 장시간 50℃ 이하, 2~10초 정도 만지는 경우 50~60℃, 순간적으로 만지는 경우 70℃ 이상이다.
③ 프레임의 외부온도는 80℃ 넘을 때는 운전을 정지하고 주위온도를 확인, 부하 상태를 조사하고 권선의 이상 여부, 권선에 기름 및 먼지 등의 부착 여부, 전원의 이상 유무, 전동기 단자의 이상 발열 유무를 점검한다.
④ 축받이에서 이상 및 진동 여부 점검
　㉠ 전동기의 고정 상태, 발열 상태, 소음 상태 점검
　㉡ 회전자에 늘어짐이 생기고 있는지 점검

(6) 베어링

① 베어링의 발열이 현저하고 이상음이 발생하는지 점검
② 제조사가 제시한 내구연한 초과 여부를 점검
③ 윤활유의 양과 질을 체크하고 이상시 교체

(7) 감속기

① 운전 중 이상음, 이상진동의 발생 여부와 기어오일이 오염되지 않고 적량을 유지하는지, 오일이 기어 케이스로부터 새어나가는지 확인
② 트로코이드 펌프의 동작 상태를 확인하고 기어 이의 마모가 현저하여 소음·진동이 발생하는지의 여부를 점검한 후 트러스트량이 심하게 발생하는지 점검
③ 기어의 접촉확인은 승강판을 벗겨 전열을 끄고 점검스위치를 대체

④ 감속기의 급유 덮개를 제거하고 이빨면의 기름을 깨끗이 걸레로 닦은 후 눈으로 보아 기어 접촉면이 접촉되는 정도를 확인
⑤ 기어 확인은 브레이크를 개방하고 수동조작으로 감속기를 회전시켜 기어의 접촉부를 확인, 확인 후에는 급유구의 덮개구를 덮고 전원을 넣어 점검스위치를 절체하여 복구
⑥ 피칭 확인은 승강판을 벗겨 전원을 끄고 점검스위치를 바꾼 다음 피칭 유무 크기를 점검

(8) 기어오일 교환

① 승강판 제거 후에 전원을 끄고 점검스위치로 다음 급유구 덮개 장착 볼트를 풀고 덮개를 제거한 후 누유 여부, 윤활유 부족 또는 노화 여부를 점검
② 기름받이를 폐유 깡통과 드레인 코크 사이에 준비하고 기름 아래에는 기름걸레를 깔아주고 드레인 코크를 몽키스패너로 유출되는 기어오일의 양을 조절하여 점검
③ 노후 기름을 빼내고 드레인 코크를 체결한 후, 새 기어오일로 채운 다음에 급유구 덮개를 장착

(9) 공칭속도는 승강장에서 디딤판의 속도로 점검

(10) 수동 권취장치에서는 전기안전장치의 기능 상실 여부를 점검

(11) 디딤판 구동장치

① 구동체인의 신장이나 링크, 핀, 스프로켓 이의 마모 상태를 점검
② 스프로켓 축 등 부착에 늘어짐, 균열, 치차의 결함 여부를 점검
③ 구동체인에 부분적 파동이 있는지를 점검하고 조정작업을 실시

(12) 손잡이 구동장치

① 마모 상태 점검
② 균열 여부와 치차의 결함 여부 점검
③ 체인식인 경우 텐션 조정에 특별히 관심을 갖고 조정하며, 체인의 종류에 따라 조정치를 달리하며 조정

출제 02 브레이크시스템

1 전자 브레이크 디스크식의 상태 점검

마찰판 A, B와 브레이크 디스크, 라이닝 확인은 전원을 차단시켜 점검스위치가 INS측에 있는지 확인한다.
① 브레이크 작동 상태와 장착 볼트·너트의 이완 상태 점검
② 마찰판 A, B와 브레이크 디스크, 라이닝 사이의 간격 상태 점검
③ 제동거리(슬립거리)는 적정한지 점검
④ 브레이크의 작동 상태는 양호한지 점검

2 전자 브레이크 드럼식의 상태 점검

라이닝 슈와 브레이크 드럼 간격 확인은 전원을 차단시켜 점검스위치가 INS측에 있는가를 확인한다. 제어반에서 모터 결선(UVW)을 제거한다. 브레이크를 회전시킨다. 갭 게이지를 사용하여 라이닝 슈와 브레이크 드럼 간격이 0.3mm임을 확인한다. 라이닝 슈와 드럼이 맞닿을 시 조정한다.

① 브레이크 작동 상태는 양호 여부와 조정부의 로크 너트 이완 점검
② 브레이크를 해제하고 라이닝 슈와 브레이크 드럼의 간격을 점검, 라이닝슈는 현저하게 마모되지는 않았는지 점검
③ 마그네틱 코일의 온도는 높지 않은지, 마그네틱의 파손 여부 점검
④ 브레이크 코어 및 브레이크 암 핀 등 각종 섭동부의 흠집 여부 및 급유 상태 점검
⑤ 제동거리(슬립거리)는 적정한지 점검
⑥ 라이닝 슈와 브레이크 드럼 간격의 조정은 브레이크 암에 붙어 있는 갭(gap) 조정 너트로 균일하도록 조정

3 보조 브레이크의 상태 점검

공칭속도의 1.4배를 초과하기 전 작동 상태, 운행방향이 바뀐 후에도 작동 여부 점검

① 보조 브레이크 작동 상태와 장착 볼트·너트 이완 상태 점검
② 보조 브레이크 작동 시 적당한 제동거리의 유지 여부 점검
③ 솔레노이드 작동이 원활한지 점검

제2절 | 안전장치 점검하기

출제 01 기계적, 전기적 안전장치

1 안전장치의 점검

(1) 「승강기 안전관리법」에 따라 규정된 점검 기준에서 에스컬레이터(무빙워크 포함)의 안전장치에 대한 점검항목 및 방법에 따라 안전장치 점검에 필요한 안전장치에 대한 정보를 파악하고 안전장치의 점검 메뉴얼에 따라 작업 전 안전조치를 한다.

(2) 에스컬레이터 안전장치의 점검 항목 및 방법에 따라 규정된 점검 기준과 에스컬레이터 제조사에서 제공하는 보수 매뉴얼을 참고하여 구성 요소별로 안전장치의 작동상태 점검을 실시한다.

2 안전장치의 점검 방법

(1) 유지관리 정지스위치(disconnect switch)

유지관리 정지스위치의 기능이 정상적이어야 한다. 보수작업 시의 안전을 확보하기 위해 자기유지 회로를 차단하는 스위치이다. 또한 점검에 있어서 점검스위치를 교체하여 에스컬레이터를 운전할 때 자기유지 회로가 차단되어지는 지를 확인한다. 또 스위치의 장착 상태 및 단자의 체결 상태를 점검한다.

(2) 구동체인 안전장치

구동체인 절단 검출장치의 작동과 비상브레이크 동작 상태를 점검한다.
① 구동체인 절단 검출장치의 검출동작 여부와 비상 브레이크 연동 상태를 확인한다.
② 에스컬레이터를 다운 운전하고 정지시킨다.
③ 승강판을 벗기고 전원을 끈다.
④ 미끄럼판과 스토퍼의 간격이 10mm 인지를 점검한다.
⑤ 암과 래칫휠과의 간격이 30mm 인지를 점검한다.
⑥ 판을 벗기고 암을 움직여 휠에 닿기 10mm 전에 검출스위치가 동작하도록 레버가 설치되어 있는지 점검한다. 필요하면 레버로 조정한다.
⑦ 테스터기를 단자박스의 검출스위치 체크단자에 접속하고 검출스위치를 손으로 동작시켜 확실하게 ON, OFF하는 것을 확인한다.
⑧ 전원을 투입하고 에스컬레이터를 운전해서 이상이 없는지를 점검한 후 승강판을 복귀한다.

(3) 전자 브레이크 개방 검출스위치

전자 브레이크가 확실히 개방되고 있는지를 확인하고 전자 브레이크 이상 여부를 검출하는지를 점검한다.

(4) 인레트(inlet switch) 스위치

① 인레트 고무에 변형 및 먼지 등이 붙어 있지 않는지. 에스컬레이터 주행 중 손잡이 벨트와 인레트 고무는 접촉하지 않았는지 점검한다.
② 인레트 고무를 손으로 눌렀을 때 정상적으로 복귀하는지 점검한다.
③ 승강판을 벗기고 전원을 끊었다면 테스터기를 단자박스의 검출스위치·체크단자에 접속하고 인레트 고무를 손으로 밀어 넣어 인레트 고무가 2.5±0.5mm가 움직일 때 검출스위치가 확실히 ON, OFF하는지 점검한다.
④ 인레트부의 선단 스커트 가드 패널을 벗기고 장치 각 부의 장착 상태 및 배선의 장착, 단자의 체결 상태 양호 여부를 점검한다.
⑤ 스커트 가드 패널을 복귀하였다면 승강판을 벗기고 전원을 투입한다.
⑥ 인레트 안전장치 동작의 양호 여부, 인레트 스위치 장착 상태의 양호 여부를 점검한다.

(5) 손잡이 속도 감지장치를 점검한다.

(6) 스커트 가드(skirt guard) 안전스위치

① 스커트 가드 패널에 일정 이상의 힘(20~25kg)을 가해 검출스위치 동작이 양호한지를 1차적으로 점검한다.

② 승강판을 벗기고 전원을 끄고 테스터기를 단자박스의 검출스위치 체크단자에 접속하고 검출스위치 개소를 스커트 가드 패널에 스러스트 게이지를 사용해서 20~25kg의 힘으로 눌러 확실하게 ON, OFF되는지를 확인하다.

┃ 스러스트 게이지 ┃

③ 검출스위치가 장착되어 있는 개소의 내부 데크, 몰딩부 및 스커트 가드 패널을 제거한 후 장치 각 부의 장착 상태, 단자의 체결 상태를 확인한다.

(7) 스커트 디플렉터

스커트 디플렉터의 설치는 견고한 부분과 유연한 부분의 고정 불량 또는 변형 상태를 점검한다.

(8) 비상정지 스위치

상·하부 승강장의 비상정지 스위치 보호 덮개의 변형, 균열 또는 파손을 확인하고 버튼의 박힘상태, 비상정지 스위치를 눌러서 정상 작동 상태를 점검한다.

(9) 디딤판(step)/팔레트 체인 안전스위치

① 승강판을 벗기고 전원을 끊고 테스터기를 단자상자의 검출스위치·체크단자에 접속하고 장착 너트를 풀어서 캠을 움직여 검출스위치를 손으로 동작시켜 ON, OFF되는지 점검한다.

② 디딤판(step) 체인이 이상적으로 늘어났는가, 중동장치 텐션스프링은 올바른 치수로 설치되었는지 점검한다.

③ 검출스위치 및 캠의 장착 상태, 동작 상태 양호 여부를 점검한다.

④ 배선의 장착 및 단자의 체결 상태를 점검한다.

⑤ 먼지 등 이물실이 묻어 있는지 섬섬한다.

⑥ 스위치 자체 및 그 부착부 늘어짐, 변형, 부식 여부를 점검한다.

⑦ 각종 볼트, 너트 조임을 점검하고 제공된 매뉴얼에 따라 조정한다.

(10) 디딤판(step)/팔레트 들림 검출장치(SRS ; Step Roller Safety switch)

① 승강판을 벗기고 전원을 끄고 스텝 들림 검출장치의 장착 위치의 데크 및 스커트 가드 패널을 벗기고 발판을 3단 정도 제거한다.

② 개구부는 발판 이상감지장치가 보이는 위치로 전원을 주입하여 점검운전으로 이동하여 테스터기를 단자박스의 검출스위치 체크단자에 접속하고 검출스위치를 손으로 동작시켜 ON, OFF하는 것을 확인한 다음 장치 각 부의 장착 상태와 레버의 검출스위치가 올바른 치수로 설치되어 있는가를 점검한다.

③ 스위치 동작 상태와 경보음 점검, 먼지 등 이물질이 묻어 있지 않은지를 점검한다.

(11) 기동스위치

스위치의 기능 상태, 파손 및 표지가 명확한지, 스위치의 조작이 원활한지, 보호 덮개의 변형, 균열 또는 파손 여부, 감전, 키를 사용하지 않고 스위치의 조작이 되는 것인지를 점검한다.

(12) 경보 운전 정지스위치

상·하부 경보, 운전, 정지스위치를 눌러서 동작 상태와 경보음의 상태를 점검한다.

(13) 플레이트 들림 감지장치

승강장의 플레이트 들림이 있는 경우 작동 여부를 점검한다.

(14) 방화셔터 운전안전장치

① 수직 방화셔터의 경우, 에스컬레이터의 업 또는 다운운전 중 셔터가 닫히기 시작할 때 에스컬레이터가 정지하고 또 방화셔터가 상면으로부터 1.8m 이상 열리지 않으면 에스컬레이터를 기동시킬 수 없는 것인지를 점검한다.

② 수평 방화셔터의 경우 에스컬레이터의 업 또는 다운운전 중 셔터가 가동하고 그 셔터의 이동거리가 1m 정도 이내에서 에스컬레이터 운전이 정지하는지, 또 셔터가 충분히 열리지 않은 상태에서는 에스컬레이터가 가동할 수 없는 지를 점검한다.

(15) 자동운전장치

운행 방향 표시가 명확하게 나타나는지, 반대 방향으로 진입 시 경보음 상태 여부를 점검한다.

(16) 구동벨트 인장장치

벨트의 늘어짐을 점검하고 무게추 현수 수단 파손 시 안전이 유지되는지를 확인 및 점검한다.

(17) 역주행 방지장치

운전은 인버터의 U, V, W상 중 2개의 상을 바꾸면 운전방향이 반대로 움직인다. 즉 상승 운전신호를 주면 하강운전을 하게 되고, 그때 역주행 방지장치가 감지하여 에스컬레이터가 정지하는지 점검한다.

(18) 삼각부 안내판

부착 상태를 점검한다.

(19) 이상속도 안전장치

에스컬레이터가 정격속도보다 20% 이상 또는 이하의 속도로 이상 운행될 때 작동하여 에스컬레이터를 정지시키는지 여부를 점검한다.

(20) 경보 부저 스위치, 안전 브러쉬, 낙하방지망, 기타 안전장치 등

안전관련 장치 및 시설물을 점검한다.

(21) 공통사항

① 안내문, 경고/주의표시 스티커가 부착되어 있는지 확인한다.

② 안내문, 경고/주의표시 스티커가 떨어져 있거나 훼손되었을 경우 새것으로 교체한다.

3 제어반 내의 안전부품 점검

① 제어반의 잠금장치 및 청소 상태 점검
② 접촉기(마그네틱 커넥터), 릴레이 등의 손모 상태 점검
③ 접촉기(마그네틱 커넥터), 릴레이 등의 고정 상태 점검
④ 동작과 발열, 진동 등의 상태 점검
⑤ 환경 상태(먼지, 이물)와 화재발생의 염려가 있는지 점검
⑥ 제어 계통에서 안전에 관련된 결함 또는 오류의 발생 점검
⑦ 전기설비의 절연저항 규정값의 초과 여부 점검
⑧ 퓨즈 등이 규격 외의 것이 사용되고 있는지 점검
⑨ 먼지나 이물에 의한 오염으로 오작동의 염려가 있는지 점검
⑩ 기판의 접촉 상태 점검
⑪ 부품의 조임 상태, 안전기판 회로의 상태 점검

제3절 | 손잡이 점검하기

출제 01 손잡이 및 구성품

1 손잡이 및 구성품 점검

(1) 손잡이 벨트

① 손잡이 벨트 표면에 오염, 손상 및 금이 가는 일이 없는지를 점검한 후 상태가 나쁘면 에스컬레이터를 운전·정지시키는 조작을 반복하고 전체에 걸쳐 확인한다. 만일, 손상을 인 경우에는 바깥 풀리 표면의 먼지들을 청소하고, 손잡이 벨트의 청소방법은 늘 숙지하여 작업지침에 따라 수행한다.

② 주행 중 이상음의 발생, 발열 상태를 점검하여 상태가 나쁘면 손잡이 벨트를 벗겨내고 손잡이 벨트의 내면 캔버스나 턱의 박리 또는 균열 및 캔버스의 노출이나 튀어나오는 부분이 없는지를 확인한다. 이러한 작업은 손잡이 벨트의 복귀와 이동을 반복해서 전 외주면을 따라 수행한다.

③ 손잡이 벨트 형상의 현저한 변형, 내면 캔버스의 이상 마모, 균열 및 손상 등을 점검하며 캔버스의 균열이나 스틸 코드가 튀어나와 있는 경우의 응급처치는 캔버스의 밖으로 나온 부분이나 스틸 코드의 노출부를 절취하고 캔버스를 접착제로 붙인다. 그 후 접착제가 건조하게 되면 복귀하고 운전 상태를 확인한다.
(손잡이 벨트에 이상이 발견될 때는 그 불합리 개소의 길이나 폭 및 깊이나 위치 등을 측정하고 다시 색이나 각인을 조사)

(2) 손잡이(난간 굴림대 포함)

① 손잡이 벨트의 탈착 및 장착

　㉠ 하부난간 R부에서 손잡이 벨트를 손잡이로부터 벗긴다.

　㉡ 순차적으로 윗 방향을 향해서 손잡이로부터 손잡이 벨트를 벗긴다.

　㉢ 벗겨낸 손잡이 벨트의 표면에 먼지가 붙지 않도록 발판에 기름걸레를 깔아 보호해둔다.

　㉣ 손잡이 벨트를 난간에 올린 다음 손잡이의 상태 점검

　　ⓐ 손잡이 표면의 이상 여부 및 손잡이가 이어지는 곳에 단차 상태 점검

　　ⓑ 손잡이의 이상·마모 및 손잡이의 발청 여부 상태 점검

　　ⓒ 손잡이의 장착 볼트의 이음이나 튀어나온 부위 점검

　　ⓓ 난간 굴림대의 정상적인 회전 상태 및 이상음의 발생 여부 점검

　　ⓔ 손잡이 및 난간 굴림대 청소 상태 점검

　㉤ 상부로부터 순차적으로 손잡이 벨트를 손잡이에 넣는다.

　㉥ 손잡이 벨트를 손잡이에 장착 후 레일을 운전해서 이상 유무를 확인한다.

② 난간 굴림대의 교환은 손잡이 벨트가 탈착된 상태에서 레일의 장착 볼트를 풀고 수정한다.

③ 손잡이 레일의 어긋남이 있는 경우나 장착 볼트에 이완이나 튀어나오는 것이 있는 경우 조정은 손잡이 벨트가 탈착된 상태에서 실시한다.

(3) 손잡이 구동장치

① 손잡이 벨트의 장력은 양호한지 점검

② 구동륜 고무에 이상 마모, 파손 및 박리 여부 점검

③ 구종동륜 웨이트 롤러 및 텐션 스프로켓의 각 축받이의 급유 적정 여부 점검

④ 손잡이 구동체인의 장력 및 급유는 적정한지 점검

⑤ 각 롤러 관계는 부드럽게 회전하는지 점검(손잡이 벨트에 강하게 부딪치는 일은 없는지)

⑥ 각부 장착 볼트, 너트의 이완 여부 점검

⑦ 원형 가이드의 효과는 양호한지, 손잡이 벨트에 무리가 가고 있지 않은지 점검

⑧ 웨이트 롤러의 장착 및 회전은 정상인지 점검

■ 2 상부승강장에서 손잡이의 구동체인 및 구동롤러 체인 장력 상태 점검

(1) 손잡이 벨트 장력을 확인하는 경우 에스컬레이터를 10분 정도 운전하고 실시

① 에스컬레이터를 다운 운전한다.

② 상부측 수평부에 서서 손잡이 벨트를 상부방향으로 15~20kg의 힘 또는 인력으로 당겨도 손잡이 벨트가 정지하지 않는지를 확인하고, 손잡이 벨트 궤적치수가 10mm인 것을 확인한다.

(2) 손잡이 벨트 장력을 확인한 결과 손잡이 벨트 장력을 조정하는 경우(웨이트 롤러로 장력을 가하는 방식)

① 웨이트 롤러 및 가이드부가 보기 쉬운 개소의 내부 패널(바디)을 벗긴다.

② 고정 볼트를 가이드로부터 발췌한다.

③ 전원을 투입하고 에스컬레이터를 다운 운전한다.

④ 에스컬레이터를 정지하고 전원을 끊는다.

⑤ 전원을 투입하고 업다운시켜서 웨이트 롤러의 동작이 양호한가를 확인하고 (1)항에 의거 손잡이의 장력을 확인한다.

3 손잡이의 점검항목 및 방법에 따라 구성품의 상태 점검

(1) 손잡이는 주기적인 장력의 조정 및 내부 가이드(롤러 포함) 청소로 손잡이의 마모를 막아야 한다.

(2) 구동하는 방식에 따른 점검

① 손잡이 벨트의 장력에 의해 구동하는 방식

ㄱ 각 부 장착 볼트, 너트의 이완 상태 점검

ㄴ 구동륜 고무에 이상 마모, 파손 및 박리 상태 점검

ㄷ 구·종동륜 웨이트 롤러 각 축받이의 급유 상태 점검

ㄹ 손잡이 구동체인의 장력 및 급유의 적정 상태 점검

ㅁ 각 롤러 관계는 부드럽게 회전하는지 상태 점검(손잡이 벨트에 강하게 부딪치는 일은 없는지)

ㅂ 원형 가이드의 효과는 양호한지 상태 점검(손잡이 벨트에 무리가 있지 않은가 확인)

ㅅ 웨이트 롤러의 장착 및 회전 상태 점검

② 평벨트의 누름력에 의해 구동하는 방식

ㄱ 각 부 장착 볼트, 너트 이완 상태 점검

ㄴ 구동륜 고무에 이상 마모, 파손 및 박리 상태 점검

ㄷ 구동륜 및 평벨트 풀리 축받이부의 급유 상태 점검

ㄹ 구동체인의 장력 및 급유는 적정한 상태인지 점검

ㅁ 각 조정 롤러 및 안내 롤러는 부드럽게 회전하는지 상태 점검

ㅂ 평벨트의 균열 등의 상태 점검

ㅅ 평벨트 풀리 간의 어긋남 여부 점검

③ 롤러의 압접력에 의해 구동하는 방식

ㄱ 각 부 장착 볼트, 너트의 이완 상태 점검

ㄴ 구동체인의 장력 및 급유 상태 점검

ㄷ 구동 고무 롤러 및 전동 고무 롤러의 변형, 이상 마모 및 기름부착 상태 점검

ㄹ 안내 롤러는 부드럽게 회전하는지 점검

ㅁ 과부하 검출 스위치 갭의 상태 점검

출제 02 디딤판(step)과 손잡이 속도 측정

1 에스컬레이터 점검항목 및 방법에 따라 디딤판(step)과 손잡이의 속도를 측정, 점검

① 손잡이 표면에 속도계를 이용하여 측정한다. 또 디딤판(step)의 운전을 정지시킬 경우 특히 하강 운전 중에 디딤판이 급격히 정지되면 승객이 전도할 염려가 있기 때문에 디딤판이 서서히 정지하도록 제동기가 규정거리 이내에서 작동하는지 확인한다.

② 측정 방법은 적재하중을 싣지 않고 디딤판을 상승시켜 디딤판의 끝이 콤 플레이트에 도달한 순간에 정지스위치를 조작하여 완전히 멈출 때까지 이동하는 거리를 측정한다. 이동식 손잡이의 경우, 운행 전 구간에서 디딤판/팔레트와 손잡이의 속도 차가 0~2% 이하인지를 점검한다.

③ 손잡이와 디딤판/팔레트의 속도 차는 0~2% 이하를 벗어날 경우에는 조정한다.

④ 손잡이는 정상운행 중 운행방향의 반대편에서 450N의 힘으로 당겨도 정지되지 않아야 한다.

┃ 손잡이의 속도 측정 ┃

제4절 ┃ 상부 기계실 점검하기

출제 01 디딤판, 트레드, 스커트 가드

1 개요

(1) 디딤판과 팔레트

① 디딤판(step)

㉠ 디딤판은 항상 수평을 유지하며 충분한 강도를 갖는 알루미늄합금 다이캐스팅 제품으로. 디딤판(step)의 수평부분을 트레드(tread)라 하고 수직부분을 라이저(riser)라고 하며 각각 디딤판의 이동방향과 평행하게 요철이 되어 있으며 디딤판 홈의 간격은 10mm 이하, 폭은 7mm 이하, 깊이는 10mm 이상이다.

ⓛ 경사부에서 수평부로 이동 시 인접한 것끼리 맞물려 돌아가도록 되어 있다. 디딤판은 분체도장을 하고 양쪽 및 앞쪽 끝단에 황색 합성수지제의 안전표시 테두리인 데마케이션(demarcation)을 부착한다.

② 디딤판, 팔레트 및 벨트 검사기준

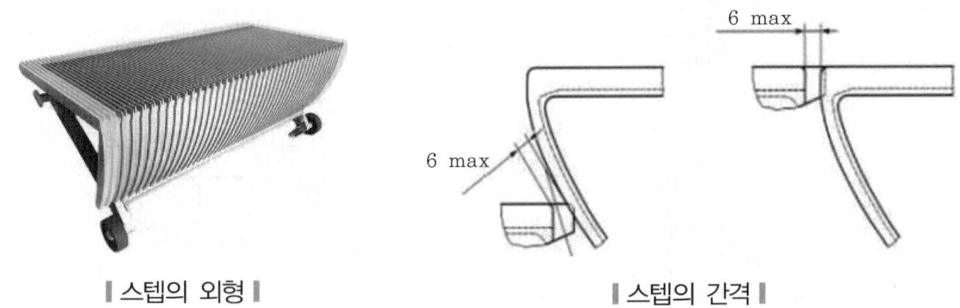

▮ 스텝의 외형 ▮　　　　　▮ 스텝의 간격 ▮

㉠ 에스컬레이터 디딤판과 스커트 사이에 끼이면 디딤판이 상부 또는 하부의 콤 플레이트에 도달할 때 구동기 및 브레이크 전원공급을 차단하는 장치가 설치되어야 한다.

ⓛ 디딤판 트레드는 운행방향에 ±1°의 공차로 수평해야 한다.

ⓒ 디딤판 높이는 0.24m 이하, 디딤판 깊이는 0.38m 이상이어야 하고 홈의 폭은 5mm 이상, 7mm 이하, 홈의 깊이는 10mm 이상이어야 한다.

ⓔ 벨트의 경우 홈의 폭은 벨트 트레드 표면에서 측정되어 4.5mm 이상 7mm 이하이고, 홈의 깊이는 5mm 이상이어야 한다.

ⓜ 트레드 표면에서 측정된 이용 가능한 모든 위치의 연속되는 2개의 디딤판 또는 팔레트 사이의 틈새는 6mm 이하이어야 한다.

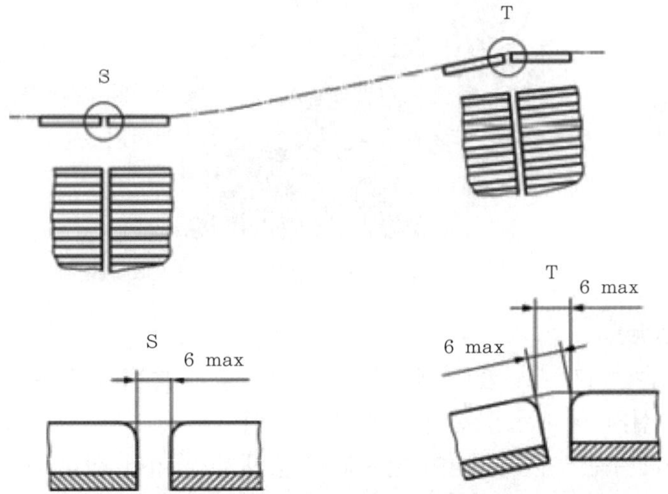

▮ 팔레트, 상하부 승강장 및 천이구간에서 틈새 및 맞물림 깊이
(맞물리는 홈이 없는 무빙워크의 팔레트 형식) ▮

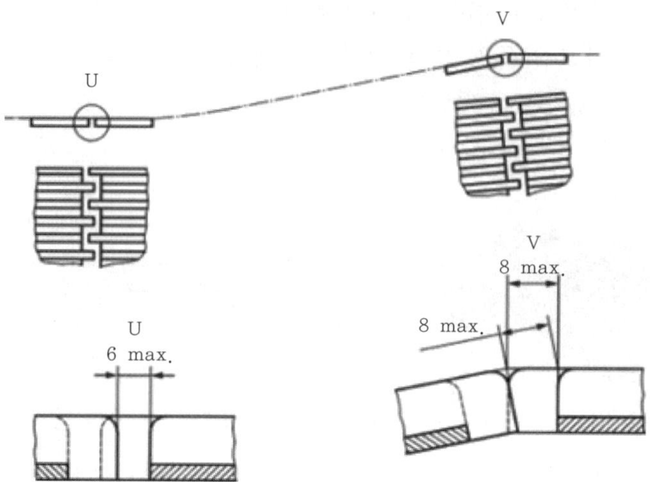

┃ 팔레트, 상하부 승강장 및 천이구간에서 틈새 및 맞물림 깊이
(맞물리는 홈이 있는 무빙워크의 팔레트 형식) ┃

(2) 스커트 가드

① 디딤판의 측면에 설치되어 에스컬레이터의 가동 중 디딤판과 접촉이 되지 않으면서 동시에 승객의 옷자락 등이 끼지 않도록 하는 기능을 한다.

② 그 틈새는 승강로의 전 길이에 걸쳐서 한쪽이 4mm 이하이어야 하고 양쪽을 합쳐서 7mm 이하이어야 한다.

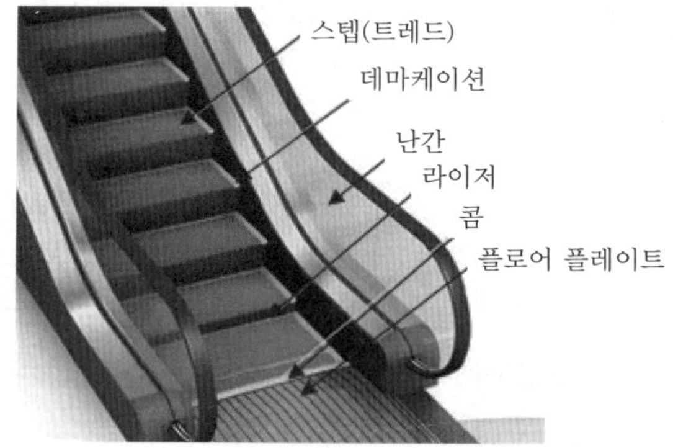

┃ 디딤판(step) 관련 각 부의 명칭 ┃

(3) 난간(balustrade)

① 난간에서 손잡이가 디딤판/팔레트와 같이 이동할 때 승객이 좌우, 전후로 넘어지지 않도록 손잡이의 설치 상태는 안전하고 견고해야 한다.

② 난간의 이음부는 이음부 선이 일치되어 틈새가 없어야 한다.

③ 내측 패널은 물리적 힘에 견디고 변형이 없어야 한다.

④ 스커트 디플렉터는 고정되어 있는 스커트와 움직이는 디딤판의 틈 사이에 물체가 들어갔을 경우 스커트가 눌러 지면서 스커트 안전장치가 작동한다.

(4) 조작반

① 에스컬레이터 상부 및 하부의 난간 끝부분인 뉴얼 스커트(newel skirt)에 설치하며, 운전스위치, 방향선택스위치 및 비상정지스위치가 부착된다.

② 운전스위치와 방향선택스위치는 관계자만 취급하도록 키 스위치형으로 하고, 반면에 비상정지스위치는 푸시버튼형으로 하고 승객접촉 등에 의한 오동작을 막기 위하여 투명한 뚜껑을 설치한다.

(5) 플로어 플레이트(floor plate)

① 랜딩 플레이트(landing plate)라고도 하며 에스컬레이터의 입출구 측 트러스 상·하부 끝단에 설치되어 있다.

② 내마모성이 좋은 2mm 이상의 알루미늄판 또는 스테인리스 미끄럼방지 강판 등을 스테인리스 형강제의 프레임 위에 설치하여, 미끄럼을 방지하고 변형되지 않고 출렁거림이 없는 충분한 강도를 유지하여야 한다.

③ 플레이트 하부에는 기계실이 위치하므로 기계실의 점검보수를 위하여 쉽게 개폐할 수 있는 구조로 한다.

④ 상·하부에서 디딤판의 인입이 시작되는 플로어 플레이트의 끝단에는 빗살형의 콤(comb)을 설치한다.

⑤ 콤은 황색 강화 합성수지제 또는 알루미늄 합금제로 하며 콤의 빗살은 디딤판의 수평부의 홈에 정확히 맞도록 하여 디딤판 위의 이물질을 완전하게 제거하도록 한다.

2 상부 기계실(승강장 포함)에서 디딤판, 트래드, 스커드 가드, 난간 점검

(1) 디딤판(step)/팔레트(pallet)

① 에스컬레이터 주행 중 디딤판/팔레트에서 이상음의 발생이나 주행 상태에 이상이 없는가를 점검한다. 점검하여 상태가 나쁘면 디딤판/팔레트를 다음과 같이 탈착한다.

  ㉠ 벗겨낸 디딤판/팔레트는 각각 제거한 개소의 위치를 잊어버리지 않도록 조치를 강구한다.

  ㉡ 기계실의 승강판을 제거하고 전원을 차단하고 점검스위치를 교체하면서 디딤판/팔레트 보호 커버를 제거한다.

  ㉢ 상부 R부의 몰딩부 및 스커트 가드 패널을 제거한다.

  ㉣ 상부 라운드부 스커트 가드 패널 고정앵글과 장착 위치를 표시하고 고정앵글을 제거한다.

  ㉤ 브레이크 커버 또는 모터축 커버를 벗기고 기계실에서 세트핀의 제거작업이 가능한 위치로 수동으로 이동시킨다.

  ㉥ 기계실에 들어가 핀 리프트를 넣고 디딤판/팔레트와 디딤판/팔레트 사이로부터 카라 푸시 스프링을 제거한다.

  ㉦ 드라이버를 이용하여 디딤판/팔레트 고정 볼트를 풀어서 시트와 함께 좌우 동시에 풀어낸다.

  ㉧ 디딤판/팔레트를 올려서 전륜축으로부터 제거한다.

     ㉢ 벗겨낸 디딤판/팔레트는 시트의 상부 등에 순서대로 놓아둔다.

     ㉣ 디딤판/팔레트의 부품상태 점검, 스탭 내부 부품, 스탭 가이드 레일 조정 작업을 실시한다.

     ㉤ 디딤판/팔레트 장착작업은 마지막으로 벗겨낸 디딤판/팔레트부터 순차적으로 발판을 제거했던 위치에 장착한다.

② 디딤판/팔레트의 결함 여부, 콤과의 물림 상태를 점검한다.

③ 디딤판/팔레트의 심한 마모로 인한 이물질 끼임의 상태를 점검한다. 각종 볼트, 너트 조임 상태를 확인한다.

④ 노란색 선의 페인트는 현저하게 벗겨지지 않았는가를 점검한다.

⑤ 스커트 가드와 디딤판/팔레트 사이가 각 측면에서 4mm 초과. 양 측면의 합이 7mm 초과 여부를 점검한다.

⑥ 가이드 롤러와 디딤판/팔레트와의 틈은 양호한가, 이상음 발생 여부를 점검한다.

⑦ 디딤판/팔레트와 디딤판/팔레트 상호 틈새 점검

(2) 내측판면

내측판면의 손상, 요철 또는 부식이 현저하거나 내측판의 파손, 부착, 늘어짐 등 때문에 운전 중 사람이 부상할 염려가 있는지를 점검한다.

(3) 디딤판과 디딤판(팔레트와 팔레트) 사이 간격이 6mm를 초과하고 있는지를 점검한다.

(4) 디딤판 라이저

디딤판 라이저는 녹, 부식 또는 요철의 상태 및 라이저의 부착에 늘어진 상태를 점검하고 라이저에 손상이 있고 발이 들어갈 수 있는지 점검한다.

(5) 스텝 가이드레일

① 먼지 등을 제거하고 디딤판 레일의 마모, 부식 상태를 아래와 같이 점검한다.

     ㉠ 운전 중 이상음·진동 발생이 있는 개소를 확인한다.

     ㉡ 드라이버, 탈취공구 등 작업도구를 갖추고 작업복 주머니 내의 불필요한 물건을 빼낸다.

     ㉢ 승강판을 벗기고 전원을 끊고 전원 스위치를 INS측으로 교체한다.

     ㉣ 디딤판/팔레트 제거 탈착 방법에 따라 디딤판/팔레트를 여러 단 제거한다.

     ㉤ 전원을 투입하고 제거한 디딤판/팔레트 개구부를 ㉠에서 확인한 이상음·진동이 발생한 장소로 이동하고 전원을 차단한다. 이때, 디딤판/팔레트에 탑승한 상태에서 에스컬레이터를 움직이지 않도록 한다.

     ㉥ 제거한 디딤판/팔레트 개구부로부터 1~2단 아래의 디딤판/팔레트에 안전하게 탑승해서 전륜 및 후륜 가이드 레일을 청소하고 에스컬레이터 오일을 가볍게 도포한다.

     ㉦ 디딤판/팔레트 가이드 청소가 끝나면 전원을 투입하고 에스컬레이터를 운전해서 이상음·진동 등 이상이 없는 것을 확인한다.

ⓞ 디딤판/팔레트를 복귀하고 점검스위치를 NOR 측으로 교체하고 승강판을 복귀한다.
ⓩ 다시 한 번 에스컬레이터를 운전하고 각 부에 이상이 없는지 확인한다.
② 디딤판 레일의 늘어짐에 따른 소음 상태를 점검한다.
③ 디딤판 각 롤러 및 베어링의 마모, 손상 여부를 점검한다.

(6) 디딤판과 스커트 가드의 틈새

① 디딤판과 스커트 가드의 틈새가 불균형인지 상태를 점검한다.
② 디딤판 각 측면에서 4mm 초과. 양 측면의 합이 7mm를 초과하는 지를 점검한다.

(7) 난간 · 조명의 점검

① 조명의 점등 상태 점검
② 조명용 아크릴 커버의 손상·파손 여부 점검
③ 조명기구 파손 및 불량 여부 점검
④ 조명용 배선 상태 양호 여부 점검
⑤ 스커트 가드 패널 장착 정상 여부 점검
⑥ 스커트 가드 표면 손상 여부 점검
⑦ 내부 패널 장착 정상 여부 점검
⑧ 난간주의 장착 상태 정상 여부 점검

(8) 조작반

① 조작반의 주위에 화물, 상품 등으로 조작의 장애가 있는지 점검
② 비상정지 버튼 위치표시 스티커는 보기 쉬운 위치에 붙어 있는지 점검
③ 조작반의 문자는 더럽혀져서 알아볼 수 없는지 점검
④ Key 스위치 및 정지버튼의 보호 커버는 장착되어 있는지 점검
⑤ Key 스위치 및 비상정지버튼 동작은 양호한지 점검
⑥ 조작반의 각 스위치 및 배선의 장착 상태 점검

(9) 경고/주의 표시 스티커

① 경고/주의표시 스티커 부착 여부 점검
② 경고/주의표시 스티커가 떨어져 있거나 훼손되었을 경우 새것으로 교체

(10) 하중 검사

① 에스컬레이터의 적재하중에 대한 전 부하 검사가 곤란하기 때문에 무부하 상승 및 하강 운전 중에 전동기의 속도 및 전류 측정
② 전류는 제어반 내의 전원부(U, V, W) 한 상에 전류계를 걸고 전류값을 측정하고, 속도 측정은 승강장 상부에서 디딤판 또는 손잡이에서 속도계를 사용하여 측정

출제 02 제어반

1 제어반

▌제어반 설치 위치 ▌

▌제어반 ▌

① 상부 트러스 내에 설치되며 스테인리스 철판의 밀폐형 구조로 제작되고 주회로용 차단기(Circuit Breaker), 전자접촉기(Magnetic Contactor), 보조계전기(Auxiliary Relay), 과부하계전기(Electronic Over Current Relay) 등으로 구성하여 에스컬레이터를 완벽하게 제어할 수 있는 용량과 기능을 갖추고 있다.

▌전자접촉기 ▌

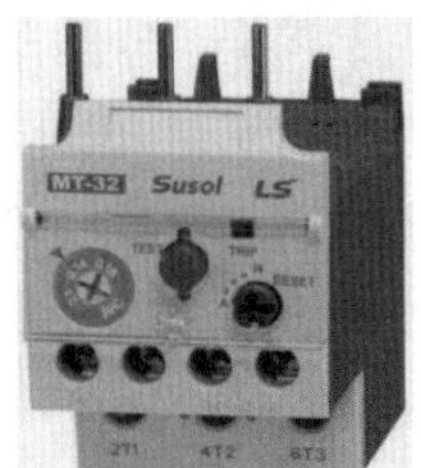

▌과부하계전기 ▌

② 부품은 내진 및 내습성 자재를 사용하고, 자동운전방식인 경우 전자접촉기는 용량을 2단계 상향하여 잦은 기동 정지에 대비하도록 하고 고장파악이 용이하도록 자기진단 감시기능을 갖추고, 각 안전스위치의 작동확인 표시반을 구비한다.

③ 속도의 변형은 인버터제어방식을 적용하고, 인버터 고장 시에는 즉시 직결운전이 가능하도록 바이패스회로를 구성하고, 외함은 내진·내습구조의 스테인리스 강판으로 제작되고 내부에는 주회로용 차단기, 전자접촉기, 과부하계전기, PCB, PLC 등으로 이루어진다.

④ 노퓨즈 브레이크(NFB)는 동력용·조명용 등이 있고 이는 과전류나 단락을 방지한다. 점검에 있어서는 배선에서의 발열 유무를 확인하고 단자를 조여준다. 기계실 내에서의 작업에는 필히 NFB을 차단한다.

⑤ 과부하계전기(EOCR)는 어떤 원인으로 전동기에 과부하 전류가 흐르게 되면 자동적으로 전원을 차단해서 에스컬레이터를 정지시켜 주어 전동기를 보호한다.

⑥ 층하부 안전스위치는 트러스 내에 장착되어 있고 보수점검 시 제어회로를 개폐할 수 있도록 설치되어 있다.

2 조명 절연 및 접지

(1) 조명 절연저항

① 손잡이 조명이 적합하게 설치되어 있고, 절연저항이 1MΩ 이상인지 확인한다.

② 스커트 가드 조명이 적합하게 설치되어 있고, 절연저항이 1MΩ 이상인지 확인한다.

③ 콤 조명이 적합하게 설치되어 있고, 절연저항이 1MΩ 이상인지 확인한다.

④ 디딤판 하부 조명이 적합하게 설치되어 있고, 절연저항이 1MΩ 이상인지 확인한다.

(2) 접지, 전동기 절연저항 및 배선

① 전동기 절연저항이 1MΩ 이상인지 확인한다.

② 제어반에는 접지가 되어 있는지 확인한다.

③ 정전기 방지조치는 안전기준에 적합한지 확인한다.

④ 주 개폐기는 안전기준에 적합한지 확인한다.

  ㉠ 구동기 근처나 순환장소 또는 제어장치의 근처에는 전동기, 브레이크 개방장치 및 활성화된 제어회로에 공급되는 전원을 차단할 수 있는 주 개폐기가 설치되어야 한다.

    ⓐ 개폐기는 점검 등 유지관리 업무에 필요한 콘센트 또는 전기조명회로에 공급되는 전원을 차단시키지 않아야 한다.

    ⓑ 난방시스템, 난간 조명 및 콤 조명과 같은 보조설비에 별도의 전원이 공급될 때, 각각 독립적으로 차단되는 것이 가능해야 한다.

    ⓒ 해당 개폐기는 주 개폐기와 가깝게 위치되어야 하고 확실히 구별되도록 표시되어야 한다.

  ㉡ 주 개폐기는 외부인의 부주의한 작동을 방지하기 위해 "구획된" 장소에 자물쇠 또는 이와 동등한 것을 사용한 잠금장치가 있어야 한다.

    주 개폐기의 조작장치는 문 또는 트랩문이 열린 후 쉽고 빠르게 접근 가능한 위치에 있어야 한다.

  ㉢ 주 개폐기는 에스컬레이터 또는 무빙워크의 정상적인 운전조건에서 수반되는 최대 전류를 차단할 수 있어야 한다.

  ㉣ 여러 대의 에스컬레이터 또는 무빙워크의 주 개폐기가 함께 있을 때 각각의 에스컬레이터 또는 무빙워크의 주 개폐기가 쉽게 구별되도록 표시되어야 한다.

3 제어반 점검

① 제어반 내의 점검을 행할 때는 필히 NFB를 차단하여 전원을 끊고 수행한다.
② 제어반을 플로어로 빼내어 점검 운전할 때에는 20분 이상의 연속운전은 피한다.
③ 제어반 내의 점검을 행할 때는 기름으로 오염된 손으로 행하지 않는다.
④ 제어반 단자의 이완 및 배선이 빠져있지 않은지를 확인한다.
⑤ 각 접촉기 및 계전기의 동작에 이상이 없는지를 확인한다.
⑥ 각 접촉기 리드선의 장착에 이상 및 이완이 없는지 확인한다.
⑦ 마그네틱 커넥터, 릴레이 등의 손모 상태와 고정 상태를 점검한다.
⑧ 제어반 내의 각 접촉기, 각 계전기 및 각 단자 등 세부에 대해 이상이 없는지를 확인한다.
⑨ 플랙시블의 상태와 장착 상태가 양호한가를 확인한다.
⑩ 제어 패널, 마그네틱 커넥터, 릴레이, 제어기판 등을 세부적으로 점검한다.
　㉠ 제어 패널 캐비닛의 잠금장치 상태 및 청소를 점검하고 환경 상태(먼지, 이물)와 화재발생의 염려가 있는지 점검한다.
　㉡ 마그네틱 커넥터, 릴레이, 제어기판(퓨즈 등)의 동작 상태 및 청소를 점검한다.
　㉢ 마그네틱 커넥터, 릴레이, 제어기판(퓨즈 등) 등의 내구연한을 점검한다.
　㉣ 제어기판(퓨즈 등)의 접촉 상태를 점검한다.
　㉤ 제어기판(퓨즈 등) 환경 상태(먼지, 이물)와 화재 발생의 염려가 있는지를 점검한다.
　㉥ 제어기판(퓨즈 등) 동작과 발열, 진동 등의 상태를 점검한다.
　㉦ 제어기판(퓨즈 등) 전기설비의 절연저항이 규정값을 초과하는 지를 점검한다.
　㉧ 제어기판, 퓨즈 등에 규격 외의 것이 사용되고 있는지를 점검한다.
　㉨ 제어기판(퓨즈 등) 제어 계통에서 안전에 관련된 결함 또는 오류가 발생하는 지를 점검한다.
　㉩ 제어기판(퓨즈 등)이 먼지나 이물에 의한 오염으로 오작동의 염려가 있는지를 점검한다.
　㉪ 인버터의 동작 상태를 점검한다.

4 제어반 내 PCB, PLC 작동 상태 등 점검

① PCB, PLC 작동 상태 및 안전기판은 에스컬레이터가 정상적으로 운전이 되는 여부로 간접적 확인과 부착된 에러코드 디스플레이에서 에러의 상태를 1차적으로 점검하고, 이상 발생 시는 측정 전문 툴을 소지한 PCB, PLC 전문기사를 통하여 2차 점검을 실시한다.
② 제어반 내 단자의 전선 물림 상태를 확인하고 필요시 재조정하고 접지 상태를 점검한다.
③ 제조회사에서 제공하는 보수 매뉴얼에 따라 안전기판에서 역회전, 속도 펄스 상태, 속도 초과, 역회전 펄스 상태, 과속, 하부 스텝 빠짐, 주 또는 보조 브레이크 접점유착, 체인교체 스위치 동작, A상 또는 B상 펄스 상태, 센서 결선 부정확, 다른 CPU 고장, 제동거리 과대, 릴레이 접점유착, 상하부 랜딩플레이트 스위치 등과 제어시스템의 전원 공급 상태, 제어반 인디케이터의 표시를 확인한다.

제5절 | 하부 기계실 점검하기

출제 01 디딤판 체인 상태 및 장력

1 디딤판 체인 상태 및 장력 등 점검

(1) 디딤판 체인

① 디딤판 체인의 늘어짐에 따라 디딤판의 좌우 또는 상호 간의 틈새가 현저한지를 점검한다.

② 디딤판 체인의 일부 결함 또는 균열이 있는지 상태를 점검한다.

③ 체인의 불량으로 인한 운전 중 디딤판의 동요 상태를 점검한다.

④ 체인의 급유 상태, 녹 발생 여부, 먼지 등 이물질 상태를 점검한다.

(2) 디딤판 체인(step chain)의 점검

디딤판 체인은 디딤판을 주행시키는 역할을 하며 에스컬레이터 좌우에 설치되어 있다. 디딤판 체인의 링크 간격을 일정하게 유지하기 위하여 일정한 간격으로 환봉강을 연결하고 환봉강 좌우에 디딤판의 전륜이 설치되며 구동가이드 레일을 주행한다.

① 에스컬레이터의 디딤판은 디딤판 측면에 각각 1개 이상 설치된 2개 이상의 체인에 의해 구동되어야 한다.

② 체인은 지속적으로 인장되어야 한다. 에스컬레이터/무빙워크는 인장장치가 ±20mm를 초과하여 움직이기 전에 자동으로 정지되어야 한다.

③ 벨트의 안전율은 각각의 동적인 힘에 대하여 5 이상이어야 한다. 최악의 조건으로 계산되어야 한다.

‖ 디딤판(step) 체인 설치모습 ‖

‖ 디딤판 체인 ‖

(3) 디딤판 체인 장력은 제조사의 설계기준 상태를 유지하고 있는지를 점검한다.

출제 02 콤, 오일받이

1 콤(comb finger)

① 콤의 마모 상태를 먼저 점검하고 콤과 디딤판/팔레트의 물림 상태를 점검한다.

② 콤 플레이트와 디딤판/팔레트 간격을 점검하고 콤의 빗살이 2개 이상 파손 되었는지 여부를 점검한다.

③ 콤과 디딤판 홈의 맞물림 상태는 맞물림 깊이가 4mm를 초과하는지 점검한다.

2 오일받이(Oil pan)

(1) 윤활이 필요한 부분

① 메인 드라이브 샤프트 베어링

② 난간 구동축 베어링

③ 텐션 캐리지 베어링

④ 구동 체인

⑤ 난간 구동 체인

⑥ 스텝 체인

⑦ 웜 기어박스

⑧ 모터 브레이크 핀

(2) 과윤활 및 과소윤활

① 과도한 윤활은 에스컬레이터 내부를 오염시키고 계단 표면을 더럽고 미끄러지게 만들어 승객이 미끄러지거나 넘어져 부상을 입을 수 있다.

② 윤활제가 부족하면 부품의 마찰과 마모가 발생하며 소음이 발생된다.

(3) 트러스 내의 폐기물 및 윤활유를 받아내기 위하여 에스컬레이터의 전 길이에 걸쳐 오일받이 팬이 설치되어야 하고, 필요한 경우 유지보수를 위하여 떼어낼 수 있어야하며 오일받이 등 기계실 청소 상태를 점검한다.

02

※ 본 문제는 수험생들의 협조에 의해 작성되었으며, 시험내용과 일부 다를 수 있습니다.

★★

01 다음 중 도어 인터록 장치의 구조로 가장 옳은 것은 어느 것인가?

① 도어스위치가 확실히 걸린 후 도어 인터록이 들어가야 한다.
② 도어스위치가 확실히 열린 후 도어 인터록이 들어가야 한다.
③ 도어록 장치가 확실히 걸린 후 도어스위치가 들어가야 한다.
④ 도어록 장치가 확실히 열린 후 도어스위치가 들어가야 한다.

해설 도어 인터록(door interlock) 및 클로저(closer)

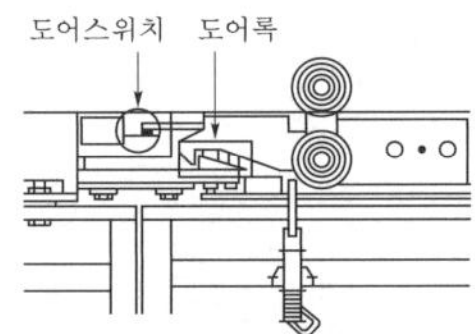

㉠ 도어 인터록(door interlock)
- 카가 정지하지 않는 층의 도어는 전용열쇠를 사용하지 않으면 열리지 않는 도어록과 도어가 닫혀 있지 않으면 운전이 불가능하도록 하는 도어스위치로 구성된다.
- 닫힘동작 시는 도어록이 먼저 걸린 상태에서 도어스위치가 들어가고 열림동작 시는 도어스위치가 끊어진 후 도어록이 열리는 구조(직렬)이며, 엘리베이터의 안전장치 중에서 승강장의 도어 안전장치로 가장 중요하다.
㉡ 도어 클로저(door closer)
- 승강장의 문이 열린 상태에서 모든 제약이 해제되면 자동적으로 닫히게 하여 문의 개방 상태에서 생기는 2차 재해를 방지하는 문의 안전장치이며, 전기적인 힘이 없어도 외부 문을 닫아주는 역할을 한다.
- 스프링 클로저 방식 : 레버시스템, 코일스프링과 도어체크가 조합된 방식
- 웨이트(weight) 방식 : 줄과 추를 사용하여 도어체크(문이 자동으로 천천히 닫히게 하는 장치)를 생략한 방식

‖ 스프링 클로저 ‖

‖ 웨이트 클로저 ‖

★

02 카 내에서 행하는 검사에 해당되지 않는 것은?

① 카 시브의 안전 상태
② 카 내의 조명 상태
③ 비상통화장치
④ 운전반 버튼의 동작 상태

해설 카 시브의 안전 상태는 기계실에서 하는 검사이다.

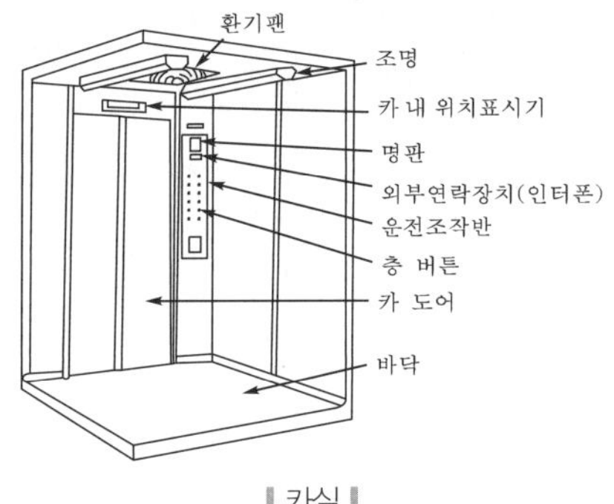

‖ 카실 ‖

★★

03 에스컬레이터(무빙워크 포함)의 비상정지스위치에 관한 설명으로 틀린 것은?

① 색상은 적색으로 하여야 한다.
② 상하 승강장의 잘 보이는 곳에 설치한다.
③ 버튼 또는 버튼 부근에는 '정지' 표시를 하여야 한다.
④ 장난 등에 의한 오조작 방지를 위하여 잠금장치를 설치하여야 한다.

해설 비상정지스위치

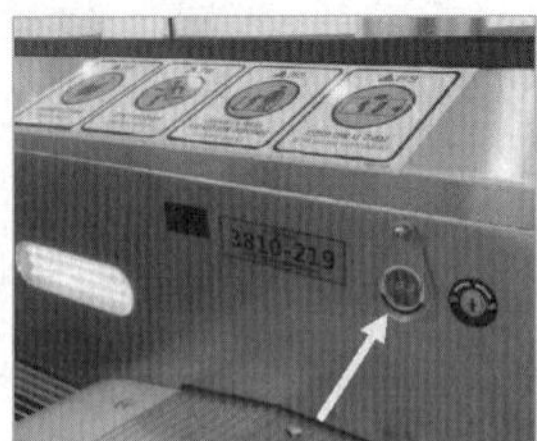

㉠ 비상정지스위치는 비상 시 에스컬레이터 또는 무빙워크를 정지시키기 위해 설치되어야 하고 에스컬레이터 또는 무빙워크의 각 승강장 또는 승강장 근처에서 눈에 띄고 쉽게 접근할 수 있는 위치에 있어야 한다.

정답 01. ③ 02. ① 03. ④

ⓛ 비상정지스위치 사이의 거리는 다음과 같아야 한다.
  • 에스컬레이터의 경우에는 30m 이하이어야 한다.
  • 무빙워크의 경우에는 40m 이하이어야 한다.
ⓒ 비상정지스위치에는 정상운행 중에 임의로 조작하는 것을 방지하기 위해 보호덮개가 설치되어야 한다. 그 보호덮개는 비상 시에는 쉽게 열리는 구조이어야 한다.
ⓔ 비상정지스위치의 색상은 적색으로 하여야 하며, 버튼 또는 버튼 부근에는 '정지' 표시를 하여야 한다.

★★
04 무기어식 엘리베이터의 종합효율은?

① 0.3~0.5
② 0.5~0.7
③ 0.7~0.85
④ 0.85~0.90

해설 권상기(traction machine)

ⓐ 권상기의 형식
  • 기어드(geared)방식 : 전동기의 회전을 감속시키기 위해 기어를 부착한다.
  • 무기어(gearless)방식 : 기어를 사용하지 않고, 전동기의 회전축에 권상도르래를 부착시킨다.
ⓑ 권상기 방식별 종합효율
  • 웜기어 방식 : 50~75%
  • 헬리컬기어 방식 : 80~85%
  • 무기어식 방식 : 85~90%

★★
05 다음 중 사람이 탑승하지 않으면서 적재용량 1톤 미만의 소형화물 운반에 적합하게 제작된 엘리베이터는?

① 덤웨이터
② 화물용 엘리베이터
③ 비상용 엘리베이터
④ 승객용 엘리베이터

해설 덤웨이터의 설치

ⓐ 승강로의 모든 출입구의 문이 닫혀져 있지 않으면 카를 승강시킬 수 없는 안전장치가 되어 있어야 한다.
ⓑ 각 출입구에서 정지위치를 포함하여 모든 출입구 층에 전달토록 한 다수단추방식이 가장 많이 사용된다.
ⓒ 일반층에서 기준층으로만 되돌리기 위해서 문을 닫으면 자동적으로 기준층으로 되돌아가도록 제작된 것을 홈스테이션식이라고 한다.
ⓔ 권상도르래, 풀리 또는 드럼과 현수로프의 공칭직경사이의 비는 스트랜드의 수와 관계없이 30 이상이어야 한다.

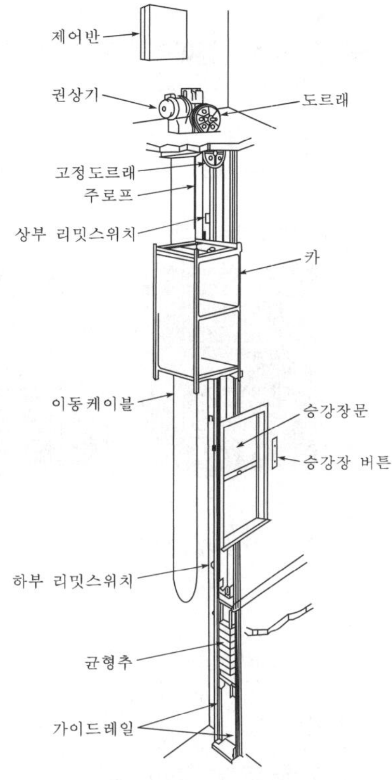

‖ 전동 덤웨이터의 구조 ‖

‖ 덤웨이터 ‖

★★★
06 다음 중 교류 엘리베이터의 속도제어방식에 속하지 않는 것은?

① 가변전압 가변주파수제어
② 교류 궤환제어
③ 교류 1단 속도제어
④ 워드 레오나드방식

해설 교류 엘리베이터의 속도제어방식

ⓐ 교류 1단 제어방식
ⓑ 교류 2단 제어방식
ⓒ 교류 궤환 제어방식
ⓔ VVVF(가변전압 가변주파수) 제어방식

07 다음 중 전동 덤웨이터와 구조적으로 가장 유사한 것은?

① 수평보행기 ② 엘리베이터
③ 에스컬레이터 ④ 간이리프트

해설 덤웨이터 및 간이리프트

| 덤웨이터 |

㉠ 덤웨이터 : 사람이 탑승하지 않으면서 적재용량이 300kg 이하인 것으로서 소형화물(서적, 음식물 등) 운반에 적합하게 제작된 엘리베이터이다. 다만, 바닥면적이 $0.5m^2$ 이하이고 높이가 0.6m 이하인 엘리베이터는 제외한다.
㉡ 간이리프트 : 안전규칙에서 동력을 사용하여 가이드레일을 따라 움직이는 운반구를 매달아 소형화물 운반만을 주목적으로 하는 승강기와 유사한 구조로서 운반구의 바닥면적이 $1m^2$ 이하이거나 천장높이가 1.2m 이하인 것을 말한다.

08 유압식 승강기의 종류를 분류할 때 적합하지 않은 것은?

① 직접식 ② 간접식
③ 팬터그래프식 ④ 밸브식

해설 유압 승강기

펌프에서 토출된 작동유로 플런저(plunger)를 작동시켜 카를 승강시킨다.
㉠ 직접식 : 플런저의 직상부에 카를 설치한 것이다.
㉡ 간접식 : 플런저의 선단에 도르래를 놓고 로프 또는 체인을 통해 카를 올리고 내리며, 로핑에 따라 1 : 2, 1 : 4, 2 : 4의 로핑이 있다.
㉢ 팬터그래프식 : 카는 팬터그래프의 상부에 설치하고, 실린더에 의해 팬터그래프를 개폐한다.

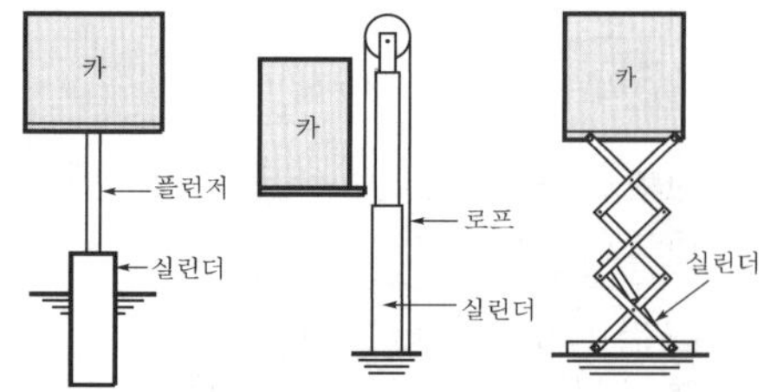

| 직접식 | | 간접식(1 : 2 로핑) | | 팬터그래프식 |

09 추락방지안전장치의 작동으로 카가 정지할 때까지 레일을 죄는 힘이 처음에는 약하게 그리고 하강함에 따라 강해지다가 얼마 후 일정치로 도달하는 방식은?

① 순간식 추락방지안전장치
② 슬랙로프 세이프티
③ 플렉시블 가이드 클램프 방식
④ 플렉시블 웨지 클램프 방식

해설 플랙시블 웨지 클램프(Flexible Wedge Clamp ; FWC)형

㉠ 레일을 죄는 힘이 처음에는 약하고 하강함에 따라 강하다가 얼마 후 일정치에 도달한다.
㉡ 구조가 복잡하여 거의 사용하지 않는다.

10 높은 열로 전선의 피복이 연소되는 것을 방지하기 위해 사용되는 재료는?

① 고무
② 석면
③ 종이
④ PVC

해설 석면 전선

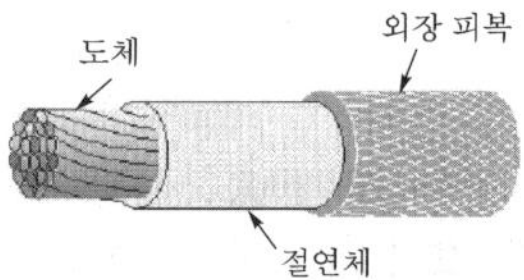

도체는 주석도금 연동선, 절연체는 압축된 석면, 외장피복에는 석면을 꼬아서 만들어 200℃ 주위온도를 가지는 곳에 사용 가능. 내열성이 뛰어나고 인장강도가 크며 산이나 알칼리에 강하다.

11 카 및 승강장 문의 유효출입구의 높이(m)는 얼마 이상이어야 하는가?

① 1.8 ② 1.9
③ 2.0 ④ 2.1

해설 승강장

㉠ 승강장 출입문의 높이 및 폭
  • 승강장 문의 유효출입구 높이는 2m 이상이어야 한다. 다만, 자동차용 엘리베이터는 제외한다.
  • 승강장 문의 유효출입구 폭은 카 출입구의 폭 이상으로 하되, 양쪽 측면 모두 카 출입구 측면의 폭보다 50mm를 초과하지 않아야 한다.

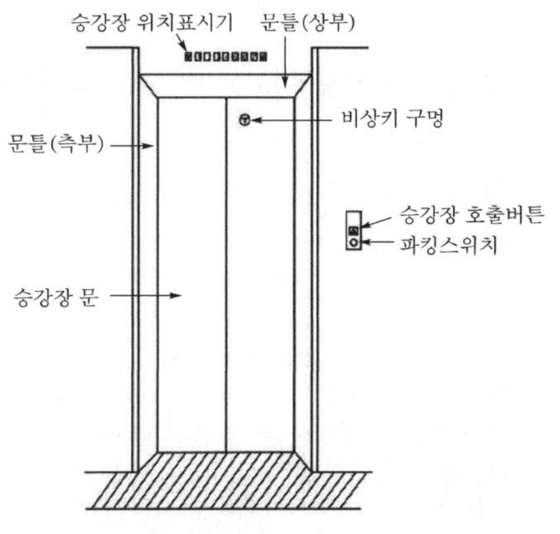

▌승강장의 구조 ▌

ⓛ 승강장 문의 기계적 강도

잠금장치가 있는 승강장 문이 잠긴 상태에서 5cm² 면적의 원형이나 사각의 단면에 300N의 힘을 균등하게 분산하여 문짝의 어느 지점에 수직으로 가할 때, 승강장 문의 기계적 강도는 다음과 같아야 한다.

- 1mm를 초과하는 영구변형이 없어야 한다.
- 15mm를 초과하는 탄성변형이 없어야 한다.
- 시험 중이거나 시험이 끝난 후에 문의 안전성능은 영향을 받지 않아야 한다.

★

12 자동차용 엘리베이터에서 운전자가 항상 전진방향으로 차량을 입·출고할 수 있도록 해주는 방향 전환장치는?

① 턴테이블
② 카리프트
③ 차량감지기
④ 출차주의등

해설 **턴테이블(turntable)**

자동차용 승강기에서 차를 싣고 방향을 바꾸기 위하여 회전시키는 장치

★★★

13 과속조절기의 설명에 관한 사항으로 틀린 것은?

① 과속조절기로프의 공칭직경은 8mm 이상이어야 한다.
② 과속조절기는 과속조절기 용도로 설계된 와이어로프에 의해 구동되어야 한다.

③ 과속조절기에는 추락방지안전장치의 작동과 일치하는 회전방향이 표시되어야 한다.
④ 과속조절기로프 풀리의 피치직경과 과속조절기로프의 공칭직경 사이의 비는 30 이상이어야 한다.

해설 **과속조절기로프**

㉠ 과속조절기로프의 공칭지름은 6mm 이상, 최소 파단하중은 과속조절기가 작동될 때 8 이상의 안전율로 과속조절기로프에 생성되는 인장력에 관계되어야 한다.
㉡ 과속조절기로프 풀리의 피치직경과 과속조절기로프의 공칭직경 사이의 비는 30 이상이어야 한다.
㉢ 과속조절기로프는 인장 풀리에 의해 인장되어야 한다. 이 풀리(또는 인장추)는 안내되어야 한다.
㉣ 과속조절기로프 및 관련 부속부품은 추락방지안전장치가 작동하는 동안 제동거리가 정상적일 때보다 더 길더라도 손상되지 않아야 한다.
㉤ 과속조절기로프는 추락방지안전장치로부터 쉽게 분리될 수 있어야 한다.
㉥ 작동 전 과속조절기의 반응시간은 추락방지안전장치가 작동되기 전에 위험속도에 도달하지 않도록 충분히 짧아야 한다.

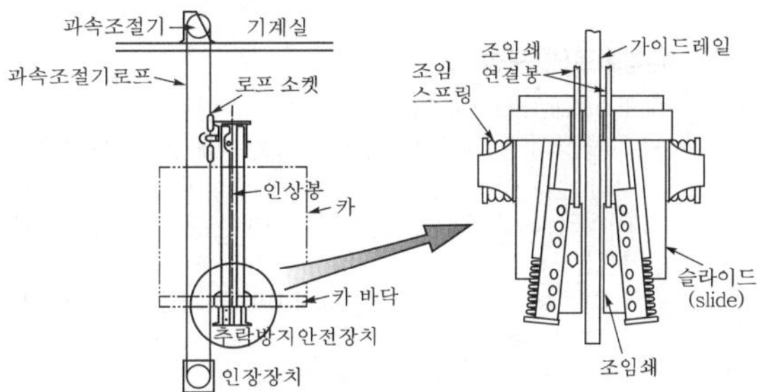

▌과속조절기와 추락방지안전장치의 연결 모습 ▌

▌과속조절기 인장장치 ▌

★★

14 다음 중 도어시스템(열리는 방향)에서 S로 표현되는 것은?

① 중앙열기 문
② 가로열기 문
③ 외짝 문 상하열기
④ 2짝 문 상하열기

정답 **12.** ① **13.** ① **14.** ②

해설 도어시스템의 종류

㉠ 중앙열기방식 : 1CO, 2CO(센터오픈 방식, Center Open)
㉡ 가로열기방식 : 1S, 2S, 3S(사이드오픈 방식, Side open)
㉢ 상하열기방식 : 자동차용, 대형화물용 엘리베이터에 사용된다.
㉣ 여닫이(스윙) 방식 : 한쪽 스윙, 2짝 스윙(swing type)

참고 카 도어시스템의 중요 내용(암기 필수)

- 도어가 열리는 방식 S, CO
- 도어 클로저
- 도어인터록
- 도어 안전장치

15 실린더에 이물질이 흡입되는 것을 방지하기 위하여 펌프의 흡입측에 부착하는 것은?

① 필터
② 사이렌서
③ 스트레이너
④ 더스트와이퍼

해설 유압회로의 구성요소

㉠ 필터(filter)와 스트레이너(strainer) : 실린더에 쇳가루나 이물질이 들어가는 것을 방지(실린더 손상 방지)하기 위해 설치하며, 펌프의 흡입측에 부착하는 것을 스트레이너라 하고, 배관 중간에 부착하는 것을 라인필터라 한다.
㉡ 사이렌서(silencer) : 자동차의 머플러와 같이 작동유의 압력 맥동을 흡수하여 진동·소음을 감소시키는 역할을 한다.
㉢ 더스트와이퍼(dust wiper) : 플런저 표면의 이물질이 실린더 내측으로 삽입되는 것을 방지한다.

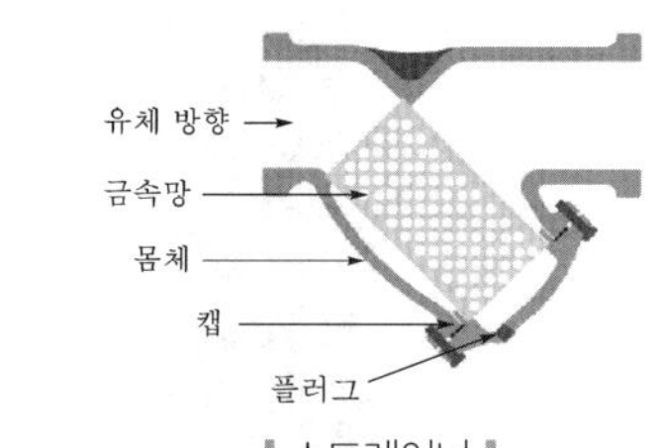

‖ 스트레이너 ‖

‖ 더스트와이퍼 ‖

16 다음 중 주유를 해서는 안 되는 부품은?

① 균형추
② 가이드 슈
③ 가이드레일
④ 브레이크 라이닝

해설 브레이크 라이닝(brake lining)

브레이크 드럼과 직접 접촉하여 브레이크 드럼의 회전을 멎게 하고 운동에너지를 열에너지로 바꾸는 마찰재이다. 브레이크 드럼으로부터 열에너지가 발산되어, 브레이크 라이닝의 온도가 높아져도 타지 않으며 마찰계수의 변화가 적은 라이닝이 좋다.

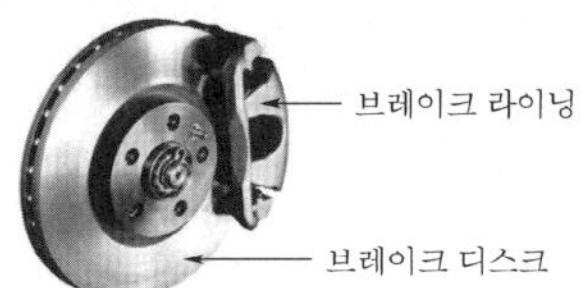

17 기계실의 바닥면적은 일반적으로 승강로 수평투영면적의 몇 배 이상으로 하여야 하는가?

① 2배
② 3배
③ 4배
④ 5배

해설 기계실의 바닥면적은 승강로 수평투영면적의 2배 이상으로 하여야 한다. 다만, 기기의 배치 및 관리에 지장이 없는 경우에는 그러하지 아니하다.

18 카 내에 갇힌 사람이 외부와 연락할 수 있는 장치는?

① 차임벨
② 인터폰
③ 리밋스위치
④ 위치표시램프

해설 인터폰(interphone)

㉠ 고장, 정전 및 화재 등의 비상 시에 카 내부와 외부의 상호 연락을 할 때에 이용된다.
㉡ 전원은 정상전원 뿐만 아니라 비상전원장치(충전배터리)에도 연결되어 있어야 한다.
㉢ 엘리베이터의 카 내부와 기계실, 경비실 또는 건물의 중앙감시반과 통화가 가능하여야 하며, 보수전문회사와 원거리 통화가 가능한 것도 있다.

정답 15. ③ 16. ④ 17. ① 18. ②

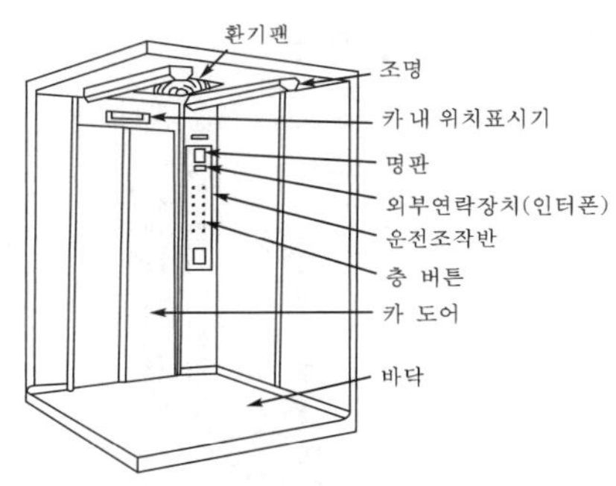

▌카 실내의 구조 ▌

▌리밋스위치 ▌

▌승강로에 설치된 리밋스위치 ▌

19 카 상부에서 행하는 검사가 아닌 것은?

① 완충기 점검
② 주로프 점검
③ 가이드 슈 점검
④ 도어개폐장치 점검

해설 피트에서 하는 점검항목

㉠ 피트 바닥, 과부하감지장치
㉡ 완충기, 하부 파이널 리밋스위치, 카 추락방지안전장치 스위치
㉢ 과속조절기로프 및 기타 당김도르래, 균형로프 및 부착부, 균형추 밑부분 틈새, 이동케이블 및 부착부
㉣ 카 하부 도르래, 피트 내의 내진대책

20 승강기의 파이널 리밋스위치(final limit switch)의 요건 중 틀린 것은?

① 반드시 기계적으로 조작되는 것이어야 한다.
② 작동 캠(cam)은 금속으로 만든 것이어야 한다.
③ 이 스위치가 동작하게 되면 권상전동기 및 브레이크 전원이 차단되어야 한다.
④ 이 스위치는 카가 승강로의 완충기에 충돌된 후에 작동되어야 한다.

해설 파이널 리밋스위치(final limit switch)

㉠ 리밋스위치가 작동되지 않을 경우를 대비하여 리밋스위치를 지난 적당한 위치에 카가 현저히 지나치는 것을 방지하는 스위치이다.
㉡ 전동기 및 브레이크에 공급되는 전원회로의 확실한 기계적 분리에 의해 직접 개방되어야 한다.
㉢ 완충기에 충돌되기 전에 작동하여야 하며, 슬로다운스위치에 의하여 정지되면 작용하지 않도록 설정한다.
㉣ 파이널 리밋스위치의 작동 후에는 엘리베이터의 정상운행을 위해 자동으로 복귀되지 않아야 한다.

21 안전점검의 종류가 아닌 것은?

① 정기점검
② 특별점검
③ 순회점검
④ 수시점검

해설 안전점검의 종류

㉠ 정기점검 : 일정 기간마다 정기적으로 실시하는 점검을 말하며, 매주, 매월, 매분기 등 법적 기준에 맞도록 또는 자체 기준에 따라 해당 책임자가 실시하는 점검이다.
㉡ 수시점검(일상점검) : 매일 작업 전, 작업 중, 작업 후에 일상적으로 실시하는 점검을 말하며, 작업자, 작업책임자, 관리감독자가 행하는 사업주의 순찰도 넓은 의미에서 포함된다.
㉢ 특별점검 : 기계·기구 또는 설비의 신설·변경 또는 고장·수리 등으로 비성기적인 특성점검을 말하며 기술책임자가 행합다.
㉣ 임시점검 : 기계·기구 또는 설비의 이상 발견 시에 임시로 실시하는 점검을 말하며, 정기점검 실시 후 다음 정기점검일 이전에 임시로 실시하는 점검이다.

22 직류 분권전동기에서 보극의 역할은?

① 회전수를 일정하게 한다.
② 기동토크를 증가시킨다.
③ 정류를 양호하게 한다.
④ 회전력을 증가시킨다.

해설 전기자 반작용

전기자전류에 의한 기자력이 주자속의 분포에 영향을 미치는 현상을 말한다.

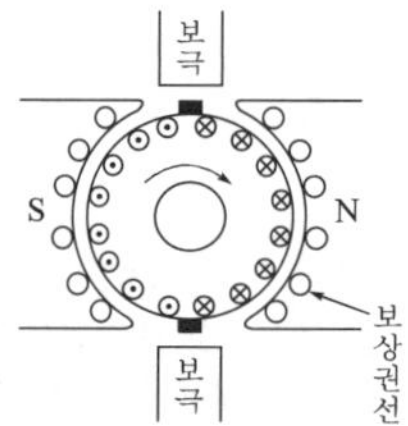

⊙ 전기자 반작용에 의한 현상

■ 주자속 ■　　■ 전기자 자속 ■　　■ 합성자속
　　　　　　　　　　　　　　　　　　　(전기자 반작용) ■

- 코일이 자극의 중성축에 있을 때도 전압을 유지시켜 브러시 사이에 불꽃을 발행한다.
- 주자속 분포를 찌그러뜨려 중성축을 이동시킨다.
- 주자속을 감소시켜 유도전압을 감소시킨다.

ⓛ 전기자 반작용의 방지법
- 브러시 위치를 전기적 중성점으로 이동시킨다.
- 보상권선을 설치한다.
- 보극을 설치한다.

ⓒ 보극의 역할
- 전기자가 만드는 자속을 상쇄(전기자 반작용 상쇄 역할)한다.
- 전압정류를 하기 위한 정류자속을 발생시킨다.

■ 보극과 보상권선자 ■

★

23 합리적인 사고의 발견방법으로 타당하지 않은 것은?

① 육감진단　　　② 예측진단
③ 장비진단　　　④ 육안진단

해설 합리적 사고
ⓛ 과학적, 논리적, 분석적 사고로 현상 파악을 중시하는 사고
ⓒ 현재 당면하고 있는 현상을 명확히 파악하여, 문제를 선정하고, 문제의 원인을 밝히며, 그에 대한 과제를 도출하고, 과제 실행 시 발생할 수 있는 문제점들을 사전에 예측하여, 문제없이 진행하기 위한 대책을 사전에 수립하는 과정

★★

24 피트에 설치되지 않는 것은?

① 인장도르래　　② 과속조절기
③ 완충기　　　　④ 균형추

해설 기계실 없는 엘리베이터
과속조절기는 일반적으로 기계실에 설치되며, 기계실이 없는 경우에는 피트에 설치되기도 한다.

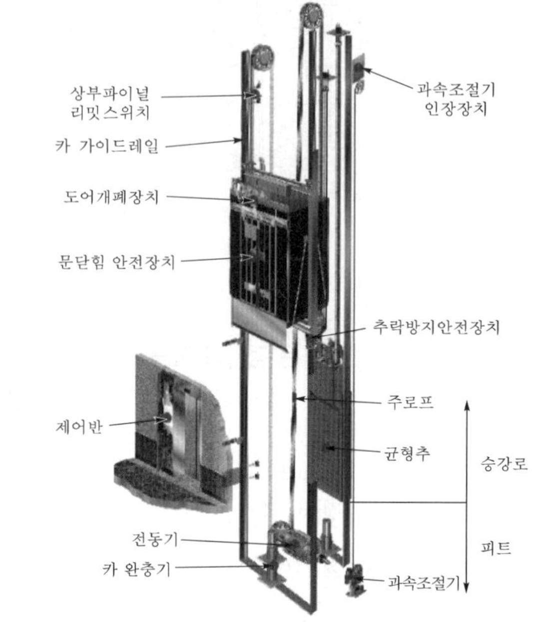

★

25 인체에 통전되는 전류가 더욱 증가되면 전류의 일부가 심장 부분을 흐르게 된다. 이때 심장이 정상적인 맥동을 못하며 불규칙적으로 세동을 하게 되어 결국 혈액의 순환에 큰 장애를 일으키게 되는 현상(전류)을 무엇이라 하는가?

① 심실세동전류　　② 고통한계전류
③ 가수전류　　　　④ 불수전류

해설 감전전류에 따른 생리적 영향
ⓛ 감지전류
- 인체에 전류가 흐르고 있는 것을 감지할 수 있는 최소 전류
- 교류(60Hz)에서 성인남자 1∼2mA
ⓒ 고통한계전류
- 근육은 자유스럽게 이탈 가능하지만 고통을 수반한다.
- 교류(60Hz)에서 성인남자 2∼8mA
ⓒ 가수전류
- 안전하게 스스로 접촉된 전원으로부터 떨어질 수 있는 전류
- 교류(60Hz)에서 성인남자 8∼15mA
ⓔ 불수전류
- 근육에 경련이 일어나며 전선을 잡은 채로 손을 뗄 수가 없다.
- 교류(60Hz)에서 성인남자 16mA
ⓜ 심실세동전류
- 심장은 마비 증상을 일으키며 호흡도 정지한다.
- 교류(60Hz)에서 성인남자 100mA

정답　**23.** ①　**24.** ④　**25.** ①

★★

26 감전의 위험이 있는 장소의 전기를 차단하여 수선, 점검 등의 작업을 할 때에는 작업 중 스위치에 어떤 장치를 하여야 하는가?

① 접지장치
② 복개장치
③ 시건장치
④ 통전장치

해설 시건(잠금)장치

전기작업을 안전하게 행하려면 위험한 전로를 정전시키고 작업하는 것이 바람직하나, 이 경우 정전시킨 전로에 잘못해서 송전되거나 또는 근접해 있는 충전전로와 접촉해서 통전상태가 되면 대단히 위험하다. 따라서 정전작업에서는 사전에 작업내용 등의 필요한 사항을 작업자에게 충분히 주지시킴과 더불어 계획된 순서로 작업함과 동시에 안전한 사전 조치를 취해야 한다. 전로를 정전시킨 경우에는 여하한 경우에도 무전압 상태를 유지해야 하며 이를 위해서 가장 기본적인 안전조치는 정전에 사용한 전원스위치(분전반)에 작업기간 중에는 투입이 될 수 없도록 시건(잠금)장치를 하는 것과 그 스위치 개소(분전반)에 통전금지에 관한 사항을 표지하는 것 그리고 필요한 경우에는 스위치 장소(분전반)에 감시인을 배치하는 것이다.

★

27 안전사고의 발생요인으로 볼 수 없는 것은?

① 피로감
② 임금
③ 감정
④ 날씨

해설 임금은 안전사고의 발생과는 관계가 없다.

★★

28 콤에 대한 설명으로 옳은 것은?

① 홈에 맞물리는 각 승강장의 갈라진 부분
② 전기안전장치로 구성된 전기적인 안전시스템의 부분
③ 에스컬레이터 또는 무빙워크를 둘러싸고 있는 외부측 부분
④ 스텝, 팔레트 또는 벨트와 연결되는 난간의 수직 부분

해설 디딤판(step)과 부속품

㉠ 콤(comb) : 에스컬레이터 및 수평보행기의 승강구에 있어서 디딤판(step) 또는 발판 윗면의 홈과 맞물려 발을 보호하기 위한 것으로, 물건 등이 끼어 과도한 힘이 걸릴 경우 안전상 콤의 톱니 끝단이 부러지도록 플라스틱재가 사용된다.
㉡ 라이저(riser) : 디딤판(step)과 디딤판 사이의 수직면, 에스컬레이터의 스텝 라이저에는 인접하는 디딤판과 디딤판과의 틈새에 발끝이 끼지 않도록 하기 위해 설치된다.
㉢ 클리트(cleat) : 에스컬레이터 디딤면 및 라이저 또는 수평보행기의 디딤면에 만들어져 있는 홈을 말한다.

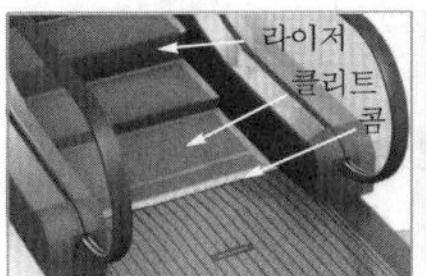
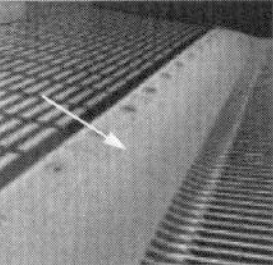

▐ 승강장 스텝 ▐　　▐ 콤(comb) ▐　　▐ 클리트(cleat) ▐

★★★

29 기계실이 있는 엘리베이터의 승강로 내에 설치되지 않는 것은?

① 균형추
② 완충기
③ 이동케이블
④ 과속조절기

해설 엘리베이터 기계실

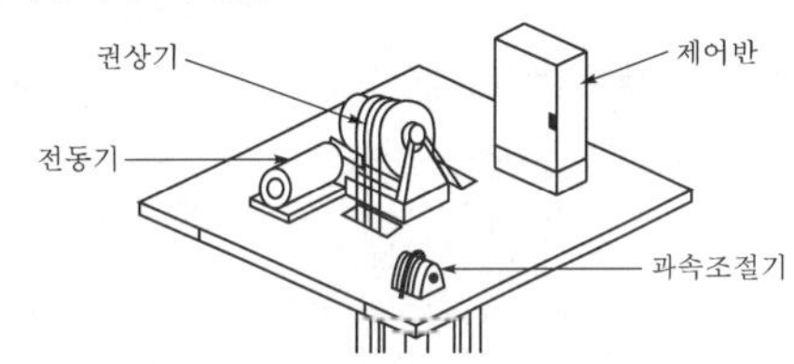

▐ 기계실 ▐

과속조절기는 승강로 내에 위치하는 경우도 있지만, 기계실이 있는 경우에는 기계실에 설치된다.

★

30 어떤 일정 기간을 두고서 행하는 안전점검은?

① 특별점검
② 정기점검
③ 임시점검
④ 수시점검

해설 안전점검의 종류

㉠ 정기점검 : 일정 기간마다 정기적으로 실시하는 점검을 말하며, 매주, 매월, 매분기 등 법적 기준에 맞도록 또는 자체 기준에 따라 해당 책임자가 실시하는 점검이다.

정답　26. ③　27. ②　28. ①　29. ④　30. ②

ⓛ 수시점검(일상점검) : 매일 작업 전, 작업 중, 작업 후에 일상적으로 실시하는 점검을 말하며, 작업자, 작업책임자, 관리감독자가 행하는 사업주의 순찰도 넓은 의미에서 포함된다.
ⓒ 특별점검 : 기계기구 또는 설비의 신설·변경 또는 고장·수리 등으로 비정기적인 특정점검을 말하며 기술책임자가 행한다.
ⓔ 임시점검 : 기계기구 또는 설비의 이상발견 시에 임시로 실시하는 점검을 말하며, 정기점검 실시 후 다음 정기점검일 이전에 임시로 실시하는 점검

31 ★ 트랙션권상기의 특징으로 틀린 것은?

① 소요동력이 적다.
② 행정거리의 제한이 없다.
③ 주로프 및 도르래의 마모가 일어나지 않는다.
④ 권과(지나치게 감기는 현상)를 일으키지 않는다.

해설 권상기(traction machine)

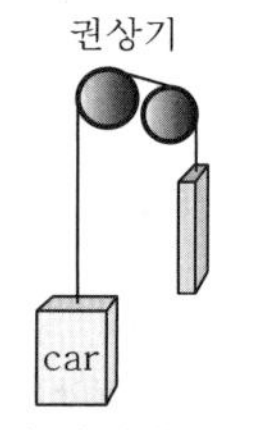
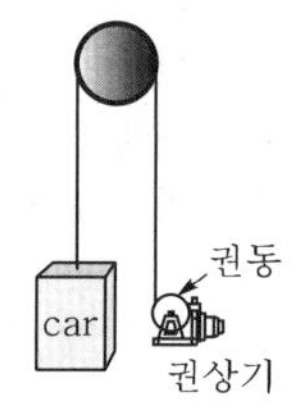

㉠ 트랙션식 권상기의 형식
• 기어드(geared) 방식 : 전동기의 회전을 감속시키기 위해 기어를 부착한다.
• 무기어(gearless) 방식 : 기어를 사용하지 않고, 전동기의 회전축에 권상도르래를 부착시킨다.
㉡ 트랙션식 권상기의 특징
• 균형추를 사용하기 때문에 소요동력이 적다.
• 도르래를 사용하기 때문에 승강행정에 제한이 없다.
• 로프를 마찰로서 구동하기 때문에 지나치게 감길 위험이 없다.

32 ★★ 에스컬레이터와 층 바닥이 교차하는 곳에 손이나 머리가 끼거나 충돌하는 것을 방지하기 위한 안전장치는?

① 셔터운전 안전장치
② 스커트 가드 안전장치
③ 스텝체인 안전장치
④ 삼각부 보호판

해설 3각부 안전보호판

계단 교차점 및 십자형으로 교차하는 에스컬레이터 또는 무빙워크의 경우에는 틈새의 수직거리가 300mm 되는 곳까지 막는 등의 조치를 하되 부딪쳤을 때 신체에 상해를 주지 않는 탄력성이 있는 재료(스펀지 등)로 마감되어야 한다.

33 ★★★ 카의 문을 열고 닫는 도어머신에서 성능상 요구되는 조건이 아닌 것은?

① 작동이 원활하고 정숙하여야 한다.
② 카 상부에 설치하기 위하여 소형이며 가벼워야 한다.
③ 어떠한 경우라도 수동조작에 의하여 카 도어가 열려서는 안 된다.
④ 작동횟수가 승강기 기동횟수의 2배이므로 보수가 쉬워야 한다.

해설 도어머신(door machine)에 요구되는 조건

모터의 회전을 감속하여 암이나 벨트 등을 구동시켜서 도어를 개폐시키는 것이며, 닫힌 상태에서 정전으로 갇혔을 때 구출을 위해 문을 손으로 열 수가 있어야 한다.

㉠ 작동이 원활하고 조용할 것
㉡ 카 상부에 설치하기 위해 소형 경량일 것
㉢ 동작횟수가 엘리베이터 기동횟수의 2배가 되므로 보수가 용이할 것
㉣ 가격이 저렴할 것

34 ★ 주차설비 중 자동차를 운반하는 운반기의 일반적인 호칭으로 사용되지 않는 것은?

① 카고, 리프트
② 케이지, 카트
③ 트레이, 팔레트
④ 리프트, 호이스트

해설 호이스트(hoist)

권상기(전동기, 감속장치, 와인딩 드럼)를 사용한 소형의 감아올리는 기계이며, 스스로 주행할 수 있는 것이 많다.

★

35 작업표준의 목적이 아닌 것은?

① 작업의 효율화   ② 위험요인의 제거
③ 손실요인의 제거   ④ 재해책임의 추궁

해설 작업표준은 근로자가 기능적으로 불확실한 작업행동이나 정해진 생산 공정상의 규칙을 어기고 임의적인 행동을 지행함으로써의 위험이나 손실요인을 최대한 예방, 감소시키기 위한 것이다.

★★★

36 와이어로프 클립(wire rope clip)의 체결방법으로 가장 적합한 것은?

①    ② 
③    ④ 

해설 **클립 체결법**

㉠ 클립 체결 시 주의사항
 • 클립의 새들은 로프의 힘이 걸리는 쪽에 있을 것
 • 클립 수량과 간격은 로프 직경의 6배 이상, 수량은 최소 4개 이상일 것
 • 하중을 걸기 전후에 단단하게 조여 줄 것
 • 가능한 팀블(thimble)을 부착 할 것
 • 남은 부분은 강제 고정구를 사용하여 고정
 • 팀블 접합부가 이탈되지 않도록 할 것

㉡ 클립 체결 방법

클립(clip) 1번 가체결

팀블(thimble) 쪽 클립(clip) 체결

팀블(thimble) 쪽에서 두세 번째 클립 체결

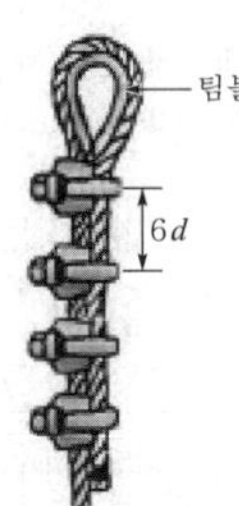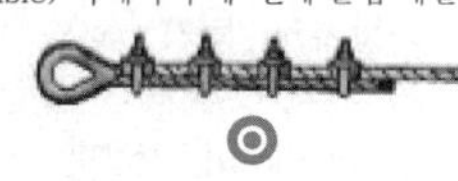

‖ 클립 체결 예 ‖

★★

37 와이어로프의 특징으로 잘못된 것은?

① 소선의 재질이 균일하고 인상이 우수
② 유연성이 좋고 내구성 및 내부식성이 우수
③ 그리스 저장능력이 좋아야 한다.
④ 로프 중심에 사용되는 심강의 경도가 낮다.

해설 **엘리베이터용 와이어로프의 특징**

㉠ 유연성이 좋고 내구성 및 내부식성이 우수
㉡ 소선의 재질이 균일하고 인성이 우수
㉢ 로프 중심에 사용되는 심강의 경도가 높음
㉣ 그리스 저장능력이 뛰어남

★

38 재해 조사의 요령으로 바람직한 방법이 아닌 것은?

① 재해 발생 직후에 행한다.
② 현장의 물리적 증거를 수집한다.
③ 재해 피해자로부터 상황을 듣는다.
④ 의견 충돌을 피하기 위하여 반드시 1인이 조사하도록 한다.

해설 **재해조사 방법**

㉠ 재해 발생 직후에 행한다.
㉡ 현장의 물리적 흔적(물적 증거)을 수집한다.
㉢ 재해 현장은 사진을 촬영하여 보관, 기록한다.
㉣ 재해 피해자로부터 재해 상황을 듣는다.
㉤ 목격자, 현장 책임자 등 많은 사람들에게 사고 시의 상황을 듣는다.
㉥ 판단하기 어려운 특수 재해나 중대 재해는 전문가에게 조사를 의뢰한다.

★★

39 안진사고의 발생요인으로 심리적인 요인에 해낭되는 것은?

① 감정   ② 극도의 피로감
③ 육체적 능력 초과   ④ 신경계통의 이상

해설 **산업안전 심리의 5요소**
동기, 기질, 감정, 습성, 습관

★

40 작업의 특수성으로 인해 발생하는 직업병으로서 작업 조건에 의하지 않은 것은?

① 먼지   ② 유해가스
③ 소음   ④ 작업 자세

해설 직업병

㉠ 근골격계질환, 소음성 난청, 복사열 등 물리적 원인
㉡ 중금속 중독, 유기용제 중독, 진폐증 등 화학적 원인
㉢ 세균 공기 오염 등 생물학적 원인
㉣ 스트레스, 과로 등 정신적 원인

41 정전용량이 같은 두 개의 콘덴서를 병렬로 접속하였을 때의 합성용량은 직렬로 접속하였을 때의 몇 배인가?

① 2
② 4
③ 1/2
④ 1/4

해설 콘덴서의 접속

㉠ 콘덴서의 직렬접속 : 정전용량이 C_1, C_2(F)인 2개의 콘덴서를 직렬로 접속하면 다음과 같다.

$$합성\ 정전용량(C) = \frac{C_1 \times C_2}{C_1 + C_2}(F)$$

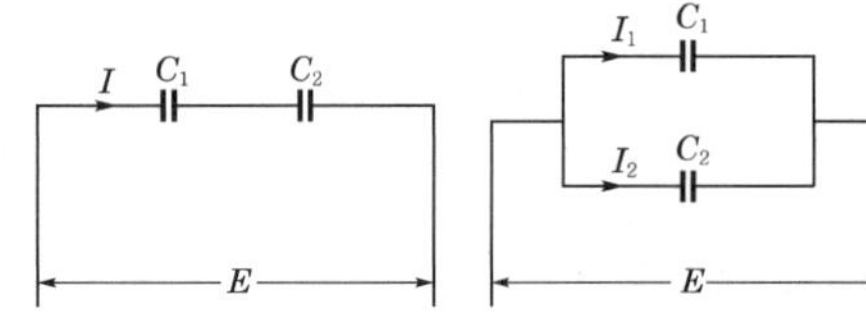

| 직렬접속 | 병렬접속 |

㉡ 콘덴서의 병렬접속 : 정전용량이 C_1, C_2(F)인 2개의 콘덴서를 병렬로 접속하면 다음과 같다.
  합성 정전용량(C) = $C_1 + C_2$(F)

㉢ 계산식
  • 2μF와 2μF가 직렬로 연결된 등가회로이므로 합성용량은 다음과 같다.

  $$C_{T_1} = \frac{2 \times 2}{2+2} = 1\mu F$$

  • 2μF와 2μF가 병렬로 연결된 등가회로이므로 합성용량은 다음과 같다.
  $$C_{T_2} = 2+2 = 4\mu F$$

42 동력을 수시로 이어주거나 끊어주는 데 사용할 수 있는 기계요소는?

① 클러치
② 리벳
③ 키
④ 체인

해설 축과 축을 접속 또는 차단하는데 사용되며, 클러치(clutch)를 사용하면 원동기를 정지시킬 필요 없이 피동축을 정지시키고, 속도변경을 위한 기어 바꿈 등을 할 수 있다.

43 평행판 콘덴서에 있어서 콘덴서의 정전용량은 판 사이의 거리와 어떤 관계인가?

① 반비례
② 비례
③ 불변
④ 2배

해설 평행판 콘덴서의 정전용량

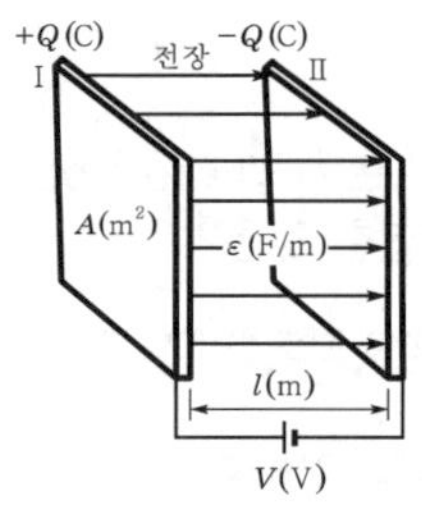

㉠ 면적 A(m^2)의 평행한 두 금속의 간격을 l(m), 절연물의 유전율을 ε(F/m)이라 하고, 두 금속판 사이에 전압 V(V)를 가할 때 각 금속판에 $+Q$(C), $-Q$(C)의 전하가 축적되었다고 하면 다음과 같다.

$$V = \frac{\sigma l}{\varepsilon}(V)$$

㉡ 평행판 콘덴서의 정전용량 C는 다음과 같다.

$$C = \frac{Q}{V} = \frac{\sigma A}{\dfrac{\sigma l}{\varepsilon}} = \frac{\varepsilon A}{l} = \frac{\varepsilon_0 \varepsilon_s A}{l}(F)$$

44 크레인, 엘리베이터, 공작기계, 공기압축기 등의 운전에 가장 적합한 전동기는?

① 직권전동기
② 분권전동기
③ 차동복권전동기
④ 가동복권전동기

해설 가동복권전동기

㉠ 직권계자권선에 의하여 발생되는 자속이 분권계자권선에 의하여 발생되는 자속과 같은 방향이 되어 합성자속이 증가하는 구조의 전동기이다.
㉡ 속도변동률이 분권전동기보다 큰 반면에 기동토크도 크므로 크레인, 엘리베이터, 공작기계, 공기압축기 등에 널리 이용된다.

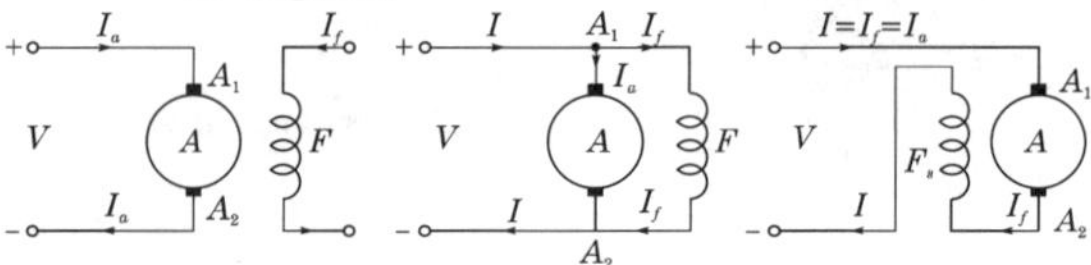

(a) 타여자전동기
(b) 분권전동기
(c) 직권전동기

정답 41. ② 42. ① 43. ① 44. ④

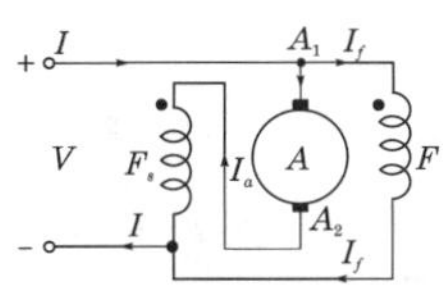

(d) 가동복권전동기

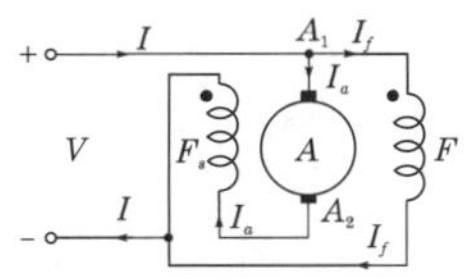

(e) 차동복권전동기

여기서, A : 전기자, F : 분권 또는 타여자계자권선
F_s : 직권계자권선 I : 전동기전류(A)
I_a : 전기자전류(A), I_f : 분권 또는 타여자 계자전류(A)

‖ 직류전동기의 종류 ‖

★★★

45 ‘회로망에서 임의의 접속점에 흘러 들어오고 흘러 나가는 전류의 대수합은 0이다’라는 법칙은?

① 키르히호프의 법칙
② 가우스의 법칙
③ 줄의 법칙
④ 쿨롱의 법칙

해설 **키르히호프의 제1법칙**

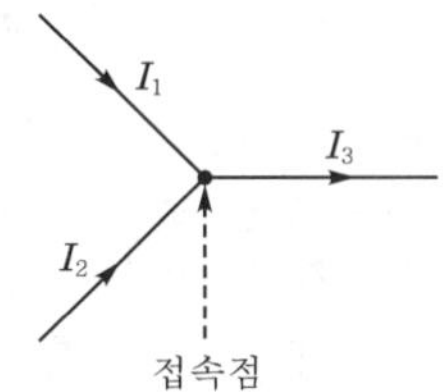

회로망에 있어서 임의의 한 접속점에 흘러 들어오는 전류의 합은 흘러 나가는 전류의 합과 같다(∴ 유입되는 전류 I_1, I_2와 유출되는 전류 I_3의 합은 0).
Σ유입 전류=Σ유출 전류
$I_1 + I_2 = I_3$
$\therefore I_1 + I_2 + (-I_3) = 0$

★★★★★

46 어떤 교류 전동기의 회전속도가 1200rpm이라고 할 때 전원주파수를 10% 증가시키면 회전속도는 몇 rpm이 되는가?

① 1080
② 1200
③ 1320
④ 1440

해설 **회전속도**

㉠ $n_s = \dfrac{120f}{p}$(rpm) (회전수는 주파수에 비례)

㉡ 주파수만 10% 증가시키면, 회전속도
$120 \times 1.1 = 1320$rpm

★★

47 다음 설명 중 링크의 특징이 아닌 것은?

① 경쾌한 운동과 동력의 마찰손실이 크다.
② 제작이 용이하다.
③ 전동이 매우 확실하다.
④ 복잡한 운동을 간단한 장치로 할 수 있다.

해설 **기계요소의 종류와 용도**

구분	종류	용도
결합용 기계요소	나사, 볼트, 너트, 핀, 키	기계 부품 결합
축용 기계요소	축, 베어링	축을 지지하거나 연결
전동용 기계요소	마찰차, 기어, 캠, 링크, 체인, 벨트	동력의 전달
관용 기계요소	관, 관이음, 밸브	기체나 액체 수송
완충 및 제동용 기계요소	스프링, 브레이크	진동 방지와 제동

기계에 전달된 동력을 여러 모양의 얼개에 의해서 운동 부분으로 전달되어서 필요한 일을 하는데, 이 동력을 운반하는 요소를 링크(link)라고 한다.

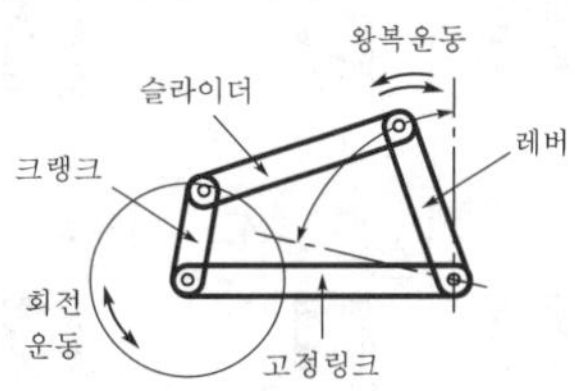

‖ 4절 링크기구 ‖

★★

48 엘리베이터의 권상기에서 일반적으로 서속용에는 적은 용량의 전동기를 사용하여 큰 힘을 내도록 하는 동력전달방식은?

① 웜 및 웜기어
② 헬리컬기어
③ 스퍼어기어
④ 피니언과 래크기어

해설 **웜기어(worm gear)**

‖ 웜과 웜기어 ‖

엇갈리는 축이 이루는 각도가 90°인 경우에 사용하고, 잇수가 적은 나사 모양의 기어를 웜(worm), 이것에 물리는 기어를 웜휠이라고 하며, 이것이 한 쌍으로 사용될 때 웜기어라고 한다. 엘리베이터용 권상기의 감속기구로서 많이 사용되고 있다.

㉠ 장점
- 부하용량이 크다.
- 큰 감속비를 얻을 수 있다(1/10~1/100).
- 소음과 진동이 적다.
- 감속비가 크면 역전방지를 할 수 있다.

㉡ 단점
- 미끄럼이 크고, 교환성이 없다.
- 진입각이 작으면 효율이 낮다.
- 웜휠은 역삭할 수 없다.
- 추력이 발생한다.
- 웜휠 제작에는 특수공구가 필요하다.
- 가격이 고가이다.
- 웜휠의 정도측정이 곤란하다.

49 베어링(bearing)에 가압력을 주어 축에 삽입할 때 가장 올바른 방법은?

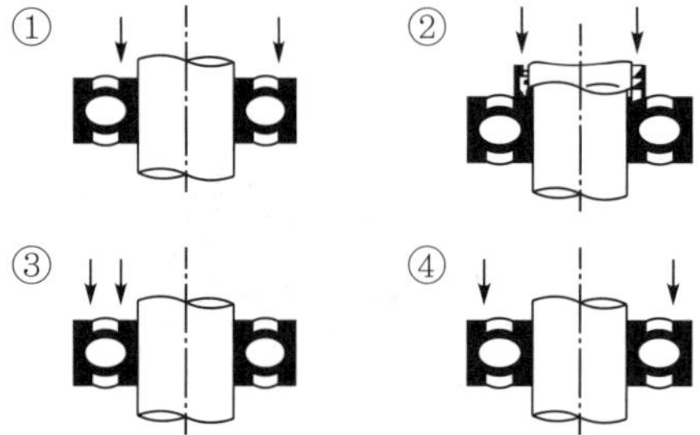

 **해설** 베어링의 끼워 맞춤 방법

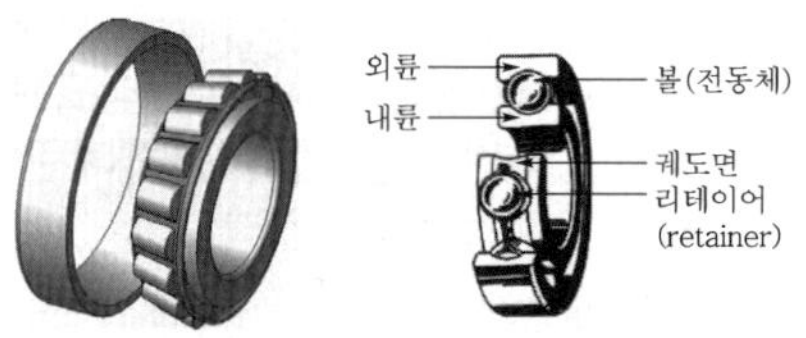

베어링의 양호한 성능발휘는 대부분 설계도에서 규정한 끼워맞춤이 제대로 적용되는가에 달려있으며, 완벽한 끼워 맞춤에 대하여 간단명료한 해답은 없다. 끼워 맞춤의 선정은 기계의 작동조건 및 베어링의 조립에 대한 설계 특성에 따라 결정되며, 기본적으로 두 링은 조립좌에 충분히 지지되어야 하며 완전하게 맞춤이 이루어져야 한다.

㉠ 내경 80mm 이하의 베어링은 유압프레스를 이용하여 축에 조립한다.
㉡ 소형 베어링의 경우 적절한 조립슬리브를 사용하여 부드럽게 망치로 때려 박는다.
㉢ 조립용 지지판을 사용하여 축과 하우징에 동시 조립한다.
㉣ 샤프트 너트에 의한 스페리컬 롤러 베어링의 프레스 박는다.

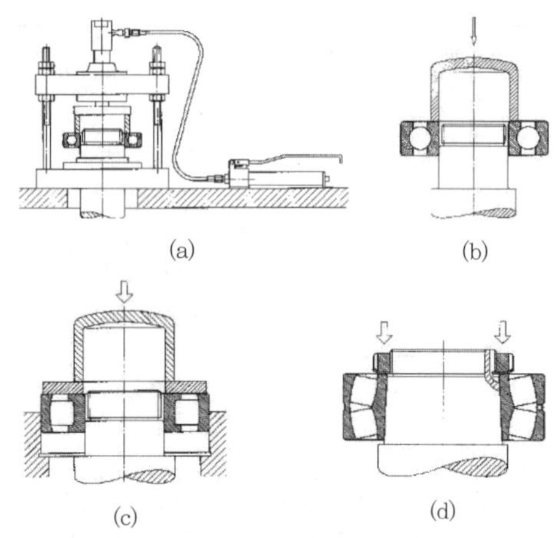

(a)　　　　　　　(b)

(c)　　　　　　　(d)

★★★

50 트랜지스터, IC 등의 반도체를 사용한 논리소자를 스위치로 이용하여 제어하는 시퀀스제어방식은?

① 전자개폐기제어　　② 유접점제어
③ 무접점제어　　　　④ 과전류계전기제어

해설 제어의 종류

㉠ 무접점제어 : 트랜지스터, 다이오드나 사이리스터 등의 반도체가 접점 없이 릴레이와 같도록 전류(신호)의 온·오프(on·off)가 가능한 것을 이용하여 이들의 반도체 소자에 광전스위치·근접스위치·초음파스위치 등을 조합시켜 만든 제어회로
㉡ 유접점제어 : 스위치, 릴레이, 전자접촉기처럼 기계적으로 작동하는 것

★★★★

51 RLC 직렬회로에서 최대 전류가 흐르게 되는 조건은?

① $\omega L^2 - \dfrac{1}{\omega C} = 0$　　② $\omega L^2 + \dfrac{1}{\omega C} = 0$

③ $\omega L - \dfrac{1}{\omega C} = 0$　　④ $\omega L + \dfrac{1}{\omega C} = 0$

해설 직렬공진조건

RLC가 직렬로 연결된 회로에서 용량리액턴스와 유도리액턴스는 더 이상 회로 전류를 제한하지 못하고 저항만이 회로에 흐르는 전류를 제한할 수 있는 상태를 공진이라고 한다.

㉠ 임피던스(impedance)

$$Z = \sqrt{R^2 + \left(\omega L - \dfrac{1}{\omega C}\right)^2} \ (\Omega)$$

용량리액턴스와 유도리액턴스가 같다면 $\omega L = \dfrac{1}{\omega C}$

$$\omega L - \dfrac{1}{\omega C} = 0$$

임피던스(Z)

$$Z = \sqrt{R^2 + \left(\omega L - \dfrac{1}{\omega C}\right)^2} = \sqrt{R^2 + (0)^2} = R(\Omega)$$

ⓛ 직렬공진회로

• 공진임피던스는 최소가 된다.

$$Z = \sqrt{R^2 + (0)^2} = R$$

• 공진전류 I_0는 최대가 된다.

$$I_0 = \dfrac{V}{Z} = \dfrac{V}{R}(A)$$

• 전압 V와 전류 I는 동위상이다.

• 용량리액턴스와 유도리액턴스는 크기가 같아서 상쇄되어 저항만의 회로가 된다.

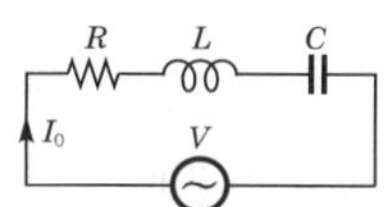
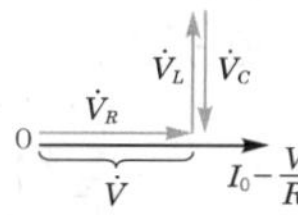

(a) 직렬회로　　(b) 직렬공진 벡터 그림

┃ 직렬회로와 벡터 그림 ┃

---

52 1MΩ은 몇 Ω인가?

① $1 \times 10^3 \Omega$　　　② $1 \times 10^6 \Omega$

③ $1 \times 10^9 \Omega$　　　④ $1 \times 10^{12} \Omega$

해설

명칭	기호	배수	명칭	기호	배수
Tera	T	10^{12}	centi	c	10^{-2}
Giga	G	10^{9}	milli	m	10^{-3}
Mega	M	10^{6}	micro	μ	10^{-6}
kilo	k	10^{3}	nano	n	10^{-9}

---

53 다음 중 전류를 측정할 수 있는 것은?

① 훅온미터

② 볼트미터

③ 플레밍의 법칙

④ 키르히호프의 법칙

해설 훅온미터(hock on meter)

교류전류를 손쉽게 측정할 수 있게 만든 계기 중의 하나이다. 회로시험기와 차이점은 측정하려고 하는 회로의 단자에 적색과 흑색의 테스트 리드선을 직접 접촉시키지 않고, 훅온미터의 훅을 눌러 홀 안에 전선을 관통시키면 측정하려는 회로의 전류값을 측정한다는 것이다. 전류 측정은 반드시 전원이 연결된 상태에서만 할 수 있으며, 2개의 선을 동시

에 넣는다든가 집게처럼 전선에 물리면 측정이 불가능하고 3상 4선식의 경우 N(중성선)은 측정되지 않는다.

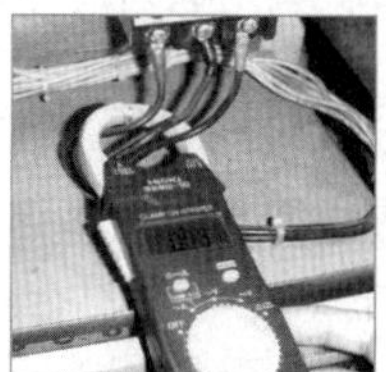

---

54 RLC 소자의 교류회로에 대한 설명 중 틀린 것은?

① R만의 회로에서 전압과 전류의 위상은 동상이다.

② L만의 회로에서 저항성분을 유도성 리액턴스 X_L이라 한다.

③ C만의 회로에서 전류는 전압보다 위상이 $90°$ 앞선다.

④ 유도성 리액턴스 $X_L = \dfrac{1}{\omega L}$ 이다.

해설 ㉠ 유도성 리액턴스(inductive reactance)

$$X_L = \omega L = 2\pi f L(\Omega)$$

ⓛ 용량성 리액턴스(capacitive reactance)

$$X_C = \dfrac{1}{\omega C} = \dfrac{1}{2\pi f C}(\Omega)$$

---

55 3Ω, 4Ω, 6Ω의 저항을 병렬접속할 때 합성저항은 몇 Ω인가?

① $\dfrac{1}{3}$　　　② $\dfrac{4}{3}$

③ $\dfrac{5}{6}$　　　④ $\dfrac{3}{4}$

해설 병렬접속회로

2개 이상인 저항의 양끝을 전원의 양극에 연결하여 회로의 전 전류가 각 저항에 나뉘어 흐르게 하는 접속으로, 각 저항 R_1, R_2, R_3에 흐르는 전압 V의 크기는 일정하다.

$$\text{합성저항}(R) = \dfrac{1}{\dfrac{1}{R_1} + \dfrac{1}{R_2} + \dfrac{1}{R_3}}$$

$$= \dfrac{R_1 R_2 R_3}{R_1 R_2 + R_2 R_3 + R_3 R_1}$$

$$= \dfrac{3 \times 4 \times 6}{3 \times 4 + 4 \times 6 + 6 \times 3}$$

$$= \dfrac{4}{3}\ \Omega$$

정답　52. ②　53. ①　54. ④　55. ②

★★

56 다음 중 엘리베이터용 전동기의 구비조건이 아닌 것은?

① 전력소비가 클 것
② 충분한 기동력을 갖출 것
③ 운전 상태가 정숙하고 저진동일 것
④ 고기동 빈도에 의한 발열에 충분히 견딜 것

해설 엘리베이터용 전동기에 요구되는 특성
㉠ 기동토크가 클 것
㉡ 기동전류가 적을 것
㉢ 소음이 적고 저진동이어야 함
㉣ 기동빈도가 높으므로(시간당 300회) 발열(온도 상승)을 고려해야 함
㉤ 회전 부분의 관성모멘트(회전축을 중심으로 회전하는 물체가 계속해서 회전을 지속하려는 성질의 크기)가 적을 것
㉥ 충분한 제동력을 가질 것

★★★

57 시험전압(직류) 250V 전기설비의 절연저항은 몇 MΩ 이상이어야 하는가?

① 0.15
② 0.25
③ 0.5
④ 1

해설 전로의 절연저항값

전로의 사용전압 구분(V)	DC 시험전압(V)	절연저항(MΩ)
SELV 및 PELV	250	0.5
FELV, 500V 이하	500	1.0
500V 초과	1000	1.0

★★★

58 진공 중에서 m(Wb)의 자극으로부터 나오는 총 자력선의 수는 어떻게 표현되는가?

① $\dfrac{m}{4\pi\mu_0}$
② $\dfrac{m}{\mu_0}$
③ $\mu_0 m$
④ $\mu_0 m^2$

해설 자력선 밀도

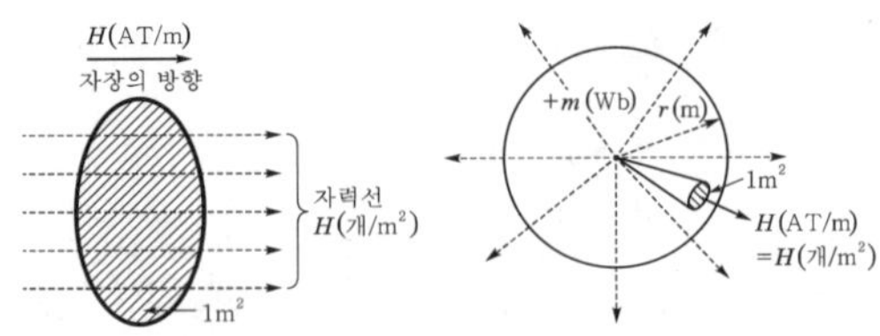

㉠ 자장의 세기가 H(AT/m)인 점에서는 자장의 방향에 1m²당 H 개의 자력선이 수직으로 지나간다.
㉡ $+m$(Wb)의 점 자극에서 나오는 자력선은 각 방향에 균등하게 나오므로 반지름 r(m)인 구면 위의 자장의 세기 H는 다음과 같다.

$$H= \frac{1}{4\pi\mu_0} \cdot \frac{m}{r^2} \text{(AT/m)}$$

㉢ 구의 면적이 $4\pi r^2$ 이므로 $+m$(Wb)에서 나오는 자력선 수 N은 다음과 같다.

$$N= H\times 4\pi r^2 = \frac{m}{4\pi\mu_0 r^2}\times 4\pi r^2 = \frac{m}{\mu_0}$$

★★★★★

59 콘덴서의 정전용량이 증가되는 경우를 모두 나열한 것은?

ⓐ 극판의 면적을 증가시킨다.
ⓑ 비유전율이 큰 유전체를 사용한다.
ⓒ 전극 사이의 간격을 증가시킨다.
ⓓ 콘덴서에 가하는 전압을 증가시킨다.

① ⓐ
② ⓐ, ⓑ
③ ⓐ, ⓑ, ⓒ
④ ⓐ, ⓑ, ⓒ, ⓓ

해설 정전용량(Q)

㉠ 콘덴서(condenser)는 두 장의 도체판(전극) 사이에 유전체를 넣고 절연하여 전하를 축적할 수 있게 한 것이다.

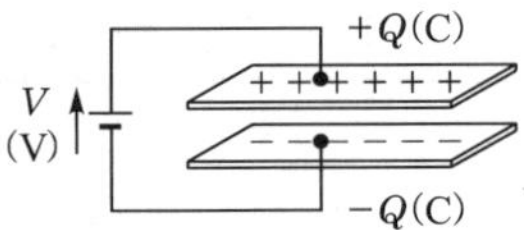

㉡ 전원 전압 V(V)에 의해 축적된 전하 Q(C)이라 하면, Q는 V에 비례하고 그 관계는 $Q=CV$(C)이다.
• C는 전극이 전하를 축적하는 능력의 정도를 나타내는 상수로 커패시턴스(capacitance) 또는 정전용량(electrostatic capacity)이라고 하며, 단위는 패럿(Farad ; F)이다.
• 1F은 1V의 전압을 가하여 1C의 전하가 축적되는 경우의 정전용량이다.

㉢ 큰 정전용량을 얻기 위한 방법
• 극판의 면적을 넓게 한다.
• 극판간의 간격을 좁게 한다.
• 극판 사이에 넣는 절연물은 비유전율(ε_s)이 큰 것을 사용한다[비유전율 : 공기(1), 유리(5.4∼9.9), 마이카(5.6∼6.0), 단물(81)].

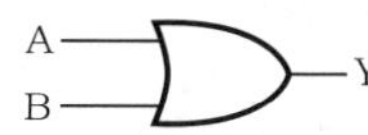

60 그림과 같은 논리기호의 논리식은?

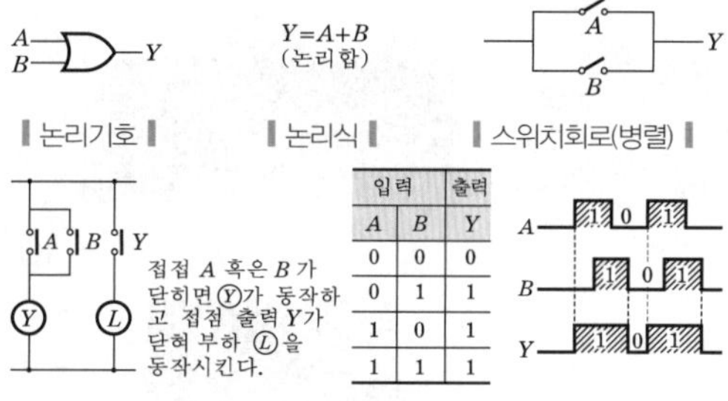

① $Y = \overline{A} + \overline{B}$

② $Y = \overline{A} \cdot \overline{B}$

③ $Y = A \cdot B$

④ $Y = A + B$

해설 **논리합(OR)회로**

하나의 입력만 있어도 출력이 나타나는 회로이며, ‘A’ OR ‘B’ 즉, 병렬회로이다.

$$Y = A + B$$
(논리합)

┃ 논리기호 ┃   ┃ 논리식 ┃   ┃ 스위치회로(병렬) ┃

접점 A 혹은 B가 닫히면 Y가 동작하고 접점 출력 Y가 닫혀 부하 L을 동작시킨다.

입력		출력
A	B	Y
0	0	0
0	1	1
1	0	1
1	1	1

┃ 릴레이회로 ┃   ┃ 진리표 ┃   ┃ 동작시간표 ┃

정답　60. ④

※ 본 문제는 수험생들의 협조에 의해 작성되었으며, 시험내용과 일부 다를 수 있습니다.

01 에스컬레이터(무빙워크 포함)에서 6개월에 1회 점검하는 사항이 아닌 것은?

① 구동기의 베어링 점검
② 구동기의 감속기어 점검
③ 중간부의 스텝 레일 점검
④ 핸드레일 시스템의 속도 점검

해설 에스컬레이터(무빙워크 포함) 점검항목 및 주기

㉠ 1회/1월 : 기계실내, 수전반, 제어반, 전동기, 브레이크, 구동체인 안전스위치 및 비상 브레이크, 스텝구동장치, 손잡이 구동장치, 빗판과 스텝의 물림, 비상정지스위치 등
㉡ 1회/6월 : 구동기 베어링, 감속기어, 스텝 레일
㉢ 1회/12월 : 방화셔터 등과의 연동정지

02 기계식 주차설비를 할 때 승강기식인 경우 시브 또는 드럼의 직경은 와이어로프 직경의 몇 배 이상으로 하는가?

① 10
② 15
③ 20
④ 30

해설 기계식 주차설비의 시브 및 드럼의 직경

㉠ 주차장치에 사용하는 시브 또는 드럼의 직경은 로프가 시브 또는 드럼과 접하는 부분이 4분의 1 이하일 경우에는 로프직경의 12배 이상으로, 4분의 1을 초과하는 경우에는 로프직경의 20배 이상으로 하여야 한다. 다만, 승강기식 주차장치 및 승강기 슬라이드식 주차장치의 경우에는 이를 로프직경의 30배 이상으로 하여야 하고, 트랙션 시브의 직경은 로프직경의 40배 이상으로 하여야 한다.
㉡ 로프에 의하여 운반기를 이동하는 주차장치에서 운반기의 운전속도가 1분당 300m 이상인 경우에는 시브홈에 연질라이너를 사용하는 등 마찰대책을 강구하여야 한다.

03 무빙워크의 공칭속도(m/s)는 얼마 이하로 하여야 하는가?

① 0.55
② 0.65
③ 0.75
④ 0.95

해설 무빙워크의 경사도와 속도

㉠ 무빙워크의 경사도는 12° 이하이어야 한다.
㉡ 무빙워크의 공칭속도는 0.75m/s 이하이어야 한다.
㉢ 팔레트 또는 벨트의 폭이 1.1m 이하이고, 승강장에서 팔레트 또는 벨트가 콤에 들어가기 전 1.6m 이상의 수평주행구간이 있는 경우 공칭속도는 0.9m/s까지 허용된다. 다만, 가속구간이 있거나 무빙워크를 다른 속도로 직접 전환시키는 시스템이 있는 무빙워크에는 적용되지 않는다.

‖ 팔레트 ‖

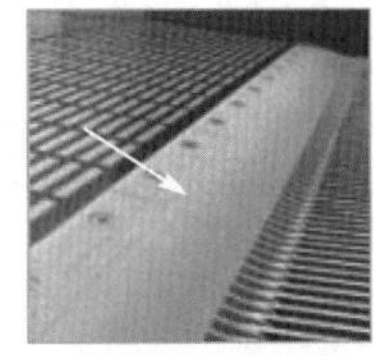

‖ 콤(comb) ‖

‖ 난간 부분의 명칭 ‖

04 교류 엘리베이터의 제어방법이 아닌 것은?

① 워드 레오나드방식제어
② 교류 1단 속도제어
③ 교류 2단 속도제어
④ 교류 궤환제어

해설 엘리베이터의 속도제어

㉠ 교류제어
• 교류 1단 속도제어
• 교류 2단 속도제어
• 교류 궤환제어
• VVVF(가변전압 가변주파수)제어
㉡ 직류제어
• 워드 레오나드(ward leonard)방식
• 정지 레오나드(static leonard)방식

정답 01. ④ 02. ④ 03. ③ 04. ①

★

05 다음 중 2단으로 배열된 운반기 중 임의의 상단의 자동차를 출고시키고자 하는 경우 하단의 운반기를 수평 이동시켜 상단의 운반기가 하강이 가능하도록 한 입체 주차설비는 무엇인가?

① 수직 순환식 주차장치
② 평면 왕복식 주차장치
③ 승강기식 주차장치
④ 2단식 주차장치

해설 **2단식 주차장치**

주차실을 2단으로 하여 면적을 2배로 이용하는 것을 목적으로 한 방식 출입구가 있는 층의 모든 주차구획을 주차장치 출입구로 사용할 수 있는 구조로서 주차구획을 아래, 위 또는 수평으로 이동하여 주차한다.

㉠ 종류
- 단순, 경사 승강식 : 1개의 운반기를 체인 또는 로프 등으로 승·하강시키는 구조
- 경사, 승강 피트식 : 2개의 운반기를 동시에 승·하강시키는 구조
- 승강 횡행식(피트식) : 상하에 있는 다수의 운반기가 승강·횡행하여 자동차를 입·출고시키는 구조

㉡ 특징
- 지면 활용도가 높다.
- 공사기간이 짧고 설치가 용이하다.
- 설치비용이 적다.
- 입·출고 시간이 짧다.
- 조작이 간단하고 유지보수가 용이하다.
- 소규모 주차장에 적용

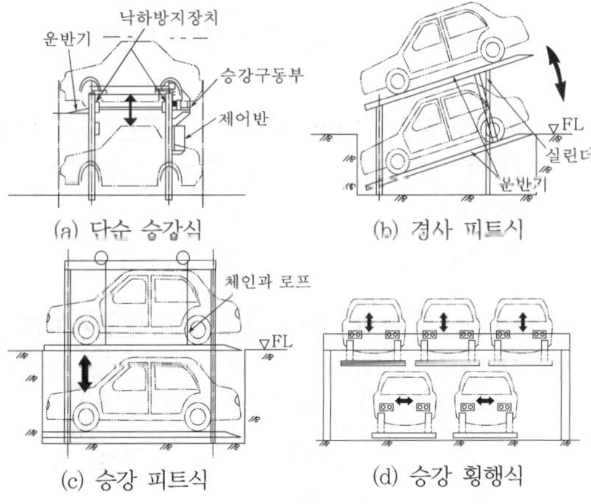

| 2단식 주차장치 |

06 전동기의 회전을 감속시키고 암이나 로프 등을 구동시켜 승강기 문을 개폐시키는 장치는?

① 도어 인터록
② 도어 머신
③ 도어 스위치
④ 도어 클로저

해설 **도어 머신(door machine)**

모터의 회전을 감속하여 암이나 로프 등을 구동시켜서 도어를 개폐시키는 것이며, 닫힌 상태에서 정전으로 갇혔을 때 구출을 위해 문을 손으로 열 수가 있어야 한다.

★★★★★

07 균형추의 전체 무게를 산정하는 방법으로 옳은 것은?

① 카의 전중량에 정격적재량의 35~50%를 더한 무게로 한다.
② 카의 전중량에 정격적재량을 더한 무게로 한다.
③ 카의 전중량과 같은 무게로 한다.
④ 카의 전중량에 정격적재량의 110%를 더한 무게로 한다.

해설 **균형추(counter weight)**

카의 무게를 일정 비율 보상하기 위하여 카측과 반대편에 주철 혹은 콘크리트로 제작되어 설치되며, 카와의 균형을 유지하는 추이다.

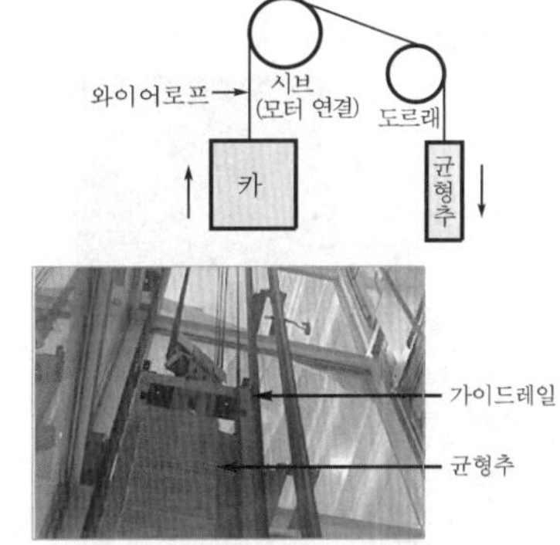

㉠ 오버밸런스(over-balance)
- 균형추의 총중량은 빈 카의 자중에 적재하중의 35~50%의 중량을 더한 값이 보통이다.
- 적재하중의 몇 %를 더할 것인가를 오버밸런스율이라고 한다.
- 균형추의 총중량＝카 자체하중＋$L \cdot F$
  여기서, L : 정격적재하중(kg)
  F : 오버밸런스율(%)

㉡ 견인비(traction ratio)
- 카측 로프가 매달고 있는 중량과 균형추 로프가 매달고 있는 중량의 비를 트랙션비라 하고, 무부하와 전부하 상태에서 체크한다.
- 견인비가 낮게 선택되면 로프와 도르래 사이의 트랙션 능력, 즉 마찰력이 작아도 되며, 로프의 수명이 연장된다.

---

08 평면의 디딤판을 동력으로 오르내리게 한 것으로, 경사도가 12° 이하로 설계된 것은?

① 에스컬레이터　　② 수평보행기
③ 경사형 리프트　　④ 덤웨이터

해설 **무빙워크(수평보행기)의 경사도와 속도**

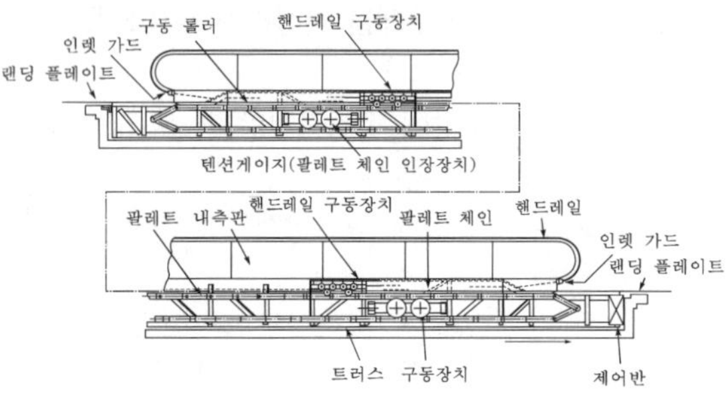

‖ 무빙워크(수평보행기) 구조도 ‖

‖ 승강장 스텝 ‖

‖ 팔레트 ‖

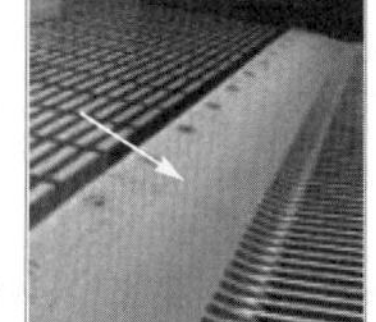

‖ 콤(comb) ‖

㉠ 무빙워크의 경사도는 12° 이하이어야 한다.
㉡ 무빙워크의 공칭속도는 0.75m/s 이하이어야 한다.
㉢ 팔레트 또는 벨트의 폭이 1.1m 이하이고, 승강장에서 팔레트 또는 벨트가 콤에 들어가기 전 1.6m 이상의 수평주행구간이 있는 경우 공칭속도는 0.9m/s까지 허용된다. 다만, 가속구간이 있거나 무빙워크를 다른 속도로 직접 전환시키는 시스템이 있는 무빙워크에는 적용되지 않는다.

★★★★★

09 레일의 규격을 나타낸 그림이다. 빈칸 ⓐ, ⓑ에 맞는 것은 몇 kg인가?

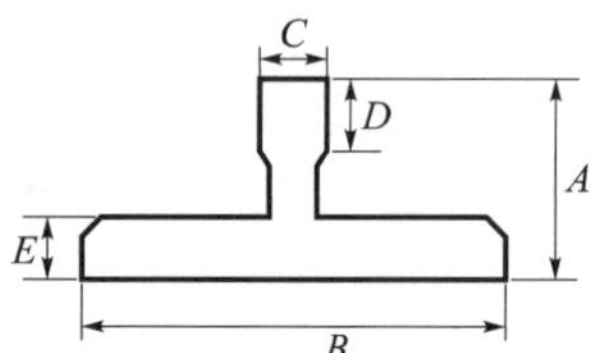

공칭 mm	8kg	ⓐ	18kg	ⓑ	30kg
A	56	62	89	89	108
B	78	89	114	127	140
C	10	16	16	16	19
D	26	32	38	50	51
E	6	7	8	12	13

① ⓐ 10, ⓑ 26　　② ⓐ 12, ⓑ 22
③ ⓐ 13, ⓑ 24　　④ ⓐ 15, ⓑ 27

해설 **가이드레일(guide rail)**

㉠ 엘리베이터의 카(car)나 균형추의 승강을 가이드하기 위해 승강로 안에 수직으로 설치한 레일로 T자형을 많이 사용한다.
㉡ 가이드레일의 규격
　• 레일 규격의 호칭은 마무리 가공 전 소재의 1m당의 중량으로 한다.
　• 일반적으로 쓰는 T형 레일의 공칭은 8, 13, 18, 24K 등이다.
　• 대용량의 엘리베이터에서는 37, 50K 레일 등도 사용한다.
　• 레일의 표준길이는 5m로 한다.

10 전기식 엘리베이터 기계실의 조도는 기기가 배치된 바닥면에서 몇 lx 이상이어야 하는가?

① 150　　② 200
③ 250　　④ 300

해설 **기계실의 유지관리에 지장이 없도록 조명 및 환기시설의 설치**

㉠ 기계실에는 바닥면에서 200lx 이상을 비출 수 있는 영구적으로 설치된 전기조명이 있어야 한다.
㉡ 기계실은 눈·비가 유입되거나 동절기에 실온이 내려가지 않도록 조치되어야 하며 실온은 +5℃에서 +40℃ 사이에서 유지되어야 한다.

11 문닫힘 안전장치의 종류로 틀린 것은?

① 도어레일
② 광전장치
③ 세이프티 슈
④ 초음파장치

해설 도어의 안전장치

엘리베이터의 도어가 닫히는 순간 승객이 출입하는 경우 충돌사고의 원인이 되므로 도어 끝단에 검출장치를 부착하여 도어를 반전시키는 장치이다.

㉠ 세이프티 슈(safety shoe) : 도어의 끝에 설치하여 이 물체가 접촉하면 도어의 닫힘을 중지하며 도어를 반전시키는 접촉식 보호장치

㉡ 세이프티 레이(safety ray) : 광선빔을 통하여 이것을 차단하는 물체를 광전장치(photo electric device)에 의해서 검출하는 비접촉식 보호장치

㉢ 초음파장치(ultrasonic door sensor) : 초음파의 감지각도를 조절하여 카쪽의 이물체(유모차, 휠체이 등)니 사람을 검출하여 도어를 반전시키는 비접촉식 보호장치

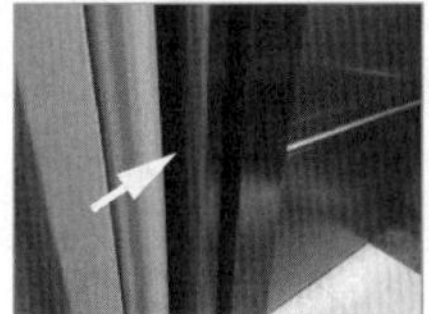

‖ 세이프티 슈 설치 상태 ‖

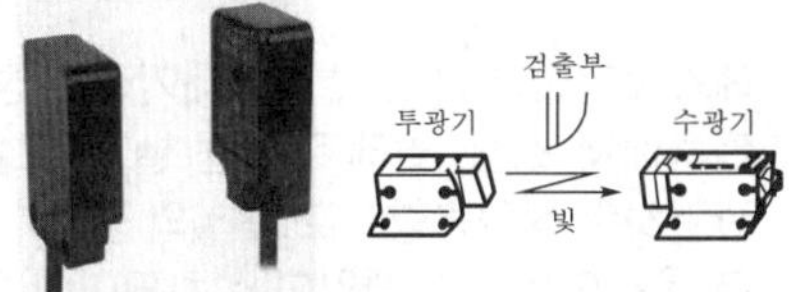

‖ 광전장치 ‖

12 여러 층으로 배치되어 있는 고정된 주차구획에 아래·위로 이동할 수 있는 운반기에 의하여 자동차를 자동으로 운반이동하여 주차하도록 설계한 주차장치는?

① 2단식
② 승강기식
③ 수직순환식
④ 승강기슬라이드식

해설 승강기식 주차장치

여러 층으로 배치되어 있는 고정된 주차구획에 상하로 이동할 수 있는 운반기에 의해 자동차를 운반 이동하여 주차하도록 한 주차장이다.

㉠ 종류
- 횡식(하부, 중간, 상부승입식) : 승강기에서 운반기를 좌우방향으로 격납시키는 형식으로 승입구의 위치에 따라 구분
- 종식(하부, 중간, 상부승입식) : 승강기에서 운반기를 전후방향으로 격납시키는 형식으로 승입구의 위치에 따라 구분
- 승강선회식(승강장치, 운반기선회식) : 자동차용 승강기 등의 승강로의 원주상에 주차실을 설치하고, 선회하는 장치별로 구분

㉡ 특징
- 운반비가 수직순환식에 비해 적다.
- 입·출고 시 시간이 짧다.

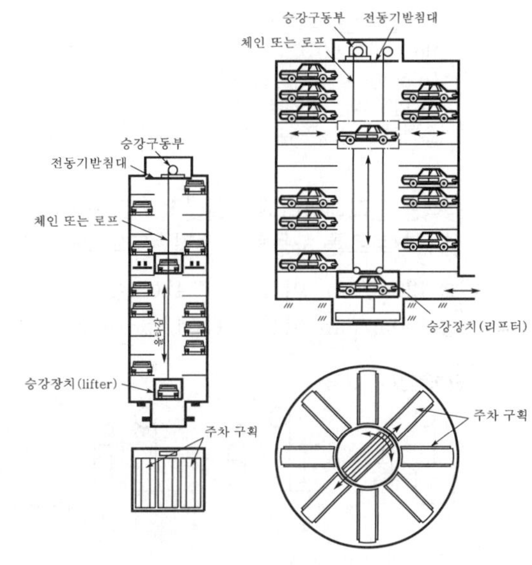

‖ 승강기식 주차장치 ‖

★★

13 엘리베이터 기계실의 바닥면적은 승강로 수평투영면적의 몇 배 이상이어야 하는가?

① 1.5배
② 2배
③ 2.5배
④ 3배

해설 기계실 치수

기계실의 바닥면적은 승강로 수평투영면적의 2배 이상으로 하여야 한다. 다만, 기기의 배치 및 관리에 지장이 없는 경우에는 그러하지 아니하다.

㉠ 기계실 크기는 설비, 특히 전기설비의 작업이 쉽고 안전하도록 충분하여야 한다. 작업구역에서 유효높이는 2m 이상이어야 하고 다음 사항에 적합하여야 한다.
- 제어 패널 및 캐비닛 진면의 유효 수평면적은 아래와 같아야 한다.
  - 폭은 0.5m 또는 제어 패널·캐비닛의 전체 폭 중에서 큰 값 이상
  - 깊이는 외힘의 표면에서 측징하여 0.7m 이상
- 수동 비상운전 수단이 필요하다면, 움직이는 부품의 유지보수 및 점검을 위한 유효 수평면적은 0.5m ×0.6m 이상이어야 한다.

㉡ 위 ㉠항에서 기술된 유효공간으로 접근하는 통로의 폭은 0.5m 이상이어야 한다. 다만, 움직이는 부품이 없는 경우에는 0.4m로 줄일 수 있다. 이동을 위한 공간의 유효높이는 바닥에서부터 천장의 빔 하부까지 측정하여 1.8m 이상이어야 한다.

㉢ 구동기의 회전부품 위로 0.3m 이상의 유효 수직거리가 있어야 한다.

㉣ 기계실 바닥에 0.5m를 초과하는 단차가 있을 경우에는 보호난간이 있는 계단 또는 발판이 있어야 한다.

ⓜ 기계실 작업구역의 바닥 또는 작업구역 간 이동 통로의 바닥에 폭이 0.05m 이상이고 0.5m 미만이며, 깊이가 0.05m를 초과하는 함몰이 있거나 덕트가 있는 경우, 그 함몰부분 및 덕트는 방호되어야 한다. 폭이 0.5m를 초과하는 함몰은 위 ⓔ에 따른 단차로 고려되어야 한다.

14 승객용 엘리베이터에서 일반적으로 균형체인 대신 균형로프를 사용하는 정격속도의 범위는?

① 120m/min 이상
② 120m/min 미만
③ 150m/min 이상
④ 150m/min 미만

해설 균형체인

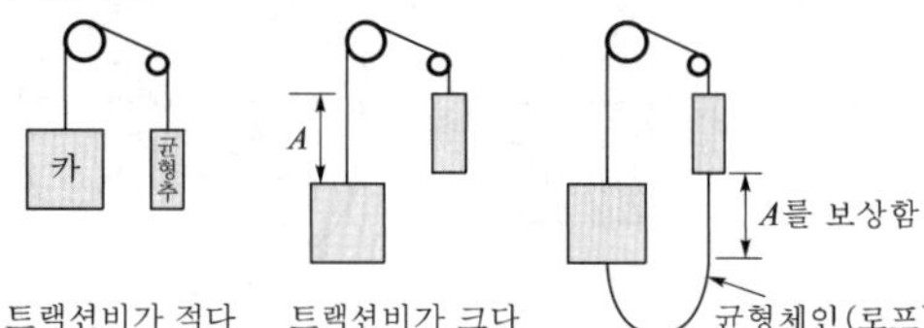

로프식 엘리베이터의 승강행정이 길어지면 로프가 어느 쪽(카측, 균형추측)에 있느냐에 따라 트랙션(견인력)비는 커져 와이어로프의 수명 및 전동기용량 등에 문제가 발생한다. 이런 문제의 해결방법으로 카 하부에서 균형추의 하부로 주로프와 비슷한 단위중량의 균형체인을 사용하여 90% 정도의 보상을 하지만, 고층용 엘리베이터의 경우 균형(보상)체인은 소음이 발생하므로 엘리베이터의 속도가 120m/min 이상에는 균형(보상)로프를 사용한다.

★★★★★

15 유입완충기는 정격속도가 몇 m/min 초과 시 사용하는가?

① 30
② 45
③ 50
④ 모든 속도

해설 유입완충기(oil buffer)

㉠ 엘리베이터의 정격속도와 상관없이 어떤 경우에도 사용될 수 있다.
㉡ 카가 최하층을 넘어 통과하면 카의 하부체대의 완충판이 우선 완충고무에 당돌하여 어느 정도의 충격을 완화한다.
㉢ 카가 계속 하강하여 플런저를 누르면 실린더 내의 기름이 좁은 오리피스 틈새를 통과할 때에 생기는 유체저항에 의하여 주어진다.
㉣ 카가 상승하게 되면 플런저는 스프링의 복원력으로 원래의 정상 상태로 복원되고 다음 작용을 준비한다.
㉤ 행정(stroke)은 정격속도 115%에 상응하는 중력 정지 거리 $0.0674\,V^2$(m)와 같아야 한다(최소 행정은 0.42m보다 작아서는 안 됨).
㉥ 적용범위의 중량으로 정격속도 115%에 충돌하는 경우 카 또는 균형추의 평균 감속도는 $1.0(9.8\text{m/s}^2)$ 이하이어야 한다.
㉦ 순간 최대 감속도 2.5G를 넘는 감속도가 0.04초 이상 지속되지 않아야 한다.

ⓞ 충격시험을 최대 하중시험 1회, 최소 하중시험 1회를 실시하여 완충기 압축 후 복귀시간 120초 이내이어야 한다.
ⓟ 플런저 복귀시험은 플런저를 완전히 압축한 상태에서 5분 동안 유지한 후 완전복귀위치까지 요하는 시간은 120초 이하로 한다.
ⓠ 유입완충기의 적용중량

항목	최소 적용중량	최대 적용중량
카용	카 자중+65	카 자중+적재하중

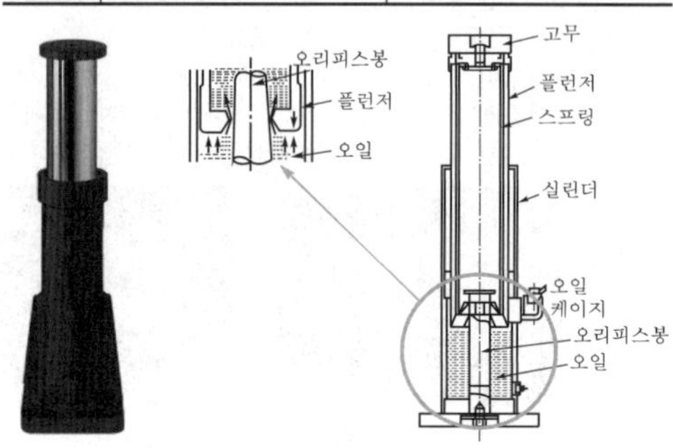

16 에스컬레이터 각 난간의 꼭대기에는 정상운행 조건하에서 스텝, 팔레트 또는 벨트의 실제속도와 관련하여 동일방향으로 몇 %의 공차가 있는 속도로 움직이는 핸드레일이 설치되어야 하는가?

① 0~2
② 4~5
③ 7~9
④ 10~12

해설 핸드레일 시스템

▐ 핸드레일 ▐

▐ 팔레트 ▐

㉠ 각 난간의 꼭대기에는 정상운행 조건하에서 스텝, 팔레트 또는 벨트의 실제속도와 관련하여 동일 방향으로 −0%에서 +2%의 공차가 있는 속도로 움직이는 핸드레일이 설치되어야 한다.
㉡ 핸드레일은 정상운행 중 운행방향의 반대편에서 450N의 힘으로 당겨도 정지되지 않아야 한다.
㉢ 핸드레일 속도감시장치가 설치되어야 하고 에스컬레이터 또는 무빙워크가 운행하는 동안 핸드레일 속도가 15초 이상 동안 실제속도보다 −15% 이상 차이가 발생하면 에스컬레이터 및 무빙워크를 정지시켜야 한다.

정답 14. ① 15. ④ 16. ①

17 2축이 만나는(교차하는) 기어는?

① 나사(screw)기어　② 베벨기어

③ 웜기어　　　　　④ 하이포이드기어

해설 기어의 분류

ㄱ 평행축 기어 : 평기어, 헬리컬기어, 더블 헬리컬기어, 랙과 작은 기어

ㄴ 교차측 기어 : 스퍼어 베벨기어, 헬리컬 베벨기어, 스파이럴 베벨기어, 제로올 베벨기어, 크라운기어, 앵귤리 베벨기어

ㄷ 어긋난 축기어 : 나사기어, 웜기어, 하이포이드 기어, 헬리컬 크라운 기어

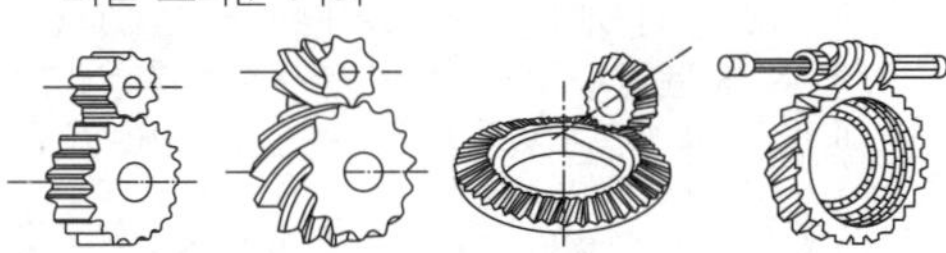

| 평기어 | 헬리컬기어 | 베벨기어 | 웜기어 |

18 VVVF 제어란?

① 전압을 변환시킨다.

② 주파수를 변환시킨다.

③ 전압과 주파수를 변환시킨다.

④ 전압과 주파수를 일정하게 유지시킨다.

해설 VVVF(가변전압 가변주파수) 제어

ㄱ 유도전동기에 인가되는 전압과 주파수를 동시에 변환시켜 직류전동기와 동등한 제어성능을 얻을 수 있는 방식이다.

ㄴ 직류전동기를 사용하고 있던 고속 엘리베이터에도 유도전동기를 적용하여 보수가 용이하고, 전력회생을 통해 에너지가 절약된다.

ㄷ 중·저속 엘리베이터(궤환제어)에서는 승차감과 성능이 크게 향상되고 저속 영역에서 손실을 줄여 소비전력이 약 반으로 된다.

ㄹ 3상의 교류를 컨버터로 일단 DC전원으로 변환하고 인버터로 재차 가변전압 및 가변주파수의 3상 교류로 변환하여 전동기에 공급된다.

ㅁ 교류에서 직류로 변경되는 컨버터에는 사이리스터가 사용되고, 직류에서 교류로 변경하는 인버터에는 트랜지스터가 사용된다.

ㅂ 컨버터제어방식을 PAM(Pulse Amplitude Modulation), 인버터제어방식을 PWM(Pulse Width Modulation)시스템이라고 한다.

★★★

19 다음 중 에스컬레이터의 종류를 수송 능력별로 구분한 형태로 옳은 것은?

① 1200형과 900형

② 1200형과 800형

③ 900형과 800형

④ 800형과 600형

해설 에스컬레이터(escalator)의 난간폭에 의한 분류

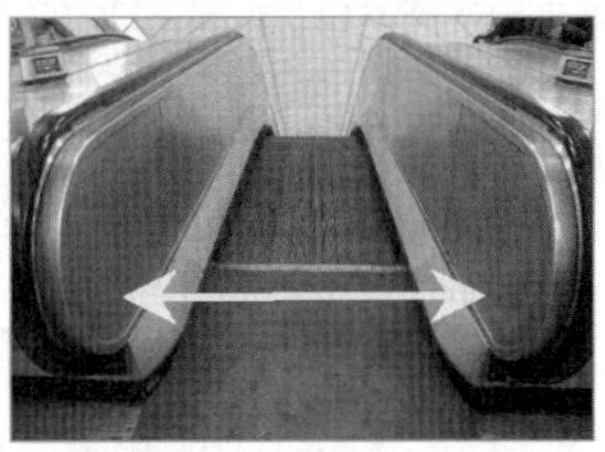

| 난간폭 |

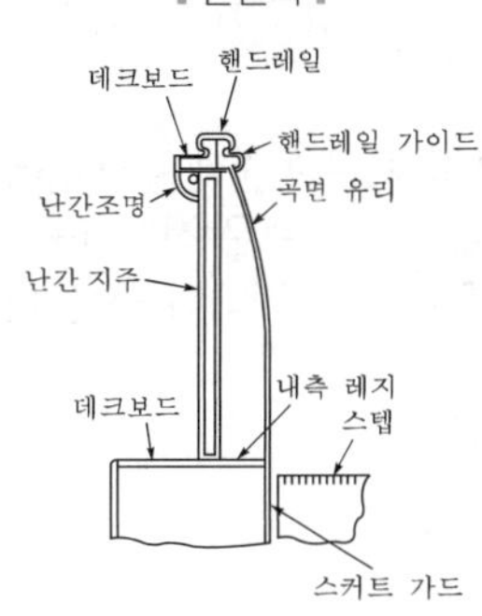

| 난간의 구조 |

ㄱ 난간폭 1200형 : 수송능력 9000명/h

ㄴ 난간폭 800형 : 수송능력 6000명/h

20 비상용 엘리베이터의 정전 시 예비전원의 기능에 대한 설명으로 옳은 것은?

① 30초 이내에 엘리베이터 운행에 필요한 전력용량을 자동적으로 발생하여 1시간 이상 작동하여야 한다.

② 40초 이내에 엘리베이터 운행에 필요한 전력용량을 자동적으로 발생하여 1시간 이상 작동하여야 한다.

③ 60초 이내에 엘리베이터 운행에 필요한 전력용량을 자동적으로 발생하여 2시간 이상 작동하여야 한다.

④ 90초 이내에 엘리베이터 운행에 필요한 전력용량을 자동적으로 발생하여 2시간 이상 작동하여야 한다.

해설 비상용 엘리베이터

ㄱ 정전 시에는 다음 각 항의 예비전원에 의하여 엘리베이터를 가동할 수 있도록 하여야 한다.

• 60초 이내에 엘리베이터 운행에 필요한 전력용량을 자동적으로 발생시키도록 하되 수동으로 전원을 작동할 수 있어야 한다.

• 2시간 이상 작동할 수 있어야 한다.

ㄴ 비상용 엘리베이터의 기본요건

• 비상용 엘리베이터는 소방운전 시 모든 승강장의 출입구마다 정지할 수 있어야 한다.

정답 17. ②　18. ③　19. ②　20. ③

- 비상용 엘리베이터의 크기는 630kg의 정격하중을 갖는 폭 1100mm, 깊이 1400mm 이상이어야 하며, 출입구 유효폭은 800mm 이상이어야 한다.
- 침대 등을 수용하거나 2개의 출입구로 설계된 경우 또는 피난용도로 의도된 경우, 정격하중은 1000kg 이상이어야 하고 카의 면적은 폭 1100mm, 깊이 2100mm 이상이어야 한다.
- 소방관이 조작하여 엘리베이터 문이 닫힌 이후부터 60초 이내에 가장 먼 층에 도착하여야 된다. 다만, 운행속도는 1m/s 이상이어야 한다.

21 ★★

균형추를 사용한 승객용 엘리베이터에서 제동기(brake)의 제동력은 적재하중의 몇 %까지 위험 없이 정지할 수 있어야 하는가?

① 125%
② 120%
③ 110%
④ 100%

해설 전자–기계 브레이크는 자체적으로 카가 정격속도로 정격하중의 125%를 싣고 하강방향으로 운행될 때 구동기를 정지시킬 수 있어야 한다.

22

아파트 등에서 주로 야간에 카 내의 범죄 방지를 위해 설치하는 것은?

① 파킹스위치
② 슬로다운 스위치
③ 록다운 추락방지안전장치
④ 각 층 강제 정지운전스위치

해설 각 층 정지(each floor stop)운전, 각 층 강제정지

특정 시간대에 엘리베이터 내에서의 범죄를 방지하기 위해 매 층마다 정지하고 도어를 여닫은 후에 움직이는 기능(일본에서는 공동주택에서 자정이 지나면 동작되게 규정됨)

23

재해 발생 과정의 요건이 아닌 것은?

① 사회적 환경과 유전적인 요소
② 개인적 결함
③ 사고
④ 안전한 행동

해설 재해의 발생순서 5단계

유전적 요소와 사회적 환경 → 인적 결함 → 불안전한 행동과 상태 → 사고 → 재해

24 ★★★

정전 시 카 내 예비조명장치에 관한 설명으로 틀린 것은?

① 조도는 2lx 이상이어야 한다.
② 조도는 램프 중심부에서 2m 지점의 수직 면상의 조도이다.
③ 정전 후 60초 이내에 점등되어야 한다.
④ 1시간 동안 전원이 공급되어야 한다.

해설 조명

㉠ 카에는 카 바닥 및 조작 장치를 50lx 이상의 조도로 비출 수 있는 영구적인 전기조명이 설치되어야 한다.
㉡ 조명이 백열등 형태일 경우에는 2개 이상의 등이 병렬로 연결되어야 한다.
㉢ 정상 조명전원이 차단될 경우에는 2lx 이상의 조도로 1시간 동안 전원이 공급될 수 있는 자동 재충전 예비전원공급장치가 있어야 하며, 이 조명은 정상 조명전원이 차단되면 자동으로 즉시 점등되어야 한다. 측정은 다음과 같은 곳에서 이루어져야 한다.
- 호출버튼 및 비상통화장치 표시
- 램프 중심부로부터 2m 떨어진 수직면상

25

승강기 완성검사 시 에스컬레이터의 공칭속도가 0.5m/s인 경우 제동기의 정지거리는 몇 m이어야 하는가?

① 0.20m에서 1.00m 사이
② 0.30m에서 1.30m 사이
③ 0.40m에서 1.50m 사이
④ 0.55m에서 1.70m 사이

해설 에스컬레이터의 정지거리

무부하 상태의 에스컬레이터 및 하강 방향으로 움직이는 제동부하 상태의 에스컬레이터에 대한 정지거리는 다음과 같다.

공칭속도	정지거리
0.50m/s	0.20m에서 1.00m 사이
0.65m/s	0.30m에서 1.30m 사이
0.75m/s	0.40m에서 1.50m 사이

㉠ 공칭속도 사이에 있는 속도의 정지거리는 보간법으로 결정되어야 한다.
㉡ 정지거리는 전기적 정지장치가 작동된 시간부터 측정되어야 한다.
㉢ 운행방향에서 하강방향으로 움직이는 에스컬레이터에서 측정된 감속도는 브레이크 시스템이 작동하는 동안 $1m^2/s$ 이하이어야 한다.

★★

26 다음 중 카 실내에서 검사하는 사항이 아닌 것은?

① 도어스위치의 작동상태
② 전동기 주회로의 절연저항
③ 외부와 연결하는 통화장치의 작동상태
④ 승강장 출입구 바닥 앞부분과 카 바닥 앞부분과의 틈의 너비

해설 전동기 주회로의 절연저항 검사는 기계실에서 행하는 검사이다.

27 엘리베이터의 문닫힘 안전장치 중에서 카 도어의 끝단에 설치하여 이물체가 접촉되면 도어의 닫힘이 중지되는 안전장치는?

① 광전장치
② 초음파장치
③ 세이프티 슈
④ 가이드 슈

해설 **도어의 안전장치**

엘리베이터의 도어가 닫히는 순간 승객이 출입하는 경우 충돌사고의 원인이 되므로 도어 끝단에 검출 장치를 부착하여 도어를 반전시키는 장치이다.

㉠ 세이프티 슈(safety shoe) : 도어의 끝에 설치하여 이 물체가 접촉하면 도어의 닫힘을 중지하며 도어를 반전시키는 접촉식 보호장치

㉡ 세이프티 레이(safety ray) : 광선 빔을 통하여 이것을 차단하는 물체를 광전장치(photo electric device)에 의해서 검출하는 비접촉식 보호장치

㉢ 초음파 장치(ultrasonic door sensor) : 초음파의 감지 각도를 조절하여 카쪽의 이물체(유모차, 휠체어 등)나 사람을 검출하여 도어를 반전시키는 비접촉식 보호장치

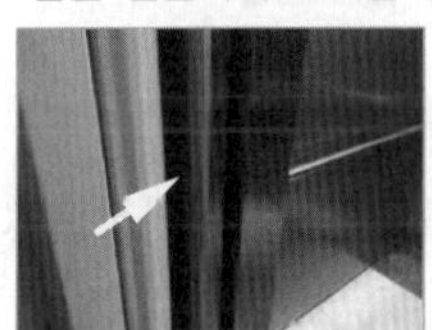

‖ 세이프티 슈 설치 상태 ‖

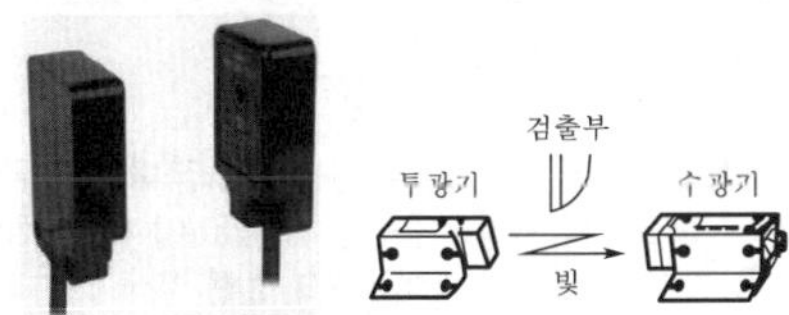

‖ 광전장치 ‖

★

28 에스컬레이터의 계단(디딤판)에 대한 설명 중 옳지 않은 것은?

① 디딤판 윗면은 수평으로 설치되어야 한다.
② 디딤판의 주행방향의 길이는 400mm 이상이다.
③ 발판 사이의 높이는 215mm 이하이다.
④ 디딤판 상호간 틈새는 8mm 이하이다.

해설 ㉠ 스텝과 스텝 또는 팔레트와 팔레트 사이의 틈새

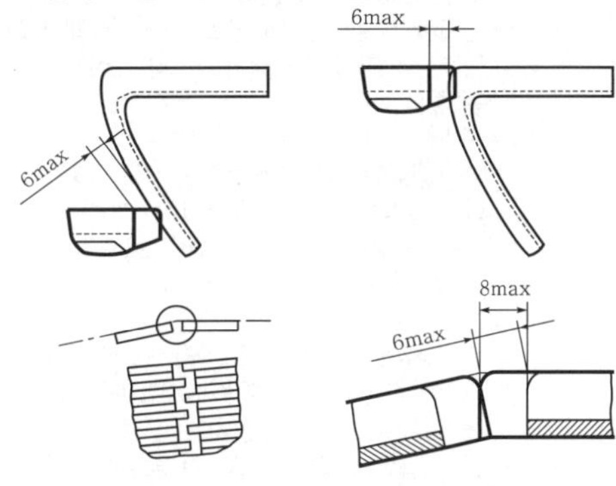

• 트레드 표면에서 측정된 이용 가능한 모든 위치의 연속되는 2개의 스텝 또는 팔레트 사이의 틈새는 6mm 이하이어야 한다.
• 팔레트의 맞물리는 전면 끝부분과 후면 끝부분이 있는 무빙워크의 변환 곡선부에서는 이 틈새가 8mm까지 증가되는 것은 허용된다.

㉡ 에스컬레이터 및 무빙워크의 치수

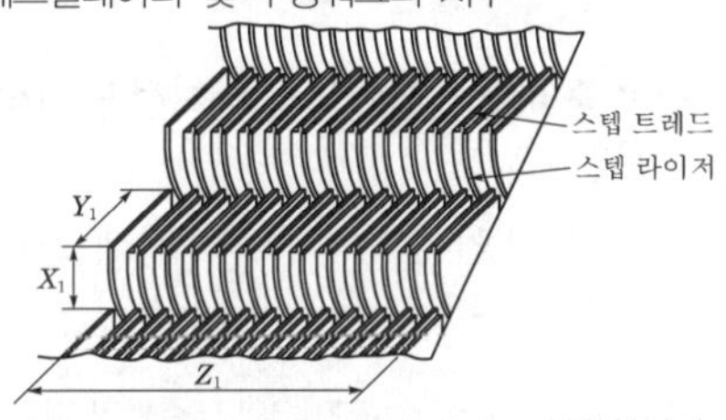

• 공칭폭 Z_1은 0.58m 이상, 1.1m 이하이어야 한다. 경사도가 6° 이하인 무빙워크의 폭은 1.65m까지 허용된다.
• 스텝 높이 X_1은 0.24m 이하이어야 한다.
• 스텝 깊이 Y_1은 0.38m 이상이어야 한다.

29 균형로프(compensating rope)의 역할로 적합한 것은?

① 카의 낙하를 방지한다.
② 균형추의 이탈을 방지한다.
③ 주로프와 이동케이블의 이동으로 변화된 하중을 보상한다.
④ 주로프가 열화되지 않도록 한다.

해설 **견인비의 보상방법**

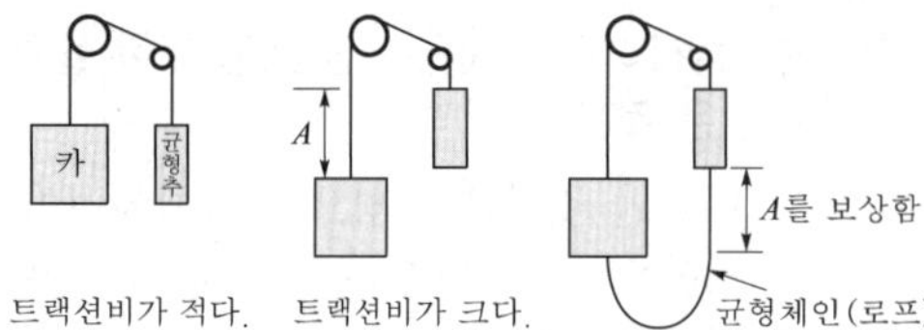

㉠ 견인비(traction ratio)
- 카측 로프가 매달고 있는 중량과 균형추 로프가 매달고 있는 중량의 비를 트랙션비라 하고, 무부하와 전부하 상태에서 체크한다.
- 견인비가 낮게 선택되면 로프와 도르래 사이의 트랙션 능력, 즉 마찰력이 작아도 되며, 로프의 수명이 연장된다.

㉡ 문제점
- 승강행정이 길어지면 로프가 어느 쪽(카측, 균형추측)에 있느냐에 따라 트랙션비는 크게 변화한다.
- 트랙션비가 1.35를 초과하면 로프가 시브에서 슬립(slip) 되기가 쉽다.

㉢ 대책
- 카 하부에서 균형추의 하부로 주로프와 비슷한 단위 중량의 균형(보상) 체인이나 로프를 매단다(트랙션비를 작게 하기 위한 방법).
- 균형로프는 서로 엉키는 걸 방지하기 위하여 피트에 인장도르래를 설치한다.
- 균형로프는 100%의 보상효과가 있고 균형체인은 90% 정도밖에 보상하지 못한다.
- 고속·고층 엘리베이터의 경우 균형체인(소음의 원인)보다는 균형로프를 사용한다.

★★★

30 다음 중 에스컬레이터의 역회전 방지장치가 아닌 것은?

① 구동체인 안전장치 ② 기계 브레이크
③ 과속조절기   ④ 스커트 가드

해설 스커트 가드는 에스컬레이터의 내측판의 디딤판 옆 부분을 칭하며, 스커트 가드 스위치에 의해 디딤판과 스커트 가드 사이에 이물질이 들어갔을 때 에스컬레이터를 정지시킨다.

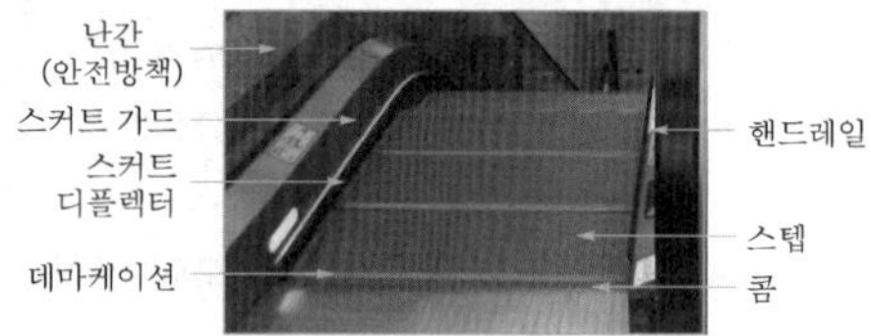

‖ 난간 부분의 명칭 ‖

31 감전에 의한 위험대책 중 부적합한 것은?

① 일반인 이외에는 전기기계 및 기구에 접촉금지
② 전선의 절연피복을 보호하기 위한 방호조치가 있어야 함

③ 이동전선의 상호 연결은 반드시 접속기구를 사용할 것
④ 배선의 연결 부분 및 나선 부분은 전기절연용 접착테이프로 테이핑하여야 함

해설 유자격자 이외에는 전기기계 및 기구에 접촉금지

32 다음 중 불안전한 행동이 아닌 것은?

① 방호조치의 결함
② 안전조치의 불이행
③ 위험한 상태의 조장
④ 안전장치의 무효화

해설 **산업재해 직접원인**

㉠ 불안전한 행동(인적 원인)
- 안전장치를 제거, 무효화
- 안전조치의 불이행
- 불안전한 상태 방치
- 기계 장치 등의 지정외 사용
- 운전중인 기계, 장치 등의 청소, 주유, 수리, 점검 등의 실시
- 위험 장소에 접근
- 잘못된 동작 자세
- 복장, 보호구의 잘못 사용
- 불안전한 속도 조작
- 운전의 실패

㉡ 불안전한 상태(물적 원인)
- 물(物) 자체의 결함
- 방호장치의 결함
- 작업장소의 결함, 물의 배치 결함
- 보호구 복장 등의 결함
- 작업 환경의 결함
- 자연적 불안전한 상태
- 작업방법 및 생산 공정 결함

★★★

33 작업장에서 작업복을 착용하는 가장 큰 이유는?

① 방한
② 복장 통일
③ 작업능률 향상
④ 작업 중 위험 감소

해설 작업복은 분주한 건설 현장처럼 잠재적인 위험성이 내포된 장소에서 원활히 활동할 수 있어야 하며, 하루 종일 장비를 오르락내리락 하려면 옷이 불편하거나 옷 때문에 장비에 걸려 넘어지는 일이 없도록, 안전을 최우선으로 고려하여 인체공학적으로 디자인되어야 한다.

34 안전사고의 발생요인으로 볼 수 없는 것은?

① 피로감 ② 임금
③ 감정 ④ 날씨

해설 임금과 안전사고의 발생과는 관계가 없다.

★★★

35 작업장에서 작업복을 착용하는 가장 큰 이유는?

① 방한 ② 복장 통일
③ 작업능률 향상 ④ 작업 중 위험 감소

해설 작업복은 분주한 건설 현장처럼 잠재적인 위험성이 내포된 장소에서 원활히 활동할 수 있어야 하며, 하루 종일 장비를 오르락내리락 하려면 옷이 불편하거나 옷 때문에 장비에 걸려 넘어지는 일이 없도록, 안전을 최우선으로 고려하여 인체공학적으로 디자인되어야 한다.

36 유압식 엘리베이터에서 실린더의 점검사항으로 틀린 것은?

① 스위치의 기능 상실 여부
② 실린더 패킹에 누유 여부
③ 실린더의 패킹의 녹 발생 여부
④ 구성부품, 재료의 부착에 늘어짐 여부

해설 유압실린더(cylinder)의 점검

유압에너지를 기계적 에너지로 변환시켜 선형운동을 하는 유압요소이며, 압력과 유량을 제어하여 추력과 속도를 조절할 수 있다.

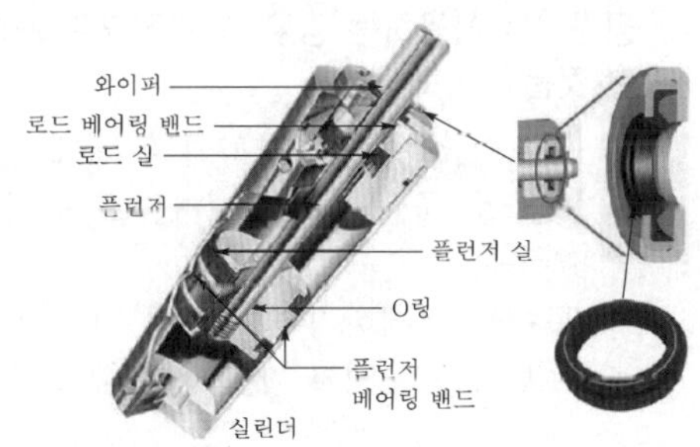

┃ 더스트 와이퍼 ┃

㉠ 로드의 흠, 먼지 등이 쌓여 패킹(packing) 손상, 작동유나 실린더 속에 이물질이 있어 패킹 손상 등이 있는 경우 실린더 로드에서의 기름 노출이 발생되므로 이를 제거하는 장치의 점검
㉡ 배관 내와 실린더에 공기가 혼입된 경우에는 실린더가 부드럽게 움직이지 않는 문제가 발생할 수 있기 때문에 배출구의 상태 점검
㉢ 플런저 표면의 이물질이 실린더 내측으로 삽입되는 것을 방지하는 더스트 와이퍼(dust wiper) 상태 검사

37 추락을 방지하기 위한 2종 안전대의 사용법은?

① U자 걸이 전용
② 1개 걸이 전용
③ 1개 걸이, U자 걸이 겸용
④ 2개 걸이 전용

해설 안전대의 종류

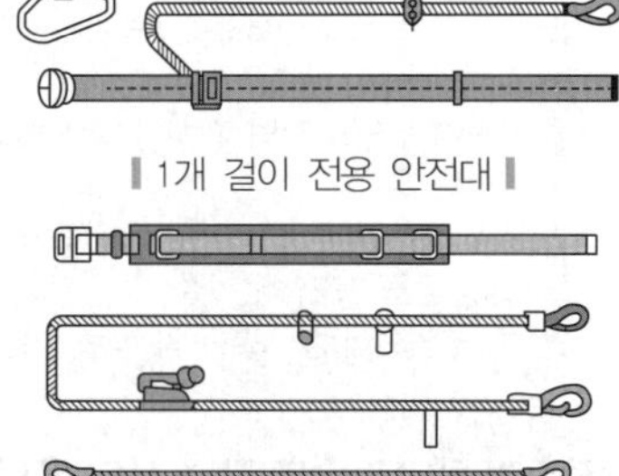

┃ 1개 걸이 전용 안전대 ┃

┃ U자 걸이 전용 안전대 ┃

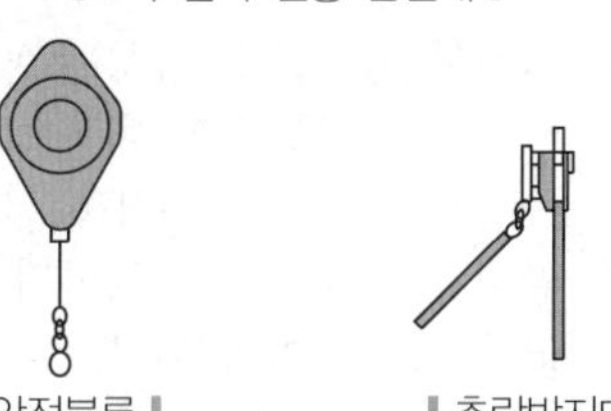

┃ 안전블록 ┃ **┃ 추락방지대 ┃**

종류	등급	사용 구분
벨트식(B식), 안전그네식(H식)	1종	U자 걸이 전용
	2종	1개 걸이 전용
	3종	1개 걸이, U자 걸이 공용
	4종	안전블록
	5종	추락방지대

★★

38 사업장에서 승강기의 조립 또는 해체작업을 할 때 조치하여야 할 사항과 거리가 먼 것은?

① 작업을 지휘하는 자를 선임하여 지휘자의 책임 하에 작업을 실시할 것
② 작업할 구역에는 관계근로자 외의 자의 출입을 금지시킬 것
③ 기상 상태의 불안정으로 인하여 날씨가 몹시 나쁠 때에는 그 작업을 중지시킬 것
④ 사용자의 편의를 위하여 야간작업을 하도록 할 것

해설 조립 또는 해체작업을 할 때 조치

㉠ 사업주는 사업장에 승강기의 설치 · 조립 · 수리 · 점검 또는 해체작업을 하는 경우 다음의 조치를 하여야 한다.
- 작업을 지휘하는 사람을 선임하여 그 사람의 지휘 하에 작업을 실시할 것
- 작업구역에 관계근로자가 아닌 사람의 출입을 금지하고 그 취지를 보기 쉬운 장소에 표시할 것
- 비, 눈, 그 밖에 기상 상태의 불안정으로 날씨가 몹시 나쁜 경우에는 그 작업을 중지시킬 것

㉡ 사업주는 작업을 지휘하는 사람에게 다음의 사항을 이행하도록 하여야 한다.
- 작업방법과 근로자의 배치를 결정하고 해당 작업을 지휘하는 일
- 재료의 결함 유무 또는 기구 및 공구의 기능을 점검하고 불량품을 제거하는 일
- 작업 중 안전대 등 보호구의 착용 상황을 감시하는 일

39 안전점검 체크리스트 작성 시의 유의사항으로 가장 타당한 것은?

① 일정한 양식으로 작성할 필요가 없다.
② 사업장에 공통적인 내용으로 작성한다.
③ 중점도가 낮은 것부터 순서대로 작성한다.
④ 점검표의 내용은 이해하기 쉽도록 표현하고 구체적이어야 한다.

해설 점검표(check list)

㉠ 작성항목
- 점검부분
- 점검항목 및 점검방법
- 점검시기
- 판정기준
- 조치사항

㉡ 작성 시 유의사항
- 각 사업장에 적합한 독자적인 내용일 것
- 일정 양식을 정하여 점검대상을 정할 것
- 중점도(위험성, 긴급성)가 높은 것부터 순서대로 작성할 것
- 정기적으로 검토하여 재해방지에 실효성 있게 개조된 내용일 것
- 점검표의 양식은 이해하기 쉽도록 표현하고 구체적일 것

★★★★★

40 전기식 엘리베이터 기계실의 실온 범위는?

① 5~70℃　　② 5~60℃
③ 5~50℃　　④ 5~40℃

해설 기계실은 적절하게 환기되어야 한다. 기계실을 통한 승강로의 환기도 고려되어야 한다. 건축물의 다른 부분으로부터 신선하지 않은 공기가 기계실로 직접 유입되지 않아야 한다.

전동기, 설비 및 전선 등은 성능에 지장이 없도록 먼지, 유해한 연기 및 습도로부터 보호되어야 한다. 기계실은 눈 · 비가 유입되거나 동절기에 실온이 내려가지 않도록 조치되어야 하며 실온은 5~40℃에서 유지되어야 한다.

★★★★★

41 승강장의 문이 열린 상태에서 모든 제약이 해제되면 자동적으로 닫히게 하여 문의 개방 상태에서 생기는 2차 재해를 방지하는 문의 안전장치는?

① 시그널컨트롤　　② 도어컨트롤
③ 도어클로저　　④ 도어인터록

해설 도어클로저(door closer)

㉠ 승강장의 문이 열린 상태에서 모든 제약이 해제되면 자동적으로 닫히게 하여 문의 개방 상태에서 생기는 2차 재해를 방지하는 문의 안전장치이며, 전기적인 힘이 없어도 외부 문을 닫아주는 역할을 한다.
㉡ 스프링클로저 방식 : 레버시스템, 코일스프링과 도어체크가 조합된 방식
㉢ 웨이트(weight) 방식 : 줄과 추를 사용하여 도어체크(문이 자동으로 천천히 닫히게 하는 장치)를 생략한 방식

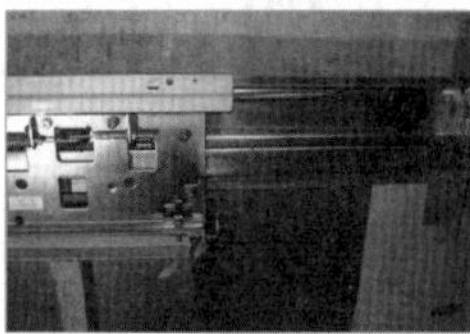　

‖ 스프링클로저 ‖　　　‖ 웨이트클로저 ‖

42 카와 균형추에 대한 로프 거는 방법으로 2 : 1 로핑방식을 사용하는 경우 그 목적으로 가장 적절한 것은?

① 로프의 수영을 연장하기 위하여
② 속도를 줄이거나 적재하중을 증가시키기 위하여
③ 로프를 교체하기 쉽도록 하기 위하여
④ 무부하로 운전할 때를 대비하기 위하여

해설 카와 균형추에 대한 로프 거는 방법

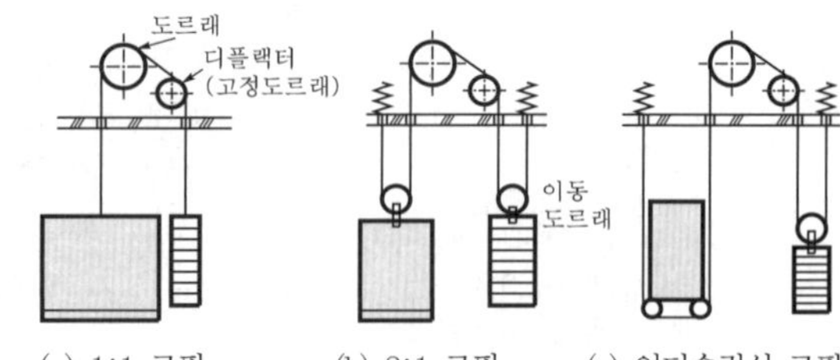

‖ 로핑 ‖

⑦ 1 : 1 로핑
- 일반적으로 승객용에 사용된다(속도를 줄이거나 적재용량 늘리기 위하여 2 : 1, 4 : 2도 승객용에 채용함).
- 로프장력은 카(또는 균형추)의 중량과 로프의 중량을 합한 것이다.
ⓛ 2 : 1 로핑
- 1 : 1 로핑 장력의 1/2이 된다.
- 시브에 걸리는 부하도 1 : 1의 1/2이 된다.
- 카의 정격속도의 2배의 속도로 로프를 구동하여야 한다.
- 기어식 권상기에서는 30m/min 미만의 엘리베이터에서 많이 사용한다.
ⓒ 3 : 1, 4 : 1, 6 : 1 로핑
- 대용량의 저속 화물용 엘리베이터에 사용되기도 한다.
- 결점으로는 와이어로프의 총 길이가 길게 되고 수명이 짧아지며 종합효율이 저하된다.
ⓔ 언더슬럼식은 꼭대기의 틈새를 작게 할 수 있지만 최근에는 유압식 엘리베이터의 발달로 인해 사용을 안 한다.

★★★

43 작동유의 압력맥동을 흡수하여 진동, 소음을 감소시키는 것은?

① 펌프
② 필터
③ 사이렌서
④ 역류제지밸브

해설 유압회로의 구성요소

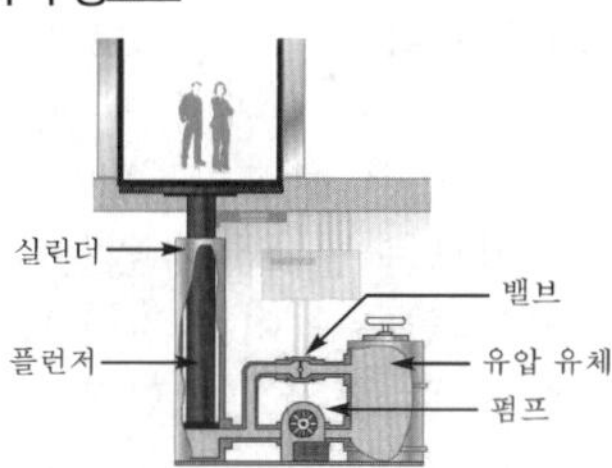

‖ 유압식 엘리베이터 작동원리 ‖

⑦ 펌프(pump) : 압력작용을 이용하여 관을 통해 유체를 수송하는 기계이다.
ⓛ 필터(filter) : 실린더에 쇳가루나 이물질이 들어가는 것을 방지(실린더 손상 방지)하기 위해 설치하며, 펌프의 흡입측에 부착하는 것을 스트레이너라 하고, 배관 중간에 부착하는 것을 라인필터라 한다.
ⓒ 사이렌서(silencer) : 펌프나 유량제어밸브 등에서 발생하는 압력맥동(작동유의 압력이 일정하지 않아 카의 주행이 매끄럽지 못하고 튀는 현상)에 의한 진동, 소음을 흡수하기 위하여 사용한다.
ⓔ 역류제지밸브(check valve) : 한쪽 방향으로만 기름이 흐르도록 하는 밸브로서 상승방향으로는 흐르지만 역방향으로는 흐르지 않는다. 이것은 정전이나 그 이외의 원인으로 펌프의 토출압력이 떨어져서 실린더의 기름이 역류하여 카가 자유낙하하는 것을 방지하는 역할을 하는 것으로 로프식 엘리베이터의 전자브레이크와 유사하다.

---

44 에스컬레이터 승강장의 주의표지판에 대한 설명 중 옳은 것은?

① 주의표지판은 충격을 흡수하는 재질로 만들어야 한다.
② 주의표지판은 영문으로 읽기 쉽게 표기되어야 한다.
③ 주의표지판의 크기는 80mm×80mm 이하의 그림으로 표시되어야 한다.
④ 주의표지판의 바탕은 흰색, 도안은 흑색, 사선은 적색이다.

해설 에스컬레이터 또는 무빙워크의 출입구 근처의 주의표시

⑦ 주의표시를 위한 표시판 또는 표지는 견고한 재질로 만들어야 하며, 승강장에서 잘 보이는 곳에 확실히 부착되어야 한다.
ⓛ 주의표시는 80mm×100mm 이상의 크기로 표시되어야 한다.

구분		기준규격(mm)	색상
최소 크기		80×100	–
바탕		–	흰색
(원 도안)	원	40×40	–
	바탕	–	황색
	사선	–	적색
	도안	–	흑색
(주의표시)		10×10	녹색(안전), 황색(위험)
안전, 위험		10×10	흑색
주의 문구	대	19pt	흑색
	소	14pt	적색

---

45 직류발전기의 기본 구성요소에 속하지 않는 것은?

① 계자
② 보극
③ 전기자
④ 정류자

해설 직류발전기의 구성요소

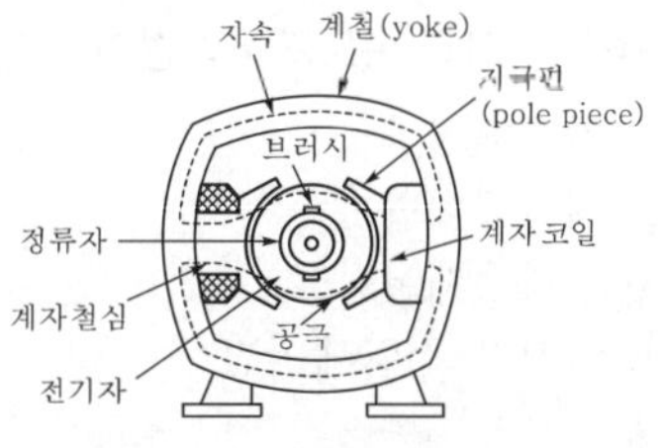

‖ 2극 직류발전기의 단면도 ‖

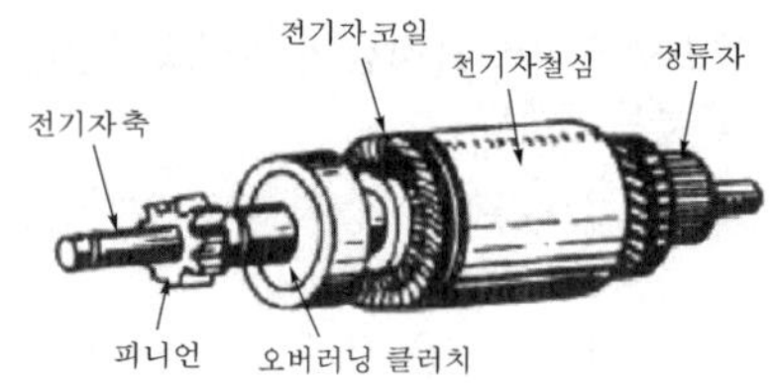

‖ 전기자 ‖

ⓐ 계자(field magnet)
- 계자권선(field coil), 계자철심(field core), 자극(pole piece) 및 계철(yoke)로 구성된다.
- 계자권선은 계자철심에 감겨져 있으며, 이 권선에 전류가 흐르면 자속이 발생한다.
- 자극편은 전기자에 대응하여 계자자속을 공극 부분에 적당히 분포시킨다.

ⓑ 전기자(armature)
- 전기자철심(armature core), 전기자권선(armature winding), 정류자 및 회전축(shaft)으로 구성된다.
- 전기자철심의 재료와 구조는 맴돌이전류(eddy current)와 히스테리현상에 의한 철손을 적게 하기 위하여 두께 0.35~0.5mm의 규소강판을 성층하여 만든다.

ⓒ 정류자(commutator) : 직류기에서 가장 중요한 부분 중의 하나이며, 운전 중에는 항상 브러시와 접촉하여 마찰이 생겨 마모 및 불꽃 등으로 높은 온도가 되므로 전기적, 기계적으로 충분히 견딜 수 있어야 한다.

★★★

46 유도전동기에서 슬립이 1이란 전동기가 어떤 상태인가?

① 유도제동기의 역할을 한다.
② 유도전동기가 전부하 운전 상태이다.
③ 유도전동기가 정지 상태이다.
④ 유도전동기가 동기속도로 회전한다.

해설 슬립(slip)

3상 유도전동기는 항상 회전 자기장의 동기속도(n_s)와 회전자의 속도(n) 사이에 차이가 생기게 되며, 이 차이의 값으로 전동기의 속도를 나타낸다. 이때 속도의 차이와 동기속도(n_s)와의 비가 슬립이고, 보통 $0 < s < 1$ 범위이어야 하며, 슬립 1은 정지된 상태이다.

$$s = \frac{동기속도 - 회전자속도}{동기속도} = \frac{n_s - n}{n_s}$$

47 직류전동기의 속도제어방법이 아닌 것은?

① 저항제어법
② 계자제어법
③ 주파수제어법
④ 전기자 전압제어법

해설 직류전동기의 속도제어

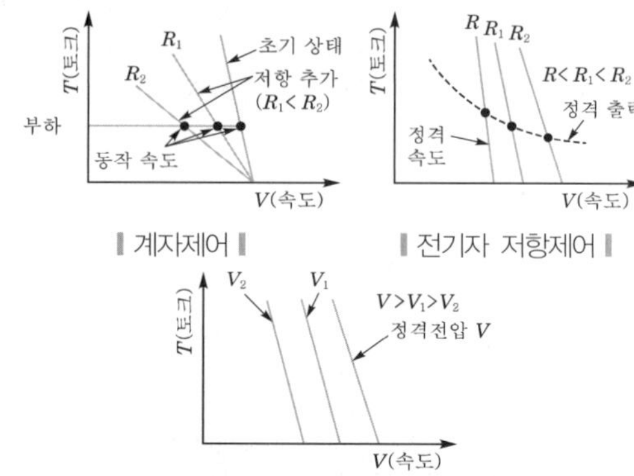

ⓐ 계자제어 : 계자자속 ϕ를 변화시키는 방법으로, 계자저항기로 계자전류를 조정하여 ϕ를 변화시킨다.
ⓑ 저항제어 : 전기자에 가변직렬저항 $R(\Omega)$을 추가하여 전기자회로의 저항을 조정함으로써 속도를 제어한다.
ⓒ 전압제어 : 타여자 전동기에서 전기자에 가한 전압을 변화시킨다.

48 에스컬레이터의 유지관리에 관한 설명으로 옳은 것은?

① 계단식 체인은 굴곡반경이 작으므로 피로와 마모가 크게 문제 시 된다.
② 계단식 체인은 주행속도가 크기 때문에 피로와 마모가 크게 문제 시 된다.
③ 구동체인은 속도, 전달동력 등을 고려할 때 마모는 발생하지 않는다.
④ 구동체인은 녹이 슬거나 마모가 발생하기 쉬우므로 주의해야 한다.

해설 구동장치 보수 점검사항

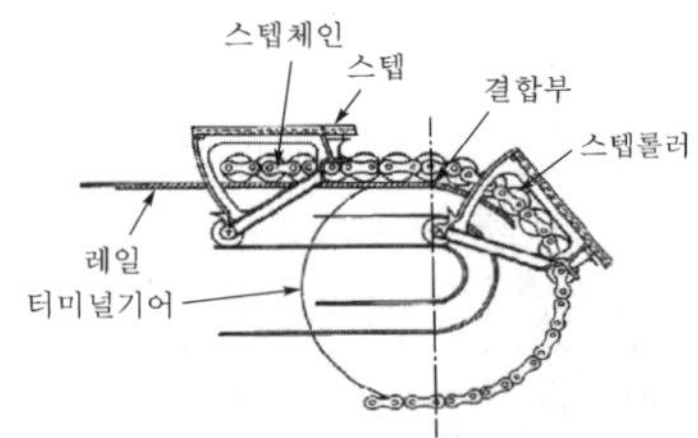

‖ 스텝체인의 구동 ‖

‖ 체인의 부식 ‖

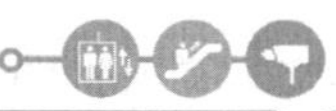

ⓐ 진동, 소음의 유무
ⓑ 운전의 원활성
ⓒ 구동장치의 취부 상태
ⓓ 각부 볼트 및 너트의 이완 여부
ⓔ 기어 케이스 등의 표면 균열 여부 및 누유 여부
ⓕ 브레이크의 작동 상태
ⓖ 구동체인의 늘어짐 및 녹의 발생 여부
ⓗ 각부의 주유 상태 및 윤활유의 부족 또는 변화 여부
ⓘ 벨트 사용 시 벨트의 장력 및 마모 상태

49 카 상부에서 행하는 검사가 아닌 것은?

① 완충기 점검
② 주로프 점검
③ 가이드 슈 점검
④ 도어개폐장치 점검

해설 피트에서 하는 점검항목 및 주기

ⓐ 1회/1월 : 피트 바닥, 과부하감지장치
ⓑ 1회/3월 : 완충기, 하부 파이널 리밋스위치, 카 추락방지안전장치스위치
ⓒ 1회/6월 : 과속조절기로프 및 기타 당김도르래, 균형로프 및 부착부, 균형추 밑부분 틈새, 이동케이블 및 부착부
ⓓ 1회/12월 : 카 하부 도르래, 피트 내의 내진대책

50 유압식 엘리베이터에서 고장 수리할 때 가장 먼저 차단해야 할 밸브는?

① 체크밸브
② 스톱밸브
③ 복합밸브
④ 다운밸브

해설 스톱밸브(stop valve)

  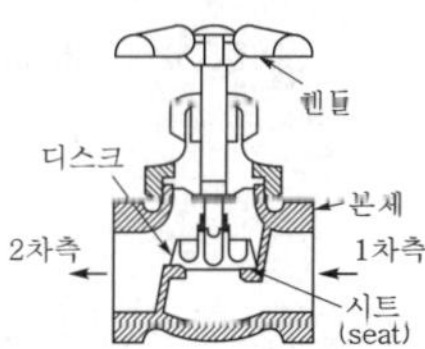

유압 파워유닛과 실린더 사이의 압력배관에 설치되며, 이것을 닫으면 실린더의 기름이 파워유닛으로 역류하는 것을 방지한다. 유압장치의 보수, 점검 또는 수리 등을 할 때에 사용되며, 일명 게이트밸브라고도 한다.

51 저항 100Ω에 5A의 전류가 흐르게 하는 데 필요한 전압은 얼마인가?

① 500V
② 400V
③ 300V
④ 220V

해설 옴의 법칙

ⓐ 전기저항(electric resistance)
• 전기회로에 전류가 흐를 때 전류의 흐름을 방해하는 작용이 있는데, 그 방해하는 정도를 나타내는 상수를 전기저항 R 또는 저항이라고 한다.
• 1V의 전압을 가해서 1A의 전류가 흐르는 저항값을 1옴(ohm), 기호는 Ω이라고 한다.
ⓑ 옴의 법칙
• 도체에 전압이 가해졌을 때 흐르는 전류의 크기는 도체의 저항에 반비례하므로 가해진 전압을 V(V), 전류 I(A), 도체의 저항을 R(Ω)이라고 하면

$$I = \frac{V}{R}(\text{A}), \quad V = IR(\text{V}), \quad R = \frac{V}{I}(\Omega)$$

• 저항 R(Ω)에 전류 I(A)가 흐를 때 저항 양단에는 $V = IR$(V)의 전위차가 생기며, 이것을 전압강하라고 한다.
$$V = IR = 5 \times 100 = 500\text{V}$$

52 비상용 엘리베이터의 운행속도는 몇 m/min 이상으로 하여야 하는가?

① 30
② 45
③ 60
④ 90

해설 비상용 엘리베이터의 기본요건

ⓐ 비상용 엘리베이터의 크기는 630kg의 정격하중을 갖는 폭 1100mm, 깊이 1400mm 이상이어야 하며, 출입구 유효폭은 800mm 이상이어야 한다.
ⓑ 침대 등을 수용하거나 2개의 출입구로 설계된 경우 또는 피난용도로 의도된 경우, 정격하중은 1000kg 이상이어야 하고 카의 면적은 폭 1100mm, 깊이 2100mm 이상이어야 한다.
ⓒ 소방관이 조작하여 엘리베이터 문이 닫힌 이후부터 60초 이내에 가장 먼 층에 도착하여야 된다. 다만, 운행속도는 1m/s(60m/min) 이상이어야 한다.

53 플레밍의 왼손 법칙에서 엄지손가락의 방향은 무엇을 나타내는가?

① 자장
② 전류
③ 힘
④ 기전력

해설 플레밍의 왼손 법칙

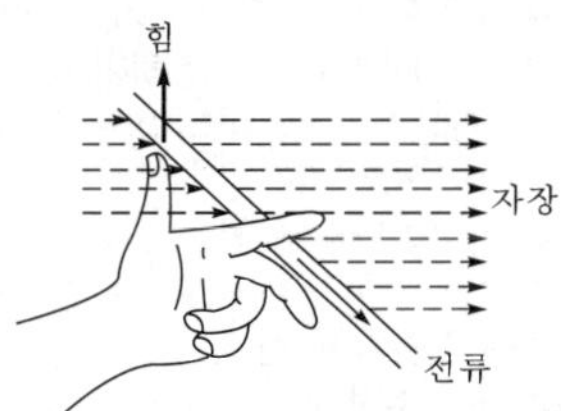

ⓐ 자기장 내의 도선에 전류가 흐름 → 도선에 운동력 발생 (전기에너지 → 운동에너지) : 전동기
ⓑ 집게 손가락(자장의 방향), 가운데손가락(전류의 방향), 엄지손가락(힘의 방향)

정답 49. ① 50. ② 51. ① 52. ③ 53. ③

54 전기기기의 충전부와 외함 사이의 저항은 어떤 저항인가?

① 브리지저항
② 접지저항
③ 접촉저항
④ 절연저항

해설 전로 및 기기 등을 사용하다보면 기기의 노화 등 그밖의 원인으로 절연성능이 저하되고, 절연열화가 진행되면 결국은 누전 등의 사고를 발생하여 화재나 그 밖의 중대 사고를 일으킬 우려가 있으므로 절연저항계(메거)로 절연저항측정 및 절연진단이 필요하다.

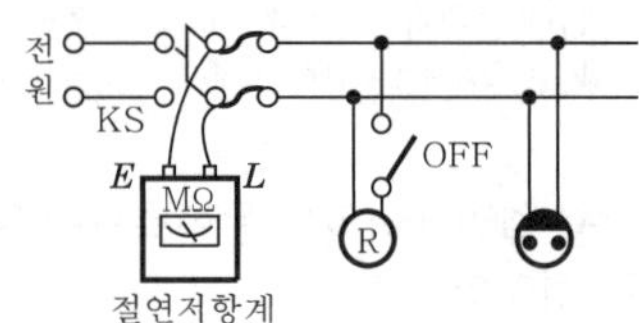

▮ 전기회로의 절연저항 측정 ▮

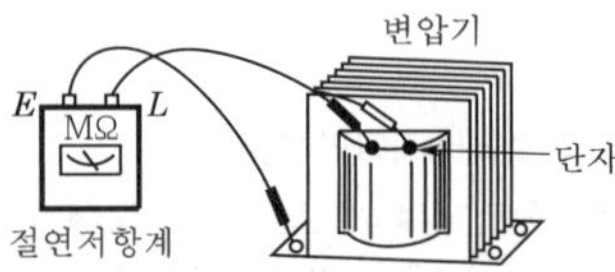

▮ 전기기기의 절연저항 측정 ▮

55 기어의 언더컷에 관한 설명으로 틀린 것은?

① 이의 간섭현상이다.
② 접촉면적이 넓어진다.
③ 원활한 회전이 어렵다.
④ 압력각을 크게 하여 방지한다.

해설 기어의 언더컷

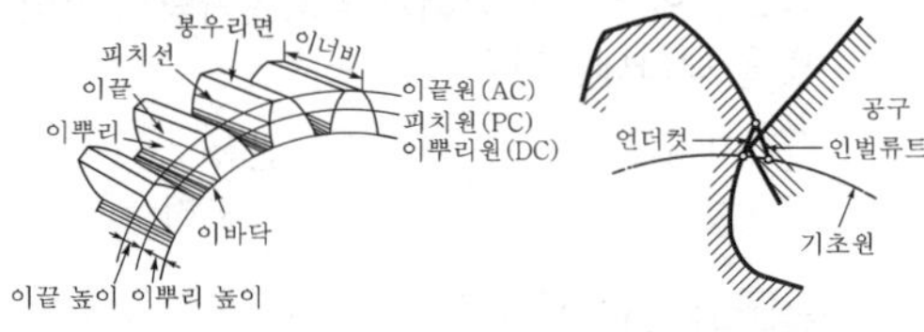

㉠ 기어 절삭을 할 때 이의 수가 적으면 이의 간섭이 일어나며, 간섭 상태에서 회전하면 피니언(pinion)의 이뿌리면을 기어의 이 끝이 파먹는 것이다.
㉡ 언더컷의 방지법
• 피니언의 잇수를 최소 잇수로 한다.
• 기어의 잇수를 한계잇수로 한다.
• 입력각을 크게 한다.
• 치형을 수정한다.
• 기어의 이 높이를 낮게 한다.

56 승강기에 관한 안전장치 중 반드시 필요로 하는 것이 아닌 것은?

① 출입문이 모두 닫히기 전에는 승강하지 않도록 하는 장치
② 과속 시 동력을 자동으로 차단하는 장치
③ 승강기 내의 비상정지스위치
④ 승강기 내에서 외부로 연락할 수 있는 장치

해설 슬로다운스위치, 리밋스위치, 파이널 리밋스위치, 종단층 강제감속장치 등 자동으로 감지되어 동작하는 안전장치가 있으므로 수동으로 작동하는 비상정지스위치는 그중 생략해도 가능하다.

57 그림과 같은 심벌의 명칭은?

① TRIAC
② SCR
③ DIODE
④ DIAC

해설 **사이리스터(thyristor)**

㉠ pnpn의 4층 구조를 기본구조로 하는 반도체소자로서 단자수, 스위칭 특성에 따라 여러 종류가 있지만 그 중에서 대표적인 것은 실리콘제어정류기(Silicon Controlled Rectifier; SCR)이며, 안쪽 p층에 게이트라 불리는 제어용전극이 붙어 있다.
㉡ SCR의 특성
• 오프(off) 상태에서 누설전류가 적다.
• 작은 게이트전류로 큰 전류를 제어할 수 있다.
• 스위칭시간이 짧다.
• 온(on) 상태에서 전압강하가 적어 효율이 우수하다.
㉢ 동작특성 : V_A가 어떤 값 이상이 될 때까지는 I_A(순전류)는 흐르지 않는다(스위치 off 상태). 이때 S를 닫고 G에 I_G를 흘리면 I_A가 흐를 수 있게 된다(스위치 on 상태). 따라서 I_G에 의해 I_A가 턴온(turn—on)된다.

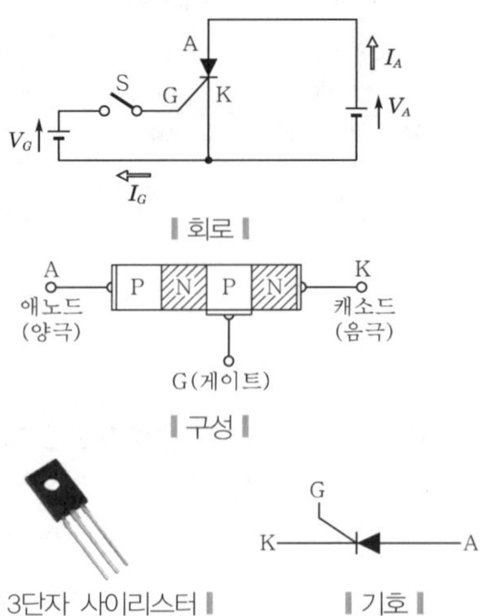

▮ 회로 ▮

▮ 구성 ▮

▮ 3단자 사이리스터 ▮   ▮ 기호 ▮

★★★★

58 100V를 인가하여 전기량 30C을 이동시키는데 5초 걸렸다. 이때의 전력(kW)은?

① 0.3 　　　　② 0.6

③ 1.5 　　　　④ 3

해설 어떤 도체에 1C의 전기량이 두 점 사이를 이동하여 1J의 일을 했다면 1볼트(V)라고 한다.

$$W = V \cdot Q = 100 \times 30 = 3000J$$
$$P = \frac{W}{t} = \frac{3000}{5} = 600W$$

59 다음 설명 중 링크의 특징이 아닌 것은?

① 경쾌한 운동과 동력의 마찰손실이 크다.

② 제작이 용이하다.

③ 전동이 매우 확실하다.

④ 복잡한 운동을 간단한 장치로 할 수 있다.

해설 **기계요소의 종류와 용도**

구분	종류	용도
결합용 기계요소	나사, 볼트, 너트, 핀 키	기계 부품 결함
축용 기계요소	축, 베어링	축을 지지하거나 연결
전동용 기계요소	마찰차, 기어, 캠 링크, 체인, 벨트	동력의 전달
관용 기계요소	관, 관이음, 밸브	기체나 액체 수송
완충 및 제동용 기계요소	스프링, 브레이크	진동 방지와 제동

기계에 전달된 동력을 여러 모양의 얼개에 의해서 운동 부분으로 전달되어서 필요한 일을 하는데, 이 동력을 운반하는 요소를 링크(link)라고 한다.

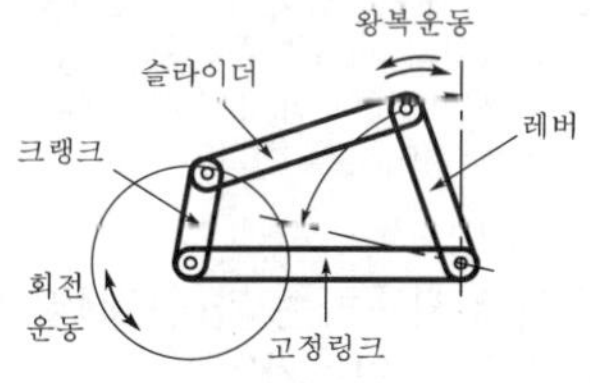

┃4절 링크기구 ┃

★★★

60 다음 중 절연저항을 측정하는 계기는?

① 회로시험기

② 메거

③ 훅온미터

④ 휘트스톤브리지

해설 전로 및 기기 등을 사용하다보면 기기의 노화 등 그밖의 원인으로 절연성능이 저하되고, 절연열화가 진행되면 결국은 누전 등의 사고를 발생하여 화재나 그 밖의 중대 사고를 일으킬 우려가 있으므로 절연저항계(메거)로 절연저항측정 및 절연진단이 필요하다.

※ 본 문제는 수험생들의 협조에 의해 작성되었으며, 시험내용과 일부 다를 수 있습니다.

01 엘리베이터의 완충기에 대한 설명 중 옳지 않은 것은?

① 엘리베이터 피트 부분에 설치한다.
② 케이지나 균형추의 자유낙하를 완충한다.
③ 스프링완충기와 유입완충기가 가장 많이 사용된다.
④ 스프링완충기는 엘리베이터의 속도가 낮은 경우에 주로 사용된다.

해설 완충기(buffer)

피트 바닥에 설치되며, 카가 어떤 원인으로 최하층을 통과하여 피트로 떨어졌을 때, 충격을 완화하기 위하여 혹은 카가 밀어 올렸을 때를 대비하여 균형추의 바로 아래에도 완충기를 설치한다. 그러나 이 완충기는 카나 균형추의 자유낙하를 완충하기 위한 것은 아니다(자유낙하는 추락방지안전장치의 분담기능).

02 구조에 따라 분류한 유압식 엘리베이터의 종류가 아닌 것은?

① 직접식 ② 간접식
③ 팬터그래프식 ④ VVVF식

해설 유압식 엘리베이터의 종류

펌프에서 토출된 작동유로 플런저(plunger)를 작동시켜 카를 승강시키는 것을 유압식 엘리베이터라 한다.
㉠ 직접식 : 플런저의 직상부에 카를 설치한 것
㉡ 간접식 : 플런저의 선단에 도르래를 놓고 로프 또는 체인을 통해 카를 올리고 내리며, 로핑에 따라 1 : 2, 1 : 4, 2 : 4의 로핑이 있다.
㉢ 팬터그래프식 : 카는 팬터그래프의 상부에 설치하고, 실린더에 의해 팬터그래프를 개폐한다.

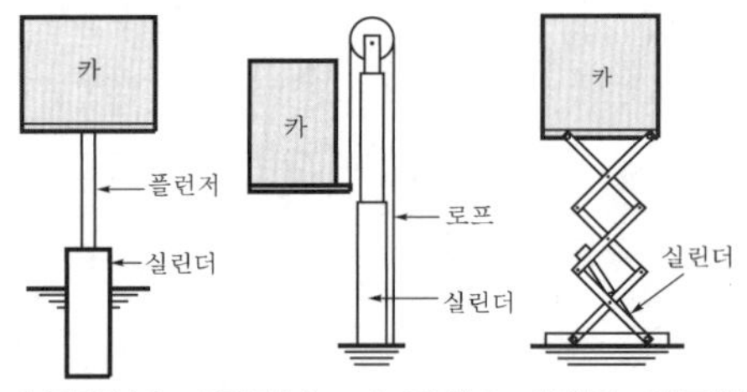

03 건물에 에스컬레이터를 배열할 때 고려할 사항으로 틀린 것은?

① 엘리베이터 가까운 곳에 설치한다.
② 바닥 점유 면적을 되도록 작게 한다.
③ 승객의 보행거리를 줄일 수 있도록 배열한다.
④ 건물의 지지보 등을 고려하여 하중을 균등하게 분산시킨다.

해설 에스컬레이터 배열 시 고려사항

㉠ 지지보, 기둥 등에 균등하게 하중이 걸리는 위치에 배치
㉡ 동선 중심에 배치할 것(엘리베이터와 정면 현관의 중간 정도)
㉢ 바닥면적을 작게, 승객의 시야가 넓게, 주행거리가 짧게 배치

04 화재 시 소화 및 구조활동에 적합하게 제작된 엘리베이터는?

① 덤웨이터
② 비상용 엘리베이터
③ 전망용 엘리베이터
④ 승객 · 화물용 엘리베이터

해설 비상용 엘리베이터

㉠ 전기 · 전자적 조작장치 및 표시기는 구조물에 요구되는 기간 동안(2시간 이상) 0℃에서 65℃까지의 주위 온도 범위에서 작동될 때 카가 위치한 곳을 감지할 수 있도록 기능이 지속되어야 한다.
㉡ 방화구획 된 로비가 아닌 곳에서 비상용 엘리베이터의 모든 다른 전기 · 전자 부품은 0℃에서 40℃까지의 주위 온도 범위에서 정확하게 기능하도록 설계되어야 한다.
㉢ 엘리베이터 제어의 정확한 기능은 건축물에 요구되는 기간 동안(2시간 이상) 연기가 가득 찬 승강로 및 기계실에서 보장되어야 한다.

05 승강기에 사용하는 가이드레일 1본의 길이는 몇 m로 정하고 있는가?

① 1 ② 3
③ 5 ④ 7

해설 가이드레일의 규격

㉠ 레일 규격의 호칭은 마무리 가공 전 소재의 1m당의 중량으로 한다.
㉡ 일반적으로 T형 레일의 공칭은 8, 13, 18, 24K 등이 있다.
㉢ 대용량의 엘리베이터에서는 37, 50K 레일 등도 사용한다.
㉣ 레일의 표준길이는 5m로 한다.

정답 01. ② 02. ④ 03. ① 04. ② 05. ③

06 기계실을 승강로의 아래쪽에 설치하는 방식은?

① 정상부형 방식　　② 횡인 구동 방식
③ 베이스먼트 방식　　④ 사이드머신 방식

해설 **기계실의 위치에 따른 분류**

㉠ 정상부형 : 로프식 엘리베이터에서는 일반적으로 승강로의 직상부에 권상기를 설치하는 것이 합리적이고 경제적이다.
㉡ 베이스먼트 타입(basement type) : 엘리베이터 최하 정지층의 승강로와 인접시켜 설치하는 방식이다.
㉢ 사이드머신 타입(side machine type) : 승강로 중간에 인접하여 권상기를 두는 방식이다.

07 전기식 엘리베이터 자체점검항목 중 점검주기가 가장 긴 것은?

① 권상기 감속기어의 윤활유(oil) 누설 유무 확인
② 추락방지안전장치 스위치의 기능 상실 유무 확인
③ 승장버튼의 손상 유무 확인
④ 이동케이블의 손상 유무 확인

해설 **승강기 자체검사 주기 및 항목**

㉠ 1개월에 1회 이상
 • 층상선택기
 • 카의 문 및 문턱
 • 카 도어스위치
 • 문닫힘 안전장치
 • 카 조작반 및 표시기
 • 비상통화장치
 • 전동기, 전동발전기
 • 권상기 브레이크
㉡ 3개월에 1회 이상
 • 수권조작 수단
 • 권상기 감속기어
 • 추락방지안전장치
㉢ 6개월에 1회 이상
 • 권상기 도르래
 • 권상기 베어링
 • 과속조절기(카측, 균형추측)
 • 추락방지안전장치와 과속조절기의 부착 상태
 • 용도, 적재하중, 정원 등 표시
 • 이동케이블 및 부착부
㉣ 12개월에 1회 이상
 • 고정도르래, 풀리
 • 기계실 기기의 내진대책

08 구동체인이 늘어나거나 절단되었을 경우 아래로 미끄러지는 것을 방지하는 안전장치는?

① 스텝체인 안전장치　② 정지스위치
③ 인입구 안전장치　　④ 구동체인 안전장치

해설 **구동체인 안전장치(driving chain safety device)**

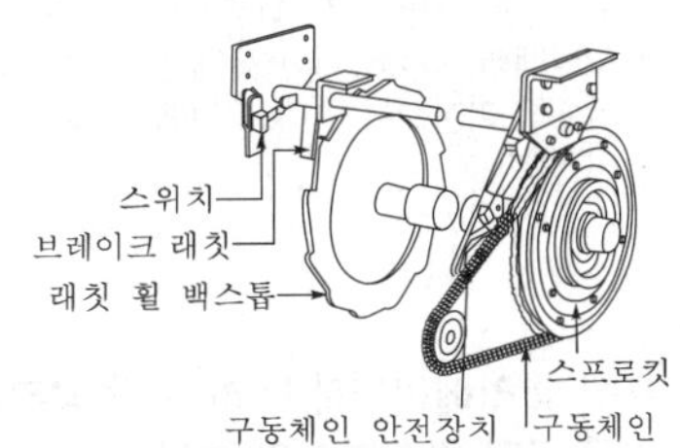

| 조립도 |

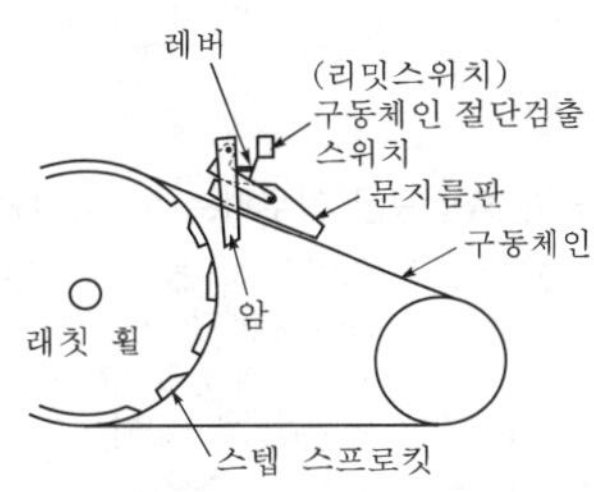

| 안전장치 상세도 |

㉠ 구동기와 주 구동장치(main drive) 사이의 구동체인이 상승 중 절단되었을 때 승객의 하중에 의해 하강운전을 일으키면 위험하므로 구동체인 안전장치가 필요하다.
㉡ 구동체인 위에 항상 문지름판이 구동되면서 구동체인의 늘어짐을 감지하여 만일 체인이 느슨해지거나 끊어지면 슈가 떨어지면서 브레이크 래칫이 브레이크 휠에 걸려 주 구동장치의 하강방향의 회전을 기계적으로 제지한다.
㉢ 안전스위치를 설치하여 안전장치의 동작과 동시에 전원을 차단한다.

09 트랙션권상기의 특징으로 틀린 것은?

① 소요동력이 적다.
② 행정거리의 제한이 없다.
③ 주로프 및 도르래의 마모가 일어나지 않는다.
④ 권과(지나치게 감기는 현상)를 일으키지 않는다.

해설 **권상기(traction machine)**

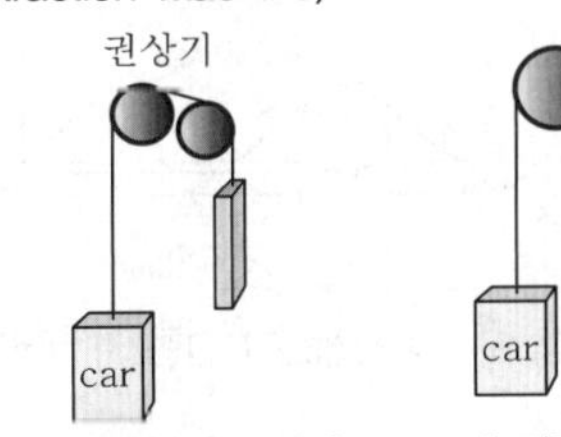

| 로프식 권상식(traction) |　| 권동식 |

㉠ 트랙션식 권상기의 형식
 • 기어드(geared)방식 : 전동기의 회전을 감속시키기 위해 기어를 부착한다.
 • 무기어(gearless)방식 : 기어를 사용하지 않고, 전동기의 회전축에 권상도르래를 부착시킨다.

ⓛ 트랙션식 권상기의 특징
  • 균형추를 사용하기 때문에 소요 동력이 적다
  • 도르래를 사용하기 때문에 승강행정에 제한이 없다.
  • 로프를 마찰로서 구동하기 때문에 지나치게 감길 위험
    이 없다.

10 로프식 엘리베이터에서 카 바닥 앞부분과 승강장 출입구 바닥 앞부분과의 틈새는 몇 cm 이하인가?

① 2
② 3
③ 3.5
④ 5

해설 카와 카 출입구를 마주하는 벽 사이의 틈새
ⓐ 승강로의 내측 면과 카 문턱, 카 문틀 또는 카 문의 닫히는 모서리 사이의 수평거리는 0.125m 이하이어야 한다. 다만, 0.125m 이하의 수평거리는 각각의 조건에 따라 다음과 같이 적용될 수 있다.
  • 수직높이가 0.5m 이하인 경우에는 0.15m까지 연장 될 수 있다.
  • 수직개폐식 승강장문이 설치된 화물용인 경우, 주행로 전체에 걸쳐 0.15m까지 연장될 수 있다.
  • 잠금해제구간에서만 열리는 기계적 잠금장치가 카 문 에 설치된 경우에는 제한하지 않는다.
ⓑ 카 문턱과 승강장문 문턱 사이의 수평거리는 35mm 이 하이어야 한다.
ⓒ 카 문과 닫힌 승강장문 사이의 수평거리 또는 문이 정상 작동하는 동안 문 사이의 접근거리는 0.12m 이하이어야 한다.
ⓓ 경첩이 있는 승강장문과 접하는 카 문의 조합인 경우에 는 닫힌 문 사이의 어떤 틈새에도 직경 0.15m의 구가 통과되지 않아야 한다.

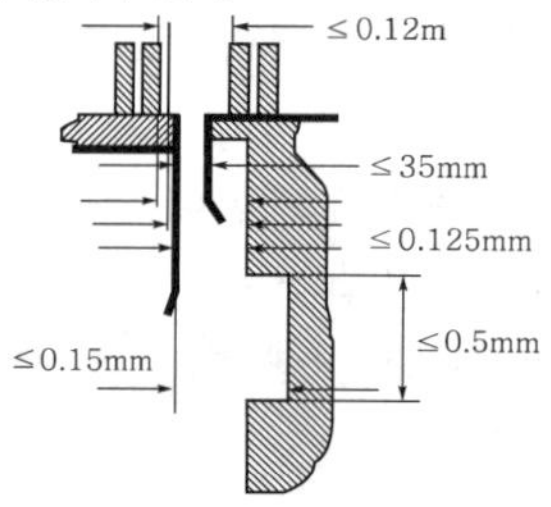

▌카와 카 출입구를 마주하는 벽 사이의 틈새 ▌

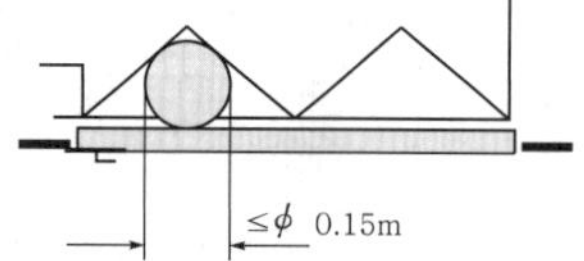

▌경첩 달린 승강장문과 접힌 카 문의 틈새 ▌

11 가이드레일의 역할에 대한 설명 중 틀린 것은?

① 카와 균형추를 승강로 평면 내에서 일정 궤도상에 위치를 규제한다.
② 일반적으로 가이드레일은 H형이 가장 많 이 사용된다.

③ 카의 자중이나 화물에 의한 카의 기울어짐 을 방지한다.
④ 비상멈춤이 작동할 때의 수직하중을 유지한다.

해설 가이드레일(guide rail)의 사용 목적

ⓐ 카와 균형추의 승강로 평면 내의 위치를 규제한다.
ⓑ 카의 자중이나 화물에 의한 카의 기울어짐을 방지한다.
ⓒ 비상멈춤이 작동할 때의 수직하중을 유지한다.

12 에스컬레이터 스텝체인의 안전율은 얼마 이상 인가?

① 20
② 15
③ 10
④ 5

해설 스텝체인 안전장치(step chain safety device)

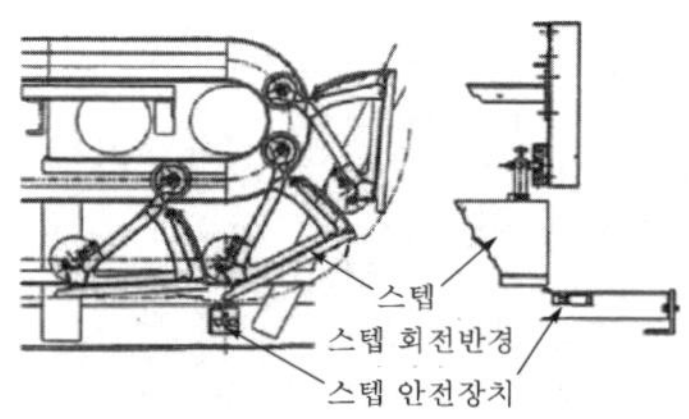

▌스텝체인 고장 검출 ▌

▌스텝체인 안전장치 ▌

ⓐ 스텝체인이 절단되거나 심하게 늘어날 경우 스텝이 위 치를 벗어나면 자동으로 구동기 모터의 전원을 차단하 고 기계브레이크를 작동시킴으로써 스텝과 스텝 사이의 간격이 생기는 등의 결과를 방지하는 장치이다.
ⓑ 에스컬레이터 각 체인의 절단에 대한 안전율은 담금질 한 강철에 대하여 5 이상이어야 한다.

13 도어 인터록에 관한 설명으로 옳은 것은?

① 도어 닫힘 시 도어록이 걸린 후, 도어스위치가 들어가야 한다.

② 카가 정지하지 않는 층은 도어록이 없어도 된다.

③ 도어록은 비상시 열기 쉽도록 일반공구로 사용가능해야 한다.

④ 도어 개방 시 도어록이 열리고, 도어스위치가 끊어지는 구조이어야 한다.

해설 도어 인터록(door interlock) 및 클로저(closer)

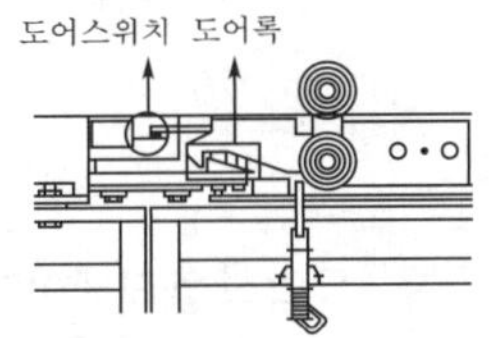

㉠ 도어 인터록(door interlock)
- 카가 정지하지 않는 층의 도어는 전용열쇠를 사용하지 않으면 열리지 않는 도어록과 도어가 닫혀 있지 않으면 운전이 불가능하도록 하는 도어스위치로 구성된다.
- 닫힘동작 시는 도어록이 먼저 걸린 상태에서 도어스위치가 들어가고 열림동작 시는 도어스위치가 끊어진 후 도어록이 열리는 구조(직렬)이며, 엘리베이터의 안전장치 중에서 승강장의 도어 안전장치로 가장 중요하다.

㉡ 도어 클로저(door closer)
- 승강장의 문이 열린 상태에서 모든 제약이 해제되면 자동적으로 닫히게 하여 문의 개방 상태에서 생기는 2차 재해를 방지하는 문의 안전장치이며, 전기적인 힘이 없어도 외부 문을 닫아주는 역할을 한다.
- 스프링클로저 방식 : 레버 시스템, 코일스프링과 도어체크가 조합된 방식이다.
- 웨이트(weight) 방식 : 줄과 추를 사용하여 도어체크(문이 자동으로 천천히 닫히게 하는 장치)를 생략한 방식이다.

‖ 스프링클로저 ‖   ‖ 웨이트클로저 ‖

14 사람이 출입할 수 없도록 정격하중이 300kg 이하이고 정격속도가 1m/s인 승강기는?

① 덤웨이터

② 비상용 엘리베이터

③ 승객·화물용 엘리베이터

④ 수직형 휠체어리프트

해설 덤웨이터(dumbwaiter)

사람이 탑승하지 않으면서 적재용량이 300kg 이하인 것으로서 소형화물(서적, 음식물 등) 운반에 적합하게 제작된 엘리베이터이다. 다만, 바닥면적이 0.5m^2 이하이고 높이가 0.6m 이하인 엘리베이터는 제외한다.

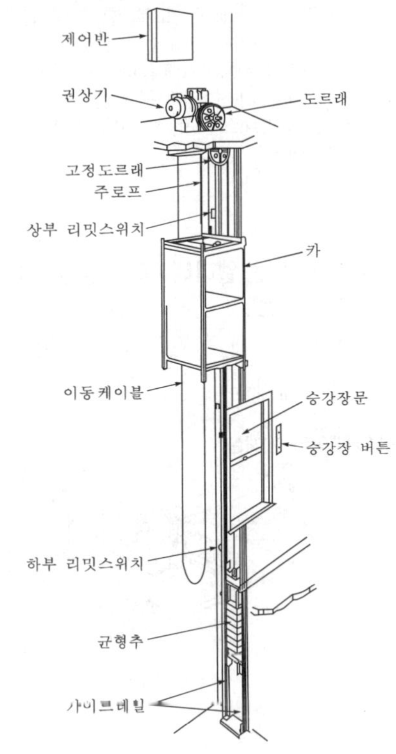

‖ 전동 덤 웨이터의 구조 ‖

★★

15 트랙션권상기의 특징으로 틀린 것은?

① 소요동력이 적다.

② 행정거리의 제한이 없다.

③ 주로프 및 도르래의 마모가 일어나지 않는다.

④ 권과(지나치게 감기는 현상)를 일으키지 않는다.

[해설] 권상기(traction machine)

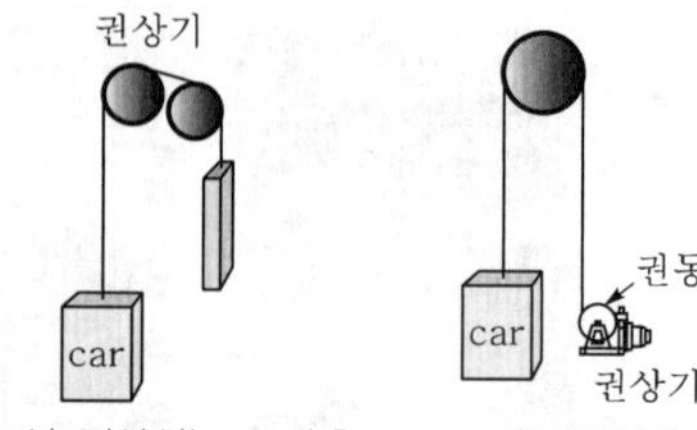

㉠ 트랙션식 권상기의 형식
- 기어드(geared) 방식 : 전동기의 회전을 감속시키기 위해 기어를 부착한다.
- 무기어(gearless) 방식 : 기어를 사용하지 않고, 전동기의 회전축에 권상도르래를 부착시킨다.

㉡ 트랙션식 권상기의 특징
- 균형추를 사용하기 때문에 소요동력이 적다.
- 도르래를 사용하기 때문에 승강행정에 제한이 없다.
- 로프를 마찰로서 구동하기 때문에 지나치게 감길 위험이 없다.

★★

16 기계실이 있는 엘리베이터의 승강로 내에 설치되지 않는 것은?

① 균형추
② 완충기
③ 이동케이블
④ 과속조절기

[해설] 엘리베이터 기계실

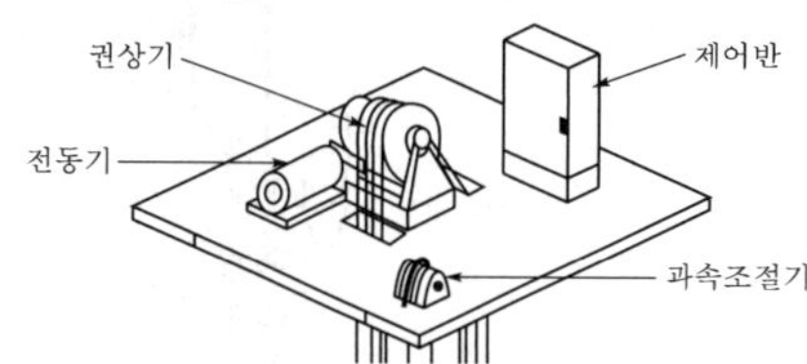

과속조절기는 승강로 내에 위치하는 경우도 있지만, 기계실이 있는 경우에는 기계실에 설치된다.

17 재해누발자의 유형이 아닌 것은?

① 미숙성 누발자
② 상황성 누발자
③ 습관성 누발자
④ 자발성 누발자

[해설] 재해누발자의 분류

㉠ 미숙성 누발자 : 환경에 익숙하지 못하거나 기능 미숙으로 인한 재해 누발자
㉡ 상황성 누발자 : 작업의 어려움, 기계설비의 결함, 환경상 주의 집중의 혼란, 심신의 근심에 의한 것
㉢ 습관성 누발자 : 재해의 경험으로 신경과민이 되거나 슬럼프(slump)에 빠지기 때문
㉣ 소질성 누발자 : 지능, 성격, 감각운동에 의한 소질적 요소에 의하여 결정됨

★★★★

18 권상기 도르래 홈의 형상에 속하지 않는 것은?

① U홈
② V홈
③ R홈
④ 언더컷홈

[해설] 도르래 홈의 형상

마찰력이 큰 것이 바람직하지만 마찰력이 큰 형상은 로프와 도르래 홈의 접촉면 면압이 크기 때문에 로프와 도르래가 쉽게 마모될 수 있다.

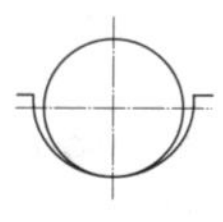

도르래 홈의 형상

19 유압식 엘리베이터의 동력전달 방법에 따른 종류가 아닌 것은?

① 스크루식
② 직접식
③ 간접식
④ 팬터그래프식

[해설] 유압식 엘리베이터의 종류

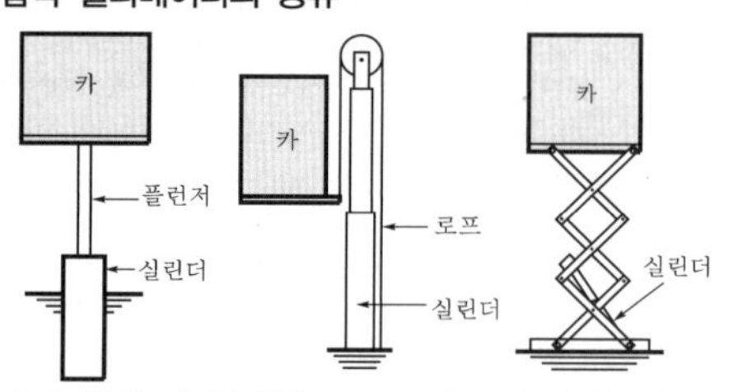

★★

20 운행 중인 에스컬레이터가 어떤 요인에 의해 갑자기 정지하였다. 점검해야 할 에스컬레이터 안전장치로 틀린 것은?

① 승객검출장치
② 인레트스위치
③ 스커트 가드 안전스위치
④ 스텝체인 안전장치

[해설] 에스컬레이터의 안전장치

㉠ 인레트스위치(inlet switch)는 에스컬레이터의 핸드레일 인입구에 설치하며, 핸드레일이 난간 하부로 들어갈 때 어린이의 손가락이 빨려 들어가는 사고 등이 발생하면 에스컬레이터 운행을 정지시킨다.
㉡ 스커트 가드(skirt guard) 안전스위치는 스커트 가드판과 스텝 사이에 인체의 일부나 옷, 신발 등이 끼면 위험하므로 스커트 가드 패널에 일정 이상의 힘이 가해지면 안전스위치가 작동되어 에스컬레이터를 정지시킨다.

[정답] 16. ④ 17. ④ 18. ③ 19. ① 20. ①

ⓒ 스텝체인 안전장치(step chain safety device)는 스텝체인이 절단되거나 심하게 늘어날 경우 디딤판 체인 인장장치의 후방 움직임을 감지하여 구동기 모터의 전원을 차단하고 기계브레이크를 작동시킴으로서 스텝과 스텝 사이의 간격이 생기는 등의 결과를 방지하는 장치이다.

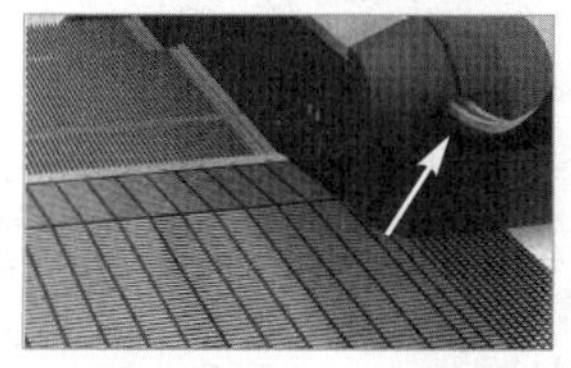

▐ 인레트스위치 ▐

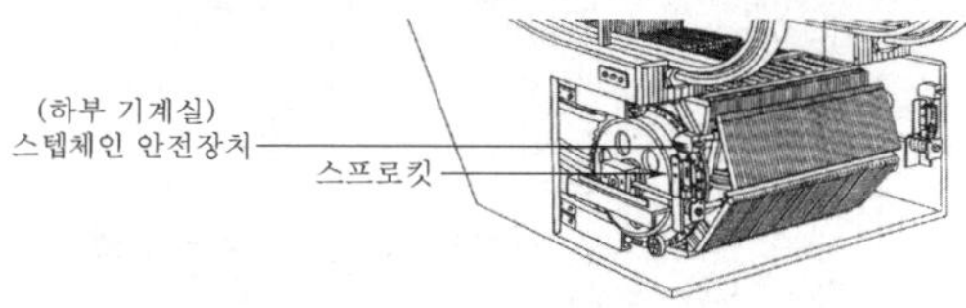
▐ 스텝체인 안전장치 ▐

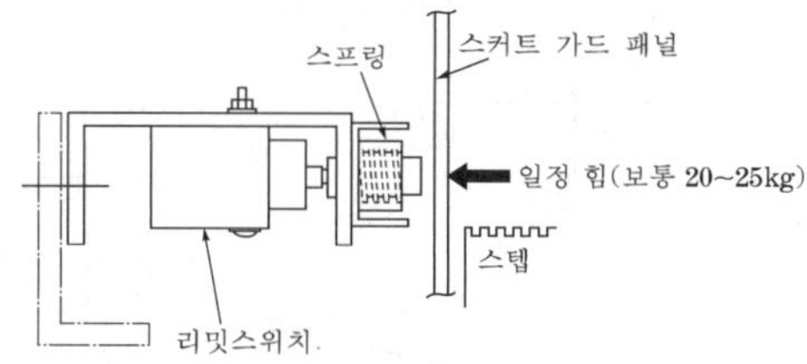
▐ 스커트 가드 안전스위치 ▐

21 재해 조사의 요령으로 바람직한 방법이 아닌 것은?

① 재해 발생 직후에 행한다.
② 현장의 물리적 증거를 수집한다.
③ 재해 피해자로부터 상황을 듣는다.
④ 의견 충돌을 피하기 위하여 반드시 1인이 조사하도록 한다.

해설 재해조사 방법

㉠ 재해 발생 직후에 행한다.
㉡ 현장의 물리적 흔적(물적 증거)을 수집한다.
㉢ 재해 현장은 사진을 촬영하여 보관, 기록한다.
㉣ 재해 피해자로부터 재해 상황을 듣는다.
㉤ 목격자, 현장 책임자 등 많은 사람들에게 사고 시의 상황을 듣는다.
㉥ 판단하기 어려운 특수 재해나 중대 재해는 전문가에게 조사를 의뢰한다.

★★★

22 엘리베이터의 도어스위치 회로는 어떻게 구성하는 것이 좋은가?

① 병렬회로
② 직렬회로
③ 직·병렬회로
④ 인터록회로

해설 도어 인터록(door interlock)

㉠ 카가 정지하지 않는 층의 도어는 전용열쇠를 사용하지 않으면 열리지 않는 도어록과 도어가 닫혀 있지 않으면 운전이 불가능하도록 하는 도어스위치로 구성된다.
㉡ 닫힘동작 시는 도어록이 먼저 걸린 상태에서 도어스위치가 들어가고 열림동작 시는 도어스위치가 끊어진 후 도어록이 열리는 직렬구조이며, 승강장의 도어 안전장치로서 엘리베이터의 안전장치 중에서 가장 중요한 것 중의 하나이다.

23 전기 화재의 원인으로 직접적인 관계가 되지 않는 것은?

① 저항
② 누전
③ 단락
④ 과전류

해설 전기화재의 원인

㉠ 누전 : 전선의 피복이 벗겨져 절연이 불완전하여 전기의 일부가 전선 밖으로 새어나와 주변 도체에 흐르는 현상
㉡ 단락 : 접촉되어서는 안 될 2개 이상의 전선이 접촉되거나 어떠한 부품의 단자와 단자가 서로 접촉되어 과다한 전류가 흐르는 것
㉢ 과전류 : 전압이나 전류가 순간적으로 급격하게 증가하면 전력선에 과전류가 흘러서 전기제품이 파손될 염려가 있음

★★★★

24 도르래의 로프홈에 언더컷(under cut)을 하는 목적은?

① 로프의 중심 균형
② 윤활 용이
③ 마찰계수 향상
④ 도르래의 경량화

해설 도르래홈의 형상은 마찰력이 큰 것이 바람직하지만 마찰력이 큰 형상은 로프와 도르래홈의 접촉면 면압이 크기 때문에 로프와 도르래가 쉽게 마모될 수 있다. U형의 홈은 마찰계수가 낮으므로 홈의 밑을 도려낸 언더컷 홈으로 마찰계수를 올린다.

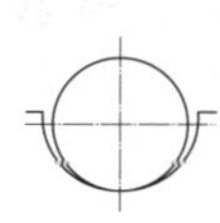

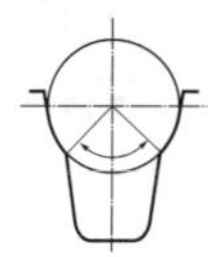

▐ 도르래 홈의 형상 ▐

정답 21. ④ 22. ② 23. ① 24. ③

25 도어 인터록 장치의 구조로 가장 옳은 것은?

① 도어스위치가 확실히 걸린 후 도어 인터록이 들어가야 한다.

② 도어스위치가 확실히 열린 후 도어 인터록이 들어가야 한다.

③ 도어록 장치가 확실히 걸린 후 도어스위치가 들어가야 한다.

④ 도어록 장치가 확실히 열린 후 도어스위치가 들어가야 한다.

해설 도어 인터록(door interlock) 및 클로저(closer)

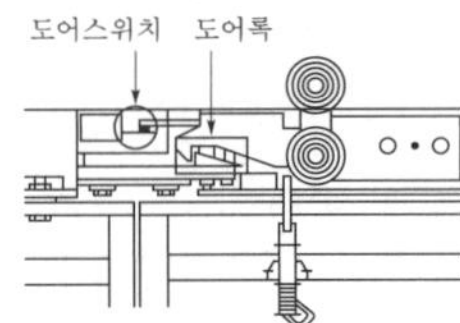

㉠ 도어 인터록(door interlock)
- 카가 정지하지 않는 층의 도어는 전용열쇠를 사용하지 않으면 열리지 않는 도어록과 도어가 닫혀 있지 않으면 운전이 불가능하도록 하는 도어스위치로 구성된다.
- 닫힘동작 시는 도어록이 먼저 걸린 상태에서 도어스위치가 들어가고 열림동작 시는 도어스위치가 끊어진 후 도어록이 열리는 구조(직렬)이며, 엘리베이터의 안전장치 중에서 승강장의 도어 안전장치로 가장 중요하다.

㉡ 도어 클로저(door closer)
- 승강장의 문이 열린 상태에서 모든 제약이 해제되면 자동적으로 닫히게 하여 문의 개방 상태에서 생기는 2차 재해를 방지하는 문의 안전장치이며, 전기적인 힘이 없어도 외부 문을 닫아주는 역할을 한다.
- 스프링 클로저 방식 : 레버시스템, 코일스프링과 도어체크가 조합된 방식
- 웨이트(weight) 방식 : 줄과 추를 사용하여 도어체크(문이 자동으로 천천히 닫히게 하는 장치)를 생략한 방식

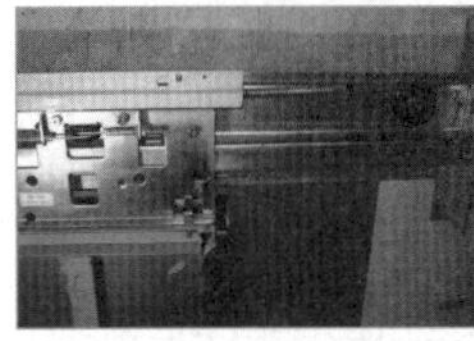

┃ 스프링 클로저 ┃

┃ 웨이트 클로저 ┃

★★

26 작업의 특수성으로 인해 발생하는 직업병으로서 작업 조건에 의하지 않은 것은?

① 먼지　　　② 유해가스
③ 소음　　　④ 작업 자세

해설 직업병

㉠ 근골격계질환, 소음성 난청, 복사열 등 물리적 원인
㉡ 중금속 중독, 유기용제 중독, 진폐증 등 화학적 원인
㉢ 세균 공기 오염 등 생물학적 원인
㉣ 스트레스, 과로 등 정신적 원인

27 과속조절기로프의 공칭지름(mm)은 얼마 이상이어야 하는가?

① 6　　　② 8
③ 10　　　④ 12

해설 과속조절기로프

㉠ 과속조절기로프의 공칭지름은 6mm 이상, 최소 파단하중은 과속조절기가 작동될 때 8 이상의 안전율로 과속조절기로프에 생성되는 인장력에 관계되어야 한다.
㉡ 과속조절기로프 풀리의 피치직경과 과속조절기로프의 공칭직경 사이의 비는 30 이상이어야 한다.
㉢ 과속조절기로프는 인장 풀리에 의해 인장되어야 한다. 이 풀리(또는 인장추)는 안내되어야 한다.
㉣ 과속조절기로프 및 관련 부속부품은 추락방지안전장치가 작동하는 동안 제동거리가 정상적일 때보다 더 길더라도 손상되지 않아야 한다.
㉤ 과속조절기로프는 추락방지안전장치로부터 쉽게 분리될 수 있어야 한다.
㉥ 작동 전 과속조절기의 반응시간은 추락방지안전장치가 작동되기 전에 위험속도에 도달하지 않도록 충분히 짧아야 한다.

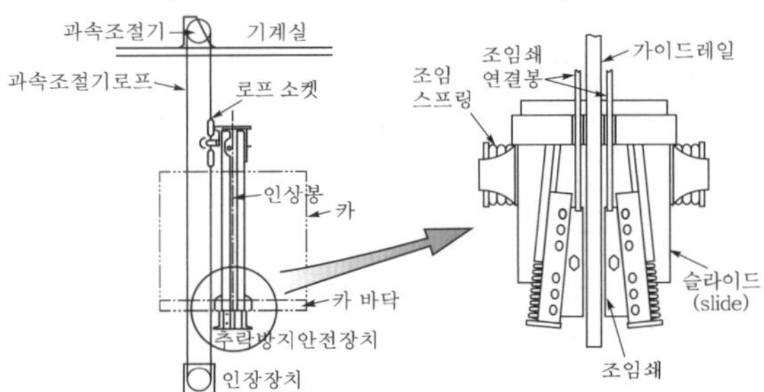

┃ 과속조절기와 추락방지안전장치의 연결 모습 ┃

28 제어반에서 점검할 수 없는 것은?

① 결선단자의 조임 상태
② 스위치 접점 및 작동 상태
③ 과속조절기스위치의 작동 상태
④ 전동기 제어회로의 절연 상태

해설 제어반(control panel) 보수점검항목

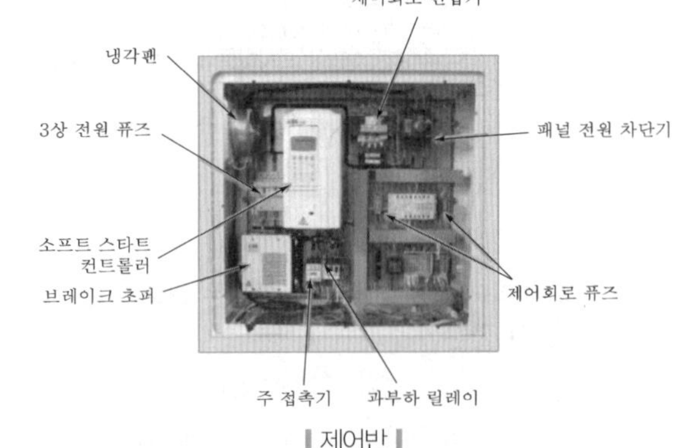

┃ 제어반 ┃

㉠ 소음, 발열, 진동의 과도 여부
㉡ 각 접점의 마모 및 작동 상태
㉢ 제어반 수직도, 조립볼트 취부 및 이완 상태
㉣ 리드선 및 배선정리 상태
㉤ 접촉기와 계전기류 이상 유무
㉥ 저항기의 불량 유무
㉦ 전선 결선의 이완 유무
㉧ 퓨즈(fuse) 이완 유무 및 동선 사용 유무
㉨ 접지선 접속 상태
㉩ 절연저항 측정
㉪ 불필요한 점퍼(jumper)선 유무
㉫ 절연물, 아크(ark) 방지기, 코일 소손 및 파손 여부
㉬ 청소 상태

★★

29 정전으로 인하여 카가 정지될 때 점검자에 의해 주로 사용되는 밸브는?

① 하강용 유량제어밸브
② 스톱밸브
③ 릴리프밸브
④ 체크밸브

해설 하강용 유량제어밸브

유압식 엘리베이터의 하강 시 탱크로 되돌아오는 유량을 제어하는 밸브로서 수동하강밸브가 부착되어 있어 정전이나 기타의 원인으로 카가 층 중간에 정지된 경우라도 이 밸브를 열어 카를 안전하게 하강시킬 수가 있다.

30 승객용 엘리베이터의 시브가 편마모되었을 때 그 원인을 제거하기 위해 어떤 것을 보수, 조정하여야 하는가?

① 완충기
② 과속조절기
③ 균형체인
④ 루프의 장력

해설 시브홈은 로프와의 마찰로 인해 마모현상이 발생한다. 로프의 장력이 균일하지 않아, 마모 정도가 다르게 나타나는 편마모의 경우에는 마모 정도가 큰 시브홈에 걸리는 로프의 장력을 조정한다.

★

31 재해의 직접 원인 중 작업환경의 결함에 해당되는 것은?

① 위험장소 접근
② 작업순서의 잘못
③ 과다한 소음 발산
④ 기술적, 육체적 무리

해설 작업환경

일반적으로 근로자를 둘러싸고 있는 환경을 말하며, 작업환경의 조건은 작업장의 온도, 습도, 기류 등 건물의 설비 상태, 작업장에서 발생하는 분진, 유해방사선, 가스, 증기, 소음 등이 있다.

32 스텝 폭 0.8m, 공칭속도 0.75m/s인 에스컬레이터로 수송할 수 있는 최대 인원의 수는 시간당 몇 명인가?

① 3600
② 4800
③ 6000
④ 6600

해설
$$A = \frac{V \times 60}{B} \times P$$
$$= \frac{0.75 \times 60 \times 60}{0.8} \times 2 ≒ 6600인/시간$$

여기서, A : 수송능력(매시)
B : 디딤판의 안 길이(m)
V : 디딤판 속도(m/min)
P : 디딤판 1개마다의 인원(인)

33 승객용 엘리베이터의 적재하중 및 최대 정원을 계산할 때 1인당 하중의 기준은 몇 kg인가?

① 63 　　② 65
③ 67 　　④ 70

해설 카의 유효면적, 정격하중 및 정원

㉠ 정격하중(rated load) : 엘리베이터의 설계된 적재하중을 말한다.
㉡ 화물용 엘리베이터의 정격하중은 카의 면적 1m² 당 250kg으로 계산한 값 이상으로 하고 자동차용 엘리베이터의 정격하중은 카의 면직 1m² 딩 150kg으로 게산한 값 이상으로 한다.
㉢ 정원은 다음 식에서 계산된 값을 가장 가까운 정수로 버림 한 값이어야 한다.
$$정원 = \frac{정격하중}{65}$$

34 10Ω과 15Ω의 저항을 병렬로 연결하고 50A의 전류를 흘렸다면, 10Ω의 저항쪽에 흐르는 전류는 몇 A인가?

① 10 　　　　② 15
③ 20 　　　　④ 30

해설 ㉠ R_T(합성저항) $= \dfrac{R_1 \times R_2}{R_1 + R_2} = \dfrac{10 \times 15}{10 + 15} = 6\Omega$

㉡ V(전압) $= I_T \times R_T = 50 \times 6 = 300\text{V}$

㉢ $I_{R_1} = \dfrac{V}{R_1} = \dfrac{300}{10} = 30\text{A}$

㉣ $I_{R_2} = \dfrac{V}{R_2} = \dfrac{300}{15} = 20\text{A}$

★★★

35 유압식 엘리베이터의 유압 파워유닛과 압력배관에 설치되며, 이것을 닫으면 실린더의 기름이 파워유닛으로 역류되는 것을 방지하는 밸브는?

① 스톱밸브 　　　　② 럽처밸브
③ 체크밸브 　　　　④ 릴리프밸브

해설 유압회로의 밸브

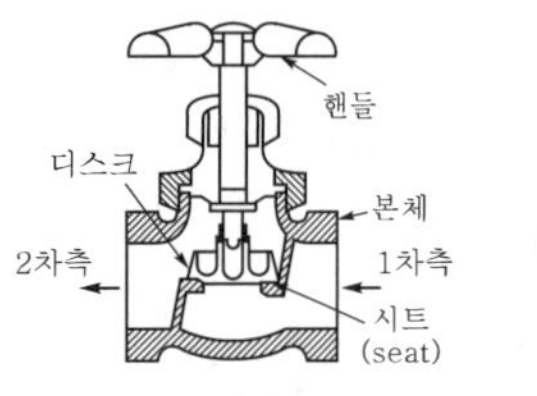

‖ 스톱밸브 ‖

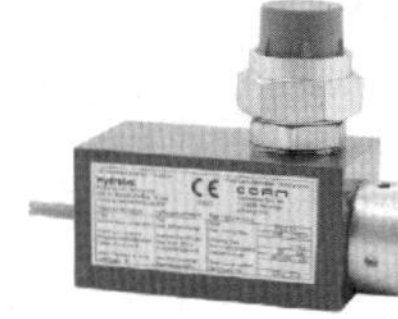
‖ 럽처밸브 ‖

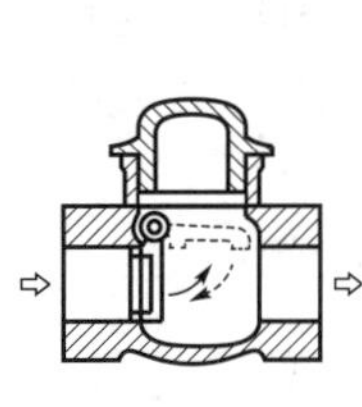

‖ 체크밸브 ‖

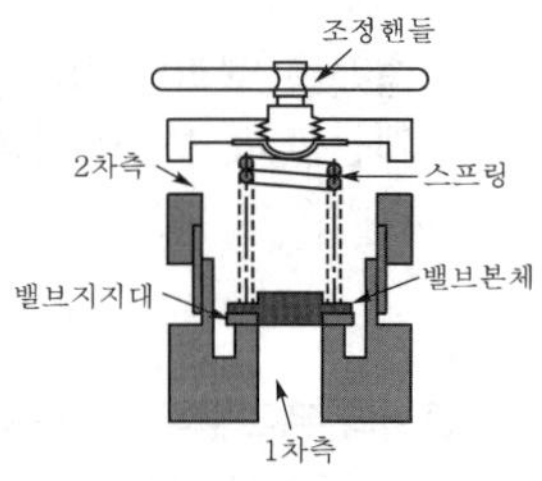

‖ 안전밸브 ‖

㉠ 스톱밸브(stop valve) : 유압 파워유닛과 실린더 사이의 압력배관에 설치되며, 이것을 닫으면 실린더의 기름이 파워유닛으로 역류하는 것을 방지한다. 유압장치의 보수, 점검 또는 수리 등을 할 때에 사용되며, 일명 게이트 밸브라고도 한다.

㉡ 럽처밸브(rupture valve) : 압력배관이 파손되었을 때 기름의 누설에 의한 카의 하강을 방지하기 위한 것이다. 밸브 양단의 압력이 떨어져 설정한 방향으로 설정한 유량이 초과하는 경우에, 유량이 증가하는 것에 의하여 자동으로 회로를 폐쇄하도록 설계한 밸브이다.

㉢ 체크밸브(non-return valve) : 한쪽 방향으로만 기름이 흐르도록 하는 밸브로서 상승방향으로는 흐르지만 역방향으로는 흐르지 않는다. 이것은 정전이나 그 이외의 원인으로 펌프의 토출압력이 떨어져서 실린더의 기름이 역류하여 카가 자유낙하하는 것을 방지하는 역할을 하는 것으로 로프식 엘리베이터의 전자브레이크와 유사하다.

㉣ 안전밸브(relief valve) : 압력조정밸브로 회로의 압력이 상용압력의 125% 이상 높아지면 바이패스(by-pass) 회로를 열어 기름을 탱크로 돌려보내어 더 이상의 압력 상승을 방지한다.

36 기계실이 있는 엘리베이터의 승강로 내에 설치되지 않는 것은?

① 균형추 　　　　② 완충기
③ 이동케이블 　　　　④ 과속조절기

해설 엘리베이터 기계실

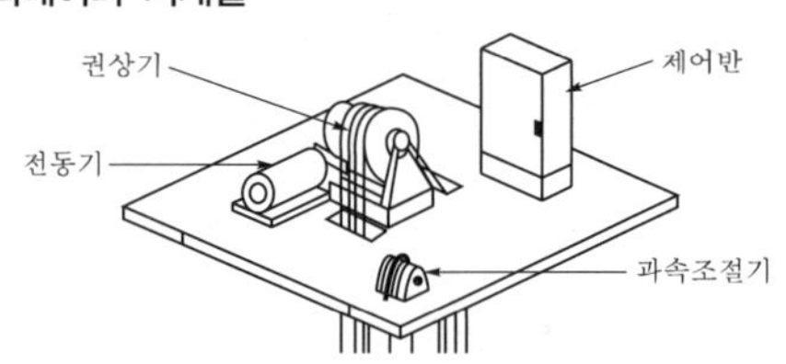

‖ 기계실 ‖

과속조절기는 승강로 내에 위치하는 경우도 있지만, 기계실이 있는 경우에는 기계실에 설치된다.

★★★★

37 400Ω의 저항에 0.5A의 전류가 흐른다면 전압은?

① 20V 　　　　② 200V
③ 80V 　　　　④ 800V

해설 옴의 법칙

㉠ 전기저항(electric resistance)

• 전기회로에 전류가 흐를 때 전류의 흐름을 방해하는 작용이 있는데, 그 방해하는 정도를 나타내는 상수를 전기저항 R 또는 저항이라고 한다.

• 1V의 전압을 가해서 1A의 전류가 흐르는 저항값을 1옴(ohm), 기호는 Ω이라고 한다.

㉡ 옴의 법칙

• 도체에 전압이 가해졌을 때 흐르는 전류의 크기는 도체의 저항에 반비례하므로 가해진 전압을 V(V), 전류 I(A), 도체의 저항을 R(Ω)이라고 하면

$$I = \frac{V}{R}\text{(A)}, \quad V = IR\text{(V)}, \quad R = \frac{V}{I}\text{(Ω)}$$

• 저항 R(Ω)에 전류 I(A)가 흐를 때 저항 양단에는 $V = IR$(V)의 전위차가 생기며, 이것을 전압강하라고 한다.

$$V = IR = 0.5 \times 400 = 200\text{V}$$

38 사고 예방 대책 기본원리 5단계 중 3E를 적용하는 단계는?

① 1단계
② 2단계
③ 3단계
④ 5단계

해설 하인리히 사고방지 5단계

㉠ 1단계 : 안전관리조직
㉡ 2단계 : 사실의 발견
  • 사고 및 활동기록 검토
  • 안전점검 및 검사
  • 안전회의 토의
  • 사고조사
  • 작업분석
㉢ 3단계 : 분석 평가
  재해조사분석, 안전성 진단평가, 작업환경 측정, 사고기록, 인적·물적 조건조사 등
㉣ 4단계 : 시정책의 선정(인사조정 교육 및 훈련방법 개선)
㉤ 5단계 : 시정책의 적용(3E, 3S)
  • 3E : 기술적, 교육적, 독려적
  • 3S : 표준화, 전문화, 단순화

39 과부하감지장치에 대한 설명으로 틀린 것은?

① 과부하감지장치가 작동하는 경우 경보음이 울려야 한다.
② 엘리베이터 주행 중에는 과부하감지장치의 작동이 무효화되어서는 안 된다.
③ 과부하감지장치가 작동한 경우에는 출입문의 닫힘을 저지하여야 한다.
④ 과부하감지장치는 초과하중이 해소되기 전까지 작동하여야 한다.

해설 전기식 엘리베이터의 부하제어

㉠ 카에 과부하가 발생할 경우에는 재착상을 포함한 정상 운행을 방지하는 장치가 설치되어야 한다.
㉡ 과부하는 최소 65kg으로 계산하여 정격하중의 10%를 초과하기 전에 검출되어야 한다.
㉢ 엘리베이터의 주행중에는 오동작을 방지하기 위하여 과부하감지장치의 작동이 무효화되어야 한다.
㉣ 과부하의 경우에는 다음과 같아야 한다.
  • 가청이나 시각적인 신후에 의해 카내 이용자에게 알려야 한다.
  • 자동동력 작동식 문은 완전히 개방되어야 한다.
  • 수동작동식 문은 잠금 해제 상태를 유지하여야 한다.
  • 엘리베이터가 정상적으로 운행하는 중에 승강장문 또는 여러 문짝이 있는 승강장문의 어떤 문짝이 열린 경우에는 엘리베이터가 출발하거나 계속 움직일 가능성은 없어야 한다.

40 유압식 엘리베이터의 전동기 구동기간은?

① 상승 시에만 구동한다.
② 하강 시에만 구동한다.
③ 상승 시와 하강 시 모두 구동된다.
④ 부하의 조건에 따라 상승 시 또는 하강 시에 구동된다.

해설 유압식 엘리베이터는 모터로 펌프를 구동하여 압력을 가한 기름을 실린더 내에 보내고 플런저를 직선으로 움직여 카를 밀어 올리고, 하강시킬 때에는 모터를 구동하지 않고 실린더 내의 기름을 조절하여 탱크로 되돌려 보낸다.

41 승강기에 설치할 방호장치가 아닌 것은?

① 가이드레일
② 출입문 인터록
③ 과속조절기
④ 파이널 리밋스위치

해설 가이드레일(guide rail)

카와 균형추를 승강로의 수직면상으로 안내 및 카의 기울어짐을 막고, 더욱이 추락방지안전장치가 작동했을 때의 수직하중을 유지하기 위하여 가이드레일을 설치하나, 불균형한 큰 하중이 적재되었을 때라든지, 그 하중을 내리고 올릴 때에는 카에 큰 하중 모멘트가 발생한다. 그때 레일이 지탱해 낼 수 있는지에 대한 짐김이 필요할 것이다.

42 엘리베이터에 사고가 발생하였을 때의 조치사항이 아닌 것은?

① 응급조치 등의 필요한 조치
② 소방서 및 의료기관 등에 연락
③ 피해자의 동료에게 연락
④ 전문기술자에게 연락

해설 관계기관 및 피해자 가족에게 연락

★★★

43 방호장치 중 과도한 한계를 벗어나 계속적으로 작동하지 않도록 제한하는 장치는?

① 크레인 ② 리밋스위치
③ 윈치 ④ 호이스트

해설 리밋스위치(limit switch)

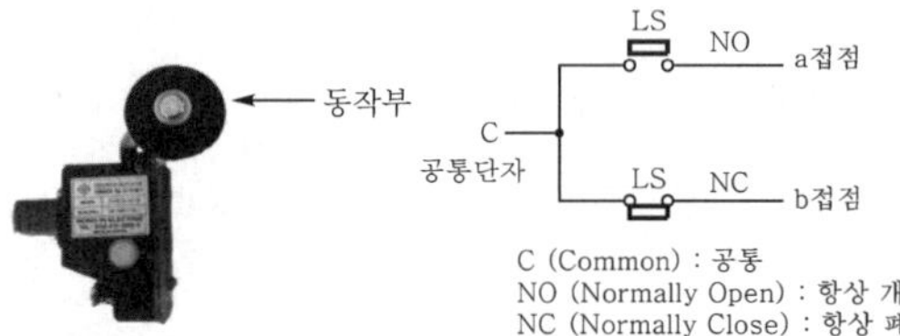

∥ 리밋스위치 ∥

∥ 리밋(최상, 최하층)스위치의 설치 상태 ∥

㉠ 물체의 힘에 의해 동작부(구동장치)가 눌려서 접점이 온, 오프(on, off)한다.
㉡ 엘리베이터가 운행 시 최상·최하층을 지나치지 않도록 하는 장치로서 리밋스위치에 접촉이 되면 카를 감속 제어하여 정지시킬 수 있도록 한다.

44 입력신호 A, B가 모두 '1'일 때만 출력값이 '1'이 되고, 그 외에는 '0'이 되는 회로는?

① AND회로 ② OR회로
③ NOT회로 ④ NOR회로

해설 논리곱(AND)회로

㉠ 모든 입력이 있을 때에만 출력이 나타나는 회로이며 직렬 스위치 회로와 같다.
㉡ 두 입력 'A' AND 'B'가 모두 '1'이면 출력 X가 '1'이 되며, 두 입력 중 어느 하나라도 '0'이면 출력 X가 '0'인 회로가 된다.

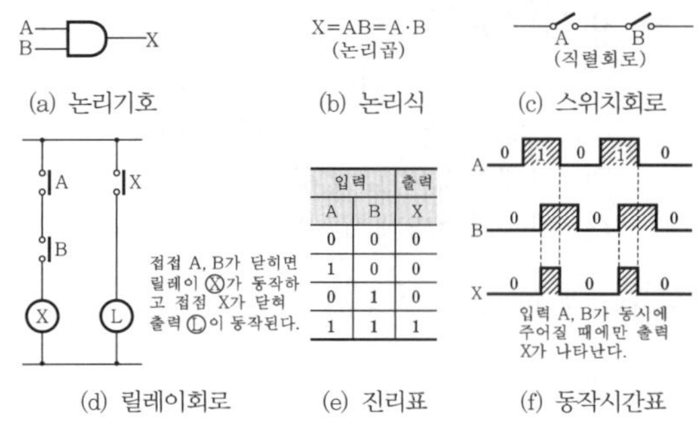

∥ 논리곱(AND)회로 ∥

★

45 승객의 구출 및 구조를 위한 카 상부 비상구출문의 크기는 얼마 이상이어야 하는가?

① 0.2m×0.2m
② 0.35m×0.5m
③ 0.5m×0.5m
④ 0.25m×0.3m

해설 비상구출문

㉠ 비상구출 운전 시, 카 내 승객의 구출은 항상 카 밖에서 이루어져야 한다.
㉡ 승객의 구출 및 구조를 위한 비상구출문이 카 천장에 있는 경우, 비상구출구의 크기는 0.35m×0.5m 이상이어야 한다.
㉢ 2대 이상의 엘리베이터가 동일 승강로에 설치되어 인접한 카에서 구출할 수 있도록 카 벽에 비상구출문이 설치될 수 있다. 다만, 서로 다른 카 사이의 수평거리는 0.75m 이하이어야 한다. 이 비상구출문의 크기는 폭 0.35m 이상, 높이 1.8m 이상이어야 한다.
㉣ 비상구출문은 손으로 조작 가능한 잠금장치가 있어야 한다.

46 와이어로프의 특징으로 잘못된 것은?

① 소선의 재질이 균일하고 인상이 우수
② 유연성이 좋고 내구성 및 내부식성이 우수
③ 그리스 저장능력이 좋아야 한다.
④ 로프 중심에 사용되는 심강의 경도가 낮다.

해설 엘리베이터용 와이어로프의 특징

㉠ 유연성이 좋고 내구성 및 내부식성이 우수
㉡ 소선의 재질이 균일하고 인성이 우수
㉢ 로프 중심에 사용되는 심강의 경도가 높음
㉣ 그리스 저장능력이 뛰어남

47 그림과 같이 자기장 안에서 도선에 전류가 흐를 때 도선에 작용하는 힘의 방향은? (단, 전선 가운데 점 표시는 전류의 방향을 나타냄)

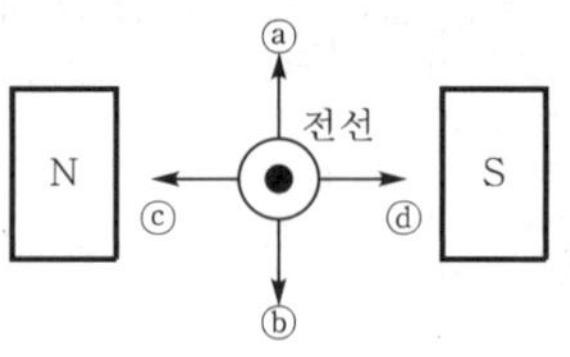

① ⓐ방향
② ⓑ방향
③ ⓒ방향
④ ⓓ방향

해설 플레밍의 왼손 법칙

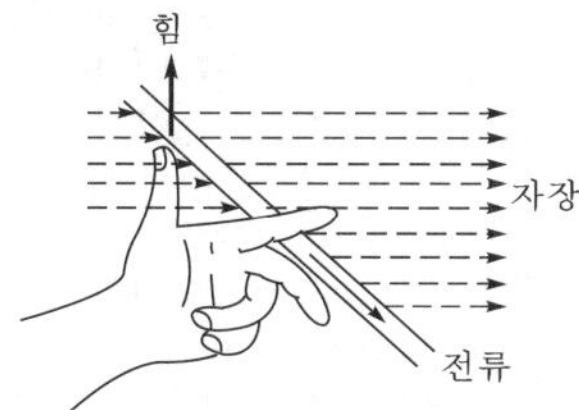

㉠ 자기장 내의 도선에 전류가 흐름 → 도선에 운동력 발생
(전기에너지 → 운동에너지) : 전동기
㉡ 집게손가락(자장의 방향, N → S), 가운데 손가락(전류의
방향), 엄지손가락(힘의 방향)
㉢ ⊗는 지면으로 들어가는 전류의 방향, ⊙는 지면에서
나오는 전류의 방향을 표시하는 부호이다.
㉣ 힘은 ⓐ방향이 된다.

★★★

48 감기거나 말려들기 쉬운 동력전달장치가 아닌
것은?

① 기어　　　　　　② 벤딩
③ 컨베이어　　　　　④ 체인

해설 벤딩(bending)은 평평한 판재나 반듯한 봉, 관 등을 곡면
이나 곡선으로 굽히는 작업이다.

49 전류 I(A)와 전하 Q(C) 및 t(초)와의 상관관계를
나타낸 식은?

① $I = \dfrac{Q}{t}$ (A)　　　　② $I = \dfrac{t}{Q}$ (A)

③ $I = \dfrac{Q^2}{t}$ (A)　　　　④ $I = \dfrac{Q}{t^2}$ (A)

해설 전류(electric current)

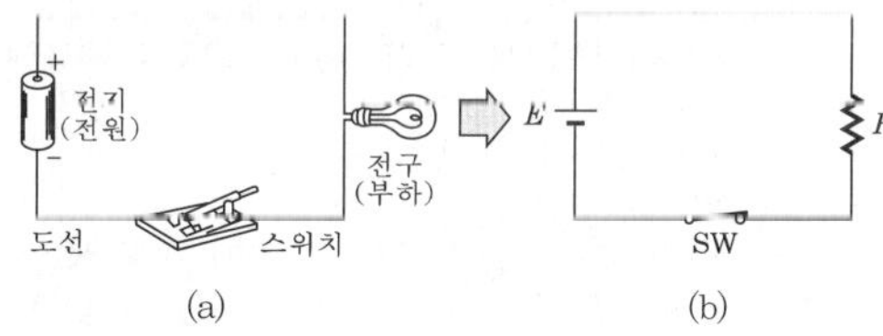

‖ 전기회로도 ‖

㉠ 스위치를 닫아 전구가 점등될 때 전지의 음극(−)으로부
터는 전자가 계속해서 전선에 공급되어 양극(+) 방향으
로 끌려가고, 이런 전자의 흐름을 전류라 하며 방향은
전자의 흐름과는 반대이다.
㉡ 전류의 세기 I : 어떤 단면을 1초 동안에 1C의 전기량
이 이동할 때 1암페어(ampere, 기호 A)라고 한다.

$$I = \dfrac{Q}{t} (A), \quad Q = It (C)$$

50 가이드레일 또는 브래킷의 보수점검사항이 아닌
것은?

① 가이드레일의 녹 제거
② 가이드레일의 요철 제거
③ 가이드레일과 브래킷의 체결볼트 점검
④ 가이드레일 고정용 브래킷 간의 간격 조정

해설 가이드레일(guide rail)의 점검항목

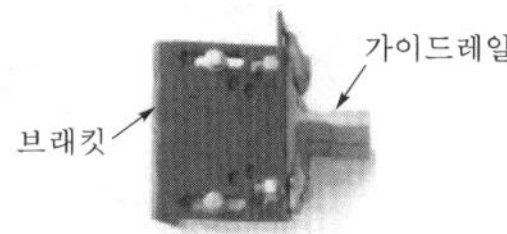

‖ 가이드레일과 브래킷 ‖

㉠ 레일의 손상이나 용접부의 상태, 주행 중의 이상음 발생 여부
㉡ 레일 고정용의 레일클립 취부 상태 및 고정볼트의 이완 상태
㉢ 레일의 이음판의 취부 볼트, 너트의 이완 상태
㉣ 레일의 급유 상태
㉤ 레일 및 브래킷의 발청 상태
㉥ 레일 및 브래킷의 오염 상태
㉦ 브래킷에 취부되어 있는 주행케이블 보호선의 취부 상태
㉧ 브래킷 취부의 앵커볼트 이완 상태
㉨ 브래킷의 용접부에 균열 등의 이상 상태

★★★

51 다음 회로에서 A, B 간의 합성용량은 몇 μF인가?

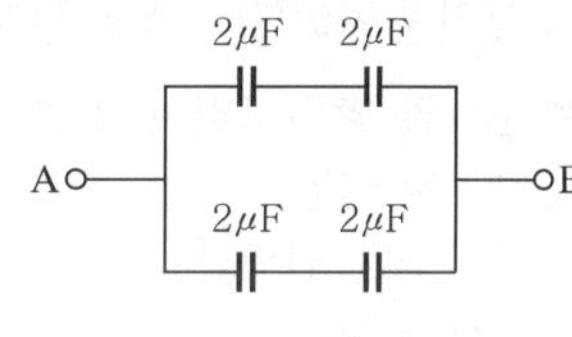

① 2　　　　　　② 4
③ 8　　　　　　④ 16

해설 ㉠ 2μF와 2μF가 직렬로 연결된 등가회로이므로 합성용
량은 다음과 같다.

$$C_{T_1} = \dfrac{2 \times 2}{2 + 2} = 1 \mu F$$

㉡ 1μF와 1μF가 병렬로 연결된 등가회로이므로 합성용량
은 다음과 같다.

$$C_{T_2} = C_{T_1} + C_{T_1} = 1 + 1 = 2 \mu F$$

52 로프식 엘리베이터의 카 틀에서 브레이스 로드의
분담 하중은 대략 어느 정도 되는가?

① $\dfrac{1}{8}$　　　　　　② $\dfrac{3}{8}$

③ $\dfrac{1}{3}$　　　　　　④ $\dfrac{1}{16}$

정답　48 ②　49. ①　50. ④　51. ①　52. ②

해설 카 틀(car frame)

㉠ 상부체대 : 카주 위에 2본의 종 프레임을 연결하고 메인 로프에 하중을 전달하는 것이다.
㉡ 카주 : 하부 프레임의 양단에서 하중을 지탱하는 2본의 기둥이다.
㉢ 하부 체대 : 카 바닥의 하부 중앙에 바닥의 하중을 받쳐 주는 것이다.
㉣ 브레이스 로드(brace rod) : 카 바닥과 카주의 연결재이며, 카 바닥에 걸리는 하중은 분포하중으로 전하중의 3/8은 브레이스 로드에서 분담한다.

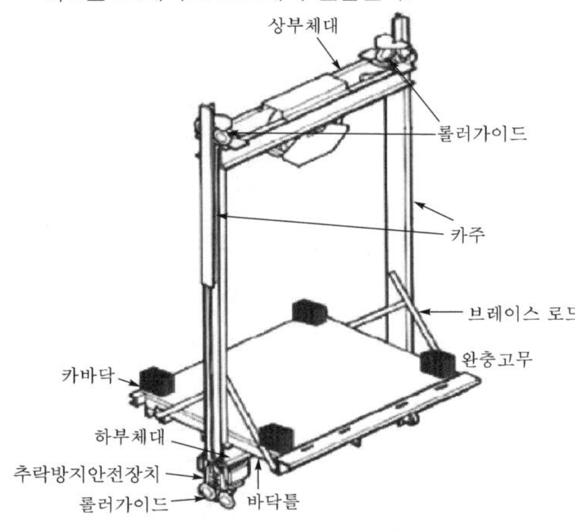

‖ 카 틀 및 카 바닥 ‖

53 감전사고의 원인이 되는 것과 관계가 없는 것은?

① 콘덴서의 방전코일이 없는 상태
② 전기기계·기구나 공구의 절연 파괴
③ 기계기구의 빈번한 기동 및 정지
④ 정전작업 시 접지가 없어 유도전압이 발생

해설 감전사고의 원인, 방전코일

㉠ 감전사고의 원인
- 충전부에 직접 접촉되는 경우나 안전거리 이내로 접근하였을 때
- 전기기계·기구, 공구 등의 절연열화, 손상, 파손 등에 의한 표면누설로 인하여 누전되어 있는 것에 접촉, 인체가 통로로 되었을 경우
- 콘덴서나 고압케이블 등의 잔류전하에 의할 경우
- 전기기계나 공구 등의 외함과 권선 간 또는 외함과 대지 간의 정전용 량에 의한 전압에 의할 경우
- 지락전류 등이 흐르고 있는 전극 부근에 발생하는 전위경도에 의할 경우
- 송전선 등의 정전유도 또는 유도전압에 의할 경우
- 오조작 및 자가용 발전기 운전으로 인한 역송전의 경우
- 낙뢰 진행파에 의한 경우

㉡ 방전코일
- 콘덴서와 함께 설치되는 방전장치는 회로의 개로(open) 시에 잔류전하를 방전시켜 사람의 안전을 도모하고, 전원 재투입 시 발생되는 이상현상(재점호)으로 인한 순간적인 전압 및 전류의 상승을 억제하여 콘덴서의 고장을 방지하는 역할을 한다.
- 방전능력이 크고 부하가 자주 변하여 콘덴서의 투입이 빈번하게 일어나는 곳에 유리하다.
- 방전용량은 방전개시 5초 이내 콘덴서 단자전압 50V 이하로 방전하도록 한다.

54 직류 분권전동기에서 보극의 역할은?

① 회전수를 일정하게 한다.
② 기동토크를 증가시킨다.
③ 정류를 양호하게 한다.
④ 회전력을 증가시킨다.

해설 전기자 반작용

전기자전류에 의한 기자력이 주자속의 분포에 영향을 미치는 현상을 말한다.

㉠ 전기자 반작용에 의한 현상

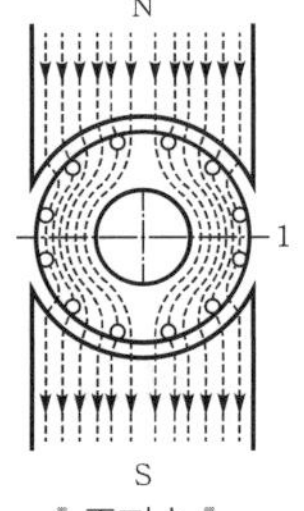
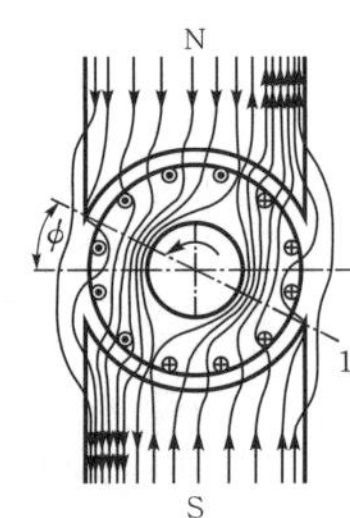

‖ 주자속 ‖　　‖ 전기자 자속 ‖　　‖ 합성자속 ‖
(전기자 반작용)

- 코일이 자극의 중성축에 있을 때도 전압을 유지시켜 브러시 사이에 불꽃을 발행한다.
- 주자속 분포를 찌그러뜨려 중성축을 이동시킨다.
- 주자속을 감소시켜 유도전압을 감소시킨다.

㉡ 전기자 반작용의 방지법
- 브러시 위치를 전기적 중성점으로 이동시킨다.
- 보상권선을 설치한다.
- 보극을 설치한다.

㉢ 보극의 역할
- 전기자가 만드는 자속을 상쇄(전기자 반작용 상쇄 역할)한다.
- 전압정류를 하기 위한 정류자속을 발생시킨다.

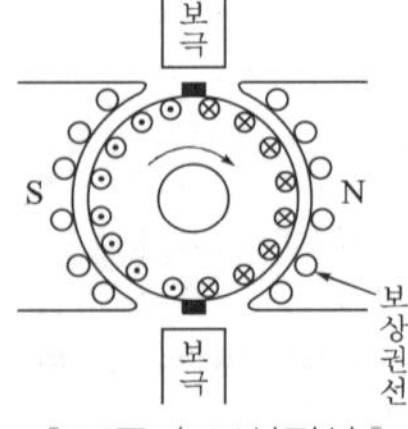

‖ 보극과 보상권선 ‖

55 다음 중 OR회로의 설명으로 옳은 것은?

① 입력신호가 모두 '0'이면 출력신호가 '1'이 됨
② 입력신호가 모두 '0'이면 출력신호가 '0'이 됨
③ 입력신호가 '1'과 '0'이면 출력신호가 '0'이 됨
④ 입력신호가 '0'과 '1'이면 출력신호가 '0'이 됨

해설 논리합(OR)회로

하나의 입력만 있어도 출력이 나타나는 회로이며, 'A' OR 'B' 즉, 병렬회로이다.

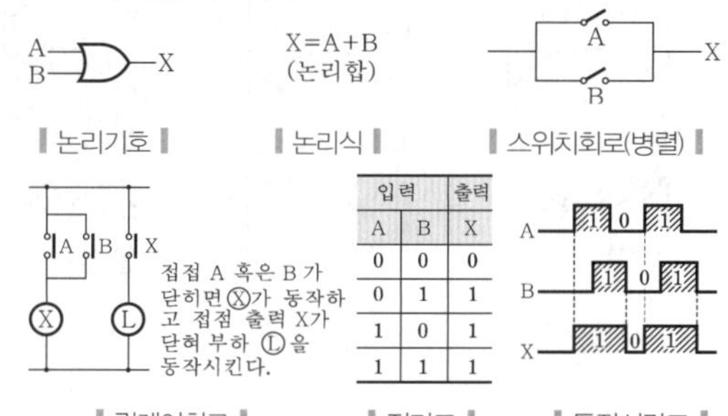

입력		출력
A	B	X
0	0	0
0	1	1
1	0	1
1	1	1

접점 A 혹은 B가 닫히면 X가 동작하고 접점 출력 X가 닫혀 부하 L을 동작시킨다.

┃ 릴레이회로 ┃   ┃ 진리표 ┃   ┃ 동작시간표 ┃

56 에스컬레이터(무빙워크 포함)의 비상정지스위치에 관한 설명으로 틀린 것은?

① 색상은 적색으로 하여야 한다.
② 상하 승강장의 잘 보이는 곳에 설치한다.
③ 버튼 또는 버튼 부근에는 '정지' 표시를 하여야 한다.
④ 장난 등에 의한 오조작 방지를 위하여 잠금장치를 설치하여야 한다.

해설 비상정지스위치

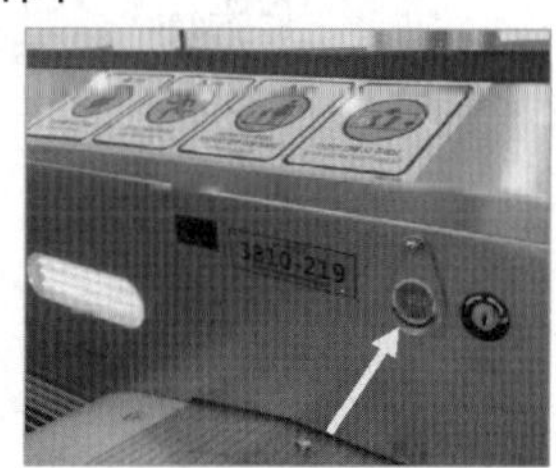

㉠ 비상정지스위치는 비상시 에스컬레이터 또는 무빙워크를 정지시키기 위해 설치되어야 하고 에스컬레이터 또는 무빙워크의 각 승강장 또는 승강장 근처에서 눈에 띄고 쉽게 접근할 수 있는 위치에 있어야 한다.
㉡ 비상정지스위치 사이의 거리는 다음과 같아야 한다.
• 에스컬레이터의 경우에는 30m 이하이어야 한다.
• 무빙워크의 경우에는 40m 이하이어야 한다.
㉢ 비상정지스위치에는 정상운행 중에 임의로 조작하는 것을 방지하기 위해 보호덮개가 설치되어야 한다. 그 보호덮개는 비상시에는 쉽게 열리는 구조이어야 한다.

㉣ 비상정지스위치의 색상은 적색으로 하여야 하며, 버튼 또는 버튼 부근에는 '정지' 표시를 하여야 한다.

57 RLC 직렬회로에서 최대 전류가 흐르게 되는 조건은?

① $\omega L^2 - \dfrac{1}{\omega C} = 0$ ② $\omega L^2 + \dfrac{1}{\omega C} = 0$

③ $\omega L - \dfrac{1}{\omega C} = 0$ ④ $\omega L + \dfrac{1}{\omega C} = 0$

해설 직렬공진 조건

RLC가 직렬로 연결된 회로에서 용량리액턴스와 유도리액턴스는 더 이상 회로 전류를 제한하지 못하고 저항만이 회로에 흐르는 전류를 제한할 수 있게 되는데 이 상태를 공진이라고 한다.
㉠ 임피던스(impedance)

$$Z = \sqrt{R^2 + \left(\omega L - \dfrac{1}{\omega C}\right)^2}\ (\Omega)$$

용량리액턴스와 유도리액턴스가 같다면 $\omega L = \dfrac{1}{\omega C}$

$$\omega L - \dfrac{1}{\omega C} = 0$$

임피던스(Z)

$$Z = \sqrt{R^2 + \left(\omega L - \dfrac{1}{\omega C}\right)^2} = \sqrt{R^2 + (0)^2} = R(\Omega)$$

㉡ 직렬공진회로
• 공진임피던스는 최소가 된다.
$$Z = \sqrt{R^2 + (0)^2} = R$$
• 공진전류 I_0는 최대가 된다.
$$I_0 = \dfrac{V}{Z} = \dfrac{V}{R}(A)$$
• 전압 V와 전류 I는 동위상이다. 용량리액턴스와 유도리액턴스는 크기가 같아서 상쇄되어 저항만의 회로가 된다.

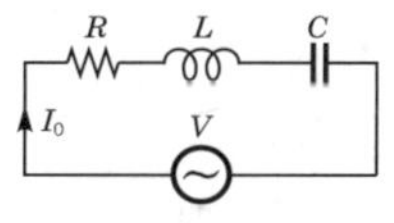

┃ 직렬회로 ┃   ┃ 직렬공진 벡터 ┃

58 어떤 백열전등에 100V의 전압을 가하면 0.2A의 전류가 흐른다. 이 전등의 소비전력은 몇 W인가? (단, 부하의 역률은 1)

① 10   ② 20
③ 30   ④ 40

해설 $P = VI\cos\theta = 100 \times 0.2 \times 1 = 20\text{W}$

59 물질 내에서 원자핵의 구속력을 벗어나 자유로이 이동할 수 있는 것은?

① 분자
② 자유전자
③ 양자
④ 중성자

해설 **원자의 구조**

모든 물질은 매우 작은 분자 또는 원자의 집합으로 되어 있다. 이들 원자는 원자핵(atomic nucleus)과 그 주위를 둘러싸고 있는 전자(electron)들로 구성되어 있으며, 원자핵은 양전기를 가진 양성자(proton)와 전기를 가지지 않는 중성자(neutron)가 강한 핵력으로 결합되어 있다. 전자들 중에서 가장 바깥쪽의 자유전자들은 원자핵과의 결합력이 약해서 외부의 작은 힘에 의하여 쉽게 핵의 구속력을 벗어나 자유롭게 움직인다.

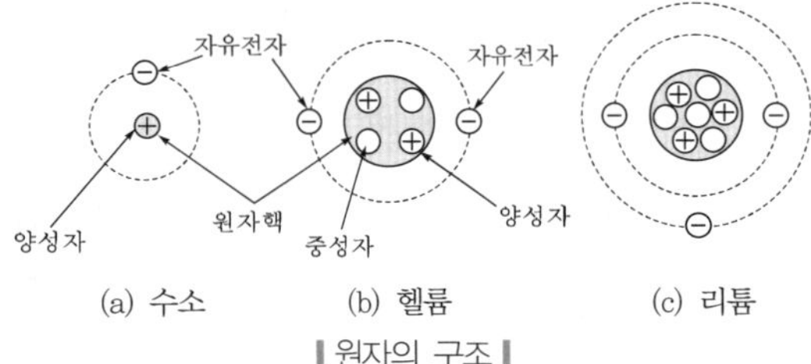

‖ 원자의 구조 ‖

60 직류전동기에서 전기자 반작용의 원인이 되는 것은?

① 계자전류
② 전기자전류
③ 와류손전류
④ 히스테리시스손의 전류

해설 **전기자 반작용(armature reaction)**

전기자 전류에 의한 기자력이 주자속의 분포에 영향을 미치는 현상이다.

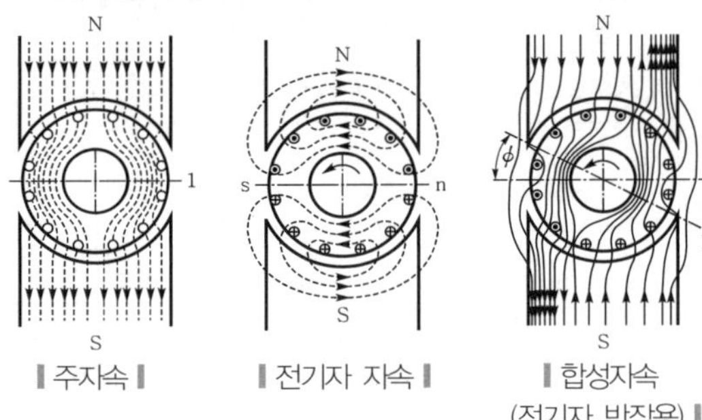

㉠ 전기자 반작용에 의한 현상
• 코일이 자극의 중성축에 있을 때도 전압을 유지시켜 브러시 사이에 불꽃을 발행한다.
• 주자속 분포를 찌그러뜨려 중성축을 이동시킨다.
• 주자속을 감소시켜 유도전압을 감소시킨다.
㉡ 전기자 반작용의 방지법
• 브러시 위치를 전기적 중성점으로 이동시킨다.
• 보상권선을 설치한다.
• 보극을 설치한다.

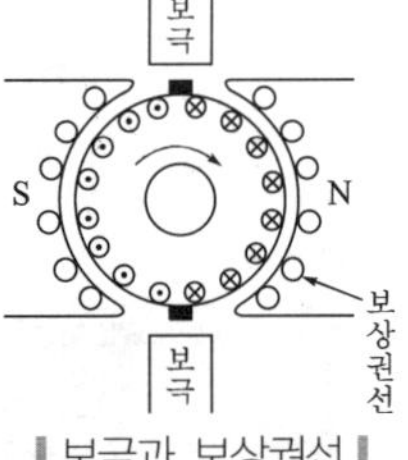

‖ 보극과 보상권선 ‖

※ 본 문제는 수험생들의 협조에 의해 작성되었으며, 시험내용과 일부 다를 수 있습니다.

★★

01 엘리베이터의 속도가 규정치 이상이 되었을 때 작동하여 동력을 차단하고 비상정지를 작동시키는 기계장치는?

① 구동기
② 과속조절기
③ 완충기
④ 도어스위치

해설 과속조절기(governor)

㉠ 과속조절기풀리와 카를 과속조절기로프로 연결하면, 카가 움직일 때 과속조절기풀리도 카와 같은 속도, 같은 방향으로 움직인다.
㉡ 어떤 비정상적인 원인으로 카의 속도가 빨라지면 과속조절기링크에 연결된 무게추(weight)가 원심력에 의해 풀리 바깥쪽으로 벗어나면서 과속을 감지한다.
㉢ 미리 설정된 속도에서 과속스위치와 제동기(brake)로 카를 정지시킨다.
㉣ 만약 엘리베이터가 정지하지 않고 속도가 계속 증가하면 과속조절기의 캐치(catch)가 동작하여 과속조절기로프를 붙잡고 결국은 추락방지안전장치를 작동시켜서 엘리베이터를 정지시킨다.

★★★★★

02 T형 가이드레일의 공칭규격이 아닌 것은?

① 8K
② 14K
③ 18K
④ 24K

해설 가이드레일의 규격

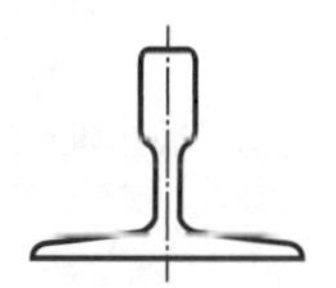

㉠ 레일 규격의 호칭은 마무리 가공 전 소재의 1m당의 중량으로 한다.
㉡ 일반적으로 쓰는 T형 레일의 공칭은 8, 13, 18, 24K 등이 있다.
㉢ 대용량의 엘리베이터에서는 37, 50K 레일 등도 사용한다.
㉣ 레일의 표준길이는 5m로 한다.

03 카가 어떤 원인으로 최하층을 통과하여 피트에 도달했을 때 카에 충격을 완화시켜 주는 장치는?

① 완충기
② 추락방지안전장치
③ 과속조절기
④ 리밋스위치

해설 완충기(buffer)

피트바닥에 설치되며, 카가 어떤 원인으로 최하층을 통과하여 피트로 떨어졌을 때 충격을 완화하기 위하여, 혹은 카를 밀어 올렸을 때를 대비하여 균형추의 바로 아래에도 완충기를 설치한다. 그러나 이 완충기는 카나 균형추의 자유낙하를 완충하기 위한 것은 아니다(자유낙하는 추락방지안전장치의 분담기능).

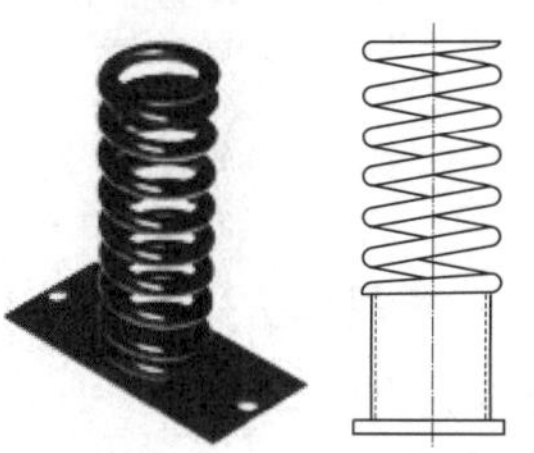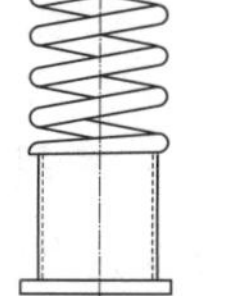

ǀ 스프링완충기(에너지 축적형) ǀ　　ǀ 우레탄완충기
(에너지 축적형) ǀ

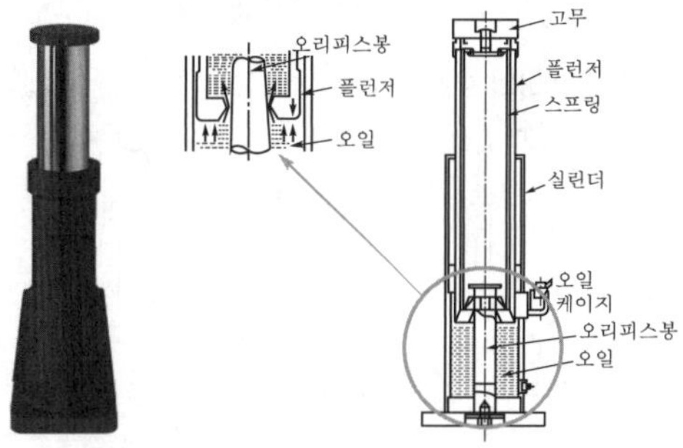

ǀ 유입완충기(에너지 분산형) ǀ

04 엘리베이터의 피트에서 행하는 점검사항이 아닌 것은?

① 파이널리밋스위치 점검
② 이동케이블 점검
③ 배수구 점검
④ 도어록 점검

해설 승강장 문의 록 점검은 카 위에서 하는 검사

★★★

05 승강기에 설치할 방호장치가 아닌 것은?

① 가이드레일
② 출입문 인터록
③ 과속조절기
④ 파이널 리밋스위치

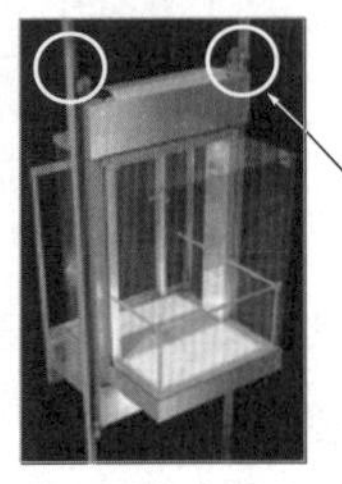

가이드레일(guide rail)

카와 균형추를 승강로의 수직면상으로 안내 및 카의 기울어짐을 막고, 더욱이 추락방지안전장치가 작동했을 때의 수직하중을 유지하기 위하여 가이드레일을 설치하나. 불균형한 큰 하중이 적재되었을 때라든지, 그 하중을 내리고 올릴 때에는 카에 큰 하중 모멘트가 발생한다. 그때 레일이 지탱해 낼 수 있는지에 대한 점검이 필요할 것이다.

06 균형로프의 주된 사용 목적은?

① 카의 소음진동을 보상
② 카의 위치 변화에 따른 주로프 무게를 보상
③ 카의 밸런스 보상
④ 카의 적재하중 변화를 보상

견인비의 보상방법

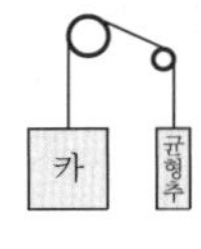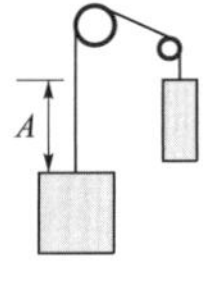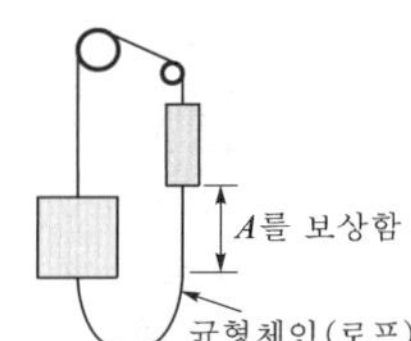

㉠ 견인비(traction ratio)
  • 카측 로프가 매달고 있는 중량과 균형추 로프가 매달고 있는 중량의 비를 트랙션비라 하고, 무부하와 전부하 상태에서 체크한다.
  • 견인비가 낮게 선택되면 로프와 도르래 사이의 트랙션 능력, 즉 마찰력이 작아도 되며, 로프의 수명이 연장된다.
㉡ 문제점
  • 승강행정이 길어지면 로프가 어느 쪽(카측, 균형추측)에 있느냐에 따라 트랙션비는 크게 변화한다.
  • 트랙션비가 1.35를 초과하면 로프가 시브에서 슬립(slip)되기가 쉽다.
㉢ 대책
  • 카 하부에서 균형추의 하부로 주로프와 비슷한 단위중량의 균형(보상)체인이나 로프를 매단다(트랙션비를 작게 하기 위한 방법).
  • 균형로프는 서로 엉키는 걸 방지하기 위하여 피트에 인장도르래를 설치한다.
  • 균형로프는 100%의 보상효과가 있고 균형체인은 90%정도밖에 보상하지 못한다.
  • 고속·고층 엘리베이터의 경우 균형체인(소음의 원인)보다는 균형로프를 사용한다.

‖ 균형체인 ‖

★★★★★

07 승강장의 문이 열린 상태에서 모든 제약이 해제되면 자동적으로 닫히게 하여 문의 개방상태에서 생기는 2차 재해를 방지하는 문의 안전장치는?

① 시그널 컨트롤
② 도어 컨트롤
③ 도어 클로저
④ 도어 인터록

도어 클로저(door closer)

㉠ 승강장의 문이 열린 상태에서 모든 제약이 해제되면 자동적으로 닫히게 하여 문의 개방상태에서 생기는 2차 재해를 방지하는 문의 안전장치이며, 전기적인 힘이 없어도 외부 문을 닫아주는 역할을 한다.
㉡ 스프링 클로저 방식 : 레버 시스템, 코일스프링과 도어체크가 조합된 방식
㉢ 웨이트(weight) 방식 : 줄과 추를 사용하여 도어체크(문이 자동으로 천천히 닫히게 하는 장치)를 생략한 방식

★

08 기계식 주차장치에 있어서 자동차 중량의 전륜 및 후륜에 대한 배분비는?

① 6 : 4　　　　② 5 : 5
③ 7 : 3　　　　④ 4 : 6

해설 자동차 중량의 전륜 및 후륜에 대한 배분은 6:4로 하고 계산하는 단면에는 큰 쪽의 중량이 집중하중으로 작용하는 것으로 가정하여 계산한다.

09 권상기 도르래홈에 대한 설명 중 옳지 않은 것은?

① 마찰계수의 크기는 U홈 < 언더컷 홈 < V홈 순이다.
② U홈은 로프와의 면압이 작으므로 로프의 수명은 길어진다.
③ 언더컷 홈의 중심각이 작으면 트랙션 능력이 크다.
④ 언더컷 홈은 U홈과 V홈의 중간적 특성을 갖는다.

해설 로프의 미끄러짐과 도르래홈

㉠ 로프가 감기는 각도(권부각)가 작을수록 미끄러지기 쉽다.
㉡ 카의 가속도와 감속도가 클수록 미끄러지기 쉽다.
㉢ 미끄러짐이 많으면 트랙션(구동력)은 작아진다.
㉣ 언더컷 홈은 라운드 홈을 사용하지 않는 도르래에 주로 사용되고 있으며 그 특징은 V홈과 U홈의 중간으로 마찰계수가 적당하며, 권부각을 개선하여 도르래 및 로프의 수명을 연장시키는 장점이 있다.
㉤ 언더컷의 마모에 의해 U홈 상태로 바뀌는 것은 면압을 감소시키고 이로 인해 마찰력이 작아져서 미끄러짐이 발생한다.

10 재해발생 시의 조치내용으로 볼 수 없는 것은?

① 안전교육 계획의 수립
② 재해원인 조사와 분석
③ 재해방지대책의 수립과 실시
④ 피해자를 구출하고 2차 재해방지

해설 재해발생 시 재해조사 순서

㉠ 재해 발생
㉡ 긴급조치(기계 정지→피해자 구출→응급조치→병원에 후송→관계자 통보→2차 재해방지→현장 보존)
㉢ 원인조사
㉣ 원인분석
㉤ 대책수립
㉥ 실시
㉦ 평가

11 추락방지안전장치가 작동된 후 승강기 카 바닥면의 수평도의 기준은 얼마인가?

① $\frac{1}{10}$ 이내

② $\frac{1}{15}$ 이내

③ $\frac{1}{25}$ 이내

④ $\frac{1}{30}$ 이내

해설 추락방지안전장치를 작동한 경우 검사

㉠ 추락방지안전장치가 작동된 상태에서 기계장치 및 과속조절기로프에는 아무런 손상이 없어야 한다. 또한, 추락방지안전장치는 좌우 양쪽 다같이 균등하게 작용하고, 카 바닥의 수평도는 어느 부분에서나 1/30 이내이어야 한다.
㉡ 카 및 균형추레일에 추락방지안전장치 또는 제동기가 설치되어 있는 경우에 레일은 제동력에 대해 충분히 견딜 수 있는 강도를 갖추어야 한다.

참고 카 바닥의 기울기

카 추락방지안전장치가 작동될 때, 부하가 없거나 부하가 균일하게 분포된 카의 바닥은 정상적인 위치에서 5%를 초과하여 기울어지지 않아야 한다.

12 승강장 도어의 측면 개폐방식의 기호는?

① A　　　　② CO
③ S　　　　④ T

해설 엘리베이터 출입구에 대한 도어 배열

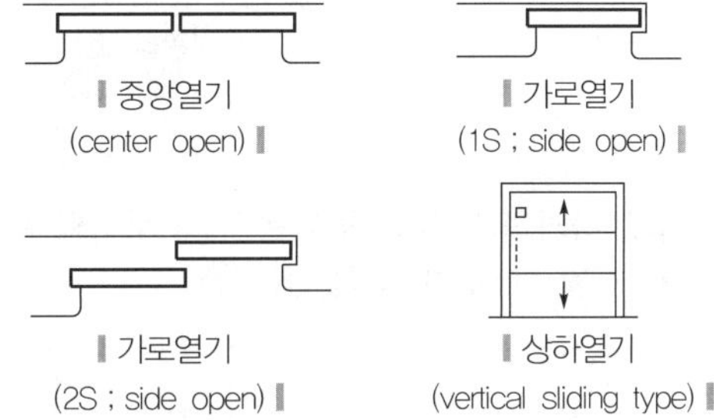

㉠ CO : 중앙개폐(Center Opening)
㉡ S : 측면(가로)개폐(Side Opening)
㉢ UP : 상승개폐(UP opening), 자동차용이나 대형 화물용 엘리베이터에서는 카 실을 완전히 개구할 필요가 있기 때문에 상승개폐(2UP, 3UP)도어를 많이 사용한다.

★

13 승강기 완성검사 시 전기식 엘리베이터에서 기계실의 조도는 기기가 배치된 바닥면에서 몇 lx 이상인가?

① 50　　　　② 100
③ 150　　　　④ 200

해설 기계실의 유지관리에 지장이 없도록 조명 및 환기시설의 설치

㉠ 기계실에는 바닥면에서 200lx 이상을 비출 수 있는 영구적으로 설치된 전기조명이 있어야 한다.
㉡ 기계실은 눈·비가 유입되거나 동절기에 실온이 내려가지 않도록 조치되어야 하며 실온은 +5℃에서 +40℃ 사이에서 유지되어야 한다.

14 안전보호기구의 점검, 관리 및 사용방법으로 틀린 것은?

① 청결하고 습기가 없는 장소에 보관한다.
② 한번 사용한 것은 재사용을 하지 않도록 한다.
③ 보호구는 항상 세척하고 완전히 건조시켜 보관한다.
④ 적어도 한달에 1회 이상 책임있는 감독자가 점검한다.

해설 보호구의 점검과 관리

보호구는 필요할 때 언제든지 사용할 수 있는 상태로 손질하여 놓아야 하며, 정기적으로 점검·관리한다.

정답 10. ①　11. ④　12. ③　13. ④　14. ②

㉠ 적어도 한달에 한번 이상 책임 있는 감독자가 점검을 할 것
㉡ 청결하고, 습기가 없으며, 통풍이 잘되는 장소에 보관할 것
㉢ 부식성 액체, 유기용제, 기름, 화장품, 산(acid) 등과 혼합하여 보관하지 말 것
㉣ 보호구는 항상 깨끗하게 보관하고 땀 등으로 오염된 경우에는 세척하고, 건조시킨 후 보관할 것

15 피트바닥과 카의 가장 낮은 부품 사이의 수직거리는 몇 m 이상이어야 하는가?

① 2.0 ② 1.5
③ 0.5 ④ 1.0

해설 카가 완전히 압축된 완충기 위에 있을 때, 다음 3가지 사항이 동시에 만족되어야 한다.
㉠ 피트에는 0.5m×0.6m×1.0m 이상의 장방형 블록을 수용할 수 있는 충분한 공간이 있어야 한다.
㉡ 피트바닥과 카의 가장 낮은 부품 사이의 수직거리는 0.5m 이상이어야 한다. 이 거리는 아래에 해당되는 수평거리가 0.15m 이내인 경우 최소 0.1m까지 감소될 수 있다.
　ⓐ 에이프런 또는 수직 개폐식 카 문과 인접한 벽 사이
　ⓑ 카의 가장 낮은 부품과 가이드레일 사이
㉢ 피트에 고정된 가장 높은 부품(위 ㉡항의 ⓐ와 ⓑ에서 설명한 것을 제외한 균형로프 인장장치 등)과 카의 가장 낮은 부품 사이의 수직거리는 0.3m 이상이어야 한다.

16 다음 중 승강기 도어시스템과 관계없는 부품은?

① 브레이스 로드 ② 연동로프
③ 캠 ④ 행거

해설 **카 틀(car frame)**

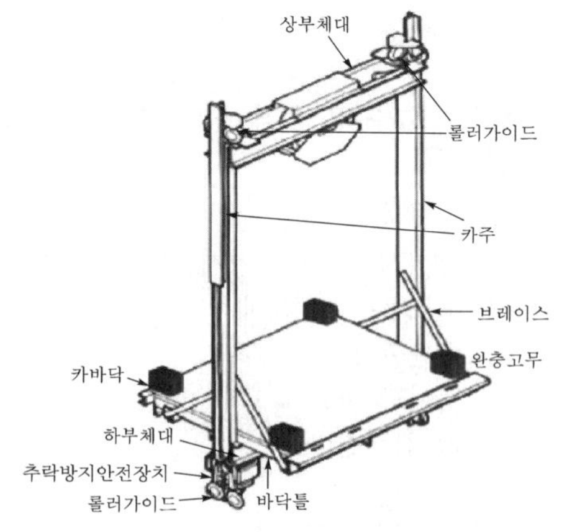

‖ 카 틀 및 카 바닥 ‖

㉠ 상부 체대 : 카주 위에 2본의 종 프레임을 연결하고 매인 로프에 하중을 전달하는 것을 말한다.
㉡ 카주 : 하부 프레임의 양단에서 하중을 지탱하는 2본의 기둥이다.
㉢ 하부 체대 : 카 바닥의 하부 중앙에 바닥의 하중을 받쳐주는 것을 말한다.
㉣ 브레이스 로드(brace rod) : 카 바닥과 카주의 연결재이며, 카 바닥에 걸리는 하중은 분포하중으로 전하중의 3/8은 브레이스 로드에서 분담한다.

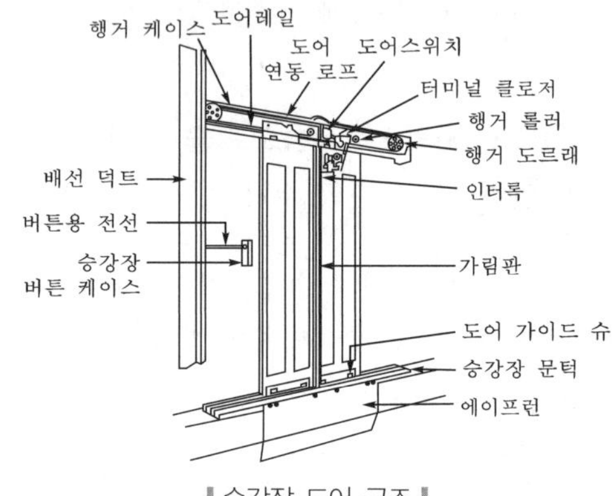

‖ 승강장 도어 구조 ‖

17 유압식 승강기의 유압 파워유닛의 구성요소에 속하지 않는 것은?

① 펌프
② 유량제어밸브
③ 체크밸브
④ 실린더

해설 **유압 파워유닛**

㉠ 펌프, 전동기, 밸브, 탱크 등으로 구성되어 있는 유압동력 전달장치이다.
㉡ 유압펌프에서 실린더까지를 탄소강관이나 고압 고무호스를 사용하여 압력배관으로 연결한다.
㉢ 단순히 작동유에 압력을 주는 것뿐만 아니라 카를 상승시킬 경우 가속, 주행, 감속에 필요한 유량으로 제어하여 실린더에 보내고, 하강 시에는 실린더의 기름을 같은 방법으로 제어한 후 탱크로 되돌린다.

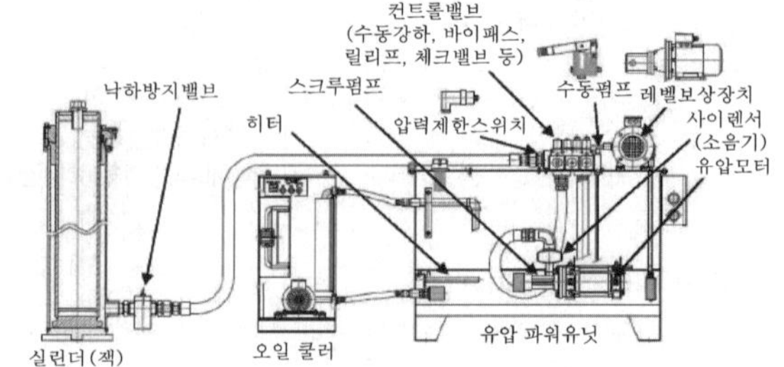

‖ 유압승강기 구동부 ‖

18 안전점검의 목적에 해당되지 않는 것은?

① 합리적인 생산관리
② 생산 위주의 시설 가동
③ 결함이나 불안전 조건의 제거
④ 기계·설비의 본래 성능 유지

해설 안전점검(safety inspection)

넓은 의미에서는 안전에 관한 제반사항을 점검하는 것을 말한다. 좁은 의미에서는 시설, 기계·기구 등의 구조설비 상태와 안전기준과의 적합성 여부를 확인하는 행위를 말하며, 인간, 도구(기계, 장비, 공구 등), 환경, 원자재, 작업의 5개 요소가 빠짐없이 검토되어야 한다.
㉠ 안전점검의 목적
• 결함이나 불안전조건의 제거
• 기계설비의 본래의 성능 유지
• 합리적인 생산관리
㉡ 안전점검의 종류
• 정기점검 : 일정 기간마다 정기적으로 실시하는 점검을 말한다. 매주, 매월, 매분기 등 법적 기준에 맞도록 또는 자체기준에 따라 해당책임자가 실시하는 점검이다.
• 수시점검(일상점검) : 매일 작업 전, 작업 중, 작업 후에 일상적으로 실시하는 점검을 말하며, 작업자, 작업책임자, 관리감독자가 행하는 사업주의 순찰도 넓은 의미에서 포함된다.
• 특별점검 : 기계·기구 또는 설비의 신설·변경 또는 고장·수리 등의 비정기적인 특정점검을 말하며 기술책임자가 행한다.
• 임시점검 : 기계·기구 또는 설비의 이상발견 시에 임시로 실시하는 점검을 말하며, 정기점검 실시 후 다음 정기점검일 이전에 임시로 실시하는 점검이다.

19 작업표준의 목적이 아닌 것은?

① 작업의 효율화
② 위험요인의 제거
③ 손실요인의 제거
④ 재해책임의 추궁

해설 작업표준

㉠ 작업표준이 필요성
근로자가 기능적으로 불확실한 작업행동이나 정해진 생산 공정상의 규칙을 어기고 임의적인 행동을 지향함으로써의 위험이나 손실요인을 최대한 예방, 감소시키기 위한 것이다.
㉡ 작업 표준을 도입치 않을 경우
• 재해사고 발생
• 부실제품 생산
• 자재손실 또는 지연작업
㉢ 표준류(규정, 사양서, 지침서, 지도서, 기준서)의 종류
• 원재료와 제품에 관한 것(품질표준)
• 작업에 관한 것(작업표준)
• 설비, 환경 등의 유지, 보전에 관한 것(설비기준)
• 관리제도, 일의 절차에 관한 것(관리표준)

㉣ 작업표준의 목적
• 위험요인의 제거
• 손실요인의 제거
• 작업의 효율화
㉤ 작업표준의 작성 요령
• 작업의 표준설정은 실정에 적합할 것
• 좋은 작업의 표준일 것
• 표현은 구체적으로 나타낼 것
• 생산성과 품질의 특성에 적합할 것
• 이상 시 조치기준이 설정되어 있을 것
• 다른 규정 등에 위배되지 않을 것

20 과속조절기는 무엇을 이용하여 스위치의 개폐작용을 하는가?

① 응력
② 원심력
③ 마찰력
④ 항력

해설 과속조절기의 작동원리

㉠ 과속조절기풀리와 카를 과속조절기로프로 연결하면, 카가 움직일 때 과속조절기풀리도 카와 같은 속도, 같은 방향으로 움직인다.
㉡ 어떤 비정상적인 원인으로 카의 속도가 빨라지면 과속조절기링크에 연결된 무게추(weight)가 원심력에 의해 풀리 바깥쪽으로 벗어나면서 과속을 감지한다.
㉢ 미리 설정된 속도에서 과속스위치와 제동기(brake)로 카를 정지시킨다.
㉣ 만약 엘리베이터가 정지하지 않고 속도가 계속 증가하면 과속조절기의 캐치(catch)가 동작하여 과속조절기로프를 붙잡고 결국은 추락방지안전장치를 작동시켜서 엘리베이터를 정지시킨다.

21 승강로의 점검문과 비상문에 관한 내용으로 틀린 것은?

① 이용자의 안전과 유지보수 이외에는 사용하지 않는다.
② 비상문은 폭 0.35m 이상, 높이 1.8m 이상이어야 한다.
③ 점검문 및 비상문은 승강로 내부로 열려야 한다.
④ 트랩방식의 점검문일 경우는 폭 0.5m 이하, 높이 0.5m 이하이어야 한다.

해설 점검문 및 비상문

㉠ 승강로의 점검문 및 비상문은 이용자의 안전 또는 유지보수를 위한 용도 외에는 사용되지 않아야 한다.
㉡ 점검문은 폭 0.6m 이상, 높이 1.4m 이상이어야 한다. 다만, 트랩 방식의 문일 경우에는 폭 0.5m 이하, 높이 0.5m 이하이어야 한다.
㉢ 비상문은 폭 0.35m 이상, 높이 1.8m 이상이어야 한다.

정답 18. ② 19. ④ 20. ② 21. ③

② 연속되는 승강장문의 문턱 사이 거리가 11m를 초과할 경우에는 다음 중 어느 하나에 적합하여야 한다.
- 중간에 비상문이 설치되어야 한다.
- 전기적 비상운전에 적합하고, 이 수단은 기계실, 구동기 캐비닛, 비상 및 작동시험을 위한 운전패널 설치 등의 공간에 있어야 한다.
- 서로 인접한 카에 비상구출문이 설치되어야 한다.
⑩ 점검문 및 비상문은 승강로 내부로 열리지 않아야 한다.

★★★

22 재해원인 중 생리적인 원인은?

① 안전장치 사용의 미숙
② 안전장치의 고장
③ 작업자의 무지
④ 작업자의 피로

해설 피로는 신체의 기능과 관련되는 생리적 원인으로 심리적인 영향을 끼치게 되므로 작업에 따라 적당한 휴식을 취해야 한다.

23 엘리베이터에서 현수로프의 점검사항이 아닌 것은?

① 로프의 직경
② 로프의 마모 상태
③ 로프의 꼬임 방향
④ 로프의 변형, 부식 유무

해설 와이어로프의 점검

㉠ 형상변형 상태 점검

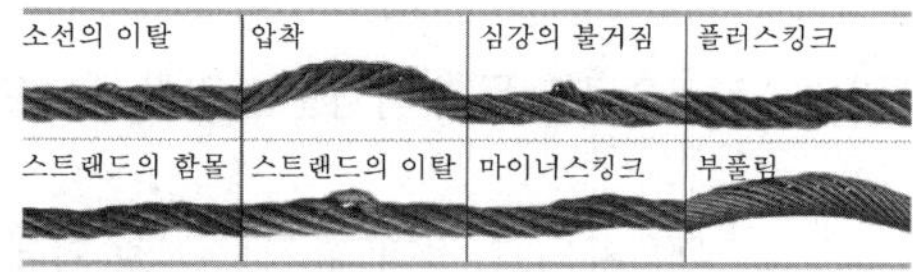

㉡ 마모, 부식 상태 점검 : 로프의 표면이 마모되어 광택이 나는 부분 또는 붉게 부식된 부분의 그리스내 오염물질을 점검
- 마모 : 소선과 소선의 돌기 부분이 마모되어 없어짐
- 부식 : 피팅이 발생하여 작은 구멍 자국이 생성됨

㉢ 파단 상태 점검 : 육안으로 점검하여 소선이 발견되면 주변의 그리스내 오염물질을 제거하고 정밀점검을 한다.

24 휠체어리프트 이용자가 승강기의 안전운행과 사고방지를 위하여 준수해야 할 사항과 거리가 먼 것은?

① 전동휠체어 등을 이용할 경우에는 운전자가 직접 이용할 수 있다.
② 정원 및 적재하중의 초과는 고장이나 사고의 원인이 되므로 엄수하여야 한다.
③ 휠체어 사용자 전용이므로 보조자 이외의 일반인은 탑승하여서는 안 된다.
④ 조작반의 비상정지스위치 등을 불필요하게 조작하지 말아야 한다.

해설 휠체어리프트 이용자 준수사항

㉠ 전동휠체어 등을 이용할 경우에는 보호자의 협조를 받아야 한다.
㉡ 정원 및 적재하중의 초과는 고장이나 사고의 원인이 되므로 엄수하여야 한다.
㉢ 휠체어 사용자 전용이므로 보조자 이외의 일반인은 절대 탑승하여서는 아니 되며 화물 등의 운반에 사용하지 않아야 한다.
㉣ 각 승강장 및 카에 설치되는 조작장치를 장난으로 누르거나 난폭하게 취급하지 않아야 한다.
㉤ 조작반의 비상정지스위치 등을 장난으로 조작하지 말아야 한다.
㉥ 휠체어리프트 내에서 뛰거나 구르는 등 난폭한 행동을 하지 말아야 한다.
㉦ 휠체어리프트의 출입문 또는 보호대를 흔들거나 밀지 말아야 하며 출입문에 기대지 말아야 한다.
㉧ 휠체어리프트를 이용하는 도중 정전 등을 이유로 운행이 정지되더라도 당황하지 말고 비상경보장치를 동작시켜 경보를 발하거나 도움을 요청하여야 한다.
㉨ 휠체어리프트가 운행중 갑자기 정지하면 임의로 판단해서 탈출을 시도하지 말아야 한다.
㉩ 경사형 리프트에 진입 시에는 탈착 가능한 보호대를 고정한 후 진입하여야 한다.
㉪ 휠체어리프트에 부착되어 있는 동작설명서에 따라 운행을 하여야 한다.
㉫ 휠체어리프트의 출입문 또는 보호대를 강제로 개방하는 행위 등을 하지 말아야 한다.

참고 지하철 역사나 철도역사에서 전동휠체어(스쿠터)를 경사형 휠체어리프트에 탑승시킬 때에는 반드시 역무원의 입회 하에 전동휠체어(스쿠터)의 시동을 끈 후 수동 상태에서 탑승 및 하차를 시켜야 한다.

★★

25 과속조절기로프의 공칭직경은 몇 mm 이상이어야 하는가?

① 5
② 6
③ 7
④ 8

해설 과속조절기로프

㉠ 과속조절기로프의 최소 파단하중은 과속조절기가 작동
될 때 권상 형식의 과속조절기에 대해 8 이상의 안전율로
과속조절기로프에 생성되는 인장력에 관계되어야 한다.
㉡ 과속조절기로프의 공칭직경은 6mm 이상이어야 한다.
㉢ 과속조절기로프 풀리의 피치직경과 과속조절기로프의
공칭직경 사이의 비는 30 이상이어야 한다.
㉣ 과속조절기로프 및 관련 부속부품은 추락방지안전장치
가 작동하는 동안 제동거리가 정상적일 때보다 더 길더
라도 손상되지 않아야 한다.
㉤ 과속조절기로프는 추락방지안전장치로부터 쉽게 분리
될 수 있어야 한다.

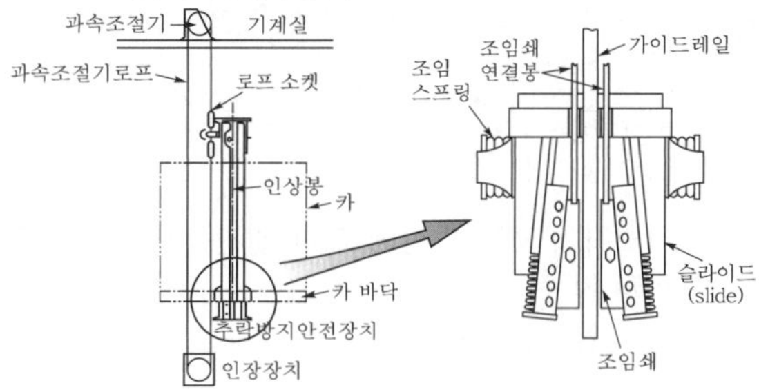

‖ 과속조절기와 추락방지안전장치의 연결 모습 ‖

26 기계실에서 이동을 위한 공간의 유효높이는 바닥
에서부터 천장의 빔 하부까지 측정하여 몇 m 이
상이어야 하는가?

① 1.2
② 1.8
③ 2.0
④ 2.5

해설 기계실 치수

㉠ 기계실 크기는 설비, 특히 전기설비의 작업이 쉽고 안전
하도록 충분하여야 한다. 작업구역에서 유효높이는 2m
이상이어야 하고 다음 사항에 적합하여야 한다.
 • 제어 패널 및 캐비닛 전면의 유효 수평면적은 아래와
 같이야 한디.
  – 폭은 0.5m 또는 제어 패널·캐비닛의 전체 폭
  중에서 큰 값 이상
  – 깊이는 외함의 표면에서 측정하여 0.7m 이상
 • 수농 비상운선 수난이 필요하나면, 움식이는 무품의
 유지보수 및 점검을 위한 유효 수평면적은 0.5m×
 0.6m 이상이어야 한다.
㉡ 위 ㉠항에서 기술된 유효공간으로 접근하는 통로의 폭
은 0.5m 이상이어야 한다. 다만, 움직이는 부품이 없는
경우에는 0.4m로 줄일 수 있다. 이동을 위한 공간의
유효높이는 바닥에서부터 천장의 빔 하부까지 측정하여
1.8m 이상이어야 한다.
㉢ 구동기의 회전부품 위로 0.3m 이상의 유효 수직거리가
있어야 한다.
㉣ 기계실 바닥에 0.5m를 초과하는 단차가 있을 경우에는
보호난간이 있는 계단 또는 발판이 있어야 한다.
㉤ 기계실 작업구역의 바닥 또는 작업구역 간 이동 통로의
바닥에 폭이 0.05m 이상이고 0.5m 미만이며, 깊이가
0.05m를 초과하는 함몰이 있거나 덕트가 있는 경우, 그
함몰 부분 및 덕트는 방호되어야 한다. 폭이 0.5m를 초과
하는 함몰은 위 ㉣항에 따른 단차로 고려되어야 한다.

27 유압식 엘리베이터의 특징으로 틀린 것은?

① 기계실을 승강로와 떨어져 설치할 수 있다.
② 플런저에 스톱퍼가 설치되어 있기 때문에
오버헤드가 작다.
③ 적재량이 크고 승강행정이 짧은 경우에 유
압식이 적당하다.
④ 소비전력이 비교적 적다.

해설 유압식 엘리베이터의 특징

펌프에서 토출된 작동유로 플런저(plunger)를 작동시켜 카
를 승강시키는 것이다.

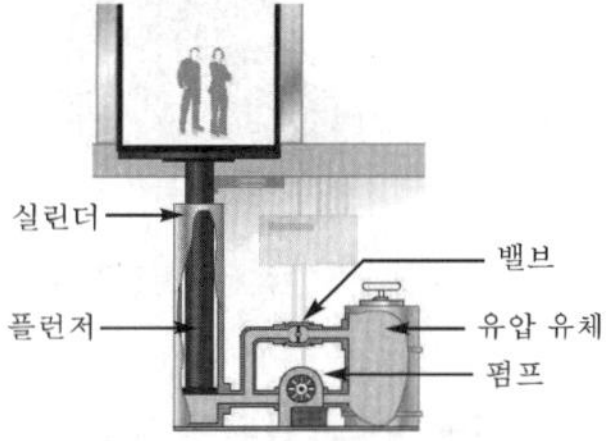

‖ 유압식 엘리베이터 작동원리 ‖

㉠ 기계실의 배치가 자유로워 승강로 상부에 기계실을 설
치할 필요가 없다.
㉡ 건물 꼭대기 부분에 하중이 걸리지 않는다.
㉢ 승강로의 꼭대기 틈새(top clearance)가 작아도 된다.
㉣ 실린더를 사용하기 때문에 행정거리와 속도에 한계가 있다.
㉤ 균형추를 사용하지 않으므로 전동기의 소요 동력이 커진다.

★★★

28 카 또는 균형추의 상하좌우에 부착되어 레일을
따라 움직이고 카 또는 균형추를 지지해주는 역
할을 하는 것은?

① 완충기
② 중간 스토퍼
③ 가이드레일
④ 가이드 슈

해설 가이드 슈

㉠ 카 또는 균형추 상하좌우 4곳에 부착되어 레일에 따라
움지이며 카 또는 균형추를 지지한다.
㉡ 저속용은 슬라이딩 가이드 슈(sliding guide shoe), 고속
용은 롤러 가이드 슈(roller guide shoe)로 구분된다.

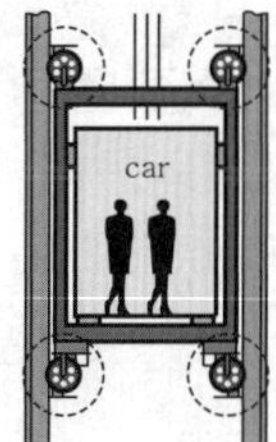

‖ 가이드 슈 설치 위치 ‖

▮ 슬라이딩 가이드 슈(sliding giude shoe) ▮

▮ 롤러 가이드 슈(roller guide shoe) ▮

29 감전 상태에 있는 사람을 구출할 때의 행위로 틀린 것은?

① 즉시 잡아당긴다.
② 전원 스위치를 내린다.
③ 절연물을 이용하여 떼어 낸다.
④ 변전실에 연락하여 전원을 끈다.

해설 감전 재해 발생 시 상해자 구출은 전원을 끄고, 신속하되 당황하지 말고 구출자 본인의 방호조치 후 절연물을 이용하여 구출한다.

30 전기식 엘리베이터 자체점검 항목 중 피트에서 완충기 점검항목 중 B로 하여야 할 것은?

① 완충기의 부착이 불확실한 것
② 스프링식에서는 스프링이 손상되어 있는 것
③ 전기안전장치가 불량한 것
④ 유압식으로 유량 부족의 것

해설 전기식 엘리베이터 완충기 점검항목 및 방법
㉠ B(요주의)
  • 완충기 본체 및 부착 부분의 녹 발생이 현저한 것
  • 유입식으로 유량 부족의 것
㉡ C(요수리 또는 긴급수리)
  • 위 ㉠항의 상태가 심한 것
  • 완충기의 부착이 불확실한 것
  • 스프링식에서는 스프링이 손상되어 있는 것

31 재해의 직접 원인 중 작업환경의 결함에 해당되는 것은?

① 위험장소 접근
② 작업순서의 잘못
③ 과다한 소음 발산
④ 기술적, 육체적 무리

해설 작업환경
일반적으로 근로자를 둘러싸고 있는 환경을 말하며, 작업환경의 조건은 작업장의 온도, 습도, 기류 등 건물의 설비 상태, 작업장에 발생하는 분진, 유해방사선, 가스, 증기, 소음 등이 있다.

32 작업자의 재해 예방에 대한 일반적인 대책으로 맞지 않는 것은?

① 계획의 작성
② 엄격한 작업감독
③ 위험요인의 발굴 대처
④ 작업지시에 대한 위험 예지의 실시

해설 재해예방활동의 3원칙
㉠ 재해요인의 발견
  • 직장의 점검, 순시, 검사, 조사
  • 재해분석
  • 작업방법의 분석
  • 적성검사, 건강진단, 체력측정, 작업자의 심신적 결함의 파악
㉡ 재해요인의 제거·시정
  • 유해·위험작업에 대한 유자격자 이외의 취업 제한
  • 유해·위험요인의 제거
  • 유해·위험요인이 있는 시설의 방호, 개선, 격리
  • 개인용 보호구의 착용 철저
  • 불안전한 행동의 시정
㉢ 재해요인발생의 예방
  • 안전성평가의 활용
  • 제도, 기준의 이행과 검토
  • 과거에 일어난 재해예방대책의 이행
  • 원재료, 설비, 환경 등의 보전
  • 신규채용자 등의 안전교육
  • 안전보건의식의 지속 유지

33 재해분석 내용 중 불안전한 행동이라고 볼 수 없는 것은?

① 지시 외의 작업   ② 안전장치 무효화
③ 신호 불일치   ④ 복명 복창

해설 관리감독자가 올바른 작업지시를 했다면 재해를 방지할 수 있었던 사례가 매우 많았기 때문에 위험예지를 포함한 정확한 작업지시를 한다면 재해를 미리 방지할 수 있다. 위험예지 활동은 현장에서 작업조장을 중심으로 단시간에 실시해야 하고, 위험예지 사항(지시, 확인 사항 등)이 발견되면 이를 원포인트로 지적 · 확인(복창)하고 실시 결과 역시 원포인트로 복명한다.

34 스텝과 스커트 사이에 끼임의 위험을 최소화하기 위한 장치는?

① 콤
② 뉴얼
③ 스커트
④ 스커트 디플렉터

해설 스커트 디플렉터(안전 브러쉬)

스텝과 스커트 사이에 끼임의 위험을 최소화하기 위한 장치이다.
㉠ 스커트 : 스텝, 팔레트 또는 벨트와 연결되는 난간의 수직 부분
㉡ 스커트 디플렉터의 설치 요건

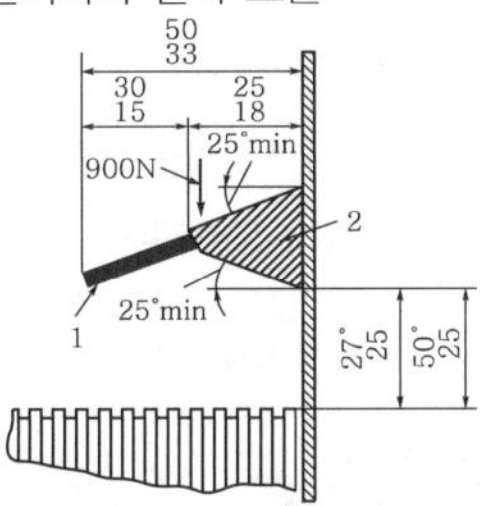

┃ 스커트 디플렉터 ┃

• 견고한 부분과 유연한 부분(브러시 또는 고무 등)으로 구성되어야 한다.
• 스커트 패널의 수직면 돌출부는 최소 33mm, 최대 50mm이어야 한다.
• 견고한 부분의 부착물 선상에 수직으로 견고한 부분의 돌출된 지점에 $600mm^2$의 직사각형 면적 위로 균등하게 분포된 900N의 힘을 가할 때 떨어지거나 영구적인 변형 없이 견뎌야 한다.
• 견고한 부분은 18mm와 25mm 사이에 수평 돌출부가 있어야 하고, 규정된 강도를 견뎌야 한다. 유연한 부분의 수평 돌출부는 최소 15mm, 최대 30mm이어야 한다.
• 주행로의 경사진 구간의 전체에 걸쳐 스커트 디플렉터의 견고한 부분의 아래 쪽 가장 낮은 부분과 스텝 돌출부 선상 사이의 수직거리는 25mm와 27mm 사이이어야 한다.

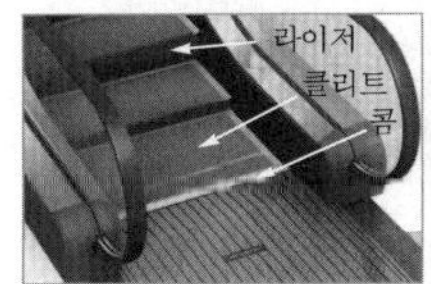

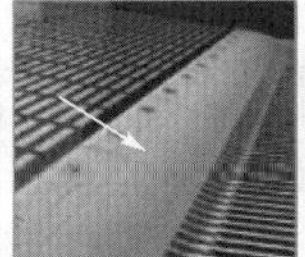

┃ 승강장 스텝 ┃   ┃ 콤(comb) ┃   ┃ 클리트(cleat) ┃

• 천이구간 및 수평구간에서 스커트 디플렉터의 견고한 부분의 아래 쪽 가장 낮은 부분과 스텝 클리트의 꼭대기 사이의 거리는 25mm와 50mm 사이이어야 한다.

• 견고한 부분의 하부 표면은 스커트 패널로부터 상승방향으로 25° 이상 경사져야 하고 상부 표면은 하강방향으로 25° 이상 경사져야 한다.
• 스커트 디플렉터는 모서리가 둥글게 설계되어야 한다. 고정 장치 헤드 및 접합 연결부는 운행통로로 연장되지 않아야 한다.
• 스커트 디플렉터의 말단 끝 부분은 스커트와 동일 평면에 접촉되도록 점점 가늘어져야 한다. 스커트 디플렉터의 말단 끝부분은 콤 교차선에서 최소 50mm 이상, 최대 150mm 앞에서 마감되어야 한다.

★★

35 안전사고의 발생요인으로 심리적인 요인에 해당되는 것은?

① 감정
② 극도의 피로감
③ 육체적 능력 초과
④ 신경계통의 이상

해설 산업안전 심리의 5요소

동기, 기질, 감정, 습성, 습관

★

36 파괴검사 방법이 아닌 것은?

① 인장검사
② 굽힘검사
③ 육안검사
④ 경도검사

해설 육안검사는 가장 널리 이용되고 있는 비파괴검사의 하나이다. 간편하고 쉬우며 신속, 염가인데다 아무런 특별한 장치도 필요치 않다. 육안 또는 낮은 비율의 확대경으로 검사하는 방법이다.

37 감전의 위험이 있는 장소의 전기를 차단하여 수선, 점검 등의 작업을 할 때에는 작업 중 스위치에 어떤 장치를 하여야 하는가?

① 접지장치
② 복개장치
③ 시건장치
④ 통전장치

해설 시건(잠금)장치

전기작업을 안전하게 행하려면 위험한 전로를 정전시키고 작업하는 것이 바람직하나, 이 경우 정전시킨 전로에 잘못해서 송전되거나 또는 근접해 있는 충전전로와 접촉해서 통전상태가 되면 대단히 위험하다. 따라서 정전작업에서는 사전에 작업내용 등의 필요한 사항을 작업자에게 충분히

주지시킴과 더불어 계획된 순서로 작업함과 동시에 안전한 사전 조치를 취해야 한다. 전로를 정전시킨 경우에는 여하한 경우에도 무전압 상태를 유지해야 하며 이를 위해서 가장 기본적인 안전조치는 정전에 사용한 전원스위치(분전반)에 작업기간 중에는 투입이 될 수 없도록 시건(잠금)장치를 하는 것과 그 스위치 개소(분전반)에 통전금지에 관한 사항을 표지하는 것 그리고 필요한 경우에는 스위치 장소(분전반)에 감시인을 배치하는 것이다.

★★

38 안전점검 체크리스트 작성 시의 유의사항으로 가장 타당한 것은?

① 일정한 양식으로 작성할 필요가 없다.
② 사업장에 공통적인 내용으로 작성한다.
③ 중점도가 낮은 것부터 순서대로 작성한다.
④ 점검표의 내용은 이해하기 쉽도록 표현하고 구체적이어야 한다.

해설 점검표(checklist)

㉠ 작성항목
- 점검부분
- 점검항목 및 점검방법
- 점검시기
- 판정기준
- 조치사항

㉡ 작성 시 유의사항
- 각 사업장에 적합한 독자적인 내용일 것
- 일정 양식을 정하여 점검 대상을 정할 것
- 중점도(위험성, 긴급성)가 높은 것부터 순서대로 작성할 것
- 정기적으로 검토하여 재해방지에 실효성 있게 개조된 내용일 것
- 점검표의 양식은 이해하기 쉽도록 표현하고 구체적일 것

39 와이어로프의 구성요소가 아닌 것은?

① 소선　　　　② 심강
③ 킹크　　　　④ 스트랜드

해설 와이어로프

㉠ 와이어로프의 구성
- 심(core)강
- 가닥(strand)
- 소선(wire)

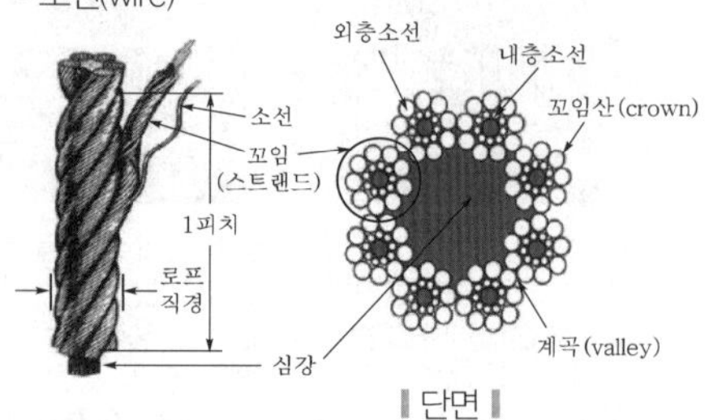

㉡ 소선의 재료 : 탄소강(C : 0.50~0.85 섬유상 조직)
㉢ 와이어로프의 표기

★★★★★

40 권상기 도르래홈에 대한 설명 중 옳지 않은 것은?

① 마찰계수의 크기는 U홈 < 언더컷 홈 < V홈 순이다.
② U홈은 로프와의 면압이 작으므로 로프의 수명은 길어진다.
③ 언더컷 홈의 중심각이 작으면 트랙션 능력이 크다.
④ 언더컷 홈은 U홈과 V홈의 중간적 특성을 갖는다.

해설 로프의 미끄러짐과 도르래홈

㉠ 로프가 감기는 각도(권부각)가 작을수록 미끄러지기 쉽다.
㉡ 카의 가속도와 감속도가 클수록 미끄러지기 쉽다.
㉢ 미끄러짐이 많으면 트랙션(구동력)은 작아진다.
㉣ 언더컷 홈은 라운드 홈을 사용하지 않는 도르래에 주로 사용되고 있으며 그 특징은 V홈과 U홈의 중간으로 마찰계수가 적당하며, 권부각을 개선하여 도르래 및 로프의 수명을 연장시키는 장점이 있다.
㉤ 언더컷의 마모에 의해 U홈 상태로 바뀌는 것은 면압을 감소시키고 이로 인해 마찰력이 작아져서 미끄러짐이 발생한다.

41 자동차용 엘리베이터에서 운전자가 항상 전진방향으로 차량을 입·출고할 수 있도록 해주는 방향 전환장치는?

① 턴테이블
② 카리프트
③ 차량감지기
④ 출차주의등

해설 턴테이블(turntable)

자동차용 승강기에서 차를 싣고 방향을 바꾸기 위하여 회전시키는 장치

★★

42 다음 중 도어시스템의 종류가 아닌 것은?

① 2짝문 상하열기방식
② 2짝문 가로열기(2S)방식
③ 2짝문 중앙열기(CO)방식
④ 가로열기와 상하열기 겸용방식

해설 승강장 도어 분류

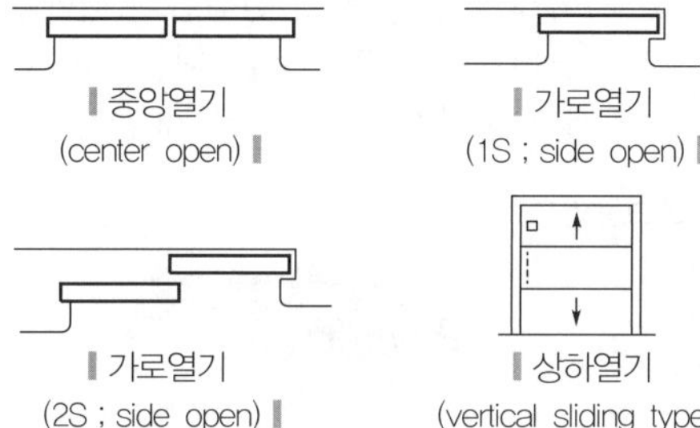

㉠ 중앙열기방식 : 1CO, 2CO(센터오픈 방식, Center Open)
㉡ 가로열기방식 : 1S, 2S, 3S(사이드오픈 방식, Side open)
㉢ 상하열기방식
 • 2매, 3매 업(up)슬라이딩 방식 : 자동차용이나 대형화
  물용 엘리베이터에서는 카 실을 완전히 개구할 필요가
  있기 때문에 상승개폐(2up, 3up)도어를 많이 사용
 • 2매, 3매 상하열림(up, down) 방식
㉣ 여닫이 방식
 • 1매 스윙, 2매 스윙(swing type) 짝문 열기
 • 여닫이(스윙) 도어 : 한쪽 스윙도어, 2짝 스윙도어

43 회전축에 가해지는 하중이 마찰저항을 작게 받도록 지지하여 주는 기계요소는?

① 클러치
② 베어링
③ 커플링
④ 축

해설 기계요소의 종류와 용도

구분	종류	용도
결합용 기계요소	나사, 볼트, 너트, 핀, 키	기계 부품 결합
축용 기계요소	축, 베어링	축을 지지하거나 연결
전동용 기계요소	마찰차, 기어, 캠, 링크, 체인, 밸트	동력의 전달
관용 기계요소	관, 관이음, 밸브	기체나 액체 수송
완충 및 제동용 기계요소	스프링, 브레이크	진동 방지와 제동

베어링은 회전운동 또는 왕복운동을 하는 축을 일정한 위치
에 떠받들어 자유롭게 움직이게 하는 기계요소의 하나로,
빠른 운동에 따른 마찰을 줄이는 역할을 한다.

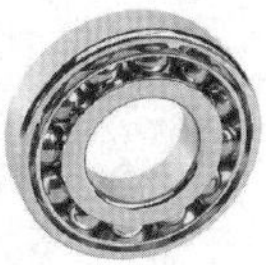

★★

44 승강장에서 스텝 뒤쪽 끝 부분을 황색 등으로 표시하여 설치되는 것은?

① 스텝체인
② 테크보드
③ 데마케이션
④ 스커트 가드

해설 데마케이션(demarcation)

에스컬레이터의 스텝과 스텝, 스텝과 스커트 가드 사이의
틈새에 신체의 일부 또는 물건이 끼이는 것을 막기 위해서
경계를 눈에 띠게 황색선으로 표시한다.

▌스텝 부분▐

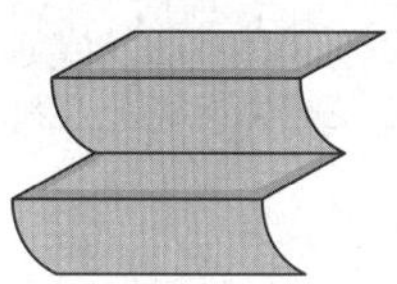

▌데마케이션▐

45 유압잭의 부품이 아닌 것은?

① 사이렌서
② 플런저
③ 패킹
④ 더스트 와이퍼

해설 유압잭과 사이렌서

㉠ 잭(jack) : 유압에 의해 작동하는 방식으로 실린더와 램
 의 조합체
㉡ 사이렌서(silencer) : 압력맥동을 흡수하여 진동, 소음을
 감소시키기 위하여 사용
㉢ 패킹(packing) : 관 이음매 또는 어떤 틈새에 물, 기름,
 공기가 새지 않도록 끼워 넣음

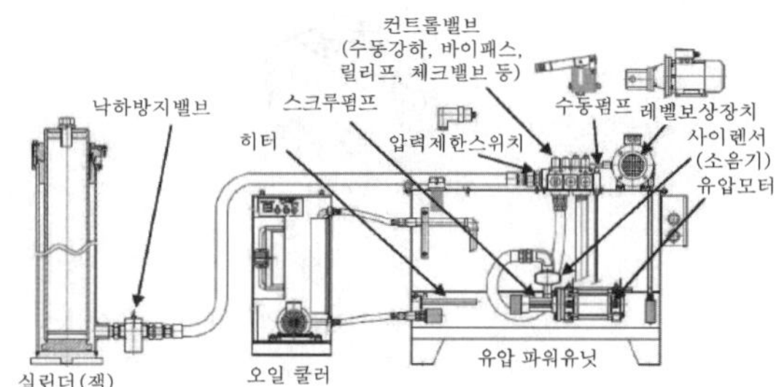

▮ 유압식 엘리베이터의 구동부 개념도 ▮

46 다음 중 엘리베이터의 안정된 사용 및 정지를 위하여 승강장, 중앙관리실 또는 경비실 등에 설치되어 카 이외의 장소에서 엘리베이터 운행의 정지조작과 재개조작이 가능한 안전장치는 무엇인가?

① 카 운행정지스위치
② 자동/수동 전환스위치
③ 도어 안전장치
④ 파킹스위치

해설 파킹(parking)스위치

엘리베이터의 안정된 사용 및 정지를 위하여 설치해야 하지만 공동주택, 숙박시설, 의료시설은 제외할 수 있다.
㉠ 승강장·중앙관리실 또는 경비실 등에 설치되어 카 이외의 장소에서 엘리베이터 운행의 정지조작과 재개조작이 가능하여야 한다.
㉡ 파킹스위치를 정지로 작동시키면 버튼등록이 정지되고 자동으로 지정 층에 도착하여 운행이 정지되어야 한다.

47 유압식 엘리베이터에서 바닥맞춤보정장치는 몇 mm 이내에서 작동 상태가 양호하여야 하는가?

① 25   ② 50
③ 75   ④ 90

해설 유압식 엘리베이터의 경우 카가 정지할 때에 자연하강을 보정하기 위한 바닥맞춤보정장치가 착상면을 기준으로 하여 75mm 이내의 위치에서 보정할 수 있어야 한다.
㉠ 착상(leveling) : 각 승강장에서 카의 정지위치가 더 정확하도록 하는 운전
㉡ 재착상(re-levelling) : 엘리베이터가 승강장에 정지된 후, 하중을 싣거나 내리는 중에 필요한 연속적인 움직임(자동 또는 미동)에 의해 정지 위치를 보정하기 위해 허용되는 운전
㉢ 카의 정상적인 착상 및 재착상 정확성
 • 카의 착상 정확도는 ±10mm이어야 한다.
 • 재착상 정확도는 ±20mm로 유지되어야 한다. 승객이 출입하거나 하역하는 동안 20mm의 값이 초과할 경우에는 보정되어야 한다.

48 다음 중 스크류(screw)펌프에 대한 설명으로 옳은 것은?

① 나사로 된 로터가 서로 맞물려 돌 때, 축방향으로 기름을 밀어내는 펌프
② 2개의 기어가 회전하면서 기름을 밀어내는 펌프
③ 케이싱의 캠링 속에 편심한 로터에 수개의 베인이 회전하면서 밀어내는 펌프
④ 2개의 플런저를 동작시켜서 밀어내는 펌프

해설 스크류펌프

49 도르래의 로프홈에 언더컷(under cut)을 하는 목적은?

① 로프의 중심 균형
② 윤활 용이
③ 마찰계수 향상
④ 도르래의 경량화

해설 도르래홈의 형상은 마찰력이 큰 것이 바람직하지만 마찰력이 큰 형상은 로프와 도르래홈의 접촉면 면압이 크기 때문에 로프와 도르래가 쉽게 마모될 수 있다. U형의 홈은 마찰계수가 낮으므로 홈의 밑을 도려낸 언더컷 홈으로 마찰계수를 올린다.

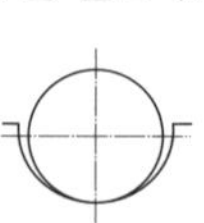

▮ 도르래 홈의 형상 ▮

50 동일 규격의 축전지 2개를 병렬로 접속하면 전압과 용량의 관계는 어떻게 되는가?

① 전압과 용량이 모두 반으로 줄어든다.
② 전압과 용량이 모두 2배가 된다.
③ 전압은 2배가 되고 용량은 변하지 않는다.
④ 전압은 변하지 않고 용량은 2배가 된다.

해설 전지의 접속

㉠ 직렬 접속 : 전압은 n배, 용량은 불변
㉡ 병렬 접속 : 전압은 불변, 용량은 n배

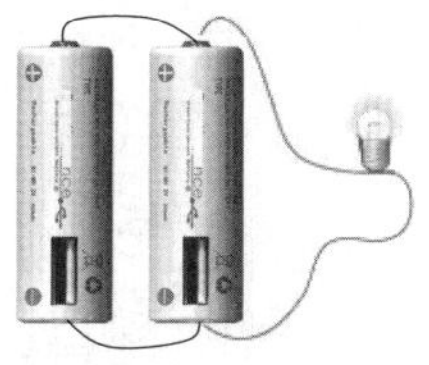

┃ 병렬 접속 ┃

51 그림과 같은 시퀀스도와 같은 논리회로의 기호는? (단, A와 B는 입력, X는 출력)

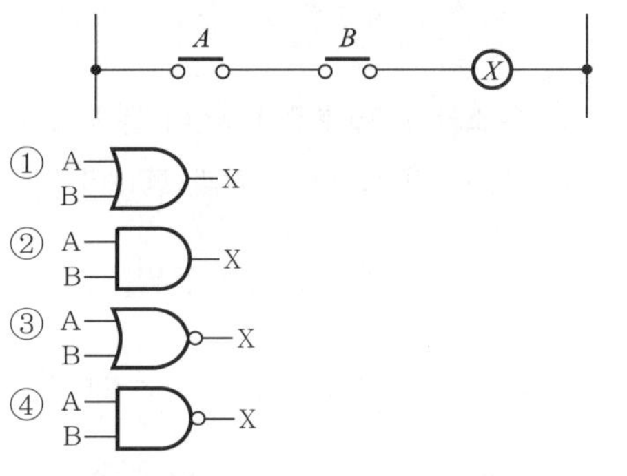

① A B ─ X

② A B ─ X

③ A B ─ X

④ A B ─ X

해설 **논리곱(AND) 회로**

㉠ 모든 입력이 있을 때에만 출력이 나타나는 회로이며 직렬 스위치 회로와 같다.

㉡ 두 입력 'A' AND 'B'가 모두 '1'이면 출력 X가 '1'이 되며, 두 입력 중 어느 하나라도 '0'이면 출력 X가 '0'인 회로가 된다.

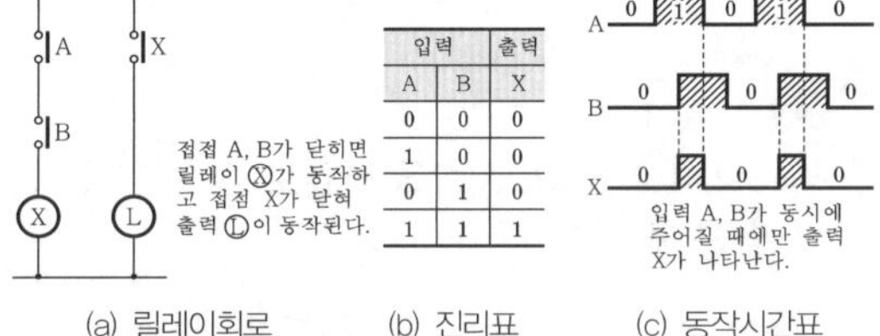

입력		출력
A	B	X
0	0	0
1	0	0
0	1	0
1	1	1

접점 A, B가 닫히면 릴레이 X가 동작하고 접점 X가 닫혀 출력 L이 동작된다.

입력 A, B가 동시에 주어질 때에만 출력 X가 나타난다.

(a) 릴레이회로　　(b) 진리표　　(c) 동작시간표

┃ 논리곱(AND)회로 ┃

52 다음 빈칸의 내용으로 적당한 것은?

> 덤웨이터는 사람이 탑승하지 않으면서 적재용량이 (　　)kg 이하인 것으로서 소형화물(서적, 음식물 등) 운반에 적합하게 제작된 엘리베이터이다.

① 200

② 300

③ 500

④ 1000

해설 **덤웨이터 및 간이리프트**

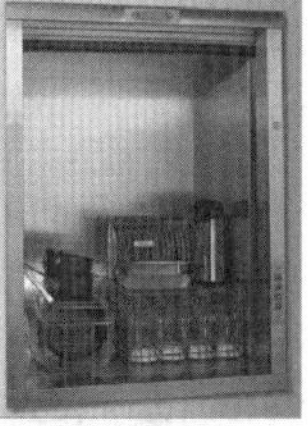

┃ 덤웨이터 ┃

㉠ 덤웨이터 : 사람이 탑승하지 않으면서 적재용량이 300kg 이하인 것으로서 소형화물(서적, 음식물 등) 운반에 적합하게 제작된 엘리베이터일 것. 다만, 바닥면적이 $0.5m^2$ 이하이고 높이가 0.6m 이하인 엘리베이터는 제외

㉡ 간이리프트 : 안전규칙에서 동력을 사용하여 가이드레일을 따라 움직이는 운반구를 매달아 소형 화물 운반만을 주목적으로 하는 승강기와 유사한 구조로서 운반구의 바닥면적이 $1m^2$ 이하이거나 천장높이가 1.2m 이하인 것

★★

53 끝이 고정된 와이어로프 한쪽을 당길 때 와이어로프에 작용하는 하중은?

① 인장하중　　　② 압축하중

③ 반복하중　　　④ 충격하중

해설 **인장하중**

물체에 가해진 외력이 그 물체를 잡아당기듯이 작용하고 있을 때의 외력을 인장하중이라고 하며, 반대로 외력이 그 물체를 짓누르듯이 작용하고 있을 때의 외력을 압축하중이라고 말한다. 중량물을 매달아 올리는 크레인용 와이어로프나, 자동차를 견인할 때에 이용하는 견인로프는 인장하중에 견딜 수 있는 충분한 강도가 필요하다.

54 피트에서 하는 검사가 아닌 것은?

① 완충기의 설치 상태

② 하부 파이널 리밋스위치류 설치 상태

③ 균형로프 및 부착부 설치 상태

④ 비상구출구 설치 상태

해설 **카 위에서 하는 검사**

㉠ 비상구출구는 카 밖에서 간단한 조작으로 열 수 있어야 한다. 또한, 비상구출구스위치의 설치 상태는 견고하고, 작동 상태는 양호하여야 한다. 다만, 자동차용 엘리베이터와 카 내에 조작반이 없는 화물용 엘리베이터의 경우에는 그러하지 아니한다.

㉡ 카 도어스위치 및 도어개폐장치의 설치 상태는 견고하고, 각 부분의 연결 및 작동 상태는 양호하여야 한다.

㉢ 카 위의 안전스위치 및 수동운전스위치의 작동 상태는 양호하여야 한다.

정답　51. ②　52. ②　53. ①　54. ④

ⓔ 고정도르래 또는 현수도르래가 있는 경우에는 그 설치 상태는 견고하고, 몸체에 균열이 없어야 한다. 또한, 급제동 시나 지진 기타의 진동에 의해 주로프가 벗겨지지 않도록 조치되어 있어야 한다.
ⓜ 과속조절기로프의 설치 상태는 견고하여야 한다.

★★
55 전류계를 사용하는 방법으로 옳지 않은 것은?

① 부하전류가 클 때에는 배율기를 사용하여 측정한다.
② 전류가 흐르므로 인체가 접촉되지 않도록 주의하면서 측정한다.
③ 전류값을 모를 때에는 높은 값에서 낮은 값으로 조정하면서 측정한다.
④ 부하와 직렬로 연결하여 측정한다.

해설 분류기

가동 코일형 전류계는 동작전류가 1~50mA 정도여서, 큰 전류가 흐르면 전류계는 타버려 측정이 곤란하다. 따라서 가동 코일에 저항이 매우 작은 저항기를 병렬로 연결하여 대부분의 전류를 이 저항기에 흐르게 하고, 전체 전류에 비례하는 일정한 전류만 가동 코일에 흐르게 해서 전류를 측정하는데, 이 장치를 분류기라 한다.

$$I_a = \frac{R_s}{R_a + R_s} \cdot I$$

$$I = \frac{R_a + R_s}{R_s} \cdot I_a = \left(1 + \frac{R_a}{R_s}\right) \cdot I_a$$

여기서, I : 측정하고자 하는 전류(A)
I_a : 전류계로 유입되는 전류(A)
R_s : 분류기 저항(Ω)
R_a : 전류계 내부 저항(Ω)

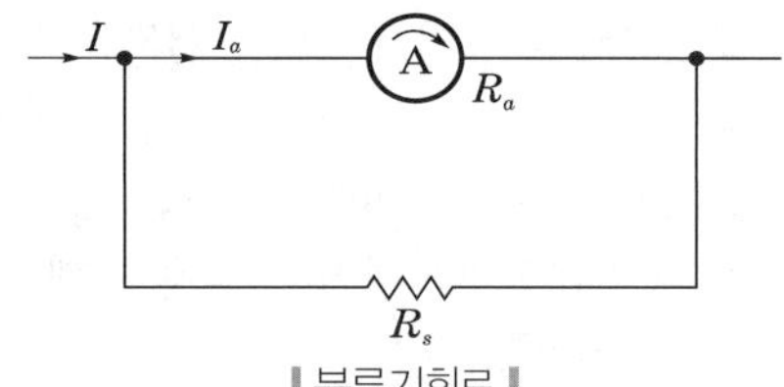

‖ 분류기회로 ‖

★★
56 전기재해의 직접적인 원인과 관련이 없는 것은?

① 회로 단락
② 충전부 노출
③ 접속부 과열
④ 접지판 매설

해설 접지설비

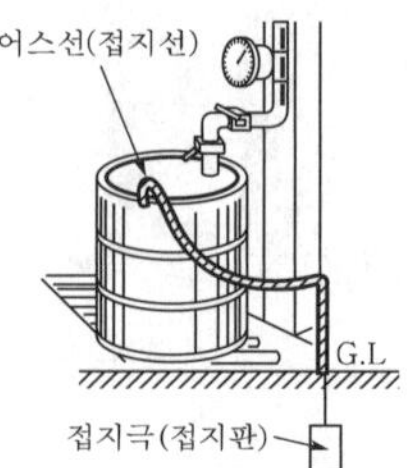

회로의 일부 또는 기기의 외함 등을 대지와 같은 0전위로 유지하기 위해 땅 속에 설치한 매설 도체(접지극, 접지판)와 도선으로 연결하여 정전기를 예방할 수 있다.

57 RLC 소자의 교류회로에 대한 설명 중 틀린 것은?

① R만의 회로에서 전압과 전류의 위상은 동상이다.
② L만의 회로에서 저항성분을 유도성 리액턴스 X_L이라 한다.
③ C만의 회로에서 전류는 전압보다 위상이 90° 앞선다.
④ 유도성 리액턴스 $X_L = 1/\omega L$이다.

해설 ㉠ 유도성 리액턴스(inductive reactance)
$$X_L = \omega L = 2\pi f L(\Omega)$$
㉡ 용량성 리액턴스(capacitive reactance)
$$X_C = \frac{1}{\omega C} = \frac{1}{2\pi f C}(\Omega)$$

★★★
58 3Ω, 4Ω, 6Ω의 저항을 병렬로 접속할 때 합성저항은 몇 Ω인가?

① $\dfrac{1}{3}$ 　② $\dfrac{4}{3}$

③ $\dfrac{5}{6}$ 　④ $\dfrac{3}{4}$

해설 병렬 접속회로

2개 이상인 저항의 양끝을 전원의 양극에 연결하여 회로의 전전류가 각 저항에 나누어 흐르게 하는 접속으로 각 저항 R_1, R_2, R_3에 흐르는 전압 V의 크기는 일정하다.

$$R = \frac{1}{\dfrac{1}{R_1} + \dfrac{1}{R_2} + \dfrac{1}{R_3}}$$

$$= \frac{R_1 R_2 R_3}{R_1 R_2 + R_2 R_3 + R_3 R_1}$$

$$= \frac{3 \times 4 \times 6}{3 \times 4 + 4 \times 6 + 6 \times 3} = \frac{4}{3}\Omega$$

59 그림과 같은 회로의 역률은 약 얼마인가?

① 0.74
② 0.80
③ 0.86
④ 0.98

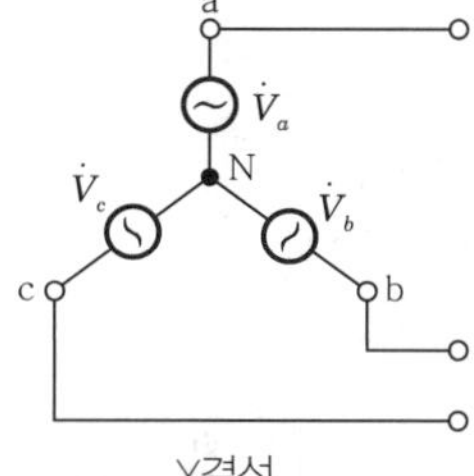

해설 RC 직렬회로의 역률

$$\cos\theta = \frac{R}{Z} = \frac{R}{\sqrt{R^2 + X_C{}^2}} = \frac{9}{\sqrt{9^2 + 2^2}} = 0.98$$

60 Y결선의 상전압이 V(V)이다. 선간전압은?

① $3V$
② $\sqrt{3}\,V$
③ $\dfrac{V}{3}$
④ $\dfrac{V^2}{3}$

해설 3상 교류의 결선법 및 성형 결선회로

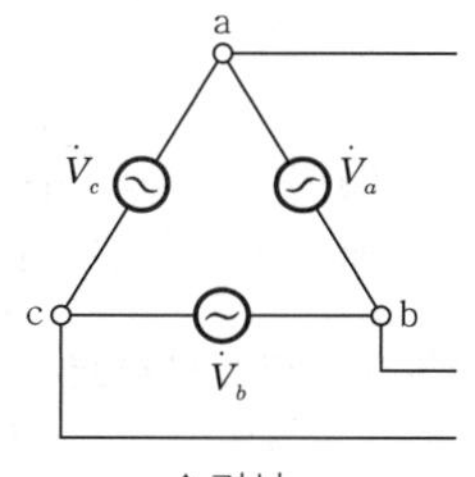

Y결선

△결선

❚3상 전원의 결선방법❚

㉠ 전원과 부하가 다같이 성형결선을 한 회로를 Y–Y결선 회로라 한다.

㉡ 상전압($\dot{V}_a$, $\dot{V}_b$, $\dot{V}_c$) : a−N, b−N, c−N 사이의 전압

㉢ 선간전압($\dot{V}_{ab}$, $\dot{V}_{bc}$, $\dot{V}_{ca}$) : a−b, b−c, c−a 사이의 전압

㉣ 상전압과 선간전압의 관계
- $\dot{V}_{ab} = \dot{V}_a - \dot{V}_b$
- $\dot{V}_{bc} = \dot{V}_b - \dot{V}_c$
- $\dot{V}_{ca} = \dot{V}_c - \dot{V}_a$

㉤ $\dot{V}_a$와 $\dot{V}_{ab}$의 관계

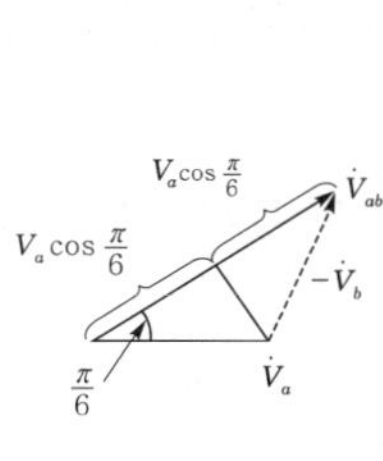
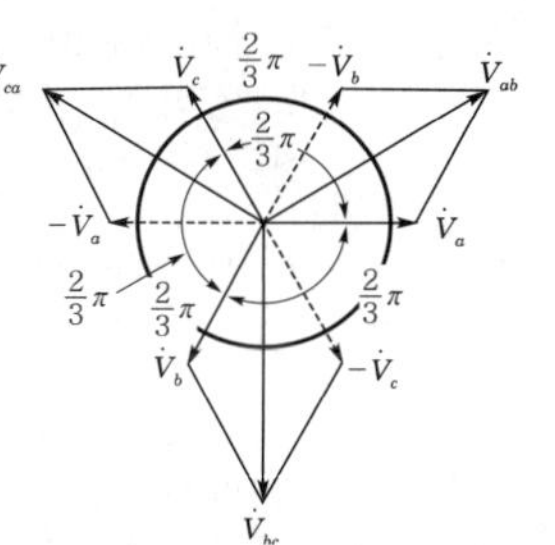

❚성형결선의 전압 백터❚

$$\dot{V}_{ab} = 2V_a \cos\frac{\pi}{6} = \sqrt{3}\,V_a\,(\text{V})$$

$$\therefore\ \dot{V}_{ab} = \sqrt{3}\,V_a \angle \frac{\pi}{6}\,(\text{V})$$

㉥ 선간전압 V_l($V_{ab} = V_{bc} = V_{ca}$)과 상전압 V_P($V_a = V_b = V_c$)의 관계

$$V_l = \sqrt{3}\,V_P\,(\text{V})$$

㉦ 선간전압 V_l은 상전압 V_P의 $\sqrt{3}$ 배이고, 위상은 선간전압이 상전압보다 $\dfrac{\pi}{6}$[rad]만큼 앞선다.

※ 본 문제는 수험생들의 협조에 의해 작성되었으며, 시험내용과 일부 다를 수 있습니다.

---

01 유압식 엘리베이터 점검 시 재착상 정확도는 몇 mm를 유지하여야 하는가?

① 정확도 ±10mm
② 정확도 ±20mm
③ 정확도 ±30mm
④ 정확도 ±40mm

해설 | 카의 정상적인 착상 및 재착상 정확성

㉠ 카의 착상 정확도는 ±10mm이어야 한다.
㉡ 재착상 정확도는 ±20mm로 유지되어야 한다. 승객이 출입하거나 하역하는 동안 20mm의 값이 초과할 경우에는 보정되어야 한다.

02 엘리베이터가 최종단층을 통과하였을 때 엘리베이터를 정지시키며 상승, 하강 양방향 모두 운행이 불가능하게 하는 안전장치는?

① 슬로다운스위치
② 파킹스위치
③ 피트 정지스위치
④ 파이널 리밋스위치

해설 | 리밋스위치(limit switch)

물체의 힘에 의해 동작부(구동장치)가 눌려서 접점이 온, 오프(on, off)한다.

㉠ 리밋스위치 : 엘리베이터가 운행할 때 최상·최하층을 지나치지 않도록 하는 장치로서 리밋스위치에 접촉이 되면 카를 감속 제어하여 정지시킬 수 있도록 한다.
㉡ 파이널 리밋스위치(final limit switch)

▮ 리밋스위치 ▮

▮ 승강로에 설치된 리밋스위치 ▮

• 리밋스위치가 작동되지 않을 경우를 대비하여 리밋스위치를 지난 적당한 위치에 카가 현저히 지나치는 것을 방지하는 스위치이다.
• 전동기 및 브레이크에 공급되는 전원회로의 확실한 기계적 분리에 의해 직접 개방되어야 한다.
• 완충기에 충돌되기 전에 작동하여야 하며, 슬로다운 스위치에 의하여 정지되면 작용하지 않도록 설정한다.
• 파이널 리밋스위치의 작동 후에는 엘리베이터의 정상 운행을 위해 자동으로 복귀되지 않아야 한다.

★★★★★

03 균형로프(compensation rope)의 역할로 가장 알맞은 것은?

① 카의 무게를 보상
② 카의 낙하를 방지
③ 균형추의 이탈을 방지
④ 와이어로프의 무게를 보상

해설 | 견인비의 보상방법

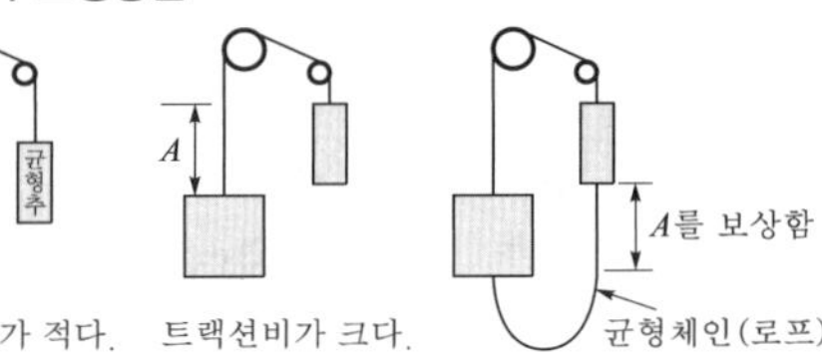

㉠ 견인비(traction ratio)
• 카측 로프가 매달고 있는 중량과 균형추 로프가 매달고 있는 중량의 비를 트랙션비라 하고, 무부하와 전부하 상태에서 체크한다.
• 견인비가 낮게 선택되면 로프와 도르래 사이의 트랙션 능력, 즉 마찰력이 작아도 되며, 로프의 수명이 연장된다.

㉡ 문제점
• 승강행정이 길어지면 로프가 어느 쪽(카측, 균형추측)에 있느냐에 따라 트랙션비는 크게 변화한다.
• 트랙션비가 1.35를 초과하면 로프가 시브에서 슬립(slip)되기가 쉽다.

㉢ 대책
• 카 하부에서 균형추의 하부로 주로프와 비슷한 단위 중량의 균형(보상)체인이나 로프를 매단다(트랙션비를 작게 하기 위한 방법).
• 균형로프는 서로 엉키는 걸 방지하기 위하여 피트에 인장도르래를 설치한다.
• 균형로프는 100%의 보상효과가 있고, 균형체인은 90% 정도 밖에 보상하지 못한다.
• 고속·고층 엘리베이터의 경우 균형체인(소음의 원인)보다는 균형로프를 사용한다.

정답 01. ② 02. ④ 03. ④

┃ 균형체인 ┃

04 직접식 유압엘리베이터의 장점이 되는 항목은?

① 실린더를 보호하기 위한 보호관을 설치할 필요가 없다.
② 승강로의 소요평면 치수가 크다.
③ 부하에 의한 카 바닥의 빠짐이 크다
④ 추락방지안전장치가 필요하지 않다.

해설 직접식 유압엘리베이터

플런저의 직상부에 카를 설치한 것이다.

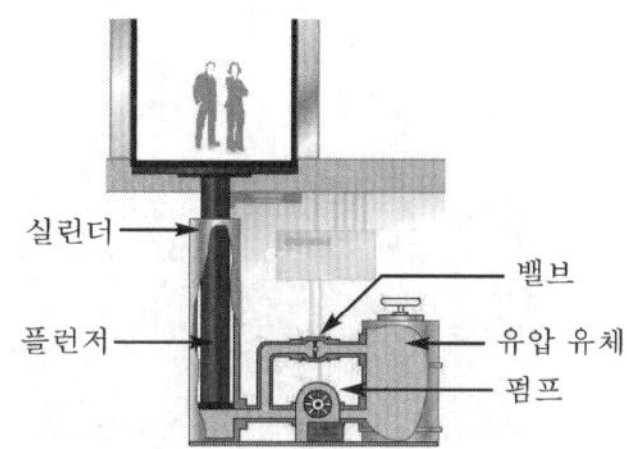

┃ 유압식 엘리베이터 작동원리 ┃

㉠ 승강로 소요면적 치수가 작고 구조가 간단하다.
㉡ 추락방지안전장치가 필요하지 않다.
㉢ 부하에 의한 카 바닥의 빠짐이 작다.
㉣ 실린더를 설치하기 위한 보호관을 지중에 설치하여야 한다.
㉤ 일반적으로 실린더의 점검이 어렵다.

★★★

05 과속조절기(governor)의 작동 상태를 잘못 설명한 것은?

① 카가 하강 과속하는 경우에는 일정 속도를 초과하기 전에 과속조절기스위치가 동작해야 한다.
② 과속조절기의 캐치는 일단 동작하고 난 후 자동으로 복귀되어서는 안 된다.
③ 과속조절기의 스위치는 작동 후 자동 복귀된다.
④ 과속조절기로프가 장력을 잃게 되면 전동기의 주회로를 차단시키는 경우도 있다.

해설 과속조절기(governor)의 원리

㉠ 과속조절기풀리와 카를 과속조절기로프로 연결하면, 카가 움직일 때 과속조절기풀리도 카와 같은 속도, 같은 방향으로 움직인다.

㉡ 어떤 비정상적인 원인으로 카의 속도가 빨라지면 과속조절기링크에 연결된 무게추(weight)가 원심력에 의해 풀리 바깥쪽으로 벗어나면서 과속을 감지한다.
㉢ 미리 설정된 속도에서 과속스위치와 제동기(brake)로 카를 정지시킨다.
㉣ 만약 엘리베이터가 정지하지 않고 속도가 계속 증가하면 과속조절기의 캐치(catch)가 동작하여 과속조절기로프를 붙잡고 결국은 추락방지안전장치를 작동시켜서 엘리베이터를 정지시킨다.
㉤ 추락방지안전장치가 작동된 후 정상 복귀는 전문가(유지보수업자 등)의 개입이 요구되어야 한다.

┃ 제동기 ┃

06 엘리베이터 도어 사이에 끼이는 물체를 검출하기 위한 안전장치로 틀린 것은?

① 광전장치
② 도어클로저
③ 세이프티 슈
④ 초음파장치

해설 도어의 안전장치

엘리베이터의 도어가 닫히는 순간 승객이 출입하는 경우 충돌사고의 원인이 되므로 도어 끝단에 검출 징치를 부착하여 도어를 반전시키는 장치이다.

㉠ 세이프티 슈(safety shoe) : 도어의 끝에 설치하여 이 물체가 접촉하면 도어의 닫힘을 중지하며 도어를 반전시키는 접촉식 보호장치
㉡ 세이프티 레이(safety ray) : 광선 빔을 통하여 이것을 차단하는 물체를 광전장치(photo electric device)에 의해서 검출하는 비접촉식 보호장치
㉢ 초음파장치(ultrasonic door sensor) : 초음파의 감지 각도를 조절하여 카쪽의 이물체(유모차, 휠체어 등)나 사람을 검출하여 도어를 반전시키는 비접촉식 보호장치

┃ 세이프티 슈 설치 상태 ┃

정답 04. ④ 05. ③ 06. ②

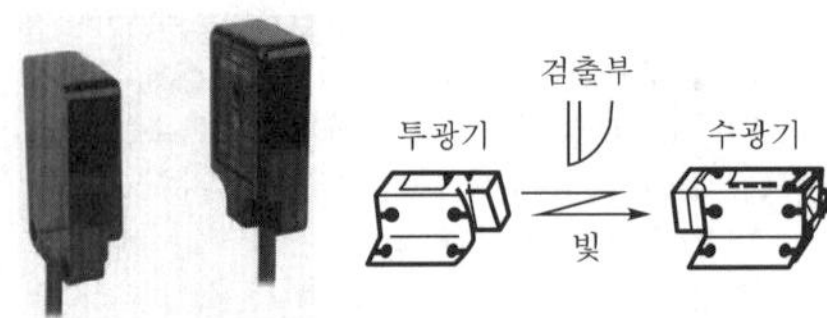

‖ 광전장치 ‖

07 전기식 엘리베이터의 경우 카 위에서 하는 검사가 아닌 것은?

① 비상구출구 ② 도어개폐장치
③ 카 위 안전스위치 ④ 문닫힘안전장치

해설 문 작동과 관련된 보호

㉠ 문이 닫히는 동안 사람이 끼이거나 끼려고 할 때 자동으로 문이 반전되어 열리는 문닫힘안전장치가 있어야 한다.
㉡ 문닫힘 동작 시 사람 또는 물건이 끼이거나 문닫힘안전장치 연결전선이 끊어지면 문이 반전하여 열리도록 하는 문닫힘안전장치(세이프티 슈·광전장치·초음파장치 등)가 카 문이나 승강장문 또는 양쪽 문에 설치되어야 하며, 그 작동 상태는 양호하여야 한다.
㉢ 승강장문이 카 문과의 연동에 의해 열리는 방식에서는 자동적으로 승강장의 문이 닫히는 쪽으로 힘을 작용시키는 장치
㉣ 엘리베이터가 정지한 상태에서 출입문의 닫힘 동작에 우선하여 카 내에서 문을 열 수 있도록 하는 장치

08 무빙워크의 경사도는 몇 도 이하이어야 하는가?

① 30 ② 20
③ 15 ④ 12

해설 무빙워크(수평보행기)의 경사도와 속도

㉠ 무빙워크의 경사도는 12° 이하이어야 한다.
㉡ 무빙워크의 공칭속도는 0.75m/s 이하이어야 한다.
㉢ 팔레트 또는 벨트의 폭이 1.1m 이하이고, 승강장에서 팔레트 또는 벨트가 콤에 들어가기 전 1.6m 이상의 수평주행구간이 있는 경우 공칭속도는 0.9m/s까지 허용된다. 다만, 가속구간이 있거나 무빙워크를 다른 속도로 직접 전환시키는 시스템이 있는 무빙워크에는 적용되지 않는다.

‖ 팔레트 ‖

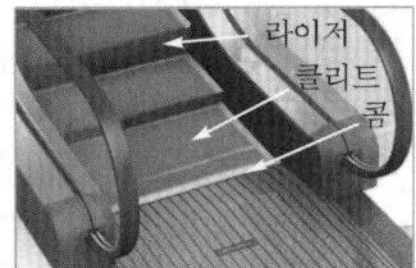

‖ 승강장 스탭 ‖

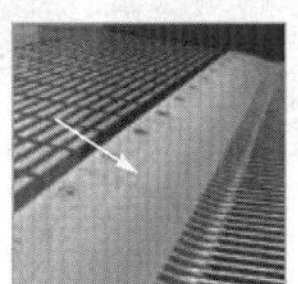

‖ 콤(comb) ‖

09 트랙션 머신 시브를 중심으로 카 반대편의 로프에 매달리게 하여 카 중량에 대한 평형을 맞추는 것은?

① 과속조절기 ② 균형체인
③ 완충기 ④ 균형추

해설 균형추(counter weight)

카의 무게를 일정 비율 보상하기 위하여 카 측과 반대편에 주철 혹은 콘크리트로 제작되어 설치되며, 카와의 균형을 유지하는 추이다.

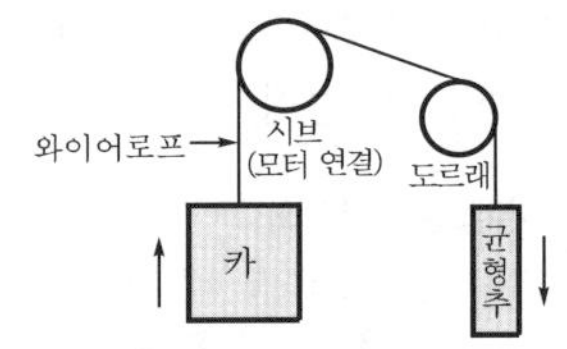

㉠ 오버밸런스(over-balance)
  • 균형추의 총중량은 빈 카의 자중에 적재하중의 35~50%의 중량을 더한 값이 보통이다.
  • 적재하중의 몇 %를 더할 것인가를 오버밸런스율이라고 한다.
  • 균형추의 총 중량 = 자체하중 + $L \cdot F$
    여기서, L : 정격적재하중(kg)
        F : 오버밸런스율(%)
㉡ 견인비(traction ratio)
  • 카측 로프가 매달고 있는 중량과 균형추 로프가 매달고 있는 중량의 비를 트랙션비라 하고, 무부하와 전부하 상태에서 체크한다.
  • 견인비가 낮게 선택되면 로프와 도르래 사이의 트랙션 능력 즉 마찰력이 작아도 되며, 로프의 수명이 연장된다.

10 엘리베이터 카에 부착되어 있는 안전장치가 아닌 것은?

① 과속조절기스위치
② 카 도어스위치
③ 비상정지스위치
④ 세이프티 슈스위치

해설 과속조절기스위치

엘리베이터 과속조절기 기능의 하나이며, 엘리베이터의 과속도를 검출해서 신호를 주기 위한 스위치이다. 과속도스위치라고도 하며, 기계실에 설치된다.

11 로프이탈방지장치를 설치하는 목적으로 부적절한 것은?

① 급제동 시 진동에 의해 주로프가 벗겨질 우려가 있는 경우

② 지진의 진동에 의해 주로프가 벗겨질 우려가 있는 경우

③ 기타의 진동에 의해 주로프가 벗겨질 우려가 있는 경우

④ 주로프의 파단으로 이탈할 경우

해설 로프이탈방지장치

급제동 시나 지진, 기타의 진동에 의해 주로프가 벗겨질 우려가 있는 경우에는 로프이탈방지장치 등을 설치하여야 한다. 다만, 기계실에 설치된 고정도르래 또는 도르래홈에 주로프가 1/2 이상 묻히거나 도르래 끝단의 높이가 주로프보다 더 높은 경우에는 제외한다.

★★★★★

12 승객용 엘리베이터의 제동기는 승차감을 저해하지 않고 로프 슬립을 일으킬 수 있는 위험을 방지하기 위하여 감속도를 어느 정도로 하고 있는가?

① 0.1G　　　　② 0.2G

③ 0.3G　　　　④ 0.4G

해설 감속도

㉠ 제동 중에 있어서 엘리베이터 속도의 저하율. 순간적인 감속도를 가리키는 경우와 제동 중의 평균적인 감속도를 가리키는 경우 평균 감속도라고 한다.

㉡ 0.1G 이하이어야 한다.

13 카의 실속도와 지령속도를 비교하여 사이리스터의 점호각을 바꿔 유도전동기의 속도를 제어하는 방식은?

① 교류 1단 속도제어

② 교류 2단 속도제어

③ 교류 궤환전압제어

④ 가변전압 가변주파수방식

해설 교류 엘리베이터 속도제어의 종류

㉠ 교류 1단 속도제어
- 가장 간단한 제어방식으로 3상 교류의 단속도 모터에 전원을 공급하는 것으로 기동과 정속운전을 한다.
- 정지할 때는 전원을 끊은 후 제동기에 의해서 기계적으로 브레이크를 거는 방식이다.
- 착상오차가 속도의 2승에 비례하여 증가하므로 최고 30m/min 이하에만 적용이 가능하다.

㉡ 교류 2단 속도제어
- 기동과 주행은 고속권선으로 하고 감속과 착상은 저속권선으로 한다.
- 속도비를 착상오차 이외에 감속도의 변화비율, 크리프시간(저속주행시간) 등을 감안한 4 : 1이 가장 많이 사용된다.
- 30~60m/min의 엘리베이터용에 사용된다.

㉢ 교류 궤환제어
- 카의 실속도와 지령속도를 비교하여 사이리스터(thyristor)의 점호각을 바꾼다.
- 감속할 때는 속도를 검출하여 사이리스터에 궤환시켜 전류를 제어한다.
- 전동기 1차측 각상에 사이리스터와 다이오드를 역병렬로 접속하여 역행 토크를 변화시킨다.
- 모터에 직류를 흘려서 제동토크를 발생시킨다.
- 미리 정해진 지령속도에 따라 정확하게 제어되므로, 승차감 및 착상 정도가 교류 1단, 교류 2단 속도제어보다 좋다.
- 교류 2단 속도제어와 같은 저속주행 시간이 없으므로 운전시간이 짧다.
- 40~105m/min의 승용 엘리베이터에 주로 적용된다.

㉣ VVVF(가변전압 가변주파수)제어
- 유도전동기에 인가되는 전압과 주파수를 동시에 변환시켜 직류전동기와 동등한 제어성능을 얻을 수 있는 방식
- 직류전동기를 사용하고 있던 고속 엘리베이터에도 유도전동기를 적용하여 보수가 용이하고, 전력회생을 통해 에너지가 절약된다.
- 중·저속 엘리베이터(궤환제어)에서는 승차감과 성능이 크게 향상되고 저속 영역에서 손실을 줄여 소비전력이 약 반으로 된다.
- 3상의 교류는 컨버터로 일단 DC전원으로 변환하고 인버터로 새자 가변전압 및 가변주파수의 3상 교류로 변환하여 전동기에 공급된다.
- 교류에서 직류로 변경되는 컨버터에는 사이리스터가 사용되고, 직류에서 교류로 변경하는 인버터에는 트랜지스터가 사용된다.
- 컨버터제어방식을 PAM(Pulse Amplitude Modulation), 인버터제어방식을 PWM(Pulse Width Modulation)시스템이라고 한다.

★★★

14 스텝과 스커트 사이에 끼임의 위험을 최소화하기 위한 장치는?

① 콤　　　　② 뉴얼

③ 스커트　　　　④ 스커트 디플렉터

정답　11. ④　12. ①　13. ③　14. ④

해설 스커트 디플렉터(안전 브러쉬)

스텝과 스커트 사이에 끼임의 위험을 최소화하기 위한 장치이다.

㉠ 스커트 : 스텝, 팔레트 또는 벨트와 연결되는 난간의 수직 부분

㉡ 스커트 디플렉터의 설치 요건

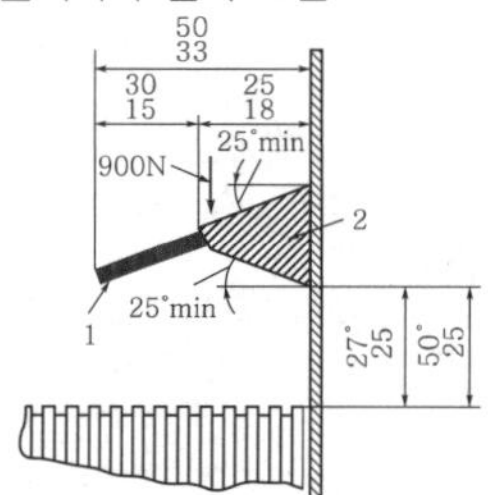

‖ 스커트 디플렉터 ‖

- 견고한 부분과 유연한 부분(브러시 또는 고무 등)으로 구성되어야 한다.
- 스커트 패널의 수직면 돌출부는 최소 33mm, 최대 50mm이어야 한다.
- 견고한 부분의 부착물 선상에 수직으로 견고한 부분의 돌출된 지점에 600mm^{2}의 직사각형 면적 위로 균등하게 분포된 900N의 힘을 가할 때 떨어지거나 영구적인 변형 없이 견뎌야 한다.
- 견고한 부분은 18mm와 25mm 사이에 수평 돌출부가 있어야 하고, 규정된 강도를 견뎌야 한다. 유연한 부분의 수평 돌출부는 최소 15mm, 최대 30mm이어야 한다.
- 주행로의 경사진 구간의 전체에 걸쳐 스커트 디플렉터의 견고한 부분의 아래 쪽 가장 낮은 부분과 스텝 돌출부 선상 사이의 수직거리는 25mm와 27mm 사이이어야 한다.

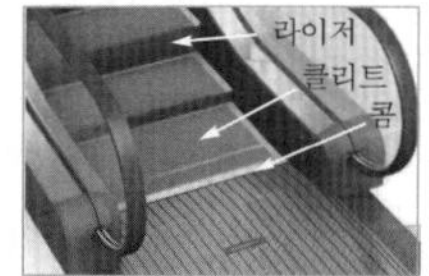

‖ 승강장 스텝 ‖

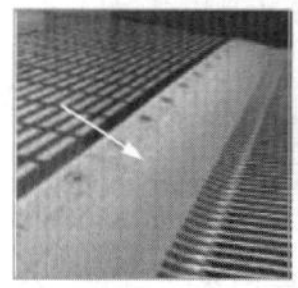

‖ 콤(comb) ‖   ‖ 클리트(cleat) ‖

- 천이구간 및 수평구간에서 스커트 디플렉터의 견고한 부분의 아래 쪽 가장 낮은 부분과 스텝 클리트의 꼭대기 사이의 거리는 25mm와 50mm 사이이어야 한다.
- 견고한 부분의 하부 표면은 스커트 패널로부터 상승방향으로 25° 이상 경사져야 하고 상부 표면은 하강방향으로 25° 이상 경사져야 한다.
- 스커트 디플렉터는 모서리가 둥글게 설계되어야 한다. 고정 장치 헤드 및 접합 연결부는 운행통로로 연장되지 않아야 한다.

- 스커트 디플렉터의 말단 끝 부분은 스커트와 동일 평면에 접촉되도록 점점 가늘어져야 한다. 스커트 디플렉터의 말단 끝부분은 콤 교차선에서 최소 50mm 이상, 최대 150mm 앞에서 마감되어야 한다.

15 엘리베이터용 도어머신에 요구되는 성능이 아닌 것은?

① 가격이 저렴할 것
② 보수가 용이할 것
③ 작동이 원활하고 정숙할 것
④ 기동횟수가 많으므로 대형일 것

해설 도어머신(door machine)에 요구되는 조건

모터의 회전을 감속하여 암이나 로프 등을 구동시켜서 도어를 개폐시키는 것이며, 닫힌 상태에서 정전으로 갇혔을 때 구출을 위해 문을 손으로 열 수가 있어야 한다.

㉠ 작동이 원활하고 조용할 것
㉡ 카 상부에 설치하기 위해 소형 경량일 것
㉢ 동작횟수가 엘리베이터 기동횟수의 2배가 되므로 보수가 용이할 것
㉣ 가격이 저렴할 것

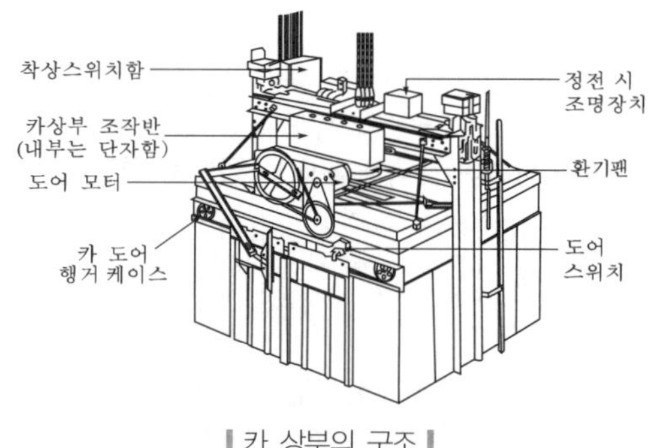

‖ 카 상부의 구조 ‖

16 엘리베이터에서 와이어로프를 사용하여 카의 상승과 하강에 전동기를 이용한 동력장치는?

① 권상기
② 과속조절기
③ 완충기
④ 제어반

해설 권상 구동식과 포지티브 구동 엘리베이터

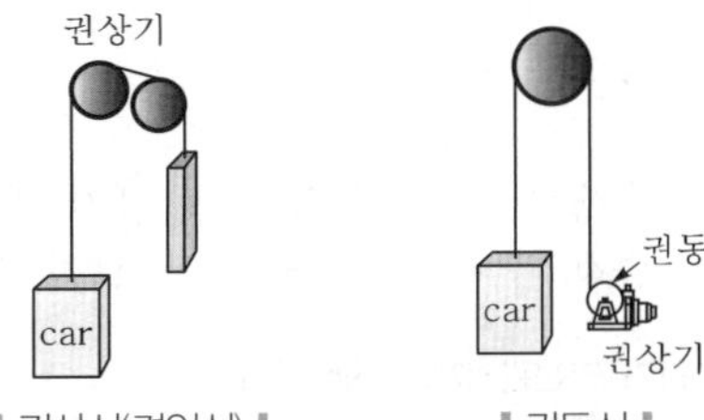

| 권상식(견인식) | 권동식 |

| 권상기 |

㉠ 권상 구동식 엘리베이터(traction drive lift) : 현수로프가 구동기의 권상도르래홈 등에서 마찰에 의해 구동되는 엘리베이터
㉡ 포지티브 구동 엘리베이터(positive drive lift) : 권상 구동식 이외의 방식으로 체인 또는 로프에 의해 현수되는 엘리베이터

17 다음 중 에스컬레이터의 종류를 수송 능력별로 구분한 형태로 옳은 것은?

① 1200형과 900형   ② 1200형과 800형
③ 900형과 800형   ④ 800형과 600형

해설 에스컬레이터(escalator)의 난간폭에 의한 분류

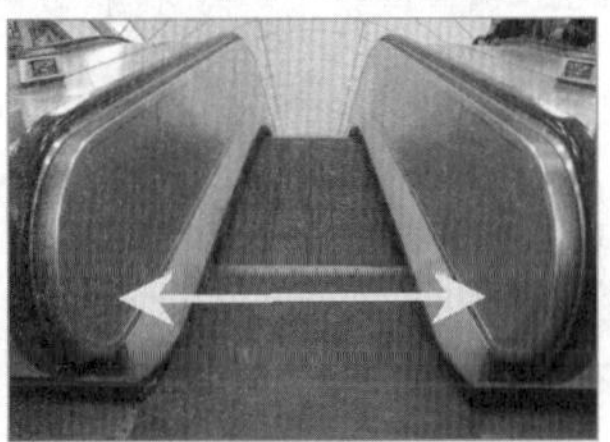

| 난간폭 |

| 난간의 구조 |

㉠ 난간폭 1200형 : 수송능력 9000명/h
㉡ 난간폭 800형 : 수송능력 6000명/h

18 다음 중 도어 인터록에 대한 설명으로 옳지 않은 것은?

① 도어록을 열기 위한 열쇠는 특수한 전용키이어야 한다.
② 모든 승강장문에는 전용열쇠를 사용하지 않으면 열리지 않도록 하여야 한다.
③ 도어가 닫혀 있지 않으면 운전이 불가능하여야 한다.
④ 닫힘동작 시 도어스위치가 들어간 다음 도어록이 확실히 걸리는 구조이어야 한다.

해설 도어 인터록(door interlock)

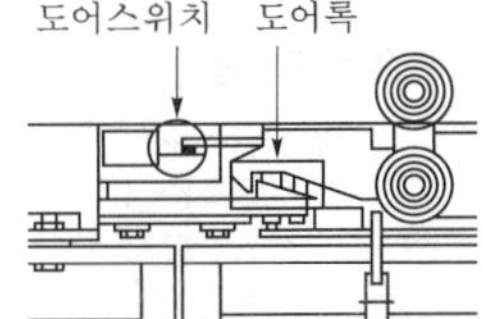

㉠ 카가 정지하지 않는 층의 도어는 전용열쇠를 사용하지 않으면 열리지 않는 도어록과 도어가 닫혀 있지 않으면 운전이 불가능하도록 하는 도어스위치로 구성된다.
㉡ 닫힘동작 시는 도어록이 먼저 걸린 상태에서 도어스위치가 들어가고 열림동작 시는 도어스위치가 끊어진 후 도어록이 열리는 구조(직렬)이며, 승강장의 도어 안전장치로서 엘리베이터의 안전장치 중에서 가장 중요한 것 중의 하나이다.

19 승객이나 운전자의 마음을 편하게 해 주는 장치는?

① 통신장치
② 관제운전장치
③ 구출운전장치
④ BGM(Back Ground Music)장치

해설 BGM은 Back Ground Music의 약자로 카 내부에 음악을 방송하기 위한 장치이다.

20 다음 그림과 같은 축의 모양을 가지는 기어는?

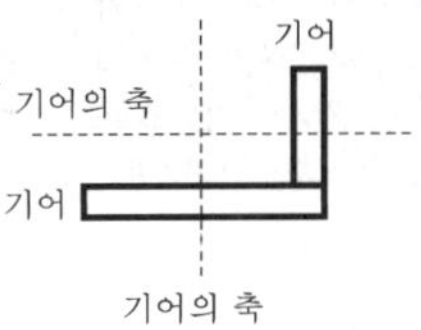

① 스퍼기어(spur gear)
② 헬리컬기어(helical gear)
③ 베벨기어(bevel gear)
④ 웜기어(worm gear)

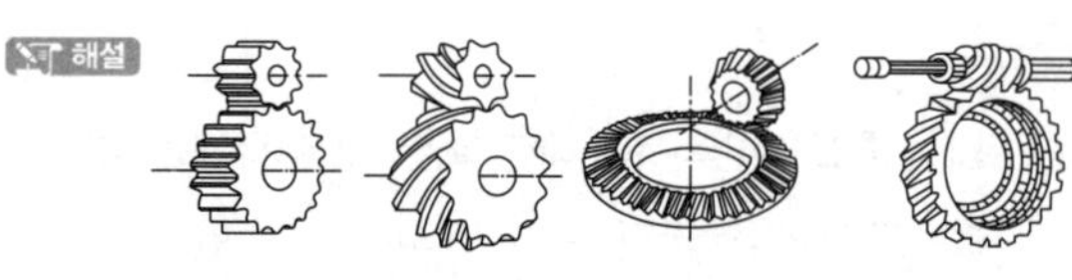

| 평기어 | 헬리컬기어 | 베벨기어 | 웜기어 |

21 전기식 엘리베이터의 정기검사에서 하중시험은 어떤 상태로 이루어져야 하는가?

① 무부하
② 정격하중의 50%
③ 정격하중의 100%
④ 정격하중의 125%

해설 하중시험

㉠ 하중시험 항목
- 로프권상
- 추락방지안전장치
- 브레이크 시스템
- 속도 및 전류
- 기타 현장에서 하중시험이 필요한 구조 및 설비

㉡ 정기검사
- 전기식 엘리베이터의 정기검사 항목에 따른다. 다만, 하중시험은 무부하 상태에서 이루어져야 한다.
- 전기식 엘리베이터의 모든 장치 및 부품 등의 설치 상태는 양호하여야 하며 심한 변형 부식 마모 및 훼손은 없어야 한다.
- 승강기 안전관리법에 따른 자체점검의 실시 상태를 점검한다.

22 주차설비 중 자동차를 운반하는 운반기의 일반적인 호칭으로 사용되지 않는 것은?

① 카고, 리프트
② 케이지, 카트
③ 트레이, 팔레트
④ 리프트, 호이스트

해설 호이스트(hoist)

권상기(전동기, 감속장치, 와 인딩 드럼)를 사용한 소형의 감아올리는 기계이며, 스스로 주행할 수 있는 것이 많다.

23 승강기 안전관리자의 임무가 아닌 것은?

① 승강기 비상열쇠 관리
② 자체점검자 선임
③ 운행관리규정의 작성 및 유지 관리
④ 승강기 사고 시 사고보고 관리

해설 승강기 안전관리자의 직무범위

㉠ 승강기 운행관리 규정의 작성과 유지·관리
㉡ 승강기의 고장·수리 등에 관한 기록 유지
㉢ 승강기 사고발생에 대비한 비상연락망의 작성 및 관리
㉣ 승강기 인명사고 시 긴급조치를 위한 구급체제의 구성 및 관리
㉤ 승강기의 중대한 사고 및 중대한 고장 시 사고 및 고장 보고
㉥ 승강기 표준부착물의 관리
㉦ 승강기 비상열쇠의 관리

24 승강기의 트랙션비를 설명한 것 중 옳지 않은 것은?

① 카측 로프가 매달고 있는 중량과 균형추측 로프가 매달고 있는 중량의 비율
② 트랙션비를 낮게 선택해도 로프의 수명과는 전혀 관계가 없다.
③ 카측과 균형추측에 매달리는 중량의 차를 적게 하면 권상기의 전동기 출력을 적게 할 수 있다.
④ 트랙션비는 1.0 이상의 값이 된다.

해설 견인비(traction ratio)

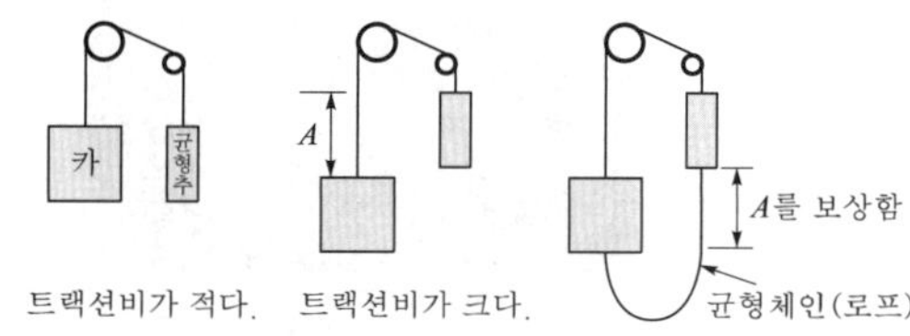

㉠ 카측 로프가 매달고 있는 중량과 균형추 로프가 매달고 있는 중량의 비를 트랙션비라 하고, 무부하와 전부하 상태에서 체크한다.
㉡ 견인비가 낮게 선택되면 로프와 도르래 사이의 트랙션 능력, 즉 마찰력이 작아도 되며, 로프의 수명이 연장된다.

25 다음 중 엘리베이터 도어용 부품과 거리가 먼 것은?

① 행거롤러
② 업스러스트롤러
③ 도어레일
④ 가이드롤러

정답 21. ① 22. ④ 23. ② 24. ② 25. ④

해설

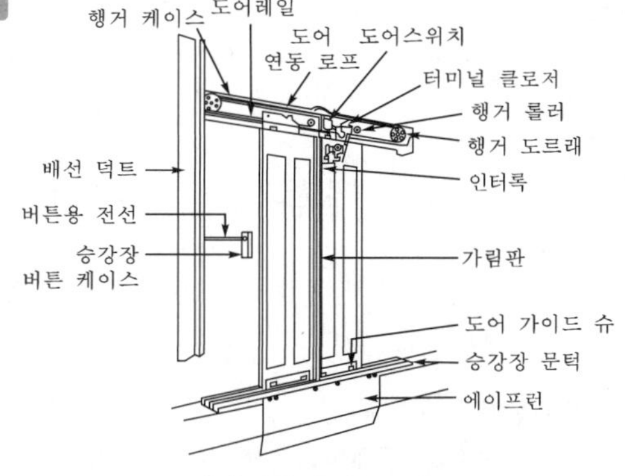

행거 케이스　도어레일
도어　도어스위치
연동 로프
터미널 클로저
행거 롤러
행거 도르래
배선 덕트
인터록
버튼용 전선
승강장
버튼 케이스
가림판
도어 가이드 슈
승강장 문턱
에이프런

∥ 승강장 도어 구조 ∥

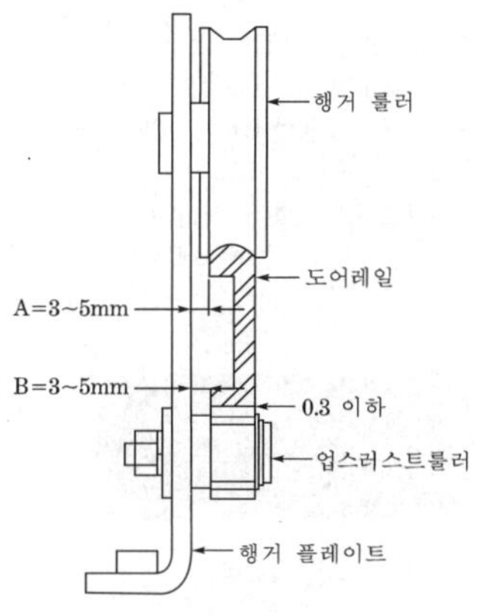

행거 롤러
도어레일
A=3~5mm
B=3~5mm
0.3 이하
업스러스트롤러
행거 플레이트

∥ 도어 레일과 행거 ∥

26 엘리베이터의 분류법에 해당되지 않는 것은?

① 구동방식에 의한 분류
② 속도에 의한 분류
③ 연도에 의한 분류
④ 용도 및 종류에 의한 분류

해설 엘리베이터의 분류

㉠ 동력원별 분류 : 전동기, 기타의 동력
㉡ 동력 매체별 분류 : 로프식, 플런저(plunger)식, 스크루(screw)식, 랙·피니온(reck-pinion)식
㉢ 속도에 의한 분류 : 저속, 중속, 고속, 초고속
㉣ 용도에 의한 분류 : 승객용, 침대용, 승객·화물용, 비상용, 장애인용, 화물용, 자동차용, 에스컬레이터 등
㉤ 제어방식에 의한 분류
 • 교류 : 1단 속도제어, 2단 속도제어, 궤환(feed back) 전압 제어, 가변전압 가변주파수제어
 • 직류 : 워드 레오나드(ward leonard) 방식, 정지 레오나드(static leonard) 방식
 • 유압식 : 인버터(VVVF)제어, 유량제어방식
㉥ 조작방법에 의한 분류 : 반자동식, 자동식, 병용방식

27 과속조절기에서 과속스위치의 작동원리는 무엇을 이용한 것인가?

① 회전력
② 원심력
③ 과속조절기로프
④ 승강기의 속도

해설 과속조절기(governor)의 원리

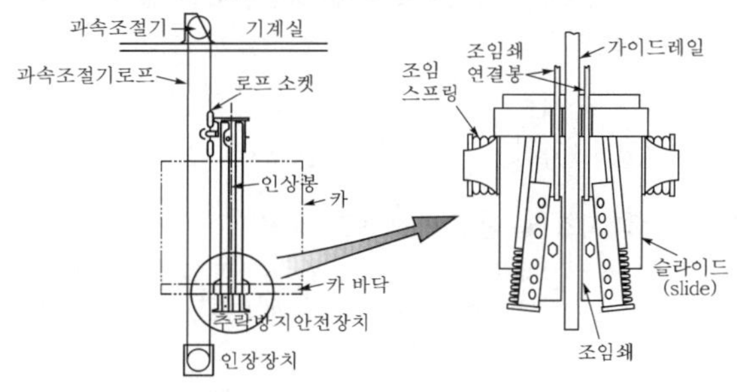

과속조절기　기계실
과속조절기로프
로프 소켓
조임쇄 연결봉
가이드레일
조임 스프링
인상봉
카
슬라이드 (slide)
카 바닥
추락방지안전장치
조임쇄
인장장치

∥ 과속조절기와 추락방지안전장치의 연결 모습 ∥

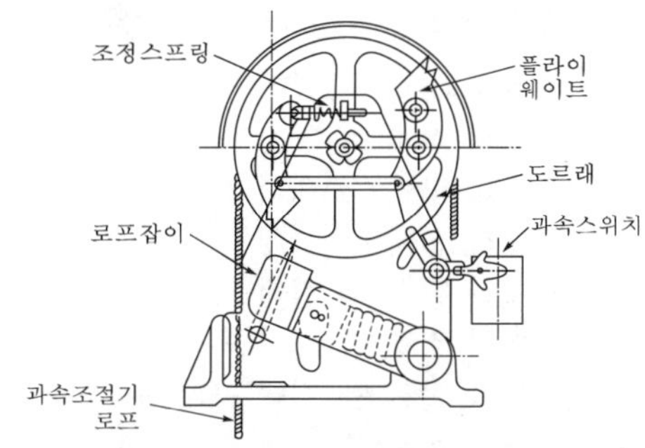

조정스프링
플라이 웨이트
도르래
로프잡이
과속스위치
과속조절기 로프

∥ 디스크 추형 조속기 ∥

㉠ 과속조절기풀리와 카를 과속조절기로프로 연결하면 카가 움직일 때 과속조절기풀리도 카와 같은 속도, 같은 방향으로 움직인다.
㉡ 어떤 비정상적인 원인으로 카의 속도가 빨라지면 과속조절기링크에 연결된 무게추(weight)가 원심력에 의해 풀리 바깥쪽으로 벗어나면서 과속을 감지한다.
㉢ 미리 설정된 속도에서 과속스위치와 제동기(brake)로 카를 정지시킨다.
㉣ 만약 엘리베이터가 정지하지 않고 속도가 계속 증가하면 과속조절기의 캐치(catch)가 동작하여 과속조절기로프를 붙잡고 결국은 추락방지안전장치를 작동시켜서 엘리베이터를 정지시킨다.

28 안전 작업모를 착용하는 주요 목적이 아닌 것은?

① 화상 방지
② 감전의 방지
③ 종업원의 표시
④ 비산물로 인한 부상 방지

정답 26. ③　27. ②　28. ③

해설 안전모(safety cap)

작업자가 작업할 때 비래하는 물건, 낙하하는 물건에 의한 위험성을 방지 또는 하역작업에서 추락했을 때 머리 부위에 상해를 받는 것을 방지하고, 머리 부위에 감전될 우려가 있는 전기공사 작업에서 산업재해를 방지하기 위해 착용한다.

29 '엘리베이터 사고 속보'란 사고 발생 후 몇 시간 이내인가?

① 7시간   ② 9시간
③ 18시간   ④ 24시간

해설 중대사고 및 중대고장의 보고 종류

㉠ 승강기사고 속보 : 사고가 발생한 때부터 24시간 내
㉡ 승강기사고 상보 : 사고가 발생한 때부터 7일 이내

★★

30 안전점검 및 진단순서가 맞는 것은?

① 실태 파악 → 결함 발견 → 대책 결정 → 대책 실시
② 실태 파악 → 대책 결정 → 결함 발견 → 대책 실시
③ 결함 발견 → 실태 파악 → 대책 실시 → 대책 결정
④ 결함 발견 → 실태 파악 → 대책 결정 → 대책 실시

해설 안전점검 및 진단순서

㉠ 실태 파악 → 결함 발견 → 대책 결정 → 대책 실시
㉡ 안전을 확보하기 위해서 실태를 파악해, 설비의 불안전 상태나 사람의 불안전행위에서 생기는 결함을 발견하여 안전대책의 상태를 확인하는 행동이다.

31 안전사고의 통계를 보고 알 수 없는 것은?

① 사고의 경향
② 안전업무의 정도
③ 기업이윤
④ 안전사고 감소 목표 수준

해설 안전사고의 통계를 보고 기업이윤을 알 수는 없다.

★★★★

32 일반적인 안전대책의 수립방법으로 가장 알맞은 것은?

① 계획적   ② 경험적
③ 사무적   ④ 통계적

해설 재해의 분류방법 중 통계적 분류방법으로 사망(사망 재해), 중상해(폐질 재해 : 고칠 수 없는 병), 경상해(휴업 재해), 경미상해(불휴 재해)가 있다.

33 에스컬레이터의 경사도가 30° 이하일 경우에 공칭속도는?

① 0.75m/s 이하   ② 0.80m/s 이하
③ 0.85m/s 이하   ④ 0.90m/s 이하

해설 구동기

㉠ 구동장치는 2대 이상의 에스컬레이터 또는 무빙워크를 운전하지 않아야 한다.
㉡ 공칭속도는 공칭주파수 및 공칭전압에서 ±5%를 초과하지 않아야 한다.
㉢ 에스컬레이터의 공칭속도
• 경사도가 30° 이하인 에스컬레이터는 0.75m/s 이하이어야 한다.
• 경사도가 30°를 초과하고 35° 이하인 에스컬레이터는 0.5m/s 이하이어야 한다.
㉣ 무빙워크의 공칭속도는 0.75m/s 이하이어야 한다.

| 팔레트 | 콤(comb) |

팔레트 또는 벨트의 폭이 1.1m 이하이고, 승강장에서 팔레트 또는 벨트가 콤에 들어가기 전 1.6m 이상의 수평주행구간이 있는 경우 공칭속도는 0.9m/s까지 허용된다. 다만, 가속구간이 있거나 무빙워크를 다른 속도로 직접 전환시키는 시스템이 있는 무빙워크에는 적용되지 않는다.

34 플러깅(plugging)이란 무슨 장치를 말하는가?

① 전동기의 속도를 빠르게 조절하는 장치
② 전동기의 기동을 빠르게 하는 장치
③ 전동기를 정지시키는 장치
④ 전동기의 속도를 조절하는 장치

해설 직류전동기의 제동법

㉠ 발전제동 : 운전 중의 전동기를 전원에서 분리하여 단자에 적당한 저항을 접속하고 이것을 발전기로 동작 시켜 부하전류로 역토크에 의해 제동하는 방법이다.
㉡ 회생제동 : 전동기를 발전기로 동작 시켜 그 유도기전력을 전원전압보다 크게 하여 전력을 전원에 되돌려 보내서 제동시키는 방법이다.
㉢ 역상제동(플러킹) : 3상 유도전동기에서 전원의 위상을 역(逆)으로 하는 것에 따라 제동력을 얻는 전기제동으로 전원에 결선된 3가닥의 전선 중에서 임의의 2가닥을 바꾸어 접속하면 역회전이 걸려 전동기를 급격히 빠르게 제동할 수 있다.

정답   29. ④   30. ①   31. ③   32. ④   33. ①   34. ③

★★★

35 전기식 엘리베이터의 속도에 의한 분류방식 중 고속 엘리베이터의 기준은?

① 2m/s 이상
② 2m/s 초과
③ 3m/s 이상
④ 4m/s 초과

해설 고속 엘리베이터는 정격속도가 초당 4m(240m/min)를 초과하는 승강기를 말한다.

36 작업 시 이상 상태를 발견할 경우 처리절차가 옳은 것은?

① 작업 중단 → 관리자에 통보 → 이상 상태 제거 → 재발방지대책 수립
② 관리자에 통보 → 작업 중단 → 이상 상태 제거 → 재발방지대책 수립
③ 작업 중단 → 이상 상태 제거 → 관리자에 통보 → 재발방지대책 수립
④ 관리자에 통보 → 이상 상태 제거 → 작업 중단 → 재발방지대책 수립

해설 재해발생 시 재해조사 순서
㉠ 재해 발생
㉡ 긴급조치(기계 정지 → 피해자 구출 → 응급조치 → 병원에 후송 → 관계자 통보 → 2차 재해 방지 → 현장 보존)
㉢ 원인조사
㉣ 원인분석
㉤ 대책 수립
㉥ 실시
㉦ 평가

★★★

37 에스컬레이터에서 스텝체인은 일반적으로 어떻게 구성되어 있는가?

① 좌우에 각 1개씩 있다.
② 좌우에 각 2개씩 있다.
③ 좌측에 1개, 우측에 2개가 있다.
④ 좌측에 2개, 우측에 1개가 있다.

해설 스텝체인(step chain)
㉠ 스텝은 스텝 측면에 각각 1개 이상 설치된 2개 이상의 체인에 의해 구동되어야 한다.
㉡ 스텝체인의 링크 간격을 일정하게 유지하기 위하여 일정 간격으로 환봉강을 연결하고, 환봉강 좌우에 전륜이 설치되며, 가이드레일 상을 주행한다.

38 콘덴서의 용량을 크게 하는 방법으로 옳지 않은 것은?

① 극판의 면적을 넓게 한다.
② 극판의 간격을 좁게 한다.
③ 극판간에 넣은 물질은 비유전율이 큰 것을 사용한다.
④ 극판 사이의 전압을 높게 한다.

해설 정전용량(Q)
㉠ 콘덴서(condenser)는 2장의 도체판(전극) 사이에 유전체를 넣고 절연하여 전하를 축적할 수 있게 한 것이다.

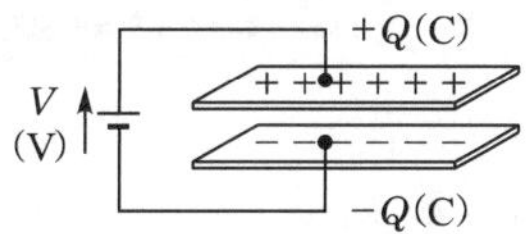

㉡ 전원전압 V(V)에 의해 축적된 전하 Q(C)이라 하면, Q는 V에 비례하고 그 관계 $Q = CV$(C)이다.
• C는 전극이 전하를 축적하는 능력의 정도를 나타내는 상수로 커패시턴스(capacitance) 또는 정전용량(electrostatic capacity)이라고 하며, 단위는 패럿(farad, F)이다.
• 1F은 1V의 전압을 가하여 1C의 전하가 축적되는 경우의 정전용량이다.
㉢ 큰 정전용량을 얻기 위한 방법
• 극판의 면적을 넓게 한다.
• 극판간의 간격을 작게 한다.
• 극판 사이에 넣는 절연물을 비유전율(ε_s)이 큰 것으로 사용한다.
• 비유전율 : 공기(1), 유리(5.4~9.9), 마이카(5.6~6.0), 단물(81)

39 다음 중 카 상부에서 하는 검사가 아닌 것은?

① 비상구출구 스위치의 작동 상태
② 도어개폐장치의 설치 상태
③ 과속조절기로프의 설치 상태
④ 과속조절기로프의 인상상치의 작동 상태

해설 과속조절기로프
㉠ 과속조절기로프의 설치 상태 : 카 위에서 하는 검사
㉡ 과속조절기로프의 인장장치 및 기타의 인장장치의 작동 상태 : 피트에서 하는 검사

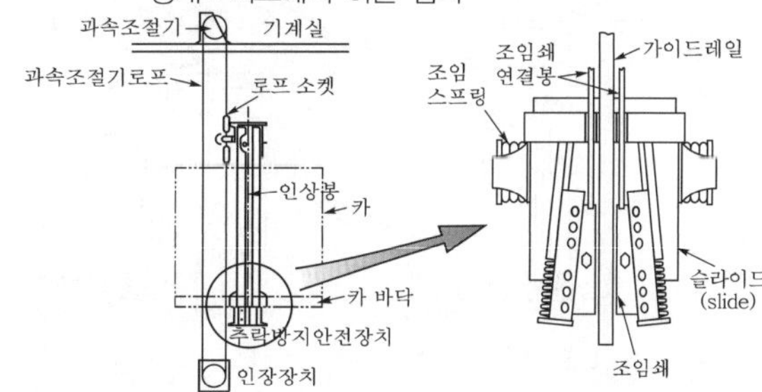

┃ 과속조절기와 추락방지안전장치의 연결 모습 ┃

‖ 과속조절기 인장장치 ‖

과속조절기도르래를 카의 움직임과 동기해서 회전 구동함과 동시에 과속조절기와 추락방지안전장치를 연동시키는 역할을 하는 로프이며, 기계실에 설치된 과속조절기와 승강로 하부에 설치된 인장 도르래 간에 연속적으로 걸어서, 편측의 1개소에서 카의 추락방지안전장치의 인장도르래에 연결된다.

★★★

40 어떤 일정 기간을 두고서 행하는 안전점검은?

① 특별점검   ② 정기점검
③ 임시점검   ④ 수시점검

해설 **안전점검의 종류**

㉠ 정기점검 : 일정 기간마다 정기적으로 실시하는 점검을 말하며, 매주, 매월, 매분기 등 법적 기준에 맞도록 또는 자체 기준에 따라 해당 책임자가 실시하는 점검이다.

㉡ 수시점검(일상점검) : 매일 작업 전, 작업 중, 작업 후에 일상적으로 실시하는 점검을 말하며, 작업자, 작업책임자, 관리감독자가 행하는 사업주의 순찰도 넓은 의미에서 포함된다.

㉢ 특별점검 : 기계기구 또는 설비의 신설·변경 또는 고장·수리 등으로 비정기적인 특정점검을 말하며 기술책임자가 행한다.

㉣ 임시점검 : 기계기구 또는 설비의 이상발견 시에 임시로 실시하는 점검을 말하며, 정기점검 실시 후 다음 정기점검일 이전에 임시로 실시하는 점검

41 급유가 필요하지 않은 곳은?

① 호이스트로프(hoist rope)
② 과속조절기(governor)로프
③ 가이드레일(guide rail)
④ 웜기어(worm gear)

해설 **과속조절기로프**

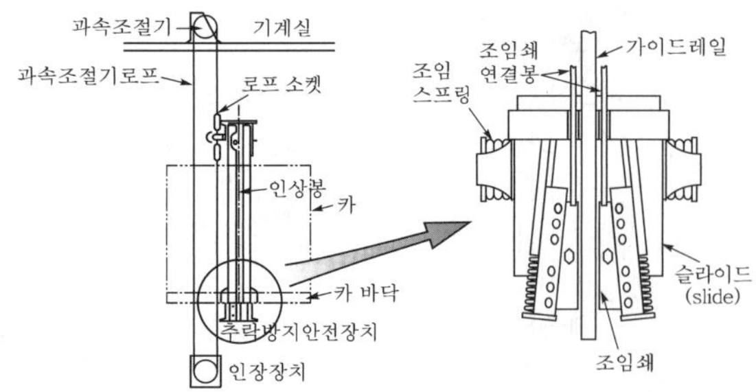

‖ 과속조절기와 추락방지안전장치의 연결 모습 ‖

★★★

42 전기기기에서 E종 절연의 최고 허용온도는 몇 ℃인가?

① 90
② 105
③ 120
④ 130

해설 **전기기기의 절연등급**

절연의 종류	최고 허용온도
Y종	90℃
A종	105℃
E종	120℃
B종	130℃
F종	155℃
H종	180℃
C종	180℃ 초과

43 스텝체인 안전장치에 대한 설명으로 알맞은 것은?

① 스커트 가드판과 스텝 사이에 이물질의 끼임을 감지하여 안전스위치를 작동시키는 장치이다.
② 스텝과 레일 사이에 이물질의 끼임을 감지하는 장치이다.
③ 스텝체인이 절단되거나 늘어남을 감지하는 장치이다.
④ 상부 기계실 내 작업 시에 전원이 투입되지 않도록 하는 장치이다.

해설 **스텝체인 안전장치(step chain safety device)**

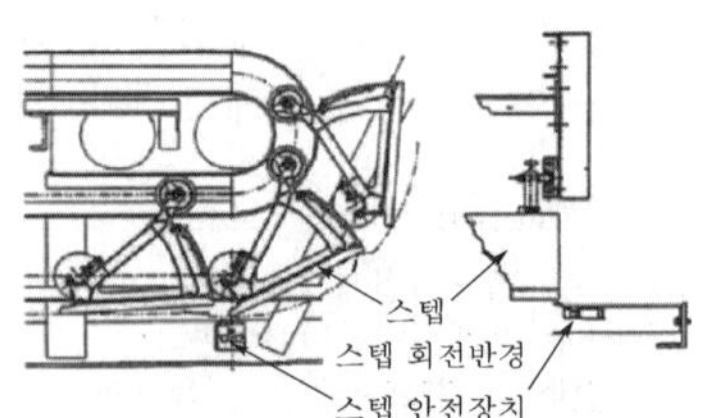

‖ 스텝체인 고장 검출 ‖

정답   40. ②   41. ②   42. ③   43. ③

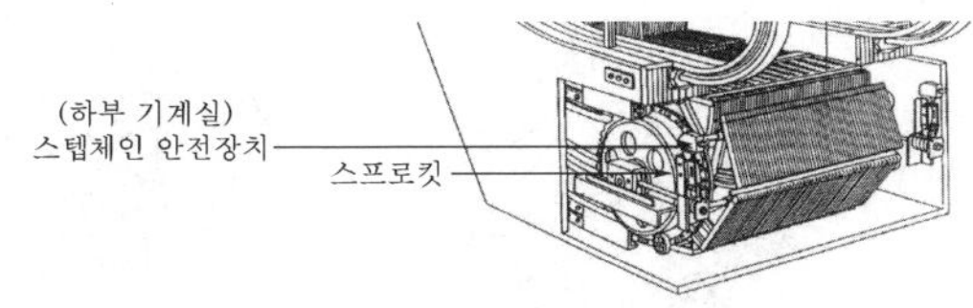

▮ 스텝체인 안전장치 ▮

㉠ 스텝체인이 절단되거나 심하게 늘어날 경우 스텝이 위치를 벗어나면 자동으로 구동기모터의 전원을 차단하고 기계브레이크를 작동시킴으로써 스텝과 스텝 사이의 간격이 생기는 등의 결과를 방지하는 장치이다.
㉡ 에스컬레이터 각 체인의 절단에 대한 안전율은 담금질한 강철에 대하여 5 이상이어야 한다.

★★

44 다음 중 산업재해예방의 기본 원칙에 속하지 않는 것은?

① 원인규명의 원칙 ② 대책선정의 원칙
③ 손실우연의 원칙 ④ 원인연계의 원칙

해설 재해(사고)예방의 4원칙

㉠ 손실우연의 원칙
- 재해손실은 사고발생 조건에 따라 달라지므로, 우연에 의해 재해손실이 결정됨
- 따라서, 우연에 의해 좌우되는 재해손실 방지보다는 사고발생 자체를 방지해야 함
㉡ 예방가능의 원칙
- 천재를 제외한 모든 인재는 예방이 가능함
- 사고발생 후 조치보다 사고의 발생을 미연에 방지하는 것이 중요함
㉢ 원인연계의 원칙
- 사고와 손실은 우연이지만, 사고와 원인은 필연임
- 재해는 반드시 원인이 있음
㉣ 대책선정의 원칙
- 재해원인은 제각각이므로 정확히 규명하여 대책을 선정하여야 함
- 재해예방의 대책은 3E(Engineering Education Enforcement)가 모두 적용되어야 효과를 거둠

45 다음 중 OR회로의 설명으로 옳은 것은?

① 입력신호가 모두 '0'이면 출력신호가 '1'이 됨
② 입력신호가 모두 '0'이면 출력신호가 '0'이 됨
③ 입력신호가 '1'과 '0'이면 출력신호가 '0'이 됨
④ 입력신호가 '0'과 '1'이면 출력신호가 '0'이 됨

해설 논리합(OR)회로

하나의 입력만 있어도 출력이 나타나는 회로이며, 'A' OR 'B' 즉, 병렬회로이다.

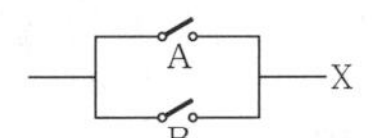

▮ 논리기호 ▮   ▮ 논리식 ▮   ▮ 스위치회로(병렬) ▮

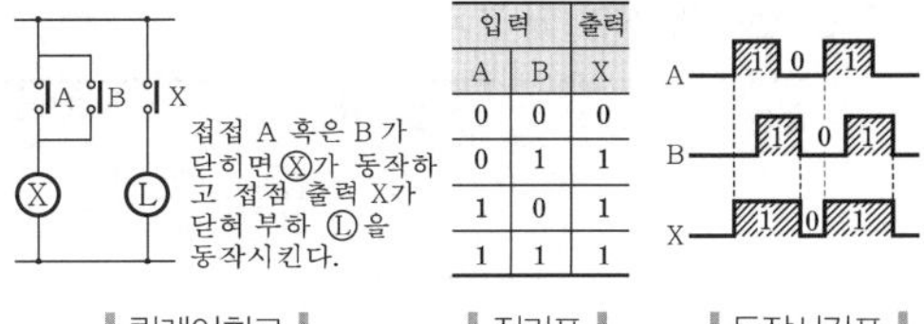

입력		출력
A	B	X
0	0	0
0	1	1
1	0	1
1	1	1

▮ 릴레이회로 ▮   ▮ 진리표 ▮   ▮ 동작시간표 ▮

★★★

46 되먹임제어에서 가장 필요한 장치는?

① 입력과 출력을 비교하는 장치
② 응답속도를 느리게 하는 장치
③ 응답속도를 빠르게 하는 장치
④ 안정도를 좋게 하는 장치

해설 되먹임(폐루프, 피드백, 궤환)제어

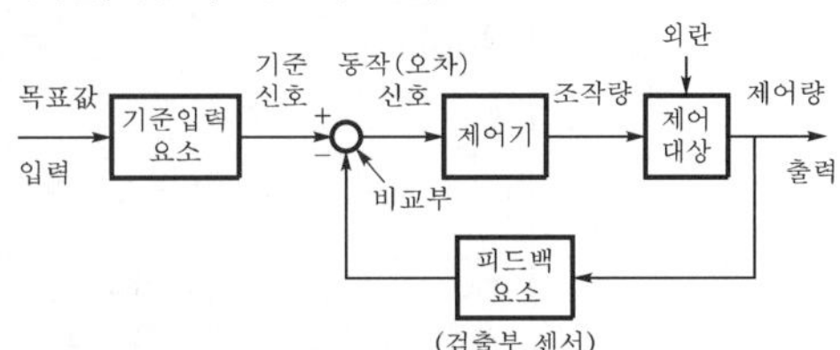

▮ 출력 피드백제어(output feedback control) ▮

㉠ 출력, 잠재외란, 유용한 조절변수인 제어대상을 가지는 일반화된 공정이다.
㉡ 적절한 측정기를 사용하여 검출부에서 출력(유속, 압력, 액위, 온도)값을 측정한다.
㉢ 검출부의 지시값을 목표값과 비교하여 오차(편차)를 확인한다.
㉣ 오차(편차)값은 제어기로 보내진다.
㉤ 제어기는 오차(편차)의 크기를 줄이기 위해 조작량의 값을 바꾼다.
㉥ 제어기는 조작량에 직접 영향이 미치지 않고 최종 제어요소인 다른 장치(보통 제어밸브)를 통하여 영향을 준다.
㉦ 미흡한 성능을 갖는 제어대상은 피드백에 의해 목표값과 비교하여 일치하도록 정정동작을 한다.
㉧ 상태를 교란시키는 외란의 영향에서 출력값을 원하는 수준으로 유지하는 것이 제어 목적이다.
㉨ 안정성이 향상되고, 선형성이 개선된다.
㉩ 종류에는 비례동작(P), 비례-적분동작(PI), 비례-적분-미분동작(PID)제어기가 있다.

47 전동기의 점검항목이 아닌 것은?

① 발열이 현저한 것
② 이상음이 있는 것
③ 라이닝의 마모가 현저한 것
④ 연속으로 운전하는데 지장이 생길 염려가 있는 것

해설 전동기의 점검 및 조치사항

주기	점검	점검사항	조치사항
일	사용 중인 전동기	• 소음 및 진동 여부 점검 • 브래킷의 베어링 부위를 만져보아 베어링 온도 측정	• 이상진동, 소음 및 베어링이 뜨거울 경우 원인조사 및 수리 • 과부하나 비정상적으로 운전될 경우 운전을 멈추고 원인 제거
주	미사용 전동기	손으로 축을 돌려 보아서 이상 유무 점검	비정상적일 경우 원인조사 및 수리
	전기장치	• 절연저항 측정 • 접지 상태 점검	절연저하 또는 부적당한 접지일 경우 원인조사 및 수리
월	전동기와 기동기	• 절연저항 측정 • 고정자 및 회전자 표면검사 • 터미널 이완 여부 점검 • 윤활 부분의 점검 • 브러시의 마모 상태 • 슬립링의 표면 상태	• 절연저하 시 원인조사 및 수리 • 더러운 면 소재 • 느슨한 경우 • 그리스 주입 베어링 교체 • 소모부품 교체
3개월	전기회로	절연저항 측정	허용한계 이하로 측정될 경우 건조 또는 수리(시험전압 500~1,000V 이상 : 1MΩ 이상, 250V 이하 : 0.5MΩ 이상)
6개월	부하기기	• 기동기 및 부속장치의 운전 상태 점검 • 터미널의 이완 상태 점검	• 이상 운전 시 원인조사 및 수리 • 결함 또는 그슬린 부분은 수리하고 필요 시 교체 • 느슨한 터미널 접속부 조임
	전동기	전동기의 모든 체결 부위 점검	• 풀린 볼트, 너트는 조임 • 결함이 있는 볼트, 너트는 교체
연	전동기	• 고정자와 회전자간 공극 측정 • 베어링의 이상 유무 점검 • 브러시의 압력 점검	• 손상된 베어링 교체 • 샤프트와 베어링 소제 • 마모부품 교체
	스페어 파트 (spare part)	• 수량 점검 • 절연저항 점검	• 파트 리스트(part list)에 의해 점검 • 절연저하 시 원인조사, 건조, 수리

48 유압용 엘리베이터에서 가장 많이 사용하는 펌프는?

① 기어펌프   ② 스크류펌프
③ 베인펌프   ④ 피스톤펌프

해설 펌프의 종류

㉠ 일반적으로 원심력식, 가변 토출량식, 강제 송유식(가장 많이 사용됨) 등이 있다.
㉡ 강제 송유식의 종류에는 기어펌프, 베인펌프, 스크류펌프(소음이 적어서 많이 사용됨) 등이 있다.
㉢ 스크류펌프(screw pump)는 케이싱 내에 1~3개의 나사 모양의 회전자를 회전시키고, 유체는 그 사이를 채워서 나아가도록 되어 있는 펌프이다. 유체에 회전운동을 주지 않기 때문에 운전이 조용하고, 효율도 높아서 유압용 펌프에 사용되고 있다.

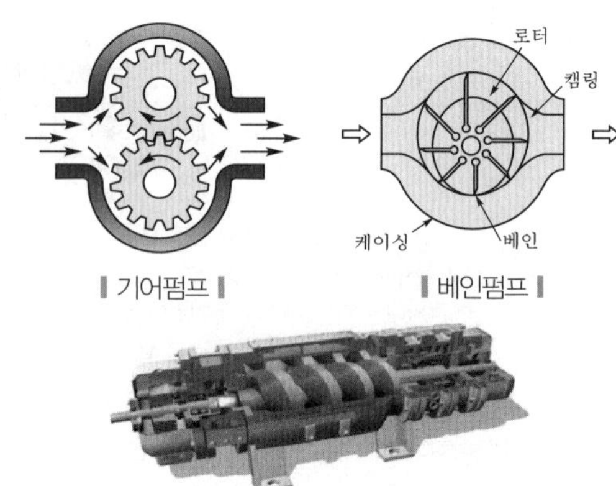

| 기어펌프 | | 베인펌프 |

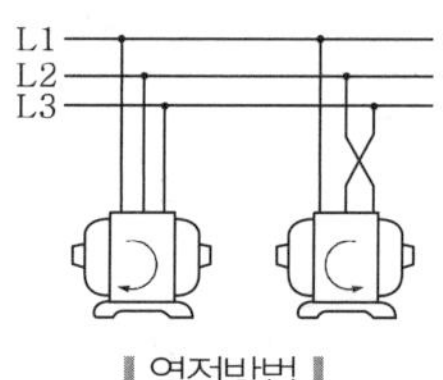

| 스크류펌프 |

★★★ 49 3상 유도전동기를 역회전 동작시키고자 할 때의 대책으로 옳은 것은?

① 퓨즈를 조사한다.
② 전동기를 교체한다.
③ 3선을 모두 바꾸어 결선한다.
④ 3선의 결선 중 임의의 2선을 바꾸어 결선한다.

해설 3상 교류인 3개의 단자 중 어느 2개의 단자를 서로 바꾸어 접속하면 1차 권선에 흐르는 상회전 방향이 반대가 되므로 자장의 회전방향도 바뀌어 역회전을 한다.

| 역전방법 |

50 카 상부에서 행하는 검사가 아닌 것은?

① 완충기 점검
② 주로프 점검
③ 가이드 슈 점검
④ 도어개폐장치 점검

해설 피트에서 하는 점검항목

㉠ 피트 바닥, 과부하감지장치
㉡ 완충기, 하부 파이널 리밋스위치, 카 비상멈춤장치스위치
㉢ 과속조절기로프 및 기타 당김도르래, 균형로프 및 부착부, 균형추 밑부분 틈새, 이동케이블 및 부착부
㉣ 카 하부 도르래, 피트 내의 내진대책

정답   48. ②   49. ④   50. ①

51
시퀀스회로에서 일종의 기억회로라고 할 수 있는 것은?

① AND회로 ② OR회로
③ NOT회로 ④ 자기유지회로

해설 **자기유지회로(self hold circuit)**

㉠ 전자계전기(X)를 조작하는 스위치(BS_1)와 병렬로 그 전자계전기의 a접점이 접속된 회로, 예를 들면 누름단추 스위치(BS_1)를 온(on)했을 때, 스위치가 닫혀 전자계전기가 여자(excitation)되면 그것의 a접점이 닫히기 때문에 누름단추 스위치(BS_1)를 떼어도(스위치가 열림) 전자계전기는 누름단추 스위치(BS_2)를 누를 때까지 여자를 계속한다. 이것을 자기유지라고 하는데 자기유지회로는 전동기의 운전 등에 널리 이용된다.

㉡ 여자(excitation) : 전자계전기의 전자코일에 전류가 흘러 전자석으로 되는 것이다.

㉢ 전자계전기(electromagnetic relay) : 전자력에 의해 접점(a, b)을 개폐하는 기능을 가진 장치로서, 전자코일에 전류가 흐르면 고정철심이 전자석으로 되어 철편이 흡입되고, 가동접점은 고정 접점에 접촉된다. 전자코일에 전류가 흐르지 않아 고정철심이 전자력을 잃으면 가동접점은 스프링의 힘으로 복귀되어 원상태로 된다. 일반제어회로의 신호전달을 위한 스위칭회로뿐만 아니라 통신기기, 가정용 기기 등에 폭넓게 이용되고 있다.

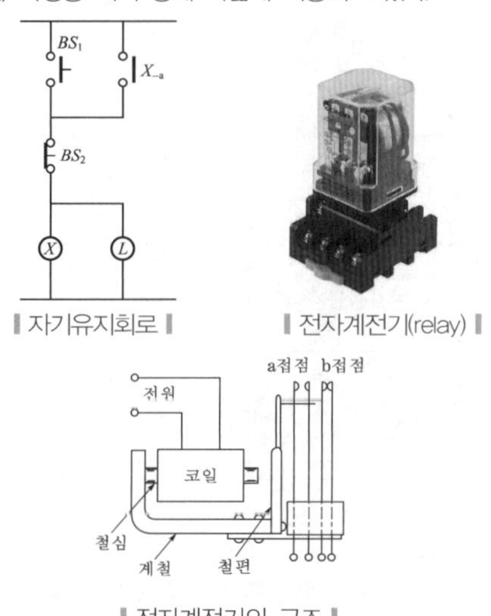

‖ 자기유지회로 ‖　　‖ 전자계전기(relay) ‖

‖ 전자계전기의 구조 ‖

52
콤에 대한 설명으로 옳은 것은?

① 홈에 맞물리는 각 승강장의 갈라진 부분
② 전기안전장치로 구성된 전기적인 안전시스템의 부분
③ 에스컬레이터 또는 무빙워크를 둘러싸고 있는 외부측 부분
④ 스텝, 팔레트 또는 벨트와 연결되는 난간의 수직 부분

㉠ 콤(comb) : 에스컬레이터 및 수평보행기의 승강구에 있어서 디딤판(step) 또는 발판 윗면의 홈과 맞물려 발을 보호하기 위한 것으로, 물건 등이 끼어 과도한 힘이 걸릴 경우 안전상 콤의 톱니 끝단이 부러지도록 플라스틱재가 사용된다.

㉡ 라이저(riser) : 디딤판(step)과 디딤판 사이의 수직면, 에스컬레이터의 스텝 라이저에는 인접하는 디딤판과 디딤판과의 틈새에 발끝이 끼지 않도록 하기 위해 설치된다.

㉢ 클리트(cleat) : 에스컬레이터 디딤면 및 라이저 또는 수평보행기의 디딤면에 만들어져 있는 홈을 말한다.

‖ 승강장 스텝 ‖　‖ 콤(comb) ‖　‖ 클리트(cleat) ‖

★★★

53
유압장치의 보수, 점검, 수리 시에 사용되고, 일명 게이트밸브라고도 하는 것은?

① 스톱밸브
② 사이렌서
③ 체크밸브
④ 필터

해설 **유압회로의 구성요소**

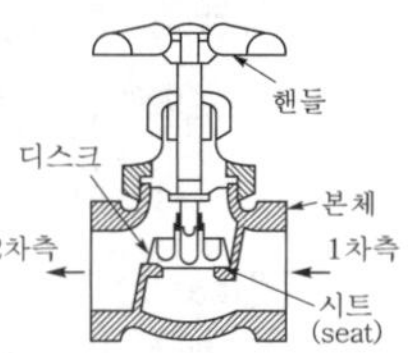

‖ 스톱밸브 ‖

㉠ 스톱밸브(stop valve) : 유압 파워유닛과 실린더 사이의 압력배관에 설치되며, 이것을 닫으면 실린더의 기름이 파워유닛으로 역류하는 것을 방지한다. 유입장치의 보수, 점검 또는 수리 등을 할 때에 사용되며, 일명 게이트밸브라고도 한다.

㉡ 사이렌서(silencer) : 자동차의 머플러와 같이 작동유의 압력 맥동을 흡수하여 진동·소음을 감소하는 역할을 한다.

㉢ 역류제지밸브(check valve) : 한쪽 방향으로만 기름이 흐르도록 하는 밸브로서 상승방향으로는 흐르지만 역방향으로는 흐르지 않는다. 이것은 정전이나 그 이외의 원인으로 펌프의 토출압력이 떨어져서 실린더의 기름이 역류하여 카가 자유낙하하는 것을 방지하는 역할을 하는 것으로 로프식 엘리베이터의 전자브레이크와 유사하다.

㉣ 필터(filter) : 실린더에 쇳가루나 이물질이 들어가는 것을 방지(실린더 손상 방지)하기 위해 설치하며, 펌프의 흡입측에 부착하는 것을 스트레이너라 하고, 배관 중간에 부착하는 것을 라인필터라 한다.

54 회전운동을 직선운동, 왕복운동, 진동 등으로 변환하는 기구는?

① 링크기구　　　　② 슬라이더
③ 캠　　　　　　　④ 크랭크

해설 캠(cam)
- ㉠ 캠은 회전운동을 직선운동, 왕복운동, 진동 등으로 변환하는 장치
- ㉡ 평면 곡선을 이루는 캠 : 판캠, 홈캠, 확동캠, 직동캠 등
- ㉢ 입체적인 모양의 캠 : 단면캠, 원뿔캠, 경사판캠, 원통캠, 구면(球面)캠, 엔드캠 등

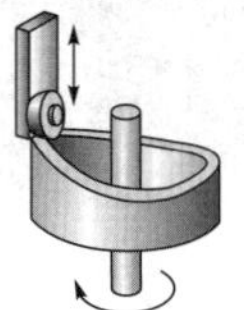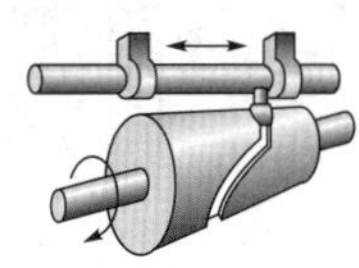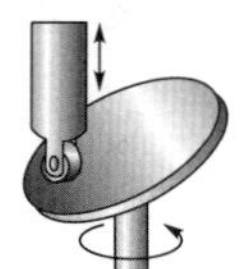

| 단면캠 | 원뿔캠 | 경사판캠 |

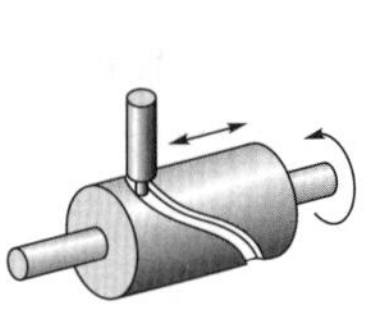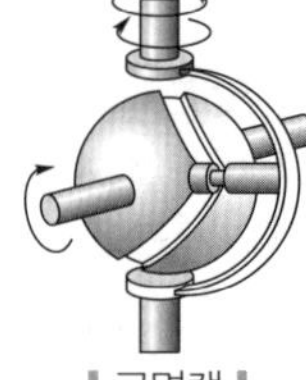

| 원통캠 | 구면캠 |

55 다음 중 입체 캠이 아닌 것은?

① 원뿔캠　　　　　② 판캠
③ 구면캠　　　　　④ 경사판캠

해설 캠(cam)
- ㉠ 캠은 회전운동을 직선운동, 왕복운동, 진동 등으로 변환하는 장치
- ㉡ 평면 곡선을 이루는 캠 : 판캠, 홈캠, 확동캠, 직동캠 등
- ㉢ 입체적인 모양의 캠 : 단면캠, 원뿔캠, 경사판캠, 원통캠, 구면(球面)캠, 엔드캠 등

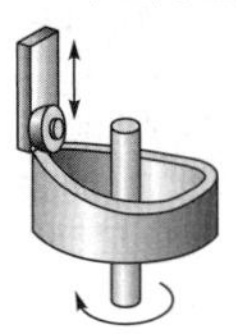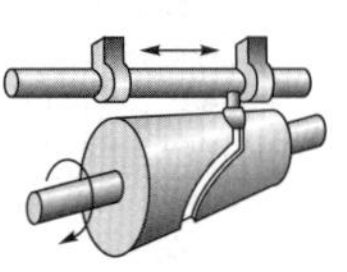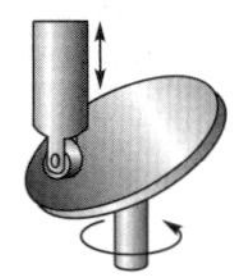

| 단면캠 | 원뿔캠 | 경사판캠 |

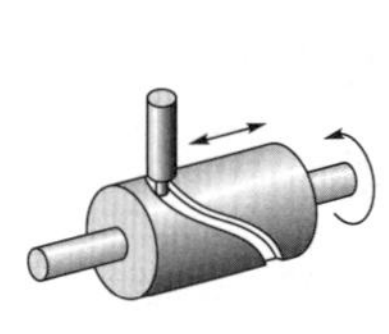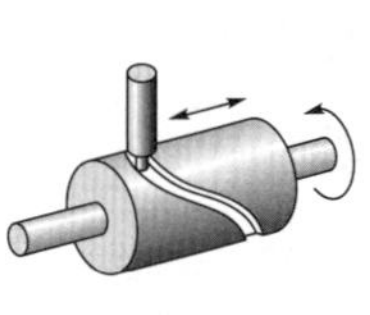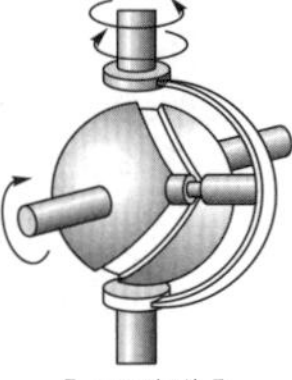

| 원통캠 | 구면캠 |

56 전선의 길이를 고르게 2배로 늘리면 단면적은 1/2로 된다. 이때의 저항은 처음의 몇 배가 되는가?

① 4배　　　　　　② 3배
③ 2배　　　　　　④ 1.5배

해설 ㉠ 전선의 길이를 늘이면 체적은 변하지 않으므로 길이가 n배로 되면, 단면적은 $\dfrac{1}{n}$ 배로 줄어든다.

㉡ $R' = \rho \dfrac{nl}{A/n} = n^2 \rho \dfrac{l}{A}$ (길이를 n배로 늘리면 저항은 n^2배로 증가)

㉢ 따라서 $n^2 = 2^2 = 4$배로 증가한다.

57 크레인, 엘리베이터, 공작기계, 공기압축기 등의 운전에 가장 적합한 전동기는?

① 직권전동기　　　② 분권전동기
③ 차동복권전동기　④ 가동복권전동기

해설 가동복권전동기
- ㉠ 직권계자권선에 의하여 발생되는 자속이 분권계자권선에 의하여 발생되는 자속과 같은 방향이 되어 합성자속이 증가하는 구조의 전동기이다.
- ㉡ 속도변동률이 분권전동기보다 큰 반면에 기동토크도 크므로 크레인, 엘리베이터, 공작기계, 공기압축기 등에 널리 이용된다.

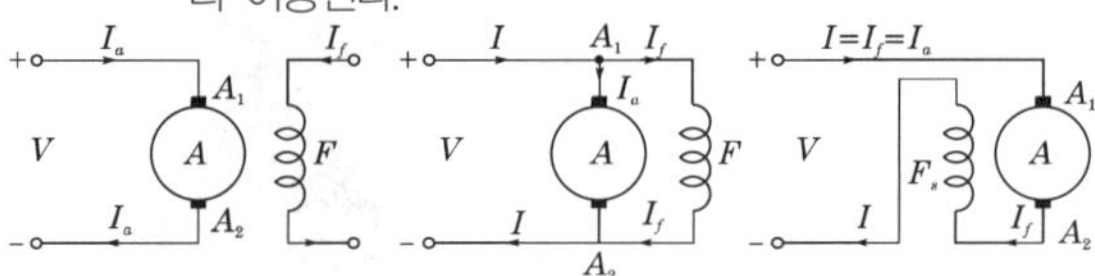

(a) 타여자전동기　　(b) 분권전동기　　(c) 직권전동기

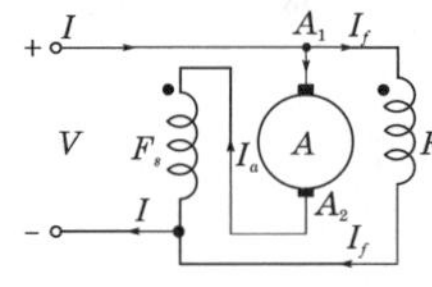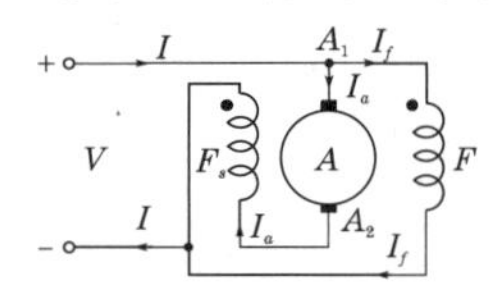

(d) 가동복권전동기　　　　(e) 차동복권전동기

여기서, A : 전기자, F : 분권 또는 타여자계자권선
F_s : 직권계자권선　I : 전동기전류(A)
I_a : 전기자전류(A), I_f : 분권 또는 타여자 계자전류(A)

| 직류전동기의 종류 |

58 전기기기의 충전부와 외함 사이의 저항은?

① 절연저항
② 접지저항
③ 고유저항
④ 브리지저항

해설 절연저항(insulation resistance)

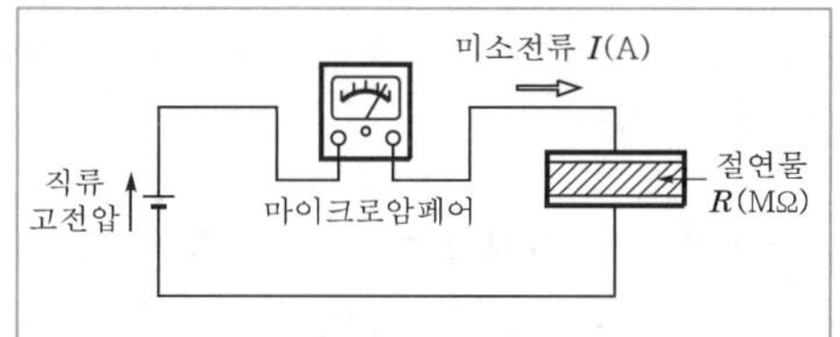

절연물에 직류전압을 가하면 아주 미세한 전류가 흐른다. 이때 전압과 전류의 비로 구한 저항을 절연저항이라 하고, 충전부분에 물기가 있으면 보통보다 대단히 낮은 저항이 된다. 누설되는 전류가 많게 되고, 절연저항이 저하하면 감전이나 과열에 의한 화재 및 쇼크 등의 사고가 뒤따른다.

59 유도전동기의 속도제어방법이 아닌 것은?

① 전원전압을 변화시키는 방법
② 극수를 변화시키는 방법
③ 주파수를 변화시키는 방법
④ 계자저항을 변화시키는 방법

해설 유도전동기의 속도제어법

㉠ 2차 여자법 : 2차 권선에 외부의 전류를 통해 자계를 만들고, 그 작용으로 속도를 제어한다.
㉡ 주파수변환 : 주파수는 고정자에 입력되는 3상 교류전원의 주파수를 뜻하며, 이 주파수를 조정하는 것은 전원을 조절한다는 것이고, 동기속도가 전원주파수에 비례하는 성질을 이용하여 원활한 속도제어를 한다.
㉢ 2차 저항제어 : 회전자권선(2차 권선)에 접속한 저항값의 증감법이다.
㉣ 극수변환 : 동기속도가 극수에 반비례하는 성질을 이용. 권선의 접속을 바꾸는 방법과 극수가 서로 다른 2개의 독립된 권선을 감는 방법 등이 있다. 비교적 효율이 좋고 자주 속도를 변경할 필요가 있으며 계단적으로 속도변경이 필요한 부하에 사용된다.
㉤ 전압제어 : 유도기의 토크는 전원전압의 제곱에 비례하기 때문에 1차 전압을 제어하여 속도를 제어한다

60 배선용 차단기의 기호(약호)는?

① S
② DS
③ THR
④ MCCB

해설 배선용 차단기(Molded Case Circuit Breaker)

저압 옥내 전로의 보호를 위하여 사용한다. 개폐기구, 트립장치 등을 절연물의 용기 내에 조립한 것으로 통전 상태의 전로를 수동 또는 전기 조작에 의하여 개폐가 가능하고 과부하, 단락사고 시 자동으로 전로를 차단하는 기구이다.

정답 59. ④ 60. ④

※ 본 문제는 수험생들의 협조에 의해 작성되었으며, 시험내용과 일부 다를 수 있습니다.

01 승객이나 운전자의 마음을 편하게 해 주는 장치는?

① 통신장치
② 관제운전장치
③ 구출운전장치
④ BGM(Back Ground Music)장치

해설 BGM은 Back Ground Music의 약자로 카 내부에 음악을 방송하기 위한 장치이다.

02 다음 중 간접식 유압엘리베이터의 특징으로 옳지 않은 것은?

① 실린더를 설치하기 위한 보호관이 필요하지 않다.
② 실린더 길이가 직접식에 비하여 짧다.
③ 추락방지안전장치가 필요하지 않다.
④ 실린더의 점검이 직접식에 비하여 쉽다.

해설 간접식 유압엘리베이터

플런저의 선단에 도르래를 놓고 로프 또는 체인을 통해 카를 올리고 내리며, 로핑에 따라 1 : 2, 1 : 4, 2 : 4의 방식이 있다.

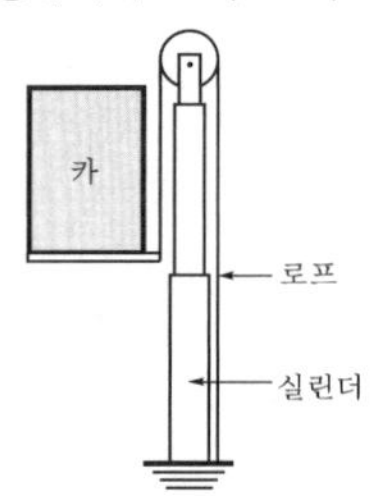

㉠ 실린더를 설치하기 위한 보호관이 필요하지 않다.
㉡ 실린더의 점검이 쉽다.
㉢ 승강로는 실린더를 수용할 부분만큼 더 커지게 된다.
㉣ 추락방지안전장치가 필요하다.
㉤ 로프의 늘어짐과 작동유의 압축성(의외로 크다) 때문에 부하에 의한 카 바닥의 빠짐이 비교적 크다.

03 카와 균형추에 대한 로프 거는 방법으로 2 : 1 로핑방식을 사용하는 경우 그 목적으로 가장 적절한 것은?

① 로프의 수영을 연장하기 위하여
② 속도를 줄이거나 적재하중을 증가시키기 위하여
③ 로프를 교체하기 쉽도록 하기 위하여
④ 무부하로 운전할 때를 대비하기 위하여

해설 카와 균형추에 대한 로프 거는 방법

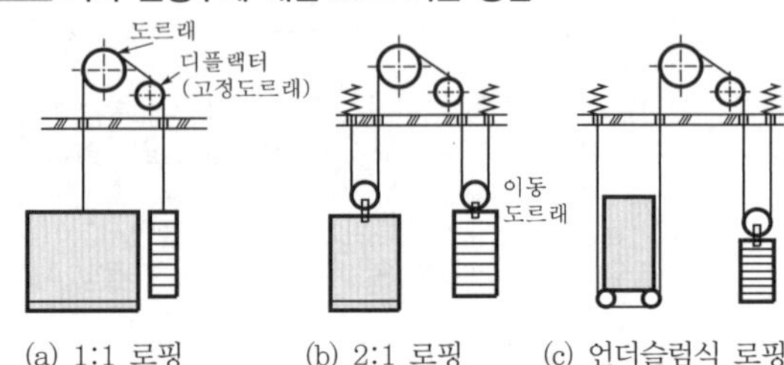

㉠ 1 : 1 로핑
• 일반적으로 승객용에 사용된다(속도를 줄이거나 적재용량 늘리기 위하여 2 : 1, 4 : 2도 승객용에 채용함).
• 로프장력은 카(또는 균형추)의 중량과 로프의 중량을 합한 것이다.
㉡ 2 : 1 로핑
• 1 : 1 로핑 장력의 1/2이 된다.
• 시브에 걸리는 부하도 1 : 1의 1/2이 된다.
• 카의 정격속도의 2배의 속도로 로프를 구동하여야 한다.
• 기어식 권상기에서는 30m/min 미만의 엘리베이터에서 많이 사용한다.
㉢ 3 : 1, 4 : 1, 6 : 1 로핑
• 대용량의 저속 화물용 엘리베이터에 사용되기도 한다.
• 결점으로는 와이어로프의 총 길이가 길게 되고 수명이 짧아지며 종합효율이 저하된다.
㉣ 언더슬렁식은 꼭대기의 틈새를 작게 할 수 있지만 최근에는 유압식 엘리베이터의 발달로 인해 사용을 안 한다.

04 다음 중 승강기 도어시스템과 관계없는 부품은?

① 브레이스 로드
② 연동로프
③ 캠
④ 행거

해설 카 틀(car frame)

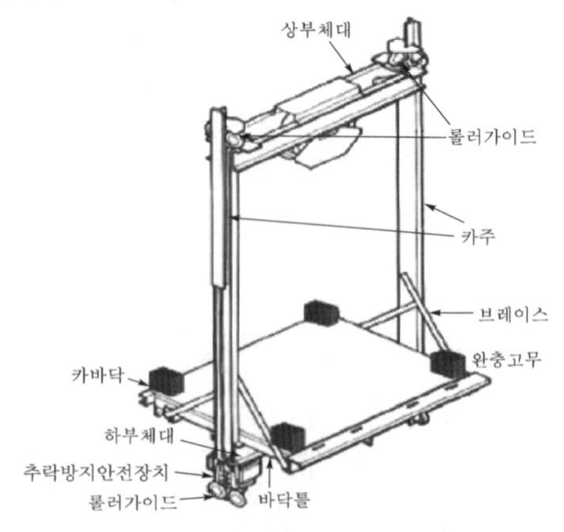

정답 01. ④ 02. ③ 03. ② 04. ①

ⓐ 상부 체대 : 카주 위에 2본의 종 프레임을 연결하고 매인 로프에 하중을 전달하는 것을 말한다.
ⓑ 카주 : 하부 프레임의 양단에서 하중을 지탱하는 2본의 기둥이다.
ⓒ 하부 체대 : 카 바닥의 하부 중앙에 바닥의 하중을 받쳐 주는 것을 말한다.
ⓓ 브레이스 로드(brace rod) : 카 바닥과 카주의 연결재이며, 카 바닥에 걸리는 하중은 분포하중으로 전하중의 3/8은 브레이스 로드에서 분담한다.

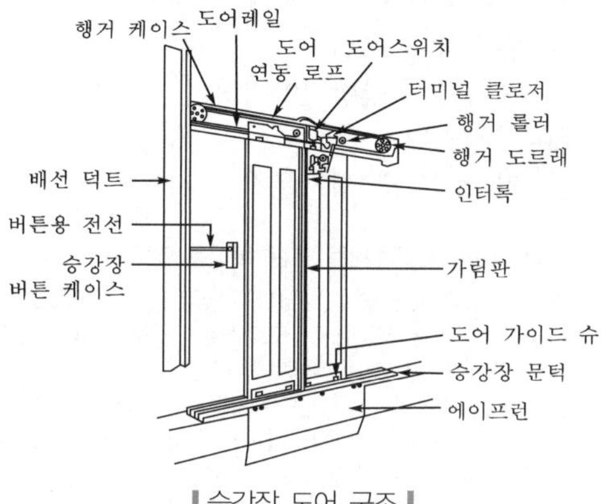

∥승강장 도어 구조∥

05 트랙션권상기의 특징으로 틀린 것은?

① 소요동력이 적다.
② 행정거리의 제한이 없다.
③ 주로프 및 도르래의 마모가 일어나지 않는다.
④ 권과(지나치게 감기는 현상)를 일으키지 않는다.

[해설] 권상기(traction machine)

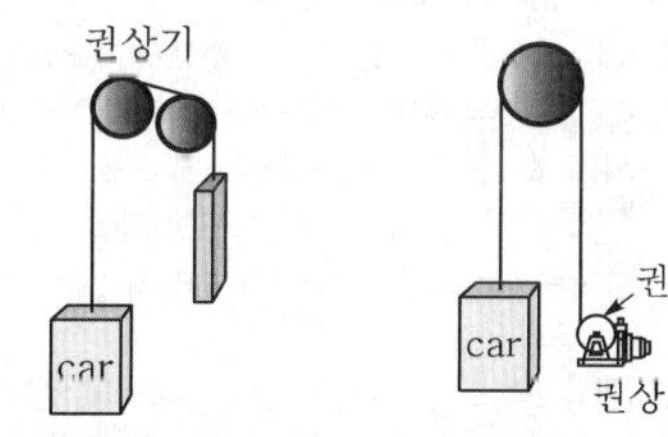

∥로프식 권상식(traction)∥   **∥권동식∥**

ⓐ 트랙션식 권상기의 형식
  • 기어드(geared)방식 : 전동기의 회전을 감속시키기 위해 기어를 부착한다.
  • 무기어(gearless)방식 : 기어를 사용하지 않고, 전동기의 회전축에 권상도르래를 부착시킨다.
ⓑ 트랙션식 권상기의 특징
  • 균형추를 사용하기 때문에 소요 동력이 적다
  • 도르래를 사용하기 때문에 승강행정에 제한이 없다.
  • 로프를 마찰로서 구동하기 때문에 지나치게 감길 위험이 없다.

06 와이어로프의 특징으로 잘못된 것은?

① 소선의 재질이 균일하고 인상이 우수
② 유연성이 좋고 내구성 및 내부식성이 우수
③ 그리스 저장능력이 좋아야 한다.
④ 로프 중심에 사용되는 심강의 경도가 낮다.

[해설] 엘리베이터용 와이어로프의 특징

ⓐ 유연성이 좋고 내구성 및 내부식성이 우수
ⓑ 소선의 재질이 균일하고 인성이 우수
ⓒ 로프 중심에 사용되는 심강의 경도가 높음
ⓓ 그리스 저장능력이 뛰어남

★★

07 승객용 엘리베이터의 적재하중 및 최대 정원을 계산할 때 1인당 하중의 기준은 몇 kg인가?

① 63   ② 65
③ 67   ④ 70

[해설] 카의 유효면적, 정격하중 및 정원

ⓐ 정격하중(rated load) : 엘리베이터의 설계된 적재하중을 말한다.
ⓑ 화물용 엘리베이터의 정격하중은 카의 면적 $1m^2$당 250kg으로 계산한 값 이상으로 하고 자동차용 엘리베이터의 정격하중은 카의 면적 $1m^2$당 150kg으로 계산한 값 이상으로 한다.
ⓒ 정원은 다음 식에서 계산된 값을 가장 가까운 정수로 버림한 값이어야 한다.

$$정원 = \frac{정격하중}{65}$$

08 구동체인이 늘어나거나 절단되었을 경우 아래로 미끄러지는 것을 방지하는 안전장치는?

① 스텝체인 안전장치
② 정지스위치
③ 인입구 안전장치
④ 구동체인 안전장치

[해설] 구동체인 안전장치(driving chain safety device)

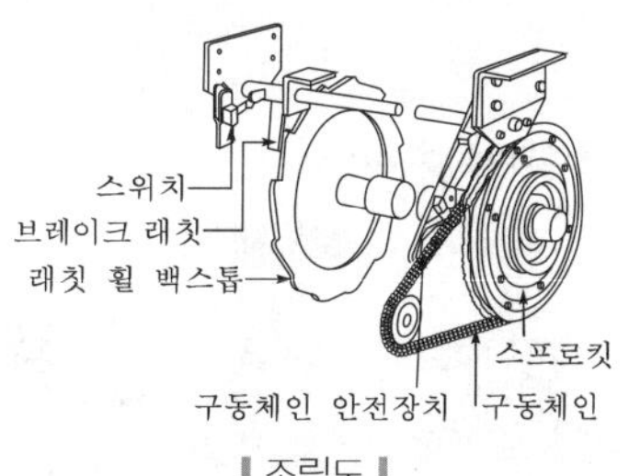

∥조립도∥

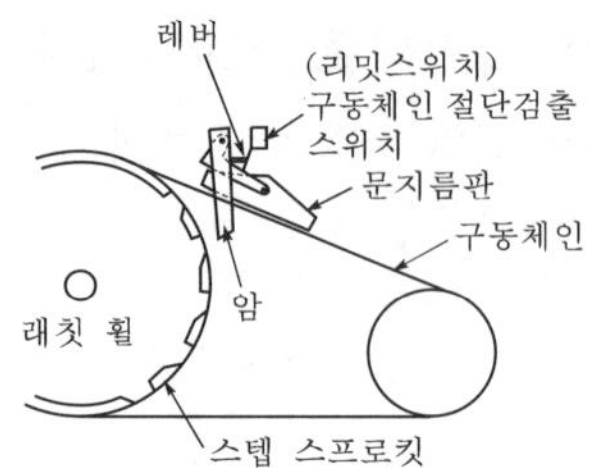

‖ 안전장치 상세도 ‖

㉠ 구동기와 주 구동장치(main drive) 사이의 구동체인이 상승 중 절단되었을 때 승객의 하중에 의해 하강운전을 일으키면 위험하므로 구동체인 안전장치가 필요하다.

㉡ 구동체인 위에 항상 문지름판이 구동되면서 구동체인의 늘어짐을 감지하여 만일 체인이 느슨해지거나 끊어지면 슈가 떨어지면서 브레이크 래칫이 브레이크 휠에 걸려 주 구동장치의 하강방향의 회전을 기계적으로 제지한다.

㉢ 안전스위치를 설치하여 안전장치의 동작과 동시에 전원을 차단한다.

09 펌프의 출력에 대한 설명으로 옳은 것은?

① 압력과 토출량에 비례한다.
② 압력과 토출량에 반비례한다.
③ 압력에 비례하고, 토출량에 반비례한다.
④ 압력에 반비례하고, 토출량에 비례한다.

해설 펌프(pump)

㉠ 펌프의 출력은 유압과 토출량에 비례한다.
㉡ 동일 플런저라면 유압이 높을수록 큰 하중을 들 수 있고, 토출량이 많을수록 속도가 크게 될 수 있다.
㉢ 일반적인 유압은 $10\sim60kg/cm^2$, 토출량은 $50\sim1500 l/min$ 정도이며 모터는 $2\sim50kW$ 정도이다. 이 펌프로 구동되는 엘리베이터의 능력은 $300\sim10000kg$, 속도는 $10\sim60m/min$ 정도이다.

10 유압장치의 보수 점검 및 수리 등을 할 때 사용되는 장치로서 이것을 닫으면 실린더의 기름이 파워유닛으로 역류하는 것을 방지하는 장치는?

① 제지밸브
② 스톱밸브
③ 안전밸브
④ 럽처밸브

해설 스톱밸브(stop valve)

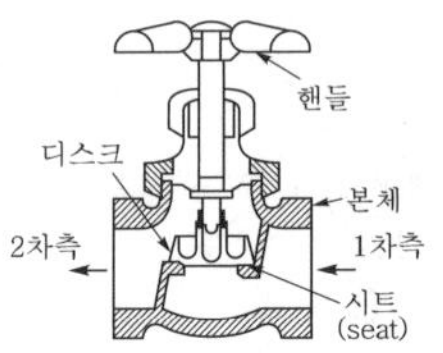

유압 파워유닛과 실린더 사이의 압력배관에 설치되며, 이것을 닫으면 실린더의 기름이 파워유닛으로 역류하는 것을 방지한다. 유압장치의 보수, 점검 또는 수리 등을 할 때에 사용되며, 일명 게이트밸브라고도 한다.

★ 11 엘리베이터가 비상정지 시 균형로프가 튀어오르는 것을 방지하기 위해 설치하는 것은?

① 슬로다운 스위치
② 록다운 추락방지안전장치
③ 파킹스위치
④ 각 층 강제 정지운전 스위치

해설 튀어오름방지장치(제동 또는 록다운 장치)

㉠ 카 하부에서 균형추 하부까지 연결되는 균형로프(불평형 하중 보상)를 안내하는 도르래는 견고히 설치하고 가이드레일에 상승방향 추락방지안전장치를 부착한다.
㉡ 카와 균형추에서 내리는 로프도 충분한 강도로 인장시켜 카의 추락방지안전장치가 작동 시 균형추, 와이어로프 등이 튀어오르지 못하도록 한다.
㉢ $4m/s$ 이상의 엘리베이터에 설치된다.
㉣ 순간식 추락방지안전장치로 적용된다.

12 구조에 따라 분류한 유압식 엘리베이터의 종류가 아닌 것은?

① 직접식
② 간접식
③ 팬터그래프식
④ VVVF식

해설 유압식 엘리베이터의 종류

펌프에서 토출된 작동유로 플런저(plunger)를 작동시켜 카를 승강시키는 것을 유압식 엘리베이터라 한다.
㉠ 직접식 : 플런저의 직상부에 카를 설치한 것
㉡ 간접식 : 플런저의 선단에 도르래를 놓고 로프 또는 체인을 통해 카를 올리고 내리며, 로핑에 따라 1 : 2, 1 : 4, 2 : 4의 로핑이 있다.
㉢ 팬터그래프식 : 카는 팬터그래프의 상부에 설치하고, 실린더에 의해 팬터그래프를 개폐한다.

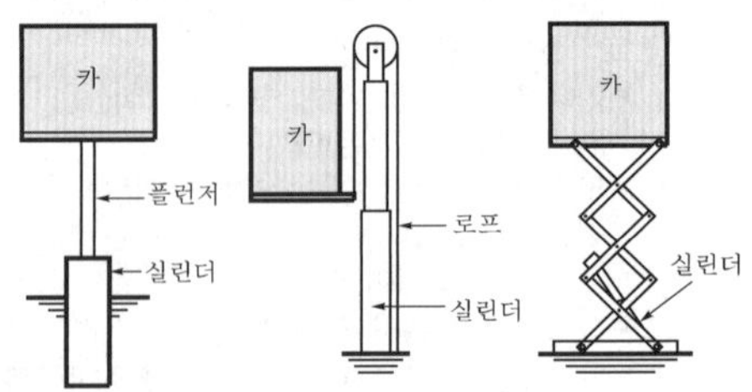

13 다음 빈칸의 내용으로 적당한 것은?

덤웨이터는 사람이 탑승하지 않으면서 적재용량이 (　)kg 이하인 것으로서 소형화물(서적, 음식물 등) 운반에 적합하게 제작된 엘리베이터이다.

① 200
② 300
③ 500
④ 1000

해설 덤웨이터 및 간이리프트

‖ 덤웨이터 ‖

㉠ 덤웨이터 : 사람이 탑승하지 않으면서 적재용량이 300kg 이하인 것으로서 소형화물(서적, 음식물 등) 운반에 적합하게 제작된 엘리베이터일 것. 다만, 바닥면적이 $0.5m^2$ 이하이고 높이가 0.6m 이하인 엘리베이터는 제외
㉡ 간이리프트 : 안전규칙에서 동력을 사용하여 가이드레일을 따라 움직이는 운반구를 매달아 소형 화물 운반만을 주목적으로 하는 승강기와 유사한 구조로서 운반구의 바닥면적이 $1m^2$ 이하이거나 천장높이가 1.2m 이하인 것

14 감전이나 전기화상을 입을 위험이 있는 작업에 반드시 갖추어야 할 것은?

① 보호구
② 구급용구
③ 위험신호장치
④ 구명구

해설 감전에 의한 위험대책

㉠ 전기설비의 점검을 철저히 할 것
㉡ 전기기기에 위험 표시
㉢ 유자격자 이외는 전기기계 및 기구에 접촉 금지
㉣ 설비의 필요한 부분에는 보호접지 실시
㉤ 전동기, 변압기, 분전반, 개폐기 등의 충전부가 노출된 부분에는 절연방호조치 점검
㉥ 화재폭발의 위험성이 있는 장소에서는 법규에 의해 방폭구조 전기기계의 사용 의무화
㉦ 고전압선로와 충전부에 근접하여 작업하는 작업자의 보호구 착용
㉧ 안전관리자는 작업에 대한 안전교육 시행

15 에스컬레이터 각 난간의 꼭대기에는 정상운행 조건하에서 스텝, 팔레트 또는 벨트의 실제속도와 관련하여 동일방향으로 몇 %의 공차가 있는 속도로 움직이는 핸드레일이 설치되어야 하는가?

① 0~2
② 4~5
③ 7~9
④ 10~12

해설 핸드레일 시스템

‖ 핸드레일 ‖

‖ 팔레트 ‖

㉠ 각 난간의 꼭대기에는 정상운행 조건하에서 스텝, 팔레트 또는 벨트의 실제속도와 관련하여 동일 방향으로 −0%에서 +2%의 공차가 있는 속도로 움직이는 핸드레일이 설치되어야 한다.
㉡ 핸드레일은 정상운행 중 운행방향의 반대편에서 450N의 힘으로 당겨도 정지되지 않아야 한다.
㉢ 핸드레일 속도감시장치가 설치되어야 하고 에스컬레이터 또는 무빙워크가 운행하는 동안 핸드레일 속도가 15초 이상 동안 실제속도보다 −15% 이상 차이가 발생하면 에스컬레이터 및 무빙워크를 정지시켜야 한다.

★★★★

16 도어 인터록 장치의 구조로 가장 옳은 것은?

① 도어스위치가 확실히 걸린 후 도어 인터록이 들어가야 한다.
② 도어스위치가 확실히 열린 후 도어 인터록이 들어가야 한다.
③ 도어록 장치가 확실히 걸린 후 도어스위치가 들어가야 한다.
④ 도어록 장치가 확실히 열린 후 도어스위치가 들어가야 한다.

해설 도어 인터록(door interlock) 및 클로저(closer)

 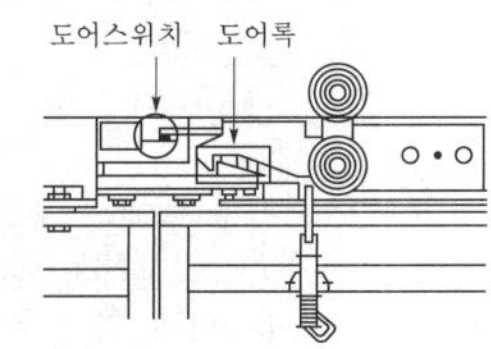

㉠ 도어 인터록(door interlock)
- 카가 정지하지 않는 층의 도어는 전용열쇠를 사용하지 않으면 열리지 않는 도어록과 도어가 닫혀 있지 않으면 운전이 불가능하도록 하는 도어스위치로 구성된다.
- 닫힘동작 시는 도어록이 먼저 걸린 상태에서 도어스위치가 들어가고 열림동작 시는 도어스위치가 끊어진 후 도어록이 열리는 구조(직렬)이며, 엘리베이터의 안전장치 중에서 승강장의 도어 안전장치로 가장 중요하다.

㉡ 도어 클로저(door closer)
- 승강장의 문이 열린 상태에서 모든 제약이 해제되면 자동적으로 닫히게 하여 문의 개방 상태에서 생기는 2차 재해를 방지하는 문의 안전장치이며, 전기적인 힘이 없어도 외부 문을 닫아주는 역할을 한다.
- 스프링 클로저 방식 : 레버시스템, 코일스프링과 도어체크가 조합된 방식
- 웨이트(weight) 방식 : 줄과 추를 사용하여 도어체크(문이 자동으로 천천히 닫히게 하는 장치)를 생략한 방식

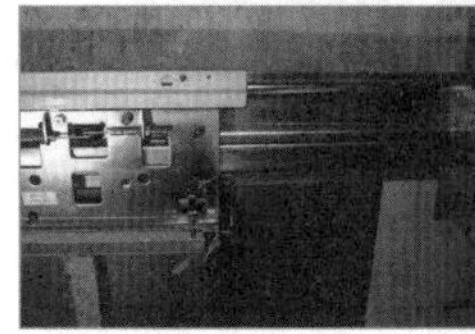

‖ 스프링 클로저 ‖　　‖ 웨이트 클로저 ‖

17 균형로프의 주된 사용 목적은?

① 카의 소음진동을 보상
② 카의 위치 변화에 따른 주로프 무게를 보상
③ 카의 밸런스 보상
④ 카의 적재하중 변화를 보상

해설 견인비의 보상방법

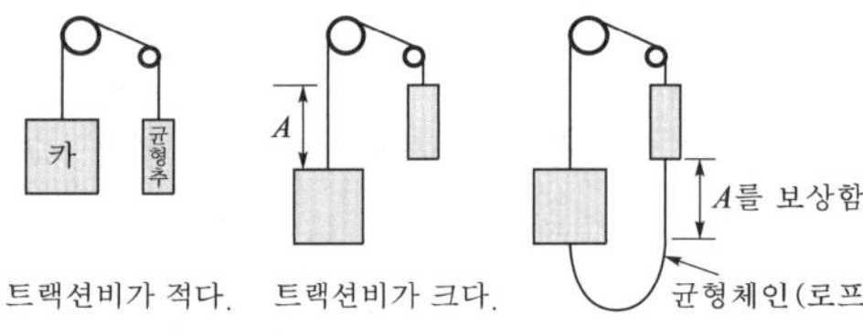
트랙션비가 적다.　　트랙션비가 크다.　　균형체인(로프)

㉠ 견인비(traction ratio)
- 카측 로프가 매달고 있는 중량과 균형추 로프가 매달고 있는 중량의 비를 트랙션비라 하고, 무부하와 전부하 상태에서 체크한다.
- 견인비가 낮게 선택되면 로프와 도르래 사이의 트랙션 능력, 즉 마찰력이 작아도 되며, 로프의 수명이 연장된다.

㉡ 문제점
- 승강행정이 길어지면 로프가 어느 쪽(카측, 균형추측)에 있느냐에 따라 트랙션비는 크게 변화한다.
- 트랙션비가 1.35를 초과하면 로프가 시브에서 슬립(slip)되기가 쉽다.

㉢ 대책
- 카 하부에서 균형추의 하부로 주로프와 비슷한 단위중량의 균형(보상)체인이나 로프를 매단다(트랙션비를 작게 하기 위한 방법).

- 균형로프는 서로 엉키는 걸 방지하기 위하여 피트에 인장도르래를 설치한다.
- 균형로프는 100%의 보상효과가 있고 균형체인은 90%정도밖에 보상하지 못한다.
- 고속·고층 엘리베이터의 경우 균형체인(소음의 원인)보다는 균형로프를 사용한다.

‖ 균형체인 ‖

★★ 18 중앙 개폐방식의 승강장 도어를 나타내는 기호는?

① 2S
② CO
③ UP
④ SO

해설 승강장 도어 분류

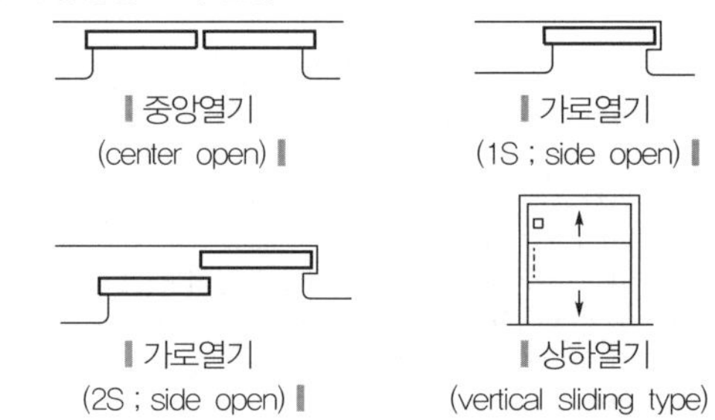

㉠ 중앙열기방식 : 1CO, 2CO (센터오픈 방식, Center Open)
㉡ 가로열기방식 : 1S, 2S, 3S (사이드오픈 방식, Side open)
㉢ 상하열기방식
- 2매, 3매 업(up)슬라이딩 방식 : 자동차용이나 대형 화물용 엘리베이터에서는 카 실을 완전히 개구할 필요가 있기 때문에 상승개폐(2up, 3up)도어를 많이 사용한다.
- 2매, 3매 상하열림(up, down)방식
㉣ 여닫이방식 : 1매 스윙, 2매 스윙(swing type)

19 와이어로프 가공방법 중 효과가 가장 우수한 것은?

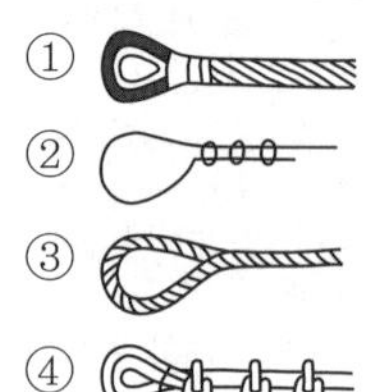

해설 로프 가공 및 효율

㉠ 팀블 락크 가공법 : 파이프 형태의 알루미늄 합금 또는
강재의 슬리브에 로프를 넣고 프레스로 압축하여 슬리
브가 로프 표면에 밀착되어 마찰에 의해 로프성질의 손
상 없이 로프를 완전히 체결하는 방법이다. 로프의 절단
하중과 거의 동등한 효율을 가지며 주로 슬링용 로프에
많이 사용된다.

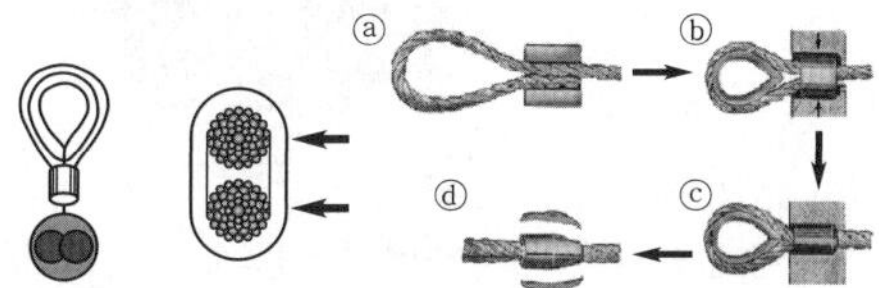

㉡ 단말가공 종류별 강도 효율

종류	형태	효율
소켓 (socket)	open closed	100%
팀블 (thimble)		• 24mm : 95% • 26mm : 92.5%
웨지 (wedge)		75~90%
아이스 플라이스 (eye splice)		• 6mm : 90% • 9mm : 88% • 12mm : 86% • 18mm : 82%
클립 (clip)		75~80%

20 사업장에서 승강기의 조립 또는 해체작업을 할
때 조치하여야 할 사항과 거리가 먼 것은?

① 작업을 지휘하는 자를 선임하여 지휘자의
책임 하에 작업을 실시할 것

② 작업할 구역에는 관계근로자 외의 자의 출
입을 금지시킬 것

③ 기상 상태의 불안정으로 인하여 날씨가 몹
시 나쁠 때에는 그 작업을 중지시킬 것

④ 사용자의 편의를 위하여 야간작업을 하도
록 할 것

해설 조립 또는 해체작업을 할 때 조치

㉠ 사업주는 사업장에 승강기의 설치·조립·수리·점검
또는 해체작업을 하는 경우 다음의 조치를 하여야 한다.
• 작업을 지휘하는 사람을 선임하여 그 사람의 지휘 하
에 작업을 실시할 것
• 작업구역에 관계근로자가 아닌 사람의 출입을 금지하
고 그 취지를 보기 쉬운 장소에 표시할 것
• 비, 눈, 그 밖에 기상 상태의 불안정으로 날씨가 몹시
나쁜 경우에는 그 작업을 중지시킬 것
㉡ 사업주는 작업을 지휘하는 사람에게 다음의 사항을 이
행하도록 하여야 한다.

• 작업방법과 근로자의 배치를 결정하고 해당 작업을
지휘하는 일
• 재료의 결함 유무 또는 기구 및 공구의 기능을 점검하
고 불량품을 제거하는 일
• 작업 중 안전대 등 보호구의 착용 상황을 감시하는 일

21 전기식 엘리베이터 자체점검 항목 중 피트에서
완충기 점검항목 중 B로 하여야 할 것은?

① 완충기의 부착이 불확실한 것

② 스프링식에서는 스프링이 손상되어 있는 것

③ 전기안전장치가 불량한 것

④ 유압식으로 유량 부족의 것

해설 전기식 엘리베이터 완충기 점검항목 및 방법

㉠ B(요주의)
• 완충기 본체 및 부착 부분의 녹 발생이 현저한 것
• 유입식으로 유량 부족의 것
㉡ C(요수리 또는 긴급수리)
• 위 ㉠항의 상태가 심한 것
• 완충기의 부착이 불확실한 것
• 스프링식에서는 스프링이 손상되어 있는 것

22 전기식 엘리베이터 자체점검 중 피트에서 하는
점검항목에서 과부하감지장치에 대한 점검 주기
(회/월)는?

① 1/1　　　　② 1/3

③ 1/4　　　　④ 1/6

해설 피트에서 하는 점검항목 및 주기

㉠ 1회/1월 : 피트 바닥, 과부하감지장치
㉡ 1회/3월 : 완충기, 하부 파이널리밋스위치, 카 비상멈춤
장치스위치
㉢ 1회/6월 : 과속조절기로프 및 기타 당김도르래, 균형로
프 및 부착부, 균형추 밑 부분 틈새, 이동케이블 및 부착부
㉣ 1회/12월 : 카 하부 도르래, 피트 내의 내진대책

23 엘리베이터가 최종단층을 통과하였을 때 엘리베
이터를 정시시키며 상승, 하강 양방향 모두 운행
이 불가능하게 하는 안전장치는?

① 슬로다운스위치　　② 파킹스위치

③ 피트 정지스위치　　④ 파이널 리밋스위치

해설 리밋스위치(limit switch)

물체의 힘에 의해 동작부(구동장치)가 눌려서 접점이 온,
오프(on, off)한다.

㉠ 리밋스위치 : 엘리베이터가 운행할 때 최상·최하층을
지나치지 않도록 하는 장치로서 리밋스위치에 접촉이
되면 카를 감속 제어하여 정지시킬 수 있도록 한다.
㉡ 파이널 리밋스위치(final limit switch)

정답 20. ④　21. ④　22. ①　23. ④

‖ 리밋스위치 ‖

‖ 승강로에 설치된 리밋스위치 ‖

- 리밋스위치가 작동되지 않을 경우를 대비하여 리밋스 위치를 지난 적당한 위치에 카가 현저히 지나치는 것을 방지하는 스위치이다.
- 전동기 및 브레이크에 공급되는 전원회로의 확실한 기계적 분리에 의해 직접 개방되어야 한다.
- 완충기에 충돌되기 전에 작동하여야 하며, 슬로다운 스위치에 의하여 정지되면 작용하지 않도록 설정한다.
- 파이널 리밋스위치의 작동 후에는 엘리베이터의 정상 운행을 위해 자동으로 복귀되지 않아야 한다.

24 다음 중 카 실내에서 검사하는 사항이 아닌 것은?

① 도어스위치의 작동상태
② 전동기 주회로의 절연저항
③ 외부와 연결하는 통화장치의 작동상태
④ 승강장 출입구 바닥 앞부분과 카 바닥 앞 부분과의 틈의 너비

해설 전동기 주회로의 절연저항 검사는 기계실에서 행하는 검사이다.

25 로프이탈방지장치를 설치하는 목적으로 부적절한 것은?

① 급제동 시 진동에 의해 주로프가 벗겨질 우려가 있는 경우
② 지진의 진동에 의해 주로프가 벗겨질 우려가 있는 경우
③ 기타의 진동에 의해 주로프가 벗겨질 우려가 있는 경우
④ 주로프의 파단으로 이탈할 경우

해설 로프이탈방지장치

급제동 시나 지진, 기타의 진동에 의해 주로프가 벗겨질 우려가 있는 경우에는 로프이탈방지장치 등을 설치하여야 한다. 다만, 기계실에 설치된 고정도르래 또는 도르래홈에 주로프가 1/2 이상 묻히거나 도르래 끝단의 높이가 주로프 보다 더 높은 경우에는 제외한다.

26 승객용 엘리베이터에서 자동으로 동력에 의해 문을 닫는 방식에서의 문닫힘 안전장치의 기준에 부적합한 것은?

① 문닫힘동작 시 사람 또는 물건이 끼일 때 문이 반전하여 열려야 한다.
② 문닫힘 안전장치 연결전선이 끊어지면 문이 반전하여 닫혀야 한다.
③ 문닫힘 안전장치의 종류에는 세이프티 슈, 광전장치, 초음파장치 등이 있다.
④ 문닫힘 안전장치는 카 문이나 승강장 문에 설치되어야 한다.

해설 문 작동과 관련된 보호

㉠ 문이 닫히는 동안 사람이 끼이거나 끼이려고 할 때 자동으로 문이 반전되어 열리는 문닫힘 안전장치가 있어야 한다.
㉡ 문닫힘 동작 시 사람 또는 물건이 끼이거나 문닫힘 안전장치 연결전선이 끊어지면 문이 반전하여 열리도록 하는 문닫힘 안전장치(세이프티 슈·광전장치·초음파장치 등)가 카 문이나 승강장 문 또는 양쪽 문에 설치되어야 하며, 그 작동 상태는 양호하여야 한다.

‖ 세이프티 슈 설치 상태 ‖

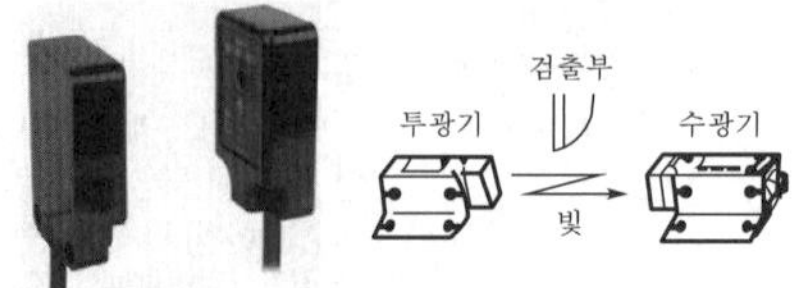

‖ 광전장치 ‖

© 승강장 문이 카 문과의 연동에 의해 열리는 방식에서는 자동적으로 승강장의 문이 닫히는 쪽으로 힘을 작용시키는 장치이다.
② 엘리베이터가 정지한 상태에서 출입문의 닫힘동작에 우선하여 카 내에서 문을 열 수 있도록 하는 장치이다.

27 사고 예방 대책 기본 원리 5단계 중 3E를 적용하는 단계는?

① 1단계　　　　② 2단계
③ 3단계　　　　④ 5단계

해설 **하인리히 사고방지 5단계**

㉠ 1단계 : 안전관리조직
㉡ 2단계 : 사실의 발견
 • 사고 및 활동기록 검토
 • 안전점검 및 검사
 • 안전회의 토의
 • 사고조사
 • 작업분석
㉢ 3단계 : 분석 평가
 재해조사분석, 안전성 진단평가, 작업환경 측정, 사고기록, 인적·물적 조건조사 등
㉣ 4단계 : 시정책의 선정(인사조정, 교육 및 훈련방법 개선)
㉤ 5단계 : 시정책의 적용(3E, 3S)
 • 3E : 기술적, 교육적, 독려적
 • 3S : 표준화, 전문화, 단순화

28 안전점검 체크리스트 작성 시의 유의사항으로 가장 타당한 것은?

① 일정한 양식으로 작성할 필요가 없다.
② 사업장에 공통적인 내용으로 작성한다.
③ 중점도가 낮은 것부터 순서대로 작성한다.
④ 점검표의 내용은 이해하기 쉽도록 표현하고 구체적이어야 한다.

해설 **점검표(check list)**

㉠ 작성항목
 • 점검부분
 • 점검항목 및 점검방법
 • 점검시기
 • 판정기준
 • 조치사항
㉡ 작성 시 유의사항
 • 각 사업장에 적합한 독자적인 내용일 것
 • 일정 양식을 정하여 점검대상을 정할 것
 • 중점도(위험성, 긴급성)가 높은 것부터 순서대로 작성할 것
 • 정기적으로 검토하여 재해방지에 실효성 있게 개조된 내용일 것
 • 점검표의 양식은 이해하기 쉽도록 표현하고 구체적일 것

29 엘리베이터용 도어머신에 요구되는 성능이 아닌 것은?

① 가격이 저렴할 것
② 보수가 용이할 것
③ 작동이 원활하고 정숙할 것
④ 기동횟수가 많으므로 대형일 것

해설 **도어머신(door machine)에 요구되는 조건**

모터의 회전을 감속하여 암이나 로프 등을 구동시켜서 도어를 개폐시키는 것이며, 닫힌 상태에서 정전으로 갇혔을 때 구출을 위해 문을 손으로 열 수 있어야 한다.

㉠ 작동이 원활하고 조용할 것
㉡ 카 상부에 설치하기 위해 소형 경량일 것
㉢ 동작횟수가 엘리베이터 기동횟수의 2배가 되므로 보수가 용이할 것
㉣ 가격이 저렴할 것

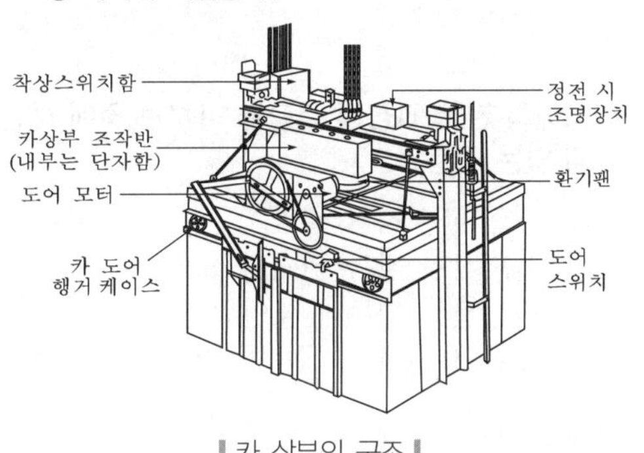

▌ 카 상부의 구조 ▐

30 가요성 호스 및 실린더와 체크밸브 또는 하강밸브 사이의 가요성 호스 연결장치는 전부하압력의 몇 배의 압력을 손상 없이 견뎌야 하는가?

① 2　　　　② 3
③ 4　　　　④ 5

해설 **가요성 호스**

㉠ 실린더와 체크밸브 또는 하강밸브 사이의 가요성 호스는 전부하압력 및 파열압력과 관련하여 안전율이 8 이상이어야 한다.
㉡ 가요성 호스 및 실린더와 체크밸브 또는 하강밸브 사이의 가요성 호스 연결장치는 전부하압력의 5배의 압력을 손상 없이 견뎌야 한다.
㉢ 가요성 호스는 다음과 같은 정보가 지워지지 않도록 표시되어야 한다.

• 제조업체명(또는 로고)
• 호스안전율, 시험압력 및 시험결과 등의 정보
② 가요성 호스는 호스제조업체에 의해 제시된 굽힘 반지름 이상으로 고정되어야 한다.

31 사고원인이 잘못 설명된 것은?

① 인적 원인 : 불안전한 행동
② 물적 원인 : 불안전한 상태
③ 교육적인 원인 : 안전지식 부족
④ 간접 원인 : 고의에 의한 사고

해설 산업재해 원인의 분류
㉠ 직접 원인
• 불안전한 행동(인적 원인)
• 불안전한 상태(물적 원인)
㉡ 간접 원인
• 기술적 원인 : 기계·기구, 장비 등의 방호설비, 경계설비, 보호구 정비 등의 기술적 결함
• 교육적 원인 : 무지, 경시, 몰이해, 훈련 미숙, 나쁜 습관, 안전지식 부족 등
• 신체적 원인 : 각종 질병, 피로, 수면 부족 등
• 정신적 원인 : 태만, 반항, 불만, 초조, 긴장, 공포 등
• 관리적 원인 : 책임감의 부족, 작업기준의 불명확, 점검 보전제도의 결함, 부적절한 배치, 근로의욕 침체 등

32 재해의 발생 과정에 영향을 미치는 것에 해당되지 않는 것은?

① 개인의 성격적 결함
② 사회적 환경과 신체적 요소
③ 불안전한 행동과 불안전한 상태
④ 개인의 성별·직업 및 교육의 정도

해설 재해의 발생순서 5단계
유전적 요소와 사회적 환경 → 인적 결함 → 불안전한 행동과 상태 → 사고 → 재해

33 건물에 에스컬레이터를 배열할 때 고려할 사항으로 틀린 것은?

① 엘리베이터 가까운 곳에 설치한다.
② 바닥 점유 면적을 되도록 작게 한다.
③ 승객의 보행거리를 줄일 수 있도록 배열한다.
④ 건물의 지지보 등을 고려하여 하중을 균등하게 분산시킨다.

해설 에스컬레이터 배열 시 고려사항
㉠ 지지보, 기둥 등에 균등하게 하중이 걸리는 위치에 배치
㉡ 동선 중심에 배치할 것(엘리베이터와 정면 현관의 중간 정도)
㉢ 바닥면적을 작게, 승객의 시야가 넓게, 주행거리가 짧게 배치

34 추락에 의한 위험방지 중 유의사항으로 틀린 것은?

① 승강로 내 작업 시에는 작업공구, 부품 등이 낙하하여 다른 사람을 해하지 않도록 할 것
② 카 상부 작업 시 중간층에는 균형추의 움직임에 주의하여 충돌하지 않도록 할 것
③ 카 상부 작업 시에는 신체가 카 상부 보호대를 넘지 않도록 하며 로프를 잡을 것
④ 승강장 도어 키를 사용하여 도어를 개방할 때에는 몸의 중심을 뒤에 두고 개방하여 반드시 카 유무를 확인하고 탑승할 것

해설 카 상부에서 보수점검 등을 할 때에는 반드시 보호장구 착용을 의무화하고 카 상부에는 보호난간을 설치하여 작업자가 추락 및 전도되지 않도록 한다. 카 상부에서 수동운전으로 승강기의 상태점검 중 와이어로프를 잡으면, 손에 낀 장갑이 와이어로프에 말려서 손가락이 다치는 사고가 발생되므로 로프는 잡지 말아야 한다.

35 기계실 바닥에 몇 m를 초과하는 단차가 있을 경우에는 보호난간이 있는 계단 또는 발판이 있어야 하는가?

① 0.3
② 0.4
③ 0.5
④ 0.6

해설 기계실 치수
㉠ 기계실 크기는 설비, 특히 전기설비의 작업이 쉽고 안전하도록 충분하여야 한다. 작업구역에서 유효높이는 2m 이상이어야 하고 다음 사항에 적합하여야 한다.
• 제어패널 및 캐비닛 전면의 유효 수평면적은 아래와 같아야 한다.
– 폭은 0.5m 또는 제어 패널·캐비닛의 전체 폭 중에서 큰 값 이상
– 깊이는 외함의 표면에서 측정하여 0.7m 이상
• 수동 비상운전 수단이 필요하다면, 움직이는 부품의 유지보수 및 점검을 위한 유효 수평면적은 0.5m×0.6m 이상이어야 한다.
㉡ 위 ㉠항에서 기술된 유효공간으로 접근하는 통로의 폭은 0.5m 이상이어야 한다. 다만, 움직이는 부품이 없는 경우에는 0.4m로 줄일 수 있다. 이동을 위한 공간의 유효높이는 바닥에서부터 천장의 빔 하부까지 측정하여 1.8m 이상이어야 한다.
㉢ 구동기의 회전부품 위로 0.3m 이상의 유효 수직거리가 있어야 한다.
㉣ 기계실 바닥에 0.5m를 초과하는 단차가 있을 경우에는 보호난간이 있는 계단 또는 발판이 있어야 한다.
㉤ 기계실 작업구역의 바닥 또는 작업구역 간 이동 통로의 바닥에 폭이 0.05m 이상이고 0.5m 미만이며, 깊이가 0.05m를 초과하는 함몰이 있거나 덕트가 있는 경우, 그 함몰 부분 및 덕트는 방호되어야 한다. 폭이 0.5m를 초과하는 함몰은 위 ㉣항에 따른 단차로 고려되어야 한다.

36 전기 화재의 원인으로 직접적인 관계가 되지 않는 것은?

① 저항　　　　② 누전
③ 단락　　　　④ 과전류

해설 전기화재의 원인

㉠ 누전 : 전선의 피복이 벗겨져 절연이 불완전하여 전기의 일부가 전선 밖으로 새어나와 주변 도체에 흐르는 현상
㉡ 단락 : 접촉되어서는 안 될 2개 이상의 전선이 접촉되거나 어떠한 부품의 단자와 단자가 서로 접촉되어 과다한 전류가 흐르는 것
㉢ 과전류 : 전압이나 전류가 순간적으로 급격하게 증가하면 전력선에 과전류가 흘러서 전기제품이 파손될 염려가 있음

37 다음 중 불안전한 행동이 아닌 것은?

① 방호조치의 결함
② 안전조치의 불이행
③ 위험한 상태의 조장
④ 안전장치의 무효화

해설 산업재해 직접원인

㉠ 불안전한 행동(인적 원인)
　• 안전장치를 제거, 무효화
　• 안전조치의 불이행
　• 불안전한 상태 방치
　• 기계 장치 등의 지정외 사용
　• 운전중인 기계, 장치 등의 청소, 주유, 수리, 점검 등의 실시
　• 위험 장소에 접근
　• 잘못된 동작 자세
　• 복장, 보호구의 잘못 사용
　• 불안전한 속도 조작
　• 운전의 실패
㉡ 불안전한 상태(물적 원인)
　• 물(物) 자체의 결함
　• 방호장치의 결함
　• 작업장소의 결함, 물의 배치 결함
　• 보호구 복장 등의 결힘
　• 작업 환경의 결함
　• 자연적 불안전한 상태
　• 작업방법 및 생산 공정 결함

38 안전점검 시의 유의사항으로 틀린 것은?

① 여러 가지의 점검방법을 병용하여 점검한다.
② 과거의 재해발생 부분은 고려할 필요 없이 점검한다.
③ 불량 부분이 발견되면 다른 동종의 설비도 점검한다.
④ 발견된 불량 부분은 원인을 조사하고 필요한 대책을 강구한다.

해설 안전검사 시의 유의사항

㉠ 여러 가지 점검방법을 병용한다.
㉡ 점검자의 능력에 상응하는 점검을 실시한다.
㉢ 과거의 재해발생 부분은 그 원인이 배제되었는지 확인한다.
㉣ 불량한 부분이 발견된 경우에는 다른 동종 설비도 점검한다.
㉤ 발견된 불량 부분은 원인을 조사하고 필요한 대책을 강구한다.
㉥ 점검은 안전수칙의 향상을 목적으로 하는 것임을 염두에 두어야 한다.

39 엘리베이터가 가동 중일 때 회전하지 않는 것은?

① 주 시브(main sheave)
② 조속기 텐션 시브(governor tension sheave)
③ 브레이크 라이닝(brake lining)
④ 브레이크 드럼(brake drum)

해설 브레이크 라이닝(brake lining)

브레이크 드럼과 직접 접촉하여 브레이크 드럼의 회전을 멎게 하고 운동에너지를 열에너지로 바꾸는 마찰재이다. 브레이크 드럼으로부터 열에너지가 발산되어, 브레이크 라이닝의 온도가 높아져도 타지 않으며 마찰계수의 변화가 적은 라이닝이 좋다.

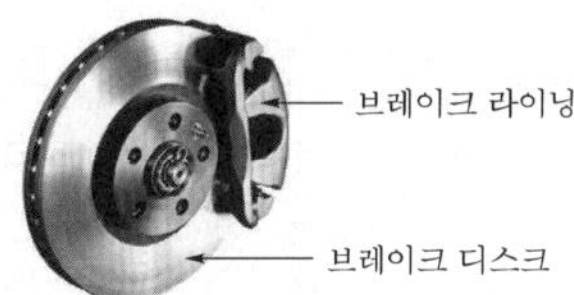

40 구름 베어링의 특징에 관한 설명으로 틀린 것은?

① 고속회전이 가능하다.
② 마찰저항이 작다.
③ 설치가 까다롭다.
④ 충격에 강하다.

해설 구름 베어링(rolling bearing)

궤도륜, 전동체 및 케이지로 구성된다. 베어링의 접촉면 사이에 볼이나 롤러·니들을 넣으면 부하되는 하중의 방향에 의해 레이디얼베어링과 스러스트베어링으로 구분된다.

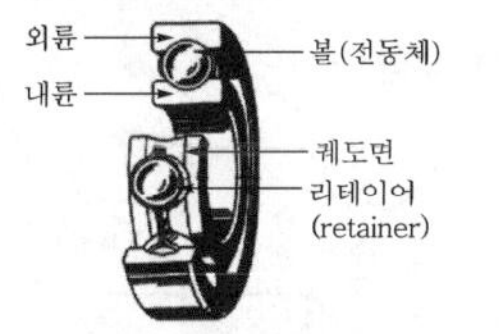

㉠ 장점
　• 기동마찰이 적고, 동마찰과의 차이도 적다.
　• 국제적으로 표준화, 규격화가 이루어져 있으므로 호환성이 있고 교환 사용이 가능하다.

• 베어링의 주변구조를 간략하게 할 수 있고 보수·점
검이 용이하다.
• 일반적으로 경방향 하중과 축방향 하중을 동시에 받을
수 있다.
• 고온도·저온도에서의 사용이 비교적 쉽다.
• 강성을 높이기 위해 각(角)의 예입 상태로도 사용할
수 있다.
ⓛ 단점
• 설치가 까다롭다.
• 소음이 발생하고 값이 비싸다.
• 충격에 약하다(신뢰성).

41 400Ω의 저항에 0.5A의 전류가 흐른다면 전압은?

① 20V　　　　② 200V

③ 80V　　　　④ 800V

해설 옴의 법칙

㉠ 전기저항(electric resistance)
• 전기회로에 전류가 흐를 때 전류의 흐름을 방해하는
작용이 있는데, 그 방해하는 정도를 나타내는 상수를
전기저항 R 또는 저항이라고 한다.
• 1V의 전압을 가해서 1A의 전류가 흐르는 저항값을
1옴(ohm), 기호는 Ω이라고 한다.
ⓛ 옴의 법칙
• 도체에 전압이 가해졌을 때 흐르는 전류의 크기는 도
체의 저항에 반비례하므로 가해진 전압을 V(V), 전류
I(A), 도체의 저항을 R(Ω)이라고 하면

$$I = \frac{V}{R}(A), \quad V = IR(V), \quad R = \frac{V}{I}(Ω)$$

• 저항 R(Ω)에 전류 I(A)가 흐를 때 저항 양단에는
$V = IR$(V)의 전위차가 생기며, 이것을 전압강하라고
한다.
$$V = IR = 0.5 \times 400 = 200V$$

42 '회로망에서 임의의 접속점에 흘러 들어오고 흘
러 나가는 전류의 대수합은 0이다'라는 법칙은?

① 키르히호프의 법칙

② 가우스의 법칙

③ 줄의 법칙

④ 쿨롱의 법칙

해설 키르히호프의 제1법칙

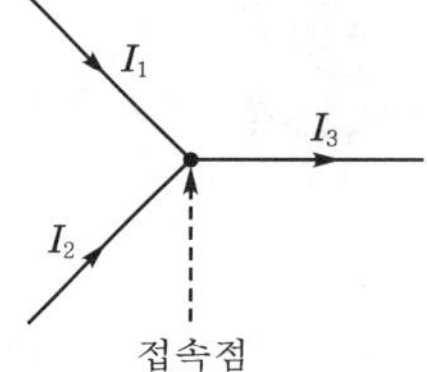

회로망에 있어서 임의의 한 접속점에 흘러 들어오는 전류의
합은 흘러 나가는 전류의 합과 같(∵ 유입되는 전류
I_1, I_2와 유출되는 전류 I_3의 합은 0).
Σ유입 전류＝Σ유출 전류
$I_1 + I_2 = I_3 \quad \therefore I_1 + I_2 + (-I_3) = 0$

43 웜기어의 특징에 관한 설명으로 틀린 것은?

① 가격이 비싸다.

② 부하용량이 적다.

③ 소음이 적다.

④ 큰 감속비를 얻는다.

해설 웜기어(worm gear)

┃ 웜과 웜기어 ┃

㉠ 장점
• 부하용량이 크다.
• 큰 감속비를 얻을 수 있다(1/10～1/100).
• 소음과 진동이 적다.
• 감속비가 크면 역전방지를 할 수 있다.
ⓛ 단점
• 미끄럼이 크고 교환성이 없다.
• 진입각이 작으면 효율이 낮다.
• 웜휠은 연삭할 수 없다.
• 추력이 발생한다.
• 웜휠 제작에는 특수공구가 발생한다.
• 가격이 고가이다.
• 웜휠의 정도 측정이 곤란하다.

44 직류전동기에서 자속이 감소되면 회전수는 어떻
게 되는가?

① 정지　　　　② 감소

③ 불변　　　　④ 상승

해설 직류전동기의 속도제어

직류전동기는 속도 조절이 용이한 기계이며, 정밀속도제어
에는 직류기가 많이 사용되어 왔다.

$$N = \frac{V - I_a R_a}{K\phi}$$

㉠ 저항에 의한 속도제어
• 전기자 저항의 값을 조절하는 방법이다.
• 저항의 값을 증가시키면, 저항에 흐르는 전류가 증가하
여 동손이 커지며, 열손실을 증가시켜 효율이 떨어진다.
ⓛ 계자에 의한 속도제어
• 계자에 형성된 자속의 값을 제어하는 방법이다.
• 타여자의 경우 타여자 전원의 값을 조절하여 자속의
수를 증감시킨다.
• 자여자 분권의 경우 계자에 설치된 저항의 값을 변화
하여 계자전류의 값을 조절한다.

- 계자저항의 값이 적어지면 계자전류의 값이 증가하고 자속의 수도 증가한다.
- 자속의 수가 증가하면 전동기의 속도가 감소하고, 자속의 수가 감소하면 전동기의 속도는 증가한다.
- 제자저항에 흐르는 전류가 적어 전력손실이 적고 조작이 간편하다.
- 안정된 제어가 가능하여 정출력제어를 하지만, 제어의 폭이 좁은 단점이 있다.

ⓒ 전압에 의한 속도제어
- 전원(단자)전압의 증가에 비례하여 속도는 증가한다.
- 제어의 범위가 넓고 손실이 적어, 효율이 좋다.
- 전동기의 속도와 회전방향을 쉽게 조절할 수 있지만 설비비용이 많이 든다.
- 워드레오나드 방식, 일그너 방식, 직·병렬 제어법, 초퍼제어법 등이 있다.

45 A, B는 입력, X를 출력이라 할 때 OR회로의 논리식은?

① $\overline{A} = X$ 　　　② $A \cdot B = X$
③ $A + B = X$ 　　　④ $\overline{A \cdot B} = X$

해설 논리합(OR)회로

하나의 입력만 있어도 출력이 나타나는 회로이며, 'A' OR 'B' 즉, 병렬회로이다.

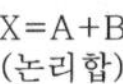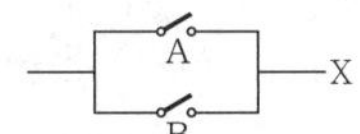

논리기호	논리식	스위치회로(병렬)

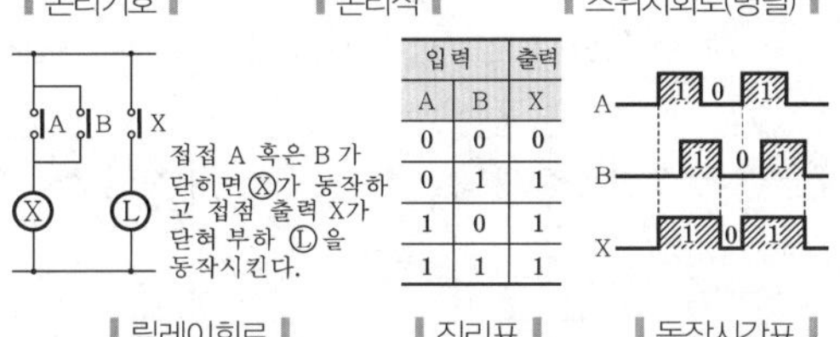

릴레이회로	진리표	동작시간표

46 Q(C)의 전하에서 나오는 전기력선의 총수는?

① Q 　　　② εQ
③ $\dfrac{\varepsilon}{Q}$ 　　　④ $\dfrac{Q}{\varepsilon}$

해설 전장의 계산

㉠ 가우스의 정리 : 임의의 폐곡면 내에 전체 전하량 Q(C)이 있을 때 이 폐곡면을 통해서 나오는 전기력선의 총수는 $\dfrac{Q}{\varepsilon}$ 개다.

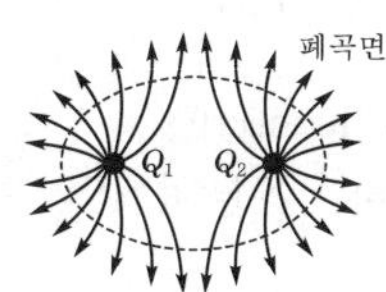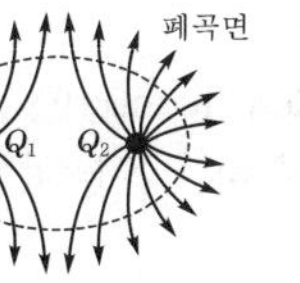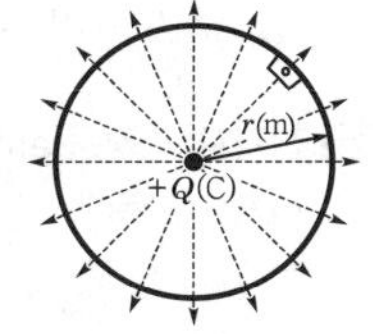

가우스의 정리	점전하에 의한 전장

ⓛ Q(C)의 점전하로부터 r(m) 떨어진 구면 위의 전장의 세기는 다음과 같다.

$$F = \frac{Q}{4\pi \varepsilon r^2} = \frac{Q}{4\pi \varepsilon_0 \varepsilon_s r^2} \,(\text{V/m})$$

ⓒ 1m² 마다 E 개의 전기력선이 지나가므로 구의 전 면적 $4\pi r^2$(m²)에서 전기력선의 총수 N은 다음과 같다.

$$N = 4\pi r^2 \times E = \frac{Q}{\varepsilon}$$

47 콘덴서의 용량을 크게 하는 방법으로 옳지 않은 것은?

① 극판의 면적을 넓게 한다.
② 극판의 간격을 좁게 한다.
③ 극판간에 넣은 물질은 비유전율이 큰 것을 사용한다.
④ 극판 사이의 전압을 높게 한다.

해설 정전용량(Q)

㉠ 콘덴서(condenser)는 2장의 도체판(전극) 사이에 유전체를 넣고 절연하여 전하를 축적할 수 있게 한 것이다.

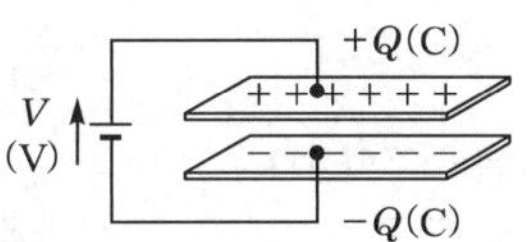

ⓛ 전원전압 V(V)에 의해 축적된 전하 Q(C)이라 하면, Q는 V에 비례하고 그 관계 $Q = CV$(C)이다.
- C는 전극이 전하를 축적하는 능력의 정도를 나타내는 상수로 커패시턴스(capacitance) 또는 정전용량(electrostatic capacity)이라고 하며, 단위는 패럿(farad, F)이다.
- 1F은 1V의 전압을 가하여 1C의 전하가 축적되는 경우의 정전용량이다.

ⓒ 큰 정전용량을 얻기 위한 방법
- 극판의 면적을 넓게 한다.
- 극판간의 간격을 작게 한다.
- 극판 사이에 넣는 절연물을 비유전율(ε_s)이 큰 것으로 사용한다.
- 비유전율 : 공기(1), 유리(5.4~9.9), 마이카(5.6~6.0), 단물(81)

48 회전운동을 직선운동, 왕복운동, 진동 등으로 변환하는 기구는?

① 링크기구 　　　② 슬라이더
③ 캠 　　　④ 크랭크

해설 캠(cam)

㉠ 캠은 회전운동을 직선운동, 왕복운동, 진동 등으로 변환하는 장치
ⓛ 평면 곡선을 이루는 캠 : 판캠, 홈캠, 확동캠, 직동캠 등
ⓒ 입체적인 모양의 캠 : 단면캠, 원뿔캠, 경사판캠, 원통캠, 구면(球面)캠, 엔드캠 등

정답 　45. ③　46. ④　47. ④　48. ③

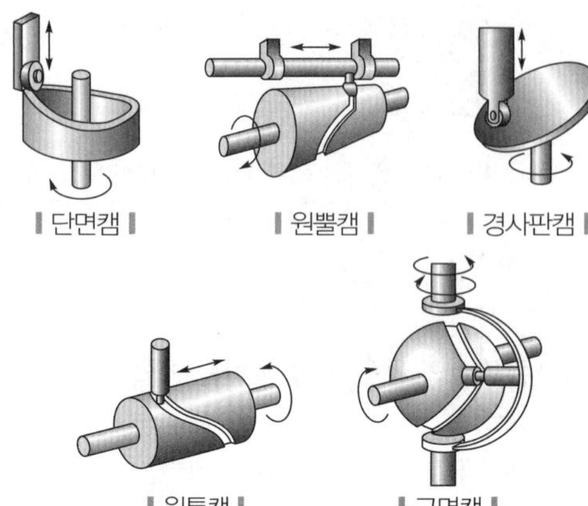

49

주차구획을 평면상에 배치하여 운반기의 왕복이동에 의하여 주차를 행하는 방식은?

① 평면왕복식
② 다층순환식
③ 승강기식
④ 수평순환식

해설 평면왕복식 주차장치

각 층에 평면으로 배치되어 있는 고정된 주차구획에 운반기에 의하여 자동차를 운반이동하여 주차하도록 설계한 주차장치로, 승강기식 주차장치를 옆으로 한 것과 같고, 승강장치를 설치하여 다층으로 사용할 수 있다.

㉠ 횡식(운반식, 운반격납식)

승강기에서 운반기를 좌우방향으로 격납시키는 형식으로 승입구의 위치에 따라 구분한다.

㉡ 종식(운반식, 운반격납식)

승강기에서 운반기를 전후방향으로 격납시키는 형식으로 승입구의 위치에 따라 구분한다.
• 일반적으로 빌딩의 지하 또는 상부에 설치한다.
• 중·대규모의 주차가 가능하다.

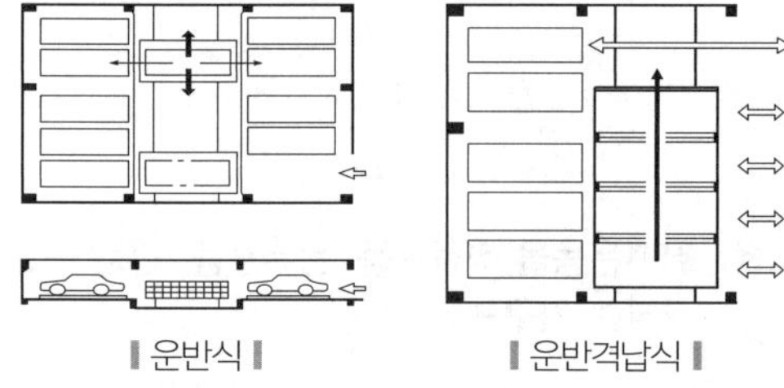

★★★
50

1MΩ은 몇 Ω인가?

① $1 \times 10^3 \Omega$
② $1 \times 10^6 \Omega$
③ $1 \times 10^9 \Omega$
④ $1 \times 10^{12} \Omega$

해설

명칭	기호	배수	명칭	기호	배수
Tera	T	10^{12}	centi	c	10^{-2}
Giga	G	10^9	milli	m	10^{-3}
Mega	M	10^6	micro	μ	10^{-6}
kilo	k	10^3	nano	n	10^{-9}

51

크레인, 엘리베이터, 공작기계, 공기압축기 등의 운전에 가장 적합한 전동기는?

① 직권전동기
② 분권전동기
③ 차동복권전동기
④ 가동복권전동기

해설 가동복권전동기

㉠ 직권계자권선에 의하여 발생되는 자속이 분권계자권선에 의하여 발생되는 자속과 같은 방향이 되어 합성자속이 증가하는 구조의 전동기이다.

㉡ 속도변동률이 분권전동기보다 큰 반면에 기동토크도 크므로 크레인, 엘리베이터, 공작기계, 공기압축기 등에 널리 이용된다.

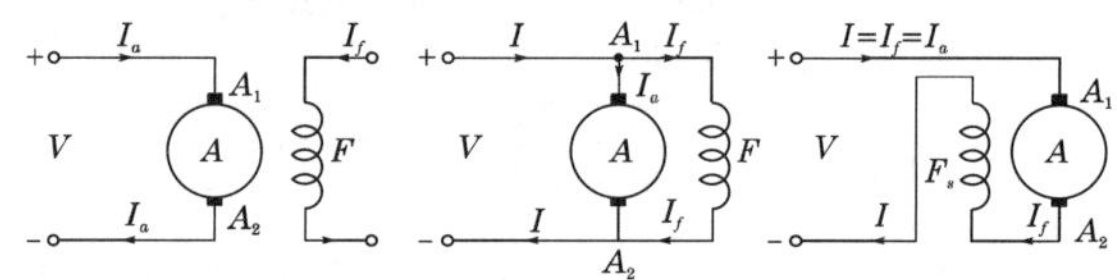

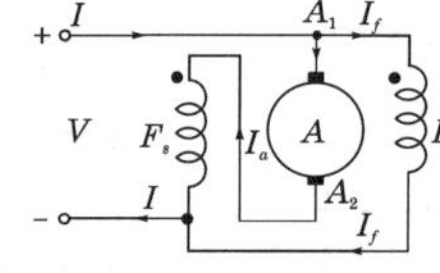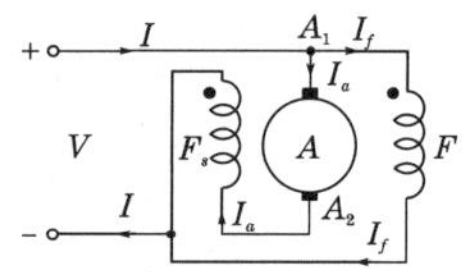

여기서, A : 전기자, F : 분권 또는 타여자계자권선
F_s : 직권계자권선 I : 전동기전류(A)
I_a : 전기자전류(A), I_f : 분권 또는 타여자 계자전류(A)

∥ 직류전동기의 종류 ∥

52

직류전동기에서 전기자 반작용의 원인이 되는 것은?

① 계자전류
② 전기자전류
③ 와류손전류
④ 히스테리시스손의 전류

해설 전기자 반작용(armature reaction)

전기자 전류에 의한 기자력이 주자속의 분포에 영향을 미치는 현상이다.

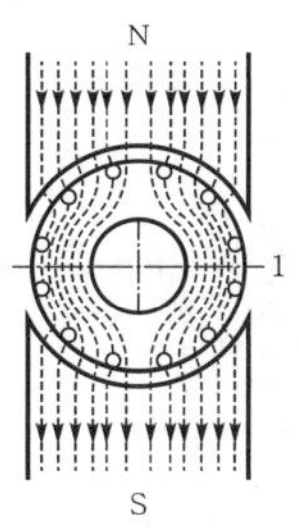
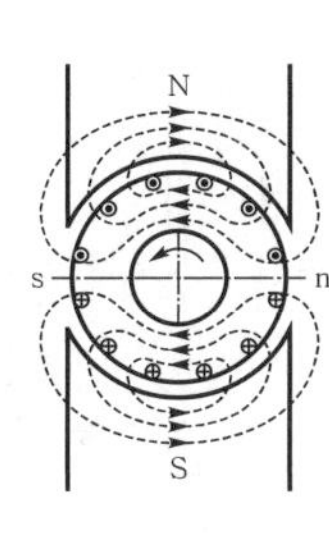
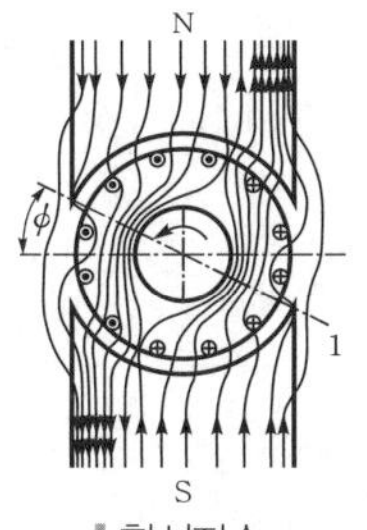

┃ 주자속 ┃　　┃ 전기자 자속 ┃　　┃ 합성자속 ┃
(전기자 반작용)

㉠ 전기자 반작용에 의한 현상
- 코일이 자극의 중성축에 있을 때도 전압을 유지시켜 브러시 사이에 불꽃을 발행한다.
- 주자속 분포를 찌그러뜨려 중성축을 이동시킨다.
- 주자속을 감소시켜 유도전압을 감소시킨다.

㉡ 전기자 반작용의 방지법
- 브러시 위치를 전기적 중성점으로 이동시킨다.
- 보상권선을 설치한다.
- 보극을 설치한다.

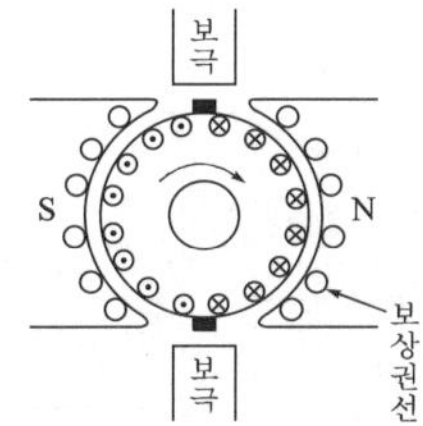

┃ 보극과 보상권선 ┃

53 RLC 직렬회로에서 최대 전류가 흐르게 되는 조건은?

① $\omega L^2 - \dfrac{1}{\omega C} = 0$　　② $\omega L^2 + \dfrac{1}{\omega C} = 0$

③ $\omega L - \dfrac{1}{\omega C} = 0$　　④ $\omega L + \dfrac{1}{\omega C} = 0$

해설 직렬공진조건

RLC가 직렬로 연결된 회로에서 용량리액턴스와 유도리액턴스는 더 이상 회로 전류를 제한하지 못하고 저항만이 회로에 흐르는 전류를 제한할 수 있는 상태를 공진이라고 한다.

① 임피던스(impedance)

$$Z = \sqrt{R^2 + \left(\omega L - \dfrac{1}{\omega C}\right)^2} \, (\Omega)$$

용량리액턴스와 유도리액턴스가 같다면 $\omega L = \dfrac{1}{\omega C}$

$$\omega L - \dfrac{1}{\omega C} = 0$$

임피던스(Z)

$$Z = \sqrt{R^2 + \left(\omega L - \dfrac{1}{\omega C}\right)^2} = \sqrt{R^2 + (0)^2} = R \, (\Omega)$$

㉡ 직렬공진회로
- 공진임피던스는 최소가 된다.

$$Z = \sqrt{R^2 + (0)^2} = R$$

- 공진전류 I_0는 최대가 된다.

$$I_0 = \dfrac{V}{Z} = \dfrac{V}{R} \, (A)$$

- 전압 V와 전류 I는 동위상이다.
- 용량리액턴스와 유도리액턴스는 크기가 같아서 상쇄되어 저항만의 회로가 된다.

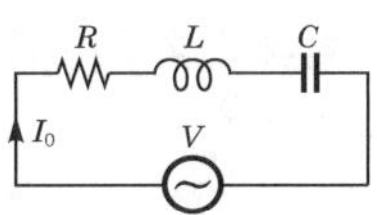
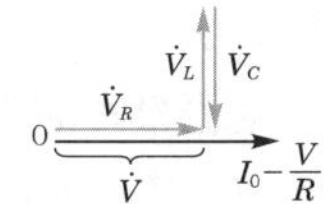

(a) 직렬회로　　　(b) 직렬공진 벡터 그림

┃ 직렬회로와 벡터 그림 ┃

54 유도전동기의 동기속도는 무엇에 의하여 정하여지는가?

① 전원의 주파수와 전동기의 극수
② 전력과 저항
③ 전원의 주파수와 전압
④ 전동기의 극수와 전류

해설 회전자기장의 속도를 유도전동기의 동기속도(n_s)라 하면, 동기속도는 전원 주파수(f)의 증가에 비례하여 증가하고, 극수(P)에는 반비례하여 감소한다.

$$n_s = \dfrac{120 \cdot f}{P} \, (rpm)$$

$$\therefore \, n_s \propto \dfrac{1}{P}$$

55 다음 중 주유를 해서는 안 되는 부품은?

① 균형추　　　　② 가이드 슈
③ 가이드레일　　④ 브레이크 라이닝

해설 브레이크 라이닝(brake lining)

브레이크 드럼과 직접 접촉하여 브레이크 드럼의 회전을 멎게 하고 운동에너지를 열에너지로 바꾸는 마찰재이다. 브레이크 드럼으로부터 열에너지가 발산되어, 브레이크 라이닝의 온도가 높아져도 타지 않으며 마찰계수의 변화가 적은 라이닝이 좋다.

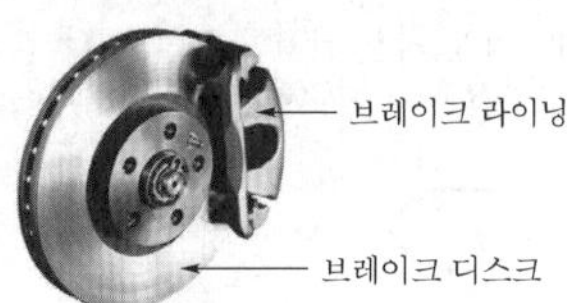

56 와이어로프의 사용하중이 5,000kgf이고, 파괴하중이 25,000kgf일 때 안전율은?

① 2.5　　　　　② 5.0
③ 0.2　　　　　④ 0.5

해설 와이어로프의 안전율

$$안전율 = \frac{절단(파단)하중}{사용하중} = \frac{25,000}{5,000} = 5.0$$

★★

57 전기식 엘리베이터 자체점검 중 카 위에서 하는 점검항목 장치가 아닌 것은?

① 비상구출구
② 도어잠금 및 잠금해제장치
③ 카 위 안전스위치
④ 문닫힘안전장치

해설 문 작동과 관련된 보호

㉠ 문이 닫히는 동안 사람이 끼이거나 끼려고 할 때 자동으로 문이 반전되어 열리는 문닫힘안전장치가 있어야 한다.
㉡ 문닫힘 동작 시 사람 또는 물건이 끼이거나 문닫힘안전장치 연결전선이 끊어지면 문이 반전하여 열리도록 하는 문닫힘안전장치(세이프티 슈·광전장치·초음파장치 등)가 카 문이나 승강장문 또는 양쪽 문에 설치되어야 하며, 그 작동 상태는 양호하여야 한다.
㉢ 승강장문이 카 문과의 연동에 의해 열리는 방식에서는 자동적으로 승강장의 문이 닫히는 쪽으로 힘을 작용시키는 장치이다.
㉣ 엘리베이터가 정지한 상태에서 출입문의 닫힘 동작에 우선하여 카 내에서 문을 열 수 있도록 하는 장치이다.

★★★

58 다음 그림과 같은 논리회로는 무엇인가?

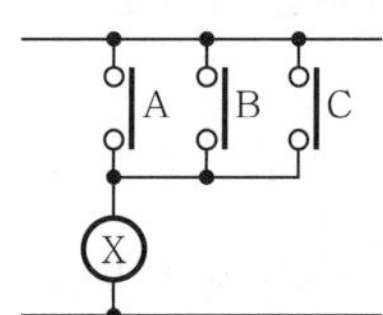

① AND회로
② NOT회로
③ OR회로
④ NAND회로

해설 논리합(OR)회로

㉠ 하나의 입력만 있어도 출력이 나타나는 회로이며, "A" OR "B" 즉 병렬회로이다.

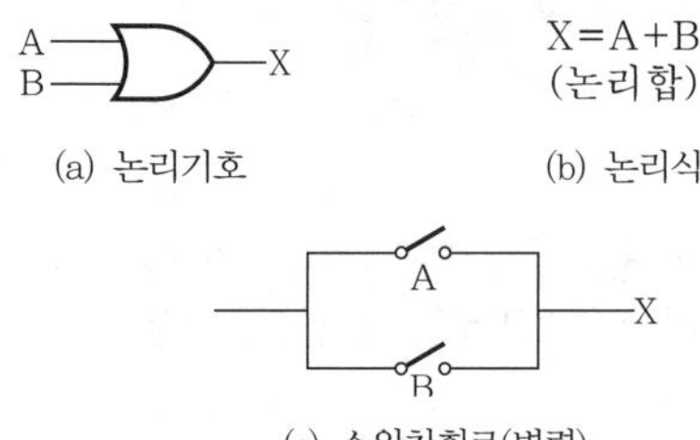

$$X = A + B$$
(논리합)

(a) 논리기호   (b) 논리식

(c) 스위치회로(병렬)

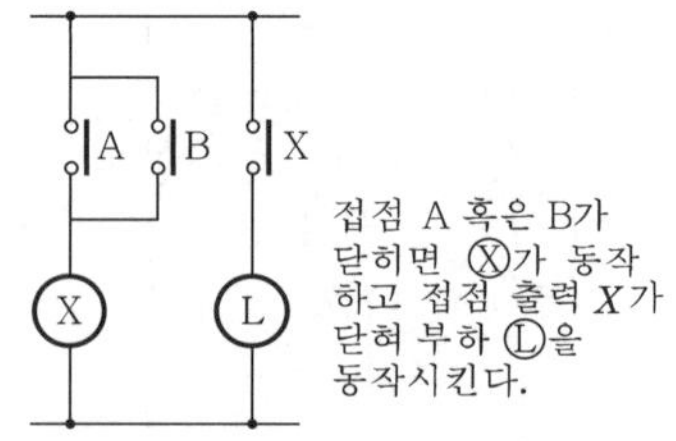

(d) 릴레이회로

입력		출력
A	B	X
0	0	0
0	1	1
1	0	1
1	1	1

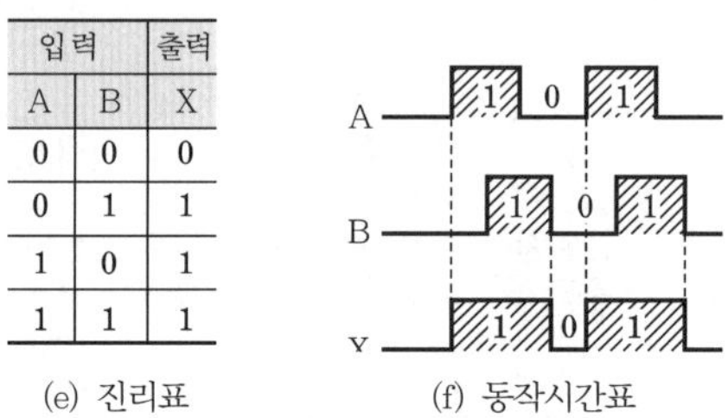

(e) 진리표   (f) 동작시간표

┃ 논리합(OR)회로 ┃

㉡ 문제풀이

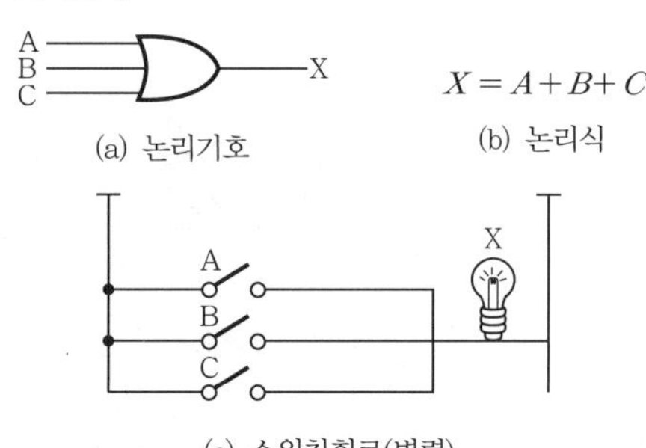

$$X = A + B + C$$

(a) 논리기호   (b) 논리식

(c) 스위치회로(병렬)

59 2진수 001101과 100101을 더하면 합은 얼마인가?

① 101010
② 110010
③ 011010
④ 110100

해설

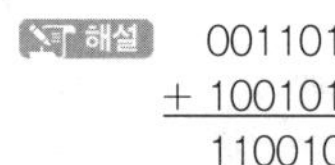
```
  001101
+ 100101
─────────
  110010
```

60 주전원이 380V인 엘리베이터에서 110V 전원을 사용하고자 강압트랜스를 사용하던 중 트랜스가 소손되었다. 원인 규명을 위해 회로시험기를 사용하여 전압을 확인하고자 할 경우 회로시험기의 전압 측정범위 선택스위치의 최초 선택위치로 옳은 것은?

① 회로시험기의 110V 미만
② 회로시험기의 110V 이상 220V 미만
③ 회로시험기의 220V 이상 380V 미만
④ 회로시험기의 가장 큰 범위

정답 57. ④ 58. ③ 59. ② 60. ④

해설 | 회로시험기

ㄱ 각부의 명칭
- 흑색 리드선 입력 (com)소켓
- 적색 리드선 입력 소켓
- 레인지 선택 레버 : 기능검사 목적에 따라 레버를 돌려서 선택
  - 직류전압 : 2.5, 10, 50, 250, 1000V
  - 교류전압 : 10, 50, 250, 1000V
  - 직류전류
  - 저항
  - 데시벨
- '0' 옴 조정기 : 저항측정 시 지침이 레인지별로 '0'점에 정확히 오도록 손으로 돌려 조정한다. 리드선을 꽂고 2개의 리드봉을 접속하여 눈금의 오른쪽 제로(0)에 맞춘다.
- 지침 영점조정기 : 측정 전 지침이 '0'에 있는지 확인하고 필요 시 (−)드라이버로 조정한다.

ㄴ 측정 방법
- 흑색 리드선을 COM 커넥터에 접속한다.
- 적색 리드선을 V·Ω·A 커넥터에 접속한다.
- 메인 셀렉터를 해당 위치로 전환한다(직류전압일 경우 : DC V , 교류전압일 경우 : AC V).
- 지침이 왼쪽 0점에 일치하는가를 확인한 후, 필요 시 0점 조정나사를 이용하여 조정한다.
- 직류전압 측정의 경우는 적색 리드선을 측정하고자 하는 단자의 (+)에, 흑색 리드선은 (−)단자에 병렬로 접속한다. 단, 교류전압 측정 시는 (+)와 (−)의 구분이 없으며, 리드선은 반드시 병렬로 접속하여야 한다.
- 측정 레인지를 DC(V) 및 AC(V)의 가장 높은 위치 1000으로 전환하고, 이때 지침이 전혀 움직이지 않을 때는 측정 레인지를 500, 250, 50, 10의 순으로 내려 지침이 중앙을 전후하여 멈추는 곳에 레인지를 고정시키고 측정하는 것이 바람직하다. 그러나 측정전압을 미리 예측한 때는 예측한 전압보다 높은 위치에 측정 레인지를 고정시키는 것이 안전한 방법이다.
- 눈금판을 판독한다. 직류는 10, 50, 250의 레인지 선택에서 눈금판의 해당 눈금을 직접 읽고, 2.5는 250 눈금선에 100으로 나누고 1000에서는 10눈금선에 100을 곱하여 읽는다. 교류는 적색 교류전용 눈금선에서 지시치를 읽는다.

※ 본 문제는 수험생들의 협조에 의해 작성되었으며, 시험내용과 일부 다를 수 있습니다.

01 스텝 폭 0.8m, 공칭속도 0.75m/s인 에스컬레이터로 수송할 수 있는 최대 인원의 수는 시간당 몇 명인가?

① 3600   ② 4800

③ 6000   ④ 6600

해설 $A = \dfrac{V \times 60}{B} \times P$

$$= \dfrac{0.75 \times 60 \times 60}{0.8} \times 2 ≒ 6600인/시간$$

여기서, A : 수송능력(매시)

B : 디딤판의 안 길이(m)

V : 디딤판 속도(m/min)

P : 디딤판 1개마다의 인원(인)

02 비상용 엘리베이터에 대한 설명으로 옳지 않은 것은?

① 평상 시는 승객용 또는 승객 화물용으로 사용할 수 있다.

② 카는 비상운전 시 반드시 모든 승강장의 출입구마다 정지할 수 있어야 한다.

③ 별도의 비상전원장치가 필요하다.

④ 도어가 열려 있으면 카를 승강시킬 수 없다.

해설 비상용 엘리베이터

㉠ 비상시 소방활동 전용으로 전환하는 1차 소방스위치(키 스위치)와 카 및 승강로의 모든 출입문이 닫혀 있지 않으면 카가 움직이지 않는 안전장치의 기능을 정지시키고 카 및 승강장 문이 열려 있어도 카를 승강시킬 수 있는 2차 소방스위치(키 스위치)를 설치하여야 한다.

㉡ 비상용 엘리베이터의 기본요건

• 비상용 엘리베이터의 크기는 630kg의 정격하중을 갖는 폭 1100mm, 깊이 1400mm 이상이어야 하며, 출입구 유효폭은 800mm 이상이어야 한다.

• 침대 등을 수용하거나 2개의 출입구로 설계된 경우 또는 피난용도로 의도된 경우, 정격하중은 1000kg 이상이어야 하고 카의 면적은 폭 1100mm, 깊이 2100mm 이상이어야 한다.

• 소방관이 조작하여 엘리베이터 문이 닫힌 이후부터 60초 이내에 가장 먼 층에 도착하여야 된다. 다만, 운행속도는 1m/s 이상이어야 한다.

03 에스컬레이터 안전장치스위치의 종류에 해당하지 않는 것은?

① 비상정지스위치

② 업다운스위치

③ 스커트 가드 안전스위치

④ 인레트스위치

해설 에스컬레이터의 안전장치

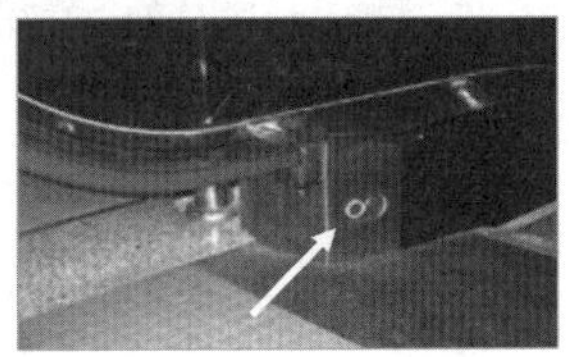
┃ 비상정지스위치 ┃

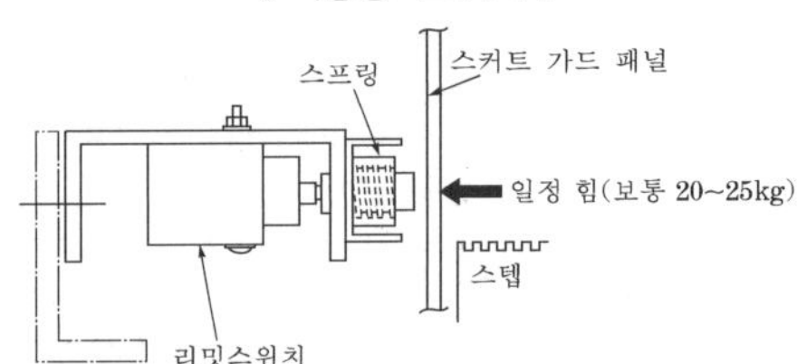

┃ 스커트 가드 안전스위치 ┃

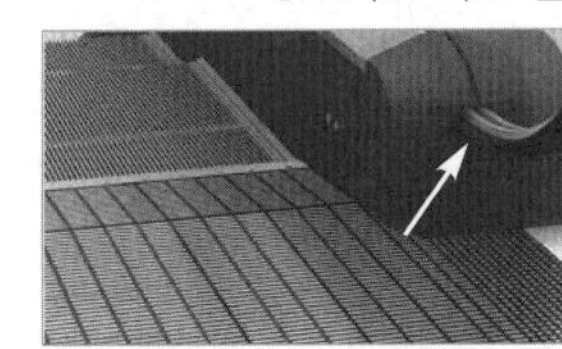
┃ 인레트스위치 ┃

㉠ 비상정지스위치 : 사고 발생 시 신속히 정지시켜야 하므로 상하의 승강구에 설치한다.

㉡ 스커트 가드(skirt guard)스위치 : 스커트 가드판과 스텝 사이에 인체의 일부나 옷, 신발 등이 끼이면 위험하므로 스커트 가드 패널에 일정 이상의 힘이 가해지면 안전스위치가 작동되어 에스컬레이터를 정지시킨다.

㉢ 인레트스위치(inlet switch) : 핸드레일의 인입구에 설치하며, 핸드레일이 난간 하부로 들어갈 때 어린이의 손가락이 빨려 들어가는 사고 발생 시 에스컬레이터 운행을 정지시킨다.

04 승객용 엘리베이터에서 일반적으로 균형체인 대신 균형로프를 사용하는 정격속도의 범위는?

① 120m/min 이상   ② 120m/min 미만

③ 150m/min 이상   ④ 150m/min 미만

해설 균형체인

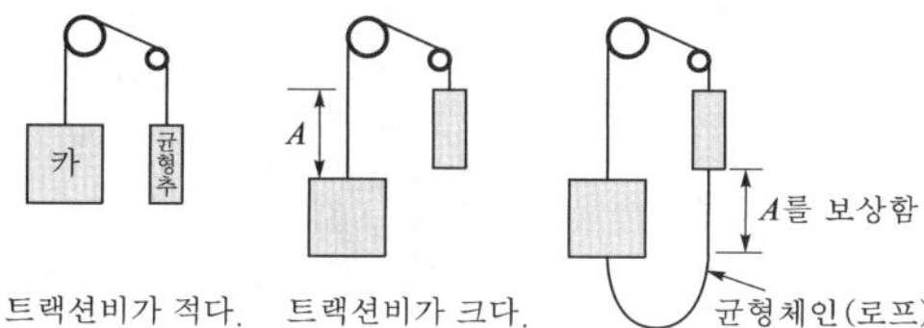

로프식 엘리베이터의 승강행정이 길어지면 로프가 어느 쪽(카측, 균형추측)에 있느냐에 따라 트랙션(견인력)비는 커져 와이어로프의 수명 및 전동기용량 등에 문제가 발생한다. 이런 문제의 해결방법으로 카 하부에서 균형추의 하부로 주로프와 비슷한 단위중량의 균형체인을 사용하여 90% 정도의 보상을 하지만, 고층용 엘리베이터의 경우 균형(보상)체인은 소음이 발생하므로 엘리베이터의 속도가 120m/min 이상에는 균형(보상)로프를 사용한다.

05 엘리베이터의 가이드레일에 대한 치수를 결정할 때 유의해야 할 사항이 아닌 것은?

① 안전장치가 작동할 때 레일에 걸리는 좌굴 하중을 고려한다.
② 수평진동에 의한 레일의 휘어짐을 고려한다.
③ 케이지에 회전모멘트가 걸렸을 때 레일이 지지할 수 있는지 여부를 고려한다.
④ 레일에 이물질이 끼었을 때 배출을 고려한다.

해설 가이드레일(guide rail)의 사용 목적

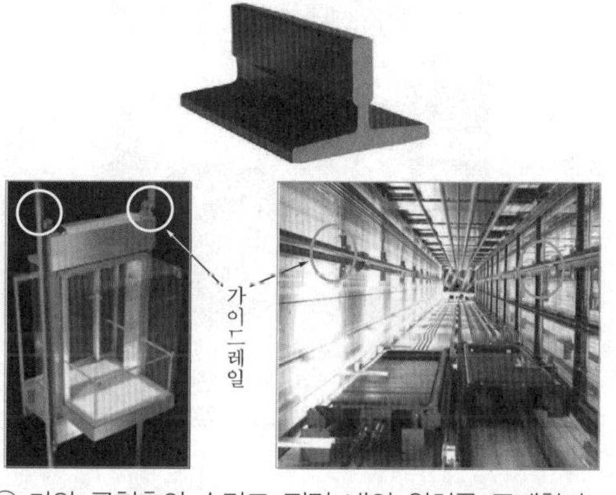

㉠ 카와 균형추의 승강로 평면 내의 위치를 규제한다.
㉡ 카의 자중이나 화물에 의한 카의 기울어짐을 방지한다.
㉢ 비상멈춤이 작동할 때의 수직하중을 유지한다.

06 에스컬레이터의 비상정지스위치의 설치 위치를 바르게 설명한 것은?

① 디딤판과 콤(comb)이 맞물리는 지점에 설치한다.
② 리밋스위치에 설치한다.
③ 상하부의 승강구에 설치한다.
④ 승강로의 중간부에 설치한다.

해설 비상정지스위치

㉠ 비상정지스위치는 비상시 에스컬레이터 또는 무빙워크를 정지시키기 위해 설치되어야 하고 에스컬레이터 또는 무빙워크의 각 승강장 또는 승강장 근처에서 눈에 띄고 쉽게 접근할 수 있는 위치에 있어야 한다.
㉡ 비상정지스위치 사이의 거리는 다음과 같아야 한다.
  • 에스컬레이터의 경우에는 30m 이하이어야 한다.
  • 무빙워크의 경우에는 40m 이하이어야 한다.
㉢ 비상정지스위치에는 정상운행 중에 임의로 조작하는 것을 방지하기 위해 보호 덮개가 설치되어야 한다. 그 보호 덮개는 비상시에는 쉽게 열리는 구조이어야 한다.
㉣ 비상정지스위치의 색상은 적색으로 하여야 하며, 버튼 또는 버튼 부근에는 '정지' 표시를 하여야 한다.

07 그림과 같은 경고표지는?

① 낙하물 경고　　② 고온 경고
③ 방사성물질 경고　　④ 고압전기 경고

해설 산업안전표지

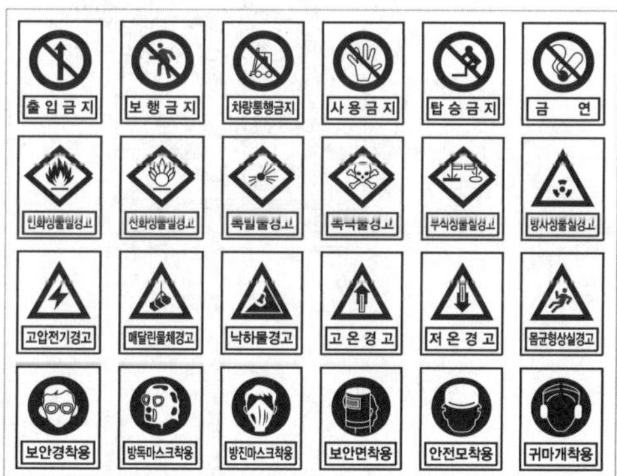

★★★

08 과속조절기의 종류가 아닌 것은?

① 롤세이프티형 과속조절기
② 디스크형 과속조절기
③ 플렉시블형 과속조절기
④ 플라이볼형 과속조절기

해설 과속조절기의 종류

㉠ 마찰정치(traction)형(롤세이프티형) : 엘리베이터가 과속된 경우, 과속스위치가 이를 검출하여 동력 전원회로를 차단하고, 전자브레이크를 작동시켜서 과속조절기도르래의 회전이 정지하면 과속조절기도르래홈과 로프 사이의 마찰력으로 비상정지시키는 과속조절기이다.

㉡ 디스크(disk)형 : 엘리베이터가 설정된 속도에 달하면 원심력에 의해 진자가 움직이고 과속스위치를 작동시켜서 정지시키는 과속조절기로서, 디스크형 과속조절기에는 추(weight)형 캐치(catch)에 의해 로프를 붙잡아 비상정지 장치를 작동시키는 추형 방식과 도르래홈과 로프의 마찰력으로 슈를 동작시켜 로프를 붙잡음으로써 비상정지장치를 작동시키는 슈(shoe)형 방식이 있다.

㉢ 플라이볼(fly ball)형 : 과속조절기도르래의 회전을 베벨기어에 의해 수직축의 회전으로 변환하고, 이 축의 상부에서부터 링크(link)기구에 의해 매달린 구형의 진자에 작용하는 원심력으로 작동한다. 검출 정도가 높아 고속의 엘리베이터에 이용된다.

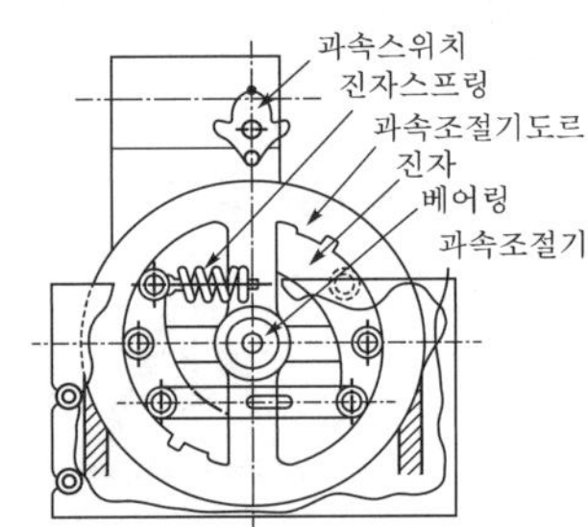

∥ 마찰정치(롤세이프티)형 과속조절기 ∥

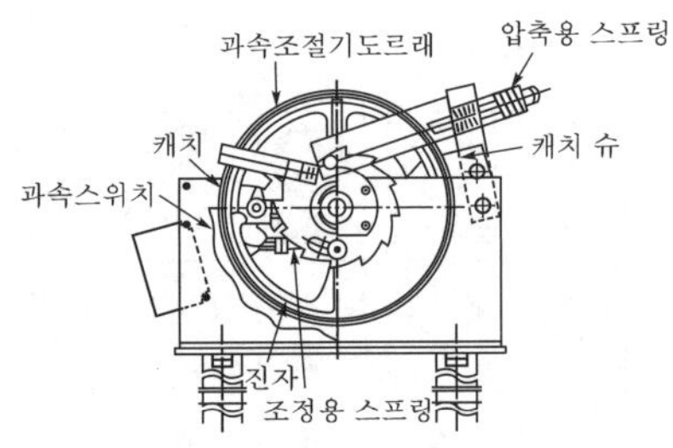

∥ 디스크 슈형 과속조절기 ∥

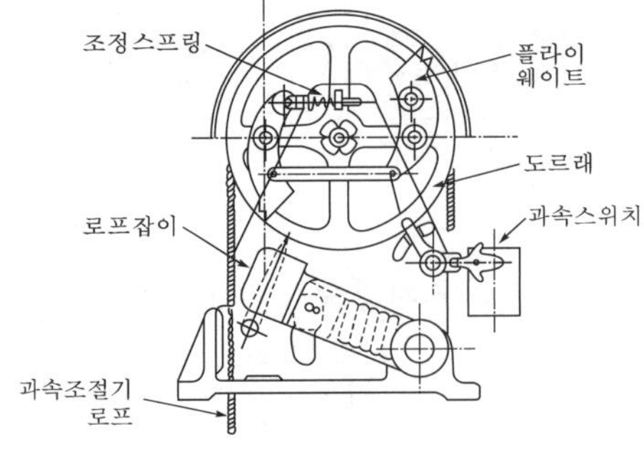

∥ 디스크 추형 과속조절기 ∥

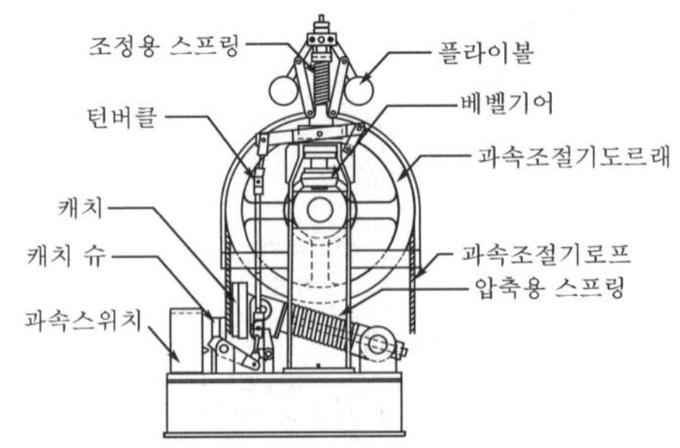

∥ 플라이볼형 과속조절기 ∥

09 에스컬레이터의 안전장치에 해당되지 않는 것은?

① 스프링(spring)완충기
② 인레트스위치(inlet switch)
③ 스커트 가드(skirt guard) 안전스위치
④ 스텝체인 안전스위치(step chain safety switch)

해설 완충기(buffer)

㉠ 피트 바닥에 설치되며, 카가 어떤 원인으로 최하층을 통과하여 피트로 떨어졌을 때 충격을 완화하기 위하여, 혹은 카가 밀어 올렸을 때를 대비하여 균형주의 바로 아래에도 완충기를 설치한다. 그러나 이 완충기는 카나 균형주의 자유낙하를 완충하기 위한 것은 아니다(자유낙하는 추락방지안전장치의 분담기능).

㉡ 에스컬레이터에는 완충기가 설치되지 않는다.

∥ 스프링완충기
(에너지 축적형) ∥

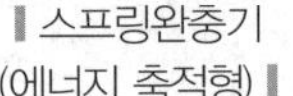

∥ 우레탄완충기
(에너지 축적형) ∥

∥ 유입완충기
(에너지 분산형) ∥

10 FGC(Flexible Guide Clamp)형 추락방지안전장치의 장점은?

① 베어링을 사용하기 때문에 접촉이 확실하다.
② 구조가 간단하고 복구가 용이하다.
③ 레일을 죄는 힘이 초기에는 약하나, 하강함에 따라 강해진다.
④ 평균 감속도를 0.5g으로 제한한다.

해설 추락방지안전장치

㉠ 현수로프가 끊어지더라도 과속조절기 작동속도에서 하강방향으로 작동하여 가이드레일을 잡아 정격하중의 카를 정지시킬 수 있는 장치이다.

㉡ 추락방지안전장치의 조 또는 블록은 가이드 슈로 사용되지 않아야 한다.

㉢ 카, 균형추 또는 평형추의 추락방지안전장치의 복귀 및 자동 재설정은 카, 균형추 또는 평형추를 들어 올리는 것에 의해서만 가능하여야 한다.

㉣ 추락방지안전장치가 작동된 후 정상복귀는 전문가(유지보수업자 등)의 개입이 요구된다.

㉤ 점차(순차적)작동형 추락방지안전장치
- 정격속도 1m/s를 초과하는 경우에 사용한다.
- 정격하중의 카가 자유낙하할 때 작동하는 평균 감속도는 0.2~1G 사이에 있어야 한다.
- 카에 여러 개의 추락방지안전장치가 설치된 경우에 사용한다.
- 플랙시블 가이드 클램프(Flexible Guide Clamp ; FGC)형
  - 추락방지안전장치의 작동으로 카가 정지할 때의 레일을 죄는 힘이 동작 시부터 정지 시까지 일정하다.
  - 구조가 간단하고 설치면적이 작으며 복구가 쉬워 널리 사용되고 있다.
- 플랙시블 웨지 클램프(Flexible Wedge Clamp ; FWC)형
  - 레일을 죄는 힘이 처음에는 약하고 하강함에 따라 강하다가 얼마 후 일정치에 도달한다.
  - 구조가 복잡하여 거의 사용하지 않는다.

㉥ 즉시(순간식)작동형 추락방지안전장치
- 정격속도가 0.63m/s를 초과하지 않는 경우에 사용한다.
- 정격속도 1m/s를 초과하지 않는 경우는 완충효과가 있는 즉시작동형이다.
- 화물용 엘리베이터에 사용되며, 감속도의 규정은 적용되지 않는다.
- 가이드레일을 감싸고 있는 블록(black)과 레일 사이에 롤러(roller)를 물려서 카를 정지시키는 구조이다.
- 또는 로프에 걸리는 장력이 없어져, 로프의 처짐이 생기면 바로 운전회로를 열고 작동된다.
- 순간식 추락방지안전장치가 일단 파지되면 카가 정지할 때까지 과속조절기로프를 강한 힘으로 완전히 멈추게 한다.

㉦ 슬랙로프 세이프티(slake rope safety) : 소형 저속 엘리베이터로서 과속조절기를 사용하지 않고 로프에 걸리는 장력이 없어져 휘어짐이 생기면 즉시 운전회로를 열어서 추락방지안전장치를 작동시킨다.

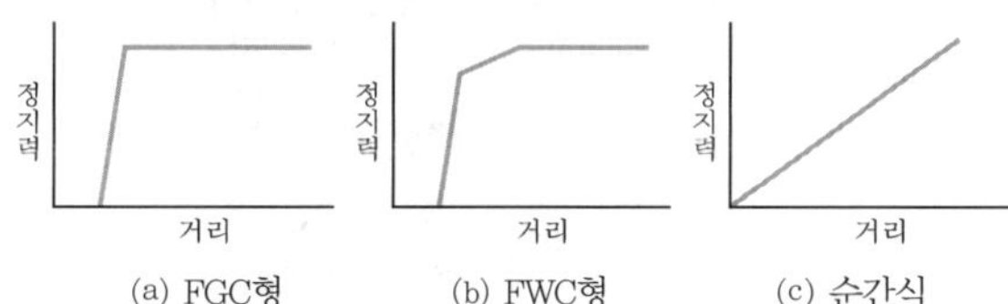

(a) FGC형 (b) FWC형 (c) 순간식

┃ 추락방지안전장치의 종류별 거리에 따른 정지력 ┃

---

11 2대 이상의 엘리베이터가 동일 승강로에 설치되어 인접한 카에서 구출할 경우 서로 다른 카 사이의 수평거리는 몇 m 이하이어야 하는가?

① 0.35
② 0.5
③ 0.75
④ 0.9

해설 비상구출문

㉠ 비상구출 운전 시, 카 내 승객의 구출은 항상 카 밖에서 이루어져야 한다.

㉡ 승객의 구출 및 구조를 위한 비상구출문이 카 천장에 있는 경우, 비상구출구의 크기는 0.35m×0.5m 이상이어야 한다.

12 직접식 유압엘리베이터의 장점이 되는 항목은?

① 실린더를 보호하기 위한 보호관을 설치할 필요가 없다.
② 승강로의 소요평면 치수가 크다.
③ 부하에 의한 카 바닥의 빠짐이 크다.
④ 추락방지안전장치가 필요하지 않다.

해설 직접식 유압엘리베이터

플런저의 직상부에 카를 설치한 것이다.

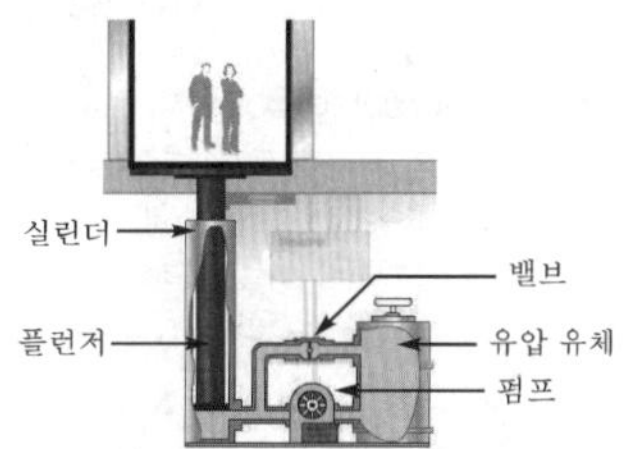

┃ 유압식 엘리베이터 작동원리 ┃

㉠ 승강로 소요면적 치수가 직고 구조가 간단하다.
㉡ 추락방지안전장치가 필요하지 않다.
㉢ 부하에 의한 카 바닥의 빠짐이 자다.
㉣ 실린더를 설치하기 위한 보호관을 지중에 설치하여야 한다.
㉤ 일반적으로 실린더의 점검이 어렵다.

13 엘리베이터에서 와이어로프를 사용하여 카의 상승과 하강에 전동기를 이용한 동력장치는?

① 권상기
② 과속조절기
③ 완충기
④ 제어반

해설 권상 구동식과 포지티브 구동 엘리베이터

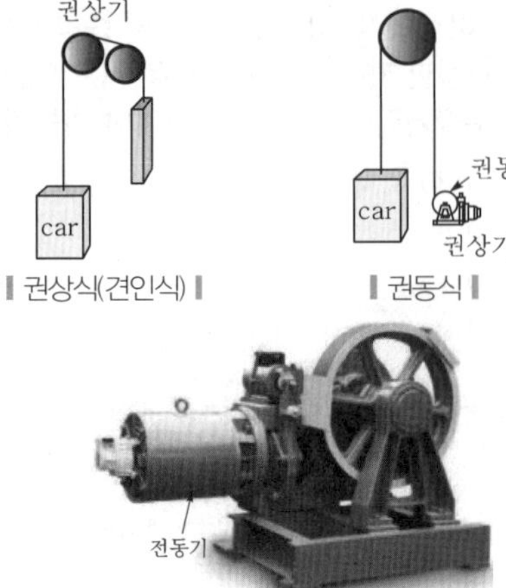

∥ 권상기 ∥

㉠ 권상 구동식 엘리베이터(traction drive lift) : 현수로프가 구동기의 권상도래홈 등에서 마찰에 의해 구동되는 엘리베이터
㉡ 포지티브 구동 엘리베이터(positive drive lift) : 권상 구동식 이외의 방식으로 체인 또는 로프에 의해 현수되는 엘리베이터

14 승객(공동주택)용 엘리베이터에 주로 사용되는 도르래홈의 종류는?

① U홈
② V홈
③ 실홈
④ 언더컷홈

해설 언더컷홈(undercut groove)

엘리베이터 구동 시브에 있는 로프홈의 일종으로 U자형 홈의 바닥에 더 작은 홈을 만들면, U홈보다 로프의 마모는 크지만 시브와 로프의 마찰력을 크게 할 수 있어 전동기의 소요동력을 줄일 수 있으나, 로프의 마모는 커진다.

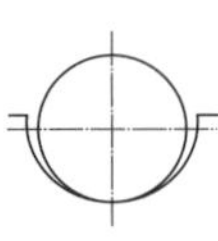

∥ 도르래 홈의 종류 ∥

15 승강기의 파이널 리밋스위치(final limit switch)의 요건 중 틀린 것은?

① 반드시 기계적으로 조작되는 것이어야 한다.
② 작동 캠(cam)은 금속으로 만든 것이어야 한다.
③ 이 스위치가 동작하게 되면 권상전동기 및 브레이크 전원이 차단되어야 한다.
④ 이 스위치는 카가 승강로의 완충기에 충돌된 후에 작동되어야 한다.

해설 파이널 리밋스위치(final limit switch)

㉠ 리밋스위치가 작동되지 않을 경우를 대비하여 리밋스위치를 지난 적당한 위치에 카가 현저히 지나치는 것을 방지하는 스위치이다.
㉡ 전동기 및 브레이크에 공급되는 전원회로의 확실한 기계적 분리에 의해 직접 개방되어야 한다.
㉢ 완충기에 충돌되기 전에 작동하여야 하며, 슬로다운스 위치에 의하여 정지되면 작용하지 않도록 설정한다.
㉣ 파이널 리밋스위치의 작동 후에는 엘리베이터의 정상운행을 위해 자동으로 복귀되지 않아야 한다.

∥ 리밋스위치 ∥

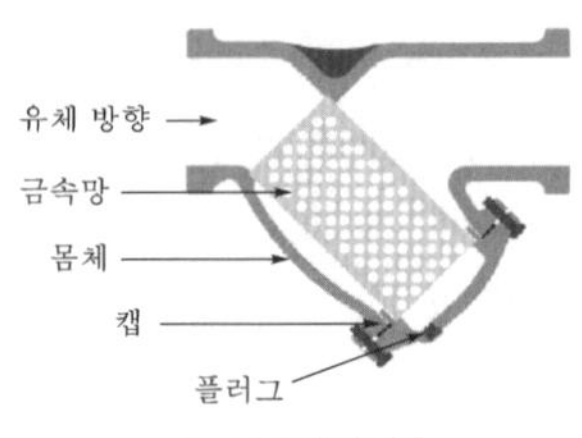

∥ 승강로에 설치된 리밋스위치 ∥

16 실린더에 이물질이 흡입되는 것을 방지하기 위하여 펌프의 흡입측에 부착하는 것은?

① 필터
② 사이렌서
③ 스트레이너
④ 더스트와이퍼

해설 유압회로의 구성요소

㉠ 필터(filter)와 스트레이너(strainer) : 실린더에 쇳가루나 이물질이 들어가는 것을 방지(실린더 손상 방지)하기 위해 설치하며, 펌프의 흡입측에 부착하는 것을 스트레이너라 하고, 배관 중간에 부착하는 것을 라인필터라 한다.
㉡ 사이렌서(silencer) : 자동차의 머플러와 같이 작동유의 압력 맥동을 흡수하여 진동·소음을 감소시키는 역할을 한다.
㉢ 더스트와이퍼(dust wiper) : 플런저 표면의 이물질이 실린더 내측으로 삽입되는 것을 방지한다.

∥ 스트레이너 ∥

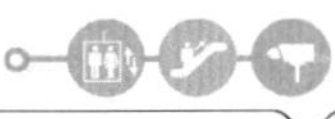

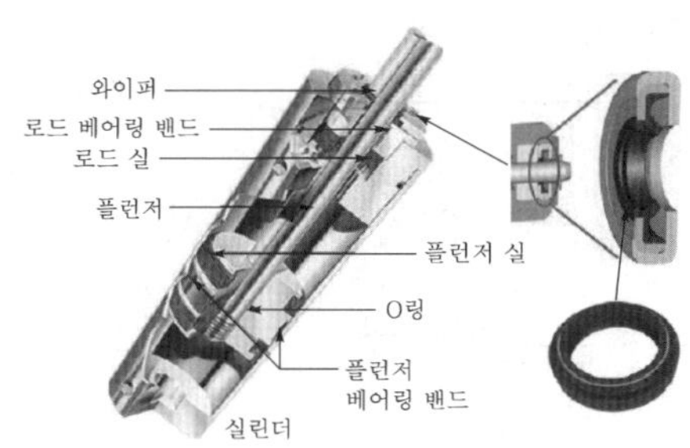

‖ 더스트와이퍼 ‖

17 도어 인터록에 관한 설명으로 옳은 것은?

① 도어 닫힘 시 도어록이 걸린 후, 도어스위치가 들어가야 한다.

② 카가 정지하지 않는 층은 도어록이 없어도 된다.

③ 도어록은 비상시 열기 쉽도록 일반공구로 사용가능해야 한다.

④ 도어 개방 시 도어록이 열리고, 도어스위치가 끊어지는 구조이어야 한다.

해설 **도어 인터록(door interlock) 및 클로저(closer)**

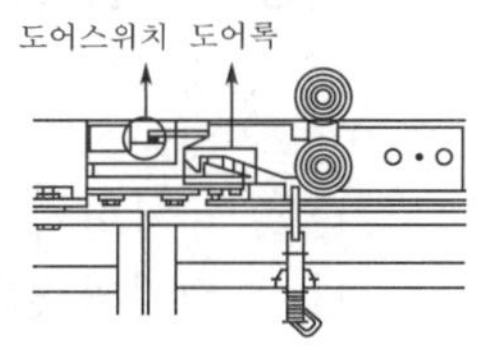

㉠ 도어 인터록(door interlock)
- 카가 정지하지 않는 층의 도어는 전용열쇠를 사용하지 않으면 열리지 않는 도어록과 도어가 닫혀 있지 않으면 운전이 불가능하도록 하는 도어스위치로 구성된다.
- 닫힘동작 시는 도어록이 먼저 걸린 상태에서 도어스위치가 들어가고 열림동작 시는 도어스위치가 끊어진 후 도어록이 열리는 구조(직렬)이며, 엘리베이터의 안전장치 중에서 승강장의 도어 안전장치로 가장 중요하다.

㉡ 도어 클로저(door closer)
- 승강장의 문이 열린 상태에서 모든 제약이 해제되면 자동적으로 닫히게 하여 문의 개방 상태에서 생기는 2차 재해를 방지하는 문의 안전장치이며, 전기적인 힘이 없어도 외부 문을 닫아주는 역할을 한다.
- 스프링클로저 방식 : 레버 시스템, 코일스프링과 도어체크가 조합된 방식이다.
- 웨이트(weight) 방식 : 줄과 추를 사용하여 도어체크(문이 자동으로 천천히 닫히게 하는 장치)를 생략한 방식이다.

‖ 스프링 클로저 ‖   ‖ 웨이트 클로저 ‖

18 엘리베이터용 가이드레일의 역할이 아닌 것은?

① 카와 균형추의 승강로 내 위치 규제

② 승강로의 기계적 강도를 보강해 주는 역할

③ 카의 자중이나 화물에 의한 카의 기울어짐 방지

④ 집중하중이나 비상정지장치 작동 시 수직하중 유지

해설 **가이드레일(guide rail)**

㉠ 가이드레일의 사용 목적
- 카와 균형추의 승강로 평면 내의 위치를 규제한다.
- 카의 자중이나 화물에 의한 카의 기울어짐을 방지한다.
- 비상멈춤이 작동할 때의 수직하중을 유지한다.

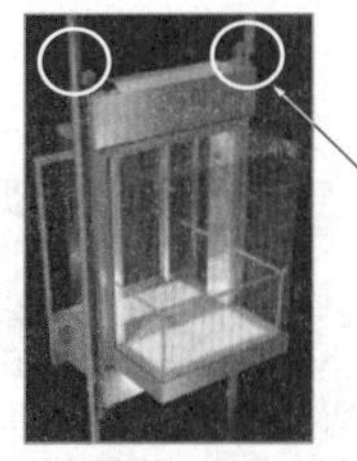

㉡ 가이드레일의 규격
- 레일 규격의 호칭은 마무리 가공 전 소재의 1m당의 중량으로 한다.
- 일반적으로 쓰는 T형 레일의 공칭에는 8, 13, 18, 24K 등이 있다.
- 대용량의 엘리베이터에서는 37, 50K 레일 등도 사용한다.
- 레일의 표준길이는 5m로 한다.

19 로프이탈방지장치를 설치하는 목적으로 부적절한 것은?

① 급제동 시 진동에 의해 주로프가 벗겨질 우려가 있는 경우

② 지진의 진동에 의해 주로프가 벗겨질 우려가 있는 경우

③ 기타의 진동에 의해 주로프가 벗겨질 우려가 있는 경우

④ 주로프의 파단으로 이탈할 경우

해설 **로프이탈방지장치**

급제동 시나 지진, 기타의 진동에 의해 주로프가 벗겨질 우려가 있는 경우에는 로프이탈방지장치 등을 설치하여야 한다. 다만, 기계실에 설치된 고정도르래 또는 도르래홈에 주로프가 1/2 이상 묻히거나 도르래 끝단의 높이가 주로프보다 더 높은 경우에는 제외한다.

20 엘리베이터 기계실에 관한 설명으로 틀린 것은?

① 기계실이 정상부에 위치할 경우 꼭대기 틈새의 높이는 2m 이상의 높이를 두어야 한다.

② 기계실의 크기는 승강로 수평투영면적의 2배 이상으로 하는 것이 적합하다.

③ 기계실의 위치는 반드시 정상부에 위치하지 않아도 된다.

④ 기계실이 있는 경우 기계실의 크기는 승강로의 크기와 같아야 한다.

해설 기계실 치수

기계실의 바닥면적은 승강로 수평투영면적의 2배 이상으로 하여야 한다. 다만, 기기의 배치 및 관리에 지장이 없는 경우에는 그러하지 아니하다.

㉠ 기계실 크기는 설비, 특히 전기설비의 작업이 쉽고 안전하도록 충분하여야 한다. 작업구역에서 유효높이는 2m 이상이어야 하고 다음 사항에 적합하여야 한다.
  • 제어 패널 및 캐비닛 전면의 유효 수평면적은 아래와 같아야 한다.
    − 폭은 0.5m 또는 제어 패널·캐비닛의 전체 폭 중에서 큰 값 이상
    − 깊이는 외함의 표면에서 측정하여 0.7m 이상
  • 수동 비상운전 수단이 필요하다면, 움직이는 부품의 유지보수 및 점검을 위한 유효 수평면적은 0.5m ×0.6m 이상이어야 한다.
㉡ 위 ㉠항에서 기술된 유효공간으로 접근하는 통로의 폭은 0.5m 이상이어야 한다. 다만, 움직이는 부품이 없는 경우에는 0.4m로 줄일 수 있다. 이동을 위한 공간의 유효높이는 바닥에서부터 천장의 빔 하부까지 측정하여 1.8m 이상이어야 한다.
㉢ 구동기의 회전부품 위로 0.3m 이상의 유효 수직거리가 있어야 한다.
㉣ 기계실 바닥에 0.5m를 초과하는 단차가 있을 경우에는 보호난간이 있는 계단 또는 발판이 있어야 한다.
㉤ 기계실 작업구역의 바닥 또는 작업구역 간 이동 통로의 바닥에 폭이 0.05m 이상이고 0.5m 미만이며, 깊이가 0.05m를 초과하는 함몰이 있거나 덕트가 있는 경우, 그 함몰 부분 및 덕트는 방호되어야 한다. 폭이 0.5m를 초과하는 함몰은 위 ㉣항에 따른 단차로 고려되어야 한다.

21 다음 중 도어시스템의 종류가 아닌 것은?

① 2짝문 상하열기방식
② 2짝문 가로열기(2S)방식
③ 2짝문 중앙열기(CO)방식
④ 가로열기와 상하열기 겸용방식

해설 승강장 도어 분류

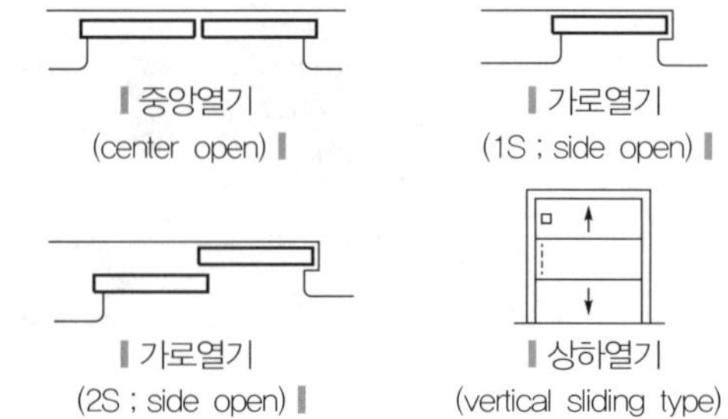

㉠ 중앙열기방식 : 1CO, 2CO(센터오픈 방식, Center Open)
㉡ 가로열기방식 : 1S, 2S, 3S(사이드오픈 방식, Side open)
㉢ 상하열기방식
  • 2매, 3매 업(up)슬라이딩 방식 : 자동차용이나 대형화물용 엘리베이터에서는 카 실을 완전히 개구할 필요가 있기 때문에 상승개폐(2up, 3up)도어를 많이 사용
  • 2매, 3매 상하열림(up, down) 방식
㉣ 여닫이 방식
  • 1매 스윙, 2매 스윙(swing type) 짝문 열기
  • 여닫이(스윙) 도어 : 한쪽 스윙도어, 2짝 스윙도어

22 다음에서 일상점검의 중요성이 아닌 것은?

① 승강기 품질 유지
② 승강기의 수명 연장
③ 보수자의 편리 도모
④ 승강기의 안전한 운행

해설 일반적으로 정기점검, 예방정비, 수리는 유지관리업체에서 실시하고, 일상점검 및 관리는 건물의 관리주체 또는 안전관리자가 담당하게 되며, 일상점검은 크게 운전상태, 안전장치, 성능의 확인으로 구분할 수 있다.

23 안전점검 중에서 5S 활동 생활화로 틀린 것은?

① 정리
② 정돈
③ 청소
④ 불결

해설 5S 운동 안전활동

정리, 정돈, 청소, 청결, 습관화

24 전기재해의 직접적인 원인과 관련이 없는 것은?

① 회로 단락
② 충전부 노출
③ 접속부 과열
④ 접지판 매설

 접지설비

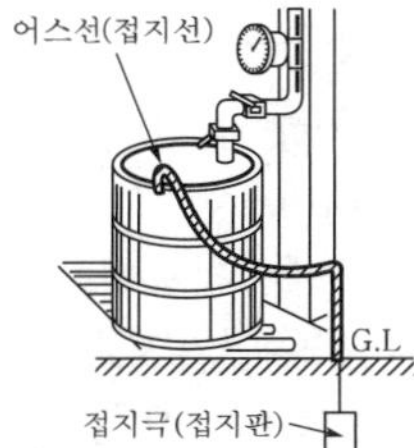

회로의 일부 또는 기기의 외함 등을 대지와 같은 0전위로 유지하기 위해 땅 속에 설치한 매설 도체(접지극, 접지판)와 도선으로 연결하여 정전기를 예방할 수 있다.

25 에스컬레이터의 계단(디딤판)에 대한 설명 중 옳지 않은 것은?

① 디딤판 윗면은 수평으로 설치되어야 한다.
② 디딤판의 주행방향의 길이는 400mm 이상이다.
③ 발판 사이의 높이는 215mm 이하이다.
④ 디딤판 상호간 틈새는 8mm 이하이다.

 ㉠ 스텝과 스텝 또는 팔레트와 팔레트 사이의 틈새

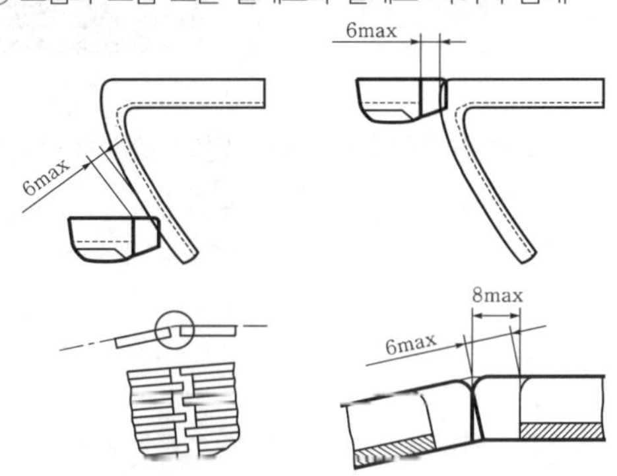

• 트레드 표면에서 측정된 이용 가능한 모든 위치의 연속되는 2개의 스텝 또는 팔레트 사이의 틈새는 6mm 이하이어야 한다.
• 필레트의 밑물리는 진면 끝부분과 후면 끝부분이 있는 무빙워크의 변환 곡선부에서는 이 틈새가 8mm까지 증가되는 것은 허용된다.
㉡ 에스컬레이터 및 무빙워크의 치수

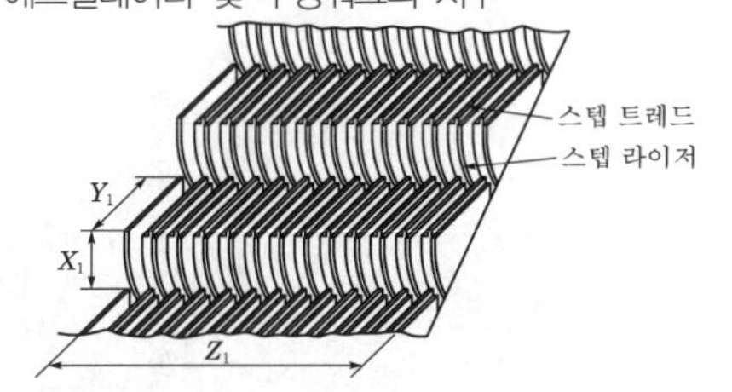

• 공칭폭 Z_1은 0.58m 이상, 1.1m 이하이어야 한다. 경사도가 6° 이하인 무빙워크의 폭은 1.65m까지 허용된다.

• 스텝 높이 X_1은 0.24m 이하이어야 한다.
• 스텝 깊이 Y_1은 0.38m 이상이어야 한다.

26 전기기기의 충전부와 외함 사이의 저항은 어떤 저항인가?

① 브리지저항
② 접지저항
③ 접촉저항
④ 절연저항

 전로 및 기기 등을 사용하다보면 기기의 노화 등 그밖의 원인으로 절연성능이 저하되고, 절연열화가 진행되면 결국은 누전 등의 사고를 발생하여 화재나 그 밖의 중대 사고를 일으킬 우려가 있으므로 절연저항계(메거)로 절연저항측정 및 절연진단이 필요하다.

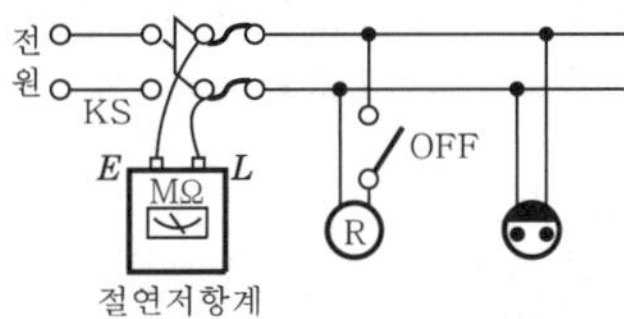

▮ 전기회로의 절연저항 측정 ▮

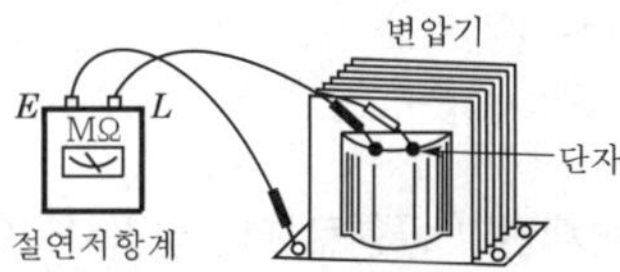

▮ 전기기기의 절연저항 측정 ▮

27 다음 중 카 상부에서 하는 검사가 아닌 것은?

① 비상구출구 스위치의 작동 상태
② 도어개폐장치의 설치 상태
③ 과속조절기로프의 설치 상태
④ 과속조절기로프의 인장장치의 작동 상태

 과속조절기로프

㉠ 과속조절기로프의 설치 상태 : 카 위에서 하는 검사
㉡ 과속조절기로프의 인장장치 및 기타의 인장장치의 작동 상태 : 피트에서 하는 검사

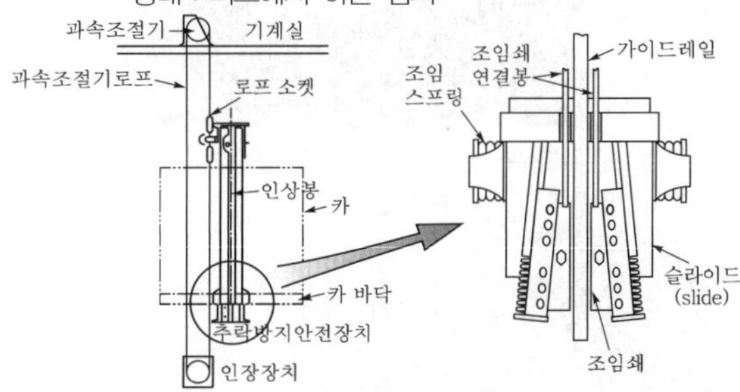

▮ 과속조절기와 추락방지안전장치의 연결 모습 ▮

▌과속조절기 인장장치 ▌

28 재해조사의 목적으로 가장 거리가 먼 것은?

① 재해에 알맞은 시정책 강구
② 근로자의 복리후생을 위하여
③ 동종재해 및 유사재해 재발방지
④ 재해 구성요소를 조사, 분석, 검토하고 그 자료를 활용하기 위하여

해설 재해조사의 목적

재해의 원인과 자체의 결함 등을 규명함으로써 동종재해 및 유사재해의 발생을 막기 위한 예방대책을 강구하기 위해서 실시한다. 또한 재해조사는 조사하는 것이 목적이 아니며, 또 관계자의 책임을 추궁하는 것이 목적도 아니다. 재해조사에서 중요한 것은 재해원인에 대한 사실을 알아내는 데 있다.

29 균형체인과 균형로프의 점검사항이 아닌 것은?

① 이상소음이 있는지를 점검
② 이완 상태가 있는지를 점검
③ 연결 부위의 이상 마모가 있는지를 점검
④ 양쪽 끝단은 카의 양측에 균등하게 연결되어 있는지를 점검

해설 균형체인과 균형로프의 점검사항

㉠ 균형체인의 소음 유무
㉡ 균형체인 사슬의 양호 유무
㉢ 균형로프 텐션 상태
㉣ 균형로프 소선의 끊김, 마모, 녹 등의 진행 정도
㉤ 균형체인 로프의 체결 상태

30 기계실에서 승강기를 보수하거나 검사 시의 안전수칙에 어긋나는 것은?

① 전기장치를 검사할 경우는 모든 전원스위치를 온(on)시키고 검사한다.
② 규정복장을 착용하고 소매끝이 회전물체에 말려 들어가지 않도록 주의한다.
③ 가동 부분은 필요한 경우를 제외하고는 움직이지 않도록 한다.
④ 브레이크 라이너를 점검할 경우는 전원스위치를 오프(off)시킨 상태에서 점검하도록 한다.

해설 시건(잠금)장치

전기장치를 검사할 경우에는 전원스위치를 오프(off), 전로를 개로(開路)하고 개로에 사용한 개폐기를 잠금장치하며, 통전(通電)금지에 관한 표지판을 설치하는 등 필요한 조치를 할 것

31 에스컬레이터의 구동체인이 규정치 이상으로 늘어났을 때 일어나는 현상은?

① 안전레버가 작동하여 브레이크가 작동하지 않는다.
② 안전레버가 작동하여 하강은 되나 상승은 되지 않는다.
③ 안전레버가 작동하여 안전회로 차단으로 구동되지 않는다.
④ 안전레버가 작동하여 무부하 시는 구동되나 부하 시는 구동되지 않는다.

해설 구동체인 안전장치(driving chain safety device)

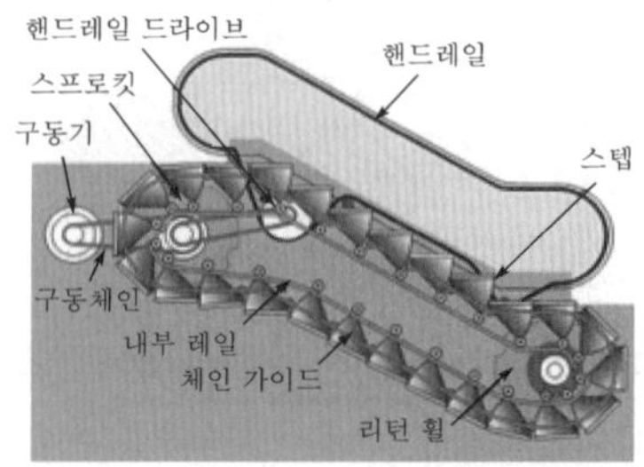

▌구동기 설치 위치 ▌

㉠ 구동기와 주구동장치(main drive) 사이의 구동체인이 상승 중 절단되었을 때 승객의 하중에 의해 하강운전을 일으키면 위험하므로 구동체인 안전장치가 필요하다.

㉡ 구동체인 위에 항상 문지름판이 구동되면서 구동체인의 늘어짐을 감지하여 만일, 체인이 느슨해지거나 끊어지면 슈가 떨어지면서 브레이크 래칫이 브레이크 휠에 걸려 주구동장치의 하강방향의 회전을 기계적으로 제지한다.

㉢ 안전스위치를 설치하여 안전장치의 동작과 동시에 전원을 차단한다.

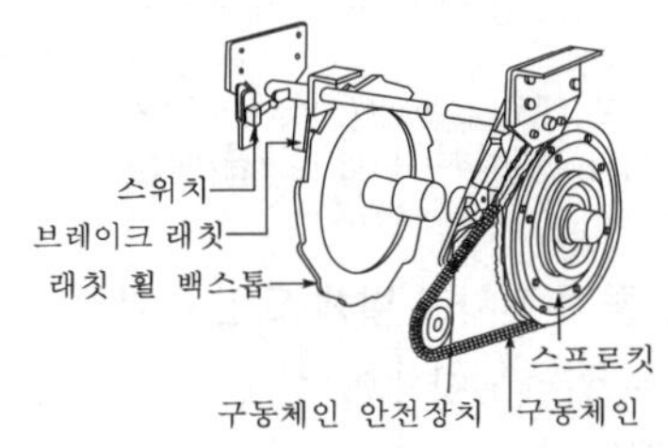

▮ 조립도 ▮

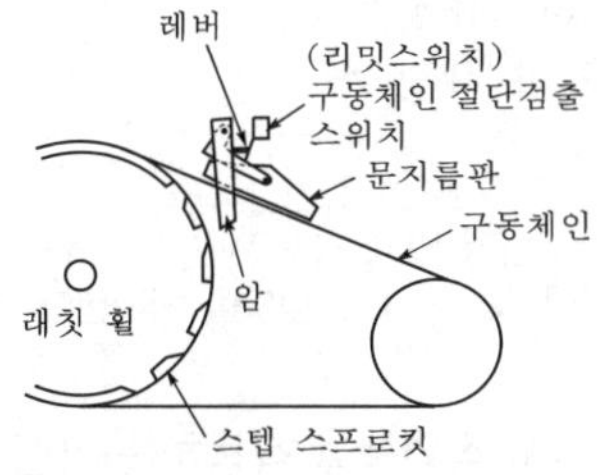

▮ 안전장치 상세도 ▮

32 다음 중 엘리베이터용 전동기의 구비조건이 아닌 것은?

① 전력소비가 클 것
② 충분한 기동력을 갖출 것
③ 운전 상태가 정숙하고 저진동일 것
④ 고기동 빈도에 의한 발열에 충분히 견딜 것

 엘리베이터용 전동기에 요구되는 특성

㉠ 기동토크가 클 것
㉡ 기동전류가 적을 것
㉢ 소음이 적고 저진동이어야 함
㉣ 기동빈도가 높으므로(시간당 300회) 발열(온도 상승)을 고려해야 함
㉤ 회전 부분의 관성모멘트(회전축을 중심으로 회전하는 물체가 계속해서 회전을 지속하려는 성질의 크기)가 적을 것
㉥ 충분한 제동력을 가질 것

33 기계실을 승강로의 아래쪽에 설치하는 방식은?

① 정상부형 방식
② 횡인 구동 방식
③ 베이스먼트 방식
④ 사이드머신 방식

 기계실의 위치에 따른 분류

㉠ 정상부형 : 로프식 엘리베이터에서는 일반적으로 승강로의 직상부에 권상기를 설치하는 것이 합리적이고 경제적이다.
㉡ 베이스먼트 타입(basement type) : 엘리베이터 최하 정지층의 승강로와 인접시켜 설치하는 방식이다.
㉢ 사이드머신 타입(side machine type) : 승강로 중간에 인접하여 권상기를 두는 방식이다.

34 과속조절기의 보수점검 등에 관한 사항과 거리가 먼 것은?

① 층간 정지 시, 수동으로 돌려 구출하기 위한 수동핸들의 작동검사 및 보수
② 볼트, 너트, 핀의 이완 유무
③ 과속조절기시브와 로프 사이의 미끄럼 유무
④ 과속 스위치 점검 및 작동

 과속조절기(governor)의 보수점검항목

▮ 디스크 슈형 과속조절기 ▮

▮ 분할핀 ▮

▮ 테이퍼 핀 ▮

㉠ 각 부문 마모, 신동, 소음의 유무
㉡ 베어링의 눌러 붙음 발생의 우려
㉢ 기치의 작동 상태
㉣ 볼트(bolt), 너트(nut)의 결여 및 이완 상태
㉤ 분할핀(cotter pin) 결여의 유무
㉥ 시브(sheave)에서 과속조절기로프(governor rope)의 미끄럼 상태
㉦ 과속조절기로프와 클립 체결 상태
㉧ 과속스위치 접점의 양호 여부 및 작동 상태
㉨ 각 테이퍼 핀(taper-pin)의 이완 유무
㉩ 급유 및 청소 상태
㉪ 작동 속도시험 및 운전의 원활성
㉫ 추락방지안전장치 작동 상태의 양호 유무
㉬ 과속조절기 고정 상태

---

35 안전점검의 목적에 해당되지 않는 것은?

① 합리적인 생산관리
② 생산 위주의 시설 가동
③ 결함이나 불안전 조건의 제거
④ 기계·설비의 본래 성능 유지

해설 **안전점검(safety inspection)**

넓은 의미에서는 안전에 관한 제반사항을 점검하는 것을 말한다. 좁은 의미에서는 시설, 기계·기구 등의 구조설비 상태와 안전기준과의 적합성 여부를 확인하는 행위를 말하며, 인간, 도구(기계, 장비, 공구 등), 환경, 원자재, 작업의 5개 요소가 빠짐없이 검토되어야 한다.

㉠ 안전점검의 목적
• 결함이나 불안전조건의 제거
• 기계설비의 본래의 성능 유지
• 합리적인 생산관리

㉡ 안전점검의 종류
• 정기점검 : 일정 기간마다 정기적으로 실시하는 점검을 말한다. 매주, 매월, 매분기 등 법적 기준에 맞도록 또는 자체기준에 따라 해당책임자가 실시하는 점검이다.
• 수시점검(일상점검) : 매일 작업 전, 작업 중, 작업 후에 일상적으로 실시하는 점검을 말하며, 작업자, 작업 책임자, 관리감독자가 행하는 사업주의 순찰도 넓은 의미에서 포함된다.
• 특별점검 : 기계·기구 또는 설비의 신설·변경 또는 고장·수리 등의 비정기적인 특정점검을 말하며 기술책임자가 행한다.
• 임시점검 : 기계·기구 또는 설비의 이상발견 시에 임시로 실시하는 점검을 말하며, 정기점검 실시 후 다음 정기점검일 이전에 임시로 실시하는 점검이다.

36 다음 장치 중에서 작동되어도 카의 운행에 관계 없는 것은?

① 통화장치
② 과속조절기캐치
③ 승강장 도어의 열림
④ 과부하감지스위치

해설 **통화장치 인터폰(interphone)**

㉠ 고장, 정전 및 화재 등의 비상시에 카 내부와 외부의 상호 연락을 할 때에 이용된다.
㉡ 전원은 정상전원 뿐만 아니라 비상전원장치(충전 배터리)에도 연결되어 있어야 한다.
㉢ 엘리베이터의 카 내부와 기계실, 경비실 또는 건물의 중앙감시반과 통화가 가능하여야 하며, 보수전문회사와 원거리 통화가 가능한 것도 있다.

37 교류엘리베이터의 제어방식이 아닌 것은?

① 교류 1단 속도제어방식
② 교류 궤환전압제어방식

③ 워드 레오나드방식
④ VVVF제어방식

해설 **엘리베이터의 속도제어**

㉠ 교류제어
• 교류 1단 속도제어
• 교류 2단 속도제어
• 교류 궤환제어
• VVVF(가변전압 가변주파수)제어

㉡ 직류제어
• 워드 레오나드(ward leonard)방식
• 정지 레오나드(static leonard)방식

38 다음 중 안전사고 발생 요인이 가장 높은 것은?

① 불안전한 상태와 행동
② 개인의 개성
③ 환경과 유전
④ 개인의 감정

해설 안전사고 발생 원인 중 인간의 불안전한 행동(인적 원인)이 88%로 가장 많고, 불안전한 상태(물적 원인)가 10%, 불가항력적 사고가 2% 정도를 차지한다.

39 작업장에서 작업복을 착용하는 가장 큰 이유는?

① 방한
② 복장 통일
③ 작업능률 향상
④ 작업 중 위험 감소

해설 **작업복**

작업복은 분주한 건설현장처럼 잠재적인 위험성이 내포된 장소에서 원활히 활동할 수 있어야 하며, 하루 종일 장비를 오르락내리락 하려면 옷이 불편하거나 옷 때문에 장비에 걸려 넘어지는 일이 없도록, 안전을 최우선으로 고려하여 인체공학적으로 디자인되어야 한다.

40 화재 시 조치사항에 대한 설명 중 틀린 것은?

① 비상용 엘리베이터는 소화활동 등 목적에 맞게 동작시킨다.
② 빌딩 내에서 화재가 발생할 경우 반드시 엘리베이터를 이용해 비상탈출을 시켜야 한다.
③ 승강로에서의 화재 시 전선이나 레일의 윤활유가 탈 때 발생되는 매연에 질식되지 않도록 주의한다.
④ 기계실에서의 화재 시 카 내의 승객과 연락을 취하면서 주전원 스위치를 차단한다.

정답 35. ② 36. ① 37. ③ 38. ① 39. ④ 40. ②

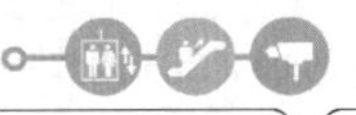

해설 화재발생 시 피난을 위해 엘리베이터를 이용하면 화재층에서 열리거나 정전으로 멈추어 엘리베이터에 갇히는 경우 승강로 자체가 굴뚝 역할을 하여 질식할 우려가 있기 때문에 계단으로 탈출을 유도하고 있다. 하지만 건축물이 초고층화되는 상황에서 임신부와 노년층, 영유아 등 계단을 통해 신속하게 이동할 수 없는 조건에 있는 사람들은 승강기를 이용하는 것이 신속한 탈출을 돕는 수단일 수도 있다.

41 논리회로에 사용되는 인버터(inverter)란?

① OR회로
② NOT회로
③ AND회로
④ X-OR회로

해설 NOT게이트

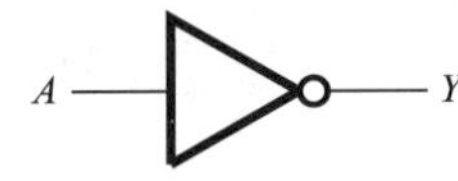

㉠ 논리회로 소자의 하나로, 출력이 입력과 반대되는 값을 가지는 논리소자이다.
㉡ 인버터(Inverter)라고 부르기도 한다.

★★
42 직류전동기의 속도제어방법이 아닌 것은?

① 저항제어법
② 계자제어법
③ 주파수제어법
④ 전기자 전압제어법

해설 직류전동기의 속도제어

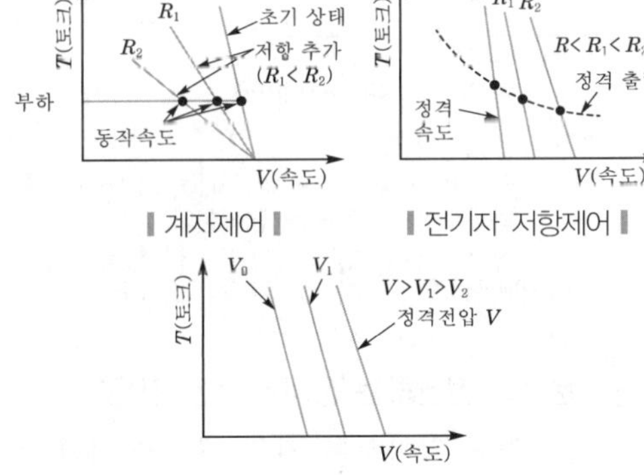

㉠ 계자제어 : 계자자속 ϕ를 변화시키는 방법으로, 계자저항기로 계자전류를 조정하여 ϕ를 변화시킨다.
㉡ 저항제어 : 전기자에 가변직렬저항 $R(\Omega)$을 추가하여 전기자회로의 저항을 조정함으로써 속도를 제어한다.
㉢ 전압제어 : 타여자 전동기에서 전기자에 가한 전압을 변화시킨다.

43 진공 중에서 m(Wb)의 자극으로부터 나오는 총 자력선의 수는 어떻게 표현되는가?

① $\dfrac{m}{4\pi\mu_0}$
② $\dfrac{m}{\mu_0}$
③ $\mu_0 m$
④ $\mu_0 m^2$

해설 자력선 밀도

㉠ 자장의 세기가 H (AT/m)인 점에서는 자장의 방향에 1m²당 H 개의 자력선이 수직으로 지나간다.
㉡ $+m$(Wb)의 점 자극에서 나오는 자력선은 각 방향에 균등하게 나오므로 반지름 r(m)인 구면 위의 자장의 세기 H는 다음과 같다.

$$H = \frac{1}{4\pi\mu_0} \cdot \frac{m}{r^2} \text{(AT/m)}$$

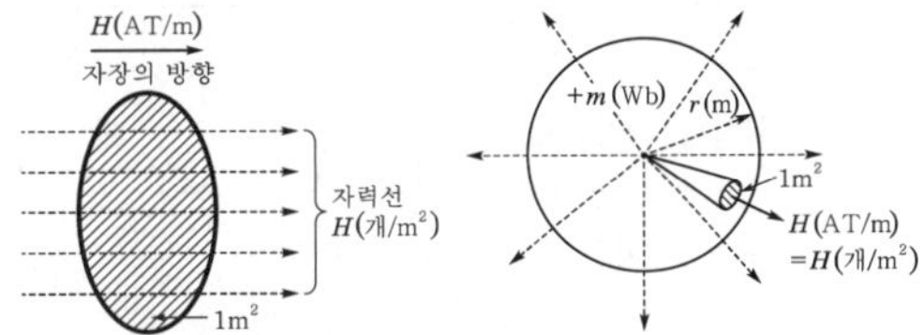

㉢ 구의 면적이 $4\pi r^2$ 이므로 $+m$ (Wb)에서 나오는 자력선 수 N은 다음과 같다.

$$N = H \times 4\pi r^2 = \frac{m}{4\pi\mu_0 r^2} \times 4\pi r^2 = \frac{m}{\mu_0}$$

44 그림과 같이 자기장 안에서 도선에 전류가 흐를 때 도선에 작용하는 힘의 방향은? (단, 전선 가운데 점 표시는 전류의 방향을 나타냄)

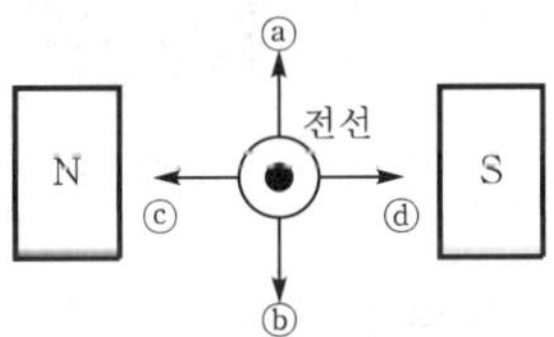

① ⓐ방향
② ⓑ방향
③ ⓒ방향
④ ⓓ방향

해설 플레밍의 왼손 법칙

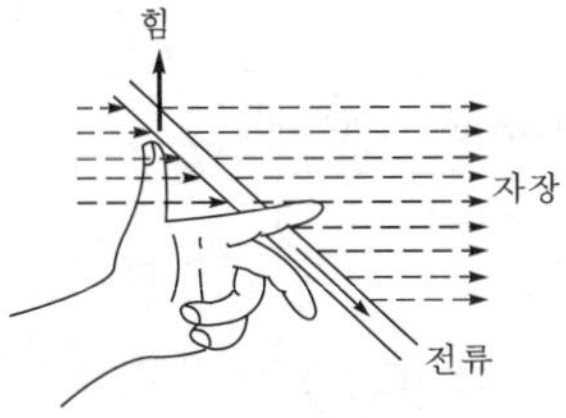

㉠ 자기장 내의 도선에 전류가 흐름 → 도선에 운동력 발생 (전기에너지 → 운동에너지) : 전동기

정답 41. ② 42. ③ 43. ② 44. ①

ㄴ 집게손가락(자장의 방향, N → S), 가운데 손가락(전류의 방향), 엄지손가락(힘의 방향)
ㄷ ⊗는 지면으로 들어가는 전류의 방향, ⊙는 지면에서 나오는 전류의 방향을 표시하는 부호이다.
ㄹ 힘은 ⓐ방향이 된다.

45 회전하는 축을 지지하고 원활한 회전을 유지하도록 하며, 축에 작용하는 하중 및 축의 자중에 의한 마찰저항을 가능한 적게 하도록 하는 기계요소는?

① 클러치   ② 베어링
③ 커플링   ④ 스프링

해설 기계요소의 종류와 용도

구분	종류	용도
결합용 기계요소	나사, 볼트, 너트, 핀, 키	기계부품 결함
축용 기계요소	축, 베어링	축을 지지하거나 연결
전동용 기계요소	마찰차, 기어, 캠, 링크, 체인, 벨트	동력의 전달
관용 기계요소	관, 관이음, 밸브	기체나 액체 수송
완충 및 제동용 기계요소	스프링, 브레이크	진동 방지와 제동

베어링은 회전운동 또는 왕복운동을 하는 축을 일정한 위치에 떠받들어 자유롭게 움직이게 하는 기계요소의 하나로, 빠른 운동에 따른 마찰을 줄이는 역할을 한다.

‖ 구름베어링 ‖

46 전류 I(A)와 전하 Q(C) 및 t(초)와의 상관관계를 나타낸 식은?

① $I = \dfrac{Q}{t}$(A)   ② $I = \dfrac{t}{Q}$(A)

③ $I = \dfrac{Q^2}{t}$(A)   ④ $I = \dfrac{Q}{t^2}$(A)

해설 전류(electric current)

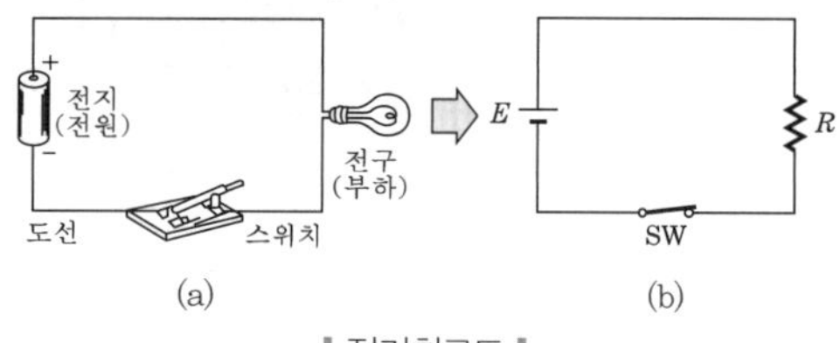

‖ 전기회로도 ‖

ㄱ 스위치를 닫아 전구가 점등될 때 전지의 음극(−)으로부터는 전자가 계속해서 전선에 공급되어 양극(+) 방향으로 끌려가고, 이런 전자의 흐름을 전류라 하며 방향은 전자의 흐름과는 반대이다.
ㄴ 전류의 세기 I : 어떤 단면을 1초 동안에 1C의 전기량이 이동할 때 1암페어(ampere, 기호 A)라고 한다.

$$I = \frac{Q}{t}\text{(A)}, \quad Q = It\text{(C)}$$

47 다음 중 다이오드 순방향 바이어스 상태를 의미하는 것은?

① P형 쪽에 (−), N형 쪽에 (+)전압을 연결한 상태
② P형 쪽에 (+), N형 쪽에 (−)전압을 연결한 상태
③ P형 쪽에 (−), N형 쪽에도 (−)전압을 연결한 상태
④ P형 쪽에 (+), N형 쪽에도 (+)전압을 연결한 상태

해설 pn접합 다이오드

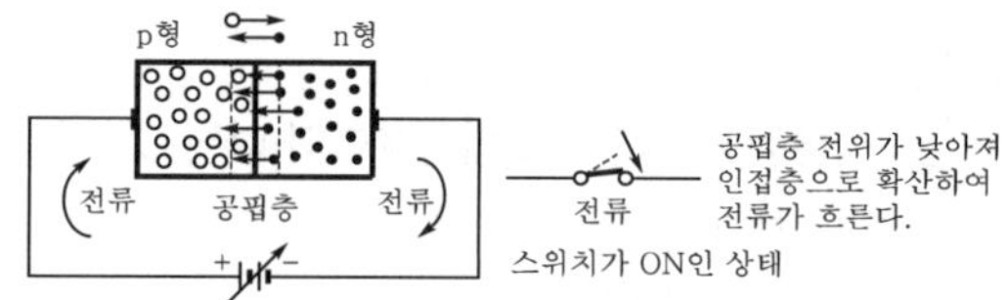

‖ 순방향 바이어스 ‖

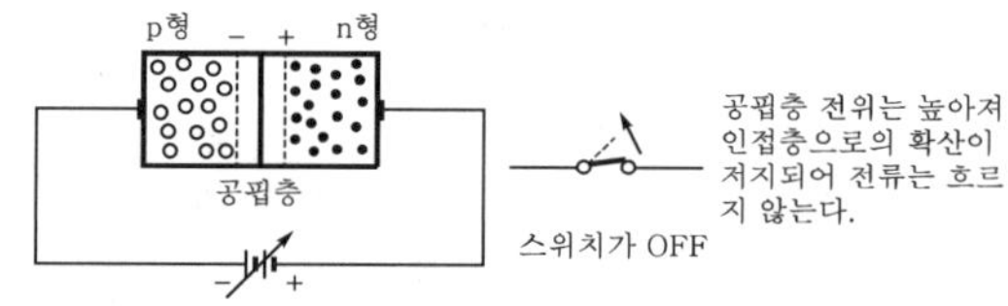

‖ 역방향 바이어스 ‖

ㄱ 순방향 특성
• P형 반도체쪽에는 (+)의 전극을 접속하고, n형 반도체 쪽에는 (−)의 전극을 접속한다.
• 전원을 연결했을 때 전류가 잘 통하는 상태이다.
ㄴ 역방향 특성 : 전류가 흐르지 않는다.

48 운동을 전달하는 장치로 옳은 것은?

① 절이 왕복하는 것을 레버라 한다.
② 절이 요동하는 것을 슬라이더라 한다.
③ 절이 회전하는 것을 크랭크라 한다.
④ 절이 진동하는 것을 캠이라 한다.

해설 링크(link)의 구성

몇 개의 강성한 막대를 핀으로 연결하고 회전할 수 있도록 만든 기구

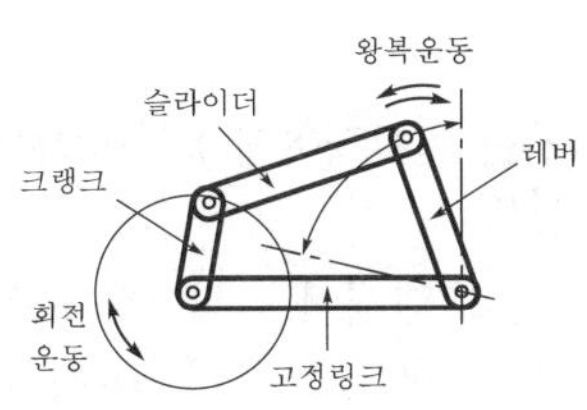

‖4절 링크기구‖

㉠ 크랭크 : 회전운동을 하는 링크
㉡ 레버 : 요동운동을 하는 링크
㉢ 슬라이더 : 미끄럼운동 링크
㉣ 고정부 : 고정 링크

49 플레밍의 왼손 법칙에서 엄지손가락의 방향은 무엇을 나타내는가?

① 자장   ② 전류
③ 힘   ④ 기전력

해설 플레밍의 왼손 법칙

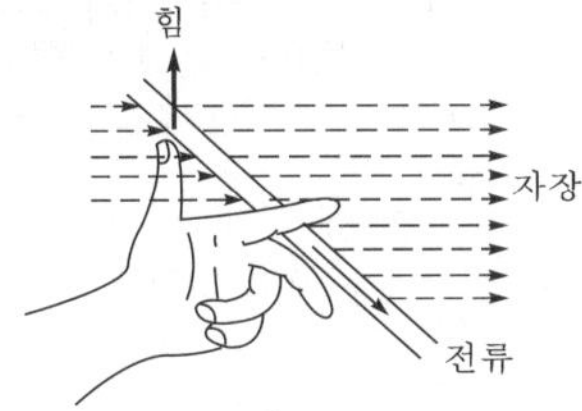

㉠ 자기장 내의 도선에 전류가 흐름 → 도선에 운동력 발생
(전기에너지 → 운동에너지) : 전동기
㉡ 집게 손가락(자장의 방향), 가운뎃손가락(전류의 방향), 엄지손가락(힘의 방향)

50 50μF의 콘덴서에 200V, 60Hz의 교류전압을 인가했을 때 흐르는 전류(A)는?

① 약 2.56   ② 약 3.77
③ 약 4.56   ④ 약 5.28

해설
$$X_c = \frac{1}{\omega c} = \frac{1}{2\pi f c}$$
$$= \frac{1}{2\pi \times 60 \times 50 \times 10^{-6}} \fallingdotseq 53$$
$$I = \frac{V}{X_c} = \frac{200}{53} \fallingdotseq 3.77$$

51 저항 100Ω의 전열기에 5A의 전류를 흘렸을 때 전력은 몇 W인가?

① 20   ② 100
③ 500   ④ 2,500

해설
$$P = VI = I^2 R = \frac{V^2}{R}(\text{W})$$
$$P = I^2 R = 5^2 \times 100 = 2,500\text{W}$$

52 직류기의 효율이 최대가 되는 조건은?

① 부하손= 고정손
② 기계손= 동손
③ 동손= 철손
④ 와류손= 히스테리시스손

해설 효율

㉠ 부하손(load loss)은 부하에 따라 크기가 현저하게 변하는 동손(저항손 : ohmic loss) 및 표유부하손(stray load loss : 측정이나 계산으로 구할 수 없는 손실)으로 나눈다.
㉡ 무부하손(no-load loss)은 기계손(mechanical loss : 마찰손+풍손)과 철손(iron loss : 히스테리시스손+와전류손)으로 부하의 변화에 관계없이 거의 일정한 손실이다.
㉢ 부하손과 무부하손(고정손)이 같을 때 최대 효율이 된다.

53 한쌍의 기어를 맞물렸을 때 치면 사이에 생기는 틈새를 무엇이라 하는가?

① 백래시
② 이사이
③ 이뿌리면
④ 지름피치

해설 백래시(backlash)

기어의 원활한 맞물림을 위하여 이와 이 사이에 붙이는 틈새, 웜휠의 톱니가 마모되면 백래시는 커지며 진동이 발생되고, 시동 또는 정지할 때 충격이 커진다.

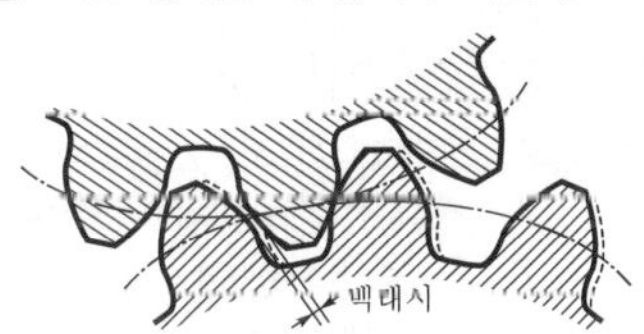

54 버니어캘리퍼스를 사용하여 와이어로프의 직경을 측정하는 방법으로 알맞은 것은?

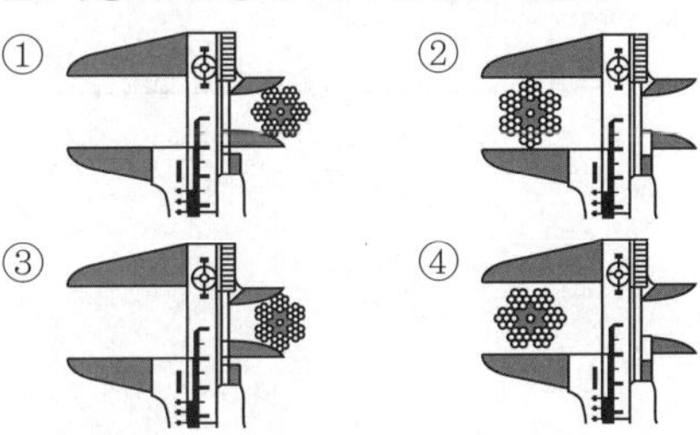

해설 와이어로프의 직경 측정

로프의 직경은 수직 또는 대각선으로 측정하며, 섬유로프인 경우는 게이지(gauge)로 측정하는 것이 바람직하다.

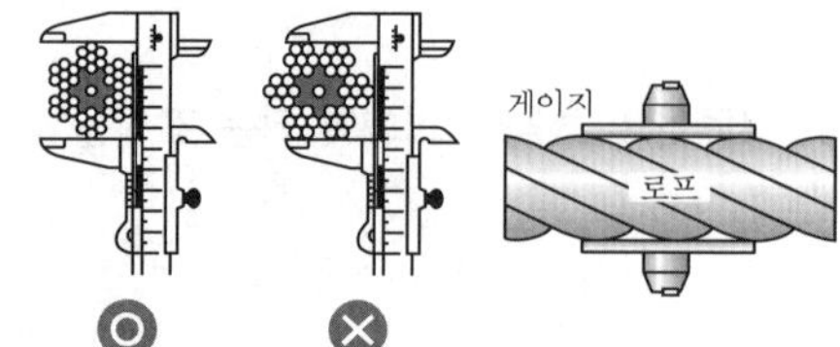

★★

55 전류계를 사용하는 방법으로 옳지 않은 것은?

① 부하전류가 클 때에는 배율기를 사용하여 측정한다.
② 전류가 흐르므로 인체가 접촉되지 않도록 주의하면서 측정한다.
③ 전류값을 모를 때에는 높은 값에서 낮은 값으로 조정하면서 측정한다.
④ 부하와 직렬로 연결하여 측정한다.

해설 분류기

가동 코일형 전류계는 동작전류가 1~50mA 정도여서, 큰 전류가 흐르면 전류계는 타버려 측정이 곤란하다. 따라서 가동 코일에 저항이 매우 작은 저항기를 병렬로 연결하여 대부분의 전류를 이 저항기에 흐르게 하고, 전체 전류에 비례하는 일정한 전류만 가동 코일에 흐르게 해서 전류를 측정하는데, 이 장치를 분류기라 한다.

$$I_a = \frac{R_s}{R_a + R_s} \cdot I$$

$$I = \frac{R_a + R_s}{R_s} \cdot I_a = \left(1 + \frac{R_a}{R_s}\right) \cdot I_a$$

여기서, I : 측정하고자 하는 전류(A)
I_a : 전류계로 유입되는 전류(A)
R_s : 분류기 저항(Ω)
R_a : 전류계 내부 저항(Ω)

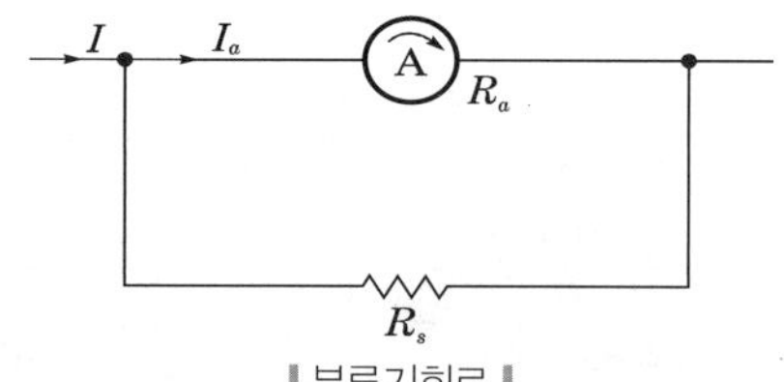
┃ 분류기회로 ┃

★

56 변화하는 위치제어에 적합한 제어방식으로 알맞은 것은?

① 프로그램제어　　② 프로세스제어
③ 서보기구　　　　④ 자동조정

해설 자동제어의 분류

㉠ 제어 목적에 의한 분류
　• 정치제어 : 목표치가 시간의 변화에 관계없이 일정하게 유지되는 제어로서 자동조정이라고 한다(프로세스제어, 발전소의 자동 전압조정, 보일러의 자동 압력조정, 터빈의 속도제어 등).
　• 추치제어 : 목표치가 시간에 따라 임의로 변화를 하는 제어로 서보기구가 여기에 속한다.
　　– 추종제어 : 목표치가 시간에 대한 미지함수인 경우(대공포의 포신 제어, 자동 평형계기, 자동 아날로그 선반)
　　– 프로그램제어 : 목표치가 시간적으로 미리 정해진 대로 변화하고 제어량이 이것에 일치되도록 하는 제어(열처리로의 온도제어, 열차의 무인운전 등)
　　– 비율제어 : 목표치가 다른 어떤 양에 비례하는 경우(보일러의 자동 연소제어, 암모니아의 합성 프로세스제어 등)
㉡ 제어량의 성질에 의한 분류
　• 프로세스제어 : 어떤 장치를 이용하여 무엇을 만드는 방법, 장치 또는 장치계를 프로세스(process)라 한다(온도, 압력제어장치).
　• 서보기구 : 제어량이 기계적인 위치 또는 속도인 제어를 말한다.
　• 자동조정 : 서보기구 등에 적용되지 않는 것으로 전류, 전압, 주파수, 속도, 장력 등을 제어량으로 하며, 응답속도가 대단히 빠른 것이 특징이다(전자회로의 자동 주파수제어, 증기터빈의 조속기, 수차 등).

57 다음 중 3상 유도전동기의 회전방향을 바꾸는 방법은?

① 두 선의 접속변환　② 기상보상기 이용
③ 전원의 주파수변환　④ 전원의 극수변환

해설 3상 교류인 3개의 단자 중 어느 2개의 단자를 서로 바꾸어 접속하면 1차 권선에 흐르는 상회전 방향이 반대가 되므로 자장의 회전방향도 바뀌어 역회전을 한다.

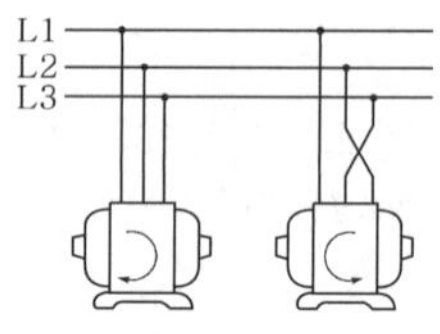

┃ 역전방법 ┃

58 직류발전기의 기본 구성요소에 속하지 않는 것은?

① 계자 ② 보극
③ 전기자 ④ 정류자

해설 직류발전기의 구성요소

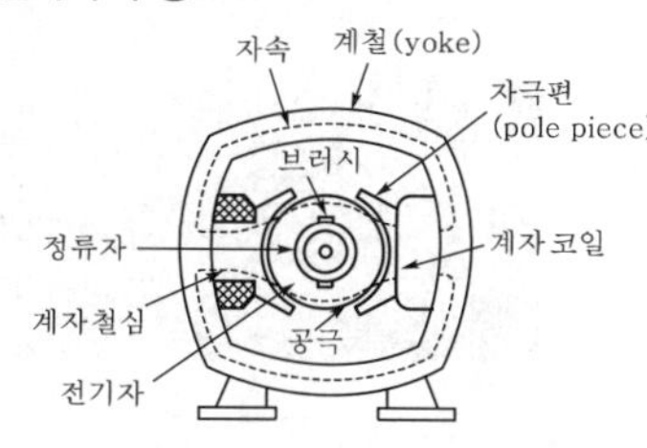

‖2극 직류발전기의 단면도‖

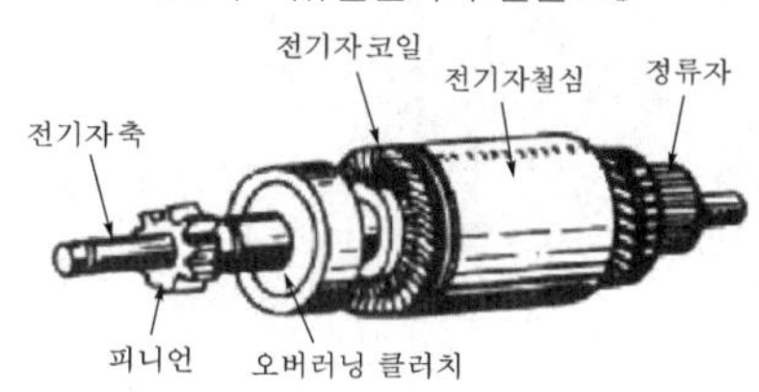

‖전기자‖

㉠ 계자(field magnet)
  • 계자권선(field coil), 계자철심(field core), 자극(pole piece) 및 계철(yoke)로 구성된다.
  • 계자권선은 계자철심에 감겨져 있으며, 이 권선에 전류가 흐르면 자속이 발생한다.
  • 자극편은 전기자에 대응하여 계자자속을 공극 부분에 적당히 분포시킨다.
㉡ 전기자(armature)
  • 전기자철심(armature core), 전기자권선(armature winding), 정류자 및 회전축(shaft)으로 구성된다.
  • 전기자철심의 재료와 구조는 맴돌이전류(eddy current)와 히스테리현상에 의한 철손을 적게 하기 위하여 두께 0.35~0.5mm의 규소강판을 성층하여 만든다.
㉢ 정류자(commutator) : 직류기에서 가장 중요한 부분 중의 하나이며, 운전 중에는 항상 브러시와 접촉하여 마찰이 생겨 마모 및 불꽃 등으로 높은 온도가 되므로 전기적, 기계적으로 충분히 견딜 수 있어야 한다.

59 2축이 만나는(교차하는) 기어는?

① 나사(screw)기어
② 베벨기어
③ 웜기어
④ 하이포이드기어

해설 기어의 분류

㉠ 평행축 기어 : 평기어, 헬리컬기어, 더블 헬리컬기어, 랙과 작은 기어
㉡ 교차측 기어 : 스퍼어 베벨기어, 헬리컬 베벨기어, 스파이럴 베벨기어, 제로올 베벨기어, 크라운기어, 앵귤러 베벨기어
㉢ 어긋난 축기어 : 나사기어, 웜기어, 하이포이드 기어, 헬리컬 크라운 기어

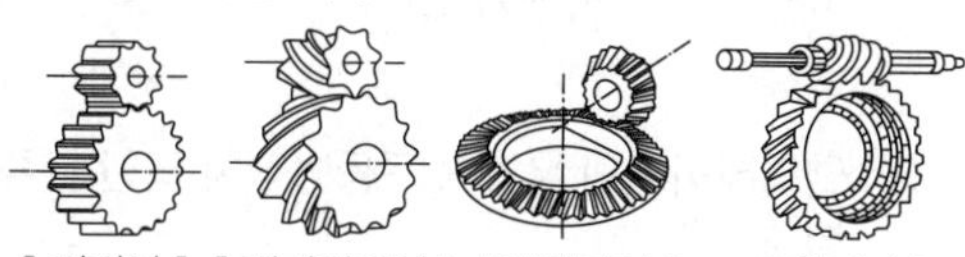

‖평기어‖ ‖헬리컬기어‖ ‖베벨기어‖ ‖웜기어‖

★★

60 안전율의 정의로 옳은 것은?

① $\dfrac{허용응력}{극한강도}$ ② $\dfrac{극한강도}{허용응력}$

③ $\dfrac{허용응력}{탄성한도}$ ④ $\dfrac{탄성한도}{허용응력}$

해설 안전율(safety factor)

㉠ 제한하중보다 큰 하중을 사용할 가능성이나 재료의 고르지 못함, 제조공정에서 생기는 제품품질의 불균일, 사용 중의 마모·부식 때문에 약해지거나 설계 자료의 신뢰성에 대한 불안에 대비하여 사용하는 설계계수를 말한다.
㉡ 구조물의 안전을 유지하는 정도, 즉 파괴(극한)강도를 그 허용응력으로 나눈 값을 말한다.

01 기계식 주차장치에 있어서 자동차 중량의 전륜 및 후륜에 대한 배분비는?

① 6 : 4
② 5 : 5
③ 7 : 3
④ 4 : 6

해설 자동차 중량의 전륜 및 후륜에 대한 배분은 6:4로 하고 계산하는 단면에는 큰 쪽의 중량이 집중하중으로 작용하는 것으로 가정하여 계산한다.

02 엘리베이터의 유압식 구동방식에 의한 분류로 틀린 것은?

① 직접식
② 간접식
③ 스크루식
④ 팬터그래프식

해설 **유압식 엘리베이터의 구동방식**

펌프에서 토출된 작동유로 플런저(plunger)를 작동시켜 카를 승강시키는 것을 유압식 엘리베이터라 한다.

㉠ 직접식 : 플런저의 직상부에 카를 설치한 것이다.
㉡ 간접식 : 플런저의 선단에 도르래를 놓고 로프 또는 체인을 통해 카를 올리고 내리며, 로핑에 따라 1 : 2, 1 : 4, 2 : 4의 로핑이 있다.
㉢ 팬터그래프식 : 카는 팬터그래프의 상부에 설치하고, 실린더에 의해 팬터그래프를 개폐한다.

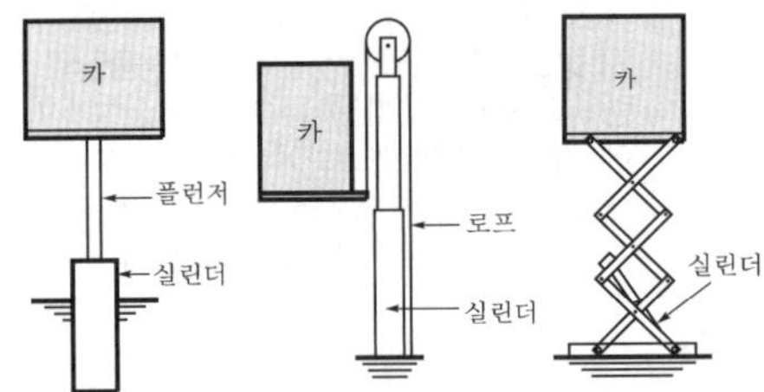

| 직접식 | 간접식(1 : 2 로핑) | 팬터그래프식 |

03 에스컬레이터의 역회전 방지장치로 틀린 것은?

① 과속조절기
② 스커트 가드
③ 기계브레이크
④ 구동체인 안전장치

해설 **스커트 가드(skirt guard)**

에스컬레이터 내측판의 스텝에 인접한 부분을 일컬으며, 스테인레스 판으로 되어 있다.

| 스텝 부분 |

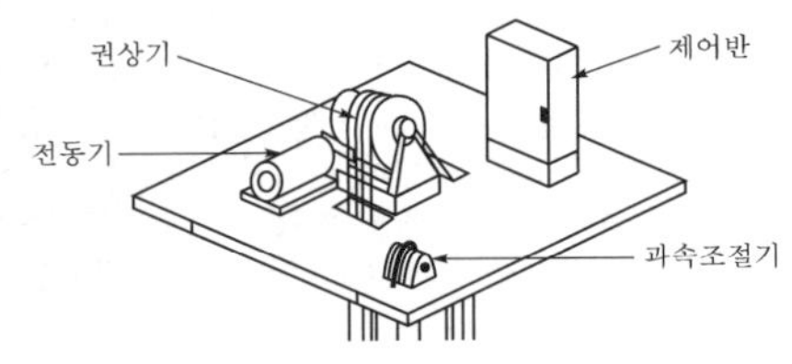

| 난간의 구조 |

04 기계실이 있는 엘리베이터의 승강로 내에 설치되지 않는 것은?

① 균형추
② 완충기
③ 이동케이블
④ 과속조절기

해설 **엘리베이터 기계실**

| 기계실 |

과속조절기는 승강로 내에 위치하는 경우도 있지만, 기계실이 있는 경우에는 기계실에 설치된다.

05 승강기의 카 내에 설치되어 있는 것의 조합으로 옳은 것은?

① 조작반, 이동케이블, 급유기, 과속조절기
② 비상조명, 카 조작반, 인터폰, 카 위치표시기
③ 카 위치표시기, 수전반, 호출버튼, 비상정지장치
④ 수전반, 승강장 위치표시기, 비상스위치, 리밋스위치

정답 01. ① 02. ③ 03. ② 04. ④ 05. ②

해설 카 실내의 구조

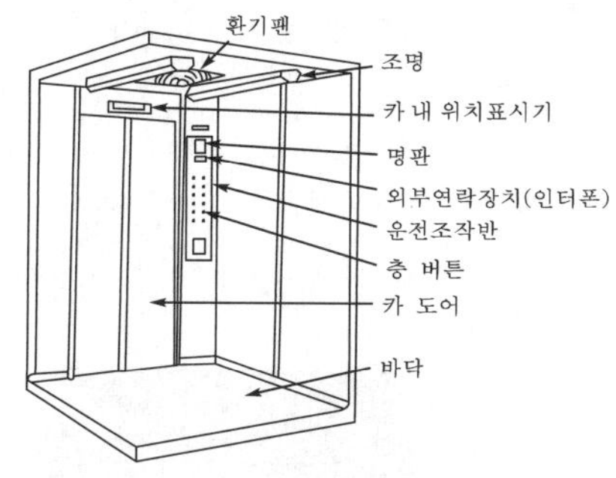

06 엘리베이터의 도어머신에 요구되는 성능과 거리가 먼 것은?

① 보수가 용이할 것
② 가격이 저렴할 것
③ 직류모터만 사용할 것
④ 작동이 원활하고 정숙할 것

해설 도어머신(door machine)에 요구되는 조건

모터의 회전을 감속하여 암이나 로프 등을 구동시켜서 도어를 개폐시키는 것이며, 닫힌 상태에서 정전으로 갇혔을 때 구출을 위해 문을 손으로 열 수가 있어야 한다.

㉠ 작동이 원활하고 조용할 것
㉡ 카 상부에 설치하기 위해 소형 경량일 것
㉢ 동작횟수가 엘리베이터 기동횟수의 2배가 되므로 보수가 용이할 것
㉣ 가격이 저렴할 것

07 문닫힘 안전장치의 종류로 틀린 것은?

① 도어레일
② 광전장치
③ 세이프티 슈
④ 초음파장치

해설 도어의 안전장치

엘리베이터의 도어가 닫히는 순간 승객이 출입하는 경우 충돌사고의 원인이 되므로 도어 끝단에 검출장치를 부착하여 도어를 반전시키는 장치이다.

㉠ 세이프티 슈(safety shoe) : 도어의 끝에 설치하여 이 물체가 접촉하면 도어의 닫힘을 중지하며 도어를 반전시키는 접촉식 보호장치
㉡ 세이프티 레이(safety ray) : 광선빔을 통하여 이것을 차단하는 물체를 광전장치(photo electric device)에 의해서 검출하는 비접촉식 보호장치
㉢ 초음파장치(ultrasonic door sensor) : 초음파의 감지 각도를 조절하여 카쪽의 이물체(유모차, 휠체어 등)나 사람을 검출하여 도어를 반전시키는 비접촉식 보호장치

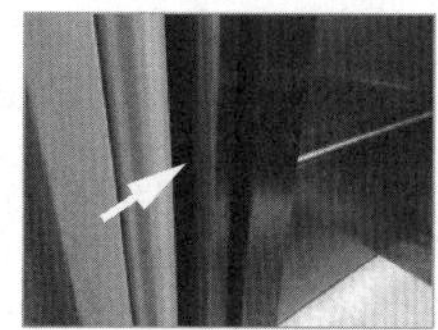

| 세이프티 슈 설치 상태 |

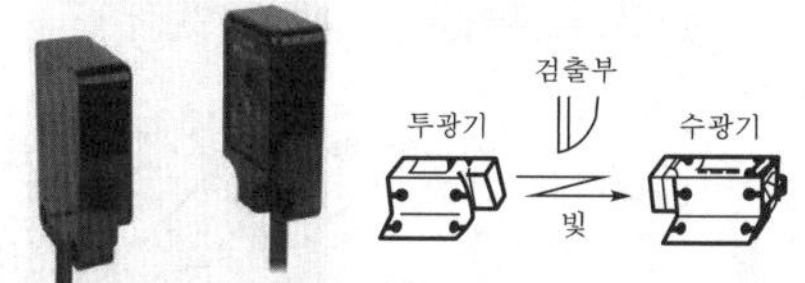

| 광전장치 |

08 권상도르래 현수로프의 안전율은 얼마이어야 하는가?

① 6 이상
② 10 이상
③ 12 이상
④ 15 이상

해설 권상도르래, 풀리 또는 드럼과 로프의 직경 비율, 로프 · 체인의 단말처리

㉠ 권상도르래, 풀리 또는 드럼과 현수로프의 공칭직경 사이의 비는 스트랜드의 수와 관계없이 40 이상이어야 한다.
㉡ 현수로프의 안전율은 어떠한 경우라도 12 이상이어야 한다. 안전율은 카가 정격하중을 싣고 최하층에 정지하고 있을 때 로프 1가닥의 최소 파단하중(N)과 이 로프에 걸리는 최대 힘(N) 사이의 비율이다.
㉢ 로프와 로프 단말 사이의 연결은 로프의 최소 파단하중의 80% 이상을 견뎌야 한다.
㉣ 로프의 끝 부분은 카, 균형추(또는 평형추) 또는 현수되는 지점에 금속 또는 수지로 채워진 소켓, 자체 조임 쐐기형식의 소켓 또는 안전상 이와 동등한 기타 시스템에 의해 고정되어야 한다.

09 유압승강기 압력배관에 관한 설명 중 옳지 않은 것은?

① 압력배관은 펌프 출구에서 안전밸브까지를 말한다.
② 지진 또는 진동 및 충격을 완화하기 위한 조치가 필요하다.
③ 압력배관으로 탄소강 강관이나 고압 고무 호스를 사용한다.
④ 압력배관이 파손되었을 때 카의 하강을 제지하는 장치가 필요하다.

해설 **유압 파워유닛**

㉠ 펌프, 전동기, 밸브, 탱크 등으로 구성되어 있는 유압동력 전달장치이다.
㉡ 유압펌프에서 실린더까지를 탄소강관이나 고압 고무호스를 사용하여 압력배관으로 연결한다.
㉢ 단순히 작동유에 압력을 주는 것뿐만 아니라 카를 상승시킬 경우 가속, 주행 감속에 필요한 유량으로 제어하여 실린더에 보내고, 하강 시에는 실린더의 기름을 같은 방법으로 제어한 후 탱크로 되돌린다.

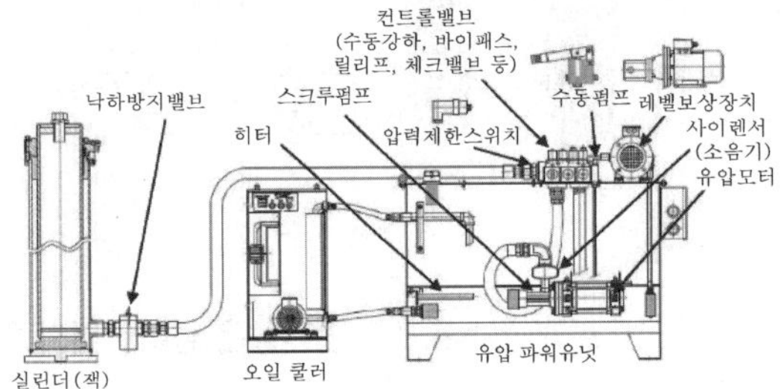

▮ 유압승강기 구동부 ▮

10 피트에 설치되지 않는 것은?

① 인장도르래 　② 과속조절기
③ 완충기 　④ 균형추

해설 **기계실 없는 엘리베이터**

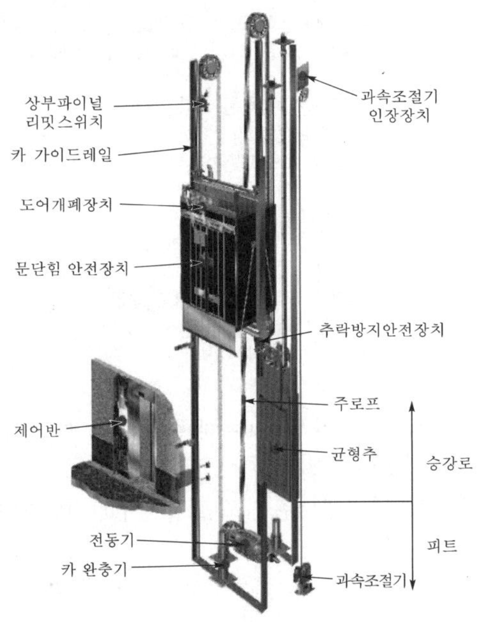

11 무빙워크의 공칭속도(m/s)는 얼마 이하로 하여야 하는가?

① 0.55 　② 0.65
③ 0.75 　④ 0.95

해설 **무빙워크의 경사도와 속도**

㉠ 무빙워크의 경사도는 12° 이하이어야 한다.
㉡ 무빙워크의 공칭속도는 0.75m/s 이하이어야 한다.
㉢ 팔레트 또는 벨트의 폭이 1.1m 이하이고, 승강장에서 팔레트 또는 벨트가 콤에 들어가기 전 1.6m 이상의 수평주행구간이 있는 경우 공칭속도는 0.9m/s까지 허용된다. 다만, 가속구간이 있거나 무빙워크를 다른 속도로 직접 전환시키는 시스템이 있는 무빙워크에는 적용되지 않는다.

▮ 팔레트 ▮

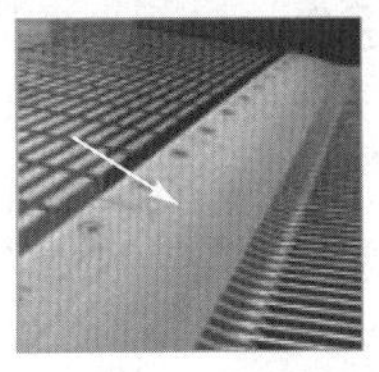

▮ 콤(comb) ▮

▮ 난간 부분의 명칭 ▮

12 도어 인터록 장치의 구조로 가장 옳은 것은?

① 도어스위치가 확실히 걸린 후 도어 인터록이 들어가야 한다.
② 도어스위치가 확실히 열린 후 도어 인터록이 들어가야 한다.
③ 도어록 장치가 확실히 걸린 후 도어스위치가 들어가야 한다.
④ 도어록 장치가 확실히 열린 후 도어스위치가 들어가야 한다.

해설 **도어 인터록(door interlock) 및 클로저(closer)**

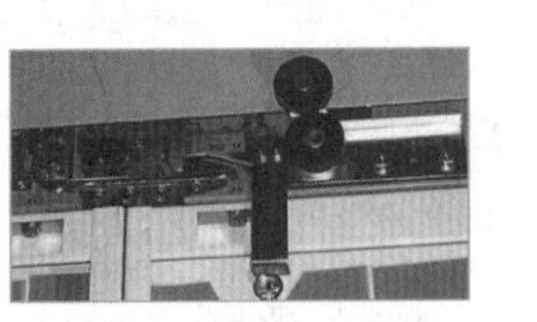

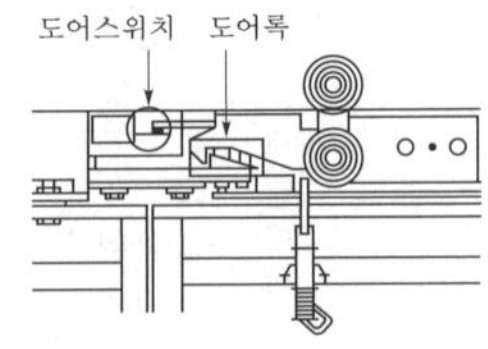

㉠ 도어 인터록(door interlock)
• 카가 정지하지 않는 층의 도어는 전용열쇠를 사용하지 않으면 열리지 않는 도어록과 도어가 닫혀 있지 않으면 운전이 불가능하도록 하는 도어스위치로 구성된다.

정답 **10.** ④ **11.** ③ **12.** ③

- 닫힘동작 시는 도어록이 먼저 걸린 상태에서 도어스위치가 들어가고 열림동작 시는 도어스위치가 끊어진 후 도어록이 열리는 구조(직렬)이며, 엘리베이터의 안전장치 중에서 승강장의 도어 안전장치로 가장 중요하다.

ⓒ 도어 클로저(door closer)
- 승강장의 문이 열린 상태에서 모든 제약이 해제되면 자동적으로 닫히게 하여 문의 개방 상태에서 생기는 2차 재해를 방지하는 문의 안전장치이며, 전기적인 힘이 없어도 외부 문을 닫아주는 역할을 한다.
- 스프링 클로저 방식 : 레버시스템, 코일스프링과 도어체크가 조합된 방식
- 웨이트(weight) 방식 : 줄과 추를 사용하여 도어체크(문이 자동으로 천천히 닫히게 하는 장치)를 생략한 방식

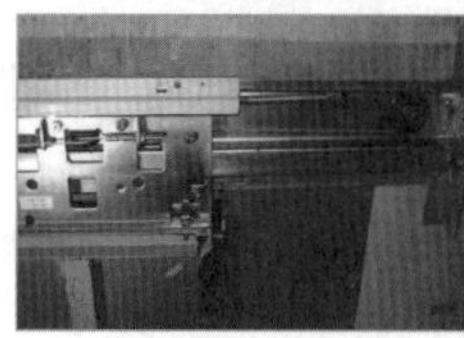
‖ 스프링 클로저 ‖

‖ 웨이트 클로저 ‖

★★

13 기계실에는 바닥면에서 몇 lx 이상을 비출 수 있는 영구적으로 설치된 전기조명이 있어야 하는가?

① 2 　　　　② 50
③ 100 　　　④ 200

해설 **기계실의 유지관리에 지장이 없도록 조명 및 환기시설의 설치**

㉠ 기계실에는 바닥면에서 200lx 이상을 비출 수 있는 영구적으로 설치된 전기조명이 있어야 한다.
ⓒ 기계실은 눈·비가 유입되거나 동절기에 실온이 내려가지 않도록 조치되어야 하며 실온은 5~40℃에서 유지되어야 한다.

★★

14 와이어로프의 구성요소가 아닌 것은?

① 소선 　　　② 심강
③ 킹크 　　　④ 스트랜드

해설 **와이어로프**

㉠ 와이어로프의 구성
- 심(core)강
- 가닥(strand)
- 소선(wire)

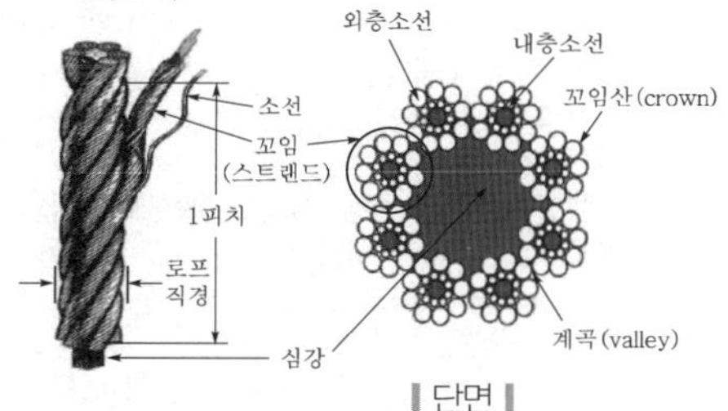

‖ 단면 ‖

ⓒ 소선의 재료 : 탄소강(C : 0.50~0.85 섬유상 조직)
ⓒ 와이어로프의 표기

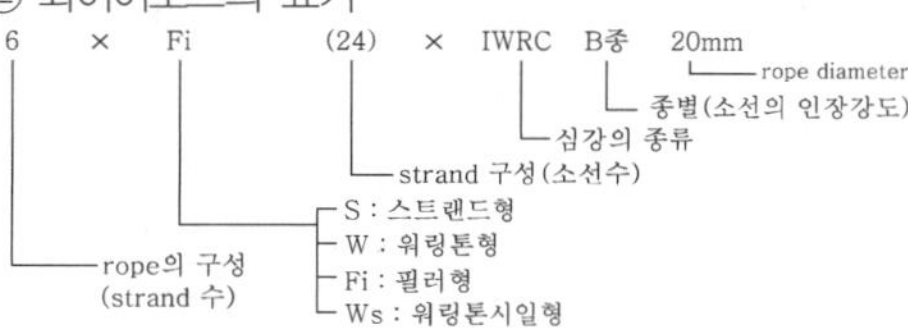

15 승강기에 균형체인을 설치하는 목적은?

① 균형추의 낙하 방지를 위하여
② 주행 중 카의 진동과 소음을 방지하기 위하여
③ 카의 무게 중심을 위하여
④ 이동케이블과 로프의 이동에 따라 변화되는 무게를 보상하기 위하여

해설 **로프식 방식에서 미끄러짐(매우 위험함)을 결정하는 요소**

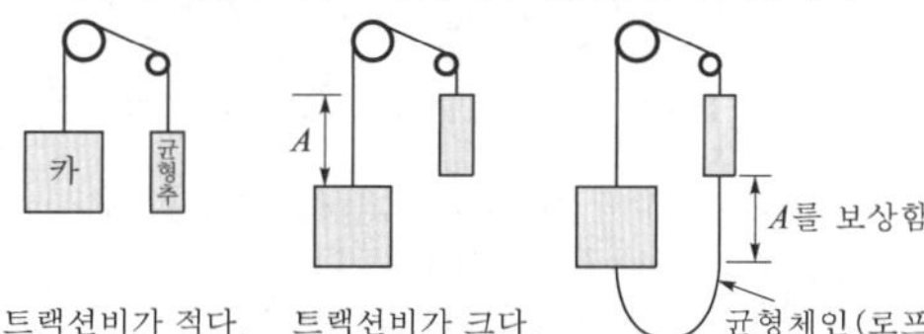

로프식 엘리베이터의 승강행정이 길어지면 로프가 어느 쪽(카측, 균형추측)에 있느냐에 따라 트랙션비는 커져 와이어로프의 수명 및 전동기 용량 등에 문제가 발생한다. 이런 문제를 해결하기 위해 카 하부에서 균형추의 하부로 주 로프와 비슷한 단위중량의 균형체인을 사용하여 90% 정도의 보상을 하지만, 고층용 엘리베이터의 경우 균형(보상)체인은 소음이 발생하므로 엘리베이터의 속도가 120m/min 이상에는 균형(보상)로프를 사용한다.

★★★★★

16 균형추의 전체 무게를 산정하는 방법으로 옳은 것은?

① 카의 전중량에 정격적재량의 35~50%를 더한 무게로 한다.
② 카의 전중량에 정격적재량을 더한 무게로 한다.
③ 카의 전중량과 같은 무게로 한다.
④ 카의 전중량에 정격적재량의 110%를 더한 무게로 한다.

해설 균형추(counter weight)

카의 무게를 일정 비율 보상하기 위하여 카측과 반대편에 주철 혹은 콘크리트로 제작되어 설치되며, 카와의 균형을 유지하는 추이다.

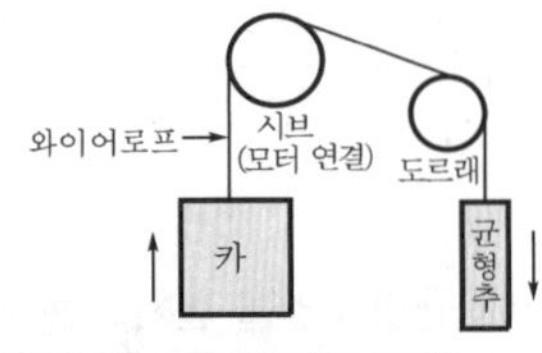

㉠ 오버밸런스(over-balance)
- 균형추의 총중량은 빈 카의 자중에 적재하중의 35~50%의 중량을 더한 값이 보통이다.
- 적재하중의 몇 %를 더할 것인가를 오버밸런스율이라고 한다.
- 균형추의 총중량=카 자체하중 + $L \cdot F$
  여기서, L : 정격적재하중(kg)
  F : 오버밸런스율(%)

㉡ 견인비(traction ratio)
- 카측 로프가 매달고 있는 중량과 균형추 로프가 매달고 있는 중량의 비를 트랙션비라 하고, 무부하와 전부하 상태에서 체크한다.
- 견인비가 낮게 선택되면 로프와 도르래 사이의 트랙션 능력 즉 마찰력이 작아도 되며, 로프의 수명이 연장된다.

17 에스컬레이터의 유지관리에 관한 설명으로 옳은 것은?

① 계단식 체인은 굴곡반경이 작으므로 피로와 마모가 크게 문제 시 된다.
② 계단식 체인은 주행속도가 크기 때문에 피로와 마모가 크게 문제 시 된다.
③ 구동체인은 속도, 전달동력 등을 고려할 때 마모는 발생하지 않는다.
④ 구동체인은 녹이 슬거나 마모가 발생하기 쉬우므로 주의해야 한다.

해설 구동장치 보수 점검사항

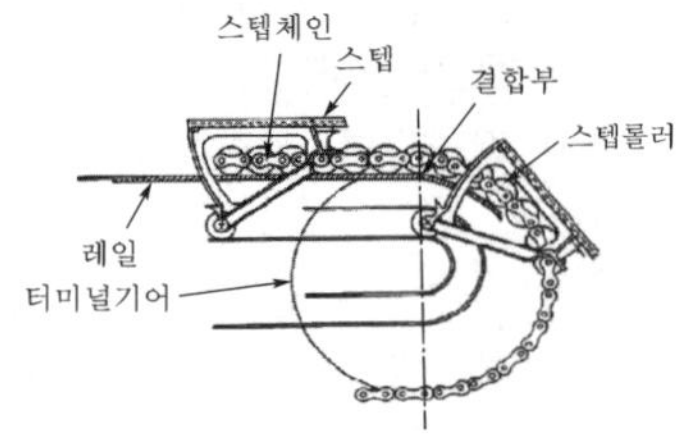

‖ 스텝체인의 구동 ‖

‖ 체인의 부식 ‖

㉠ 진동, 소음의 유무
㉡ 운전의 원활성
㉢ 구동장치의 취부 상태
㉣ 각부 볼트 및 너트의 이완 여부
㉤ 기어 케이스 등의 표면 균열 여부 및 누유 여부
㉥ 브레이크의 작동 상태
㉦ 구동체인의 늘어짐 및 녹의 발생 여부
㉧ 각부의 주유 상태 및 윤활유의 부족 또는 변화 여부
㉨ 벨트 사용 시 벨트의 장력 및 마모 상태

★★ 18 유압식 엘리베이터의 속도제어에서 주회로에 유량제어밸브를 삽입하여 유량을 직접 제어하는 회로는?

① 미터오프 회로   ② 미터인 회로
③ 블리디오프 회로   ④ 블리디아 회로

해설 미터인(meter in) 회로

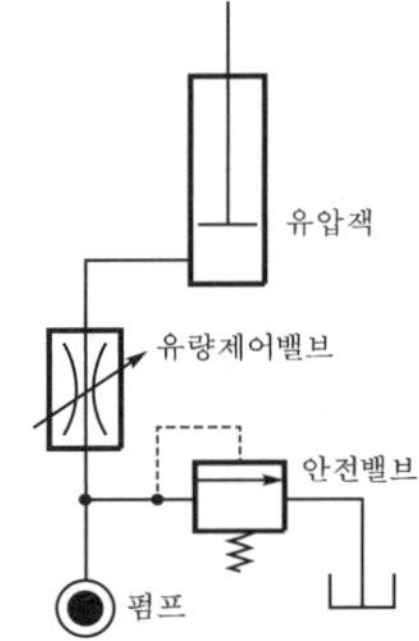

‖ 미터인(meter in) 회로 ‖

㉠ 유량제어밸브를 실린더의 유입측에 삽입한 것
㉡ 펌프에서 토출된 작동유는 유량제어밸브의 체크밸브를 통하지 못하고 미터링 오리피스를 통하여 유압 실린더로 보내진다.
㉢ 펌프에서는 유량제어밸브를 통과한 유량보다 많은 양의 유량을 보내게 된다.
㉣ 실린더에서는 항상 일정한 유량이 보내지기 때문에 정확한 속도제어가 가능하다.
㉤ 펌프의 압력은 항상 릴리프밸브의 설정압력과 같다.
㉥ 실린더의 부하가 작을 때도 펌프의 압력은 릴리프밸브의 설정 압력이 되어, 필요 이상의 동력을 소요해서 효율이 떨어진다.
㉦ 유량제어밸브를 열면 액추에이터의 속도는 빨라진다.

정답 17. ④ 18. ②

19 압력맥동이 적고 소음이 적어서 유압식 엘리베이터에 주로 사용되는 펌프는?

① 기어펌프
② 베인펌프
③ 스크류펌프
④ 릴리프펌프

해설 펌프의 종류

㉠ 일반적으로 원심력식, 가변 토출량식, 강제 송유식(가장 많이 사용됨) 등이 있다.
㉡ 강제 송유식의 종류에는 기어펌프, 베인펌프, 스크류펌프(소음이 적어서 많이 사용됨) 등이 있다.
㉢ 스크류펌프(screw pump)는 케이싱 내에 1~3개의 나사 모양의 회전자를 회전시키고, 유체는 그 사이를 채워서 나아가도록 되어 있는 펌프로서, 유체에 회전운동을 주지 않기 때문에 운전이 조용하고, 효율도 높아서 유압용 펌프에 사용되고 있다.

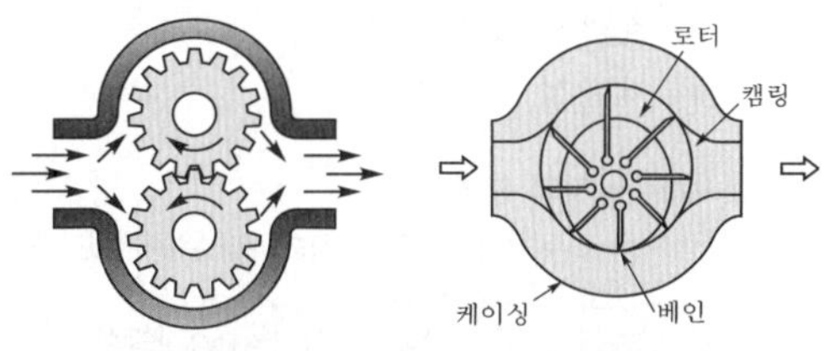

▮ 기어펌프 ▮　　▮ 베인펌프 ▮

▮ 스크류펌프 ▮

20 일반적으로 사용되고 있는 승강기의 레일 중 13K, 18K, 24K 레일 폭의 규격에 대한 사항으로 옳은 것은?

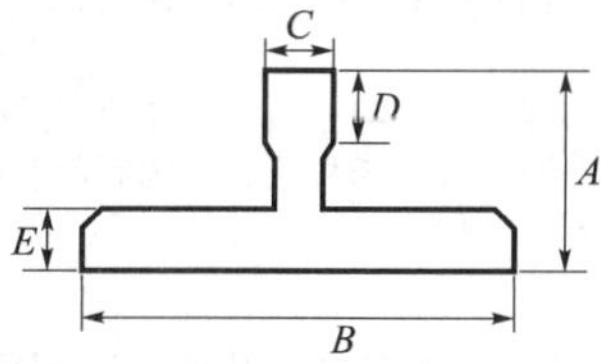

① 3종류 모두 같다.
② 3종류 모두 다르다.
③ 13K와 18K는 같고 24K는 다르다.
④ 18K와 24K는 같고 13K는 다르다.

해설 가이드레일의 치수

구분	8K	13K	18K	24K	30K
A	56	62	89	89	108
B	78	89	114	127	140
C	10	16	16	16	19
D	26	32	38	50	51
E	6	7	8	12	13

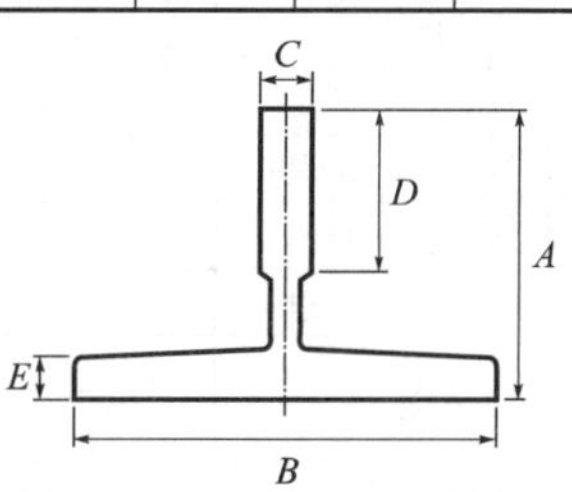

▮ 가이드레일의 단면도 ▮

21 승강장에서 스텝 뒤쪽 끝 부분을 황색 등으로 표시하여 설치되는 것은?

① 스텝체인
② 테크보드
③ 데마케이션
④ 스커트 가드

해설 데마케이션(demarcation)

에스컬레이터의 스텝과 스텝, 스텝과 스커트 가드 사이의 틈새에 신체의 일부 또는 물건이 끼이는 것을 막기 위해서 경계를 눈에 띄게 황색선으로 표시한다.

▮ 스텝 부분 ▮

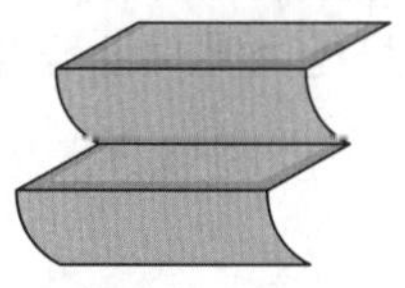
▮ 데마케이션 ▮

22 무빙워크 이용자의 주의표시를 위한 표시판 또는 표지 내에 표시되는 내용이 아닌 것은?

① 손잡이를 꼭 잡으세요.
② 카트는 탑재하지 마세요.
③ 걷거나 뛰지 마세요.
④ 안전선 안에 서 주세요.

해설 에스컬레이터 또는 무빙워크의 출입구 근처의 주의표시

구분		기준규격(mm)	색상
최소 크기		80×100	–
바탕		–	흰색
	원	40×40	–
	바탕	–	황색
	사선	–	적색
	도안	–	흑색
⚠		10×10	녹색(안전), 황색(위험)
안전, 위험		10×10	흑색
주의 문구	대	19pt	흑색
	소	14pt	적색

23 보수기술자의 올바른 자세로 볼 수 없는 것은?

① 신속, 정확 및 예의 바르게 보수 처리한다.
② 보수를 할 때는 안전기준보다는 경험을 우선시한다.
③ 항상 배우는 자세로 기술 향상에 적극 노력한다.
④ 안전에 유의하면서 작업하고 항상 건강에 유의한다.

해설 보수기술자가 보수를 할 때에는 경험보다 안전기준을 우선시해야 한다.

★

24 전기식 엘리베이터 자체점검 중 피트에서 하는 과부하감지장치에 대한 점검주기(회/월)는?

① 1/1
② 1/3
③ 1/4
④ 1/6

해설 피트에서 하는 점검항목 및 주기

㉠ 1회/1월 : 피트 바닥, 과부하감지장치
㉡ 1회/3월 : 완충기, 하부 파이널 리밋스위치, 카 비상멈춤장치스위치
㉢ 1회/6월 : 과속조절기로프 및 기타 당김도르래, 균형로프 및 부착부, 균형추 밑부분 틈새, 이동케이블 및 부착부
㉣ 1회/12월 : 카 하부 도르래, 피트 내의 내진대책

25 승강기에 사용하는 가이드레일 1본의 길이는 몇 m로 정하고 있는가?

① 1
② 3
③ 5
④ 7

해설 가이드레일의 규격

㉠ 레일 규격의 호칭은 마무리 가공 전 소재의 1m당의 중량으로 한다.
㉡ 일반적으로 T형 레일의 공칭은 8, 13, 18, 24K 등이 있다.
㉢ 대용량의 엘리베이터에서는 37, 50K 레일 등도 사용한다.
㉣ 레일의 표준길이는 5m로 한다.

26 재해누발자의 유형이 아닌 것은?

① 미숙성 누발자
② 상황성 누발자
③ 습관성 누발자
④ 자발성 누발자

해설 재해누발자의 분류

㉠ 미숙성 누발자 : 환경에 익숙하지 못하거나 기능 미숙으로 인한 재해 누발자
㉡ 상황성 누발자 : 작업의 어려움, 기계설비의 결함, 환경상 주의 집중의 혼란, 심신의 근심에 의한 것
㉢ 습관성 누발자 : 재해의 경험으로 신경과민이 되거나 슬럼프(slump)에 빠지기 때문
㉣ 소질성 누발자 : 지능, 성격, 감각운동에 의한 소질적 요소에 의하여 결정됨

27 감전 상태에 있는 사람을 구출할 때의 행위로 틀린 것은?

① 즉시 잡아당긴다.
② 전원 스위치를 내린다.
③ 절연물을 이용하여 떼어 낸다.
④ 변전실에 연락하여 전원을 끈다.

해설 감전 재해 발생 시 상해자 구출은 전원을 끄고, 신속하되 당황하지 말고 구출자 본인의 방호조치 후 절연물을 이용하여 구출한다.

28 전기식 엘리베이터 기계실의 실온 범위는?

① 5~70℃
② 5~60℃
③ 5~50℃
④ 5~40℃

해설 기계실의 유지관리에 지장이 없도록 조명 및 환기시설의 설치
- ㉠ 기계실에는 바닥면에서 200lx 이상을 비출 수 있는 영구적으로 설치된 전기조명이 있어야 한다.
- ㉡ 기계실은 눈·비가 유입되거나 동절기에 실온이 내려가지 않도록 조치되어야 하며 실온은 +5℃에서 +40℃ 사이에서 유지되어야 한다.

29 다음 중 정기점검에 해당되는 점검은?

① 일상점검
② 월간점검
③ 수시점검
④ 특별점검

해설 안전점검의 종류
- ㉠ 정기점검 : 일정 기간마다 정기적으로 실시하는 점검을 말하며, 매주, 매월, 매분기 등 법적 기준에 맞도록 또는 자체 기준에 따라 해당 책임자가 실시하는 점검
- ㉡ 수시점검(일상점검) : 매일 작업 전, 작업 중, 작업 후에 일상적으로 실시하는 점검을 말하며, 작업자, 작업책임자, 관리감독자가 행하는 사업주의 순찰도 넓은 의미에서 포함
- ㉢ 특별점검 : 기계·기구 또는 설비의 신설·변경 또는 고장 수리 등으로 비정기적인 특정 점검을 말하며 기술책임자가 행함
- ㉣ 임시점검 : 기계·기구 또는 설비의 이상 발견 시에 임시로 실시하는 점검을 말하며, 정기점검 실시 후 다음 정기점검일 이전에 임시로 실시하는 점검

30 사람이 출입할 수 없도록 정격하중이 300kg 이하이고 정격속도가 1m/s인 승강기는?

① 덤웨이터
② 비상용 엘리베이터
③ 승객·화물용 엘리베이터
④ 수직형 휠체어리프트

해설 덤웨이터(dumbwaiter)

사람이 탑승하지 않으면서 적재용량이 300kg 이하인 것으로서 소형화물(서적, 음식물 등) 운반에 적합하게 제작된 엘리베이터이다. 다만, 바닥면적이 0.5m² 이하이고 높이가 0.6m 이하인 엘리베이터는 제외한다.

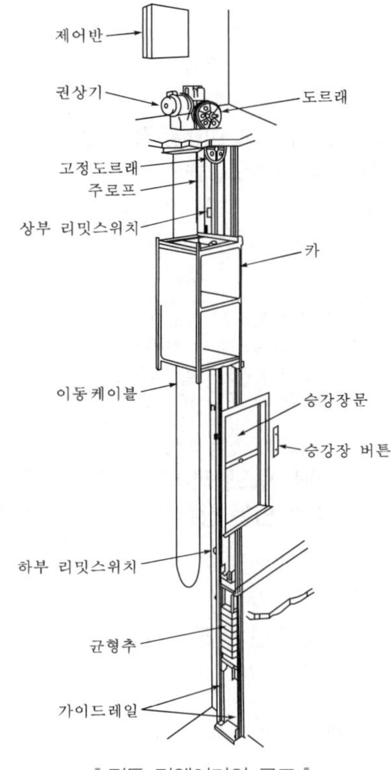

▌전동 덤웨이터의 구조 ▌

31 재해의 직접 원인에 해당되는 것은?

① 안전지식의 부족
② 안전수칙의 오해
③ 작업기준의 불명확
④ 복장, 보호구의 결함

해설 산업재해 직접원인
- ㉠ 불안전한 행동(인적 원인)
  - 안전장치를 제거, 무효화
  - 안전조치의 불이행
  - 불안전한 상태 방치
  - 기계장치 등의 지정 외 사용
  - 운전 중인 기계 장치 등의 청소, 주유, 수리, 점검 등의 실시
  - 위험장소에 접근
  - 잘못된 동작 자세
  - 복장, 보호구의 잘못 사용
  - 불안전한 속도 조작
  - 운전의 실패
- ㉡ 불안전한 상태(물적 원인)
  - 물(物) 자체의 결함
  - 방호장치의 결함
  - 작업장소의 결함, 물의 배치 결함
  - 보호구, 복장 등의 결함

정답 29. ② 30. ① 31. ④

- 작업환경의 결함
- 자연적 불안전한 상태
- 작업방법 및 생산공정 결함

32 동력을 수시로 이어주거나 끊어주는 데 사용할 수 있는 기계요소는?

① 클러치　　② 리벳
③ 키　　　　④ 체인

해설 ▸ 클러치(clutch)

축과 축을 접속하거나 차단하는데 사용되며, 클러치를 사용하면 원동기를 정지시킬 필요 없이 피동축을 정지시키고, 속도 변경을 위한 기어 바꿈 등을 할 수 있다.

33 상승하던 에스컬레이터가 갑자기 하강방향으로 움직일 수 있는 상황을 방지하는 안전장치는?

① 스텝체인
② 핸드레일
③ 구동체인 안전장치
④ 스커트 가드 안전장치

해설 ▸ 구동체인 안전장치(driving chain safety device)

㉠ 구동기와 주구동장치(main drive) 사이의 구동체인이 상승 중 절단되었을 때 승객의 하중에 의해 하강운전을 일으키면 위험하므로 구동체인 안전장치가 필요하다.
㉡ 구동체인 위에 항상 문지름판이 구동되면서 구동체인의 늘어짐을 감지하여 만일, 체인이 느슨해지거나 끊어지면 슈가 떨어지면서 브레이크래칫이 브레이크휠에 걸려 주구동장치의 하강방향의 회전을 기계적으로 제지한다.
㉢ 안전스위치를 설치하여 안전장치의 동작과 동시에 전원을 차단한다.

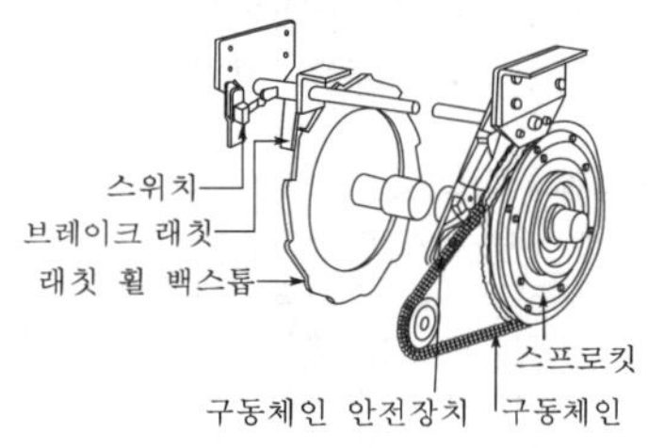

(a) 조립도

(b) 안전장치 상세도

‖ 구동체인 안전장치 ‖

34 재해발생 시의 조치내용으로 볼 수 없는 것은?

① 안전교육 계획의 수립
② 재해원인 조사와 분석
③ 재해방지대책의 수립과 실시
④ 피해자를 구출하고 2차 재해방지

해설 ▸ 재해발생 시 재해조사 순서

㉠ 재해 발생
㉡ 긴급조치(기계 정지→피해자 구출→응급조치→병원에 후송→관계자 통보→2차 재해방지→현장 보존)
㉢ 원인조사
㉣ 원인분석
㉤ 대책수립
㉥ 실시
㉦ 평가

35 스텝과 스커트 사이에 끼임의 위험을 최소화하기 위한 장치는?

① 콤　　　　② 뉴얼
③ 스커트　　④ 스커트 디플렉터

해설 ▸ 스커트 디플렉터(안전 브러쉬)

스텝과 스커트 사이에 끼임의 위험을 최소화하기 위한 장치이다.
㉠ 스커트 : 스텝, 팔레트 또는 벨트와 연결되는 난간의 수직 부분
㉡ 스커트 디플렉터의 설치 요건

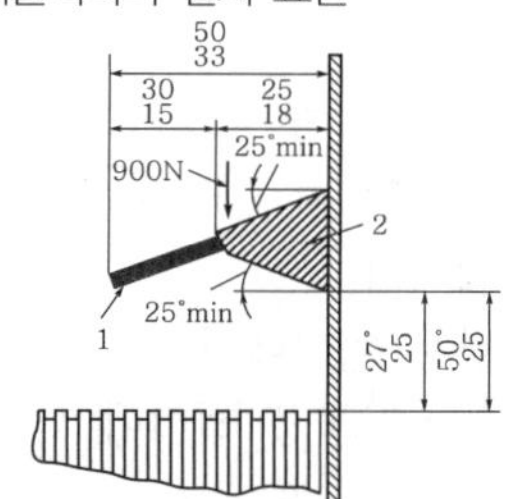

‖ 스커트 디플렉터 ‖

- 견고한 부분과 유연한 부분(브러시 또는 고무 등)으로 구성되어야 한다.
- 스커트 패널의 수직면 돌출부는 최소 33mm, 최대 50mm이어야 한다.
- 견고한 부분의 부착물 선상에 수직으로 견고한 부분의 돌출된 지점에 600mm²의 직사각형 면적 위로 균등하게 분포된 900N의 힘을 가할 때 떨어지거나 영구적인 변형 없이 견뎌야 한다.
- 견고한 부분은 18mm와 25mm 사이에 수평 돌출부가 있어야 하고, 규정된 강도를 견뎌야 한다. 유연한 부분의 수평 돌출부는 최소 15mm, 최대 30mm이어야 한다.
- 주행로의 경사진 구간의 전체에 걸쳐 스커트 디플렉터의 견고한 부분의 아래 쪽 가장 낮은 부분과 스텝 돌출부 선상 사이의 수직거리는 25mm와 27mm 사이이어야 한다.

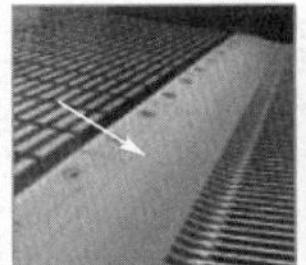

| 승강장 스탭 | 콤(comb) | 클리트(cleat) |

- 천이구간 및 수평구간에서 스커트 디플렉터의 견고한 부분의 아래 쪽 가장 낮은 부분과 스텝 클리트의 꼭대기 사이의 거리는 25mm와 50mm 사이이어야 한다.
- 견고한 부분의 하부 표면은 스커트 패널로부터 상승방향으로 25° 이상 경사져야 하고 상부 표면은 하강방향으로 25° 이상 경사져야 한다.
- 스커트 디플렉터는 모서리가 둥글게 설계되어야 한다. 고정 장치 헤드 및 접합 연결부는 운행통로로 연장되지 않아야 한다.
- 스커트 디플렉터의 말단 끝 부분은 스커트와 동일 평면에 접촉되도록 점점 가늘어져야 한다. 스커트 디플렉터의 말단 끝부분은 콤 교차선에서 최소 50mm 이상, 최대 150mm 앞에서 마감되어야 한다.

36 추락방지를 위한 물적 측면의 안전대책과 관련이 없는 것은?

① 발판, 작업대 등은 파괴 및 동요되지 않도록 견고하고 안정된 구조이어야 한다.
② 안전교육훈련을 통해 작업자에게 추락의 위험을 인식시킴과 동시에 자율적 규제를 촉구한다.
③ 작업대와 통로는 미끄러지거나 발에 걸려 넘어지지 않게 평평하고 미끄럼 방지성이 뛰어난 것으로 한다.
④ 작업대와 통로 주변에는 난간이나 보호대를 설치해야 한다.

해설 안전교육훈련을 통한 추락방지대책은 인적 측면의 안전대책이다.

37 승강기에 설치할 방호장치가 아닌 것은?

① 가이드레일
② 출입문 인터록
③ 과속조절기
④ 파이널 리밋스위치

해설 가이드레일(guide rail)

카와 균형추를 승강로의 수직면상으로 안내 및 카의 기울어짐을 막고, 더욱이 추락방지안전장치가 작동했을 때의 수직 하중을 유지하기 위하여 가이드레일을 설치하나, 불균형한 큰 하중이 적재되었을 때라든지, 그 하중을 내리고 올릴 때에는 카에 큰 하중 모멘트가 발생한다. 그때 레일이 지탱해 낼 수 있는지에 대한 점검이 필요할 것이다.

38 유압식 엘리베이터의 카 문턱에는 승강장 유효출입구 전폭에 걸쳐 에이프런이 설치되어야 한다. 수직면의 아랫부분은 수평면에 대해 몇 도 이상으로 아래 방향을 향하여 구부러져야 하는가?

① 15°
② 30°
③ 45°
④ 60°

해설 에이프런(보호판)

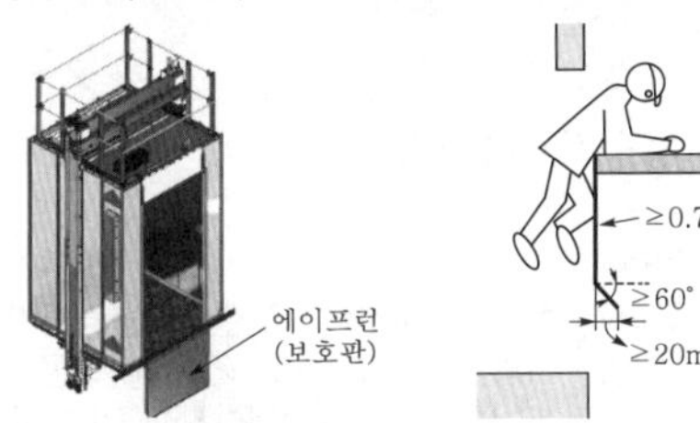

㉠ 카 문턱에는 승강장 유효출입구 전폭에 걸쳐 에이프런이 설치되어야 한다. 수직면의 아랫부분은 수평면에 대해 60° 이상으로 아래 방향을 향하여 구부러져야 한다. 구부러진 곳의 수평면에 대한 투영길이는 20mm 이상이어야 한다.
㉡ 수직 부분의 높이는 0.75m 이상이어야 한다.

★★★

39 감기거나 말려들기 쉬운 동력전달장치가 아닌 것은?

① 기어
② 벤딩
③ 컨베이어
④ 체인

해설 벤딩(bending)은 평평한 판재나 반듯한 봉, 관 등을 곡면이나 곡선으로 굽히는 작업

40 전기식 엘리베이터 자체점검 중 카 위에서 하는 점검항목 장치가 아닌 것은?

① 비상구출구
② 도어잠금 및 잠금해제장치
③ 카 위 안전스위치
④ 문닫힘 안전장치

해설 문 작동과 관련된 보호

㉠ 문이 닫히는 동안 사람이 끼거나 끼려고 할 때 자동으로 문이 반전되어 열리는 문닫힘 안전장치가 있어야 한다.

정답 36. ② 37. ① 38. ④ 39. ② 40. ④

ⓛ 문닫힘 동작 시 사람 또는 물건이 끼이거나 문닫힘 안전
장치 연결전선이 끊어지면 문이 반전하여 열리도록 하
는 문닫힘 안전장치(세이프티 슈·광전장치·초음파장
치 등)가 카 문이나 승강장 문 또는 양쪽 문에 설치되어
야 하며, 그 작동 상태는 양호하여야 한다.
ⓒ 승강장 문이 카 문과의 연동에 의해 열리는 방식에서는
자동적으로 승강장의 문이 닫히는 쪽으로 힘을 작용시
키는 장치이다.
ⓔ 엘리베이터가 정지한 상태에서 출입문의 닫힘동작
에 우선하여 카 내에서 문을 열 수 있도록 하는 장치
이다.

41 재해의 직접 원인 중 작업환경의 결함에 해당되는 것은?

① 위험장소 접근
② 작업순서의 잘못
③ 과다한 소음 발산
④ 기술적, 육체적 무리

해설 작업환경

일반적으로 근로자를 둘러싸고 있는 환경을 말하며, 작업환
경의 조건은 작업장의 온도, 습도, 기류 등 건물의 설비 상
태, 작업장에 발생하는 분진, 유해방사선, 가스, 증기, 소음
등이 있다.

42 와이어로프의 구성요소가 아닌 것은?

① 소선   ② 심강
③ 킹크   ④ 스트랜드

해설 와이어로프

ⓖ 와이어로프의 구성
  • 심(core)강
  • 가닥(strand)
  • 소선(wire)

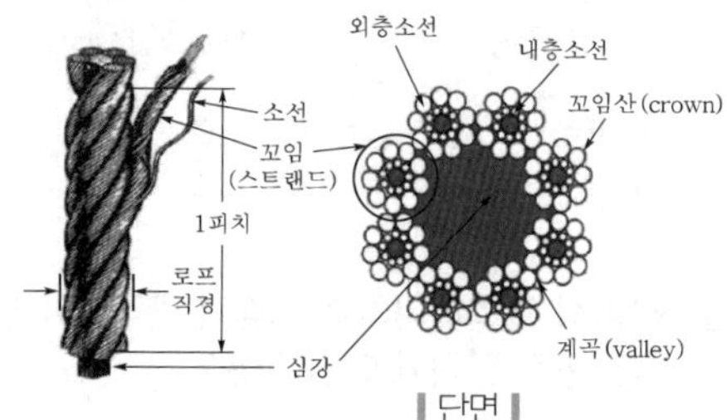

ⓛ 소선의 재료 : 탄소강(C : 0.50~0.85 섬유상 조직)
ⓒ 와이어로프의 표기

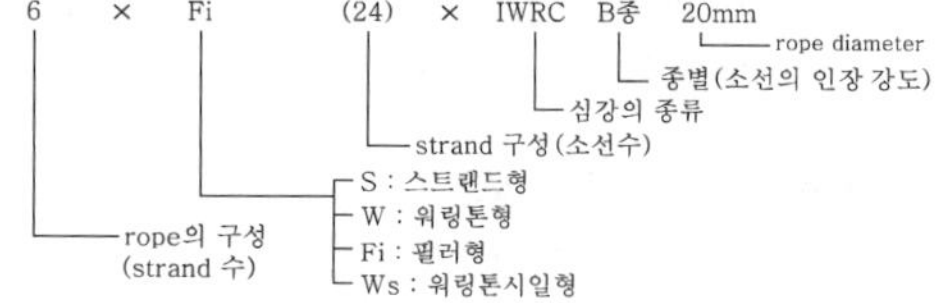

43 안전 작업모를 착용하는 주요 목적이 아닌 것은?

① 화상 방지
② 감전의 방지
③ 종업원의 표시
④ 비산물로 인한 부상 방지

해설 안전모(safety cap)

작업자가 작업할 때 비래하는 물건, 낙하하는 물건에 의한
위험성을 방지 또는 하역작업에서 추락했을 때, 머리 부위에
상해를 받는 것을 방지하고, 머리 부위에 감전될 우려가 있
는 전기공사작업에서 산업재해를 방지하기 위해 착용한다.

44 균형추의 중량을 결정하는 계산식은? (단, 여기서 L은 정격하중, F는 오버밸런스율)

① 균형추의 중량 = 카 자체하중+$(L \cdot F)$
② 균형추의 중량 = 카 자체하중×$(L \cdot F)$
③ 균형추의 중량 = 카 자체하중+$(L + F)$
④ 균형추의 중량 = 카 자체하중+$(L - F)$

해설 균형추(counter weight)

카의 무게를 일정 비율 보상하기 위하여 카측과 반대편에
주철 혹은 콘크리트로 제작되어 설치되며, 카와의 균형을
유지하는 추이다.

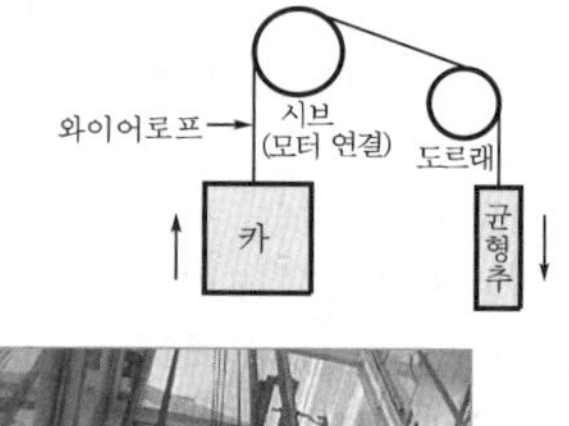

ⓖ 오버밸런스(over-balance)
  • 균형추의 총중량은 빈 카의 자중에 적재하중의
    35~50%의 중량을 더한 값이 보통이다.
  • 적재하중의 몇 %를 더할 것인가를 오버밸런스율이라
    고 한다.
  • 균형추의 총중량=카 자체하중 + $L \cdot F$
    여기서, L : 정격적재하중(kg)
        F : 오버밸런스율(%)
ⓛ 견인비(traction ratio)
  • 카측 로프가 매달고 있는 중량과 균형추 로프가 매달
    고 있는 중량의 비를 트랙션비라 하고, 무부하와 전부
    하 상태에서 체크한다.
  • 견인비가 낮게 선택되면 로프와 도르래 사이의 트랙션
    능력, 즉 마찰력이 작아도 되며, 로프의 수명이 연장된다.

45 산업재해의 발생원인 중 불안전한 행동이 많은 사고의 원인이 되고 있다. 이에 해당되지 않는 것은?

① 위험장소 접근
② 작업장소 불량
③ 안전장치 기능 제거
④ 복장, 보호구 잘못 사용

해설 **산업재해 원인 분류**

㉠ 직접 원인
 • 불안전한 행동(인적 원인)
  − 안전장치를 제거, 무효화함
  − 안전조치의 불이행
  − 불안전한 상태 방치
  − 기계장치 등의 지정 외 사용
  − 운전 중인 기계, 장치 등의 청소, 주유, 수리, 점검 등의 실시
  − 위험장소에 접근
  − 잘못된 동작자세
  − 복장, 보호구의 잘못 사용
  − 불안전한 속도 조작
  − 운전의 실패
 • 불안전한 상태(물적 원인)
  − 물(物) 자체의 결함
  − 방호장치의 결함
  − 작업장소 및 기계의 배치 결함
  − 보호구, 복장 등의 결함
  − 작업환경의 결함
  − 자연적 불안전한 상태
  − 작업방법 및 생산공정 결함
㉡ 간접 원인
 • 기술적 원인 : 기계기구, 장비 등의 방호설비, 경계 설비, 보호구 정비 등의 기술적 결함
 • 교육적 원인 : 무지, 경시, 몰이해, 훈련 미숙, 나쁜 습관, 안전지식 부족 등
 • 신체적 원인 : 각종 질병, 피로, 수면 부족 등
 • 정신적 원인 : 태만, 반항, 불만, 초조, 긴장, 공포 등
 • 관리적 원인 : 책임감의 부족, 작업기준의 불명확, 점검 보전제도의 결함, 부적절한 배치, 근로의욕 침체 등

46 교류회로에서 유효전력이 P(W)이고 피상전력이 P_a(VA)일 때 역률은?

① $\sqrt{P+P_a}$
② $\dfrac{P}{P_a}$
③ $\dfrac{P_a}{P}$
④ $\dfrac{P}{P+P_a}$

해설 ㉠ 유효전력(effective power) $P = VI\cos\theta$(W)
㉡ 피상전력(apparent power) $P_a = VI$(VA)

$$\therefore \cos\theta = \frac{P}{P_a} = \frac{VI\cos\theta}{VI}$$

47 시퀀스회로에서 일종의 기억회로라고 할 수 있는 것은?

① AND회로
② OR회로
③ NOT회로
④ 자기유지회로

해설 **자기유지회로(self hold circuit)**

㉠ 전자계전기(X)를 조작하는 스위치(BS_1)와 병렬로 그 전자계전기의 a접점이 접속된 회로, 예를 들면 누름단추스위치(BS_1)를 온(on)했을 때, 스위치가 닫혀 전자계전기가 여자(excitation)되면 그것의 a접점이 닫히기 때문에 누름단추스위치(BS_1)를 떼어도(스위치가 열림) 전자계전기는 누름단추스위치(BS_2)를 누를 때까지 여자를 계속한다. 이것을 자기유지라고 하는데 자기유지회로는 전동기의 운전 등에 널리 이용된다.
㉡ 여자(excitation) : 전자계전기의 전자코일에 전류가 흘러 전자석으로 되는 것이다.
㉢ 전자계전기(electromagnetic relay) : 전자력에 의해 접점(a, b)을 개폐하는 기능을 가진 장치로서, 전자코일에 전류가 흐르면 고정철심이 전자석으로 되어 철편이 흡입되고, 가동접점은 고정접점에 접촉된다. 전자코일에 전류가 흐르지 않아 고정철심이 전자력을 잃으면 가동접점은 스프링의 힘으로 복귀되어 원상태로 된다. 일반제어회로의 신호전달을 위한 스위칭회로뿐만 아니라 통신기기, 가정용 기기 등에 폭넓게 이용되고 있다.

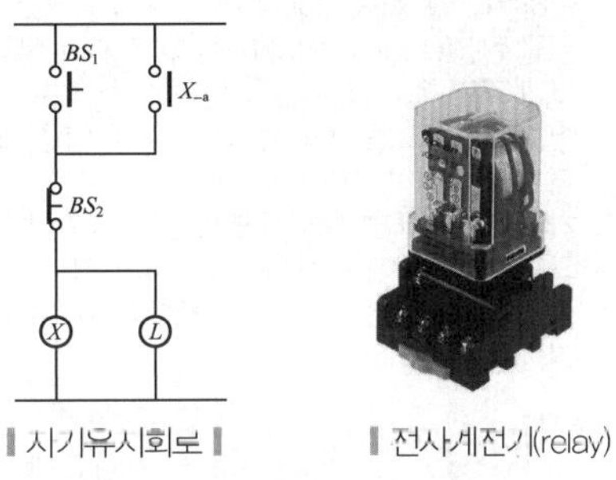

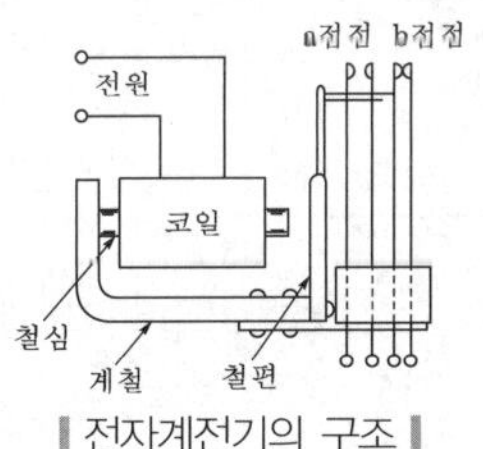

48 다음 중 전압계에 대한 설명으로 옳은 것은?

① 부하와 병렬로 연결한다.
② 부하와 직렬로 연결한다.
③ 전압계는 극성이 없다.
④ 교류전압계에는 극성이 있다.

정답 45. ② 46. ② 47. ④ 48. ①

해설 전압 및 전류 측정방법

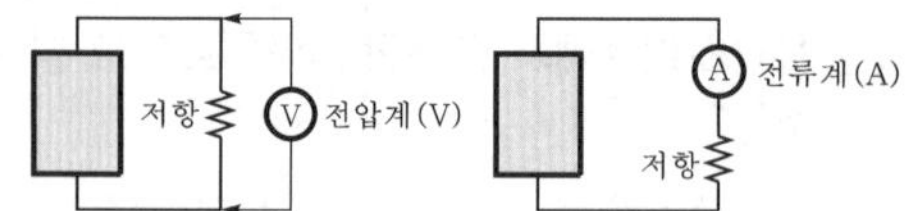

입·출력 전압 또는 회로에 공급되는 전압의 측정은 전압계를 회로에 병렬로 연결하고, 전류를 측정하려면 전류계를 회로에 직렬로 연결하여야 한다.

49 물체에 외력을 가해서 변형을 일으킬 때 탄성한계 내에서 변형의 크기는 외력에 대해 어떻게 나타나는가?

① 탄성한계 내에서 변형의 크기는 외력에 대하여 반비례한다.

② 탄성한계 내에서 변형의 크기는 외력에 대하여 비례한다.

③ 탄성한계 내에서 변형의 크기는 외력과 무관하다.

④ 탄성한계 내에서 변형의 크기는 일정하다.

해설 탄성한계

모든 물체는 정도의 차이는 있지만 외력에 의해 모양이나 크기가 변한다. 예를 들어 용수철에 힘을 가하면 모양이 변하는데 그 힘을 없애 주면 원래 모양으로 되돌아가는 성질을 탄성(elasticity)이라고 한다. 하지만 물체에 힘을 너무 크게 주면 물체가 탄성을 나타낼 수 있는 한계를 넘어서 변형되게 되고 탄성이 없어져 나중에 힘을 제거해도 복원되지 않고 변형이 된다. 이렇게 탄성을 유지할 수 있는가 아닌가의 경계가 되는 물체의 변형한계를 그 물체의 탄성한도라고 한다. 물체에 작용하는 힘(F)과 그 힘에 의해 변형된 정도(x)가 비례한다는 훅의 법칙도 이 탄성한도 내에서만 성립하는 것이다.

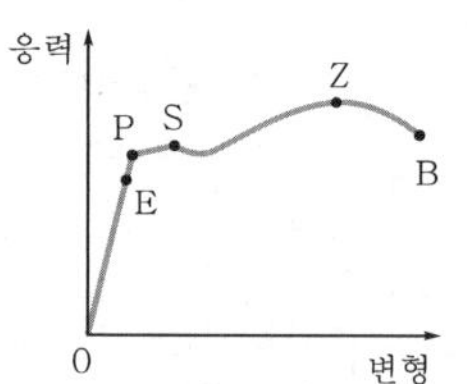

E : 탄성한계
P : 비례한계
S : 항복점
Z : 종국응력(인장 최대하중)
B : 파괴점(재료에 따라서는 E와 P가 일치한다.)

┃ 응력-변형률 선도 ┃

★★

50 나사의 호칭이 M10일 때, 다음 설명 중 옳은 것은?

① 나사의 길이 10mm

② 나사의 반지름 10mm

③ 나사의 피치 1mm

④ 나사의 외경 10mm

해설 M10

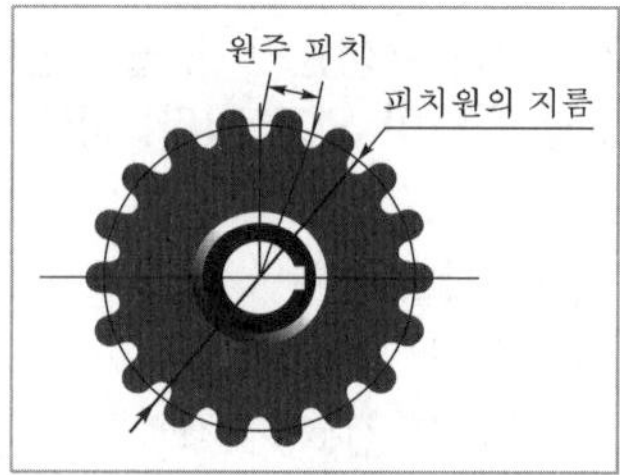

㉠ 호칭경은 수나사의 바깥지름(외경)의 굵기로 표시하며, 미터계 나사의 경우 지름 앞에 M자를 붙여 사용한다.

㉡ 피치란 나사산과 산의 거리를 말하며, 1회전 시 전진거리를 의미하기도 한다.

51 10Ω과 15Ω의 저항을 병렬로 연결하고 50A의 전류를 흘렸다면, 10Ω의 저항쪽에 흐르는 전류는 몇 A인가?

① 10 　　　　② 15

③ 20 　　　　④ 30

해설 ㉠ $R_T(합성저항) = \dfrac{R_1 \times R_2}{R_1 + R_2} = \dfrac{10 \times 15}{10 + 15} = 6\Omega$

㉡ $V(전압) = I_T \times R_T = 50 \times 6 = 300\text{V}$

㉢ $I_{R_1} = \dfrac{V}{R_1} = \dfrac{300}{10} = 30\text{A}$

㉣ $I_{R_2} = \dfrac{V}{R_2} = \dfrac{300}{15} = 20\text{A}$

★★★★

52 RLC 직렬회로에서 최대 전류가 흐르게 되는 조건은?

① $\omega L^2 - \dfrac{1}{\omega C} = 0$ 　　② $\omega L^2 + \dfrac{1}{\omega C} = 0$

③ $\omega L - \dfrac{1}{\omega C} = 0$ 　　④ $\omega L + \dfrac{1}{\omega C} = 0$

해설 직렬공진 조건

RLC가 직렬로 연결된 회로에서 용량리액턴스와 유도리액턴스는 더 이상 회로 전류를 제한하지 못하고 저항만이 회로에 흐르는 전류를 제한할 수 있게 되는데 이 상태를 공진이라고 한다.

㉠ 임피던스(impedance)

$$Z = \sqrt{R^2 + \left(\omega L - \dfrac{1}{\omega C}\right)^2} \ (\Omega)$$

용량리액턴스와 유도리액턴스가 같다면 $\omega L = \dfrac{1}{\omega C}$

$$\omega L - \dfrac{1}{\omega C} = 0$$

임피던스(Z)

$$Z = \sqrt{R^2 + \left(\omega L - \dfrac{1}{\omega C}\right)^2} = \sqrt{R^2 + (0)^2} = R(\Omega)$$

ⓛ 직렬공진회로
- 공진임피던스는 최소가 된다.

$$Z = \sqrt{R^2 + (0)^2} = R$$

- 공진전류 I_0는 최대가 된다.

$$I_0 = \dfrac{V}{Z} = \dfrac{V}{R}(A)$$

- 전압 V와 전류 I는 동위상이다. 용량리액턴스와 유도리액턴스는 크기가 같아서 상쇄되어 저항만의 회로가 된다.

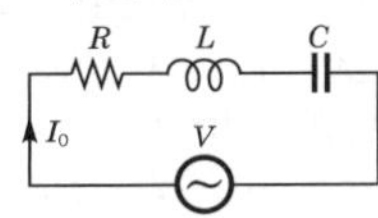

| 직렬회로 |

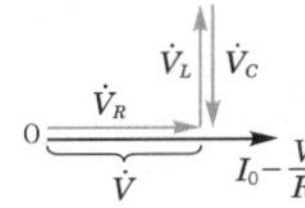

| 직렬공진 벡터 |

53 6극, 50Hz의 3상 유도전동기의 동기속도(rpm)는?

① 500
② 1,000
③ 1,200
④ 1,800

해설 유도전동기의 동기속도(n_s)라 하면, 전원 주파수(f)에 비례하고, 극수(P)에는 반비례한다.

$$n_s = \dfrac{120 \cdot f}{P} = \dfrac{120 \times 50}{6} = 1{,}000\text{rpm}$$

54 전동기에 설치되어 있는 THR은?

① 과전류 계전기
② 과전압 계전기
③ 열동 계전기
④ 역상 계전기

해설 ㉠ 과전류 계전기(over current relay) : 전류의 크기가 일정치 이상으로 되었을 때 동작하는 계전기
ⓛ 과전압 계전기(over voltage relay) : 전압의 크기가 일정치 이상으로 되었을 때 동작하는 계전기
ⓒ 열동 계전기(relay thermal) : 전동기 등의 과부하 보호용으로 사용되는 계전기
ⓔ 역상 계전기(negative sequence relay) : 역상분 전압 또는 전류의 크기에 따라 작동하는 계전기

55 교류회로에서 전압과 전류의 위상이 동상인 회로는?

① 저항만의 조합회로
② 저항과 콘덴서의 조합회로
③ 저항과 코일의 조합회로
④ 콘덴서와 콘덴서만의 조합회로

해설 교류회로

㉠ 저항 R만의 회로 : 저항 $R(\Omega)$의 회로에 정현파 순시전압 $v = \sqrt{2}\,V\sin\omega t$를 인가한다면 전압과 전류의 변화가 동시에 일어나는 동위상이다.

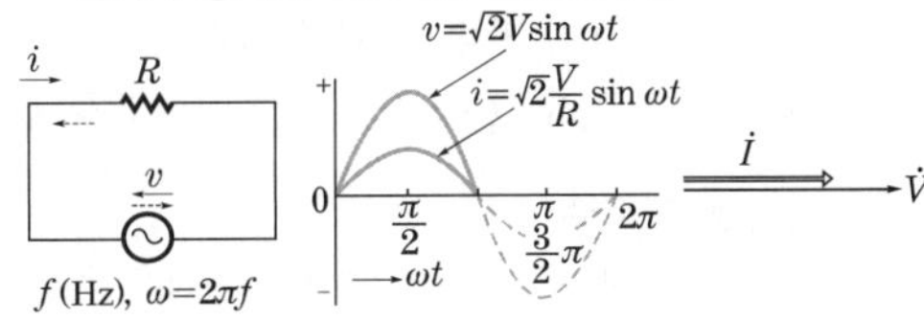

| R만의 회로 | | 전압과 전류의 파형 | | 벡터 |

ⓛ 인덕턴스(L)만의 회로 : 전압의 위상은 전류보다 $\dfrac{\pi}{2}$ (rad)(90°) 앞선다.

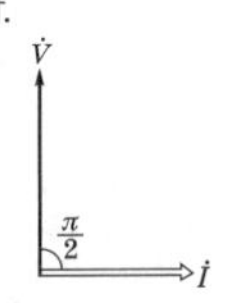

ⓒ 정전용량(C)만의 회로 : 전류의 위상은 전압보다 $\dfrac{\pi}{2}$ (rad)(90°) 앞선다.

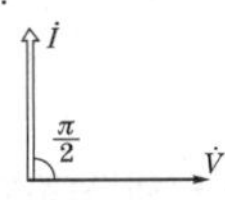

56 다음 중 측정계기의 눈금이 균일하고, 구동토크가 커서 감도가 좋으며 외부의 영향을 적게 받아 가장 많이 쓰이는 아날로그 계기 눈금의 구동방식은?

① 충전된 물체 사이에 작용하는 힘
② 두 전류에 의한 자기장 사이의 힘
③ 자기장 내에 있는 철편에 작용하는 힘
④ 영구자석과 전류에 의한 자기장 사이의 힘

해설 측정계기

㉠ 계기장치는 지침의 지시방식에 따라 아날로그 계기장치와 디지털 계기장치로 구분한다.
ⓛ 아날로그 계기장치는 지침 지시가 연속성을 가지고 있어 시인성이 우수한 반면, 디지털 계기장치는 주로 바 그래픽(bar graphic)이나 숫자로 표시하고 있어 시인성이 떨어진다.
ⓒ 아날로그 계기장치에 적용되고 있는 미터 종류로는 바이메탈식, 가동코일식, 가동철편식, 교차코일식, 스텝모터식 등이 있다.
ⓔ 가동코일식이나 가동철편식은 영구자석과 가동코일의 자계를 이용하는 방식으로 비교적 정확성이 우수하지만 충격, 진동에 약한 단점이 있다.

57 다음 중 OR회로의 설명으로 옳은 것은?

① 입력신호가 모두 '0'이면 출력신호가 '1'이 됨
② 입력신호가 모두 '0'이면 출력신호가 '0'이 됨
③ 입력신호가 '1'과 '0'이면 출력신호가 '0'이 됨
④ 입력신호가 '0'과 '1'이면 출력신호가 '0'이 됨

해설 논리합(OR)회로

하나의 입력만 있어도 출력이 나타나는 회로이며, 'A' OR 'B' 즉, 병렬회로이다.

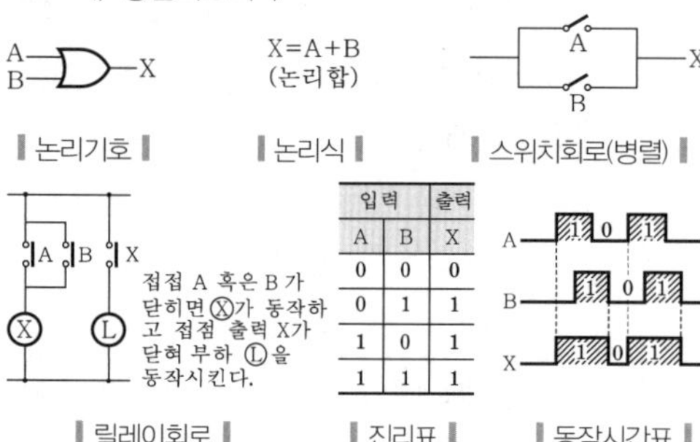

★★★

58 교류 엘리베이터의 전동기 특성으로 잘못된 것은?

① 기동전류가 적어야 한다.
② 고빈도로 단속 사용하는 데 적합한 것이어야 한다.
③ 회전부분의 관성 모멘트가 커야 한다.
④ 기동토크가 커야 한다.

해설 엘리베이터용 전동기에 요구되는 특성

㉠ 기동토크가 클 것
㉡ 기동전류가 작을 것
㉢ 소음이 적고, 저진동이어야 한다.
㉣ 기동빈도가 높으므로(시간당 300회) 발열(온도 상승)을 고려해야 한다.
㉤ 회전부분의 관성 모멘트(회전축을 중심으로 회전하는 물체가 계속해서 회전을 지속하려는 성질의 크기)가 적을 것(회전수의 오차는 +5~-10%)
㉥ 충분한 제동력을 가질 것(회전력은 +100~-70% 정도)

59 유도전동기에서 슬립이 1이란 전동기의 어느 상태인가?

① 유도제동기의 역할을 한다.
② 유도전동기가 전부하 운전 상태이다.
③ 유도전동기가 정지 상태이다.
④ 유도전동기가 동기속도로 회전한다.

해설 슬립(slip)

3상 유도전동기는 항상 회전자기장의 동기속도(n_s)와 회전자의 속도 n 사이에 차이가 생기게 되며, 이 차이의 값으로 전동기의 속도를 나타낸다. 이때 속도의 차이와 동기속도(n_s)와의 비가 슬립이고, 보통 $0 < s < 1$ 범위이어야 하며, 슬립 1은 정지된 상태이다.

$$s = \frac{동기속도 - 회전자속도}{동기속도} = \frac{n_s - n}{n_s}$$

60 전압계의 측정범위를 7배로 하려 할 때 배율기의 저항은 전압계 내부저항의 몇 배로 하여야 하는가?

① 7   ② 6
③ 5   ④ 4

해설 배율기(multiplier)는 전압계에 직렬로 접속시켜서 전압의 측정범위를 넓히기 위해 사용하는 저항기이다.

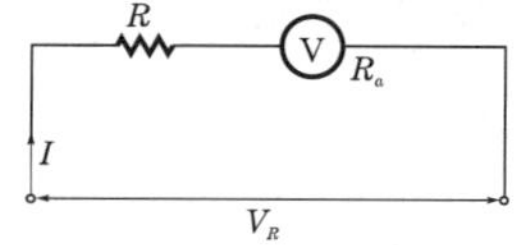

‖ 배율기회로 ‖

㉠ 측정하고자 하는 전압(V_R)

$$V_R = \frac{R_a + R}{R_a} \cdot V$$

여기서, V_R : 측정하고자 하는 전압(V)
$\quad\quad\quad V$: 전압계로 유입되는 전압(V)
$\quad\quad\quad R_a$: 전압계 내부저항(Ω)
$\quad\quad\quad R$: 배율기의 저항(Ω)

㉡ 배율기의 배율(n)

$$n = \frac{V}{V_R} = \frac{R_a + R}{R_a} = 1 + \frac{R}{R_a}$$

$$\therefore R = (n-1) \cdot R_a = \left(\frac{7}{1} - 1\right) \times 1 = 6$$

※ 본 문제는 수험생들의 협조에 의해 작성되었으며, 시험내용과 일부 다를 수 있습니다.

01 가장 먼저 누른 호출버튼에 응답하고 운전이 완료될 때까지 다른 호출에 응답하지 않는 운전방식은?

① 승합 전자동식
② 단식 자동방식
③ 카 스위치방식
④ 하강 승합 전자동식

해설 엘리베이터 한 대의 전자동식 조작방법

㉠ 단식 자동식(single automatic)
  • 승강장 단추는 하나의 승강(오름, 내림)이 공통이다.
  • 승강기 단추 또는 승강장의 호출에 응하여 기동하며, 그 층에 도착하여 정지한다.
  • 한 호출에 따라 운전 중에는 다른 호출을 받지 않는 운전방식이다.
㉡ 하강 승합 전자동식(down collective)
  • 2층 혹은 그 위층의 승강장에서는 하강 방향 단추만 있다.
  • 중간층에서 위층으로 갈 때에는 1층으로 내려온 후 올라가야 한다.
㉢ 승합 전자동식(selective collective)
  • 승강장의 누름단추는 상승용, 하강용의 양쪽 모두 동작한다.
  • 카는 그 진행방향의 카 단추와 승강장의 단추에 응하면서 승강한다.
  • 현재 한 대의 승용 엘리베이터에는 이 방식을 채용하고 있다.

02 유압승강기에 사용되는 안전밸브의 설명으로 옳은 것은?

① 승강기의 속도를 자동으로 조절하는 역할을 한다.
② 압력배관이 파열되었을 때 작동하여 카의 낙하를 방지한다.
③ 카가 최상층으로 상승할 때 더 이상 상승하지 못하게 하는 안전장치이다.
④ 작동유의 압력이 정격압력 이상이 되었을 때 작동하여 압력이 상승하지 않도록 한다.

해설 안전밸브(safety valve)

압력조정밸브로 회로의 압력이 상용압력의 125% 이상 높아지면 바이패스(bypass)회로를 열어 기름을 탱크로 돌려보내어 더 이상의 압력 상승을 방지한다.

03 정전 시 비상전원장치의 비상조명의 점등조건은?

① 정전 시에 자동으로 점등
② 고장 시 카가 급정지하면 점등
③ 정전 시 비상등스위치를 켜야 점등
④ 항상 점등

해설 조명

㉠ 카에는 카 바닥 및 조작 장치를 50lx 이상의 조도로 비출 수 있는 영구적인 전기조명이 설치되어야 한다.
㉡ 조명이 백열등 형태일 경우에는 2개 이상의 등이 병렬로 연결되어야 한다.
㉢ 정상 조명전원이 차단될 경우에는 2lx 이상의 조도로 1시간 동안 전원이 공급될 수 있는 자동 재충전 예비전원공급장치가 있어야 하며, 이 조명은 정상 조명전원이 차단되면 자동으로 즉시 점등되어야 한다. 측정은 다음과 같은 곳에서 이루어져야 한다.
  • 호출버튼 및 비상통화장치 표시
  • 램프 중심부로부터 2m 떨어진 수직면상

04 엘리베이터용 도어머신에 요구되는 성능이 아닌 것은?

① 가격이 저렴할 것
② 보수가 용이할 것
③ 작동이 원활하고 정숙할 것
④ 기동횟수가 많으므로 대형일 것

해설 도어머신(door machine)에 요구되는 조건

모터의 회선을 감속하여 암이나 로프 등을 구동시켜서 도어를 개폐시키는 것이며, 닫힌 상태에서 정전으로 갇혔을 때 구출을 위해 문을 손으로 열 수가 있어야 한다.

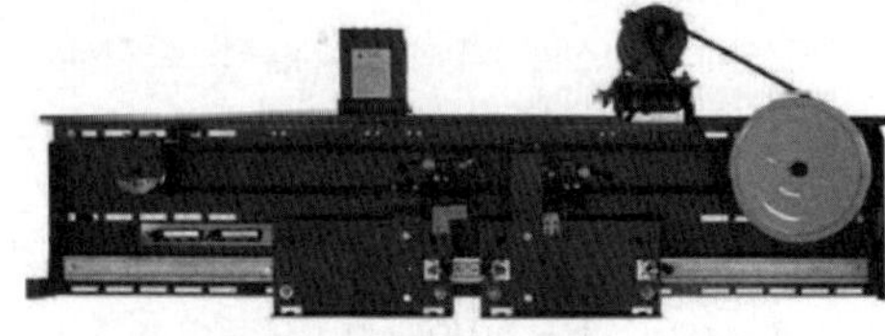

㉠ 작동이 원활하고 조용할 것
㉡ 카 상부에 설치하기 위해 소형 경량일 것
㉢ 동작횟수가 엘리베이터 기동횟수의 2배가 되므로 보수가 용이할 것
㉣ 가격이 저렴할 것

정답 01. ② 02. ④ 03. ① 04. ④

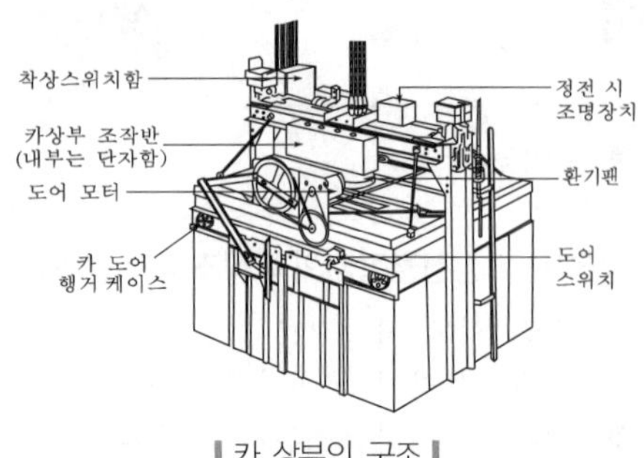

‖ 카 상부의 구조 ‖

★★★

05 감전이나 전기화상을 입을 위험이 있는 작업에 반드시 갖추어야 할 것은?

① 보호구　　　　　② 구급용구
③ 위험신호장치　　④ 구명구

해설 감전에 의한 위험대책

㉠ 전기설비의 점검을 철저히 할 것
㉡ 전기기기에 위험 표시
㉢ 유자격자 이외는 전기기계 및 기구에 접촉 금지
㉣ 설비의 필요한 부분에는 보호접지 실시
㉤ 전동기, 변압기, 분전반, 개폐기 등의 충전부가 노출된 부분에는 절연방호조치 점검
㉥ 화재폭발의 위험성이 있는 장소에서는 법규에 의해 방폭구조 전기기계의 사용 의무화
㉦ 고전압선로와 충전부에 근접하여 작업하는 작업자의 보호구 착용
㉧ 안전관리자는 작업에 대한 안전교육 시행

★★

06 다음 중 승강기 제동기의 구조에 해당되지 않는 것은?

① 브레이크 슈　　② 라이닝
③ 코일　　　　　　④ 워터슈트

해설 브레이크 시스템

관성에 의한 전동기의 회전을 자동적으로 정지시키는 것을 일반적으로 브레이크라고 한다.
㉠ 제동력은 강력한 스프링에 의해 주어지고, 모터 전원이 흐르는 기간 동안 전자코일에 의해 개방된다.
㉡ 브레이크 슈 : 높은 동작 빈도에 견디고 마찰계수가 안정되어 있어야 한다.
㉢ 라이닝 : 청동 철사와 석면사를 넣어 짠 것을 사용한다.

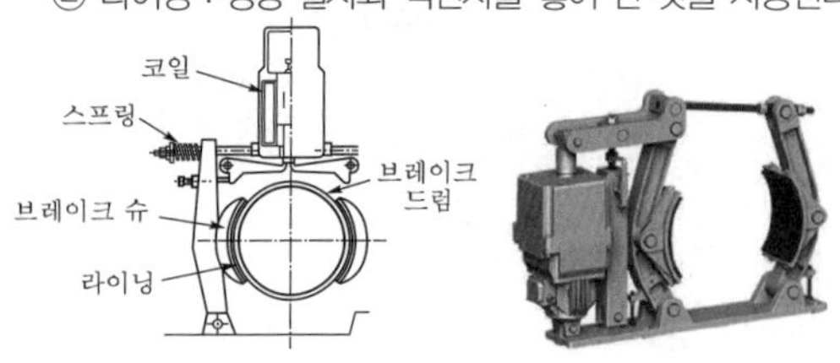

‖ 제동기의 구조 ‖　　　　‖ 로터리 드럼 제동기 ‖

★★★★★

07 T형 가이드레일의 공칭규격이 아닌 것은?

① 8K　　　　　② 14K
③ 18K　　　　　④ 24K

해설 가이드레일의 규격

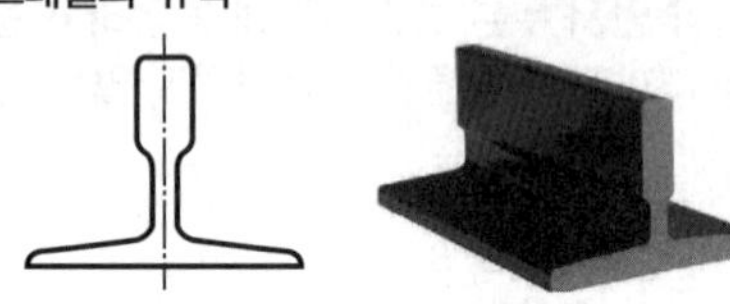

㉠ 레일 규격의 호칭은 마무리 가공전 소재의 1m당의 중량으로 한다.
㉡ 일반적으로 쓰는 T형 레일의 공칭은 8, 13, 18, 24K 등이 있다.
㉢ 대용량의 엘리베이터에서는 37, 50K 레일 등도 사용한다.
㉣ 레일의 표준길이는 5m로 한다.

★★★

08 스텝과 스커트 사이에 끼임의 위험을 최소화하기 위한 장치는?

① 콤　　　　　② 뉴얼
③ 스커트　　　④ 스커트 디플렉터

해설 스커트 디플렉터(안전 브러쉬)

스텝과 스커트 사이에 끼임의 위험을 최소화하기 위한 장치이다.
㉠ 스커트 : 스텝, 팔레트 또는 벨트와 연결되는 난간의 수직 부분
㉡ 스커트 디플렉터의 설치 요건

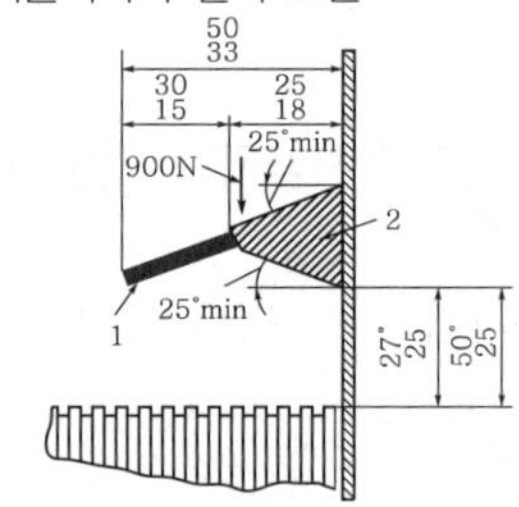

‖ 스커트 디플렉터 ‖

• 견고한 부분과 유연한 부분(브러시 또는 고무 등)으로 구성되어야 한다.
• 스커트 패널의 수직면 돌출부는 최소 33mm, 최대 50mm이어야 한다.
• 견고한 부분의 부착물 선상에 수직으로 견고한 부분의 돌출된 지점에 $600mm^2$의 직사각형 면적 위로 균등하게 분포된 900N의 힘을 가할 때 떨어지거나 영구적인 변형 없이 견뎌야 한다.
• 견고한 부분은 18mm와 25mm 사이에 수평 돌출부가 있어야 하고, 규정된 강도를 견뎌야 한다. 유연한 부분의 수평 돌출부는 최소 15mm, 최대 30mm이어야 한다.

- 주행로의 경사진 구간의 전체에 걸쳐 스커트 디플렉터의 견고한 부분의 아래 쪽 가장 낮은 부분과 스텝 돌출부 선상 사이의 수직거리는 25mm와 27mm 사이이어야 한다.

▌승강장 스탭▌

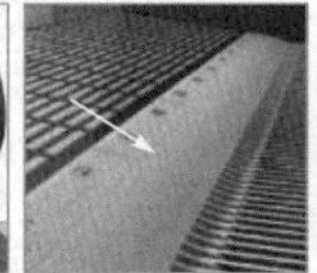
▌콤(comb)▌

▌클리트(cleat)▌

- 천이구간 및 수평구간에서 스커트 디플렉터의 견고한 부분의 아래 쪽 가장 낮은 부분과 스텝 클리트의 꼭대기 사이의 거리는 25mm와 50mm 사이이어야 한다.
- 견고한 부분의 하부 표면은 스커트 패널로부터 상승방향으로 25° 이상 경사져야 하고 상부 표면은 하강방향으로 25° 이상 경사져야 한다.
- 스커트 디플렉터는 모서리가 둥글게 설계되어야 한다. 고정 장치 헤드 및 접합 연결부는 운행통로로 연장되지 않아야 한다.
- 스커트 디플렉터의 말단 끝 부분은 스커트와 동일 평면에 접촉되도록 점점 가늘어져야 한다. 스커트 디플렉터의 말단 끝부분은 콤 교차선에서 최소 50mm 이상, 최대 150mm 앞에서 마감되어야 한다.

09 스크류(screw)펌프에 대한 설명으로 옳은 것은?

① 나사로 된 로터가 서로 맞물려 돌 때, 축방향으로 기름을 밀어내는 펌프
② 2개의 기어가 회전하면서 기름을 밀어내는 펌프
③ 케이싱의 캠링 속에 편심한 로터에 수개의 베인이 회전하면서 밀어내는 펌프
④ 2개의 플런저를 동작시켜서 밀어내는 펌프

해설 **펌프의 종류**
㉠ 일반적으로 원심력식, 가변토출량식, 강제송유식(가장 많이 사용됨) 등이 있다.
㉡ 강제송유식의 종류에는 기어 펌프, 베인 펌프, 스크류 펌프(소음이 적어서 많이 사용됨) 등이 있다.
㉢ 스크류펌프(screw pump)는 케이싱 내에 1~3개의 나사 모양의 회전자를 회전시키고, 유체는 그 사이를 채워서 나아가도록 되어 있는 펌프로서, 유체에 회전운동을 주지 않기 때문에 운전이 조용하고, 효율도 높아서 유압용 펌프에 사용되고 있다.

▌기어펌프▌   ▌베인펌프▌

▌스크류펌프▌

10 기계식 주차장치에 있어서 자동차 중량의 전륜 및 후륜에 대한 배분비는?

① 6 : 4   ② 5 : 5
③ 7 : 3   ④ 4 : 6

해설 자동차 중량의 전륜 및 후륜에 대한 배분은 6 : 4로 하고 계산하는 단면에는 큰 쪽의 중량이 집중하중으로 작용하는 것으로 가정하여 계산한다.

11 실린더에 이물질이 흡입되는 것을 방지하기 위하여 펌프의 흡입측에 부착하는 것은?

① 필터   ② 사이렌서
③ 스트레이너   ④ 더스트와이퍼

해설 **유압회로의 구성요소**
㉠ 필터(filter)와 스트레이너(strainer) : 실린더에 쇳가루나 이물질이 들어가는 것을 방지(실린더 손상 방지)하기 위해 설치하며, 펌프의 흡입측에 부착하는 것을 스트레이너라 하고, 배관 중간에 부착하는 것을 라인필터라 한다.
㉡ 사이렌서(silencer) : 자동차의 머플러와 같이 작동유의 압력 맥동을 흡수하여 진동·소음을 감소시키는 역할을 한다.
㉢ 더스트와이퍼(dust wiper) : 플런저 표면의 이물질이 실린더 내측으로 삽입되는 것을 방지한다.

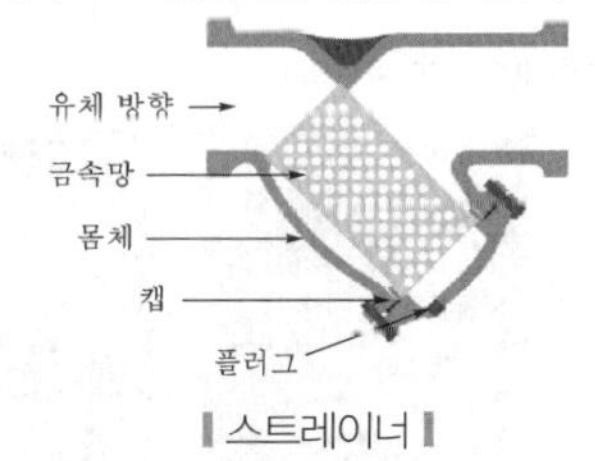

▌스트레이너▌

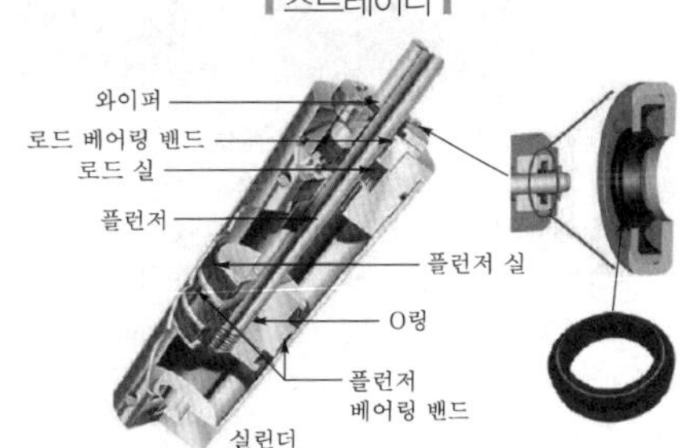

▌더스트와이퍼▌

12 직접식 유압엘리베이터의 장점이 되는 항목은?

① 실린더를 보호하기 위한 보호관을 설치할 필요가 없다.
② 승강로의 소요평면 치수가 크다.
③ 부하에 의한 카 바닥의 빠짐이 크다.
④ 추락방지안전장치가 필요하지 않다.

해설 직접식 유압엘리베이터

플런저의 직상부에 카를 설치한 것이다.

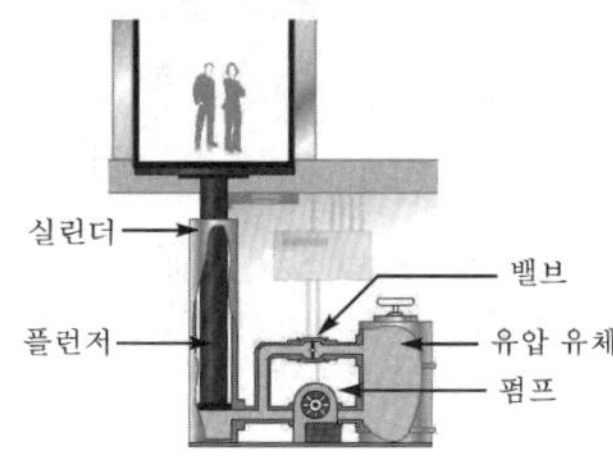

‖ 유압식 엘리베이터 작동원리 ‖

㉠ 승강로 소요면적 치수가 작고 구조가 간단하다.
㉡ 추락방지안전장치가 필요하지 않다.
㉢ 부하에 의한 카 바닥의 빠짐이 작다.
㉣ 실린더를 설치하기 위한 보호관을 지중에 설치하여야 한다.
㉤ 일반적으로 실린더의 점검이 어렵다.

13 사람이 출입할 수 없도록 정격하중이 300kg 이하이고 정격속도가 1m/s인 승강기는?

① 덤웨이터
② 비상용 엘리베이터
③ 승객·화물용 엘리베이터
④ 수직형 휠체어리프트

해설 덤웨이터(dumbwaiter)

사람이 탑승하지 않으면서 적재용량이 300kg 이하인 것으로서 소형화물(서적, 음식물 등) 운반에 적합하게 제작된 엘리베이터이다. 다만, 바닥면적이 $0.5m^2$ 이하이고 높이가 0.6m 이하인 엘리베이터는 제외한다.

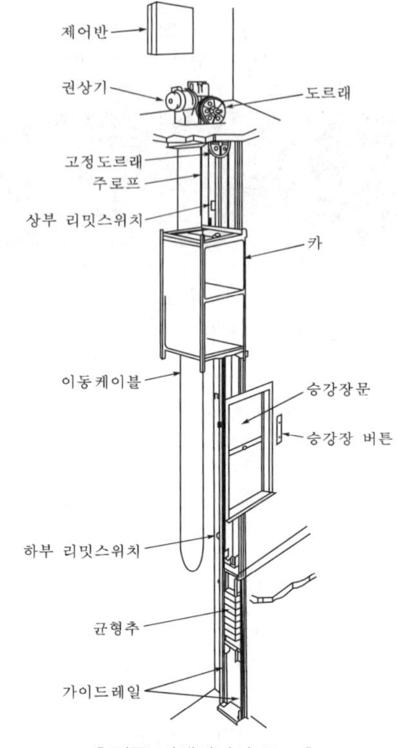

‖ 전동 덤웨이터의 구조 ‖

14 유압식 엘리베이터의 특징으로 틀린 것은?

① 기계실을 승강로와 떨어져 설치할 수 있다.
② 플런저에 스톱퍼가 설치되어 있기 때문에 오버헤드가 작다.
③ 적재량이 크고 승강행정이 짧은 경우에 유압식이 적당하다.
④ 소비전력이 비교적 적다.

해설 유압식 엘리베이터의 특징

펌프에서 토출된 작동유로 플런저(plunger)를 작동시켜 카를 승강시키는 것이다.

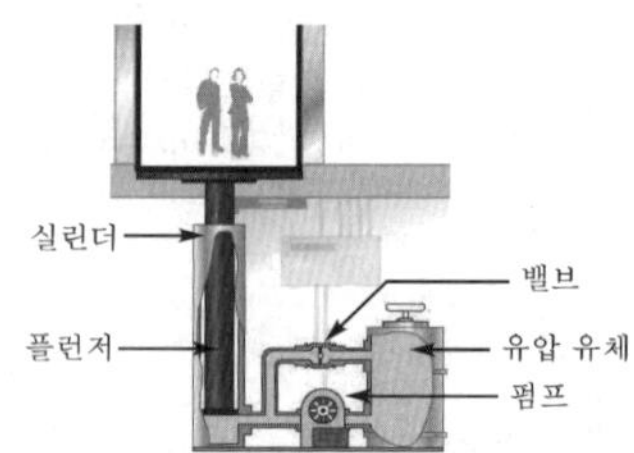

‖ 유압식 엘리베이터 작동원리 ‖

㉠ 기계실의 배치가 자유로워 승강로 상부에 기계실을 설치할 필요가 없다.

ⓛ 건물 꼭대기 부분에 하중이 걸리지 않는다.
ⓒ 승강로의 꼭대기 틈새(top clearance)가 작아도 된다.
ⓔ 실린더를 사용하기 때문에 행정거리와 속도에 한계가 있다.
ⓜ 균형추를 사용하지 않으므로 전동기의 소요 동력이 커진다.

★★★★
15 카가 최상층 및 최하층을 지나쳐 주행하는 것을 방지하는 것은?

① 리밋스위치
② 균형추
③ 인터록장치
④ 정지스위치

해설 리밋스위치(limit switch)

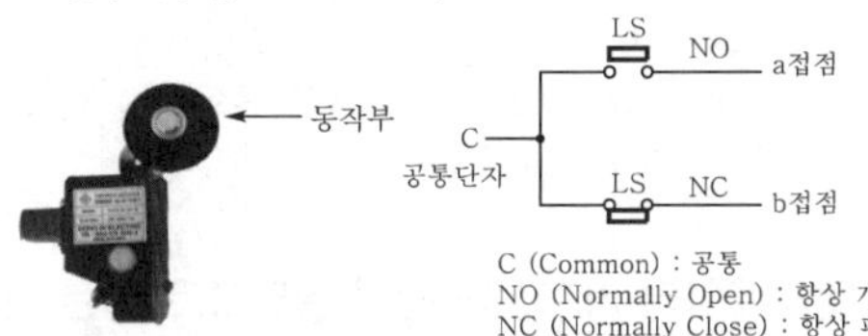

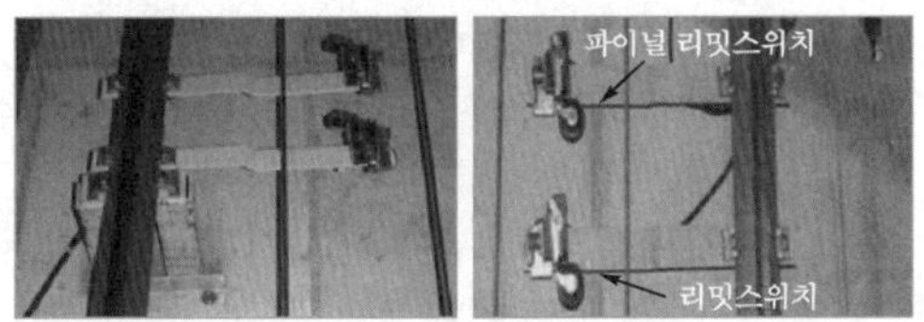

ⓐ 물체의 힘에 의해 동작부(구동장치)가 눌려서 접점이 온, 오프(on, off)한다.
ⓑ 엘리베이터가 운행 시 최상·최하층을 지나치지 않도록 하는 장치로서 리밋스위치에 접촉이 되면 카를 감속 제어하여 정지시킬 수 있도록 한다.

★★
16 와이어로프의 구성요소가 아닌 것은?

① 소선
② 심상
③ 킹크
④ 스트랜드

해설 와이어로프
ⓐ 와이어로프의 구성
  • 심(core)강
  • 가닥(strand)
  • 소선(wire)

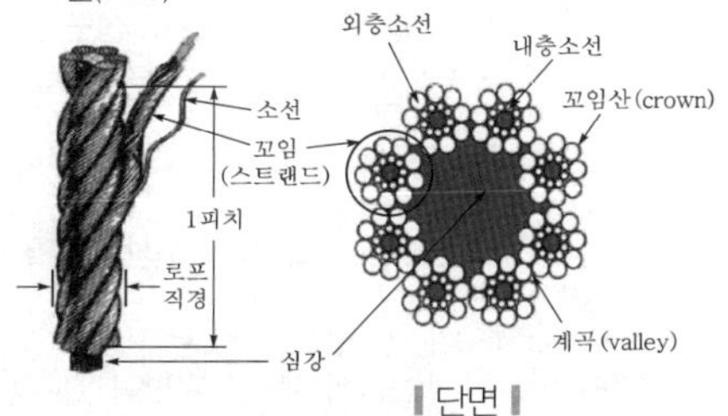

ⓛ 소선의 재료 : 탄소강(C : 0.50~0.85 섬유상 조직)
ⓒ 와이어로프의 표기

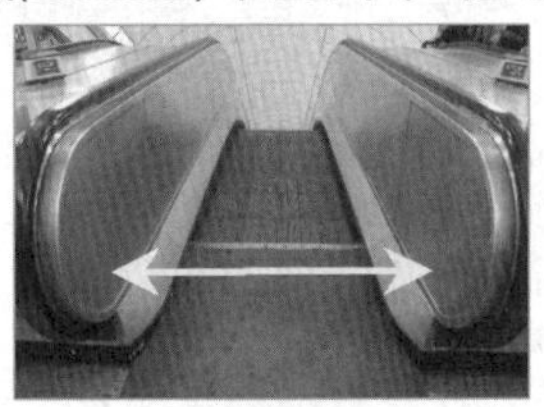

★★★★★
17 다음 중 에스컬레이터의 종류를 수송 능력별로 구분한 형태로 옳은 것은?

① 1200형과 900형
② 1200형과 800형
③ 900형과 800형
④ 800형과 600형

해설 에스컬레이터(escalator)의 난간폭에 의한 분류

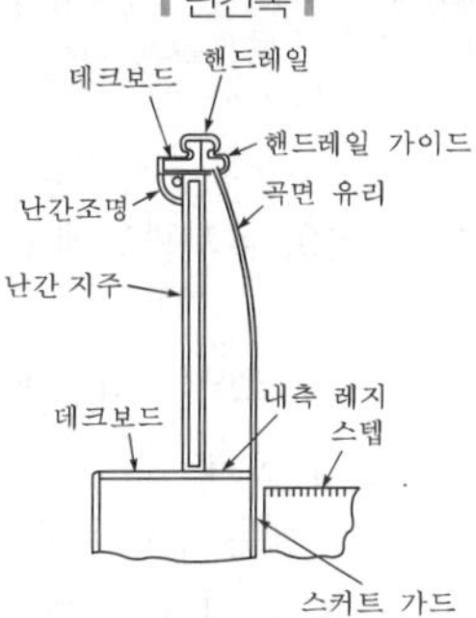

ⓐ 난간폭 1200형 : 수송능력 9000명/h
ⓑ 난간폭 800형 : 수송능력 6000명/h

18 교류 2단 속도제어에 관한 설명으로 틀린 것은?

① 기동 시 저속권선 사용
② 주행 시 고속권선 사용
③ 감속 시 저속권선 사용
④ 착상 시 저속권선 사용

해설 교류 2단 속도제어
ⓐ 기동과 주행은 고속권선으로 하고 감속과 착상은 저속권선으로 한다.
ⓑ 속도비를 착상오차 이외에 감속도의 변화비율, 크리프 시간(저속주행시간) 등을 감안한 4 : 1이 가장 많이 사용된다.
ⓒ 30~60m/min의 엘리베이터용에 사용된다.

정답 15. ① 16. ③ 17. ② 18. ①

★★

19 가이드레일의 보수점검항목이 아닌 것은?

① 브래킷 취부의 앵커 볼트 이완 상태
② 레일 및 브래킷의 오염 상태
③ 레일의 급유 상태
④ 레일 길이의 신축 상태

해설 가이드레일(guide rail)의 점검항목

▌ 가이드레일과 브래킷 ▐

㉠ 레일의 손상이나 용접부의 상태, 주행 중의 이상음 발생 여부
㉡ 레일 고정용의 레일클립 취부 상태 및 고정 볼트의 이완 상태
㉢ 레일의 이음판의 취부 볼트, 너트의 이완 상태
㉣ 레일의 급유 상태
㉤ 레일 및 브래킷의 발청 상태
㉥ 레일 및 브래킷의 오염 상태
㉦ 브래킷에 취부되어 있는 주행케이블 보호선의 취부 상태
㉧ 브래킷 취부의 앵커볼트 이완 상태
㉨ 브래킷의 용접부에 균열 등의 이상 상태

20 에스컬레이터의 유지관리에 관한 설명으로 옳은 것은?

① 계단식 체인은 굴곡반경이 작으므로 피로와 마모가 크게 문제 시 된다.
② 계단식 체인은 주행속도가 크기 때문에 피로와 마모가 크게 문제 시 된다.
③ 구동체인은 속도, 전달동력 등을 고려할 때 마모는 발생하지 않는다.
④ 구동체인은 녹이 슬거나 마모가 발생하기 쉬우므로 주의해야 한다.

해설 구동장치 보수 점검사항

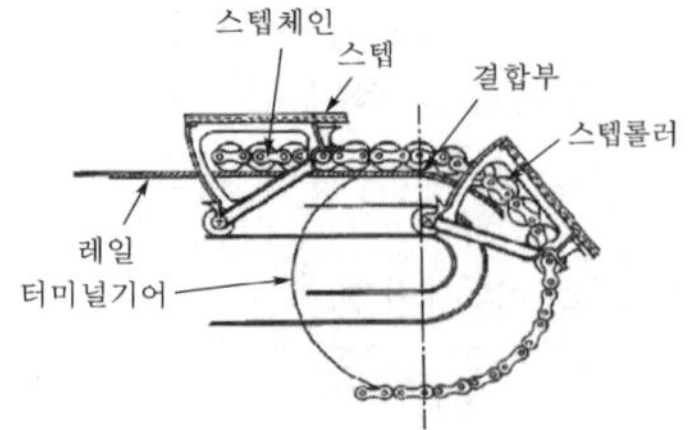

▌ 스텝체인의 구동 ▐

▌ 체인의 부식 ▐

㉠ 진동, 소음의 유무
㉡ 운전의 원활성
㉢ 구동장치의 취부 상태
㉣ 각부 볼트 및 너트의 이완 여부
㉤ 기어 케이스 등의 표면 균열 여부 및 누유 여부
㉥ 브레이크의 작동 상태
㉦ 구동체인의 늘어짐 및 녹의 발생 여부
㉧ 각부의 주유 상태 및 윤활유의 부족 또는 변화 여부
㉨ 벨트 사용 시 벨트의 장력 및 마모 상태

21 엘리베이터 기계실에 관한 설명으로 틀린 것은?

① 기계실이 정상부에 위치할 경우 꼭대기 틈새의 높이는 2m 이상의 높이를 두어야 한다.
② 기계실의 크기는 승강로 수평투영면적의 2배 이상으로 하는 것이 적합하다.
③ 기계실의 위치는 반드시 정상부에 위치하지 않아도 된다.
④ 기계실이 있는 경우 기계실의 크기는 승강로의 크기와 같아야 한다.

해설 기계실 치수

기계실의 바닥면적은 승강로 수평투영면적의 2배 이상으로 하여야 한다. 다만, 기기의 배치 및 관리에 지장이 없는 경우에는 그러하지 아니하다.

㉠ 기계실 크기는 설비, 특히 전기설비의 작업이 쉽고 안전하도록 충분하여야 한다. 작업구역에서 유효높이는 2m 이상이어야 하고 다음 사항에 적합하여야 한다.
  • 제어 패널 및 캐비닛 전면의 유효 수평면적은 아래와 같아야 한다.
    − 폭은 0.5m 또는 제어 패널·캐비닛의 전체 폭 중에서 큰 값 이상
    − 깊이는 외함의 표면에서 측정하여 0.7m 이상
  • 수동 비상운전 수단이 필요하다면, 움직이는 부품의 유지보수 및 점검을 위한 유효 수평면적은 0.5m ×0.6m 이상이어야 한다.
㉡ 위 ㉠항에서 기술된 유효공간으로 접근하는 통로의 폭은 0.5m 이상이어야 한다. 다만, 움직이는 부품이 없는 경우에는 0.4m로 줄일 수 있다. 이동을 위한 공간의 유효높이는 바닥에서부터 천장의 빔 하부까지 측정하여 1.8m 이상이어야 한다.
㉢ 구동기의 회전부품 위로 0.3m 이상의 유효 수직거리가 있어야 한다.
㉣ 기계실 바닥에 0.5m를 초과하는 단차가 있을 경우에는 보호난간이 있는 계단 또는 발판이 있어야 한다.

ⓜ 기계실 작업구역의 바닥 또는 작업구역 간 이동 통로의 바닥에 폭이 0.05m 이상이고 0.5m 미만이며, 깊이가 0.05m를 초과하는 함몰이 있거나 덕트가 있는 경우, 그 함몰 부분 및 덕트는 방호되어야 한다. 폭이 0.5m를 초과하는 함몰은 위 ⓔ항에 따른 단차로 고려되어야 한다.

ⓛ 안전을 확보하기 위해서 실태를 파악해, 설비의 불안전 상태나 사람의 불안전행위에서 생기는 결함을 발견하여 안전대책의 상태를 확인하는 행동이다.

★★

22 시브와 접촉이 되는 와이어로프의 부분은 어느 것인가?

① 외층소선   ② 내층소선
③ 심강   ④ 소선

해설 와이어로프

㉠ 와이어로프의 구성
- 심(core)강
- 가닥(strand)
- 소선(wire)

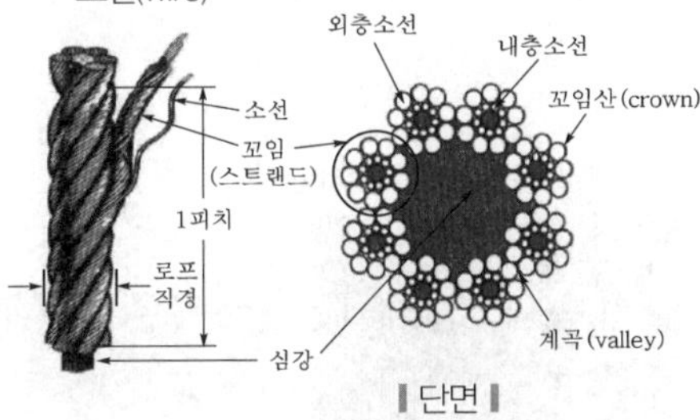

ⓛ 소선의 재료 : 탄소강(C : 0.50~0.85 섬유상 조직)
ⓒ 와이어로프의 표기

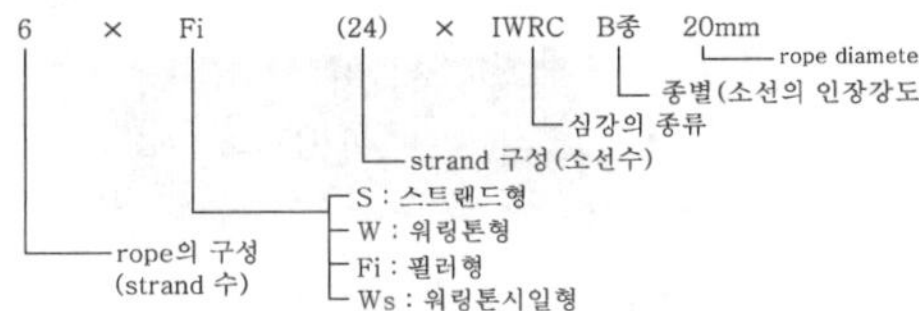

★★

23 안전점검 및 진단순서가 맞는 것은?

① 실태 파악 → 결함 발견 → 대책 결정 → 대책 실시
② 실태 파악 → 대책 결정 → 결함 발견 → 대책 실시
③ 결함 발견 → 실태 파악 → 대책 실시 → 대책 결정
④ 결함 발견 → 실태 파악 → 대책 결정 → 대책 실시

해설 안전점검 및 진단순서

㉠ 실태 파악 → 결함 발견 → 대책 결정 → 대책 실시

★★★

24 로프식 엘리베이터의 카 틀에서 브레이스 로드의 분담 하중은 대략 어느 정도 되는가?

① $\dfrac{1}{8}$ ② $\dfrac{3}{8}$
③ $\dfrac{1}{3}$ ④ $\dfrac{1}{16}$

해설 카 틀(car frame)

㉠ 상부체대 : 카주 위에 2본의 종 프레임을 연결하고 매인 로프에 하중을 전달하는 것이다.
ⓛ 카주 : 하부 프레임의 양단에서 하중을 지탱하는 2본의 기둥이다.
ⓒ 하부 체대 : 카 바닥의 하부 중앙에 바닥의 하중을 받쳐 주는 것이다.
ⓔ 브레이스 로드(brace rod) : 카 바닥과 카주의 연결재이며, 카 바닥에 걸리는 하중은 분포하중으로 전하중의 3/8은 브레이스 로드에서 분담한다.

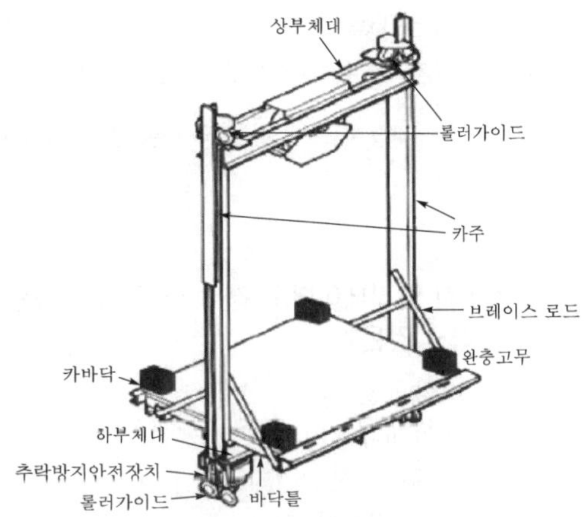

★★★★

25 다음 중 불안전한 행동이 아닌 것은?

① 방호조치의 결함
② 안전조치의 불이행
③ 위험한 상태의 조장
④ 안전장치의 무효화

해설 산업재해 직접원인

㉠ 불안전한 행동(인적 원인)
- 안전장치를 제거, 무효화

정답   22. ①   23. ①   24. ②   25. ①

- 안전조치의 불이행
- 불안전한 상태 방치
- 기계 장치 등의 지정외 사용
- 운전중인 기계, 장치 등의 청소, 주유, 수리, 점검 등의 실시
- 위험 장소에 접근
- 잘못된 동작 자세
- 복장, 보호구의 잘못 사용
- 불안전한 속도 조작
- 운전의 실패
ⓛ 불안전한 상태(물적 원인)
- 물(物) 자체의 결함
- 방호장치의 결함
- 작업장소의 결함, 물의 배치 결함
- 보호구 복장 등의 결함
- 작업 환경의 결함
- 자연적 불안전한 상태
- 작업방법 및 생산 공정 결함

26 다음 중 재해발생 형태별 분류에 해당되지 않는 것은?

① 추락 ② 전도
③ 감전 ④ 골절

해설 산업재해의 분류

㉠ 재해형태별 분류 : 추락, 충돌, 전도, 낙하비래, 협착, 감전, 동상 등
ⓛ 상해형태별 분류 : 골절, 동상, 부종, 찔림, 타박상, 절단, 찰과상, 베임 등

★★

27 전기식 엘리베이터의 경우 카 위에서 하는 검사가 아닌 것은?

① 비상구출구
② 도어개폐장치
③ 카 위 안전스위치
④ 문닫힘안전장치

해설 문 작동과 관련된 보호

㉠ 문이 닫히는 동안 사람이 끼이거나 끼려고 할 때 자동으로 문이 반전되어 열리는 문닫힘안전장치가 있어야 한다.
ⓛ 문닫힘 동작 시 사람 또는 물건이 끼이거나 문닫힘안전장치 연결전선이 끊어지면 문이 반전하여 열리도록 하는 문닫힘안전장치(세이프티 슈 · 광전장치 · 초음파장치 등)가 카 문이나 승강장문 또는 양쪽 문에 설치되어야 하며, 그 작동 상태는 양호하여야 한다.
ⓒ 승강장문이 카 문과의 연동에 의해 열리는 방식에서는 자동적으로 승강장의 문이 닫히는 쪽으로 힘을 작용시키는 장치
ⓔ 엘리베이터가 정지한 상태에서 출입문의 닫힘 동작에 우선하여 카 내에서 문을 열 수 있도록 하는 장치

★

28 다음 중 전기재해에 해당되는 것은?

① 동상 ② 협착
③ 전도 ④ 감전

해설 재해 발생 형태별 분류

㉠ 추락 : 사람이 건축물, 비계, 기계, 사다리, 계단 등에서 떨어지는 것
ⓛ 충돌 : 사람이 물체에 접촉하여 맞부딪침
ⓒ 전도 : 사람이 평면상으로 넘어졌을 때를 말함(과속, 미끄러짐 포함)
ⓔ 낙하 비래 : 사람이 정지물에 부딪친 경우
ⓜ 협착 : 물건에 끼인 상태, 말려든 상태
ⓗ 감전 : 전기 접촉이나 방전에 의해 사람이 충격을 받은 경우
ⓢ 동상 : 추위에 노출된 신체 부위의 조직이 어는 증상

29 이동식 핸드레일은 운행 중에 전 구간에서 디딤판과 핸드레일의 동일 방향 속도공차는 몇 %인가?

① 0~2 ② 3~4
③ 5~6 ④ 7~8

해설 핸드레일 시스템의 일반사항

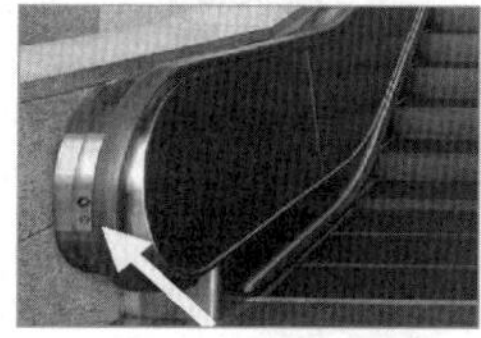
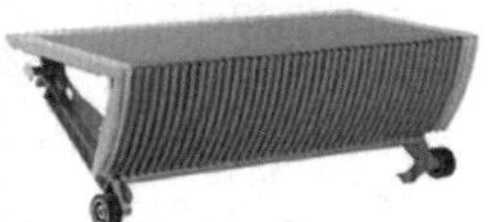

㉠ 각 난간의 꼭대기에는 정상운행 조건하에서 스텝, 팔레트 또는 벨트의 실제속도와 관련하여 동일 방향으로 −0%에서 +2%의 공차가 있는 속도로 움직이는 핸드레일이 설치되어야 한다.
ⓛ 핸드레일은 정상운행 중 운행방향의 반대편에서 450N의 힘으로 당겨도 정지되지 않아야 한다.
ⓒ 핸드레일 속도감시장치가 설치되어야 하고 에스컬레이터 또는 무빙워크가 운행하는 동안 핸드레일 속도가 15초 이상 동안 실제속도보다 −15% 이상 차이가 발생하면 에스컬레이터 및 무빙워크를 정지시켜야 한다.

★★★

30 카 또는 균형추의 상하좌우에 부착되어 레일을 따라 움직이고 카 또는 균형추를 지지해주는 역할을 하는 것은?

① 완충기 ② 중간 스토퍼
③ 가이드레일 ④ 가이드 슈

해설 가이드 슈

㉠ 카 또는 균형추 상하좌우 4곳에 부착되어 레일에 따라 움직이며 카 또는 균형추를 지지한다.

㉡ 저속용은 슬라이딩 가이드 슈(sliding guide shoe), 고속용은 롤러 가이드 슈(roller guide shoe)로 구분된다.

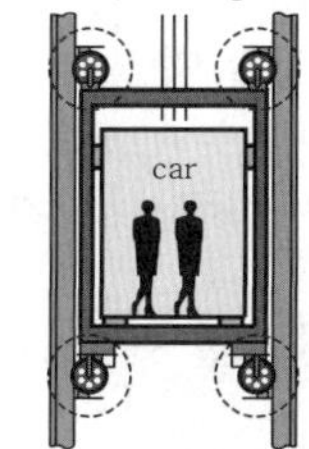

‖ 가이드 슈 설치 위치 ‖

‖ 슬라이딩 가이드 슈(sliding giude shoe) ‖

‖ 롤러 가이드 슈(roller guide shoe) ‖

★★

31 사업장에서 승강기의 조립 또는 해체작업을 할 때 조치하여야 할 사항과 거리가 먼 것은?

① 작업을 지휘하는 자를 선임하여 지휘자의 책임 하에 작업을 실시할 것

② 작업 할 구역에는 관계근로자 외의 자의 출입을 금지시킬 것

③ 기상 상태의 불안정으로 인하여 날씨가 몹시 나쁠 때에는 그 작업을 중지시킬 것

④ 사용자의 편의를 위하여 야간작업을 하도록 할 것

해설 조립 또는 해체작업을 할 때 조치

㉠ 사업주는 사업장에 승강기의 설치·조립·수리·점검 또는 해체작업을 하는 경우 다음의 조치를 하여야 한다.

• 작업을 지휘하는 사람을 선임하여 그 사람의 지휘 하에 작업을 실시할 것

• 작업구역에 관계근로자가 아닌 사람의 출입을 금지하고 그 취지를 보기 쉬운 장소에 표시할 것

• 비, 눈, 그 밖에 기상 상태의 불안정으로 날씨가 몹시 나쁜 경우에는 그 작업을 중지시킬 것

㉡ 사업주는 작업을 지휘하는 사람에게 다음의 사항을 이행하도록 하여야 한다.

• 작업방법과 근로자의 배치를 결정하고 해당 작업을 지휘하는 일

• 재료의 결함 유무 또는 기구 및 공구의 기능을 점검하고 불량품을 제거하는 일

• 작업 중 안전대 등 보호구의 착용 상황을 감시하는 일

★★

32 안전점검 체크리스트 작성 시의 유의사항으로 가장 타당한 것은?

① 일정한 양식으로 작성할 필요가 없다.

② 사업장에 공통적인 내용으로 작성한다.

③ 중점도가 낮은 것부터 순서대로 작성한다.

④ 점검표의 내용은 이해하기 쉽도록 표현하고 구체적이어야 한다.

해설 점검표(checklist)

㉠ 작성항목

• 점검부분

• 점검항목 및 점검방법

• 점검시기

• 판정기준

• 조치사항

㉡ 작성 시 유의사항

• 각 사업장에 적합한 독자적인 내용일 것

• 일정 양식을 정하여 점검대상을 정할 것

• 중점도(위험성, 긴급성)가 높은 것부터 순서대로 작성할 것

• 정기적으로 검토하여 재해방지에 실효성 있게 개조된 내용일 것

• 점검표의 양식은 이해하기 쉽도록 표현하고 구체적일 것

33 승강기 안전관리자의 직무범위에 속하지 않는 것은?

① 보수계약에 관한 사항

② 비상열쇠 관리에 관한 사항

③ 구급체계의 구성 및 관리에 관한 사항

④ 운행관리규정의 작성 및 유지에 관한 사항

해설 승강기 안전관리자의 직무범위

㉠ 승강기 운행관리 규정의 작성과 유지·관리

㉡ 승강기의 고장·수리 등에 관한 기록 유지

㉢ 승강기 사고발생에 대비한 비상연락망의 작성 및 관리

㉣ 승강기 인명사고 시 긴급조치를 위한 구급체제의 구성 및 관리

㉤ 승강기의 중대한 사고 및 중대한 고장 시 사고 및 고장 보고

㉥ 승강기 표준부착물의 관리

㉦ 승강기 비상열쇠의 관리

정답 31. ④ 32. ④ 33. ①

★★★

34 어떤 일정 기간을 두고서 행하는 안전점검은?

① 특별점검　　　　② 정기점검
③ 임시점검　　　　④ 수시점검

해설 안전점검의 종류

㉠ 정기점검 : 일정 기간마다 정기적으로 실시하는 점검을 말하며, 매주, 매월, 매분기 등 법적 기준에 맞도록 또는 자체 기준에 따라 해당 책임자가 실시하는 점검이다.
㉡ 수시점검(일상점검) : 매일 작업 전, 작업 중, 작업 후에 일상적으로 실시하는 점검을 말하며, 작업자, 작업책임자, 관리감독자가 행하는 사업주의 순찰도 넓은 의미에서 포함된다.
㉢ 특별점검 : 기계기구 또는 설비의 신설·변경 또는 고장·수리 등으로 비정기적인 특정점검을 말하며 기술책임자가 행한다.
㉣ 임시점검 : 기계기구 또는 설비의 이상발견 시에 임시로 실시하는 점검을 말하며, 정기점검 실시 후 다음 정기점검일 이전에 임시로 실시하는 점검

★★★

35 안전점검의 목적에 해당되지 않는 것은?

① 생산 위주로 시설 가동
② 결함이나 불안전 조건의 제거
③ 기계설비의 본래 성능 유지
④ 합리적인 생산관리

해설 안전점검(safety inspection)

넓은 의미에서는 안전에 관한 제반사항을 점검하는 것을 말하며, 좁은 의미에서는 시설, 기계·기구 등의 구조설비 상태와 안전기준과의 적합성 여부를 확인하는 행위를 말한다. 인간, 도구(기계, 장비, 공구 등), 환경, 원자재, 작업의 5개 요소가 빠짐없이 검토되어야 한다.
㉠ 안전점검의 목적
 • 결함이나 불안전조건의 제거
 • 기계설비의 본래의 성능 유지
 • 합리적인 생산관리
㉡ 안전점검의 종류
 • 정기점검 : 일정 기간마다 정기적으로 실시하는 점검을 말하며, 매주, 매 월, 매분기 등 법적 기준에 맞도록 또는 자체기준에 따라 해당책임자가 실시하는 점검이다.
 • 수시점검(일상점검) : 매일 작업 전, 작업 중, 작업 후에 일상적으로 실시하는 점검을 말하며, 작업자, 작업책임자, 관리감독자가 행하는 사업주의 순찰도 넓은 의미에서 포함된다.
 • 특별점검 : 기계·기구 또는 설비의 신설·변경 또는 고장·수리 등으로 비정기적인 특정점검을 말하며 기술책임자가 행한다.
 • 임시점검 : 기계·기구 또는 설비의 이상발견 시에 임시로 실시하는 점검을 말하며, 정기점검 실시 후 다음 정기점검일 이전에 임시로 실시하는 점검이다.

★★★★

36 홀랜턴(hail lantern)을 바르게 설명한 것은?

① 단독 카일 때 많이 사용하며 방향을 표시한다.
② 2대 이상일 때 많이 사용하며 위치를 표시한다.
③ 군관리방식에서 도착예보와 방향을 표시한다.
④ 카의 출발을 예보한다.

해설 승강장의 신호장치

| 위치표시기 | 홀랜턴 |

㉠ 위치표시기(indicator)
 • 승강장이나 카 내에서 현재 카의 위치를 알게 해주는 장치
 • 디지털식이나 전등점멸식이 사용되고 있다.
㉡ 홀랜턴(hall lantern)
 • 층 표시기만 있다면 여러 대의 엘리베이터 위치를 보면서 어느 엘리베이터가 열릴지 본인이 판단해야 한다.
 • 여러 대의 엘리베이터 중에서 어느 엘리베이터가 곧 도착할 예정인지만 알려주는 도착예보등이 필요하다.
 • 군관리방식에서 상승과 하강을 나타내는 커다란 방향등으로 그 엘리베이터가 정지를 결정하면 점등과 동시에 차임(chime) 등을 울려 승객에게 알린다.
㉢ 등록 안내 표시기 : 운전자가 있는 엘리베이터일 때 승장 단추의 등록을 카 내 운전자가 알 수 있도록 해주는 표시기이다.

★

37 에스컬레이터(무빙워크 포함)에서 6개월에 1회 점검하는 사항이 아닌 것은?

① 구동기의 베어링 점검
② 구동기의 감속기어 점검
③ 중간부의 스텝 레일 점검
④ 핸드레일 시스템의 속도 점검

해설 에스컬레이터(무빙워크 포함) 점검항목 및 주기

㉠ 1회/1월 : 기계실내, 수전반, 제어반, 전동기, 브레이크, 구동체인 안전스위치 및 비상 브레이크, 스텝구동장치, 손잡이 구동장치, 빗판과 스텝의 물림, 비상정지스위치 등
㉡ 1회/6월 : 구동기 베어링, 감속기어, 스텝 레일
㉢ 1회/12월 : 방화셔터 등과의 연동정지

정답　34. ②　35. ①　36. ③　37. ④

★★★★

38 트랙션식 권상기에서 로프와 도르래의 마찰계수를 높이기 위해서 도르래 홈의 밑을 도려낸 언더컷홈을 사용한다. 이 언더컷홈의 결점은?

① 지나친 되감기 발생
② 균형추 진동
③ 시브의 이완
④ 로프 마모

해설 로프식 방식에서 미끄러짐(매우 위험함)을 결정하는 요소

구분	원인
로프가 감기는 각도	작을수록 미끄러지기 쉽다.
카의 가속도와 감속도	클수록 미끄러지기 쉽다(긴급정지 시 일어나는 미끄러짐을 고려해야 함).
카측과 균형추측의 로프에 걸리는 중량의 비	클수록 미끄러지기 쉽다(무부하 시를 체크할 필요가 있음).
로프와 도르래의 마찰계수	U형의 홈은 마찰계수가 낮으므로 일반적으로 홈의 밑을 도려낸 언더컷홈으로 마찰계수를 올린다. 마모와 마찰계수를 고려하여 도르래 재료는 주물을 사용한다.

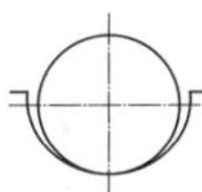
(a) U홈

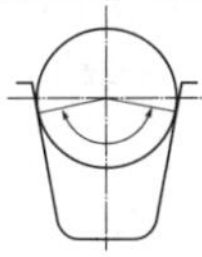
(b) V홈

(c) 언더컷홈

‖ 도르래 홈의 종류 ‖

언더컷홈으로 마찰계수를 올려 카의 미끄러짐을 줄일 수 있지만, 마찰계수가 높은 만큼 로프의 마모는 심해진다.

39 감전사고로 의식불명이 된 환자가 물을 요구할 때의 방법으로 적당한 것은?

① 냉수를 주도록 한다.
② 온수를 주도록 한다.
③ 설탕물을 주도록 한다.
④ 물을 천에 묻혀 입술에 적시어만 준다.

해설 감전사고 응급처치

감전사고가 일어나면 감전쇼크로 인해 산소 결핍현상이 나타나고, 신장기능장해가 심할 경우 몇 분 내로 사망에 이를 수 있다. 주변의 동료는 신속하게 인공호흡과 심폐소생술을 실시해야 한다.
㉠ 전기 공급을 차단하거나 부도체를 이용해 환자를 전원으로부터 떼어 놓는다.
㉡ 환자의 호흡기관에 귀를 대고 환자의 상태를 확인한다.
㉢ 가슴 중앙을 양손으로 30회 정도 눌러준다.
㉣ 머리를 뒤로 젖혀 기도를 완전히 개방시킨다.

㉤ 환자의 코를 막고 입을 밀착시켜 숨을 불어 넣는다(처음 4회는 신속하고 강하게 불어넣어 폐가 완전히 수축되지 않도록 함).
㉥ 환자의 흉부가 팽창된 것이 보이면 다시 심폐소생술을 실시한다.
㉦ 이 과정을 환자가 의식이 돌아올 때까지 반복 실시한다.
㉧ 환자에게 물을 먹이거나 물을 부으면 호흡을 막을 우려가 있기 때문에 위험하다.
㉨ 신속하고 적절한 응급조치는 감전환자의 95% 이상을 소생시킬 수 있다.

40 승강기에 사용되는 전동기의 소요 동력을 결정하는 요소가 아닌 것은?

① 정격적재하중
② 정격속도
③ 종합효율
④ 건물길이

해설 전동기의 용량(P) 계산

$$P = \frac{G \cdot V \cdot \sin\theta}{6120\,\eta} \times \beta\,(\text{kW})$$

여기서, P : 전동기의 용량(kW)
　　　　G : 에스컬레이터의 적재하중(kg)
　　　　V : 에스컬레이터의 속도(m/min)
　　　　θ : 경사각도(°)
　　　　η : 에스컬레이터의 총 효율(%)
　　　　β : 승객 승입률(0.85)

★

41 작업표준의 목적이 아닌 것은?

① 작업의 효율화
② 위험요인의 제거
③ 손실요인의 제거
④ 재해책임의 추궁

해설 작업표준

㉠ 작업표준의 필요성
　근로자가 기능적으로 불확실한 작업행동이나 정해진 생산 공정상의 규칙을 어기고 임의적인 행동을 자행함으로써의 위험이나 손실요인을 최대한 예방, 감소시키기 위한 것이다.
㉡ 작업 표준을 도입치 않을 경우
　• 재해사고 발생
　• 부실제품 생산
　• 자재손실 또는 지연작업
㉢ 표준류(규정, 사양서, 지침서, 지도서, 기준서)의 종류
　• 원재료와 제품에 관한 것(품질표준)
　• 작업에 관한 것(작업표준)
　• 설비, 환경 등의 유지, 보전에 관한 것(설비기준)
　• 관리제도, 일의 절차에 관한 것(관리표준)
㉣ 작업표준의 목적
　• 위험요인의 제거
　• 손실요인의 제거
　• 작업의 효율화

정답 38. ④　39. ④　40. ④　41. ④

ⓜ 작업표준의 작성 요령
- 작업의 표준설정은 실정에 적합할 것
- 좋은 작업의 표준일 것
- 표현은 구체적으로 나타낼 것
- 생산성과 품질의 특성에 적합할 것
- 이상 시 조치기준이 설정되어 있을 것
- 다른 규정 등에 위배되지 않을 것

42 다음 중 엘리베이터용 전동기의 구비조건이 아닌 것은?

① 전력소비가 클 것
② 충분한 기동력을 갖출 것
③ 운전 상태가 정숙하고 저진동일 것
④ 고기동 빈도에 의한 발열에 충분히 견딜 것

해설 엘리베이터용 전동기에 요구되는 특성

㉠ 기동토크가 클 것
㉡ 기동전류가 적을 것
㉢ 소음이 적고, 저진동이어야 함
㉣ 기동빈도가 높으므로(시간당 300회) 발열(온도 상승)을 고려해야 함
㉤ 회전부분의 관성 모멘트(회전축을 중심으로 회전하는 물체가 계속해서 회전을 지속하려는 성질의 크기)가 적을 것
㉥ 충분한 제동력을 가질 것

43 직류기의 효율이 최대가 되는 조건은?

① 부하손＝고정손
② 기계손＝동손
③ 동손＝철손
④ 와류손＝히스테리시스손

해설 효율

㉠ 부하손(load loss)은 부하에 따라 크기가 현저하게 변하는 동손(저항손 : ohmic loss) 및 표유부하손(stray load loss : 측정이나 계산으로 구할 수 없는 손실)으로 나눈다.
㉡ 무부하손(no-load loss)은 기계손(mechanical loss : 마찰손+풍손)과 철손(iron loss : 히스테리시스손+와전류손)으로 부하의 변화에 관계없이 거의 일정한 손실이다.
㉢ 부하손과 무부하손(고정손)이 같은 때 최대 효율이 된다.

44 전기기기의 충전부와 외함 사이의 저항은?

① 절연저항   ② 접지저항
③ 고유저항   ④ 브리지저항

해설 절연저항(insulation resistance)

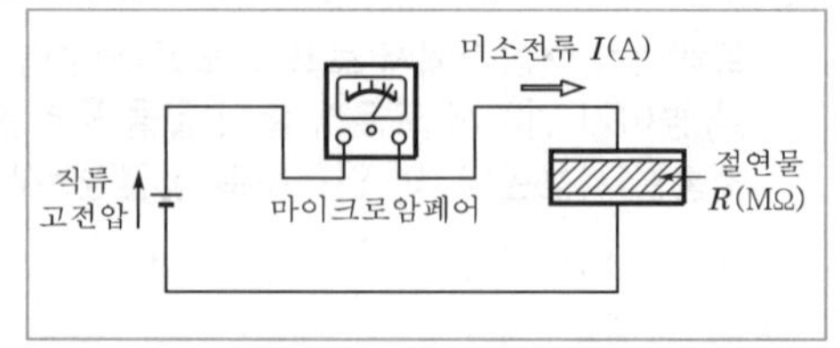

절연물에 직류전압을 가하면 아주 미세한 전류가 흐른다. 이때 전압과 전류의 비로 구한 저항을 절연저항이라 하고, 충전부분에 물기가 있으면 보통보다 대단히 낮은 저항이 된다. 누설되는 전류가 많게 되고, 절연저항이 저하하면 감전이나 과열에 의한 화재 및 쇼크 등의 사고가 뒤따른다.

45 공작물을 제작할 때 공차범위라고 하는 것은?

① 영점과 최대 허용치수와의 차이
② 영점과 최소 허용치수와의 차이
③ 오차가 전혀 없는 정확한 치수
④ 최대 허용치수와 최소 허용치수와의 차이

해설 치수공차

㉠ 제품을 가공할 때, 도면에 나타나 있는 치수와 실제로 가공된 후의 치수는 서로 일치하기 어렵기 때문에 오차가 발생한다.
㉡ 가공치수의 오차는 공작기계의 정밀도나 가공하는 사람의 숙련도, 기타 작업환경 등의 영향을 받는다.
㉢ 제품의 사용 목적에 따라 사실상 허용할 수 있는 오차범위를 미리 명시해 주는데, 이때 오차값의 최대 허용범위와 최소 허용범위의 차를 공차라고 한다.

46 엘리베이터 전원공급 배선회로의 절연저항측정으로 가장 적당한 측정기는?

① 휘트스톤 브리지   ② 메거
③ 콜라우시 브리지   ④ 켈빈더블 브리지

해설 전로 및 기기 등을 사용하다 보면 기기의 노화 등 그밖에 원인으로 절연 성능이 저하되고, 절연열화가 진행되면 결국은 누전 등의 사고를 발생하여 화재나 그밖의 중대 사고를 일으킬 우려가 있으므로 절연저항계(메거)로 절연저항측정 및 절연 진단이 필요하다.

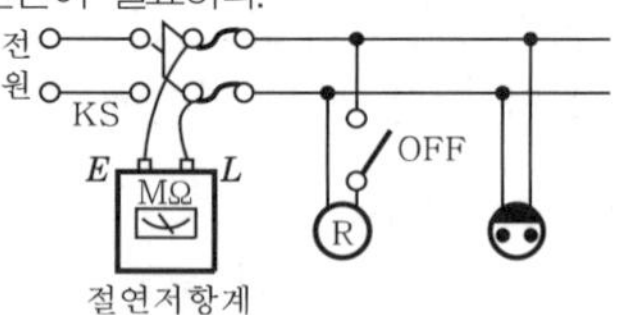

┃ 전기회로의 절연저항측정 ┃

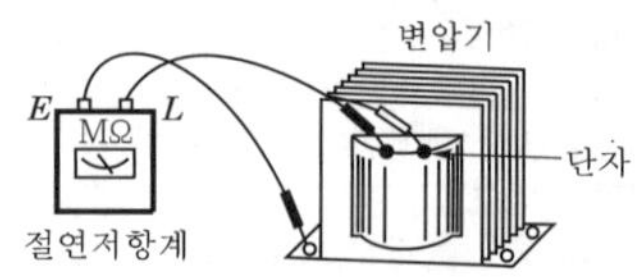

┃ 전기기기의 절연저항측정 ┃

★★★

47 플레밍의 왼손 법칙에서 엄지손가락의 방향은 무엇을 나타내는가?

① 자장 ② 전류
③ 힘 ④ 기전력

해설 플레밍의 왼손 법칙

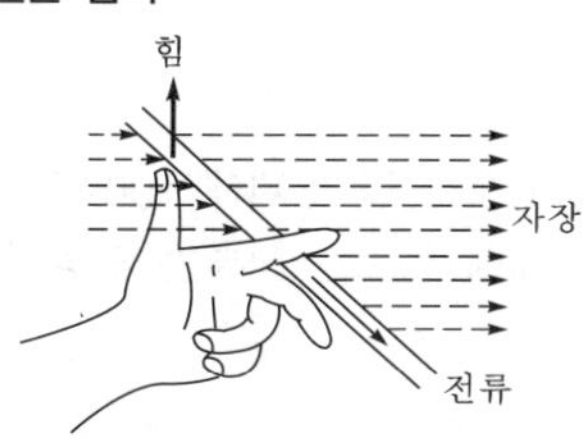

㉠ 자기장 내의 도선에 전류가 흐름 → 도선에 운동력 발생 (전기에너지 → 운동에너지) : 전동기
㉡ 집게손가락(자장의 방향), 가운데손가락(전류의 방향), 엄지손가락(힘의 방향)

★★★

48 1MΩ은 몇 Ω인가?

① $1 \times 10^3 \, \Omega$
② $1 \times 10^6 \, \Omega$
③ $1 \times 10^9 \, \Omega$
④ $1 \times 10^{12} \, \Omega$

해설

명칭	기호	배수	명칭	기호	배수
Tera	T	10^{12}	centi	c	10^{-2}
Giga	G	10^9	milli	m	10^{-3}
Mega	M	10^6	micro	μ	10^{-6}
kilo	k	10^3	nano	n	10^{-9}

★★★★

49 배선용 차단기의 기호(약호)는?

① S ② DS
③ THR ④ MCCB

해설 배선용 차단기(Molded Case Circuit Breaker)

저압 옥내 전로의 보호를 위하여 사용한다. 개폐기나 트립장치 등을 절연물의 용기 내에 조립한 것으로 통전 상태의 전로를 수동 또는 전기 조작에 의하여 개폐가 가능하고 과부하, 단락사고 시 자동으로 전로를 차단하는 기구이다.

★★★

50 RLC 소자의 교류회로에 대한 설명 중 틀린 것은?

① R만의 회로에서 전압과 전류의 위상은 동상이다.
② L만의 회로에서 저항성분을 유도성 리액턴스 X_L이라 한다.
③ C만의 회로에서 전류는 전압보다 위상이 $90°$ 앞선다.
④ 유도성 리액턴스 $X_L = \dfrac{1}{\omega L}$ 이다.

해설 ㉠ 유도성 리액턴스(inductive reactance)
$$X_L = \omega L = 2\pi f L (\Omega)$$
㉡ 용량성 리액턴스(capacitive reactance)
$$X_C = \frac{1}{\omega C} = \frac{1}{2\pi f C}(\Omega)$$

51 전류 I(A)와 전하 Q(C) 및 t(초)와의 상관관계를 나타낸 식은?

① $I = \dfrac{Q}{t}$ (A) ② $I = \dfrac{t}{Q}$ (A)
③ $I = \dfrac{Q^2}{t}$ (A) ④ $I = \dfrac{Q}{t^2}$ (A)

해설 전류(electric current)

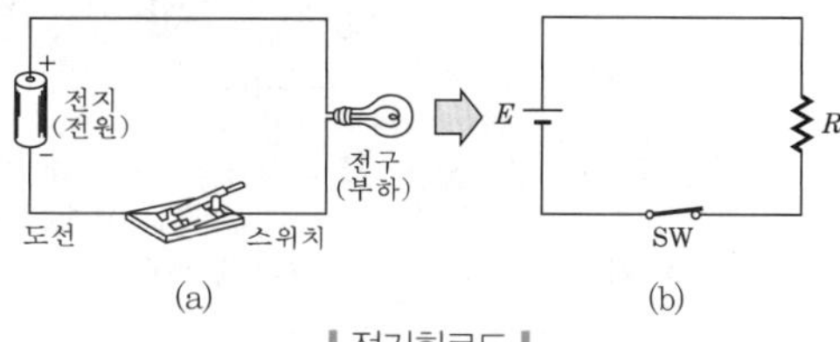

㉠ 스위치를 닫아 전구가 점등될 때 전지의 음극(−)으로부터는 전자가 계속해서 선선에 공급되어 양극(+) 방향으로 끌려가고, 이런 전자의 흐름을 전류라 하며 방향은 전자의 흐름과는 반대이다.
㉡ 전류의 세기 I : 어떤 단면을 1초 동안에 1C의 전기량이 이동힐 때 1임페어(ampere, 기호 A)라고 한다.
$$I = \frac{Q}{t}(A), \quad Q = It(C)$$

★★★

52 권수 N의 코일에 I(A)의 전류가 흘러 권선 1회의 코일에서 자속 ϕ(Wb)가 생겼다면 자기인덕턴스(L)는 몇 H인가?

① $L = \dfrac{\phi I}{N}$ ② $L = IN\phi$
③ $L = \dfrac{N\phi}{I}$ ④ $L = \dfrac{IN}{\phi}$

정답 47. ③ 48. ② 49. ④ 50. ④ 51. ① 52. ③

해설 자체인덕턴스(자기인덕턴스)

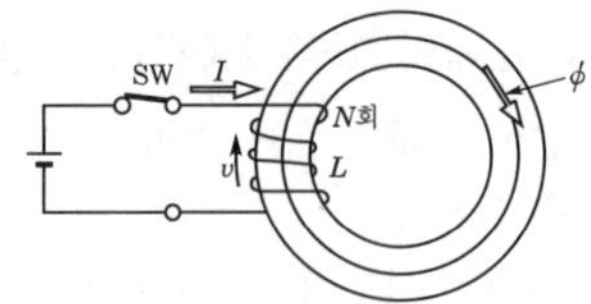

┃ 자체유도 ┃

㉠ 비례상수 L은 코일 특유의 값으로 자체인덕턴스라 하고, 단위로는 헨리(Henry, 기호 H)를 쓴다.
㉡ 1H는 1초 동안에 전류의 변화가 1A일 때 1V의 전압이 발생하는 코일의 자체 인덕턴스이다.
㉢ $N\phi = LI$이므로 자체인덕턴스 $L = \dfrac{N\phi}{I}$(H)이다.

***

53 평행판 콘덴서에 있어서 콘덴서의 정전용량은 판 사이의 거리와 어떤 관계인가?

① 반비례 ② 비례
③ 불변 ④ 2배

해설 평행판 콘덴서의 정전용량

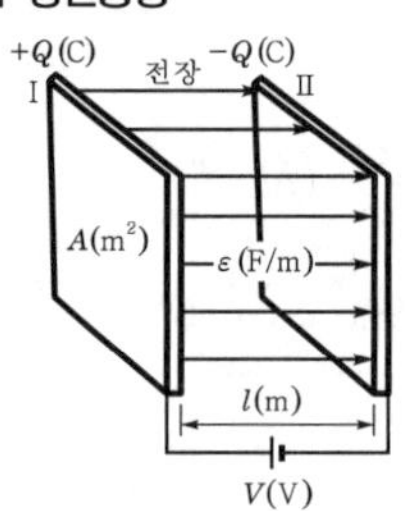

㉠ 면적 $A(\text{m}^2)$의 평행한 두 금속의 간격을 $l(\text{m})$, 절연물의 유전율을 $\varepsilon(\text{F/m})$이라 하고, 두 금속판 사이에 전압 $V(\text{V})$를 가할 때 각 금속판에 $+Q(\text{C})$, $-Q(\text{C})$의 전하가 축적되었다고 하면 다음과 같다.

$$V = \frac{\sigma l}{\varepsilon}(\text{V})$$

㉡ 평행판 콘덴서의 정전용량 C는 다음과 같다.

$$C = \frac{Q}{V} = \frac{\sigma A}{\dfrac{\sigma l}{\varepsilon}} = \frac{\varepsilon A}{l} = \frac{\varepsilon_0 \varepsilon_s A}{l}(\text{F})$$

54 다음 유도전동기의 제동 방법이 아닌 것은?

① 극수제동
② 회생제동
③ 발전제동
④ 단상제동

해설 유도전동기의 제동

㉠ 기계적 제동
마찰, 전동유압 브레이크, 전자클러치 등의 방법이 있다.

㉡ 전기 제동
 • 발전제동 : 운전 중의 전동기를 전원에서 분리하여 단자에 적당한 저항을 접속하고 이것을 발전기로 동작시켜 부하전류로 역토크에 의해 제동하는 방법이다.
 • 회생제동 : 전동기를 발전기로 동작시켜 그 유도기전력을 전원전압보다 크게 하여 전력을 전원에 되돌려 보내서 제동시키는 방법이다.

****

55 저항이 50Ω인 도체에 100V의 전압을 가할 때 그 도체에 흐르는 전류는 몇 A인가?

① 2 ② 4
③ 8 ④ 10

해설 옴의 법칙

$$I = \frac{V}{R} = \frac{100}{50} = 2\text{A}$$

****

56 다음 중 전압계에 대한 설명으로 옳은 것은?

① 부하와 병렬로 연결한다.
② 부하와 직렬로 연결한다.
③ 전압계는 극성이 없다.
④ 교류전압계에는 극성이 있다.

해설 전압 및 전류 측정방법

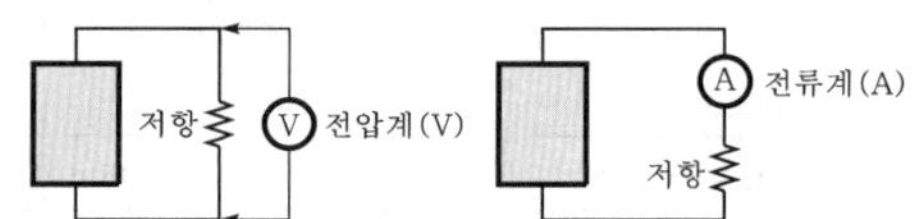

입·출력 전압 또는 회로에 공급되는 전압의 측정은 전압계를 회로에 병렬로 연결하고, 전류를 측정하려면 전류계는 회로에 직렬로 연결하여야 한다.

***

57 응력에 대한 설명 중 옳은 것은 무엇인가?

① 외력이 일정한 상태에서 단면적이 작아지면 응력은 작아진다.
② 외력이 증가하고 단면적이 커지면 응력은 증가한다.
③ 단면적이 일정한 상태에서 외력이 증가하면 응력은 작아진다.
④ 단면적이 일정한 상태에서 하중이 증가하면 응력은 증가한다.

정답 53. ① 54. ① 55. ① 56. ① 57. ④

해설 응력(stress)

㉠ 물체에 힘이 작용할 때 그 힘과 반대방향으로 크기가 같은 저항력이 생기는데 이 저항력을 내력이라 하며, 단위면적($1mm^2$)에 대한 내력의 크기를 말한다.

㉡ 응력은 하중의 종류에 따라 인장응력, 압축응력, 전단응력 등이 있으며, 인장응력과 압축응력은 하중이 작용하는 방향이 다르지만 같은 성질을 갖는다. 단면에 수직으로 작용하면 수직응력, 단면에 평행하게 접하면 전단응력(접선응력)이라고 한다.

㉢ 수직응력(σ)은 다음과 같다.

$$\sigma = \frac{P}{A}$$

여기서, σ : 수직응력(kg/cm^2)
　　　　P : 축하중(kg)
　　　　A : 수직응력이 발생하는 단면적(cm^2)

㉣ 응력이 발생하는 단면적(A)이 일정하고, 축하중(P) 값이 증가하면 응력도 비례해서 증가한다.

★★★

58 A, B는 입력, X를 출력이라 할 때 OR회로의 논리식은?

① $\overline{A} = X$　　　　　② $A \cdot B = X$
③ $A + B = X$　　　　　④ $\overline{A \cdot B} = X$

해설 논리합(OR)회로

하나의 입력만 있어도 출력이 나타나는 회로이며, 'A' OR 'B' 즉, 병렬회로이다.

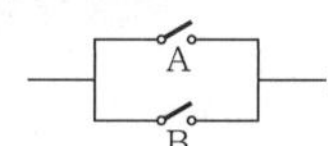

논리기호	논리식	스위치회로(병렬)

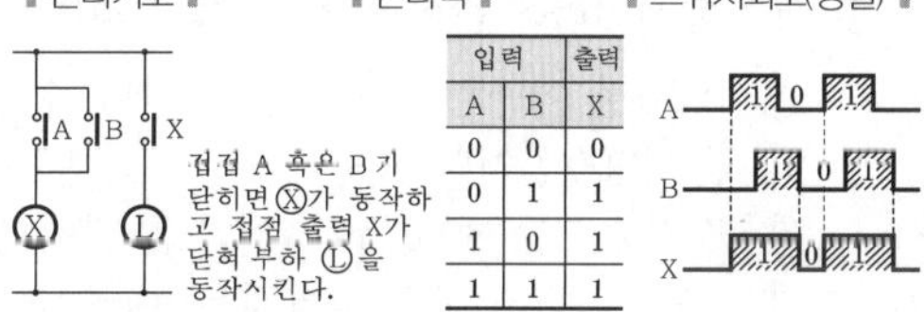

릴레이회로	진리표	동작시간표

접점 A 혹은 B가 닫히면 X가 동작하고 접점 출력 X가 닫혀 부하 ①을 동작시킨다.

입력		출력
A	B	X
0	0	0
0	1	1
1	0	1
1	1	1

★★★★

59 유도전동기의 동기속도가 n_s, 회전수가 n이라면 슬립(s)은?

① $\dfrac{n_s - n}{n} \times 100$　　　② $\dfrac{n_s - n}{n_s} \times 100$

③ $\dfrac{n_s}{n_s - n} \times 100$　　　④ $\dfrac{n_s}{n_s + n} \times 100$

해설 슬립(slip)

3상 유도전동기는 항상 회전자기장의 동기속도(n_s)와 회전자의 속도(n) 사이에 차이가 생기게 되며, 이 차이의 값으로 전동기의 속도를 나타낸다. 이때 속도의 차이와 동기속도(n_s)와의 비가 슬립이고, 보통 $0 < s < 1$ 범위이어야 하며, 슬립 1은 정지된 상태이다.

$$s = \frac{동기속도 - 회전자속도}{동기속도} = \frac{n_s - n}{n_s} \times 100$$

★★

60 인장(파단)강도가 $400kg/cm^2$인 재료를 사용응력 $100kg/cm^2$로 사용하면 안전계수는?

① 1　　　　　② 2
③ 3　　　　　④ 4

해설 안전계수 $= \dfrac{인장(파단)강도}{사용응력} = \dfrac{400}{100} = 4$

※ 본 문제는 수험생들의 협조에 의해 작성되었으며, 시험내용과 일부 다를 수 있습니다.

01 수직순환식 주차장치를 승입방식에 따라 분류할 때 해당되지 않는 것은?

① 하부승입식   ② 중간승입식
③ 상부승입식   ④ 원형승입식

해설 수직순환식 주차장치

㉠ 주차구획에 자동차를 들어가도록 한 후 그 주차구획을 수직으로 순환이동하여 자동차를 주차한다.
㉡ 종류(승입구 위치에 따른 구분) : 하부승입식, 중간승입식, 상부승입식
㉢ 특징
- 승강로 면적이 작다.
- 입출고 시간이 짧다.
- 차량이 적재된 주차구획 전체를 1개 라인의 체인으로 동시에 승강시키므로 기계장치의 부하가 높다(주차 수용대수 한정, 높은 운용 유지비, 진동 소음이 많음).
- 체인 절단 시 적재된 모든 차량이 일시에 파손될 수 있다.

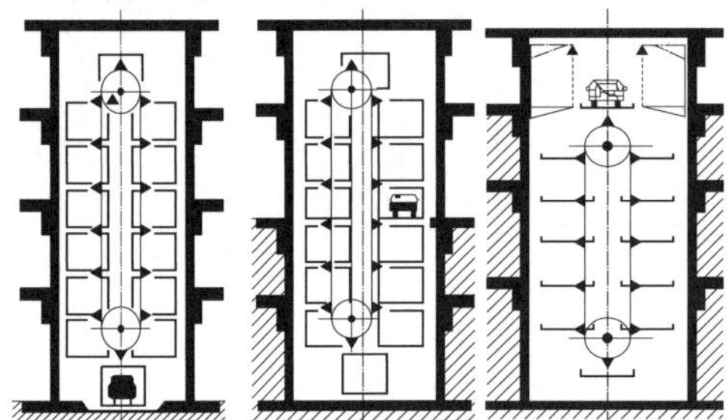

(a) 하부승입식   (b) 중간승입식   (c) 상부승입식

‖ 수직순환식 주차장치 ‖

02 균형로프의 주된 사용 목적은?

① 카의 소음진동을 보상
② 카의 위치 변화에 따른 주로프 무게를 보상
③ 카의 밸런스 보상
④ 카의 적재하중 변화를 보상

해설 견인비의 보상방법

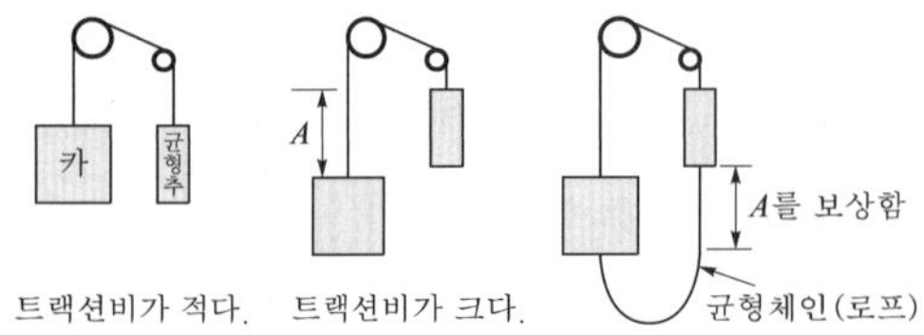

㉠ 견인비(traction ratio)
- 카측 로프가 매달고 있는 중량과 균형추 로프가 매달고 있는 중량의 비를 트랙션비라 하고, 무부하와 전부하 상태에서 체크한다.
- 견인비가 낮게 선택되면 로프와 도르래 사이의 트랙션 능력, 즉 마찰력이 작아도 되며, 로프의 수명이 연장된다.
㉡ 문제점
- 승강행정이 길어지면 로프가 어느 쪽(카측, 균형추측)에 있느냐에 따라 트랙션비는 크게 변화한다.
- 트랙션비가 1.35를 초과하면 로프가 시브에서 슬립(slip)되기가 쉽다.
㉢ 대책
- 카 하부에서 균형추의 하부로 주로프와 비슷한 단위 중량의 균형(보상)체인이나 로프를 매단다(트랙션비를 작게 하기 위한 방법).
- 균형로프는 서로 엉키는 걸 방지하기 위하여 피트에 인장도르래를 설치한다.
- 균형로프는 100%의 보상효과가 있고 균형체인은 90%정도밖에 보상하지 못한다.
- 고속·고층 엘리베이터의 경우 균형체인(소음의 원인)보다는 균형로프를 사용한다.

‖ 균형체인 ‖

03 에스컬레이터에 관한 설명 중 틀린 것은?

① 1200형 에스컬레이터의 1시간당 수송인원은 9000명이다.
② 정격속도는 30m/min 이하로 되어 있다.
③ 승강 양정(길이)로 고양정은 10m 이상이다.
④ 경사도는 수평으로 25° 이내이어야 한다.

해설 에스컬레이터 및 무빙워크의 경사도

㉠ 에스컬레이터의 경사도는 30°를 초과하지 않아야 한다. 다만, 높이가 6m 이하이고 공칭속도가 0.5m/s 이하인 경우에는 경사도를 35°까지 증가시킬 수 있다.
㉡ 무빙워크의 경사도는 12° 이하이어야 한다.

04 파워유닛을 보수·점검 또는 수리할 때 사용하면 불필요한 작동유의 유출을 방지할 수 있는 밸브는?

① 사이런스   ② 체크밸브
③ 스톱밸브   ④ 릴리프밸브

정답 01. ④   02. ②   03. ④   04. ③

해설 유압회로의 밸브

㉠ 체크밸브(non-return valve) : 한쪽 방향으로만 기름이 흐르도록 하는 밸브로서 상승방향으로는 흐르지만 역방향으로는 흐르지 않는다. 이것은 정전이나 그 이외의 원인으로 펌프의 토출압력이 떨어져서 실린더의 기름이 역류하여 카가 자유낙하하는 것을 방지하는 역할을 하는 것으로 로프식 엘리베이터의 전자브레이크와 유사하다.

㉡ 스톱밸브(stop valve) : 실린더에 체크밸브와 하강밸브를 연결하는 회로에 설치되며, 이것을 닫으면 실린더의 기름이 파워유닛으로 역류하는 것을 방지한다. 유압장치의 보수, 점검 또는 수리 등을 할 때에 사용되며, 일명 게이트밸브라고도 한다.

㉢ 안전밸브(relief valve) : 압력조정밸브로 회로의 압력이 상용압력의 125% 이상 높아지면 바이패스(by- pass) 회로를 열어 기름을 탱크로 돌려보내어 더 이상의 압력상승을 방지한다.

㉣ 럽처밸브(rupture valve) : 압력배관이 파손되었을 때 기름의 누설에 의한 카의 하강을 제지하는 장치. 밸브 양단의 압력이 떨어져 설정한 방향으로 설정한 유량이 초과하는 경우에, 유량이 증가하는 것에 의하여 자동으로 회로를 폐쇄하도록 설계한 밸브이다.

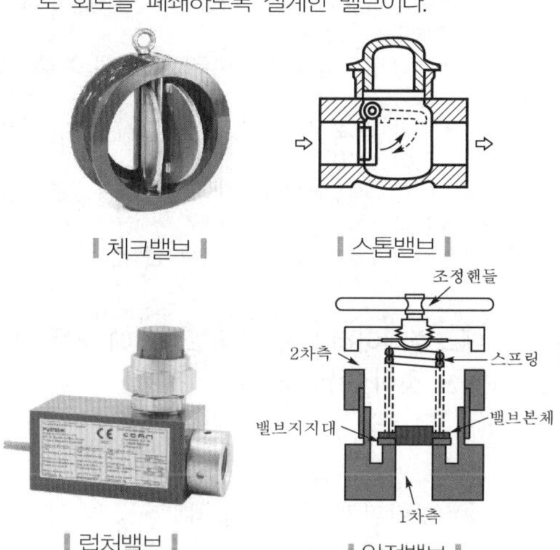

‖ 체크밸브 ‖   ‖ 스톱밸브 ‖

‖ 럽처밸브 ‖   ‖ 안전밸브 ‖

05 로프이탈방지장치를 설치하는 목적으로 부적절한 것은?

① 급제동 시 진동에 의해 주로프가 벗겨질 우려가 있는 경우
② 지진의 진동에 의해 주로프가 벗겨질 우려가 있는 경우
③ 기타의 진동에 의해 주로프가 벗겨질 우려가 있는 경우
④ 주로프의 파단으로 이탈할 경우

해설 로프이탈방지장치

급제동 시나 지진, 기타의 진동에 의해 주로프가 벗겨질 우려가 있는 경우에는 로프이탈방지장치 등을 설치하여야 한다. 다만, 기계실에 설치된 고정도르래 또는 도르래홈에 주로프가 1/2 이상 묻히거나 도르래 끝단의 높이가 주로프보다 더 높은 경우에는 제외한다.

06 전기식 엘리베이터 기계실의 구비조건으로 틀린 것은?

① 기계실의 크기는 작업구역에서의 유효높이가 2.5m 이상이어야 한다.
② 기계실에는 소요설비 이외의 것을 설치하거나 두어서는 안 된다.
③ 유지관리에 지장이 없도록 조명 및 환기시설은 승강기 검사기준에 적합하여야 한다.
④ 출입문은 외부인의 출입을 방지할 수 있도록 잠금장치를 설치하여야 한다.

해설 기계실 치수

㉠ 기계실 크기는 설비, 특히 전기설비의 작업이 쉽고 안전하도록 충분하여야 한다. 작업구역에서 유효높이는 2m 이상이어야 하고 다음 사항에 적합하여야 한다.
  • 제어패널 및 캐비닛 전면의 유효 수평면적은 아래와 같아야 한다.
    – 폭은 0.5 m 또는 제어 패널·캐비닛의 전체 폭 중에서 큰 값 이상
    – 깊이는 외함의 표면에서 측정하어 0.7m 이상
㉡ 수동 비상운전 수단이 필요하다면, 움직이는 부품의 유지보수 및 점검을 위한 유효 수평면적은 0.5m×0.6m 이상이어야 한다.
㉢ 위 ㉠항에서 기술된 유효공간으로 접근하는 통로의 폭은 0.5m 이상이어야 한다. 다만, 움직이는 부품이 없는 경우에는 0.4m로 줄일 수 있다. 이동을 위한 공간의 유효높이는 바닥에서부터 천장의 빔 하부까지 측정하여 1.8m 이상이어야 한다.
㉣ 구동기의 회전부품 위로 0.3m 이상의 유효 수직거리가 있어야 한다.
㉤ 기계실 바닥에 0.5m를 초과하는 단차가 있을 경우에는 보호난간이 있는 계단 또는 발판이 있어야 한다.
㉥ 기계실 작업구역의 바닥 또는 작업구역 간 이동 통로의 바닥에 폭이 0.05m 이상이고 0.5m 미만이며, 깊이가 0.05m를 초과하는 함몰이 있거나 덕트가 있는 경우, 그 함몰 부분 및 덕트는 방호되어야 한다. 폭이 0.5m를 초과하는 함몰은 위 ㉤항에 따른 단차로 고려되어야 한다.

07 과속조절기의 설명에 관한 사항으로 틀린 것은?

① 과속조절기로프의 공칭직경은 8mm 이상이어야 한다.

② 과속조절기는 과속조절기 용도로 설계된 와이어로프에 의해 구동되어야 한다.

③ 과속조절기에는 추락방지안전장치의 작동과 일치하는 회전방향이 표시되어야 한다.

④ 과속조절기로프 풀리의 피치직경과 과속조절기로프의 공칭직경 사이의 비는 30 이상이어야 한다.

해설 **과속조절기로프**

㉠ 과속조절기로프의 공칭지름은 6mm 이상, 최소 파단하중은 과속조절기가 작동될 때 8 이상의 안전율로 과속조절기로프에 생성되는 인장력에 관계되어야 한다.

㉡ 과속조절기로프 풀리의 피치직경과 과속조절기로프의 공칭직경 사이의 비는 30 이상이어야 한다.

㉢ 과속조절기로프는 인장 풀리에 의해 인장되어야 한다. 이 풀리(또는 인장추)는 안내되어야 한다.

㉣ 과속조절기로프 및 관련 부속품은 추락방지안전장치가 작동하는 동안 제동거리가 정상적일 때보다 더 길더라도 손상되지 않아야 한다.

㉤ 과속조절기로프는 추락방지안전장치로부터 쉽게 분리될 수 있어야 한다.

㉥ 작동 전 과속조절기의 반응시간은 추락방지안전장치가 작동되기 전에 위험속도에 도달하지 않도록 충분히 짧아야 한다.

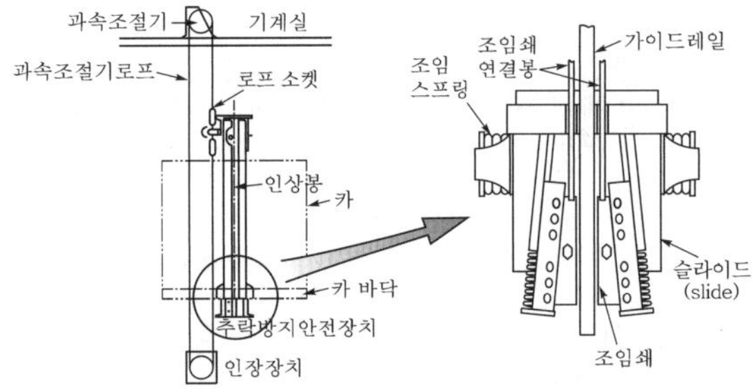

∥ 과속조절기와 추락방지안전장치의 연결 모습 ∥

∥ 과속조절기 인장장치 ∥

08 가이드레일(guide rail)의 역할이 아닌 것은?

① 카 차체의 기울어짐을 방지

② 추락방지안전장치가 작동될 때 수직하중을 유지

③ 승강로의 기계적 강도를 보강

④ 균형추의 승강로 평면 내의 위치를 규제

해설 **가이드레일**

㉠ 가이드레일의 사용 목적
- 카와 균형추의 승강로 평면 내의 위치를 규제한다.
- 카의 자중이나 화물에 의한 카의 기울어짐을 방지한다.
- 비상멈춤이 작동할 때의 수직하중을 유지한다.

㉡ 가이드레일의 규격
- 레일 규격의 호칭은 마무리 가공전 소재의 1m당의 중량으로 한다.
- 일반적으로 쓰는 T형 레일의 공칭 8, 13, 18, 24K 등이 있다.
- 대용량의 엘리베이터에서는 37, 50K 레일 등도 사용한다.
- 레일의 표준 길이는 5m로 한다.

09 에스컬레이터 또는 수평보행기에 모두 설치해야 하는 것이 아닌 것은?

① 제동기

② 스커트 가드 안전장치

③ 디딤판체인 안전장치

④ 구동체인 안전장치

해설 **구동체인 안전장치**(driving chain safety device)

㉠ 구동기와 주 구동장치(main drive) 사이의 구동체인이 상승 중 절단되었을 때 승객의 하중에 의해 하강운전을 일으키면 위험하므로 구동체인 안전장치가 필요하다.

㉡ 구동체인 위에 항상 문지름판이 구동되면서 구동체인의 늘어짐을 감지하여 만일, 체인이 느슨해지거나 끊어지면 슈가 떨어지면서 브레이크 래칫이 브레이크 휠에 걸려 주 구동장치의 하강방향의 회전을 기계적으로 제지한다.

㉢ 안전스위치를 설치하여 안전장치의 동작과 동시에 전원을 차단한다.

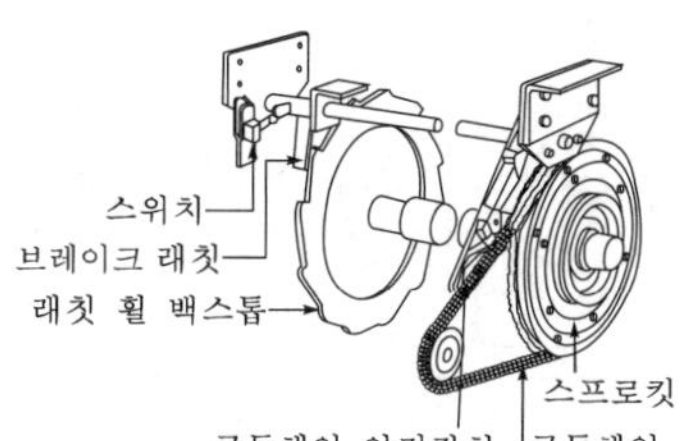

(a) 조립도

(b) 안전장치 상세도

‖ 구동체인 안전장치 ‖

★

10 트랙션권상기의 특징으로 틀린 것은?

① 소요동력이 적다.
② 행정거리의 제한이 없다.
③ 주로프 및 도르래의 마모가 일어나지 않는다.
④ 권과(지나치게 감기는 현상)를 일으키지 않는다.

해설 **권상기(traction machine)**

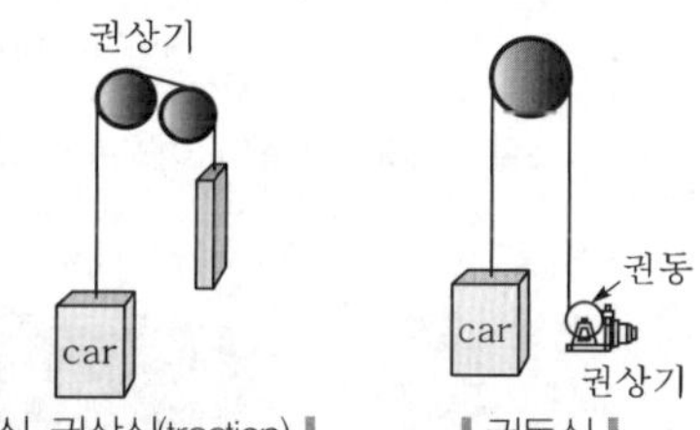

㉠ 트랙션식 권상기의 형식
  • 기어드(geared)방식 : 전동기의 회전을 감속시키기 위해 기어를 부착한다.
  • 무기어(gearless)방식 : 기어를 사용하지 않고, 전동기의 회전축에 권상도르래를 부착시킨다.
㉡ 트랙션식 권상기의 특징
  • 균형추를 사용하기 때문에 소요 동력이 적다
  • 도르래를 사용하기 때문에 승강행정에 제한이 없다.
  • 로프를 마찰로서 구동하기 때문에 지나치게 감길 위험이 없다.

★★

11 기계실이 있는 엘리베이터의 승강로 내에 설치되지 않는 것은?

① 균형추
② 완충기
③ 이동케이블
④ 과속조절기

해설 **엘리베이터 기계실**

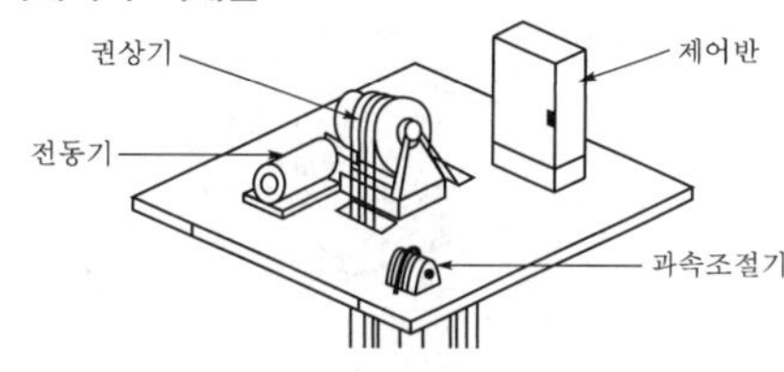

‖ 기계실 ‖

과속조절기는 승강로 내에 위치하는 경우도 있지만, 기계실이 있는 경우에는 기계실에 설치된다.

★★

12 에스컬레이터의 구동체인이 규정치 이상으로 늘어났을 때 일어나는 현상은?

① 안전레버가 작동하여 브레이크가 작동하지 않는다.
② 안전레버가 작동하여 하강은 되나 상승은 되지 않는다.
③ 안전레버가 작동하여 안전회로 차단으로 구동되지 않는다.
④ 안전레버가 작동하여 무부하 시는 구동되나 부하 시는 구동되지 않는다.

해설 **구동체인 안전장치(driving chain safety device)**

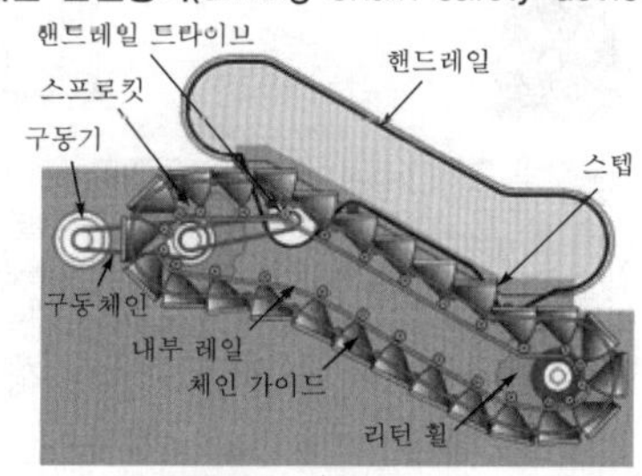

‖ 구동기 설치 위치 ‖

㉠ 구동기와 주구동장치(main drive) 사이의 구동체인이 상승 중 절단되었을 때 승객의 하중에 의해 하강운전을 일으키면 위험하므로 구동체인 안전장치가 필요하다.
㉡ 구동체인 위에 항상 문지름판이 구동되면서 구동체인의 늘어짐을 감지하여 만일 체인이 느슨해지거나 끊어지면 슈가 떨어지면서 브레이크 래칫이 브레이크 휠에 걸려 주구동장치의 하강방향의 회전을 기계적으로 제지한다.
㉢ 안전스위치를 설치하여 안전장치의 동작과 동시에 전원을 차단한다.

정답 **10.** ③ **11.** ④ **12.** ③

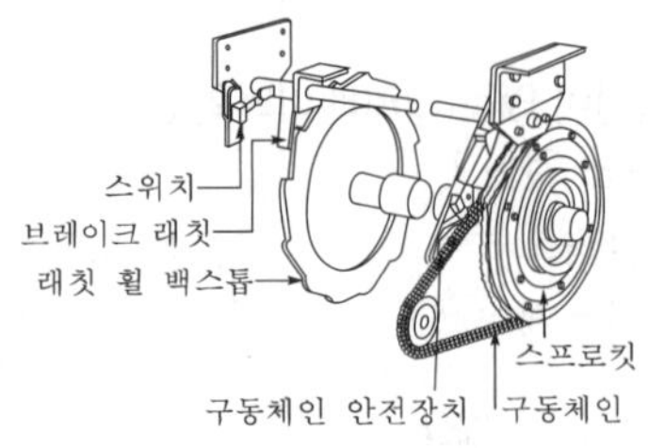

‖ 조립도 ‖

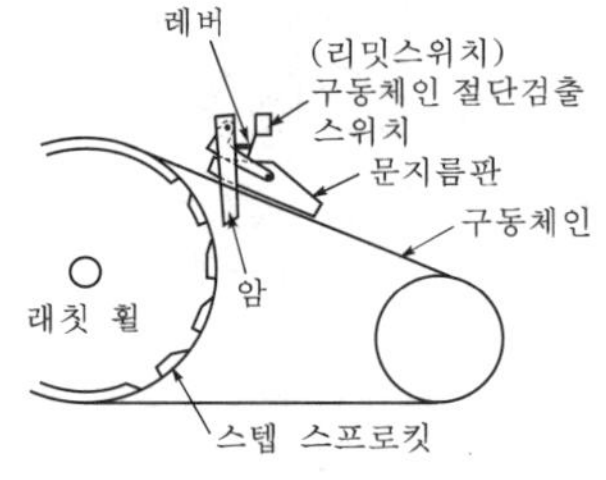

‖ 안전장치 상세도 ‖

★★★

13 유입완충기의 부품이 아닌 것은?

① 완충고무 ② 플런저
③ 스프링 ④ 유량조절밸브

해설 유입완충기

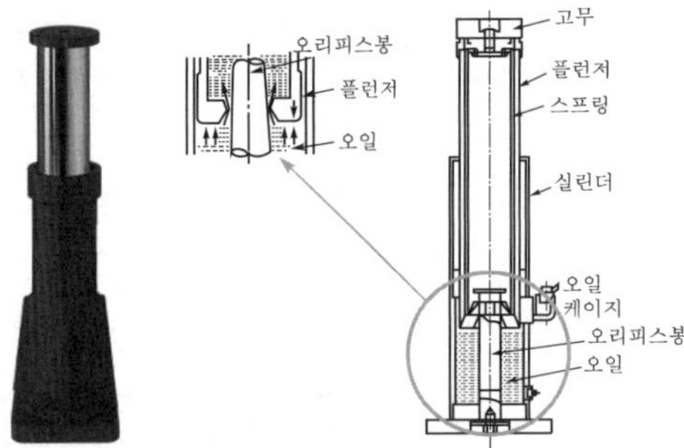

자동차의 충격흡수장치와 같은 원리로, 오리피스에서 기름의 유출량을 점진적으로 감소시켜서 충격을 흡수하는 구조이다. 카 또는 균형추가 유입완충기에 충돌했을 때의 완충작용은 플런저의 하강에 따라 실린더 내의 기름이 좁은 오리피스 틈새를 통과할 때에 생기는 유체저항에 의하여 주어진다.

★★

14 무빙워크 이용자의 주의표시를 위한 표시판 또는 표지 내에 표시되는 내용이 아닌 것은?

① 손잡이를 꼭 잡으세요.
② 카트는 탑재하지 마세요.
③ 걷거나 뛰지 마세요.
④ 안전선 안에 서 주세요.

해설 에스컬레이터 또는 무빙워크의 출입구 근처의 주의표시

구분		기준규격(mm)	색상
최소 크기		80×100	−
바탕		−	흰색
	원	40×40	−
	바탕	−	황색
	사선	−	적색
	도안	−	흑색
⚠		10×10	녹색(안전), 황색(위험)
안전, 위험		10×10	흑색
주의 문구	대	19pt	흑색
	소	14pt	적색

★★

15 안전점검 시 에스컬레이터의 운전 중 점검 확인 사항에 해당되지 않는 것은?

① 운전 중 소음과 진동 상태
② 스텝에 작용하는 부하의 작용 상태
③ 콤 빗살과 스텝 홈의 물림 상태
④ 핸드레일과 스텝의 속도 차이 유무

해설 에스컬레이터는 공공시설에 설치되어 장시간 사용되는 특성상 충분한 내구 성능이 확보되어야 하므로, 스텝의 안전성을 인증하는 것은 중요하다. 스텝, 팰릿 및 벨트는 정상운행동안 트래킹(tracking), 가이드 및 구동시스템에 부과될 수 있는 모든 가능한 하중 및 변형작용에 견디도록 설계되어야 하고, $6,000N/m^2$에 상응하는 균일하게 분포된 하중에 견디도록 설계되어야 한다. 이러한 설계조건을 고려하여 부하의 작용상태인 스텝에 대한 하중시험 및 비틀림시험을 하여 인증기준에 적합한지를 검사해야 한다.

‖ 정하중 시험과 처짐량 측정 ‖ ‖ 스텝의 동하중 시험 ‖

16 VVVF 제어란?

① 전압을 변환시킨다.
② 주파수를 변환시킨다.
③ 전압과 주파수를 변환시킨다.
④ 전압과 주파수를 일정하게 유지시킨다.

해설 │ VVVF(가변전압 가변주파수) 제어

㉠ 유도전동기에 인가되는 전압과 주파수를 동시에 변환시
  켜 직류전동기와 동등한 제어성능을 얻을 수 있는 방식
  이다.

㉡ 직류전동기를 사용하고 있던 고속 엘리베이터에도 유도
  전동기를 적용하여 보수가 용이하고, 전력회생을 통해
  에너지가 절약된다.

㉢ 중·저속 엘리베이터(궤환제어)에서는 승차감과 성능
  이 크게 향상되고 저속 영역에서 손실을 줄여 소비전력
  이 약 반으로 된다.

㉣ 3상의 교류는 컨버터로 일단 DC전원으로 변환하고 인
  버터로 재차 가변전압 및 가변주파수의 3상 교류로 변
  환하여 전동기에 공급된다.

㉤ 교류에서 직류로 변경되는 컨버터에는 사이리스터가 사
  용되고, 직류에서 교류로 변경하는 인버터에는 트랜지
  스터가 사용된다.

㉥ 컨버터제어방식을 PAM(Pulse Amplitude Modulation),
  인버터제어방식을 PWM(Pulse Width Modulation)시스
  템이라고 한다.

17 레일을 싸고 있는 모양의 클램프와 레일 사이에
강체와 가까이 롤러를 물려서 정지시키는 추락방
지안전장치의 종류는?

① 즉시작동형 추락방지안전장치

② 플랙시블 가이드 클램프형 추락방지안전
  장치

③ 플랙시블 웨지 클램프형 추락방지안전장치

④ 점차작동형 추락방지안전장치

해설 │ 즉시(순간식)작동형 추락방지안전장치

㉠ 정격속도가 0.63m/s를 초과하지 않는 경우이다.

㉡ 정격속도 1m/s를 초과하지 않는 경우는 완충효과가 있
  는 즉시작동형이다.

㉢ 화물용 엘리베이터에 사용되며, 감속도의 규정은 적용
  되지 않는다.

㉣ 가이드레일을 감싸고 있는 블록(black)과 레일 사이에
  롤러(roller)를 물려서 카를 정지시키는 구조이다.

㉤ 로프에 걸리는 장력이 없어져, 로프의 처짐이 생기면
  바로 운전회로를 열고 작동된다.

㉥ 순간식 추락방지안전장치가 일단 파지되면 카가 정
  지할 때까지 과속조절기로프를 강한 힘으로 완전히
  멈추게 한다.

㉦ 슬랙로프 세이프티(slake rope safety) : 소형 저속 엘리
  베이터로서 과속조절기를 사용하지 않고 로프에 걸리는
  장력이 없어져 휘어짐이 생기면 즉시 운전회로를 열어
  서 추락방지안전장치를 작동시킨다.

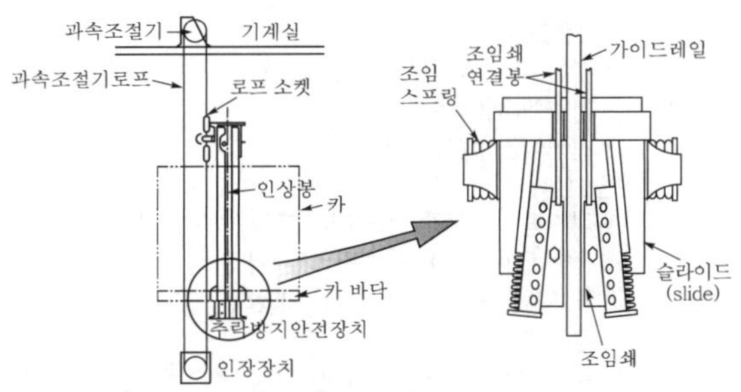

‖ 과속조절기와 추락방지안전장치의 연결 모습 ‖

18 급유가 필요하지 않은 곳은?

① 호이스트로프(hoist rope)

② 과속조절기(governor)로프

③ 가이드레일(guide rail)

④ 웜기어(worm gear)

해설 │ 과속조절기로프(governor rope)

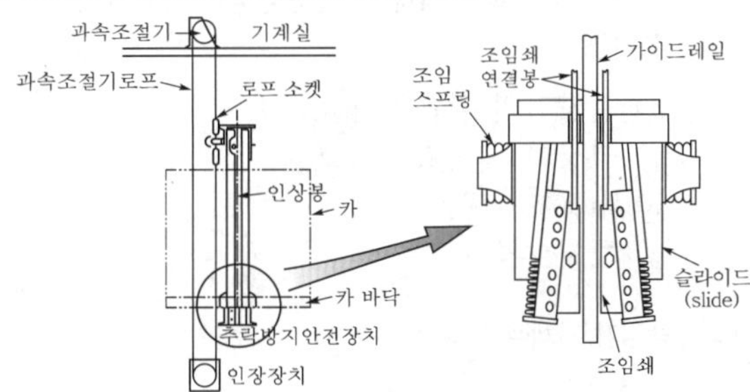

‖ 과속조절기와 추락방지안전장치의 연결 모습 ‖

과속조절기도르래를 카의 움직임과 동기해서 회전 구동함
과 동시에 과속조절기와 추락방지안전장치를 연동시키는
역할을 하는 로프이며, 기계실에 설치된 과속조절기와 승강
로 하부에 설치된 인장 도르래 간에 연속적으로 걸어서,
편측의 1개소에서 카의 추락방지안전장치의 인장도르래에
연결된다.

★★★

19 안전점검의 목적에 해당되지 않는 것은?

① 합리적인 생산관리

② 생산 위주의 시설 가동

③ 결함이나 불안전 조건의 제거

④ 기계·설비의 본래 성능 유지

해설 │ 안전점검(safety inspection)

넓은 의미에서는 안전에 관한 제반사항을 점검하는 것을
말한다. 좁은 의미에서는 시설, 기계·기구 등의 구조설비
상태와 안전기준과의 적합성 여부를 확인하는 행위를 말하
며, 인간, 도구(기계, 장비, 공구 등), 환경, 원자재, 작업의
5개 요소가 빠짐없이 검토되어야 한다.

　⊙ 안전점검의 목적
　　• 결함이나 불안전조건의 제거
　　• 기계설비의 본래의 성능 유지
　　• 합리적인 생산관리
　ⓛ 안전점검의 종류
　　• 정기점검 : 일정 기간마다 정기적으로 실시하는 점검을 말한다. 매주, 매월, 매분기 등 법적 기준에 맞도록 또는 자체기준에 따라 해당책임자가 실시하는 점검이다.
　　• 수시점검(일상점검) : 매일 작업 전, 작업 중, 작업 후에 일상적으로 실시하는 점검을 말하며, 작업자, 작업책임자, 관리감독자가 행하는 사업주의 순찰도 넓은 의미에서 포함된다.
　　• 특별점검 : 기계 · 기구 또는 설비의 신설 · 변경 또는 고장 · 수리 등의 비정기적인 특정점검을 말하며 기술책임자가 행한다.
　　• 임시점검 : 기계 · 기구 또는 설비의 이상발견 시에 임시로 실시하는 점검을 말하며, 정기점검 실시 후 다음 정기점검일 이전에 임시로 실시하는 점검이다.

20 전기식 엘리베이터에서 자체점검주기가 가장 긴 것은?

① 권상기의 감속기어
② 권상기 베어링
③ 수동조작핸들
④ 고정도르래

해설 승강기 자체검사 주기

　⊙ 1월에 1회 이상
　　• 층상선택기
　　• 카의 문 및 문턱
　　• 카 도어 스위치
　　• 문닫힘 안전장치
　　• 카 조작반 및 표시기
　　• 비상통화장치
　　• 전동기, 전동발전기
　　• 권상기 브레이크
　ⓛ 3월에 1회 이상
　　• 수권조작 수단
　　• 권상기 감속기어
　ⓒ 6월에 1회 이상
　　• 권상기 도르래
　　• 권상기 베어링
　　• 과속조절기(카측, 균형추측)
　　• 영도, 적재하중, 정원 등 표시
　② 12월에 1회 이상
　　• 고정도르래, 풀리
　　• 기계실 기기의 내진대책

★★

21 승강기의 안전에 관한 장치가 아닌 것은?

① 과속조절기(governor)
② 세이프티 블럭(safety block)
③ 용수철완충기(spring buffer)
④ 누름버튼스위치(push button switch)

해설 **누름버튼스위치(push button switch)**

모터 등의 기동(시동)이나 정지에 많이 사용된다. 일반적으로 접점의 개폐는 손가락으로 누르는 동안에는 동작 상태가 되고, 손가락을 떼면 자동적으로 복귀하는 구조인 기구이다.

★★★★

22 에스컬레이터의 구동 전동기의 용량을 결정하는 요소로 거리가 가장 먼 것은?

① 속도　　　　　② 경사각도
③ 적재하중　　　④ 디딤판의 높이

해설 **에스컬레이터의 전동기 용량(P)**

$$P = \frac{G \cdot V \cdot \sin\theta}{6120\ \eta} \times \beta(\text{kW})$$

여기서, P : 에스컬레이터의 전동기 용량(kW)
　　　　G : 에스컬레이터의 적재하중(kg)
　　　　V : 에스컬레이터의 속도(m/min)
　　　　θ : 경사각도(°)
　　　　η : 에스컬레이터의 총 효율(%)
　　　　β : 승객 승입률(0.85)

★★

23 추락을 방지하기 위한 2종 안전대의 사용법은?

① U자 걸이 전용
② 1개 걸이 전용
③ 1개 걸이, U자 걸이 겸용
④ 2개 걸이 전용

해설 안전대의 종류

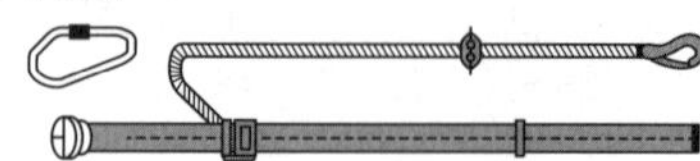

‖ 1개 걸이 전용 안전대 ‖

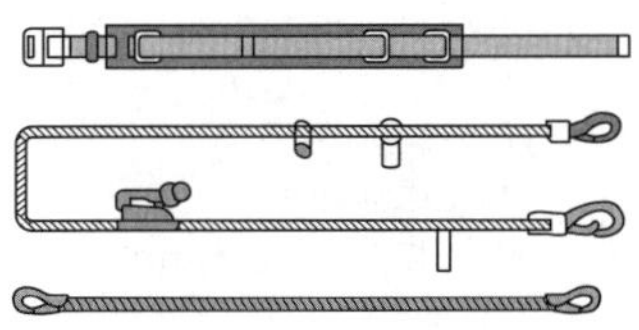

‖ U자 걸이 전용 안전대 ‖

‖ 안전블록 ‖

‖ 추락방지대 ‖

종류	등급	사용 구분
벨트식(B식), 안전그네식(H식)	1종	U자 걸이 전용
	2종	1개 걸이 전용
	3종	1개 걸이, U자 걸이 공용
	4종	안전블록
	5종	추락방지대

24 에스컬레이터(무빙워크 포함)에서 6개월에 1회 점검하는 사항이 아닌 것은?

① 구동기의 베어링 점검
② 구동기의 감속기어 점검
③ 중간부의 스텝 레일 점검
④ 핸드레일 시스템의 속도 점검

해설 에스컬레이터(무빙워크 포함) 점검항목 및 주기

㉠ 1회/1월 : 기계실내, 수전반, 제어반, 전동기, 브레이크, 구동체인 안전스위치 및 비상 브레이크, 스텝구동장치, 손잡이 구동장치, 빗판과 스텝의 물림, 비상정지 스위치 등
㉡ 1회/6월 : 구동기 베어링, 감속기어, 스텝 레일
㉢ 1회/12월 : 방화셔터 등과의 연동정지

25 안전사고의 발생요인으로 볼 수 없는 것은?

① 피로감
② 임금
③ 감정
④ 날씨

해설 임금은 안전사고의 발생과는 관계가 없다.

26 중앙 개폐방식의 승강장 도어를 나타내는 기호는?

① 2S
② CO
③ UP
④ SO

해설 승강장 도어 분류

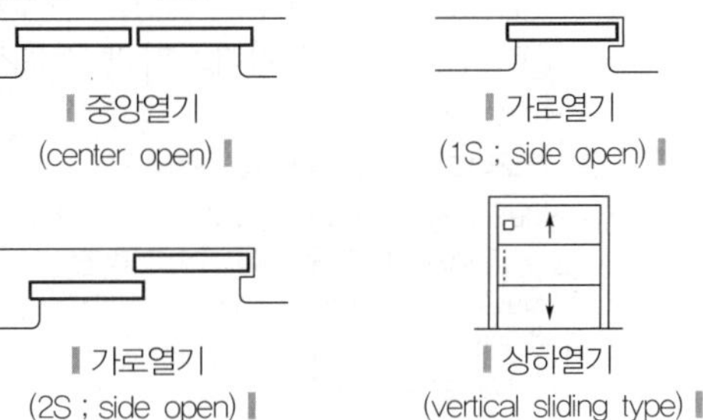

‖ 중앙열기 (center open) ‖   ‖ 가로열기 (1S ; side open) ‖

‖ 가로열기 (2S ; side open) ‖   ‖ 상하열기 (vertical sliding type) ‖

㉠ 중앙열기방식 : 1CO, 2CO
　　　　　　　(센터오픈 방식, Center Open)
㉡ 가로열기방식 : 1S, 2S, 3S
　　　　　　　(사이드오픈 방식, Side open)
㉢ 상하열기방식
　• 2매, 3매 업(up)슬라이딩 방식 : 자동차용이나 대형 화물용 엘리베이터에서는 카 실을 완전히 개구할 필요가 있기 때문에 상승개폐(2up, 3up)도어를 많이 사용한다.
　• 2매, 3매 상하열림(up, down)방식
㉣ 여닫이방식 : 1매 스윙, 2매 스윙(swing type)

27 안전사고의 통계를 보고 알 수 없는 것은?

① 사고의 경향
② 안전업무의 정도
③ 기업이윤
④ 안전사고 감소 목표 수준

해설 안전사고의 통계를 보고 기업이윤을 알 수는 없다.

28 안전점검 중에서 5S 활동 생활화로 틀린 것은?

① 정리
② 정돈
③ 청소
④ 불결

해설 5S 운동 안전활동

정리, 정돈, 청소, 청결, 습관화

29 정지 레오나드 방식 엘리베이터의 내용으로 틀린 것은?

① 워드 레오나드 방식에 비하여 손실이 적다.
② 워드 레오나드 방식에 비하여 유지보수가 어렵다.
③ 사이리스터를 사용하여 교류를 직류로 변환한다.
④ 모터의 속도는 사이리스터의 점호각을 바꾸어 제어한다.

해설 정지 레오나드(static leonard) 방식

㉠ 사이리스터(thyristor)를 사용하여 교류를 직류로 변환시킴과 동시에 점호각을 제어하여 직류 전압을 제어하는 방식으로 고속 엘리베이터에 적용된다.
㉡ 워드 레오나드 방식보다 교류에서 직류로의 변환 손실이 적고, 보수가 쉽다.

30 승강기 관리주체의 의무사항이 아닌 것은?

① 승강기 완성검사를 받아야 한다.
② 자체점검을 받아야 한다.
③ 승강기의 안전에 관한 일상관리를 하여야 한다.
④ 승강기의 안전에 관한 보수를 하여야 한다.

해설 승강기 관리주체의 의무

승강기의 소유자 또는 소유자로부터 유지관리에 대한 총체적인 책임을 위임받은 자로서 소유자의 법적인 의무를 수행해야 할 책임이 있다. 일반적으로 건축물관리책임과 함께 승강기의 관리책임이 주어진 자를 말하며, 건축물의 관리대행업자 또는 건축물의 소유자로부터 건축물 전체의 관리를 위임받은 자, 공동주택의 관리대행업자, 공동주택 자치관리기구의 장 또는 자치관리기구의 장으로부터 승강기관리책임을 위임받은 관리소장 등이 이에 해당된다.
㉠ 승강기 정기검사 수검
㉡ 자체점검 실시
㉢ 승강기 안전에 관한 일상관리(운행관리자의 선임 등)
㉣ 승강기 안전에 관한 보수(보수업체 선정 등)
㉤ 사고 보고의무

31 스텝 폭 0.8m, 공칭속도 0.75m/s인 에스컬레이터로 수송할 수 있는 최대 인원의 수는 시간당 몇 명인가?

① 3600　　　　② 4800
③ 6000　　　　④ 6600

해설 $A = \dfrac{V \times 60}{B} \times P = \dfrac{0.75 \times 60 \times 60}{0.8} \times 2 ≒ 6600$인/시간

여기서, A : 수송능력(매시)
　　　　B : 디딤판의 안 길이(m)
　　　　V : 디딤판 속도(m/min)
　　　　P : 디딤판 1개마다의 인원(인)

32 피트에서 하는 검사가 아닌 것은?

① 완충기의 설치 상태
② 하부 파이널 리밋스위치류 설치 상태
③ 균형로프 및 부착부 설치 상태
④ 비상구출구 설치 상태

해설 카 위에서 하는 검사

㉠ 비상구출구는 카 밖에서 간단한 조작으로 열 수 있어야 한다. 또한, 비상구출구스위치의 설치 상태는 견고하고, 작동 상태는 양호하여야 한다. 다만, 자동차용 엘리베이터와 카 내에 조작반이 없는 화물용 엘리베이터의 경우에는 그러하지 아니한다.
㉡ 카 도어스위치 및 도어개폐장치의 설치 상태는 견고하고, 각 부분의 연결 및 작동 상태는 양호하여야 한다.
㉢ 카 위의 안전스위치 및 수동운전스위치의 작동 상태는 양호하여야 한다.
㉣ 고정도르래 또는 현수도르래가 있는 경우에는 그 설치 상태는 견고하고, 몸체에 균열이 없어야 한다. 또한, 급제동 시나 지진 기타의 진동에 의해 주로프가 벗겨지지 않도록 조치되어 있어야 한다.
㉤ 과속조절기로프의 설치 상태는 견고하여야 한다.

33 유압식 엘리베이터의 속도제어에서 주회로에 유량제어밸브를 삽입하여 유량을 직접 제어하는 회로는?

① 미터오프 회로　　② 미터인 회로
③ 블리디오프 회로　　④ 블리디아 회로

해설 미터인(meter in)회로

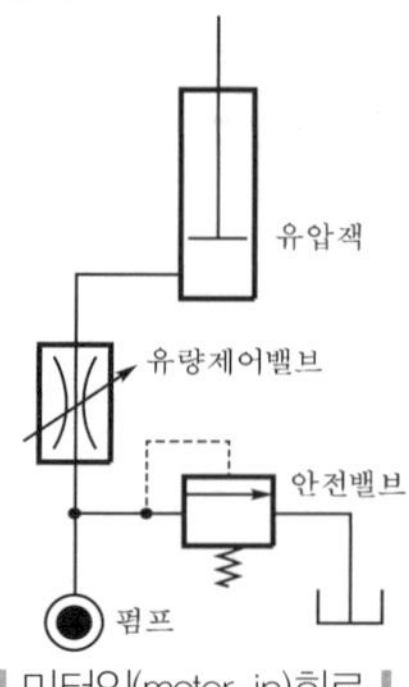

‖ 미터인(meter in)회로 ‖

㉠ 유량제어밸브를 실린더의 유입측에 삽입한 것
㉡ 펌프에서 토출된 작동유는 유량제어밸브의 체크밸브를 통하지 못하고 미터링 오리피스를 통하여 유압 실린더로 보내진다.
㉢ 펌프에서는 유량제어밸브를 통과한 유량보다 많은 양의 유량을 보내게 된다.
㉣ 실린더에서는 항상 일정한 유량이 보내지기 때문에 정확한 속도제어가 가능하다.
㉤ 펌프의 압력은 항상 릴리프밸브의 설정압력과 같다.
㉥ 실린더의 부하가 작을 때도 펌프의 압력은 릴리프밸브의 설정 압력이 되어, 필요 이상의 동력을 소요해서 효율이 떨어진다.
㉦ 유량제어밸브를 열면 액추에이터의 속도는 빨라진다.

34 과속조절기의 점검사항으로 틀린 것은?

① 소음의 유무
② 브러시 주변의 청소 상태
③ 볼트 및 너트의 이완 유무
④ 과속조절기로프와 클립 체결 상태 양호 유무

해설 **과속조절기(governor)의 보수점검항목**

▎마찰정치(롤 세이프티)형 과속조절기▎

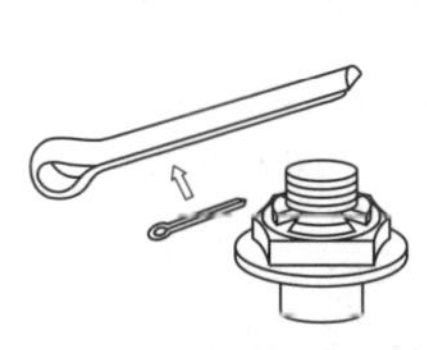

▎분할핀▎

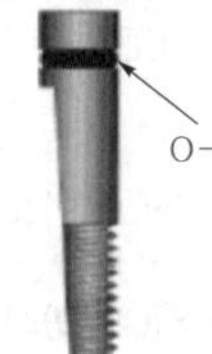

▎테이퍼 핀▎

㉠ 각 부분 마모, 진동, 소음의 유무
㉡ 베어링의 눌러 붙음 발생의 우려
㉢ 캐치의 작동 상태
㉣ 볼트(bolt), 너트(nut)의 결여 및 이완 상태
㉤ 분할핀(cotter pin) 결여의 유무
㉥ 시브(sheave)에서 과속조절기로프(governor rope)의 미끄럼 상태
㉦ 과속조절기로프와 클립 체결 상태
㉧ 과속스위치 접점의 양호 여부 및 작동 상태
㉨ 각 테이퍼 핀(taper-pin)의 이완 유무
㉩ 급유 및 청소 상태
㉪ 작동속도시험 및 운전의 원활성
㉫ 추락방지안전장치 작동 상태의 양호 유무
㉬ 과속조절기(governor) 고정 상태

35 균형추를 사용한 승객용 엘리베이터에서 제동기(brake)의 제동력은 적재하중의 몇 %까지 위험 없이 정지할 수 있어야 하는가?

① 125%
② 120%
③ 110%
④ 100%

해설 전자-기계 브레이크는 자체적으로 카가 정격속도로 정격하중의 125%를 싣고 하강방향으로 운행될 때 구동기를 정지시킬 수 있어야 한다.

36 승강기 정밀안전 검사기준에서 전기식 엘리베이터 주로프의 끝부분은 몇 가닥마다 로프소켓에 배빗 채움을 하거나 체결식 로프소켓을 사용하여 고정하여야 하는가?

① 1가닥
② 2가닥
③ 3가닥
④ 5가닥

해설 **배빗 소켓의 단말 처리**

주로프 끝단의 단말 처리는 각 개의 가닥마다 강재로 된 와이어소켓에 배빗체결에 의한 소켓팅을 하여 빠지지 않도록 한다. 올바른 소켓팅 작업방법에 의하여 로프 자체의 판단강도와 동등 이상의 강도를 소켓팅부에 확보하는 것이 필요하다.

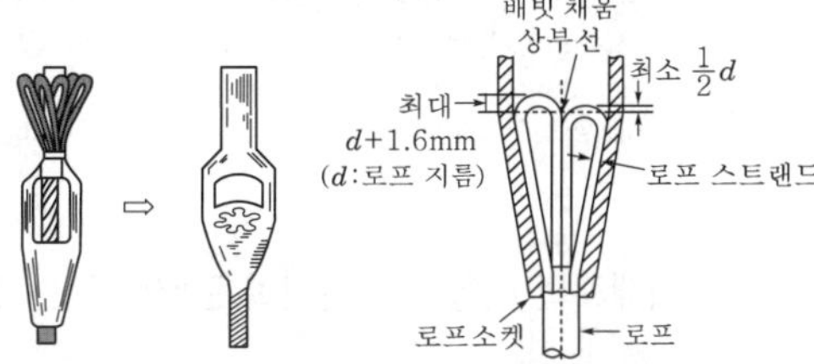

37 엘리베이터의 소유자나 안전(운행)관리자에 대한 교육내용이 아닌 것은?

① 엘리베이터에 관한 일반지식
② 엘리베이터에 관한 법령 등의 지식
③ 엘리베이터의 운행 및 취급에 관한 지식
④ 엘리베이터의 구입 및 가격에 관한 지식

해설 **승강기 관리교육의 내용**

㉠ 승강기에 관한 일반지식
㉡ 승강기에 관한 법령 등에 관한 사항
㉢ 승강기의 운행 및 취급에 관한 사항
㉣ 화재, 고장 등 긴급사항 발생 시 조치에 관한 사항
㉤ 인명사고 발생 시 조치에 관한 사항
㉥ 그 밖에 승강기의 안전운행에 필요한 사항

정답 34. ② 35. ① 36. ① 37. ④

★★★★

38 재해분석 내용 중 불안전한 행동이라고 볼 수 없는 것은?

① 지시 외의 작업　　② 안전장치 무효화
③ 신호 불일치　　　④ 복명 복창

해설 관리감독자가 올바른 작업지시를 했다면 재해를 방지할 수 있었던 사례가 매우 많았기 때문에 위험예지를 포함한 정확한 작업지시를 한다면 재해를 미리 방지할 수 있다. 위험예지 활동은 현장에서 작업조장을 중심으로 단시간에 실시해야 하고, 위험예지 사항(지시, 확인 사항 등)이 발견되면 이를 원포인트로 지적·확인(복창)하고 실시 결과 역시 원포인트로 복명한다.

39 재해누발자의 유형이 아닌 것은?

① 미숙성 누발자
② 상황성 누발자
③ 습관성 누발자
④ 자발성 누발자

해설 재해누발자의 분류

㉠ 미숙성 누발자 : 환경에 익숙하지 못하거나 기능 미숙으로 인한 재해 누발자
㉡ 상황성 누발자 : 작업의 어려움, 기계설비의 결함, 환경상 주의 집중의 혼란, 심신의 근심에 의한 것
㉢ 습관성 누발자 : 재해의 경험으로 신경과민이 되거나 슬럼프(slump)에 빠지기 때문
㉣ 소질성 누발자 : 지능, 성격 감각운동에 의한 소질적 요소에 의하여 결정됨

★★

40 전기재해의 직접적인 원인과 관련이 없는 것은?

① 회로 단락
② 충전부 노출
③ 접속부 과열
④ 접지판 매설

해설 접지설비

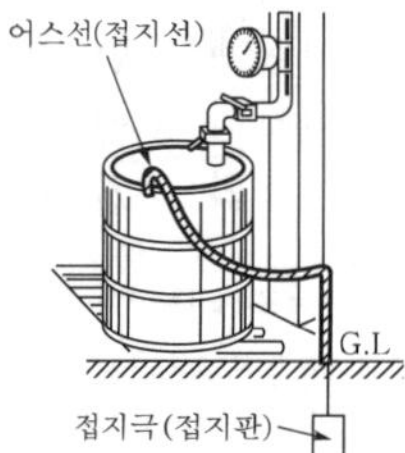

회로의 일부 또는 기기의 외함 등을 대지와 같은 0전위로 유지하기 위해 땅 속에 설치한 매설 도체(접지극, 접지판)와 도선으로 연결하여 정전기를 예방할 수 있다.

★★★

41 회전운동을 직선운동, 왕복운동, 진동 등으로 변환하는 기구는?

① 링크기구　　　　② 슬라이더
③ 캠　　　　　　　④ 크랭크

해설 캠(cam)

㉠ 캠은 회전운동을 직선운동, 왕복운동, 진동 등으로 변환하는 장치
㉡ 평면 곡선을 이루는 캠 : 판캠, 홈캠, 확동캠, 직동캠 등
㉢ 입체적인 모양의 캠 : 단면캠, 원뿔캠, 경사판캠, 원통캠, 구면(球面)캠, 엔드캠 등

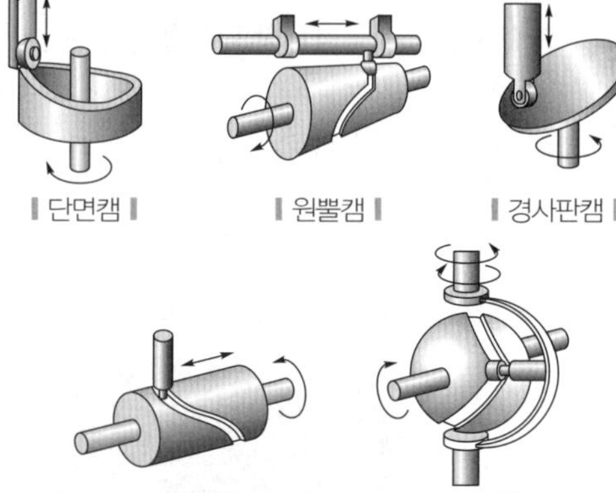

★★★

42 입력신호 A, B가 모두 '1'일 때만 출력값이 '1'이 되고, 그 외에는 '0'이 되는 회로는?

① AND회로　　　　② OR회로
③ NOT회로　　　　④ NOR회로

해설 논리곱(AND)회로

㉠ 모든 입력이 있을 때에만 출력이 나타나는 회로이며 직렬 스위치 회로와 같다.
㉡ 두 입력 'A' AND 'B'가 모두 '1'이면 출력 X가 '1'이 되며, 두 입력 중 어느 하나라도 '0'이면 출력 X가 '0'인 회로가 된다.

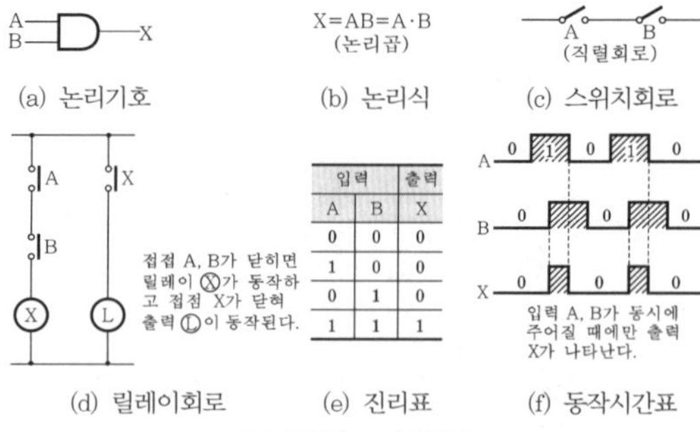

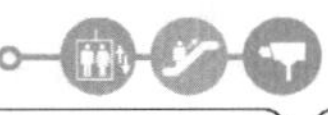

★★★

43 감기거나 말려들기 쉬운 동력전달장치가 아닌 것은?

① 기어　　　　　② 벤딩
③ 컨베이어　　　④ 체인

> **해설** 벤딩(bending)은 평평한 판재나 반듯한 봉, 관 등을 곡면이나 곡선으로 굽히는 작업이다.

★

44 파괴검사 방법이 아닌 것은?

① 인장검사　　　② 굽힘검사
③ 육안검사　　　④ 경도검사

> **해설** 육안검사는 가장 널리 이용되고 있는 비파괴검사의 하나이다. 간편하고 쉬우며 신속, 염가인데다 아무런 특별한 장치도 필요치 않다. 육안 또는 낮은 비율의 확대경으로 검사하는 방법이다.

★★

45 영(Young)률이 커지면 어떠한 특성을 보이는가?

① 안전하다.　　　② 위험하다.
③ 늘어나기 쉽다.　④ 늘어나기 어렵다.

> **해설** 영률(Young's modulus, 길이 탄성률)
>
> ㉠ 물체를 양쪽에서 적당한 힘(F)을 주어 늘이면, 길이는 L_1에서 L_2로 늘어나고 단면적 A는 줄어든다. 또한 잡아 늘였던 물체에 힘을 제거하면 다시 본래의 형태로 돌아온다. 물체가 늘어나는 길이의 정도는 다음과 같다.
>
> $$변형률(S) - \frac{L_2 - L_1}{L_1}$$
>
> ㉡ 물체를 늘릴 경우 잡아 늘인 힘을 단면적 A로 나누면 다음과 같다.
>
> $$변형력(T) = \frac{F}{A}$$
>
> ㉢ 영률은 변형률과 변형력 사이의 비례관계를 나타낸다.
>
> $$영률 = \frac{변형력(T)}{변형률(S)} \, (\text{N/m}^2)$$
>
> ㉣ 영률이 크면 변형에 대한 저항력이 큰 것으로, 그만큼 견고함을 나타낸다.

★★★

46 정전용량이 같은 두 개의 콘덴서를 병렬로 접속하였을 때의 합성용량은 직렬로 접속하였을 때의 몇 배인가?

① 2　　　　　② 4
③ 1/2　　　　④ 1/4

> **해설** 콘덴서의 접속
>
> ㉠ 콘덴서의 직렬접속 : 정전용량이 C_1, C_2(F)인 2개의 콘덴서를 직렬로 접속하면 다음과 같다.
>
> $$합성 \ 정전용량(C) = \frac{C_1 \times C_2}{C_1 + C_2} (\text{F})$$

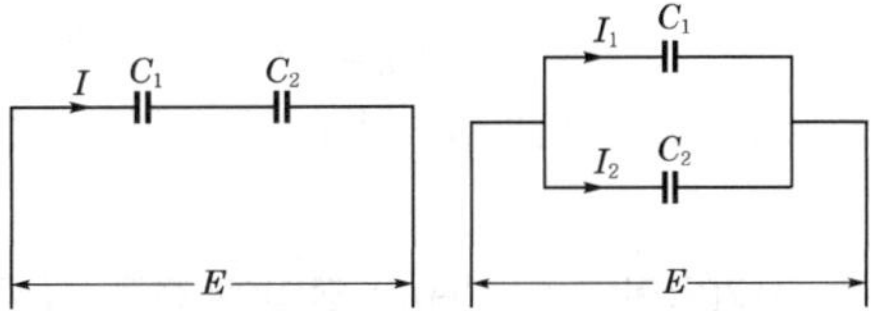

> ㉡ 콘덴서의 병렬접속 : 정전용량이 C_1, C_2(F)인 2개의 콘덴서를 병렬로 접속하면 다음과 같다.
> 합성 정전용량(C) = $C_1 + C_2$(F)
>
> ㉢ 계산식
> • 2μF와 2μF가 직렬로 연결된 등가회로이므로 합성용량은 다음과 같다.
>
> $$C_{T_1} = \frac{2 \times 2}{2 + 2} = 1 \mu F$$
>
> • 2μF와 2μF가 병렬로 연결된 등가회로이므로 합성용량은 다음과 같다.
>
> $$C_{T_2} = 2 + 2 = 4 \mu F$$

★★

47 전류계를 사용하는 방법으로 옳지 않은 것은?

① 부하전류가 클 때에는 배율기를 사용하여 측정한다.
② 전류가 흐르므로 인체가 접촉되지 않도록 주의하면서 측정한다.
③ 전류값을 모를 때에는 높은 값에서 낮은 값으로 조정하면서 측정한다.
④ 부하와 직렬로 연결하여 측정한다.

> **해설** 분류기
>
> 가동 코일형 전류계는 동작전류가 1~50mA 정도여서, 큰 전류가 흐르면 전류계는 타버려 측정이 곤란하다. 따라서 가동 코일에 저항이 매우 작은 저항기를 병렬로 연결하여 대부분의 전류를 이 저항기에 흐르게 하고, 전체 전류에 비례하는 일정한 전류만 가동 코일에 흐르게 해서 전류를 측정하는데, 이 장치를 분류기라 한다.
>
> $$I_a = \frac{R_s}{R_a + R_s} \cdot I$$
>
> $$I = \frac{R_a + R_s}{R_s} \cdot I_a = \left(1 + \frac{R_a}{R_s}\right) \cdot I_a$$
>
> 여기서, I : 측정하고자 하는 전류(A)
> 　　　　I_a : 전류계로 유입되는 전류(A)
> 　　　　R_s : 분류기 저항(Ω)
> 　　　　R_a : 전류계 내부 저항(Ω)

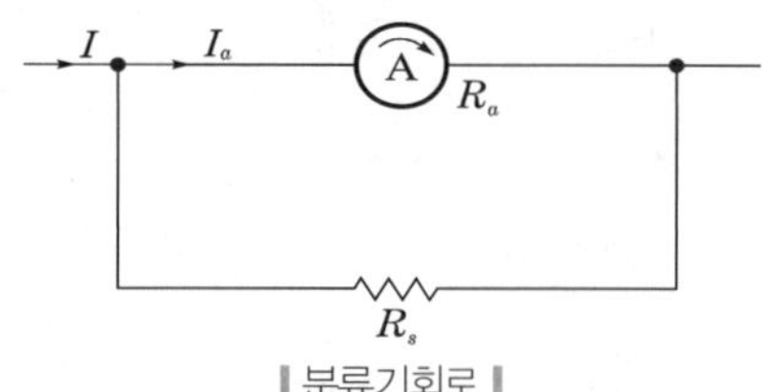

∥ 분류기회로 ∥

48 자기인덕턴스 L(H)의 코일에 전류 I(A)를 흘렸을 때 여기에 축적되는 에너지 W(J)를 나타내는 공식으로 옳은 것은?

① $W = LI^2$

② $W = \dfrac{1}{2}LI^2$

③ $W = L^2I$

④ $W = \dfrac{1}{2}L^2I$

해설 코일에 축적되는 에너지

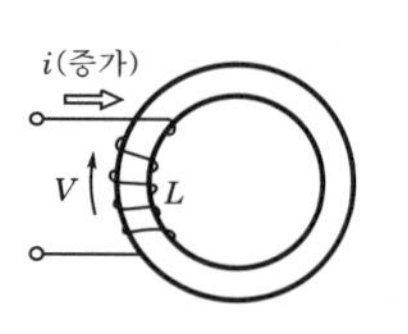 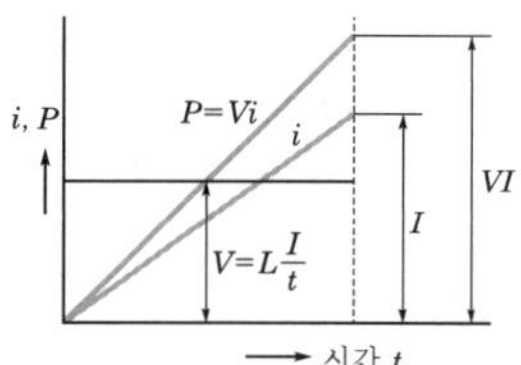

자체인덕턴스(자기인덕턴스) L에 흐르는 전류 i를 t초 동안 0에서 I(A)까지 일정한 비율로 증가시키면 다음과 같다.
㉠ 코일에 유도되는 전압의 크기 $V = LI/t$(V)로 일정하다.
㉡ 전류는 렌츠의 법칙에 따라 유도전압과 반대방향으로 흐르며 $P = Vi$의 전력이 코일 L에 공급된다.
㉢ 전력은 시간에 대하여 직선적으로 변하므로 t(sec)동안의 평균전력은 $VI/2$가 된다.
㉣ t(sec)동안에 코일 L에 공급되는 에너지는 다음과 같다.

$$W = \frac{VI}{2}t = \frac{1}{2}L\frac{I}{t}It = \frac{1}{2}LI^2 \,(\text{J})$$

49 저항 100Ω에 5A의 전류가 흐르게 하는 데 필요한 전압은 얼마인가?

① 500V

② 400V

③ 300V

④ 220V

해설 옴의 법칙

㉠ 전기저항(electric resistance)
 • 전기회로에 전류가 흐를 때 전류의 흐름을 방해하는 작용이 있는데, 그 방해하는 정도를 나타내는 상수를 전기저항 R 또는 저항이라고 한다.
 • 1V의 전압을 가해서 1A의 전류가 흐르는 저항값을 1옴(ohm), 기호는 Ω이라고 한다.

㉡ 옴의 법칙
 • 도체에 전압이 가해졌을 때 흐르는 전류의 크기는 도체의 저항에 반비례하므로 가해진 전압을 V(V), 전류 I(A), 도체의 저항을 R(Ω)이라고 하면

$$I = \frac{V}{R}(\text{A}), \quad V = IR(\text{V}), \quad R = \frac{V}{I}(\Omega)$$

 • 저항 R(Ω)에 전류 I(A)가 흐를 때 저항 양단에는 $V = IR$(V)의 전위차가 생기며, 이것을 전압강하라고 한다.

$$V = IR = 5 \times 100 = 500\text{V}$$

50 직류 분권전동기에서 보극의 역할은?

① 회전수를 일정하게 한다.

② 기동토크를 증가시킨다.

③ 정류를 양호하게 한다.

④ 회전력을 증가시킨다.

해설 전기자 반작용

전기자전류에 의한 기자력이 주자속의 분포에 영향을 미치는 현상
㉠ 전기자 반작용의 방지법
 • 브러시 위치를 전기적 중성점으로 이동시킨다.
 • 보상권선을 설치한다.
 • 보극을 설치한다.
㉡ 보극의 역할
 • 전기자가 만드는 자속을 상쇄(전기자반작용 상쇄 역할)한다.
 • 전압 정류를 하기 위한 정류자속을 발생시킨다.

51 가변전압 가변주파수 제어방식과 관계가 없는 것은?

① PAM

② VVVF

③ 인버터

④ MG세트

해설 VVVF(가변전압 가변주파수)제어

㉠ 유도전동기에 인가되는 전압과 주파수를 동시에 변환시켜 직류전동기와 동등한 제어성능을 얻을 수 있는 방식이다.
㉡ 직류전동기를 사용하고 있던 고속 엘리베이터에도 유도전동기를 적용하여 보수가 용이하고, 전력회생을 통해 에너지가 절약된다.
㉢ 중·저속 엘리베이터(궤환제어)에서는 승차감과 성능이 크게 향상되고 저속 영역에서 손실을 줄여 소비전력이 약 반으로 된다.
㉣ 3상의 교류는 컨버터로 일단 DC전원으로 변환하고 인버터로 재차 가변전압 및 가변주파수의 3상 교류로 변환하여 전동기에 공급된다.
㉤ 교류에서 직류로 변경되는 컨버터에는 사이리스터가 사용되고, 직류에서 교류로 변경하는 인버터에는 트랜지스터가 사용된다.
㉥ 컨버터제어방식을 PAM(Pulse Amplitude Modulation), 인버터제어방식을 PWM(Pulse Width Modulation)시스템이라고 한다.

정답 48. ② 49. ① 50. ③ 51. ④

★★

52 변형률이 가장 큰 것은?

① 비례한도
② 인장 최대하중
③ 탄성한도
④ 항복점

해설 후크의 법칙

재료의 '응력값은 어느 한도(비례한도) 이내에서는 응력과 이로 인해 생기는 변형률은 비례한다.'는 것이 후크의 법칙이다.

응력도(σ)=탄성(영 : Young)계수(E)×변형도(ε)

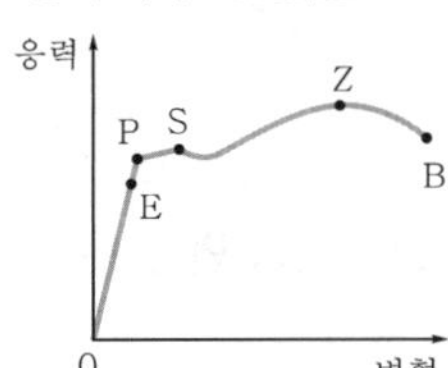

★★

53 웜(worm)기어의 특징이 아닌 것은?

① 효율이 좋다.
② 부하용량이 크다.
③ 소음과 진동이 적다.
④ 큰 감속비를 얻을 수 있다.

해설 웜기어(worm gear)

┃웜과 웜기어┃

㉠ 장점
• 부하용량이 크다.
• 큰 감속비를 얻을 수 있다(1/10∼1/100).
• 소음과 진동이 적다.
• 감속비가 크면 역전방지를 할 수 있다.
㉡ 단점
• 미끄럼이 크고 교환성이 없다.
• 진입각이 작으면 효율이 낮다.
• 웜휠은 연삭할 수 없다.
• 추력이 발생한다.
• 웜휠 제작에는 특수공구가 발생한다.
• 가격이 고가이다.
• 웜휠의 정도측정이 곤란하다.

54 유도전동기의 동기속도는 무엇에 의하여 정하여지는가?

① 전원의 주파수와 전동기의 극수
② 전력과 저항
③ 전원의 주파수와 전압
④ 전동기의 극수와 전류

해설 회전자기장의 속도를 유도전동기의 동기속도(n_s)라 하면, 동기속도는 전원 주파수(f)의 증가에 비례하여 증가하고, 극수(P)에는 반비례하여 감소한다.

$$n_s = \frac{120 \cdot f}{P} \text{(rpm)}$$

$$\therefore \ n_s \propto \frac{1}{P}$$

55 카의 실제 속도와 속도지령장치의 지령속도를 비교하여 사이리스터의 점호각을 바꿔 유도전동기의 속도를 제어하는 방식은?

① 사이리스터 레오나드방식
② 교류궤환 전압제어방식
③ 가변전압 가변주파수방식
④ 워드 레오나드방식

해설 교류궤환제어

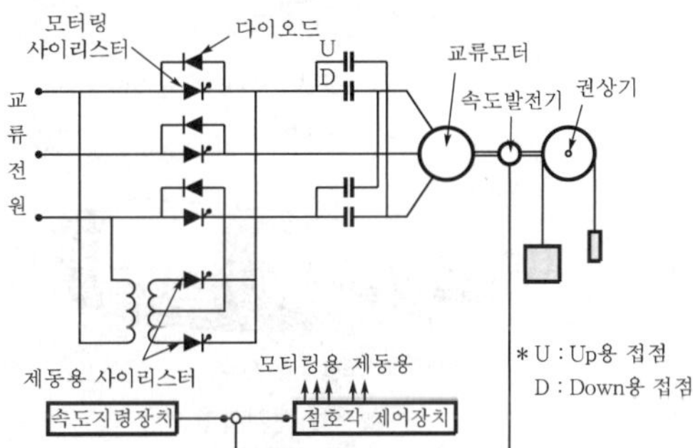

┃교류궤환 제어 회로┃

㉠ 카의 실속도와 지령속도를 비교하여 사이리스터(thyristor)의 점호각을 바꾼다.
㉡ 감속할 때는 속도를 검출하여 사이리스터에 궤환시켜 전류를 제어한다.
㉢ 전동기 1차측 각상에 사이리스터와 다이오드를 역병렬로 접속하여 역행 토크를 변화시킨다.
㉣ 모터에 직류를 흘려서 제동토크를 발생시킨다.
㉤ 미리 정해진 지령속도에 따라 정확하게 제어되므로, 승차감 및 착상 정도가 교류 1단, 교류 2단 속도제어보다 좋다.
㉥ 교류 2단 속도제어와 같은 저속주행 시간이 없으므로 운전시간이 짧다.
㉦ 40∼105m/min의 승용 엘리베이터에 주로 적용된다.

정답 52. ② 53. ① 54. ① 55. ②

★★★★

56 100V를 인가하여 전기량 30C을 이동시키는데 5초 걸렸다. 이때의 전력(kW)은?

① 0.3
② 0.6
③ 1.5
④ 3

해설 어떤 도체에 1C의 전기량이 두 점 사이를 이동하여 1J의 일을 했다면 1볼트(V)라고 한다.

$$W = V \cdot Q = 100 \times 30 = 3000J$$
$$P = \frac{W}{t} = \frac{3000}{5} = 600W$$

★★★

57 직류발전기의 구조로서 3대 요소에 속하지 않는 것은?

① 계자
② 보극
③ 전기자
④ 정류자

해설 **직류발전기의 구성요소**

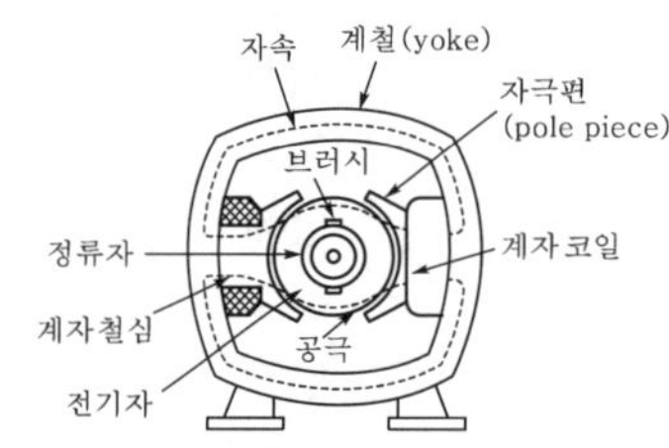

▮ 2극 직류발전기의 단면도 ▮

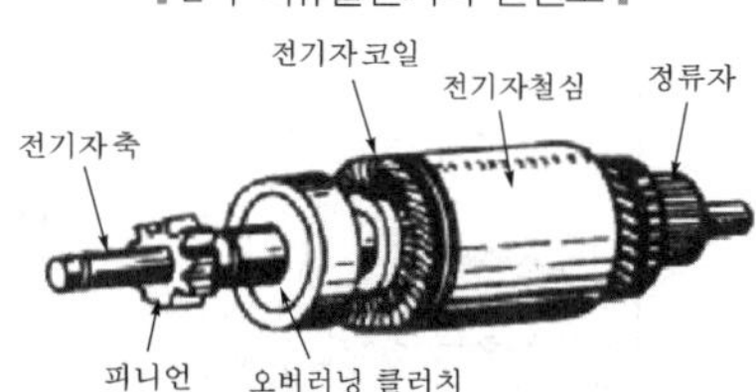

▮ 전기자 ▮

㉠ 계자(field magnet)
- 계자권선(field coil), 계자철심(field core), 자극(pole piece) 및 계철(yoke)로 구성된다.
- 계자권선은 계자철심에 감겨져 있으며, 이 권선에 전류가 흐르면 자속이 발생한다.
- 자극편은 전기자에 대응하여 계자자속을 공극 부분에 적당히 분포시킨다.

㉡ 전기자(armature)
- 전기자철심(armature core), 전기자권선(armature winding), 정류자 및 회전축(shaft)으로 구성된다.
- 전기자철심의 재료와 구조는 맴돌이전류(eddy current)와 히스테리현상에 의한 철손을 적게 하기 위하여 두께 0.35~0.5mm의 규소강판을 성층하여 만든다.

㉢ 정류자(commutator) : 직류기에서 가장 중요한 부분 중의 하나이며, 운전 중에는 항상 브러시와 접촉하여 마찰이 생겨 마모 및 불꽃 등으로 높은 온도가 되므로 전기적, 기계적으로 충분히 견딜 수 있어야 한다.

★★★

58 전류의 흐름을 안전하게 하기 위하여 전선의 굵기는 가장 적당한 것으로 선정하여 사용하여야 한다. 전선의 굵기를 결정하는 요인으로 다음 중 거리가 가장 먼 것은?

① 전압강하
② 허용전류
③ 기계적 강도
④ 외부온도

해설 전선의 굵기 선정 시 고려해야 할 사항 3요소는 전압강하, 기계적 강도, 허용전류이며 그 중 가장 중요한 것은 허용전류이다. 외부온도는 고려대상이지만 3요소보다는 중요하지 않다.

★★

59 베어링의 구비조건으로 거리가 먼 것은?

① 가공수리가 쉬울 것
② 마찰저항이 적을 것
③ 열전도도가 적을 것
④ 강도가 클 것

해설 **베어링 메탈재료의 구비조건**

㉠ 마모에 견딜 수 있을 정도로 단단한 반면에 축을 손상하지 않도록 축의 재료보다는 물러야 한다.
㉡ 축과의 마찰계수가 적어야 한다.
㉢ 마찰열이 잘 방출될 수 있도록 열전도가 좋아야 한다.
㉣ 내부식성이 있어야 한다.
㉤ 제작이 용이하여야 한다.

★★★★

60 다음 중 전압계에 대한 설명으로 옳은 것은?

① 부하와 병렬로 연결한다.
② 부하와 직렬로 연결한다.
③ 전압계는 극성이 없다.
④ 교류전압계에는 극성이 있다.

해설 **전압 및 전류 측정방법**

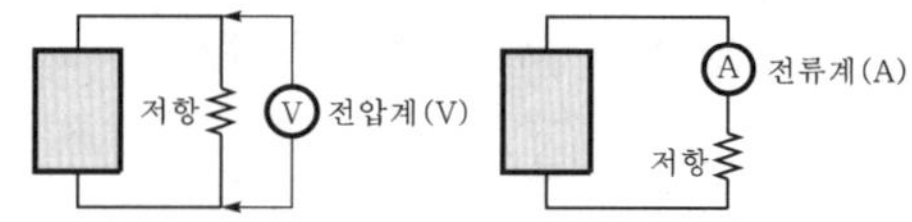

입·출력 전압 또는 회로에 공급되는 전압의 측정은 전압계를 회로에 병렬로 연결하고, 전류를 측정하려면 전류계는 회로에 직렬로 연결하여야 한다.

※ 본 문제는 수험생들의 협조에 의해 작성되었으며, 시험내용과 일부 다를 수 있습니다.

01 로프식 엘리베이터에서 도르래의 구조와 특징에 대한 설명으로 틀린 것은?

① 직경은 주로프의 50배 이상으로 하여야 한다.

② 주로프가 벗겨질 우려가 있는 경우에는 로프이탈방지장치를 설치하여야 한다.

③ 도르래홈의 형상에 따라 마찰계수의 크기는 U홈<언더컷홈<V홈의 순이다.

④ 마찰계수는 도르래홈의 형상에 따라 다르다.

해설 **권상도르래, 풀리 또는 드럼과 로프의 직경 비율, 로프·체인의 단말처리**

㉠ 권상도르래, 풀리 또는 드럼과 현수로프의 공칭직경 사이의 비는 스트랜드의 수와 관계없이 40 이상이어야 한다.

㉡ 현수로프의 안전율은 어떠한 경우라도 12 이상이어야 한다. 안전율은 카가 정격하중을 싣고 최하층에 정지하고 있을 때 로프 1가닥의 최소 파단하중(N)과 이 로프에 걸리는 최대 힘(N) 사이의 비율이다.

㉢ 로프와 로프 단말 사이의 연결은 로프의 최소 파단하중의 80% 이상을 견뎌야 한다.

㉣ 로프의 끝 부분은 카, 균형추(또는 평형추) 또는 현수되는 지점에 금속 또는 수지로 채워진 소켓, 자체 조임 쐐기형식의 소켓 또는 안전상 이와 동등한 기타 시스템에 의해 고정되어야 한다.

02 유압식 엘리베이터의 속도제어에서 주회로에 유량제어밸브를 삽입하여 유량을 직접 제어하는 회로는?

① 미터오프 회로　　② 미터인 회로

③ 블리디오프 회로　　④ 블리디아 회로

해설 **미터인(meter in) 회로**

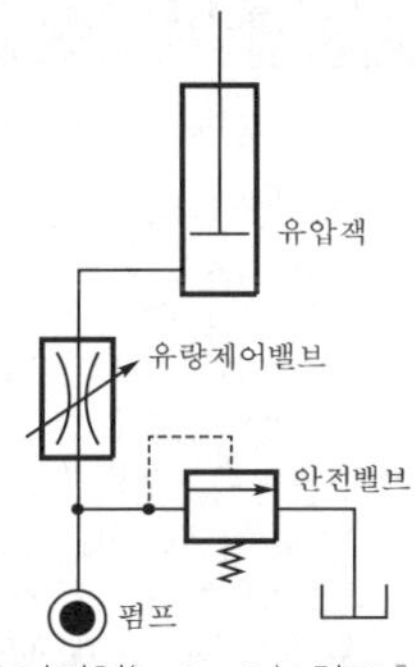

㉠ 유량제어밸브를 실린더의 유입측에 삽입한 것

㉡ 펌프에서 토출된 작동유는 유량제어밸브의 체크밸브를 통하지 못하고 미터링 오리피스를 통하여 유압 실린더로 보내진다.

㉢ 펌프에서는 유량제어밸브를 통과한 유량보다 많은 양의 유량을 보내게 된다.

㉣ 실린더에서는 항상 일정한 유량이 보내지기 때문에 정확한 속도제어가 가능하다.

㉤ 펌프의 압력은 항상 릴리프밸브의 설정압력과 같다.

㉥ 실린더의 부하가 작을 때도 펌프의 압력은 릴리프밸브의 설정 압력이 되어, 필요 이상의 동력을 소요해서 효율이 떨어진다.

㉦ 유량제어밸브를 열면 액추에이터의 속도는 빨라진다.

03 과속조절기(governor)의 작동 상태를 잘못 설명한 것은?

① 카가 하강 과속하는 경우에는 일정 속도를 초과하기 전에 과속조절기스위치가 동작해야 한다.

② 과속조절기의 캐치는 일단 동작하고 난 후 자동으로 복귀되어서는 안 된다.

③ 과속조절기의 스위치는 작동 후 자동 복귀된다.

④ 과속조절기로프가 장력을 잃게 되면 전동기의 주회로를 차단시키는 경우도 있다.

해설 **과속조절기(governor)의 원리**

㉠ 과속조절기풀리와 카를 과속조절기로프로 연결하면 카가 움직일 때 과속조절기풀리도 카와 같은 속도, 같은 방향으로 움직인다.

㉡ 어떤 비정상적인 원인으로 카의 속도가 빨라지면 과속조절기링크에 연결된 무게추(weight)가 원심력에 의해 풀리 바깥쪽으로 벗어나면서 과속을 감지한다.

㉢ 미리 설정된 속도에서 과속스위치와 제동기(brake)로 카를 정지시킨다.

㉣ 만약 엘리베이터가 정지하지 않고 속도가 계속 증가하면 과속조절기의 캐치(catch)가 동작하여 과속조절기로프를 붙잡고 결국은 추락방지안전장치를 작동시켜서 엘리베이터를 정지시킨다.

㉤ 추락방지안전장치가 작동된 후 정상 복귀는 전문가(유지보수업자 등)의 개입이 요구되어야 한다.

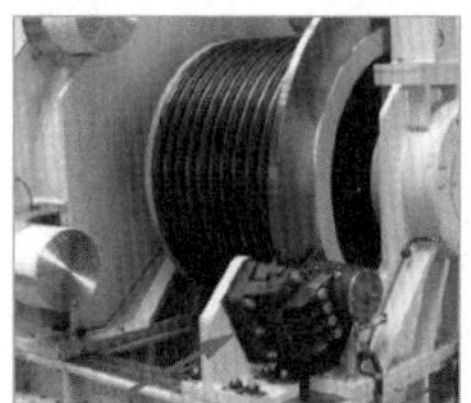

∥ 제동기 ∥

★★★
04 엘리베이터 완충기에 대한 설명으로 적합하지 않은 것은?

① 정격속도 1m/s 이하의 엘리베이터에 스프링완충기를 사용하였다.

② 정격속도 1m/s 초과 엘리베이터에 유입완충기를 사용하였다.

③ 유입완충기의 플런저 복귀시험 시 완전히 압축한 상태에서 완전 복귀할 때까지의 시간은 120초 이하이다.

④ 유입완충기에서 최소 적용중량은 카 자중+적재하중으로 한다.

해설 **유입완충기(oil buffer)**

㉠ 엘리베이터의 정격속도와 상관없이 어떤 경우에도 사용될 수 있다.

㉡ 카가 최하층을 넘어 통과하면 카의 하부체대의 완충판이 우선 완충고무에 당돌하여 어느 정도의 충격을 완화한다.

㉢ 카가 계속 하강하여 플런저를 누르면 실린더 내의 기름이 좁은 오리피스 틈새를 통과 할 때에 생기는 유체저항에 의하여 주어진다.

㉣ 카가 상승하게 되면 플런저는 스프링의 복원력으로 원래의 정상 상태로 복원되고 다음 작용을 준비한다.

㉤ 행정(stroke)은 정격속도 115%에 상응하는 중력 정지거리 0.0674 V^2(m)와 같아야 한다(최소 행정은 0.42m 보다 작아서는 안 됨).

㉥ 적용범위의 중량으로 정격속도 115%에 충돌하는 경우 카 또는 균형추의 평균 감속도는 1.0(9.8m/s²) 이하이어야 한다.

㉦ 순간 최대 감속도 2.5G를 넘는 감속도가 0.04초 이상 지속되지 않아야 한다.

㉧ 충격시험을 최대 하중시험 1회, 최소 하중시험 1회를 실시하여 완충기 압축 후 복귀시간 120초 이내이어야 한다.

㉨ 플런저 복귀시험은 플런저를 완전히 압축한 상태에서 5분 동안 유지한 후 완전복귀위치까지 요하는 시간은 120초 이하로 한다.

㉩ 유입완충기의 적용중량

항목	최소 적용중량	최대 적용중량
카용	카 자중+65	카 자중+적재하중

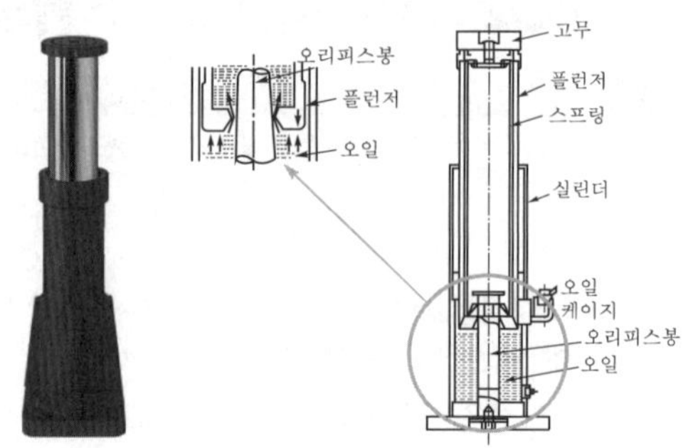

05 엘리베이터가 최종단층을 통과하였을 때 엘리베이터를 정지시키며 상승, 하강 양방향 모두 운행이 불가능하게 하는 안전장치는?

① 슬로다운스위치　　② 파킹스위치
③ 피트 정지스위치　　④ 파이널 리밋스위치

해설 **리밋스위치(limit switch)**

물체의 힘에 의해 동작부(구동장치)가 눌려서 접점이 온, 오프(on, off)한다.

㉠ 리밋스위치 : 엘리베이터가 운행할 때 최상·최하층을 지나치지 않도록 하는 장치로서 리밋스위치에 접촉이 되면 카를 감속 제어하여 정지시킬 수 있도록 한다.

㉡ 파이널 리밋스위치(final limit switch)

∥ 리밋스위치 ∥

∥ 승강로에 설치된 리밋스위치 ∥

- 리밋스위치가 작동되지 않을 경우를 대비하여 리밋스위치를 지난 적당한 위치에 카가 현저히 지나치는 것을 방지하는 스위치이다.
- 전동기 및 브레이크에 공급되는 전원회로의 확실한 기계적 분리에 의해 직접 개방되어야 한다.
- 완충기에 충돌되기 전에 작동하여야 하며, 슬로다운 스위치에 의하여 정지되면 작용하지 않도록 설정한다.
- 파이널 리밋스위치의 작동 후에는 엘리베이터의 정상 운행을 위해 자동으로 복귀되지 않아야 한다.

06 무빙워크의 경사도는 몇 도 이하이어야 하는가?

① 30 ② 20
③ 15 ④ 12

해설 무빙워크(수평보행기)의 경사도와 속도

㉠ 무빙워크의 경사도는 12° 이하이어야 한다.
㉡ 무빙워크의 공칭속도는 0.75m/s 이하이어야 한다.
㉢ 팔레트 또는 벨트의 폭이 1.1m 이하이고, 승강장에서 팔레트 또는 벨트가 콤에 들어가기 전 1.6m 이상의 수평주행구간이 있는 경우 공칭속도는 0.9m/s까지 허용된다. 다만, 가속구간이 있거나 무빙워크를 다른 속도로 직접 전환시키는 시스템이 있는 무빙워크에는 적용되지 않는다.

| 팔레트 |

| 승강장 스탭 |

| 콤(comb) |

07 로프식 엘리베이터에서 도르래의 직경은 로프직경의 몇 배 이상으로 하여야 하는가?

① 25 ② 30
③ 35 ④ 40

해설 권상도르래, 풀리 또는 드럼과 로프의 직경 비율, 로프·체인의 단말처리

㉠ 권상도르래, 풀리 또는 드럼과 현수로프의 공칭직경 사이의 비는 스트랜드의 수와 관계없이 40 이상이어야 한다
㉡ 현수로프의 안전율은 어떠한 경우라도 12 이상이어야 한다. 안전율은 카가 정격하중을 싣고 최하층에 정지하고 있을 때 로프 1가닥의 최소 파단하중(N)과 이 로프에 걸리는 최대 힘(N) 사이의 비율이다.
㉢ 로프와 로프 단말 사이의 연결은 로프의 최소 파단하중의 80% 이상을 견뎌야 한다.
㉣ 로프의 끝 부분은 카, 균형추(또는 평형추) 또는 현수되는 지점에 금속 또는 수지로 채워진 소켓, 자체 조임 쐐기형식의 소켓 또는 안전상 이와 동등한 기타 시스템에 의해 고정되어야 한다.

08 유압식 승강기의 종류를 분류할 때 적합하지 않은 것은?

① 직접식 ② 간접식
③ 팬터그래프식 ④ 밸브식

해설 유압 승강기

펌프에서 토출된 작동유로 플런저(plunger)를 작동시켜 카를 승강시킨다.
㉠ 직접식 : 플런저의 직상부에 카를 설치한 것이다.
㉡ 간접식 : 플런저의 선단에 도르래를 놓고 로프 또는 체인을 통해 카를 올리고 내리며, 로핑에 따라 1 : 2, 1 : 4, 2 : 4의 로핑이 있다.
㉢ 팬터그래프식 : 카는 팬터그래프의 상부에 설치하고, 실린더에 의해 팬터그래프를 개폐한다.

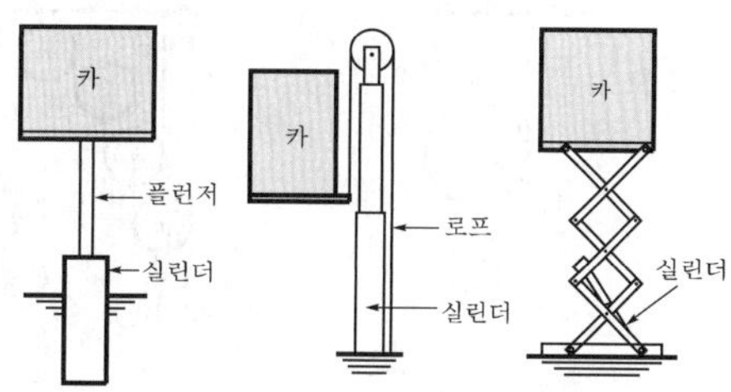

09 그림과 같은 활차장치의 옳은 설명은? (단, 활차의 직경은 같음)

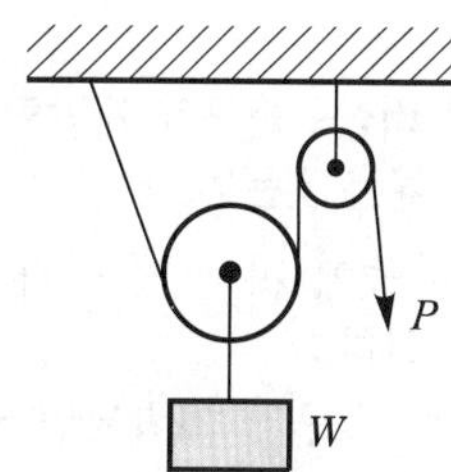

① 힘의 크기는 $W = P$ 이고, W의 속도는 P속도의 $\dfrac{1}{2}$이다.
② 힘의 크기는 $W = P$ 이고, W의 속도는 P속도의 $\dfrac{1}{4}$이다.
③ 힘의 크기는 $W = 2P$ 이고, W의 속도는 P속도의 $\dfrac{1}{2}$이다.
④ 힘의 크기는 $W = 2P$ 이고, W의 속도는 P속도의 $\dfrac{1}{4}$이다.

해설 활차(pulley)

㉠ 복활차(compound pulley) : 고정도르래와 움직이는 도르래를 2개 이상 결합한 도르래
㉡ 동활차(moved pulley) : 축이 고정되지 않고 자유롭게 이동하는 도르래

정답 06. ④ 07. ④ 08. ④ 09. ③

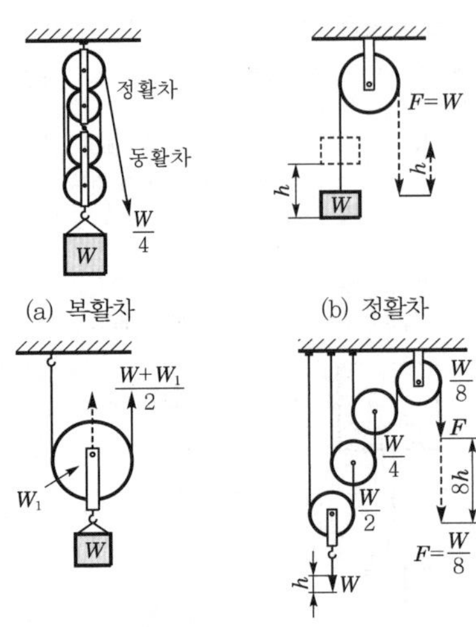

‖ 도르래 장치의 종류별 형태 ‖

- 하중(W) $= P \times 2^n$

   여기서, W : 하중(kg), P : 인상력(kg)

   n : 동활차수

- $P = \dfrac{W}{2^n}$

10 카 위의 비상구출구가 개방되었을 때 발생되는 현상 중 옳은 것은?

① 주행 중에 비상구출구가 개방되어도 계속 운전한다.

② 비상구출구가 개방되면 카는 언제든지 중단되는 구조이다.

③ 비상구출구가 개방되면 카 내에 조명이 꺼진다.

④ 비상구출구 개방 유무에 관계없이 운행에 영향을 주지 않는다.

해설 비상구출문의 조작

㉠ 비상구출문은 손으로 조작 가능한 잠금장치가 있어야 한다.

㉡ 카 천장에 설치된 비상구출문은 열쇠 등을 사용하지 않고 카 외부에서 간단한 조작으로 열 수 있어야 하고 카 내부에서는 규정된 열쇠를 사용하지 않으면 열 수 없는 구조이어야 한다. 카 천장에 설치된 비상구출문은 카 내부 방향으로 열리지 않아야 한다.

카 천장에 설치된 비상구출문이 완전히 열렸을 때 카 천장의 가장자리를 넘어 돌출되지 않아야 한다.

㉢ 카 벽에 설치된 비상구출문은 열쇠 등을 사용하지 않고 카 외부에서 간단한 조작으로 열 수 있어야 하고 카 내부에서는 규정된 열쇠를 사용하지 않으면 열 수 없는 구조이어야 한다. 카 벽에 설치된 비상구출문은 카 외부 방향으로 열리지 않아야 하며 균형추나 평형추의 주행로 또

는 카에서 다른 카로 이동하는 것을 방해하는 고정된 장애물(카를 분리하는 중간 빔은 제외)의 전방에 설치되지 않아야 한다.

㉣ 위 ㉠항에서 규정된 잠금 상태는 전기안전장치에 의해 확인되어야 한다. 이 장치의 잠금이 이뤄지지 않을 경우 엘리베이터를 정지시켜야 한다. 엘리베이터의 재운행은 잠금 상태가 다시 확인된 후에만 가능하여야 한다.

★★★

11 엘리베이터의 트랙션 머신에서 시브풀리의 홈 마모 상태를 표시하는 길이 H는 몇 mm 이하로 하는가?

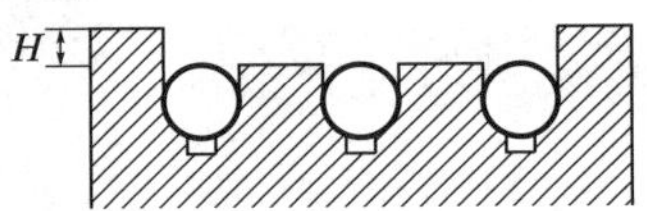

① 0.5 ② 2

③ 3.5 ④ 5

해설 도르래 마모 한계

도르래는 심한 마모가 없어야 한다. 권상기 도르래홈의 언더컷의 잔여량은 1mm 이상이어야 하고, 권상기 도르래에 감긴 주로프 가닥끼리의 높이차 또는 언더컷 잔여량의 차이는 2mm 이내이어야 한다.

12 기계식 주차설비의 설치기준에서 모든 자동차의 입출고 시간으로 맞는 것은?

① 입고시간 60분 이내, 출고시간 60분 이내

② 입고시간 90분 이내, 출고시간 90분 이내

③ 입고시간 120분 이내, 출고시간 120분 이내

④ 입고시간 150분 이내, 출고시간 150분 이내

해설 기계식 주차설비 입출고시간

㉠ 주차장치에 수용할 수 있는 자동차를 모두 입고하는 데 소요되는 시간과 이를 모두 출고하는 데 소요되는 시간은 각각 2시간 이내이어야 한다. 다만, 2단식 주차장치 및 다단식 주차장치에는 적용하지 아니한다.

㉡ 자동차 입·출고시간의 1대당 계산기준

- 기동벨이 울리는 시간 : 3초

- 운전자가 운반기 위의 자동차를 운전하여 나오는 데 필요한 시간 : 23초(후열의 경우는 27초)

- 운전자가 운반기 위에 입고시키는 데 필요한 시간 : 20초(후열의 경우는 24초)

★★★

13 다음 중 주유를 해서는 안 되는 부품은?

① 균형추 ② 가이드 슈

③ 가이드레일 ④ 브레이크 라이닝

해설 **브레이크 라이닝(brake lining)**

브레이크 드럼과 직접 접촉하여 브레이크 드럼의 회전을 멎게 하고 운동에너지를 열에너지로 바꾸는 마찰재이다. 브레이크 드럼으로부터 열에너지가 발산되어, 브레이크 라이닝의 온도가 높아져도 타지 않으며 마찰계수의 변화가 적은 라이닝이 좋다.

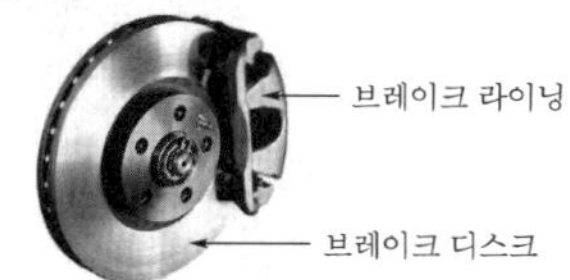

14 유압용 엘리베이터에서 가장 많이 사용하는 펌프는?

① 기어펌프
② 스크류펌프
③ 베인펌프
④ 피스톤펌프

해설 **펌프의 종류**

㉠ 일반적으로 원심력식, 가변 토출량식, 강제 송유식(가장 많이 사용됨) 등이 있다.
㉡ 강제 송유식의 종류에는 기어펌프, 베인펌프, 스크류펌프(소음이 적어서 많이 사용됨) 등이 있다.
㉢ 스크류펌프(screw pump)는 케이싱 내에 1~3개의 나사 모양의 회전자를 회전시키고, 유체는 그 사이를 채워서 나아가도록 되어 있는 펌프이다. 유체에 회전운동을 주지 않기 때문에 운전이 조용하고, 효율도 높아서 유압용 펌프에 사용되고 있다.

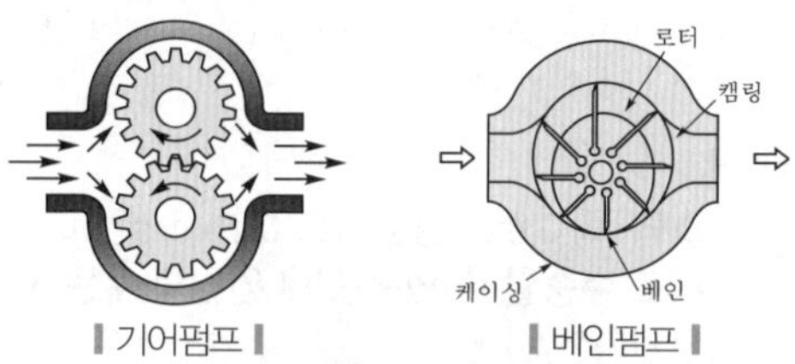

15 균형추의 중량을 결정하는 계산식은? (단, 여기서 L은 정격하중, F는 오버밸런스율)

① 균형추의 중량 = 카 자체하중+$(L \cdot F)$
② 균형추의 중량 = 카 자체하중×$(L \cdot F)$
③ 균형추의 중량 = 카 자체하중+$(L + F)$
④ 균형추의 중량 = 카 자체하중+$(L - F)$

해설 **균형추(counter weight)**

카의 무게를 일정 비율 보상하기 위하여 카측과 반대편에 주철 혹은 콘크리트로 제작되어 설치되며, 카와의 균형을 유지하는 추이다.

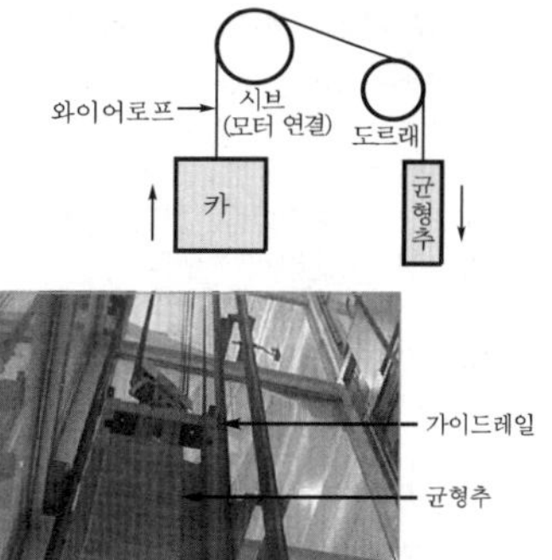

㉠ 오버밸런스(over-balance)
• 균형추의 총중량은 빈 카의 자중에 적재하중의 35~50%의 중량을 더한 값이 보통이다.
• 적재하중의 몇 %를 더할 것인가를 오버밸런스율이라고 한다.
• 균형추의 총중량=카 자체하중 + $L \cdot F$
  여기서, L : 정격적재하중(kg)
       F : 오버밸런스율(%)
㉡ 견인비(traction ratio)
• 카측 로프가 매달고 있는 중량과 균형추 로프가 매달고 있는 중량의 비를 트랙션비라 하고, 무부하와 전부하 상태에서 체크한다.
• 견인비가 낮게 선택되면 로프와 도르래 사이의 트랙션 능력, 즉 마찰력이 작아도 되며, 로프의 수명이 연장된다.

16 승강로에 관한 설명 중 틀린 것은?

① 승강로는 안전한 벽 또는 울타리에 의하여 외부공간과 격리되어야 한다.
② 승강로는 화재 시 승강로를 거쳐서 다른 층으로 연소될 수 있도록 한다.
③ 엘리베이터에 필요한 배관 설비외의 설비는 승강로 내에 설치하여서는 안 된다.
④ 승강로 피트 하부를 사무실이나 통로로 사용할 경우 균형추에 추락방지안전장치를 설치한다.

해설 **승강로의 구획**

엘리베이터는 다음 중 어느 하나에 의해 주위와 구분되어야 한다.
㉠ 불연재료 또는 내화구조의 벽, 바닥 및 천장
㉡ 충분한 공간

17 전기식 엘리베이터 기계실의 조도는 기기가 배치된 바닥면에서 몇 lx 이상이어야 하는가?

① 150
② 200
③ 250
④ 300

해설 **기계실의 유지관리에 지장이 없도록 조명 및 환기시설의 설치**

㉠ 기계실에는 바닥면에서 200lx 이상을 비출 수 있는 영구적으로 설치된 전기조명이 있어야 한다.

㉡ 기계실은 눈·비가 유입되거나 동절기에 실온이 내려가지 않도록 조치되어야 하며 실온은 +5℃에서 +40℃ 사이에서 유지되어야 한다.

18 가이드레일의 역할에 대한 설명 중 틀린 것은?

① 카와 균형추를 승강로 평면 내에서 일정 궤도상에 위치를 규제한다.

② 일반적으로 가이드레일은 H형이 가장 많이 사용된다.

③ 카의 자중이나 화물에 의한 카의 기울어짐을 방지한다.

④ 비상멈춤이 작동할 때의 수직하중을 유지한다.

해설 **가이드레일(guide rail)의 사용 목적**

㉠ 카와 균형추의 승강로 평면 내의 위치를 규제한다.
㉡ 카의 자중이나 화물에 의한 카의 기울어짐을 방지한다.
㉢ 비상멈춤이 작동할 때의 수직하중을 유지한다.

19 카 도어록이 설치되어 사람의 힘으로 열 수 없는 경우나 화물용 엘리베이터의 경우를 제외하고 엘리베이터의 카 바닥 앞부분과 승강로 벽과의 수평거리는 일반적인 경우 그 기준을 몇 mm 이하로 하도록 하고 있는가?

① 30mm
② 55mm
③ 100mm
④ 125mm

해설 **카와 카 출입구를 마주하는 벽 사이의 틈새**

㉠ 승강로의 내측 면과 카 문턱 카 문틀 또는 카 문의 닫히는 모서리 사이의 수평거리는 0.125m 이하이어야 한다. 다만, 0.125m 이하의 수평거리는 각각의 조건에 따라 다음과 같이 적용될 수 있다.
- 수직높이가 0.5m 이하인 경우에는 0.15m까지 연장될 수 있다.

- 수직개폐식 승강장문이 설치된 화물용인 경우, 주행로 전체에 걸쳐 0.15m까지 연장될 수 있다.
- 잠금해제구간에서만 열리는 기계적 잠금장치가 카 문에 설치된 경우에는 제한하지 않는다.

㉡ 카 문턱과 승강장문 문턱 사이의 수평거리는 35mm 이하이어야 한다.

㉢ 카 문과 닫힌 승강장문 사이의 수평거리 또는 문이 정상 작동하는 동안 문 사이의 접근거리는 0.12m 이하이어야 한다.

㉣ 경첩이 있는 승강장문과 접하는 카 문의 조합인 경우에는 닫힌 문 사이의 어떤 틈새에도 직경 0.15m의 구가 통과되지 않아야 한다.

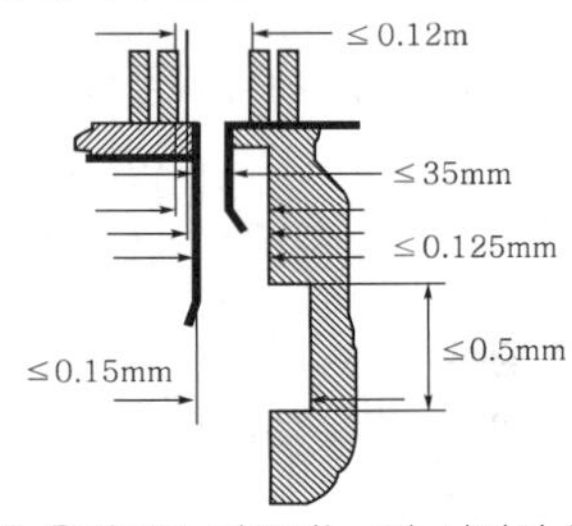

‖ 카와 카 출입구를 마주하는 벽 사이의 틈새 ‖

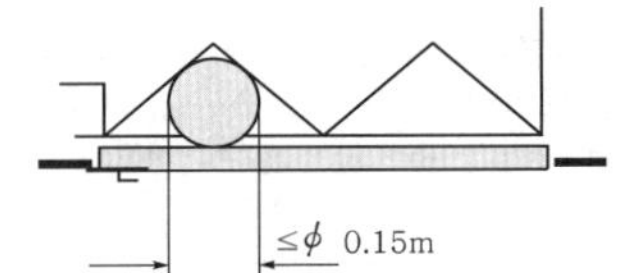

‖ 경첩 달린 승강장문과 접힌 카 문의 틈새 ‖

20 스텝 폭 0.8m, 공칭속도 0.75m/s인 에스컬레이터로 수송할 수 있는 최대 인원의 수는 시간당 몇 명인가?

① 3600
② 4800
③ 6000
④ 6600

해설

$$A = \frac{V \times 60}{B} \times P$$

$$= \frac{0.75 \times 60 \times 60}{0.8} \times 2 ≒ 6600인/시간$$

여기서, A : 수송능력(매시)
B : 디딤판의 안 길이(m)
V : 디딤판 속도(m/min)
P : 디딤판 1개마다의 인원(인)

21 피트 내에서 행하는 검사가 아닌 것은?

① 피트스위치 동작 여부
② 하부 파이널스위치 동작 여부
③ 완충기 취부 상태 양호 여부
④ 상부 파이널스위치 동작 여부

 ㉠ 상부 리밋스위치의 설치 상태 : 카 위에서 하는 검사
㉡ 하부 리밋스위치의 설치 상태 : 피트에서 하는 검사

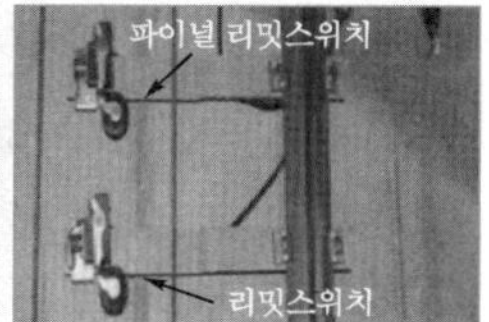

22 실린더를 검사하는 것 중 해당되지 않는 것은 어느 것인가?

① 패킹으로부터 누유된 기름을 제거하는 장치
② 공기 또는 가스의 배출구
③ 더스트 와이퍼의 상태
④ 압력배관의 고무호스는 여유가 있는지의 상태

 유압실린더(cylinder)의 점검

유압에너지를 기계적 에너지로 변환시켜 선형운동을 하는 유압요소이며, 압력과 유량을 제어하여 추력과 속도를 조절할 수 있다.

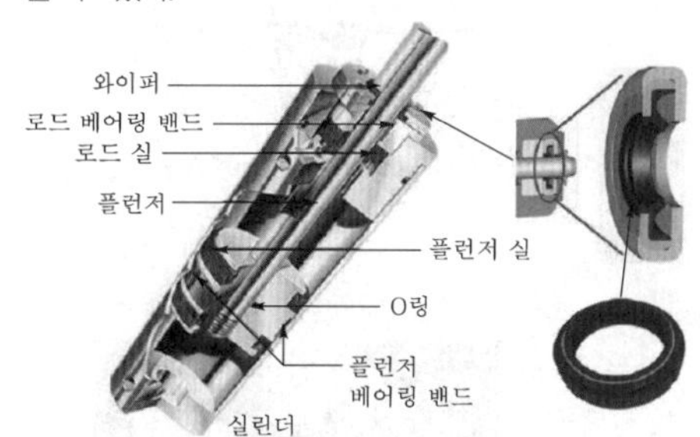

┃ 더스트 와이퍼 ┃

㉠ 로드의 흠, 먼지 등이 쌓여 패킹(packing) 손상, 작동유나 실린더 속에 이물질이 있어 패킹 손상 등이 있는 경우 실린더 로드에서의 기름 노출이 발생되므로 이를 제거하는 장치의 점검
㉡ 배관 내와 실린더에 공기가 혼입된 경우에는 실린더가 부드럽게 움직이지 않는 문제가 발생할 수 있기 때문에 배출구의 상태
㉢ 플런저 표면의 이물질이 실린더 내측으로 삽입되는 것을 방지하는 더스트 와이퍼(dust wiper)의 상태 검사

★★
23 전동 덤웨이터의 안전장치에 대한 설명 중 옳은 것은?

① 도어인터록 장치는 설치하지 않아도 된다.
② 승강로의 모든 출입구 문이 닫혀야만 카를 승강시킬 수 있다.
③ 출입구 문에 사람의 탑승금지 등의 주의사항은 부착하지 않아도 된다.
④ 로프는 일반 승강기와 같이 와이어로프 소켓을 이용한 체결을 하여야만 한다.

 덤웨이터의 설치

┃ 덤웨이터 ┃

㉠ 승강로의 모든 출입구의 문이 닫혀 있지 않으면 카를 승강시킬 수 없는 안전장치가 되어 있어야 한다.
㉡ 각 출입구에서 정지스위치를 포함하여 모든 출입구 층에 전달하도록 한 다수단추방식이 가장 많이 사용된다.
㉢ 일반층에서 기준층으로만 되돌리기 위해서 문을 닫으면 자동적으로 기준층으로 되돌아가도록 제작된 것을 홈 스테이션식이라고 한다.
㉣ 권상도래, 풀리 또는 드럼과 현수로프의 공칭직경 사이의 비는 스트랜드의 수와 관계없이 30 이상이어야 한다.

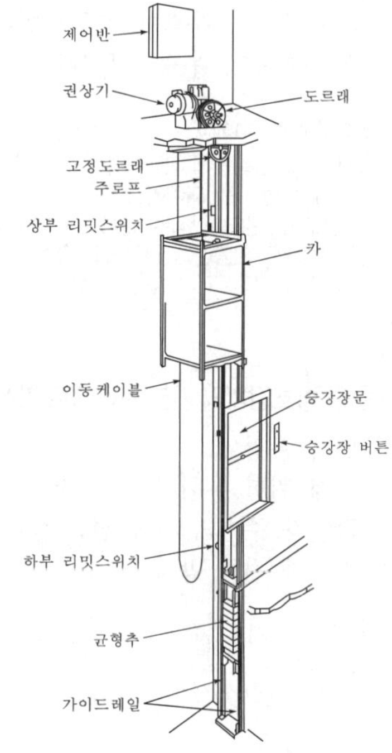

┃ 전동 덤웨이터의 구조 ┃

★★★★
24 승객(공동주택)용 엘리베이터에 주로 사용되는 도르래홈의 종류는?

① U홈　　　　② V홈
③ 실홈　　　　④ 언더컷홈

해설 언더컷홈(undercut groove)

엘리베이터 구동 시브에 있는 로프홈의 일종으로 U자형 홈의 바닥에 더 작은 홈을 만들면, U홈보다 로프의 마모는 크지만 시브와 로프의 마찰력을 크게 할 수 있어 전동기의 소요동력을 줄일 수 있으나, 로프의 마모는 커진다.

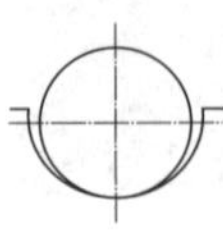
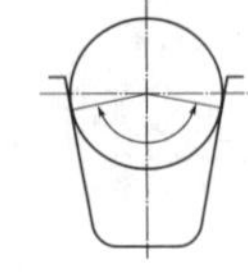

(a) U홈　　　(b) V홈　　　(C) 언더컷홈

‖ 도르래 홈의 종류 ‖

★★★

25 에스컬레이터에서 스텝체인은 일반적으로 어떻게 구성되어 있는가?

① 좌우에 각 1개씩 있다.
② 좌우에 각 2개씩 있다.
③ 좌측에 1개, 우측에 2개가 있다.
④ 좌측에 2개, 우측에 1개가 있다.

해설 스텝체인(step chain)

㉠ 스텝은 스텝 측면에 각각 1개 이상 설치된 2개 이상의 체인에 의해 구동되어야 한다.
㉡ 스텝체인의 링크 간격을 일정하게 유지하기 위하여 일정 간격으로 환봉강을 연결하고, 환봉강 좌우에 전륜이 설치되며, 가이드레일 상을 주행한다.

★★

26 다음 중 방호장치의 기본 목적으로 가장 옳은 것은?

① 먼지 흡입 방지
② 기계 위험 부위의 접촉 방지
③ 작업자 주변의 사람 접근 방지
④ 소음과 진동 방지

해설 방호장치는 기계·기구에 의한 위험작업, 기타 작업에 의한 위험으로부터 근로자를 보호하기 위하여 행하는 위험기계·기구에 대한 안전조치

★

27 안전보호기구의 점검, 관리 및 사용방법으로 틀린 것은?

① 청결하고 습기가 없는 장소에 보관한다.
② 한 번 사용한 것은 재사용하지 않도록 한다.
③ 보호구는 항상 세척하고 완전히 건조시켜 보관한다.
④ 적어도 한달에 1회 이상 책임있는 감독자가 점검한다.

해설 보호구의 점검과 관리

보호구는 필요할 때 언제든지 사용할 수 있는 상태로 손질하여 놓아야 하며, 정기적으로 점검·관리한다.
㉠ 적어도 한달에 한 번 이상 책임 있는 감독자가 점검을 할 것
㉡ 청결하고, 습기가 없으며, 통풍이 잘되는 장소에 보관할 것
㉢ 부식성 액체, 유기용제, 기름, 화장품, 산(acid) 등과 혼합하여 보관하지 말 것
㉣ 보호구는 항상 깨끗하게 보관하고 땀 등으로 오염된 경우에는 세척하고, 건조시킨 후 보관할 것

★★★

28 에스컬레이터의 스텝체인이 늘어났음을 확인하는 방법으로 가장 적합한 것은?

① 구동체인을 점검한다.
② 롤러의 물림 상태를 확인한다.
③ 라이저의 마모 상태를 확인한다.
④ 스텝과 스텝간의 간격을 측정한다.

해설 스텝체인 안전장치(step chain safety device)

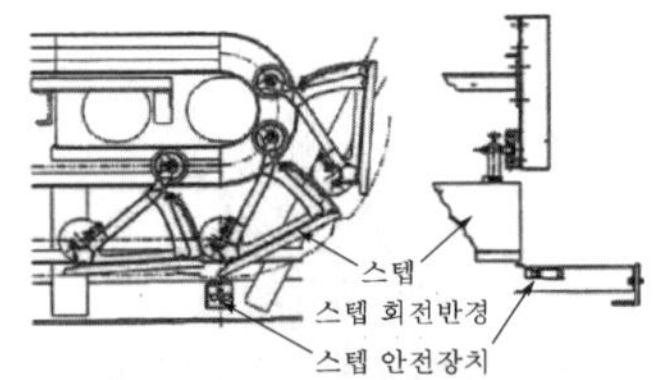

‖ 스텝체인 고장 검출 ‖

‖ 스텝체인 안전장치 ‖

㉠ 스텝체인이 절단되거나 심하게 늘어날 경우 스텝이 위치를 벗어나면 자동으로 구동기모터의 전원을 차단하고 기계브레이크를 작동시킴으로써 스텝과 스텝 사이의 간격이 생기는 등의 결과를 방지하는 장치이다.
㉡ 에스컬레이터 각 체인의 절단에 대한 안전율은 담금질한 강철에 대하여 5 이상이어야 한다.

★★★★★

29 다음 중 에스컬레이터의 일반구조에 대한 설명으로 틀린 것은?

① 일반적으로 경사도는 30도 이하로 하여야 한다.
② 핸드레일의 속도가 디딤바닥과 동일한 속도를 유지하도록 한다.
③ 디딤바닥의 정격속도는 5m/s 초과하여야 한다.
④ 물건이 에스컬레이터의 각 부분에 끼이거나 부딪치는 일이 없도록 안전한 구조이어야 한다.

정답　25. ①　26. ②　27. ②　28. ④　29. ③

[해설] 에스컬레이터의 일반구조

㉠ 에스컬레이터 및 무빙워크의 경사도
- 에스컬레이터의 경사도는 30°를 초과하지 않아야 한다. 다만, 높이가 6m 이하이고 공칭속도가 0.5m/s 이하인 경우에는 경사도를 35°까지 증가시킬 수 있다.
- 무빙워크의 경사도는 12° 이하이어야 한다.

㉡ 핸드레일 시스템의 일반사항
- 각 난간의 꼭대기에는 정상운행 조건하에서 스텝, 팔레트 또는 벨트의 실제 속도와 관련하여 동일 방향으로 −0%에서 +2%의 공차가 있는 속도로 움직이는 핸드레일이 설치되어야 한다.
- 핸드레일은 정상운행 중 운행방향의 반대편에서 450N의 힘으로 당겨도 정지되지 않아야 한다.
- 핸드레일 속도감시장치가 설치되어야 하고 에스컬레이터 또는 무빙워크가 운행하는 동안 핸드레일 속도가 15초 이상 동안 실제 속도보다 −15% 이상 차이가 발생하면 에스컬레이터 및 무빙워크를 정지시켜야 한다.

30 무빙워크 이용자의 주의표시를 위한 표시판 또는 표지 내에 표시되는 내용이 아닌 것은?

① 손잡이를 꼭 잡으세요.
② 카트는 탑재하지 마세요.
③ 걷거나 뛰지 마세요.
④ 안전선 안에 서 주세요.

[해설] 에스컬레이터 또는 무빙워크의 출입구 근처의 주의표시

구분		기준규격(mm)	색상
최소 크기		80×100	–
바탕		–	흰색
	원	40×40	–
	바탕	–	황색
	사선	–	적색
	도안	–	흑색
⚠		10×10	녹색(안전), 황색(위험)
안전, 위험		10×10	흑색
주의 문구	대	19pt	흑색
	소	14pt	적색

31 승객이나 운전자의 마음을 편하게 해 주는 장치는?

① 통신장치
② 관제운전장치
③ 구출운전장치
④ BGM(Back Ground Music)장치

[해설] BGM은 Back Ground Music의 약자로 카 내부에 음악을 방송하기 위한 장치이다.

32 일반적인 안전대책의 수립방법으로 가장 알맞은 것은?

① 계획적 ② 경험적
③ 사무적 ④ 통계적

[해설] 재해의 분류방법 중 통계적 분류방법으로 사망(사망 재해), 중상해(폐질 재해 : 고칠 수 없는 병), 경상해(휴업 재해), 경미상해(불휴 재해)가 있다.

33 승강기 보수의 자체점검 시 취해야 할 안전조치 사항이 아닌 것은?

① 보수작업 소요시간 표시
② 보수 계약기간 표시
③ 보수 중이라는 사용금지 표시
④ 작업자명과 연락처의 전화번호

[해설] 보수점검 시 안전관리에 관한 사항

㉠ 보수 또는 점검 시에는 다음의 안전조치를 취한 후 작업하여야 한다
- '보수 · 점검중'이라는 사용금지 표시
- 보수 · 점검 개소 및 소요시간 표시
- 보수 · 점검자명 및 보수 · 점검자 연락처
- 접근 · 탑승금지 방호장치 설치

㉡ 보수담당자 및 자체검사 실시내용이 기재된 '승강기 관리카드'를 승강기 내부 또는 외부에 부착하고 관리하여야 한다.

34 전기재해의 직접적인 원인과 관련이 없는 것은?

① 회로 단락
② 충전부 노출
③ 접속부 과열
④ 접지판 매설

해설 접지설비

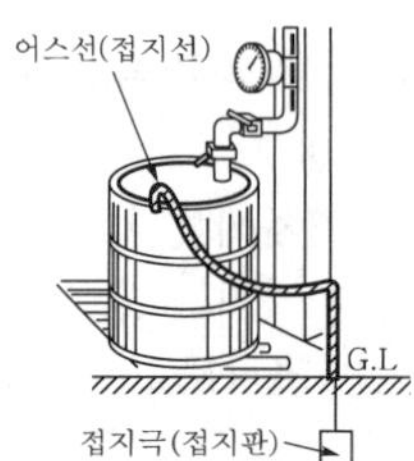

회로의 일부 또는 기기의 외함 등을 대지와 같은 0전위로 유지하기 위해 땅 속에 설치한 매설 도체(접지극, 접지판)와 도선으로 연결하여 정전기를 예방할 수 있다.

★★

35 감전의 위험이 있는 장소의 전기를 차단하여 수선, 점검 등의 작업을 할 때에는 작업 중 스위치에 어떤 장치를 하여야 하는가?

① 접지장치　　② 복개장치
③ 시건장치　　④ 통전장치

해설 시건(잠금)장치

전기작업을 안전하게 행하려면 위험한 전로를 정전시키고 작업하는 것이 바람직하나, 이 경우 정전시킨 전로에 잘못해서 송전되거나 또는 근접해 있는 충전전로와 접촉해서 통전상태가 되면 대단히 위험하다. 따라서 정전작업에서는 사전에 작업내용 등의 필요한 사항을 작업자에게 충분히 주지시킴과 더불어 계획된 순서로 작업함과 동시에 안전한 사전조치를 취해야 한다. 전로를 정전시킨 경우에는 여하한 경우에도 무전압 상태를 유지해야 하며 이를 위해서 가장 기본적인 안전조치는 정전에 사용한 전원스위치(분전반)에 작업기간 중에는 투입이 될 수 없도록 시건(잠금)장치를 하는 것과 그 스위치 개소(분전반)에 통전금지에 관한 사항을 표지하는 것 그리고 필요한 경우에는 스위치 장소(분전반)에 감시인을 배치하는 것이다.

36 설비재해의 물적 원인에 속하지 않는 것은?

① 교육적 결함(안전교육의 결함, 표준작업방법의 결여 등)
② 설비나 시설에 위험이 있는 것(방호 불충분 등)
③ 환경의 불량(정리정돈 불량, 조명 불량 등)
④ 작업복, 보호구의 불량

해설 산업재해 원인 분류

㉠ 직접 원인
　• 불안전한 행동(인적 원인)
　　– 안전장치를 제거, 무효화한다.
　　– 안전조치의 불이행
　　– 불안전한 상태 방치
　　– 기계장치 등의 지정외 사용
　　– 운전중인 기계, 장치 등의 청소, 주유, 수리, 점검 등의 실시
　　– 위험장소에의 접근
　　– 잘못된 동작자세
　　– 복장, 보호구의 잘못 사용
　　– 불안전한 속도조작
　　– 운전의 실패
　• 불안전한 상태(물적 원인)
　　– 물(物) 자체의 결함
　　– 방호장치의 결함
　　– 작업 장소 및 기계의 배치 결함
　　– 보호구, 복장 등의 결함
　　– 작업환경의 결함
　　– 자연적 불안전한 상태
　　– 작업방법 및 생산 공정 결함
㉡ 간접 원인
　• 기술적 원인 : 기계・기구, 장비 등의 방호설비, 경계 설비, 보호구 정비 등의 기술적 결함
　• 교육적 원인 : 무지, 경시, 몰이해, 훈련 미숙, 나쁜 습관, 안전지식 부족 등
　• 신체적 원인 : 각종 질병, 피로, 수면부족 등
　• 정신적 원인 : 태만, 반항, 불만, 초조, 긴장, 공포 등
　• 관리적 원인 : 책임감의 부족, 작업기준의 불명확, 점검 보전제도의 결함, 부적절한 배치, 근로의욕 침체 등

★★

37 그림과 같은 경고표지는?

① 낙하물 경고　　② 고온 경고
③ 방사성물질 경고　④ 고압전기 경고

해설 산업안전표지

38 안전점검 체크리스트 작성 시의 유의사항으로 가장 타당한 것은?

① 일정한 양식으로 작성할 필요가 없다.
② 사업장에 공통적인 내용으로 작성한다.
③ 중점도가 낮은 것부터 순서대로 작성한다.
④ 점검표의 내용은 이해하기 쉽도록 표현하고 구체적이어야 한다.

해설 점검표(check list)

㉠ 작성항목
• 점검부분
• 점검항목 및 점검방법
• 점검시기
• 판정기준
• 조치사항
㉡ 작성 시 유의사항
• 각 사업장에 적합한 독자적인 내용일 것
• 일정 양식을 정하여 점검대상을 정할 것
• 중점도(위험성, 긴급성)가 높은 것부터 순서대로 작성할 것
• 정기적으로 검토하여 재해방지에 실효성 있게 개조된 내용일 것
• 점검표의 양식은 이해하기 쉽도록 표현하고 구체적일 것

39 인간공학적인 안전화된 작업환경으로 잘못된 것은?

① 충분한 작업공간의 확보
② 작업 시 안전한 통로나 계단의 확보
③ 작업대나 의자의 높이 또는 형태를 적당히 할 것
④ 기계별 점검 확대

해설 인간 공학적인 안전한 작업환경

㉠ 기계류 표시와 배치를 적당히 하여 오인이 안 되도록 할 것
㉡ 기계에 부착된 조명, 기계에서 발생된 소음 등의 검토 개선
㉢ 충분한 작업공간의 확보
㉣ 작업대나 의자의 높이 또는 형태를 적당히 할 것
㉤ 작업 시 안전한 통로나 계단의 확보

40 안전사고의 발생요인으로 심리적인 요인에 해당되는 것은?

① 감정
② 극도의 피로감
③ 육체적 능력 초과
④ 신경계통의 이상

해설 산업안전 심리의 5요소

동기, 기질, 감정, 습성, 습관

41 재해원인의 분류에서 불안전한 상태(물적 원인)가 아닌 것은?

① 안전방호장치의 결함
② 작업환경의 결함
③ 생산공정의 결함
④ 불안전한 자세 결함

해설 산업재해 직접 원인

㉠ 불안전한 행동(인적 원인)
• 안전장치를 제거, 무효화
• 안전조치의 불이행
• 불안전한 상태 방치
• 기계장치 등의 지정 외 사용
• 운전 중인 기계, 장치 등의 청소, 주유, 수리, 점검 등의 실시
• 위험장소에 접근
• 잘못된 동작 자세
• 복장, 보호구의 잘못 사용
• 불안전한 속도 조작
• 운전의 실패
㉡ 불안전한 상태(물적 원인)
• 물(物) 자체의 결함
• 방호장치의 결함
• 작업장소 및 기계의 배치 결함
• 보호구, 복장 등의 결함
• 작업환경의 결함
• 자연적 불안전한 상태
• 작업방법 및 생산공정 결함

42 재해조사의 요령으로 바람직한 방법이 아닌 것은?

① 재해 발생 직후에 행한다.
② 현장의 물리적 증거를 수집한다.
③ 재해 피해자로부터 상황을 듣는다.
④ 의견 충돌을 피하기 위하여 반드시 1인이 조사하도록 한다.

해설 재해조사 방법

㉠ 재해 발생 직후에 행한다.
㉡ 현장의 물리적 흔적(물적 증거)을 수집한다.
㉢ 재해 현장은 사진을 촬영하여 보관, 기록한다.
㉣ 재해 피해자로부터 재해 상황을 듣는다.
㉤ 목격자, 현장 책임자 등 많은 사람들에게 사고 시의 상황을 듣는다.
㉥ 판단하기 어려운 특수 재해나 중대 재해는 전문가에게 조사를 의뢰한다.

★★

43 재해가 발생되었을 때의 조치순서로서 가장 알맞은 것은?

① 긴급처리 → 재해조사 → 원인강구 → 대책수립 → 실시 → 평가
② 긴급처리 → 원인강구 → 대책수립 → 실시 → 평가 → 재해조사
③ 긴급처리 → 재해조사 → 대책수립 → 실시 → 원인강구 → 평가
④ 긴급처리 → 재해조사 → 평가 → 대책수립 → 원인강구 → 실시

해설 재해 발생 시 재해조사 순서
㉠ 재해 발생
㉡ 긴급조치(기계정지 → 피해자 구출 → 응급조치 → 병원에 후송 → 관계자 통보 → 2차 재해방지 → 현장보존)
㉢ 원인조사
㉣ 원인분석
㉤ 대책수립
㉥ 실시
㉦ 평가

★★

44 다음 중 전류의 열작용과 관련있는 법칙은?

① 옴의 법칙
② 플레밍의 법칙
③ 줄의 법칙
④ 키르히호프의 법칙

해설 전열기에 전압을 가하여 전류를 흘리면 열이 발생하는 발열현상은 큰 저항체인 전열선에 전류가 흐를 때 열이 발생하는 것이며, 줄의 법칙에 의하면 전류에 의해서 매초 발생하는 열량은 전류의 2승과 저항의 곱에 비례하고 단위는 줄(Joule)이나 칼로리(cal)로 나타낸다. I(A)의 전류가 저항이 R(Ω)인 도체에 t(s) 동안 흐를 때 그 도체에 발생하는 열에너지(H)는 $H = 0.24 I^2 Rt$(J)이다.

★★★

45 진공 중에서 m(Wb)의 자극으로부터 나오는 총 자력선의 수는 어떻게 표현되는가?

① $\dfrac{m}{4\pi\mu_0}$ ② $\dfrac{m}{\mu_0}$

③ $\mu_0 m$ ④ $\mu_0 m^2$

해설 자력선 밀도
㉠ 자장의 세기가 H(AT/m)인 점에서는 자장의 방향에 $1m^2$당 H개의 자력선이 수직으로 지나간다.
㉡ $+m$(Wb)의 점 자극에서 나오는 자력선은 각 방향에 균등하게 나오므로 반지름 r(m)인 구면 위의 자장의 세기 H는 다음과 같다.

$$H = \frac{1}{4\pi\mu_0} \cdot \frac{m}{r^2} \text{(AT/m)}$$

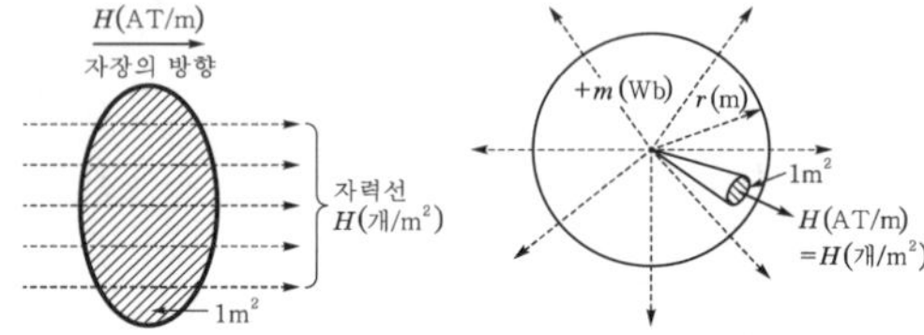

| 자력선 밀도 | | 점 자극에서 나오는 자력선의 수 |

㉢ 구의 면적이 $4\pi r^2$이므로 $+m$(Wb)에서 나오는 자력선 수 N은 다음과 같다.

$$N = H \times 4\pi r^2 = \frac{m}{4\pi\mu_0 r^2} \times 4\pi r^2 = \frac{m}{\mu_0}$$

★★★ 12 출제

46 최대 눈금이 200V, 내부저항이 20,000Ω인 직류전압계가 있다. 이 전압계로 최대 600V까지 측정하려면 외부에 직렬로 접속할 저항은 몇 kΩ인가?

① 20   ② 40
③ 60   ④ 80

해설 배율기의 배율$(n) = \dfrac{V}{V_R} = \dfrac{R_a + R}{R_a} = 1 + \dfrac{R}{R_a}$

$$\therefore R = (n-1) \cdot R_a = \left(\frac{600}{200} - 1\right) \times 20,000 = 40 \times 10^3$$

★★★

47 직류전동기의 속도제어방법이 아닌 것은?

① 저항제어
② 전압제어
③ 계자제어
④ 주파수제어

해설 직류전동기의 속도제어

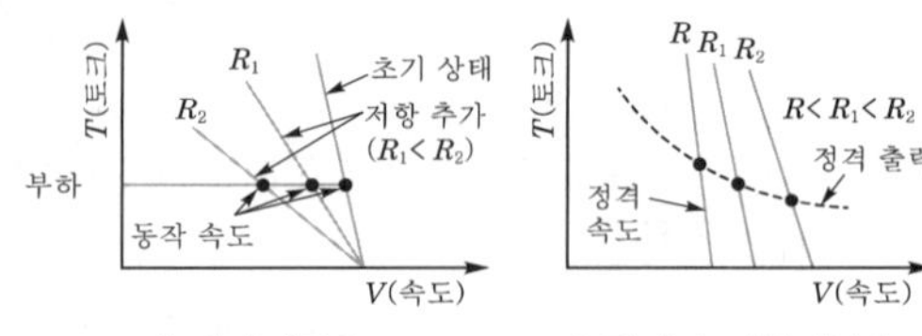

| 계자제어 | | 전기자 저항제어 |

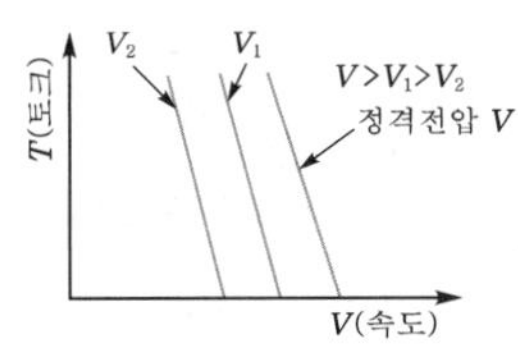

‖ 전압제어 ‖

㉠ 계자제어 : 계자자속 ϕ를 변화시키는 방법으로 계자 저항기로 계자전류를 조정하여 ϕ를 변화시킨다.

㉡ 저항제어 : 전기자에 가변 직렬저항 $R(\Omega)$을 추가하여 전기자 회로의 저항을 조정함으로써 속도를 제어한다.

㉢ 전압제어 : 워드 레오나드(ward leonard) 방식과 일그너(ilgner)방식이 있으며 주로 타여자전동기에서 전기자에 가한 전압을 변화시킨다.

48 직류발전기의 기본 구성요소에 속하지 않는 것은?

① 계자 ② 보극
③ 전기자 ④ 정류자

해설 직류발전기의 구성요소

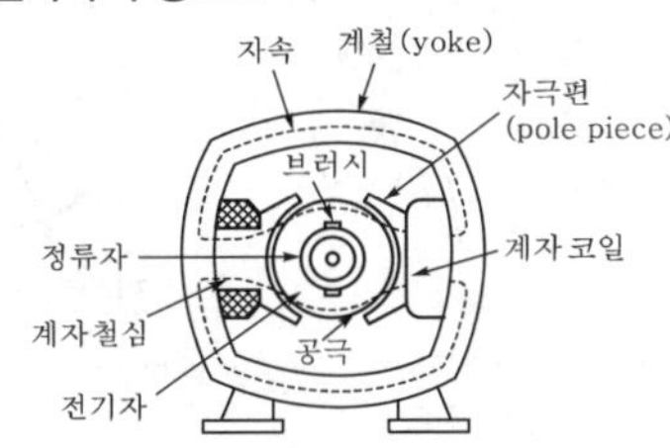

‖ 2극 직류발전기의 단면도 ‖

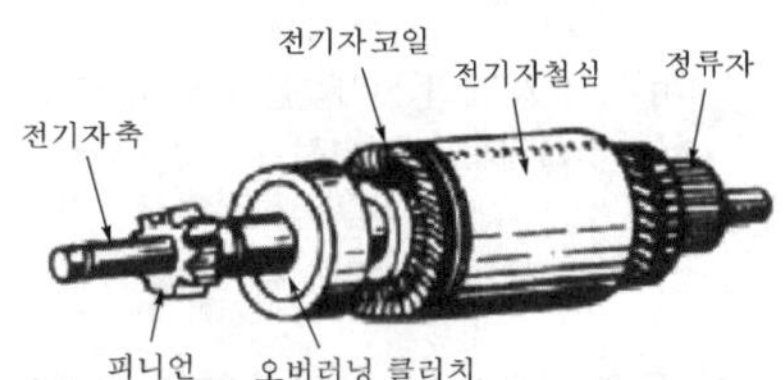

‖ 전기자 ‖

㉠ 계자(field magnet)
- 계자권선(field coil), 계자철심(field core), 자극(pole piece) 및 계철(yoke)로 구성된다.
- 계자권선은 계자철심에 감겨져 있으며, 이 권선에 전류가 흐르면 자속이 발생한다.
- 자극편은 전기자에 대응하여 계자자속을 공극 부분에 적당히 분포시킨다.

㉡ 전기자(armature)
- 전기자철심(armature core), 전기자권선(armature winding), 정류자 및 회전축(shaft)으로 구성된다.
- 전기자철심의 재료와 구조는 맴돌이전류(eddy current)와 히스테리현상에 의한 철손을 적게 하기 위하여 두께 0.35∼0.5mm의 규소강판을 성층하여 만든다.

㉢ 정류자(commutator) : 직류기에서 가장 중요한 부분 중의 하나이며, 운전 중에는 항상 브러시와 접촉하여 마찰이 생겨 마모 및 불꽃 등으로 높은 온도가 되므로 전기적, 기계적으로 충분히 견딜 수 있어야 한다.

49 인덕턴스가 5mH인 코일에 50Hz의 교류를 사용할 때 유도리액턴스는 약 몇 Ω인가?

① 1.57 ② 2.50
③ 2.53 ④ 3.14

해설 유도성 리액턴스

$$X_L = \omega L = 2\pi f L (\Omega)$$
$$X_L = 2\pi f L = 2\pi \times 50 \times 5 \times 10^{-3} = 1.57 \, \Omega$$

50 후크의 법칙을 옳게 설명한 것은?

① 응력과 변형률은 반비례 관계이다.
② 응력과 탄성계수는 반비례 관계이다.
③ 응력과 변형률은 비례 관계이다.
④ 변형률과 탄성계수는 비례 관계이다.

해설 후크(Hook)의 법칙

재료의 '응력 값은 어느 한도(비례한도) 이내에서는 응력과 이로 인해 생기는 변형률은 비례한다'는 법칙이다.

51 6극, 50Hz의 3상 유도전동기의 동기속도(rpm)는?

① 500 ② 1000
③ 1200 ④ 1800

해설 유도전동기의 동기속도(n_s)라 하면, 전원 주파수(f)에 비례하고, 극수(P)에는 반비례한다.

$$n_s = \frac{120 \cdot f}{P} = \frac{120 \times 50}{6} = 1000 \text{rpm}$$

52 그림과 같은 시퀀스도와 같은 논리회로의 기호는? (단, A와 B는 입력, X는 출력)

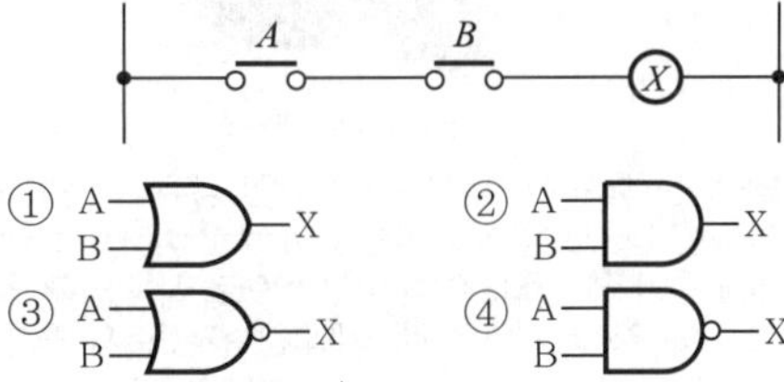

해설 논리곱(AND) 회로

㉠ 모든 입력이 있을 때에만 출력이 나타나는 회로이며 직렬 스위치 회로와 같다.

㉡ 두 입력 'A' AND 'B'가 모두 '1'이면 출력 X가 '1'이 되며, 두 입력 중 어느 하나라도 '0'이면 출력 X가 '0'인 회로가 된다.

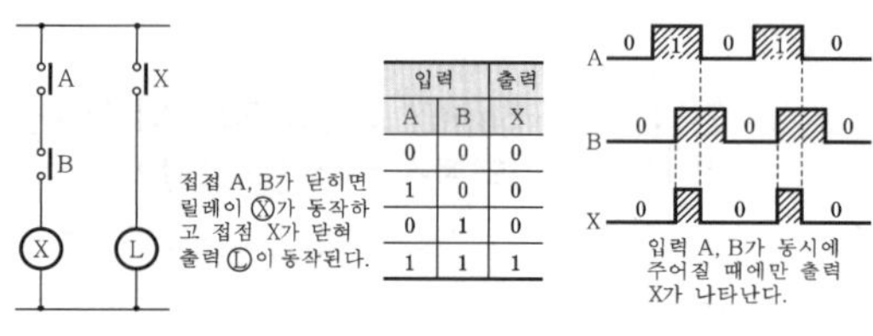

입력		출력
A	B	X
0	0	0
1	0	0
0	1	0
1	1	1

접점 A, B가 닫히면 릴레이 ⊗가 동작하고 접점 X가 닫혀 출력 ⑩이 동작된다.

입력 A, B가 동시에 주어질 때에만 출력 X가 나타난다.

(a) 릴레이회로   (b) 진리표   (c) 동작시간표

‖ 논리곱(AND)회로 ‖

★★★★★

53 10Ω과 15Ω의 저항을 병렬로 연결하고 50A의 전류를 흘렸다면, 10Ω의 저항쪽에 흐르는 전류는 몇 A인가?

① 10   ② 15
③ 20   ④ 30

해설 ㉠ R_T(합성저항)$= \dfrac{R_1 \times R_2}{R_1 + R_2} = \dfrac{10 \times 15}{10 + 15} = 6\,\Omega$

㉡ V(전압)$= I_T \times R_T = 50 \times 6 = 300\,V$

㉢ $I_{R_1} = \dfrac{V}{R_1} = \dfrac{300}{10} = 30A$

㉣ $I_{R_2} = \dfrac{V}{R_2} = \dfrac{300}{15} = 20A$

★★

54 엘리베이터의 권상기에서 일반적으로 저속용에는 적은 용량의 전동기를 사용하여 큰 힘을 내도록 하는 동력전달방식은?

① 웜 및 웜기어   ② 헬리컬기어
③ 스퍼기어   ④ 피니언과 래크기어

해설 웜기어(worm gear)

‖ 웜과 웜기어 ‖

엇갈리는 축이 이루는 각도가 90°인 경우에 사용하고, 잇수가 적은 나사 모양의 기어를 웜(worm), 이것에 물리는 기어를 웜휠이라고 하며, 이것이 한 쌍으로 사용될 때 웜기어라고 한다. 엘리베이터용 권상기의 감속기구로서 많이 사용되고 있다.

㉠ 장점
• 부하용량이 크다.
• 큰 감속비를 얻을 수 있다(1/10〜1/100).
• 소음과 진동이 적다.
• 감속비가 크면 역전방지를 할 수 있다.
㉡ 단점
• 미끄럼이 크고, 교환성이 없다.

• 진입각이 작으면 효율이 낮다.
• 웜휠은 역삭할 수 없다.
• 추력이 발생한다.
• 웜휠 제작에는 특수공구가 필요하다.
• 가격이 고가이다.
• 웜휠의 정도측정이 곤란하다.

★★★

55 $Q(C)$의 전하에서 나오는 전기력선의 총수는?

① Q ② εQ
③ $\dfrac{\varepsilon}{Q}$ ④ $\dfrac{Q}{\varepsilon}$

해설 전장의 계산

㉠ 가우스의 정리 : 임의의 폐곡면 내에 전체 전하량 $Q(C)$이 있을 때 이 폐곡면을 통해서 나오는 전기력선의 총수는 $\dfrac{Q}{\varepsilon}$ 개다.

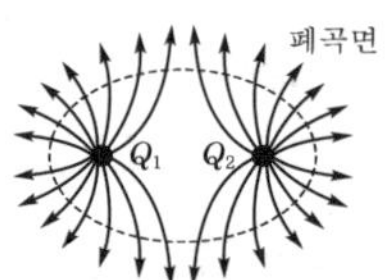

‖ 가우스의 정리 ‖   ‖ 점전하에 의한 전장 ‖

㉡ $Q(C)$의 점전하로부터 $r(m)$ 떨어진 구면 위의 전장의 세기는 다음과 같다.

$$F = \frac{Q}{4\pi\varepsilon r^2} = \frac{Q}{4\pi\varepsilon_0 \varepsilon_s r^2}\,(V/m)$$

㉢ $1m^2$마다 E개의 전기력선이 지나가므로 구의 전 면적 $4\pi r^2 (m^2)$에서 전기력선의 총수 N은 다음과 같다.

$$N = 4\pi r^2 \times E = \frac{Q}{\varepsilon}$$

56 3상 유도전동기의 회전방향을 바꾸는 방법으로 옳은 것은?

① 3상 전원의 주파수를 바꾼다.
② 3상 전원 중 1상을 단선시킨다.
③ 3상 전원 중 2상을 단락시킨다.
④ 3상 전원 중 임의의 2상의 접속을 바꾼다.

해설 3상 교류인 3개의 단자 중 어느 2개의 단자를 서로 바꾸어 접속하면 1차 권선에 흐르는 상회전 방향이 반대가 되므로 자장의 회전방향도 바뀌어 역회전을 한다.

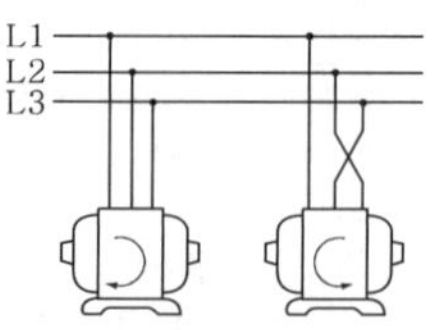

‖ 역전방법 ‖

57 엘리베이터 전동기에 요구되는 특성으로 옳지 않은 것은?

① 충분한 제동력을 가져야 한다.
② 운전 상태가 정숙하고 고진동이어야 한다.
③ 카의 정격속도를 만족하는 회전특성을 가져야 한다.
④ 높은 기동빈도에 의한 발열에 대응하여야 한다.

해설 엘리베이터용 전동기에 요구되는 특성

㉠ 기동토크가 클 것
㉡ 기동전류가 작을 것
㉢ 소음이 적고, 저진동이어야 함
㉣ 기동빈도가 높으므로(시간당 300회) 발열(온도 상승)을 고려해야 함
㉤ 회전부분의 관성 모멘트(회전축을 중심으로 회전하는 물체가 계속해서 회전을 지속하려는 성질의 크기)가 적을 것
㉥ 충분한 제동력을 가질 것

58 3Ω, 4Ω, 6Ω의 저항을 병렬로 접속할 때 합성저항은 몇 Ω인가?

① $\dfrac{1}{3}$ ② $\dfrac{4}{3}$

③ $\dfrac{5}{6}$ ④ $\dfrac{3}{4}$

해설 병렬 접속회로

2개 이상인 저항의 양끝을 전원의 양극에 연결하여 회로의 전전류가 각 저항에 나뉘어 흐르게 하는 접속으로 각 저항 R_1, R_2, R_3에 흐르는 전압 V의 크기는 일정하다.

$$R = \frac{1}{\dfrac{1}{R_1}+\dfrac{1}{R_2}+\dfrac{1}{R_3}} = \frac{R_1 R_2 R_3}{R_1 R_2 + R_2 R_3 + R_3 R_1}$$

$$= \frac{3\times4\times6}{3\times4+4\times6+6\times3} = \frac{4}{3}\ \Omega$$

59 직류기 권선법에서 전기자 내부 병렬회로수 a와 극수 p의 관계는? (단, 권선법은 중권임)

① $a = 2$ ② $a = (1/2)p$
③ $a = p$ ④ $a = 2p$

해설 중권과 파권의 비교

구분	중권	파권
전기자 병렬회로수	극수와 같다.	항상 2이다.

구분	중권	파권
브러시수	극수와 같다.	2개로 되지만 극수 만큼의 브러시를 둘 수도 있다.
전기자 도체의 굵기, 권수, 극수가 모두 같을 때	저전압 대전류에 적합하다.	고전압, 소전류에 적합하다.
균압 접속	4극 이상이면 균압 접속을 하여야 한다.	균압 접속이 필요 없다.

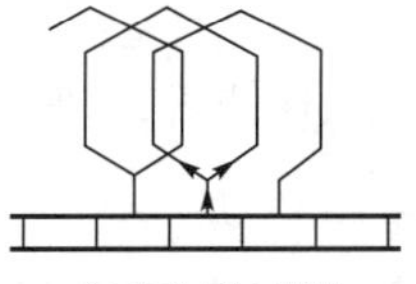

‖ 파권 권선법 ‖

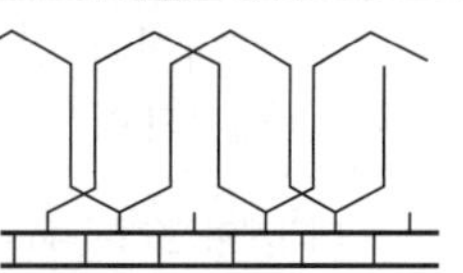

‖ 중권 권선법 ‖

‖ 전기자권선 ‖

60 되먹임제어에서 가장 필요한 장치는?

① 입력과 출력을 비교하는 장치
② 응답속도를 느리게 하는 장치
③ 응답속도를 빠르게 하는 장치
④ 안정도를 좋게 하는 장치

해설 되먹임(폐루프, 피드백, 궤환)제어

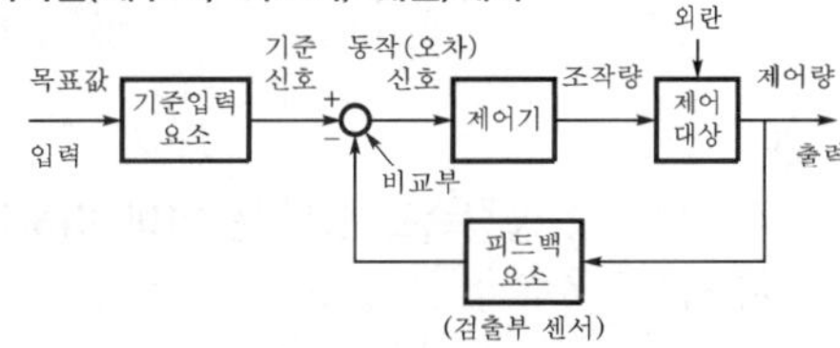

‖ 출력 피드백제어(output feedback control) ‖

㉠ 출력, 잠재외란, 유용한 조절변수인 제어대상을 가지는 일반화된 공정이다.
㉡ 적절한 측정기를 사용하여 검출부에서 출력(유속, 압력, 액위, 온도)값을 측정한다.
㉢ 검출부의 지시값을 목표값과 비교하여 오차(편차)를 확인한다.
㉣ 오차(편차)값은 제어기로 보내진다.
㉤ 제어기는 오차(편차)의 크기를 줄이기 위해 조작량의 값을 바꾼다.
㉥ 제어기는 조작량에 직접 영향이 미치지 않고 최종 제어요소인 다른 장치(보통 제어밸브)를 통하여 영향을 준다.
㉦ 미흡한 성능을 갖는 제어대상은 피드백에 의해 목표값과 비교하여 일치하도록 정정동작을 한다.
㉧ 상태를 교란시키는 외란의 영향에서 출력값을 원하는 수준으로 유지하는 것이 제어 목적이다.
㉨ 안정성이 향상되고, 선형성이 개선된다.
㉩ 종류에는 비례동작(P), 비례-적분동작(PI), 비례-적분-미분동작(PID)제어기가 있다.

정답 57. ② 58. ② 59. ③ 60. ①

2023년 제4회 기출복원문제

※ 본 문제는 수험생들의 협조에 의해 작성되었으며, 시험내용과 일부 다를 수 있습니다.

★★

01 승강장에서 스텝 뒤쪽 끝 부분을 황색 등으로 표시하여 설치되는 것은?

① 스텝체인 ② 테크보드
③ 데마케이션 ④ 스커트 가드

해설 **데마케이션(demarcation)**

에스컬레이터의 스텝과 스텝, 스텝과 스커트 가드 사이의 틈새에 신체의 일부 또는 물건이 끼이는 것을 막기 위해서 경계를 눈에 띠게 황색선으로 표시한다.

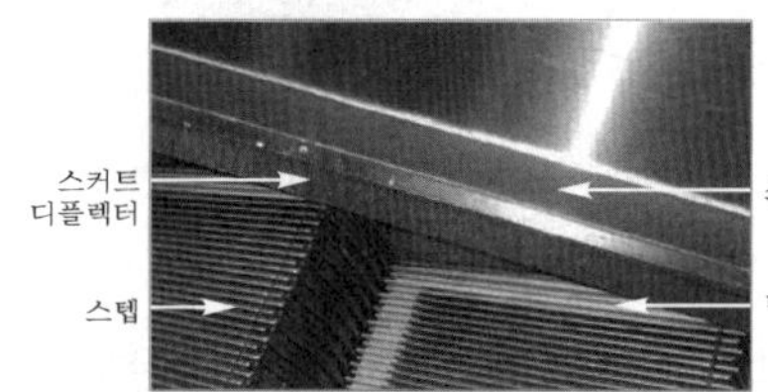

▮ 스텝 부분 ▮

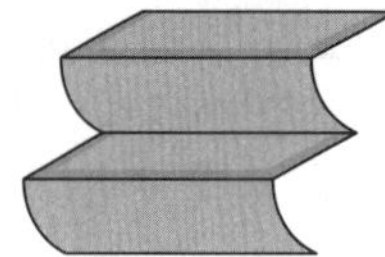

▮ 데마케이션 ▮

★★★★

02 무빙워크의 공칭속도(m/s)는 얼마 이하로 하여야 하는가?

① 0.55 ② 0.65
③ 0.75 ④ 0.95

해설 **무빙워크의 경사도와 속도**

㉠ 무빙워크의 경사도는 12° 이하이어야 한다.
㉡ 무빙워크의 공칭속도는 0.75m/s 이하이어야 한다.
㉢ 팔레트 또는 벨트의 폭이 1.1m 이하이고, 승강장에서 팔레트 또는 벨트가 콤에 들어가기 전 1.6m 이상의 수평주행구간이 있는 경우 공칭속도는 0.9m/s까지 허용된다. 다만, 가속구간이 있거나 무빙워크를 다른 속도로 직접 전환시키는 시스템이 있는 무빙워크에는 적용되지 않는다.

▮ 팔레트 ▮

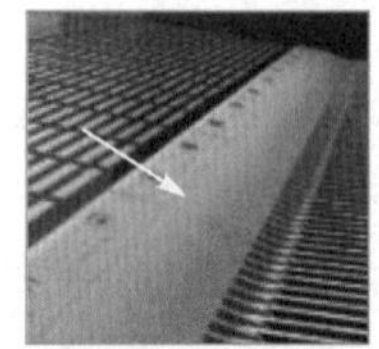

▮ 콤(comb) ▮

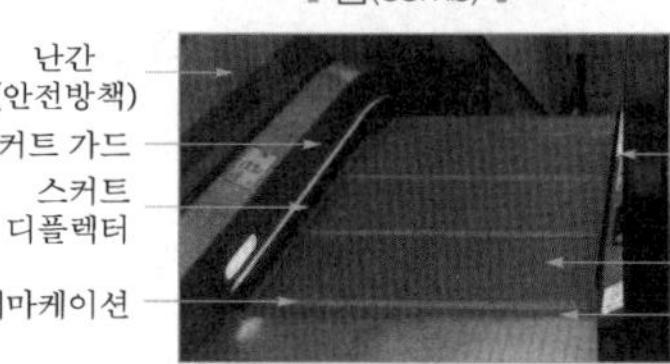

▮ 난간 부분의 명칭 ▮

★★

03 시브와 접촉이 되는 와이어로프의 부분은 어느 것인가?

① 외층소선 ② 내층소선
③ 심강 ④ 소선

해설 **와이어로프**

㉠ 와이어로프의 구성
  • 심(core)강
  • 가닥(strand)
  • 소선(wire)

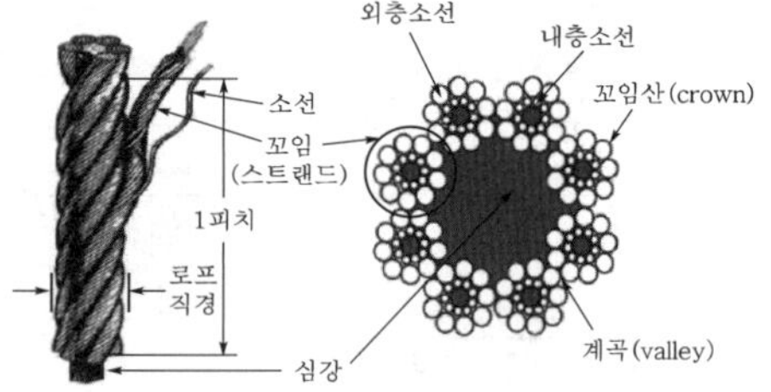

▮ 단면 ▮

㉡ 소선의 재료 : 탄소강(C : 0.50~0.85 섬유상 조직)
㉢ 와이어로프의 표기

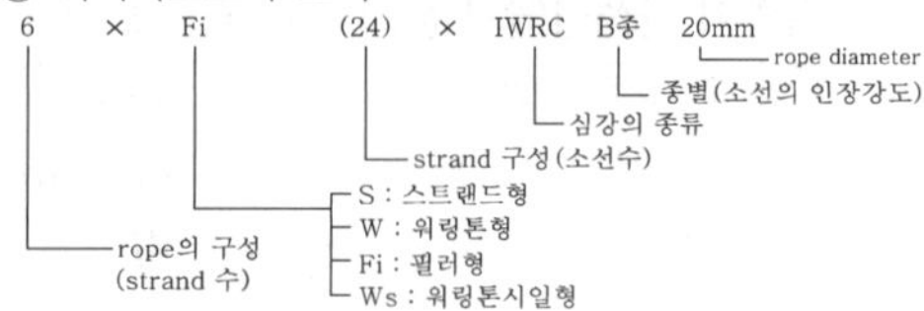

04 전기식 엘리베이터의 카 내 환기시설에 관한 내용 중 틀린 것은?

① 구멍이 없는 문이 설치된 카에는 카의 위·아랫부분에 환기구를 설치한다.

② 구멍이 없는 문이 설치된 카에는 반드시 카의 윗부분에만 환기구를 설치한다.

③ 카의 윗부분에 위치한 자연 환기구의 유효면적은 카의 허용면적의 1% 이상이어야 한다.

④ 카의 아랫부분에 위치한 자연 환기구의 유효면적은 카의 허용면적의 1% 이상이어야 한다.

해설 전기식 엘리베이터의 카 내 환기

㉠ 구멍이 없는 문이 설치된 카에는 카의 위·아랫부분에 자연 환기구가 있어야 한다.

㉡ 카 윗부분에 위치한 자연 환기구의 유효면적은 카의 허용면적의 1% 이상이어야 한다. 카 아래 부분의 환기구 또한 동일하게 적용된다.

㉢ 카 문 주위에 있는 개구부 또는 틈새는 규정된 유효면적의 50%까지 환기구의 면적에 계산될 수 있다.

㉣ 자연환기구는 직경 10mm의 곧은 강체 막대봉이 카 내부에서 카 벽을 통해 통과될 수 없는 구조이어야 한다.

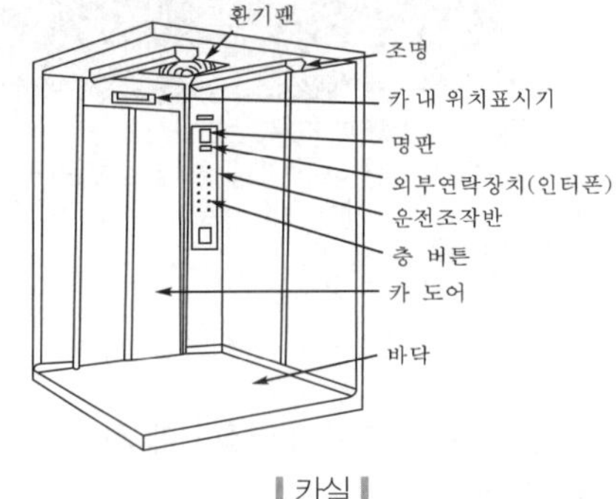

‖ 카실 ‖

05 엘리베이터의 문닫힘안전장치 중에서 카 도어의 끝단에 설치하여 이물체가 접촉되면 도어의 닫힘이 중지되는 안전장치는?

① 광전장치　　② 초음파장치
③ 세이프티 슈　　④ 가이드 슈

해설 도어의 안전장치

엘리베이터의 도어가 닫히는 순간 승객이 출입하는 경우 충돌사고의 원인이 되므로 도어 끝단에 검출장치를 부착하여 도어를 반전시키는 장치이다.

㉠ 세이프티 슈(safety shoe) : 도어의 끝에 설치하여 이물체가 접촉하면 도어의 닫힘을 중지하며 도어를 반전시키는 접촉식 보호장치

㉡ 세이프티 레이(safety ray) : 광선 빔을 통하여 이것을 차단하는 물체를 광전장치(photo electric device)에 의해서 검출하는 비접촉식 보호장치

㉢ 초음파장치(ultrasonic door sensor) : 초음파의 감지 각도를 조절하여 카쪽의 이물체(유모차, 휠체어 등)나 사람을 검출하여 도어를 반전시키는 비접촉식 보호장치

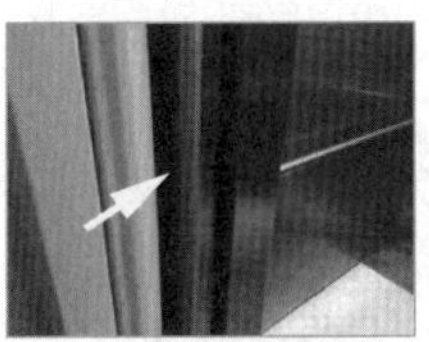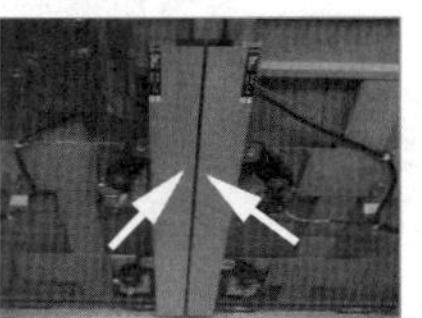

‖ 세이프티 슈 설치 상태 ‖

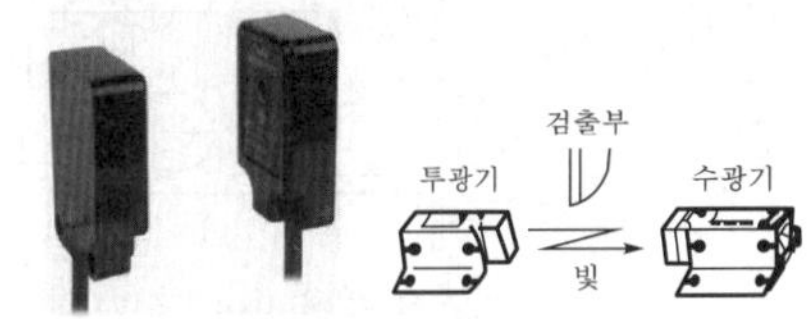

‖ 광전장치 ‖

06 고속의 엘리베이터에 이용되는 경우가 많은 과속조절기(governor)는?

① 롤세프티형　　② 디스크형
③ 플랙시블형　　④ 플라이볼형

해설 과속조절기의 종류

㉠ 마찰정치(traction)형(롤세프티형) 과속조절기 : 엘리베이터가 과속된 경우, 과속스위치가 이를 검출하여 동력 전원회로를 차단하고, 전자브레이크를 작동시켜서 과속조절기 도르래의 회전을 정지시켜 과속조절기 도르래홈과 로프 사이의 마찰력으로 비상정지시키는 과속조절기이다.

㉡ 디스크(disk)형 과속조절기 : 엘리베이터가 설정된 속도에 달하면 원심력에 의해 진자가 움직이고 과속스위치를 작동시켜서 정지시키는 과속조절기로서, 디스크형 과속조절기에는 추(weight)형 캐치(catch)에 의해 로프를 붙잡아 추락방지안전장치를 작동시키는 추형 방식과 도르래홈과 로프의 마찰력으로 슈를 동작 시켜 로프를 붙잡음으로써 추락방지안전장치를 작동시키는 슈(shoe)형 방식이 있다.

㉢ 플라이볼(fly ball)형 과속조절기 : 과속조절기도르래의 회전을 베벨기어에 의해 수직축의 회전으로 변환하고, 이 축의 상부에서부터 링크(link) 기구에 의해 매달린 구형의 진자에 작용하는 원심력으로 작동하며, 검출 정도가 높아 고속의 엘리베이터에 이용된다.

정답　04. ②　05. ③　06. ④

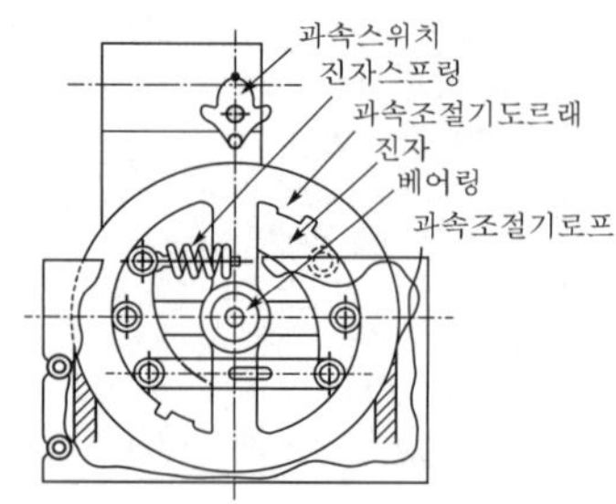

‖ 마찰정치(롤 세이프티)형 과속조절기 ‖

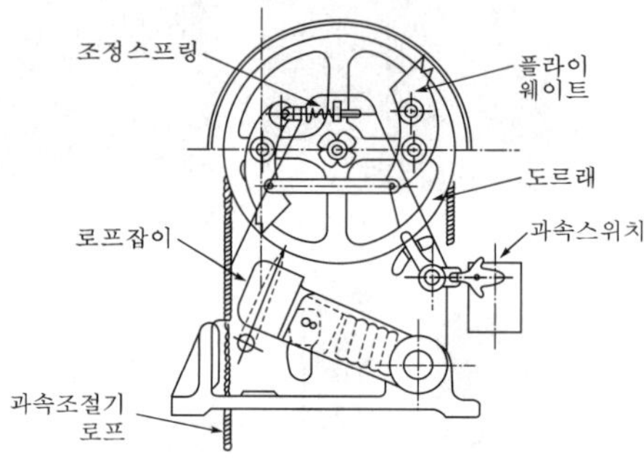

‖ 디스크 추형 과속조절기 ‖

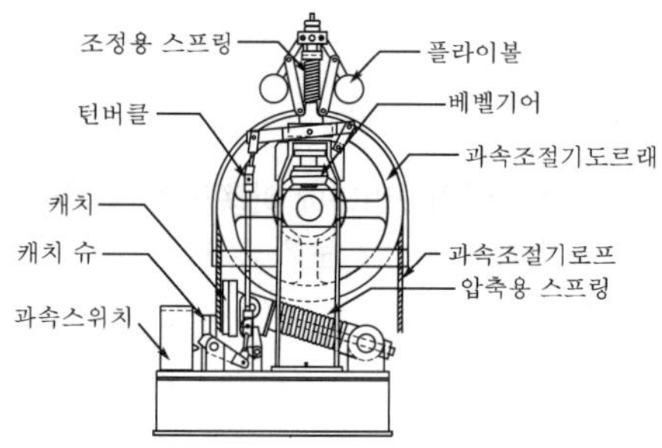

‖ 플라이볼 과속조절기 ‖

07 권상도르래, 풀리 또는 드럼과 현수로프의 공칭 직경 사이의 비는 스트랜드의 수와 관계없이 얼마 이상이어야 하는가?

① 10 ② 20
③ 30 ④ 40

해설 권상도르래, 풀리 또는 드럼과 로프의 직경 비율, 로프 · 체인의 단말처리

㉠ 권상도르래, 풀리 또는 드럼과 현수로프의 공칭직경 사이의 비는 스트랜드의 수와 관계없이 40 이상이어야 한다.
㉡ 현수로프의 안전율은 어떠한 경우라도 12 이상이어야 한다. 안전율은 카가 정격하중을 싣고 최하층에 정지하고 있을 때 로프 1가닥의 최소 파단하중(N)과 이 로프에 걸리는 최대 힘(N) 사이의 비율이다.
㉢ 로프와 로프 단말 사이의 연결은 로프의 최소 파단하중의 80% 이상을 견뎌야 한다.

㉣ 로프의 끝 부분은 카, 균형추(또는 평형추) 또는 현수되는 지점에 금속 또는 수지로 채워진 소켓, 자체 조임 쐐기형식의 소켓 또는 안전상 이와 동등한 기타 시스템에 의해 고정되어야 한다.

08 카의 문을 열고 닫는 도어머신에서 성능상 요구되는 조건이 아닌 것은?

① 작동이 원활하고 정숙하여야 한다.
② 카 상부에 설치하기 위하여 소형이며 가벼워야 한다.
③ 어떠한 경우라도 수동조작에 의하여 카 도어가 열려서는 안 된다.
④ 작동횟수가 승강기 기동횟수의 2배이므로 보수가 쉬워야 한다.

해설 도어머신(door machine)에 요구되는 조건

모터의 회전을 감속하여 암이나 벨트 등을 구동시켜서 도어를 개폐시키는 것이며, 닫힌 상태에서 정전으로 갇혔을 때 구출을 위해 문을 손으로 열 수가 있어야 한다.

㉠ 작동이 원활하고 조용할 것
㉡ 카 상부에 설치하기 위해 소형 경량일 것
㉢ 동작횟수가 엘리베이터 기동횟수의 2배가 되므로 보수가 용이할 것
㉣ 가격이 저렴할 것

09 정전 시 카 내 예비조명장치에 관한 설명으로 틀린 것은?

① 조도는 2lx 이상이어야 한다.
② 조도는 램프 중심부에서 2m 지점의 수직 면상의 조도이다.
③ 정전 후 60초 이내에 점등되어야 한다.
④ 1시간 동안 전원이 공급되어야 한다.

해설 조명

㉠ 카에는 카 바닥 및 조작 장치를 50lx 이상의 조도로 비출 수 있는 영구적인 전기조명이 설치되어야 한다.
㉡ 조명이 백열등 형태일 경우에는 2개 이상의 등이 병렬로 연결되어야 한다.
㉢ 정상 조명전원이 차단될 경우에는 2lx 이상의 조도로 1시간 동안 전원이 공급될 수 있는 자동 재충전 예비전원공급장치가 있어야 하며, 이 조명은 정상 조명전원이 차단되면 자동으로 즉시 점등되어야 한다. 측정은 다음과 같은 곳에서 이루어져야 한다.

- 호출버튼 및 비상통화장치 표시
- 램프 중심부로부터 2m 떨어진 수직면상

★★

10 군관리방식에 대한 설명으로 틀린 것은?

① 특정 층의 혼잡 등을 자동적으로 판단한다.
② 카를 불필요한 동작 없이 합리적으로 운행 관리한다.
③ 교통수요의 변화에 따라 카의 운전 내용을 변화시킨다.
④ 승강장 버튼의 부름에 대하여 항상 가장 가까운 카가 응답한다.

해설 복수 엘리베이터의 조작방식

㉠ 군승합 자동식(2car, 3car)
- 2~3대가 병행되었을 때 사용하는 조작방식이다.
- 1개의 승강장 버튼의 부름에 대하여 1대의 카만 응한다.

㉡ 군관리방식(supervisory control)
- 엘리베이터를 4~8대 병설할 때 각 카를 불필요한 동작 없이 합리적으로 운영하는 조작방식이다.
- 교통수요의 변화에 따라 카의 운전 내용을 변화시켜서 대응한다(출퇴근 시, 점심식사 시간, 회의 종료 시 등).
- 엘리베이터 운영의 전체 서비스 효율을 높일 수 있다.

11 카 문턱 끝과 승강로 벽과의 간격으로 알맞은 것은?

① 11.5cm 이하
② 12.5cm 이하
③ 13.5cm 이하
④ 14.5cm 이하

해설 카와 카 출입구를 마주하는 벽 사이의 틈새

㉠ 승강로의 내측 면과 카 문턱, 카 문틀 또는 카 문의 닫히는 모서리 사이의 수평거리는 0.125m 이하이어야 한다. 다만, 0.125m 이하의 수평거리는 각각의 조건에 따라 다음과 같이 적용될 수 있다.
- 수직높이가 0.5m 이하인 경우에는 0.15m까지 연장될 수 있다.
- 수직 개폐식 승강장 문이 설치된 화물용인 경우, 주행로 전체에 걸쳐 0.15m까지 연장될 수 있다.
- 잠금해제구간에서만 열리는 기계적 잠금장치가 카 문에 설치된 경우에는 제한하지 않는다.

㉡ 카 문턱과 승강장 문 문턱 사이의 수평거리는 35mm 이하이어야 한다.

㉢ 카 문과 닫힌 승강장 문 사이의 수평거리 또는 문이 정상 작동하는 동안 문 사이의 접근거리는 0.12m 이하이어야 한다.

㉣ 경첩이 있는 승강장 문과 접하는 카 문의 조합인 경우에는 닫힌 문 사이의 어떤 틈새에도 직경 0.15m의 구가 통과되지 않아야 한다.

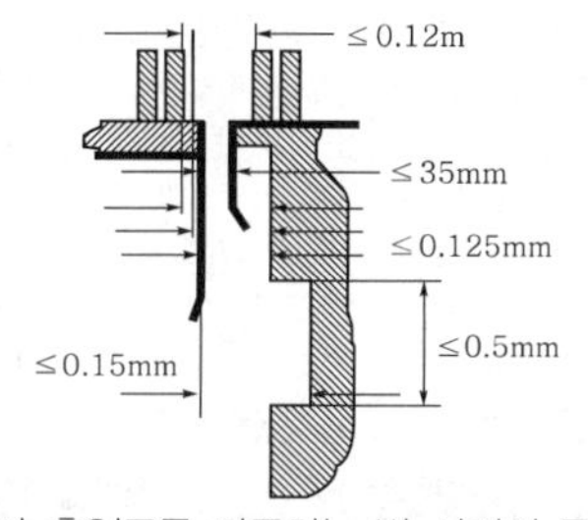

▌카와 카 출입구를 마주하는 벽 사이의 틈새▐

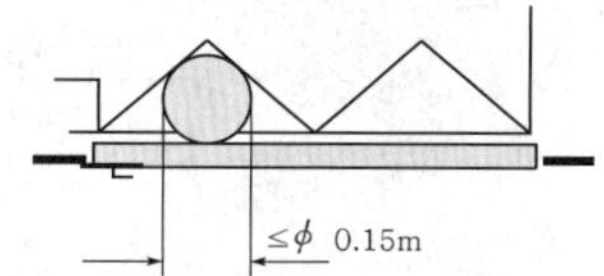

▌경첩 달린 승강장문과 접힌 카 문의 틈새▐

12 승객용 엘리베이터의 시브가 편마모되었을 때 그 원인을 제거하기 위해 어떤 것을 보수, 조정하여야 하는가?

① 완충기
② 과속조절기
③ 균형체인
④ 로프의 장력

해설 시브홈은 로프와의 마찰로 인해 마모현상이 발생한다. 로프의 장력이 균일하지 않아, 마모 정도가 다르게 나타나는 편마모의 경우에는 마모 정도가 큰 시브홈에 걸리는 로프의 장력을 조정한다.

13 승강기에 균형체인을 설치하는 목적은?

① 균형추의 낙하 방지를 위하여
② 주행 중 카의 진동과 소음을 방지하기 위하여
③ 카의 무게 중심을 위하여
④ 이동케이블과 로프의 이동에 따라 변화되는 무게를 보상하기 위하여

해설 로프식 방식에서 미끄러짐(매우 위험함)을 결정하는 요소

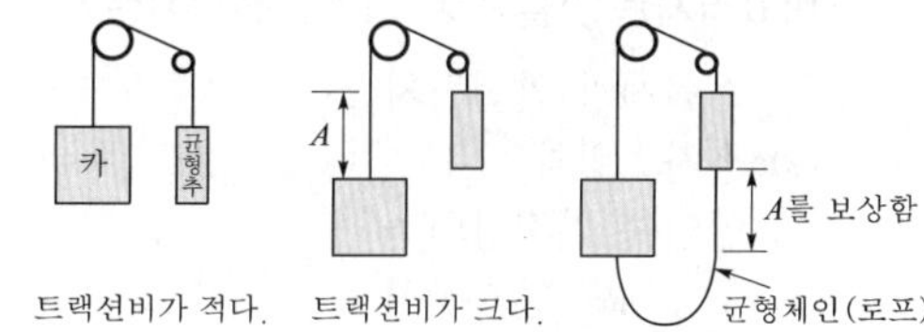

로프식 엘리베이터의 승강행정이 길어지면 로프가 어느 쪽(카측, 균형추측)에 있느냐에 따라 트랙션비는 커져 와이어 로프의 수명 및 전동기 용량 등에 문제가 발생한다. 이런 문제를 해결하기 위해 카 하부에서 균형추의 하부로 주 로프와 비슷한 단위중량의 균형체인을 사용하여 90% 정도의 보상을 하지만, 고층용 엘리베이터의 경우 균형(보상)체인은 소음이 발생하므로 엘리베이터의 속도가 120m/min 이상에는 균형(보상)로프를 사용한다.

14 유압식 승강기의 유압 파워유닛의 구성요소에 속하지 않는 것은?

① 펌프
② 유량제어밸브
③ 체크밸브
④ 실린더

해설 유압 파워유닛

㉠ 펌프, 전동기, 밸브, 탱크 등으로 구성되어 있는 유압동력 전달장치이다.
㉡ 유압펌프에서 실린더까지를 탄소강관이나 고압 고무호스를 사용하여 압력배관으로 연결한다.
㉢ 단순히 작동유에 압력을 주는 것뿐만 아니라 카를 상승시킬 경우 가속, 주행, 감속에 필요한 유량으로 제어하여 실린더에 보내고, 하강 시에는 실린더의 기름을 같은 방법으로 제어한 후 탱크로 되돌린다.

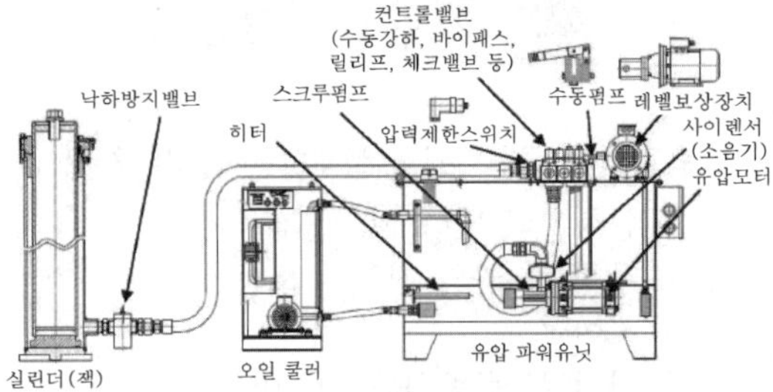

∥ 유압승강기 구동부 ∥

15 구동체인이 늘어나거나 절단되었을 경우 아래로 미끄러지는 것을 방지하는 안전장치는?

① 스텝체인 안전장치
② 정지스위치
③ 인입구 안전장치
④ 구동체인 안전장치

해설 **구동체인 안전장치**(driving chain safety device)

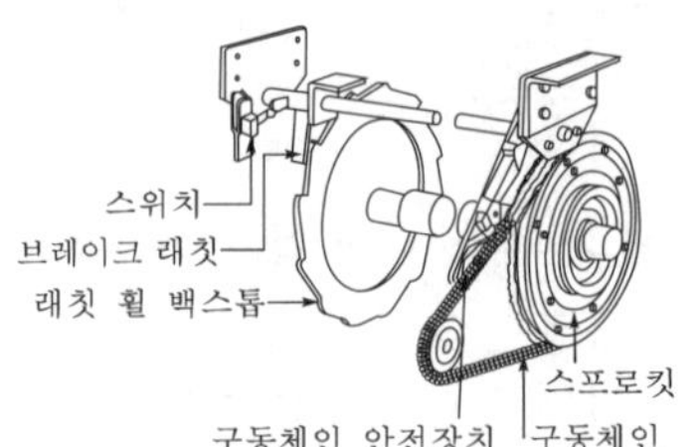

∥ 조립도 ∥

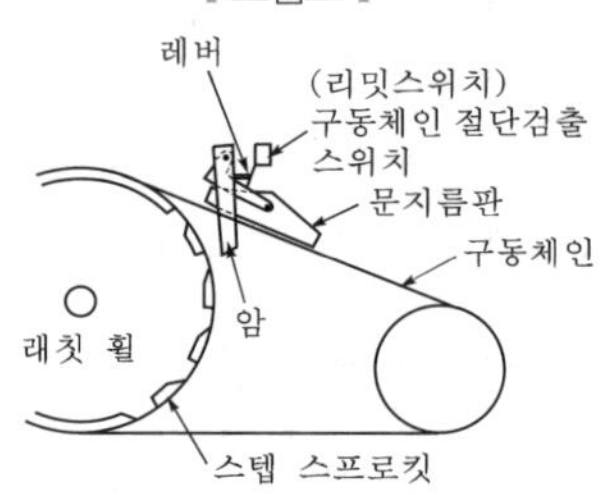

∥ 안전장치 상세도 ∥

㉠ 구동기와 주 구동장치(main drive) 사이의 구동체인이 상승 중 절단되었을 때 승객의 하중에 의해 하강운전을 일으키면 위험하므로 구동체인 안전장치가 필요하다.
㉡ 구동체인 위에 항상 문지름판이 구동되면서 구동체인의 늘어짐을 감지하여 만일 체인이 느슨해지거나 끊어지면 슈가 떨어지면서 브레이크 래칫이 브레이크 휠에 걸려 주 구동장치의 하강방향의 회전을 기계적으로 제지한다.
㉢ 안전스위치를 설치하여 안전장치의 동작과 동시에 전원을 차단한다.

16 다음 중 에스컬레이터의 일반구조에 대한 설명으로 틀린 것은?

① 일반적으로 경사도는 30도 이하로 하여야 한다.
② 핸드레일의 속도가 디딤바닥과 동일한 속도를 유지하도록 한다.
③ 디딤바닥의 정격속도는 30m/min 초과하여야 한다.
④ 물건이 에스컬레이터의 각 부분에 끼이거나 부딪치는 일이 없도록 안전한 구조이어야 한다.

해설 에스컬레이터의 일반구조

㉠ 에스컬레이터 및 무빙워크의 경사도
• 에스컬레이터의 경사도는 30°를 초과하지 않아야 한다. 다만, 높이가 6m 이하이고 공칭속도가 0.5m/s 이하인 경우에는 경사도를 35°까지 증가시킬 수 있다.
• 무빙워크의 경사도는 12° 이하이어야 한다.

정답 14. ④ 15. ④ 16. ③

ⓛ 핸드레일 시스템의 일반사항
- 각 난간의 꼭대기에는 정상운행 조건하에서 스텝, 팔레트 또는 벨트의 실제 속도와 관련하여 동일 방향으로 −0%에서 +2%의 공차가 있는 속도로 움직이는 핸드레일이 설치되어야 한다.
- 핸드레일은 정상운행 중 운행방향의 반대편에서 450N의 힘으로 당겨도 정지되지 않아야 한다.
- 핸드레일 속도감시장치가 설치되어야 하고 에스컬레이터 또는 무빙워크가 운행하는 동안 핸드레일 속도가 15초 이상 동안 실제 속도보다 −15% 이상 차이가 발생하면 에스컬레이터 및 무빙워크를 정지시켜야 한다.

★★★

17 트랙션 머신 시브를 중심으로 카 반대편의 로프에 매달리게 하여 카 중량에 대한 평형을 맞추는 것은?

① 과속조절기　　② 균형체인
③ 완충기　　　　④ 균형추

해설 **균형추(counter weight)**

카의 무게를 일정 비율 보상하기 위하여 카 측과 반대편에 주철 혹은 콘크리트로 제작되어 설치되며, 카와의 균형을 유지하는 추이다.

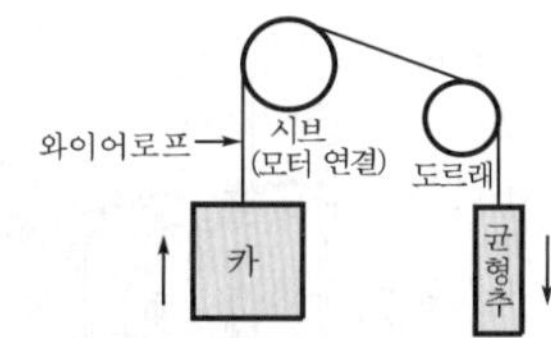

㉠ 오버밸런스(over−balance)
- 균형추의 총중량은 빈 카의 자중에 적재하중의 35~50%의 중량을 더한 값이 보통이다.
- 적재하중의 몇 %를 더할 것인가를 오버밸런스율이라고 한다.
- 균형추의 총 중량＝자체하중＋$L \cdot F$
  여기서, L : 정격적재하중(kg)
  　　　　F : 오버밸런스율(%)
㉡ 견인비(traction ratio)
- 카측 로프가 매달고 있는 중량과 균형추 로프가 매달고 있는 중량의 비를 트랙션비라 하고, 무부하와 전부하 상태에서 체크한다.
- 견인비가 낮게 선택되면 로프와 도르래 사이의 트랙션 능력, 즉 마찰력이 작아도 되며, 로프의 수명이 연장된다.

18 카와 균형추에 대한 로프 거는 방법으로 2 : 1 로핑방식을 사용하는 경우 그 목적으로 가장 적절한 것은?

① 로프의 수영을 연장하기 위하여
② 속도를 줄이거나 적재하중을 증가시키기 위하여
③ 로프를 교체하기 쉽도록 하기 위하여
④ 무부하로 운전할 때를 대비하기 위하여

해설 **카와 균형추에 대한 로프 거는 방법**

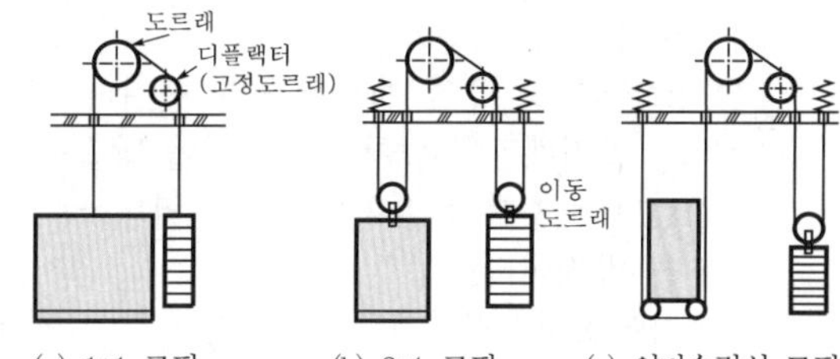

㉠ 1 : 1 로핑
- 일반적으로 승객용에 사용된다(속도를 줄이거나 적재용량 늘리기 위하여 2 : 1, 4 : 2도 승객용에 채용함).
- 로프장력은 카(또는 균형추)의 중량과 로프의 중량을 합한 것이다.
㉡ 2 : 1 로핑
- 1 : 1 로핑 장력의 1/2이 된다.
- 시브에 걸리는 부하도 1 : 1의 1/2이 된다.
- 카의 정격속도의 2배의 속도로 로프를 구동하여야 한다.
- 기어식 권상기에서는 30m/min 미만의 엘리베이터에서 많이 사용한다.
㉢ 3 : 1, 4 : 1, 6 : 1 로핑
- 대용량의 저속 화물용 엘리베이터에 사용되기도 한다.
- 결점으로는 와이어로프의 총 길이가 길게 되고 수명이 짧아지며 종합효율이 저하된다.
㉣ 언더슬럼식은 꼭대기의 틈새를 작게 할 수 있지만 최근에는 유압식 엘리베이터의 발달로 인해 사용을 안 한다.

★★★

19 교류 엘리베이터의 제어방식이 아닌 것은?

① 교류 1단 속도제어방식
② 교류궤환 전압제어방식
③ 가변전압 가변주파수(VVVF) 제어방식
④ 교류상환 속도제어방식

해설 **엘리베이터의 속도제어**

㉠ 교류제어
- 교류 1단 속도제어
- 교류 2단 속도제어
- 교류궤환제어
- VVVF(가변전압 가변주파수)제어

ⓒ 직류제어
　• 워드 레오나드(ward leonard) 방식
　• 정지 레오나드(static leonard) 방식

★★★

20 유압식 엘리베이터의 부품 및 특성에 대한 설명으로 틀린 것은?

① 역저지밸브 : 정전이나 그 외의 원인으로 펌프의 토출압력이 떨어져 실린더의 기름이 역류하여 카가 자유낙하하는 것을 방지한다.

② 스톱밸브 : 유압 파워유닛과 실린더 사이의 압력배관에 설치되며 이것을 닫으면 실린더의 기름이 파워유닛으로 역류하는 것을 방지한다.

③ 사이렌서 : 자동차의 머플러와 같이 작동유의 압력 맥동을 흡수하여 진동, 소음을 감소시키는 역할이다.

④ 스트레이너 : 역할은 필터와 같으나 일반적으로 펌프 출구쪽에 붙인 것이다.

🔖해설 **스트레이너(strainer)**

ⓐ 실린더에 쇳가루나 이물질이 들어가는 것을 방지(실린더 손상 방지)하기 위해 설치된다.

ⓑ 탱크와 펌프 사이의 회로 및 차단밸브와 하강밸브 사이의 회로에 설치되어야 한다.

ⓒ 펌프의 흡입측에 부착하는 것을 스트레이너라 하고, 배관 중간에 부착하는 것을 라인필터라 한다.

ⓓ 차단밸브와 하강밸브 사이의 필터 또는 유사한 장치는 점검 및 유지보수를 위해 접근할 수 있어야 한다.

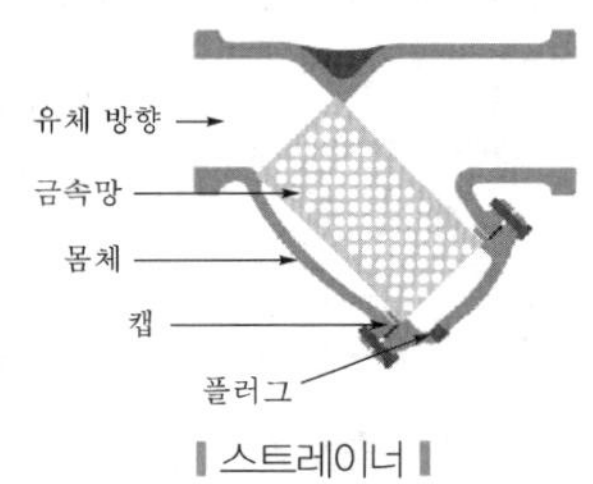

▎스트레이너 ▎

21 다음 중 승강기 도어시스템과 관계없는 부품은?

① 브레이스 로드
② 연동로프
③ 캠
④ 행거

🔖해설 **카 틀(car frame)**

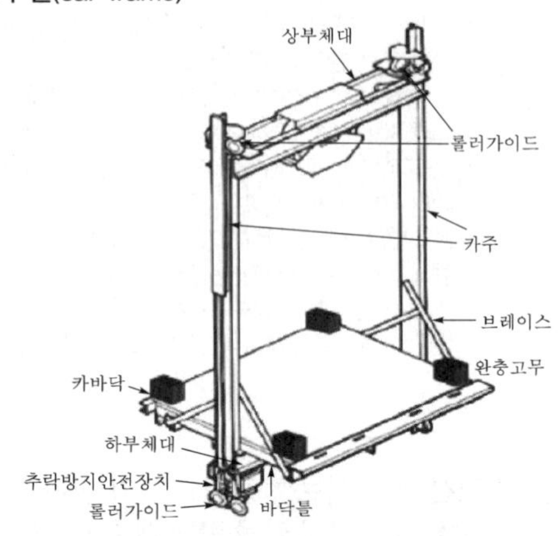

▎카 틀 및 카 바닥 ▎

ⓐ 상부 체대 : 카주 위에 2본의 종 프레임을 연결하고 메인 로프에 하중을 전달하는 것을 말한다.

ⓑ 카주 : 하부 프레임의 양단에서 하중을 지탱하는 2본의 기둥이다.

ⓒ 하부 체대 : 카 바닥의 하부 중앙에 바닥의 하중을 받쳐 주는 것을 말한다.

ⓓ 브레이스 로드(brace rod) : 카 바닥과 카주의 연결재이며, 카 바닥에 걸리는 하중은 분포하중으로 전하중의 3/8은 브레이스 로드에서 분담한다.

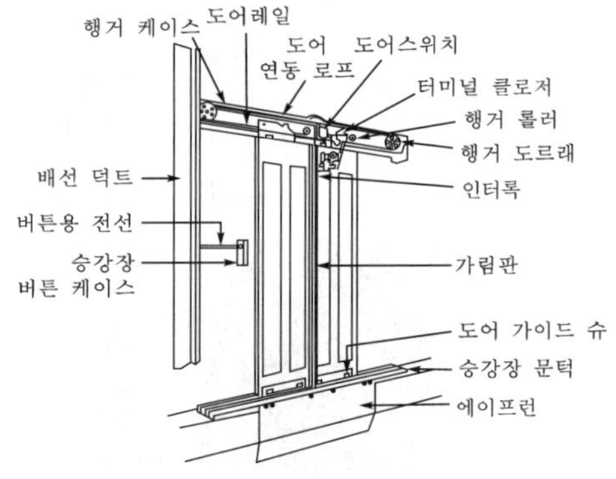

▎승강장 도어 구조 ▎

★★★★★

22 승객용 엘리베이터의 제동기는 승차감을 저해하지 않고 로프 슬립을 일으킬 수 있는 위험을 방지하기 위하여 감속도를 어느 정도로 하고 있는가?

① 0.1G　　　　② 0.2G
③ 0.3G　　　　④ 0.4G

🔖해설 **감속도**

ⓐ 제동 중에 있어서 엘리베이터 속도의 저하율. 순간적인 감속도를 가리키는 경우와 제동 중의 평균적인 감속도를 가리키는 경우 평균 감속도라고 한다.

ⓑ 0.1G 이하이어야 한다.

★★★★

23 간접식 유압엘리베이터의 특징이 아닌 것은?

① 실린더를 설치하기 위한 보호관이 필요하지 않다.

② 실린더 점검이 용이하다.

③ 추락방지안전장치가 필요하다.

④ 로프의 늘어짐과 작동유의 압축성 때문에 부하에 의한 카 바닥의 빠짐이 비교적 적다.

해설 간접식 유압엘리베이터

플런저의 선단에 도르래를 놓고 로프 또는 체인을 통해 카를 올리고 내리며, 로핑에 따라 1 : 2, 1 : 4, 2 : 4의 방식이 있다.

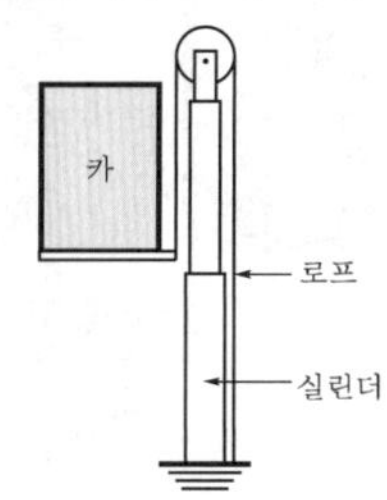

㉠ 실린더를 설치하기 위한 보호관이 필요하지 않다.

㉡ 실린더의 점검이 쉽다.

㉢ 승강로는 실린더를 수용할 부분만큼 더 커지게 된다.

㉣ 추락방지안전장치가 필요하다.

㉤ 로프의 늘어짐과 작동유의 압축성(의외로 큼) 때문에 부하에 의한 카 바닥의 빠짐이 비교적 크다.

★★★★★

24 과속조절기에서 과속스위치의 작동원리는 무엇을 이용한 것인가?

① 회전력

② 원심력

③ 과속조절기로프

④ 승강기의 속도

해설 과속조절기(governor)의 원리

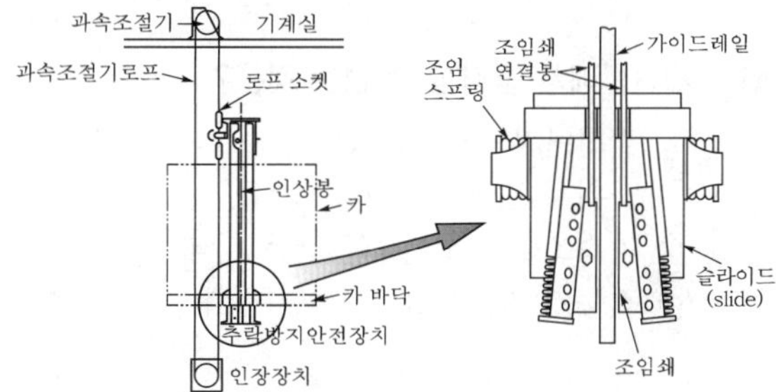

┃ 과속조절기와 추락방지안전장치의 연결 모습 ┃

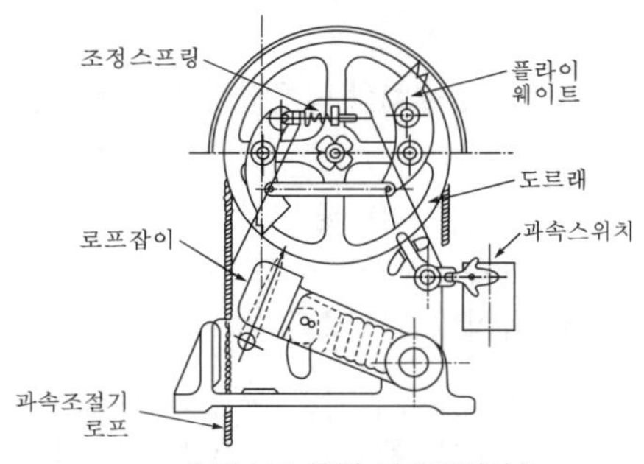

┃ 디스크 추형 과속조절기 ┃

㉠ 과속조절기풀리와 카를 과속조절기로프로 연결하면 카가 움직일 때 과속조절기풀리도 카와 같은 속도, 같은 방향으로 움직인다.

㉡ 어떤 비정상적인 원인으로 카의 속도가 빨라지면 과속조절기링크에 연결된 무게추(weight)가 원심력에 의해 풀리 바깥쪽으로 벗어나면서 과속을 감지한다.

㉢ 미리 설정된 속도에서 과속스위치와 제동기(brake)로 카를 정지시킨다.

㉣ 만약 엘리베이터가 정지하지 않고 속도가 계속 증가하면 과속조절기의 캐치(catch)가 동작하여 과속조절기로프를 붙잡고 결국은 추락방지안전장치를 작동시켜서 엘리베이터를 정지시킨다.

★★★

25 유압식 엘리베이터에서 압력 릴리프밸브는 압력을 전부하압력의 몇 %까지 제한하도록 맞추어 조절해야 하는가?

① 115

② 125

③ 140

④ 150

해설 압력 릴리프밸브(relief valve)

㉠ 펌프와 체크밸브 사이의 회로에 연결된다.

㉡ 압력조정밸브로 회로의 압력이 상용압력의 125% 이상 높아지면 바이패스(by-pass)회로를 열어 기름을 탱크로 돌려부내어 더 이상의 압력 상승을 방지한다.

㉢ 압력은 전부하압력의 140%까지 제한하도록 맞추어 조절되어야 한다.

㉣ 높은 내부손실(압력 손실, 마찰)로 인해 압력 릴리프밸브를 조절할 필요가 있을 경우에는 전부하압력의 170%를 초과하지 않는 범위 내에서 더 큰 값으로 설정될 수 있다.

㉤ 이러한 경우, 유압설비(잭 포함) 계산에서 가상의 전부하압력은 다음 식이 사용된다.

<u>선택된 설정 압력</u>
1.4

㉥ 좌굴 계산에서, 1.4의 초과압력계수는 압력 릴리프밸브의 증가된 설정 압력에 따른 계수로 대체되어야 한다.

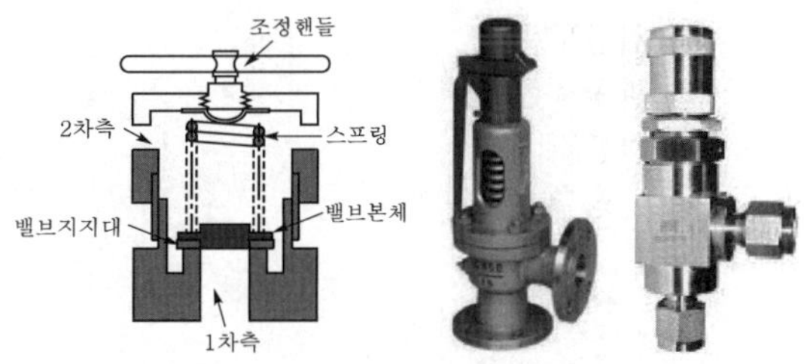

****

26 승강기에 설치할 방호장치가 아닌 것은?

① 가이드레일
② 출입문 인터록
③ 과속조절기
④ 파이널 리밋스위치

해설 ㉠ 카와 균형추를 승강로의 수직면상으로 안내 및 카의 기울어짐을 막고, 더욱이 추락방지안전장치가 작동했을 때의 수직 하중을 유지하기 위하여 가이드레일을 설치하나, 불균형한 큰 하중이 적재되었을 때라든지, 그 하중을 내리고 올릴 때에는 카에 큰 하중 모멘트가 발생한다. 그때 레일이 지탱해 낼 수 있는지에 대한 점검이 필요할 것이다.

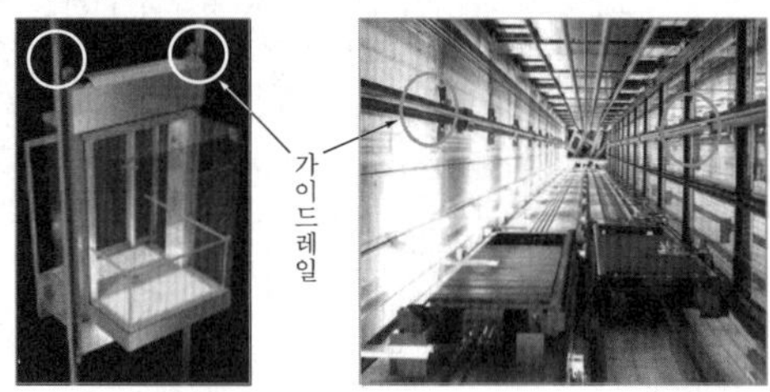

‖ 가이드레일(guide rail) ‖

㉡ 방호장치는 기계·기구에 의한 위험작업, 기타 작업에 의한 위험으로부터 근로자를 보호하기 위하여 행하는 위험기계·기구에 대한 안전조치

27 승강기에 사용하는 가이드레일 1본의 길이는 몇 m로 정하고 있는가?

① 1　　　　　② 3
③ 5　　　　　④ 7

해설 가이드레일의 규격

㉠ 레일 규격의 호칭은 마무리 가공 전 소재의 1m당의 중량으로 한다.
㉡ 일반적으로 T형 레일의 공칭은 8, 13, 18, 24K 등이 있다.
㉢ 대용량의 엘리베이터에서는 37, 50K 레일 등도 사용한다.
㉣ 레일의 표준길이는 5m로 한다.

******

28 피트에 설치되지 않는 것은?

① 인장도르래
② 과속조절기
③ 완충기
④ 균형추

해설 기계실 없는 엘리베이터

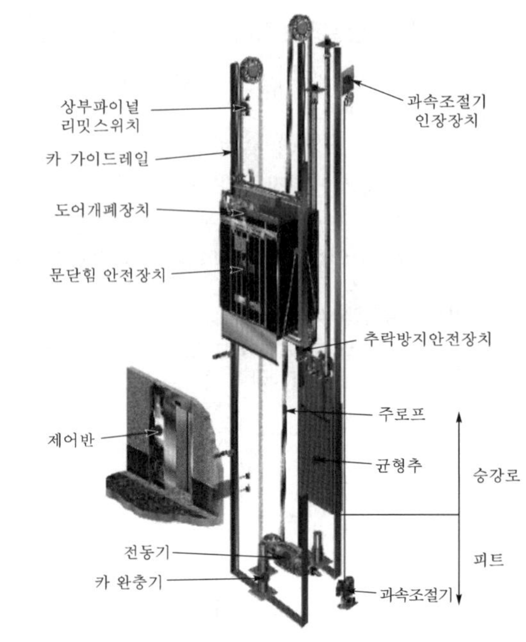

*****

29 카 상부에서 행하는 검사가 아닌 것은?

① 완충기 점검
② 주로프 점검
③ 가이드 슈 점검
④ 도어개폐장치 점검

해설 피트에서 하는 점검항목 및 주기

㉠ 1회/1월 : 피트 바닥, 과부하감지장치
㉡ 1회/3월 : 완충기, 하부 파이널 리밋스위치, 카 비상멈춤장치스위치
㉢ 1회/6월 : 과속조절기로프 및 기타 당김도르래, 균형로프 및 부착부, 균형추 밑부분 틈새, 이동케이블 및 부착부
㉣ 1회/12월 : 카 하부 도르래, 피트 내의 내진대책

30 제어반에서 점검할 수 없는 것은?

① 결선단자의 조임 상태
② 스위치 접점 및 작동 상태
③ 과속조절기스위치의 작동 상태
④ 전동기 제어회로의 절연 상태

해설 제어반(control panel) 보수점검항목

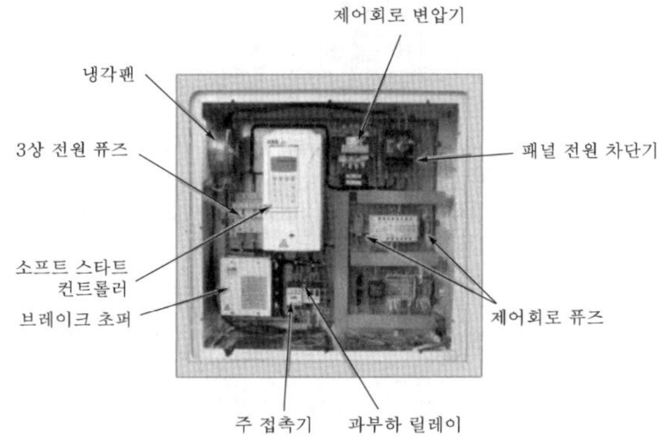

‖ 제어반 ‖

ㄱ 소음, 발열, 진동의 과도 여부
ㄴ 각 접점의 마모 및 작동 상태
ㄷ 제어반 수직도, 조립볼트 취부 및 이완 상태
ㄹ 리드선 및 배선정리 상태
ㅁ 접촉기와 계전기류 이상 유무
ㅂ 저항기의 불량 유무
ㅅ 전선 결선의 이완 유무
ㅇ 퓨즈(fuse) 이완 유무 및 동선 사용 유무
ㅈ 접지선 접속 상태
ㅊ 절연저항 측정
ㅋ 불필요한 점퍼(jumper)선 유무
ㅌ 절연물, 아크(ark) 방지기, 코일 소손 및 파손 여부
ㅍ 청소 상태

★★

31 엘리베이터에 많이 사용하는 가이드레일의 허용 응력은 보통 몇 kgf/cm^{2}인가?

① 1000
② 1450
③ 2100
④ 2400

해설 가이드레일

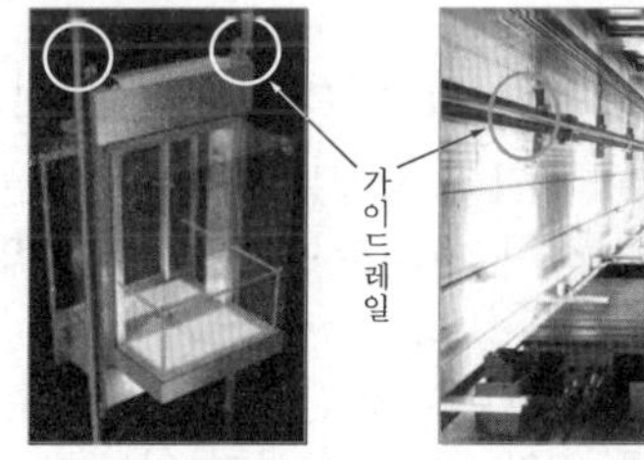

ㄱ 가이드레일의 사용 목적
• 카와 균형추의 승강로 평면 내의 위치를 규제한다.
• 카의 자중이나 화물에 의한 카의 기울어짐을 방지한다.
• 비상멈춤이 작동할 때의 수직하중을 유지한다.
ㄴ 가이드레일의 규격
• 레일 규격의 호칭은 마무리 가공전 소재의 1m당의 중량으로 한다.
• 일반적으로 쓰는 T형 레일의 공칭 8, 13, 18, 24K 등이 있다.

• 대용량의 엘리베이터에서는 37, 50K 레일 등도 사용한다.
• 레일의 표준 길이는 5m로 한다.
• 허용응력은 2400[kg/cm^2]

32 비상용 승강기는 화재발생 시 화재진압용으로 사용하기 위하여 고층빌딩에 많이 설치하고 있다. 비상용 승강기에 반드시 갖추지 않아도 되는 조건은?

① 비상용 소화기
② 예비전원
③ 전용 승강장 이외의 부분과 방화구획
④ 비상운전 표시등

해설 비상용 엘리베이터

ㄱ 환경 · 건축물 요건
• 비상용 엘리베이터는 다음 조건에 따라 정확하게 운전되도록 설계되어야 한다.
　- 전기 · 전자적 조작 장치 및 표시기는 구조물에 요구되는 기간 동안(2시간 이상) 0℃에서 65℃까지의 주위 온도 범위에서 작동될 때 카가 위치한 곳을 감지할 수 있도록 기능이 지속되어야 한다.
　- 방화구획 된 로비가 아닌 곳에서 비상용 엘리베이터의 모든 다른 전기 · 전자 부품은 0℃에서 40℃까지의 주위 온도 범위에서 정확하게 기능하도록 설계되어야 한다.
　- 엘리베이터 제어의 정확한 기능은 건축물에 요구되는 기간 동안(2시간 이상) 연기가 가득 찬 승강로 및 기계실에서 보장되어야 한다.
• 방화 목적으로 사용된 각 승강장 출입구에는 방화구획 된 로비가 있어야 한다.
• 비상용 엘리베이터에 2개의 카 출입구가 있는 경우, 소방관이 사용하지 않은 비상용 엘리베이터의 승강장 문은 65℃를 초과하는 온도에 노출되지 않도록 보호되어야 한다.
• 보조 전원공급장치는 방화구획 된 장소에 설치되어야 한다.
• 비상용 엘리베이터의 주 전원공급과 보조 전원공급의 전선은 방화구획 되어야 하고 서로 구분되어야 하며, 다른 전원공급장치와도 구분되어야 한다.
ㄴ 기본 요건
• 비상용 엘리베이터는 소방운전 시 모든 승강장의 출입구마다 정지할 수 있어야 한다.
• 비상용 엘리베이터의 크기는 630kg의 정격하중을 갖는 폭 1100mm, 깊이 1400mm 이상이어야 하며, 출입구 유효폭은 800mm 이상이어야 한다.
• 침대 등을 수용하거나 2개의 출입구로 설계된 경우 또는 피난용도로 의도된 경우, 정격하중은 1000kg 이상이어야 하고 카의 면적은 폭 1100mm, 깊이 2100mm 이상이어야 한다.
• 소방관이 조작하여 엘리베이터 문이 닫힌 이후부터 60초 이내에 가장 먼 층에 도착하여야 된다. 다만, 운행속도는 1m/s 이상이어야 한다.

정답 31. ④ 32. ①

33 기계실에서 점검할 항목이 아닌 것은?

① 수전반 및 주개폐기
② 가이드롤러
③ 절연저항
④ 제동기

해설 카 가이드롤러(car guide roller)

엘리베이터의 카, 균형추 또는 플런저를 레일을 따라 안내하기 위한 장치로, 일반적으로 카 체대 또는 균형추 체대의 상하부에 설치된다. 가이드롤러형은 슬라이딩형에 비해 구조가 복잡하고 비용도 고가이지만 주행저항이 적어 고속운전 시 진동. 소음의 발생이 적기 때문에 고속, 초고속 엘리베이터에 이용되고 있다.

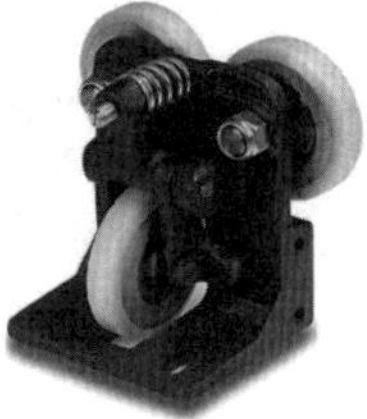

‖ 슬라이딩형 ‖　　　‖ 롤러형 ‖

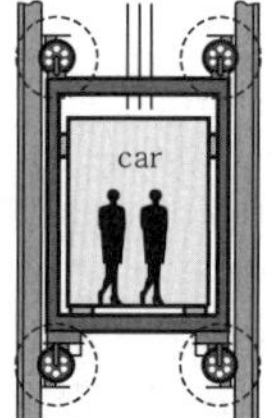

‖ 설치 위치 ‖

34 카 내에 승객이 갇혔을 때의 조치할 내용 중 부적절한 것은?

① 우선 인터폰을 통해 승객을 안심시킨다.
② 카의 위치를 확인한다.
③ 층 중간에 정지하여 구출이 어려운 경우에는 기계실에서 정지층에 위치하도록 권상기를 수동으로 조작한다.
④ 반드시 카 상부의 비상구출구를 통해서 구출한다.

해설 승객이 갇힌 경우의 대응요령

㉠ 엘리베이터 내와 인터폰을 통하여 갇힌 승객에게 엘리베이터 내에는 외부와 공기가 통하고 있으므로 질식하거나, 엘리베이터가 떨어질 염려가 없음을 알려 승객을 안심시킨다.
㉡ 구출할 때까지 문을 열거나 탈출을 시도하지 말 것을 당부한다.

㉢ 엘리베이터의 위치를 확인
  • 감시반의 위치표시기
  • 승강장의 위치표시기
  • 위치표시기에 나타난 층으로 가서 실제로 엘리베이터가 그 층에 있는지 확인
  • 정전 시에는 위치표시기가 꺼져 있으므로 실제로 확인하여야 함
  • 또한 위치표시기에 나타난 층과 실제로 정지되어 있는 층이 다를 수도 있으므로 주의
㉣ 컴퓨터제어방식인 경우 엘리베이터 주전원을 껐다가 다시 켜서 CPU를 리셋(reset)시킨다(경미한 고장인 경우에는 CPU의 리셋으로 정상동작하는 경우가 대부분).
㉤ 전원을 차단한다.
㉥ 엘리베이터가 있는 층에서 승강장 도어 키를 이용하여 승강장도어를 반쯤 열고 엘리베이터가 있음을 확인한다.
㉦ 카 도어가 열려있지 않으면 카 도어를 손으로 연다.
㉧ 카의 하부에 빈 공간이 있는 경우에는 구출 시 승객이 승강로로 추락할 염려가 있으므로 반드시 승객의 손을 잡고 구출하여야 한다(구출작업 시 시스템의 불안전상태의 엘리베이터가 도어가 열려 있어도 움직이는 경우가 있어 사고의 위험이 있으므로 반드시 전원을 차단한 상태에서 구출 작업을 하여야 함).
㉨ 층간에 걸려서 구출하기 어려운 경우 2차 사고의 위험이 있으므로 전문 인력(설치업체직원 등) 외에는 실시하지 않는다. 위 ㉠~㉧항 실시 후 엘리베이터의 기계실로 올라간다.
  • 엘리베이터가 정지할 수 있는 가장 가까운 승강장의 도어 존에 위치하도록 권상기를 수동으로 조작한다. 이 작업은 반드시 2명 이상의 훈련된 인원이 실시하여야 한다.
  • 엘리베이터의 착상 위치는 주로프 또는 조속기로프에 표시가 되어 있으므로 그 위치에서 정지시킨다.
  • 해당 승강장에 있는 구조자가 승객을 안전하게 구출한다(수동핸들을 사용하여 카를 움직이는 것은 사고의 위험이 있으므로 가능한 유지관리업체에서 도착하기를 기다리는 것이 바람직함).
㉩ 권상기의 수동조작으로 승강장의 착상 위치에 도착하도록 한다(이 작업은 위험을 동반하기 때문에 충분한 기술훈련으로 경험을 쌓은 자가 실시하여야 함).

35 추락에 의한 위험방지 중 유의사항으로 틀린 것은?

① 승강로 내 작업 시에는 작업공구, 부품 등이 낙하하여 다른 사람을 해하지 않도록 할 것
② 카 상부 작업 시 중간층에는 균형추의 움직임에 주의하여 충돌하지 않도록 할 것
③ 카 상부 작업 시에는 신체가 카 상부 보호대를 넘지 않도록 하며 로프를 잡을 것
④ 승강장 도어 키를 사용하여 도어를 개방할 때에는 몸의 중심을 뒤에 두고 개방하여 반드시 카 유무를 확인하고 탑승할 것

해설 카 상부에서 보수점검 등을 할 때에는 반드시 보호장구 착용을 의무화하고 카 상부에는 보호난간을 설치하여 작업자가 추락 및 전도되지 않도록 한다. 카 상부에서 수동운전으로 승강기의 상태점검 중 와이어로프를 잡으면, 손에 낀 장갑이 와이어로프에 말려서 손가락이 다치는 사고가 발생되므로 로프는 잡지 말아야 한다.

★★★

36 전기 화재의 원인으로 직접적인 관계가 되지 않는 것은?

① 저항
② 누전
③ 단락
④ 과전류

해설 전기화재의 원인

㉠ 누전 : 전선의 피복이 벗겨져 절연이 불완전하여 전기의 일부가 전선 밖으로 새어나와 주변 도체에 흐르는 현상
㉡ 단락 : 접촉되어서는 안 될 2개 이상의 전선이 접촉되거나 어떠한 부품의 단자와 단자가 서로 접촉되어 과다한 전류가 흐르는 것
㉢ 과전류 : 전압이나 전류가 순간적으로 급격하게 증가하면 전력선에 과전류가 흘러서 전기제품이 파손될 염려가 있음

37 작업 시 이상 상태를 발견할 경우 처리절차가 옳은 것은?

① 작업 중단 → 관리자에 통보 → 이상 상태 제거 → 재발방지대책 수립
② 관리자에 통보 → 작업 중단 → 이상 상태 제거 → 재발방지대책 수립
③ 작업 중단 → 이상 상태 제거 → 관리자에 통보 → 재발방지대책 수립
④ 관리자에 통보 → 이상 상태 제거 → 작업 중단 → 재발방지대책 수립

해설 재해발생 시 재해조사 순서

㉠ 재해 발생
㉡ 긴급조치(기계 정지 → 피해자 구출 → 응급조치 → 병원에 후송 → 관계자 통보 → 2차 재해 방지 → 현장 보존)
㉢ 원인조사
㉣ 원인분석
㉤ 대책 수립
㉥ 실시
㉦ 평가

38 관리주체가 승강기의 유지관리 시 유지관리자로 하여금 유지관리중임을 표시하도록 하는 안전조치로 틀린 것은?

① 사용금지 표시
② 위험요소 및 주의사항
③ 작업자 성명 및 연락처
④ 유지관리 개소 및 소요시간

해설 보수점검 시 안전관리에 관한 사항

㉠ 보수 또는 점검 시에는 다음의 안전조치를 취한 후 작업하여야 한다.
• '보수 · 점검중'이라는 사용금지 표시
• 보수 · 점검 개소 및 소요시간 표시
• 보수 · 점검자명 및 보수 · 점검자 연락처
• 접근 · 탑승금지 방호장치 설치
㉡ 보수 담당자 및 자체검사 실시내용이 기재된 '승강기 관리카드'를 승강기 내부 또는 외부에 부착하고 관리하여야 한다.

39 재해 발생 과정의 요건이 아닌 것은?

① 사회적 환경과 유전적인 요소
② 개인적 결함
③ 사고
④ 안전한 행동

해설 재해의 발생 순서 5단계

유전적 요소와 사회적 환경 → 인적 결함 → 불안전한 행동과 상태 → 사고 → 재해

40 작업자의 재해 예방에 대한 일반적인 대책으로 맞지 않는 것은?

① 계획의 작성
② 엄격한 작업감독
③ 위험요인의 발굴 대처
④ 작업지시에 대한 위험 예지의 실시

해설 재해예방활동의 3원칙

㉠ 재해요인의 발견
• 직장의 점검, 순시, 검사, 조사
• 재해분석
• 작업방법의 분석
• 적성검사, 건강진단, 체력측정, 작업자의 심신적 결함의 파악
㉡ 재해요인의 제거 · 시정
• 유해 · 위험작업에 대한 유자격자 이외의 취업 제한
• 유해 · 위험요인의 제거
• 유해 · 위험요인이 있는 시설의 방호, 개선, 격리
• 개인용 보호구의 착용 철저
• 불안전한 행동의 시정

정답 36. ① 37. ① 38. ② 39. ④ 40. ②

ⓒ 재해요인발생의 예방
- 안전성평가의 활용
- 제도, 기준의 이행과 검토
- 과거에 일어난 재해예방대책의 이행
- 원재료, 설비, 환경 등의 보전
- 신규채용자 등의 안전교육
- 안전보건의식의 지속 유지

41 안전사고의 발생요인으로 볼 수 없는 것은?

① 피로감　　　　② 임금
③ 감정　　　　　④ 날씨

■해설 임금과 안전사고의 발생과는 관계가 없다.

42 ★★ 사고 예방 대책 기본원리 5단계 중 3E를 적용하는 단계는?

① 1단계　　　　② 2단계
③ 3단계　　　　④ 5단계

■해설 **하인리히 사고방지 5단계**

㉠ 1단계 : 안전관리조직
㉡ 2단계 : 사실의 발견
- 사고 및 활동기록 검토
- 안전점검 및 검사
- 안전회의 토의
- 사고조사
- 작업분석
㉢ 3단계 : 분석 평가
　재해조사분석, 안전성 진단평가, 작업환경 측정, 사고기록, 인적·물적 조건조사 등
㉣ 4단계 : 시정책의 선정(인사조정 교육 및 훈련방법 개선)
㉤ 5단계 : 시정책의 적용(3E, 3S)
- 3E : 기술적, 교육적, 독려적
- 3S : 표준화, 전문화, 단순화

43 ★ 현장 내에 안전표지판을 부착하는 이유로 가장 적합한 것은?

① 작업방법을 표준화하기 위하여
② 작업환경을 표준화하기 위하여
③ 기계나 설비를 통제하기 위하여
④ 비능률적인 작업을 통제하기 위하여

■해설 **산업안전보건표지**

유해·위험한 물질을 취급하는 시설·장소에 설치하는 산재 예방을 위한 금지나 경고, 비상조치 지시 및 안내사항, 안전의식 고취를 위한 사항들을 그림이나 기호, 글자 등을 이용해 만든 것이다.

44 ★★★ 전기기기에서 E종 절연의 최고 허용온도는 몇 ℃인가?

① 90
② 105
③ 120
④ 130

■해설 **전기기기의 절연등급**

절연의 종류	최고 허용온도
Y종	90℃
A종	105℃
E종	120℃
B종	130℃
F종	155℃
H종	180℃
C종	180℃ 초과

45 ★ 다음 그림과 같은 축의 모양을 가지는 기어는?

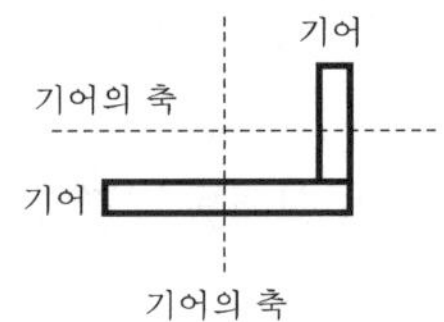

① 스퍼기어(spur gear)
② 헬리컬기어(helical gear)
③ 베벨기어(bevel gear)
④ 웜기어(worm gear)

■해설

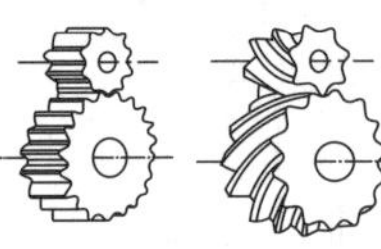
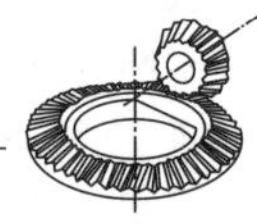
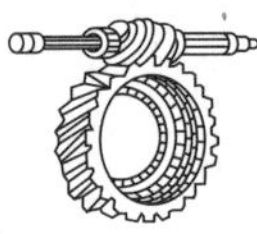

46 ★★★ '회로망에서 임의의 접속점에 흘러 들어오고 흘러 나가는 전류의 대수합은 0이다'라는 법칙은?

① 키르히호프의 법칙
② 가우스의 법칙
③ 줄의 법칙
④ 쿨롱의 법칙

해설 │ 키르히호프의 제1법칙

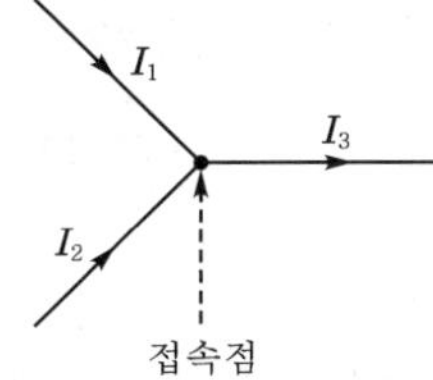

회로망에 있어서 임의의 한 접속점에 흘러 들어오는 전류의 합은 흘러 나가는 전류의 합과 같다(∴ 유입되는 전류 I_1, I_2와 유출되는 전류 I_3의 합은 0).

Σ유입 전류$=\Sigma$유출 전류
$$I_1 + I_2 = I_3 \quad \therefore I_1 + I_2 + (-I_3) = 0$$

★★★★

47 배선용 차단기의 기호(약호)는?

① S
② DS
③ THR
④ MCCB

해설 │ 배선용 차단기(Molded Case Circuit Breaker)

저압 옥내 전로의 보호를 위하여 사용한다. 개폐기구, 트립 장치 등을 절연물의 용기 내에 조립한 것으로 통전 상태의 전로를 수동 또는 전기 조작에 의하여 개폐가 가능하고 과 부하, 단락사고 시 자동으로 전로를 차단하는 기구이다.

48 유도전동기에서 슬립이 1이란 전동기의 어느 상 태인가?

① 유도제동기의 역할을 한다.
② 유도전동기가 전부하 운전 상태이다.
③ 유도전동기가 정지 상태이다.
④ 유도전동기가 동기속도로 회전한다.

해설 │ 슬립(slip)

3상 유도전동기는 항상 회전자기장의 동기속도(n_s)와 회전자의 속도 n 사이에 차이가 생기게 되며, 이 차이의 값으로 전동기의 속도를 나타낸다. 이때 속도의 차이와 동기속도(n_s)와의 비가 슬립이고, 보통 $0 < s < 1$ 범위이어야 하며, 슬립 1은 정지된 상태이다.

$$s = \frac{동기속도 - 회전자속도}{동기속도} = \frac{n_s - n}{n_s}$$

★★★

49 다음 회로에서 A, B 간의 합성용량은 몇 μF인가?

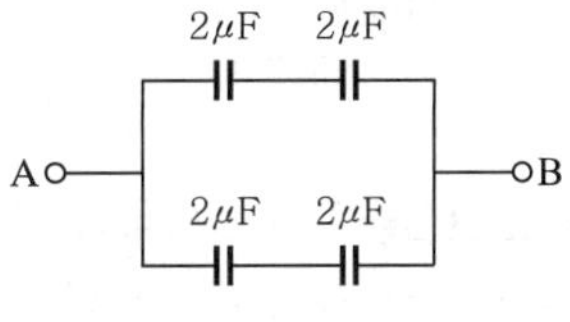

① 2
② 4
③ 8
④ 16

해설 │ ㉠ 2μF와 2μF가 직렬로 연결된 등가회로이므로 합성용량은 다음과 같다.

$$C_{T_1} = \frac{2 \times 2}{2 + 2} = 1\mu F$$

㉡ 1μF와 1μF가 병렬로 연결된 등가회로이므로 합성용량은 다음과 같다.

$$C_{T_2} = C_{T_1} + C_{T_1} = 1 + 1 = 2\mu F$$

50 전기력선의 성질 중 옳지 않은 것은?

① 양전하에서 시작하여 음전하에서 끝난다.
② 전기력선의 접선방향이 전장의 방향이다.
③ 전기력선은 등전위면과 직교한다.
④ 두 전기력선은 서로 교차한다.

해설 │ 전기력선의 성질

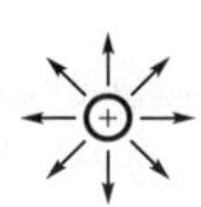

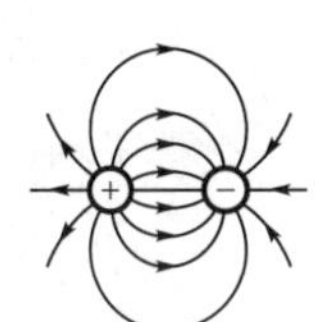

(a) 단독 정전하　(b) 단독 부전하　(c) 정부전하

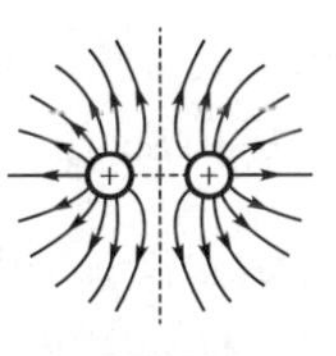
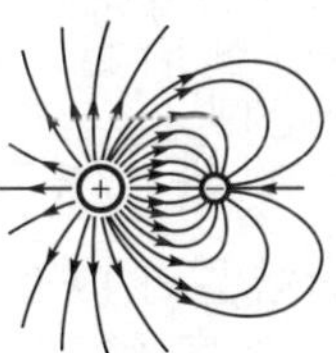
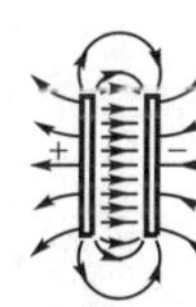

(d) 2개의 정전하　(e) 크기가 다른 정부전하　(f) 평행한 정부전하

❚ 여러 가지 전기력선의 모양 ❚

㉠ 전기력선은 양전하의 표면에서 나와 음전하의 표면에서 끝난다.
㉡ 전기력선의 접선방향이 그 점에서의 전장의 방향이다.
㉢ 전기력선은 수축하려는 성질이 있으며 같은 전기력선은 반발한다.
㉣ 전기력선에 수직한 단면적의 전기력선 밀도가 그 곳의 전장의 세기를 나타낸다. n(V/m)의 전장의 세기는 n(개/m²)의 전기력선으로 나타낸다.

정답 47. ④　48. ③　49. ①　50. ④

ⓛ 전기력선은 그 자신만으로는 폐곡선이 되는 일이
없다.
ⓗ 전기력선은 도체의 표면에 수직으로 출입하며 도체 내
부에 전기력선이 없다.
ⓢ 전기력선은 서로 교차하지 않는다.

51 **직류 분권전동기에서 보극의 역할은?**

① 회전수를 일정하게 한다.
② 기동토크를 증가시킨다.
③ 정류를 양호하게 한다.
④ 회전력을 증가시킨다.

해설 **전기자 반작용**

전기자전류에 의한 기자력이 주자속의 분포에 영향을 미치
는 현상을 말한다.

㉠ 전기자 반작용에 의한 현상

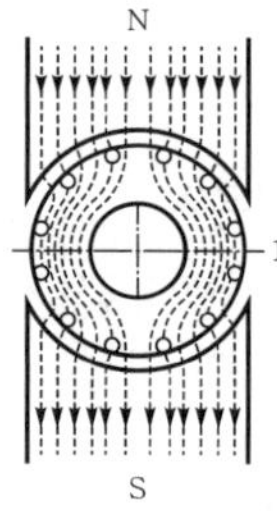 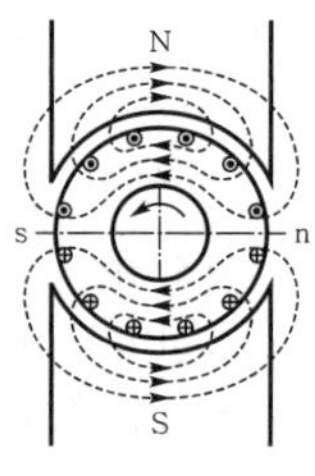 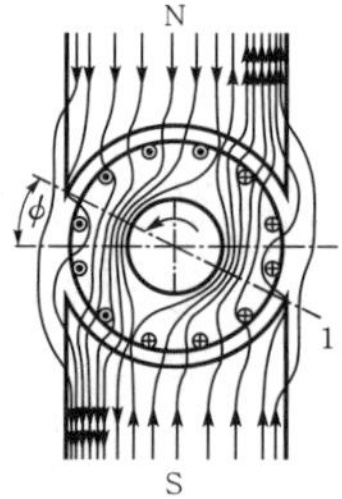

| 주자속 | | 전기자 자속 | | 합성자속 |
(전기자 반작용)

- 코일이 자극의 중성축에 있을 때도 전압을 유지시켜
브러시 사이에 불꽃을 발행한다.
- 주자속 분포를 찌그러뜨려 중성축을 이동시킨다.
- 주자속을 감소시켜 유도전압을 감소시킨다.

㉡ 전기자 반작용의 방지법

- 브러시 위치를 전기적 중성점으로 이동시킨다.
- 보상권선을 설치한다.
- 보극을 설치한다.

㉢ 보극의 역할

- 전기자가 만드는 자속을 상쇄(전기자 반작용 상쇄 역할)
한다.
- 전압정류를 하기 위한 정류자속을 발생시킨다.

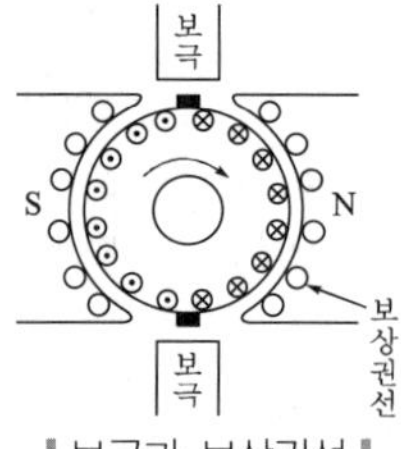

| 보극과 보상권선 |

★★★

52 **다음과 같은 그림기호는?**

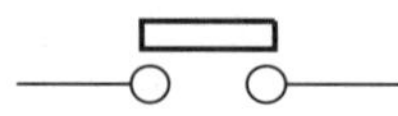

① 플로트레스스위치　② 리밋스위치
③ 텀블러스위치　④ 누름버튼스위치

해설 **리밋스위치(limit switch)**

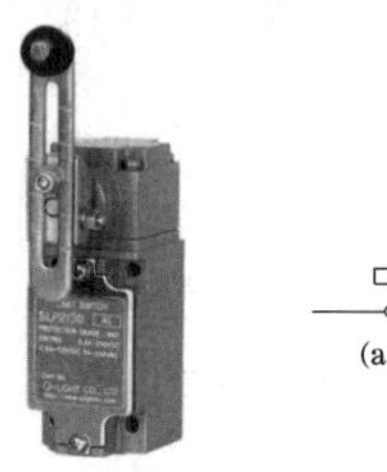 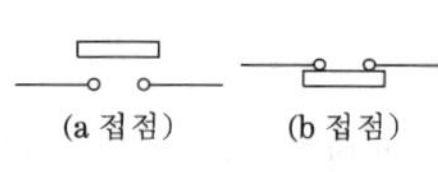

| 리밋스위치 | | 기호 |

㉠ 물체의 힘에 의해 동작부(구동장치)가 눌려서 접점이 온.
오프(on, off)한다.
㉡ 엘리베이터가 운행 시 최상·최하층을 지나치지 않도록
하는 장치로서 리밋스위치에 접촉이 되면 카를 감속 제
어하여 정지시킬 수 있도록 한다.

★★

53 **직류전동기의 속도제어방법이 아닌 것은?**

① 저항제어법　② 계자제어법
③ 주파수제어법　④ 전기자 전압제어법

해설 **직류전동기의 속도제어**

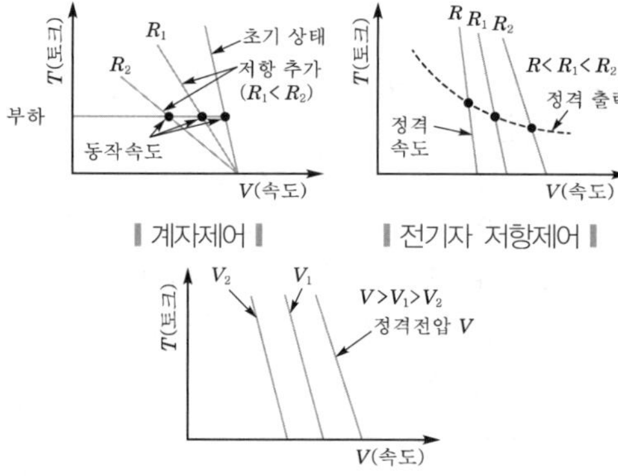

㉠ 계자제어 : 계자자속 ϕ를 변화시키는 방법으로, 계자저
항기로 계자전류를 조정하여 ϕ를 변화시킨다.
㉡ 저항제어 : 전기자에 가변직렬저항 $R(\Omega)$을 추가하여
전기자회로의 저항을 조정함으로써 속도를 제어한다.
㉢ 전압제어 : 타여자 전동기에서 전기자에 가한 전압을 변
화시킨다.

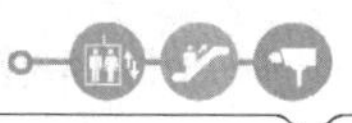

54 물질 내에서 원자핵의 구속력을 벗어나 자유로이 이동할 수 있는 것은?

① 분자 ② 자유전자
③ 양자 ④ 중성자

해설 원자의 구조

모든 물질은 매우 작은 분자 또는 원자의 집합으로 되어 있다. 이들 원자는 원자핵(atomic nucleus)과 그 주위를 둘러싸고 있는 전자(electron)들로 구성되어 있으며, 원자핵은 양전기를 가진 양성자(proton)와 전기를 가지지 않는 중성자(neutron)가 강한 핵력으로 결합되어 있다. 전자들 중에서 가장 바깥쪽의 자유전자들은 원자핵과의 결합력이 약해서 외부의 작은 힘에 의하여 쉽게 핵의 구속력을 벗어나 자유롭게 움직인다.

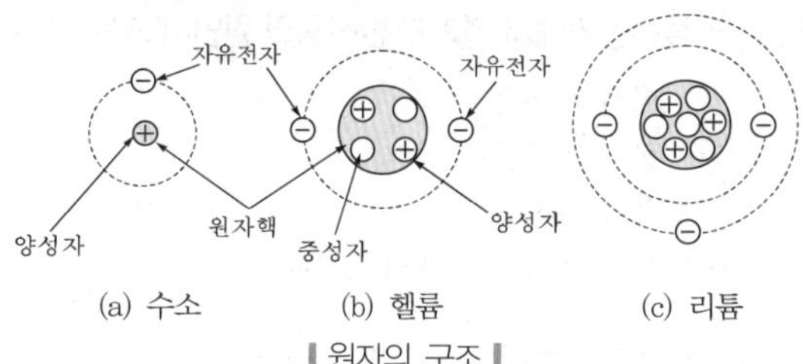

(a) 수소　　(b) 헬륨　　(c) 리튬

‖ 원자의 구조 ‖

55 시퀀스회로에서 일종의 기억회로라고 할 수 있는 것은?

① AND회로 ② OR회로
③ NOT회로 ④ 자기유지회로

해설 자기유지회로(self hold circuit)

㉠ 전자계전기(X)를 조작하는 스위치(BS_1)와 병렬로 그 전자계전기의 a접점이 접속된 회로, 예를 들면 누름단추스위치(BS_1)를 온(on)했을 때, 스위치가 닫혀 전자계전기가 여자(excitation)되면 그것의 a접점이 닫히기 때문에 누름단추스위치(BS_1)를 떼어도(스위치가 열림) 전자계전기는 누름단추스위치(BS_2)를 누를 때까지 여자를 계속한다. 이것을 자기유지라고 하는데 자기유지회로는 전동기의 운전 등에 널리 이용된다.

㉡ 여자(excitation) : 전자계전기의 전자코일에 전류가 흘러 전자석으로 되는 것이다.

㉢ 전자계전기(electromagnetic relay) : 전자력에 의해 접점(a, b)을 개폐하는 기능을 가진 장치로서, 전자코일에 전류가 흐르면 고정철심이 전자석으로 되어 철편이 흡입되고, 가동접점은 고정접점에 접촉된다. 전자코일에 전류가 흐르지 않아 고정철심이 전자력을 잃으면 가동접점은 스프링의 힘으로 복귀되어 원상태로 된다. 일반제어회로의 신호전달을 위한 스위칭회로뿐만 아니라 통신기기, 가정용 기기 등에 폭넓게 이용되고 있다.

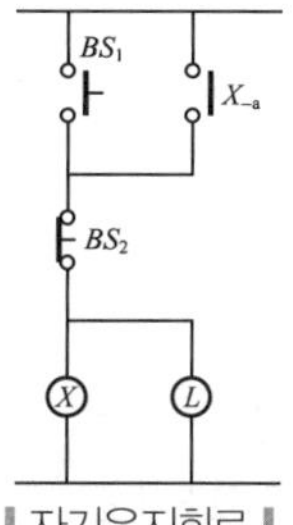

‖ 자기유지회로 ‖　　　‖ 전자계전기(relay) ‖

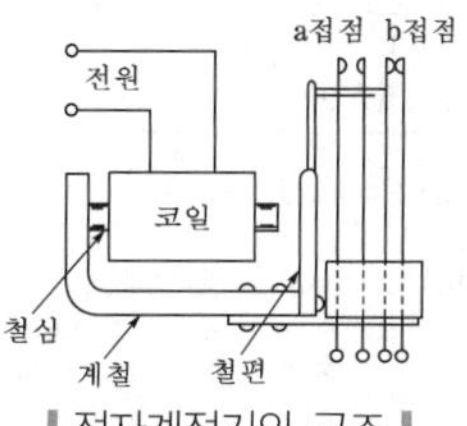

‖ 전자계전기의 구조 ‖

56 운동을 전달하는 장치로 옳은 것은?

① 절이 왕복하는 것을 레버라 한다.
② 절이 요동하는 것을 슬라이더라 한다.
③ 절이 회전하는 것을 크랭크라 한다.
④ 절이 진동하는 것을 캠이라 한다.

해설 링크(link)의 구성

몇 개의 강성한 막대를 핀으로 연결하고 회전할 수 있도록 만든 기구

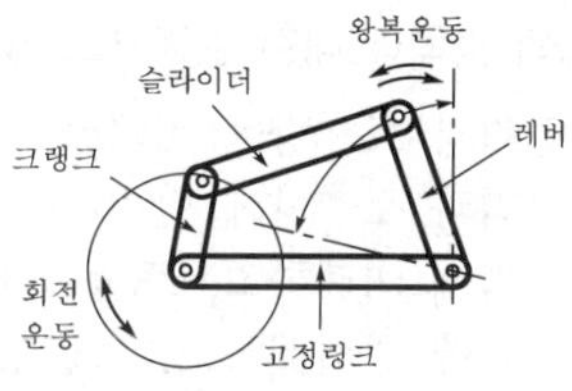

‖ 4절 링크기구 ‖

㉠ 크랭크 : 회전운동을 하는 링크
㉡ 레버 : 요동운동을 하는 링크
㉢ 슬라이더 : 미끄럼운동 링크
㉣ 고정부 : 고정 링크

57 RLC 직렬회로에서 최대 전류가 흐르게 되는 조건은?

① $\omega L^2 - \dfrac{1}{\omega C} = 0$　　② $\omega L^2 + \dfrac{1}{\omega C} = 0$

③ $\omega L - \dfrac{1}{\omega C} = 0$　　④ $\omega L + \dfrac{1}{\omega C} = 0$

정답　54. ②　55. ④　56. ③　57. ③

해설 직렬공진 조건

RLC가 직렬로 연결된 회로에서 용량리액턴스와 유도리액턴스는 더 이상 회로 전류를 제한하지 못하고 저항만이 회로에 흐르는 전류를 제한할 수 있게 되는데 이 상태를 공진이라고 한다.

㉠ 임피던스(impedance)

$$Z = \sqrt{R^2 + \left(\omega L - \frac{1}{\omega C}\right)^2}\ (\Omega)$$

용량리액턴스와 유도리액턴스가 같다면 $\omega L = \dfrac{1}{\omega C}$

$$\omega L - \frac{1}{\omega C} = 0$$

임피던스(Z)

$$Z = \sqrt{R^2 + \left(\omega L - \frac{1}{\omega C}\right)^2} = \sqrt{R^2 + (0)^2} = R\ (\Omega)$$

㉡ 직렬공진회로
- 공진임피던스는 최소가 된다.
$$Z = \sqrt{R^2 + (0)^2} = R$$
- 공진전류 I_0는 최대가 된다.
$$I_0 = \frac{V}{Z} = \frac{V}{R}\,(A)$$
- 전압 V와 전류 I는 동위상이다. 용량리액턴스와 유도리액턴스는 크기가 같아서 상쇄되어 저항만의 회로가 된다.

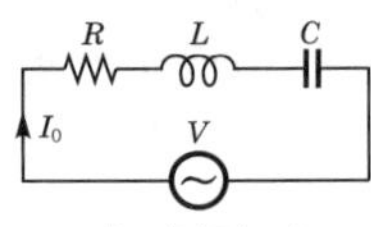

‖ 직렬회로 ‖

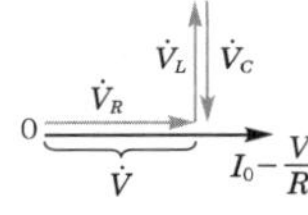

‖ 직렬공진 벡터 ‖

★★★

58 펌프의 출력에 대한 설명으로 옳은 것은?

① 압력과 토출량에 비례한다.
② 압력과 토출량에 반비례한다.
③ 압력에 비례하고, 토출량에 반비례한다.
④ 압력에 반비례하고, 토출량에 비례한다.

해설 펌프(pump)

㉠ 펌프의 출력은 유압과 토출량에 비례한다.
㉡ 동일 플런저라면 유압이 높을수록 큰 하중을 들 수 있고, 토출량이 많을수록 속도가 크게 될 수 있다.
㉢ 일반적인 유압은 10~60kg/cm², 토출량은 50~1500l/min 정도이며 모터는 2~50kW 정도이다. 이 펌프로 구동되는 엘리베이터의 능력은 300~10000kg, 속도는 10~60m/min 정도이다.

★★★★

59 다음 중 OR회로의 설명으로 옳은 것은?

① 입력신호가 모두 '0'이면 출력신호가 '1'이 됨
② 입력신호가 모두 '0'이면 출력신호가 '0'이 됨
③ 입력신호가 '1'과 '0'이면 출력신호가 '0'이 됨
④ 입력신호가 '0'과 '1'이면 출력신호가 '0'이 됨

해설 논리합(OR)회로

하나의 입력만 있어도 출력이 나타나는 회로이며, 'A' OR 'B' 즉, 병렬회로이다.

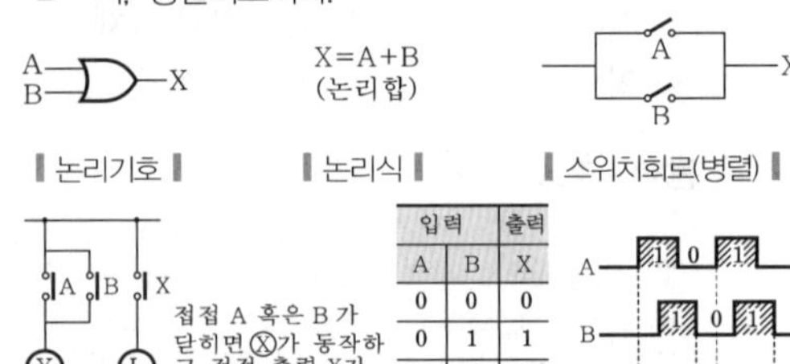

‖ 논리기호 ‖　　X = A + B (논리합)　　‖ 논리식 ‖　　‖ 스위치회로(병렬) ‖

입력		출력
A	B	X
0	0	0
0	1	1
1	0	1
1	1	1

접점 A 혹은 B가 닫히면 X가 동작하고 접점 출력 X가 닫혀 부하 L을 동작시킨다.

‖ 릴레이회로 ‖　　‖ 진리표 ‖　　‖ 동작시간표 ‖

60 직류전동기에서 전기자 반작용의 원인이 되는 것은?

① 계자전류
② 전기자전류
③ 와류손전류
④ 히스테리시스손의 전류

해설 전기자 반작용(armature reaction)

전기자전류에 의한 기자력이 주자속의 분포에 영향을 미치는 현상이다.

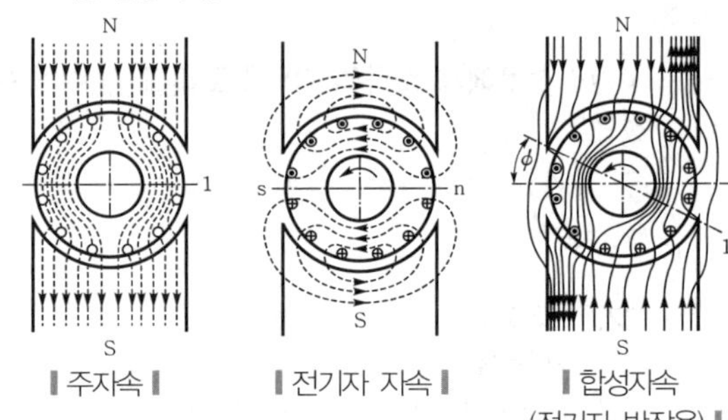

‖ 주자속 ‖　　‖ 전기자 자속 ‖　　‖ 합성자속 (전기자 반작용) ‖

㉠ 전기자 반작용에 의한 현상
- 코일이 자극의 중성축에 있을 때도 전압을 유지시켜 브러시 사이에 불꽃을 발행한다.
- 주자속 분포를 찌그러뜨려 중성축을 이동시킨다.
- 주자속을 감소시켜 유도전압을 감소시킨다.
㉡ 전기자 반작용의 방지법
- 브러시 위치를 전기적 중성점으로 이동시킨다.
- 보상권선을 설치한다.
- 보극을 설치한다.

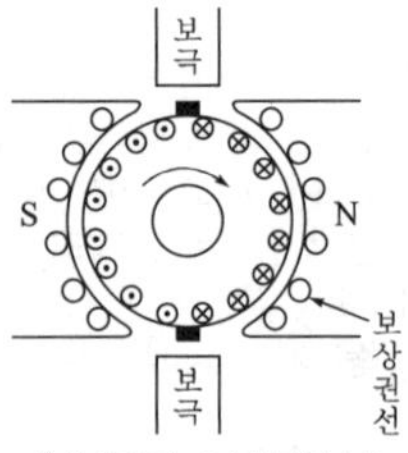

‖ 보극과 보상권선 ‖

※ 본 문제는 수험생들의 협조에 의해 작성되었으며, 시험내용과 일부 다를 수 있습니다.

★★

01 무기어식 엘리베이터의 종합효율은?

① 0.3~0.5
② 0.5~0.7
③ 0.7~0.85
④ 0.85~0.90

해설 **권상기**(traction machine)

㉠ 권상기의 형식
- 기어드(geared) 방식 : 전동기의 회전을 감속시키기 위해 기어를 부착한다.
- 무기어(gearless) 방식 : 기어를 사용하지 않고, 전동기의 회전축에 권상도르래를 부착시킨다.

㉡ 권상기 방식별 종합효율
- 웜기어 방식 : 50~75%
- 헬리컬기어 방식 : 80~85%
- 무기어 방식 : 85~90%

★★

02 다음 중 단수(1대) 엘리베이터의 조작방식으로 관련이 없는 것은?

① 단식 자동식
② 군승합 자동식
③ 승합 전자동식
④ 하강승합 전자동식

해설 **복수 엘리베이터의 조작방식**

㉠ 군승합 자동식(2car, 3car)
- 2~3대가 병행되었을 때 사용하는 조작방식이나.
- 한 개의 승강장 버튼의 부름에 대하여 한 대의 카만 응한다.

㉡ 군관리 방식(supervisore control)
- 엘리베이터를 3~8대 병설할 때 각 카를 불필요한 동작 없이 합리적으로 운영하는 조작방식이다.
- 교통수요의 변화에 따라 카의 운전내용을 변화시켜서 대응한다(출퇴근 시, 점심식사 시간, 회의 종료 시 등).
- 엘리베이터 운영의 전체 서비스 효율을 높일 수 있다.

★★★

03 다음 중 주유를 해서는 안 되는 부품은?

① 균형추   ② 가이드 슈
③ 가이드레일   ④ 브레이크 라이닝

해설 **브레이크 라이닝**(brake lining)

브레이크 드럼과 직접 접촉하여 브레이크 드럼의 회전을 멎게 하고 운동에너지를 열에너지로 바꾸는 마찰재이다. 브레이크 드럼으로부터 열에너지가 발산되어, 브레이크 라이닝의 온도가 높아져도 타지 않으며 마찰계수의 변화가 적은 라이닝이 좋다.

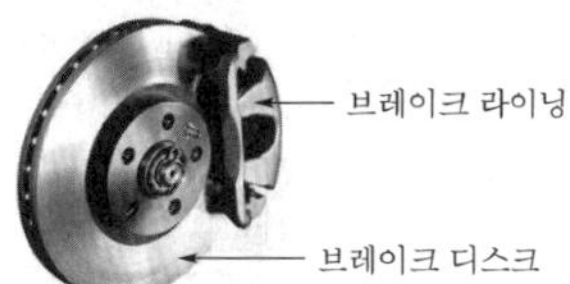

★★

04 시브와 접촉이 되는 와이어로프의 부분은 어느 것인가?

① 외층소선
② 내층소선
③ 심강
④ 소선

해설 **와이어로프**

㉠ 와이어로프의 구성
- 심(core)강
- 가닥(strand)
- 소선(wire)

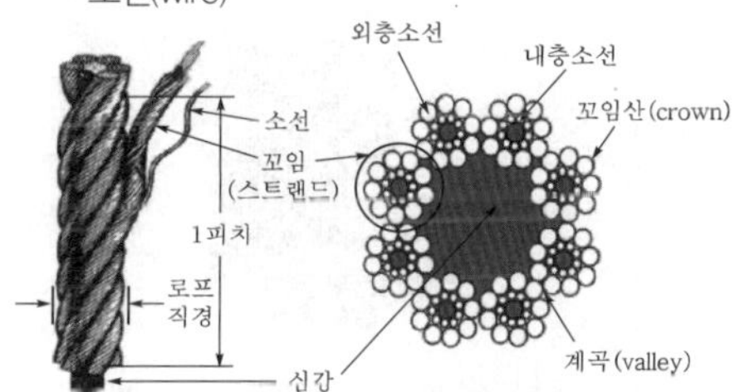

㉡ 소선의 재료 : 탄소강(C : 0.50~0.85 섬유상 조직)

㉢ 와이어로프의 표기

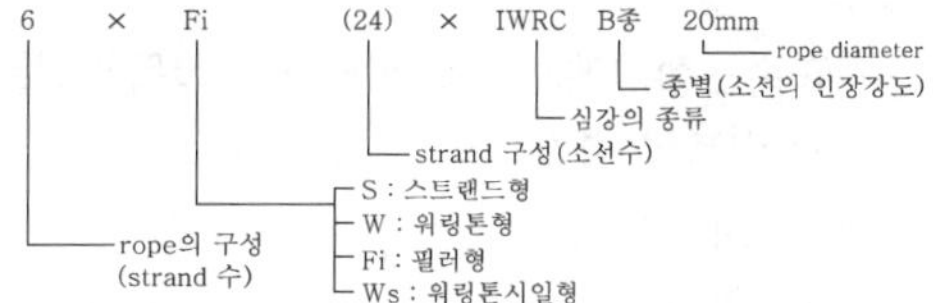

★★★

05 카 또는 균형추의 상하좌우에 부착되어 레일을 따라 움직이고 카 또는 균형추를 지지해주는 역할을 하는 것은?

① 완충기 ② 중간 스토퍼
③ 가이드레일 ④ 가이드 슈

해설 가이드 슈

㉠ 카 또는 균형추 상하좌우 4곳에 부착되어 레일에 따라 움직이며 카 또는 균형추를 지지한다.
㉡ 저속용은 슬라이딩 가이드 슈(sliding guide shoe), 고속용은 롤러 가이드 슈(roller guide shoe)로 구분된다.

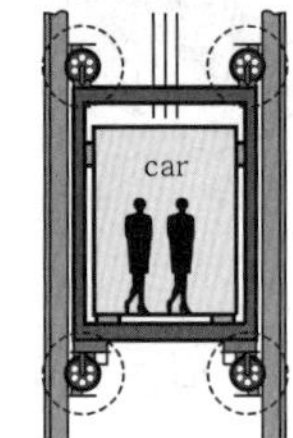

▌가이드 슈 설치 위치 ▌

▌슬라이딩 가이드 슈(sliding giude shoe) ▌

▌롤러 가이드 슈(roller guide shoe) ▌

★★★

06 과속조절기에서 과속스위치의 작동원리는 무엇을 이용한 것인가?

① 회전력
② 원심력
③ 과속조절기로프
④ 승강기의 속도

해설 과속조절기(governor)의 원리

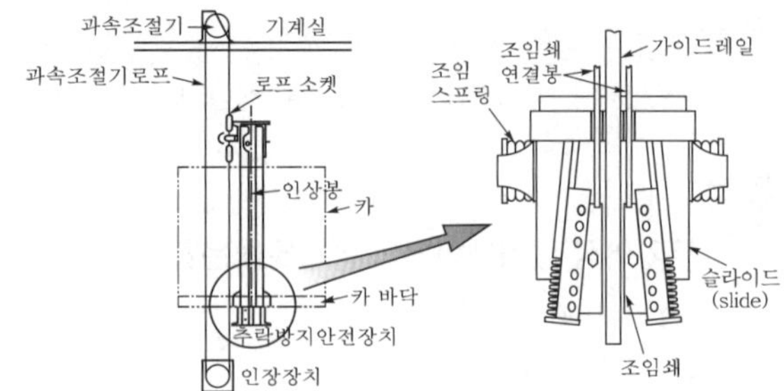

▌과속조절기와 추락방지안전장치의 연결 모습 ▌

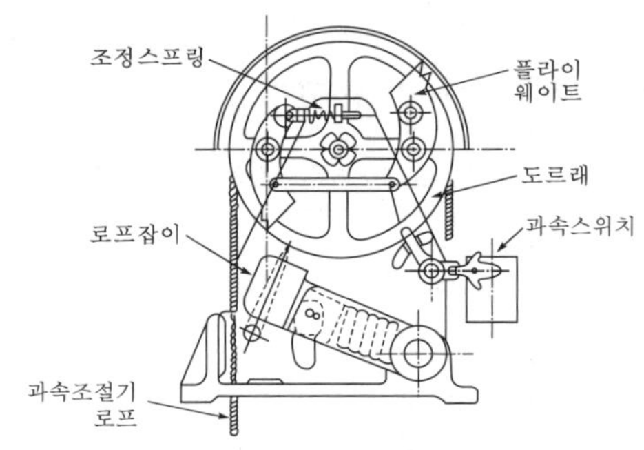

▌디스크 추형 과속조절기 ▌

㉠ 과속조절기풀리와 카를 과속조절기로프로 연결하면 카가 움직일 때 과속조절기풀리도 카와 같은 속도, 같은 방향으로 움직인다.
㉡ 어떤 비정상적인 원인으로 카의 속도가 빨라지면 과속조절기링크에 연결된 무게추(weight)가 원심력에 의해 풀리 바깥쪽으로 벗어나면서 과속을 감지한다.
㉢ 미리 설정된 속도에서 과속스위치와 제동기(brake)로 카를 정지시킨다.
㉣ 만약 엘리베이터가 정지하지 않고 속도가 계속 증가하면 과속조절기의 캐치(catch)가 동작하여 과속조절기로프를 붙잡고 결국은 추락방지안전장치를 작동시켜서 엘리베이터를 정지시킨다.

★★★★★

07 T형 가이드레일의 규격은 마무리 가공 전 소재의 ( )m당 중량을 반올림한 정수에 'K 레일'을 붙여서 호칭한다. 빈칸에 맞는 것은?

① 1 ② 2
③ 3 ④ 4

해설 가이드레일의 규격

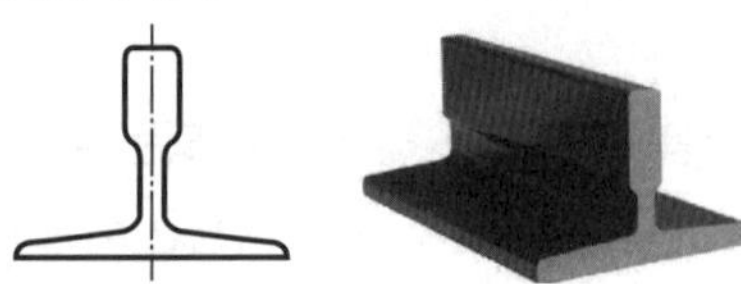

ⓐ 레일 규격의 호칭은 마무리 가공 전 소재의 1m당의 중량으로 한다.
ⓑ 일반적으로 쓰는 T형 레일의 공칭은 8, 13, 18, 24K 등이다.
ⓒ 대용량의 엘리베이터에서는 37, 50K 레일 등도 사용한다.
ⓓ 레일의 표준길이는 5m로 한다.

★★★★

08 다음 중 ( ) 안에 들어갈 내용으로 알맞은 것은?

> 카가 유입완충기에 충돌했을 때 플런저가 하강하고 이에 따라 실린더 내의 기름이 좁은 ( )을(를) 통과하면서 생기는 유체저항에 의해 완충작용을 하게 된다.

① 오리피스 틈새
② 실린더
③ 오일게이지
④ 플런저

해설 **유입완충기(에너지분산형)**

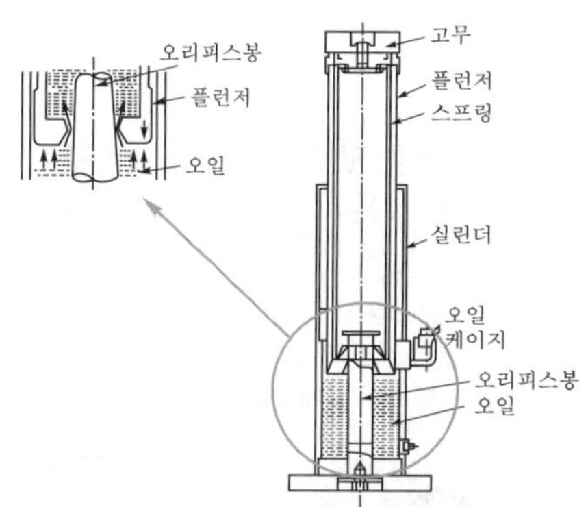

ⓐ 카가 최하층을 넘어 통과하면 카의 하부체대의 완충판이 우선 완충고무에 당돌하여 어느 정도의 충격을 완화한다.
ⓑ 카가 계속 하강하여 플런저를 누르면 실린더 내의 기름이 좁은 오리피스 틈새를 통과할 때에 생기는 유체저항에 의하여 주어진다.
ⓒ 카가 완충기를 눌렀다가 해제되면, 압축스프링에 의해 복귀되는 구조이다.

★★

09 과속조절기의 캐치가 작동되었을 때 로프의 인장력에 대한 설명으로 적합한 것은?

① 300N 이상과 추락방지안전장치를 거는 데 필요한 힘의 1.5배를 비교하여 큰 값 이상
② 300N 이상과 추락방지안전장치를 거는 데 필요한 힘의 2배를 비교하여 큰 값 이상
③ 400N 이상과 추락방지안전장치를 거는 데 필요한 힘의 1.5배를 비교하여 큰 값 이상
④ 400N 이상과 추락방지안전장치를 거는 데 필요한 힘의 2배를 비교하여 큰 값 이상

해설 **과속조절기**

ⓐ 균형추 또는 평형추 추락방지안전장치에 대한 과속조절기의 작동속도는 카 추락방지안전장치에 대한 작동속도보다 더 높아야 하나 그 속도는 10%를 넘게 초과하지 않아야 한다.
ⓑ 과속조절기가 작동될 때, 과속조절기에 의해 생성되는 과속조절기로프의 인장력은 다음 두 값 중 큰 값 이상이어야 한다.
  • 최소한 추락방지안전장치가 물리는 데 필요한 값의 2배
  • 300N
ⓒ 과속조절기에는 추락방지안전장치의 작동과 일치하는 회전방향이 표시되어야 한다.

★★★★★

10 균형추의 전체 무게를 산정하는 방법으로 옳은 것은?

① 카의 전중량에 정격적재량의 35~50%를 더한 무게로 한다.
② 카의 전중량에 정격적재량을 더한 무게로 한다.
③ 카의 전중량과 같은 무게로 한다.
④ 카의 전중량에 정격적재량의 110%를 더한 무게로 한다.

해설 **균형추(counter weight)**

카의 무게를 일정 비율 보상하기 위하여 카측과 반대편에 주철 혹은 콘크리트로 제작되어 설치되며, 카와의 균형을 유시하는 주이다.

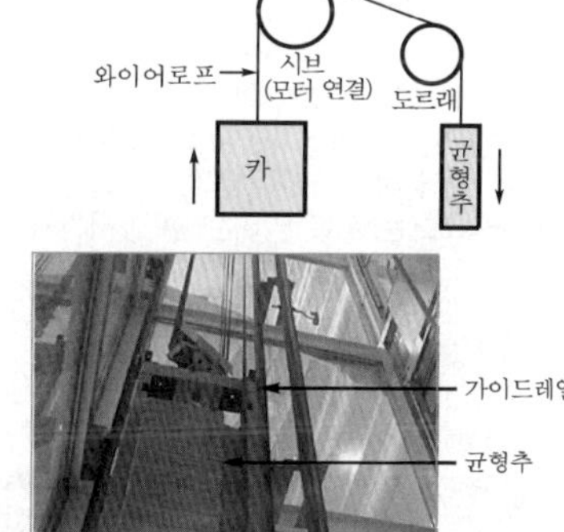

ⓐ 오버밸런스(over-balance)
  • 균형추의 총중량은 빈 카의 자중에 정격적재하중의 35~50%의 중량을 더한 값이 보통이다.
  • 정격적재하중의 몇 %를 더할 것인가를 오버밸런스율이라고 한다.

• 균형추의 총중량=카 자체하중 $+ L \cdot F$

여기서, L : 정격적재하중(kg)

F : 오버밸런스율(%)

ⓒ 견인비(traction ratio)

• 카측 로프가 매달고 있는 중량과 균형추 로프가 매달고 있는 중량의 비를 트랙션비라 하고, 무부하와 전부하 상태에서 체크한다.

• 견인비가 낮게 선택되면 로프와 도르래 사이의 트랙션 능력, 즉 마찰력이 작아도 되며, 로프의 수명이 연장된다.

★★★★

11 균형로프의 주된 사용 목적은?

① 카의 소음진동을 보상

② 카의 위치 변화에 따른 주로프 무게를 보상

③ 카의 밸런스 보상

④ 카의 적재하중 변화를 보상

해설 견인비의 보상방법

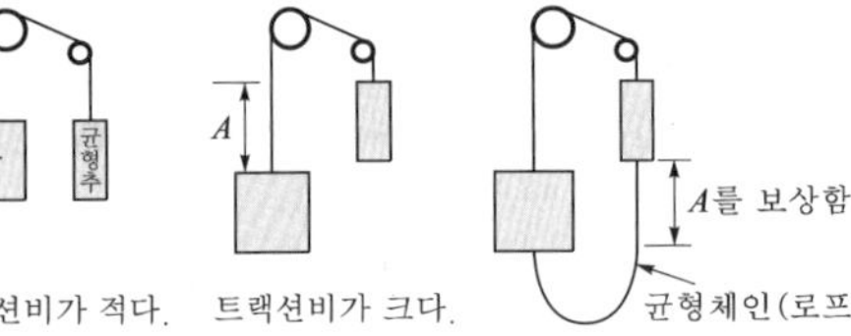

㉠ 견인비(traction ratio)

• 카측 로프가 매달고 있는 중량과 균형추 로프가 매달고 있는 중량의 비를 트랙션비라 하고, 무부하와 전부하 상태에서 체크한다.

• 견인비가 낮게 선택되면 로프와 도르래 사이의 트랙션 능력, 즉 마찰력이 작아도 되며, 로프의 수명이 연장된다.

㉡ 문제점

• 승강행정이 길어지면 로프가 어느 쪽(카측, 균형추측)에 있느냐에 따라 트랙션비는 크게 변화한다.

• 트랙션비가 1.35를 초과하면 로프가 시브에서 슬립(slip)되기가 쉽다.

㉢ 대책

• 카 하부에서 균형추의 하부로 주로프와 비슷한 단위 중량의 균형(보상)체인이나 로프를 매단다(트랙션비를 작게 하기 위한 방법).

• 균형로프는 서로 엉키는 걸 방지하기 위하여 피트에 인장도르래를 설치한다.

• 균형로프는 100%의 보상효과가 있고 균형체인은 90% 정도 밖에 보상하지 못한다.

• 고속·고층 엘리베이터의 경우 균형체인(소음의 원인)보다는 균형로프를 사용한다.

‖ 균형체인 ‖

★★

12 승강기의 문(door)에 관한 설명 중 틀린 것은?

① 문닫힘 도중에도 승강장의 버튼을 동작 시키면 다시 열려야 한다.

② 문이 완전히 열린 후 최소 일정 시간 이상 유지되어야 한다.

③ 착상구역 이외의 위치에서는 카 내의 문 개방 버튼을 동작 시켜도 절대로 개방되지 않아야 한다.

④ 문이 일정 시간 후 닫히지 않으면 그 상태를 계속 유지하여야 한다.

해설 문 작동과 관련된 보호

㉠ 문이 닫히는 동안 사람이 끼이거나 끼이려고 할 때 자동으로 문이 반전되어 열리는 문닫힘 안전장치가 있어야 한다.

㉡ 문닫힘 안전장치는 카 문에 있을 수 있다.

㉢ 승강장 문이 카 문과의 연동에 의해 열리는 방식에서는 자동적으로 승강장의 문이 닫히는 쪽으로 힘을 작용시키는 장치이다.

㉣ 엘리베이터가 정지한 상태에서 출입문의 닫힘동작에 우선하여 카 내에서 문을 열 수 있도록 하는 장치이다.

★★★★

13 카가 최상층 및 최하층을 지나쳐 주행하는 것을 방지하는 것은?

① 균형추 ② 정지스위치

③ 인터록장치 ④ 리밋스위치

해설 리밋스위치(limit switch)

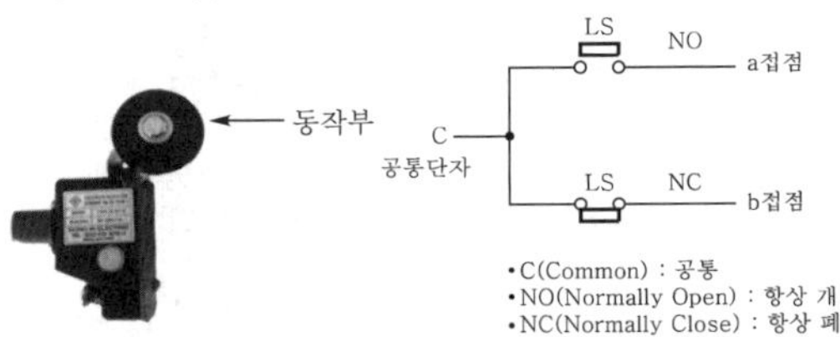

‖ 리밋스위치 ‖

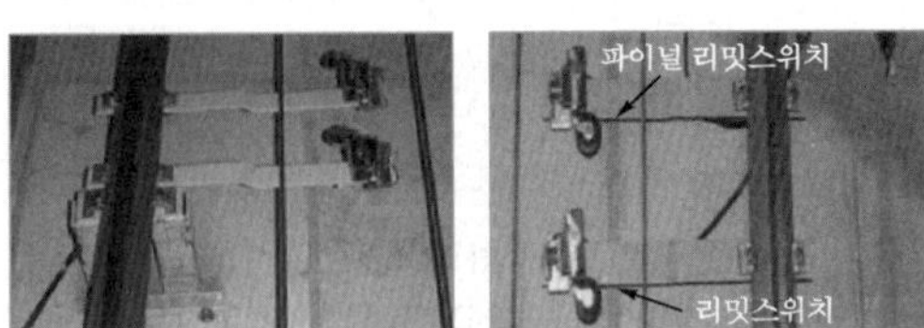

‖ 리밋(최상, 최하층)스위치의 설치 상태 ‖

㉠ 물체의 힘에 의해 동작부(구동장치)가 눌려서 접점이 온, 오프(on, off)한다.

㉡ 엘리베이터가 운행 시 최상·최하층을 지나치지 않도록 하는 장치로서 리밋스위치에 접촉이 되면 카를 감속 제어하여 정지시킬 수 있도록 한다.

14 승강장 도어 인터록장치의 설정 방법으로 옳은 것은?

① 인터록이 잠기기 전의 스위치 접점이 구성되어야 한다.
② 인터록이 잠김과 동시에 스위치 접점이 구성되어야 한다.
③ 인터록이 잠긴 후 스위치 접점이 구성되어야 한다.
④ 스위치에 관계없이 잠금 역할만 확실히 하면 된다.

해설 도어 인터록(door interlock)

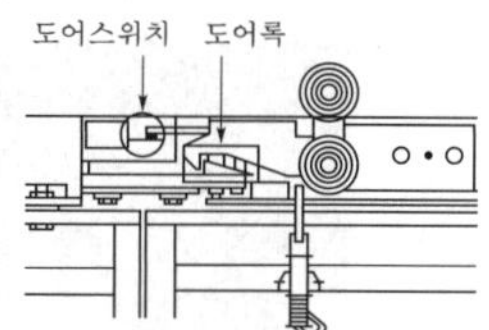

㉠ 카가 정지하지 않는 층의 도어는 전용열쇠를 사용하지 않으면 열리지 않는 도어록과 도어가 닫혀 있지 않으면 운전이 불가능하도록 하는 도어스위치로 구성된다.
㉡ 닫힘동작 시는 도어록이 먼저 걸린 상태에서 도어스위치가 들어가고 열림동작 시는 도어스위치가 끊어진 후 도어록이 열리는 구조(직렬)이며, 엘리베이터의 안전장치 중에서 승강장의 도어 안전장치로 가장 중요하다.

15 다음 장치 중에서 작동되어도 카의 운행에 관계없는 것은?

① 통화장치
② 과속조절기캐치
③ 승강장 도어의 열림
④ 과부하감지스위치

해설 통화장치 인터폰(interphone)

㉠ 고장, 정전 및 화재 등의 비상 시에 카 내부와 외부의 상호 연락을 할 때에 이용된다.
㉡ 전원은 정상전원 뿐만 아니라 비상전원장치(충전 배터리)에도 연결되어 있어야 한다.
㉢ 엘리베이터의 카 내부와 기계실, 경비실 또는 건물의 중앙감시반과 통화가 가능하여야 하며, 보수전문회사와 원거리 통화가 가능한 것도 있다.

16 FGC(Flexible Guide Clamp)형 추락방지안전장치의 장점은?

① 베어링을 사용하기 때문에 접촉이 확실하다.
② 구조가 간단하고 복구가 용이하다.

③ 레일을 죄는 힘이 초기에는 약하나, 하강함에 따라 강해진다.
④ 평균 감속도를 0.5g으로 제한한다.

해설 추락방지안전장치

㉠ 현수로프가 끊어지더라도 과속조절기 작동속도에서 하강방향으로 작동하여 가이드레일을 잡아 정격하중의 카를 정지시킬 수 있는 장치이다.
㉡ 추락방지안전장치의 조 또는 블록은 가이드 슈로 사용되지 않아야 한다.
㉢ 카, 균형추 또는 평형추의 추락방지안전장치의 복귀 및 자동 재설정은 카, 균형추 또는 평형추를 들어 올리는 것에 의해서만 가능하여야 한다.
㉣ 추락방지안전장치가 작동된 후 정상복귀는 전문가(유지보수업자 등)의 개입이 요구된다.
㉤ 점차(순차적)작동형 추락방지안전장치
  • 정격속도 1m/s를 초과하는 경우에 사용한다.
  • 정격하중의 카가 자유낙하할 때 작동하는 평균 감속도는 0.2~1G 사이에 있어야 한다.
  • 카에 여러 개의 추락방지안전장치가 설치된 경우에 사용한다.
  • 플랙시블 가이드 클램프(Flexible Guide Clam ; FGC)형
    – 추락방지안전장치의 작동으로 카가 정지할 때의 레일을 죄는 힘이 동작 시부터 정지 시까지 일정하다.
    – 구조가 간단하고 설치면적이 작으며 복구가 쉬워 널리 사용되고 있다.
  • 플랙시블 웨지 클램프(Flexible Wedge Clamp ; FWC)형
    – 레일을 죄는 힘이 처음에는 약하고 하강함에 따라 강하다가 얼마 후 일정치에 도달한다.
    – 구조가 복잡하여 거의 사용하지 않는다.
㉥ 즉시(순간식)작동형 추락방지안전장치
  • 정격속도가 0.63m/s를 초과하지 않는 경우에 사용한다.
  • 정격속도 1m/s를 초과하지 않는 경우는 완충효과가 있는 즉시작동형이다.
  • 화물용 엘리베이터에 사용되며, 감속두의 규정은 적용되지 않는다.
  • 가이드레일을 감싸고 있는 블록(black)괴 레일 사이에 롤러(roller)를 물려서 카를 정지시키는 구조이다.
  • 로프에 걸리는 장력이 없어져, 로프의 처짐이 생기면 바로 운전회로를 열고 작동된다.
  • 순간식 추락방지안전장치가 일단 파지되면 카가 정지할 때까지 과속조절기 로프를 강한 힘으로 완전히 멈추게 한다.
㉦ 슬랙로프 세이프티(slake rope safety) : 소형 저속 엘리베이터로서 과속조절기를 사용하지 않고 로프에 걸리는 장력이 없어져 휘어짐이 생기면 즉시 운전회로를 열어서 추락방지안전장치를 작동시킨다.

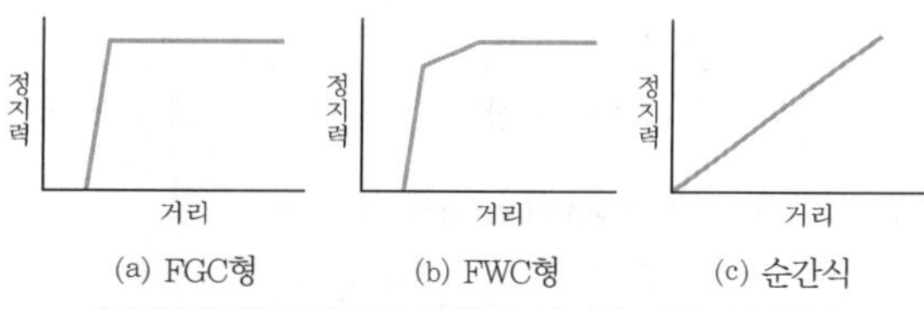

┃ 추락방지안전장치의 종류별 거리에 따른 정지력 ┃

★★★

17 교류 엘리베이터의 제어방법이 아닌 것은?

① 워드 레오나드 방식제어
② 교류 1단 속도제어
③ 교류 2단 속도제어
④ 교류 궤환제어

해설 엘리베이터의 속도제어

㉠ 교류제어
  • 교류 1단 속도제어
  • 교류 2단 속도제어
  • 교류 궤환제어
  • VVVF(가변전압 가변주파수)제어
㉡ 직류제어
  • 워드 레오나드(ward leonard) 방식
  • 정지 레오나드(static leonard) 방식

★★★★

18 추락방지안전장치가 작동된 후 승강기 카 바닥면의 수평도의 기준은 얼마인가?

① $\dfrac{1}{10}$ 이내　　② $\dfrac{1}{15}$ 이내

③ $\dfrac{1}{25}$ 이내　　④ $\dfrac{1}{30}$ 이내

해설 추락방지안전장치를 작동한 경우 검사

㉠ 추락방지안전장치가 작동된 상태에서 기계장치 및 과속조절기로프에는 아무런 손상이 없어야 한다. 또한, 추락방지안전장치는 좌우 양쪽 다같이 균등하게 작용하고, 카 바닥의 수평도는 어느 부분에서나 1/30 이내이어야 한다.
㉡ 카 및 균형추레일에 추락방지안전장치 또는 제동기가 설치되어 있는 경우에 레일은 제동력에 대해 충분히 견딜 수 있는 강도를 갖추어야 한다.

참고 카 바닥의 기울기

카 추락방지안전장치가 작동될 때, 부하가 없거나 부하가 균일하게 분포된 카의 바닥은 정상적인 위치에서 5%를 초과하여 기울어지지 않아야 한다.

★★★★★

19 승강기가 최하층을 통과했을 때 주전원을 차단시켜 승강기를 정지시키는 것은?

① 완충기　　　② 과속조절기
③ 추락방지안전장치　　④ 파이널 리밋스위치

해설 파이널 리밋스위치(final limit switch)

㉠ 리밋스위치가 작동되지 않을 경우를 대비하여 리밋스위치를 지난 적당한 위치에 카가 현저히 지나치는 것을 방지하는 스위치이다.

㉡ 전동기 및 브레이크에 공급되는 전원회로의 확실한 기계적 분리에 의해 직접 개방되어야 한다.
㉢ 완충기에 충돌되기 전에 작동하여야 하며, 슬로다운 스위치에 의하여 정지되면 작용하지 않도록 설정한다.
㉣ 파이널 리밋스위치의 작동 후에는 엘리베이터의 정상운행을 위해 자동으로 복귀되지 않아야 한다.

‖ 리밋스위치 ‖

‖ 리밋(최상, 최하층)스위치의 설치 상태 ‖

★★★

20 간접식 유압엘리베이터의 특징이 아닌 것은?

① 부하에 의한 카의 빠짐이 비교적 작다.
② 실린더의 점검이 용이하다.
③ 승강로는 실린더를 수용할 부분만큼 더 커지게 된다.
④ 추락방지안전장치가 필요하다.

해설 간접식 유압엘리베이터

플런저의 선단에 도르래를 놓고 로프 또는 체인을 통해 카를 올리고 내리며, 로핑에 따라 1 : 2, 1 : 4, 2 : 4의 방식이 있다.

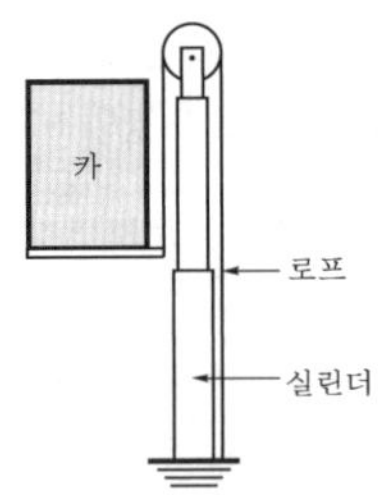

㉠ 실린더를 설치하기 위한 보호관이 필요하지 않다.
㉡ 실린더의 점검이 쉽다.
㉢ 승강로는 실린더를 수용할 부분만큼 더 커지게 된다.
㉣ 추락방지안전장치가 필요하다.
㉤ 로프의 늘어짐과 작동유의 압축성(의외로 크다) 때문에 부하에 의한 카 바닥의 빠짐이 비교적 크다.

★

21 가요성 호스 및 실린더와 체크밸브 또는 하강밸브 사이의 가요성 호스 연결장치는 전부하압력의 몇 배의 압력을 손상 없이 견뎌야 하는가?

① 2   ② 3
③ 4   ④ 5

해설 가요성 호스

㉠ 실린더와 체크밸브 또는 하강밸브 사이의 가요성 호스는 전부하압력 및 파열압력과 관련하여 안전율이 8 이상이어야 한다.
㉡ 가요성 호스 및 실린더와 체크밸브 또는 하강밸브 사이의 가요성 호스 연결장치는 전부하압력의 5배의 압력을 손상 없이 견뎌야 한다.
㉢ 가요성 호스는 다음과 같은 정보가 지워지지 않도록 표시되어야 한다.
 • 제조업체명(또는 로고)
 • 호스안전율, 시험압력 및 시험결과 등의 정보
㉣ 가요성 호스는 호스제조업체에 의해 제시된 굽힘 반지름 이상으로 고정되어야 한다.

★★★

22 유압용 엘리베이터에서 가장 많이 사용하는 펌프는?

① 기어펌프   ② 스크류펌프
③ 베인펌프   ④ 피스톤펌프

해설 펌프의 종류

㉠ 일반적으로 원심력식, 가변 토출량식, 강제 송유식(가장 많이 사용됨) 등이 있다.
㉡ 강제 송유식의 종류에는 기어펌프, 베인펌프, 스크류펌프(소음이 적어서 많이 사용됨) 등이 있다.
㉢ 스크류펌프(screw pump)는 케이싱 내에 1~3개의 나사 모양의 회전자를 회전시키고, 유체는 그 사이를 채워서 나아가도록 되어 있는 펌프이다. 유체에 회전운동을 주지 않기 때문에 운전이 조용하고, 효율도 높아서 유압용 펌프에 사용되고 있다.

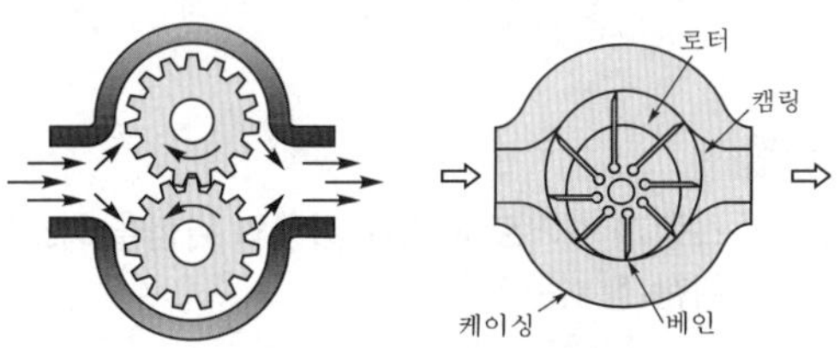

스크류펌프

★★

23 유압식 엘리베이터의 전동기 구동기간은?

① 상승 시에만 구동한다.
② 하강 시에만 구동한다.
③ 상승 시와 하강 시 모두 구동된다.
④ 부하의 조건에 따라 상승 시 또는 하강 시에 구동된다.

해설 유압식 엘리베이터는 모터로 펌프를 구동하여 압력을 가한 기름을 실린더 내에 보내고 플런저를 직선으로 움직여 카를 밀어 올리고, 하강시킬 때에는 모터를 구동하지 않고 실린더 내의 기름을 조절하여 탱크로 되돌려 보낸다.

★★

24 운행 중인 에스컬레이터가 어떤 요인에 의해 갑자기 정지하였다. 점검해야 할 에스컬레이터 안전장치로 틀린 것은?

① 승객검출장치
② 인레트스위치
③ 스커트 가드 안전스위치
④ 스텝체인 안전장치

해설 에스컬레이터의 안전장치

㉠ 인레트스위치(inlet switch)는 에스컬레이터의 핸드레일 인입구에 설치하며, 핸드레일이 난간 하부로 들어갈 때 어린이의 손가락이 빨려 들어가는 사고 등이 발생하면 에스컬레이터 운행을 정지시킨다.
㉡ 스커트 가드(skirt guard) 안전스위치는 스커트 가드판과 스텝 사이에 인체의 일부나 옷 산발 등이 끼면 위험하므로 스커트 가드 패널에 일정 이상의 힘이 가해지면 안전스위치가 작동되어 에스컬레이터를 정지시킨다.
㉢ 스텝체인 안전장치(step chain safety device)는 스텝체인이 절단되거나 심하게 늘어날 경우 디딤판 체인 인장장치의 후방 움직임을 감시하여 구동기 모터의 전원을 차단하고 기계브레이크를 작동시킴으로서 스텝과 스텝 사이의 간격이 생기는 등의 결과를 방지하는 장치이다.

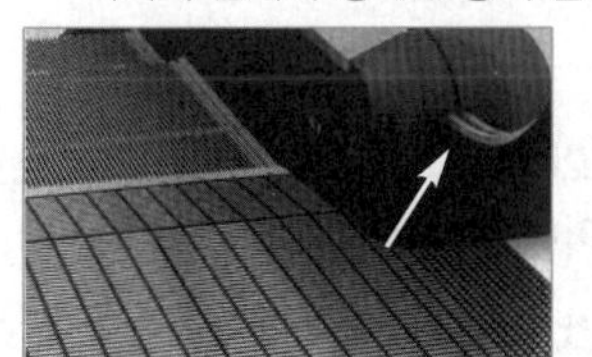

인레트스위치

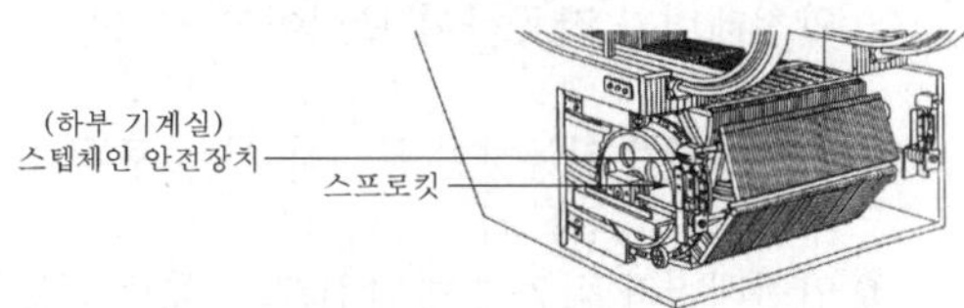

스텝체인 안전장치

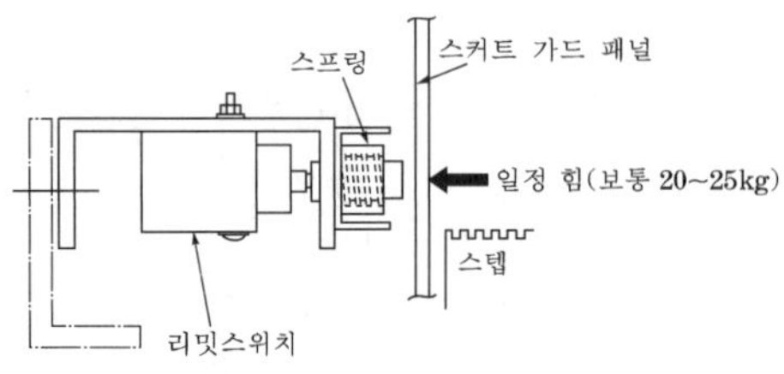

‖ 스커트 가드 안전스위치 ‖

25 에스컬레이터 스텝체인의 안전율은 얼마 이상인가?

① 20 ② 15
③ 10 ④ 5

해설 스텝체인 안전장치(step chain safety device)

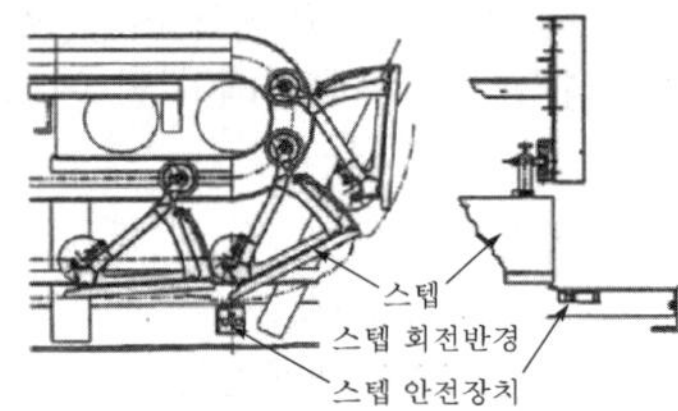

‖ 스텝체인 고장 검출 ‖

‖ 스텝체인 안전장치 ‖

㉠ 스텝체인이 절단되거나 심하게 늘어날 경우 스텝이 위치를 벗어나면 자동으로 구동기 모터의 전원을 차단하고 기계브레이크를 작동시킴으로써 스텝과 스텝 사이의 간격이 생기는 등의 결과를 방지하는 장치이다.
㉡ 에스컬레이터 각 체인의 절단에 대한 안전율은 담금질한 강철에 대하여 5 이상이어야 한다.

26 에스컬레이터의 구동체인이 규정치 이상으로 늘어났을 때 일어나는 현상은?

① 안전레버가 작동하여 하강은 되나, 상승은 되지 않는다.
② 안전레버가 작동하여 브레이크가 작동하지 않는다.
③ 안전레버가 작동하여 무부하 시는 구동되나, 부하 시는 구동되지 않는다.
④ 안전레버가 작동하여 안전회로 차단으로 구동되지 않는다.

해설 구동체인 안전장치

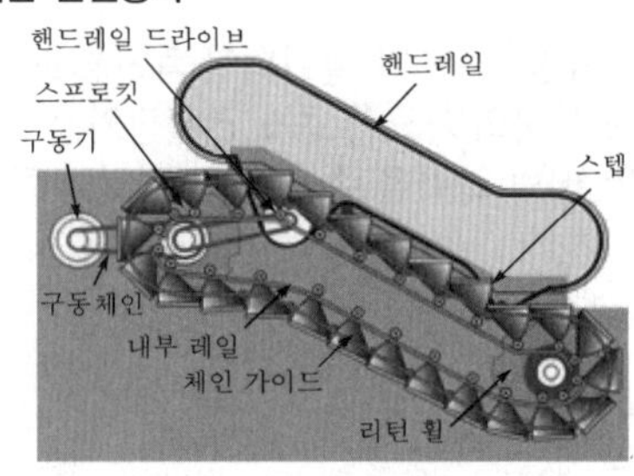

‖ 구동기 설치 위치 ‖

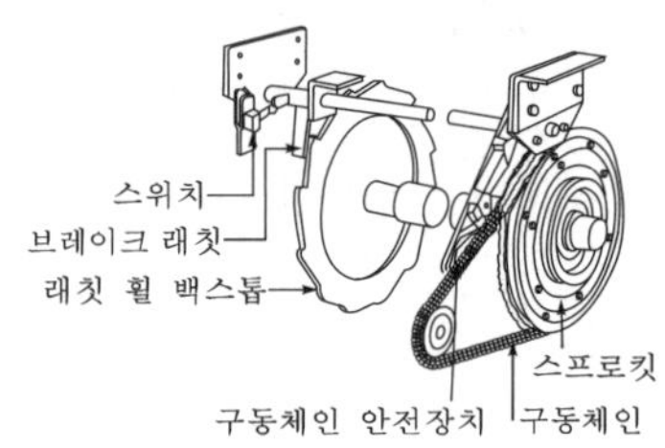

‖ 조립도 ‖

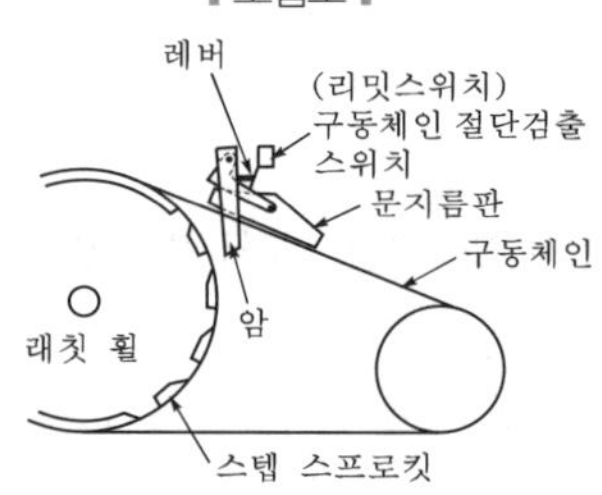

‖ 안전장치 상세도 ‖

㉠ 구동기와 주 구동장치(main drive) 사이의 구동체인이 상승 중 절단되었을 때 승객의 하중에 의해 하강운전을 일으키면 위험하므로 구동체인 안전장치가 필요하다.
㉡ 구동체인 위에 항상 문지름판이 구동되면서 구동체인의 늘어짐을 감지하여 만일, 체인이 느슨해지거나 끊어지면 슈가 떨어지면서 브레이크 래칫이 브레이크 휠에 걸려 주 구동장치의 하강방향의 회전을 기계적으로 제지한다.
㉢ 안전스위치를 설치하여 안전장치의 동작과 동시에 전원을 차단한다.

27 스텝과 스커트 사이에 끼임의 위험을 최소화하기 위한 장치는?

① 콤 ② 뉴얼
③ 스커트 ④ 스커트 디플렉터

해설 스커트 디플렉터(안전 브러쉬)

스텝과 스커트 사이에 끼임의 위험을 최소화하기 위한 장치이다.
㉠ 스커트 : 스텝, 팔레트 또는 벨트와 연결되는 난간의 수직 부분

ㄴ 스커트 디플렉터의 설치 요건

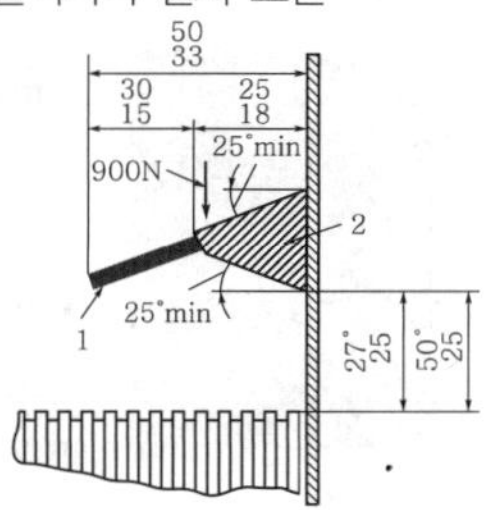

┃ 스커트 디플렉터 ┃

- 견고한 부분과 유연한 부분(브러시 또는 고무 등)으로 구성되어야 한다.
- 스커트 패널의 수직면 돌출부는 최소 33mm, 최대 50mm이어야 한다.
- 견고한 부분의 부착물 선상에 수직으로 견고한 부분의 돌출된 지점에 $600mm^2$의 직사각형 면적 위로 균등하게 분포된 900N의 힘을 가할 때 떨어지거나 영구적인 변형 없이 견뎌야 한다.
- 견고한 부분은 18mm와 25mm 사이에 수평 돌출부가 있어야 하고, 규정된 강도를 견뎌야 한다. 유연한 부분의 수평 돌출부는 최소 15mm, 최대 30mm이어야 한다.
- 주행로의 경사진 구간의 전체에 걸쳐 스커트 디플렉터의 견고한 부분의 아래 쪽 가장 낮은 부분과 스텝 돌출부 선상 사이의 수직거리는 25mm와 27mm 사이이어야 한다.

┃ 승강장 스탭 ┃

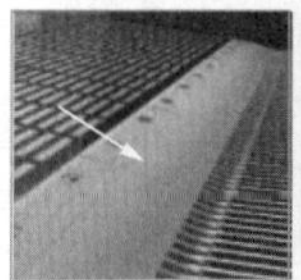

┃ 콤(comb) ┃

┃ 클리트(cleat) ┃

- 천이구간 및 수평구간에서 스커트 디플렉터의 견고한 부분의 아래 쪽 가장 낮은 부분과 스텝 클리트의 꼭대기 사이의 거리는 25mm와 50mm 사이이어야 한다.
- 견고한 부분의 하부 표면은 스커트 패널로부터 상승방향으로 25° 이상 경사져야 하고 상부 표면은 하강방향으로 25° 이상 경사져야 한다.
- 스커트 디플렉터는 모서리가 둥글게 설계되어야 한다. 고정 장치 헤드 및 접합 연결부는 운행통로로 연장되지 않아야 한다.
- 스커트 디플렉터의 말단 끝 부분은 스커트와 동일 평면에 접촉되도록 점점 가늘어져야 한다. 스커트 디플렉터의 말단 끝부분은 콤 교차선에서 최소 50mm 이상, 최대 150mm 앞에서 마감되어야 한다.

---

28 기계식 주차장치에 있어서 자동차 중량의 전륜 및 후륜에 대한 배분비는?

① 6 : 4
② 5 : 5
③ 7 : 3
④ 4 : 6

해설 자동차 중량의 전륜 및 후륜에 대한 배분은 6 : 4로 하고 계산하는 단면에는 큰 쪽의 중량이 집중하중으로 작용하는 것으로 가정하여 계산한다.

29 다음 중 전동 덤웨이터와 구조적으로 가장 유사한 것은?

① 수평보행기
② 엘리베이터
③ 에스컬레이터
④ 간이리프트

해설 덤웨이터 및 간이리프트

┃ 덤웨이터 ┃

㉠ 덤웨이터 : 사람이 탑승하지 않으면서 적재용량이 300kg 이하인 것으로서 소형화물(서적, 음식물 등) 운반에 적합하게 제작된 엘리베이터이다. 다만, 바닥면적이 $0.5m^2$ 이하이고 높이가 0.6m 이하인 엘리베이터는 제외한다.
㉡ 간이리프트 : 동력을 사용하여 가이드레일을 따라 움직이는 운반구를 매달아 소형화물 운반만을 주목적으로 하는 승강기와 유사한 구조로서 운반구의 바닥면적이 $1m^2$ 이하이거나 천장높이가 1.2m 이하인 것을 말한다.

30 승강기의 제어반에서 점검할 수 없는 것은?

① 전동기 회로의 절연 상태
② 주접촉자의 접촉 상태
③ 결선단자의 조임 상태
④ 과속조절기스위치의 작동 상태

해설 제어반(control panel) 보수점검 항목

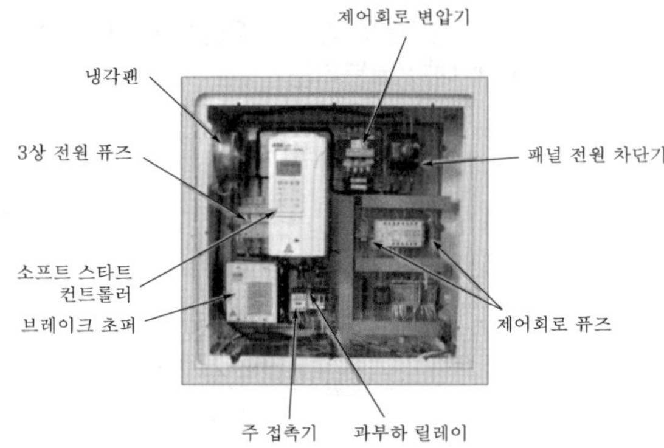

▮ 제어반 ▮

㉠ 소음, 발열, 진동의 과도 여부
㉡ 각 접점의 마모 및 작동 상태
㉢ 제어반 수직도, 조립볼트 취부 및 이완 상태
㉣ 리드선 및 배선정리 상태
㉤ 접촉기와 계전기류 이상 유무
㉥ 저항기의 불량 유무
㉦ 전선 결선의 이완 유무
㉧ 퓨즈(fuse) 이완 유무 및 동선 사용 유무
㉨ 접지선 접속 상태
㉩ 절연저항 측정
㉪ 불필요한 점퍼(jumper)선 유무
㉫ 절연물, 아크(ark) 방지기, 코일 소손 및 파손 여부
㉬ 청소 상태

★★★

31 작업장에서 작업복을 착용하는 가장 큰 이유는?

① 방한
② 복장 통일
③ 작업능률 향상
④ 작업 중 위험 감소

해설 작업복은 분주한 건설 현장처럼 잠재적인 위험성이 내포된 장소에서 원활히 활동할 수 있어야 하며, 하루 종일 장비를 오르락내리락 하려면 옷이 불편하거나 옷 때문에 장비에 걸려 넘어지는 일이 없도록, 안전을 최우선으로 고려하여 인체공학적으로 디자인되어야 한다.

★★

32 전동 덤웨이터의 안전장치에 대한 설명 중 옳은 것은?

① 도어인터록 장치는 설치하지 않아도 된다.
② 승강로의 모든 출입구 문이 닫혀야만 카를 승강시킬 수 있다.
③ 출입구 문에 사람의 탑승금지 등의 주의사항은 부착하지 않아도 된다.
④ 로프는 일반 승강기와 같이 와이어로프 소켓을 이용한 체결을 하여야만 한다.

해설 덤웨이터의 설치

▮ 덤웨이터 ▮

㉠ 승강로의 모든 출입구의 문이 닫혀 있지 않으면 카를 승강시킬 수 없는 안전장치가 되어 있어야 한다.
㉡ 각 출입구에서 정지스위치를 포함하여 모든 출입구 층에 전달하도록 한 다수단추방식이 가장 많이 사용된다.
㉢ 일반층에서 기준층으로만 되돌리기 위해서 문을 닫으면 자동적으로 기준층으로 되돌아가도록 제작된 것을 홈 스테이션식이라고 한다.
㉣ 권상도르래, 풀리 또는 드럼과 현수로프의 공칭직경 사이의 비는 스트랜드의 수와 관계없이 30 이상이어야 한다.

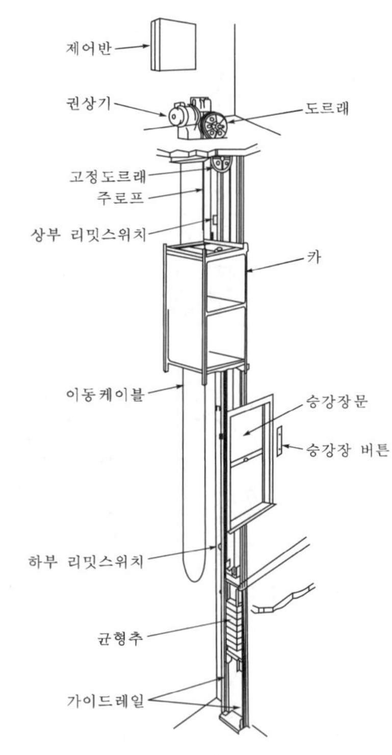

▮ 전동 덤웨이터의 구조 ▮

★★

33 안전사고의 발생요인으로 심리적인 요인에 해당되는 것은?

① 감정
② 극도의 피로감
③ 육체적 능력 초과
④ 신경계통의 이상

정답 31. ④ 32. ② 33. ①

해설 산업안전 심리의 5요소

동기, 기질, 감정, 습성, 습관

★★★

34 전기식 엘리베이터에서 현수로프 안전율은 몇 이상이어야 하는가?

① 8 ② 9
③ 11 ④ 12

해설 권상도르래, 풀리 또는 드럼과 로프의 직경 비율, 로프·체인의 단말처리

㉠ 권상도르래, 풀리 또는 드럼과 현수로프의 공칭직경 사이의 비는 스트랜드의 수와 관계없이 40 이상이어야 한다.
㉡ 현수로프의 안전율은 어떠한 경우라도 12 이상이어야 한다. 안전율은 카가 정격하중을 싣고 최하층에 정지하고 있을 때 로프 1가닥의 최소 파단하중(N)과 이 로프에 걸리는 최대 힘(N) 사이의 비율이다.
㉢ 로프와 로프 단말 사이의 연결은 로프의 최소 파단하중의 80% 이상을 견뎌야 한다.
㉣ 로프의 끝 부분은 카, 균형추(또는 평형추) 또는 현수되는 지점에 금속 또는 수지로 채워진 소켓, 자체 조임 쐐기형식의 소켓 또는 안전상 이와 동등한 기타 시스템에 의해 고정되어야 한다.

★★

35 다음 중 불안전한 행동이 아닌 것은?

① 방호조치의 결함
② 안전조치의 불이행
③ 위험한 상태의 조장
④ 안전장치의 무효화

해설 산업재해 직접원인

㉠ 불안전한 행동(인적 원인)
• 안전장치를 제거, 무효화
• 안전조치의 불이행
• 불안전한 상태 방치
• 기계 장치 등의 지정외 사용
• 운전중인 기계, 장치 등의 청소, 주유, 수리, 점검 등의 실시
• 위험 장소에 접근
• 잘못된 동작 자세
• 복장, 보호구의 잘못 사용
• 불안전한 속도 조작
• 운전의 실패

㉡ 불안전한 상태(물적 원인)
• 물(物) 자체의 결함
• 방호장치의 결함
• 작업장소의 결함, 물의 배치 결함
• 보호구 복장 등의 결함
• 작업 환경의 결함
• 자연적 불안전한 상태
• 작업방법 및 생산 공정 결함

★★★★★

36 재해 누발자의 유형이 아닌 것은?

① 미숙성 누발자 ② 상황성 누발자
③ 습관성 누발자 ④ 자발성 누발자

해설 재해 누발자의 분류

㉠ 미숙성 누발자 : 환경에 익숙하지 못하거나 기능 미숙으로 인한 재해 누발자
㉡ 상황성 누발자 : 작업의 어려움, 기계설비의 결함, 환경상 주의집중의 혼란, 심신의 근심에 의한 것
㉢ 습관성 누발자 : 재해의 경험으로 신경과민이 되거나 슬럼프(slump)에 빠지기 때문
㉣ 소질성 누발자 : 지능, 성격, 감각운동에 의한 소질적 요소에 의하여 결정

★★

37 안전점검 중에서 5S 활동 생활화로 틀린 것은?

① 정리 ② 정돈
③ 청소 ④ 불결

해설 5S 운동 안전활동

정리, 정돈, 청소, 청결, 습관화

★★★

38 전기 화재의 원인으로 직접적인 관계가 되지 않는 것은?

① 저항 ② 누전
③ 단락 ④ 과전류

해설 전기화재의 원인

㉠ 누전 : 전선의 피복이 벗겨져 절연이 불완전하여 전기의 일부가 전선 밖으로 새어나와 주변 도체에 흐르는 현상
㉡ 단락 : 접촉되어서는 안 될 2개 이상의 전선이 접촉되거나 어떠한 부품의 단자와 단자가 서로 접촉되어 과다한 전류가 흐르는 것
㉢ 과전류 : 전압이나 전류가 순간적으로 급격하게 증가하면 전력선에 과전류가 흘러서 전기제품이 파손될 염려가 있음

★★

39 안전점검 체크리스트 작성 시의 유의사항으로 가장 타당한 것은?

① 일정한 양식으로 작성할 필요가 없다.
② 사업장에 공통적인 내용으로 작성한다.
③ 중점도가 낮은 것부터 순서대로 작성한다.
④ 점검표의 내용은 이해하기 쉽도록 표현하고 구체적이어야 한다.

정답 34. ④ 35. ① 36. ④ 37. ④ 38. ① 39. ④

해설 점검표(checklist)

ㄱ 작성항목
- 점검부분
- 점검항목 및 점검방법
- 점검시기
- 판정기준
- 조치사항

ㄴ 작성 시 유의사항
- 각 사업장에 적합한 독자적인 내용일 것
- 일정 양식을 정하여 점검 대상을 정할 것
- 중점도(위험성, 긴급성)가 높은 것부터 순서대로 작성할 것
- 정기적으로 검토하여 재해방지에 실효성 있게 개조된 내용일 것
- 점검표의 양식은 이해하기 쉽도록 표현하고 구체적일 것

****

40 일반적인 안전대책의 수립방법으로 가장 알맞은 것은?

① 계획적　　　　② 경험적
③ 사무적　　　　④ 통계적

해설 재해의 분류방법 중 통계적 분류방법으로 사망(사망 재해), 중상해(폐질 재해 : 고칠 수 없는 병), 경상해(휴업 재해), 경미상해(불휴 재해)가 있다.

**

41 정격속도가 분당 120m인 승객용 엘리베이터 과속조절기의 과속스위치 작동속도는 정격속도의 몇 배 이하에서 작동하도록 조정되어야 하는가?

① 1.2배　　　　② 1.3배
③ 1.4배　　　　④ 1.5배

해설 과속조절기의 작동속도

ㄱ 제1동작 : 카의 속도가 정격속도의 1.3배(카의 정격속도 45m/min 이하의 엘리베이터에 있어서는 63m/min)를 초과하지 않는 범위에서 과속스위치 동작 후 전원을 끊고 브레이크 된다.

ㄴ 제2동작 : 카의 속도가 정격속도의 1.4배(카의 정격속도 45m/min 이하의 엘리베이터에 있어서는 68m/min)를 초과하지 않는 범위에서 과속조절기로프를 기계적으로 파지하고 추락방지안전장치를 구동시킨다.

참고 과속조절기의 동작

ㄱ 제1동작 : 전기안전장치에 의해 상승 또는 하강하는 카의 속도가 과속조절기의 작동속도에 도달하기 전에 구동기의 정지를 시작하여야 한다. 다만, 정격속도가 1m/s 이하인 경우 이 장치는 늦어도 과속조절기 작동속도에 도달하는 순간에 작동될 수 있다.

ㄴ 제2동작 : 추락방지안전장치의 작동을 위한 과속조절기는 정격속도의 115% 이상의 속도에서 작동되어야 한다.
- 고정된 롤러 형식을 제외한 즉시작동형 추락방지안전장치 : 0.8m/s(48m/min)
- 고정된 롤러 형식의 추락방지안전장치 : 1m/s(60m/min)
- 완충효과가 있는 즉시작동형 추락방지안전장치 및 정격속도가 1m/s 이하의 엘리베이터에 사용되는 점차작동형 추락방지안전장치 : 1.5m/s(90m/min)

- 정격속도가 1m/s를 초과하는 엘리베이터에 사용되는 점차작동형 추락방지안전장치 : $1.25\,V + 0.25/\,V$(m/s)
- 법이 개정되기 전의 문제이므로 답은 1.3배이다.

**

42 유압식 엘리베이터의 카 문턱에는 승강장 유효출입구 전폭에 걸쳐 에이프런이 설치되어야 한다. 수직면의 아랫부분은 수평면에 대해 몇 도 이상으로 아래 방향을 향하여 구부러져야 하는가?

① 15°　　　　② 30°
③ 45°　　　　④ 60°

해설 에이프런(보호판)

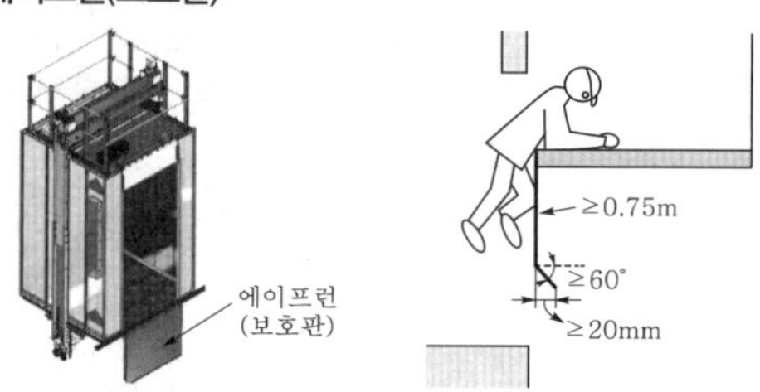

ㄱ 카 문턱에는 승강장 유효출입구 전폭에 걸쳐 에이프런이 설치되어야 한다. 수직면의 아랫부분은 수평면에 대해 60° 이상으로 아래 방향을 향하여 구부러져야 한다. 구부러진 곳의 수평면에 대한 투영길이는 20mm 이상이어야 한다.

ㄴ 수직 부분의 높이는 0.75m 이상이어야 한다.

*

43 에스컬레이터의 계단(디딤판)에 대한 설명 중 옳지 않은 것은?

① 디딤판 윗면은 수평으로 설치되어야 한다.
② 디딤판의 주행방향의 길이이는 400mm 이상이다.
③ 발판 사이의 높이는 215mm 이하이다.
④ 디딤판 상호간 틈새는 8mm 이하이다.

해설 ㄱ 스텝과 스텝 또는 팔레트와 팔레트 사이의 틈새

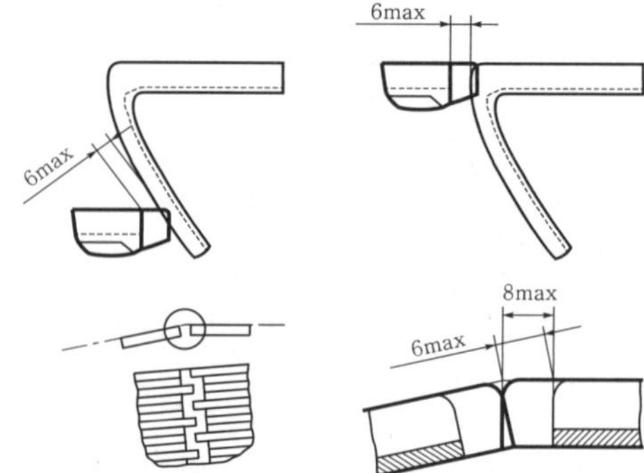

- 트레드 표면에서 측정된 이용 가능한 모든 위치의 연속되는 2개의 스텝 또는 팔레트 사이의 틈새는 6mm 이하이어야 한다.
- 팔레트의 맞물리는 전면 끝부분과 후면 끝부분이 있는 무빙워크의 변환 곡선부에서는 이 틈새가 8mm까지 증가되는 것은 허용된다.

ⓛ 에스컬레이터 및 무빙워크의 치수

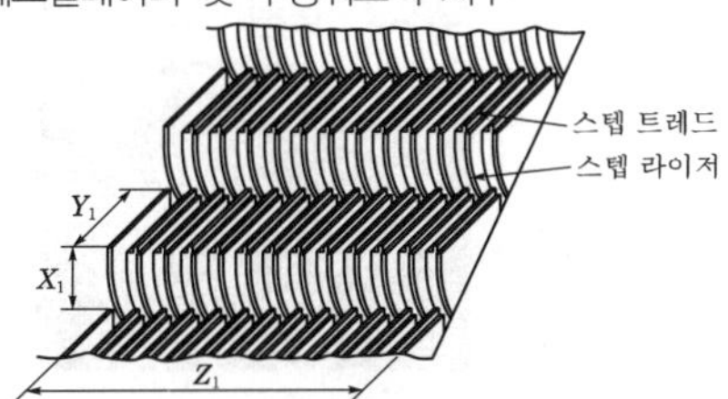

- 공칭폭 Z_1은 0.58m 이상, 1.1m 이하이어야 한다. 경사도가 6° 이하인 무빙워크의 폭은 1.65m까지 허용된다.
- 스텝 높이 X_1은 0.24m 이하이어야 한다.
- 스텝 깊이 Y_1은 0.38m 이상이어야 한다.

44 전기식 엘리베이터 기계실의 조도는 기기가 배치된 바닥면에서 몇 lx 이상이어야 하는가?

① 150
② 200
③ 250
④ 300

해설 기계실의 유지관리에 지장이 없도록 조명 및 환기시설의 설치

㉠ 기계실에는 바닥면에서 200lx 이상을 비출 수 있는 영구적으로 설치된 전기조명이 있어야 한다.
㉡ 기계실은 눈·비가 유입되거나 동절기에 실온이 내려가지 않도록 조치되어야 하며 실온은 +5℃에서 +40℃ 사이에서 유지되어야 한다.

45 다음 중 카 실내에서 검사하는 사항이 아닌 것은?

① 도어스위치의 작동상태
② 전동기 주회로의 절연저항
③ 외부와 연결하는 통화장치의 작동상태
④ 승강장 출입구 바닥 앞부분과 카 바닥 앞부분과의 틈의 너비

해설 전동기 주회로의 절연저항 검사는 기계실에서 행하는 검사이다.

46 카 상부에서 행하는 검사가 아닌 것은?

① 완충기 점검
② 주로프 점검
③ 가이드 슈 점검
④ 도어개폐장치 점검

해설 피트에서 하는 점검항목 및 주기

㉠ 1회/1월 : 피트 바닥, 과부하감지장치
㉡ 1회/3월 : 완충기, 하부 파이널 리밋스위치, 카 비상멈춤장치스위치
㉢ 1회/6월 : 과속조절기로프 및 기타 당김도르래, 균형로프 및 부착부, 균형추 밑부분 틈새, 이동케이블 및 부착부
㉣ 1회/12월 : 카 하부 도르래, 피트 내의 내진대책

47 피트바닥과 카의 가장 낮은 부품 사이의 수직거리는 몇 m 이상이어야 하는가?

① 2.0
② 1.5
③ 0.5
④ 1.0

해설 카가 완전히 압축된 완충기 위에 있을 때, 다음 3가지 사항이 동시에 만족되어야 한다.

㉠ 피트에는 0.5m×0.6m×1.0m 이상의 장방형 블록을 수용할 수 있는 충분한 공간이 있어야 한다.
㉡ 피트바닥과 카의 가장 낮은 부품 사이의 수직거리는 0.5m 이상이어야 한다. 이 거리는 아래에 해당되는 수평거리가 0.15m 이내인 경우 최소 0.1m까지 감소될 수 있다.
　ⓐ 에이프런 또는 수직 개폐식 카 문과 인접한 벽 사이
　ⓑ 카의 가장 낮은 부품과 가이드레일 사이
㉢ 피트에 고정된 가장 높은 부품(위 ㉡항의 ⓐ와 ⓑ에서 설명한 것을 제외한 균형로프 인장장치 등)과 카의 가장 낮은 부품 사이의 수직거리는 0.3m 이상이어야 한다.

48 승강로의 점검문과 비상문에 관한 내용으로 틀린 것은?

① 이용자의 안전과 유지보수 이외에는 사용하지 않는다.
② 비상문은 폭 0.35m 이상, 높이 1.8m 이상이어야 한다.
③ 점검문 및 비상문은 승강로 내부로 열려야 한다.
④ 트랩방식의 점검문일 경우는 폭 0.5m 이하, 높이 0.5m 이하이어야 한다.

㉠ 승강로의 점검문 및 비상문은 이용자의 안전 또는 유지
   보수를 위한 용도 외에는 사용되지 않아야 한다.
㉡ 점검문은 폭 0.6m 이상, 높이 1.4m 이상이어야 한다.
   다만, 트랩 방식의 문일 경우에는 폭 0.5m 이하, 높이
   0.5m 이하이어야 한다.
㉢ 비상문은 폭 0.35m 이상, 높이 1.8m 이상이어야 한다.
㉣ 연속되는 승강장문의 문턱 사이 거리가 11m를 초과할
   경우에는 다음 중 어느 하나에 적합하여야 한다.
   • 중간에 비상문이 설치되어야 한다.
   • 전기적 비상운전에 적합하고, 이 수단은 기계실, 구동
     기 캐비닛, 비상 및 작동시험을 위한 운전패널 설치
     등의 공간에 있어야 한다.
   • 서로 인접한 카에 비상구출문이 설치되어야 한다.
㉤ 점검문 및 비상문은 승강로 내부로 열리지 않아야 한다.

▌정하중 시험과 처짐량 측정▐

▌스텝의 동하중 시험▐

★

49 기계설비의 위험방지를 위해 보전성을 개선하기
위한 사항과 거리가 먼 것은?

① 안전사고 예방을 위해 주기적인 점검을 해
   야 한다.
② 고가의 부품인 경우는 고장 발생 직후에
   교환한다.
③ 가동률을 높이고 신뢰성을 향상시키기 위
   해 안전 모니터링 시스템을 도입하는 것은
   바람직하다.
④ 보전용 통로나 작업장의 안전 확보는 필요
   하다.

해설 기계설비의 위험방지를 위해서는 부품의 가격에 관계없이
고장 발생 전이라도 교체주기에 맞추어 교체한다.

★★

50 안전점검 시 에스컬레이터의 운전 중 점검 확인
사항에 해당되지 않는 것은?

① 운전 중 소음과 진동 상태
② 스텝에 작용하는 부하의 작용 상태
③ 콤 빗살과 스텝 홈의 물림 상태
④ 핸드레일과 스텝의 속도 차이 유무

해설 에스컬레이터는 공공시설에 설치되어 장시간 사용되는 특
성상 충분한 내구 성능이 확보되어야 하므로, 스텝의 안전
성을 인증하는 것은 중요하다. 스텝, 팰릿 및 벨트는 정상운
행동안 트랙킹(tracking), 가이드 및 구동시스템에 부과될
수 있는 모든 가능한 하중 및 변형작용에 견디도록 설계되
어야 하고, 6000N/m²에 상응하는 균일하게 분포된 하중에
견디도록 설계되어야 한다. 이러한 설계조건을 고려하여 부
하의 작용상태인 스텝에 대한 하중시험 및 비틀림시험을
하여 인증기준에 적합한지를 검사해야 한다.

★★★

51 플레밍의 왼손 법칙에서 엄지손가락의 방향은 무
엇을 나타내는가?

① 자장
② 전류
③ 힘
④ 기전력

해설 플레밍의 왼손 법칙

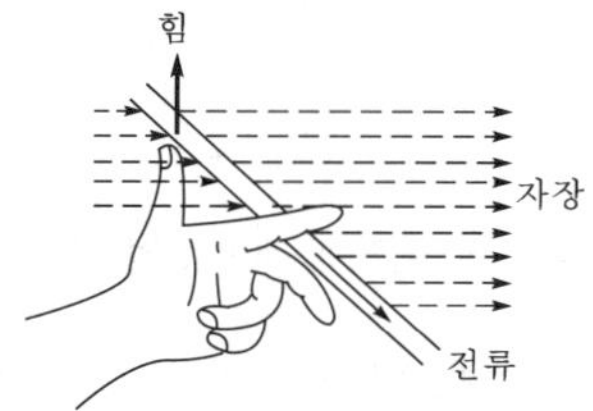

㉠ 자기장 내의 도선에 전류가 흐름 → 도선에 운동력 발생
   (전기에너지 → 운동에너지) : 전동기
㉡ 집게 손가락(자장의 방향), 가운데손가락(전류의 방향),
   엄지손가락(힘의 방향)

★

52 회전하는 축을 지지하고 원활한 회전을 유지하도
록 하며, 축에 작용하는 하중 및 축의 자중에 의한
마찰저항을 가능한 적게 하도록 하는 기계요소는?

① 클러치
② 베어링
③ 커플링
④ 스프링

해설 기계요소의 종류와 용도

구분	종류	용도
결합용 기계요소	나사, 볼트, 너트, 핀, 키	기계부품 결함
축용 기계요소	축, 베어링	축을 지지하거나 연결
전동용 기계요소	마찰차, 기어, 캠, 링크, 체인, 벨트	동력의 전달
관용 기계요소	관, 관이음, 밸브	기체나 액체 수송
완충 및 제동용 기계요소	스프링, 브레이크	진동 방지와 제동

베어링은 회전운동 또는 왕복운동을 하는 축을 일정한 위치에 떠받들어 자유롭게 움직이게 하는 기계요소의 하나로, 빠른 운동에 따른 마찰을 줄이는 역할을 한다.

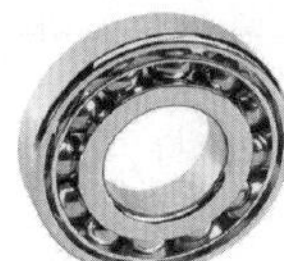

‖ 구름베어링 ‖

★★★

53 버니어캘리퍼스를 사용하는 와이어 로프의 직경 측정방법으로 알맞은 것은?

① 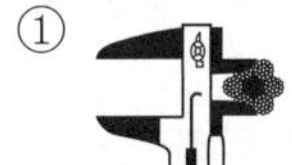 ② 

③  ④ 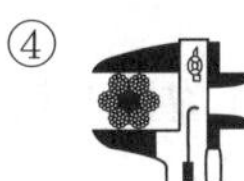

해설 와이어 로프의 직경 측정

㉠ 직경 측정 시에는 1m 이상 떨어진 2개의 각 지점에서 측정해야 하고, 올바른 각도에서 각 점마다 두 번 측정해야 하며, 이들 네 점의 평균값을 로프의 직경으로 한다.

㉡ 각 점에서 로프 직경을 측정할 때의 측정기구로는 버니어캘리퍼스가 적당하며, 인접한 2개 이상의 꼬임이 닿는 충분한 넓이를 가진 버니어캘리퍼스를 이용한다.

㉢ 로프의 직경을 측정할 때에는 로프의 끝단 최고 값을 측정하여야 한다.

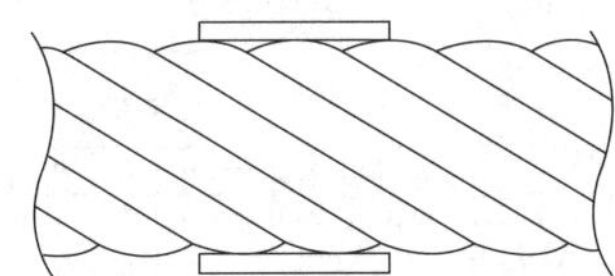

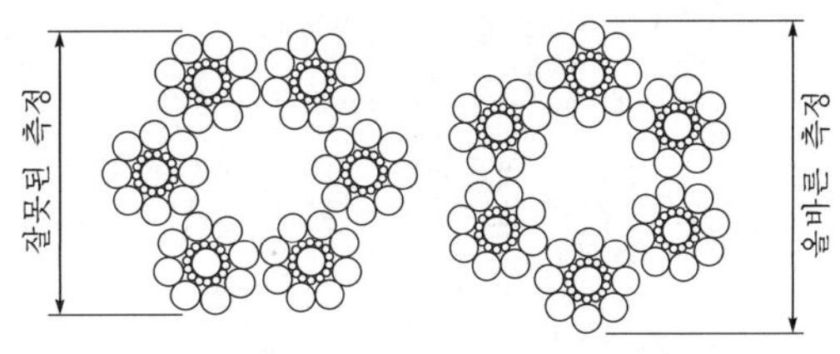

‖ 와이어 로프의 직경 측정방법 ‖

★★

54 베어링의 구비조건으로 거리가 먼 것은?

① 가공수리가 쉬울 것
② 마찰저항이 적을 것
③ 열전도도가 적을 것
④ 강도가 클 것

해설 베어링 메탈재료의 구비조건

㉠ 마모에 견딜 수 있을 정도로 단단한 반면에 축을 손상하지 않도록 축의 재료보다는 물러야 한다.
㉡ 축과의 마찰계수가 적어야 한다.
㉢ 마찰열이 잘 방출될 수 있도록 열전도가 좋아야 한다.
㉣ 내부식성이 있어야 한다.
㉤ 제작이 용이하여야 한다.

★★★★

55 RLC 직렬회로에서 최대 전류가 흐르게 되는 조건은?

① $\omega L^2 - \dfrac{1}{\omega C} = 0$ ② $\omega L^2 + \dfrac{1}{\omega C} = 0$

③ $\omega L - \dfrac{1}{\omega C} = 0$ ④ $\omega L + \dfrac{1}{\omega C} = 0$

해설 직렬공진 조건

RLC가 직렬로 연결된 회로에서 용량리액턴스와 유도리액턴스는 더 이상 회로 전류를 제한하지 못하고 저항만이 회로에 흐르는 전류를 제한할 수 있게 되는데, 이 상태를 공진이라고 한다.

㉠ 임피던스(impedance)

$$Z = \sqrt{R^2 + \left(\omega L - \dfrac{1}{\omega C}\right)^2} \, (\Omega)$$

용량리액턴스와 유도리액턴스가 같다면 $\omega L = \dfrac{1}{\omega C}$

$$\omega L - \dfrac{1}{\omega C} = 0$$

임피던스(Z)

$$Z = \sqrt{R^2 + \left(\omega L - \dfrac{1}{\omega C}\right)^2} = \sqrt{R^2 + (0)^2} = R(\Omega)$$

㉡ 직렬공진회로
• 공진임피던스는 최소가 된다.
$$Z = \sqrt{R^2 + (0)^2} = R$$

정답 53. ② 54. ③ 55. ③

• 공진전류 I_0는 최대가 된다.

$$I_0 = \frac{V}{Z} = \frac{V}{R} \text{(A)}$$

• 전압 V와 전류 I는 동위상이다. 용량리액턴스와 유도리액턴스는 크기가 같아서 상쇄되어 저항만의 회로가 된다.

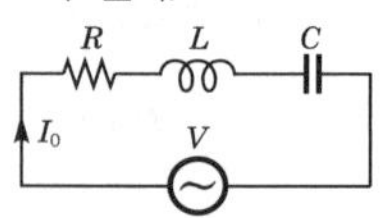

▮ 직렬회로 ▮

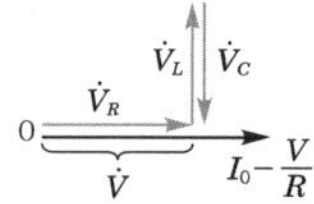

▮ 직렬공진 벡터 ▮

★★★

56 권수 N의 코일에 I(A)의 전류가 흘러 권선 1회의 코일에서 자속 ϕ(Wb)가 생겼다면 자기인덕턴스(L)는 몇 H인가?

① $L = \dfrac{\phi I}{N}$

② $L = IN\phi$

③ $L = \dfrac{N\phi}{I}$

④ $L = \dfrac{IN}{\phi}$

🔍해설 **자체인덕턴스(자기인덕턴스)**

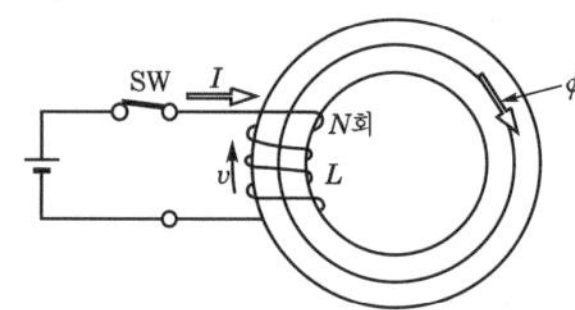

▮ 자체유도 ▮

㉠ 비례상수 L은 코일 특유의 값으로 자체인덕턴스라 하고, 단위로는 헨리(Henry, 기호 H)를 쓴다.

㉡ 1H는 1초 동안에 전류의 변화가 1A일 때 1V의 전압이 발생하는 코일의 자체 인덕턴스이다.

㉢ $N\phi = LI$이므로 자체인덕턴스 $L = \dfrac{N\phi}{I}$ (H)이다.

★★★★★

57 6극, 50Hz의 3상 유도전동기의 동기속도(rpm)는?

① 500

② 1000

③ 1200

④ 1800

🔍해설 유도전동기의 동기속도(n_s)라 하면, 전원 주파수(f)에 비례하고, 극수(P)에는 반비례한다.

$$n_s = \frac{120 \cdot f}{P} = \frac{120 \times 50}{6} = 1000 \text{rpm}$$

★★★

58 다음 중 절연저항을 측정하는 계기는?

① 회로시험기

② 메거

③ 훅온미터

④ 휘트스톤브리지

🔍해설 전로 및 기기 등을 사용하다보면 기기의 노화 등 그밖의 원인으로 절연성능이 저하되고, 절연열화가 진행되면 결국은 누전 등의 사고를 발생하여 화재나 그 밖의 중대 사고를 일으킬 우려가 있으므로 절연저항계(메거)로 절연저항측정 및 절연진단이 필요하다.

★★

59 입력신호 A, B가 모두 '1'일 때만 출력값이 '1'이 되고, 그 외에는 '0'이 되는 회로는?

① AND회로

② OR회로

③ NOT회로

④ NOR회로

🔍해설 **논리곱(AND)회로**

㉠ 모든 입력이 있을 때에만 출력이 나타나는 회로이며 직렬 스위치 회로와 같다.

㉡ 두 입력 'A' AND 'B'가 모두 '1'이면 출력 X가 '1'이 되며, 두 입력 중 어느 하나라도 '0'이면 출력 X가 '0'인 회로가 된다.

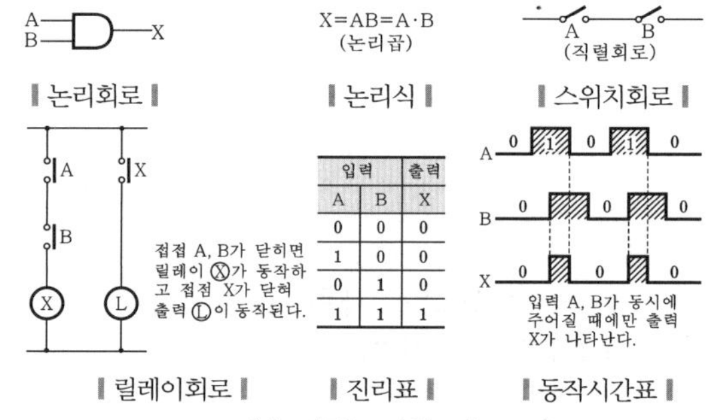

▮ 논리회로 ▮   ▮ 논리식 ▮   ▮ 스위치회로 ▮

접접 A, B가 닫히면 릴레이 Ⓧ가 동작하고 접점 X가 닫혀 출력 Ⓛ이 동작된다.

입력 A, B가 동시에 주어질 때에만 출력 X가 나타난다.

▮ 릴레이회로 ▮   ▮ 진리표 ▮   ▮ 동작시간표 ▮

▮ 논리곱(AND)회로 ▮

★★★★

60 그림과 같은 논리기호의 논리식은?

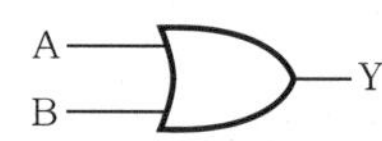

① $Y = \overline{A} + \overline{B}$

② $Y = \overline{A} \cdot \overline{B}$

③ $Y = A \cdot B$

④ $Y = A + B$

🔍해설 **논리합(OR)회로**

하나의 입력만 있어도 출력이 나타나는 회로이며, 'A' OR 'B' 즉, 병렬회로이다.

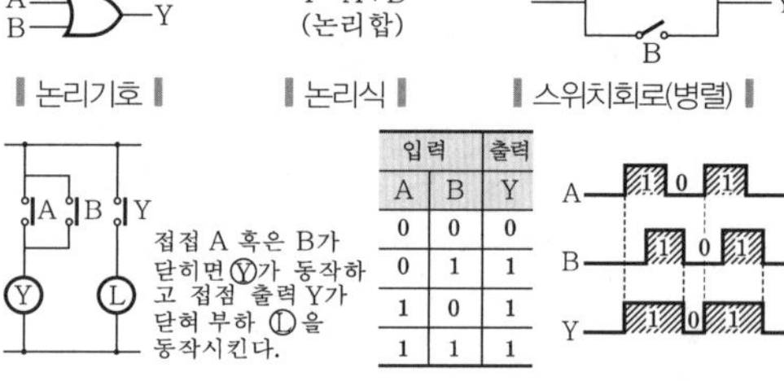

▮ 논리기호 ▮   ▮ 논리식 ▮   ▮ 스위치회로(병렬) ▮

접접 A 혹은 B가 닫히면 릴레이 Ⓨ가 동작하고 접점 출력 Y가 닫혀 부하 Ⓛ을 동작시킨다.

▮ 릴레이회로 ▮   ▮ 진리표 ▮   ▮ 동작시간표 ▮

2024년 제2회 기출복원문제

※ 본 문제는 수험생들의 협조에 의해 작성되었으며, 시험내용과 일부 다를 수 있습니다.

01 트랙션권상기의 특징으로 틀린 것은?

① 소요동력이 적다.
② 행정거리의 제한이 없다.
③ 주로프 및 도르래의 마모가 일어나지 않는다.
④ 권과(지나치게 감기는 현상)를 일으키지 않는다.

해설 권상기(traction machine)

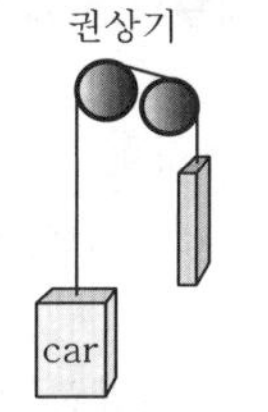
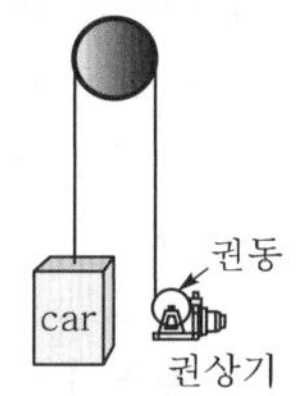

㉠ 트랙션식 권상기의 형식
 • 기어드(geared)방식 : 전동기의 회전을 감속시키기 위해 기어를 부착한다.
 • 무기어(gearless)방식 : 기어를 사용하지 않고, 전동기의 회전축에 권상도르래를 부착시킨다.
㉡ 트랙션식 권상기의 특징
 • 균형추를 사용하기 때문에 소요 동력이 적다.
 • 도르래를 사용하기 때문에 승강행정에 제한이 없다.
 • 로프를 마찰로서 구동하기 때문에 지나치게 감길 위험이 없다.

02 그림과 같은 활차장치의 옳은 설명은? (단, 활차의 직경은 같음)

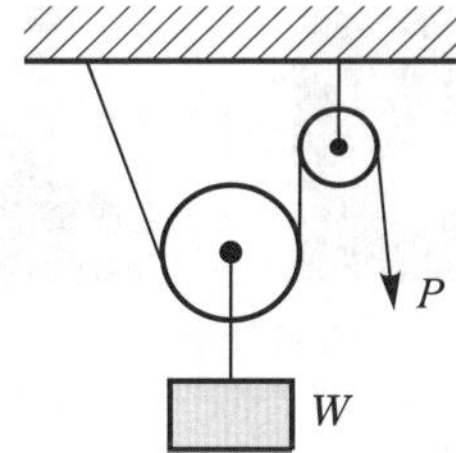

① 힘의 크기는 $W = P$ 이고, W의 속도는 P속도의 $\frac{1}{2}$ 이다.

② 힘의 크기는 $W = P$ 이고, W의 속도는 P속도의 $\frac{1}{4}$ 이다.

③ 힘의 크기는 $W = 2P$ 이고, W의 속도는 P속도의 $\frac{1}{2}$ 이다.

④ 힘의 크기는 $W = 2P$ 이고, W의 속도는 P속도의 $\frac{1}{4}$ 이다.

해설 활차(pulley)

㉠ 복활차(compound pulley) : 고정도르래와 움직이는 도르래를 2개 이상 결합한 도르래
㉡ 동활차(moved pulley) : 축이 고정되지 않고 자유롭게 이동하는 도르래

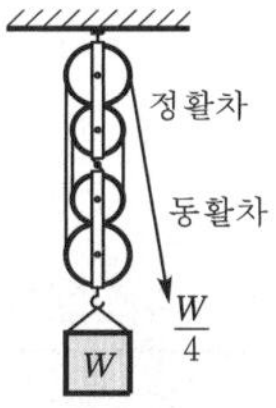
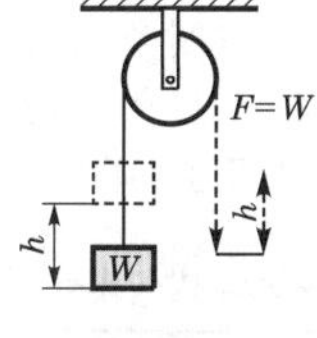
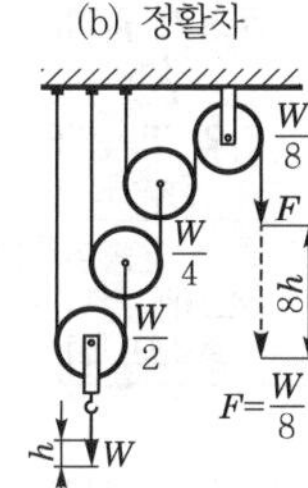

• 하중(W) = $P \times 2^n$
 여기서, W : 하중(kg), P : 인상력(kg), n : 동활차수
• $P = \dfrac{W}{2^n}$

03 권상기 도르래홈에 대한 설명 중 옳지 않은 것은?

① 마찰계수의 크기는 U홈 < 언더컷 홈 < V홈 순이다.
② U홈은 로프와의 면압이 작으므로 로프의 수명은 길어진다.
③ 언더컷 홈의 중심각이 작으면 트랙션 능력이 크다.
④ 언더컷 홈은 U홈과 V홈의 중간적 특성을 갖는다.

해설 로프의 미끄러짐과 도르래홈

㉠ 로프가 감기는 각도(권부각)가 작을수록 미끄러지기 쉽다.
㉡ 카의 가속도와 감속도가 클수록 미끄러지기 쉽다.
㉢ 미끄러짐이 많으면 트랙션(구동력)은 작아진다.
㉣ 언더컷 홈은 라운드 홈을 사용하지 않는 도르래에 주로 사용되고 있으며 그 특징은 V홈과 U홈의 중간으로 마찰계수가 적당하며, 권부각을 개선하여 도르래 및 로프의 수명을 연장시키는 장점이 있다.
㉤ 언더컷의 마모에 의해 U홈 상태로 바뀌는 것은 면압을 감소시키고 이로 인해 마찰력이 작아져서 미끄러짐이 발생한다.

★★★★

04 트랙션식 권상기에서 로프와 도르래의 마찰계수를 높이기 위해서 도르래 홈의 밑을 도려낸 언더컷홈을 사용한다. 이 언더컷홈의 결점은?

① 지나친 되감기 발생
② 균형추 진동
③ 시브의 이완
④ 로프 마모

해설 로프식 방식에서 미끄러짐(매우 위험함)을 결정하는 요소

구분	원인
로프가 감기는 각도	작을수록 미끄러지기 쉽다.
카의 가속도와 감속도	클수록 미끄러지기 쉽다(긴급정지 시 일어나는 미끄러짐을 고려해야 함).
카측과 균형추측의 로프에 걸리는 중량의 비	클수록 미끄러지기 쉽다(무부하 시를 체크할 필요가 있음).
로프와 도르래의 마찰계수	U형의 홈은 마찰계수가 낮으므로 일반적으로 홈의 밑을 도려낸 언더컷홈으로 마찰계수를 올린다. 마모와 마찰계수를 고려하여 도르래 재료는 주물을 사용한다.

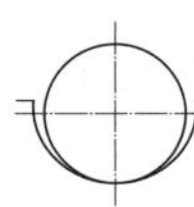
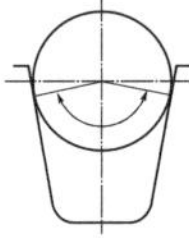
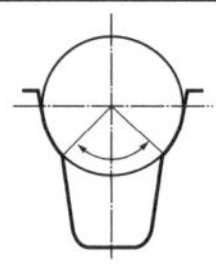

(a) U홈　(b) V홈　(c) 언더컷홈

┃ 도르래 홈의 종류 ┃

언더컷홈으로 마찰계수를 올려 카의 미끄러짐을 줄일 수 있지만, 마찰계수가 높은 만큼 로프의 마모는 심해진다.

★★★

05 레일의 규격호칭은 소재 1m 길이당 중량을 라운드 번호로 하여 레일에 붙여 쓰고 있다. 일반적으로 쓰이고 있는 T형 레일의 공칭이 아닌 것은?

① 8K레일　　② 13K레일
③ 16K레일　　④ 24K레일

해설 가이드레일의 규격

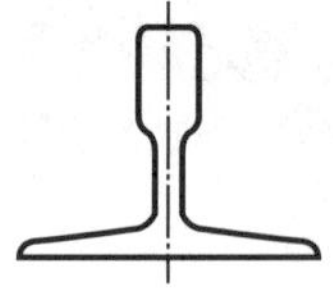

㉠ 레일 규격의 호칭은 마무리 가공 전 소재의 1m당의 중량으로 한다.
㉡ 일반적으로 쓰는 T형 레일의 공칭은 8, 13, 18, 24K 등이 있다.
㉢ 대용량의 엘리베이터에서는 37, 50K 레일 등도 사용한다.
㉣ 레일의 표준길이는 5m로 한다.

★★★★★

06 엘리베이터용 가이드레일의 역할이 아닌 것은?

① 카와 균형추의 승강로 내 위치 규제
② 승강로의 기계적 강도를 보강해 주는 역할
③ 카의 자중이나 화물에 의한 카의 기울어짐 방지
④ 집중하중이나 추락방지안전장치 작동 시 수직하중 유지

해설 가이드레일(guide rail)

㉠ 가이드레일의 사용 목적
• 카와 균형추의 승강로 평면 내의 위치를 규제한다.
• 카의 자중이나 화물에 의한 카의 기울어짐을 방지한다.
• 비상멈춤이 작동할 때의 수직하중을 유지한다.

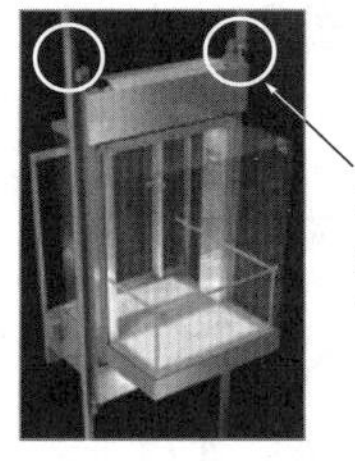

㉡ 가이드레일의 규격
• 레일 규격의 호칭은 마무리 가공 전 소재의 1m당의 중량으로 한다.
• 일반적으로 쓰는 T형 레일의 공칭에는 8, 13, 18, 24K 등이 있다.
• 대용량의 엘리베이터에서는 37, 50K 레일 등도 사용한다.
• 레일의 표준길이는 5m로 한다.

정답 04. ④　05. ③　06. ②

★★

07 점차작동형 추락방지안전장치에 대한 설명으로 옳지 않은 것은?

① 레일을 죄는 힘이 동작 시부터 정지 시까지 일정한 것이 FGC형이다.
② 레일을 죄는 힘이 처음에는 약하고 하강함에 따라 강하다가 얼마 후 일정값에 도달하는 것이 FWC형이다.
③ 구조가 간단하고 복구가 용이하기 때문에 대부분 FWC형을 사용한다.
④ 점차작동형은 정격속도가 60m/min 이상인 엘리베이터에 주로 사용한다.

해설 점차(순차적)작동형 추락방지안전장치

㉠ 플랙시블 가이드 클램프(Flexible Guide Clamp ; FGC)형
• 추락방지안전장치의 작동으로 카가 정지할 때의 레일을 죄는 힘이 동작 시부터 정지 시까지 일정하다.
• 구조가 간단하고 설치면적이 작으며 복구가 쉬워 널리 사용되고 있다.
㉡ 플랙시블 웨지 클램프(Flexible Wedge Clamp ; FWC)형
• 레일을 죄는 힘이 처음에는 약하고 하강함에 따라 강하다가 얼마 후 일정치에 도달한다.
• 구조가 복잡하여 거의 사용하지 않는다.

★★★★★

08 '승강기의 과속조절기'란?

① 카의 속도를 검출하는 장치이다.
② 추락방지안전장치를 뜻한다.
③ 균형추의 속도를 검출한다.
④ 플런저를 뜻한다.

해설 과속조절기(governor)

카와 같은 속도로 움직이는 과속조절기로프에 의해 회전되어 항상 카의 속도를 감지하여 가속도를 검출하는 장치이다.

★★★

09 사용 중인 와이어로프의 육안 점검사항과 거리가 먼 것은?

① 로프의 마모 상태
② 변형부식의 유무
③ 로프 끝의 풀림 여부
④ 로프의 꼬임 방향

해설 와이어로프의 육안점검

㉠ 형상변형 상태 점검
㉡ 마모, 부식 상태 점검 : 로프의 표면이 마모되어 광택이 나는 부분 또는 붉게 부식된 부분의 그리스 내 오염물질을 점검

• 마모 : 소선과 소선의 돌기 부분이 마모되어 없어짐
• 부식 : 피팅이 발생하여 작은 구멍 자국이 생성됨
㉢ 파단 상태 점검 : 육안으로 점검하여 소선이 발견되면 주변의 그리스 내 오염물질을 제거하고 정밀점검을 한다.

★★

10 다음 중 도어 인터록 장치의 구조로 가장 옳은 것은 어느 것인가?

① 도어스위치가 확실히 걸린 후 도어 인터록이 들어가야 한다.
② 도어스위치가 확실히 열린 후 도어 인터록이 들어가야 한다.
③ 도어록 장치가 확실히 걸린 후 도어스위치가 들어가야 한다.
④ 도어록 장치가 확실히 열린 후 도어스위치가 들어가야 한다.

해설 도어 인터록(door interlock) 및 클로저(closer)

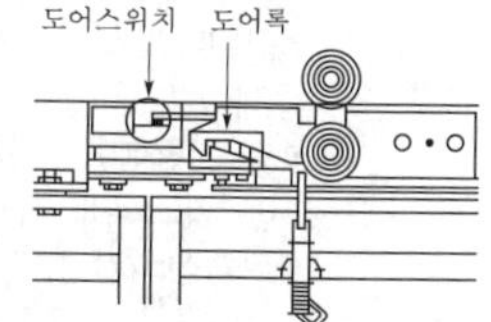

㉠ 도어 인터록(door interlock)
• 카가 정지하지 않는 층의 도어는 전용열쇠를 사용하지 않으면 열리지 않는 도어록과 도어가 닫혀 있지 않으면 운전이 불가능하도록 하는 도어스위치로 구성된다.
• 닫힘동작 시는 도어록이 먼저 걸린 상태에서 도어스위치가 들어가고 열림동작 시는 도어스위치가 끊어진 후 도어록이 열리는 구조(직렬)이며, 엘리베이터의 안전장치 중에서 승강장의 도어 안전장치로 가장 중요하다.
㉡ 도어 클로저(door closer)
• 승강장의 문이 열린 상태에서 모든 제약이 해제되면 자동적으로 닫히게 하여 문의 개방 상태에서 생기는 2차 재해를 방지하는 문의 안전장치이며, 전기적인 힘이 없어도 외부 문을 닫아주는 역할을 한다.
• 스프링 클로저 방식 : 레버시스템, 코일스프링과 도어체크가 조합된 방식
• 웨이트(weight) 방식 : 줄과 추를 사용하여 도어체크(문이 자동으로 천천히 닫히게 하는 장치)를 생략한 방식

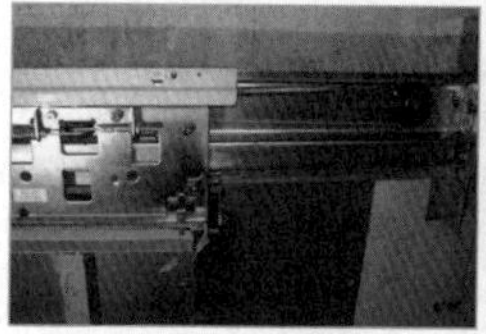

▮ 스프링 클로저 ▮　　　▮ 웨이트 클로저 ▮

★★★★★

11 균형로프(compensation rope)의 역할로 가장 알맞은 것은?

① 카의 무게를 보상
② 카의 낙하를 방지
③ 균형추의 이탈을 방지
④ 와이어로프의 무게를 보상

해설 **견인비의 보상방법**

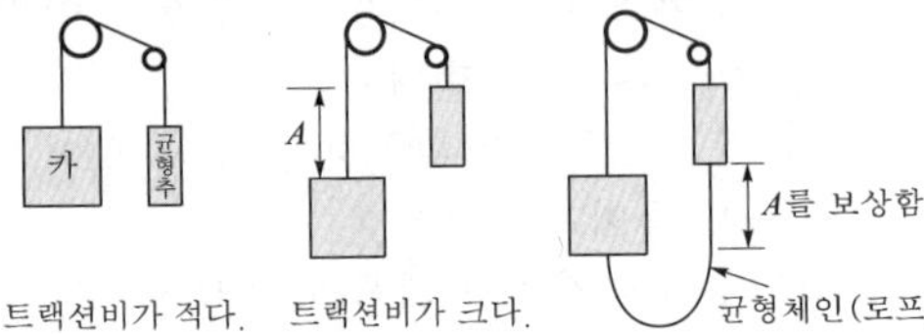

㉠ 견인비(traction ratio)
- 카측 로프가 매달고 있는 중량과 균형추 로프가 매달고 있는 중량의 비를 트랙션비라 하고, 무부하와 전부하 상태에서 체크한다.
- 견인비가 낮게 선택되면 로프와 도르래 사이의 트랙션 능력, 즉 마찰력이 작아도 되며, 로프의 수명이 연장된다.

㉡ 문제점
- 승강행정이 길어지면 로프가 어느 쪽(카측, 균형추측)에 있느냐에 따라 트랙션비는 크게 변화한다.
- 트랙션비가 1.35를 초과하면 로프가 시브에서 슬립(slip)되기가 쉽다.

㉢ 대책
- 카 하부에서 균형추의 하부로 주로프와 비슷한 단위 중량의 균형(보상)체인이나 로프를 매단다(트랙션비를 작게 하기 위한 방법).
- 균형로프는 서로 엉키는 걸 방지하기 위하여 피트에 인장도르래를 설치한다.
- 균형로프는 100%의 보상효과가 있고, 균형체인은 90% 정도 밖에 보상하지 못한다.
- 고속·고층 엘리베이터의 경우 균형체인(소음의 원인)보다는 균형로프를 사용한다.

∥ 균형체인 ∥

★★

12 승강장 도어의 측면 개폐방식의 기호는?

① A
② CO
③ S
④ T

해설 **엘리베이터 출입구에 대한 도어 배열**

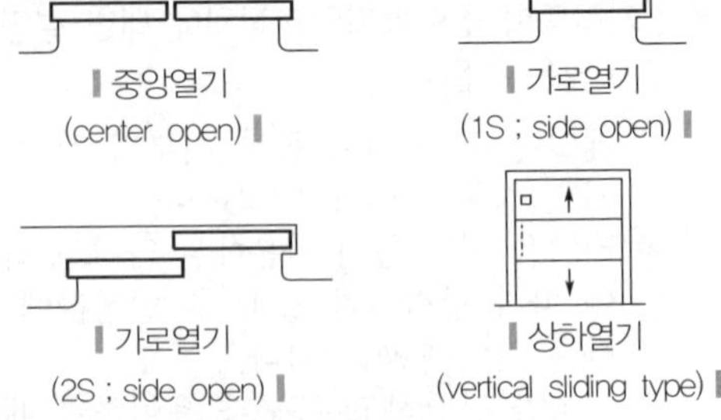

㉠ CO : 중앙개폐(Center Opening)
㉡ S : 측면(가로)개폐(Side Opening)
㉢ UP : 상승개폐(UP opening), 자동차용이나 대형 화물용 엘리베이터에서는 카 실을 완전히 개구할 필요가 있기 때문에 상승개폐(2UP, 3UP)도어를 많이 사용한다.

★★

13 엘리베이터의 도어머신에 요구되는 성능과 거리가 먼 것은?

① 보수가 용이할 것
② 가격이 저렴할 것
③ 직류모터만 사용할 것
④ 작동이 원활하고 정숙할 것

해설 **도어머신(door machine)에 요구되는 조건**

모터의 회전을 감속하여 암이나 로프 등을 구동시켜서 도어를 개폐시키는 것이며, 닫힌 상태에서 정전으로 갇혔을 때 구출을 위해 문을 손으로 열 수가 있어야 한다.

㉠ 작동이 원활하고 조용할 것
㉡ 카 상부에 설치하기 위해 소형 경량일 것
㉢ 동작횟수가 엘리베이터 기동횟수의 2배가 되므로 보수가 용이할 것
㉣ 가격이 저렴할 것

★★★

14 정전 시 카 내 예비조명장치에 관한 설명으로 틀린 것은?

① 조도는 2lx 이상이어야 한다.
② 조도는 램프 중심부에서 2m 지점의 수직 면상의 조도이다.
③ 정전 후 60초 이내에 점등되어야 한다.
④ 1시간 동안 전원이 공급되어야 한다.

정답 11. ④ 12. ③ 13. ③ 14. ③

해설 조명

ⓐ 카에는 카 바닥 및 조작 장치를 50lx 이상의 조도로 비출 수 있는 영구적인 전기조명이 설치되어야 한다.
ⓑ 조명이 백열등 형태일 경우에는 2개 이상의 등이 병렬로 연결되어야 한다.
ⓒ 정상 조명전원이 차단될 경우에는 2lx 이상의 조도로 1시간 동안 전원이 공급될 수 있는 자동 재충전 예비전원공급장치가 있어야 하며, 이 조명은 정상 조명전원이 차단되면 자동으로 즉시 점등되어야 한다. 측정은 다음과 같은 곳에서 이루어져야 한다.
  - 호출버튼 및 비상통화장치 표시
  - 램프 중심부로부터 2m 떨어진 수직면상

★★★

15 승강기의 파이널 리밋스위치(final limit switch)의 요건 중 틀린 것은?

① 반드시 기계적으로 조작되는 것이어야 한다.
② 작동 캠(cam)은 금속으로 만든 것이어야 한다.
③ 이 스위치가 동작하게 되면 권상전동기 및 브레이크 전원이 차단되어야 한다.
④ 이 스위치는 카가 승강로의 완충기에 충돌된 후에 작동되어야 한다.

해설 파이널 리밋스위치(final limit switch)

ⓐ 리밋스위치가 작동되지 않을 경우를 대비하여 리밋스위치를 지난 적당한 위치에 카가 현저히 지나치는 것을 방지하는 스위치이다.
ⓑ 전동기 및 브레이크에 공급되는 전원회로의 확실한 기계적 분리에 의해 직접 개방되어야 한다.
ⓒ 완충기에 충돌되기 전에 작동하여야 하며, 슬로다운스위치에 의하여 정지되면 작용하지 않도록 설정한다.
ⓓ 파이널 리밋스위치의 작동 후에는 엘리베이터의 정상운행을 위해 자동으로 복귀되지 않아야 한다.

▮리밋스위치▮

▮승강로에 설치된 리밋스위치▮

★★★

16 카의 실제속도와 속도지령장치의 지령속도를 비교하여 사이리스터의 점호각을 바꿔 유도전동기의 속도를 제어하는 방식은?

① 사이리스터 레오나드 방식
② 교류궤환 전압제어 방식
③ 가변전압 가변주파수 방식
④ 워드 레오나드 방식

해설 교류궤환제어

ⓐ 카의 실속도와 지령속도를 비교하여 사이리스터(thyristor)의 점호각을 바꾼다.
ⓑ 감속할 때는 속도를 검출하여 사이리스터에 궤환시켜 전류를 제어한다.
ⓒ 전동기 1차측 각 상에 사이리스터와 다이오드를 역병렬로 접속하여 역행 토크를 변화시킨다.
ⓓ 모터에 직류를 흘려서 제동토크를 발생시킨다.
ⓔ 미리 정해진 지령속도에 따라 정확하게 제어되므로, 승차감 및 착상 정도가 교류 1단 교류 2단 속도제어보다 좋다.
ⓕ 교류 2단 속도제어와 같은 저속주행 시간이 없으므로 운전시간이 짧다.
ⓖ 40~105m/min의 승용 엘리베이터에 주로 적용된다.

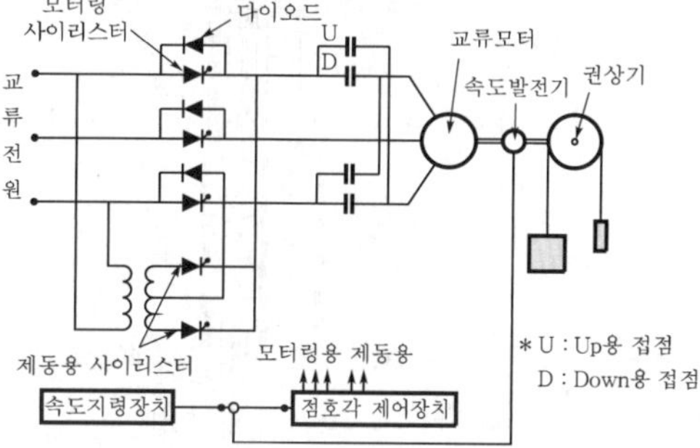

▮교류궤환 제어회로▮

★★

17 3상 교류의 단속도 전동기에 전원을 공급하는 것으로 기동과 정속운전을 하고 정지는 전원을 차단한 후 제동기에 의해 기계적으로 브레이크를 거는 제어방식은?

① 교류 1단 속도제어
② 교류 2단 속도제어
③ VVVF 제어
④ 교류궤환 전압제어

해설 교류 1단 속도제어

ⓐ 가장 간단한 제어방식이며, 3상 교류의 단속도 모터에 전원을 공급하는 것으로 기동과 정속운전을 한다.
ⓑ 정지할 때는 전원을 끊은 후 제동기에 의해서 기계적으로 브레이크를 거는 방식이다.
ⓒ 착상오차가 속도의 2승에 비례하여 증가하므로 최고 30m/min 이하에만 적용이 가능하다.

★★

18 다음 중 사람이 탑승하지 않으면서 적재용량 1톤 미만의 소형화물 운반에 적합하게 제작된 엘리베이터는?

① 덤웨이터 ② 화물용 엘리베이터
③ 비상용 엘리베이터 ④ 승객용 엘리베이터

해설 덤웨이터의 설치

㉠ 승강로의 모든 출입구의 문이 닫혀져 있지 않으면 카를 승강시킬 수 없는 안전장치가 되어 있어야 한다.
㉡ 각 출입구에서 정지스위치를 포함하여 모든 출입구 층에 전달토록 한 다수단추방식이 가장 많이 사용된다.
㉢ 일반층에서 기준층으로만 되돌리기 위해서 문을 닫으면 자동적으로 기준층으로 되돌아가도록 제작된 것을 홈스테이션식이라고 한다.
㉣ 권상도르래, 풀리 또는 드럼과 현수로프의 공칭직경사이의 비는 스트랜드의 수와 관계없이 30 이상이어야 한다.

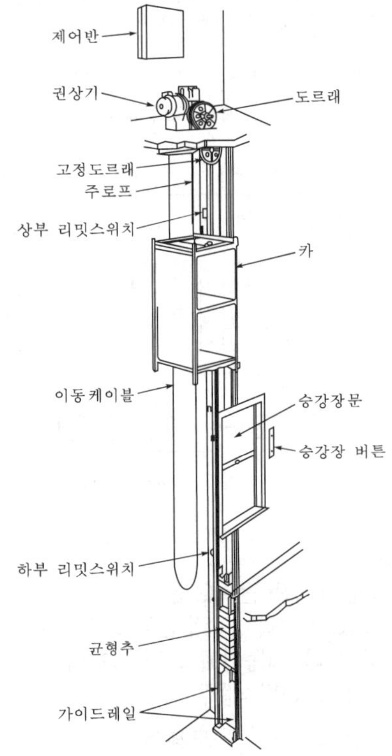

‖ 전동 덤웨이터의 구조 ‖

‖ 덤웨이터 ‖

★★

19 군관리방식에 대한 설명으로 틀린 것은?

① 특정 층의 혼잡 등을 자동적으로 판단한다.
② 카를 불필요한 동작 없이 합리적으로 운행 관리한다.
③ 교통수요의 변화에 따라 카의 운전 내용을 변화시킨다.
④ 승강장 버튼의 부름에 대하여 항상 가장 가까운 카가 응답한다.

해설 복수 엘리베이터의 조작방식

㉠ 군승합 자동식(2car, 3car)
 • 2∼3대가 병행되었을 때 사용하는 조작방식이다.
 • 1개의 승강장 버튼의 부름에 대하여 1대의 카만 응한다.
㉡ 군관리방식(supervisory control)
 • 엘리베이터를 4∼8대 병설할 때 각 카를 불필요한 동작 없이 합리적으로 운영하는 조작방식이다.
 • 교통수요의 변화에 따라 카의 운전 내용을 변화시켜서 대응한다(출퇴근 시, 점심식사 시간, 회의 종료 시 등).
 • 엘리베이터 운영의 전체 서비스 효율을 높일 수 있다.

★★★

20 구조에 따라 분류한 유압식 엘리베이터의 종류가 아닌 것은?

① 직접식
② 간접식
③ 팬터그래프식
④ VVVF식

해설 유압식 엘리베이터의 종류

펌프에서 토출된 작동유로 플런저(plunger)를 작동시켜 카를 승강시키는 것을 유압식 엘리베이터라 한다.
㉠ 직접식 : 플런저의 직상부에 카를 설치한 것
㉡ 간접식 : 플런저의 선단에 도르래를 놓고 로프 또는 체인을 통해 카를 올리고 내리며, 로핑에 따라 1 : 2, 1 : 4, 2 : 4의 로핑이 있다.
㉢ 팬터그래프식 : 카는 팬터그래프의 상부에 설치하고, 실린더에 의해 팬터그래프를 개폐한다.

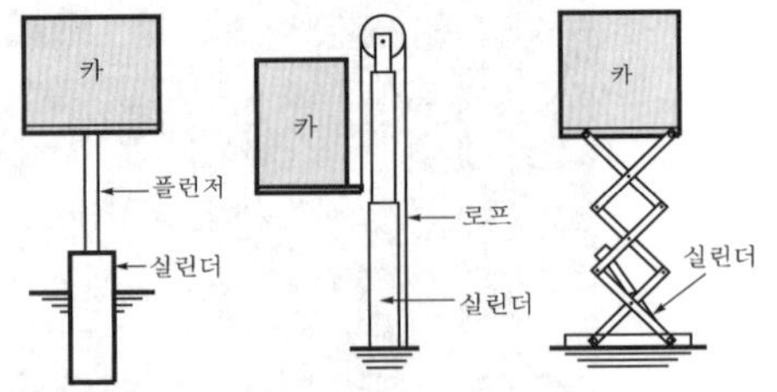

‖ 직접식 ‖ ‖ 간접식(1 : 2 로핑) ‖ ‖ 팬터그래프식 ‖

정답 18. ① 19. ④ 20. ④

21 유압식 엘리베이터 점검 시 재착상 정확도는 몇 mm를 유지하여야 하는가?

① 정확도 ±10mm
② 정확도 ±20mm
③ 정확도 ±30mm
④ 정확도 ±40mm

해설 | 카의 정상적인 착상 및 재착상 정확성

㉠ 카의 착상 정확도는 ±10mm이어야 한다.
㉡ 재착상 정확도는 ±20mm로 유지되어야 한다. 승객이 출입하거나 하역하는 동안 20mm의 값이 초과할 경우에는 보정되어야 한다.

22 유압식 엘리베이터의 유압 파워유닛과 압력배관에 설치되며, 이것을 닫으면 실린더의 기름이 파워유닛으로 역류되는 것을 방지하는 밸브는?

① 스톱밸브
② 럽처밸브
③ 체크밸브
④ 릴리프밸브

해설 | 유압회로의 밸브

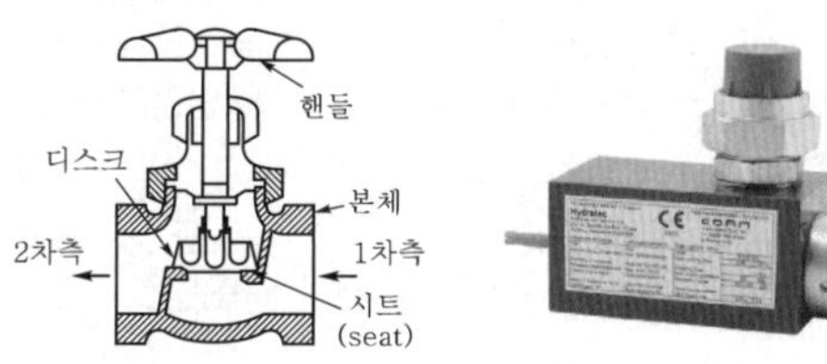

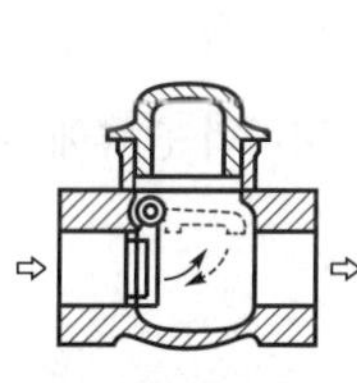

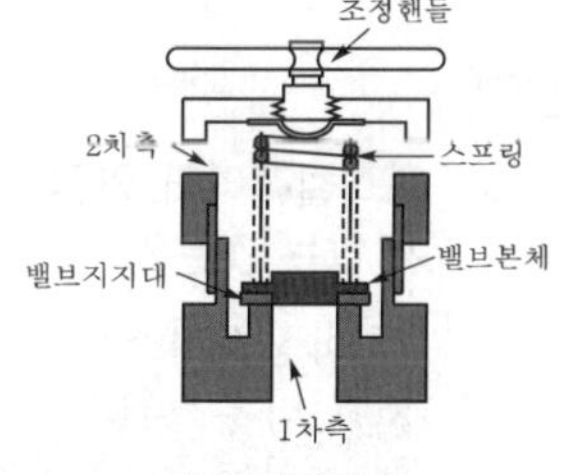

㉠ 스톱밸브(stop valve) : 유압 파워유닛과 실린더 사이의 압력배관에 설치되며, 이것을 닫으면 실린더의 기름이 파워유닛으로 역류하는 것을 방지한다. 유압장치의 보수, 점검 또는 수리 등을 할 때에 사용되며, 일명 게이트 밸브라고도 한다.

㉡ 럽처밸브(rupture valve) : 압력배관이 파손되었을 때 기름의 누설에 의한 카의 하강을 방지하기 위한 것이다. 밸브 양단의 압력이 떨어져 설정한 방향으로 설정한 유량이 초과하는 경우에, 유량이 증가하는 것에 의하여 자동으로 회로를 폐쇄하도록 설계한 밸브이다.

㉢ 체크밸브(non–return valve) : 한쪽 방향으로만 기름이 흐르도록 하는 밸브로서 상승방향으로는 흐르지만 역방향으로는 흐르지 않는다. 이것은 정전이나 그 이외의 원인으로 펌프의 토출압력이 떨어져서 실린더의 기름이 역류하여 카가 자유낙하하는 것을 방지하는 역할을 하는 것으로 로프식 엘리베이터의 전자브레이크와 유사하다.

㉣ 안전밸브(relief valve) : 압력조정밸브로 회로의 압력이 상용압력의 125% 이상 높아지면 바이패스(by–pass) 회로를 열어 기름을 탱크로 돌려보내어 더 이상의 압력 상승을 방지한다.

23 유압식 엘리베이터에서 실린더의 일반적인 구조 기준은 안전율 몇 이상이어야 하는가?

① 2
② 4
③ 8
④ 10

해설 | 실린더(cylinder)와 플런저(plunger)

유압식 엘리베이터는 작동유의 압력을 이용하여 플런저를 승강하는 장치이므로 실린더 벽과 플런저 측부에 동일한 압력이 가해진다. 따라서 로프식 엘리베이터의 로프나 기계대 등에 준한 강도가 필요하고, 실린더와 플런저는 직접식 유압엘리베이터에서는 카의 중앙 하부의 피드 내에 깊게 묻힌 케이싱 내에 들어간다.

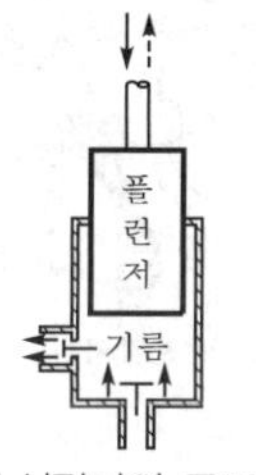

㉠ 실린더의 구조
• 실린더의 길이는 직접식에선 카의 행정길이에 여유길이(500mm 정도)를 더한 값으로 한다.
• 간접식에서는 로핑(1:2, 1:4 등) 등에 따라 행정거리의 1/2 또는 1/4의 여유길이를 더한 길이로 한다.
• 실린더의 상부에는 패킹을 설치하여 작동유의 유출을 방지하며, 일반적인 안전율은 4 이상을 요구한다.

㉡ 플런저의 구조
• 플런저가 작용하는 총 하중이 크면 클수록 그 단면은 커진다.
• 재료는 KS규격의 기계구조용 탄소강 강관의 이음매가 없는 것이 사용되며, 그 두께는 5~20mm 정도이다.

㉢ 플런저의 이탈을 막기 위하여 플런저의 한쪽 끝단에 스토퍼(stopper)를 설치하여야 한다.

★★★

24 에스컬레이터에서 스텝체인은 일반적으로 어떻게 구성되어 있는가?

① 좌우에 각 1개씩 있다.
② 좌우에 각 2개씩 있다.
③ 좌측에 1개, 우측에 2개가 있다.
④ 좌측에 2개, 우측에 1개가 있다.

해설 스텝체인(step chain)

㉠ 스텝은 스텝 측면에 각각 1개 이상 설치된 2개 이상의 체인에 의해 구동되어야 한다.
㉡ 스텝체인의 링크 간격을 일정하게 유지하기 위하여 일정 간격으로 환봉강을 연결하고, 환봉강 좌우에 전륜이 설치되며, 가이드레일 상을 주행한다.

★★

25 구동체인이 늘어나거나 절단되었을 경우 아래로 미끄러지는 것을 방지하는 안전장치는?

① 스텝체인 안전장치
② 정지스위치
③ 인입구 안전장치
④ 구동체인 안전장치

해설 구동체인 안전장치(driving chain safety device)

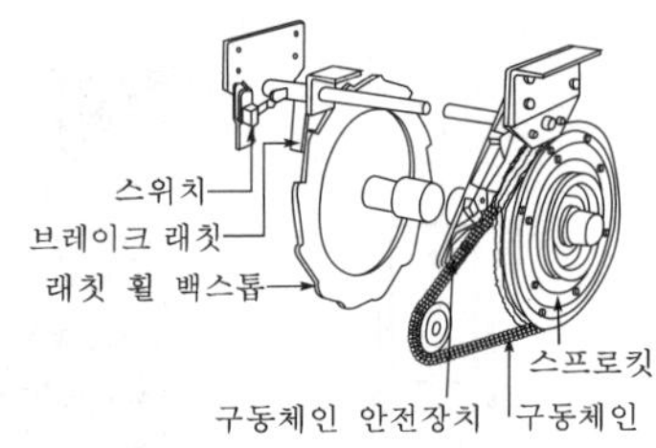

‖ 조립도 ‖

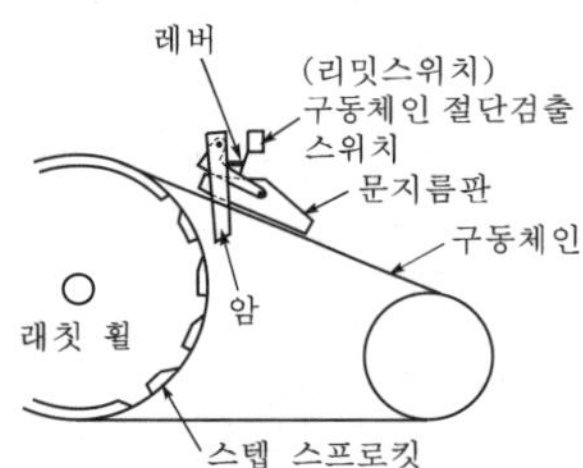

‖ 안전장치 상세도 ‖

㉠ 구동기와 주 구동장치(main drive) 사이의 구동체인이 상승 중 절단되었을 때 승객의 하중에 의해 하강운전을 일으키면 위험하므로 구동체인 안전장치가 필요하다.
㉡ 구동체인 위에 항상 문지름판이 구동되면서 구동체인의 늘어짐을 감지하여 만일 체인이 느슨해지거나 끊어지면 슈가 떨어지면서 브레이크 래칫이 브레이크 휠에 걸려 주 구동장치의 하강방향의 회전을 기계적으로 제지한다.
㉢ 안전스위치를 설치하여 안전장치의 동작과 동시에 전원을 차단한다.

★★

26 승객의 승계가 용이하며, 상부 층계에 고객을 유도하기 쉬운 에스컬레이터의 배치는?

① 단열승계형
② 복합승계형
③ 교차승계형
④ 단열겹침형

해설 에스컬레이터의 배치

㉠ 단열승계형 : 위층으로 고객을 유도하기 쉬우며, 바닥에서 바닥에의 교통이 연속적이지만 바닥면적이 넓게 필요하다.
㉡ 복합승계형 : 오르내림의 방향 모두 바닥에서 바닥으로 연속적으로 움직이고, 오르내림의 교통을 확실히 분할할 수 있으며, 고객의 시야가 가려지지 않는다. 에스컬레이터의 존재가 잘 보이며, 전매장이 보인다. 하지만 바닥면이 넓게 필요하다.
㉢ 교차승계형 : 오르내림이 모두 바닥에서 바닥으로 연속적으로 운반되며, 오르내림의 교통이 떨어져 있어 승강구에서 혼잡이 적고, 엘리베이터의 직하를 가장 유효하게 이용하고 있다. 단점으로는 측면이 가려져 쇼핑객의 시야가 좁아지고, 에스컬레이터의 위치 표시가 비교적 어렵다.
㉣ 단열겹침형 : 설치면적이 적고, 쇼핑객의 시야는 트이지만, 바닥에서 바닥에의 교통이 불연속이 된다.

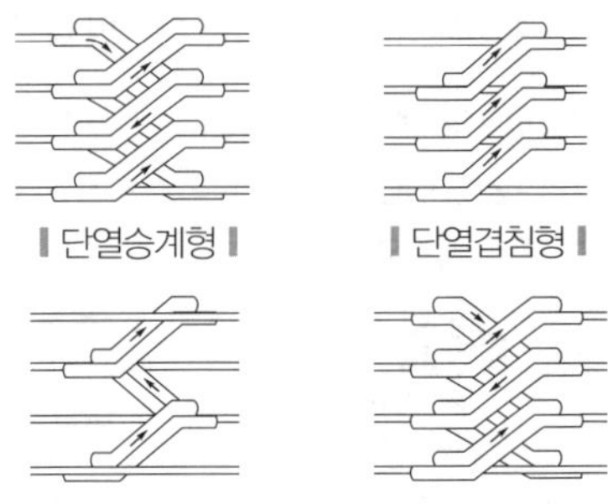

★

27 에스컬레이터 안전장치스위치의 종류에 해당하지 않는 것은?

① 비상정지스위치
② 업다운스위치
③ 스커트 가드 안전스위치
④ 인레트스위치

해설 에스컬레이터의 안전장치

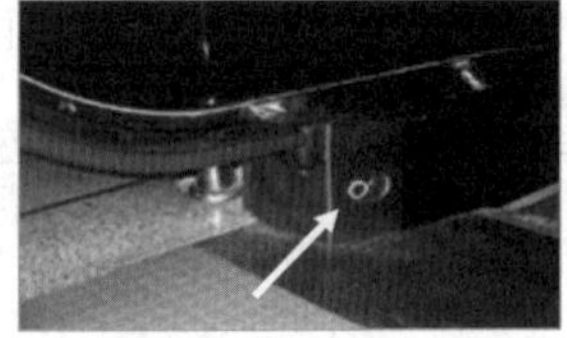
‖ 비상정지스위치 ‖

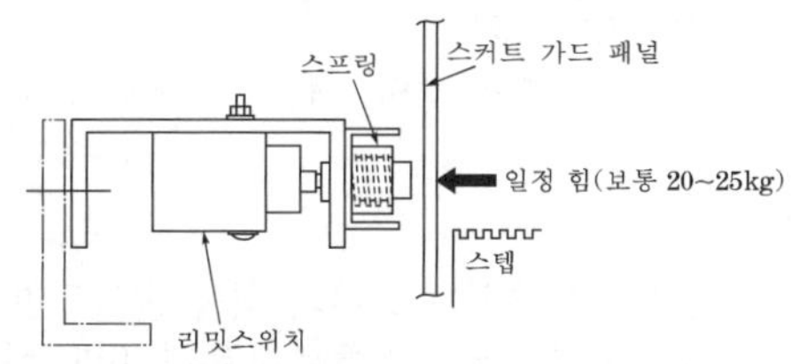

| 스커트 가드 안전스위치 |

| 인레트스위치 |

㉠ 비상정지스위치 : 사고 발생 시 신속히 정지시켜야 하므로 상하의 승강구에 설치한다.
㉡ 스커트 가드(skirt guard)스위치 : 스커트 가드판과 스텝 사이에 인체의 일부나 옷, 신발 등이 끼이면 위험하므로 스커트 가드 패널에 일정 이상의 힘이 가해지면 안전스위치가 작동되어 에스컬레이터를 정지시킨다.
㉢ 인레트스위치(inlet switch) : 핸드레일의 인입구에 설치하며, 핸드레일이 난간 하부로 들어갈 때 어린이의 손가락이 빨려 들어가는 사고 발생 시 에스컬레이터 운행을 정지시킨다.

---

28 ★ 자동차용 엘리베이터에서 운전자가 항상 전진방향으로 차량을 입·출고할 수 있도록 해주는 방향 전환장치는?

① 턴테이블　　　　② 카리프트
③ 차량감지기　　　④ 출차주의등

해설 **턴테이블(turntable)**

자동차용 승강기에서 차를 싣고 방향을 바꾸기 위하여 회전시키는 장치

---

29 ★★ 평면의 디딤판을 동력으로 오르내리게 한 것으로, 경사도가 12° 이하로 설계된 것은?

① 에스컬레이터　　② 수평보행기
③ 경사형 리프트　　④ 덤웨이터

해설 **무빙워크(수평보행기)의 경사도와 속도**

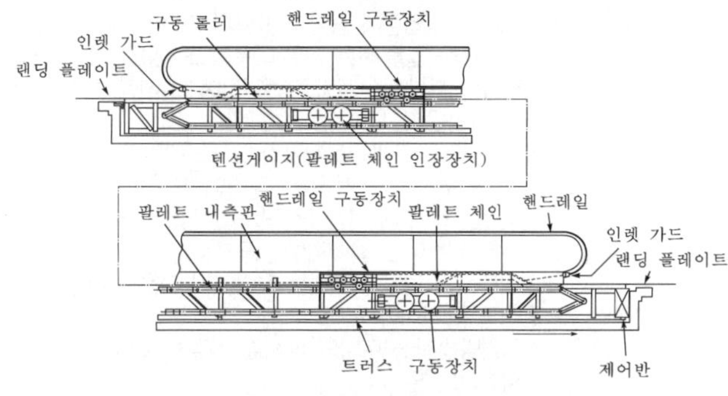

| 무빙워크(수평보행기) 구조도 |

| 승강장 스텝 |　　　| 팔레트 |

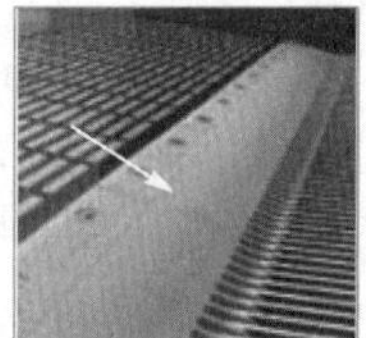

| 콤(comb) |

㉠ 무빙워크의 경사도는 12° 이하이어야 한다.
㉡ 무빙워크의 공칭속도는 0.75m/s 이하이어야 한다.
㉢ 팔레트 또는 벨트의 폭이 1.1m 이하이고, 승강장에서 팔레트 또는 벨트가 콤에 들어가기 전 1.6m 이상의 수평주행구간이 있는 경우 공칭속도는 0.9m/s까지 허용된다. 다만, 가속구간이 있거나 무빙워크를 다른 속도로 직접 전환시키는 시스템이 있는 무빙워크에는 적용되지 않는다.

---

30 ★★ 사업장에서 승강기의 조립 또는 해체작업을 할 때 조치하여야 할 사항과 거리가 먼 것은?

① 작업을 지휘하는 자를 선임하여 지휘자의 책임 하에 작업을 실시할 것
② 작업할 구역에는 관계근로자 외의 자의 출입을 금지시킬 것
③ 기상 상태의 불안정으로 인하여 날씨가 몹시 나쁠 때에는 그 작업을 중지시킬 것
④ 사용자의 편의를 위하여 야간작업을 하도록 할 것

해설 조립 또는 해체작업을 할 때 조치

㉠ 사업주는 사업장에 승강기의 설치·조립·수리·점검 또는 해체작업을 하는 경우 다음의 조치를 하여야 한다.
- 작업을 지휘하는 사람을 선임하여 그 사람의 지휘 하에 작업을 실시할 것
- 작업구역에 관계근로자가 아닌 사람의 출입을 금지하고 그 취지를 보기 쉬운 장소에 표시할 것
- 비, 눈, 그 밖에 기상 상태의 불안정으로 날씨가 몹시 나쁜 경우에는 그 작업을 중지시킬 것

㉡ 사업주는 작업을 지휘하는 사람에게 다음의 사항을 이행하도록 하여야 한다.
- 작업방법과 근로자의 배치를 결정하고 해당 작업을 지휘하는 일
- 재료의 결함 유무 또는 기구 및 공구의 기능을 점검하고 불량품을 제거하는 일
- 작업 중 안전대 등 보호구의 착용 상황을 감시하는 일

31 다음 중 에스컬레이터를 수리할 때 지켜야 할 사항으로 적절하지 않은 것은?

① 상부 및 하부에 사람이 접근하지 못하도록 단속한다.
② 작업 중 움직일 때는 반드시 상부 및 하부를 확인하고 복명 복창한 후 움직인다.
③ 주행하고자 할 때는 작업자가 안전한 위치에 있는지 확인한다.
④ 작동시간을 게시한 후 시간이 되면 작동시킨다.

해설 에스컬레이터 고장수리 전에 동작시간을 게시하였지만 수리가 완료되지 않은 상태로 에스컬레이터를 동작하면 사고를 유발할 수 있으므로 수리완료 후에 동작시켜야 한다.

★★★
32 감전 상태에 있는 사람을 구출할 때의 행위로 틀린 것은?

① 즉시 잡아당긴다.
② 전원 스위치를 내린다.
③ 절연물을 이용하여 떼어 낸다.
④ 변전실에 연락하여 전원을 끈다.

해설 감전 재해 발생 시 상해자 구출은 전원을 끄고, 신속하되 당황하지 말고 구출자 본인의 방호조치 후 절연물을 이용하여 구출한다.

★★★
33 이상통제의 조건이 아닌 것은?

① 설비　　　　② 휴식
③ 방법　　　　④ 사람

해설 이상통제의 조건

물질, 방법, 공정, 설비, 사람

★★
34 인체에 통전되는 전류가 더욱 증가되면 전류의 일부가 심장 부분을 흐르게 된다. 이때 심장이 정상적인 맥동을 못하며 불규칙적으로 세동을 하게 되어 결국 혈액의 순환에 큰 장애를 일으키게 되는 현상(전류)을 무엇이라 하는가?

① 심실세동전류　　② 고통한계전류
③ 가수전류　　　　④ 불수전류

해설 감전전류에 따른 생리적 영향

㉠ 감지전류
- 인체에 전류가 흐르고 있는 것을 감지할 수 있는 최소 전류
- 교류(60Hz)에서 성인남자 1~2mA

㉡ 고통한계전류
- 근육은 자유스럽게 이탈 가능하지만 고통을 수반한다.
- 교류(60Hz)에서 성인남자 2~8mA

㉢ 가수전류
- 안전하게 스스로 접촉된 전원으로부터 떨어질 수 있는 전류
- 교류(60Hz)에서 성인남자 8~15mA

㉣ 불수전류
- 근육에 경련이 일어나며 전선을 잡은 채로 손을 뗄 수가 없다.
- 교류(60Hz)에서 성인남자 16mA

㉤ 심실세동전류
- 심장은 마비 증상을 일으키며 호흡도 정지한다.
- 교류(60Hz)에서 성인남자 100mA

★★
35 재해의 직접 원인에 해당되는 것은?

① 물적 원인　　　　② 교육적 원인
③ 기술적 원인　　　④ 작업관리상 원인

해설 산업재해 원인분류

㉠ 직접 원인
- 불안전한 행동(인적 원인)
  - 안전장치를 제거, 무효화한다.
  - 안전조치의 불이행
  - 불안전한 상태 방치
  - 기계장치 등의 지정외 사용
  - 운전중인 기계, 장치 등의 청소, 주유, 수리, 점검 등의 실시
  - 위험장소에 접근
  - 잘못된 동작자세
  - 복장, 보호구의 잘못 사용
  - 불안전한 속도 조작
  - 운전의 실패

정답　31. ④　32. ①　33. ②　34. ①　35. ①

- 불안전한 상태(물적 원인)
  - 물(物) 자체의 결함
  - 방호장치의 결함
  - 작업장소 및 기계의 배치결함
  - 보호구, 복장 등의 결함
  - 작업환경의 결함
  - 자연적 불안전한 상태
  - 작업방법 및 생산공정 결함
ⓛ 간접 원인
  - 기술적 원인 : 기계·기구, 장비 등의 방호설비, 경계설비, 보호구 정비 등의 기술적 결함
  - 교육적 원인 : 무지, 경시, 몰이해, 훈련 미숙, 나쁜 습관, 안전지식 부족 등
  - 신체적 원인 : 각종 질병, 피로, 수면 부족 등
  - 정신적 원인 : 태만, 반항, 불만, 초조, 긴장, 공포 등
  - 관리적 원인 : 책임감의 부족, 작업기준의 불명확, 점검 보전제도의 결함, 부적절한 배치, 근로의욕 침체 등

---

36 재해 발생 시 긴급처리해야 할 사항이 아닌 것은?

① 피해기계의 정지
② 피해자의 응급조치
③ 관계기관에 신고
④ 2차 재해방지

해설 관리주체는 승강기 사고가 발생하였을 경우에는 승강기 사고현황을 당해 관계기관에 신고하여야 하지만, 우선은 2차 재해를 방지하기 위해서 피해기계를 정지시키고, 피해자를 응급조치한다.

---

37 안전점검 중 어떤 일정 기간을 정해 두고 행하는 점검은?

① 수시점검   ② 정기점검
③ 임시점검   ④ 특별점검

해설 **안전점검의 종류**

㉠ 정기점검 : 일정 기간마다 정기적으로 실시하는 점검을 말하며, 매주, 매월, 매분기 등 법적 기준에 맞도록 또는 자체기준에 따라 해당책임자가 실시하는 점검이다.
ⓛ 수시점검(일상점검) : 매일 작업 전, 작업 중, 작업 후에 일상적으로 실시하는 점검을 말하며, 작업자, 작업책임자, 관리감독자가 행하는 사업주의 순찰도 넓은 의미에서 포함된다.
㉢ 특별점검 : 기계·기구 또는 설비의 신설·변경 또는 고장·수리 등으로 비정기적인 특정점검을 말하며 기술책임자가 행한다.
㉣ 임시점검 : 기계·기구 또는 설비의 이상발견 시에 임시로 실시하는 점검을 말하며, 정기점검 실시 후 다음 정기점검일 이전에 임시로 실시하는 점검이다.

---

38 다음 중 재해의 원인 중 가장 높은 빈도를 차지하는 것은?

① 열량의 과잉 억제
② 설비의 레이아웃(layout) 착오
③ 오버로드(over load)
④ 작업자의 작업행동 부주의

해설 안전사고 발생원인 중 인간의 불안정한 행동(인적 원인)이 88%로 가장 많고, 불안전한 상태(물적 원인)가 10%, 불가항력적 사고가 2%라는 통계가 있다.

---

39 추락을 방지하기 위한 2종 안전대의 사용법은?

① U자 걸이 전용
② 1개 걸이 전용
③ 1개 걸이, U자 걸이 겸용
④ 2개 걸이 전용

해설 **안전대의 종류**

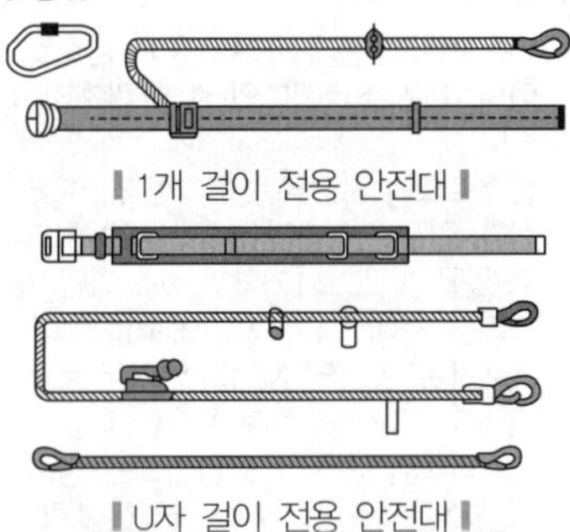

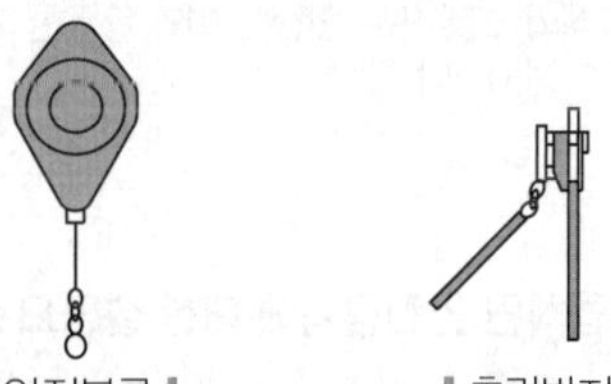

종류	등급	사용 구분
벨트식(B식), 안전그네식(H식)	1종	U자 걸이 전용
	2종	1개 걸이 전용
	3종	1개 걸이, U자 걸이 공용
	4종	안전블록
	5종	추락방지대

★★

40 방호장치의 기본 목적으로 가장 옳은 것은?

① 먼지 흡입 방지
② 기계 위험 부위의 접촉 방지
③ 작업자 주변의 사람 접근 방지
④ 소음과 진동 방지

해설 방호장치는 기계·기구에 의한 위험작업, 기타 작업에 의한 위험으로부터 근로자를 보호하기 위하여 행하는 위험기계·기구에 대한 안전조치

★

41 로프식 엘리베이터에서 도르래의 직경은 로프직경의 몇 배 이상으로 하여야 하는가?

① 25
② 30
③ 35
④ 40

해설 권상도르래, 풀리 또는 드럼과 로프의 직경 비율, 로프·체인의 단말처리

㉠ 권상도르래, 풀리 또는 드럼과 현수로프의 공칭직경 사이의 비는 스트랜드의 수와 관계없이 40 이상이어야 한다.
㉡ 현수로프의 안전율은 어떠한 경우라도 12 이상이어야 한다. 안전율은 카가 정격하중을 싣고 최하층에 정지하고 있을 때 로프 1가닥의 최소 파단하중(N)과 이 로프에 걸리는 최대 힘(N) 사이의 비율이다.
㉢ 로프와 로프 단말 사이의 연결은 로프의 최소 파단하중의 80% 이상을 견뎌야 한다.
㉣ 로프의 끝부분은 카, 균형추(또는 평형추) 또는 현수되는 지점에 금속 또는 수지로 채워진 소켓, 자체 조임 쐐기형식의 소켓 또는 안전상 이와 동등한 기타 시스템에 의해 고정되어야 한다.

★★

42 스텝체인 안전장치에 대한 설명으로 알맞은 것은?

① 스커트 가드판과 스텝 사이에 이물질의 끼임을 감지하여 안전스위치를 작동시키는 장치이다.
② 스텝과 레일 사이에 이물질의 끼임을 감지하는 장치이다.
③ 스텝체인이 절단되거나 늘어남을 감지하는 장치이다.
④ 상부 기계실 내 작업 시에 전원이 투입되지 않도록 하는 장치이다.

해설 스텝체인 안전장치(step chain safety device)

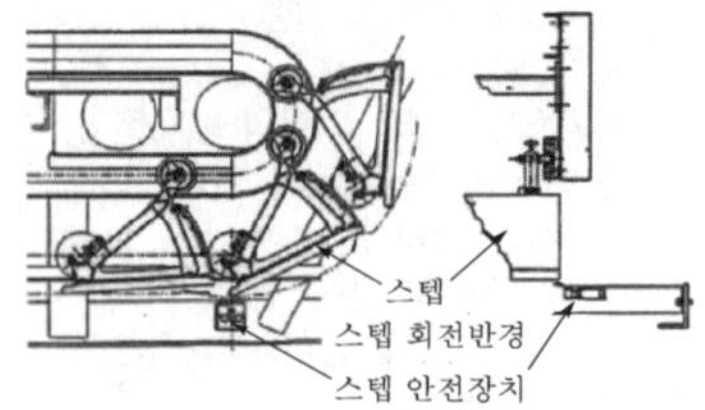

┃ 스텝체인 고장 검출 ┃

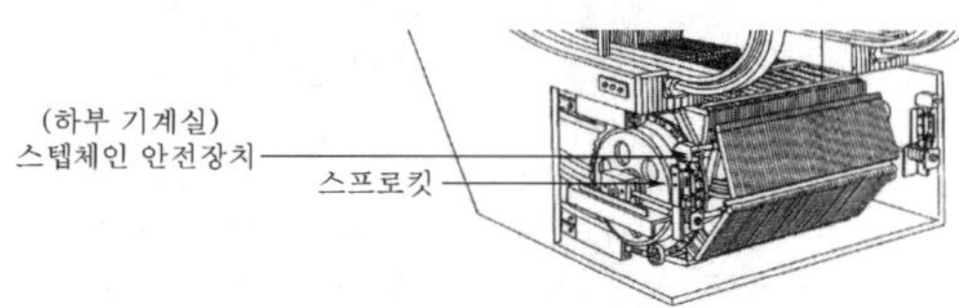

┃ 스텝체인 안전장치 ┃

㉠ 스텝체인이 절단되거나 심하게 늘어날 경우 스텝이 위치를 벗어나면 자동으로 구동기모터의 전원을 차단하고 기계브레이크를 작동시킴으로써 스텝과 스텝 사이의 간격이 생기는 등의 결과를 방지하는 장치이다.
㉡ 에스컬레이터 각 체인의 절단에 대한 안전율은 담금질한 강철에 대하여 5 이상이어야 한다.

★★★

43 전기식 엘리베이터 기계실의 조도는 기기가 배치된 바닥면에서 몇 lx 이상이어야 하는가?

① 150 　　② 200
③ 250 　　④ 300

해설 기계실의 유지관리에 지장이 없도록 조명 및 환기시설의 설치

㉠ 기계실에는 바닥면에서 200lx 이상을 비출 수 있는 영구적으로 설치된 전기조명이 있어야 한다.
㉡ 기계실은 눈·비가 유입되거나 동절기에 실온이 내려가지 않도록 조치되어야 하며 실온은 +5℃에서 +40℃ 사이에서 유지되어야 한다.

★

44 전기식 엘리베이터 기계실의 구조에서 구동기의 회전부품 위로 몇 m 이상의 유효 수직거리가 있어야 하는가?

① 0.2 　　② 0.3
③ 0.4 　　④ 0.5

해설 기계실 치수

㉠ 기계실 크기는 설비, 특히 전기설비의 작업이 쉽고 안전하도록 충분하여야 한다. 작업구역에서 유효높이는 2m 이상이어야 하고 다음 사항에 적합하여야 한다.
• 제어패널 및 캐비닛 전면의 유효 수평면적은 아래와 같아야 한다.
－ 폭은 0.5m 또는 제어 패널·캐비닛의 전체 폭 중에서 큰 값 이상
－ 깊이는 외함의 표면에서 측정하여 0.7m 이상

정답 40. ② 　41. ④ 　42. ③ 　43. ② 　44. ②

ⓛ 수동 비상운전 수단이 필요하다면, 움직이는 부품의 유지보수 및 점검을 위한 유효 수평면적은 0.5m×0.6m 이상이어야 한다.

ⓒ 위 ㉠항에서 기술된 유효공간으로 접근하는 통로의 폭은 0.5m 이상이어야 한다. 다만, 움직이는 부품이 없는 경우에는 0.4m로 줄일 수 있다. 이동을 위한 공간의 유효높이는 바닥에서부터 천장의 빔 하부까지 측정하여 1.8m 이상이어야 한다.

ⓔ 구동기의 회전부품 위로 0.3m 이상의 유효 수직거리가 있어야 한다.

ⓜ 기계실 바닥에 0.5m를 초과하는 단차가 있을 경우에는 보호난간이 있는 계단 또는 발판이 있어야 한다.

ⓗ 기계실 작업구역의 바닥 또는 작업구역 간 이동 통로의 바닥에 폭이 0.05m 이상이고 0.5m 미만이며, 깊이가 0.05m를 초과하는 함몰이 있거나 덕트가 있는 경우, 그 함몰부분 및 덕트는 방호되어야 한다. 폭이 0.5m를 초과하는 함몰은 위 ⓜ항에 따른 단차로 고려되어야 한다.

45 다음 중 엘리베이터 자체점검 시의 점검항목으로 크게 중요하지 않은 사항은?

① 브레이크장치
② 와이어로프 상태
③ 추락방지안전장치
④ 각종 계전기의 명판 부착 상태

해설 승강기의 자체검사

승강기는 매월 1회 이상 정기적으로 다음의 사항에 대한 자체검사를 실시하여야 한다.

㉠ 추락방지안전장치·과부하방지장치, 기타 방호장치의 이상 유무
ⓛ 브레이크 및 제어장치의 이상 유무
ⓒ 와이어로프의 손상 유무
ⓔ 가이드레일의 상태
ⓜ 옥외에 설치된 화물용 승강기의 가이드로프를 연결한 부위의 이상 유무

46 승강기 정밀안전 검사기준에서 전기식 엘리베이터 주로프의 끝부분은 몇 가닥마다 로프소켓에 배빗 채움을 하거나 체결식 로프소켓을 사용하여 고정하여야 하는가?

① 1가닥
② 2가닥
③ 3가닥
④ 5가닥

해설 배빗 소켓의 단말 처리

주로프 끝단의 단말 처리는 각 개의 가닥마다 강재로 된 와이어소켓에 배빗체결에 의한 소켓팅을 하여 빠지지 않도록 한다. 올바른 소켓팅 작업방법에 의하여 로프 자체의 판단강도와 동등 이상의 강도를 소켓팅부에 확보하는 것이 필요하다.

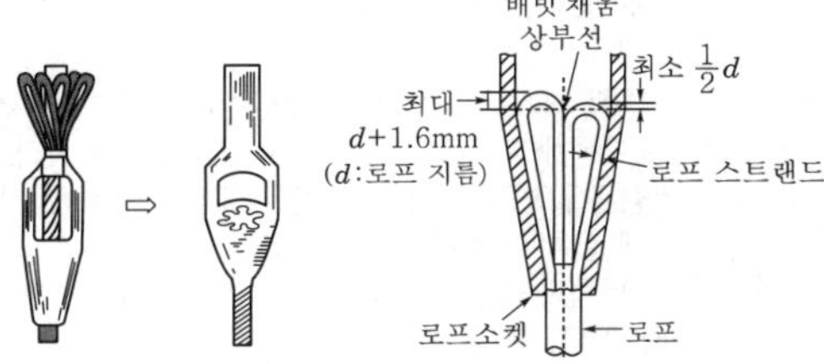

47 로프의 마모 상태가 소선의 파단이 균등하게 분포되어 있는 상태에서 1구성 꼬임(1strand)의 1꼬임 피치에서 파단수가 얼마이면 교체할 시기가 되었다고 판단하는가?

① 1
② 2
③ 3
④ 5

해설 로프의 마모 및 파손 상태는 가장 심한 부분에서 검사하여 아래의 규정에 합격하여야 한다.

마모 및 파손 상태	기준
소선의 파단이 균등하게 분포되어 있는 경우	1구성 꼬임(스트랜드)의 1꼬임 피치 내에서 파단수 4 이하
파단 소선의 단면적이 원래의 소선 단면적의 70% 이하로 되어 있는 경우 또는 녹이 심한 경우	1구성 꼬임(스트랜드)의 1꼬임 피치 내에서 파단수 2 이하
소선의 파단이 1개소 또는 특정의 꼬임에 집중되어 있는 경우	소선의 파단총수가 1꼬임 피치 내에서 6꼬임 와이어로프이면 12 이하, 8꼬임 와이어로프이면 16 이하
마모 부분의 와이어로프의 지름	마모되지 않은 부분의 와이어로프 직경의 90% 이상

48 카 도어록이 설치되어 사람의 힘으로 열 수 없는 경우나 화물용 엘리베이터의 경우를 제외하고 엘리베이터의 카 바닥 앞부분과 승강로 벽과의 수평거리는 일반적인 경우 그 기준을 몇 mm 이하로 하도록 하고 있는가?

① 30mm
② 55mm
③ 100mm
④ 125mm

해설 카와 카 출입구를 마주하는 벽 사이의 틈새

㉠ 승강로의 내측 면과 카 문턱, 카 문틀 또는 카 문의 닫히는 모서리 사이의 수평거리는 0.125m 이하이어야 한다. 다만, 0.125m 이하의 수평거리는 각각의 조건에 따라 다음과 같이 적용될 수 있다.

정답 45. ④ 46. ① 47. ④ 48. ④

- 수직높이가 0.5m 이하인 경우에는 0.15m까지 연장될 수 있다.
- 수직 개폐식 승강장문이 설치된 화물용인 경우, 주행로 전체에 걸쳐 0.15m까지 연장될 수 있다.
- 잠금해제구간에서만 열리는 기계적 잠금장치가 카 문에 설치된 경우에는 제한하지 않는다.
ⓛ 카 문턱과 승강장문 문턱 사이의 수평거리는 35mm 이하이어야 한다.
ⓒ 카 문과 닫힌 승강장문 사이의 수평거리 또는 문이 정상 작동하는 동안 문 사이의 접근거리는 0.12m 이하이어야 한다.
ⓔ 경첩이 있는 승강장문과 접하는 카 문의 조합인 경우에는 닫힌 문 사이의 어떤 틈새에도 직경 0.15m의 구가 통과되지 않아야 한다.

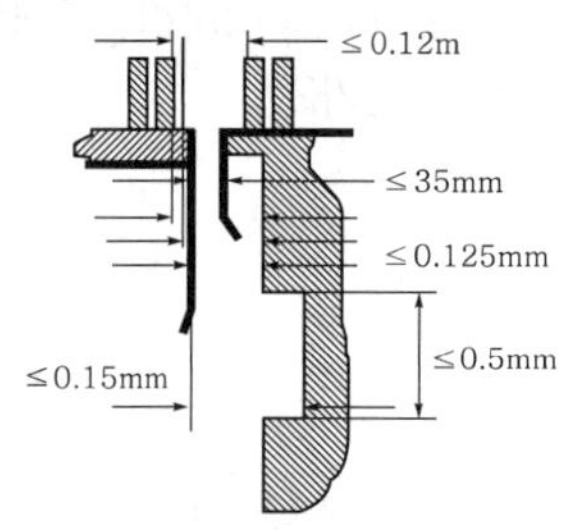

‖ 카와 카 출입구를 마주하는 벽 사이의 틈새 ‖

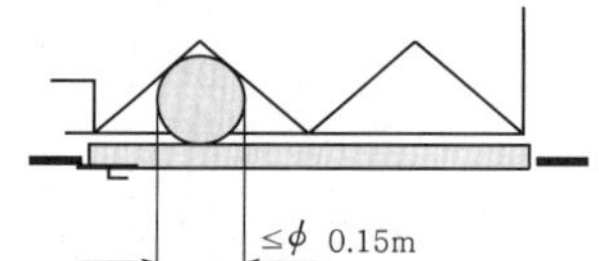

‖ 경첩 달린 승강장문과 접한 카 문의 틈새 ‖

49 카 내에서 행하는 검사에 해당되지 않는 것은?

① 카 시브의 안전 상태
② 카 내의 조명 상태
③ 비상통화장치
④ 운전반 버튼의 동작 상태

해설 카 시브의 안전 상태는 기계실에서 하는 검사이다.

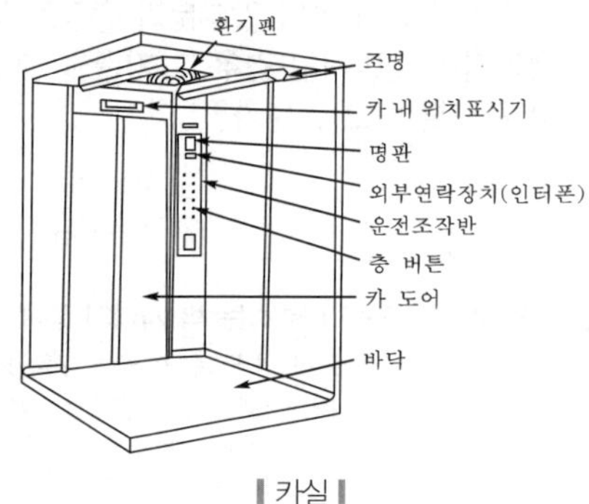

‖ 카실 ‖

50 핸드레일은 정상운행 중 운행방향의 반대편에서 몇 N의 힘으로 당겨도 정지되지 않아야 하는가?

① 150
② 250
③ 350
④ 450

해설 핸드레일 시스템

㉠ 각 난간의 꼭대기에는 정상운행 조건하에서 스텝, 팔레트 또는 벨트의 실제 속도와 관련하여 동일 방향으로 −0%에서 +2%의 공차가 있는 속도로 움직이는 핸드레일이 설치되어야 한다. 핸드레일은 정상운행 중 운행방향의 반대편에서 450N의 힘으로 당겨도 정지되지 않아야 한다.

㉡ 핸드레일 속도감시장치가 설치되어야 하고 에스컬레이터 또는 무빙워크가 운행하는 동안 핸드레일 속도가 15초 이상 동안 실제 속도보다 −15% 이상 차이가 발생하면 에스컬레이터 및 무빙워크를 정지시켜야 한다.

51 전동용 기계요소에서 마찰차의 적용 범위에 해당되지 않는 것은?

① 무단변속을 하는 경우
② 전달하는 힘이 커서 속도비가 중요시되지 않는 경우
③ 회전속도가 커서 보통의 기어를 사용할 수 없는 경우
④ 두 축 사이를 자주 단속할 필요가 있는 경우

해설 마찰차(friction wheel)

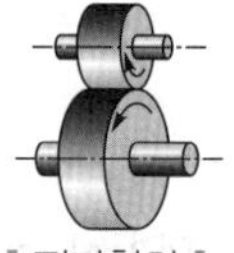
‖ 평마찰차 ‖
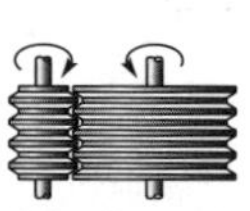
‖ V홈마찰차 ‖
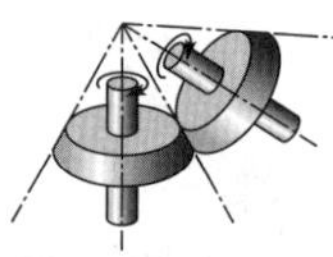
‖ 원뿔마찰차 ‖

㉠ 원동차와 종동차, 2개의 바퀴를 접촉시켜, 그 접촉면에서 발생하는 마찰력을 이용하여 두 축 사이에 동력을 전달하는 기계요소

㉡ 적용범위
- 전달하는 힘이 크지 않고, 속도비가 중요하지 않을 때
- 양축 사이를 자주 단속할 필요가 있을 때
- 회전속도가 커서 기어를 사용할 수 없는 경우
- 무단변속을 시키는 경우

㉢ 종류 : 원통마찰차(외접), 원통마찰차(내접), 평마찰차, 원뿔마찰차, V홈마찰차, 원판마찰차, 구면마찰차, 크라운마찰차, 변속마찰차, 홈붙이마찰차(grooved friction wheel) 등

52 회전운동을 직선운동, 왕복운동, 진동 등으로 변환하는 기구는?

① 링크기구　　　　② 슬라이더
③ 캠　　　　　　　④ 크랭크

해설 **캠(cam)**
㉠ 캠은 회전운동을 상하좌우운동, 직선운동, 왕복운동, 진동 등으로 변환하는 장치
㉡ 평면 곡선을 이루는 캠 : 판캠, 홈캠, 확동캠, 직동캠 등
㉢ 입체적인 모양의 캠 : 단면캠, 원뿔캠, 경사판캠, 원통캠, 구면(球面)캠, 엔드캠 등

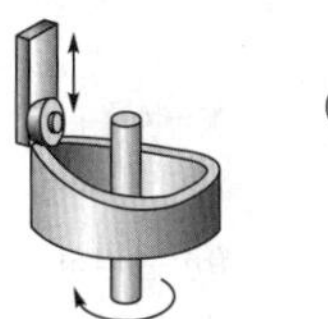
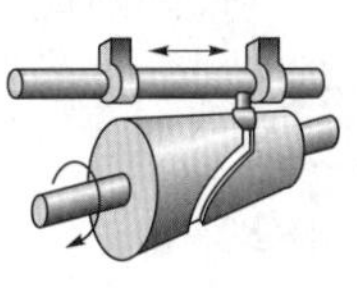
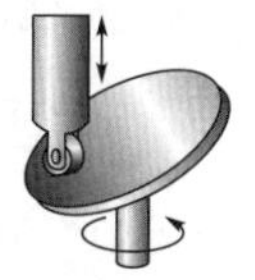

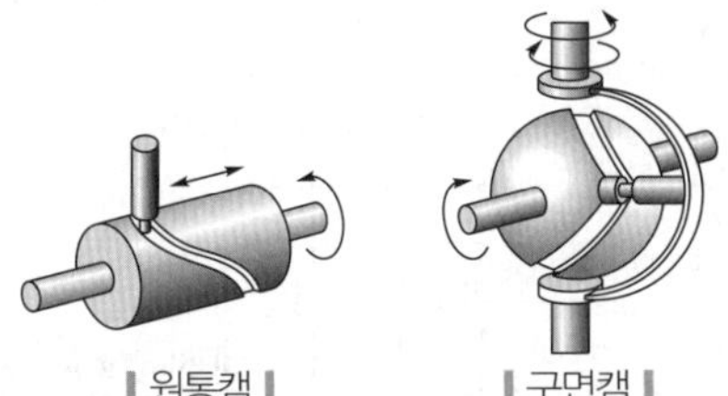

53 인장(파단)강도가 400kg/cm^{2}인 재료를 사용응력 100kg/cm^{2}로 사용하면 안전계수는?

① 1　　　　　　　② 2
③ 3　　　　　　　④ 4

해설 안전계수 = $\dfrac{\text{인장(파단)강도}}{\text{사용응력}} = \dfrac{400}{100} = 4$

54 다음 회로에서 A, B 간의 합성용량은 몇 μF인가?

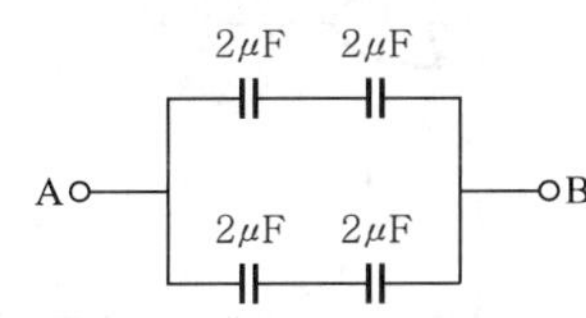

① 2　　　　　　　② 4
③ 8　　　　　　　④ 16

해설 ㉠ 2μF와 2μF가 직렬로 연결된 등가회로이므로 합성용량은 다음과 같다.

$$C_{T_1} = \frac{2 \times 2}{2 + 2} = 1\mu\text{F}$$

㉡ 1μF와 1μF가 병렬로 연결된 등가회로이므로 합성용량은 다음과 같다.

$$C_{T_2} = C_{T_1} + C_{T_1} = 1 + 1 = 2\mu\text{F}$$

55 다음 중 전류의 열작용과 관련있는 법칙은?

① 옴의 법칙
② 플레밍의 법칙
③ 줄의 법칙
④ 키르히호프의 법칙

해설 전열기에 전압을 가하여 전류를 흘리면 열이 발생하는 발열현상은 큰 저항체인 전열선에 전류가 흐를 때 열이 발생하는 것이며, 줄의 법칙에 의하면 전류에 의해서 매초 발생하는 열량은 전류의 2승과 저항의 곱에 비례하고 단위는 줄(Joule)이나 칼로리(cal)로 나타낸다. I(A)의 전류가 저항이 $R(\Omega)$인 도체에 t(s) 동안 흐를 때 그 도체에 발생하는 열에너지(H)는 $H = 0.24 I^2 Rt$(J)이다.

56 다음과 같은 그림기호는?

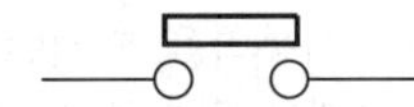

① 플로트레스스위치
② 리밋스위치
③ 텀블러스위치
④ 누름버튼스위치

해설 **리밋스위치(limit switch)**

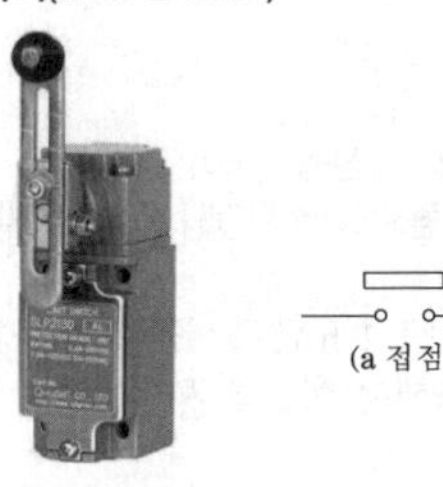

㉠ 물체의 힘에 의해 동작부(구동장치)가 눌려서 접점이 온, 오프(on, off)한다.
㉡ 엘리베이터가 운행 시 최상·최하층을 지나치지 않도록 하는 장치로서 리밋스위치에 접촉이 되면 카를 감속 제어하여 정지시킬 수 있도록 한다.

정답　52. ③　53. ④　54. ①　55. ③　56. ②

★★★★

57 유도전동기의 동기속도가 n_s, 회전수가 n이라면 슬립(s)은?

① $\dfrac{n_s - n}{n} \times 100$

② $\dfrac{n_s - n}{n_s} \times 100$

③ $\dfrac{n_s}{n_s - n} \times 100$

④ $\dfrac{n_s}{n_s + n} \times 100$

해설 슬립(slip)

3상 유도전동기는 항상 회전자기장의 동기속도(n_s)와 회전자의 속도(n) 사이에 차이가 생기게 되며, 이 차이의 값으로 전동기의 속도를 나타낸다. 이때 속도의 차이와 동기속도(n_s)와의 비가 슬립이고, 보통 $0 < s < 1$ 범위이어야 하며, 슬립 1은 정지된 상태이다.

$$s = \frac{\text{동기속도} - \text{회전자속도}}{\text{동기속도}} = \frac{n_s - n}{n_s} \times 100$$

★★★

58 엘리베이터 전동기에 요구되는 특성으로 옳지 않은 것은?

① 충분한 제동력을 가져야 한다.

② 운전 상태가 정숙하고 고진동이어야 한다.

③ 카의 정격속도를 만족하는 회전특성을 가져야 한다.

④ 높은 기동빈도에 의한 발열에 대응하여야 한다.

해설 엘리베이터용 전동기에 요구되는 특성

㉠ 기동토크가 클 것

㉡ 기동전류가 작을 것

㉢ 소음이 적고, 저진동이어야 함

㉣ 기동빈도가 높으므로(시간당 300회) 발열(온도 상승)을 고려해야 함

㉤ 회전부분의 관성 모멘트(회전축을 중심으로 회전하는 물체가 계속해서 회전을 지속하려는 성질의 크기)가 적을 것

㉥ 충분한 제동력을 가질 것

★★★

59 다음 그림과 같은 논리회로는 무엇인가?

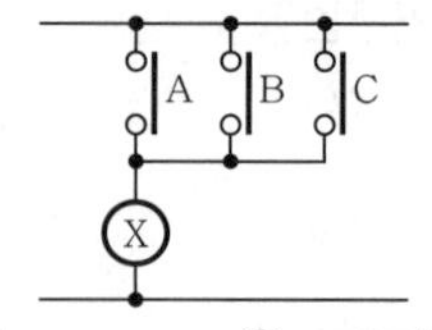

① AND회로 ② NOT회로
③ OR회로 ④ NAND회로

해설 논리합(OR)회로

㉠ 하나의 입력만 있어도 출력이 나타나는 회로이며, "A" OR "B" 즉 병렬회로이다.

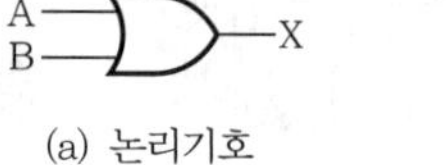

(a) 논리기호   (b) 논리식

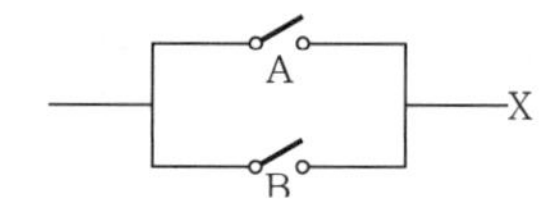

(c) 스위치회로(병렬)

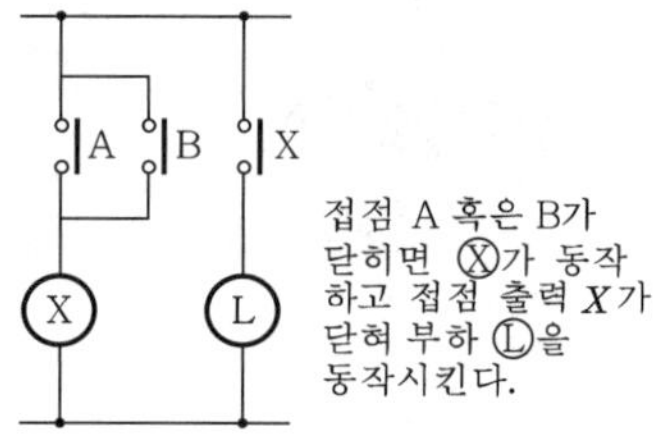

(d) 릴레이회로

입력		출력
A	B	X
0	0	0
0	1	1
1	0	1
1	1	1

(e) 진리표

(f) 동작시간표

┃ 논리합(OR)회로 ┃

㉡ 문제풀이

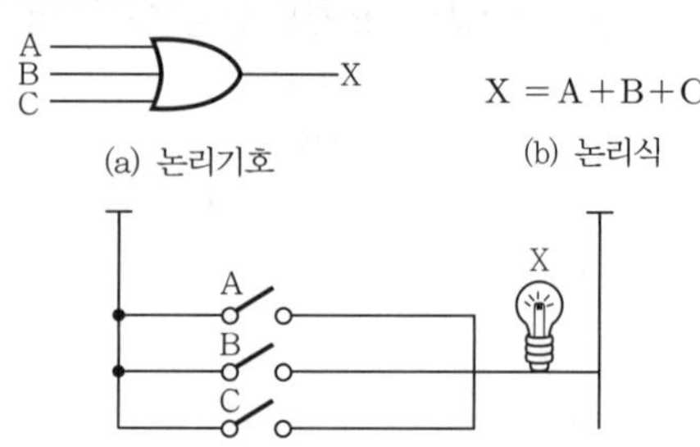

(a) 논리기호   (b) 논리식

(c) 스위치회로(병렬)

★★

60 다음 그림과 같은 제어계의 전체 전달함수는?
(단, $H(s)=1$)

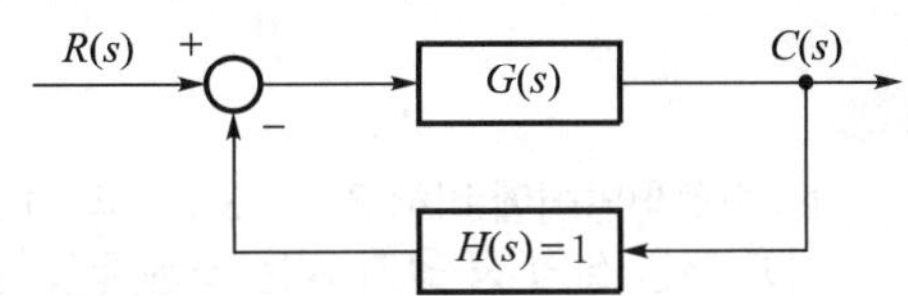

① $\dfrac{1}{G(s)}$

② $\dfrac{1}{1+G(s)}$

③ $\dfrac{G(s)}{1+G(s)}$

④ $\dfrac{G(s)}{1-G(s)}$

해설 $RG - CG = C$

$RG = C + CG$

$RG = C(1+G)$

$\therefore \dfrac{C}{R} = \dfrac{G(s)}{1+G(s)}$

※ 본 문제는 수험생들의 협조에 의해 작성되었으며, 시험내용과 일부 다를 수 있습니다.

★★

01 기계실이 있는 엘리베이터의 승강로 내에 설치되지 않는 것은?

① 균형추　　　　② 완충기
③ 이동케이블　　④ 과속조절기

해설 엘리베이터 기계실

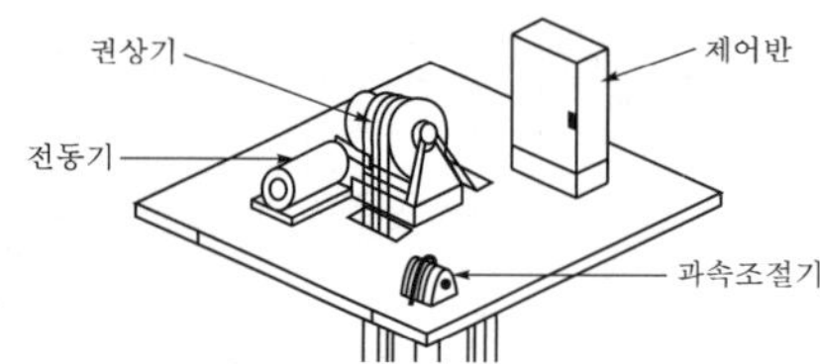

‖ 기계실 ‖

과속조절기는 승강로 내에 위치하는 경우도 있지만, 기계실이 있는 경우에는 기계실에 설치된다.

★

02 다음 중 엘리베이터에서 현수로프의 점검사항이 아닌 것은 무엇인가?

① 로프의 직경
② 로프의 마모 상태
③ 로프의 꼬임 방향
④ 로프의 변형, 부식 유무

해설 와이어로프의 점검

㉠ 형상변형 상태 점검

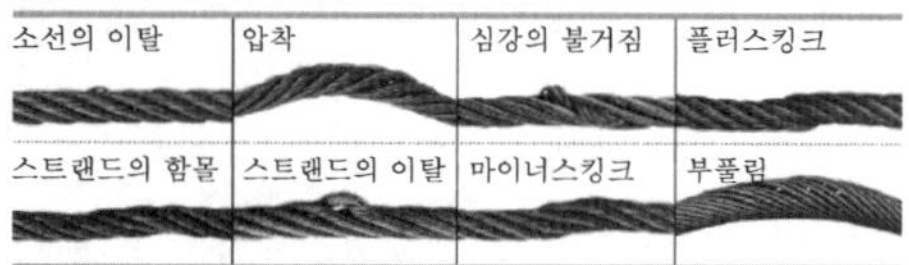

㉡ 마모, 부식 상태 점검 : 로프의 표면이 마모되어 광택이 나는 부분 또는 붉게 부식된 부분의 그리스내 오염물질을 점검
- 마모 : 소선과 소선의 돌기 부분이 마모되어 없어짐
- 부식 : 피팅이 발생하여 작은 구멍 자국이 생성됨

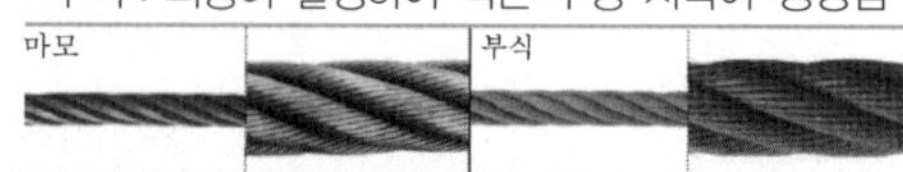

㉢ 파단 상태 점검 : 육안으로 점검하여 소선이 발견되면 주변의 그리스내 오염물질을 제거하고 정밀점검을 한다.

★★

03 1 : 1 로핑방식에 비해 2 : 1, 3 : 1, 4 : 1 로핑방식에 대한 설명 중 옳지 않은 것은 무엇인가?

① 와이어로프의 총 길이가 길다.
② 승강기의 속도가 빠르다.
③ 종합 효율이 저하된다.
④ 와이어로프의 수명이 짧다.

해설 카와 균형추에 대한 로프 거는 방법

㉠ 1 : 1 로핑
- 일반적으로 승객용에 사용된다(속도를 줄이거나 적재용량을 늘리기 위하여 2 : 1, 4 : 2도 승객용에 채용).
- 로핑 장력은 카(또는 균형추)의 중량과 로프의 중량을 합한다.

㉡ 2 : 1 로핑
- 1 : 1 로핑 장력의 1/2이 된다.
- 시브에 걸리는 부하도 1 : 1의 1/2이 된다.
- 카의 정격속도의 2배의 속도로 로프를 구동하여야 한다.
- 기어식 권상기에서는 30m/min 미만의 엘리베이터에서 많이 사용한다.

㉢ 3 : 1, 4 : 1, 6 : 1 로핑
- 대용량의 저속의 화물용 엘리베이터에 사용되기도 한다.
- 와이어로프의 총 길이가 길게 되고, 수명이 짧아지며, 종합 효율이 저하되는 단점이 있다.

㉣ 언더슬럼식 : 꼭대기의 틈새를 작게 할 수 있지만 최근에는 유압식 엘리베이터의 발달로 인해 사용을 하지 않는다.

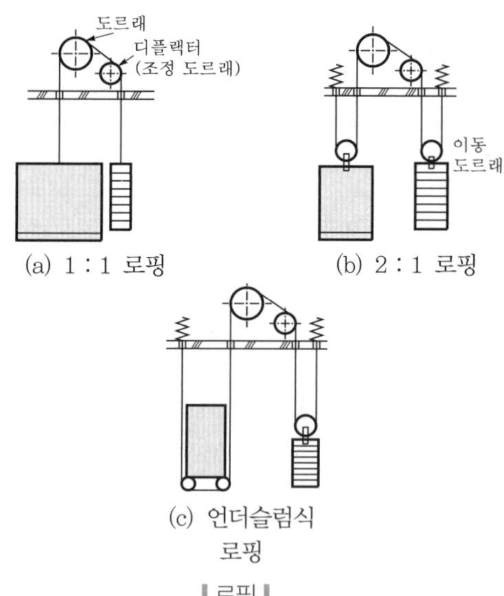

‖ 로핑 ‖

★★

04 엘리베이터를 카 위에서 검사할 때 주로프를 걸어 맨 고정부위는 2중 너트로 견고하게 조여 있어야 하고 풀림방지를 위하여 무엇이 꽂혀 있어야 하는가?

① 소켓
② 균형체인
③ 브래킷
④ 분할핀

해설 주로프 및 과속조절기 로프는 카 위에서 카를 조금씩 승강시키면서 검사하고, 카 위에서 검사할 수 없는 부분은 기계실 및 피트에서 검사한다.

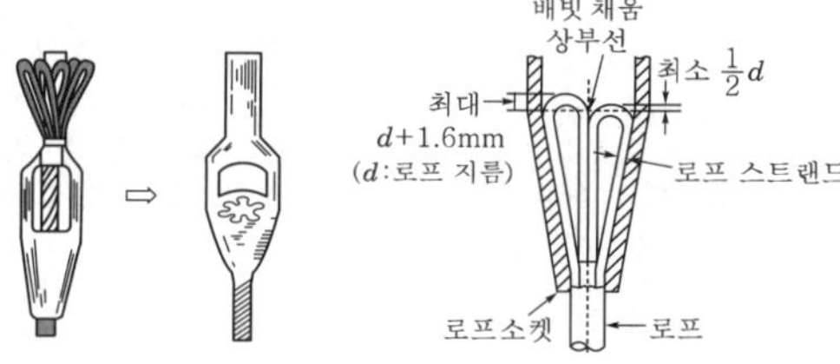

배빗 채움
상부선
최대 $d+1.6mm$
(d:로프 지름)
최소 $\frac{1}{2}d$
로프 스트랜드
로프소켓
로프

‖ 배빗 소켓의 단말 처리 ‖

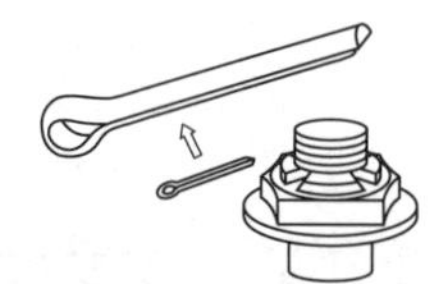

‖ 분할핀 ‖

㉠ 로프의 단말은 견고히 처리되거나 또는 주로프가 배빗 채움 방식인 경우 끝부분은 각 가닥을 접어서 구부린 것이 명확하게 보이도록 되어 있어야 한다.
㉡ 주로프를 걸어 맨 고정부위는 2중 너트로 견고하게 조이고, 풀림방지를 위한 분할핀이 꽂혀 있어야 한다.
㉢ 모든 주로프는 균등한 장력을 받고 있어야 한다.
㉣ 로프의 마모 및 파손 상태는 가장 심한 부분에서 검사한다.

마모 및 파손 상태	기준
소선의 파단이 균등하게 분포되어 있는 경우	1구성 꼬임(스트랜드)의 1꼬임 피치 내에서 파단수 4 이하
파단 소선의 단면적이 원래의 소선 단면적의 70% 이하로 되어 있는 경우 또는 녹이 심한 경우	1구성 꼬임(스트랜드)의 1꼬임 피치 내에서 파단수 2 이하
소선의 파단이 1개소 또는 특정의 꼬임에 집중되어 있는 경우	소선의 파단총수가 1꼬임 피치 내에서 6꼬임 와이어로프이면 12 이하, 8꼬임 와이어로프이면 16 이하
마모부분의 와이어로프의 지름	마모되지 않은 부분의 와이어로프 직경의 90% 이상

05 가이드레일(guide rail)의 역할이 아닌 것은?

① 카 차체의 기울어짐을 방지
② 추락방지안전장치가 작동될 때 수직하중을 유지
③ 승강로의 기계적 강도를 보강
④ 균형추의 승강로 평면 내의 위치를 규제

해설 가이드레일

㉠ 가이드레일의 사용 목적
• 카와 균형추의 승강로 평면 내의 위치를 규제한다.
• 카의 자중이나 화물에 의한 카의 기울어짐을 방지한다.
• 비상멈춤이 작동할 때의 수직하중을 유지한다.
㉡ 가이드레일의 규격
• 레일 규격의 호칭은 마무리 가공전 소재의 1m당의 중량으로 한다.
• 일반적으로 쓰는 T형 레일의 공칭 8, 13, 18, 24K 등이 있다.
• 대용량의 엘리베이터에서는 37, 50K 레일 등도 사용한다.
• 레일의 표준 길이는 5m로 한다.

★★

06 엘리베이터에 많이 사용하는 가이드레일의 허용응력은 보통 몇 kgf/cm^{2}인가?

① 1000
② 1450
③ 2100
④ 2400

해설 가이드레일의 규격

㉠ 레일 규격의 호칭은 마무리 가공전 소재의 1m당의 중량으로 한다.
㉡ 일반적으로 쓰는 T형 레일의 공칭 8, 13, 18, 24K 등이 있다.
㉢ 대용량의 엘리베이터에서는 37, 50K 레일 등도 사용한다.
㉣ 레일의 표준 길이는 5m로 한다.
㉤ 허용응력은 2400(kg/cm^2)

07 엘리베이터가 정격속도를 현저히 초과할 때 모터에 가해지는 전원을 차단하여 카를 정지시키는 장치는?

① 권상기 브레이크
② 가이드레일
③ 권상기 드라이버
④ 과속조절기

정답 04.④ 05.③ 06.④ 07.④

해설 과속조절기(governor)의 원리

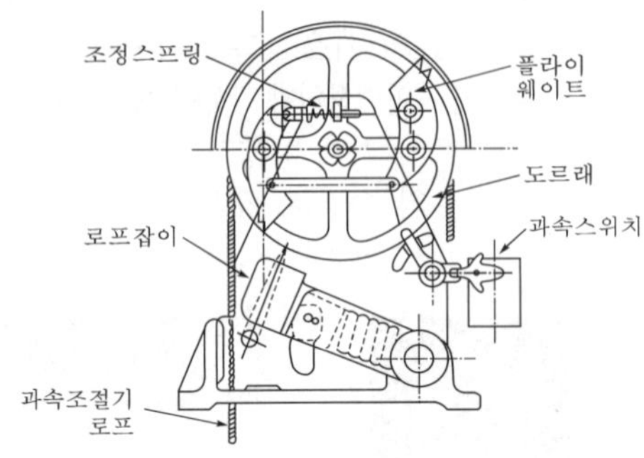

┃ 디스크 추형 과속조절기 ┃

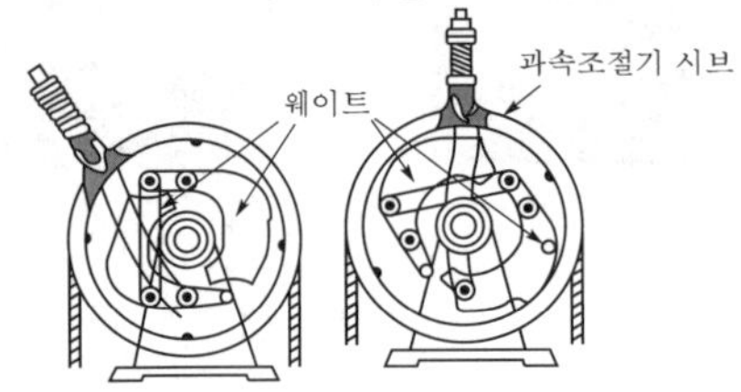

┃ 디스크형 과속조절기의 작동 전과 작동 후 상태 ┃

㉠ 과속조절기풀리와 카를 과속조절기로프로 연결하면, 카가 움직일 때 과속조절기풀리도 카와 같은 속도, 같은 방향으로 움직인다.

㉡ 어떤 비정상적인 원인으로 카의 속도가 빨라지면 과속조절기링크에 연결된 무게추(weight)가 원심력에 의해 풀리 바깥쪽으로 벗어나면서 과속을 감지한다.

㉢ 미리 설정된 속도에서 과속스위치와 제동기(brake)로 카를 정지시킨다.

㉣ 만약 엘리베이터가 정지하지 않고 속도가 계속 증가하면 과속조절기의 캐치(catch)가 동작하여 과속조절기로프를 붙잡고 결국은 추락방지안전장치를 작동시켜서 엘리베이터를 정지시킨다.

08 카가 어떤 원인으로 최하층을 통과하여 피트에 도달했을 때, 카의 충격을 완화시켜 주는 장치는?

① 완충기   ② 추락방지안전장치
③ 과속조절기   ④ 과부하감지장치

해설 완충기(buffer)

피트 바닥에 설치되며, 카가 어떤 원인으로 최하층을 통과하여 피트로 떨어졌을 때, 충격을 완화하기 위하여 혹은 카가 밀어 올려졌을 때를 대비하여 균형추의 바로 아래에도 완충기를 설치한다. 그러나 이 완충기는 카나 균형추의 자유낙하를 완충하기 위한 것은 아니다(자유낙하는 추락방지안전장치의 분담기능).

---

09 과속조절기(governor)의 작동 상태를 잘못 설명한 것은?

① 카가 하강 과속하는 경우에는 일정 속도를 초과하기 전에 과속조절기스위치가 동작해야 한다.

② 과속조절기의 캐치는 일단 동작하고 난 후 자동으로 복귀되어서는 안 된다.

③ 과속조절기의 스위치는 작동 후 자동 복귀된다.

④ 과속조절기 로프가 장력을 잃게 되면 전동기의 주회로를 차단시키는 경우도 있다.

해설 과속조절기(governor)의 원리

㉠ 과속조절기풀리와 카를 과속조절기로프로 연결하면, 카가 움직일 때 과속조절기풀리도 카와 같은 속도, 같은 방향으로 움직인다.

㉡ 어떤 비정상적인 원인으로 카의 속도가 빨라지면 과속조절기링크에 연결된 무게추(weight)가 원심력에 의해 풀리 바깥쪽으로 벗어나면서 과속을 감지한다.

㉢ 미리 설정된 속도에서 과속스위치와 제동기(brake)로 카를 정지시킨다.

㉣ 만약 엘리베이터가 정지하지 않고 속도가 계속 증가하면 과속조절기의 캐치(catch)가 동작하여 과속조절기로프를 붙잡고 결국은 추락방지안전장치를 작동시켜서 엘리베이터를 정지시킨다.

㉤ 추락방지안전장치가 작동된 후 정상 복귀는 전문가(유지보수업자 등)의 개입이 요구되어야 한다.

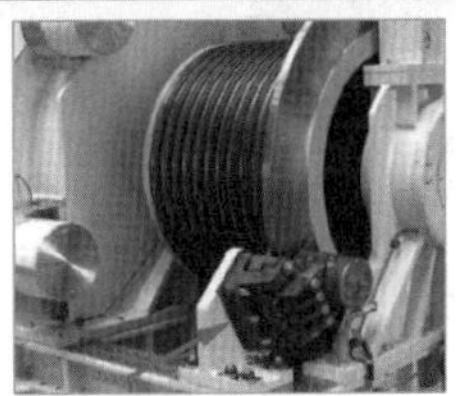
┃ 제동기 ┃

10 균형추의 중량을 결정하는 계산식은? (단, 여기서 L은 정격하중, F는 오버밸런스율)

① 균형추의 중량 = 카 자체하중$+(L \cdot F)$
② 균형추의 중량 = 카 자체하중$\times(L \cdot F)$
③ 균형추의 중량 = 카 자체하중$+(L + F)$
④ 균형추의 중량 = 카 자체하중$+(L - F)$

해설 균형추(counter weight)

카의 무게를 일정 비율 보상하기 위하여 카측과 반대편에 주철 혹은 콘크리트로 제작되어 설치되며, 카와의 균형을 유지하는 추이다.

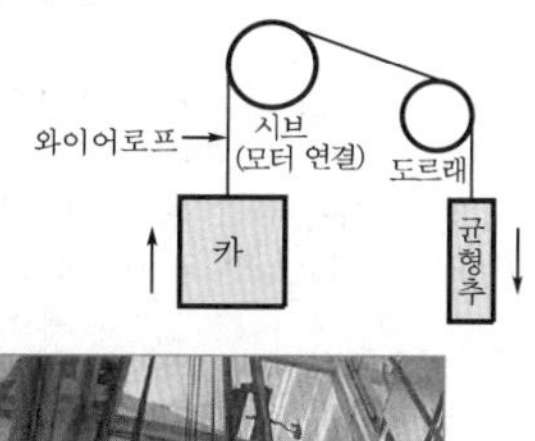

㉠ 오버밸런스(over-balance)
  • 균형추의 총중량은 빈 카의 자중에 정격적재하중의 35~50%의 중량을 더한 값이 보통이다.
  • 정격적재하중의 몇 %를 더할 것인가를 오버밸런스율이라고 한다.
  • 균형추의 총중량=카 자체하중 + $L \cdot F$
    여기서, L : 정격적재하중(kg)
    F : 오버밸런스율(%)

㉡ 견인비(traction ratio)
  • 카측 로프가 매달고 있는 중량과 균형추 로프가 매달고 있는 중량의 비를 트랙션비라 하고, 무부하와 전부하 상태에서 체크한다.
  • 견인비가 낮게 선택되면 로프와 도르래 사이의 트랙션 능력, 즉 마찰력이 작아도 되며, 로프의 수명이 연장된다.

★

11 균형로프, 균형체인 같은 보상수단 및 보상수단의 부속품의 안전율은?

① 정적인 힘에 대해 2 이상
② 정적인 힘에 대해 3 이상
③ 정적인 힘에 대해 5 이상
④ 정적인 힘에 대해 10 이상

해설 보상수단

㉠ 균형로프, 균형체인 또는 균형벨트와 같은 보상수단 및 보상수단의 부속품은 영향을 받는 모든 정적인 힘에 대해 5 이상의 안전율을 가지고 견딜 수 있어야 한다.
㉡ 카 또는 균형추가 운행구간의 최상부에 있을 때 보상수단의 최대 현수무게 및 인장 풀리 조립체(있는 경우) 전체 무게의 1/2의 무게가 포함되어야 한다.

★★★

12 문닫힘 안전장치(door safety shoe)에 대한 설명으로 틀린 것은?

① 문이 닫힐 때 작동시키면 다시 열린다.
② 문이 열릴 때 작동시키면 즉시 닫힌다.
③ 문이 완전히 닫힌 상태에서는 작동하지 않는다.
④ 문이 열려 있을 때 작동시키면 닫히지 않는다.

해설 문 작동과 관련된 보호

㉠ 문이 닫히는 동안 사람이 끼이거나 끼려고 할 때 자동으로 문이 반전되어 열리는 문닫힘 안전장치가 있어야 한다.
㉡ 문닫힘 동작 시 사람 또는 물건이 끼이거나 문닫힘 안전장치 연결전선이 끊어지면 문이 반전하여 열리도록 하는 문닫힘 안전장치(세이프티 슈·광전장치·초음파장치 등)가 카문이나 승강장 문 또는 양쪽 문에 설치되어야 하며, 그 작동상태는 양호해야 한다.
㉢ 승강장 문이 카 문과의 연동에 의해 열리는 방식에서는 자동적으로 승강장의 문이 닫히는 쪽으로 힘을 작용시키는 장치이다.
㉣ 엘리베이터가 정지한 상태에서 출입문의 닫힘동작에 우선하여 카 내에서 문을 열 수 있도록 하는 장치이다.

★★

13 도어시스템(열리는 방향)에서 S로 표현되는 것은?

① 중앙열기문
② 가로열기문
③ 외짝문 상하열기
④ 2짝문 상하열기

해설 승강장 도어 분류

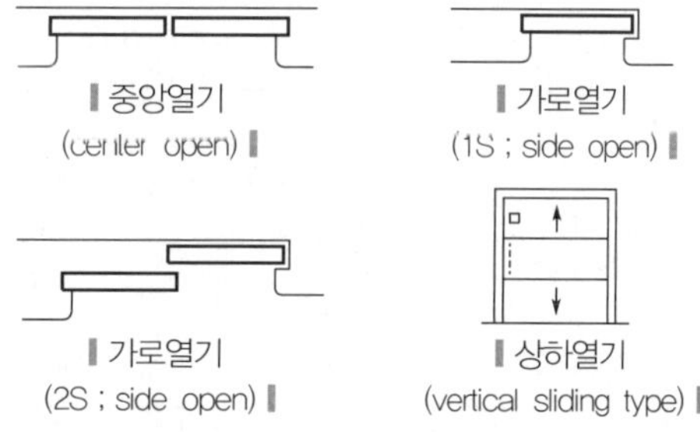

㉠ 중앙열기방식 : 1CO, 2CO(센터오픈 방식, Center Open)
㉡ 가로열기방식 : 1S, 2S, 3S(사이드오픈 방식, Side open)
㉢ 상하열기방식
  • 2매, 3매 업(up)슬라이딩 방식 : 자동차용이나 대형화물용 엘리베이터에서는 카 실을 완전히 개구할 필요가 있기 때문에 상승개폐(2up, 3up)도어를 많이 사용한다.
  • 2매, 3매 상하열림(up, down) 방식
㉣ 여닫이 방식 : 1매 스윙, 2매 스윙(swing type)

★★★★★

14 승강장의 문이 열린 상태에서 모든 제약이 해제되면 자동적으로 닫히게 하여 문의 개방상태에서 생기는 2차 재해를 방지하는 문의 안전장치는?

① 시그널 컨트롤
② 도어 컨트롤
③ 도어 클로저
④ 도어 인터록

해설 | 도어 클로저(door closer)

㉠ 승강장의 문이 열린 상태에서 모든 제약이 해제되면 자동적으로 닫히게 하여 문의 개방상태에서 생기는 2차 재해를 방지하는 문의 안전장치이며, 전기적인 힘이 없어도 외부 문을 닫아주는 역할을 한다.
㉡ 스프링 클로저 방식 : 레버 시스템, 코일스프링과 도어 체크가 조합된 방식
㉢ 웨이트(weight) 방식 : 줄과 추를 사용하여 도어체크(문이 자동으로 천천히 닫히게 하는 장치)를 생략한 방식

★★★★

15 승객(공동주택)용 엘리베이터에 주로 사용되는 도르래홈의 종류는?

① U홈
② V홈
③ 실홈
④ 언더컷홈

해설 | 언더컷홈(undercut groove)

엘리베이터 구동 시브에 있는 로프홈의 일종으로 U자형 홈의 바닥에 더 작은 홈을 만들면, U홈보다 로프의 마모는 크지만 시브와 로프의 마찰력을 크게 할 수 있어 전동기의 소요동력을 줄일 수 있으나, 로프의 마모는 커진다.

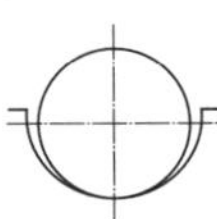
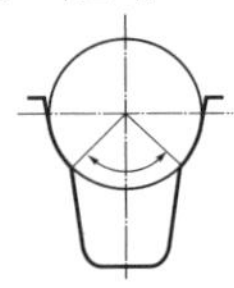

(a) U홈　　　(b) V홈　　　(C) 언더컷홈

‖ 도르래 홈의 종류 ‖

★★★

16 교류 엘리베이터의 제어방식이 아닌 것은?

① 교류 1단 속도제어 방식
② 교류궤환 전압제어 방식
③ 가변전압 가변주파수(VVVF)제어 방식
④ 교류상환 속도제어 방식

해설 | 엘리베이터의 속도제어

㉠ 교류제어
 • 교류 1단 속도제어
 • 교류 2단 속도제어
 • 교류궤환제어
 • VVVF(가변전압 가변주파수)제어
㉡ 직류제어
 • 워드 레오나드(ward leonard) 방식
 • 정지 레오나드(static leonard) 방식

★★★★

17 엘리베이터의 속도제어 중 VVVF 제어방식의 특성으로 옳지 않은 것은?

① 직류전동기와 동등한 제어 특성
② 소비전력을 줄일 수 있고, 보수가 용이
③ 저속의 승강기에만 적용 가능
④ 유도전동기의 전압과 주파수 변환

해설 | VVVF(가변전압 가변주파수) 제어

㉠ 유도전동기에 인가되는 전압과 주파수를 동시에 변환시켜 직류전동기와 동등한 제어 성능을 얻을 수 있는 방식이다.
㉡ 직류전동기를 사용하고 있던 고속 엘리베이터에도 유도전동기를 적용하여 보수가 용이하고, 전력회생을 통해 에너지가 절약된다.
㉢ 중·저속 엘리베이터(궤환제어)에서는 승차감과 성능이 크게 향상되고 저속 영역에서 손실을 줄여 소비전력이 약 반으로 된다.
㉣ 3상의 교류는 컨버터로 일단 DC 전원으로 변환하고 인버터로 재차 가변전압 및 가변주파수의 3상 교류로 변환하여 전동기에 공급된다.
㉤ 교류에서 직류로 변경되는 컨버터에는 사이리스터가 사용되고, 직류에서 교류로 변경하는 인버터에는 트랜지스터가 사용된다.
㉥ 컨버터제어방식을 PAM(Pulse Amplitude Modulation), 인버터제어방식을 PWM(Pulse Width Modulation) 시스템이라고 한다.

★★★★

18 홀랜턴(hail lantern)을 바르게 설명한 것은?

① 단독 카일 때 많이 사용하며 방향을 표시한다.
② 2대 이상일 때 많이 사용하며 위치를 표시한다.
③ 군관리방식에서 도착예보와 방향을 표시한다.
④ 카의 출발을 예보한다.

‖ 위치표시기 ‖   ‖ 홀랜턴 ‖

㉠ 위치표시기(indicator)
- 승강장이나 카 내에서 현재 카의 위치를 알게 해주는 장치
- 디지털식이나 전등점멸식이 사용되고 있다.

㉡ 홀랜턴(hall lantern)
- 층 표시기만 있다면 여러 대의 엘리베이터 위치를 보면서 어느 엘리베이터가 열릴지 본인이 판단해야 한다.
- 여러 대의 엘리베이터 중에서 어느 엘리베이터가 곧 도착할 예정인지만 알려주는 도착예보등이 필요하다.
- 군관리방식에서 상승과 하강을 나타내는 커다란 방향등으로 그 엘리베이터가 정지를 결정하면 점등과 동시에 차임(chime) 등을 울려 승객에게 알린다.

㉢ 등록 안내 표시기 : 운전자가 있는 엘리베이터일 때 승장 단추의 등록을 카 내 운전자가 알 수 있도록 해주는 표시기이다.

★★★★

19 정격속도 60m/min를 초과하는 엘리베이터에 사용되는 추락방지안전장치의 종류는?

① 점차작동형
② 즉시작동형
③ 디스크작동형
④ 플라이볼작동형

‖ 점차작동형 추락방지안전장치 ‖

㉠ 카에는 현수 수단의 파손, 즉 현수로프가 끊어지더라도 과속조절기 작동속도에서 하강방향으로 작동하여 가이드레일을 잡아 정격하중의 카를 정지시킬 수 있는 추락방지안전장치가 설치되어야 한다.

㉡ 균형추 또는 평형추에 추락방지안전장치가 설치되는 경우, 균형추 또는 평형추에는 과속조절기 작동속도에서 (현수수단이 파손될 경우) 하강방향으로 작동하여 가이드레일을 잡아 균형추 또는 평형추를 정지시키는 추락방지안전장치가 있어야 한다.

㉢ 카의 추락방지안전장치는 엘리베이터의 정격속도가 1m/s를 초과하는 경우 점차작동형이어야 한다. 다만, 다음과 같은 경우에는 그러하지 아니한다.

- 정격속도가 1m/s를 초과하지 않는 경우 : 완충효과가 있는 즉시작동형
- 정격속도가 0.63m/s를 초과하지 않는 경우 : 즉시작동형

㉣ 카에 여러 개의 추락방지안전장치가 설치된 경우에는 모두 점차작동형이어야 한다.

㉤ 균형추 또는 평형추의 추락방지안전장치는 정격속도가 1m/s를 초과하는 경우 점차작동형이어야 한다. 다만, 정격속도가 1m/s 이하인 경우에는 즉시작동형으로 할 수 있다.

★★★★

20 간접식 유압엘리베이터의 특징이 아닌 것은?

① 실린더를 설치하기 위한 보호관이 필요하지 않다.
② 실린더 점검이 용이하다.
③ 추락방지안전장치가 필요하다.
④ 로프의 늘어짐과 작동유의 압축성 때문에 부하에 의한 카 바닥의 빠짐이 비교적 적다.

플런저의 선단에 도르래를 놓고 로프 또는 체인을 통해 카를 올리고 내리며, 로핑에 따라 1 : 2, 1 : 4, 2 : 4의 방식이 있다.

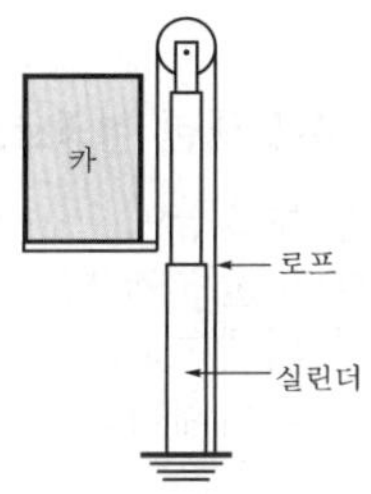

㉠ 실린더를 설치하기 위한 보호관이 필요하지 않다.
㉡ 실린더의 점검이 쉽다.
㉢ 승강로는 실린더를 수용할 부분만큼 더 커지게 된다.
㉣ 추락방지안전장치가 필요하다.
㉤ 로프의 늘어짐과 작동유의 압축성(의외로 큼) 때문에 부하에 의한 카 바닥의 빠짐이 비교적 크다.

★★

21 유압식 엘리베이터의 속도제어에서 주회로에 유량제어밸브를 삽입하여 유량을 직접 제어하는 회로는?

① 미터오프 회로
② 미터인 회로
③ 블리디오프 회로
④ 블리디아 회로

해설 미터인(meter in) 회로

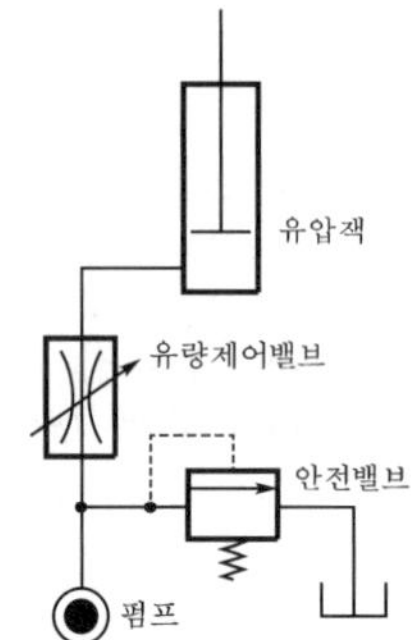

▌미터인(meter in) 회로 ▌

㉠ 유량제어밸브를 실린더의 유입측에 삽입한 것
㉡ 펌프에서 토출된 작동유는 유량제어밸브의 체크밸브를 통하지 못하고 미터링 오리피스를 통하여 유압 실린더로 보내진다.
㉢ 펌프에서는 유량제어밸브를 통과한 유량보다 많은 양의 유량을 보내게 된다.
㉣ 실린더에서는 항상 일정한 유량이 보내지기 때문에 정확한 속도제어가 가능하다.
㉤ 펌프의 압력은 항상 릴리프밸브의 설정압력과 같다.
㉥ 실린더의 부하가 작을 때도 펌프의 압력은 릴리프밸브의 설정 압력이 되어, 필요 이상의 동력을 소요해서 효율이 떨어진다.
㉦ 유량제어밸브를 열면 액추에이터의 속도는 빨라진다.

★★★

22 펌프의 출력에 대한 설명으로 옳은 것은?

① 압력과 토출량에 비례한다.
② 압력과 토출량에 반비례한다.
③ 압력에 비례하고, 토출량에 반비례한다.
④ 압력에 반비례하고, 토출량에 비례한다.

해설 펌프(pump)

㉠ 펌프의 출력은 유압과 토출량에 비례한다.
㉡ 동일 플런저라면 유압이 높을수록 큰 하중을 들 수 있고, 토출량이 많을수록 속도가 크게 될 수 있다.
㉢ 일반적인 유압은 $10{\sim}60kg/cm^2$, 토출량은 $50{\sim}1500l/min$ 정도이며 모터는 $2{\sim}50kW$ 정도이다. 이 펌프로 구동되는 엘리베이터의 능력은 $300{\sim}10000kg$, 속도는 $10{\sim}60m/min$ 정도이다.

★★

23 압력배관에 대한 설명으로 옳지 않은 것은?

① 건물벽 관통부에는 가급적 사용하지 않는다.
② 파워유닛에서 실린더까지는 압력배관으로 연결하도록 한다.
③ 진동이 건물에 전달되지 않도록 방진고무를 넣어서 건물에 고정시킨다.
④ 압력 고무호스는 여유가 없어야 하며 일직선으로 연결되어야 한다.

해설 가요성 호스

㉠ 실린더와 체크밸브 또는 하강밸브 사이의 가요성 호스는 전 부하압력 및 파열압력과 관련하여 안전율이 8 이상이어야 한다.
㉡ 가요성 호스 및 실린더와 체크밸브 또는 하강밸브 사이의 가요성 호스 연결장치는 전 부하압력의 5배의 압력을 손상 없이 견뎌야 한다.
㉢ 가요성 호스는 다음과 같은 정보가 지워지지 않도록 표시되어야 한다.
• 제조업체명(또는 로고)
• 호스안전율, 시험압력 및 시험결과 등의 정보
㉣ 가요성 호스는 호스 제조업체에 의해 제시된 굽힘 반지름 이상으로 고정되어야 한다.

24 다음 ( )의 내용으로 옳은 것은?

> 기계실 출입문은 높이 (ⓐ)m 이상, 폭 (ⓑ)m 이상의 금속제 문이어야 하며, 기계실 외부로 완전히 열리는 구조이어야 한다. 기계실 내부로는 열리지 않아야 한다.

① ⓐ : 1.7 ⓑ : 0.6
② ⓐ : 1.8 ⓑ : 0.6
③ ⓐ : 1.7 ⓑ : 0.7
④ ⓐ : 1.8 ⓑ : 0.7

해설 출입문, 비상문 및 점검문의 치수

㉠ 기계실, 승강로 및 피트 출입문 : 높이 1.8m 이상, 폭 0.7m 이상. 다만, 주택용 엘리베이터의 경우 기계실 출입문은 폭 0.6m 이상, 높이 0.6m 이상으로 할 수 있다.
㉡ 풀리실 출입문 : 높이 1.4m 이상, 폭 0.6m 이상
㉢ 비상문 : 높이 1.8m 이상, 폭 0.5m 이상

★★★★

25 스텝 폭 0.8m, 공칭속도 0.75m/s인 에스컬레이터로 수송할 수 있는 최대 인원의 수는 시간당 몇 명인가?

① 3600
② 4800
③ 6000
④ 6600

해설 $A = \dfrac{V \times 60}{B} \times P = \dfrac{0.75 \times 60 \times 60}{0.8} \times 2 ≒ 6600$인/시간

여기서, A : 수송능력(매시)
B : 디딤판의 안 길이(m)
V : 디딤판 속도(m/min)
P : 디딤판 1개마다의 인원(인)

정답 22. ① 23. ④ 24. ④ 25. ④

★★

26 다음 중 에스컬레이터의 역회전 방지장치로 틀린 것은?

① 과속조절기　　　② 스커트 가드
③ 기계브레이크　　④ 구동체인 안전장치

[해설] **스커트 가드(skirt guard)**

에스컬레이터 내측판의 스텝에 인접한 부분을 일컬으며, 스테인레스 판으로 되어 있다.

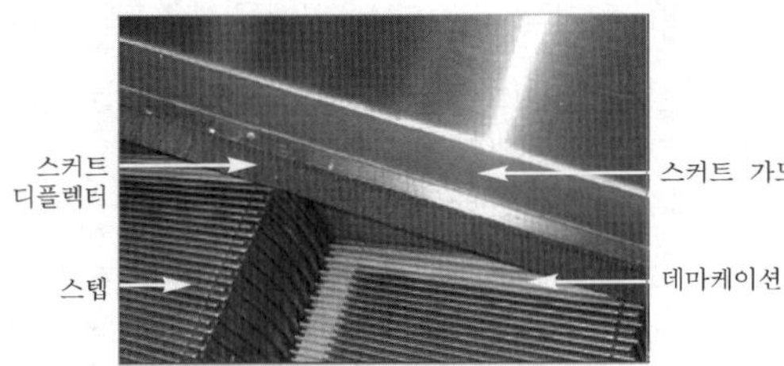

▮ 스텝 부분 ▮

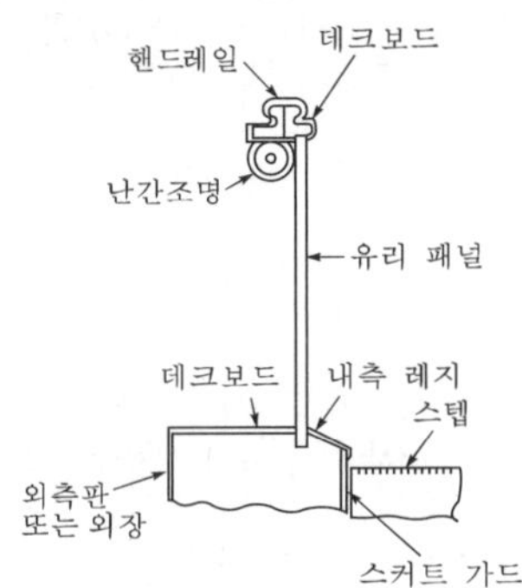

▮ 난간의 구조 ▮

★★

27 운행 중인 에스컬레이터가 어떤 요인에 의해 갑자기 정지하였다. 점검해야 할 에스컬레이터 안전장치로 틀린 것은?

① 승객검출장치
② 인레트스위치
③ 스커트 가드 안전스위치
④ 스텝체인 안전장치

[해설] **에스컬레이터의 안전장치**

㉠ 인레트스위치(inlet switch)는 에스컬레이터의 핸드레일 인입구에 설치하며, 핸드레일이 난간 하부로 들어갈 때 어린이의 손가락이 빨려 들어가는 사고 등이 발생하면 에스컬레이터 운행을 정지시킨다.
㉡ 스커트 가드(skirt guard) 안전스위치는 스커트 가드판과 스텝 사이에 인체의 일부나 옷, 신발 등이 끼이면 위험하므로 스커트 가드 패널에 일정 이상의 힘이 가해지면 안전스위치가 작동되어 에스컬레이터를 정지시킨다.

㉢ 스텝체인 안전장치(step chain safety device)는 스텝 체인이 절단되거나 심하게 늘어날 경우 디딤판 체인 인장장치의 후방 움직임을 감지하여 구동기 모터의 전원을 차단하고 기계브레이크를 작동시킴으로서 스텝과 스텝 사이의 간격이 생기는 등의 결과를 방지하는 장치이다.

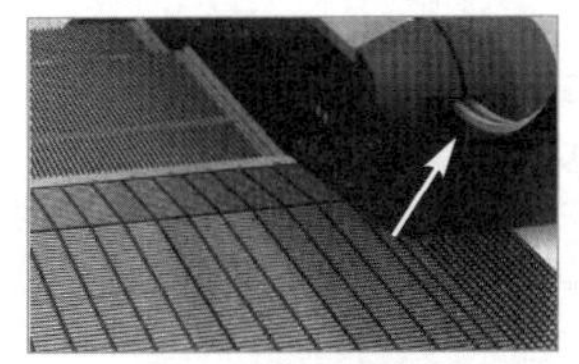

▮ 인레트스위치 ▮

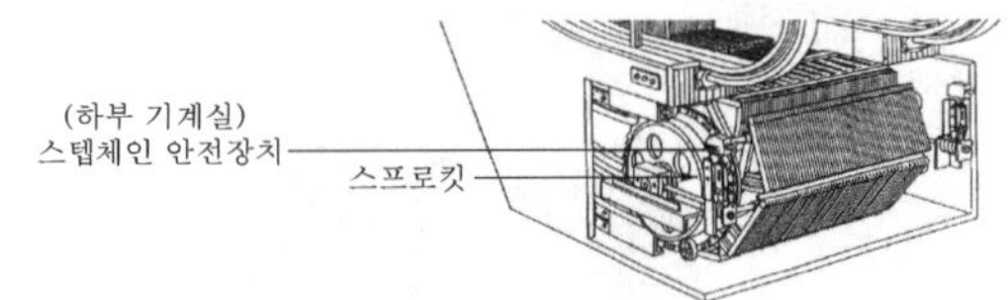

▮ 스텝체인 안전장치 ▮

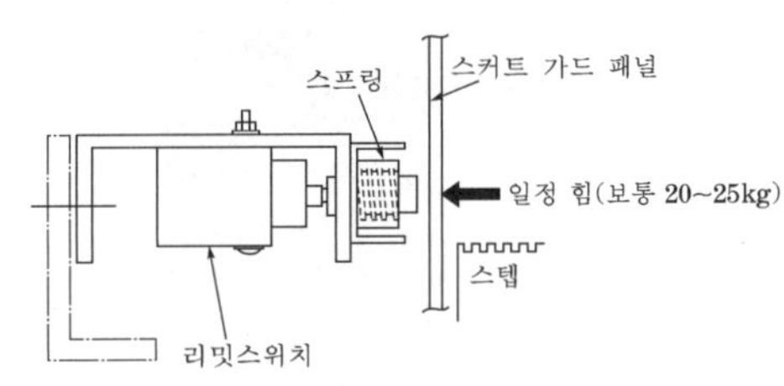

▮ 스커트 가드 안전스위치 ▮

★★★

28 전기식 엘리베이터에서 현수로프 안전율은 몇 이상이어야 하는가?

① 8　　　　　② 9
③ 11　　　　④ 12

[해설] **권상도르래, 풀리 또는 드럼과 로프의 직경 비율, 로프·체인의 단말처리**

㉠ 권상도르래, 풀리 또는 드럼과 현수로프의 공칭직경 사이의 비는 스트랜드의 수와 관계없이 40 이상이어야 한다.
㉡ 현수로프의 안전율은 어떠한 경우라도 12 이상이어야 한다. 안전율은 카가 정격하중을 싣고 최하층에 정지하고 있을 때 로프 1가닥의 최소 파단하중(N)과 이 로프에 걸리는 최대 힘(N) 사이의 비율이다.
㉢ 로프와 로프 단말 사이의 연결은 로프의 최소 파단하중의 80% 이상을 견뎌야 한다.
㉣ 로프의 끝 부분은 카, 균형추(또는 평형추) 또는 현수되는 지점에 금속 또는 수지로 채워진 소켓, 자체 조임 쐐기형식의 소켓 또는 안전상 이와 동등한 기타 시스템에 의해 고정되어야 한다.

[정답] **26.** ②　**27.** ①　**28.** ④

★★★★

29 무빙워크의 공칭속도(m/s)는 얼마 이하로 하여야 하는가?

① 0.55   ② 0.65
③ 0.75   ④ 0.95

해설 무빙워크의 경사도와 속도

㉠ 무빙워크의 경사도는 12° 이하이어야 한다.
㉡ 무빙워크의 공칭속도는 0.75m/s 이하이어야 한다.
㉢ 팔레트 또는 벨트의 폭이 1.1m 이하이고, 승강장에서 팔레트 또는 벨트가 콤에 들어가기 전 1.6m 이상의 수평주행구간이 있는 경우 공칭속도는 0.9m/s까지 허용된다. 다만, 가속구간이 있거나 무빙워크를 다른 속도로 직접 전환시키는 시스템이 있는 무빙워크에는 적용되지 않는다.

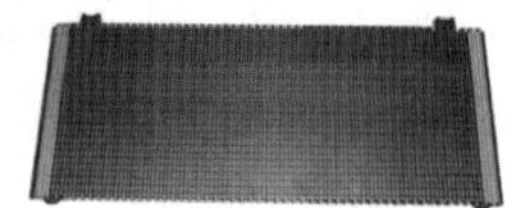

‖ 팔레트 ‖

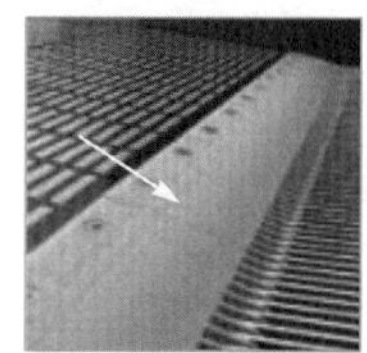

‖ 콤(comb) ‖

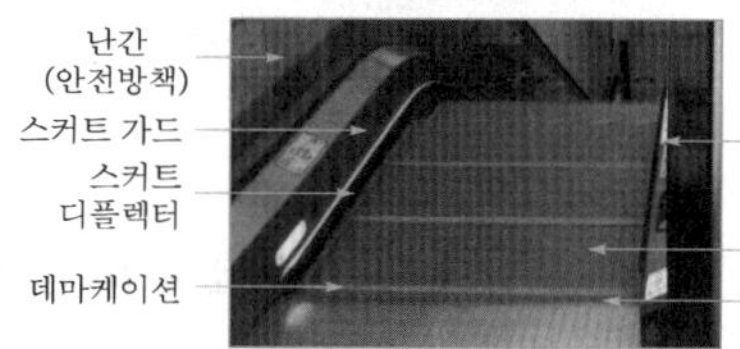

‖ 난간 부분의 명칭 ‖

★★

30 휠체어리프트 이용자가 승강기의 안전운행과 사고방지를 위하여 준수해야 할 사항과 거리가 먼 것은?

① 전동휠체어 등을 이용할 경우에는 운전자가 직접 이용할 수 있다.
② 정원 및 적재하중의 초과는 고장이나 사고의 원인이 되므로 엄수하여야 한다.
③ 휠체어 사용자 전용이므로 보조자 이외의 일반인은 탑승하여서는 안 된다.
④ 조작반의 비상정지스위치 등을 불필요하게 조작하지 말아야 한다.

해설 휠체어리프트 이용자 준수사항

㉠ 전동휠체어 등을 이용할 경우에는 보호자의 협조를 받아야 한다.
㉡ 정원 및 적재하중의 초과는 고장이나 사고의 원인이 되므로 엄수하여야 한다.
㉢ 휠체어 사용자 전용이므로 보조자 이외의 일반인은 절대 탑승하여서는 아니 되며 화물 등의 운반에 사용하지 않아야 한다.
㉣ 각 승강장 및 카에 설치되는 조작장치를 장난으로 누르거나 난폭하게 취급하지 않아야 한다.
㉤ 조작반의 비상정지스위치 등을 장난으로 조작하지 말아야 한다.
㉥ 휠체어리프트 내에서 뛰거나 구르는 등 난폭한 행동을 하지 말아야 한다.
㉦ 휠체어리프트의 출입문 또는 보호대를 흔들거나 밀지 말아야 하며 출입문에 기대지 말아야 한다.
㉧ 휠체어리프트를 이용하는 도중 정전 등을 이유로 운행이 정지되더라도 당황하지 말고 비상경보장치를 동작시켜 경보를 발하거나 도움을 요청하여야 한다.
㉨ 휠체어리프트가 운행 중 갑자기 정지하면 임의로 판단해서 탈출을 시도하지 말아야 한다.
㉩ 경사형 리프트에 진입 시에는 탈착 가능한 보호대를 고정한 후 진입하여야 한다.
㉪ 휠체어리프트에 부착되어 있는 동작설명서에 따라 운행을 하여야 한다.
㉫ 휠체어리프트의 출입문 또는 보호대를 강제로 개방하는 행위 등을 하지 말아야 한다.

참고 지하철 역사나 철도역사에서 전동휠체어(스쿠터)를 경사형 휠체어리프트에 탑승시킬 때에는 반드시 역무원의 입회하에 전동휠체어(스쿠터)의 시동을 끈 후 수동 상태에서 탑승 및 하차를 시켜야 한다.

★★

31 승강기 보수의 자체점검 시 취해야 할 안전조치 사항이 아닌 것은?

① 보수작업 소요시간 표시
② 보수 계약기간 표시
③ 보수 중이라는 사용금지 표시
④ 작업자명과 연락처의 전화번호

해설 보수점검 시 안전관리에 관한 사항

㉠ 보수 또는 점검 시에는 다음의 안전조치를 취한 후 작업하여야 한다.
• '보수 · 점검중'이라는 사용금지 표시
• 보수 · 점검 개소 및 소요시간 표시
• 보수 · 점검자명 및 보수 · 점검자 연락처
• 접근 · 탑승금지 방호장치 설치
㉡ 보수담당자 및 자체검사 실시내용이 기재된 '승강기 관리카드'를 승강기 내부 또는 외부에 부착하고 관리하여야 한다.

정답   29. ③   30. ①   31. ②

★★

32 전기재해의 직접적인 원인과 관련이 없는 것은?

① 회로 단락
② 충전부 노출
③ 접속부 과열
④ 접지판 매설

해설 접지설비

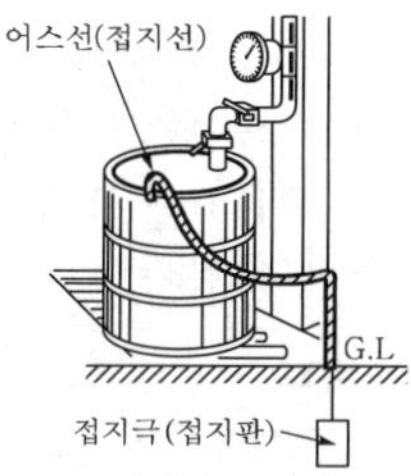

회로의 일부 또는 기기의 외함 등을 대지와 같은 0전위로 유지하기 위해 땅 속에 설치한 매설 도체(접지극, 접지판)와 도선으로 연결하여 정전기를 예방할 수 있다.

★★

33 작업자의 재해 예방에 대한 일반적인 대책으로 맞지 않는 것은?

① 계획의 작성
② 엄격한 작업감독
③ 위험요인의 발굴 대처
④ 작업지시에 대한 위험 예지의 실시

해설 재해예방활동의 3원칙

㉠ 재해요인의 발견
- 직장의 점검, 순시, 검사, 조사
- 재해분석
- 작업방법의 분석
- 적성검사, 건강진단, 체력측정, 작업자의 심신적 결함의 파악

㉡ 재해요인의 제거·시정
- 유해·위험작업에 대한 유자격자 이외의 취업 제한
- 유해·위험요인의 제거
- 유해·위험요인이 있는 시설의 방호, 개선, 격리
- 개인용 보호구의 착용 철저
- 불안전한 행동의 시정

㉢ 재해요인발생의 예방
- 안전성평가의 활용
- 제도, 기준의 이행과 검토
- 과거에 일어난 재해예방대책의 이행
- 원재료, 설비, 환경 등의 보전
- 신규채용자 등의 안전교육
- 안전보건의식의 지속 유지

★★★

34 다음 중 재해 조사의 요령으로 바람직한 방법이 아닌 것은?

① 재해 발생 직후에 행한다.
② 현장의 물리적 증거를 수집한다.
③ 재해 피해자로부터 상황을 듣는다.
④ 의견 충돌을 피하기 위하여 반드시 1인이 조사하도록 한다.

해설 재해 조사 방법

㉠ 재해 발생 직후에 행한다.
㉡ 현장의 물리적 흔적(물적 증거)을 수집한다.
㉢ 재해 현장은 사진을 촬영하여 보관, 기록한다.
㉣ 재해 피해자로부터 재해 상황을 듣는다.
㉤ 목격자, 현장 책임자 등 많은 사람들에게 사고 시의 상황을 듣는다.
㉥ 판단하기 어려운 특수 재해나 중대 재해는 전문가에게 조사를 의뢰한다.

★★

35 작업의 특수성으로 인해 발생하는 직업병으로서 작업 조건에 의하지 않은 것은?

① 먼지
② 유해가스
③ 소음
④ 작업 자세

해설 직업병

㉠ 근골격계질환, 소음성 난청, 복사열 등 물리적 원인
㉡ 중금속 중독, 유기용제 중독, 진폐증 등 화학적 원인
㉢ 세균 공기 오염 등 생물학적 원인
㉣ 스트레스, 과로 등 정신적 원인

★

36 작업표준의 목적이 아닌 것은?

① 작업의 효율화
② 위험요인의 제거
③ 손실요인의 제거
④ 재해책임의 추궁

해설 작업표준

㉠ 작업표준의 필요성
근로자가 기능적으로 불확실한 작업행동이나 정해진 생산 공정상의 규칙을 어기고 임의적인 행동을 자행함으로써의 위험이나 손실요인을 최대한 예방, 감소시키기 위한 것이다.

㉡ 작업 표준을 도입치 않을 경우
- 재해사고 발생
- 부실제품 생산
- 자재손실 또는 지연작업

㉢ 표준류(규정, 사양서, 지침서, 지도서, 기준서)의 종류
- 원재료와 제품에 관한 것(품질표준)
- 작업에 관한 것(작업표준)
- 설비, 환경 등의 유지, 보전에 관한 것(설비기준)
- 관리제도, 일의 절차에 관한 것(관리표준)

ⓔ 작업표준의 목적
  • 위험요인의 제거
  • 손실요인의 제거
  • 작업의 효율화
ⓜ 작업표준의 작성 요령
  • 작업의 표준설정은 실정에 적합할 것
  • 좋은 작업의 표준일 것
  • 표현은 구체적으로 나타낼 것
  • 생산성과 품질의 특성에 적합할 것
  • 이상 시 조치기준이 설정되어 있을 것
  • 다른 규정 등에 위배되지 않을 것

37 인간공학적인 안전화된 작업환경으로 잘못된 것은?

① 충분한 작업공간의 확보
② 작업 시 안전한 통로나 계단의 확보
③ 작업대나 의자의 높이 또는 형태를 적당히 할 것
④ 기계별 점검 확대

해설 인간공학적인 안전한 작업환경

ⓐ 기계류 표시와 배치를 적당히 하여 오인이 안 되도록 할 것
ⓑ 기계에 부착된 조명, 기계에서 발생된 소음 등의 검토 개선
ⓒ 충분한 작업공간의 확보
ⓓ 작업대나 의자의 높이 또는 형태를 적당히 할 것
ⓔ 작업 시 안전한 통로나 계단의 확보

38 추락에 의하여 근로자에게 위험이 미칠 우려가 있을 때 비계를 조립하는 등의 방법에 의하여 작업발판을 설치하도록 되어 있다. 높이가 몇 m 이상인 장소에서 작업을 하는 경우에 설치하는가?

① 2   ② 3
③ 4   ④ 5

해설 추락

ⓐ 사람이 중간단계의 접촉 없이 자유낙하하는 것을 말한다.
ⓑ 추락재해는 중력가속도를 수반한 위치에너지에 의해 상해를 입기 때문에 중상 또는 사망재해로 이어지는 경우가 많다.
ⓒ 추락재해 예방대책
  • 높이 2m 이상 작업장소에서 추락하여 근로자에게 위험이 미칠 우려가 있는 경우 비계를 조립하는 등의 방법에 의해 작업발판을 설치한다. 발판 설치가 곤란할 경우 방망을 치거나 근로자에게 안전대를 착용토록 조치한다.
  • 근로자에게 안전대를 착용시킬 때에는 안전대를 부착할 수 있는 설비 등을 갖추어야 하며, 작업시작 전에 안전 및 부속설비의 이상 유무를 점검하여야 한다.

  • 높이 2m 이상인 장소에서 폭풍, 폭우 및 폭설 악천후로 인해 당해 작업의 위험이 예상되는 때에는 작업을 중지시켜야 한다.
ⓓ 건설재해의 35% 정도를 차지하고 매년 6000여명이 추락재해를 당한다. 또 중대재해의 50% 이상인 매년 300명 이상이 추락에 의해 사망하는 등 추락재해가 모든 건설재해 중 가장 많이 발생한다.

39 안전점검의 목적에 해당되지 않는 것은?

① 생산 위주로 시설 가동
② 결함이나 불안전조건의 제거
③ 기계·설비의 본래 성능 유지
④ 합리적인 생산관리

해설 안전점검의 목적

ⓐ 결함이나 불안전조건의 제거
ⓑ 기계설비의 본래의 성능 유지
ⓒ 합리적인 생산관리

40 승강기에 설치할 방호장치가 아닌 것은?

① 가이드레일   ② 출입문 인터록
③ 과속조절기   ④ 파이널 리밋스위치

해설 가이드레일(guide rail)

카와 균형추를 승강로의 수직면상으로 안내 및 카의 기울어짐을 막고, 더욱이 추락방지안전장치가 작동했을 때의 수직하중을 유지하기 위하여 가이드레일을 설치하나, 불균형한 큰 하중이 적재되었을 때라든지, 그 하중을 내리고 올릴 때에는 카에 큰 하중 모멘트가 발생한다. 그때 레일이 지탱해 낼 수 있는지에 대한 점검이 필요할 것이다.

41 비상용 승강기에 대한 설명 중 틀린 것은?

① 예비전원을 설치하여야 한다.
② 외부와 연락할 수 있는 전화를 설치하여야 한다.
③ 정전 시에는 예비전원으로 작동할 수 있어야 한다.
④ 승강기의 운행속도는 90m/min 이상으로 해야 한다.

해설 비상용 엘리베이터

㉠ 정전 시에는 다음 각 항의 예비전원에 의하여 엘리베이터를 가동할 수 있도록 하여야 한다.
- 60초 이내에 엘리베이터 운행에 필요한 전력용량을 자동적으로 발생시키도록 하되 수동으로 전원을 작동할 수 있어야 한다.
- 2시간 이상 작동할 수 있어야 한다.

㉡ 비상용 엘리베이터의 기본요건
- 비상용 엘리베이터는 소방운전 시 모든 승강장의 출입구마다 정지할 수 있어야 한다.
- 비상용 엘리베이터의 크기는 630kg의 정격하중을 갖는 폭 1100mm, 깊이 1400mm 이상이어야 하며, 출입구 유효폭은 800mm 이상이어야 한다.
- 침대 등을 수용하거나 2개의 출입구로 설계된 경우 또는 피난용도로 의도된 경우, 정격하중은 1000kg 이상이어야 하고 카의 면적은 폭 1100mm, 깊이 2100mm 이상이어야 한다.
- 소방관이 조작하여 엘리베이터 문이 닫힌 이후부터 60초 이내에 가장 먼 층에 도착하여야 된다. 다만, 운행속도는 1m/s 이상이어야 한다.

★★★

42 기계실에 설치할 설비가 아닌 것은?

① 완충기   ② 권상기
③ 과속조절기   ④ 제어반

해설 완충기(buffer)

피트 바닥에 설치되며, 카가 어떤 원인으로 최하층을 통과하여 피트로 떨어졌을 때, 충격을 완화하기 위하여 혹은 카가 밀어 올려졌을 때를 대비하여 균형추의 바로 아래에도 완충기를 설치한다. 그러나 이 완충기는 카나 균형추의 자유낙하를 완충하기 위한 것은 아니다(자유낙하는 추락방지 안전장치의 분담기능).

‖ 피트에 설치된 완충기 ‖

★★

43 에스컬레이터의 디딤판과 스커트 가드와의 틈새는 양쪽 모두 합쳐서 최대 얼마이어야 하는가?

① 5mm 이하
② 7mm 이하
③ 9mm 이하
④ 10mm 이하

해설 스텝, 팔레트 및 벨트의 가이드

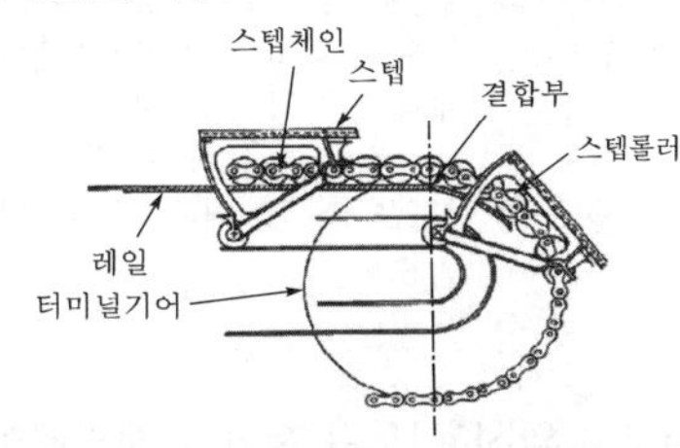

‖ 스텝체인의 구동 ‖

㉠ 스텝 또는 팔레트의 가이드 시스템에서 스텝 또는 팔레트의 측면 변위는 각각 4mm 이하이어야 하고 양쪽 측면에서 측정된 틈새의 합은 7mm 이하이어야 한다. 그리고 스텝 및 팔레트의 수직 변위는 4mm 이하이고 벨트의 수직 변위는 6mm 이하이어야 한다.

㉡ 이 규정은 스텝, 팔레트 또는 벨트의 이용 가능한 구역에만 적용한다.

㉢ 벨트의 경우 트레드웨이(디디팜과 팔레트) 지지대는 디딤판의 중앙선을 따라 2m 이하의 간격으로 설치되어야 한다. 이러한 지지대는 아래 ㉣항에서 요구되는 조건하에 하중이 부과될 때 트레드웨이의 하부 아래로 50mm를 초과하지 않은 위치에 설치되어야 한다.

㉣ 운행조건에 적합하게 인장된 벨트에 대해, 750N의 단일 힘(강판 무게 포함)이 크기 0.15m×0.25m×0.025m인 강판에 적용되어야 한다. 강판은 강판의 세로축이 벨트의 세로축과 평행한 방법으로 끝 부분 지지롤러 사이 중앙에 위치되어야 한다. 중심에서 처짐은 $0.01 \times Z_3$ 이하이어야 한다. 여기서, Z_3는 지지롤러 사이의 가로 거리이다.

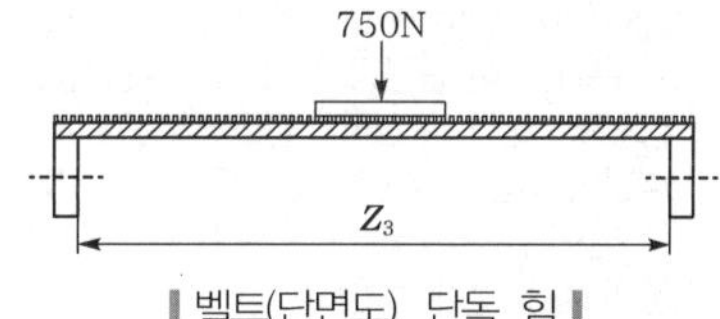

‖ 벨트(단면도), 단독 힘 ‖

★★

44 정전 시 비상전원장치의 비상조명의 점등조건은?

① 정전 시에 자동으로 점등
② 고장 시 카가 급정지하면 점등
③ 정전 시 비상등스위치를 켜야 점등
④ 항상 점등

해설 조명

㉠ 카에는 카 바닥 및 조작 장치를 50lx 이상의 조도로 비출 수 있는 영구적인 전기조명이 설치되어야 한다.

㉡ 조명이 백열등 형태일 경우에는 2개 이상의 등이 병렬로 연결되어야 한다.

㉢ 정상 조명전원이 차단될 경우에는 2lx 이상의 조도로 1시간 동안 전원이 공급될 수 있는 자동 재충전 예비전원공급장치가 있어야 하며, 이 조명은 정상 조명전원이 차단되면 자동으로 즉시 점등되어야 한다. 측정은 다음과 같은 곳에서 이루어져야 한다.
- 호출버튼 및 비상통화장치 표시
- 램프 중심부로부터 2m 떨어진 수직면상

45 승강기 완성검사 시 전기식 엘리베이터의 카 문턱과 승강장문 문턱 사이의 수평거리는 몇 mm 이하이어야 하는가?

① 35
② 45
③ 55
④ 65

해설 카와 카 출입구를 마주하는 벽 사이의 틈새

㉠ 승강로의 내측 면과 카 문턱, 카 문틀 또는 카 문의 닫히는 모서리 사이의 수평거리는 0.125m 이하이어야 한다. 다만, 0.125m 이하의 수평거리는 각각의 조건에 따라 다음과 같이 적용될 수 있다.
- 수직높이가 0.5m 이하인 경우에는 0.15m까지 연장될 수 있다.
- 수직 개폐식 승강장문이 설치된 화물용인 경우, 주행로 전체에 걸쳐 0.15m까지 연장될 수 있다.
- 잠금해제구간에서만 열리는 기계적 잠금장치가 카 문에 설치된 경우에는 제한하지 않는다.

㉡ 카 문턱과 승강장문 문턱 사이의 수평거리는 35mm 이하이어야 한다.

㉢ 카 문과 닫힌 승강장문 사이의 수평거리 또는 문이 정상 작동하는 동안 문 사이의 접근거리는 0.12m 이하이어야 한다.

㉣ 경첩이 있는 승강장문과 접하는 카 문의 조합인 경우에는 닫힌 문 사이의 어떤 틈새에도 직경 0.15m의 구가 통과되지 않아야 한다.

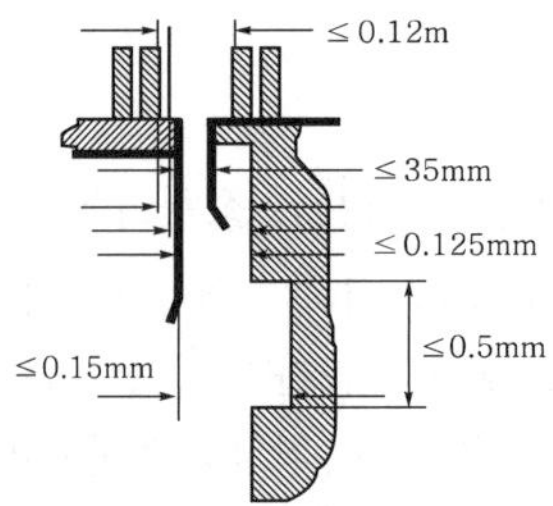

‖ 카와 카 출입구를 마주하는 벽 사이의 틈새 ‖

46 카가 최하층에 정지하였을 때 균형추 상단과 기계실 하부와의 거리는 카 하부와 완충기와의 거리보다 어떠해야 하는가?

① 작아야 한다.
② 크거나 작거나 관계없다.
③ 커야 한다.
④ 같아야 한다.

해설 카가 최하층에 정지하였을 때 카 하부와 완충기의 거리보다 균형추 상단과 기계실 하부와의 거리가 커야 하는 이유는 균형추의 상승으로 기계실 바닥과의 충돌을 방지하기 위함이다.

47 피트에서 하는 검사가 아닌 것은?

① 완충기의 설치 상태
② 하부 파이널 리밋스위치류 설치 상태
③ 균형로프 및 부착부 설치 상태
④ 비상구출구 설치 상태

해설 카 위에서 하는 검사

㉠ 비상구출구는 카 밖에서 간단한 조작으로 열 수 있어야 한다. 또한, 비상구출구스위치의 설치 상태는 견고하고, 작동 상태는 양호하여야 한다. 다만, 자동차용 엘리베이터와 카 내에 조작반이 없는 화물용 엘리베이터의 경우에는 그러하지 아니한다.

㉡ 카 도어스위치 및 도어개폐장치의 설치 상태는 견고하고, 각 부분의 연결 및 작동 상태는 양호하여야 한다.

㉢ 카 위의 안전스위치 및 수동운전스위치의 작동 상태는 양호하여야 한다.

㉣ 고정도르래 또는 현수도르래가 있는 경우에는 그 설치 상태는 견고하고, 몸체에 균열이 없어야 한다. 또한, 급제동 시나 지진 기타의 진동에 의해 주로프가 벗겨지지 않도록 조치되어 있어야 한다.

㉤ 과속조절기로프의 설치 상태는 견고하여야 한다.

48 전기식 엘리베이터 자체점검 중 피트에서 하는 과부하감지장치에 대한 점검주기(회/월)는?

① 1/1   ② 1/3
③ 1/4   ④ 1/6

해설 피트에서 하는 점검항목 및 주기

㉠ 1회/1월 : 피트 바닥, 과부하감지장치
㉡ 1회/3월 : 완충기, 하부 파이널 리밋스위치, 카 비상멈춤장치스위치
㉢ 1회/6월 : 과속조절기로프 및 기타 당김도르래, 균형로프 및 부착부, 균형추 밑부분 틈새 이동케이블 및 부착부
㉣ 1회/12월 : 카 하부 도르래, 피트 내의 내진대책

정답 45. ①   46. ③   47. ④   48. ①

★★

49 유압식 엘리베이터의 카가 심하게 떨거나 소음이 발생하는 경우의 조치에 해당되지 않는 것은?

① 실린더 내부의 공기 완전 제거
② 실린더 로드면의 굴곡 상태 확인
③ 리밋스위치의 위치 수정
④ 릴리프 세팅 압력 조정

해설 리밋스위치(limit switch)

㉠ 물체의 힘에 의해 동작부(구동장치)가 눌려서 접점이 온, 오프(on, off)한다.
㉡ 엘리베이터 운행 시 최상·최하층을 지나치지 않도록 하는 장치로서 리밋스위치에 접촉이 되면 카를 감속 제어하여 정지시킬 수 있도록 한다.

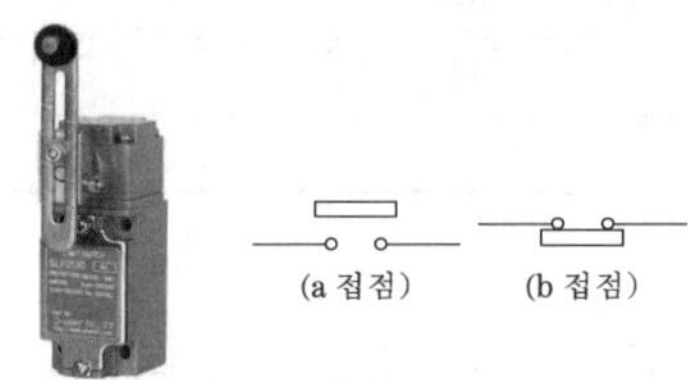

┃ 리밋스위치 ┃　　┃ 스위치 기호 ┃

★★

50 에스컬레이터의 스텝구동장치에 대한 점검사항이 아닌 것은?

① 링크 및 핀의 마모 상태
② 핸드레일 가드 마모 상태
③ 구동체인의 늘어짐 상태
④ 스프로킷의 이의 마모 상태

해설 구동장치 보수점검사항

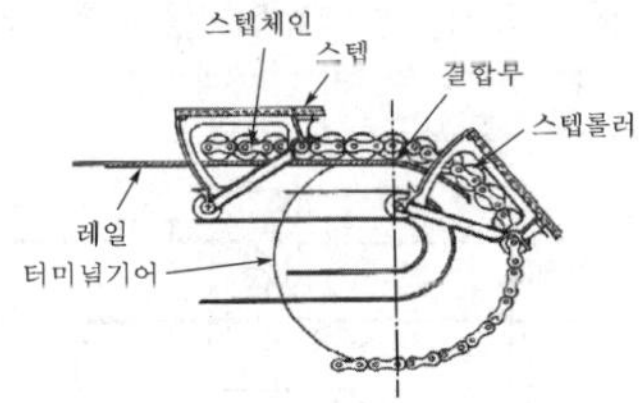

┃ 스텝체인의 구동 ┃

㉠ 진동, 소음의 유무
㉡ 운전의 원활성
㉢ 구동장치의 취부 상태
㉣ 각부 볼트 및 너트의 이완 여부
㉤ 기어케이스 등의 표면 균열 여부 및 누유 여부
㉥ 브레이크의 작동 상태
㉦ 구동체인의 늘어짐 및 녹의 발생 여부
㉧ 각부의 주유 상태 및 윤활유의 부족 또는 변화 여부
㉨ 벨트 사용 시 벨트의 장력 및 마모 상태

★★

51 안전율의 정의로 옳은 것은?

① $\dfrac{\text{허용응력}}{\text{극한강도}}$　　② $\dfrac{\text{극한강도}}{\text{허용응력}}$

③ $\dfrac{\text{허용응력}}{\text{탄성한도}}$　　④ $\dfrac{\text{탄성한도}}{\text{허용응력}}$

해설 안전율(safety factor)

㉠ 제한하중보다 큰 하중을 사용할 가능성이나 재료의 고르지 못함, 제조공정에서 생기는 제품품질의 불균일, 사용 중의 마모·부식 때문에 약해지거나 설계 자료의 신뢰성에 대한 불안에 대비하여 사용하는 설계계수를 말한다.
㉡ 구조물의 안전을 유지하는 정도, 즉 파괴(극한)강도를 그 허용응력으로 나눈 값을 말한다.

★★

52 웜(worm)기어의 특징이 아닌 것은?

① 효율이 좋다.
② 부하용량이 크다.
③ 소음과 진동이 적다.
④ 큰 감속비를 얻을 수 있다.

해설 웜기어(worm gear)

┃ 웜과 웜기어 ┃

㉠ 장점
　• 부하용량이 크다.
　• 큰 감속비를 얻을 수 있다(1/10∼1/100).
　• 소음과 진동이 적다.
　• 감속비가 크면 역진방지를 할 수 있다.
㉡ 단점
　• 미끄럼이 크고 교환성이 없다.
　• 진입각이 작으면 효율이 낮다.
　• 웜휠은 연삭할 수 없다.
　• 추력이 발생한다.
　• 웜휠 제작에는 특수공구가 발생한다.
　• 가격이 고가이다.
　• 웜휠의 정도측정이 곤란하다.

★★★

53 감기거나 말려들기 쉬운 동력전달장치가 아닌 것은?

① 기어　　② 벤딩
③ 컨베이어　　④ 체인

해설 벤딩(bending)은 평평한 판재나 반듯한 봉, 관 등을 곡면이나 곡선으로 굽히는 작업이다.

★★★★

54 100V를 인가하여 전기량 30C을 이동시키는데 5초 걸렸다. 이때의 전력(kW)은?

① 0.3 　　　　② 0.6
③ 1.5 　　　　④ 3

해설 어떤 도체에 1C의 전기량이 두 점 사이를 이동하여 1J의 일을 했다면 1볼트(V)라고 한다.

$$W = V \cdot Q = 100 \times 30 = 3000\text{J}$$
$$P = \frac{W}{t} = \frac{3000}{5} = 600\text{W}$$

★★★

55 RLC 소자의 교류회로에 대한 설명 중 틀린 것은?

① R만의 회로에서 전압과 전류의 위상은 동상이다.
② L만의 회로에서 저항성분을 유도성 리액턴스 X_L이라 한다.
③ C만의 회로에서 전류는 전압보다 위상이 90° 앞선다.
④ 유도성 리액턴스 $X_L = 1/\omega L$이다.

해설 ㉠ 유도성 리액턴스(inductive reactance)
$$X_L = \omega L = 2\pi f L(\Omega)$$
㉡ 용량성 리액턴스(capacitive reactance)
$$X_C = \frac{1}{\omega C} = \frac{1}{2\pi f C}(\Omega)$$

★★★　12 출제

56 최대 눈금이 200V, 내부저항이 20000Ω인 직류 전압계가 있다. 이 전압계로 최대 600V까지 측정하려면 외부에 직렬로 접속할 저항은 몇 kΩ인가?

① 20
② 40
③ 60
④ 80

해설 배율기의 배율 $(n) = \dfrac{V}{V_R} = \dfrac{R_a + R}{R_a} = 1 + \dfrac{R}{R_a}$

$$\therefore R = (n-1) \cdot R_a = \left(\frac{600}{200} - 1\right) \times 20000 = 40 \times 10^3 [\Omega]$$

★★★

57 전기기기에서 E종 절연의 최고 허용온도는 몇 ℃ 인가?

① 90 　　　　② 105
③ 120 　　　　④ 130

해설 전기기기의 절연등급

절연의 종류	최고 허용온도
Y종	90℃
A종	105℃
E종	120℃
B종	130℃
F종	155℃
H종	180℃
C종	180℃ 초과

★★

58 아크용접기의 감전방지를 위해서 부착하는 것은?

① 자동전격방지장치
② 중성점접지장치
③ 과전류계전장치
④ 리밋스위치

해설 자동전격방지장치

교류 아크용접기는 용접작업 중에는 30V 정도의 낮은 전압이 사용되어 감전의 위험이 없으나, 무부하 시에는 약 70~90V의 높은 전압이 2차측 홀더와 어스에 걸려 작업자에 대한 위험성이 높다. 따라서 무부하전압을 1.5초 이내에 25V 이하가 되도록 교류 아크용접기에 감전방지용 안전장치인 자동전격방지장치를 설치한다. 아크용접작업 중에는 용접용 변압기를 통하여 아크용 낮은 전압이 공급되고, 아크용접을 잠시 중단한 상태에서는 전격방지장치를 통하여 낮은 전압을 공급하는 원리이다.

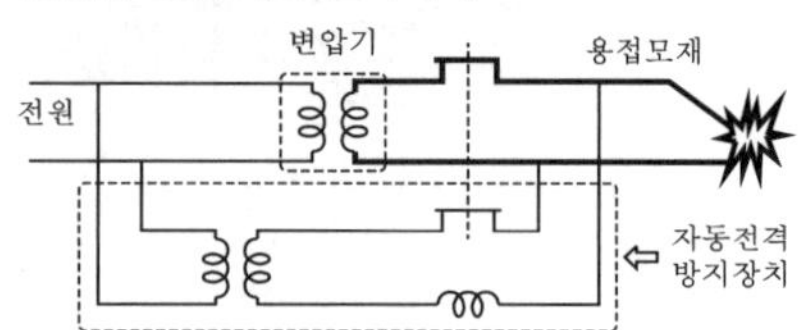

59 배선용 차단기의 기호(약호)는?

① S
② DS
③ THR
④ MCCB

해설 배선용 차단기(Molded Case Circuit Breaker)

저압 옥내 전로의 보호를 위하여 사용한다. 개폐기구, 트립 장치 등을 절연물의 용기 내에 조립한 것으로 통전 상태의 전로를 수동 또는 전기 조작에 의하여 개폐가 가능하고 과부하, 단락사고 시 자동으로 전로를 차단하는 기구이다.

★★

60 제어계에 사용하는 비접촉식 입력요소로만 짝지어진 것으로 옳은 것은?

① 근접스위치, 광전스위치
② 누름버튼스위치, 광전스위치
③ 근접스위치, 리밋스위치
④ 리밋스위치, 광전스위치

해설 비접촉식 입력요소

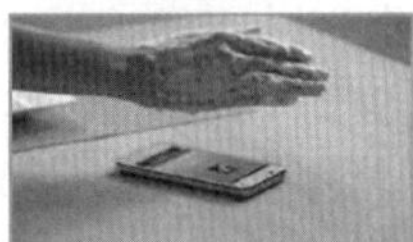

❙ 근접스위치의 기능 ❙　　❙ 근접스위치의 위치 ❙

❙ 광전스위치 ❙　　❙ 광전스위치의 원리 ❙

㉠ 근접스위치(proximity sensor) : 검출 대상 물체가 검출면 가까이 근접했을 때 검출신호를 출력하는 비접촉식 센서로서, 검출 물체의 전자유도현상을 이용한 고주파 발진형 근접센서와 검출 물체와 대지 간의 정전용량 변화를 이용한 정전용량 근접센서로 나누어 지며, 반도체 소자를 이용한 반영구적인 수명으로 산업 자동화 현장에서 광범위하게 사용된다.

㉡ 광전스위치(photoelectric switch) : 투광부와 수광부 사이의 광로를 물체가 차단하거나, 빛의 일부를 반사함으로써 광량의 변화를 광전 변환소자에 의하여 전기량으로 변환시키고, 스위치를 동작시켜 물체의 유무, 위치, 상태의 변화 등을 검출하는 스위치이며, 근접스위치와 같이 피검출체가 금속일 필요는 없다.

※ 본 문제는 수험생들의 협조에 의해 작성되었으며, 시험내용과 일부 다를 수 있습니다.

01 ★★ 전기식 엘리베이터의 속도에 의한 분류방식 중 고속 엘리베이터의 기준은?

① 2m/s 이상   ② 2m/s 초과
③ 3m/s 이상   ④ 4m/s 초과

해설 속도에 의한 분류방식
㉠ 고속 엘리베이터는 초당 4m를 초과하는 승강기
㉡ 초당 4m는 1분(60초)에 240m/min

02 ★★★ 로프의 미끄러짐 현상을 줄이는 방법으로 틀린 것은?

① 권부각을 크게 한다.
② 카 자중을 가볍게 한다.
③ 가감속도를 완만하게 한다.
④ 균형체인이나 균형로프를 설치한다.

해설 로프식 방식에서 미끄러짐(매우 위험함)을 결정하는 요소

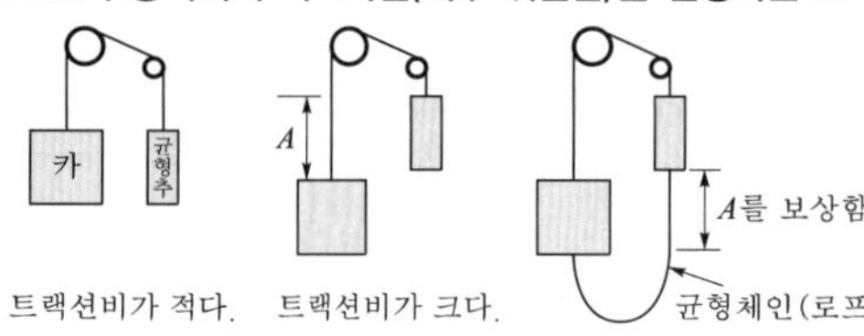

구분	원인
로프가 감기는 각도(권부각)	작을수록 미끄러지기 쉽다.
카의 가속도와 감속도	클수록 미끄러지기 쉽다(긴급정지 시 일어나는 미끄러짐을 고려해야 함).
카측과 균형추측의 로프에 걸리는 중량의 비	클수록 미끄러지기 쉽다(무부하 시를 체크할 필요가 있음).
로프와 도르래의 마찰계수	U형의 홈은 마찰계수가 낮으므로 일반적으로 홈의 밑을 도려낸 언더컷홈으로 마찰계수를 올린다. 마모와 마찰계수를 고려하여 도르래 재료는 주물을 사용한다.

03 ★★★★★ 승객용 엘리베이터의 제동기는 승차감을 저해하지 않고 로프 슬립을 일으킬 수 있는 위험을 방지하기 위하여 감속도를 어느 정도로 하고 있는가?

① 0.1G   ② 0.2G
③ 0.3G   ④ 0.4G

해설 감속도
㉠ 제동 중에 있어서 엘리베이터 속도의 저하율. 순간적인 감속도를 가리키는 경우와 제동 중의 평균적인 감속도를 가리키는 경우 평균 감속도라고 한다.
㉡ 0.1G 이하이어야 한다.

04 ★★★ 와이어로프 클립(wire rope clip)의 체결방법으로 가장 적합한 것은?

①    ② 
③    ④ 

해설 클립 체결법
㉠ 클립 체결 시 주의사항
- 클립의 새들은 로프의 힘이 걸리는 쪽에 있을 것
- 클립 수량과 간격은 로프 직경의 6배 이상, 수량은 최소 4개 이상일 것
- 하중을 걸기 전후에 단단하게 조여 줄 것
- 가능한 팀블(thimble)을 부착할 것
- 남은 부분은 강제 고정구를 사용하여 고정
- 팀블 접합부가 이탈되지 않도록 할 것

㉡ 클립 체결방법

1단계 클립(clip) 1번 가체결

2단계 팀블(thimble) 쪽 클립(clip) 체결

3단계 팀블(thimble) 쪽에서 두세 번째 클립 체결

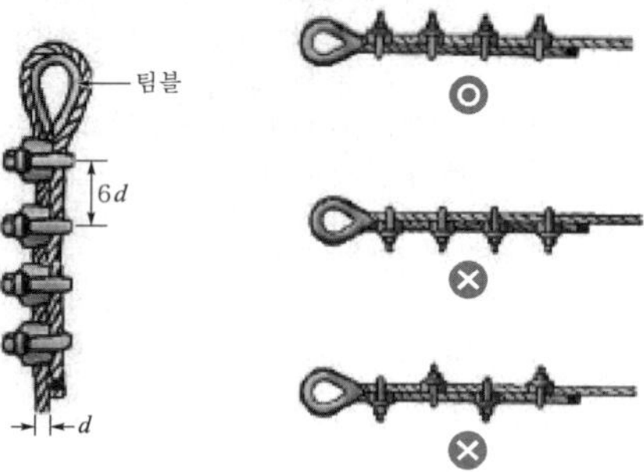

‖ 클립 체결 예 ‖

정답 01. ④ 02. ② 03. ① 04. ②

★★★★★

05 다음 중 가이드레일의 사용목적으로 틀린 것은 어느 것인가?

① 집중하중 작용 시 수평하중을 유지
② 추락방지안전장치 작동 시 수직하중을 유지
③ 카와 균형추의 승강로 평면 내의 위치 규제
④ 카의 자중이나 화물에 의한 카의 기울어짐 방지

해설 가이드레일(guide rail)의 적용요소

㉠ 추락방지안전장치 작동 시 긴 기둥 형태인 레일이 휘어지지 않아야 한다.
㉡ 지진 시 빌딩의 수평 진동에 따라 카나 균형추가 흔들리고 그때 레일이 가이드 슈 사이에서 이탈 혹은 한도의 가속도까지에는 벗어나지 않는지를 점검한다.
㉢ 카에 불평형의 큰 하중이 적재될 경우에 큰 회전모멘트를 지탱할 수 있는지 점검한다.

★★★

06 엘리베이터의 트랙션 머신에서 시브풀리의 홈 마모 상태를 표시하는 길이 H는 몇 mm 이하로 하여야 하는가?

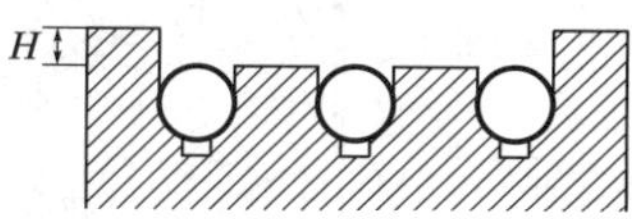

① 0.5　　　　② 2
③ 3.5　　　　④ 5

해설 도르래 마모 한계

도르래는 심한 마모가 없어야 한다. 권상기 도르래홈의 언더컷의 잔여량은 1mm 이상이어야 하고, 권상기 도르래에 감긴 주로프 가닥끼리의 높이차 또는 언더컷 잔여량의 차이는 2mm 이내이어야 한다.

★★★★★

07 엘리베이터의 속도가 규정치 이상이 되었을 때 작동하여 동력을 차단하고 비상정지를 작동시키는 기계장치는?

① 구동기　　　　② 과속조절기
③ 완충기　　　　④ 도어스위치

해설 과속조절기(governor)

㉠ 과속조절기풀리와 카를 과속조절기로프로 연결하면, 카가 움직일 때 과속조절기풀리도 카와 같은 속도, 같은 방향으로 움직인다.
㉡ 어떤 비정상적인 원인으로 카의 속도가 빨라지면 과속조절기링크에 연결된 무게추(weight)가 원심력에 의해 풀리 바깥쪽으로 벗어나면서 과속을 감지한다.

㉢ 미리 설정된 속도에서 과속스위치와 제동기(brake)로 카를 정지시킨다.
㉣ 만약 엘리베이터가 정지하지 않고 속도가 계속 증가하면 과속조절기의 캐치(catch)가 동작하여 과속조절기로프를 붙잡고 결국은 추락방지안전장치를 작동시켜서 엘리베이터를 정지시킨다.

★★★★★

08 레일의 규격을 나타낸 그림이다. 빈칸 ⓐ, ⓑ에 맞는 것은 몇 kg인가?

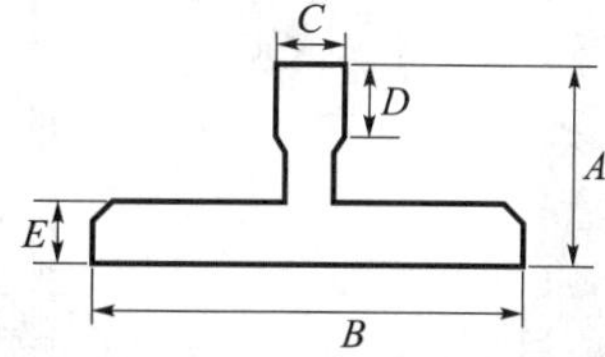

공칭 mm	8kg	ⓐ	18kg	ⓑ	30kg
A	56	62	89	89	108
B	78	89	114	127	140
C	10	16	16	16	19
D	26	32	38	50	51
E	6	7	8	12	13

① ⓐ 10, ⓑ 26
② ⓐ 12, ⓑ 22
③ ⓐ 13, ⓑ 24
④ ⓐ 15, ⓑ 27

해설 가이드레일(guide rail)

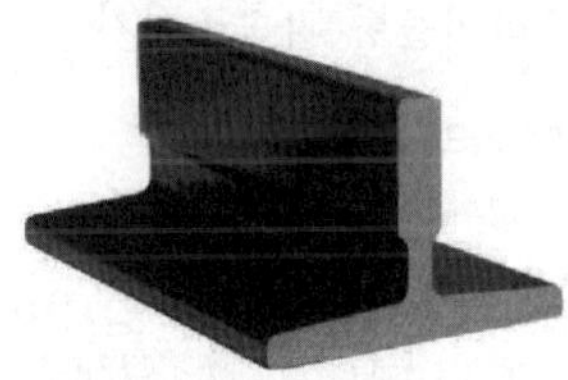

㉠ 엘리베이터의 카(car)나 균형추의 승강을 가이드하기 위해 승강로 안에 수직으로 설치한 레일로 T자형을 많이 사용한다.
㉡ 가이드레일의 규격
　• 레일 규격의 호칭은 마무리 가공 전 소재의 1m당의 중량으로 한다.
　• 일반적으로 쓰는 T형 레일의 공칭은 8, 13, 18, 24K 등이다.
　• 대용량의 엘리베이터에서는 37, 50K 레일 등도 사용한다.
　• 레일의 표준길이는 5m로 한다.

★★★

09 유입완충기의 부품이 아닌 것은?

① 완충고무
② 플런저
③ 스프링
④ 유량조절밸브

해설 **유입완충기**

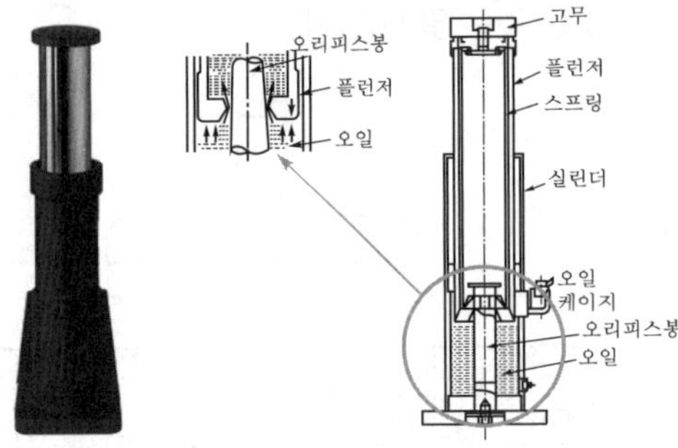

자동차의 충격흡수장치와 같은 원리로, 오리피스에서 기름의 유출량을 점진적으로 감소시켜서 충격을 흡수하는 구조이다. 카 또는 균형추가 유입완충기에 충돌했을 때의 완충작용은 플런저의 하강에 따라 실린더 내의 기름이 좁은 오리피스 틈새를 통과할 때에 생기는 유체저항에 의하여 주어진다.

★★★

10 과속조절기의 종류가 아닌 것은?

① 롤 세이프티형 과속조절기
② 디스크형 과속조절기
③ 플렉시블형 과속조절기
④ 플라이볼형 과속조절기

해설 **과속조절기의 종류**

㉠ 마찰정치(traction)형(롤 세이프티 형) : 엘리베이터가 과속된 경우, 과속스위치가 이를 검출하여 동력 전원회로를 차단하고, 전자브레이크를 작동시켜서 과속조절기도르래의 회전이 정지하면 과속조절기도르래홈과 로프 사이의 마찰력으로 비상정지시키는 과속조절기이다.
㉡ 디스크(disk)형 : 엘리베이터가 설정된 속도에 달하면 원심력에 의해 진자가 움직이고 과속스위치를 작동시켜서 정지시키는 과속조절기로서, 디스크형 과속조절기에는 추(weight)형 캐치(catch)에 의해 로프를 붙잡아 추락방지안전장치를 작동시키는 추형 방식과 도르래홈과 로프의 마찰력으로 슈를 동작시켜 로프를 붙잡음으로써 추락방지안전장치를 작동시키는 슈(shoe)형 방식이 있다.
㉢ 플라이볼(fly ball)형 : 과속조절기도르래의 회전을 베벨기어에 의해 수직축의 회전으로 변환하고, 이 축의 상부에서부터 링크(link) 기구에 의해 매달린 구형의 진자에 작용하는 원심력으로 작동한다. 검출 정도가 높아 고속의 엘리베이터에 이용된다.

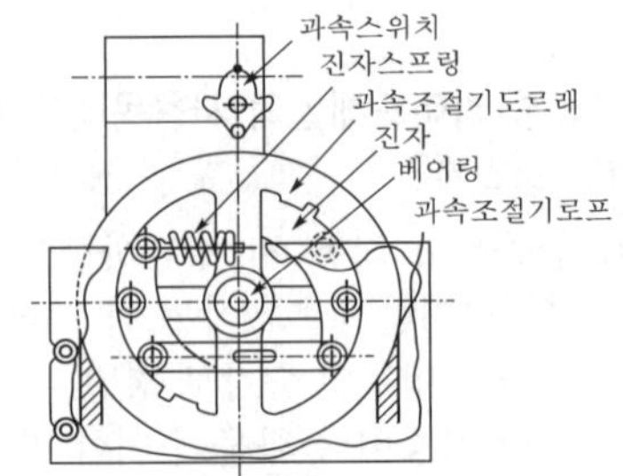

‖ 마찰정치(롤 세이프티)형 과속조절기 ‖

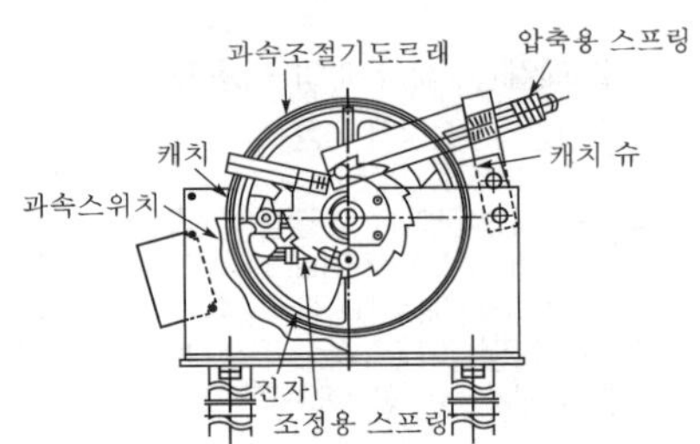

‖ 디스크 슈형 과속조절기 ‖

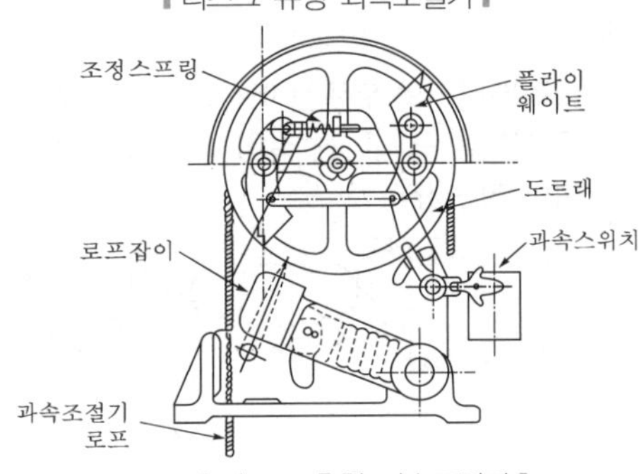

‖ 디스크 추형 과속조절기 ‖

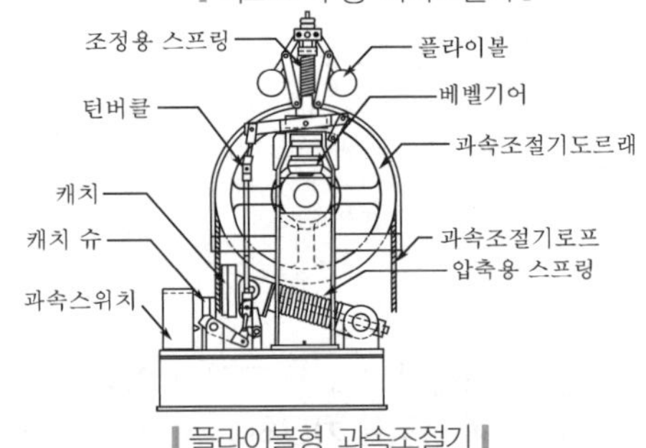

‖ 플라이볼형 과속조절기 ‖

★★★★

11 승강기에 균형체인을 설치하는 목적은?

① 균형추의 낙하 방지를 위하여
② 주행 중 카의 진동과 소음을 방지하기 위하여
③ 카의 무게 중심을 위하여
④ 이동케이블과 로프의 이동에 따라 변화되는 무게를 보상하기 위하여

해설 **로프식 방식에서 미끄러짐(매우 위험함)을 결정하는 요소**

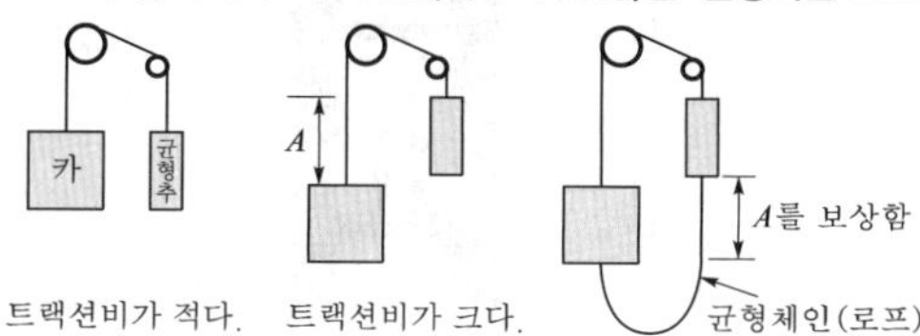

로프식 엘리베이터의 승강행정이 길어지면 로프가 어느 쪽(카측, 균형추측)에 있느냐에 따라 트랙션비는 커져 와이어로프의 수명 및 전동기 용량 등에 문제가 발생한다. 이런 문제를 해결하기 위해 카 하부에서 균형추의 하부로 주 로프와 비슷한 단위중량의 균형체인을 사용하여 90% 정도의 보상을 하지만, 고층용 엘리베이터의 경우 균형(보상)체인은 소음이 발생하므로 엘리베이터의 속도가 120m/min 이상에는 균형(보상)로프를 사용한다.

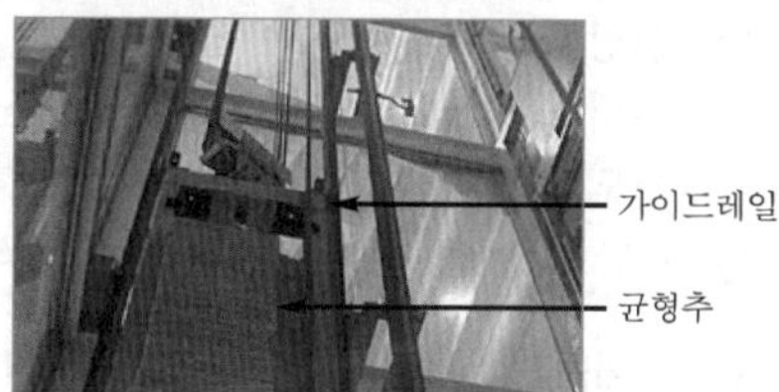

★★

12 승강기의 트랙션비를 설명한 것 중 옳지 않은 것은?

① 카측 로프가 매달고 있는 중량과 균형추측 로프가 매달고 있는 중량의 비율
② 트랙션비를 낮게 선택해도 로프의 수명과는 전혀 관계가 없다.
③ 카측과 균형추측에 매달리는 중량의 차를 적게 하면 권상기의 전동기 출력을 적게 할 수 있다.
④ 트랙션비는 1.0 이상의 값이 된다.

해설 **견인비(traction ratio)**

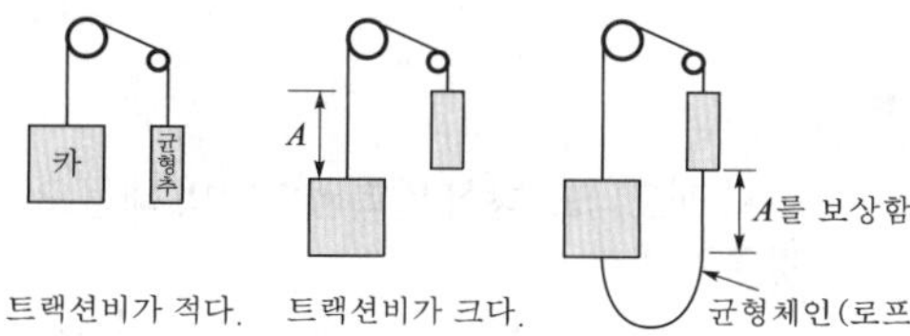

㉠ 카측 로프가 매달고 있는 중량과 균형추 로프가 매달고 있는 중량의 비를 트랙션비라 하고, 무부하와 전부하 상태에서 체크한다.
㉡ 견인비가 낮게 선택되면 로프와 도르래 사이의 트랙션 능력, 즉 마찰력이 작아도 되며, 로프의 수명이 연장된다.

★★

13 다음 중 도어시스템의 종류가 아닌 것은?

① 2짝문 상하열기방식
② 2짝문 가로열기(2S)방식
③ 2짝문 중앙열기(CO)방식
④ 가로열기와 상하열기 겸용방식

해설 **승강장 도어 분류**

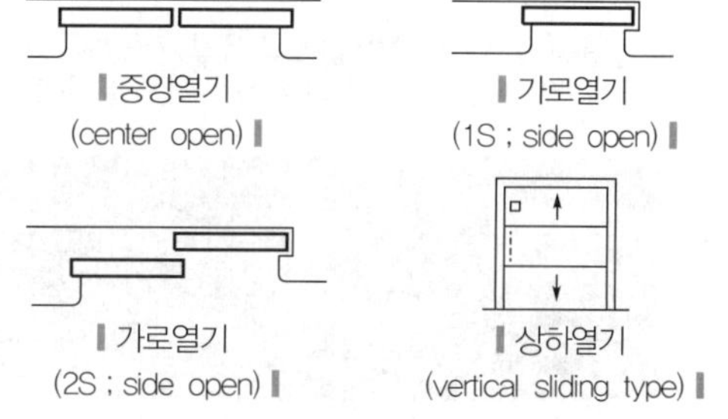

㉠ 중앙열기방식 : 1CO, 2CO(센터오픈 방식, Center Open)
㉡ 가로열기방식 : 1S, 2S, 3S(사이드오픈 방식, Side open)
㉢ 상하열기방식
  • 2매, 3매 업(up)슬라이딩 방식 : 자동차용이나 대형화물용 엘리베이터에서는 카 실을 완전히 개구할 필요가 있기 때문에 상승개폐(2up, 3up)도어를 많이 사용
  • 2매, 3매 상하열림(up, down) 방식
㉣ 여닫이 방식
  • 1매 스윙, 2매 스윙(swing type) 짝문 열기
  • 여닫이(스윙) 도어 : 한쪽 스윙도어, 2짝 스윙도어

★★★★

14 도어 인터록 장치의 구조로 가장 옳은 것은?

① 도어스위치가 확실히 걸린 후 도어 인터록이 들어가야 한다.
② 도어스위치가 확실히 열린 후 도어 인터록이 들어가야 한다.
③ 도어록 장치가 확실히 걸린 후 도어스위치가 들어가야 한다.
④ 도어록 장치가 확실히 열린 후 도어스위치가 들어가야 한다.

해설 **도어 인터록(door interlock) 및 클로저(closer)**

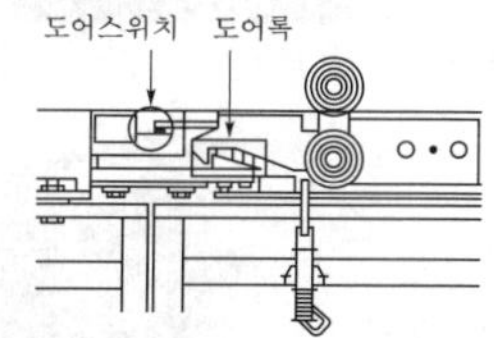

㉠ 도어 인터록(door interlock)
  • 카가 정지하지 않는 층의 도어는 전용열쇠를 사용하지 않으면 열리지 않는 도어록과 도어가 닫혀 있지 않으면 운전이 불가능하도록 하는 도어스위치로 구성된다.

정답 **12.** ② **13.** ④ **14.** ③

- 닫힘동작 시는 도어록이 먼저 걸린 상태에서 도어스위치가 들어가고 열림동작 시는 도어스위치가 끊어진 후 도어록이 열리는 구조(직렬)이며, 엘리베이터의 안전장치 중에서 승강장의 도어 안전장치로 가장 중요하다.
ⓒ 도어 클로저(door closer)
- 승강장의 문이 열린 상태에서 모든 제약이 해제되면 자동적으로 닫히게 하여 문의 개방 상태에서 생기는 2차 재해를 방지하는 문의 안전장치이며, 전기적인 힘이 없어도 외부 문을 닫아주는 역할을 한다.
- 스프링 클로저 방식 : 레버시스템, 코일스프링과 도어체크가 조합된 방식
- 웨이트(weight) 방식 : 줄과 추를 사용하여 도어체크(문이 자동으로 천천히 닫히게 하는 장치)를 생략한 방식

‖ 스프링 클로저 ‖　　　‖ 웨이트 클로저 ‖

★★

15 카 이동 시 마찰저항을 최소화하고 레일에 녹 발생을 방지하기 위한 기름통은 어디에 위치해야 하는가?

① 레일 상부
② 중간 스톱퍼
③ 카의 상하좌우
④ 카 상부프레임 중간

해설 급유기(lubricator oiler)

㉠ 엘리베이터에서 가이드레일에 윤활유를 도포하는 장치로 오일러라고도 한다.
㉡ 레일은 항상 잘 급유되는 것이 중요하지만, 지나친 급유는 낭비이며, 카 운행 시 튀어서 레일 주변 및 피트를 더럽히게 되므로 과다 급유는 피할 것
㉢ 가이드 슈가 슬라이딩형인 경우, 카의 상하좌우에 설치된다.

‖ 각종 급유기 ‖

‖ 슬라이딩 가이드 슈 ‖　　　‖ 롤러형 가이드 슈 ‖

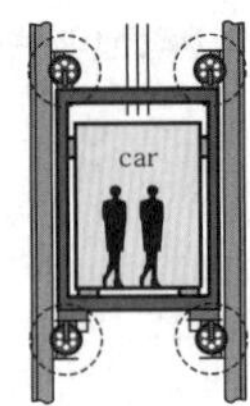

‖ 가이드 슈 설치 위치 ‖

★★★

16 VVVF(Variable Voltage Variable Frequency) 제어의 설명으로 옳지 않은 것은?

① 전동기는 직류전동기가 사용된다.
② 전압과 주파수를 동시에 제어할 수 있다.
③ 컨버터(converter)와 인버터(inverter)로 구성되어 있다.
④ PAM 제어방식과 PWM 제어방식이 있다.

해설 VVVF(가변전압 가변주파수) 제어방식의 원리

㉠ 유도전동기에 인가되는 전압과 주파수를 동시에 변환시켜 직류전동기와 동등한 제어성능을 얻을 수 있는 방식이다.
㉡ 직류전동기를 사용하고 있던 고속 엘리베이터에도 유도전동기를 적용하여 보수가 용이하고, 전력회생을 통해 에너지가 절약된다.
㉢ 중·저속 엘리베이터(궤환제어)에서는 승차감과 성능이 크게 향상되고 저속영역에서 손실을 줄여 소비전력이 약 반으로 줄어든다.
㉣ 3상의 교류는 컨버터로 일단 DC전원으로 변환하고 인버터로 재차 가변전압 및 가변주파수의 3상 교류로 변환하여 전동기에 공급된다.
㉤ 교류에서 직류로 변경되는 컨버터에는 사이리스터가 사용되고, 직류에서 교류로 변경하는 인버터에는 트랜지스터가 사용된다.
㉥ 컨버터 제어방식을 PAM(Pulse Amplitude Modulation), 인버터 제어방식을 PWM(Pulse Width Modulation)시스템이라고 한다.

★★★

17 정지 레오나드 방식 엘리베이터의 내용으로 틀린 것은?

① 워드 레오나드 방식에 비하여 손실이 적다.
② 워드 레오나드 방식에 비하여 유지보수가 어렵다.
③ 사이리스터를 사용하여 교류를 직류로 변환한다.
④ 모터의 속도는 사이리스터의 점호각을 바꾸어 제어한다.

해설 정지 레오나드(static leonard) 방식

㉠ 사이리스터(thyristor)를 사용하여 교류를 직류로 변환시킴과 동시에 점호각을 제어하여 직류 전압을 제어하는 방식으로 고속 엘리베이터에 적용된다.

㉡ 워드 레오나드 방식보다 교류에서 직류로의 변환 손실이 적고, 보수가 쉽다.

★★

18 비상용 승강기는 화재발생 시 화재진압용으로 사용하기 위하여 고층빌딩에 많이 설치하고 있다. 비상용 승강기에 반드시 갖추지 않아도 되는 조건은?

① 비상용 소화기
② 예비전원
③ 전용 승강장 이외의 부분과 방화구획
④ 비상운전 표시등

해설 비상용 엘리베이터

㉠ 환경·건축물 요건
- 비상용 엘리베이터는 다음 조건에 따라 정확하게 운전되도록 설계되어야 한다.
  - 전기·전자적 조작 장치 및 표시기는 구조물에 요구되는 기간 동안(2시간 이상) 0℃에서 65℃까지의 주위 온도 범위에서 작동될 때 카가 위치한 곳을 감지할 수 있도록 기능이 지속되어야 한다.
  - 방화구획 된 로비가 아닌 곳에서 비상용 엘리베이터의 모든 다른 전기·전자 부품은 0℃에서 40℃까지의 주위 온도 범위에서 정확하게 기능하도록 설계되어야 한다.
  - 엘리베이터 제어의 정확한 기능은 건축물에 요구되는 기간 동안(2시간 이상) 연기가 가득 찬 승강로 및 기계실에서 보장되어야 한다.
- 방화 목적으로 사용된 각 승강장 출입구에는 방화구획된 로비가 있어야 한다.
- 비상용 엘리베이터에 2개의 카 출입구가 있는 경우, 소방관이 사용하지 않은 비상용 엘리베이터의 승강장 문은 65℃를 초과하는 온도에 노출되지 않도록 보호되어야 한다.
- 보조 전원공급장치는 방화구획 된 장소에 설치되어야 한다.
- 비상용 엘리베이터의 주 전원공급과 보조 전원공급의 전선은 방화구획 되어야 하고 서로 구분되어야 하며, 다른 전원공급장치와도 구분되어야 한다.

㉡ 기본 요건
- 비상용 엘리베이터는 소방운전 시 모든 승강장의 출입구마다 정지할 수 있어야 한다.
- 비상용 엘리베이터의 크기는 630kg의 정격하중을 갖는 폭 1100mm, 깊이 1400mm 이상이어야 하며, 출입구 유효폭은 800mm 이상이어야 한다.
- 침대 등을 수용하거나 2개의 출입구로 설계된 경우 또는 피난용도로 의도된 경우, 정격하중은 1000kg 이상이어야 하고 카의 면적은 폭 1100mm, 깊이 2100mm 이상이어야 한다.
- 소방관이 조작하여 엘리베이터 문이 닫힌 이후부터 60초 이내에 가장 먼 층에 도착하여야 된다. 다만, 운행속도는 1m/s 이상이어야 한다.

★★★

19 작동유의 압력맥동을 흡수하여 진동, 소음을 감소시키는 것은?

① 펌프
② 필터
③ 사이렌서
④ 역류제지밸브

해설 유압회로의 구성요소

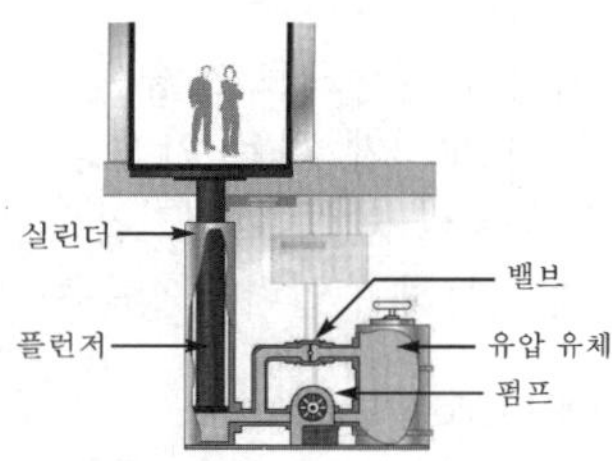

‖ 유압식 엘리베이터 작동원리 ‖

㉠ 펌프(pump) : 압력작용을 이용하여 관을 통해 유체를 수송하는 기계이다.

㉡ 필터(filter) : 실린더에 쇳가루나 이물질이 들어가는 것을 방지(실린더 손상 방지)하기 위해 설치하며, 펌프의 흡입측에 부착하는 것을 스트레이너라 하고, 배관 중간에 부착하는 것을 라인필터라 한다.

㉢ 사이렌서(silencer) : 펌프나 유량제어밸브 등에서 발생하는 압력맥동(작동유의 압력이 일정하지 않아 카의 주행이 매끄럽지 못하고 튀는 현상)에 의한 진동, 소음을 흡수하기 위하여 사용한다.

㉣ 역류제지밸브(check valve) : 한쪽 방향으로만 기름이 흐르도록 하는 밸브로서 상승방향으로는 흐르지만 역방향으로는 흐르지 않는다. 이것은 정전이나 그 이외의 원인으로 펌프의 토출압력이 떨어져서 실린더의 기름이 역류하여 카가 자유낙하하는 것을 방지하는 역할을 하는 것으로 로프식 엘리베이터의 전자브레이크와 유사하다.

★★

20 유압식 엘리베이터의 동력전달 방법에 따른 종류가 아닌 것은?

① 스크루식
② 직접식
③ 간접식
④ 팬터그래프식

해설 유압식 엘리베이터의 종류

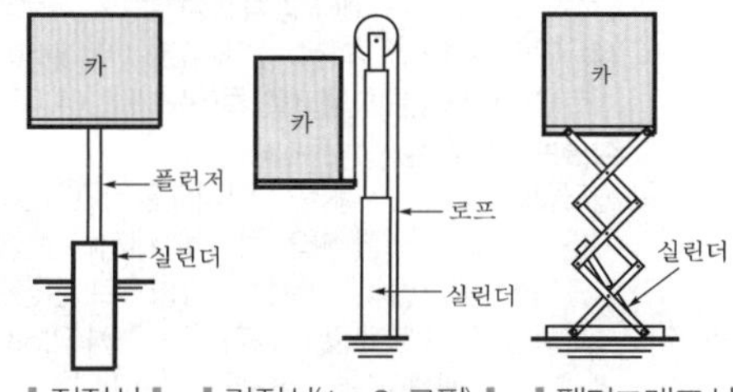

‖ 직접식 ‖　‖ 간접식(1 : 2 로핑) ‖　‖ 팬터그래프식 ‖

정답 18. ① 19. ③ 20. ①

21 유압승강기에 사용되는 안전밸브의 설명으로 옳은 것은?

① 승강기의 속도를 자동으로 조절하는 역할을 한다.
② 압력배관이 파열되었을 때 작동하여 카의 낙하를 방지한다.
③ 카가 최상층으로 상승할 때 더 이상 상승하지 못하게 하는 안전장치이다.
④ 작동유의 압력이 정격압력 이상이 되었을 때 작동하여 압력이 상승하지 않도록 한다.

해설 안전밸브(safety valve)
압력조정밸브로 회로의 압력이 상용압력의 125% 이상 높아지면 바이패스(bypass)회로를 열어 기름을 탱크로 돌려보내어 더 이상의 압력 상승을 방지한다.

22 파워유닛을 보수ㆍ점검 또는 수리할 때 사용하면 불필요한 작동유의 유출을 방지할 수 있는 벨브는?

① 사이런스
② 체크밸브
③ 스톱밸브
④ 릴리프밸브

해설 유압회로의 밸브
㉠ 체크밸브(non-return valve) : 한쪽 방향으로만 기름이 흐르도록 하는 밸브로서 상승방향으로는 흐르지만 역방향으로는 흐르지 않는다. 이것은 정전이나 그 이외의 원인으로 펌프의 토출압력이 떨어져서 실린더의 기름이 역류하여 카가 자유낙하하는 것을 방지하는 역할을 하는 것으로 로프식 엘리베이터의 전자브레이크와 유사하다.
㉡ 스톱밸브(stop valve) : 실린더에 체크밸브와 하강밸브를 연결하는 회로에 설치되며, 이것을 닫으면 실린더의 기름이 파워유닛으로 역류하는 것을 방지한다. 유압장치의 보수, 점검 또는 수리 등을 할 때에 사용되며, 일명 게이트밸브라고도 한다.
㉢ 안전밸브(relief valve) : 압력조정밸브로 회로의 압력이 상용압력의 125% 이상 높아지면 바이패스(by-pass)회로를 열어 기름을 탱크로 돌려보내어 더 이상의 압력 상승을 방지한다.
㉣ 럽처밸브(rupture valve) : 압력배관이 파손되었을 때 기름의 누설에 의한 카의 하강을 제지하는 장치. 밸브 양단의 압력이 떨어져 설정한 방향으로 설정한 유량이 초과하는 경우에, 유량이 증가하는 것에 의하여 자동으로 회로를 폐쇄하도록 설계한 밸브이다.

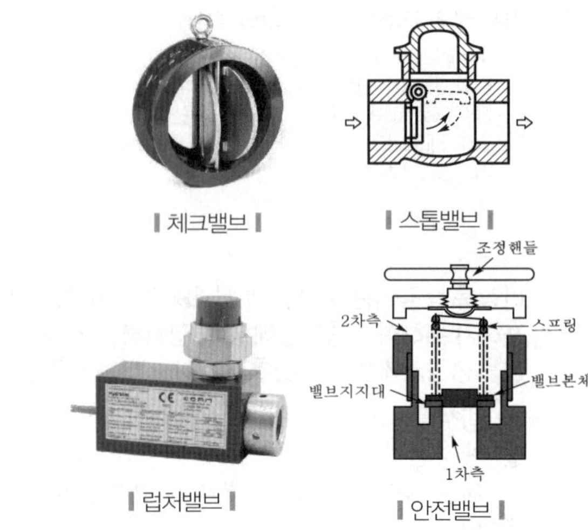

23 다음 중 유압승강기의 안전장치에 대한 설명으로 올바르지 않은 것은?

① 작동유 온도검출스위치는 기름탱크의 온도 규정치 80℃를 초과하면 이를 감지하여 카 운행을 중지시키는 장치이다.
② 플런저 리밋스위치는 플런저의 상한 행정을 제한하는 안전장치이다.
③ 플런저 리밋스위치 작동 시 상승방향의 전력을 차단하며, 반대방향으로 주행이 가능하도록 회로가 구성되어야 한다.
④ 전동기 공전방지장치는 타이머에 설정된 시간을 초과하면 전동기를 정지시키는 장치이다.

해설 기름 냉각기(oil cooler)
유압식 엘리베이터는 운전에 따라서 작동유의 온도가 상승하기 때문에 적재하중이 큰 엘리베이터나 운전 빈도가 높은 것에서는 작동유를 냉각하는 장치인 기름 냉각기를 필요로 하며, 냉각방식에는 공랭식과 수랭식이 있다. 유압식 엘리베이터는 저온의 경우 작동유의 점도가 높아져 유압펌프의 효율이 떨어지고 고온이 되면 기름의 열화를 빠르게 하는 등 온도에 대한 영향을 받기 쉽다. 그래서 기름의 온도가 5~60℃의 범위가 되도록 유지하기 위한 장치의 설치가 필요하다.

24 다음 중 에스컬레이터의 종류를 수송 능력별로 구분한 형태로 옳은 것은?

① 1200형과 900형　② 1200형과 800형
③ 900형과 800형　④ 800형과 600형

해설 에스컬레이터(escalator)의 난간폭에 의한 분류

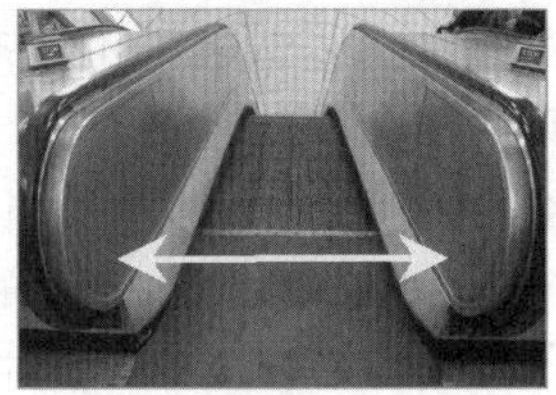

▌난간폭▐

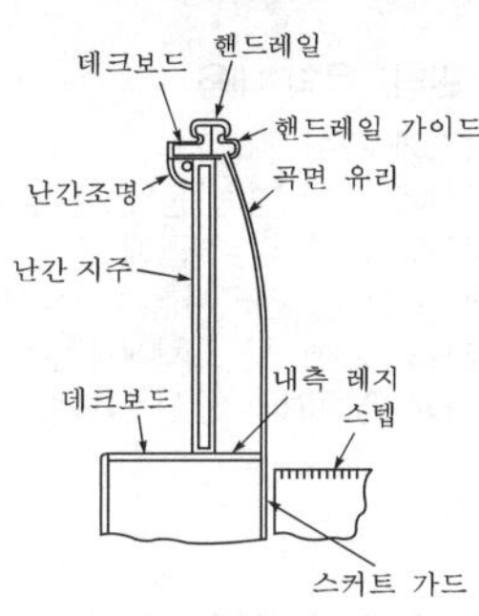

▌난간의 구조▐

㉠ 난간폭 1200형 : 수송능력 9000명/h
㉡ 난간폭 800형 : 수송능력 6000명/h

★★
25 승강기 완성검사 시 에스컬레이터의 공칭속도가 0.5m/s인 경우 제동기의 정지거리는 몇 m이어야 하는가?

① 0.20m에서 1.00m 사이
② 0.30m에서 1.30m 사이
③ 0.40m에서 1.50m 사이
④ 0.55m에서 1.70m 사이

해설 에스컬레이터의 정지거리

무부하 상태의 에스컬레이터 및 하강 방향으로 움직이는 제동부하 상태의 에스컬레이터에 대한 정지거리는 다음과 같다.

공칭속도	정지거리
0.50m/s	0.20m에서 1.00m 사이
0.65m/s	0.30m에서 1.30m 사이
0.75m/s	0.40m에서 1.50m 사이

㉠ 공칭속도 사이에 있는 속도의 정지거리는 보간법으로 결정되어야 한다.
㉡ 정지거리는 전기적 정지장치가 작동된 시간부터 측정되어야 한다.
㉢ 운행방향에서 하강방향으로 움직이는 에스컬레이터에서 측정된 감속도는 브레이크 시스템이 작동하는 동안 $1m^2/s$ 이하이어야 한다.

★★
26 스텝체인 절단 검출장치의 점검항목이 아닌 것은?

① 검출스위치의 동작 여부
② 검출스위치 및 캠의 취부 상태
③ 암, 레버장치의 취부 상태
④ 종동장치 텐션스프링의 올바른지 여부

해설 스텝체인 절단 검출장치 점검방법

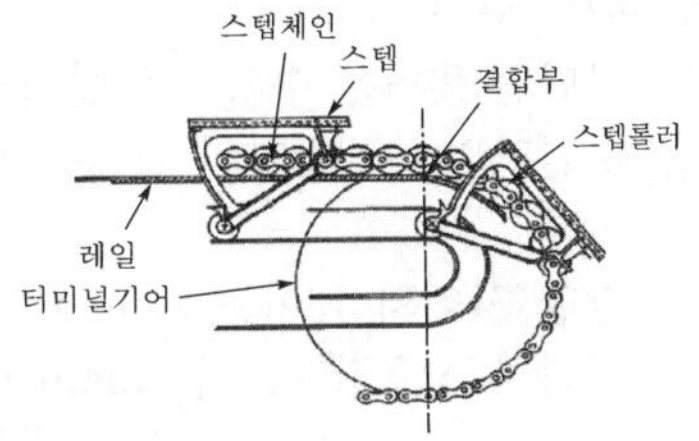

▌스텝체인의 구동▐

㉠ 검출스위치 및 관련 장치의 작동 상태를 점검하여 조정하거나 수리 또는 교체한다.
㉡ 검출스위치 및 관련 장치 등의 취부 상태를 점검하고 각종 볼트가 바로 채워져 있는지 확인하여 조여 준다.
㉢ 검출스위치용 배선 상태, 단자의 취부 상태, 파손 여부 등을 점검하여 수리하거나 교체한다.
㉣ 하부에 있는 스텝체인 장력장치는 올바르게 작동될 수 있는가 확인하고 장력스프링은 적절하게 조정한다.

★★★
27 다음 중 카 내에 갇힌 사람이 외부와 연락할 수 있는 장치는?

① 차임벨   ② 인터폰
③ 위치표시램프   ④ 리밋스위치

해설 인터폰(interphone)

㉠ 고장, 정전 및 화재 등의 비상 시에 카 내부와 외부의 상호 연락을 할 때에 이용된다.
㉡ 전원은 정상전원뿐만 아니라 비상전원장치(충전 배터리)에도 연결되어 있어야 한다.
㉢ 엘리베이터의 카 내부와 기계실, 경비실 또는 건물의 중앙감시반과 통화가 가능하여야 하며, 보수전문회사와 원거리 통화가 가능한 것도 있다.

★★
28 정전으로 인하여 카가 정지될 때 점검자에 의해 주로 사용되는 밸브는?

① 하강용 유량제어밸브
② 스톱밸브
③ 릴리프밸브
④ 체크밸브

해설 하강용 유량제어밸브

유압식 엘리베이터의 하강 시 탱크로 되돌아오는 유량을 제어하는 밸브로서 수동하강밸브가 부착되어 있어 정전이나 기타의 원인으로 카가 층 중간에 정지된 경우라도 이 밸브를 열어 카를 안전하게 하강시킬 수가 있다.

29 에스컬레이터의 계단(디딤판)에 대한 설명 중 옳지 않은 것은?

① 디딤판 윗면은 수평으로 설치되어야 한다.
② 디딤판의 주행방향의 길이는 400mm 이상이다.
③ 발판 사이의 높이는 215mm 이하이다.
④ 디딤판 상호간 틈새는 8mm 이하이다.

해설 ㉠ 스텝과 스텝 또는 팔레트와 팔레트 사이의 틈새

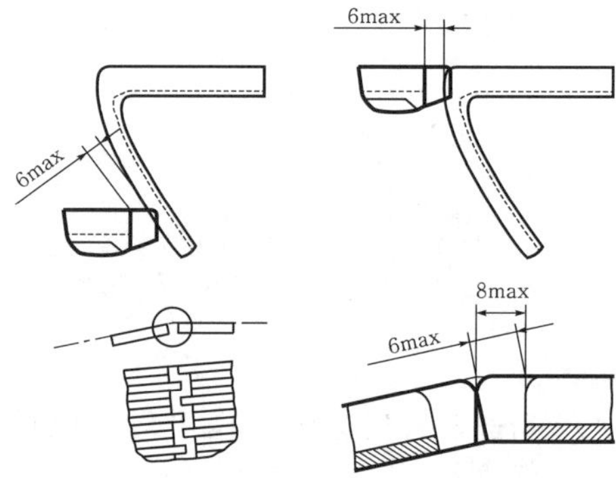

- 트레드 표면에서 측정된 이용 가능한 모든 위치의 연속되는 2개의 스텝 또는 팔레트 사이의 틈새는 6mm 이하이어야 한다.
- 팔레트의 맞물리는 전면 끝부분과 후면 끝부분이 있는 무빙워크의 변환 곡선부에서는 이 틈새가 8mm까지 증가되는 것은 허용된다.

㉡ 에스컬레이터 및 무빙워크의 치수

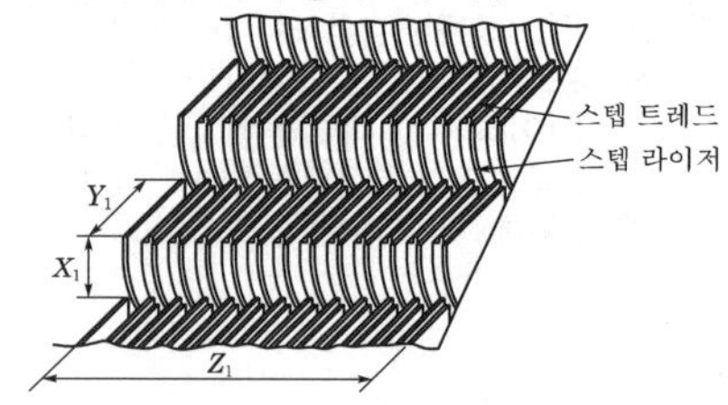

- 공칭폭 Z_1은 0.58m 이상, 1.1m 이하이어야 한다. 경사도가 6° 이하인 무빙워크의 폭은 1.65m까지 허용된다.
- 스텝 높이 X_1은 0.24m 이하이어야 한다.
- 스텝 깊이 Y_1은 0.38m 이상이어야 한다.

30 엘리베이터의 소유자나 안전(운행)관리자에 대한 교육내용이 아닌 것은?

① 엘리베이터에 관한 일반지식
② 엘리베이터에 관한 법령 등의 지식
③ 엘리베이터의 운행 및 취급에 관한 지식
④ 엘리베이터의 구입 및 가격에 관한 지식

해설 승강기 관리교육의 내용

㉠ 승강기에 관한 일반지식
㉡ 승강기에 관한 법령 등에 관한 사항
㉢ 승강기의 운행 및 취급에 관한 사항
㉣ 화재, 고장 등 긴급사항 발생 시 조치에 관한 사항
㉤ 인명사고 발생 시 조치에 관한 사항
㉥ 그 밖에 승강기의 안전운행에 필요한 사항

31 카 내에 승객이 갇혔을 때의 조치할 내용 중 부적절한 것은?

① 우선 인터폰을 통해 승객을 안심시킨다.
② 카의 위치를 확인한다.
③ 층 중간에 정지하여 구출이 어려운 경우에는 기계실에서 정지층에 위치하도록 권상기를 수동으로 조작한다.
④ 반드시 카 상부의 비상구출구를 통해서 구출한다.

해설 승객이 갇힌 경우의 대응요령

㉠ 엘리베이터 내와 인터폰을 통하여 갇힌 승객에게 엘리베이터 내에는 외부와 공기가 통하고 있으므로 질식하거나, 엘리베이터가 떨어질 염려가 없음을 알려 승객을 안심시킨다.
㉡ 구출할 때까지 문을 열거나 탈출을 시도하지 말 것을 당부한다.
㉢ 엘리베이터의 위치를 확인
- 감시반의 위치표시기
- 승강장의 위치표시기
- 위치표시기에 나타난 층으로 가서 실제로 엘리베이터가 그 층에 있는지 확인
- 정전 시에는 위치표시기가 꺼져 있으므로 실제로 확인하여야 함
- 또한 위치표시기에 나타난 층과 실제로 정지되어 있는 층이 다를 수도 있으므로 주의
㉣ 컴퓨터제어방식인 경우 엘리베이터 주전원을 껐다가 다시 켜서 CPU를 리셋(reset)시킨다(경미한 고장인 경우에는 CPU의 리셋으로 정상동작하는 경우가 대부분).
㉤ 전원을 차단한다.
㉥ 엘리베이터가 있는 층에서 승강장 도어 키를 이용하여 승강장도어를 반쯤 열고 엘리베이터가 있음을 확인한다.
㉦ 카 도어가 열려있지 않으면 카 도어를 손으로 연다.

정답 29. ④ 30. ④ 31. ④

◎ 카의 하부에 빈 공간이 있는 경우에는 구출 시 승객이 승강로로 추락할 염려가 있으므로 반드시 승객의 손을 잡고 구출하여야 한다(구출작업 시 시스템의 불안전상태의 엘리베이터가 도어가 열려 있어도 움직이는 경우가 있어 사고의 위험이 있으므로 반드시 전원을 차단한 상태에서 구출작업을 하여야 함).

㉱ 층간에 걸려서 구출하기 어려운 경우 2차 사고의 위험이 있으므로 전문인력(설치업체직원 등) 외에는 실시하지 않는다. 위 ㉠~㉭항 실시 후 엘리베이터의 기계실로 올라간다.

- 엘리베이터가 정지할 수 있는 가장 가까운 승강장의 도어 존에 위치하도록 권상기를 수동으로 조작한다. 이 작업은 반드시 2명 이상의 훈련된 인원이 실시하여야 한다.
- 엘리베이터의 착상 위치는 주로프 또는 과속조절기 로프에 표시가 되어 있으므로 그 위치에서 정지시킨다.
- 해당 승강장에 있는 구조자가 승객을 안전하게 구출한다(수동핸들을 사용하여 카를 움직이는 것은 사고의 위험이 있으므로 가능한한 유지관리업체에서 도착하기를 기다리는 것이 바람직함).

㉲ 권상기의 수동조작으로 승강장의 착상 위치에 도착하도록 한다(이 작업은 위험을 동반하기 때문에 충분한 기술훈련으로 경험을 쌓은 자가 실시하여야 함).

★

32 화재 시 조치사항에 대한 설명 중 틀린 것은?

① 비상용 엘리베이터는 소화활동 등 목적에 맞게 동작시킨다.
② 빌딩 내에서 화재가 발생할 경우 반드시 엘리베이터를 이용해 비상탈출을 시켜야 한다.
③ 승강로에서의 화재 시 전선이나 레일의 윤활유가 탈 때 발생되는 매연에 질식되지 않도록 주의한다.
④ 기계실에서의 화재 시 카 내의 승객과 연락을 취하면서 주전원 스위지를 차단한다.

해설 화재발생 시 피난을 위해 엘리베이터를 이용하면 화재층에서 열리거나 정전으로 멈추어 엘리베이터에 갇히는 경우 승강로 자체가 굴뚝 역할을 하여 질식할 우려가 있기 때문에 계단으로 탈출을 유도하고 있다. 하지만 건축물이 초고층화되는 상황에서 임신부와 노년층, 영유아 등 계단을 통해 신속하게 이동할 수 없는 조건에 있는 사람들은 승강기를 이용하는 것이 신속한 탈출을 돕는 수단일 수도 있다.

★★

33 추락 대책 수립의 기본방향에서 인적 측면에서의 안전대책과 관련이 없는 것은?

① 작업지휘자를 지명하여 집단작업을 통제한다.
② 작업의 방법과 순서를 명확히 하여 작업자에게 주지시킨다.
③ 작업자의 능력과 체력을 감안하여 적정한 배치를 한다.
④ 작업대와 통로 주변에는 보호대를 설치한다.

해설 **재해발생원인**

물적인 것과 인적인 것이 있으며, 인적 원인이란 안전관리에 있어서 인적인 관리 결함, 심리적 결함, 생리적인 결함 등에 의거해서 재해가 발생했을 때를 말한다. 이러한 것이 원인으로 전체 재해의 75~80%를 차지한다. 작업대와 통로 주변의 보호대 설치는 물적 측면이다.

★★★★

34 재해분석 내용 중 불안전한 행동이라고 볼 수 없는 것은?

① 지시 외의 작업
② 안전장치 무효화
③ 신호 불일치
④ 복명 복창

해설 관리감독자가 올바른 작업지시를 했다면 재해를 방지할 수 있었던 사례가 매우 많았기 때문에 위험예지를 포함한 정확한 작업지시를 한다면 재해를 미리 방지할 수 있다. 위험예지 활동은 현장에서 작업조장을 중심으로 단시간에 실시해야 하고, 위험예지 사항(지시, 확인 사항 등)이 발견되면 이를 원포인트로 지적·확인(복창)하고 실시 결과 역시 원포인트로 복명한다.

★

35 재해의 직접 원인 중 작업환경의 결함에 해당되는 것은?

① 위험장소 접근
② 작업순서의 잘못
③ 과다한 소음 발산
④ 기술적, 육체적 무리

해설 **작업환경**

일반적으로 근로자를 둘러싸고 있는 환경을 말하며, 작업환경의 조건은 작업장의 온도, 습도, 기류 등 건물의 설비 상태, 작업장에서 발생하는 분진, 유해방사선, 가스, 증기, 소음 등이 있다.

정답 32. ② 33. ④ 34. ④ 35. ③

36 다음 중 산업재해예방의 기본 원칙에 속하지 않는 것은?

① 원인규명의 원칙 ② 대책선정의 원칙
③ 손실우연의 원칙 ④ 원인연계의 원칙

해설 재해(사고)예방의 4원칙

㉠ 손실우연의 원칙
  • 재해손실은 사고발생 조건에 따라 달라지므로, 우연에 의해 재해손실이 결정됨
  • 따라서, 우연에 의해 좌우되는 재해손실 방지보다는 사고발생 자체를 방지해야 함
㉡ 예방가능의 원칙
  • 천재를 제외한 모든 인재는 예방이 가능함
  • 사고발생 후 조치보다 사고의 발생을 미연에 방지하는 것이 중요함
㉢ 원인연계의 원칙
  • 사고와 손실은 우연이지만, 사고와 원인은 필연임
  • 재해는 반드시 원인이 있음
㉣ 대책선정의 원칙
  • 재해원인은 제각각이므로 정확히 규명하여 대책을 선정하여야 함
  • 재해예방의 대책은 3E(Engineering, Education, Enforcement)가 모두 적용되어야 효과를 거둠

37 어떤 일정 기간을 두고서 행하는 안전점검은?

① 특별점검 ② 정기점검
③ 임시점검 ④ 수시점검

해설 안전점검의 종류

㉠ 정기점검 : 일정 기간마다 정기적으로 실시하는 점검을 말하며, 매주, 매월, 매분기 등 법적 기준에 맞도록 또는 자체 기준에 따라 해당 책임자가 실시하는 점검이다.
㉡ 수시점검(일상점검) : 매일 작업 전, 작업 중, 작업 후에 일상적으로 실시하는 점검을 말하며, 작업자, 작업책임자, 관리감독자가 행하는 사업주의 순찰도 넓은 의미에서 포함된다.
㉢ 특별점검 : 기계기구 또는 설비의 신설·변경 또는 고장·수리 등으로 비정기적인 특정점검을 말하며 기술책임자가 행한다.
㉣ 임시점검 : 기계기구 또는 설비의 이상발견 시에 임시로 실시하는 점검을 말하며, 정기점검 실시 후 다음 정기점검일 이전에 임시로 실시하는 점검

38 기계안전의 기본원칙 중 가장 효율적인 것은?

① 안전장치 ② 방호조치
③ 자동화   ④ 개인보호구

해설 정밀작업이 가능하고, 위험요소 배제 등이 가장 효율적인 기계안전의 기본원칙은 자동화이다.

39 다음 중 전기재해에 해당되는 것은?

① 동상 ② 협착
③ 전도 ④ 감전

해설 재해 발생 형태별 분류

㉠ 추락 : 사람이 건축물, 비계, 기계, 사다리, 계단 등에서 떨어지는 것
㉡ 충돌 : 사람이 물체에 접촉하여 맞부딪침 또는 정지물에 부딪힌 경우
㉢ 전도 : 사람이 평면상으로 넘어졌을 때를 말함(과속, 미끄러짐 포함)
㉣ 낙하, 비래 : 물건이 주체가 되어 사람이 맞은 경우
㉤ 협착 : 물건에 끼인 상태, 말려든 상태
㉥ 감전 : 전기 접촉이나 방전에 의해 사람이 충격을 받은 경우
㉦ 동상 : 추위에 노출된 신체 부위의 조직이 어는 증상

40 무빙워크 이용자의 주의표시를 위한 표시판 또는 표지 내에 표시되는 내용이 아닌 것은?

① 손잡이를 꼭 잡으세요.
② 카트는 탑재하지 마세요.
③ 걷거나 뛰지 마세요.
④ 안전선 안에 서 주세요.

해설 에스컬레이터 또는 무빙워크의 출입구 근처의 주의표시

구분		기준규격(mm)	색상
최소 크기		80×100	–
바탕		–	흰색
	원	40×40	–
	바탕	–	황색
	사선	–	적색
	도안	–	흑색
⚠		10×10	녹색(안전), 황색(위험)
안전, 위험		10×10	흑색
주의 문구	대	19pt	흑색
	소	14pt	적색

★★

41 과속조절기로프의 공칭직경은 몇 mm 이상이어야 하는가?

① 5　　　　　② 6
③ 7　　　　　④ 8

해설 **과속조절기로프**

ⓐ 과속조절기로프의 최소 파단하중은 과속조절기가 작동될 때 권상 형식의 과속조절기에 대해 8 이상의 안전율로 과속조절기로프에 생성되는 인장력에 관계되어야 한다.
ⓑ 과속조절기로프의 공칭직경은 6mm 이상이어야 한다.
ⓒ 과속조절기로프 풀리의 피치직경과 과속조절기로프의 공칭직경 사이의 비는 30 이상이어야 한다.
ⓓ 과속조절기로프 및 관련 부속부품은 추락방지안전장치가 작동하는 동안 제동거리가 정상적일 때보다 더 길더라도 손상되지 않아야 한다.
ⓔ 과속조절기로프는 추락방지안전장치로부터 쉽게 분리될 수 있어야 한다.

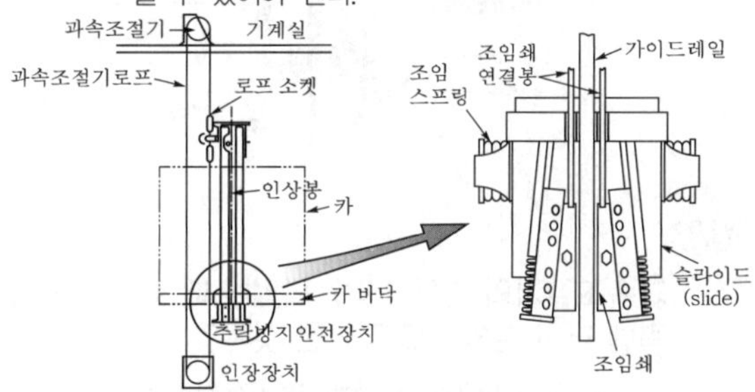

▍과속조절기와 추락방지안전장치의 연결 모습 ▍

★★

42 카 위의 비상구출구가 개방되었을 때 발생되는 현상 중 옳은 것은?

① 주행 중에 비상구출구가 개방되어도 계속 운전한다.
② 비상구출구가 개방되면 카는 언제든지 중단되는 구조이다.
③ 비상구출구가 개방되면 카 내에 조명이 꺼진다.
④ 비상구출구 개방 유무에 관계없이 운행에 영향을 주지 않는다.

해설 **비상구출문의 조작**

ⓐ 비상구출문은 손으로 조작 가능한 잠금장치가 있어야 한다.
ⓑ 카 천장에 설치된 비상구출문은 열쇠 등을 사용하지 않고 카 외부에서 간단한 조작으로 열 수 있어야 하고 카 내부에서는 규정된 열쇠를 사용하지 않으면 열 수 없는 구조이어야 한다. 카 천장에 설치된 비상구출문은 카 내부 방향으로 열리지 않아야 한다.
카 천장에 설치된 비상구출문이 완전히 열렸을 때 카 천장의 가장자리를 넘어 돌출되지 않아야 한다.

ⓒ 카 벽에 설치된 비상구출문은 열쇠 등을 사용하지 않고 카 외부에서 간단한 조작으로 열 수 있어야 하고 카 내부에서는 규정된 열쇠를 사용하지 않으면 열 수 없는 구조이어야 한다. 카 벽에 설치된 비상구출문은 카 외부 방향으로 열리지 않아야 하며 균형추나 평형추의 주행로 또는 카에서 다른 카로 이동하는 것을 방해하는 고정된 장애물(카를 분리하는 중간 빔은 제외)의 전방에 설치되지 않아야 한다.
ⓓ 위 ⓐ항에서 규정된 잠금 상태는 전기안전장치에 의해 확인되어야 한다. 이 장치의 잠금이 이뤄지지 않을 경우 엘리베이터를 정지시켜야 한다. 엘리베이터의 재운행은 잠금 상태가 다시 확인된 후에만 가능하여야 한다.

★★★★★

43 다음 중 에스컬레이터의 일반구조에 대한 설명으로 틀린 것은?

① 일반적으로 경사도는 30도 이하로 하여야 한다.
② 핸드레일의 속도가 디딤바닥과 동일한 속도를 유지하도록 한다.
③ 디딤바닥의 정격속도는 0.5m/s 이상이어야 한다.
④ 물건이 에스컬레이터의 각 부분에 끼이거나 부딪치는 일이 없도록 안전한 구조이어야 한다.

해설 **에스컬레이터의 일반구조**

ⓐ 에스컬레이터 및 무빙워크의 경사도
 • 에스컬레이터의 경사도는 30°를 초과하지 않아야 한다. 다만, 높이가 6m 이하이고 공칭속도가 0.5m/s 이하인 경우에는 경사도를 35°까지 증가시킬 수 있다.
 • 무빙워크의 경사도는 12° 이하이어야 한다.
ⓑ 핸드레일 시스템의 일반사항
 • 각 난간의 꼭대기에는 정상운행 조건하에서 스텝, 팔레트 또는 벨트의 실제 속도와 관련하여 동일 방향으로 −0%에서 +2%의 공차가 있는 속도로 움직이는 핸드레일이 설치되어야 한다.
 • 핸드레일은 정상운행 중 운행방향의 반대편에서 450N의 힘으로 당겨도 정지되지 않아야 한다.
 • 핸드레일 속도감시장치가 설치되어야 하고 에스컬레이터 또는 무빙워크가 운행하는 동안 핸드레일 속도가 15초 이상 동안 실제 속도보다 −15% 이상 차이가 발생하면 에스컬레이터 및 무빙워크를 정지시켜야 한다.

★★

44 전기식 엘리베이터 기계실의 구비조건으로 틀린 것은?

① 기계실의 크기는 작업구역에서의 유효높이가 2.5m 이상이어야 한다.
② 기계실에는 소요설비 이외의 것을 설치하거나 두어서는 안 된다.
③ 유지관리에 지장이 없도록 조명 및 환기시설은 승강기 검사기준에 적합하여야 한다.
④ 출입문은 외부인의 출입을 방지할 수 있도록 잠금장치를 설치하여야 한다.

정답 **41.** ②　**42.** ②　**43.** ③　**44.** ①

해설 기계실 치수

㉠ 기계실 크기는 설비, 특히 전기설비의 작업이 쉽고 안전하도록 충분하여야 한다. 작업구역에서 유효높이는 2m 이상이어야 하고 다음 사항에 적합하여야 한다.
- 제어패널 및 캐비닛 전면의 유효 수평면적은 아래와 같아야 한다.
  - 폭은 0.5m 또는 제어패널·캐비닛의 전체 폭 중에서 큰 값 이상
  - 깊이는 외함의 표면에서 측정하여 0.7m 이상

㉡ 수동 비상운전 수단이 필요하다면, 움직이는 부품의 유지보수 및 점검을 위한 유효 수평면적은 0.5m×0.6m 이상이어야 한다.

㉢ 위 ㉠항에서 기술된 유효공간으로 접근하는 통로의 폭은 0.5m 이상이어야 한다. 다만, 움직이는 부품이 없는 경우에는 0.4m로 줄일 수 있다. 이동을 위한 공간의 유효높이는 바닥에서부터 천장의 빔 하부까지 측정하여 1.8m 이상이어야 한다.

㉣ 구동기의 회전부품 위로 0.3m 이상의 유효 수직거리가 있어야 한다.

㉤ 기계실 바닥에 0.5m를 초과하는 단차가 있을 경우에는 보호난간이 있는 계단 또는 발판이 있어야 한다.

㉥ 기계실 작업구역의 바닥 또는 작업구역 간 이동 통로의 바닥에 폭이 0.05m 이상이고 0.5m 미만이며, 깊이가 0.05m를 초과하는 함몰이 있거나 덕트가 있는 경우, 그 함몰 부분 및 덕트는 방호되어야 한다. 폭이 0.5m를 초과하는 함몰은 위 ㉤항에 따른 단차로 고려되어야 한다.

★

45 기계실의 작업구역에서 유효높이는 몇 m 이상으로 하여야 하는가?

① 1.8 　　　　② 2
③ 2.5 　　　　④ 3

해설 기계실 치수

기계실 크기는 설비, 특히 전기설비의 작업이 쉽고 안전하도록 충분하여야 한다. 작업구역에서 유효높이는 2m 이상이어야 하고 다음 사항에 적합하여야 한다.

㉠ 제어패널 및 캐비닛 전면의 유효 수평면적은 아래와 같아야 한다.
- 폭은 0.5m 또는 제어패널·캐비닛의 전체 폭 중에서 큰 값 이상
- 깊이는 외함의 표면에서 측정하여 0.7m 이상

㉡ 수동 비상운전 수단이 필요하다면, 움직이는 부품의 유지보수 및 점검을 위한 유효 수평면적은 0.5m×0.6m 이상이어야 한다.

★★★

46 피트에 설치되지 않는 것은?

① 인장도르래 　　　② 과속조절기
③ 완충기 　　　　　④ 균형추

해설 기계실 없는 엘리베이터

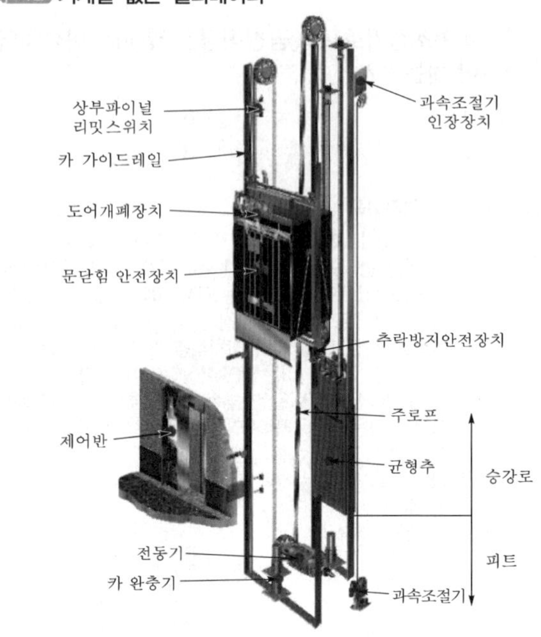

★

47 과속조절기의 캐치가 작동되었을 때 로프의 인장력에 대한 설명으로 적합한 것은?

① 300N 이상과 추락방지안전장치를 거는 데 필요한 힘의 1.5배를 비교하여 큰 값 이상
② 300N 이상과 추락방지안전장치를 거는 데 필요한 힘의 2배를 비교하여 큰 값 이상
③ 400N 이상과 추락방지안전장치를 거는 데 필요한 힘의 1.5배를 비교하여 큰 값 이상
④ 400N 이상과 추락방지안전장치를 거는 데 필요한 힘의 2배를 비교하여 큰 값 이상

해설 과속조절기

㉠ 균형추 또는 평형추 추락방지안전장치에 대한 과속조절기의 작동속도는 카 추락방지안전장치에 대한 작동속도보다 더 높아야 하나 그 속도는 10%를 넘게 초과하지 않아야 한다.
㉡ 과속조절기가 작동될 때, 과속조절기에 의해 생성되는 과속조절기 로프의 인장력은 다음 두 값 중 큰 값 이상이어야 한다.
- 최소한 추락방지안전장치가 물리는 데 필요한 값의 2배
- 300N
㉢ 과속조절기에는 추락방지안전장치의 작동과 일치하는 회전방향이 표시되어야 한다.

★

48 승강기 정밀안전검사 시 과부하방지장치의 작동치는 정격 적재하중의 몇 %를 권장치로 하는가?

① 95~100 　　　② 105~110
③ 115~120 　　　④ 125~130

해설 전기식 엘리베이터의 부하제어

㉠ 카에 과부하가 발생할 경우에는 재착상을 포함한 정상 운행을 방지하는 장치가 설치되어야 한다.
㉡ 과부하는 최소 65kg으로 계산하여 정격하중의 10%를 초과하기 전에 검출되어야 한다.
㉢ 엘리베이터의 주행 중에는 오동작을 방지하기 위하여 과부하감지장치의 작동이 무효화되어야 한다.
㉣ 과부하의 경우에는 다음과 같아야 한다.
• 가청이나 시각적인 신호에 의해 카 내 이용자에게 알려야 한다.
• 자동동력작동식 문은 완전히 개방되어야 한다.
• 수동작동식 문은 잠금 해제를 유지하여야 한다.
• 엘리베이터가 정상적으로 운행하는 중에 승강장문 또는 여러 문짝이 있는 승강장문의 어떤 문짝이 열린 경우에는 엘리베이터가 출발하거나 계속 움직일 가능성은 없어야 한다.

49 카 상부에 탑승하여 작업할 때 지켜야 할 사항으로 옳지 않은 것은?

① 정전스위치를 차단한다.
② 카 상부에 탑승하기 전 작업등을 점등한다.
③ 탑승 후에는 외부 문부터 닫는다.
④ 자동스위치를 점검 쪽으로 전환한 후 작업한다.

해설 카 상부 탑승

㉠ 승강기 보수점검 시에는 2인 1조로 작업을 실시한다.
㉡ 카 상부 작업자는 안전수칙을 준수하고 미끄러짐에 대비하여 보호장구(안전화, 안전대)를 착용한다.
㉢ 카를 탑승 층에 위치시킨 후 내부에 승객의 탑승 여부를 확인한다.
㉣ 바로 아래층의 버튼을 등록하여 탑승할 층과 아래층 사이에 위치했을 때 비상키를 사용하여 도어를 조금 열고 카를 정지시킨다.
㉤ 도어를 열어 카의 위치를 확인한 후 비상정지스위치를 오프(off) 상태로 전환한다.
㉥ 자동·수동 절환스위치를 수동 상태로 전환한다.
㉦ 작업등을 켜고 카 상부로 진입한다.
㉧ 카 위 보수점검자는 자동·수동 절환스위치의 조작을 반드시 승강장에 내린 후 실시한다.

50 에스컬레이터의 유지관리에 관한 설명으로 옳은 것은?

① 계단식 체인은 굴곡반경이 작으므로 피로와 마모가 크게 문제 시 된다.
② 계단식 체인은 주행속도가 크기 때문에 피로와 마모가 크게 문제 시 된다.
③ 구동체인은 속도, 전달동력 등을 고려할 때 마모는 발생하지 않는다.
④ 구동체인은 녹이 슬거나 마모가 발생하기 쉬우므로 주의해야 한다.

해설 구동장치 보수 점검사항

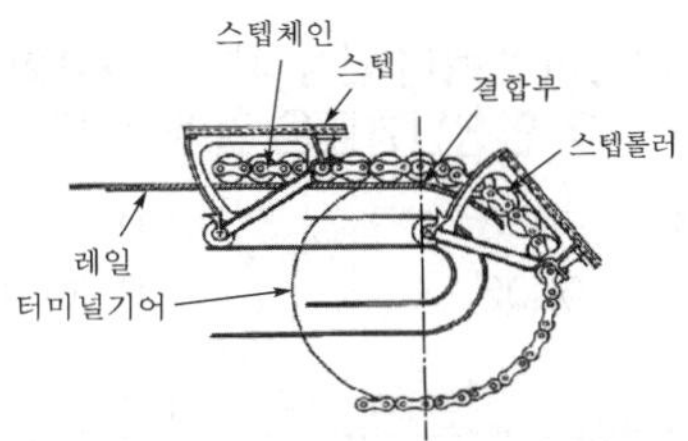

▮ 스텝체인의 구동 ▮

▮ 체인의 부식 ▮

㉠ 진동, 소음의 유무
㉡ 운전의 원활성
㉢ 구동장치의 취부 상태
㉣ 각부 볼트 및 너트의 이완 여부
㉤ 기어 케이스 등의 표면 균열 여부 및 누유 여부
㉥ 브레이크의 작동 상태
㉦ 구동체인의 늘어짐 및 녹의 발생 여부
㉧ 각부의 주유 상태 및 윤활유의 부족 또는 변화 여부
㉨ 벨트 사용 시 벨트의 장력 및 마모 상태

51 나사의 호칭이 M10일 때, 다음 설명 중 옳은 것은?

① 나사의 길이 10mm
② 나사의 반지름 10mm
③ 나사의 피치 1mm
④ 나사의 외경 10mm

해설 M10

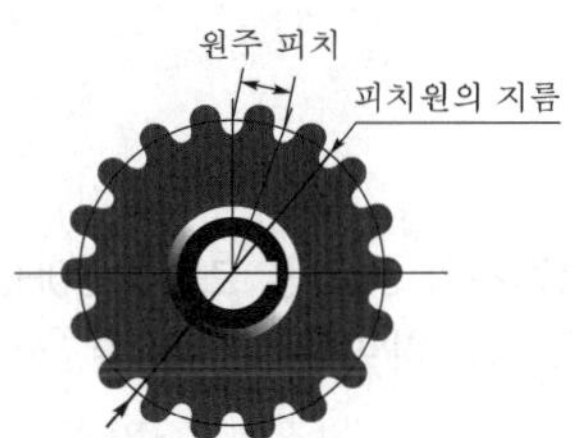

㉠ 호칭경은 수나사의 바깥지름(외경)의 굵기로 표시하며, 미터계 나사의 경우 지름 앞에 M자를 붙여 사용한다.
㉡ 피치란 나사산과 산의 거리를 말하며, 1회전 시 전진거리를 의미하기도 한다.

정답 49. ① 50. ④ 51. ④

★★

52 길이 1m의 봉이 인장력을 받아 0.2mm만큼 늘어난 경우 인장변형률은 얼마인가?

① 0.0005 ② 0.0004
③ 0.0002 ④ 0.0001

해설 인장변형률 $= \dfrac{\text{변형된 길이}}{\text{원래의 길이}} = \dfrac{0.2}{1000} = 0.0002$

★★★

53 회전운동을 직선운동, 왕복운동, 진동 등으로 변환하는 기구는?

① 링크기구
② 슬라이더
③ 캠
④ 크랭크

해설 **캠(cam)**

㉠ 캠은 회전운동을 상하좌우운동, 직선운동, 왕복운동, 진동 등으로 변환하는 장치
㉡ 평면 곡선을 이루는 캠 : 판캠, 홈캠, 확동캠, 직동캠 등
㉢ 입체적인 모양의 캠 : 단면캠, 원뿔캠, 경사판캠, 원통캠, 구면(球面)캠, 엔드캠 등

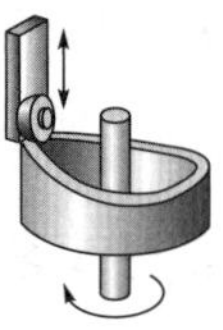
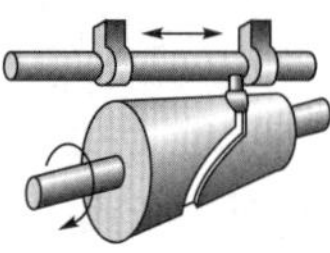
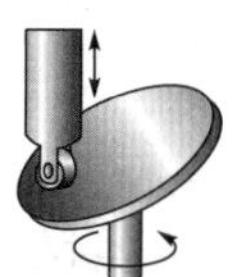

┃ 단면캠 ┃　　┃ 원뿔캠 ┃　　┃ 경사판캠 ┃

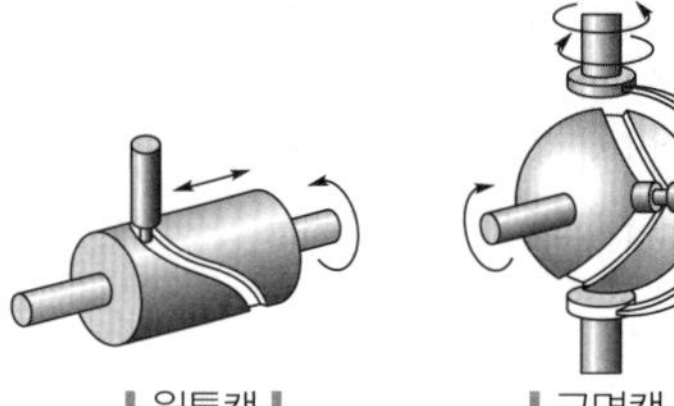

┃ 원통캠 ┃　　┃ 구면캠 ┃

★★★★

54 인덕턴스가 5mH인 코일에 50Hz의 교류를 사용할 때 유도리액턴스는 약 몇 Ω인가?

① 1.57 ② 2.50
③ 2.53 ④ 3.14

해설 **유도성 리액턴스**

$$X_L = \omega L = 2\pi f L\,(\Omega)$$
$$X_L = 2\pi f L = 2\pi \times 50 \times 5 \times 10^{-3} = 1.57\,\Omega$$

★★★

55 3Ω, 4Ω, 6Ω의 저항을 병렬접속할 때 합성저항은 몇 Ω인가?

① $\dfrac{1}{3}$ ② $\dfrac{4}{3}$
③ $\dfrac{5}{6}$ ④ $\dfrac{3}{4}$

해설 **병렬접속회로**

2개 이상인 저항의 양끝을 전원의 양극에 연결하여 회로의 전 전류가 각 저항에 나뉘어 흐르게 하는 접속으로, 각 저항 R_1, R_2, R_3에 흐르는 전압 V의 크기는 일정하다.

$$\begin{aligned}
\text{합성저항}(R) &= \dfrac{1}{\dfrac{1}{R_1} + \dfrac{1}{R_2} + \dfrac{1}{R_3}} \\
&= \dfrac{R_1 R_2 R_3}{R_1 R_2 + R_2 R_3 + R_3 R_1} \\
&= \dfrac{3 \times 4 \times 6}{3 \times 4 + 4 \times 6 + 6 \times 3} = \dfrac{4}{3}\,\Omega
\end{aligned}$$

★★★

56 플레밍의 왼손 법칙에서 엄지손가락의 방향은 무엇을 나타내는가?

① 자장 ② 전류
③ 힘 ④ 기전력

해설 **플레밍의 왼손 법칙**

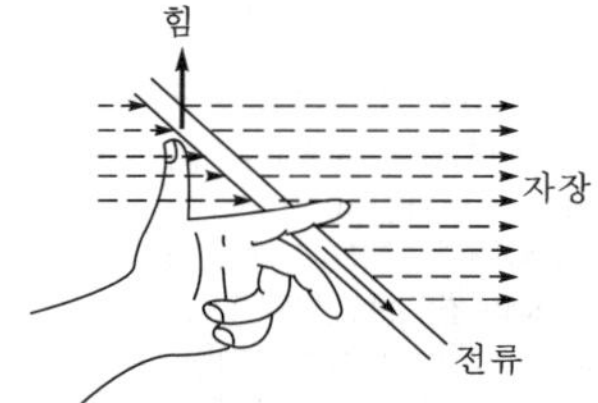

㉠ 자기장 내의 도선에 전류가 흐름 → 도선에 운동력 발생 (전기에너지 → 운동에너지) : 전동기
㉡ 집게 손가락(자장의 방향), 가운데손가락(전류의 방향), 엄지손가락(힘의 방향)

★★★

57 $Q(\text{C})$의 전하에서 나오는 전기력선의 총수는?

① Q ② εQ
③ $\dfrac{\varepsilon}{Q}$ ④ $\dfrac{Q}{\varepsilon}$

해설 **전장의 계산**

㉠ 가우스의 정리 : 임의의 폐곡면 내에 전체 전하량 $Q(\text{C})$이 있을 때 이 폐곡면을 통해서 나오는 전기력선의 총수는 $\dfrac{Q}{\varepsilon}$개다.

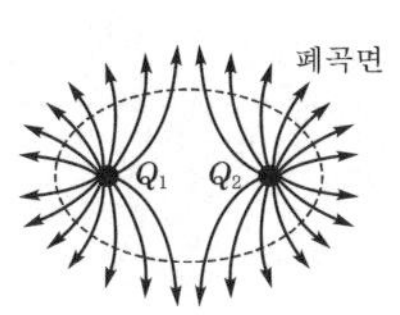

‖ 가우스의 정리 ‖

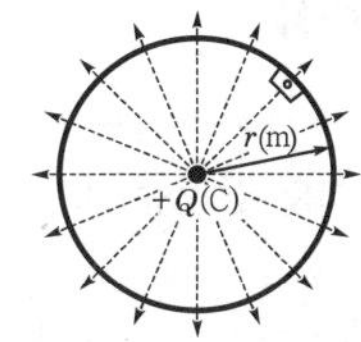

‖ 점전하에 의한 전장 ‖

ⓛ Q(C)의 점전하로부터 r(m) 떨어진 구면 위의 전장의 세기는 다음과 같다.

$$F = \frac{Q}{4\pi\varepsilon r^2} = \frac{Q}{4\pi\varepsilon_0\varepsilon_s r^2} \text{(V/m)}$$

ⓒ 1m²마다 E개의 전기력선이 지나가므로 구의 전 면적 $4\pi r^2$(m²)에서 전기력선의 총수 N은 다음과 같다.

$$N = 4\pi r^2 \times E = \frac{Q}{\varepsilon}$$

★★★

58 교류 엘리베이터의 전동기 특성으로 잘못된 것은?

① 기동전류가 적어야 한다.
② 고빈도로 단속 사용하는 데 적합한 것이어야 한다.
③ 회전부분의 관성 모멘트가 커야 한다.
④ 기동토크가 커야 한다.

해설 엘리베이터용 전동기에 요구되는 특성

㉠ 기동토크가 클 것
㉡ 기동전류가 작을 것
㉢ 소음이 적고, 저진동이어야 한다.
㉣ 기동빈도가 높으므로(시간당 300회) 발열(온도 상승)을 고려해야 한다.
㉤ 회전부분의 관성 모멘트(회전축을 중심으로 회전하는 물체가 계속해서 회전을 지속하려는 성질의 크기)가 적을 것(회전수의 오차는 +5∼-10%)
㉥ 충분한 제동력을 가질 것(회전력은 +100∼-70% 정도)

★

59 전동기에 설치되어 있는 THR은?

① 과전류 계전기
② 과전압 계전기
③ 열동 계전기
④ 역상 계전기

해설 ㉠ 과전류 계전기(Over Current Relay) : 전류의 크기가 일정치 이상으로 되었을 때 동작하는 계전기
㉡ 과전압 계전기(Over Voltage Relay) : 전압의 크기가 일정치 이상으로 되었을 때 동작하는 계전기
㉢ 열동 계전기(relay thermal) : 전동기 등의 과부하 보호용으로 사용되는 계전기
㉣ 역상 계전기(negative sequence relay) : 역상분 전압 또는 전류의 크기에 따라 작동하는 계전기

★★

60 승강기용 제어반에 사용되는 릴레이의 교체기준으로 부적합한 것은?

① 릴레이 접점표면에 부식이 심한 경우
② 릴레이 접점이 마모, 전이 및 열화된 경우
③ 채터링이 발생된 경우
④ 리밋스위치 레버가 심하게 손상된 경우

해설 리밋스위치와 전자계전기

㉠ 리밋스위치 요수리 및 긴급수리 항목
 • 스위치의 부착에 늘어짐이 있는 것
 • 스위치의 작동 위치가 적당하지 않은 것
 • 스위치의 기능을 상실한 것
 • 스위치 또는 그 부착부의 손상이 현저한 것
㉡ 전자계전기(electromagnetic relay) : 전자력에 의해 접점(a, b)을 개폐하는 기능을 가진 장치로서, 전자 코일에 전류가 흐르면 고정 철심이 전자석으로 되어 철편이 흡입되고, 가동접점은 고정접점에 접촉된다. 전자 코일에 전류가 흐르지 않아 고정철심이 전자력을 잃으면 가동접점은 스프링의 힘으로 복귀되어 원상태로 된다. 일반제어회로의 신호전달을 위한 스위칭 회로뿐만 아니라 통신기기, 가정용 기기 등에 폭넓게 이용되고 있다.

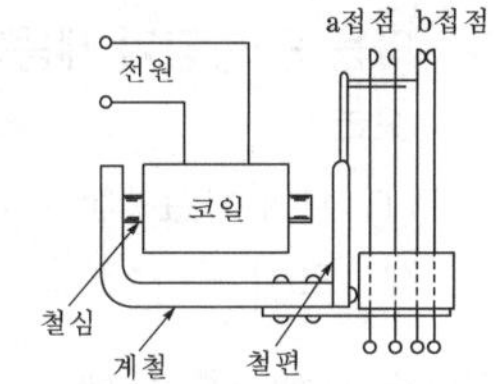

‖ 전자계전기(relay) ‖   ‖ 전자계전기의 구조 ‖

2025년 제1회 기출복원문제

※ 본 문제는 수험생들의 협조에 의해 작성되었으며, 시험내용과 일부 다를 수 있습니다.

★

01 기계실을 승강로의 아래쪽에 설치하는 방식은?

① 정상부형 방식
② 횡인 구동 방식
③ 베이스먼트 방식
④ 사이드머신 방식

해설 기계실의 위치에 따른 분류

㉠ 정상부형 : 로프식 엘리베이터에서는 일반적으로 승강로의 직상부에 권상기를 설치하는 것이 합리적이고 경제적이다.
㉡ 베이스먼트 타입(basement type) : 엘리베이터 최하 정지층의 승강로와 인접시켜 설치하는 방식이다.
㉢ 사이드머신 타입(side machine type) : 승강로 중간에 인접하여 권상기를 두는 방식이다.

★★

02 다음 중 승강기 제동기의 구조에 해당되지 않는 것은?

① 브레이크 슈
② 라이닝
③ 코일
④ 워터슈트

해설 ㉠ 브레이크 시스템
관성에 의한 전동기의 회전을 자동적으로 정지시키는 것을 일반적으로 브레이크라고 한다.
• 제동력은 강력한 스프링에 의해 주어지고, 모터 전원이 흐르는 기간 동안 전자코일에 의해 개방된다.
• 브레이크 슈 : 높은 동작 빈도에 견디고 마찰계수가 안정되어 있어야 한다.
• 라이닝 : 청동 철사와 석면사를 넣어 짠 것을 사용한다.

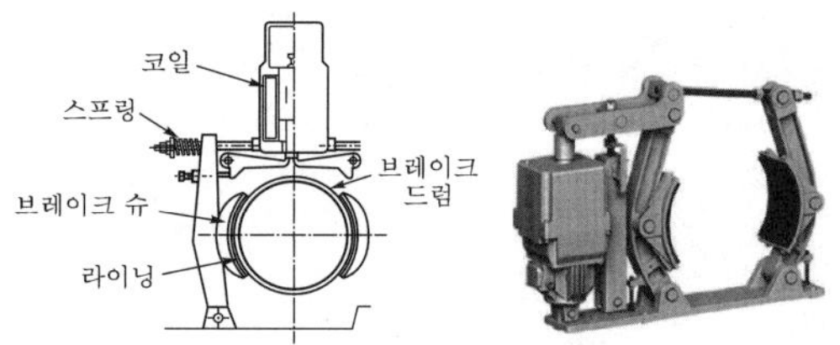

▌제동기의 구조 ▌　　▌로터리 드럼 제동기 ▌

㉡ 유희시설
• 고가의 유희시설 : 모노레일, 어린이 기차, 매트마우스와 워터슈트, 코스터 등이 있다.
• 회전운동을 하는 유희시설 : 회전그네, 비행탑, 회전목마(메리고라운드), 관람차, 문 로켓 로터, 오토퍼스, 해적선 등이 있다.

★★★

03 엘리베이터 권상기의 구성요소가 아닌 것은?

① 감속기
② 브레이크
③ 추락방지안전장치
④ 전동기

해설 권상기의 구성요소

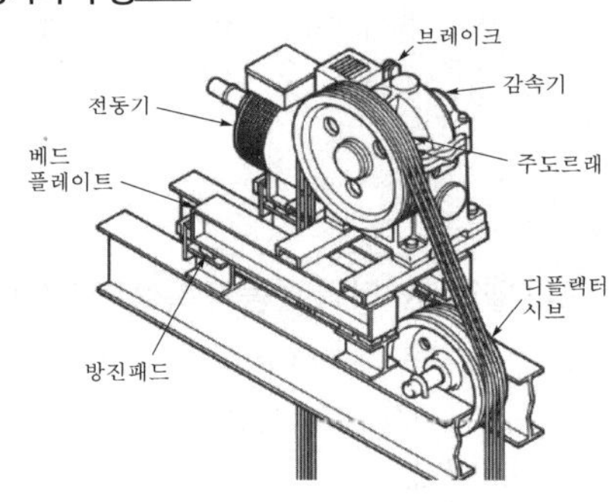

★★

04 와이어로프의 구성요소가 아닌 것은?

① 소선
② 심강
③ 킹크
④ 스트랜드

해설 와이어로프

㉠ 와이어로프의 구성
• 심(core)강
• 가닥(strand)
• 소선(wire)

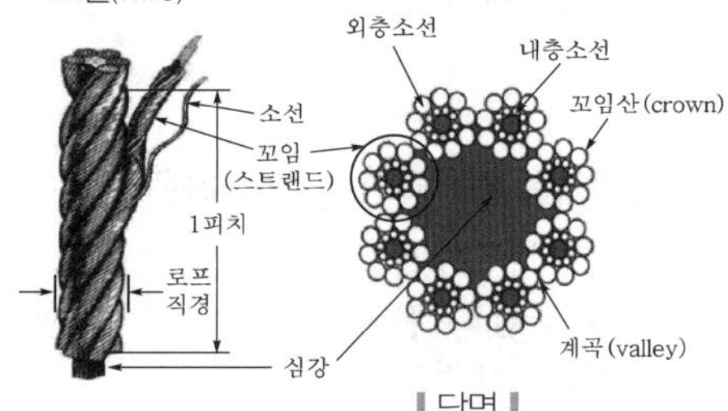

㉡ 소선의 재료 : 탄소강(C : 0.50∼0.85 섬유상 조직)
㉢ 와이어로프의 표기

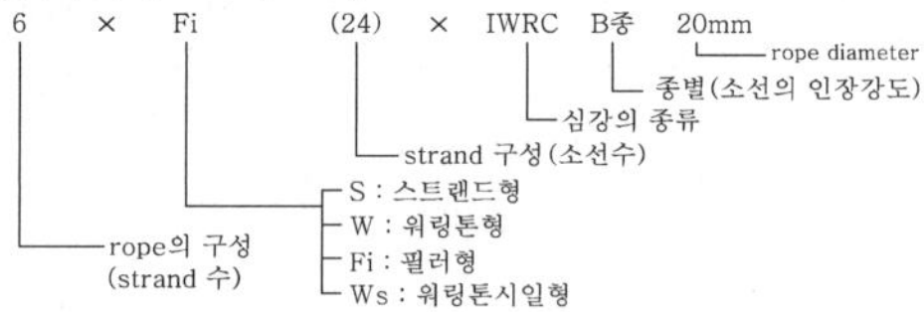

05 T형 가이드레일의 공칭규격이 아닌 것은?

① 8K
② 14K
③ 18K
④ 24K

해설 가이드레일의 규격

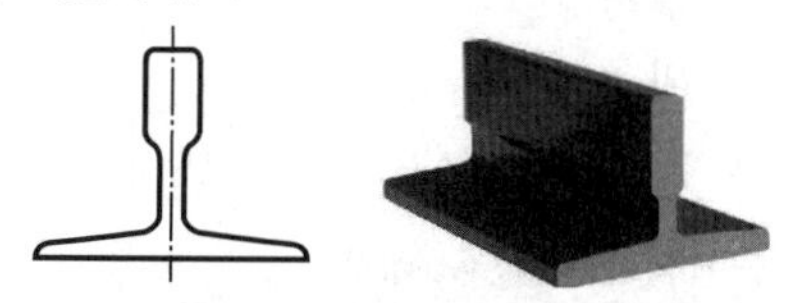

㉠ 레일 규격의 호칭은 마무리 가공 전 소재의 1m당의 중량으로 한다.
㉡ 일반적으로 쓰는 T형 레일의 공칭은 8, 13, 18, 24K 등이 있다.
㉢ 대용량의 엘리베이터에서는 37, 50K 레일 등도 사용한다.
㉣ 레일의 표준길이는 5m로 한다.

06 도르래의 로프홈에 언더컷(under cut)을 하는 목적은?

① 로프의 중심 균형
② 윤활 용이
③ 마찰계수 향상
④ 도르래의 경량화

해설 도르래홈의 형상은 마찰력이 큰 것이 바람직하지만 마찰력이 큰 형상은 로프와 도르래홈의 접촉면 면압이 크기 때문에 로프와 도르래가 쉽게 마모될 수 있다. U형의 홈은 마찰계수가 낮으므로 홈의 밑을 도려낸 언더컷 홈으로 마찰계수를 올린다.

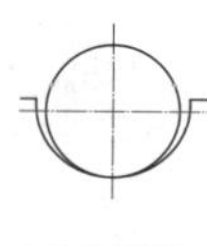
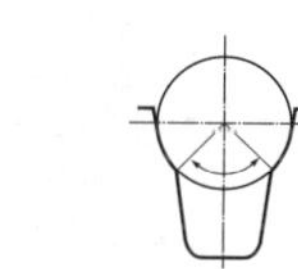

(a) U홈 (b) V홈 (C) 언더컷홈

┃ 도르래 홈의 형상 ┃

07 플라이볼형 과속조절기의 구성요소에 해당되지 않는 것은?

① 플라이 웨이트
② 로프캐치
③ 플라이볼
④ 베벨기어

해설 플라이볼(fly ball)형 과속조절기

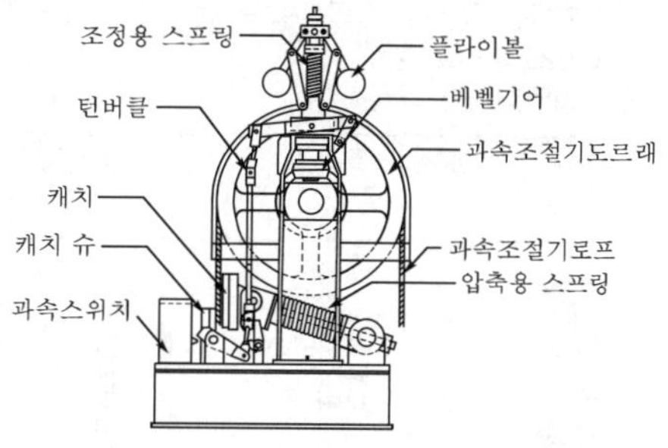

┃ 플라이볼형 과속조절기 ┃

과속조절기도르래의 회전을 베벨기어에 의해 수직축의 회전으로 변환하고, 이 축의 상부에서부터 링크(link)기구에 의해 매달린 구형의 진자에 작용하는 원심력으로 작동하며, 검출 정도가 높아 고속의 엘리베이터에 이용된다.

08 엘리베이터 완충기에 대한 설명으로 적합하지 않은 것은?

① 정격속도 1m/s 이하의 엘리베이터에 스프링완충기를 사용하였다.
② 정격속도 1m/s 초과 엘리베이터에 유입완충기를 사용하였다.
③ 유입완충기의 플런저 복귀시험 시 완전히 압축한 상태에서 완전 복귀할 때까지의 시간은 120초 이하이다.
④ 유입완충기에서 최소 적용중량은 카 자중+적재하중으로 한다.

해설 유입완충기(oil buffer)

㉠ 엘리베이터의 정격속도와 상관없이 어떤 경우에도 사용될 수 있다.
㉡ 카가 최하층을 넘어 통과하면 카의 하부체대의 완충판이 우선 완충고무에 당돌하여 어느 정도의 충격을 완화한다.
㉢ 카가 계속 하강하여 플런저를 누르면 실린더 내의 기름이 좁은 오리피스 틈새를 통과할 때에 생기는 유체저항에 의하여 주어진다.
㉣ 카가 상승하게 되면 플런저는 스프링의 복원력으로 원래의 정상 상태로 복원되고 다음 작용을 준비한다.
㉤ 행정(stroke)은 정격속도 115%에 상응하는 중력 정지거리 0.0674 V^2(m)와 같아야 한다(최소 행정은 0.42m보다 작아서는 안 됨).
㉥ 적용범위의 중량으로 정격속도 115%에 충돌하는 경우 카 또는 균형추의 평균 감속도는 1.0(9.8m/s²) 이하이어야 한다.
㉦ 순간 최대 감속도 2.5G를 넘는 감속도가 0.04초 이상 지속되지 않아야 한다.
㉧ 충격시험을 최대 하중시험 1회, 최소 하중시험 1회를 실시하여 완충기 압축 후 복귀시간 120초 이내이어야 한다.

ⓩ 플런저 복귀시험은 플런저를 완전히 압축한 상태에서 5분 동안 유지한 후 완전 복귀 위치까지 요하는 시간은 120초 이하로 한다.
ⓐ 유입완충기의 적용중량

항목	최소 적용중량	최대 적용중량
카용	카 자중+65	카 자중+적재하중

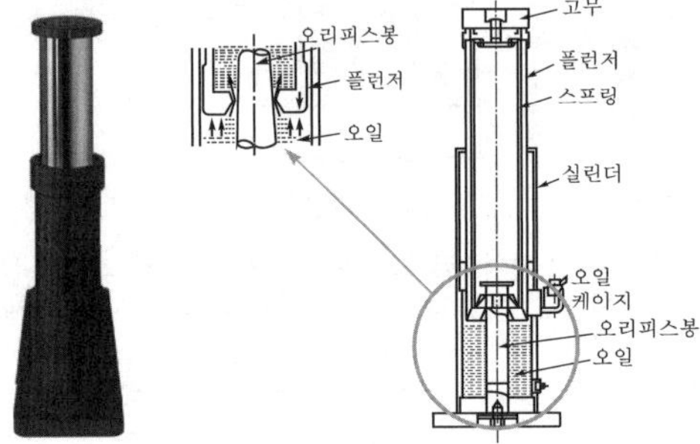

★★★

09 로프식 엘리베이터의 카 틀에서 브레이스 로드의 분담 하중은 대략 어느 정도 되는가?

① $\dfrac{1}{8}$ 　　② $\dfrac{3}{8}$

③ $\dfrac{1}{3}$ 　　④ $\dfrac{1}{16}$

해설 카 틀(car frame)

㉠ 상부체대 : 카주 위에 2본의 종 프레임을 연결하고 메인 로프에 하중을 전달하는 것이다.
㉡ 카주 : 하부 프레임의 양단에서 하중을 지탱하는 2본의 기둥이다.
㉢ 하부 체대 : 카 바닥의 하부 중앙에 바닥의 하중을 받쳐주는 것이다.
㉣ 브레이스 로드(brace rod) : 카 바닥과 카주의 연결재이며, 카 바닥에 걸리는 하중은 분포하중으로 전하중의 3/8은 브레이스 로드에서 분담한다.

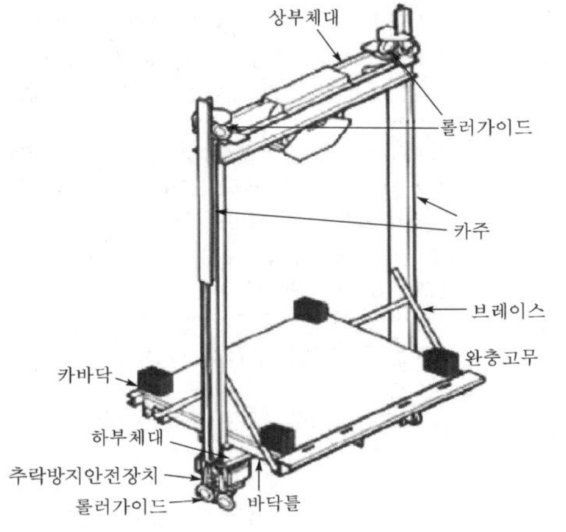

‖ 카 틀 및 카 바닥 ‖

★★★★

10 트랙션 머신 시브를 중심으로 카 반대편의 로프에 매달리게 하여 카 중량에 대한 평형을 맞추는 것은?

① 과속조절기
② 균형체인
③ 완충기
④ 균형추

해설 균형추(counter weight)

카의 무게를 일정 비율 보상하기 위하여 카 측과 반대편에 주철 혹은 콘크리트로 제작되어 설치되며, 카와의 균형을 유지하는 추이다.

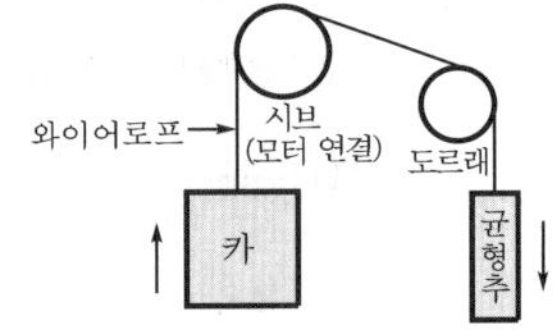

㉠ 오버밸런스(over-balance)
 • 균형추의 총중량은 빈 카의 자중에 적재하중의 35~50%의 중량을 더한 값이 보통이다.
 • 적재하중의 몇 %를 더할 것인가를 오버밸런스율이라고 한다.
 • 균형추의 총 중량=자체하중+ $L \cdot F$
  여기서, L : 정격적재하중(kg)
  　　　　F : 오버밸런스율(%)
㉡ 견인비(traction ratio)
 • 카측 로프가 매달고 있는 중량과 균형추 로프가 매달고 있는 중량의 비를 트랙션비라 하고, 무부하와 전부하 상태에서 체크한다.
 • 견인비가 낮게 선택되면 로프와 도르래 사이의 트랙션 능력, 즉 마찰력이 작아도 되며, 로프의 수명이 연장된다.

★★★★★

11 균형로프(compensating rope)의 역할로 적합한 것은?

① 카의 낙하를 방지한다.
② 균형추의 이탈을 방지한다.
③ 주로프와 이동케이블의 이동으로 변화된 하중을 보상한다.
④ 주로프가 열화되지 않도록 한다.

해설 ▶ 견인비의 보상방법

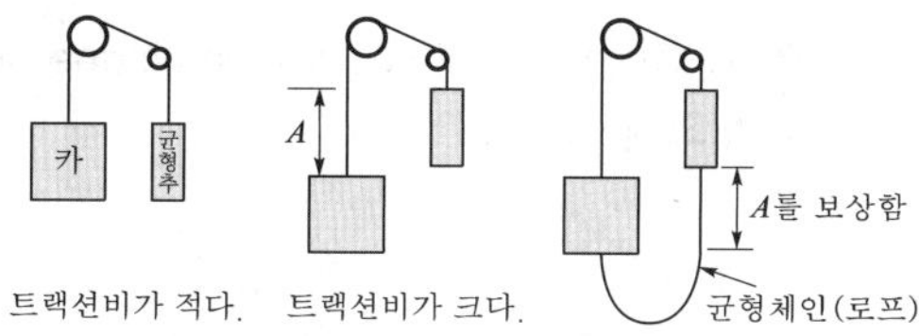

㉠ 견인비(traction ratio)
- 카측 로프가 매달고 있는 중량과 균형추 로프가 매달고 있는 중량의 비를 트랙션비라 하고, 무부하와 전부하 상태에서 체크한다.
- 견인비가 낮게 선택되면 로프와 도르래 사이의 트랙션 능력, 즉 마찰력이 작아도 되며, 로프의 수명이 연장된다.
㉡ 문제점
- 승강행정이 길어지면 로프가 어느 쪽(카측, 균형추측)에 있느냐에 따라 트랙션비는 크게 변화한다.
- 트랙션비가 1.35를 초과하면 로프가 시브에서 슬립(slip)되기가 쉽다.
㉢ 대책
- 카 하부에서 균형추의 하부로 주로프와 비슷한 단위중량의 균형(보상)체인이나 로프를 매단다(트랙션비를 작게 하기 위한 방법).
- 균형로프는 서로 엉키는 걸 방지하기 위하여 피트에 인장도르래를 설치한다.
- 균형로프는 100%의 보상효과가 있고, 균형체인은 90% 정도 밖에 보상하지 못한다.
- 고속·고층 엘리베이터의 경우 균형체인(소음의 원인)보다는 균형로프를 사용한다.

★★

12 중앙 개폐방식의 승강장 도어를 나타내는 기호는?

① 2S
② CO
③ UP
④ SO

해설 ▶ 승강장 도어 분류

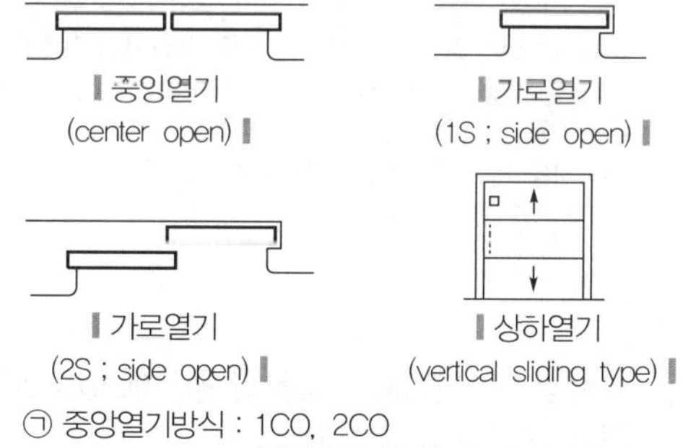

㉠ 중앙열기방식 : 1CO, 2CO
   (센터오픈 방식, Center Open)
㉡ 가로열기방식 : 1S, 2S, 3S
   (사이드오픈 방식, Side open)
㉢ 상하열기방식
- 2매, 3매 업(up)슬라이딩 방식 : 자동차용이나 대형 화물용 엘리베이터에서는 카 실을 완전히 개구할 필요가 있기 때문에 상승개폐(2up, 3up)도어를 많이 사용한다.
- 2매, 3매 상하열림(up, down)방식
㉣ 여닫이방식 : 1매 스윙, 2매 스윙(swing type)

★★★

13 엘리베이터의 도어스위치 회로는 어떻게 구성하는 것이 좋은가?

① 병렬회로
② 직렬회로
③ 직·병렬회로
④ 인터록회로

해설 ▶ 도어 인터록(door interlock)

㉠ 카가 정지하지 않는 층의 도어는 전용열쇠를 사용하지 않으면 열리지 않는 도어록과 도어가 닫혀 있지 않으면 운전이 불가능하도록 하는 도어스위치로 구성된다.
㉡ 닫힘동작 시는 도어록이 먼저 걸린 상태에서 도어스위치가 들어가고 열림동작 시는 도어스위치가 끊어진 후 도어록이 열리는 직렬구조이며, 승강장의 도어 안전장치로서 엘리베이터의 안전장치 중에서 가장 중요한 것 중의 하나이다.

★★

14 승객용 엘리베이터에서 자동으로 동력에 의해 문을 닫는 방식에서의 문닫힘 안전장치의 기준에 부적합한 것은?

① 문닫힘동작 시 사람 또는 물건이 끼일 때 문이 반전하여 열려야 한다.
② 문닫힘 안전장치 연결전선이 끊어지면 문이 반전하여 닫혀야 한다.
③ 문닫힘 안전장치의 종류에는 세이프티 슈, 광전장치, 초음파장치 등이 있다.
④ 문닫힘 안전장치는 카 문이나 승강장 문에 설치되어야 한다.

해설 ▶ 문 작동과 관련된 보호

㉠ 문이 닫히는 동안 사람이 끼이거나 끼이려고 할 때 자동으로 문이 반전되어 열리는 문닫힘 안전장치가 있어야 한다.
㉡ 문닫힘 동작 시 사람 또는 물건이 끼이거나 문닫힘 안전장치 연결전선이 끊어지면 문이 반전하여 열리도록 하는 문닫힘 안전장치(세이프티 슈·광전장치·초음파장치 등)가 카 문이나 승강장 문 또는 양쪽 문에 설치되어야 하며, 그 작동 상태는 양호하여야 한다.

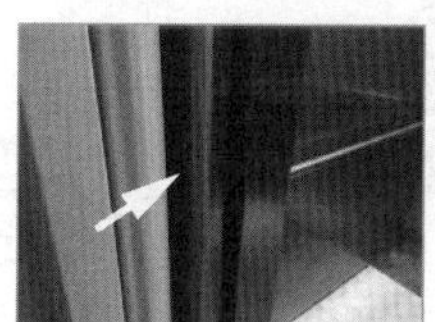

┃세이프티 슈 설치 상태┃

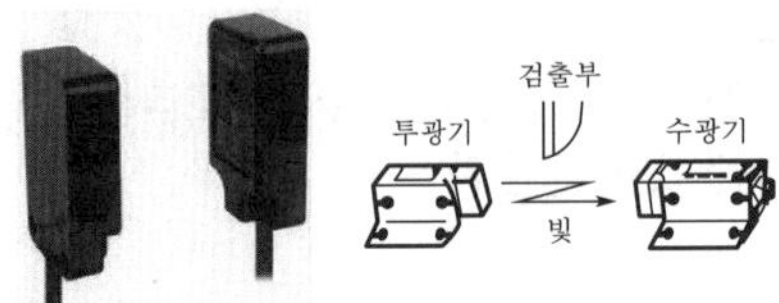

‖ 광전장치 ‖

ⓒ 승강장 문이 카 문과의 연동에 의해 열리는 방식에서는 자동적으로 승강장의 문이 닫히는 쪽으로 힘을 작용시키는 장치이다.
ⓓ 엘리베이터가 정지한 상태에서 출입문의 닫힘동작에 우선하여 카 내에서 문을 열 수 있도록 하는 장치이다.

★★★

15 엘리베이터의 문닫힘안전장치 중에서 카 도어의 끝단에 설치하여 물체가 접촉되면 도어의 닫힘이 중지되는 안전장치는?

① 광전장치
② 초음파장치
③ 세이프티 슈
④ 가이드 슈

해설 │ 도어의 안전장치

엘리베이터의 도어가 닫히는 순간 승객이 출입하는 경우 충돌사고의 원인이 되므로 도어 끝단에 검출장치를 부착하여 도어를 반전시키는 장치이다.
㉠ 세이프티 슈(safety shoe) : 도어의 끝에 설치하여 물체가 접촉하면 도어의 닫힘을 중지하며 도어를 반전시키는 접촉식 보호장치
㉡ 세이프티 레이(safety ray) : 광선 빔을 통하여 이것을 차단하는 물체를 광전장치(photo electric device)에 의해서 검출하는 비접촉식 보호장치
㉢ 초음파장치(ultrasonic door sensor) : 초음파의 감지각도를 조절하여 카쪽의 물체(유모차, 휠체어 등)나 사람을 검출하여 도어를 반전시키는 비접촉식 보호장치

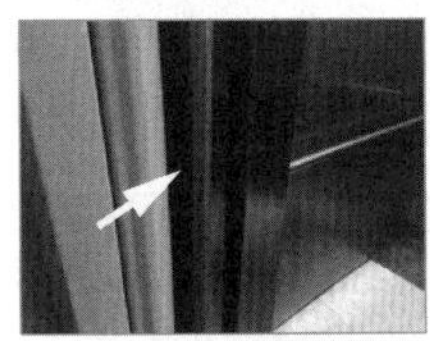

‖ 세이프티 슈 설치 상태 ‖

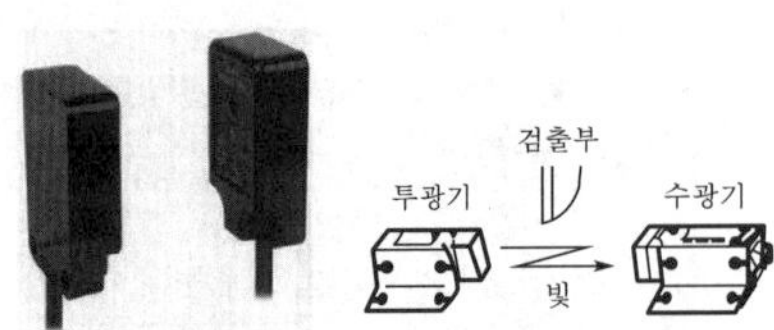

‖ 광전장치 ‖

★★★

16 추락방지안전장치 FWC(Flexible Wedge Clamp)형의 그래프는?

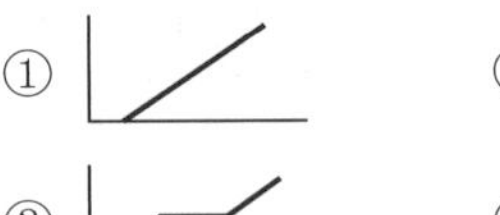

해설 │ 플랙시블 웨지 클램프(Flexible Wedge Clamp ; FWC)형

레일을 죄는 힘이 처음에는 약하고 하강함에 따라 강하다가 얼마 후 일정치에 도달한다.

★★★

17 엘리베이터의 완충기에 대한 설명 중 옳지 않은 것은?

① 엘리베이터 피트 부분에 설치한다.
② 케이지나 균형추의 자유낙하를 완충한다.
③ 스프링완충기와 유입완충기가 가장 많이 사용된다.
④ 스프링완충기는 엘리베이터의 속도가 낮은 경우에 주로 사용된다.

해설 │ 완충기(buffer)

피트 바닥에 설치되며, 카가 어떤 원인으로 최하층을 통과하여 피트로 떨어졌을 때, 충격을 완화하기 위하여 혹은 카가 밀어 올려졌을 때를 대비하여 균형추의 바로 아래에도 완충기를 설치한다. 그러나 이 완충기는 카나 균형추의 자유낙하를 완충하기 위한 것은 아니다(자유낙하는 추락방지안전장치의 분담기능).

★

18 추락방지안전장치가 작동한 경우에 실시하는 검사와 거리가 먼 것은?

① 가이드레일의 손상 유무
② 메인로프의 연결부위 손상 유무
③ 과속조절기의 손상 유무
④ 과속조절기로프의 연결부위 손상 유무

해설 추락방지안전장치의 작동상태

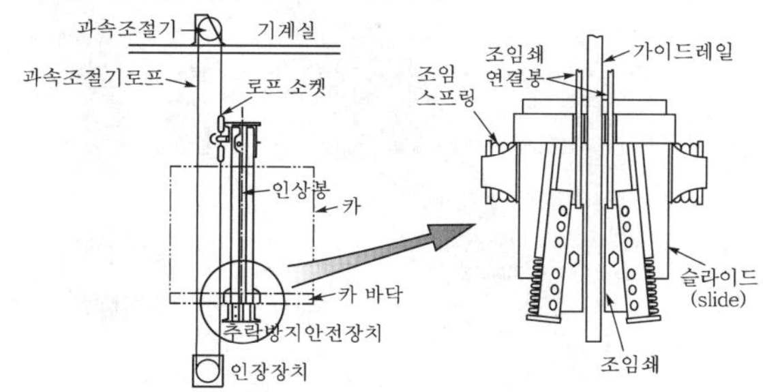

| 과속조절기와 추락방지안전장치의 연결 모습 |

㉠ 카를 일단 정지시키고 과속조절기의 캐치를 작동시킨 다음 다시 카가 하강하게 끔 권상기를 조작한다. 도르래가 회전하여도 카가 하강하지 않게 됨으로써 추락방지안전장치가 작동한 것을 확인한다. 또한, 권상기 구동방식이 상기와 다른 경우에는 브레이크를 개방하여 카를 하강시켜도 카가 하강하지 않거나 순간적인 로프의 이완이 발생하면서 카가 하강하지 않게 됨으로써 추락방지안전장치가 작동한 것을 확인한다. 다만, 과속조절기를 설치하지 않는 방식의 추락방지안전장치에 대하여는 주로프를 늘어뜨려 추락방지안전장치를 작동시킨 후 카를 강제로 하강시켜도 하강하지 않게 됨으로써 추락방지안전장치가 작동한 것을 확인한다.

㉡ 추락방지안전장치가 작동된 상태에서 기계장치 및 과속조절기로프에는 아무런 손상이 없어야 한다. 또한 카 추락방지안전장치가 작동될 때 부하가 없거나, 부하가 균일하게 분포된 카의 바닥은 정상적인 위치에서 5%를 초과하여 기울어지지 않아야 한다.

★★★

19 화재 시 소화 및 구조활동에 적합하게 제작된 엘리베이터는?

① 덤웨이터
② 비상용 엘리베이터
③ 전망용 엘리베이터
④ 승객·화물용 엘리베이터

해설 비상용 엘리베이터

㉠ 전기·전자적 조작장치 및 표시기는 구조물에 요구되는 기간 동안(2시간 이상) 0℃에서 65℃까지의 주위 온도 범위에서 작동될 때 카가 위치한 곳을 감지할 수 있도록 기능이 지속되어야 한다.

㉡ 방화구획 된 로비가 아닌 곳에서 비상용 엘리베이터의 모든 다른 전기·전자 부품은 0℃에서 40℃까지의 주위 온도 범위에서 그 기능을 정확하게 발휘할 수 있도록 설계되어야 한다.

㉢ 엘리베이터 제어의 정확한 기능은 건축물에 요구되는 기간 동안(2시간 이상) 연기가 가득 찬 승강로 및 기계실에서 보장되어야 한다.

★★★

20 직접식 유압엘리베이터의 장점이 되는 항목은?

① 실린더를 보호하기 위한 보호관을 설치할 필요가 없다.
② 승강로의 소요평면 치수가 크다.
③ 부하에 의한 카 바닥의 빠짐이 크다.
④ 추락방지안전장치가 필요하지 않다.

해설 직접식 유압엘리베이터

플런저의 직상부에 카를 설치한 것이다.

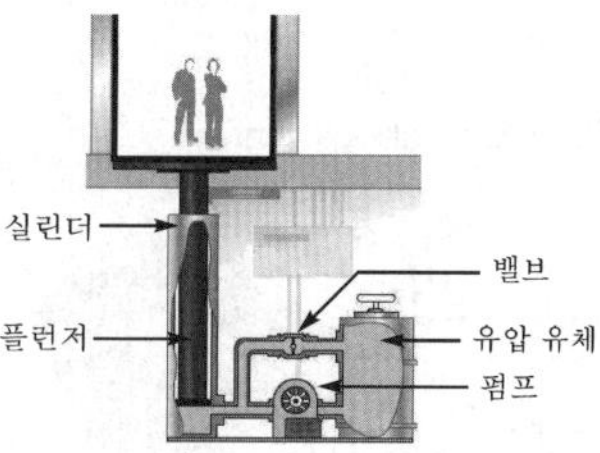

| 유압식 엘리베이터 작동원리 |

㉠ 승강로 소요면적 치수가 작고 구조가 간단하다.
㉡ 추락방지안전장치가 필요하지 않다.
㉢ 부하에 의한 카 바닥의 빠짐이 작다.
㉣ 실린더를 설치하기 위한 보호관을 지중에 설치하여야 한다.
㉤ 일반적으로 실린더의 점검이 어렵다.

★★

21 유압식 승강기의 유압 파워유닛의 구성요소에 속하지 않는 것은?

① 펌프
② 유량제어밸브
③ 체크밸브
④ 실린더

해설 유압 파워유닛

㉠ 펌프, 전동기, 밸브, 탱크 등으로 구성되어 있는 유압동력 전달장치이다.

㉡ 유압펌프에서 실린더까지를 탄소강관이나 고압 고무호스를 사용하여 압력배관으로 연결한다.

㉢ 단순히 작동유에 압력을 주는 것뿐만 아니라 카를 상승시킬 경우 가속, 수행 감속에 필요한 유량으로 제어하여 실린더에 보내고, 하강 시에는 실린더의 기름을 같은 방법으로 제어한 후 탱크로 되돌린다.

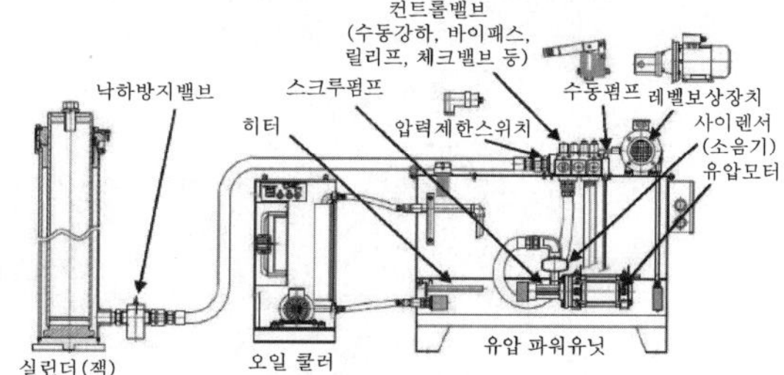

| 유압승강기 구동부 |

★★

22 다음 중 유압엘리베이터의 역저지(체크)밸브에 대한 설명으로 올바른 것은?

① 수동으로 카를 하강시키기 위한 밸브
② 작동유의 압력이 150%를 넘지 않도록 하는 밸브
③ 안전밸브와 역저지밸브 사이에 설치
④ 카의 정지 중이나 운행 중 작동유의 압력이 떨어져 카가 역행하는 것을 방지하는 밸브

해설 역류제지밸브(check valve)

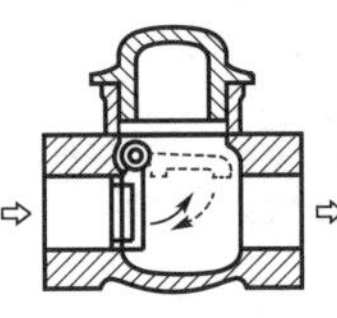

한쪽 방향으로만 기름이 흐르도록 하는 밸브로서 상승방향으로는 흐르지만 역방향으로는 흐르지 않는다. 이것은 정전이나 그 이외의 원인으로 펌프의 토출압력이 떨어져서 실린더의 기름이 역류하여 카가 자유낙하하는 것을 방지하는 역할로서 로프식 엘리베이터의 전자브레이크와 유사하다.

★★

23 실린더에 이물질이 흡입되는 것을 방지하기 위하여 펌프의 흡입측에 부착하는 것은?

① 필터　　　　　② 사이렌서
③ 스트레이너　　　④ 더스트와이퍼

해설 유압회로의 구성요소

㉠ 필터(filter)와 스트레이너(strainer) : 실린더에 쇳가루나 이물질이 들어가는 것을 방지(실린더 손상 방지)하기 위해 설치하며, 펌프의 흡입측에 부착하는 것을 스트레이너라 하고, 배관 중간에 부착하는 것을 라인필터라 한다.
㉡ 사이렌서(silencer) : 자동차의 머플러와 같이 작동유의 압력 맥동을 흡수하여 진동·소음을 감소시키는 역할을 한다.
㉢ 더스트와이퍼(dust wiper) : 플런저 표면의 이물질이 실린더 내측으로 삽입되는 것을 방지한다.

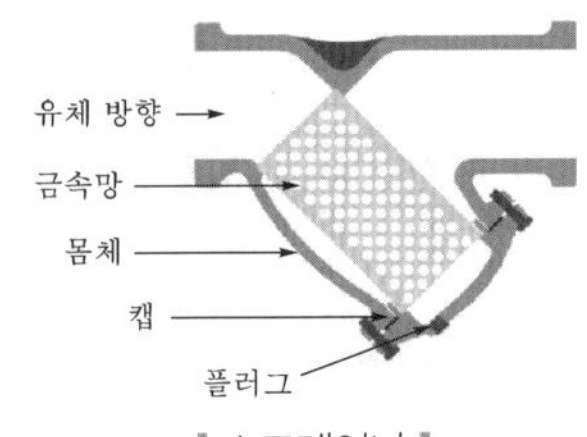

▌ 스트레이너 ▌

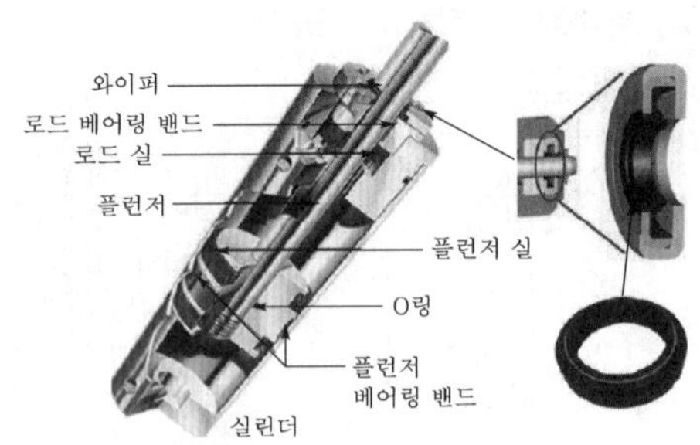

▌ 더스트와이퍼 ▌

★

24 에스컬레이터의 이동용 손잡이에 대한 안전점검 사항이 아닌 것은?

① 균열 및 파손 등의 유무
② 손잡이의 안전마크 유무
③ 디딤판과의 속도차 유지 여부
④ 손잡이가 드나드는 구멍의 보호장치 유무

해설 에스컬레이터의 핸드레일(handrail) 및 핸드레일 가드 (handrail guard) 점검사항

▌ 핸드레일 ▌

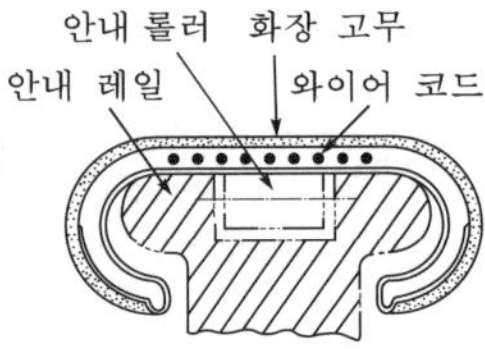

▌ 핸드레일의 구조 ▌

㉠ 표면 균열, 마모 상태 및 장력
㉡ 가이드에서 핸드레일 이탈 가능성
㉢ 스텝과의 속도 차이
㉣ 핸드레일과의 사이에 손가락이 끼일 위험성
㉤ 주행 중 소음 및 진동 여부
㉥ 안전스위치 작동 상태

★★★★

25 에스컬레이터의 구동 전동기의 용량을 결정하는 요소로 거리가 가장 먼 것은?

① 속도　　　　　② 경사각도
③ 적재하중　　　④ 디딤판의 높이

해설 에스컬레이터의 전동기 용량(P)

$$P = \frac{G \cdot V \cdot \sin\theta}{6120\,\eta} \times \beta\,(\text{kW})$$

여기서, P : 에스컬레이터의 전동기 용량(kW)
　　　　G : 에스컬레이터의 적재하중(kg)
　　　　V : 에스컬레이터의 속도(m/min)
　　　　θ : 경사각도(°)
　　　　η : 에스컬레이터의 총효율(%)
　　　　β : 승객 승입률(0.85)

★★

26 승강장에서 스텝 뒤쪽 끝 부분을 황색 등으로 표시하여 설치되는 것은?

① 스텝체인　　② 테크보드
③ 데마케이션　④ 스커트 가드

해설 데마케이션(demarcation)

에스컬레이터의 스텝과 스텝, 스텝과 스커트 가드 사이의 틈새에 신체의 일부 또는 물건이 끼이는 것을 막기 위해서 경계를 눈에 띠게 황색선으로 표시한다.

‖ 스텝 부분 ‖

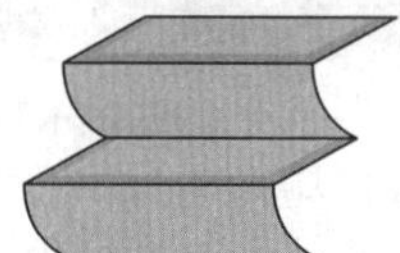

‖ 데마케이션 ‖

★★

27 핸드레일 인입구에 손이나 이물질이 끼었을 때 즉시 작동하여 에스컬레이터를 정지시키는 장치는?

① 핸드레일 안전장치
② 구동체인 안전장치
③ 과속조절기
④ 핸드레일 인입구 안전장치

해설 안전장치

㉠ 핸드레일 안전장치(hand rail safety device) : 핸드레일이 현저히 늘어나면 핸드레일 구동용 도르래와의 마찰력이 부족해져 스텝의 속도와 다르게 되거나 심한 경우 움직이지 않게 된다. 핸드레일이 늘어난 것을 검출하여 일정치 이상이 되면 에스컬레이터의 운행을 정지시키는 장치이다.

㉡ 구동체인 안전장치(driving chain safety device) : 구동기와 주 구동장치(main drive) 사이의 구동체인이 상승 중 절단되었을 때 승객의 하중에 의해 하강운전을 일으키면 위험하므로 구동체인 안전장치가 필요하다.

㉢ 과속조절기(governor) : 카와 같은 속도로 움직이는 과속조절기로프에 의해 회전되어 항상 카의 속도를 감지하여 가속도를 검출하는 장치이다.

㉣ 핸드레일 인입구 안전장치 : 핸드레일은 상하 곡선부에서 난간 하부로 들어가는데, 때로는 어린이들의 손가락이 빨려 들어가는 사고가 발생할 수가 있다. 이러한 동작을 하였을 때 에스컬레이터를 정지시키는 인레트스위치 (inlet switch)가 있어야 한다.

‖ 인입구 ‖

‖ 인레트스위치 ‖

★★★

28 카가 어떤 원인으로 최하층을 통과하여 피트에 도달했을 때 카에 충격을 완화시켜 주는 장치는?

① 완충기　　　② 추락방지안전장치
③ 과속조절기　④ 리밋스위치

해설 완충기

피트 바닥에 설치되며, 카가 어떤 원인으로 최하층을 통과하여 피트로 떨어졌을 때, 충격을 완화하기 위하여 혹은 카가 밀어 올려졌을 때를 대비하여 균형추의 바로 아래에도 완충기를 설치한다. 그러나 이 완충기는 카나 균형추의 자유낙하를 완충하기 위한 것은 아니다(자유낙하는 추락방지 안전장치의 분담기능).

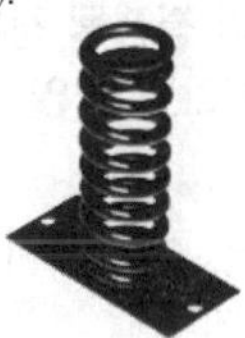

★★

29 안전 작업모를 착용하는 목적에 있어서 안전관리와 관계가 없는 것은?

① 종업원의 표시
② 화상의 방지
③ 감전의 방지
④ 비산물로 인한 부상방지

해설 안전모(safety cap)

작업자가 작업할 때 비래하는 물건, 낙하하는 물건에 의한 위험성을 방지 또는 하역작업에서 추락했을 때 머리 부위에 상해를 받는 것을 방지하고, 머리 부위에 감전될 우려가 있는 전기공사작업에서 산업재해를 방지하기 위해 착용한다.

정답　26. ③　27. ④　28. ①　29. ①

★★

30 사업장에서 승강기의 조립 또는 해체작업을 할 때 조치해야 할 사항과 거리가 먼 것은?

① 작업을 지휘하는 자를 선임하여 지휘자의 책임하에 작업을 실시할 것
② 작업할 구역에는 관계근로자 외의 자의 출입을 금지시킬 것
③ 기상 상태의 불안정으로 인하여 날씨가 몹시 나쁠 때에는 그 작업을 중지시킬 것
④ 사용자의 편의를 위하여 야간작업을 하도록 할 것

해설 승강기의 조립 또는 해체작업을 할 때 조치

㉠ 사업주는 사업장에 승강기의 설치·조립·수리·점검 또는 해체작업을 하는 경우 다음의 조치를 하여야 한다.
• 작업을 지휘하는 사람을 선임하여 그 사람의 지휘하에 작업을 실시할 것
• 작업구역에 관계근로자가 아닌 사람의 출입을 금지하고 그 취지를 보기 쉬운 장소에 표시할 것
• 비, 눈, 그 밖에 기상 상태의 불안정으로 날씨가 몹시 나쁜 경우에는 그 작업을 중지시킬 것
㉡ 사업주는 작업을 지휘하는 사람에게 다음의 사항을 이행하도록 하여야 한다.
• 작업방법과 근로자의 배치를 결정하고 해당 작업을 지휘하는 일
• 재료의 결함 유무 또는 기구 및 공구의 기능을 점검하고 불량품을 제거하는 일
• 작업 중 안전대 등 보호구의 착용상황을 감시하는 일

★★

31 엘리베이터가 정전될 경우 카 내 예비조명장치에 관한 설명으로 맞지 않는 것은?

① 조도는 1lx 미만이어야 한다.
② 자동차용 엘리베이터에는 설치하지 않아도 된다.
③ 조도는 램프에서 2m 떨어진 거리에서 측정해야 한다.
④ 카 내 조작반이 없는 화물용 엘리베이터에는 설치하지 않는다.

해설 조명

㉠ 카에는 카 바닥 및 조작장치를 50lx 이상의 조도로 비출 수 있는 영구적인 전기조명이 설치되어야 한다.
㉡ 조명이 백열등 형태일 경우에는 2개 이상의 등이 병렬로 연결되어야 한다.
㉢ 정상 조명전원이 차단될 경우에는 2lx 이상의 조도로 1시간 동안 전원이 공급될 수 있는 자동 재충전 예비전원공급장치가 있어야 하며, 이 조명은 정상 조명전원이 차단되면 자동으로 즉시 점등되어야 한다. 측정은 다음과 같은 곳에서 이루어져야 한다.
• 호출버튼 및 비상통화장치 표시
• 램프 중심부로부터 2m 떨어진 수직면상

★★★

32 다음 빈칸의 내용으로 적당한 것은?

> 덤웨이터는 사람이 탑승하지 않으면서 적재용량이 (　)kg 이하인 것으로서 소형화물(서적, 음식물 등) 운반에 적합하게 제작된 엘리베이터이다.

① 200
② 300
③ 500
④ 1000

해설 덤웨이터 및 간이리프트

| 덤웨이터 |

㉠ 덤웨이터 : 사람이 탑승하지 않으면서 적재용량이 300kg 이하인 것으로서 소형화물(서적, 음식물 등) 운반에 적합하게 제작된 엘리베이터일 것. 다만, 바닥 면적이 $0.5m^2$ 이하이고 높이가 0.6m 이하인 엘리베이터는 제외
㉡ 간이리프트 : 동력을 사용하여 가이드레일을 따라 움직이는 운반구를 매달아 소형 화물 운반만을 주목적으로 하는 승강기와 유사한 구조로서 운반구의 바닥면적이 $1m^2$ 이하이거나 천장높이가 1.2m 이하인 것

★★

33 트랙션 권상기의 설명 중 옳지 않은 것은?

① 기어식과 무기어식 권상기가 있다.
② 행정거리의 제한이 없다.
③ 소요동력이 크다.
④ 지나치게 감기는 현상이 일어나지 않는다.

해설 권상기(traction machine)

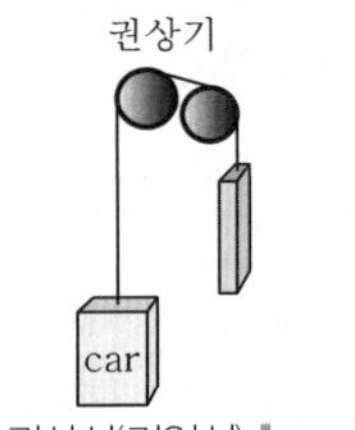

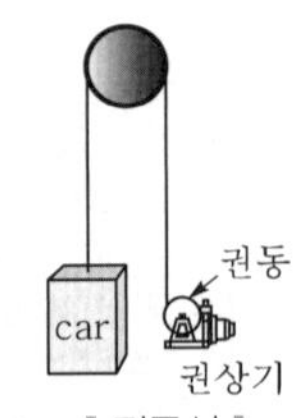

㉠ 트랙션식 권상기의 형식
• 기어드(geared)방식 : 전동기의 회전을 감속시키기 위해 기어를 부착한다.
• 무기어(gearless)방식 : 기어를 사용하지 않고, 전동기의 회전축에 권상도르래를 부착시킨다.

정답 30. ④　31. ①　32. ②　33. ③

ⓒ 트랙션식 권상기의 특징
• 균형추를 사용하기 때문에 소요동력이 적다.
• 도르래를 사용하기 때문에 승강행정에 제한이 없다.
• 로프를 마찰로써 구동하기 때문에 지나치게 감길 위험이 없다.

34 가장 먼저 누른 호출버튼에 응답하고 운전이 완료될 때까지 다른 호출에 응답하지 않는 운전방식은?

① 승합 전자동식
② 단식 자동방식
③ 카 스위치방식
④ 하강 승합 전자동식

해설 엘리베이터 한 대의 전자동식 조작방법

㉠ 단식 자동식(single automatic)
• 승강장 단추는 하나의 승강(오름, 내림)이 공통이다.
• 승강기 단추 또는 승강장의 호출에 응하여 기동하며, 그 층에 도착하여 정지한다.
• 한 호출에 따라 운전 중에는 다른 호출을 받지 않는 운전방식이다.

㉡ 하강 승합 전자동식(down collective)
• 2층 혹은 그 위층의 승강장에서는 하강 방향 단추만 있다.
• 중간층에서 위층으로 갈 때에는 1층으로 내려온 후 올라가야 한다.

ⓒ 승합 전자동식(selective collective)
• 승강장의 누름단추는 상승용, 하강용의 양쪽 모두 동작한다.
• 카는 그 진행방향의 카 단추와 승강장의 단추에 응하면서 승강한다.
• 현재 한 대의 승용 엘리베이터에는 이 방식을 채용하고 있다.

35 재해의 직접 원인에 해당되는 것은?

① 안전지식의 부족
② 안전수칙의 오해
③ 작업기준의 불명확
④ 복장, 보호구의 결함

해설 산업재해 직접원인

㉠ 불안전한 행동(인적 원인)
• 안전장치를 제거, 무효화
• 안전조치의 불이행
• 불안전한 상태 방치
• 기계장치 등의 지정 외 사용
• 운전 중인 기계, 장치 등의 청소, 주유, 수리, 점검 등의 실시

• 위험장소에 접근
• 잘못된 동작 자세
• 복장, 보호구의 잘못 사용
• 불안전한 속도 조작
• 운전의 실패

ⓒ 불안전한 상태(물적 원인)
• 물(物) 자체의 결함
• 방호장치의 결함
• 작업장소의 결함, 물의 배치 결함
• 보호구, 복장 등의 결함
• 작업환경의 결함
• 자연적 불안전한 상태
• 작업방법 및 생산공정 결함

36 재해조사의 목적으로 가장 거리가 먼 것은?

① 재해에 알맞은 시정책 강구
② 근로자의 복리후생을 위하여
③ 동종재해 및 유사재해 재발방지
④ 재해 구성요소를 조사, 분석, 검토하고 그 자료를 활용하기 위하여

해설 재해조사의 목적

재해의 원인과 자체의 결함 등을 규명함으로써 동종재해 및 유사재해의 발생을 막기 위한 예방대책을 강구하기 위해서 실시한다. 또한 재해조사는 조사하는 것이 목적이 아니며, 또 관계자의 책임을 추궁하는 것이 목적도 아니다. 재해조사에서 중요한 것은 재해원인에 대한 사실을 알아내는 데 있다.

37 감전사고의 원인이 되는 것과 관계가 없는 것은?

① 콘덴서의 방전코일이 없는 상태
② 전기기계 · 기구나 공구의 절연 피괴
③ 기계기구의 빈번한 기동 및 정지
④ 정전작업 시 접지가 없어 유도전압이 발생

해설 감전사고의 원인, 방전코일

㉠ 감전사고의 원인
• 충전부에 직접 접촉되는 경우나 안전거리 이내로 접근하였을 때
• 전기기계 · 기구, 공구 등의 절연열화, 손상, 파손 등에 의한 표면누설로 인하여 누전되어 있는 것에 접촉, 인체가 통로로 되었을 경우
• 콘덴서나 고압케이블 등의 잔류전하에 의할 경우
• 전기기계나 공구 등의 외함과 권선 간 또는 외함과 대지 간의 정전용량에 의한 전압에 의할 경우
• 지락전류 등이 흐르고 있는 전극 부근에 발생하는 전위경도에 의할 경우
• 송전선 등의 정전유도 또는 유도전압에 의할 경우
• 오조작 및 자가용 발전기 운전으로 인한 역송전의 경우
• 낙뢰 진행파에 의한 경우

ⓛ 방전코일
- 콘덴서와 함께 설치되는 방전장치는 회로의 개로 (open) 시에 잔류전하를 방전시켜 사람의 안전을 도모하고, 전원 재투입 시 발생되는 이상현상(재점호)으로 인한 순간적인 전압 및 전류의 상승을 억제하여 콘덴서의 고장을 방지하는 역할을 한다.
- 방전능력이 크고 부하가 자주 변하여 콘덴서의 투입이 빈번하게 일어나는 곳에 유리하다.
- 방전용량은 방전개시 5초 이내 콘덴서 단자전압 50V 이하로 방전하도록 한다.

★★

38 안전점검 및 진단순서가 맞는 것은?

① 실태 파악 → 결함 발견 → 대책 결정 → 대책 실시
② 실태 파악 → 대책 결정 → 결함 발견 → 대책 실시
③ 결함 발견 → 실태 파악 → 대책 실시 → 대책 결정
④ 결함 발견 → 실태 파악 → 대책 결정 → 대책 실시

해설 안전점검 및 진단순서

ㄱ 실태 파악 → 결함 발견 → 대책 결정 → 대책 실시
ㄴ 안전을 확보하기 위해서 실태를 파악해, 설비의 불안전 상태나 사람의 불안전행위에서 생기는 결함을 발견하여 안전대책의 상태를 확인하는 행동이다.

39 다음 중 방호장치의 기본 목적으로 가장 옳은 것은?

① 먼지 흡입 방지
② 기계 위험 부위의 접촉 방지
③ 작업자 주변의 사람 접근 방지
④ 소음과 진동 방지

해설 방호장치는 기계·기구에 의한 위험작업, 기타 작업에 의한 위험으로부터 근로자를 보호하기 위하여 행하는 위험기계·기구에 대한 안전조치이다.

★★

40 현장 내에 안전표지판을 부착하는 이유로 가장 적합한 것은?

① 작업방법을 표준화하기 위하여
② 작업환경을 표준화하기 위하여
③ 기계나 설비를 통제하기 위하여
④ 비능률적인 작업을 통제하기 위하여

해설 산업안전보건표지

유해·위험한 물질을 취급하는 시설·장소에 설치하는 산재 예방을 위한 금지나 경고, 비상조치 지시 및 안내사항, 안전의식 고취를 위한 사항들을 그림이나 기호, 글자 등을 이용해 만든 것이다.

★★

41 승객의 구출 및 구조를 위한 카 상부 비상구출문의 크기는 얼마 이상이어야 하는가?

① 0.2m×0.2m
② 0.35m×0.5m
③ 0.5m×0.5m
④ 0.25m×0.3m

해설 비상구출문

ㄱ 비상구출 운전 시, 카 내 승객의 구출은 항상 카 밖에서 이루어져야 한다.
ㄴ 승객의 구출 및 구조를 위한 비상구출문이 카 천장에 있는 경우, 비상구출구의 크기는 0.35m×0.5m 이상이어야 한다.
ㄷ 2대 이상의 엘리베이터가 동일 승강로에 설치되어 인접한 카에서 구출할 수 있도록 카 벽에 비상구출문이 설치될 수 있다. 다만, 서로 다른 카 사이의 수평거리는 0.75m 이하이어야 한다. 이 비상구출문의 크기는 폭 0.35m 이상, 높이 1.8m 이상이어야 한다.
ㄹ 비상구출문은 손으로 조작 가능한 잠금장치가 있어야 한다.

★★

42 과속조절기의 캐치가 작동되었을 때 로프의 인장력에 대한 설명으로 적합한 것은?

① 300N 이상과 추락방지안전장치를 거는 데 필요한 힘의 1.5배를 비교하여 큰 값 이상
② 300N 이상과 추락방지안전장치를 거는 데 필요한 힘의 2배를 비교하여 큰 값 이상
③ 400N 이상과 추락방지안전장치를 거는 데 필요한 힘의 1.5배를 비교하여 큰 값 이상
④ 400N 이상과 추락방지안전장치를 거는 데 필요한 힘의 2배를 비교하여 큰 값 이상

해설 과속조절기

ㄱ 균형추 또는 평형추 추락방지안전장치에 대한 과속조절기의 작동속도는 카 추락방지안전장치에 대한 작동속도보다 더 높아야 하나 그 속도는 10%를 넘게 초과하지 않아야 한다.
ㄴ 과속조절기가 작동될 때, 과속조절기에 의해 생성되는 과속조절기로프의 인장력은 다음 두 값 중 큰 값 이상이어야 한다.
- 최소한 추락방지안전장치가 물리는데 필요한 값의 2배
- 300N
ㄷ 과속조절기에는 추락방지안전장치의 작동과 일치하는 회전방향이 표시되어야 한다.

정답 38. ① 39. ② 40. ② 41. ② 42. ②

★★★★★

43 전기식 엘리베이터 기계실의 실온 범위는?

① 5~70℃ 　② 5~60℃
③ 5~50℃ 　④ 5~40℃

해설 기계실은 적절하게 환기되어야 한다. 기계실을 통한 승강로의 환기도 고려되어야 한다. 건축물의 다른 부분으로부터 신선하지 않은 공기가 기계실로 직접 유입되지 않아야 한다. 전동기, 설비 및 전선 등은 성능에 지장이 없도록 먼지, 유해한 연기 및 습도로부터 보호되어야 한다. 기계실은 눈·비가 유입되거나 동절기에 실온이 내려가지 않도록 조치되어야 하며 실온은 5~40℃에서 유지되어야 한다.

★★

44 기계실에는 바닥면에서 몇 lx 이상을 비출 수 있는 영구적으로 설치된 전기조명이 있어야 하는가?

① 2 　② 50
③ 100 　④ 200

해설 기계실의 유지관리에 지장이 없도록 조명 및 환기시설의 설치

㉠ 기계실에는 바닥면에서 200lx 이상을 비출 수 있는 영구적으로 설치된 전기조명이 있어야 한다.
㉡ 기계실은 눈·비가 유입되거나 동절기에 실온이 내려가지 않도록 조치되어야 하며 실온은 5~40℃에서 유지되어야 한다.

★★

45 다음 중 기계실에서 점검할 항목이 아닌 것은 어느 것인가?

① 수전반 및 주개폐기
② 가이드롤러
③ 절연서항
④ 제동기

해설 카 가이드롤러(car guide roller)

엘리베이터의 카, 균형추 또는 플런저를 레일을 따라 안내하기 위한 장치로, 일반적으로 카 체대 또는 균형추 체대의 상하부에 설치된다. 가이드롤러형은 슬라이딩형에 비해 구조가 복잡하고 비용도 고가이지만 주행저항이 적어 고속운전 시 진동, 소음의 발생이 적기 때문에 고속, 초고속 엘리베이터에 이용되고 있다.

‖ 슬라이딩형 ‖

‖ 롤러형 ‖

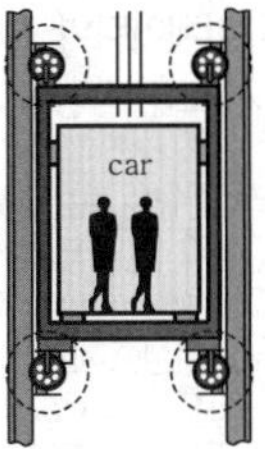
‖ 설치 위치 ‖

★★

46 로프식 엘리베이터의 카 상부에서 실시하는 검사로 잘못된 것은?

① 과속조절기의 작동상태
② 레일 클립의 조임상태
③ 카 도어스위치 동작상태
④ 비상구출구 스위치 동작상태

해설 과속조절기의 작동상태는 기계실에서 검사한다.

★★★

47 피트 내에서 행하는 검사가 아닌 것은?

① 피트스위치 동작 여부
② 하부 파이널스위치 동작 여부
③ 완충기 취부 상태 양호 여부
④ 상부 파이널스위치 동작 여부

해설 ㉠ 상부 리밋스위치의 설치 상태 : 카 위에서 하는 검사
㉡ 하부 리밋스위치의 설치 상태 : 피트에서 하는 검사

★★

48 소방구조용 엘리베이터의 기본요건에 대한 설명으로 틀린 것은?

① 출입구 유효폭은 900mm 이상이어야 한다.
② 운행속도는 1m/s 이상이어야 한다.
③ 정격하중은 630kg 이상이어야 한다.
④ 소방관이 조작하여 엘리베이터 문이 닫힌 이후부터 60초 이내에 가장 먼 층에 도착하여야 된다.

해설 소방구조용 엘리베이터의 기본요건

㉠ 소방운전 시 모든 승강장의 출입구마다 정지할 수 있어야 한다.

㉡ 엘리베이터의 크기는 630kg의 정격하중을 갖는 폭 1,100mm, 깊이 1,400mm 이상이어야 하며, 출입구 유효 폭은 800mm 이상이어야 한다.

㉢ 소방관 접근 지정층에서 소방관이 조작하여 엘리베이터 문이 닫힌 이후부터 60초 이내에 가장 먼 층에 도착되어야 한다. 다만, 운행속도는 1m/s 이상이어야 한다.

★★★

49 입력신호 A, B가 모두 '1'일 때만 출력값이 '1'이 되고, 그 외에는 '0'이 되는 회로는?

① AND회로 ② OR회로
③ NOT회로 ④ NOR회로

해설 논리곱(AND)회로

㉠ 모든 입력이 있을 때에만 출력이 나타나는 회로이며 직렬 스위치 회로와 같다.

㉡ 두 입력 'A' AND 'B'가 모두 '1'이면 출력 X가 '1'이 되며, 두 입력 중 어느 하나라도 '0'이면 출력 X가 '0'인 회로가 된다.

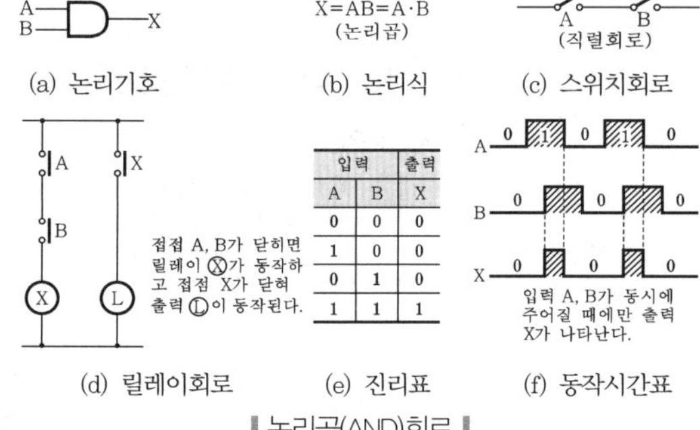

(a) 논리기호　(b) 논리식　(c) 스위치회로

(d) 릴레이회로　(e) 진리표　(f) 동작시간표

입력		출력
A	B	X
0	0	0
1	0	0
0	1	0
1	1	1

‖ 논리곱(AND)회로 ‖

★★★

50 에스컬레이터의 경사도가 30° 이하일 경우에 공칭속도는?

① 0.75m/s 이하 ② 0.80m/s 이하
③ 0.85m/s 이하 ④ 0.90m/s 이하

해설 구동기

㉠ 구동장치는 2대 이상의 에스컬레이터 또는 무빙워크를 운전하지 않아야 한다.

㉡ 공칭속도는 공칭주파수 및 공칭전압에서 ±5%를 초과하지 않아야 한다.

㉢ 에스컬레이터의 공칭속도
 • 경사도가 30° 이하인 에스컬레이터는 0.75m/s 이하이어야 한다.
 • 경사도가 30°를 초과하고 35° 이하인 에스컬레이터는 0.5m/s 이하이어야 한다.

㉣ 무빙워크의 공칭속도는 0.75m/s 이하이어야 한다.

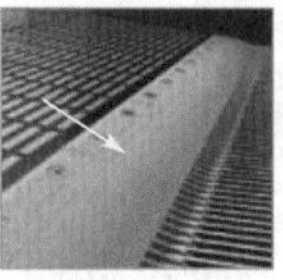

‖ 팔레트 ‖　　**‖ 콤(comb) ‖**

팔레트 또는 벨트의 폭이 1.1m 이하이고, 승강장에서 팔레트 또는 벨트가 콤에 들어가기 전 1.6m 이상의 수평주행구간이 있는 경우 공칭속도는 0.9m/s까지 허용된다. 다만, 가속구간이 있거나 무빙워크를 다른 속도로 직접 전환시키는 시스템이 있는 무빙워크에는 적용되지 않는다.

★★★

51 물체에 하중을 작용시키면 물체 내부에 저항력이 생긴다. 이때 생긴 단위면적에 대한 내부 저항력을 무엇이라 하는가?

① 보 ② 하중
③ 응력 ④ 안전율

해설 응력(stress)

㉠ 물체에 힘이 작용할 때 그 힘과 반대방향으로 크기가 같은 저항력이 생기는데 이 저항력을 내력이라 하며, 단위면적($1mm^2$)에 대한 내력의 크기를 말한다.

㉡ 응력은 하중의 종류에 따라 인장응력, 압축응력, 전단응력 등이 있으며, 인장응력과 압축응력은 하중이 작용하는 방향이 다르지만 같은 성질을 갖는다. 단면에 수직으로 작용하면 수직응력, 단면에 평행하게 접하면 전단응력(접선응력)이라고 한다.

㉢ 수직응력

$$수직응력(kg/cm^2) = \frac{하중(외력)(kg)}{단면적(cm^2)}$$

★

52 다음 그림과 같은 축의 모양을 가지는 기어는?

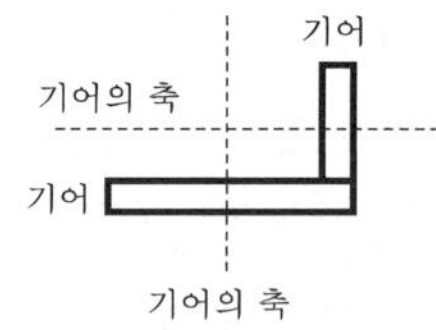

① 스퍼기어(spur gear)
② 헬리컬기어(helical gear)
③ 베벨기어(bevel gear)
④ 웜기어(worm gear)

해설

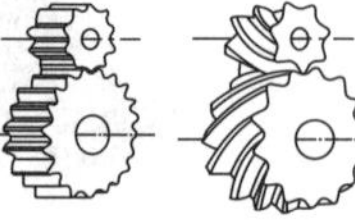
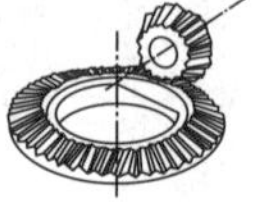
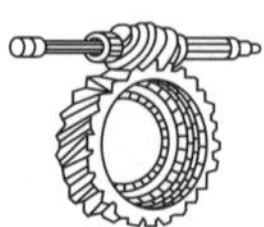

‖ 평기어 ‖ 헬리컬기어 ‖ 베벨기어 ‖ 웜기어 ‖

정답 49. ①　50. ①　51. ③　52. ③

53 기계 부품 측정 시 각도를 측정할 수 있는 기기는?

① 사인바 ② 옵티컬플렛
③ 다이얼게이지 ④ 마이크로미터

해설 사인바(sine bar)

사각 막대기의 측면에 지름이 같은 2개의 원통을 축에 평행하게 고정시킨 것으로 직각삼각형의 삼각함수인 사인을 이용하여 임의의 각도를 설정하거나 측정하는 데 사용하는 기구이다.

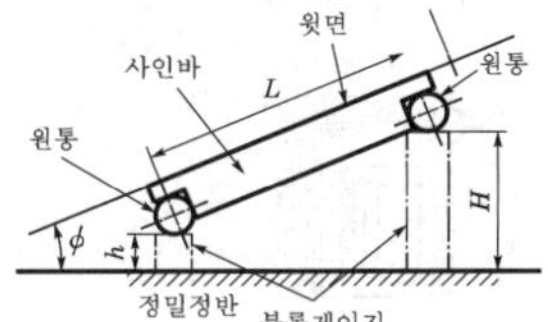

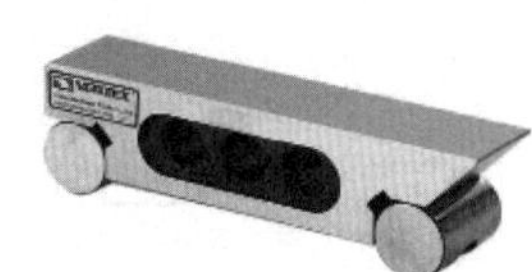

54 3Ω, 4Ω, 6Ω의 저항을 병렬로 접속할 때 합성저항은 몇 Ω인가?

① $\dfrac{1}{3}$ ② $\dfrac{4}{3}$

③ $\dfrac{5}{6}$ ④ $\dfrac{3}{4}$

해설 병렬 접속회로

2개 이상인 저항의 양끝을 전원의 양극에 연결하여 회로의 전전류가 각 저항에 나뉘어 흐르게 하는 접속으로 각 저항 R_1, R_2, R_3에 흐르는 전압 V의 크기는 일정하다.

$$R = \cfrac{1}{\dfrac{1}{R_1}+\dfrac{1}{R_2}+\dfrac{1}{R_3}}$$

$$= \frac{R_1 R_2 R_3}{R_1 R_2 + R_2 R_3 + R_3 R_1}$$

$$= \frac{3\times4\times6}{3\times4+4\times6+6\times3} = \frac{4}{3}\,\Omega$$

55 RLC 직렬회로에서 최대 전류가 흐르게 되는 조건은?

① $\omega L^2 - \dfrac{1}{\omega C} = 0$ ② $\omega L^2 + \dfrac{1}{\omega C} = 0$

③ $\omega L - \dfrac{1}{\omega C} = 0$ ④ $\omega L + \dfrac{1}{\omega C} = 0$

해설 직렬공진조건

RLC가 직렬로 연결된 회로에서 용량리액턴스와 유도리액턴스는 더 이상 회로전류를 제한하지 못하고 저항만이 회로에 흐르는 전류를 제한할 수 있는 상태를 공진이라고 한다.

㉠ 임피던스(impedance)

$$Z = \sqrt{R^2+\left(\omega L - \frac{1}{\omega C}\right)^2}\,(\Omega)$$

용량리액턴스와 유도리액턴스가 같다면 $\omega L = \dfrac{1}{\omega C}$

$$\omega L - \frac{1}{\omega C} = 0$$

임피던스(Z)

$$Z = \sqrt{R^2+\left(\omega L - \frac{1}{\omega C}\right)^2} = \sqrt{R^2+(0)^2} = R\,(\Omega)$$

㉡ 직렬공진회로

- 공진 임피던스는 최소가 된다.

$$Z = \sqrt{R^2+(0)^2} = R$$

- 공진전류 I_0는 최대가 된다.

$$I_0 = \frac{V}{Z} = \frac{V}{R}\,(A)$$

- 전압 V와 전류 I는 동위상이다. 용량리액턴스와 유도리액턴스는 크기가 같아서 상쇄되어 저항만의 회로가 된다.

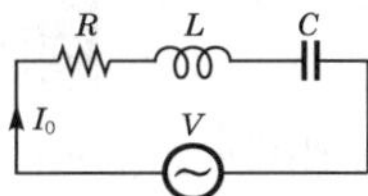

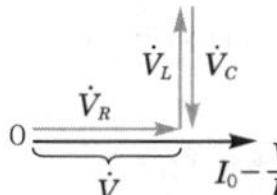

(a) RLC 직렬회로 (b) 직렬공진 벡터 그림

‖ 직렬회로와 벡터 그림 ‖

56 저항 100Ω에 5A의 전류가 흐르게 하는 데 필요한 전압은 얼마인가?

① 500V

② 400V

③ 300V

④ 220V

해설 옴의 법칙

㉠ 전기저항(electric resistance)

- 전기회로에 전류가 흐를 때 전류의 흐름을 방해하는 작용이 있는데, 그 방해하는 정도를 나타내는 상수를 전기저항 R 또는 저항이라고 한다.
- 1V의 전압을 가해서 1A의 전류가 흐르는 저항값을 1옴(ohm), 기호는 Ω이라고 한다.

㉡ 옴의 법칙

- 도체에 전압이 가해졌을 때 흐르는 전류의 크기는 도체의 저항에 반비례하므로 가해진 전압을 V(V), 전류 I(A), 도체의 저항을 R(Ω)이라고 하면

$$I = \frac{V}{R}\,(A), \quad V = IR\,(V), \quad R = \frac{V}{I}\,(\Omega)$$

- 저항 R(Ω)에 전류 I(A)가 흐를 때 저항 양단에는 $V = IR$(V)의 전위차가 생기며, 이것을 전압강하라고 한다.

$$V = IR = 5\times100 = 500V$$

정답 53. ① 54. ② 55. ③ 56. ①

★★★★

57 **직류 분권전동기에서 보극의 역할은?**

① 회전수를 일정하게 한다.
② 기동토크를 증가시킨다.
③ 정류를 양호하게 한다.
④ 회전력을 증가시킨다.

해설 전기자 반작용

전기자전류에 의한 기자력이 주자속의 분포에 영향을 미치는 현상을 말한다.
㉠ 전기자 반작용에 의한 현상

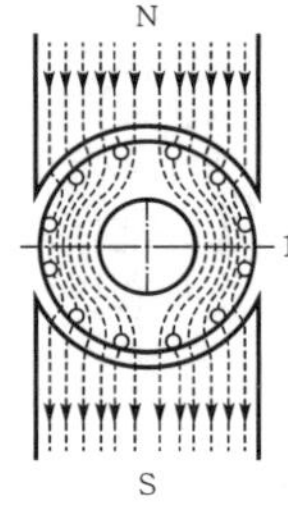

┃주자속┃

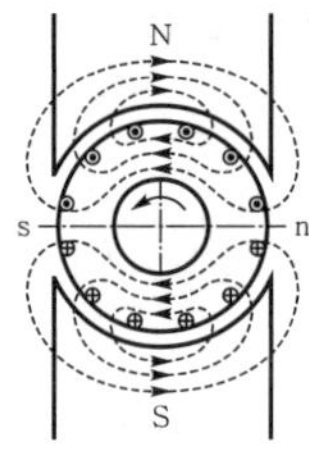

┃진기자 자속┃

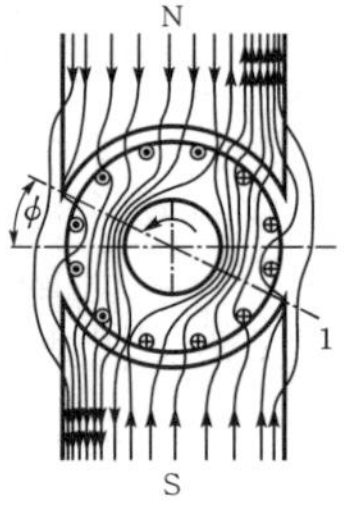

┃합성지속┃
(전기자 반작용)┃

• 코일이 자극의 중성축에 있을 때도 전압을 유지시켜 브러시 사이에 불꽃을 발행한다.
• 주자속 분포를 찌그러뜨려 중성축을 이동시킨다.
• 주자속을 감소시켜 유도전압을 감소시킨다.
㉡ 전기자 반작용의 방지법
• 브러시 위치를 전기적 중성점으로 이동시킨다.
• 보상권선을 설치한다.
• 보극을 설치한다.
㉢ 보극의 역할
• 전기자가 만드는 자속을 상쇄(전기자 반작용 상쇄 역할)한다.
• 전압정류를 하기 위한 정류자속을 발생시킨다.

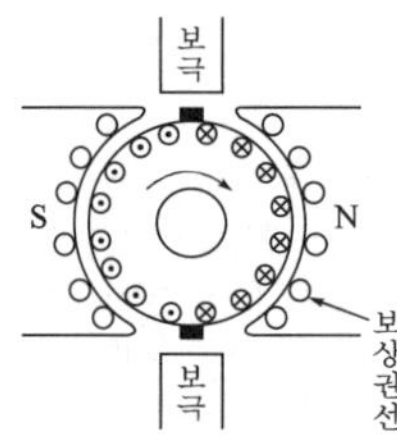

┃보극과 보상권선┃

★★★

58 **전기기기의 충전부와 외함 사이의 저항은 어떤 저항인가?**

① 브리지저항　　② 접지저항
③ 접촉저항　　④ 절연저항

해설 전로 및 기기 등을 사용하다보면 기기의 노화 등 그밖의 원인으로 절연성능이 저하되고, 절연열화가 진행되면 결국은 누전 등의 사고를 발생하여 화재나 그 밖의 중대 사고를 일으킬 우려가 있으므로 절연저항계(메거)로 절연저항측정 및 절연진단이 필요하다.

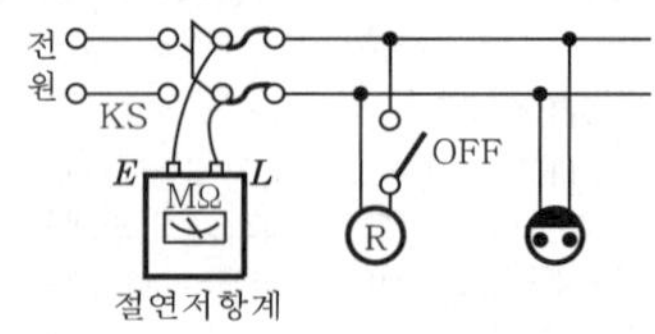

┃전기회로의 절연저항 측정┃

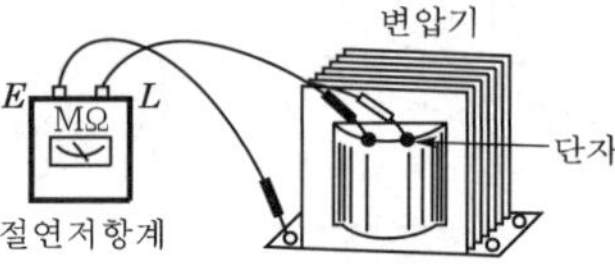

┃전기기기의 절연저항 측정┃

★★

59 **시퀀스제어를 바르게 설명한 것은?**

① 목표치가 시간에 대한 미지함수인 경우의 제어
② 목표치가 시간의 변화에 관계없이 일정하게 유지되는 제어
③ 목표치가 시간의 변화에 따라 변화하는 경우의 제어
④ 미리 정해진 순서에 따라 제어의 각 단계가 차례로 진행되는 제어

해설 제어를 하는 방법

㉠ 수동제어 : 인간의 동작에 의하여 움직여지는 제어
㉡ 자동제어 : 기계 또는 장치의 동작 상태를 목적에 따라 자동적으로 정정 가감하여 움직이는 제어
• 궤환제어(feedback control) : 물리계 스스로가 제어의 필요성을 판단하여 수정동작을 하는 제어
• 시퀀스제어(sequence control) : 미리 정해진 순서에 따라 제어의 각 단계가 순차적으로 진행되는 제어

★★★

60 **되먹임제어에서 가장 필요한 장치는?**

① 입력과 출력을 비교하는 장치
② 응답속도를 느리게 하는 장치
③ 응답속도를 빠르게 하는 장치
④ 안정도를 좋게 하는 장치

해설 되먹임(폐루프, 피드백, 궤환)제어

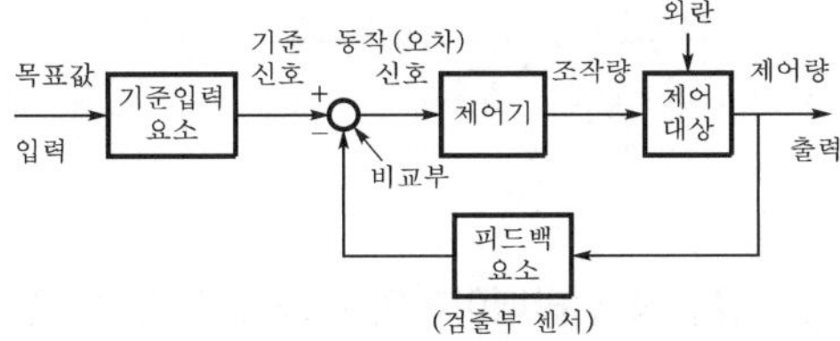

┃ 출력 피드백제어(output feedback control) ┃

㉠ 출력, 잠재외란, 유용한 조절변수인 제어대상을 가지는 일반화된 공정이다.

㉡ 적절한 측정기를 사용하여 검출부에서 출력(유속, 압력, 액위, 온도)값을 측정한다.

㉢ 검출부의 지시값을 목표값과 비교하여 오차(편차)를 확인한다.

㉣ 오차(편차)값은 제어기로 보내진다.

㉤ 제어기는 오차(편차)의 크기를 줄이기 위해 조작량의 값을 바꾼다.

㉥ 제어기는 조작량에 직접 영향이 미치지 않고 최종 제어요소인 다른 장치(보통 제어밸브)를 통하여 영향을 준다.

㉦ 미흡한 성능을 갖는 제어대상은 피드백에 의해 목표값과 비교하여 일치하도록 정정동작을 한다.

㉧ 상태를 교란시키는 외란의 영향에서 출력값을 원하는 수준으로 유지하는 것이 제어 목적이다.

㉨ 안정성이 향상되고, 선형성이 개선된다.

㉩ 종류에는 비례동작(P), 비례−적분동작(PI), 비례−적분−미분동작(PID)제어기가 있다.

※ 본 문제는 수험생들의 협조에 의해 작성되었으며, 시험내용과 일부 다를 수 있습니다.

01 ★★★ 엘리베이터에서 보상로프를 반드시 설치해야 되는 속도 기준은?

① 1.5m/s 초과
② 2m/s 초과
③ 3m/s 초과
④ 5m/s 초과

해설 **보상수단**

적절한 권상능력 또는 전동기의 동력을 확보하기 위해 매다는 로프의 무게에 대한 보상수단은 다음과 같은 조건에 따라야 한다.

㉠ 정격속도가 3m/s 이하인 경우에는 체인, 로프 또는 벨트와 같은 수단이 설치될 수 있다.
㉡ 정격속도가 3m/s를 초과한 경우에는 보상로프가 설치되어야 한다.
㉢ 정격속도가 3.5m/s를 초과한 경우에는 추가로 튀어오름 방지장치가 있어야 한다. 뒤어오름 방지장치가 직동되면 전기안전장치에 의해 구동기의 정지가 시작되어야 한다.
㉣ 정격속도가 1.75m/s를 초과한 경우, 인장장치가 없는 보상수단은 순환하는 부근에서 안내봉 등에 의해 안내되어야 한다.

02 ★★★ 주로 직각방향으로 회전하는 축을 지지하는 베어링이 아닌 것은?

① 볼 베어링
② 롤러 베어링
③ 래이디얼 베어링
④ 스러스트 베어링

해설 **베어링의 종류**

㉠ 볼 베어링 : 볼을 사용하여 마찰을 줄여 회전을 돕는 베어링으로, 축방향 하중과 레이디얼 하중을 모두 지지한다.
㉡ 롤러 베어링 : 롤러를 사용하여 축방향 하중과 레이디얼 하중을 지지하며, 볼 베어링보다 무거운 하중을 견딜 수 있다.
㉢ 래이디얼 베어링(Radial bearing) : 회전축에 수직(직각)으로 작용하는 하중(레이디얼 하중)을 지지하는 베어링으로 볼 베어링, 롤러 베어링 등 다양한 형태가 있으며 고속회전과 정밀도가 요구되는 장비에 사용된다.
㉣ 스러스트 베어링 : 축방향 하중을 지지하는 데 사용되는 베어링의 한 종류이며, 주로 저속 및 중속에서 회전축의 축방향 하중을 견디며, 볼이나 롤러를 사용하여 마찰을 줄인다.

03 ★★ 유압식 엘리베이터의 수동조작 비상하강밸브의 위치는?

① 승강장
② 기계실
③ 피트
④ 카(CAR)

해설 엘리베이터에는 정전이 되더라도 승객이 카에서 내릴 수 있도록 카를 승강장바닥까지 내릴 수 있는 수동조작 비상하강밸브가 설치되어야 하며, 비상하강밸브는 다음과 같은 관련 구동기 공간에 위치되어야 한다.
㉠ 기계실
㉡ 구동기 캐비넷
㉢ 비상 및 작동시험을 위한 패널

04 ★★★★ 다음 중 헬리컬기어는?

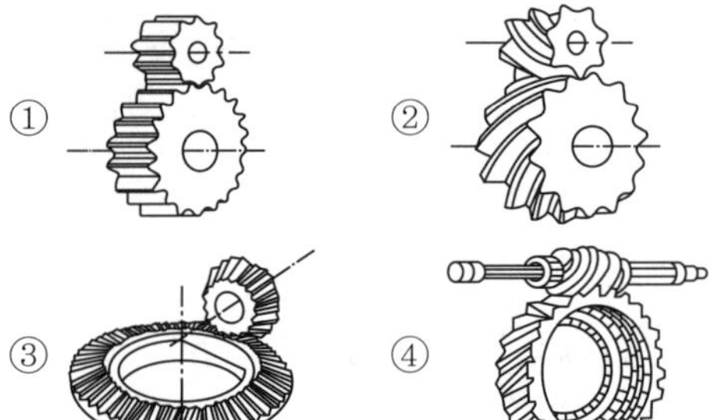

해설
① : 평기어
② : 헬리컬기어
③ : 베벨기어
④ : 웜기어

05 ★★ 기계실에 설치되는 사다리의 조건은?

① 발판의 깊이는 35mm 이상이어야 한다.
② 사다리의 유효폭은 0.35m 이상일 것
③ 사다리는 바닥 위에서 수직높이로 5m를 초과할 수 없다.
④ 수직높이가 4m를 초과하는 사다리에는 추락보호수단이 있어야 한다.

정답 01. ③   02. ④   03. ②   04. ②   05. ②

해설 승강로, 기계실·기계류 공간 및 풀리실 접근 및 출입

사람이 기계실·기계류 공간 및 풀리실에 안전하게 접근 및 출입할 수 있도록 계단 등의 통로가 있어야 하며, 통로는 계단의 설치를 우선으로 한다. 다만, 기존 건축물에 엘리베이터를 설치한 경우 등 건축물의 구조상 계단의 설치가 불가능한 경우에는 다음 사항을 만족하는 사다리로 대체할 수 있다.

㉠ 사다리는 바닥 위에서 수직높이로 4m를 초과할 수 없으며, 수직높이가 3m를 초과하는 사다리에는 추락보호수단이 있어야 한다.

㉡ 사다리는 접근통로에 영구적으로 설치되거나 사다리를 제거하지 못하도록 최소한 로프 또는 체인 등으로 견고하게 고정되어야 한다.

㉢ 사다리는 수평면에 대해 65° 이상 75° 이하의 경사형 사다리로 해야 하며, 쉽게 미끄러지거나 전도되지 않아야 한다.

㉣ 사다리의 유효폭은 0.35m 이상이어야 하고, 발판의 깊이는 25mm 이상이어야 하며, 발판은 1,500N의 하중을 견디도록 설계되어야 한다.

㉤ 사다리의 상부 끝 부분에 인접한 곳에는 쉽게 잡을 수 있는 손잡이가 1개 이상 있어야 한다.

㉥ 수평거리로 1.5m 이내의 사다리 주위에는 추락위험을 막는 보호조치가 그 사다리의 높이 이상까지 있어야 한다.

★★★

06 엘리베이터가 비상정지 시 균형로프가 튀어 오르는 것을 방지하기 위해 설치하는 것은?

① 슬로다운 스위치
② 록다운 장치
③ 파킹스위치
④ 각 층 강제 정지운전 스위치

해설 튀어 오름 방지장치(록다운 장치)

㉠ 카 하부에서 균형추 하부까지 연결되는 균형로프(불평형 하중 보상)를 안내하는 도르래는 견고히 설치하고 가이드레일에 상승방향 추락방지안전장치를 부착한다.

㉡ 카와 균형추에서 내리는 로프도 충분한 강도로 인장시켜 카의 추락방지안전장치가 작동 시 균형추, 와이어로프 등이 관성에 의해 튀어오르지 못하도록 한다.

㉢ 정격속도가 3.5m/s를 초과한 경우에 설치된다.

㉣ 튀어오름 방지장치가 작동되면 전기안전장치에 의해 구동기의 정지가 시작되어야 한다.

★★★

07 엘리베이터의 정기검사 주기는?

① 6개월
② 1년
③ 2년
④ 3년

해설 정기검사

설치검사 후 정기적으로 하는 검사. 이 경우 검사주기는 2년 이하로 하되 다음의 사항을 고려하여 행정안전부령으로 정하는 바에 따라 승강기별로 검사주기를 다르게 할 수 있다.

㉠ 승강기의 종류 및 사용 연수
㉡ 중대한 사고 또는 중대한 고장의 발생 여부
㉢ 그 밖에 행정안전부령으로 정하는 사항

★★★★★

08 직렬로 연결된 정전용량 C_1, C_2의 합성 정전용량은?

① $C_1 + C_2$

② $\dfrac{C_1}{C_1 + C_2}$

③ $\dfrac{1}{C_1} + \dfrac{1}{C_2}$

④ $\dfrac{C_1 + C_2}{C_1}$

해설 콘덴서의 합성 정전용량

㉠ 직렬접속 : $C = \dfrac{1}{C_1} + \dfrac{1}{C_2}$

㉡ 병렬접속 : $C = C_1 + C_2$

★★★★

09 자기장 내에서 도체가 움직일 때 유도전류의 방향을 결정하는 법칙은?

① 플레밍의 오른손법칙
② 플레밍의 왼손법칙
③ 렌츠의 법칙
④ 페러데이의 법칙

해설 플레밍의 오른손법칙

자장 내에서 도체가 운동할 때 도체에 생기는 유도기전력의 방향을 결정한다.

㉠ 집게손가락 : 자장의 방향
㉡ 가운데손가락 : 유도기전력의 방향
㉢ 엄지손가락 : 도체의 운동 방향

★★

10 장애인용 엘리베이터의 자체점검 항목이 아닌 것은?

① 피난운전스위치의 설치 및 작동상태
② 손잡이, 거울 등의 설치상태
③ 조작반, 통화장치 등에 점자표시 여부
④ 승강장 문턱과 카 문턱 사이의 거리

해설 장애인용 엘리베이터 자체점검의 추가요건
㉠ 승강장 문턱과 카 문턱 사이의 거리
㉡ 호출버튼, 조작반, 통화장치 등의 작동상태
㉢ 조작반, 통화장치 등에 점자표시 여부
㉣ 손잡이, 거울 등의 설치상태
㉤ 신호장치, 표시장치 등의 작동상태
㉥ 문열림 대기시간
㉦ 카내 및 승강장의 조명 점등상태 및 조도

★★★★

11 가이드레일 ISO 7465 T125/BE에서 125가 의미하는 것은?

① 길이　　　　② 형상
③ 받침폭　　　④ 중량

해설 가이드레일
㉠ T자형 기계가공(machined)

• 주로 카측용
• 국내 : 1m당의 대략적 중량으로 뒤에 K를 붙여 명칭 (8K, 13K, 18K, 24K, 30K 등)
• 유럽 : 반올림한 받침대 폭, 같은 폭이면서 종단면이 다른 것에는 뒤에 숫자를 붙임
  [냉간압연 : /A, 기계가공 : /B, 고품질 기계가공 : /BE(예 T89/B)]
㉡ T자형 냉각압연(cold drawn) : 주로 균형추측용, 소형 저속은 카측에도 적용
㉢ 포밍타입 forming(hollow)

• 균형추측용(추락방지안전장치용에는 적용할 수 없음)
• 1m당의 대략적 중량으로 뒤에 K를 붙여 명칭(3K, 5K, 7K 등)

★★★

12 주행안내 레일은 카, 균형추, 가이드 슈 위로 몇 m 연장되어야 하는가?

① 0.1
② 0.2
③ 0.3
④ 0.5

해설 틈새 및 여유거리
권상구동 엘리베이터의 균형추 및 평형추가 가장 낮은 위치(유압식 엘리베이터의 경우, 램이 가장 높은 위치)에 있을 때 다음 틈새를 확인한다.
㉠ 주행안내 레일 길이는 카 또는 균형추가 최고 위치에 있을 때 가이드 슈/롤러 위로 각각 0.1m 이상 연장되어야 한다.
㉡ 카 또는 균형추가 최고 위치에 있을 때 승강로 천장의 가장 낮은 부분과 카 지붕(㉢, ㉣ 제외)의 사이 틈새가 0.5m 이상인지 확인한다.
㉢ 카 또는 균형추가 최고 위치에 있을 때 승강로 천장의 가장 낮은 부분과 카의 투영부분에서 수평거리 0.4m 이내의 가이드슈/롤러, 로프 단말처리부, 수직 개폐식 문의 헤더 또는 부품의 가장 높은 부분 사이 수직틈새가 0.1m 이상인지 확인한다.
㉣ 카 상부 난간 주위 공간 및 수직거리(난간의 가장 높은 부분)
  • 카의 투영부분에서 수평거리 0.4m 이내와 난간 외부 수평거리 0.1m 이내 부분 : 0.3m 이상(수직거리)
  • 카의 투영부분에서 수평거리 0.4m 바깥 부분 : 0.5m 이상(경사거리)

★★★★★

13 로프의 미끄러짐 현상을 줄이는 방법으로 틀린 것은?

① 권부각을 크게 한다.
② 카 자중을 가볍게 한다.
③ 가감속도를 완만하게 한다.
④ 균형체인이나 균형로프를 설치한다.

해설 로프식 방식에서 미끄러짐(매우 위험함)을 결정하는 요소

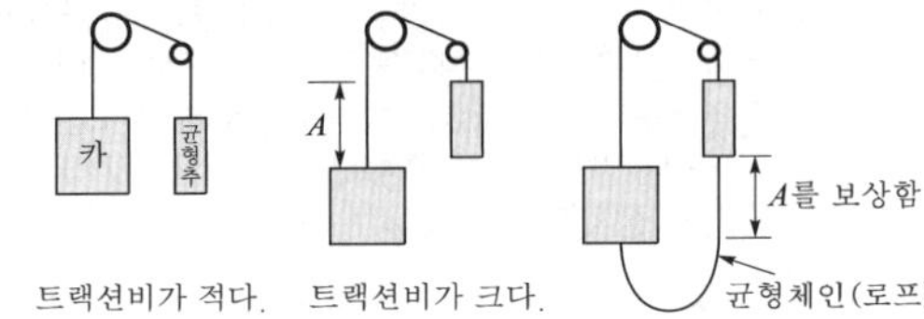

구분	원인
로프가 감기는 각도(권부각)	작을수록 미끄러지기 쉽다.
카의 가속도와 감속도	클수록 미끄러지기 쉽대(긴급정지 시 일어나는 미끄러짐을 고려해야 함).
카측과 균형추측의 로프에 걸리는 중량의 비	클수록 미끄러지기 쉽대(무부하 시를 체크할 필요가 있음).
로프와 도르래의 마찰계수	U형의 홈은 마찰계수가 낮으므로 일반적으로 홈의 밑을 도려낸 언더컷홈으로 마찰계수를 올린다. 마모와 마찰계수를 고려하여 도르래 재료는 주물을 사용한다.

★★★★

14 콤에 대한 설명으로 옳은 것은?

① 홈에 맞물리는 각 승강장의 갈라진 부분
② 전기안전장치로 구성된 전기적인 안전시스템의 부분
③ 에스컬레이터 또는 무빙워크를 둘러싸고 있는 외부측 부분
④ 스텝, 팔레트 또는 벨트와 연결되는 난간의 수직 부분

해설 디딤판(step)과 부속품

㉠ 콤(comb) : 에스컬레이터 및 수평보행기의 승강구에 있어서 디딤판(step) 또는 발판 윗면의 홈과 맞물려 발을 보호하기 위한 것으로, 물건 등이 끼어 과도한 힘이 걸릴 경우 안전상 콤의 톱니 끝단이 부러지도록 플라스틱재가 사용된다.
㉡ 라이저(riser) : 디딤판(step)과 디딤판 사이의 수직면, 에스컬레이터의 스텝 라이저에는 인접하는 디딤판과 디딤판과의 틈새에 발끝이 끼지 않도록 하기 위해 설치된다.
㉢ 클리트(cleat) : 에스컬레이터 디딤면 및 라이저 또는 수평보행기의 디딤면에 만들어져 있는 홈을 말한다.

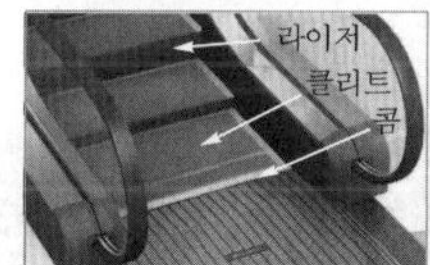

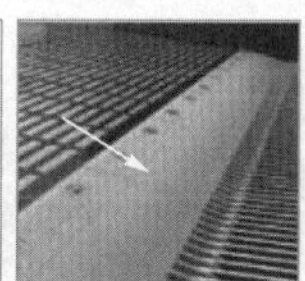

┃승강장 스탭┃　　┃콤(comb)┃　　┃클리트(cleat)┃

★★★

15 구름 베어링의 특징에 관한 설명으로 틀린 것은?

① 고속회전이 가능하다.
② 마찰저항이 적다.
③ 설치가 까다롭다.
④ 충격에 강하다.

해설 구름 베어링(rolling bearing)

궤도륜, 전동체 및 케이지로 구성된다. 베어링의 접촉면 사이에 볼이나 롤러·니들을 넣으면, 부하되는 하중의 방향에 의해 레이디얼베어링과 스러스트베어링으로 구분된다.

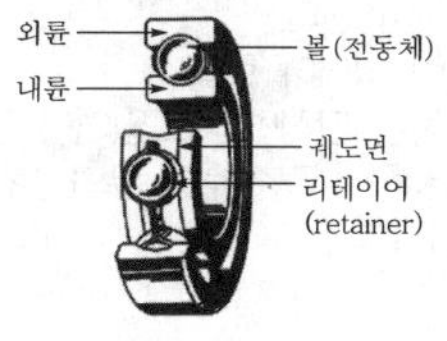

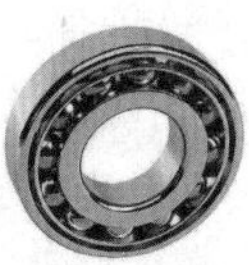

㉠ 장점
• 기동마찰이 적고, 동마찰과의 차이도 적다.
• 국제적으로 표준화, 규격화가 이루어져 있으므로 호환성이 있고 교환 사용이 가능하다.
• 베어링의 주변구조를 간략하게 할 수 있고 보수·점검이 용이하다.
• 일반적으로 경방향 하중과 축방향 하중을 동시에 받을 수 있다.
• 고온도·저온도에서의 사용이 비교적 쉽다.
• 강성을 높이기 위해 각(角)의 예입 상태로도 사용할 수 있다.
㉡ 단점
• 설치가 까다롭다.
• 소음이 발생하고 값이 비싸다.
• 충격에 약하다(신뢰성).

★★★★★

16 승강기에 사용되는 전동기의 소요 동력을 결정하는 요소가 아닌 것은?

① 정격적재하중　　② 정격속도
③ 종합효율　　④ 건축물 높이

해설 전동기의 용량(P) 계산

$$P = \frac{G \cdot V \cdot \sin\theta}{6,120\,\eta} \times \beta\,(\text{kW})$$

여기서, P : 전동기이 용량(kW)
G : 에스컬레이터의 적재하중(kg)
V : 에스컬레이터의 속도(m/min)
θ : 경사각도(°)
η : 에스컬레이터의 총 효율(%)
β : 승객 승입률(0.85)

★★

17 잠금장치가 있는 승강장문이 잠긴 상태에서 5cm² 면적에 힘을 균등하게 가했을 때 15mm를 초과하는 탄성변형이 없어야 하는 경우 가해야 하는 힘은 몇 N인가?

① 50　　② 100
③ 150　　④ 300

해설 기계적 강도

잠금장치가 있는 승강장문이 잠긴 상태에서 5cm^2 면적의 원형이나 사각의 단면에 300N의 힘을 균등하게 분산하여 문짝의 어느 지점에 수직으로 가할 때, 승강장문의 기계적 강도는 다음과 같아야 한다.
㉠ 영구적인 변형이 없어야 한다.
㉡ 15mm를 초과하는 탄성변형이 없어야 한다.
㉢ 시험 중이거나 시험이 끝난 후에 문의 안전성능은 영향을 받지 않아야 한다.

18 승강장 도어 문턱과 카 문턱과의 수평거리는 몇 mm 이하이어야 하는가?

① 125
② 120
③ 50
④ 35

해설 카와 카 출입구를 마주하는 벽 사이의 틈새

㉠ 승강로의 내측 면과 카 문턱, 카 문틀 또는 카 문의 닫히는 모서리 사이의 수평거리는 0.125m 이하이어야 한다. 다만, 0.125m 이하의 수평거리는 각각의 조건에 따라 다음과 같이 적용될 수 있다.
  • 수직높이가 0.5m 이하인 경우에는 0.15m까지 연장될 수 있다.
  • 수직 개폐식 승강장문이 설치된 화물용인 경우, 주행로 전체에 걸쳐 0.15m까지 연장될 수 있다.
  • 잠금해제구간에서만 열리는 기계적 잠금장치가 카 문에 설치된 경우에는 제한하지 않는다.
㉡ 카 문턱과 승강장문 문턱 사이의 수평거리는 35mm 이하이어야 한다.
㉢ 카 문과 닫힌 승강장 문 사이의 수평거리 또는 문이 정상작동하는 동안 문 사이의 접근거리는 0.12m 이하이어야 한다.
㉣ 경첩이 있는 승강장 문과 접하는 카 문의 조합인 경우에는 닫힌 문 사이의 어떤 틈새에도 직경 0.15m의 구가 통과되지 않아야 한다.

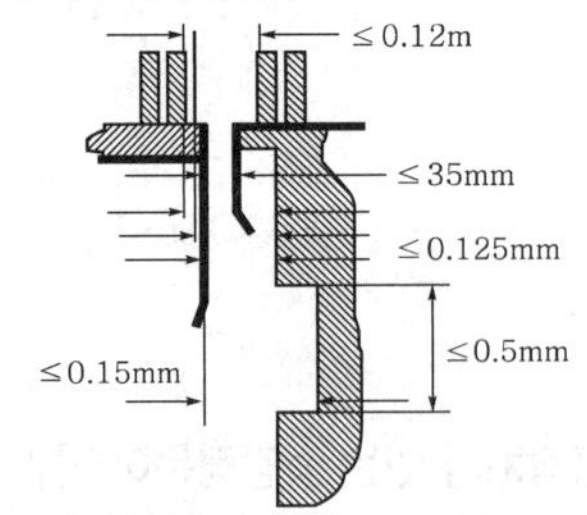

┃ 카와 카 출입구를 마주하는 벽 사이의 틈새 ┃

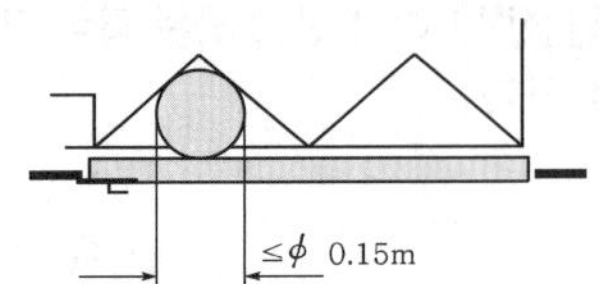

┃ 경첩 달린 승강장문과 접힌 카 문의 틈새 ┃

정답 18. ④ 19. ① 20. ④

19 인테리어 공사 현장에서 엘리베이터의 메인 로프를 철거하는 순서로 옳은 것은?

ⓐ 카와 균형추를 지지한 상태에서 로프를 절단
ⓑ 로프를 권상기에서 완전히 제거
ⓒ 권상기에서 로프 분리
ⓓ 로프 폐기
ⓔ 카와 균형추 이동

① ⓒ-ⓐ-ⓑ-ⓔ-ⓓ
② ⓔ-ⓒ-ⓐ-ⓑ-ⓓ
③ ⓒ-ⓐ-ⓑ-ⓓ-ⓔ
④ ⓔ-ⓐ-ⓒ-ⓑ-ⓓ

해설 주 매다는 장치(main rope) 철거 순서

㉠ 권상기에서 로프 분리 : 권상기(드럼 또는 도르래)에 감겨 있는 메인 로프를 풀어 분리한다.
㉡ 카와 균형추 지지 및 로프절단 : 카와 균형추가 로프에 매달려 있는 상태에서 안전하게 지지될 수 있도록 고정하며, 로프 절단 시 갑작스러운 충격이나 움직임을 방지하기 위해 안전조치 후 카와 균형추에 가까운 지점부터 시작하여 점차적으로 권상기쪽으로 이동하며 메인 로프를 절단한다.
㉢ 로프 제거 : 절단된 로프를 권상기에서 완전히 제거한다.
㉣ 카와 균형추 이동 : 로프에 매달려 있던 하중이 제거된 후 카와 균형추를 안전하게 지상으로 이동한다.
㉤ 로프 폐기 : 제거된 메인 로프는 안전하게 폐기물 처리한다.

20 와이어로프의 구성에 따른 분류에 해당하지 않는 것은?

① 실형
② 필러형
③ 워링톤형
④ 헬테레스형

해설 와이어로프의 형태에 의한 분류

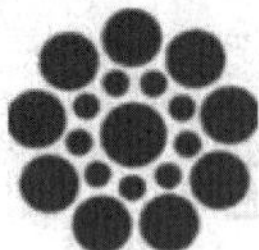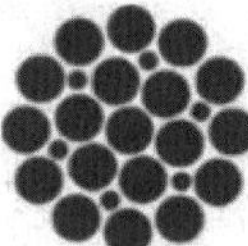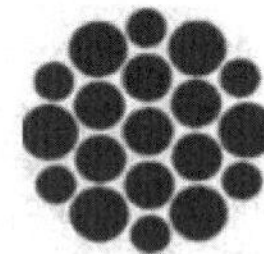

┃ 실형 ┃　　　┃ 필러형 ┃　　　┃ 워링톤형 ┃

㉠ 실형(Seal Type) : 각 층의 소선수가 $(1+n+n)$으로 표시되어 내층과 외층의 소선수가 동일하고 내층 소선의 홈에 외층의 소선이 완전히 들어가는 형태이다. 이 구성의 로프는 외층의 소선이 굵어 마모에 강하다.
㉡ 필러형(Filler Type) : 각 층의 소선수가 $\{1+n+(n)+2n\}$으로 표시되어 외층의 소선수가 내층의 소선수의 2배이고 외층과 내층의 사이에 내층과 동수의 가는 필러선을 충진시킨 형태이다. 유연성과 내피로성의 균형이 좋아서 가장 널리 사용되고 있다.

ⓒ 워링톤형(Warrington Type) : 각 층의 소선수가 {1+n+ (n+n)}으로 표시되어 외층의 소선수가 내층의 소선수의 2배이며, 외층 소선은 2종류이고, 그것과 내층을 조합시켜 꼬임 간극을 작게 한 형태이다. 선경의 균형이 양호하다고 하지만 최근에는 거의 사용되지 않는다.

★★★

21 그림의 도르래에 무게(W) 2000N을 올리기 위해 필요한 힘(F)은 몇 N인가?

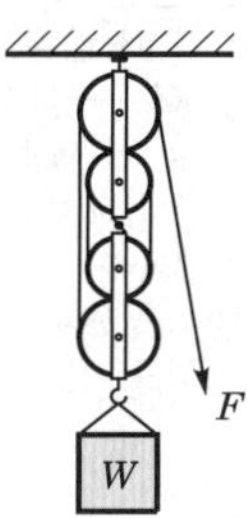

① 125 　　　② 200
③ 300 　　　④ 500

해설 힘(F) $= \dfrac{W}{4} = \dfrac{2000}{4} = 500\text{N}$

★★

22 에스컬레이터의 자체점검 내용 중 월 1회 점검주기가 아닌 것은?

① 운행방향 표시장치의 설치 및 작동상태
② 콤 교차점 바닥에서의 조도
③ 조명 관련 절연저항값
④ 추락방지안전장치의 표시상태

해설 자체점검주기(1회/3월)

㉠ 사용표지판 및 안내문 등 표시상태
㉡ 수동핸들의 사용지침서 비치상태 및 운항방향 표시상태
㉢ 추락방지안전장치의 표시상태
㉣ 제어반 접지상태
㉤ 정전기 방지조치
㉥ 손잡이의 설치상태

★★★

23 엘리베이터용 과속조절기의 종류가 아닌 것은?

① 플라이 볼형 　　② 마찰정지형
③ 디스크형 　　　④ 플라이 휠형

해설 과속조절기의 종류

㉠ 플라이 볼형 : 원심력을 이용하여 속도를 조절하는 방식
㉡ 마찰정지형 : 회전하는 마찰면을 이용하여 속도를 조절하는 방식
㉢ 디스크형 : 회전하는 디스크의 저항을 이용하여 속도를 조절하는 방식

★★★

24 엘리베이터의 정격속도가 매 분당 150m이고, 제동소요시간이 0.4초인 경우의 제동거리는 몇 m인가? (단, 엘리베이터 속도는 정격속도에서 선형적으로 감소한다.)

① 0.1 　　　② 0.2
③ 0.3 　　　④ 0.5

해설 제동거리 계산

$$제동거리 = \frac{제동\ 전\ 속도 + 제동\ 후\ 속도}{2} \times 제동시간$$

$$= \frac{150+0}{2} \times \frac{0.4}{60}$$

$$= 0.5(\text{m})$$

★★

25 카 내의 적재하중이 초과되었음을 알려 주는 과부하감지장치는 정격적재하중의 몇 %를 초과하기 전에 작동해야 하는가?

① 10% 초과 　　② 15% 초과
③ 20% 초과 　　④ 30% 초과

해설 부하 제어

• 카에 과부하가 발생할 경우에는 재착상을 포함한 정상 기동을 방지하는 장치가 설치되어야 한다.
(유압식 엘리베이터의 경우, 장치는 재착상을 방지하여서는 안 된다.)
• 과부하는 정격하중의 10%(최소 75kg)를 초과하기 전에 검출되어야 한다.

★★

26 에스컬레이터 전동기의 전원공급은 몇 개 이상의 독립적인 접촉기에 의해 차단되어야 하는가?

① 1개 　　　② 2개
③ 3개 　　　④ 4개

해설 제어회로에 전압공급이 중단되었을 경우

㉠ 전동기에 대한 전원공급은 2개 이상의 독립적인 접촉기에 의해 차단되어야 하며, 그 접점은 전동기의 전원공급 회로에 직렬이여야 한다.
㉡ 에스컬레이터 또는 무빙워크가 정지될 때 하나의 접촉기의 주접점 중 하나가 개방되지 않으면 재기동은 금지되어야 한다.
㉢ 주 브레이크에 대한 전원공급 차단은 2개 이상의 독립적인 전기장치에 의해 이루어져야 한다.
㉣ 에스컬레이터 또는 무빙워크가 정지한 후 전기장치 중 하나가 열리지 않으면 재기동이 방지되어야 한다.

정답 21. ④　22. ④　23. ④　24. ④　25. ①　26. ②

★★★

27 다음 그림의 에스컬레이터 안전표시의 바탕색상은?

① 청색 ② 백색
③ 황색 ④ 검정

해설 안전표시

㉠ 에스컬레이터 안전표시의 노란색은 시인성이 높아 위험이나 주의를 요하는 부분에 사용된다.
㉡ 노란색은 시각장애인 중 일부가 빛을 인지할 수 있도록 배려한 색상이다.
㉢ 안전표시는 용도에 따라 금지(빨간색), 경고(노란색), 지시(파란색), 안내(녹색) 등으로 구분된다.

★★★

28 소방구조용 엘리베이터 전원공급장치의 작동시간은?

① 30분
② 1시간
③ 2시간
④ 3시간

해설 소방구조용 엘리베이터의 전원공급장치

정전 시에는 보조 전원공급장치에 의하여 엘리베이터를 다음과 같이 운행시킬 수 있어야 하다.
㉠ 60초 이내에 엘리베이터 운행에 필요한 전력용량을 자동으로 발생시키도록 하되 수동으로 전원을 작동시킬 수 있어야 한다.
㉡ 2시간 이상 운행시킬 수 있어야 한다.

★★★★

29 전동기에 인가되는 전압과 주파수를 동시에 변환시켜 직류전동기와 동등한 제어성능을 얻을 수 있도록 제어하는 방법은?

① VVVF
② 교류 귀환제어
③ 교류 1단 속도제어
④ 교류 2단 속도제어

해설 VVVF(가변전압 가변주파수)제어

㉠ 유도전동기에 인가되는 전압과 주파수를 동시에 변환시켜 직류전동기와 동등한 제어 성능을 얻을 수 있는 방식이다.
㉡ 직류전동기를 사용하고 있던 고속 엘리베이터에도 유도전동기를 적용하여 보수가 용이하고, 전력회생을 통해 에너지가 절약된다.
㉢ 중·저속 엘리베이터(궤환제어)에서는 승차감과 성능이 크게 향상되고 저속 영역에서 손실을 줄여 소비전력이 약 반으로 된다.
㉣ 3상의 교류는 컨버터로 일단 DC전원으로 변환하고 인버터로 재차 가변전압 및 가변주파수의 3상 교류로 변환하여 전동기에 공급된다.
㉤ 교류에서 직류로 변경되는 컨버터에는 사이리스터가 사용되고, 직류에서 교류로 변경하는 인버터에는 트랜지스터가 사용된다.
㉥ 컨버터제어방식을 PAM(Pulse Amplitude Modulation), 인버터제어방식을 PWM(Pulse Width Modulation)시스템이라고 한다.

★★★

30 유압펌프의 종류 중 회전식이 아닌 것은?

① 피스톤펌프
② 기어펌프
③ 베인펌프
④ 나사펌프

해설 펌프의 종류

㉠ 일반적으로 원심력식, 가변 토출량식, 강제 송유식(가장 많이 사용됨) 등이 있다.
㉡ 강제 송유식의 종류에는 기어펌프, 베인펌프, 스크류펌프(소음이 적어서 많이 사용됨) 등이 있다.
㉢ 스크류펌프(screw pump)는 케이싱 내에 1∼3개의 나사 모양의 회전자를 회전시키고, 유체는 그 사이를 채워서 나아가도록 되어 있는 펌프로서, 유체에 회전운동을 주지 않기 때문에 운전이 조용하고, 효율도 높아서 유압용 펌프에 사용되고 있다.

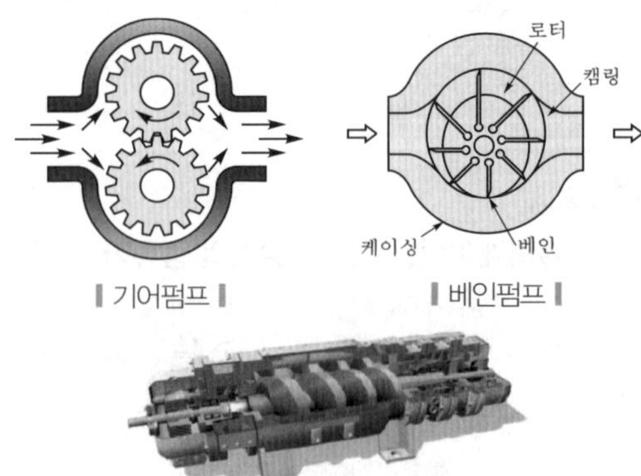

31 피트의 안전점검사항과 거리가 먼 것은?

① 도어클로저의 설치상태
② 콘센트 설치상태
③ 누수 및 청결상태
④ 사다리 등 설치 여부

해설 도어클로저(door closer)는 승강장의 문이 열린 상태에서 모든 제약이 해제되면 자동적으로 닫히게끔 하여 문의 개방 상태에서 생기는 2차 재해를 방지하는 문의 안전장치이며, 전기적인 힘이 없어도 외부 문을 닫아 주는 역할을 하고, 스프링방식과 중력방식이 있다.

32 에스컬레이터의 층고 6m 이하, 공칭속도가 0.5 m/s 이하인 경우 경사각은?

① 20° 이하
② 30° 이하
③ 35° 이하
④ 40° 이하

해설 경사도
㉠ 에스컬레이터의 경사도는 30°를 초과하지 않아야 한다. 다만, 층고가 6m 이하이고, 공칭속도가 0.5m/s 이하인 경우에는 경사도를 35°까지 증가시킬 수 있다.
㉡ 무빙워크의 경사도는 12° 이하이어야 한다.

33 작업 시 보안경 착용에 대한 설명으로 틀린 것은?

① 가스 용접할 때는 보안경을 착용해야 한다.
② 절단하거나 깎는 작업을 할 때는 보안경을 착용해서는 안 된다.
③ 아크 용접할 때는 보안경을 착용해야 한다.
④ 특수 용접할 때는 보안경을 착용해야 한다.

해설 금속 연마나 절단, 정·제련, 석재가공, 플라스틱, 목재 분쇄 등 가공작업 시 발생하는 분진 및 비래물 등으로부터 눈을 보호하기 위해 보안경을 착용한다.

34 다음 중 회로시험기로 측정할 수 없는 것은?

① 전류
② 직류전압
③ 저항
④ 주파수

해설 주파수 측정은 주파수 측정기(frequency meter)로 측정한다.

35 에스컬레이터의 손잡이 폭은 약 몇 mm인가?

① 50mm에서 100mm까지
② 70mm에서 100mm까지
③ 90mm에서 110mm까지
④ 100mm에서 120mm까지

해설 손잡이 시스템
㉠ 각 난간의 상부에는 정상운행 조건하에서 디딤판의 속도와 −0%에서 +2%의 허용오차로 같은 방향과 속도로 움직이는 손잡이가 설치되어야 한다.
㉡ 손잡이는 정상운행 중 운행방향의 반대편에서 450N의 힘으로 당겨도 정지되지 않아야 한다.
㉢ 손잡이 폭은 70mm와 100mm 사이이어야 한다.

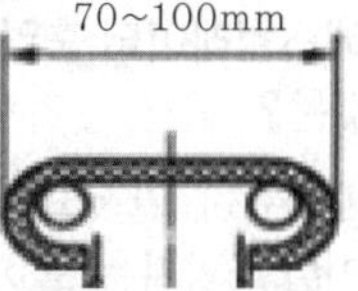

36 우레탄 완충기의 총행정은 정격속도 몇 %에 상응하는 중력 정지거리 이상이어야 하는가?

① 115
② 120
③ 125
④ 130

해설 에너지 분산형 완충기
㉠ 승강기의 정격속도에 상관없이 사용할 수 있는 완충기(유압 완충기, 우레탄 완충기 등)
㉡ 완충기의 가능한 총행정은 정격속도 115%에 상응하는 중력 정지거리 이상이어야 한다.
㉢ 카에 정격하중을 싣고 정격속도의 115%의 속도로 자유 낙하시켜 완충기에 충돌할 때, 평균 감속도는 1G 이하이어야 한다.
㉣ 2.5G를 초과하는 감속도는 0.04초보다 길지 않아야 한다.
㉤ 작동 후에는 영구적인 변형이 없어야 한다.

37 30Ω의 저항에 300V의 전압이 인가된다면 흐르는 전류값은?

① 0.1
② 10
③ 270
④ 9000

해설 옴의 법칙
도체에 전압이 가해졌을 때 흐르는 전류의 크기는 도체의 저항에 반비례하므로 가해진 전압을 $V(\text{V})$, 전류 $I(\text{A})$, 도체의 저항을 $R(\Omega)$이라고 하면 다음과 같다.
$$I = \frac{V}{R} = \frac{300}{30} = 10(\text{A})$$

38 튀어 오름 방지장치의 주된 설치 목적은?

① 고속운전 시
② 부하급변 시
③ 저속운전 시
④ 추락방지안전장치 작동 시

해설 튀어 오름 방지장치(록다운 장치)

추락방지안전장치 작동 시 균형추와 로프가 관성에 의해
튀어 오르는 것을 방지하는 장치, 정격속도 3.5m/s를 초과
한 경우에는 튀어 오름 방지장치가 있어야 한다.

39 다음 중 에스컬레이터 출입구 근처의 안전표시가
잘못된 것은?

① 걷거나 뛰지 마세요
② 어린이나 노약자는 보호자와 함께 이용하세요.
③ 안전선 밖에 서 주세요.
④ 손잡이를 꼭 잡으세요.

해설 에스컬레이터 또는 무빙워크의 출입구 근처의 안전표시

㉠ 주의표시를 위한 표시판 또는 표지는 견고한 재질로 만
들어야 하며, 승강장에서 잘 보이는 곳에 확실히 부착되
어야 한다.
㉡ 주의표시는 80mm×100mm 이상의 크기로 그림과 같
이 표시되어야 한다.

40 엘리베이터의 승강장문 자체점점기준에서 점검
주기가 다른 것은?

① 승강장문 유리 사용 시 손상상태
② 어린이 손끼임방지 수단 설치상태
③ 승강장문 및 관련 부품의 설치 및 작동상태
④ 문짝과 문짝, 문틀 또는 문턱 사이의 틈새

해설 자체점검주기(회/월)

• 1회/1월 : ②, ③, ④
• 1회/3월 : ①

41 깊이가 1.8m인 피트에 설치되는 하부 정지스위
치는 피트 바닥에서 수직 위로 최대 m 이내에 설
치되는가?

① 1   ② 1.2
③ 1.5   ④ 2

해설 피트 출입문 및 피트 바닥에서 잘 보이고 접근 가능한 정지장치

㉠ 피트 깊이가 1.6m 이하인 경우
• 최하층 승강장 바닥에서 수직 위로 최소 0.4m 이내
및 피트 바닥에서 수직 위로 최대 2m 이내
• 승강장문 안쪽 문틀에서 수평으로 최대 0.75m 이내
㉡ 피트 깊이가 1.6m 초과인 경우, 2개의 정지스위치는
다음 구분에 따른 위치에 각각 있어야 한다.
• 상부 정지스위치 : 최하층 승강장 바닥에서 수직 위로
최소 1m 이내 및 승강장문 안쪽 문틀에서 수평으로
최대 0.75m 이내
• 하부 정지스위치 : 피트 바닥에서 수직 위로 최대
1.2m 이내 및 피난공간에서 조작이 가능한 위치

42 카의 실제속도와 지령속도를 비교하여 사이리스
터의 점호각을 바꿔 유도전동기의 속도를 제어하
는 방식은?

① 교류궤환제어   ② 교류 2단제어
③ 워드 레오나드 방식   ④ 정지 레오나드 방식

해설 교류궤환제어

㉠ 카의 실속도와 지령속도를 비교하여 사이리스터(thyristor)
의 점호각을 바꾼다.
㉡ 감속할 때는 속도를 검출하여 사이리스터에 궤환시켜
전류를 제어한다.
㉢ 전동기 1차측 각 상에 사이리스터와 다이오드를 역병렬
로 접속하여 역행 토크를 변화시킨다.
㉣ 모터에 직류를 흘려서 제동토크를 발생시킨다.
㉤ 미리 정해진 지령속도에 따라 정확하게 제어되므로, 승차
감 및 착상 정도가 교류 1단 교류 2단 속도제어보다 좋다.
㉥ 교류 2단 속도제어와 같은 저속주행 시간이 없으므로
운전시간이 짧다.
㉦ 40~105m/min의 승용 엘리베이터에 주로 적용된다.

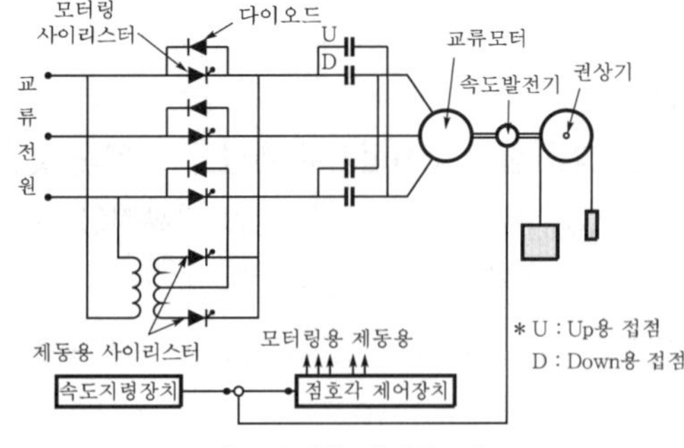

‖ 교류궤환 제어회로 ‖

★★★

43 다음과 같은 전동기의 내열등급 중 가장 높은 온도까지 견딜 수 있는 것은?

① A종
② E종
③ H종
④ F종

해설 **전동기의 내열등급**

- 전동기 절연물의 내열 성능을 나타내는 지표
- 각 등급은 해당 온도에서 일정 시간 동안 견딜 수 있는 절연 성능을 보증한다.

절연등급	Y종	A종	E종	B종	F종	H종	C종
허용 최고 온도	90℃	105℃	120℃	130℃	155℃	180℃	108℃ 초과

★★★★

44 카 또는 승강장 출입구 문턱부터 아래로 평탄하게 내려진 수직 부분의 앞 보호판을 무엇이라 하는가?

① 슬링
② 에이프런
③ 피난안전구역
④ 승강로 상부공간

해설 **에이프런(보호판)**

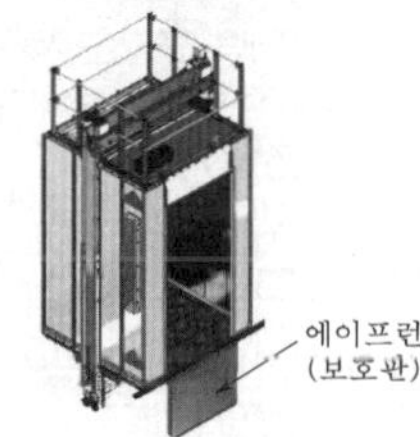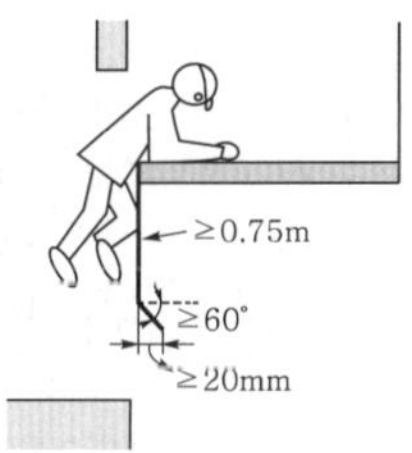

㉠ 카 문턱에는 승강장 유효출입구 전폭에 걸쳐 에이프런이 설치되어야 한다. 수직면의 아랫부분은 수평면에 대해 60° 이상으로 아래 방향을 향하여 구부러져야 한다. 구부러진 곳의 수평면에 대한 투영길이는 20mm 이상이어야 한다.

㉡ 수직 부분의 높이는 0.75m 이상이어야 한다.

★★★★

45 유압식 엘리베이터에 가장 많이 사용되고 있는 펌프는?

① 원심펌프
② 베인펌프
③ 기어펌프
④ 스크류펌프

해설 유압회로의 펌프는 일반적으로 압력 맥동이 작고 진동과 소음이 작은 스크류(screw)펌프가 널리 사용된다.

┃ 스크류(screw)펌프 ┃

★★★★★

46 균형로프 및 균형체인의 기능으로 옳은 것은?

① 균형추의 무게 보상
② 카의 수평 밸런스를 개선
③ 카와 균형추의 무게를 조정
④ 승강 행정이 긴 경우 주로프의 무게를 보상

해설 **견인비의 보상방법**

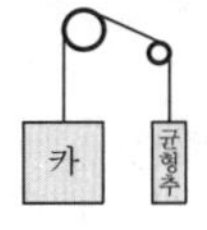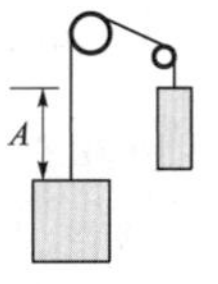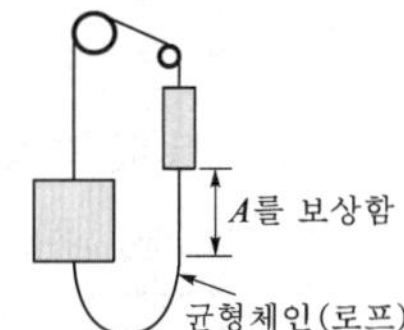

㉠ 견인비(traction ratio)

- 카측 로프가 매달고 있는 중량과 균형추 로프가 매달고 있는 중량의 비를 트랙션비라 하고, 무부하와 전부하 상태에서 체크한다.
- 견인비가 낮게 선택되면 로프와 도르래 사이의 트랙션 능력, 즉 마찰력이 작아도 되며, 로프의 수명이 연장된다.

㉡ 문제점

- 승강행정이 길어지면 로프가 어느 쪽(카측, 균형추측)에 있느냐에 따라 트랙션비는 크게 변화한다.
- 트랙션비가 1.35를 초과하면 로프가 시브에서 슬립(slip)되기가 쉽다.

㉢ 대책

- 카 하부에서 균형추의 하부로 주로프와 비슷한 단위중량의 균형(보상)체인이나 로프를 매단다(트랙션비를 작게 하기 위한 방법).
- 균형로프는 시로 엉기는 걸 방지하기 위하여 비트에 인장도르래를 설치한다.
- 균형로프는 100%의 보상효과가 있고 균형체인은 90% 정도밖에 보상하지 못한다.
- 고속·고층 엘리베이터의 경우 균형체인(소음의 원인)보다는 균형로프를 사용한다.

┃ 균형체인 ┃

정답 43. ③ 44. ② 45. ④ 46. ④

★★

47 하중의 시간적인 변화에 따른 분류에 속하지 않는 것은?

① 분포하중
② 교번하중
③ 반복하중
④ 충격하중

해설 하중

㉠ 하중의 작용 상태에 따른 분류
  • 인장하중
  • 압축하중
  • 전단하중
  • 굽힘하중
  • 비틀림하중
㉡ 하중의 분포 상태에 따른 분류
  • 집중하중
  • 분포하중
㉢ 하중값의 시간변화에 따른 분류
  • 정하중
  • 동하중(충격하중, 반복하중, 교번하중)

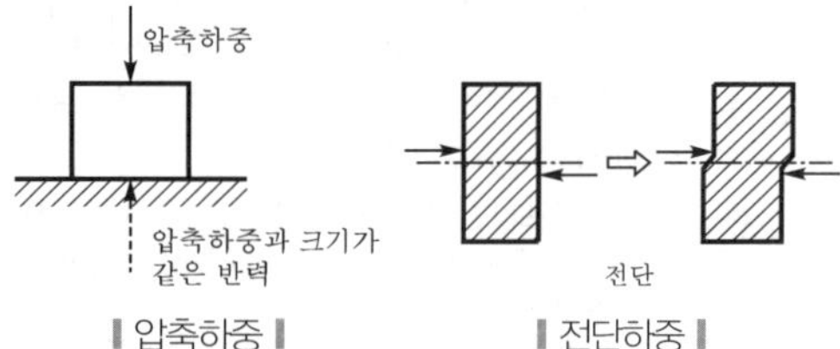

★★★★

48 전선의 굵기를 산정할 때 우선적으로 고려하여야 할 사항으로 거리가 먼 것은?

① 전압강하
② 전지저항
③ 허용전류
④ 기계적 강도

해설 전선의 굵기 선정 시 고려해야 할 사항 3요소는 전압강하, 기계적 강도, 허용전류이며 그 중 가장 중요한 것은 허용전류이다.

★★★★

49 100mH의 자기인덕턱스를 가진 코일에 10A의 전류가 통과할 때 축적되는 에너지는 몇 J인가?

① 1
② 5
③ 50
④ 1000

해설 코일에 축적되는 에너지

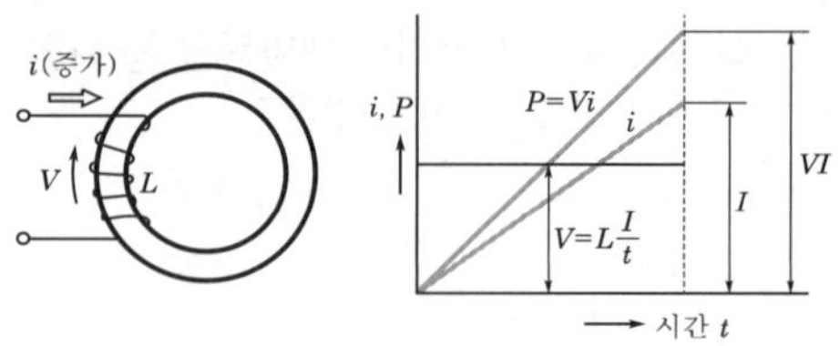

자체인덕턴스(자기인덕턴스) L에 흐르는 전류 i를 t초 동안 0에서 I(A)까지 일정한 비율로 증가시키면 다음과 같다.
㉠ 코일에 유도되는 전압의 크기 $V = LI/t$(V)로 일정하다.
㉡ 전류는 렌츠의 법칙에 따라 유도전압과 반대방향으로 흐르며 $P = Vi$의 전력이 코일 L에 공급된다.
㉢ 전력은 시간에 대하여 직선적으로 변하므로 t(sec)동안의 평균전력은 $VI/2$가 된다.
㉣ t(sec)동안에 코일 L에 공급되는 에너지는 다음과 같다.

$$W = \frac{VI}{2}t = \frac{1}{2}L\frac{I}{t}It = \frac{1}{2}LI^2(J)$$

$$\therefore W = \frac{1}{2} \times 100 \times 10^{-3} \times 10^2 = 5(J)$$

★★★★

50 3상 유도전동기의 회전방향을 바꾸기 위한 방법으로 옳은 것은?

① △-Y결선으로 변경한다.
② 회전자를 수동으로 역회전시켜 기동한다.
③ 3선을 차례대로 바꾸어 연결한다.
④ 3상 전원 중 2선의 접속을 바꾼다.

해설 3상 교류인 3개의 단자 중 어느 2개의 단자를 서로 바꾸어 접속하면 1차 권선에 흐르는 상회전 방향이 반대가 되므로 자장의 회전방향도 바뀌어 역회전을 한다.

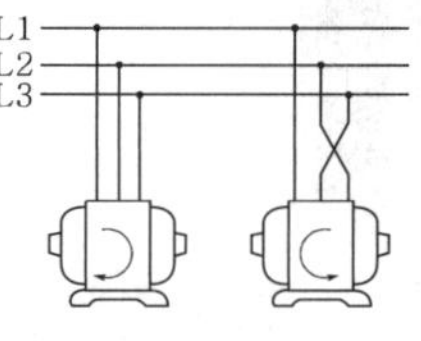

★★★★★

51 평형 3상 Y결선에서 상전압 V_p와 선간전압 V_l과의 관계는?

① $V_l = V_p$
② $V_l = \sqrt{3}\, V_p$
③ $V_l = \dfrac{1}{\sqrt{3}}\, V_p$
④ $V_l = 3 V_p$

해설 3상 교류회로의 Y결선

㉠ $I_l = I_p$

㉡ $V_l = \sqrt{3}\, V_p \Big/ \dfrac{\pi}{6}$ (앞섬)

(선간전압은 상전압보다 $\sqrt{3}$ 배 크고, 위상이 30° 앞선다)

★★★

52 승강기의 도어시스템 종류를 분류할 때 1S, 2S, 3S, 2짝문 CO, 4짝문 CO로 나타내는데, 여기서 1S, 2S, 3S 표기 중 S는 무엇을 나타내는가?

① 문짝수
② 측면 열기
③ 중앙 열기
④ 상하 열기

해설 엘리베이터 출입구에 대한 도어 배열

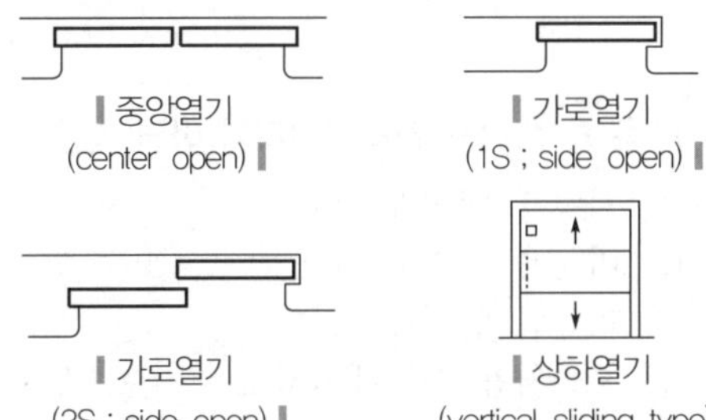

㉠ CO : 중앙개폐(Center Opening)
㉡ S : 측면(가로)개폐(Side Opening)
㉢ UP : 상승개폐(UP opening), 자동차용이나 대형 화물용 엘리베이터에서는 카 실을 완전히 개구할 필요가 있기 때문에 상승개폐(2UP, 3UP)도어를 많이 사용한다.

★★

53 소방구조용 엘리베이터의 기본요건에 대한 설명으로 틀린 것은?

① 소방운전 시 모든 승강장의 출입구마다 정지할 수 있어야 한다.
② 승강장문과 카문이 연동되는 자동 수평 개폐식 문이 설치되어야 한다.
③ 출입문의 유효폭은 800mm 이상, 정격하중은 800kg 이상이어야 한다.
④ 2개의 카 출입문이 있는 경우, 소방운전 시 어떠한 경우라도 2개의 출입문이 동시에 열리지 않아야 한다.

해설 소방구조용 엘리베이터의 기본요건

㉠ 소방운전 시 모든 승강장의 출입구마다 정지할 수 있어야 한다.
㉡ 엘리베이터의 크기는 630kg의 정격하중을 갖는 폭 1100mm, 깊이 1400mm 이상이어야 하며, 출입구 유효폭은 800mm 이상이어야 한다.
㉢ 소방관 접근 지정층에서 소방관이 조작하여 엘리베이터 문이 닫힌 이후부터 60초 이내에 가장 먼 층에 도착되어야 한다. 다만, 운행속도는 1m/s 이상이어야 한다.

★★★★

54 엘리베이터가 미리 정해진 속도를 초과하여 하강하는 경우, 과속조절기로프를 붙잡아 추락방지안전장치를 작동시키는 장치는?

① 완충기
② 엔코더
③ 리밋스위치
④ 과속조절기

해설 과속조절기(overspeed governor)

엘리베이터가 미리 설정된 속도에 도달할 때 엘리베이터를 정지시키도록 하고, 필요한 경우에는 추락방지안전장치를 작동시키는 장치

★★

55 카의 비상구출문에 대한 설명으로 틀린 것은?

① 카 벽에 설치된 비상구출문은 카 내부방향으로 열리지 않아야 한다.
② 비상구출 운전 시, 카 내 승객의 구출은 항상 카 밖에서 이루어져야 한다.
③ 카 벽에 설치된 비상구출문은 열쇠 등을 사용하지 않고 카 외부에서 간단한 조작으로 열 수 있어야 한다.
④ 카 천장에 설치된 비상구출문은 열쇠 등을 사용하지 않고 카 외부에서 간단한 조작으로 열 수 있어야 한다.

해설 비상구출문

㉠ 비상구출문에는 손으로 조작할 수 있는 잠금장치가 있어야 한다.
㉡ 카 천장의 비상구출문은 카 외부에서 열쇠 없이 열려야 하고, 카 내부에서는 비상잠금해제 삼각열쇠로 열려야 한다.
㉢ 카 천장의 비상구출문은 카 내부방향으로 열리지 않아야 한다.
㉣ 카 벽의 비상구출문은 카 외부에서 열쇠 없이 열려야 하고, 카 내부에서는 비상잠금해제 삼각열쇠로 열려야 한다.
㉤ 카 벽의 비상구출문은 카 외부방향으로 열리지 않아야 한다.

정답 52. ② 53. ③ 54. ④ 55. ①

★★★

56 다음 ( ) 안에 들어갈 내용으로 옳은 것은?

> 장애인용 엘리베이터의 호출버튼·조작반·통화장치 등 승강기의 안팎에 설치되는 모든 스위치의 높이는 바닥면으로부터 (ⓐ)m 이상 (ⓑ)m 이하로 설치하여야 한다.

① ⓐ : 0.7, ⓑ : 1.2
② ⓐ : 0.8, ⓑ : 1.2
③ ⓐ : 0.9, ⓑ : 1.5
④ ⓐ : 1.0, ⓑ : 1.5

해설 **장애인용 엘리베이터의 이용자 조작설비**
호출버튼·조작반·통화장치 등 승강기의 안팎에 설치되는 모든 스위치의 높이는 바닥면으로부터 0.8m 이상 1.2m 이하의 위치에 설치되어야 한다. 다만, 스위치의 수가 많아 1.2m 이내에 설치되는 것이 곤란한 경우에는 1.4m 이하까지 완화될 수 있다.

★★★★

57 문닫힘 안전장치가 아닌 것은?

① 광전장치
② 세이프티 슈
③ 초음파장치
④ 역결상검출장치

해설 **도어의 안전장치**
엘리베이터의 도어가 닫히는 순간 승객이 출입하는 경우 충돌사고의 원인이 되므로 도어 끝단에 검출장치를 부착하여 도어를 반전시키는 장치이다.
㉠ 세이프티 슈(safety shoe) : 도어의 끝에 설치하여 물체가 접촉하면 도어의 닫힘을 중지하며 도어를 반전시키는 접촉식 보호장치
㉡ 세이프티 레이(safety ray) : 광선 빔을 통하여 이것을 차단하는 물체를 광전장치(photo electric device)에 의해서 검출하는 비접촉식 보호장치
㉢ 초음파장치(ultrasonic door sensor) : 초음파의 감지 각도를 조절하여 카쪽의 물체(유모차, 휠체어 등)나 사람을 검출하여 도어를 반전시키는 비접촉식 보호장치

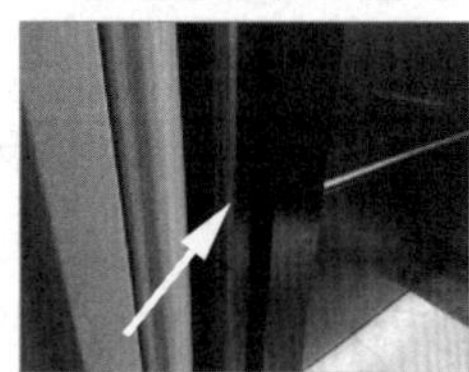

▮ 세이프티 슈 설치 상태 ▮

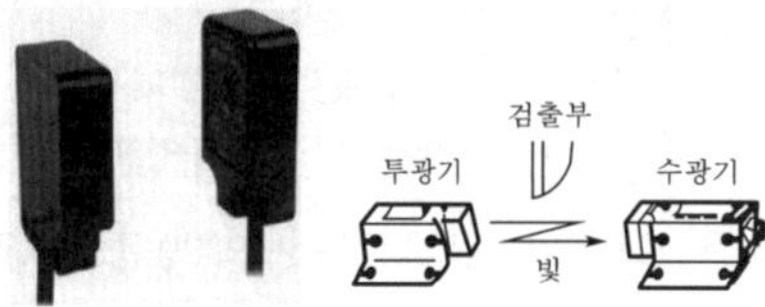

▮ 광전장치 ▮

★★

58 자동차용 엘리베이터의 정격하중은 카의 면적 1m^{2}당 몇 kg으로 계산한 값 이상인가?

① 100
② 150
③ 200
④ 250

해설 **카의 유효 면적, 정격하중**
㉠ 자동차용 엘리베이터의 경우 카의 유효면적은 1m^{2}당 150kg으로 계산한 값 이상이어야 한다.
㉡ 주택용 엘리베이터의 경우 카의 유효면적은 1.4m^2 이하이어야 하고, 다음과 같이 계산되어야 한다.
• 유효면적이 1.1m^2 이하인 것 : 1m^{2}당 195kg으로 계산한 수치, 최소 159kg
• 유효면적이 1.1m^2 초과인 것 : 1m^{2}당 305kg으로 계산한 수치

★★

59 다음 중 승객용 엘리베이터가 아닌 것은?

① 전망용 엘리베이터
② 비상용 엘리베이터
③ 피난용 엘리베이터
④ 자동차용 엘리베이터

해설 ④ 화물용 엘리베이터(자동차용 엘리베이터를 포함)에 해당한다.

★★★

60 다음 ( ) 안에 내용으로 옳은 것은?

> 승강장문 및 카문이 닫혀 있을 때, 문짝 간 틈새나 문짝과 문틀(측면) 또는 문턱 사이의 틈새는 ( )mm 이하이어야 한다.

① 5
② 6
③ 7
④ 8

해설 승강장문 및 카문이 닫혀 있을 때, 문짝 간 틈새나 문짝과 문틀(측면) 또는 문턱 사이의 틈새는 6mm 이하이어야 하며, 관련 부품이 마모된 경우에는 10mm까지 허용될 수 있다. 유리로 만든 문은 제외한다.

※ 본 문제는 수험생들의 협조에 의해 작성되었으며, 시험내용과 일부 다를 수 있습니다.

01 에스컬레이터의 계단(스텝)은 계단체인에 의해 연결되어 순환되는데 이것을 안전하게 순환시키는 것은 계단 자체의 구조와 그것에 설치되어 있는 것으로서 롤러를 안내하는 것은?

① 레일 　② 스프링
③ 트러스 　④ 라이저

해설 구동장치 보수 점검사항

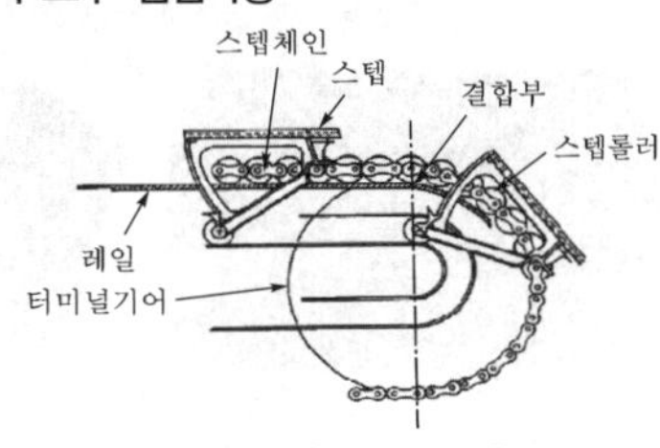

∥ 스텝체인의 구동 ∥

02 승객용 엘리베이터의 카 도어에 대한 설명으로 틀린 것은?

① 동시에 하나의 출입구만 열려야 한다.
② 도어 패널(panel)은 움푹 패이거나 위로 솟는 부위가 없이 평평한 표면을 지녀야 한다.
③ 주행 중에는 카 도어가 열릴 수 없는 구조이어야 한다.
④ 승객용이므로 스테인리스 강판으로 제작되어야 한다.

해설 도어 패널은 주로 강판을 성형한 것에 적절한 보강을 해서 사용하며, 도어 행거의 롤러에는 개폐 시 소음을 저게 할 필요가 있는 승용 엘리베이터에서는 강재 롤러에 플라스틱 등의 타이어를 끼운 것이 사용된다.

03 엘리베이터의 완충기에 대한 설명 중 틀린 것은?

① 엘리베이터 피트 부분에 설치한다.
② 케이지나 균형추의 자유낙하를 완충한다.
③ 용수철 완충기와 유입 완충기 두 가지가 있다.
④ 엘리베이터의 속도가 낮은 곳에는 용수철 완충기가 사용된다.

해설 완충기(buffer)는 카가 어떤 원인으로 최하층을 통과하여 피트로 떨어졌을 때, 충격을 완화하기 위하여 혹은 카가 밀어 올려졌을 때를 대비하여 균형추의 바로 아래에도 완충기를 설치한 다. 그러나 이 완충기는 카나 균형추의 자유낙하를 완충하기 위한 것은 아니다.

04 발전기의 계자에 넣은 작은 양의 저항변화에 의하여 큰 동력을 제어할 수 있는 제어방식은?

① 워드-레오나드 방식
② 피드백 제어방식
③ 사이리스터 제어방식
④ 여자기 제어방식

해설 워드-레오나드(Ward-Leonard) 방식은 초기 직류 엘리베이터의 속도제어에 널리 사용되던 방식으로 전동발전기(motor-generator : MG)를 엘리베이터 1대당 1세트를 설치하여 MG의 출력을 직접 직류모터 전기자에 공급하고 발전기의 계자전류를 조절하여 발전기의 발생전압을 임의로 연속적으로 변화시켜 직류모터의 속도를 연속으로 광범위하게 제어한다. 발전기의 계자에 소용량의 저항을 연결하여 대전력을 제어할 수 있어 손실이 작은 것이 특징이다.

05 사다리를 사용하는 작업에서 안전수칙에 어긋나는 행위는?

① 위험 및 사용금지의 표찰이 붙어서 결함이 있는 사다리를 사용할 때는 주의하면서 사용한다.
② 사다리 밑 끝이 불안전하거나 3m 이상의 높은 곳이면 다른 사람으로 하여금 붙들게 하고 작업한다.
③ 사다리를 문 앞에 설치할 때는 문을 완전히 열어 놓거나 잠궈야 한다.
④ 사다리 설치 시에는 사다리의 밑바닥이 사다리 길이와 관련지어 어느 정도 벽에서 떨어지게 한다.

해설 안전하게 사용될 수 없는 사다리는 작업장 밖으로 반출시켜야 한다.

정답　01. ①　02. ④　03. ②　04. ①　05. ①

★★★★

06 유압장치의 보수, 점검 또는 수리 등을 할 때 사용되는 것으로서 이것을 닫으면 실린더의 기름이 파워유닛으로 역류하는 것을 방지하는 장치는?

① 스톱밸브 ② 체크밸브
③ 안전밸브 ④ 제어밸브

해설 스톱밸브는 유압 파워유닛과 실린더 사이의 압력배관에 설치되며, 이것을 닫으면 실린더의 기름이 파워유닛으로 역류하는 것을 방지한다. 유압장치의 보수, 점검 또는 수리 등을 할 때에 사용되며, 일명 게이트밸브라고도 한다.

★★★

07 엘리베이터 자체점검기준에 의한 점검방법의 분류에 해당되지 않는 것은?

① 형식에 의한 검사
② 육안에 의한 검사
③ 검사기기에 의한 검사
④ 시험에 의한 검사

해설 승강기 자체점검방법 : 육안검사, 측정검사, 시험검사

★★

08 피트에 설치되는 전기장치가 아닌 것은?

① 감속기 ② 콘센트
③ 정지스위치 ④ 점검운전 조작반

해설 피트에 설치되는 전기장치
㉠ 정지스위치
㉡ 점검운전 조작반
㉢ 콘센트
㉣ 승강로 조명의 점멸수단

★★

09 에스컬레이터의 안전장치가 아닌 것은?

① 발판(step)체인이 끊어지거나 과도하게 늘어났을 때 동작하는 장치
② 스커트 가드와 발판 사이에 이물질이 들어갔을 때 동작하는 장치
③ 발판에 하중을 너무 많이 실었을 때 동작하는 장치
④ 이동손잡이(hand rail)가 드나드는 구멍에 물체가 끼었을 때 동작하는 장치

해설 에스컬레이터의 안전장치

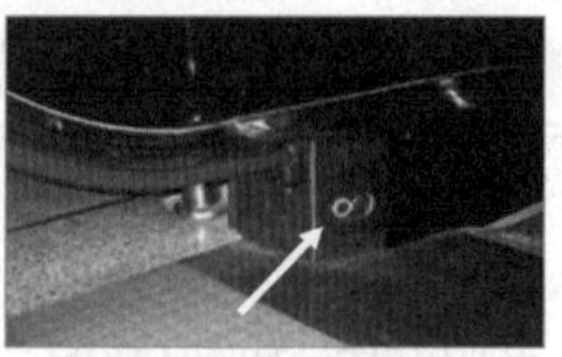

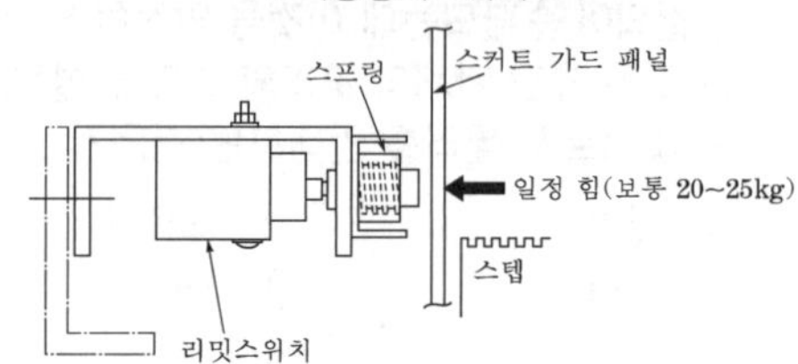

㉠ 비상정지스위치 : 사고 발생 시 신속히 정지시켜야 하므로 상하의 승강구에 설치한다.
㉡ 스커트 가드(skirt guard)스위치 : 스커트 가드판과 스텝 사이에 인체의 일부나 옷, 신발 등이 끼면 위험하므로 스커트 가드 패널에 일정 이상의 힘이 가해지면 안전스위치가 작동되어 에스컬레이터를 정지시킨다.
㉢ 인레트스위치(inlet switch) : 핸드레일의 인입구에 설치하며, 핸드레일이 난간 하부로 들어갈 때 어린이의 손가락이 빨려 들어가는 사고 발생 시 에스컬레이터 운행을 정지시킨다.
㉣ 스텝체인

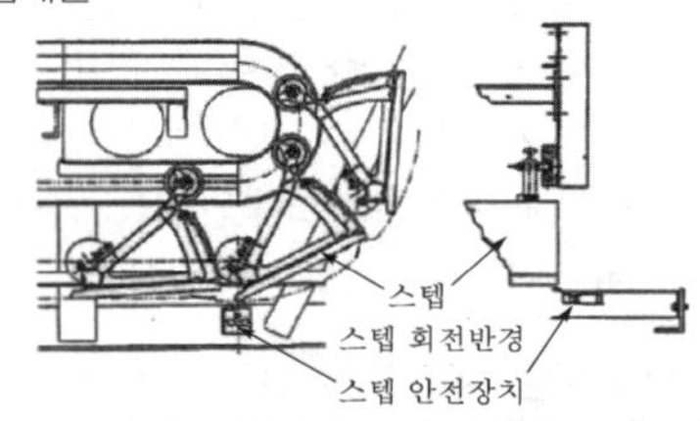

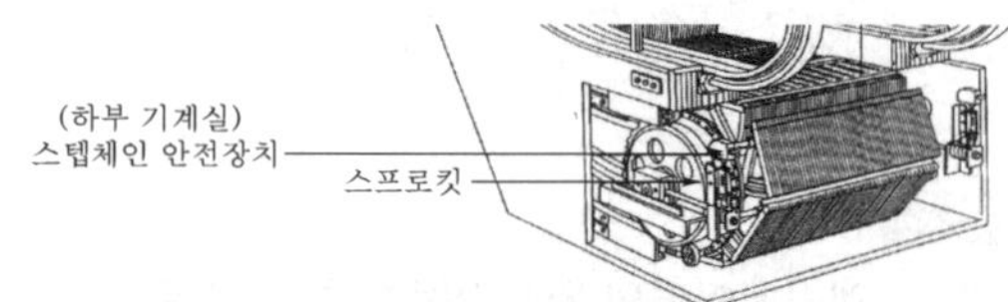

• 스텝체인이 절단되거나 심하게 늘어날 경우 스텝이 위치를 벗어나면 자동으로 구동기모터의 전원을 차단하고 기계브레이크를 작동시킴으로써 스텝과 스텝 사이의 간격이 생기는 등의 결과를 방지하는 장치이다.
• 에스컬레이터 각 체인의 절단에 대한 안전율은 담금질한 강철에 대하여 5 이상이어야 한다.

정답 06. ① 07. ① 08. ① 09. ③

10 다음 안내표시의 색상은?

> 문이 열리면 승강기 안의 바닥을 확인한 후 탑승하시기 바랍니다.

① 파란색 ② 빨강색
③ 주황색 ④ 보라색

해설 **안전이용 안내표지 또는 명판의 규격**

㉠ 크기 : 바닥에 부착하는 경우 가로 1.1m, 세로 0.11m로 하되 부착위치가 변경되거나 부착위치가 협소하여 크기를 준수하기 어려운 경우 비율(가로 : 세로=10 : 1)을 준수한다.
㉡ 색상 : 파란색(바닥이 검은색 계열이거나 어두운 장소인 경우 주황색으로 할 수 있다)
㉢ 재질
• 스티커 : PET 필름 0.2mm
• 보호필름 : PVC 0.8mm(미끄럼방지기능 포함)

11 다음 중 엘리베이터의 안전장치가 아닌 것은?

① 과속조절기
② 완충기
③ 브레이크
④ 균형체인

해설 **로프식 방식에서 미끄러짐(매우 위험함)을 결정하는 요소**

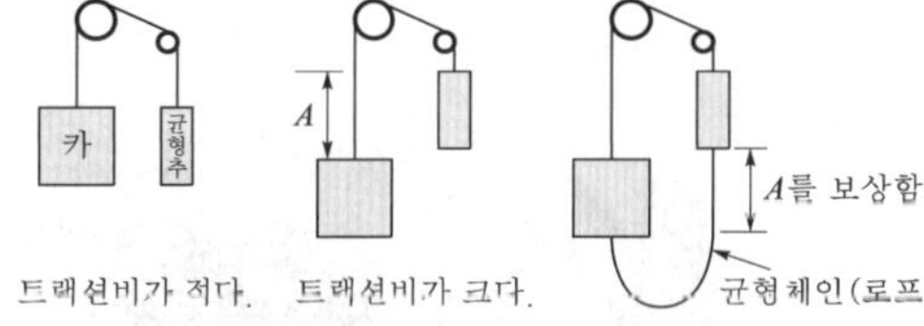

로프식 엘리베이터의 승강행정이 길어지면 로프가 어느 쪽(카측, 균형추측)에 있느냐에 따라 트랙션비는 커져 와이어로프의 수명 및 전동기 용량 등에 문제가 발생한다. 이런 문제를 해결하기 위해 카 하부에서 균형추 하부로 주로프와 비슷한 단위중량의 균형체인을 사용하여 90% 정도의 보상을 하지만, 고층용 엘리베이터의 경우 균형(보상)체인은 소음이 발생하므로 엘리베이터의 속도가 120m/min 이상에는 균형(보상)로프를 사용한다.

12 기계실 작업공간의 바닥면 조도는 몇 lx 이상의 영구적으로 설치된 조명이 있어야 하는가?

① 50lx
② 100lx
③ 150lx
④ 200lx

해설 기계실·기계류 공간 및 풀리실에는 다음의 구분에 따른 조도 이상을 밝히는 영구적으로 설치된 전기조명이 있어야 한다.
㉠ 작업공간의 바닥면 : 200lx
㉡ 작업공간 간 이동공간의 바닥면 : 50lx

13 문짝수는 2이고 문은 측면개폐방식일 경우를 기호로 나타낸 것은?

① 1S ② 2S
③ 1CO ④ 2CO

해설 **엘리베이터 출입구에 대한 도어 배열**

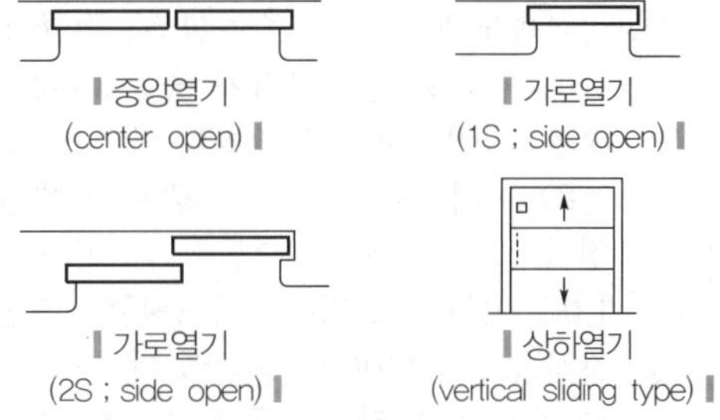

㉠ CO : 중앙개폐(Center Opening)
㉡ S : 측면(가로)개폐(Side Opening)
㉢ UP : 상승개폐(UP opening), 자동차용이나 대형 화물용 엘리베이터에서는 카 실을 완전히 개구할 필요가 있기 때문에 상승개폐(2UP, 3UP)도어를 많이 사용한다.

14 엘리베이터 승강로 구조에서 작업자가 피트 바닥으로 안전하게 내려가기 위해 사용 위치에 고정시킨 사다리의 높이는 승강장문 문턱 위로 몇 m 이상 연장되어야 하는가?

① 1 ② 1.1
③ 1.2 ④ 1.3

해설 **피트 사다리의 일반사항**

㉠ 피트 사다리는 승강로에서 제거되거나 엘리베이터 이외의 다른 용도로 사용되지 않도록 피트에 영구적으로 보관되어야 한다.

정답 10. ① 11. ④ 12. ④ 13. ② 14. ②

ㄴ 피트 사다리의 강도 및 재질 등은 다음과 같아야 한다.
  • 한 사람의 무게에 해당하는 1500N의 힘에 견뎌야 한다.
  • 알루미늄 또는 부식방지 조치가 된 철 재질이어야 한다. 어떠한 경우에도 목재 사다리는 피트 사다리로 사용되지 않아야 한다.
ㄷ 사용 위치에 고정된 사다리의 높이는 승강장문 문턱 위로 1.1m 이상 연장되어야 한다.

★★★★★

15 무빙워크의 경사도는 몇 도 이하인가?

① 8 ② 10
③ 12 ④ 15

해설 경사도

ㄱ 에스컬레이터의 경사도는 30°를 초과하지 않아야 한다. 다만, 층고가 6m 이하이고, 공칭속도가 0.5m/s 이하인 경우에는 경사도를 35°까지 증가시킬 수 있다.
ㄴ 무빙워크의 경사도는 12° 이하이어야 한다.

★★★

16 에너지 분산형 완충기(유입식)의 행정거리에 관한 설명 중 옳은 것은?

① 정격속도의 115%로 충돌할 때 평균감속도 0.1G 이하로 정지하기에 충분한 행정
② 정격속도의 140%로 충돌할 때 평균감속도 0.1G 이하로 정지하기에 충분한 행정
③ 정격속도의 115%로 충돌할 때 평균감속도 1.0G 이하로 정지하기에 충분한 행정
④ 정격속도의 140%로 충돌할 때 평균감속도 1.0G 이하로 정지하기에 충분한 행정

해설 에너지 분산형 완충기

ㄱ 승강기의 정격속도에 상관없이 사용할 수 있는 완충기 (유압 완충기, 우레탄 완충기 등)
ㄴ 완충기의 가능한 총 행정은 정격속도 115%에 상응하는 중력 정지거리 이상이어야 한다.
ㄷ 카에 정격하중을 싣고 정격속도의 115%의 속도로 자유낙하하여 완충기에 충돌할 때, 평균감속도는 1G 이하이어야 한다.
ㄹ 2.5G를 초과하는 감속도는 0.04초보다 길지 않아야 한다.
ㅁ 작동 후에는 영구적인 변형이 없어야 한다.

★★★

17 로프의 꼬임방법으로 승객용 엘리베이터에서 일반적으로 가장 많이 사용하는 방법은?

① 랭S꼬임 ② 랭Z꼬임
③ 보통S꼬임 ④ 보통Z꼬임

해설 와이어로프의 꼬임 방법

종류	꼬이는 방향	특징	형상
보통 꼬임 (regular lay)	소선과 스트랜드의 꼬임 방향이 다르다.	외주(外周)가 마모되기 쉽지만 꼬임이 풀리기 어렵다. 유연성이 좋다.	Z꼬임, S꼬임
랭 꼬임 (lang lay)	소선과 스트랜드의 꼬임 방향이 같다.	외주(外周)가 마모되기 어렵지만 꼬임이 풀리기 쉽다. 유연성이 좋다.	

| 보통Z꼬임 | 보통S꼬임 | 랭Z꼬임 | 랭S꼬임 |

★★★★★

18 와이어로프의 구성요소가 아닌 것은?

① 소선
② 심강
③ 킹크
④ 스트랜드

해설 와이어로프

ㄱ 와이어로프의 구성
  • 심(core)강
  • 가닥(strand)
  • 소선(wire)

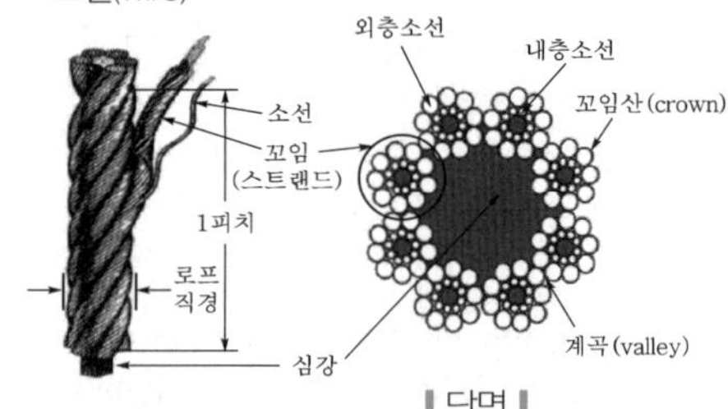

ㄴ 소선의 재료 : 탄소강(C : 0.50~0.85 섬유상 조직)
ㄷ 와이어로프의 표기

```
6    ×    Fi    (24)    ×    IWRC    B종    20mm
```
- rope diameter
- 종별(소선의 인장 강도)
- 심강의 종류
- strand 구성(소선수)
- S : 스트랜드형
- W : 워링톤형
- Fi : 필러형
- Ws : 워링톤시일형
- rope의 구성 (strand 수)

★★★★

19 엘리베이터 도어머신에 요구되는 특성 중 옳은 것은?

① 원활한 작동을 위해서는 소음이 있어도 좋다.
② 감속기로는 헬리컬 감속기가 주류를 이루고 있다.
③ 우수한 성능을 내기 위해서는 중량감이 있어야 한다.
④ 구출작업 시 닫혀진 상태에서 정전 시 손으로 열 수 있어야 한다.

해설 도어머신(door machine)에 요구되는 조건

모터의 회전을 감속하여 암이나 벨트 등을 구동시켜서 도어를 개폐시키는 것이며, 닫힌 상태에서 정전으로 갇혔을 때 구출을 위해 문을 손으로 열 수가 있어야 한다.

㉠ 작동이 원활하고 조용할 것
㉡ 카 상부에 설치하기 위해 소형 경량일 것
㉢ 동작횟수가 엘리베이터 기동횟수의 2배가 되므로 보수가 용이할 것
㉣ 가격이 저렴할 것

★★★

20 소방구조용 엘리베이터의 기본요건에 대한 설명으로 틀린 것은?

① 출입구 유효폭은 900mm 이상이어야 한다.
② 운행속도는 1m/s 이상이어야 한다.
③ 정격하중은 630kg 이상이어야 한다.
④ 소방관이 조작하여 엘리베이터 문이 닫힌 이후부터 60초 이내에 가장 먼 층에 도착하여야 된다.

해설 소방구조용 엘리베이터의 기본요건

㉠ 소방운전 시 모든 승강장의 출입구마다 정지할 수 있어야 한다.
㉡ 엘리베이터의 크기는 630kg의 정격하중을 갖는 폭 1100mm, 깊이 1400mm 이상이어야 하며, 출입구 유효폭은 800mm 이상이어야 한다.
㉢ 소방관 접근 지정층에서 소방관이 조작하여 엘리베이터 문이 닫힌 이후부터 60초 이내에 가장 먼 층에 도착되어야 한다. 다만, 운행속도는 1m/s 이상이어야 한다.

★★

21 2개의 축이 같은 평면 내에 있으면서 그 중심선이 30° 이내의 각도로 교차하는 경우의 축이음으로 가장 적합한 것은?

① 고정 커플링(fixed coupling)
② 올덤 커플링(Oldham's coupling)
③ 플렉시블 커플링(flexible coupling)
④ 유니버설 커플링(universal coupling)

해설 유니버설 커플링

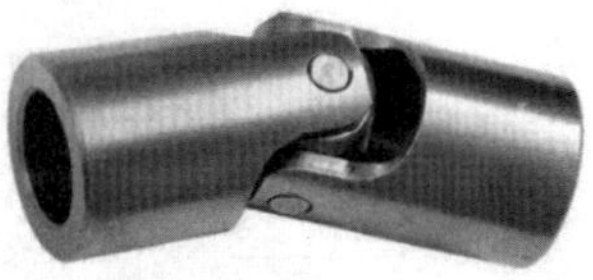

㉠ 두 축이 같은 축에 있지 않고 축 사이에 각도(5~45°)가 있을 때 연결된 두 축이 연속적으로 회전할 수 있으며 토크와 모션이 안정적으로 전달될 수 있다.
㉡ 가장 큰 특징은 그 구조가 큰 각도 보상 능력, 높은 전송 효율이다.

★★★

22 안전율을 나타내는 식으로 옳은 것은?

① $\dfrac{인장강도}{허용응력}$ ② $\dfrac{사용응력}{허용응력}$

③ $\dfrac{허용응력}{인장강도}$ ④ $\dfrac{허용응력}{사용응력}$

해설 안전율(safety factor)

㉠ 제한하중보다 큰 하중을 사용할 가능성이나 재료의 고르지 못함이나 제조공정에서 생기는 제품품질의 불균일, 사용 중의 마모, 부식 때문에 약해지거나 설계자료의 신뢰성에 대한 불안에 대비하여 사용하는 설계계수를 말한다.
㉡ 구조물의 안전을 유지하는 정도, 즉 파괴(극한, 인장)강도를 그 허용응력으로 나눈 값을 말한다.

★★

23 측정은 방법에 따라 직접측정, 비교측정, 간접측정, 절대측정으로 구분할 수 있는데, 다음 중 비교측정법으로 측정하는 것은?

① 마이크로미터
② 다이얼게이지
③ 사인바
④ 터보게이지

해설 다이얼게이지(dial gauge)

기어장치로 미소한 변위를 확대하여 길이나 변위를 정밀 측정하는 계기이다. 일반적으로 사용되고 있는 것은 지침으로 긴바늘과 짧은바늘을 갖춘 시계형이다. 측정하려는 물건에 접촉시키면, 스핀들(spindle)의 작은 움직임이 톱니바퀴로 전달되어 지침이 움직임으로써 눈금을 읽도록 되어 있다. 다이얼의 눈금은 원주를 100등분하여 한 눈금이 0.1mm를 나타낸다. 구조상 스핀들의 움직이는 범위에는 한도가 있어서 길이의 측정범위는 5~10mm 정도의 것이 많다. 길이의 비교측정 외에 공작물의 흔들림, 두 면 사이의 평행도 측정 등에 이용된다.

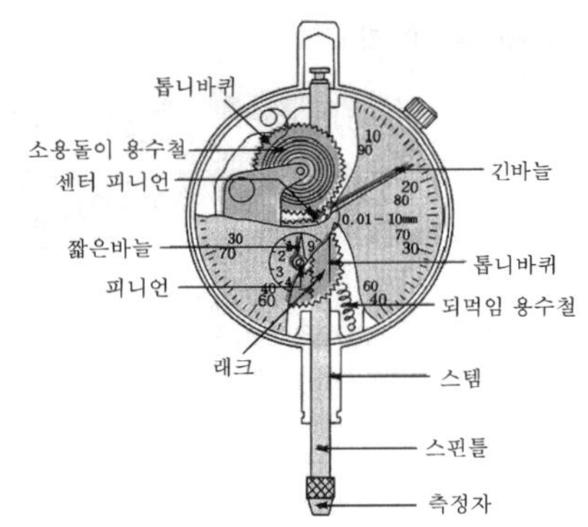

24 피드백제어계에서 반드시 있어야 할 장치는?

① 전동기 시한 제어장치
② 발전기로서의 동작장치
③ 응답속도를 느리게 하는 장치
④ 목표값과 출력을 비교하는 장치

해설 되먹임(폐루프, 피드백, 궤환)제어

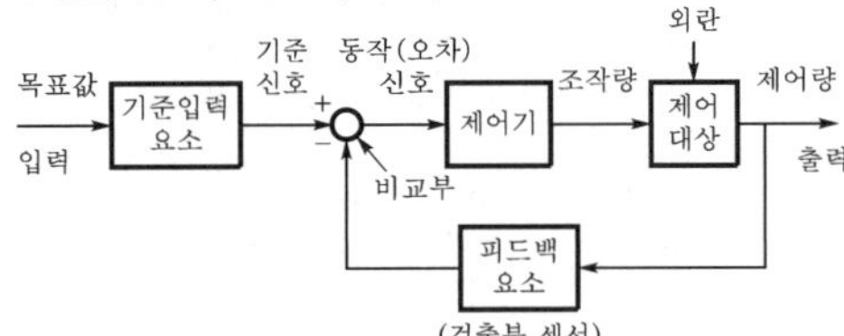

‖ 출력 피드백제어(output feedback control) ‖

㉠ 출력, 잠재외란, 유용한 조절변수인 제어대상을 가지는 일반화된 공정이다.
㉡ 적절한 측정기를 사용하여 검출부에서 출력(유속, 압력, 액위, 온도)값을 측정한다.
㉢ 검출부의 지시값을 목표값과 비교하여 오차(편차)를 확인한다.
㉣ 오차(편차)값은 제어기로 보내진다.
㉤ 제어기는 오차(편차)의 크기를 줄이기 위해 조작량의 값을 바꾼다.
㉥ 제어기는 조작량에 직접 영향이 미치지 않고 최종 제어요소인 다른 장치(보통 제어밸브)를 통하여 영향을 준다.

Ⓐ 미흡한 성능을 갖는 제어대상은 피드백에 의해 목표값과 비교하여 일치하도록 정정동작을 한다.
Ⓞ 상태를 교란시키는 외란의 영향에서 출력값을 원하는 수준으로 유지하는 것이 제어 목적이다.
Ⓧ 안정성이 향상되고, 선형성이 개선된다.
Ⓩ 종류에는 비례동작(P), 비례-적분동작(PI), 비례-적분-미분동작(PID)제어기가 있다.

25 유압식 엘리베이터 펌프의 흡입 측에 부착되어 이물질을 제거하는 작용을 하는 것은?

① 미터인 ② 사이렌서
③ 커플링 ④ 스트레이너

해설 스트레이너(strainer)

㉠ 실린더에 쇳가루나 이물질이 들어가는 것을 방지(실린더 손상 방지)하기 위해 설치된다.
㉡ 탱크와 펌프 사이의 회로 및 차단밸브와 하강밸브 사이의 회로에 설치되어야 한다.
㉢ 펌프의 흡입측에 부착하는 것을 스트레이너라 하고, 배관 중간에 부착하는 것을 라인필터라 한다.
㉣ 차단밸브와 하강밸브 사이의 필터 또는 유사한 장치는 점검 및 유지보수를 위해 접근할 수 있어야 한다.

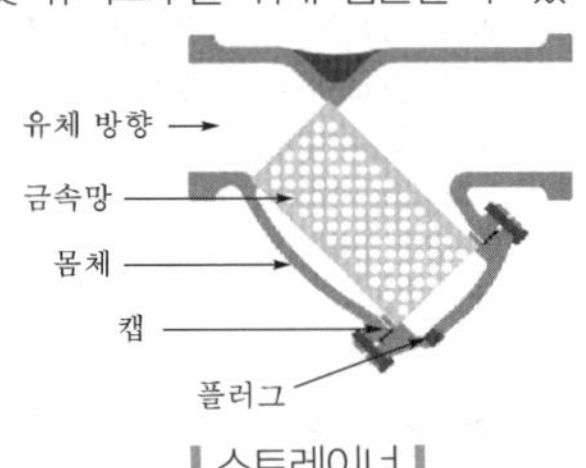

‖ 스트레이너 ‖

26 도어머신에 요구되는 성능이 아닌 것은?

① 속도제어가 직류방식일 것
② 동작이 원활하고 정숙할 것
③ 보수가 용이하고 가격이 저렴할 것
④ 카 위에 설치하기 위하여 소형 경량일 것

해설 도어머신(door machine)에 요구되는 조건

모터의 회전을 감속하여 암이나 로프 등을 구동시켜서 도어를 개폐시키는 것이며, 닫힌 상태에서 정전으로 갇혔을 때 구출을 위해 문을 손으로 열 수가 있어야 한다.

㉠ 작동이 원활하고 조용할 것
㉡ 카 상부에 설치하기 위해 소형 경량일 것
㉢ 동작횟수가 엘리베이터 기동횟수의 2배가 되므로 보수
가 용이할 것
㉣ 가격이 저렴할 것

27 엘리베이터의 조작방식에 대한 설명으로 틀린 것은?

① 하강승합 전자동식은 2층 이상의 층에서는 승강장의 호출버튼이 하나밖에 없다.
② 카 스위치방식은 카의 기동을 모두 운전자의 의지에 따라 카 스위치의 조작에 의해서만 이루어진다.
③ 단식자동식은 하나의 요구 버튼에 대한 운전이 완전히 종료될 때까지는 다른 요구를 전혀 받지 않는 방식이다.
④ 승합 전자동식은 전층의 승강장에 상승용 및 하강용 버튼이 반드시 설치되어 있어서 상승과 하강을 선택하여 누를 수 있다.

해설 엘리베이터 1대의 전자동식 조작방법

㉠ 단식자동식(single automatic)
• 승강장 단추는 하나의 승강(오름, 내림)이 공통이다.
• 승강기 단추 또는 승강장의 호출에 응하여 기동하며, 그 층에 도착하여 정지한다.
• 한 호출에 따라 운전 중에는 다른 호출을 받지 않는 운전방식이다.
㉡ 하강승합 전자동식(Down Collective)
• 2층 혹은 그 위층의 승강장에서는 하강방향 단추만 있다.
• 중간층에서 위층으로 갈 때에는 1층으로 내려온 후 올라가야 한다.
㉢ 승합 전자동식(Selective Collective)
• 승강장의 누름단추는 상승용, 하강용의 양쪽 모두 동작한다.
• 카는 그 진행방향의 카 단추와 승강장의 단추에 응하면서 승강한다.
• 현재 한 대의 승용 엘리베이터에는 이 방식을 채용하고 있다.

28 에이프런의 수직 부분 높이는 몇 m 이상이어야 하는가? (단, 주택용 엘리베이터의 경우는 제외한다.)

① 0.6
② 0.65
③ 0.7
④ 0.75

해설 에이프런(보호판)

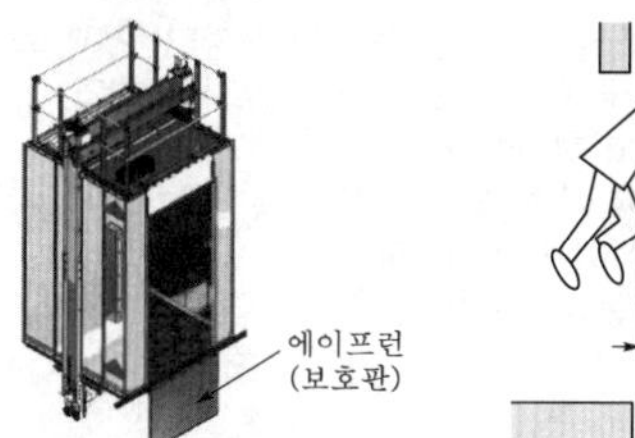

㉠ 카 문턱에는 승강장 유효출입구 전폭에 걸쳐 에이프런이 설치되어야 한다. 수직면의 아랫부분은 수평면에 대해 60° 이상으로 아래 방향을 향하여 구부러져야 한다. 구부러진 곳의 수평면에 대한 투영길이는 20mm 이상이어야 한다.
㉡ 수직 부분의 높이는 0.75m 이상이어야 한다.

29 엘리베이터가 미리 정해진 속도를 초과하여 하강하는 경우, 과속조절기로프를 붙잡아 추락방지안전장치를 작동시키는 장치는?

① 완충기
② 엔코더
③ 리밋스위치
④ 과속조절기

해설 과속조절기(overspeed governor)

엘리베이터가 미리 설정된 속도에 도달할 때 엘리베이터를 정지시키도록 하고, 필요한 경우에는 추락방지안전장치를 작동시키는 장치

30 카 천장에 비상구출문이 설치된 경우, 유효 개구부의 크기는 얼마 이상이어야 하는가?

① 0.2m×0.3m
② 0.3m×0.4m
③ 0.4m×0.5m
④ 0.5m×0.6m

해설 비상구출문

카 천장에 비상구출문이 설치된 경우, 유효 개구부의 크기는 0.4m×0.5m 이상이어야 한다.

31 베어링의 구비조건이 아닌 것은?

① 마찰저항이 적을 것
② 강도가 클 것
③ 가공 수리가 쉬울 것
④ 열전도가 적을 것

해설 베어링 메탈 재료의 구비조건

㉠ 마모에 견딜 수 있을 정도로 단단한 반면에 축을 손상하지 않도록 축의 재료보다는 물러야 한다.
㉡ 축과의 마찰계수가 적어야 한다.
㉢ 마찰열이 잘 방출될 수 있도록 열전도가 좋아야 한다.
㉣ 내부식성이 있어야 한다.
㉤ 제작이 용이하여야 한다.

★★★★

32 전류 I, 시간 t와 전기량 Q와의 관계는?

① $Q = It^2$
② $Q = \dfrac{I}{t}$
③ $Q = It$
④ $Q = I^2 t$

해설 전류의 세기는 어떤 단면을 1초 동안에 1C의 전기량이 이동할 때 1암페어(ampere : 기호 A)라고 한다.

$$I = \frac{Q}{t}\,(A), \quad Q = It\,(C)$$

★★★

33 진공 중에서 1Wb인 같은 크기의 두 자극을 1m 거리에 놓았을 때 작용하는 힘은 몇 N인가?

① 6.33×10^3
② 6.33×10^4
③ 6.33×10^5
④ 6.33×10^8

해설 MKS 단위계에서는 진공 중에서 같은 크기의 두 자극을 1m 거리에 놓았을 때 작용하는 힘이 $6.33 \times 10^4 \text{N}$이 되는 자극의 단위는 1웨버(weber : 기호 Wb)를 사용한다.

★★★★

34 전자유도현상에 의한 유기 기전력의 방향을 정하는 것은?

① 옴의 법
② 렌츠의 법칙
③ 플레밍의 왼손 법칙
④ 플레밍의 오른손 법칙

해설 렌츠의 법칙(Lenz's law)

전자유도에 의하여 생기는 전압의 방향은 자신의 발생 원인이 되는 자속의 변화를 방해하는 방향으로 발생한다.

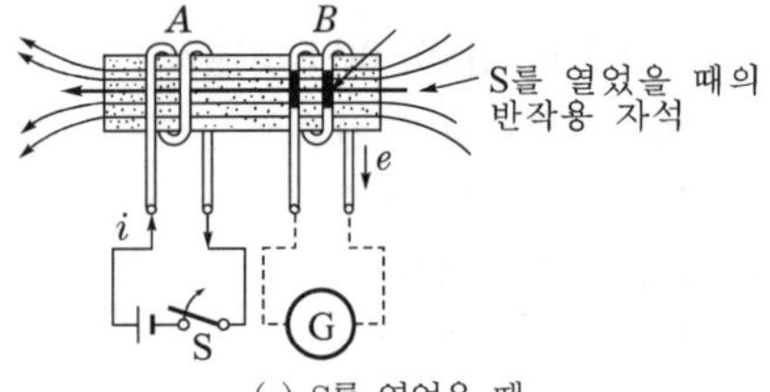

(a) S를 열었을 때

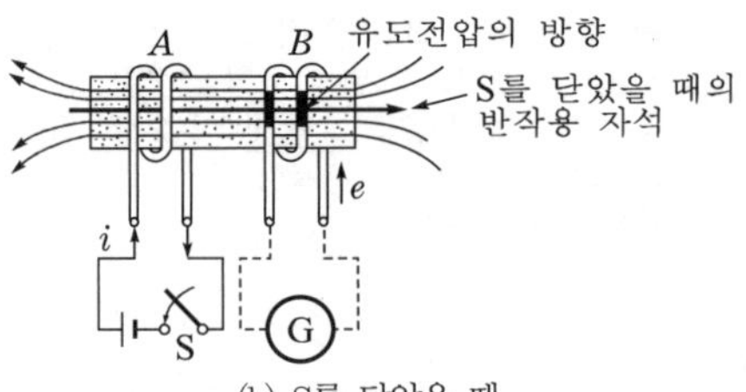

(b) S를 닫았을 때

‖ 렌츠의 법칙(Lenz's law) ‖

★★★

35 규소 강판으로 전기자 철심을 성층하는 이유는?

① 구입하기 쉽다.
② 가공하기 쉽다.
③ 철손을 적게 할 수 있다.
④ 기계손을 적게 할 수 있다.

해설 전기자 철심의 재료와 구조는 맴돌이 전류(eddy current)와 히스테리시스(hysteresis) 현상에 의한 철손을 적게 하기 위하여 두께 0.35~0.5mm의 규소 강판을 성층하여 만든다.

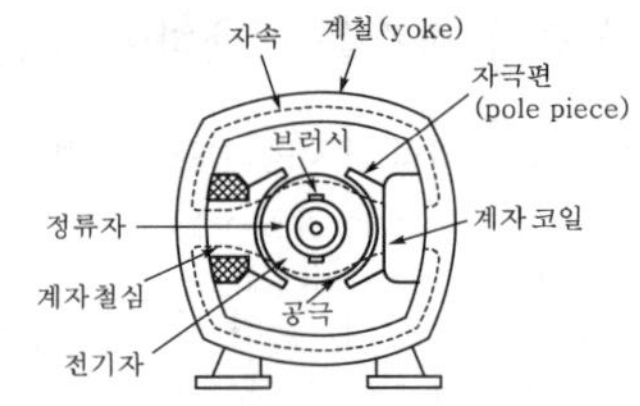

‖ 2극 직류발전기의 단면도 ‖

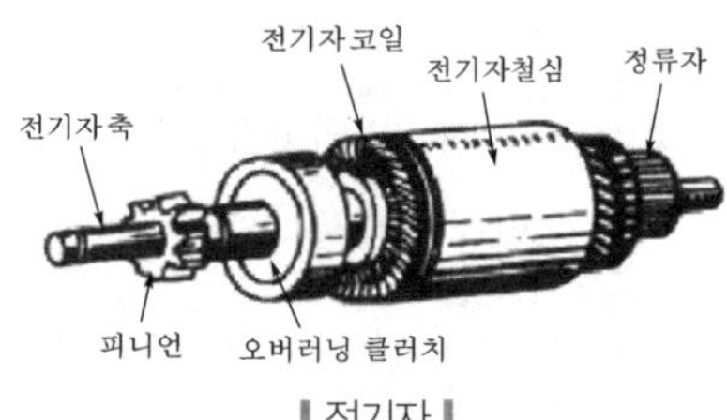

‖ 전기자 ‖

★★

36 권상기의 견인력을 결정하는 요소가 아닌 것은?

① 로프와 홈의 마찰계수
② 로프의 꼬임 형태
③ 시브 홈의 각도
④ 로프가 시브의 홈에 걸려 있는 길이

해설 트랙션 능력을 확보하는 데 유의하여야 할 사항

㉠ 로프의 권부각(감기는 각도)이 작을수록 미끄러지기 쉽다.
㉡ 카의 가속도와 감속도가 클수록 미끄러지기 쉽다.
㉢ 카측과 균형추측의 로프에 걸리는 장력비(중량비)가 클수록 미끄러지기 쉽다.
㉣ 로프와 도르래 사이의 마찰계수가 작을수록 미끄러지기 쉽다.

정답 32. ③ 33. ② 34. ② 35. ③ 36. ②

37 자속밀도 B(Wb/m²)의 평등자장 내에 직각으로 l(m) 도체를 넣고, 도체에 I(A)의 전류를 흘리면 도체에 작용하는 힘은?

① $\dfrac{BI}{l}$ ② BIl

③ $\dfrac{1}{BIl}$ ④ $\dfrac{Bl}{I}$

 **해설** 전자력의 크기

자속밀도 B(Wb/m²)의 평등자장 내에 자장의 직각방향으로 길이 l(m)의 도체를 넣고, 이것에 I(A)의 전류를 흘리면 도체에 작용하는 힘은 다음과 같다.
$F = BIl$(N)

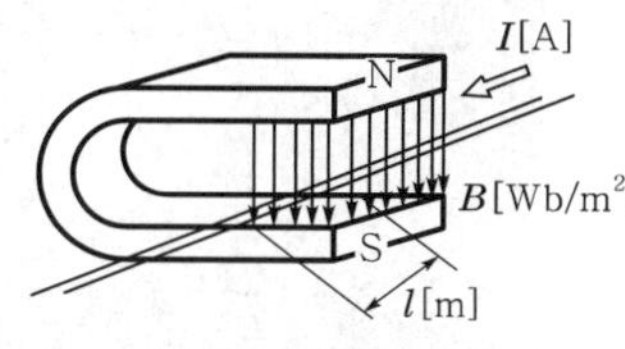

▮ 전자력의 크기 ▮

38 추락방지안전장치가 작동될 때, 정격하중이 균일하게 분포된 부하 상태의 카 바닥은 정상적인 위치에서 몇 %를 초과하여 기울어지지 않아야 하는가?

① 5% ② 8%

③ 10% ④ 15%

해설 카 추락방지안전장치가 작동될 때, 무부하 상태의 카 바닥 또는 정격하중이 균일하게 분포된 부하 상태의 카 바닥은 정상적인 위치에서 5%를 초과하여 기울어지지 않아야 한다.

39 장애인용 엘리베이터의 출입문의 통과 유효폭은?

① 0.8m 이상

② 0.9m 이상

③ 1.0m 이상

④ 1.2m 이상

해설 출입문의 통과 유효폭은 0.8m 이상으로 하되, 신축한 건물의 경우에는 출입문의 통과 유효폭을 0.9m 이상으로 할 수 있다.

40 다음 중 감속기의 자체점검내용이 아닌 것은?

① 기능 및 작동상태
② 윤활유의 유량 및 노후상태
③ 이상 소음 및 진동 발생상태
④ 감속기 및 관련 부품의 노후 및 작동상태

해설 감속기의 자체점검내용
㉠ 윤활유의 유량 및 노후상태(1회/3월)
㉡ 감속기 및 관련 부품의 노후 및 작동상태(1회/1월)
㉢ 이상 소음 및 진동 발생상태(1회/3월)

41 1MΩ은 몇 Ω인가?

① 10^3 ② 10^6

③ 10^9 ④ 10^{12}

해설

명칭	기호	배수	명칭	기호	배수
Tera	T	10^{12}	centi	c	10^{-2}
Giga	G	10^9	milli	m	10^{-3}
Mega	M	10^6	micro	μ	10^{-6}
kilo	k	10^3	nano	n	10^{-9}

42 동력 3730W는 몇 마력인가?

① 3 ② 5

③ 7 ④ 10

해설 1(HP) $= 746$(W)

$$\therefore 3730(\text{W}) = \frac{3730}{746} = 5(\text{Hp})$$

43 승강기의 정격속도가 105m/min이고, 제동을 개시한 후 이동한 정지거리가 0.9m인 경우 승강기가 제동을 건 후 몇 초 후에 정지하는가?

① 1.03 ② 1.25

③ 1.46 ④ 1.63

해설 제동 소요시간(t)

$$t = \frac{120 \cdot s}{v} = \frac{120 \cdot 0.9}{105} = 1.03$$

정답 37. ② 38. ① 39. ① 40. ① 41. ② 42. ② 43. ①

★★

44 카 내부에 통화장치를 설치하는 주된 목적은?

① 보수를 편리하게 하기 위하여
② 카 내 상황을 감시하기 위하여
③ 기계실과 카 내의 연락을 위하여
④ 카 내에서의 위급상황 등을 외부에 연락하기 위하여

해설 비상통화장치 및 내부통화시스템

㉠ 비상통화장치는 구출활동 중에 지속적으로 통화할 수 있는 양방향 음성통신이어야 한다.
㉡ 기계실 또는 비상구출운전을 위한 장소에는 카내와 통화할 수 있도록 비상전원공급장치에 의해 전원을 공급받는 내부통화 시스템 또는 유사한 장치가 설치되어야 한다.
㉢ 카 내에 갇힌 이용자 등이 외부와 통화할 수 있는 비상통화장치는 엘리베이터가 있는 건축물이나 고정된 시설물의 관리 인력이 상주하는 장소(경비실, 전기실, 중앙관리실 등) 2곳 이상에 설치되어야 한다.

★★

45 과속조절기도르래의 회전을 베벨기어에 의해 수직축의 회전으로 변환하고, 이 축의 상부에서부터 링크 기구에 의해 매달린 구형(球形)의 진자에 작용하는 원심력으로 추락방지안전장치를 작동시키는 과속조절기는?

① 디스크형
② 마찰정지형
③ 플라이 볼형
④ 양방향 과속조절기

해설 플라이 볼(fly ball)형

과속조절기도르래의 회전을 베벨기어에 의해 수직축의 회전으로 변환하고, 이 축의 상부에서부터 링크(link)기구에 의해 매달린 구형의 진자에 작용하는 원심력으로 작동한다. 검출 정도가 높아 고속의 엘리베이터에 이용된다.

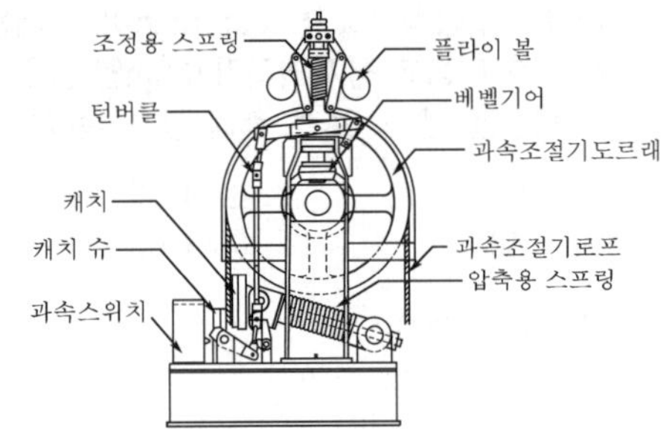

‖ 플라이 볼형 과속조절기 ‖

★★

46 데마케이션(스텝 트레드에 있는 홈 등)은 승강장에서 스텝 뒤쪽 끝부분을 일반적으로 어떤 색상으로 표시하여 설치되어야 하는가?

① 적색
② 황색
③ 청색
④ 녹색

해설 데마케이션(demarcation)

에스컬레이터의 스텝과 스텝, 스텝과 스커트 가드 사이의 틈새에 신체의 일부 또는 물건이 끼이는 것을 막기 위해서 경계를 눈에 띠게 황색선으로 표시한다.

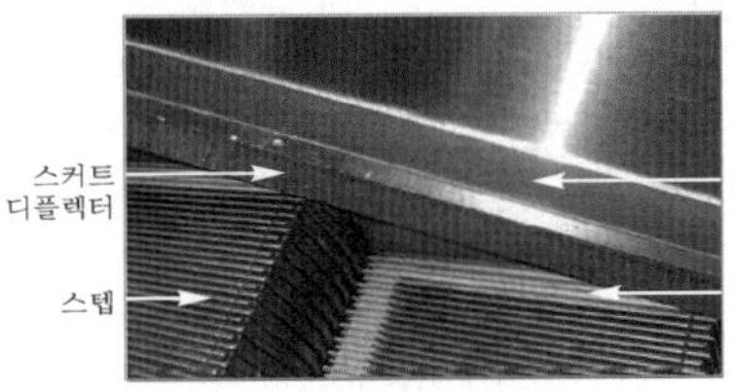

‖ 스텝 부분 ‖

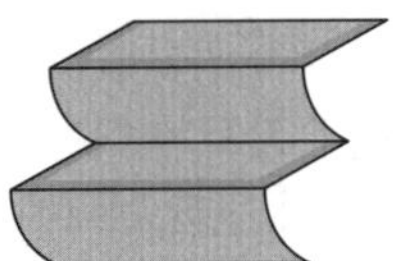

‖ 데마케이션 ‖

★★

47 카에는 카 조작반 및 카 벽에서 100mm 이상 떨어진 카 바닥 위로 1m 모든 지점에 몇 lx 이상으로 비추는 전기조명장치가 영구적으로 설치되어야 하는가?

① 2
② 5
③ 50
④ 100

해설 조명

㉠ 카에는 카 조작반 및 카 벽에서 100mm 이상 떨어진 카 바닥 위로 1m 모든 지점에 100lx 이상으로 비추는 전기조명장치가 영구적으로 설치되어야 한다.
㉡ 조명장치에는 2개 이상의 등(燈)이 병렬로 연결되어야 한다.
㉢ 카는 문이 닫힌 채로 승강장에 정지하고 있을 때를 제외하고 계속 조명되어야 한다.

정답 44. ④ 45. ③ 46. ② 47. ④

48 다음 그림의 엘리베이터 로핑 방법으로 옳은 것은?

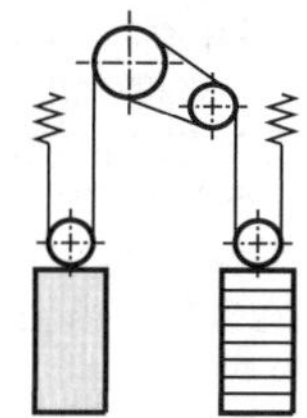

① 1 : 1 single Wrap
② 1 : 1 Double Wrap
③ 2 : 1 single Wrap
④ 2 : 1 Double Wrap

해설 로프의 로핑

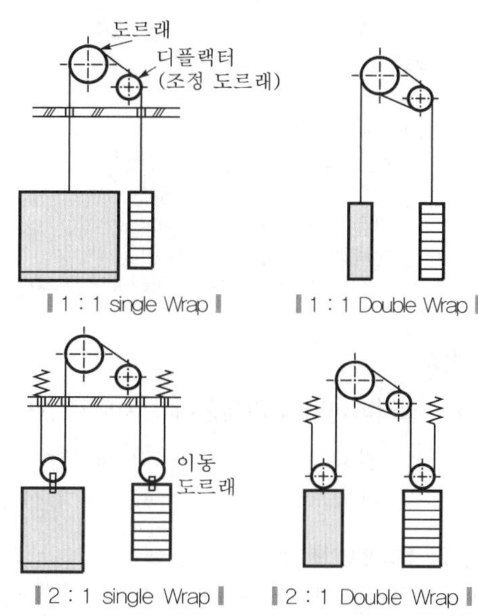

49 균형추의 중량을 구하는 식으로 옳은 것은?

① 균형추 중량=카 자중+정격하중
② 균형추 중량=카 자중+정격하중×오버밸런
스율
③ 균형추 중량=정격하중+카 자중×오버밸런
스율
④ 균형추 중량=카 자중+정격하중×이동케이
블 중량

해설 균형추(counter weight)

카의 무게를 일정 비율 보상하기 위하여 카측과 반대편에
주철 혹은 콘크리트로 제작되어 설치되며, 카와의 균형을
유지하는 추이다.

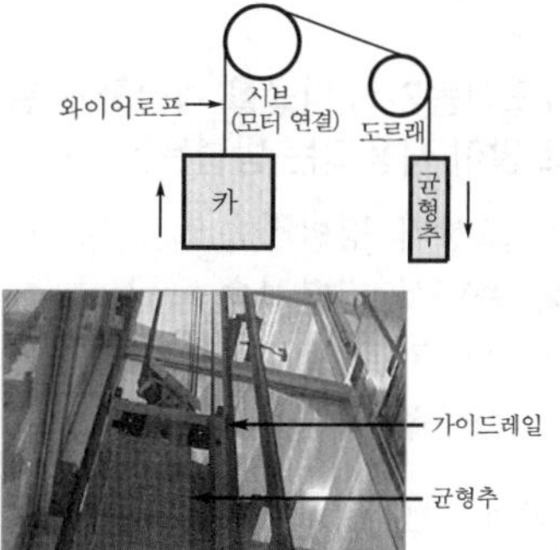

㉠ 오버밸런스(over-balance)
 • 균형추의 총중량은 빈 카의 자중에 적재하중의 35
 ~50%의 중량을 더한 값이 보통이다.
 • 적재하중의 몇 %를 더할 것인가를 오버밸런스율이라
 고 한다.
 • 균형추의 총중량=카 자체하중+$L \cdot F$
 여기서, L : 정격적재하중(kg)
 F : 오버밸런스율(%)
㉡ 견인비(traction ratio)
 • 카측 로프가 매달고 있는 중량과 균형추 로프가 매달
 고 있는 중량의 비를 트랙션비라 하고, 무부하와 전부
 하 상태에서 체크한다.
 • 견인비가 낮게 선택되면 로프와 도르래 사이의 트랙
 션 능력, 즉 마찰력이 작아도 되며, 로프의 수명이 연
 장된다.

50 60Hz, 100V의 교류전압이 200Ω의 전구에 인가
될 때 소비되는 전력은 몇 W인가?

① 50
② 100
③ 150
④ 200

해설 전력

㉠ 1초 간에 전기에너지가 하는 일의 능력이다.
㉡ 기호는 P, 단위는 와트(watt, 기호 W)이다.
㉢ 1W는 1sec 동안에 1J의 비율로 일을 하는 속도이다
 (W=J/sec).
㉣ V(V)의 전압을 가하여 1(A)의 전류가 t(sec) 동안 흘러
 서 Q(C) 전하가 이동하였을 때, $Q = It$이므로 전력 P
 는 다음과 같다.
$$P = \frac{Q}{t} = VI(\text{W})$$
㉤ R(Ω)의 저항에 V(V)의 전압을 가하여 1(A)의 전류가
 흘렀다면, $V = IR$ 이므로 다음과 같다.
$$P = VI = \frac{V^2}{R} = \frac{100^2}{200} = 50\text{W}$$

★★★

51 유도전동기의 역률을 개선하기 위하여 일반적으로 많이 사용되는 방법은?

① 조상기 병렬접속
② 콘덴서 병렬접속
③ 조상기 직렬접속
④ 콘덴서 직렬접속

해설 전력용 콘덴서(power condenser)는 교류의 배전선로나 송전선로에 주로 병렬로 연결하여 선로의 역률(力率)을 개선하며, 저압선로에 사용할 때에는 3상 유도전동기(三相誘導電動機)에 병렬로 연결한 것이 많다.

★★

52 균형추 또는 평형추의 추락방지안전장치로 즉시 작동형이 사용될 경우의 정격속도는 몇 m/s 이하 인가?

① 0.5
② 0.63
③ 1.0
④ 1.5

해설 정격속도가 1m/s를 초과한 경우, 균형추 또는 평형추의 추락방지안전장치는 점차 작동형이어야 한다. 다만, 정격속도가 1m/s 이하인 경우에는 즉시 작동형일 수 있다.

★★★★

53 엘리베이터가 최상층 및 최하층을 지나치지 않도록 하기 위하여 설치하는 장치는?

① 리밋스위치
② 종단층 강제감속장치
③ 록다운 추락방지안전장치
④ 록업 추락방지안전장치

해설 리밋스위치(Limit Switch)

엘리베이터가 운행 시 최상·최하층을 지나치지 않도록 하는 장치로서 리밋(종점)스위치에 접촉이 되면 카를 감속제어하여 정지시킬 수 있도록 한다.

★★★

54 장애인용 엘리베이터는 호출버튼 또는 등록버튼에 의하여 카가 정지하면 몇 초 이상 문이 열린 채로 대기하여야 하는가?

① 5초
② 10초
③ 15초
④ 20초

해설 장애인용 엘리베이터

㉠ 카 내부에는 수평손잡이를 카 바닥에서 0.8m 이상 0.9m 이하의 위치에 견고하게 설치되고, 수평손잡이는 측면과 후면에 각각 설치되어야 한다.
㉡ 카 내부의 유효바닥면적이 1.4m×1.4m 미만인 경우에는 카 내부 후면에 견고한 재질의 거울이 설치되어야 한다.
㉢ 각 층의 승강장에는 카의 도착여부를 표시하는 점멸등 및 음향신호장치가 설치되어야 하며, 카 내부에는 도착층 및 운행상황을 표시하는 점멸등 및 음성신호장치가 설치되어야 한다.
㉣ 호출버튼 또는 등록버튼에 의하여 카가 정지하면 10초 이상 문이 열린 채로 대기해야 한다.

★★

55 인장 풀리의 피치 직경과 보상 로프의 공칭 직경 사이의 비는 최소 얼마 이상이어야 하는가?

① 10
② 20
③ 30
④ 40

해설 보상 로프

㉠ 인장 풀리가 사용되어야 한다.
㉡ 인장 풀리의 피치 직경과 보상 로프의 공칭 직경 사이의 비율은 30 이상이어야 한다.
㉢ 중력에 의해 인장되어야 한다.
㉣ 인장은 전기안전장치에 의해 확인되어야 한다.

★★

56 엘리베이터의 기계실에 설치되지 않는 것은?

① 권상기
② 제어반
③ 과속조절기
④ 추락방지안전장치

해설 추락방지안전장치(safety gear)

과속 또는 매다는 장치가 파단될 경우 주행안내 레일 상에서 카, 균형추 또는 평형추를 하강방향에서 정지시키고 그 정지상태를 유지하기 위한 기계적 장치

★★

57 전기식 엘리베이터의 승강로 조명에 대한 설명 중 옳은 것은?

① 카 지붕의 조도는 150lx 이상이다.
② 승강로 천장 및 피트 바닥에서 약 1.5m에 중간 전구들과 함께 각각 1개의 전구로 구성되어야 한다.
③ 피트 바닥에서 수직 위로 1m 위치에서의 조도는 50lx 이상이다.
④ 승강로 벽이 일부 없는 경우 승강로 조명은 300lx 이상이다.

해설 조명

승강로에는 모든 출입문이 닫혔을 때 승강로 전 구간에 걸쳐 영구적으로 설치된 다음의 구분에 따른 조도 이상을 밝히는 전기조명이 있어야 한다.
㉠ 카 지붕에서 수직 위로 1m 떨어진 곳 : 50lx
㉡ 피트(사람이 서 있을 수 있는 공간, 작업구역 및 작업구역 간 이동공간) 바닥에서 수직 위로 1m 떨어진 곳 : 50lx
㉢ 위의 ㉠ 및 ㉡에 따른 장소 이외의 장소 : 20lx

★★★

58 다음 중 카 상부의 자체점검내용이 아닌 것은?

① 카문 잠금장치 설치상태
② 보호난간의 고정상태
③ 비상등의 조도 및 작동상태
④ 점검운전 조작반, 정지장치 및 콘센트의 작동상태

해설 카문 잠금장치 설치 및 작동상태는 승강장문 및 카문의 시험에 포함된다.

★★

59 다음 중 카측 과속조절기의 자체점검내용에 해당되지 않는 것은?

① 인장 풀리 설치상태
② 로프 마모 및 파단상태
③ 과속조절기 전기안전장치 작동상태
④ 추락방지안전장치 설치 및 작동상태

해설 카 추락방지안전장치의 자체점검내용
㉠ 추락방지안전장치 설치 및 작동상태
㉡ 추락방지안전장치 작동 시 카의 수평도
㉢ 전기안전장치 설치 및 작동상태

★★★

60 다음 ( ) 안의 내용으로 옳은 것은?

> 기계실 출입문은 높이 (ⓐ)m 이상, 폭 (ⓑ)m 이상의 금속제 문이어야 하며, 기계실 외부로 완전히 열리는 구조이어야 한다. 기계실 내부로는 열리지 않아야 한다.

① ⓐ : 1.7 ⓑ : 0.6
② ⓐ : 1.8 ⓑ : 0.6
③ ⓐ : 1.7 ⓑ : 0.7
④ ⓐ : 1.8 ⓑ : 0.7

해설 출입문, 비상문 및 점검문의 치수
㉠ 기계실, 승강로 및 피트 출입문 : 높이 1.8m 이상, 폭 0.7m 이상
다만, 주택용 엘리베이터의 경우 기계실 출입문은 폭 0.6m 이상, 높이 0.6m 이상으로 할 수 있다.
㉡ 풀리실 출입문 : 높이 1.4m 이상, 폭 0.6m 이상
㉢ 비상문 : 높이 1.8m 이상, 폭 0.5m 이상
㉣ 점검문 : 높이 0.5m 이하, 폭 0.5m 이하

정답 58. ① 59. ④ 60. ④

※ 본 문제는 수험생들의 협조에 의해 작성되었으며, 시험내용과 일부 다를 수 있습니다.

01 산업안전보건법의 목적과 다른 것은?

① 산업재해 예방
② 쾌적한 작업환경 조성
③ 재해 발생 시 형사처벌
④ 근로자의 안전과 보건 유지·증진

해설 산업안전보건법의 목적

이 법은 산업 안전 및 보건에 관한 기준을 확립하고 그 책임의 소재를 명확하게 하여 산업재해를 예방하고 쾌적한 작업환경을 조성함으로써 노무를 제공하는 사람의 안전 및 보건을 유지·증진함을 목적으로 한다.
③ 재해 발생 시 형사처벌은 법의 목적을 달성하기 위한 수단일 뿐, 법의 궁극적인 목적은 아니다.

02 정격속도 1m/s인 경우 스프링 완충기의 최소 행정은?

① 50
② 65
③ 100
④ 125

해설 선형특성 에너지 축적형(스프링식) 완충기

완충기의 가능한 총 행정은 적어도 정격속도의 115%에 상응하는 중력 정지거리의 2배 이상이어야 한다.
다만, 행정은 65mm보다 작지 않아야 한다.

03 구름 베어링을 구성하는 기본 요소가 아닌 것은?

① 저널
② 내륜
③ 전동체(볼/롤러)
④ 케이지(리테이너)

해설 구름 베어링의 구성요소

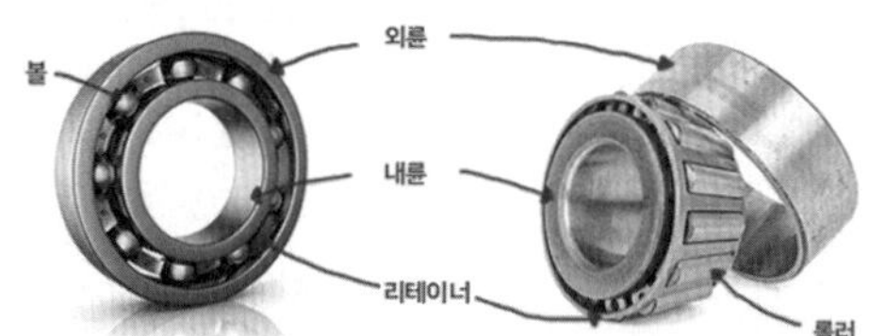

㉠ 내륜 : 베어링의 한쪽 끝을 지지하며, 일반적으로 축과 연결된다.
㉡ 외륜 : 반대쪽 끝을 지지하며, 하우징이나 기계 구조물에 부착된다.
㉢ 전동체(볼/롤러) : 내륜과 외륜 사이에 배치되어 구름마찰을 이용해 축을 지지한다. 볼 베어링은 볼, 롤러 베어링은 롤러가 사용된다.
㉣ 케이지(리테이너) : 전동체를 일정한 간격으로 유지하며, 베어링의 정렬과 전동체 탈락 방지기능을 한다.

04 정전용량이 증가되는 경우를 모두 나열한 것은?

㉠ 극판의 면적을 넓게 한다.
㉡ 극판의 간격을 좁게 한다.
㉢ 극판 간에 넣는 물질은 비유전율이 작은 것을 사용한다.
㉣ 극판 간에 넣는 물질은 비유전율이 큰 것을 사용한다.
㉤ 극판 사이의 전압을 높게 한다.

① ㉠, ㉡
② ㉠, ㉡, ㉢
③ ㉠, ㉡, ㉣
④ ㉠, ㉡, ㉣, ㉤

해설 정전용량(Q)

㉠ 콘덴서(condenser)는 2장의 도체판(전극) 사이에 유전체를 넣고 절연하여 전하를 축적할 수 있게 한 것이다.

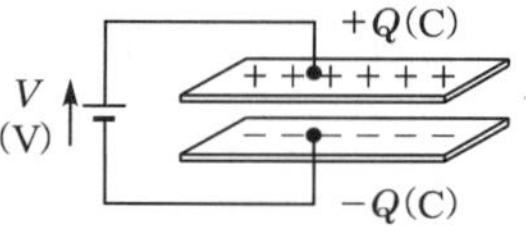

㉡ 전원전압 V(V)에 의해 축적된 전하를 Q(C)이라 하면, Q는 V에 비례하고 그 관계 $Q = CV$(C)이다.
• C는 전극이 전하를 축적하는 능력의 정도를 나타내는 상수로 커패시턴스(capacitance) 또는 정전용량(electrostatic capacity)이라고 하며, 단위는 패럿(farad, F)이다.
• 1F은 1V의 전압을 가하여 1C의 전하가 축적되는 경우의 정전용량이다.
㉢ 큰 정전용량을 얻기 위한 방법
• 극판의 면적을 넓게 한다.
• 극판간의 간격을 작게 한다.
• 극판 사이에 넣는 절연물은 비유전율(ε_s)이 큰 것으로 사용한다.
• 비유전율 : 공기(1), 유리(5.4~9.9), 마이카(5.6~6.0), 단물(81)

정답 01. ③ 02. ② 03. ① 04. ③

05

옥외에 설치된 에스컬레이터, 무빙워크의 설치기준으로 옳지 않은 것은?

① 전기설비는 IP 54 이상이나 동등 이상으로 보호되어야 한다.
② 난방시스템의 작동은 에스컬레이터의 운행과 동시에 작동한다.
③ 에스컬레이터 및 무빙워크 그리고 지지설비는 부식으로부터 보호되어야 한다.
④ 에스컬레이터 및 무빙워크의 수평 투영면적 바로 위에 보호 덮개가 설치되어야 한다.

해설 옥외용 에스컬레이터 및 무빙워크 추가요건

㉠ 에스컬레이터 및 무빙워크 그리고 지지설비는 부식으로부터 보호되어야 한다.
㉡ 전기설비는 KS C IEC 60529에 따른 IP 54 이상 또는 NEMA 250에 따른 Type 4 이상의 등급이나 동등 이상으로 보호되어야 한다.
㉢ 에스컬레이터 및 무빙워크의 수평 투영면적 바로 위에 보호 덮개가 설치되거나 눈·비 등에 젖었을 때 미끄러지지 않게 안전한 디딤판이 설치되어야 한다. 보호 덮개를 설치할 경우, 이 덮개는 덮개 끝부분에서 손잡이 중심선까지 수직으로부터 15° 이상의 각도를 갖는 형상으로 손잡이 중심선으로부터 외부방향으로 연장되어야 한다.
㉣ 동절기에 디딤판, 승강장 및 스커트 디플렉터에 눈이 쌓이거나 물기가 들어오는 것을 방지하기 위한 난방시스템이 설치되어야 한다. 난방시스템의 작동은 자동 온도 조절로 제어되어야 하며 에스컬레이터의 운행과는 독립적이어야 한다.

06

승강기에 사용되는 전동기의 소요 동력을 결정하는 요소가 아닌 것은?

① 정격적재하중
② 정격속도
③ 종합효율
④ 건물길이

해설 전동기의 용량(P) 계산

$$P = \frac{G \cdot V \cdot \sin\theta}{6,120\,\eta} \times \beta \text{(kW)}$$

여기서, P : 전동기의 용량(kW)
　　　　G : 에스컬레이터의 적재하중(kg)
　　　　V : 에스컬레이터의 속도(m/min)
　　　　θ : 경사각도(°)
　　　　η : 에스컬레이터의 총 효율(%)
　　　　β : 승객 승입률(0.85)

07

에스컬레이터의 골조구조물은 에스컬레이터 자중에 몇 N/m²의 구조적 정격하중을 기초로 더한 부하를 견딜 수 있어야 하는가?

① 4000　　② 2000
③ 5000　　④ 3000

해설 구조설계

㉠ 골조구조물은 에스컬레이터 또는 무빙워크의 자중에 5000N/m²의 구조적 정격하중을 기초로 더한 부하를 견딜 수 있는 방법으로 설계되어야 한다.

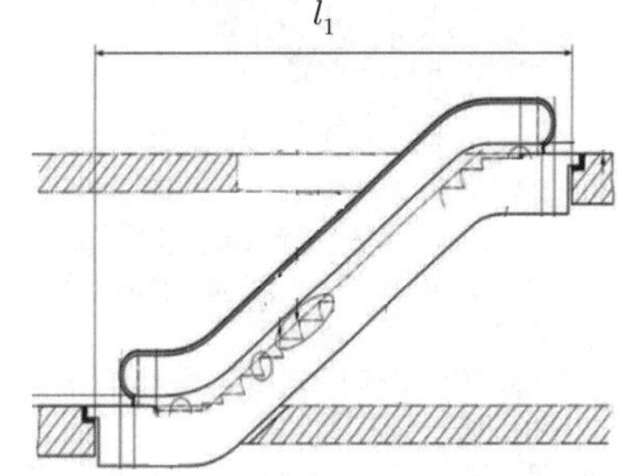

㉡ 구조적 정격하중에 근거하여 계산되거나 측정된 최대 처짐량은 지지물 사이의 거리 l_1의 1/750 이하이어야 한다.
㉢ 구조적 정격하중에 근거하여, 콤 플레이트와 승강장 플레이트의 최대 처짐량은 4mm 이하이어야 하고, 콤의 맞물림이 보장되어야 한다.

08

1분 동안 220A가 흐르는 동안 이동한 전하량 C는?

① 1200　　② 2400
③ 200　　④ 13200

해설 전하량 Q[C]

전하가 가지고 있는 전기의 양으로 단위는 쿨롬(Coulomb)이며 [C]를 사용한다.

$$Q = I \cdot t[\text{A/sec}]$$
$$= 60 \times 220$$
$$= 13200[\text{C}]$$

09

다음 중 승강기 도어시스템과 관계없는 부품은?

① 브레이스 로드
② 연동로프
③ 캠
④ 행거

☞ 해설 카 틀(car frame)

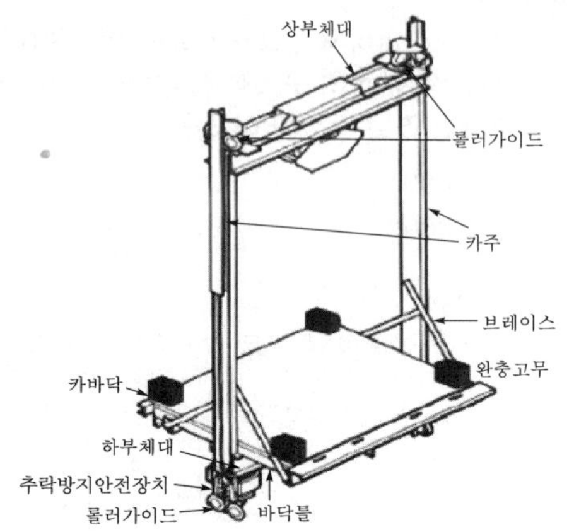

‖ 카 틀 및 카 바닥 ‖

㉠ 상부 체대 : 카주 위에 2본의 종 프레임을 연결하고 매인 로프에 하중을 전달하는 것을 말한다.

㉡ 카주 : 하부 프레임의 양단에서 하중을 지탱하는 2본의 기둥이다.

㉢ 하부 체대 : 카 바닥의 하부 중앙에 바닥의 하중을 받쳐주는 것을 말한다.

㉣ 브레이스 로드(brace rod) : 카 바닥과 카주의 연결재이며, 카 바닥에 걸리는 하중은 분포하중으로 전하중의 3/8은 브레이스 로드에서 분담한다.

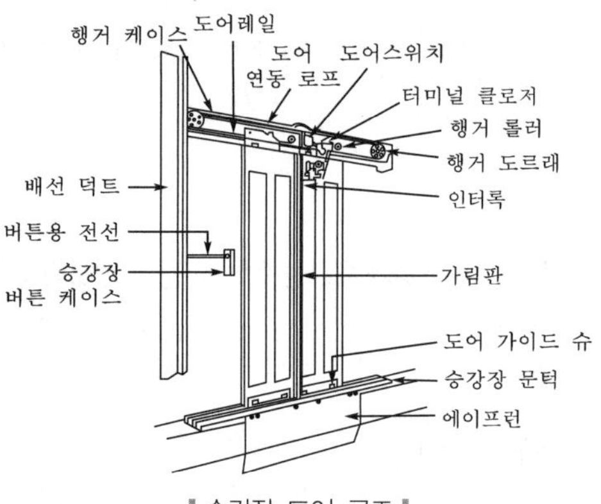

‖ 승강장 도어 구조 ‖

10 엘리베이터 자체점검 중 카 상부의 점검항목으로 틀린 것은?

① 보호난간 고정상태

② 비상등의 조도 및 작동상태

③ 유압탱크 설치 상태 및 유량의 적정성

④ 점검운전 조작반, 정지장치 및 콘센트의 작동상태

☞ 해설 카 상부의 점검항목

㉠ 점검운전 조작반, 정지장치 및 콘센트의 작동상태

㉡ 점검운전 시스템의 작동상태

㉢ 비상등의 조도 및 작동상태

㉣ 보호난간 고정상태

㉤ 청결상태

11 엘리베이터의 잠금장치가 있는 승강장문은 승강장문이 잠긴 상태에서 문짝/문틀에 대한 $5cm^2$ 면적의 원형 또는 정사각형의 모양으로 어느 지점마다 균등하게 하중을 가할 때 1mm를 초과하는 영구적인 변형이 없고, 15mm를 초과하는 탄성변형이 없어야 한다. 몇 N으로 균등하게 힘을 가하여야 하는가?

① 500   ② 400

③ 600   ④ 300

☞ 해설 기계적 강도

잠금장치가 있는 승강장문 및 카 문은 승강장문이 잠긴 상태 및 카 문이 닫힌 상태에서 다음과 같은 기계적 강도를 가져야 한다.

㉠ 문짝/문틀에 대해 $5cm^2$ 면적의 원형 또는 정사각형 모양의 어느 지점마다 수직으로 300N의 정적인 힘을 균등하게 분산하여 가할 때 다음과 같아야 하며, 시험 후에는 문의 안전성 및 성능에 영향을 받지 않아야 한다.

• 1mm를 초과하는 영구적인 변형이 없어야 한다.

• 15mm를 초과하는 탄성변형이 없어야 한다.

㉡ 승강장문의 문짝/문틀(승강장 측) 및 카 문의 문짝/문틀(카 내부 측)에 대해 $100cm^2$ 면적의 원형 또는 정사각형 모양의 어느 지점마다 수직으로 1000N의 정적인 힘을 균등하게 분산하여 가할 때 안전성 및 성능에 영향을 주는 중대한 영구 변형이 없어야 한다.

12 카 도어록이 설치되어 사람의 힘으로 열 수 없는 경우나 화물용 엘리베이터의 경우를 제외하고 엘리베이터의 카 바닥 앞부분과 승강로 벽과의 수평거리는 일반적인 경우 그 기준을 몇 mm 이하로 하도록 하고 있는가?

① 30mm   ② 55mm

③ 100mm   ④ 125mm

☞ 해설 카와 카 출입구를 마주하는 벽 사이의 틈새

㉠ 승강로의 내측 면과 카 문턱, 카 문틀 또는 카 문의 닫히는 모서리 사이의 수평거리는 0.125m 이하이어야 한다. 다만, 0.125m 이하의 수평거리는 각각의 조건에 따라 다음과 같이 적용될 수 있다.

• 수직높이가 0.5m 이하인 경우에는 0.15m까지 연장될 수 있다.

• 수직개폐식 승강장문이 설치된 화물용인 경우, 주행로 전체에 걸쳐 0.15m까지 연장될 수 있다.

• 잠금해제구간에서만 열리는 기계적 잠금장치가 카 문에 설치된 경우에는 제한하지 않는다.

ⓛ 카 문턱과 승강장문 문턱 사이의 수평거리는 35mm 이하이어야 한다.

ⓒ 카 문과 닫힌 승강장문 사이의 수평거리 또는 문이 정상 작동하는 동안 문 사이의 접근거리는 0.12m 이하이어야 한다.

ⓔ 경첩이 있는 승강장문과 접하는 카 문의 조합인 경우에는 닫힌 문 사이의 어떤 틈새에도 직경 0.15m의 구가 통과되지 않아야 한다.

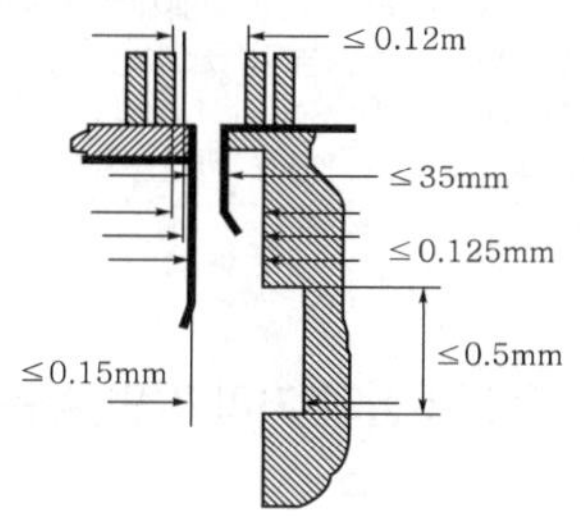

‖ 카와 카 출입구를 마주하는 벽 사이의 틈새 ‖

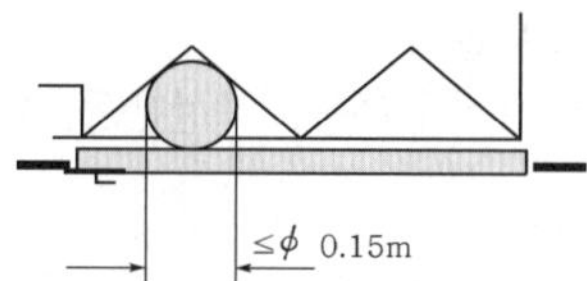

‖ 경첩 달린 승강장문과 접힌 카 문의 틈새 ‖

13 고속 엘리베이터의 기준은?

① 1m/s
② 2m/s
③ 3m/s
④ 4m/s

해설 고속엘리베이터

㉠ 정격속도가 4m/s를 초과하는 승강기
㉡ 초당 4m는 1분(60초)에 240m/min

14 다음 중 OR회로의 설명으로 옳은 것은?

① 입력신호가 모두 '0'이면 출력신호가 '1'이 됨
② 입력신호가 모두 '0'이면 출력신호가 '0'이 됨
③ 입력신호가 '1'과 '0'이면 출력신호가 '0'이 됨
④ 입력신호가 '0'과 '1'이면 출력신호가 '0'이 됨

해설 논리합(OR)회로

하나의 입력만 있어도 출력이 나타나는 회로이며, 'A' OR 'B' 즉, 병렬회로이다.

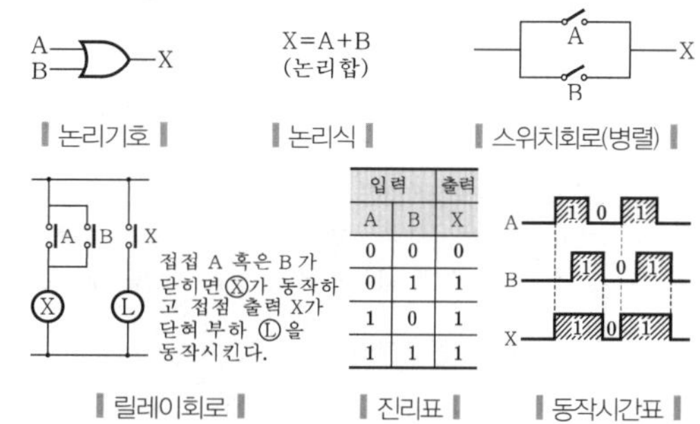

15 무부하 에스컬레이터의 속도는?

① 0.3m/s
② 0.4m/s
③ 0.75m/s
④ 1m/s

해설 공칭속도(nominal speed)

㉠ 공칭주파수, 공칭전압 및 무부하 상태에서 제조사가 제시한 디딤판의 움직이는 방향의 속도
㉡ 에스컬레이터의 공칭속도

• 경사도 a가 30° 이하인 에스컬레이터는 0.75m/s 이하이어야 한다.
• 경사도 a가 30°를 초과하고 35° 이하인 에스컬레이터는 0.5m/s 이하이어야 한다.

16 소방구조용 엘리베이터 전기장치의 물에 대한 보호는 피트 바닥 몇 m 이내에 위치한 전기장치까지 보호되어야 하는가?

① 0.5
② 1
③ 1.5
④ 2

해설 소방구조용 엘리베이터 전기장치의 물에 대한 보호

㉠ 승강장문을 포함하는 최상층 승강장 아래 승강로 벽으로부터 1m 이내에 위치한 승강로 내부의 전기기기, 카 지붕 및 카 벽면의 외부를 둘러싼 전기설비는 상부 승강장에서 떨어지는 물과 튀는 물로부터 보호되거나 IP X3 (물분무에 대한 보호) 이상의 등급으로 보호되어야 한다. 승강장문을 포함하는 최상층 승강장 아래 승강로 벽으로부터 1m 이상 떨어진 승강로 내부의 전기장치는 상부 승강장에서 떨어지는 물로부터 IP X1 이상의 등급으로 보호되어야 한다.

㉡ 피트 바닥 위로 1m 이내에 위치한 전기장치는 IP 67 이상의 등급으로 보호되어야 한다. 콘센트 및 승강로에서 가장 낮은 조명 전구의 위치는 허용 가능한 피트 내부의 최대 누수 수준 위로 0.5m 이상이어야 한다.

정답 13. ④ 14. ② 15. ③ 16. ②

★★★★

17 스텝과 스커트 사이에 끼임의 위험을 최소화하기 위한 장치는?

① 콤
② 뉴얼
③ 스커트
④ 스커트 디플렉터

해설 **스커트 디플렉터(안전 브러쉬)**

스텝과 스커트 사이에 끼임의 위험을 최소화하기 위한 장치이다.
㉠ 스커트 : 스텝, 팔레트 또는 벨트와 연결되는 난간의 수직 부분
㉡ 스커트 디플렉터의 설치 요건

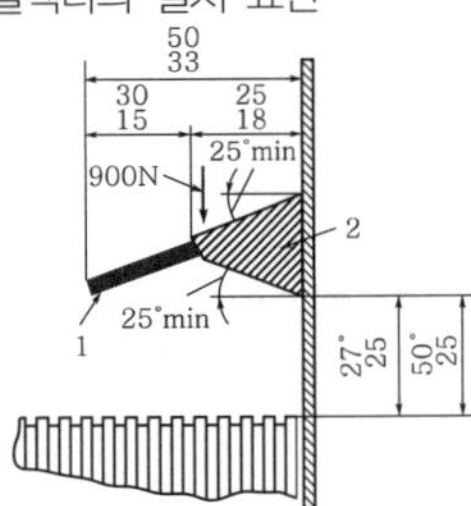

‖ 스커트 디플렉터 ‖

- 견고한 부분과 유연한 부분(브러시 또는 고무 등)으로 구성되어야 한다.
- 스커트 패널의 수직면 돌출부는 최소 33mm, 최대 50mm이어야 한다.
- 견고한 부분의 부착물 선상에 수직으로 견고한 부분의 돌출된 지점에 $600mm^2$의 직사각형 면적 위로 균등하게 분포된 900N의 힘을 가할 때 떨어지거나 영구적인 변형 없이 견뎌야 한다.
- 견고한 부분은 18mm와 25mm 사이에 수평 돌출부가 있어야 하고, 규정된 강도를 견뎌야 한다. 유연한 부분의 수평 돌출부는 최소 15mm, 최대 30mm이어야 한다.
- 주행로의 경사진 구간의 전체에 걸쳐 스커트 디플렉터의 견고한 부분의 아래 쪽 가장 낮은 부분과 스텝 돌출부 선상 사이의 수직거리는 25mm와 27mm 사이이어야 한다.

‖ 승강장 스텝 ‖

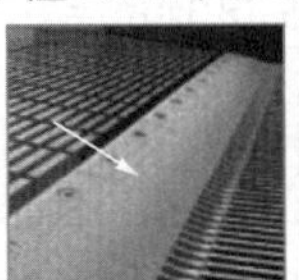
‖ 콤(comb) ‖

‖ 클리트(cleat) ‖

- 천이구간 및 수평구간에서 스커트 디플렉터의 견고한 부분의 아래쪽 가장 낮은 부분과 스텝 클리트의 꼭대기 사이의 거리는 25mm와 50mm 사이이어야 한다.
- 견고한 부분의 하부 표면은 스커트 패널로부터 상승방향으로 25° 이상 경사져야 하고 상부 표면은 하강방향으로 25° 이상 경사져야 한다.
- 스커트 디플렉터는 모서리가 둥글게 설계되어야 한다. 고정 장치 헤드 및 접합 연결부는 운행통로로 연장되지 않아야 한다.
- 스커트 디플렉터의 말단 끝 부분은 스커트와 동일 평면에 접촉되도록 점점 가늘어져야 한다. 스커트 디플렉터의 말단 끝부분은 콤 교차선에서 최소 50mm 이상, 최대 150mm 앞에서 마감되어야 한다.

★★

18 기계실 출입문 높이는?

① 1.6m 이상
② 1.8m 이상
③ 2.0m 이상
④ 2.4m 이상

해설 **출입문, 비상문 및 점검문의 치수**

㉠ 기계실, 승강로 및 피트 출입문 : 높이 1.8m 이상, 폭 0.7m 이상(주택용 엘리베이터의 경우 기계실 출입문은 폭 0.6m 이상, 높이 0.6m 이상)
㉡ 풀리실 출입문 : 높이 1.4m 이상, 폭 0.6m 이상
㉢ 비상문 : 높이 1.8m 이상, 폭 0.5m 이상

★★★

19 캠의 운동특성과 거리가 먼 것은?

① 부등속운동
② 주기적인 운동
③ 제동운동
④ 상하좌우운동, 직선운동, 왕복운동

해설 **캠(cam)**

회전운동을 상하좌우운동, 직선운동, 왕복운동, 진동 등으로 변환하는 장치, 제동(멈춤) 기능을 직접 수행하지는 않는다.
㉠ 부등속운동 : 속도가 일정치 않은 운동
㉡ 주기적인 운동 : 일정한 시간마다 똑같은 상태(위치, 속도, 가속도)가 되풀이되는 운동

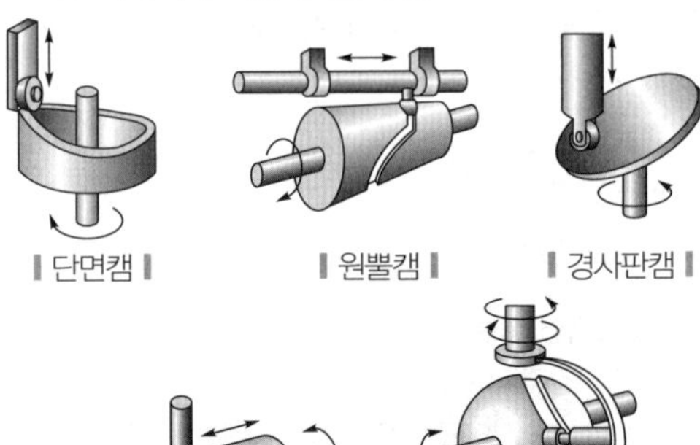

★★★

20 에스컬레이터 디딤판 양쪽 측면에서 측정된 틈새의 합은 몇 mm 이하이어야 하는가?

① 4
② 6
③ 7
④ 5

해설 디딤판의 주행안내

스텝 또는 팔레트의 주행안내 시스템에서 스텝 또는 팔레트의 측면 변위는 각각 4mm 이하이어야 하고, 양쪽 측면에서 측정된 틈새의 합은 7mm 이하이어야 한다. 또한, 스텝 및 팔레트의 수직 변위는 4mm 이하이고 벨트의 수직 변위는 6mm 이하이어야 한다.

★★

21 주 도르래의 공칭지름은 주 로프의 몇 배 이상이어야 하는가?

① 46 ② 30
③ 40 ④ 50

해설 권상 도르래·풀리 또는 드럼의 피치 직경과 로프(벨트)의 공칭 직경 사이의 비율은 로프(벨트)의 가닥수와 관계없이 40 이상이어야 한다. 다만, 주택용 엘리베이터의 경우 30 이상이어야 한다.

★★★★

22 엘리베이터의 트랙션 머신에서 시브풀리의 홈 마모 상태를 표시하는 길이 H는 몇 mm 이하로 하는가?

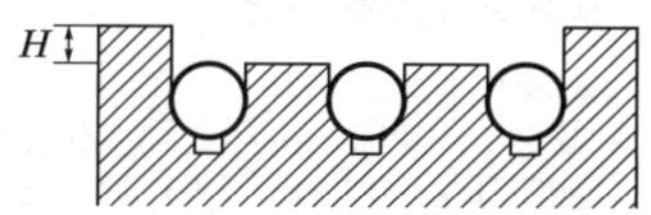

① 0.5 ② 2
③ 3.5 ④ 5

해설 도르래 마모 한계

도르래는 심한 마모가 없어야 한다. 권상기 도르래홈의 언더컷의 잔여량은 1mm 이상이어야 하고, 권상기 도르래에 감긴 주로프 가닥끼리의 높이차 또는 언더컷 잔여량의 차이는 2mm 이내이어야 한다.

★★

23 전기에 감전된 사람의 경우 확인해야 할 사항이 아닌 것은?

① 골절
② 의식상태
③ 맥박
④ 화상

해설 감전 시 확인해야 할 주요 사항

㉠ 전원 차단 및 분리
㉡ 응급 신고
㉢ 의식·호흡 확인
㉣ 화상 및 추가 손상 관찰

★★

24 전계효과 트랜지스터(FET)의 특징으로 옳은 것은?

① 전류제어, 낮은 임피던스
② 전류제어, 높은 임피던스
③ 전압제어, 낮은 임피던스
④ 전압제어, 높은 임피던스

해설 전계효과 트랜지스터(FET)의 특징

㉠ 매우 높은 입력 임피던스
㉡ 낮은 전력 소비로 전압제어
㉢ 빠른 스위칭 속도
㉣ 낮은 노이즈

★★★

25 장애인용 엘리베이터의 출입문 유효폭은?

① 0.8m 이상 ② 1.0m 이상
③ 1.2m 이상 ④ 1.6m 이상

해설 장애인용 엘리베이터의 카 및 출입문 크기

㉠ 승강기 내부의 유효바닥면적은 폭 1.6m 이상, 깊이 1.35m 이상이어야 한다.
㉡ 출입문의 통과 유효폭은 0.8m 이상으로 하되, 신축한 건물의 경우에는 출입문의 통과 유효폭을 0.9m 이상으로 할 수 있다.

★★★★

26 50μF의 콘덴서에 200V, 60Hz의 교류전압을 인가했을 때 흐르는 전류(A)는?

① 약 2.56 ② 약 3.77
③ 약 4.56 ④ 약 5.28

해설

$$X_c = \frac{1}{\omega c} = \frac{1}{2\pi fc} = \frac{1}{2\pi \times 60 \times 50 \times 10^{-6}} \fallingdotseq 53$$

$$I = \frac{V}{X_c} = \frac{200}{53} \fallingdotseq 3.77A$$

★★★★★

27 다음 중 절연저항을 측정하는 계기는?

① 회로시험기 ② 메거
③ 훅온미터 ④ 휘트스톤브리지

해설 전로 및 기기 등을 사용하다보면 기기의 노화 등 그밖의 원인으로 절연성능이 저하되고, 절연열화가 진행되면 결국은 누전 등의 사고를 발생하여 화재나 그 밖의 중대 사고를 일으킬 우려가 있으므로 절연저항계(메거)로 절연저항측정 및 절연진단이 필요하다.

정답　21. ③　22. ②　23. ①　24. ④　25. ①　26. ②　27. ②

28 유압식 승강기의 특징으로 틀린 것은?

① 기계실의 배치가 자유롭다.
② 실린더를 사용하기 때문에 행정거리와 속도에 한계가 있다.
③ 과부하방지가 불가능하다.
④ 균형추를 사용하지 않기 때문에 모터의 출력과 소비전력이 크다.

해설 유압식 승강기의 특징

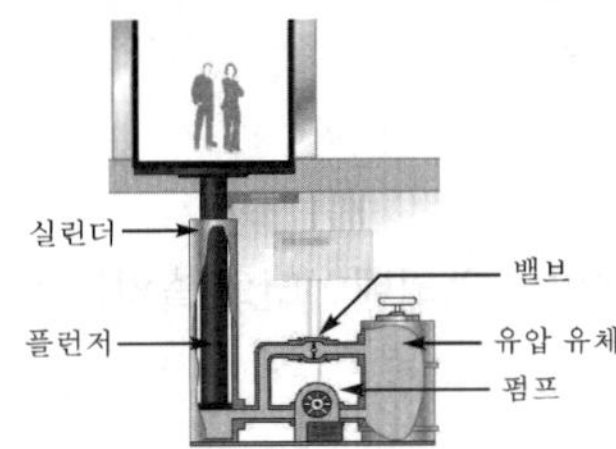

‖ 유압식 엘리베이터 작동원리 ‖

펌프에서 토출된 작동유로 플런저(plunger)를 작동시켜 카를 승강시키는 것이다.
㉠ 기계실의 배치가 자유로워 승강로 상부에 기계실을 설치할 필요가 없다.
㉡ 건물 꼭대기 부분에 하중이 걸리지 않는다.
㉢ 승강로의 꼭대기 틈새(top clearance)가 작아도 된다.
㉣ 실린더를 사용하기 때문에 행정거리와 속도에 한계가 있다.
㉤ 균형추를 사용하지 않으므로 전동기의 소요 동력이 커진다.

29 작업표준의 목적이 아닌 것은?

① 작업의 효율화
② 위험요인의 제거
③ 손실요인의 제거
④ 재해책임의 추궁

해설 작업표준

㉠ 작업표준의 필요성
근로자가 기능적으로 불확실한 작업행동이나 정해진 생산 공정상의 규칙을 어기고 임의적인 행동을 지향함으로써의 위험이나 손실요인을 최대한 예방, 감소시키기 위한 것이다.
㉡ 작업표준을 도입치 않을 경우
• 재해사고 발생
• 부실제품 생산
• 자재손실 또는 지연작업
㉢ 표준서(규정, 사양서, 지침서, 지도서, 기준서)의 종류
• 원재료와 제품에 관한 것(품질표준)
• 작업에 관한 것(작업표준)
• 설비, 환경 등의 유지, 보전에 관한 것(설비기준)
• 관리제도, 일의 절차에 관한 것(관리표준)
㉣ 작업표준의 목적
• 위험요인의 제거
• 손실요인의 제거
• 작업의 효율화
㉤ 작업표준의 작성 요령
• 작업의 표준설정은 실정에 적합할 것
• 좋은 작업의 표준일 것
• 표현은 구체적으로 나타낼 것
• 생산성과 품질의 특성에 적합할 것
• 이상 시 조치기준이 설정되어 있을 것
• 다른 규정 등에 위배되지 않을 것

30 엘리베이터의 중대고장이 아닌 것은?

① 운행과정에서 정격속도 이상 과속
② 최상하층을 지나 계속 운행
③ 출입문이 열린 상태로 운행
④ 운행 중 정지된 고장으로 이용자가 운반구에 갇히게 된 경우

해설 엘리베이터의 중대한 고장

㉠ 출입문이 열린 상태로 움직인 경우
㉡ 출입문이 이탈되거나 파손되어 운행되지 않는 경우
㉢ 최상층 또는 최하층을 지나 계속 움직인 경우
㉣ 운행하려는 층으로 운행되지 않은 고장으로서 이용자가 운반구에 갇히게 된 경우(정전 또는 천재지변으로 인해 발생한 경우는 제외)
㉤ 운행 중 정지된 고장으로서 이용자가 운반구에 갇히게 된 경우(정전 또는 천재지변으로 인해 발생한 경우는 제외)
㉥ 운반구 또는 균형추에 부착된 매다는 장치 또는 보상수단(각각 그 부속품을 포함) 등이 이탈되거나 추락된 경우

참고 에스컬레이터의 중대한 고장

㉠ 손잡이 속도와 디딤판 속도의 차이가 행정안전부장관이 고시하는 기준을 초과하는 경우
㉡ 하강 운행 과정에서 행정안전부장관이 고시하는 기준을 초과하는 과속이 발생한 경우
㉢ 상승 운행 과정에서 디딤판이 하강 방향으로 역행하는 경우
㉣ 과속 또는 역행을 방지하는 장치가 정상적으로 작동하지 않은 경우
㉤ 디딤판이 이탈되거나 파손되어 운행되지 않은 경우

31 엘리베이터의 일상적 운행관리자는?

① 안전관리자   ② 자체점검자
③ 유지관리업자   ④ 관리주체

[해설] 승강기 안전관리자의 직무범위

㉠ 승강기 운행 및 관리에 관한 규정 작성

㉡ 승강기 사고 또는 고장 발생에 대비한 비상연락망의 작성 및 관리

㉢ 유지관리업자로 하여금 자체점검을 대행하게 한 경우 유지관리업자에 대한 관리·감독

㉣ 중대한 사고 또는 중대한 고장의 통보

㉤ 승강기 내에 갇힌 이용자의 신속한 구출을 위한 승강기 조작(승강기 안전관리자가 해당 승강기관리교육을 받은 경우만 해당)

㉥ 피난용 엘리베이터의 운행(승강기 안전관리자가 해당 승강기관리교육을 받은 경우만 해당)

㉦ 그 밖에 승강기 관리에 필요한 사항으로서 행정안전부장관이 정하여 고시하는 업무

★★★★

32 유압식 엘리베이터의 유압 파워유닛과 압력배관에 설치되며, 이것을 닫으면 실린더의 기름이 파워유닛으로 역류되는 것을 방지하는 밸브는?

① 스톱밸브
② 럽처밸브
③ 체크밸브
④ 릴리프밸브

[해설] 유압회로의 밸브

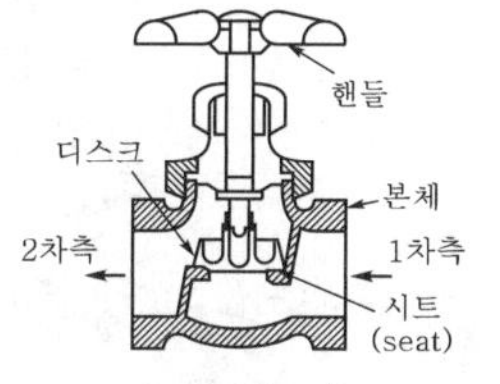

∥ 스톱밸브 ∥

∥ 럽처밸브 ∥

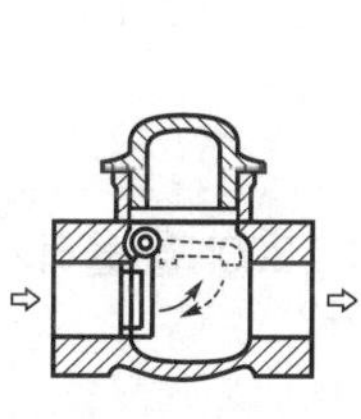

∥ 체크밸브 ∥

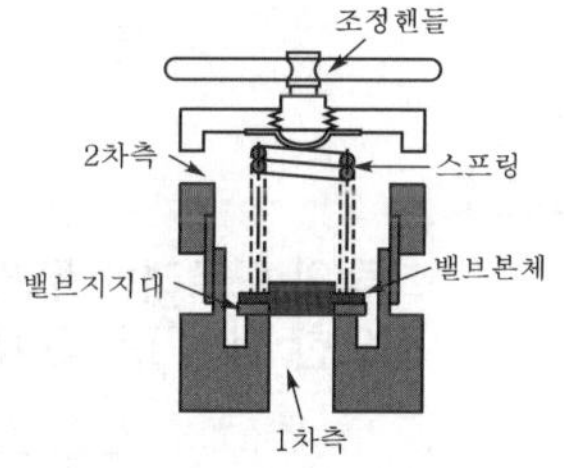

∥ 안전밸브 ∥

㉠ 스톱밸브(stop valve) : 유압 파워유닛과 실린더 사이의 압력배관에 설치되며, 이것을 닫으면 실린더의 기름이 파워유닛으로 역류하는 것을 방지한다. 유압장치의 보수. 점검 또는 수리 등을 할 때에 사용되며, 일명 게이트밸브라고도 한다.

㉡ 럽처밸브(rupture valve) : 압력배관이 파손되었을 때 기름의 누설에 의한 카의 하강을 방지하기 위한 것이다. 밸브 양단의 압력이 떨어져 설정한 방향으로 설정한 유량이 초과하는 경우에, 유량이 증가하는 것에 의하여 자동으로 회로를 폐쇄하도록 설계한 밸브이다.

㉢ 체크밸브(non-return valve) : 한쪽 방향으로만 기름이 흐르도록 하는 밸브로서 상승방향으로는 흐르지만 역방향으로는 흐르지 않는다. 이것은 정전이나 그 이외의 원인으로 펌프의 토출압력이 떨어져서 실린더의 기름이 역류하여 카가 자유낙하하는 것을 방지하는 역할을 하는 것으로 로프식 엘리베이터의 전자브레이크와 유사하다.

㉣ 안전밸브(relief valve) : 압력조정밸브로 회로의 압력이 상용압력의 125% 이상 높아지면 바이패스(by-pass) 회로를 열어 기름을 탱크로 돌려보내어 더 이상의 압력상승을 방지한다.

★★★

33 직류 분권전동기에서 보극의 역할은?

① 회전수를 일정하게 한다.
② 기동토크를 증가시킨다.
③ 정류를 양호하게 한다.
④ 회전력을 증가시킨다.

[해설] 전기자 반작용

전기자전류에 의한 기자력이 주자속의 분포에 영향을 미치는 현상을 말한다.

㉠ 전기자 반작용에 의한 현상

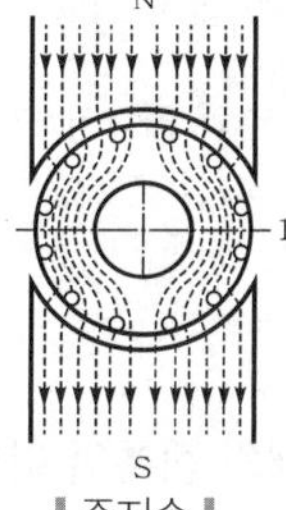

∥ 주자속 ∥

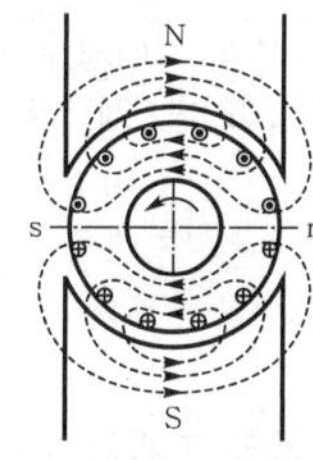

∥ 전기자 자속 ∥

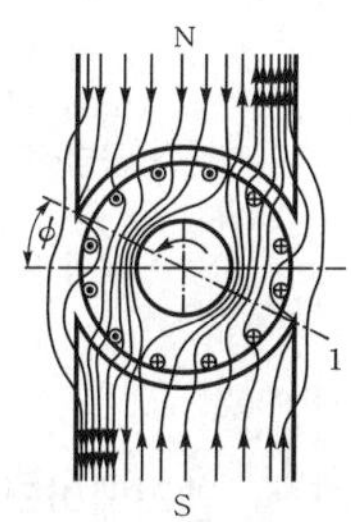

∥ 합성자속 ∥
(전기자 반작용)

• 코일이 자극의 중성축에 있을 때도 전압을 유지시켜 브러시 사이에 불꽃을 발행한다.
• 주자속 분포를 찌그러뜨려 중성축을 이동시킨다.
• 주자속을 감소시켜 유도선압을 감소시킨다.

㉡ 전기자 반작용의 방지법
• 브러시 위치를 전기적 중성점으로 이동시킨다.
• 보상권선을 설치한다.
• 보극을 설치한다.

㉢ 보극의 역할
• 전기자가 만드는 자속을 상쇄(전기자 반작용 상쇄 역할)한다.
• 전압정류를 하기 위한 정류자속을 발생시킨다.

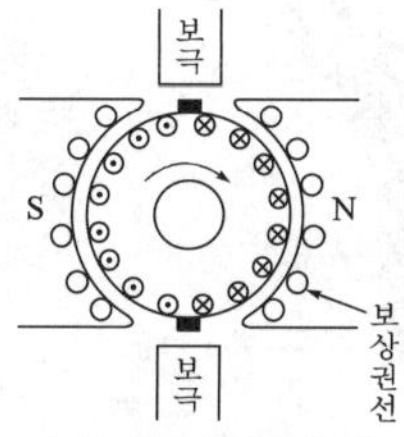

∥ 보극과 보상권선 ∥

34 헬리컬기어의 설명으로 적절하지 않은 것은?

① 진동과 소음이 크고 운전이 정숙하지 않다.
② 회전 시에 축압이 생긴다.
③ 스퍼기어보다 가공이 힘들다.
④ 이의 물림이 좋고 연속적으로 접촉한다.

해설 헬리컬기어(helical gear)의 특징

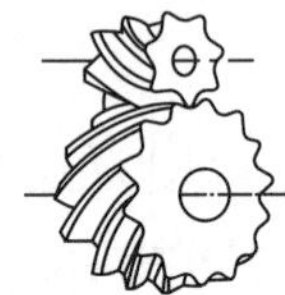

㉠ 장점
  • 운전이 원활하고, 진동 소음이 적으며, 고속·대동력 전달에 사용한다.
  • 직선치보다 물림 길이가 길고 물림률이 커서 물림 상태가 좋다.
  • 큰 회전비가 얻어지고 전동 효율(98〜99%)이 크다.
㉡ 단점
  • 축방향으로 추력(thrust, 회전축과 회전체의 축방향에 작용하는 외력)이 발생한다.
  • 가공상의 정밀도, 조립 오차, 이 및 축의 변형 등에 의해 치면의 접촉이 나쁘게 된다.
  • 국부적인 접촉이 생기게 되어 치면의 압력이 크게 된다.
  • 제작 및 검사가 어렵다.

35 엘리베이터의 주로프에서 도르래와 접촉이 이루어지는 것은?

① 심강
② 외층소선
③ 심선
④ 내층소선

해설 와이어로프

㉠ 와이어로프의 구성
  • 심(core)강
  • 가닥(strand)
  • 소선(wire)

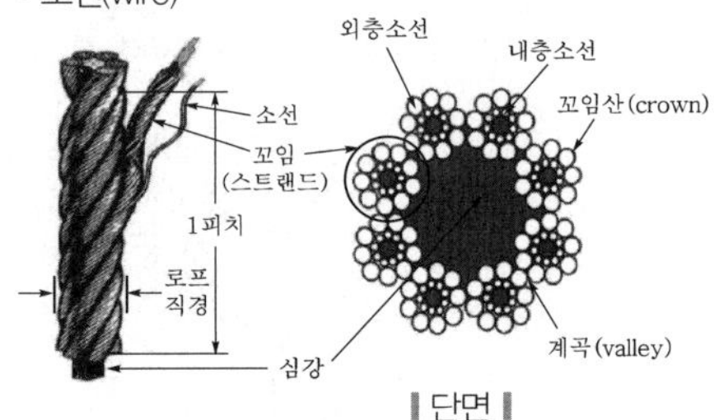

║ 단면 ║

㉡ 소선의 재료 : 탄소강(C : 0.50〜0.85 섬유상 조직)

㉢ 와이어로프의 표기

6 × Fi (24) × IWRC B종 20mm
                                    └── rope diameter
                              └─ 종별(소선의 인장 강도)
                          └─ 심강의 종류
                └── strand 구성 (소선수)
                            ┌ S : 스트랜드형
                            ├ W : 워링톤형
                            ├ Fi : 필러형
                            └ Ws : 워링톤시일형
  └── rope의 구성
      (strand 수)

36 회전운동을 직선운동, 왕복운동, 진동 등으로 변환하는 기구는?

① 링크기구   ② 슬라이더
③ 캠   ④ 크랭크

해설 캠(cam)

㉠ 캠은 회전운동을 상하좌우운동, 직선운동, 왕복운동, 진동 등으로 변환하는 장치
㉡ 평면 곡선을 이루는 캠 : 판캠, 홈캠, 확동캠, 직동캠 등
㉢ 입체적인 모양의 캠 : 단면캠, 원뿔캠, 경사판캠, 원통캠, 구면(球面)캠, 엔드캠 등

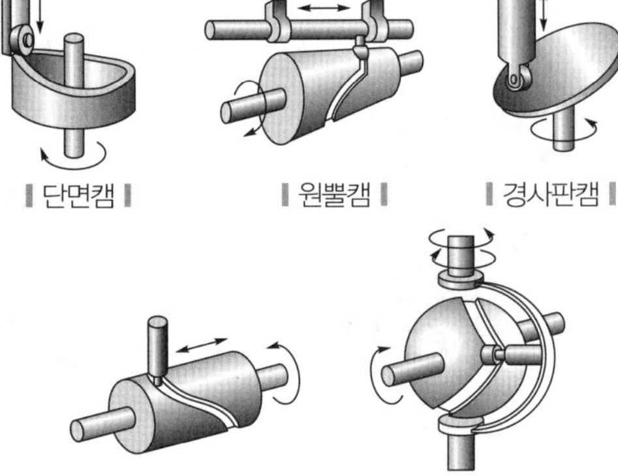

║ 단면캠 ║   ║ 원뿔캠 ║   ║ 경사판캠 ║

║ 원통캠 ║   ║ 구면캠 ║

37 그림의 도르래에 무게(W) 300N을 올리기 위해 필요한 힘(F)은 몇 N인가?

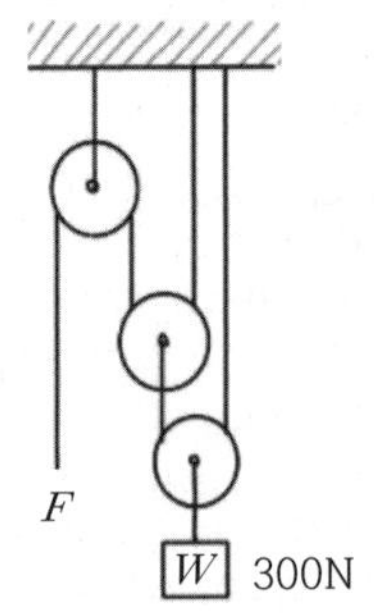

① 100   ② 150
③ 50   ④ 75

해설 복합 도르래를 사용할 때 작용하는 힘은 물체를 지탱하는 줄의 수에 의해 정해진다.

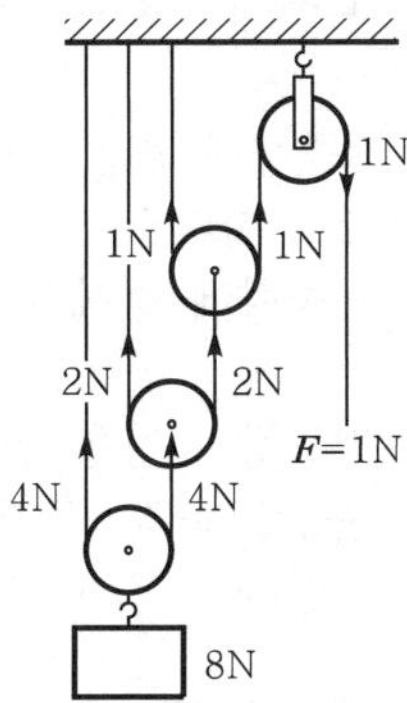

---

38 상승하던 에스컬레이터가 갑자기 하강방향으로 움직일 수 있는 상황을 방지하는 안전장치는?

① 스텝체인
② 핸드레일
③ 구동체인 안전장치
④ 스커트 가드 안전장치

해설 **구동체인 안전장치(driving chain safety device)**

㉠ 구동기와 주구동장치(main drive) 사이의 구동체인이 상승 중 절단되었을 때 승객의 하중에 의해 하강운전을 일으키면 위험하므로 구동체인 안전장치가 필요하다.
㉡ 구동체인 위에 항상 문지름판이 구동되면서 구동체인의 늘어짐을 감지하여 만일 체인이 느슨해지거나 끊어지면 슈가 떨어지면서 브레이크래칫이 브레이크휠에 걸려 주구동장치의 하강방향의 회전을 기계적으로 제지한다.
㉢ 안전스위치를 설치하여 안전장치의 동작과 동시에 전원을 차단한다.

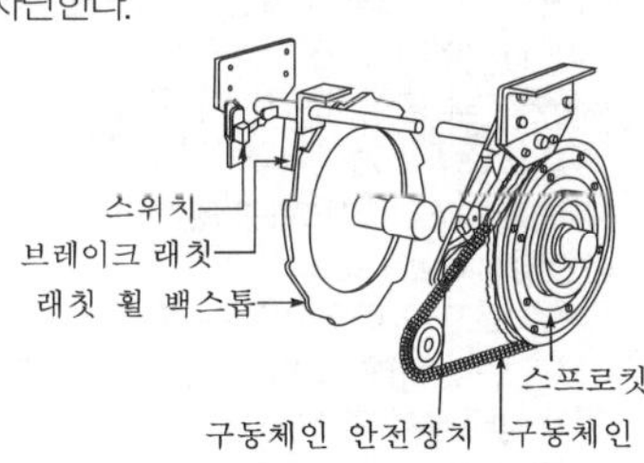

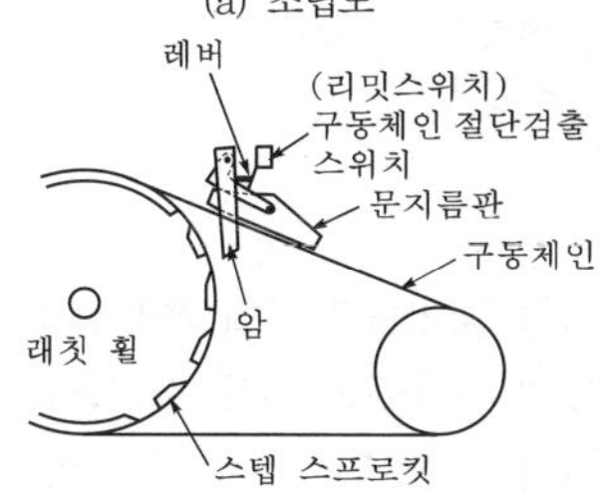

‖ 구동체인 안전장치 ‖

---

39 구름 베어링의 특징에 관한 설명으로 틀린 것은?

① 고속회전이 가능하다.
② 마찰저항이 적다.
③ 설치가 까다롭다.
④ 충격에 강하다.

해설 **구름 베어링(rolling bearing)**

궤도륜, 전동체 및 케이지로 구성된다. 베어링의 접촉면 사이에 볼이나 롤러·니들을 넣으면, 부하되는 하중의 방향에 의해 레이디얼베어링과 스러스트베어링으로 구분된다.

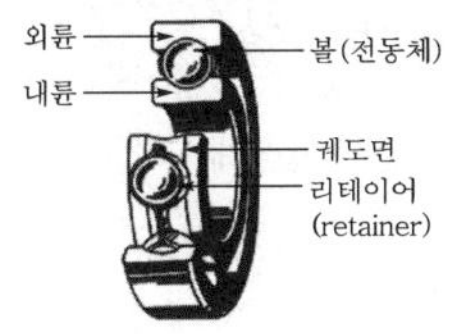

㉠ 장점
• 기동마찰이 적고, 동마찰과의 차이도 적다.
• 국제적으로 표준화, 규격화가 이루어져 있으므로 호환성이 있고 교환 사용이 가능하다.
• 베어링의 주변구조를 간략하게 할 수 있고 보수·점검이 용이하다.
• 일반적으로 경방향 하중과 축방향 하중을 동시에 받을 수 있다.
• 고온도·저온도에서의 사용이 비교적 쉽다.
• 강성을 높이기 위해 각(角)의 예입 상태로도 사용할 수 있다.
㉡ 단점
• 설치가 까다롭다.
• 소음이 발생하고 값이 비싸다.
• 충격에 약하다(신뢰성).

---

40 안전관리자의 직무범위가 아닌 것은?

① 엘리베이터의 설치공사 관리
② 비상연락망의 작성 및 관리
③ 자체점검을 대행하게 한 경우 유지관리업자에 대한 관리·감독
④ 중대한 사고 또는 중대한 고장의 통보

해설 **승강기 안전관리자의 직무범위**

㉠ 승강기 운행 및 관리에 관한 규정 작성
㉡ 승강기 사고 또는 고장 발생에 대비한 비상연락망의 작성 및 관리
㉢ 유지관리업자로 하여금 자체점검을 대행하게 한 경우 유지관리업자에 대한 관리·감독
㉣ 중대한 사고 또는 중대한 고장의 통보
㉤ 승강기 내에 갇힌 이용자의 신속한 구출을 위한 승강기 조작(승강기 안전관리자가 해당 승강기관리교육을 받은 경우만 해당)
㉥ 피난용 엘리베이터의 운행(승강기 안전관리자가 해당 승강기관리교육을 받은 경우만 해당)
㉦ 그 밖에 승강기 관리에 필요한 사항으로서 행정안전부장관이 정하여 고시하는 업무

★★★

41 자체점검기준의 점검항목 중 점검주기가 가장 긴 것은?

① 호출버튼의 작동상태
② 도르래 홈의 마모상태
③ 오일 쿨러 작동상태
④ 주행면의 오일 유무

해설 자체점검 내용 및 점검주기(회/월)

㉠ 승강장 호출버튼의 작동상태(1/1)
㉡ 도르래 홈의 마모상태(1/3)
㉢ 주행면의 오일, 그리스 및 얼음 등의 유무(1/3)
㉣ 오일 쿨러 설치 및 작동상태(1/6)

★★

42 엘리베이터 매다는 장치의 안전율로 옳은 것은?

① 3가닥 이상의 로프(벨트)에 의해 구동되는 권상 구동 엘리베이터익 경우 : 15
② 2가닥 이상의 로프(벨트)에 의해 구동되는 권상 구동 엘리베이터의 경우 : 13
③ 3가닥 이상의 6mm 이상 8mm 미만의 로프에 의해 구동되는 권상 구동 엘리베이터의 경우 : 15
④ 3가닥 이상의 6mm 이상 8mm 미만의 로프에 의해 구동되는 권상 구동 엘리베이터의 경우 : 16

해설 매다는 장치(현수)

㉠ 로프 : 공칭 직경이 8mm 이상이어야 한다. 다만, 구동기가 승강로에 위치하고, 정격속도가 1.75m/s 이하인 경우로서 행정안전부장관이 안전성을 확인한 경우에 한정하여 공칭 직경 6mm의 로프가 허용된다.
㉡ 로프 또는 체인 등의 가닥수는 2가닥 이상이어야 한다. 간접 유압식 엘리베이터의 경우에는 간접 작동 잭당 2가닥 이상이어야 하고, 카와 평형추 사이 연결 부분에 2가닥 이상이어야 한다.
㉢ 매다는 장치의 안전율은 다음 구분에 따른 수치 이상이어야 한다.
 • 3가닥 이상의 로프(벨트)에 의해 구동되는 권상 구동 엘리베이터의 경우 : 12
 • 3가닥 이상의 6mm 이상 8mm 미만의 로프에 의해 구동되는 권상 구동 엘리베이터의 경우 : 16
 • 2가닥 이상의 로프(벨트)에 의해 구동되는 권상 구동 엘리베이터의 경우 : 16
 • 로프가 있는 드럼 구동 및 유압식 엘리베이터의 경우 : 12
 • 체인에 의해 구동되는 엘리베이터의 경우 : 10

★★★★

43 균형추의 전체 무게를 산정하는 방법으로 옳은 것은?

① 카의 전중량에 정격적재량의 35~50%를 더한 무게로 한다.
② 카의 전중량에 정격적재량을 더한 무게로 한다.
③ 카의 전중량과 같은 무게로 한다.
④ 카의 전중량에 정격적재량의 110%를 더한 무게로 한다.

해설 균형추(counter weight)

카의 무게를 일정 비율 보상하기 위하여 카측과 반대편에 주철 혹은 콘크리트로 제작되어 설치되며, 카와의 균형을 유지하는 추이다.

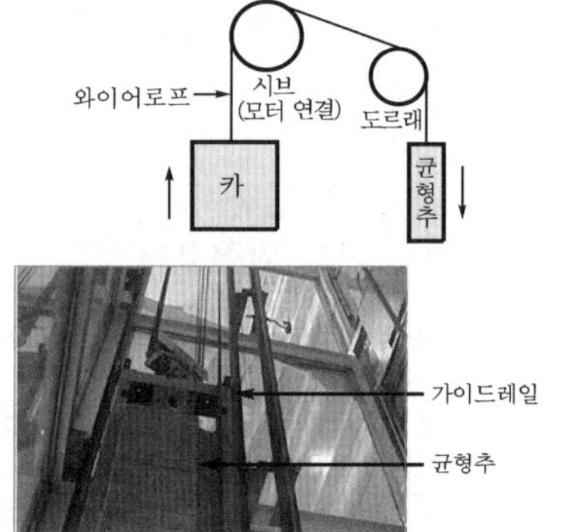

㉠ 오버밸런스(over-balance)
 • 균형추의 총중량은 빈 카의 자중에 정격적재하중의 35~50%의 중량을 더한 값이 보통이다.
 • 정격적재하중의 몇 %를 더할 것인가를 오버밸런스율이라고 한다.
 • 균형추의 총중량=카 자체하중+$L \cdot F$
  여기서, L : 정격적재하중(kg)
    F : 오버밸런스율(%)
㉡ 견인비(traction ratio)
 • 카측 로프가 매달고 있는 중량과 균형추 로프가 매달고 있는 중량의 비를 트랙션비라 하고, 무부하와 전부하 상태에서 체크한다.
 • 견인비가 낮게 선택되면 로프와 도르래 사이의 트랙션 능력, 즉 마찰력이 작아도 되며, 로프의 수명이 연장된다.

★★

44 승객용 엘리베이터의 적재하중 및 최대 정원을 계산할 때 1인당 하중의 기준은 몇 kg인가?

① 63　　　　② 65
③ 67　　　　④ 70

해설 카의 유효면적, 정격하중 및 정원

㉠ 정격하중(rated load) : 엘리베이터의 설계된 적재하중을 말한다.
㉡ 화물용 엘리베이터의 정격하중은 카의 면적 1m²당 250kg으로 계산한 값 이상으로 하고 자동차용 엘리베이터의 정격하중은 카의 면적 1m²당 150kg으로 계산한 값 이상으로 한다.
㉢ 정원은 다음 식에서 계산된 값을 가장 가까운 정수로 버림 한 값이어야 한다.

$$정원 = \frac{정격하중}{65}$$

★★★★★

45 카 자중 1300kg, 정격하중 900kg, 오버밸런스율 40%인 균형추의 총 중량은?

① 880kg ② 1420kg
③ 1660kg ④ 1830kg

해설 균형추(counter weight)

카의 무게를 일정 비율 보상하기 위하여 카측과 반대편에 주철 혹은 콘크리트로 제작되어 설치되며, 카와의 균형을 유지하는 추이다.

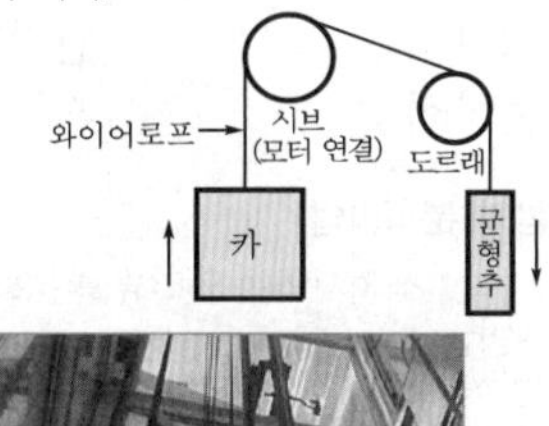

㉠ 오버밸런스(over-balance)
• 균형추의 총중량은 빈 카의 자중에 적재하중의 35~50%의 중량을 더한 값이 보통이다.
• 적재하중의 몇 %를 더할 것인가를 오버밸런스율이라고 한다.
• 균형추의 총중량 = 카 자체하중 + $L \cdot F$
  여기서, L : 정격적재하중(kg), F : 오버밸런스율(%)
  ∴ 균형추의 총중량 = $1300 + (900 \times 0.4) = 1660$kg
㉡ 견인비(traction ratio)
• 카측 로프가 매달고 있는 중량과 균형추 로프가 매달고 있는 중량의 비를 트랙션비라 하고, 무부하와 전부하 상태에서 체크한다.
• 견인비가 낮게 선택되면 로프와 도르래 사이의 트랙션 능력, 즉 마찰력이 작아도 되며, 로프의 수명이 연장된다.

★★★

46 브레이크는 카가 정격속도로 정격하중의 몇 %를 싣고 하강방향으로 운행할 때 구동기를 정지시킬 수 있어야 하는가?

① 100 ② 110
③ 125 ④ 135

해설 전자-기계 브레이크

㉠ 브레이크는 자체적으로 카가 정격속도로 정격하중의 125%를 싣고 하강방향으로 운행될 때 구동기를 정지시킬 수 있어야 한다.
㉡ 이 조건에서, 카의 감속도는 추락방지안전장치의 작동 또는 카가 완충기에 정지할 때 발생되는 감속도를 초과하지 않아야 한다.
㉢ 드럼 또는 디스크 제동 작용에 관여하는 브레이크의 모든 기계적 부품은 최소한 2세트로 설치되어야 한다.
㉣ 구성요소의 고장으로 브레이크 세트 중 하나가 작동하지 않으면 정격하중을 싣고 정격속도로 하강하는 카 또는 빈 카로 상승하는 카를 감속, 정지 및 정지상태 유지를 위한 나머지 하나의 브레이크 세트는 계속 제동되어야 한다.
㉤ 솔레노이드 플런저는 기계적인 부품으로 간주되지만, 솔레노이드 코일은 그렇지 않다.

★★★★

47 엘리베이터용 도어머신에 요구되는 성능이 아닌 것은?

① 가격이 저렴할 것
② 보수가 용이할 것
③ 작동이 원활하고 정숙할 것
④ 기동횟수가 많으므로 대형일 것

해설 도어머신(door machine)에 요구되는 조건

모터의 회전을 감속하여 암이나 로프 등을 구동시켜서 도어를 개폐시키는 것이며, 닫힌 상태에서 정전으로 갇혔을 때 구출을 위해 문을 손으로 열 수가 있어야 한다.

㉠ 작동이 원활하고 조용할 것
㉡ 카 상부에 설치하기 위해 소형 경량일 것
㉢ 동작횟수가 엘리베이터 기동횟수의 2배가 되므로 보수가 용이할 것
㉣ 가격이 저렴할 것

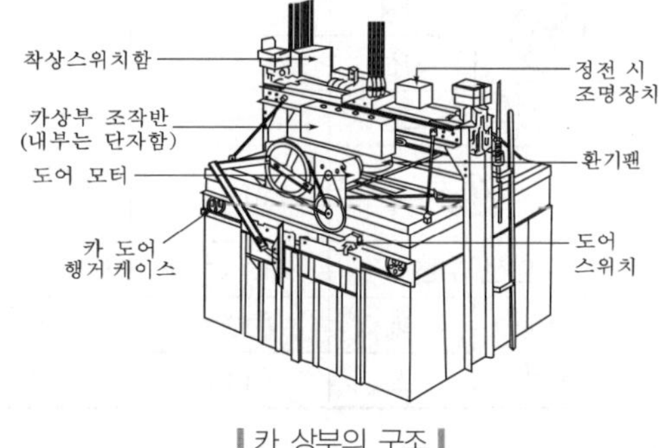

▌ 카 상부의 구조 ▐

48 주행 레일의 역할이 아닌 것은?

① 집중하중 작용 시 수평하중을 유지
② 추락방지안전장치 작동 시 수직하중을 유지
③ 카와 균형추의 승강로 평면 내의 위치 규제
④ 카의 자중이나 화물에 의한 카의 기울어짐 방지

해설 가이드레일(guide rail)의 적용요소

㉠ 추락방지안전장치 작동 시 긴 기둥 형태인 레일이 휘어지지 않아야 한다.
㉡ 지진 시 빌딩의 수평 진동에 따라 카나 균형추가 흔들리고 그때 레일이 가이드 슈 사이에서 이탈 혹은 한도의 가속도까지에는 벗어나지 않는지를 점검한다.
㉢ 카에 불평형의 큰 하중이 적재될 경우에 큰 회전모멘트를 지탱할 수 있는지 점검한다.

49 무빙워크 이용자의 주의표시를 위한 표시판 또는 표지 내에 표시되는 내용이 아닌 것은?

① 손잡이를 꼭 잡으세요.
② 카트는 탑재하지 마세요.
③ 걷거나 뛰지 마세요.
④ 안전선 안에 서 주세요.

해설 에스컬레이터 또는 무빙워크의 출입구 근처의 주의표시

구분		기준규격(mm)	색상
최소 크기		80×100	–
바탕		–	흰색
	원	40×40	–
	바탕	–	황색
	사선	–	적색
	도안	–	흑색
		10×10	녹색(안전), 황색(위험)
안전, 위험		10×10	흑색
주의 문구	대	19pt	흑색
	소	14pt	적색

50 유도전동기에서 슬립이 1이란 전동기의 어느 상태인가?

① 유도제동기의 역할을 한다.
② 유도전동기가 전부하 운전 상태이다.
③ 유도전동기가 정지 상태이다.
④ 유도전동기가 동기속도로 회전한다.

해설 슬립(slip)

3상 유도전동기는 항상 회전자기장의 동기속도(n_s)와 회전자의 속도 n 사이에 차이가 생기게 되며, 이 차이의 값으로 전동기의 속도를 나타낸다. 이때 속도의 차이와 동기속도(n_s)와의 비가 슬립이고, 보통 $0 < s < 1$ 범위이어야 하며, 슬립 1은 정지된 상태이다.

$$s = \frac{동기속도 - 회전자속도}{동기속도} = \frac{n_s - n}{n_s}$$

51 안전진단에 있어서 작업위험의 분석방법이 아닌 것은?

① 면접방식　　② 관찰방식
③ 기준방식　　④ 혼합방식

해설 작업위험의 분석방법

㉠ 면접방식 : 작업자와의 인터뷰를 통해 위험요인을 파악하는 방법
㉡ 관찰방식 : 실제 작업현장에서 위험요인을 직접 관찰하여 분석하는 방법
㉢ 혼합방식 : 위 두 방법을 병행하여 위험요인을 종합적으로 분석하는 방법

52 감전과 전기화상을 입을 위험이 있는 작업에서 구비해야 하는 것은?

① 보호구　　② 구명구
③ 운동화　　④ 구급용구

해설 보호구

㉠ 근로자의 신체 일부 또는 전체에 착용하여 각종 물리적·화학적 등의 유해·위험요소로부터 신체를 보호하기 위한 장구
㉡ 안전인증대상 보호구에는 추락 및 감전 위험방지용 안전모, 안전화, 안전장갑, 방진·방독·송기마스크, 전동식 호흡보호구, 보호복, 안전대, 차광 및 비산물 위험방지용 보안경, 용접용 보안면, 방음용 귀마개 또는 귀덮개

53 전기에 사용되는 단위로 틀린 것은?

① 자속밀도 : H/m　　② 전류 : A
③ 전압 : V　　④ 저항률 : Ω·m

[해설] 자속밀도

㉠ 단위면적당 통과하는 자속의 양을 나타내며, 자기장의 세기를 나타낸다.

㉡ 자속밀도(B)는 총 자속(ϕ)을 면적(A)으로 나눈 값이다.

㉢ 국제단위계(SI)로는 테슬라(T) 또는 웨버/제곱미터(Wb/m²)이다.

★★

54 엘리베이터의 추락방지안전장치에 작동하는 카 주행안내 레일의 최대 허용 휨은 양방향으로 몇 mm인가?

① 5mm ② 3mm

③ 7mm ④ 10mm

[해설] 허용 휨

T형 주행안내 레일 및 고정(브래킷 분리 빔)에 대해 계산된 최대 허용 휨은 다음과 같다.

㉠ 추락방지안전장치가 작동하는 카, 균형추 또는 평형추의 주행안내 레일 : 양방향으로 5mm

㉡ 추락방지안전장치가 없는 균형추 또는 평형추의 주행안내 레일 : 양방향으로 10mm

★★★

55 감전의 위험이 있는 장소의 전기를 차단하여 수선, 점검 등의 작업을 할 때에는 작업 중 스위치에 어떤 장치를 하여야 하는가?

① 접지장치 ② 복개장치

③ 시건장치 ④ 통전장치

[해설] 시건(잠금)장치

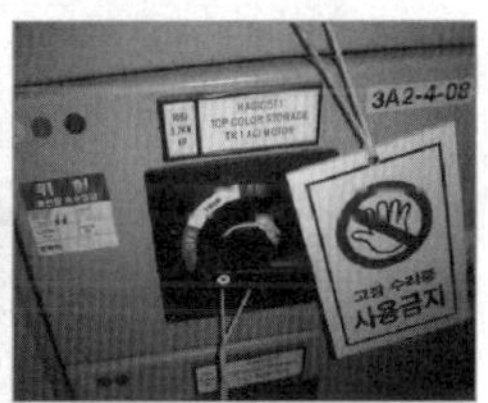

전기작업을 안전하게 행하려면 위험한 전로를 정전시키고 작업하는 것이 바람직하나, 이 경우 정전시킨 전로에 잘못해서 송전되거나 또는 근접해 있는 충전전로와 접촉해서 통전상태가 되면 대단히 위험하다. 따라서 정전작업에서는 사전에 작업내용 등의 필요한 사항을 작업자에게 충분히 주지시킴과 더불어 계획된 순서로 작업함과 동시에 안전한 사전 조치를 취해야 한다. 전로를 정전시킨 경우에는 여하한 경우에도 무전압 상태를 유지해야 하며 이를 위해서 가장 기본적인 안전조치는 정전에 사용한 전원스위치(분전반)에 작업기간 중에는 투입이 될 수 없도록 시건(잠금)장치를 하는 것과 그 스위치 개소(분전반)에 통전금지에 관한 사항을 표지하는 것 그리고 필요한 경우에는 스위치 장소(분전반)에 감시인을 배치하는 것이다.

★★★

56 승강기의 트랙션비를 설명한 것 중 옳지 않은 것은?

① 카측 로프가 매달고 있는 중량과 균형추측 로프가 매달고 있는 중량의 비율

② 트랙션비를 낮게 선택해도 로프의 수명과는 전혀 관계가 없다.

③ 카측과 균형추측에 매달리는 중량의 차를 적게 하면 권상기의 전동기 출력을 적게 할 수 있다.

④ 트랙션비는 1.0 이상의 값이 된다.

[해설] 견인비(traction ratio)

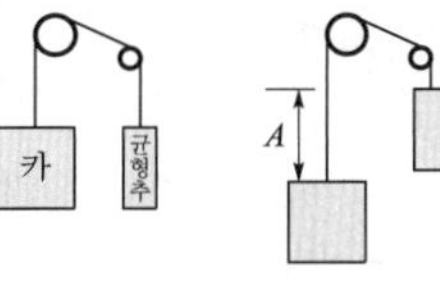
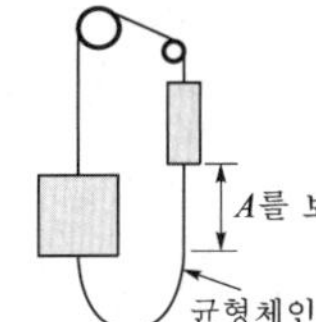

㉠ 카측 로프가 매달고 있는 중량과 균형추 로프가 매달고 있는 중량의 비를 트랙션비라 하고, 무부하와 전부하 상태에서 체크한다.

㉡ 견인비가 낮게 선택되면 로프와 도르래 사이의 트랙션 능력, 즉 마찰력이 작아도 되며, 로프의 수명이 연장된다.

★★

57 측정기기의 부하효과로 틀린 것은?

① 측정값이 실제 값보다 항상 높아진다.

② 이상적인 측정기기는 부하효과가 작다.

③ 측정기기의 내부 저항이 0이면 부하효과는 거의 없다.

④ 전류계의 경우는 측정대상회로의 임피던스에 비해 측정기기의 내부 임피던스가 충분히 작지 않을 때 발생된다.

[해설] 부하효과(Loading Effect)

㉠ 측정기기를 회로에 연결하면 측정기기 자체의 임피던스(저항)로 인해 원래 회로의 전기적 특성(전압, 전류 등)이 변하게 되어 측정값에 오차가 발생하는 현상

㉡ 이상적인 전압계는 내부 저항이 무한대여서 회로에 전혀 영향을 주지 않아야 하지만, 실제 전압계는 유한한 내부 저항을 가지므로 회로에 연결 시 부하로 작용하여 실제 전압보다 낮은 값이 측정된다.

㉢ 부하효과는 측정대상회로의 임피던스에 비해 측정기기의 내부 임피던스가 충분히 크지 않을 때(전압계의 경우) 또는 충분히 작지 않을 때(전류계의 경우) 현저하게 나타난다.

★★★

58 승강기의 파이널 리밋스위치(final limit switch)의 요건 중 틀린 것은?

① 반드시 기계적으로 조작되는 것이어야 한다.
② 작동 캠(cam)은 금속으로 만든 것이어야 한다.
③ 이 스위치가 동작하게 되면 권상전동기 및 브레이크 전원이 차단되어야 한다.
④ 이 스위치는 카가 승강로의 완충기에 충돌된 후에 작동되어야 한다.

해설 **파이널 리밋스위치(final limit switch)**

㉠ 리밋스위치가 작동되지 않을 경우를 대비하여 리밋스위치를 지난 적당한 위치에 카가 현저히 지나치는 것을 방지하는 스위치이다.
㉡ 전동기 및 브레이크에 공급되는 전원회로의 확실한 기계적 분리에 의해 직접 개방되어야 한다.
㉢ 완충기에 충돌되기 전에 작동하여야 하며, 슬로다운스위치에 의하여 정지되면 작용하지 않도록 설정한다.
㉣ 파이널 리밋스위치의 작동 후에는 엘리베이터의 정상운행을 위해 자동으로 복귀되지 않아야 한다.

∥ 리밋스위치 ∥

∥ 승강로에 설치된 리밋스위치 ∥

★★

59 기계설비의 위험에는 기계적·비기계적 위험이 있으며, 이 중 기계적 위험에 해당되지 않는 것은?

① 기계와의 접촉
② 감전, 누전 등 오통전에 의한 기계의 오작동
③ 기계에 말려들어감
④ 기계의 움직이는 부분 사이에 협착

해설 **기계적인 위험**

㉠ 기계와의 접촉
㉡ 기계에 말려들어감
㉢ 기계의 움직이는 부분 사이에 협착
㉣ 기계에서의 분출
㉤ 기계에 의한 충격

★★★★

60 가이드레일 ISO 7465 T125/BE에서 BE가 의미하는 것은?

① 전기가공
② 냉간압연
③ 기계가공
④ 고품질 기계가공

해설 **가이드레일**

㉠ T자형 기계가공(machined)

• 주로 카측용
• 국내 : 1m당의 대략적 중량으로 뒤에 K를 붙여 명칭 (8K, 13K, 18K, 24K, 30K 등)
• 유럽 : 반올림한 받침대 폭, 같은 폭이면서 종단면이 다른 것에는 뒤에 숫자를 붙임 [냉간압연 : /A 기계가공 : /B, 고품질 기계가공 : /BE (예) T89/B)]
㉡ T자형 냉각압연(cold drawn) : 주로 균형추측용, 소형 저속은 카측에도 적용
㉢ 포밍타입 forming(hollow)

• 균형추측용(추락방지안전장치용에는 적용할 수 없음)
• 1m당의 대략적 중량으로 뒤에 K를 붙여 명칭(3K, 5K, 7K 등)